SpringerWienNewYork

Bernd Epple, Reinhard Leithner,
Wladimir Linzer, Heimo Walter (Hrsg.)

Simulation von Kraftwerken und wärmetechnischen Anlagen

SpringerWienNewYork

Prof. Dr.-Ing. Bernd Epple
Fachbereich für Energiesysteme und Energietechnik
Technische Universität Darmstadt, Darmstadt, Deutschland

Prof. Dr. Reinhard Leithner
Fachbereich Maschinenbau, Institut für Wärme- u. Brennstofftechnik
Technische Universität Braunschweig, Braunschweig, Deutschland

Em. O. Univ.-Prof. Dipl.-Ing. Dr. Wladimir Linzer
Institut für Thermodynamik und Energiewandlung
Technische Universität Wien, Wien, Österreich

Ao. Univ.-Prof. Dipl-Ing. Dr. Heimo Walter
Institut für Thermodynamik und Energiewandlung
Technische Universität Wien, Wien, Österreich

Das Werk ist urheberrechtlich geschützt.
Die dadurch begründeten Rechte, insbesondere die der Übersetzung, des Nachdruckes, der Funksendung, der Wiedergabe auf photomechanischem oder ähnlichem Wege und der Speicherung in Datenverarbeitungsanlagen, bleiben, auch bei nur auszugsweiser Verwertung, vorbehalten. Die Wiedergabe von Gebrauchsnamen, Handelsnamen, Warenbezeichnungen usw. in diesem Buch berechtigt auch ohne besondere Kennzeichnung nicht zu der Annahme, dass solche Namen im Sinne der Warenzeichen- und Markenschutz-Gesetzgebung als frei zu betrachten wären und daher von jedermann benutzt werden dürfen.

© 2009 Springer-Verlag/Wien
Printed in Germany

SpringerWienNewYork ist ein Unternehmen von
Springer Science + Business Media
springer.at

Satz/Layout: Reproduktionsfertige Vorlage der Autoren
Druck: Strauss GmbH, 69509 Mörlenbach, Deutschland

Gedruckt auf säurefreiem, chlorfrei gebleichtem Papier
SPIN 11526551

Mit 279 Abbildungen

Bibliografische Information der Deutschen Nationalbibliothek
Die Deutsche Nationalbibliothek verzeichnet diese Publikation in der Deutschen Nationalbibliografie;
detaillierte bibliografische Daten sind im Internet über http://dnb.d-nb.de abrufbar.

ISBN 978-3-211-29695-0 SpringerWienNewYork

Meinen Beitrag zu diesem Buch widme ich Herrn Dipl.-Ing. ETH Fritz Läubli, der mir zu Beginn meiner Ingenieurslaufbahn bei Sulzer in Winterthur in der Schweiz das Verständnis für Simulationen vermittelte.

Prof.Dr.techn.Reinhard Leithner

Vorwort

Vorwort für die Benutzung des Buches

Das Buch ist gedacht für Studenten höherer Semester und Diplomingenieure, die sich in die Simulation von Kraftwerken und wärmetechnischen Anlagen einarbeiten wollen. Es umfasst sowohl die Simulation der Feuerung und Gasströmung (Kapitel 4 und 5) als auch die Arbeitsstoffseite, d.h. i. Allg. die Simulation der Wasser- und Dampfströmung einschließlich der Stabilität im Verdampfer (Kapitel 6).

In den einleitenden Kapiteln (1 - 3) werden auch die Entwicklung der Simulation und die Einbindung in umgebende Systeme wie Fernwärmenetze, elektrische Netze etc. (Kapitel 1) beschrieben, aber auch eine sehr kurze und dadurch übersichtliche Darstellung der Umwandlung und des Transports von Masse, Energie, Impuls und Stoffen (Kapitel 2) und der numerischen Methoden (Kapitel 3) gegeben, die für Studenten höherer Semester und Diplomingenieure eine Wiederholung darstellen, aber auch das Interesse jüngerer Semester finden könnten, die auf der Suche nach dem Sinn und Zweck oder einer zusammenfassenden Darstellung des umfangreichen theoretischen Stoffes sind, der ihnen am Anfang des Studiums zugemutet wird.

In Kapitel 7 wird die Simulation von Kraftwerken als Gesamtmodell einschließlich Regelung und Steuerung beschrieben. Dadurch lässt sich der Betrieb solcher Anlagen vor dem Bau berechnen und die Regelung und Steuerung optimieren. Auch die Einhaltung von Garantien bezüglich Laständerungsgeschwindigkeiten und der dabei entstehenden Abweichungen von Betriebsparametern wie Temperaturen, Drücken, Massenströmen (Speicherwasser, Einspritzungen) und der Feuerleistung können überprüft werden. Ferner können auch An- und Abfahren der Anlagen und Sicherheitsvorkehrungen für Störfälle getestet werden.

In Kapitel 8 wird auf Betriebsmonitoring und insbesondere auf die Lebensdauerüberwachung eingegangen, wofür auch in den vorhergehenden Kapiteln beschriebene Methoden (z.B. Validierung) eingesetzt werden.

Kapitel 9 (Ergebniskontrolle, Genauigkeit und Auswertung) ist sehr wichtig, um zu lernen, wie die Ergebnisse sehr komplexer Simulationen mit einfachen Methoden zumindest auf grobe Fehler überprüft werden können.

Je nachdem, was der Leser sucht, kann er eigentlich mit jedem Kapitel beginnen und auch von einem Kapitel zu einem anderen springen. Natürlich spricht auch nichts dagegen, das Buch von Anfang bis zum Ende zu lesen.

Die Autoren haben in zahlreichen Aufsätzen und von ihnen betreuten Dissertationen viele Themen vertieft bearbeitet, worauf im Literaturverzeichnis hingewiesen wird.

Symbolverzeichnis und Glossar tragen zum Verständnis bei und das Sachverzeichnis ermöglicht das schnelle Auffinden von behandelten Problemstellungen.

Autorenverzeichnis

Dr.-Ing. Ognjan Božić
Technische Universität Braunschweig
Institut für Wärme- und Brennstofftechnik
Franz-Liszt-Straße 35
D-38106 Braunschweig
Deutschland

Univ.-Prof. Dr.-Ing. Bernd Epple
TU-Darmstadt
Fachgebiet für Energiesysteme und Energietechnik
Petersenstraße 30
D-64287 Darmstadt
Deutschland

Univ.-Prof. Dipl.-Ing. Dr.techn. Reinhard Leithner
Technische Universität Braunschweig
Institut für Wärme- und Brennstofftechnik
Franz-Liszt-Straße 35
D-38106 Braunschweig
Deutschland

em. Univ.-Prof. Dipl.-Ing. Dr.techn. Wladimir Linzer
Technische Universität Wien
Institut für Energietechnik und Thermodynamik
Getreidemarkt 9
A-1060 Wien
Österreich

Dr.-Ing. Horst Müller
Technische Universität Braunschweig
Institut für Wärme- und Brennstofftechnik
Franz-Liszt-Straße 35
D-38106 Braunschweig
Deutschland

Ao. Univ.-Prof. Dipl.-Ing. Dr.techn. Karl Ponweiser
Technische Universität Wien
Institut für Energietechnik und Thermodynamik
Getreidemarkt 9
A-1060 Wien
Österreich

Ao. Univ.-Prof. Dipl.-Ing. Dr.techn. Heimo Walter
Technische Universität Wien
Institut für Energietechnik und Thermodynamik
Getreidemarkt 9
A-1060 Wien
Österreich

Ao. Univ.-Prof. Dipl.-Ing. Dr.techn. Andreas Werner
Technische Universität Wien
Institut für Energietechnik und Thermodynamik
Getreidemarkt 9
A-1060 Wien
Österreich

Dr.-Ing. Adam Witkowski
Technische Universität Braunschweig
Institut für Wärme- und Brennstofftechnik
Franz-Liszt-Straße 35
D-38106 Braunschweig
Deutschland

Dr.-Ing. Hennig Zindler
Technische Universität Braunschweig
Institut für Wärme- und Brennstofftechnik
Franz-Liszt-Straße 35
D-38106 Braunschweig
Deutschland

Inhaltsverzeichnis

Autorenverzeichnis IX

Symbolverzeichnis XXI

1 **Einleitung** 1
   1.1 Auslegung und Simulation 1
   1.2 Einbindung in umgebende Systeme und
       Lebenszyklusmodellierung 5
   1.3 Simulation und Experimente 7
   1.4 Mathematische und numerische Modelle 9
   1.5 Entwicklung von CFD zur Simulation reagierender
       Strömungen in Feuerungsanlagen 11

2 **Umwandlung und Transport von Energie, Impuls und Stoffen** 17
   2.1 Bilanzgleichungen 17
       2.1.1 Formen der zeitlichen Ableitung 17
       2.1.2 Bilanzgleichung für eine allgemeine Bilanzgröße 20
       2.1.3 Massenbilanz (Kontinuitätsgleichung) 25
       2.1.4 Impulsbilanz 26
       2.1.5 Energiebilanz (Leistungsbilanz) 29
       2.1.6 Bilanzgleichung der mechanischen Energie (Leistung) .. 30
       2.1.7 Bilanzgleichung der thermischen Energie (Leistung) ... 32
       2.1.8 Bilanzgleichung der Stoffkomponenten 32
       2.1.9 Stationäre und instationäre Zustände 33
   2.2 Turbulenzmodelle 36
       2.2.1 Phänomenologische Beschreibung 36
       2.2.2 Turbulenzmodellierung 38
       2.2.3 Klassifizierung von Turbulenzmodellen 38
       2.2.4 Nullgleichungsmodelle 38
       2.2.5 Eingleichungsmodelle 38

	2.2.6	Zweigleichungsmodelle	39
	2.2.7	Das k-ε Turbulenzmodell	39
	2.2.8	Reynolds-Spannungsmodelle	41
	2.2.9	Large-Eddy-Simulation	43
	2.2.10	Interaktion zwischen Turbulenz und chemischer Reaktion	44
	2.2.11	Eddy-Dissipation-Concept	44
	2.2.12	Reaktionsgebiet	45
	2.2.13	Charakteristische Kenngrößen der Fine Structures	46
	2.2.14	Integration chemischer Reaktionskinetik	48
	2.2.15	Berechnung der mittleren chemischen Reaktionsquellterme	49
	2.2.16	Modifikation der EDC-Kenngrößen	49
	2.2.17	Quasistationaritätsbedingungen	50
	2.2.18	Eddy-Dissipation-Modell	51
2.3	Wärmeleitung und Diffusion	52
	2.3.1	Grundlagen zur Wärmeleitgleichung	52
	2.3.2	Wärmeleitgleichung und Energiebilanz	54
	2.3.3	Rand- und Anfangsbedingungen	55
	2.3.4	Grundlagen zum Stofftransport durch Diffusion	58
	2.3.5	Diffusion in Feststoffen	61
2.4	Konvektiver Wärme- und Stoffübergang	63
	2.4.1	Konvektiver Wärmeübergang bei einphasiger Strömung	63
2.5	Strahlung	77
	2.5.1	Lösung der Strahlungstransportgleichung	79
	2.5.2	Monte-Carlo-Methode	81
	2.5.3	Diskrete-Transfer-Methode (DTM)	81
	2.5.4	P-1 Strahlungsmodell	83
	2.5.5	Rosseland-Strahlungsmodell	85
	2.5.6	Diskrete-Ordinaten-Methode (DO)	86
	2.5.7	Surface-to-Surface-Strahlungsmodell (S2S)	87
2.6	Chemische Reaktionen	89
	2.6.1	Reaktionsenergie und Reaktionsenthalpie	89
	2.6.2	Reaktionsgeschwindigkeit	90
2.7	Zweiphasenströmung	94
	2.7.1	Zweiphasenströmung Gas-Flüssigkeit	94
	2.7.2	Zweiphasenströmung Gas-Feststoff	118
	2.7.3	Kondensation reiner Dämpfe	130
2.8	Zustands- und Transportgrößen	142
	2.8.1	Grundlagen	142
	2.8.2	Stoffwerte für Wasser und Wasserdampf	143
	2.8.3	Stoffwerte für Gase und Gasgemische	144
	2.8.4	Stoffwerte für Brennstoffe und Werkstoffe	146
2.9	Wärmeaustausch mittels Wärmeübertrager	146
	2.9.1	Regenerator	147

        2.9.2   Rekuparator 148
        2.9.3   Mittlere logarithmische Temperaturdifferenz (LMTD) .. 149

3 Numerische Methoden 159
   3.1 Koordinatensysteme und Gitter 160
        3.1.1   Koordinatensysteme 160
        3.1.2   Gitter und Gittergenerierung 164
        3.1.3   Kartesisches Diskretisierungsschema 168
   3.2 Diskretisierungsmethoden 171
        3.2.1   Finite-Differenzen-Methode 171
        3.2.2   Finite-Elemente-Methode 173
        3.2.3   Finite-Volumen-Methode 174
   3.3 Approximation der Oberflächen- und Volumenintegrale .. 176
        3.3.1   Diskretisierung der konvektiven Terme 181
        3.3.2   Diskretisierung der diffusiven Terme 184
        3.3.3   Anwendung auf ein eindimensionales Problem 186
        3.3.4   Fehler und Stabilitätsabschätzung 189
        3.3.5   Das HYBRID-Schema 190
        3.3.6   Diskretisierung des Speicherterms 192
        3.3.7   Berücksichtigung von Quell- und Senkentermen .. 193
   3.4 Rand- und Anfangswerte 194
   3.5 Druckkorrekturverfahren 195
        3.5.1   SIMPLE-Algorithmus 200
        3.5.2   SIMPLEC-Algorithmus 203
        3.5.3   SIMPLER 204
        3.5.4   PISO-Algorithmus 206
        3.5.5   Nichtversetztes Rechengitter 209
   3.6 Lösungsalgorithmen 212
        3.6.1   Einleitung 212
        3.6.2   Lineare Gleichungssysteme 214
        3.6.3   Nichtlineare Gleichungssysteme 219
        3.6.4   Relaxation 220
        3.6.5   Differentialgleichungssysteme 223
        3.6.6   Differential-algebraische Gleichungssysteme ... 236
        3.6.7   Verfahren zur numerischen Differentiation 236

4 Simulation der Feuerung und Gasströmung 241
   4.1 Grundlagen 241
        4.1.1   Brennstoffeigenschaften 241
        4.1.2   Verbrennungsrechnung 242
        4.1.3   Adiabate Verbrennungstemperatur (ohne Bettmaterial
                und Additive) 245
   4.2 Vereinfachte Brennkammermodelle 246
        4.2.1   Nulldimensionales Brennkammermodell 246
        4.2.2   Flammraum-Strahlraum-Modell 248

4.3 Modellierung und Simulation von Feuerungen 259
    4.3.1 Modellierung der Verbrennung fester Brennstoffe 259
    4.3.2 Modellierung der NO_x-Entstehung und deren Minderung 277
    4.3.3 Modellierung der SO_x-Entstehung und Minderung 294
    4.3.4 Wirbelschichtmodelle 310
    4.3.5 Rostfeuerungsmodelle 327
4.4 CFD-Programmaufbau und Programmablauf................ 332
4.5 Einsatz von CFD bei der Bearbeitung von praktischen Aufgabenstellung 333
    4.5.1 Mitverbrennung eines Abfallproduktes in einer Hauptfeuerung 334
    4.5.2 Kohlebefeuerte Dampferzeuger 336
    4.5.3 Braunkohlegefeuerte Dampferzeuger 337
    4.5.4 Trockenbraunkohlebefeuerte Dampferzeuger.......... 340
    4.5.5 Steinkohlebefeuerte Dampferzeuger 347
    4.5.6 Mühlensysteme 348
4.6 Schwingungen im Luft- und Abgasstrom..................... 352
    4.6.1 Einleitung 352
    4.6.2 Druckpulsationen in Brennkammern 352
    4.6.3 Strömungserregte Schwingungen in Rohrbündeln 356
    4.6.4 Abgasdruckschwingungen bei Ausfall der Feuerung 365

5 Mineralumwandlung 369
5.1 Verschlackungs- und Verschmutzungskennzahlen und andere einfache Verfahren 369
    5.1.1 Oxidische Ascheanalyse 370
    5.1.2 Ascheschmelzverhalten 371
    5.1.3 Andere Untersuchungsmethoden..................... 371
5.2 Übersicht über Simulationsmodelle für Brennkammerverschlackung 372
    5.2.1 Simulationsmodelle mit angenäherten algebraischen Ausdrücken 372
    5.2.2 Simulationsmodelle mit diskreten Methoden – CFD Strömungssimulation............................... 373
5.3 Modellierung der Mineralumwandlung....................... 378
    5.3.1 Kohle- und Mineraleigenschaften 378
    5.3.2 Grundlagen der Modellierung von Mineralumwandlungen 380
    5.3.3 Modellierung von Schmelzvorgängen und Reaktionen im flüssigen Zustand und Erstarrung am Beispiel der Eisenoxidation 387
5.4 Kopplung von Brennkammersimulation und Mineralumwandlung 394
    5.4.1 Berechnungsschritte und Kopplungsverfahren 394

Inhaltsverzeichnis XVII

        5.4.2 Modell für die Verteilung der Mineralien auf die Startpunkte der Partikelbahnen 397
        5.4.3 Besonderheiten der numerischen Verfahren bei der Kopplung von Euler'scher und Lagrange'scher Betrachtungsweise 399
   5.5 Modell der Haftung und Verschlackung 401
   5.6 Simulation der Mineralumwandlung und Verschlackung 401

6 Dampferzeugersimulation – Simulation der Wasser- und Dampfströmung 415
   6.1 Typen von Dampferzeugern 415
        6.1.1 Naturumlaufdampferzeuger 417
        6.1.2 Zwangumlaufdampferzeuger 421
        6.1.3 Zwangdurchlaufdampferzeuger 422
        6.1.4 Zwangdurchlaufdampferzeuger mit Volllastumwälzung .. 427
   6.2 Stationäre Strömungsverteilung in den Rohren von Dampferzeugern 428
        6.2.1 Modellierung der Rohrströmung 429
        6.2.2 Modellierung der Sammler 431
        6.2.3 Modellierung der Trommel 433
        6.2.4 Verwaltung der Daten 435
        6.2.5 Gleichungssystem und dessen Lösung 437
        6.2.6 Beispiel einer Rohr-Sammler-Struktur 439
   6.3 Instationäres Dampferzeugermodell 440
        6.3.1 Rohrwandmodelle 440
        6.3.2 Rohr-Sammler-Modell 449
        6.3.3 Modell für die Trommel 455
        6.3.4 Modell eines Einspritzkühlers 462
        6.3.5 Anwendungsbeispiel für das instationäre Dampferzeugermodell 464
   6.4 Strömungsinstabilitäten 467
        6.4.1 Statische Strömungsinstabilitäten 468
        6.4.2 Dynamische Strömungsinstabilitäten 487

7 Kraftwerkssimulation – Modelle und Validierung 495
   7.1 Entwicklung der Kraftwerkssimulation und Übersicht 495
   7.2 Stationäre Kraftwerkssimulation 498
        7.2.1 Komponenten einer stationären Kraftwerkssimulation .. 498
        7.2.2 Aufstellen und Lösen des impliziten algebraischen Gleichungssystems 509
        7.2.3 Beispiel: Einfacher Dampfturbinenkreislauf (Rankine Cycle) 512
   7.3 Instationäre Kraftwerkssimulation 518
        7.3.1 Leistungsregelung von Dampfkraftwerken, Betriebsarten und Dampftemperaturregelung 518

        7.3.2 Vereinfachte instationäre Kraftwerkssimulation mit
              analytischen Modellen 524
        7.3.3 Detaillierte instationäre Kraftwerkssimulation 558
  7.4 Überprüfung der Lösbarkeit des stationären
      Gleichungssystems und Validierung stationärer Messdaten 581
        7.4.1 Lösbarkeit des Gleichungssystems stationärer
              Kraftwerkssimulationen 581
        7.4.2 Validierung stationärer Messdaten von Kraftwerken 585

8 Monitoring 599
  8.1 Betriebsmonitoring 599
        8.1.1 Einleitung 599
        8.1.2 Aufgaben, Umfang und Verfahren von Diagnosesystemen 600
        8.1.3 Auflistung von Diagnoseaufgaben in konventionellen
              Dampfkraftwerken und Gas- und Dampfturbinen-
              Kombianlagen 603
        8.1.4 Anforderungen an Diagnosesysteme im Kraftwerk 604
  8.2 Lebensdauermonitoring 606
        8.2.1 Problemstellung 606
        8.2.2 Direkte Messung der Wandtemperaturdifferenz 607
        8.2.3 Berechnung der Wandtemperaturdifferenz aus dem
              Verlauf einer Wandtemperatur 608
        8.2.4 Bestimmung der Wandtemperaturdifferenz aus dem
              Verlauf der Dampftemperatur, des Dampfdruckes und
              des Dampfmassenstroms 608
        8.2.5 Vergleich von Mess- und Rechenwerten 609
        8.2.6 Bestimmung der Wandtemperaturdifferenz aus
              alleiniger Verwendung der Dampftemperatur- und
              Dampfdruckmessungen 610
        8.2.7 Vergleich von Mess- und Rechenwerten 612
        8.2.8 Spannungsanalyse und Lebensdauerverbrauch 612
  8.3 Überwachung des Verschmutzungszustandes von Heizflächen
      und Rußbläsersteuerung 615
        8.3.1 Grundlagen 615
        8.3.2 Anwendungen 615
  8.4 Online-Optimierung von Feuerungen 616
        8.4.1 Problemstellung 616
        8.4.2 Schallpyrometrie 616
        8.4.3 Fourierreihenentwicklung 618
        8.4.4 Algebraic Reconstruction Technique (ART) 619
        8.4.5 Vergleich mit Messungen aus der Absaugepyrometrie.. 620
        8.4.6 Optimierung der Verbrennung durch Schallpyrometrie
              und BK-Simulation bzw. durch ein neuronales Netzwerk 622

9 Ergebniskontrolle, Genauigkeit und Auswertung 623

Literaturverzeichnis 629

Glossar 685

Sachverzeichnis 693

Symbolverzeichnis

Formelzeichen lateinische Buchstaben

Zeichen	Einheit	Bedeutung
a	var.	Koeffizient, Variable, Korrekturfaktor
$a_{diff,Fi}$	s/m	Diffusionsparameter nach (Field 1967)
a_i	var.	Koeffizient der Rechenzelle i
a_{KL}	1/m	Modellparameter im Model von Kunii und Levenspiel
a_{Rea}	var.	Konstante der Reaktionsmodellierung
a_{Str}	–	Absorptionskoeffizient
a_{sulf}	1/s	Modellparameter für die Sulfatierung
a_λ	m²/s	Temperaturleitfähigkeit
A	m²	Fläche, Querschnittsfläche
A_{ij}	–	Fourier-Koeffizienten
A_K	kg$_{Asche}$/kg$_{Kohle}$	Ascheanteil
$A_{P,spez}$	m²$_{Partikel}$ / kg$_{Gemisch}$	spez. Partikeloberfläche pro Masse des Gemisches
$A_{O,in,ka,spez}$	m²/kg$_{Partikel}$	spez. innere Oberfläche im kalzinierten Bereich pro Masse
$A_{O,Tropf}$	–	Oberfläche der Wassertropfen pro Flächeneinheit beheizter Rohrwand
A	var.	Koeffizientenmatrix
A_{spez}	m²/kg	spez. Oberfläche
b	var.	Koeffizient, Variable einer Bilanzgleichung bzw. einer physikalischen Randbedingung im Adjungiertenverfahren
b_{Lap}	–	Laplace-Konstante
b_r	–	Rippenkenngröße

(wird fortgesetzt)

Symbolverzeichnis

Zeichen	Einheit	Bedeutung
$\vec{b}$	–	Vektor der Randbedingungen oder der rechten Seite bzw. Vektor der Beobachtungen (Messwerte)
$\mathbf{B}$	–	Bilanzgleichung
B	m	Breite
B_{CA}	–	Ausbrandwert des aschehaltigen Kokskorns
B_k	–	Gleichung einer physikalischen Randbedingung
c	m/s	isentrope Schallgeschwindigkeit
c	–	Koeffizient, Variable
c^*	–	Koeffizient der Schrittweitensteuerung
c_1	–	Modellkonstante des Turbulenzmodells
c_i	mol/m^3	molare Konzentration eines Stoffes z.B. $i = SO_2$
c_p	J/(kg K)	spez. Wärmekapazität bei konstantem Druck
$\bar{c}_p$	J/(kg K)	spez. integrale Wärmekapazität bei konstantem Druck
c_R	J/(kg K)	spez. Wärme des Überhitzerrohrmaterials
c_{StDE}	J/(kg K)	spez. Wärme der gesamten DE-Stahlmassen
c_{StV}	J/(kg K)	spez. Wärme der Verdampferstahlmassen
c_v	J/(kg K)	spez. Wärmekapazität bei konstantem Volumen
c_W	–	Widerstandbeiwert
C_{D1}, C_{D2}	–	Modellkonstanten der Fine Structures
C_{EDC_1}, C_{EDC_2}	–	Modellkonstanten des Eddy-Dissipation-Konzeptes
C_{EDM}	–	Modellkonstante des Eddy-Dissipation-Modells
C_{fix}	–	fixer Kohlenstoff im Koks
C_{g1}, C_{g2}	–	Modellkonstanten des „Eddy-Breakup"-Modells
$C_{r,1}, C_{r,3}, C_{r,5}$	–	Konstante zur Berechnung des Rippenrohrwärmeüberganges
C_{Str}	–	linearer anisotroper Phasenfunktionskoeffizient
C_xH_y	–	Pyrolyseprodukt
$C_{\varepsilon 1}, C_{\varepsilon 2}$	–	Modellkonstanten des $k-\varepsilon$ Turbulenzmodells
C_μ	–	Modellkonstante des Reynolds-Spannungs-Turbulenzmodells
d	m	Durchmesser
d_e	m^2/(s kg)	Koeffizient der Geschwindigkeitskorrektur
det	–	Determinante

(wird fortgesetzt)

Zeichen	Einheit	Bedeutung
D	kg/(m^{2}s)	Diffusionsstromdichte (FVM-Methode)
D	m^2/s	Diffusionskoeffizient (binär, effektiv etc.)
Da	–	Damköhler-Kennzahl
D_{eff,SO_2}	cm^2/s	effektiver Diffusionskoeffizient von SO$_2$
D_{KA}	m^2/s	Knudsen-Diffusionskoeffizient
D_{SO_2}	m^2/s	Diffusionskoeffizient von SO$_2$ in der CaSO$_4$-Schicht
DT	–	Dampfturbine
$\vec{e}$	m	Einheitsvektor mit den Komponenten e_x, e_y, e_z
$\vec{e}$	–	Fehlervektor
e	var.	Funktion im Taylor-Extrapolationsverfahren, Fehler
E	–	Edukt, Rechenpunkt
E	J/mol	Aktivierungsenergie
E_A	J/kg	Arrhenius-Parameter (Aktivierungsenergie)
$E(e_i)$	var.	Erwartungswert der Fehlerverteilung
$E(e_i^2)$	var.	Erwartungswert der Fehlerquadrate
E_{Str}	W/m^2	Emissionsleistung
E_σ	N/m^2	Elastizitätsmodul
f	var.	Funktion
$\vec{f}$	var.	Funktionenvektor, Gleichungssystem
f	1/s	Frequenz, Eigenfrequenz
f	–	Faktor
$f_{Dä}$	var.	Dämpfungsfaktor
f_{eff}	–	Effektivitätsfaktor
f_{Misch}	–	Mischungsgrad
$\vec{F}$	N	Kraft
F	var.	Fluss
F	var.	Funktion
F	J/kg	Helmholz-Funktion für Wasser und Wasserdampf
F_{ij}	–	Sichtfaktor, Formfaktor
F_A	N	Einheitskraft der Nernst-Einstein-Beziehung
FL	var.	flüchtige Bestandteile
$F_{Pg,i}$	kg/(m^{2}s^2)	Impulskoppelungsterm zwischen der Dispersen- und der Gasphase
$g(x)$	m^3/m^3	Mineralumwandlungsfunktion – Integrallösung
g	m/s^2	Erdbeschleunigung
g_{Misch}	–	quadrierte Fluktuation des Mischungsgrades
$\vec{g}$	var.	Funktionenvektor

(wird fortgesetzt)

Zeichen	Einheit	Bedeutung
G	kg/(ms^3)	Produktionsterm im Turbulenzmodell
G	–	Übertragungsfunktion (für die 3 Größen p_{HD}, $\dot{m}_{HD}$, P_F, als Indizes gilt: 1. Index: sich ändernde Größe = Ausgangsgröße, 2. Index: Ursache der Änderung = Eingangsgröße, 3. Größe, die nicht als Index erscheint, ist konstant)
G	J/kg	kanonische Form der freien Enthalpie, Funktion von Druck und Temperatur
G	–	Generator
G_I	–	Intervall
G_s	kg/(m^{2}s)	zirkulierender spez. Feststoffmassenstrom
G_{su0}	kg/(m^{2}s)	aus dem Bettbereich ausgetragene Feststoffmassenstromdichte
G_{Str}	W/m^2	Einfallstrahlung
h	var.	Schrittweite
h	J/kg	spez. Enthalpie
$\vec{h}$	var.	Funktionenvektor
h_{tota}	J/kg	totale spez. Enthalpie
H	m	Höhe
H	J	Enthalpie
H_{Rea}	J	Reaktionsenthalpie
Ho	J/kg	Brennwert
Hu	J/kg	Heizwert
Hu$_{ges}$	J/kg	Heizwert + Brennstoffvorwärmung
i	–	Zählindex, Koordinate im Indexraum (i,j,k)
i	–	imaginäre Zahl
i_{el}	A/m^2	elektrische Stromdichte
I	W/(m^2 rad)	Strahlungsintensität
I_λ	W/(m^2 rad)	Strahlungsintensität bei der Wellenlänge λ
$I_{b\lambda}$	W/(m^2 rad)	Intensität der schwarzen Strahlung bei der Wellenlänge λ
I_{el}	A	elektrische Stromstärke
I_{ext}	kg/m^2	Trägheit des externen Systems
I_{int}	kg/m^2	Trägheit des internen Systems
I_0	–	modifizierte Besselfunktion
$\dot{I}$	kg m/s^2	Impulsstrom
$\Im$	–	Imaginäranteil
j	–	Zählindex, Koordinate im Indexraum (i,j,k)
j_A	mol/(m^{2}s)	Diffusionsstromdichte

(wird fortgesetzt)

Zeichen	Einheit	Bedeutung
j_A^*	kg/(m²s)	massenbezogene Diffusionsstromdichte
$\mathbf{J}$	var.	Jacobi-Matrix
J	m⁴	Trägheitsmoment
J	–	Summe von Ansatzfunktionen
$\vec{J}$	var.	Fluss
k	–	Zählindex, Koeffizient, Konstante, Koordinate im Indexraum (i,j,k)
k	var.	Frequenzfaktor oder chemische Rate
k	m²/s²	kinetische Turbulenzenergie
k	W/(m²K)	Wärmedurchgangskoeffizient
$\vec{k}$	var.	Koeffizientenvektor im Runge-Kutta-Verfahren, Lagrange'scher Multiplikator
k_1	1/s	Reaktionsgeschwindigkeitskomponente der Komponente 1
$k_{ab,Sorb}$	1/s	Abriebsratenkonstante für Sorbens
k_b	–	Bool'sche Zahl
k_g	m/s	Massenübergangskoeffizient
k_{komp}	kg$^{1/n}$/s	Reaktionsratenkonstante
k_{Rea}	var.	Reaktionsgeschwindigkeitskonstante
k_o	l/(mol s)	Arrhenius-Parameter (Frequenzfaktor)
k_{vol}	mol/(m³s)	volumetrische Reaktionsratenkonstante
$k_{o,ab,Sorb}$	1/s	Häufigkeitsfaktor (Frequenzfaktor)
k_{Bo}	J/K	Boltzmann-Konstante 1,38062 · 10^{-23}
k_R	–	Rohrrauigkeit
$k_{Sulf,RS}$	m/s	Reaktionsratenkonstante nach Ramachandran und Smith
k_S	1/s	Reaktionsratenkonstante
K	1/s	Umwandlungskonstante
K	–	Korrekturterm
K_1	–	Korrekturfaktor zur Berücksichtigung der Temperaturabhängigkeit von Stoffwerten
K_2	–	Korrekturfaktor für thermischen und fluiddynamischen Anlauf bei kurzen Rohren
$K_{1,Ws} K_{2,Ws}$	1/s	Austauschkoeffizient für den Feststoffaustausch
$K_{1,2}, K_3$	–	Gleichgewichtskonstante
K_c	m/(s$\sqrt{K}$)	Koeffizient für die Schallgeschwindigkeit
K_o	–	Konakow-Zahl
K_p	kg/(N/m²)	Druckspeicherfähigkeit
K_{sulf}	m/s	spez. Sulfatierungsreaktionsrate im Modell von (Dennis 1986)

(wird fortgesetzt)

Symbolverzeichnis

Zeichen	Einheit	Bedeutung
K_G	var.	Gleichgewichtskonstante
K_P	var.	Regelparameter, Verstärkungsfaktor
K_I	var.	Integrationskonstante für einen Regler
l, L	m	Länge, charakteristische Länge, Wegstrecke
l	–	liquid, flüssig
l_{Ko}	m	Kolmogorov-Mikromaß
l_{Ta}	m	Taylor-Längenmaß
L	var.	Anzahl an Reaktionsgleichungen
L_{Ω_G}	var.	Differentialoperator
m	kg	Masse
m	–	Zählindex
m_i	kg	Masse der Komponente i
m_R	kg/m	Masse pro Längeneinheit Rohr
$\dot{m}$	kg/s	Massenstrom
$\dot{m}_i$	kg/s	Massenstrom der Komponente i
$\dot{m}_{Flux}$	kg/(m²s)	Massenstromdichte
$\dot{m}_{Flux,d}$	kg/(m²s)	aufwärtsgerichteter Feststoffmassenstromdichte auf Höhe des dichten Bettes
$\dot{m}_{Flux,TDH}$	kg/(m²s)	über TDH ausgetragene Feststoffmassenstromdichte
$\dot{m}_U$	kg/s	Umlaufmassenstrom
M	kg/kmol	Molmasse
M_{tr}	1/s	Transferrate
n	–	Anzahl, Exponent
n_B	–	Exponent zur Berechnung der spez. Koksoberfläche
n_L	–	Luftüberschusszahl
n_{pol}	–	Polytropenexponent
n_i	mol	Molzahl eines Stoffes i z.B. i =Ca, Stoffmenge
$\dot{n}_i$	mol/h	zu- oder abgeführte Molmasse einer Fraktion i
n_{Str}	–	Brechungsindex
n_π	–	Anzahl der Einflussgrößen
$\vec{n}$	–	Normalvektor
N_n	–	endliche Anzahl von n
$N_{Str,Wa}$	–	Wärmeleitung zu Strahlung Parameter der Wand
N_{sub}	–	Unterkühlungszahl
N_{pch}	–	Phasenwechsel-Zahl
N_P	–	Zahl der betrachteten Partikelgrößenklassen
$\dot{N}_{P,j}$	1/s	Partikelstrom der j-ten Flugbahn
o_i	var.	Ansatzfunktion

(wird fortgesetzt)

Zeichen	Einheit	Bedeutung
O_i	var.	Gewichtsfunktion
p	N/m^2	Druck
$p_{H_2O,g}$	N/m^2	Wasserdampfpartialdruck in der umgebenden Gasphase
p_{O_2}	N/m^2	Sauerstoffpartialdruck
p_{ij}	N/m^2	Spannungstensor
Δp	N/m^2	Druckdifferenz
P	$\dfrac{\text{cm}^3 \, \text{g}^{1/4}}{\text{s}^{1/2} \, \text{mol}}$	Parachor
P	W	Leistung
P	–	Produkt, Rechenpunkt
P_1	m/s$^{3/4}$	Parameter im Modell von (Dennis 1986)
P_1'	m/s$^{3/4}$	Parameter im Modell von (Dennis 1986)
P_2	m/s$^{5/4}$	Parameter im Modell von (Dennis 1986)
P_2'	m/s$^{5/4}$	Parameter im Modell von (Dennis 1986)
P^V	–	Rechenpunkt für vektorielle Größe
P_{DE}	W	Dampferzeuger-Leistungs-Befehl
P_F	W	Feuerleistung
$P(\Phi)$	–	Wahrscheinlichkeitsdichtefunktion (pdf) für die Größe Φ
P_u	–	Punkt
q	J/m^2	Wärmedichte
$\dot{q}$	W/m^2	Wärmestromdichte
$\dot{q}_{Vo}$	W/m^3	Wärmestromdichte pro Volumeneinheit
$\dot{q}^*$	W/m^3	Netto-Energierate pro Volumeneinheit zwischen Fine Structure und Umgebung
q_g''	W/m^2	Wärmeströme über den Umfang der Grenzfläche einer Zweiphasenströmung
q_g'''	W/m^3	volumetrische Wärmequelle einer Zweiphasenströmung
Q	J	Wärme
$\dot{Q}$	W	Wärmestrom
r	m	Radius
r	J/kg	Verdampfungswärme
r	–	Rang einer Matrix
$\mathbf{r}$	var.	Variable aus PECE
r_{Kr}	m	Radius des Rohrkrümmers
r_{S1}	m	Grenzradius der Kalzinierung
r_{S2}	m	Grenzradius der Sulfatierung
$\vec{r}$	–	Vektor der Residuen
$\vec{r}$	m	Position des Bilanzvolumens im Raum bei Strahlung

(wird fortgesetzt)

Zeichen	Einheit	Bedeutung
r_π	–	Rang der Dimensionsmatrix
$\Re$	J/(mol K)	universelle Gaskonstante
R	J/(kg K)	Gaskonstante
R	var.	spez. Widerstand
R_B^2	–	Bestimmtheitsmaß
R_{diff}	ms/kg	spez. Diffusionswiderstand
R_{el}	m/S = Ωm	spez. elektrischer Widerstand
R_{lz}	1/s	Reaktionslaufzahl einer Reaktion
R_R	1/s	spez. Rohrreibungswiderstand
R_λ	mK/W	spez. Wärmeleitwiderstand
R_τ	ms/kg	spez. Reibungswiderstand
R	–	Residuum, Optimierungsfunktion
R_i	–	Residuumsgleichung
R	–	System aller reelen Zahlen
$\dot{R}_{Bg}$	kg/(kg s)	momentane Bildungsgeschwindigkeit einer Verbindung
$\dot{R}_i$	mol/s	Reaktionsrate eines Stoffes i z.B. $i = SO_2$
$\dot{R}_{vol}$	mol/(m³s)	Reaktionsrate eines Stoffes pro Volumeneinheit
$\dot{R}_{tr}$	kg/(m³s)	Massentransferrate pro Volumeneinheit
$\vec{R}$	var.	Funktionenvektor im Runge-Kutta-Verfahren
Rel	–	Relaxationsfaktor
RK	–	Rohkohle
s	J/(kg K)	spez. Entropie
s	m	Weglänge
s	–	dimensionslose Weglänge
s	–	Solid
s_i	–	Schätzwert der Standardabweichung
$\vec{s}$	–	Ausbreitungsrichtung der Strahlung
s_r	m	Rippenbreite
$\vec{s}_{stg}$	–	Ausbreitungsrichtung der gestreuten Strahlung
s_x	m	Laplace-Variable Ort
s_{Wa}	m	Wandstärke
s_τ	s	Laplace-Variable Zeit
S	–	Strouhal-Zahl
S	–	Stützstelle der Partikelflugbahn
S	var.	allgemeiner Quell-Senken-Speicherterm
S_c	var.	konstanter Anteil des Quellen- bzw. Senkenterms
S_{gl}	m	gleichwertige Schichtdicke

(wird fortgesetzt)

Zeichen	Einheit	Bedeutung
Si	–	Signal
S_p	var.	proportionaler Anteil des Quellen- bzw. Senkenterms
$\mathbf{S}_x$	–	Kovarianzmatrix
S_ϕ	var.	Quelle, Senke der allgemeinen spez. Bilanzgröße
t	m	Teilung
t_l	m	Längsteilung
t_q	m	Querteilung
t_r	m	Rippenteilung
T	K	Temperatur
T	m	Tiefe
T_{atm}	s/(N/m^2)	Kehrwert der Speicherdruckänderungsgeschwindigkeit bei $\Delta \dot{m}_{HD} = \dot{m}_{HD_0}$
T_p	s	Druckspeicherzeitkonstante
T_F	s	Zeitkonstante der Verzögerung der Feuerentbindung
T_n	K	„Nose"-Temperatur
T_N	var.	Regelparameter
T_R	s	Zeitkonstante der Übertragungsfunktion der beheizten inkompressiblen Rohrströmung (Rohrspeicherzeitkonstante)
T_{th}	s	Zeitkonstante der thermischen HD Dampfstromänderungsträgheit
TV	–	Turbinenventil
T_v	s	Zeitkonstante der virtuellen Dampferzeugung
T_V	var.	Regelparameter
u	J/kg	spez. innere Energie
u	–	dimensionslose Längenkoordinate
u_f	–	Funktion
u_i	–	i-ter Näherungswert
u_s	–	dimensionslose wegabhängige Koordinate
U	J	innere Energie
U	m	Umfang
U_D	–	Umlaufzahl
U_{el}	V	elektrische Spannung
U_{Rea}	J	Reaktionsenergie
v	m^3/kg	spez. Volumen
v	–	dimensionslose Längenkoordinate
$\vec{v}$	–	Vektor der Verbesserungen
v_f	–	Funktion
v_s	–	dimensionslose wegabhängige Koordinate

(wird fortgesetzt)

Zeichen	Einheit	Bedeutung
V	m³	Volumen
$\dot{V}$	m³/s	Volumenstrom
$\dot{V}_B$	m³/s	Volumenstrom in der Blasenphase
V_{mol}	cm³/mol	molares Volumen eines Stoffes
$V_{95,i}$	–	95 %-Konfidenzintervall
w	m/s	Geschwindigkeit
w_{Ums}	1/s	Umsatzgeschwindigkeit einer Reaktion
w_∞	m/s	Anströmgschwindigkeit
w_ϑ	K/s	Temperaturänderungsgeschwindigkeit
w_i	–	Gewichtungsfunktion
w_{GK}	m/s	Zwischenkorngasgeschwindigkeit
w_{Rea}	mol/(m³ s)	Reaktionsgeschwindigkeit
W	J	Wärmequelle oder -senke
W_{Vo}	J/m³	volumetrische Wärmequelle oder -senke
W_i	kg/mol	Molekulargewicht des Stoffes i
x	m	Koordinate, Seitenlänge
x_*	–	dimensionslose Länge
x	var.	Zustandsvariable, Variable
$\vec{x}$	var.	Variablenvektor
x_C	–	Realanteil einer komplexen Zahl
x_D	–	Dampfgehalt
$\dot{x}_D$	–	Dampfmassenanteil
$\vec{x}$	var.	algebraischer Variablenvektor, Funktionswerte, Messwertevektor
X	m	Seitenlänge
X_{2ph}	–	Martinelli-Parameter
X	m³$_{Stoff}$/m³$_{Gem}$	Volumenanteil (Index: E Edukt, P Produkt, i,j Stoff)
y	m	Koordinate, Seitenlänge, Variable
y_{aus}	–	Ausgangssignal in einen Regler
y_C	–	Imaginäranteil einer komplexen Zahl
y_{ein}	–	Eingangssignal in einen Regler
$\vec{y}$	–	differentieller Variablenvektor, Funktionswerte, Variablenvektor
Y	kg$_{Stoff}$/kg$_{Gem}$	Massenanteil (Index: E Edukt, P Produkt, i,j Stoff)
Y_{H_2O}	–	Wassergehalt (Massenanteil)
Y_P	kg/kg	Summe der Partikelkonzentration
z	m	Koordinate
z_C	–	komplexe Funktion
$\vec{z}$	var.	Variablenvektor
Z_i	var.	Zustandsgröße

Formelzeichen griechische Buchstaben

Zeichen	Einheit	Bedeutung
α	–	Koeffizient
α	W/(m² K)	Wärmeübergangskoeffizient
$\overline{\alpha}_n$	W/(m² K)	mittlerer Wärmeübergangskoeffizient bei n Rohren
α_{fg}	$\mathrm{m}^3_{Gas}/\mathrm{m}^3_{Gem}$	Gasvolumenanteil
α_{ka}	–	Kalzinierungsgrad
α_A	–	Korrekturfaktor für Reibung und Kontraktion in einem Ventil (Ausflussziffer)
α_σ	–	Lochrandspannungsüberhöhungsfaktor
β	–	Koeffizient
β_ϑ	1/K	linearer Ausdehnungskoeffizient
β_{AB}	kg/(m²s)	Gleitreibungskoeffizient
$\beta_{por,g}$	m/s	Stoffübergangskoeffizient: Gas / Partikelporen
β_t	K/s	Temperaturänderungsgeschwindigkeit
$\vec{\gamma}$	–	Koeffizientenvektor im Runge-Kutta-Verfahren
γ	–	Modellkonstante des Turbulenzmodells
γ_{Fs}	–	Masseanteil der Fine-Structure-Region an der Gesamtmasse
γ_{Fs}^*	–	Masseanteil der Fine Structure an der Fine-Structure-Region
γ_{Gk}	–	Masseanteil einer bestimmten Größenklasse bezogen auf die Gesamtmasse
Γ	kg_{Gem}/(m s)	Diffusionskoeffizient
Γ_ϕ	var.	Austauschkoeffizient
Γ_{2ph}	kg/(m³ s)	volumetrische Stoffübergangsrate flüssig-gasförmig
Γ_P	kg/(m³ s)	volumetrische Stoffübergangsrate fest-gasförmig
Γ_{Str}	–	Strahlungsparameter
δ_{ij}	–	Kronecker Delta
δ	–	Dirac'sche Deltafunktion
δ	m	Grenzschichtdicke
δ_{Fd}	m	Filmdicke des Kondensats

(wird fortgesetzt)

XXXII Symbolverzeichnis

Zeichen	Einheit	Bedeutung
δ_{Sch}	m	Schichtdicke der Pore
$\vec{\delta}$	var.	Koeffizientenvektor im Runge-Kutta-Verfahren
$\delta\mathbf{R}$	–	totales Differential der Optimierungsfunktion
δ_{Str}	–	Sichtbarkeitsfaktor
δ_{Fe}	var.	Fehler
$\delta_{Fe,soll}$	var.	geforderte Genauigkeit
$\breve{\delta}$	var.	totales Differential
Δ	–	Differenz
$\Delta\tau$	s	Zeitschritt
$\Delta\vartheta_m$	K	mittlere Temperaturdifferenz
$\Delta\vartheta_{\log}$	K	mittlere logarithmische Temperaturdifferenz
$\Delta\lambda$	–	Wellenlängenintervall
$\boldsymbol{\Delta}$	–	Laplace – Operator
ε	m^2/s^3	turbulente Dissipationsrate
ε	–	Emissionsgrad, Emissionsverhältnis
ε	–	dimensionslose Temperaturänderung
ε_{abb}	–	Abbruchkriterium
$\varepsilon_{mGra,0}$	–	anfängliche Porosität des Mikrograins
ε_A	J	Kraftkonstante der Komponente A
ε_P	$m^3_{Partikel}/m^3_{ges}$	Porosität
ε_{Por}	m^2_{Pore}/m^2_{ges}	Anteil der Poren an der Gesamtoberfläche des Partikels
ε_ϕ	var.	Schranke für Φ
ε_i	J	Lennard-Jones-Kraftkonstante
ζ	–	Widerstandsbeiwert
ζ_R	–	Dämpfungsfaktor der Rohre
η	–	Wirkungsgrad
η_r	–	Rippenwirkungsgrad
ϑ	°C	Temperatur
ϑ_s	°C	Siedetemperatur
ϑ_*	–	dimensionslose Temperatur
θ	–	Winkel
Θ	m^3_{Stoff}/m^3_{ges}	Volumenanteil
κ	–	Isentropenexponent
κ_{el}	S/m	elektrische Leitfähigkeit
κ_D	–	Formkonstante der Übertragungsfunktion der beheizten inkompressiblen Rohrströmung
λ	W/(m K)	Wärmeleitfähigkeit

(wird fortgesetzt)

Zeichen	Einheit	Bedeutung
λ_{Sch}	m	Feststoffschicht
λ_{Str}	W/(m K)	„Strahlungsleitfähigkeit"
λ_{Reib}	–	Rohrreibungszahl
Λ	–	Umsatz
μ	kg/(ms)	dynamische Viskosität
μ	kg/kg	auf 1 kg Brennstoff bezogene Masse
ν	m²/s	kinematische Viskosität
ν	–	stöchiometrischer Koeffizient
ν_q	–	Querkontraktionszahl
ξ	–	Verhältnis
ξ_l	–	Längsteilungsverhältnis
ξ_q	–	Quersteilungsverhältnis
ξ_{diss}	–	Anteil der Energiedissipation an der Grenzfläche Gas-Flüssig
ξ_{Hyb}	–	Verhältnis zwischen Zentral- und UPSTREAM-Diskretisierung
ξ_U	$kg_{Spw,Fall}/kg_{Spw,ges}$	Anteil des Speisewassermassenstroms, welcher in das Fallrohr eintritt, am Gesamtspeisewassermassenstrom
Ξ	–	Korrekturfaktor
Π	–	Druckverhältnis, Produkt
ϱ	kg/m³	Dichte
ϱ_{mol}	mol/m³	molare Dichte
$\bar{\varrho}$	kg/m³	Schwarmdichte (Phase Feststoff + Gas)
ρ_{Str}	–	Reflexionsgrad
σ_{Str}	W/(m²K⁴)	Stefan-Boltzmann-Konstante $(5,67051 \cdot 10^{-8}$ W/m²K⁴)
σ	N/m²	Oberflächenspannung
σ_{ij}	N/m²	Normalspannungen
σ_{ij}	N/m²	Spannungstensor
σ_A	Å	Kraftkonstante der Komponenten A
σ_i	Å	Lennard-Jones-Kraftkonstante
σ_i	–	Standardabweichung
σ_i^2	–	Varianz
$\sigma_{B/Z/\vartheta}$	N/m²	Zeitstandfestigkeit für Z Stunden bei der Temperatur ϑ
σ_k	–	Konstante des Turbulenzmodells
σ_{stg}	–	Streukoeffizient
σ_{th}	N/m²	Thermospannung
$\sigma_{0.2}$	N/m²	Streckgrenze (0,2 % Dehngrenze)
$\sigma_{0.2/\vartheta}$	N/m²	Warmstreckgrenze bei der Temperatur ϑ
σ_ε	–	Konstante des Turbulenzmodells

(wird fortgesetzt)

Zeichen	Einheit	Bedeutung
Σ	–	Summe
τ	s	Zeit
τ	N/m²	Schubspannung
τ_{ij}	N/m²	Schubspannungstensor
τ_D	s	(Dampf) Mediumsspeicherzeitkonstante
τ_{Ko}	s	Kolmogorov-Zeitmaß
τ_P	s	Partikel-Relaxationszeit
τ_R	s	Rohrspeicherzeitkonstante
τ_{Str}	–	Transmissionskoeffizient, Transmissionsgrad
τ_t	s	Durchlaufzeit, Totzeit, Laufzeit
τ_{tor}	–	Tortuositätsfaktor
τ^*	s	charakteristische Aufenthaltszeit innerhalb der Fine Structures
τ_*	–	dimensionslose Zeit
φ	–	Winkel
$\varphi(e_i)$	–	Fehlerverteilungsfunktion
φ_L	–	relative Luftfeuchtigkeit
φ_{Gu}	–	Gutsfeuchtigkeit
ϕ	var.	allgemeine spez. Bilanzgröße
ϕ_P^*	m^3_{Stoff}/m^3_{ges}	volumetrische Feststoffkonzentration über TDH
ϕ_d	m^3_{Stoff}/m^3_{ges}	volumetrische Feststoffkonzentration am Ende des dichten Bettes
ϕ_P	m^3_{Stoff}/m^3_{ges}	volumetrische Feststoffkonzentration $\phi_P = (1-\varepsilon_p)$
Φ	–	Phasenfunktion
Φ^2	–	Zweiphasenmultiplikator
χ	–	Winkel
χ_{Fs}	–	Massenanteil an Fine Structure, welcher reagieren kann
ψ_{Sorb}	J/kg	Energieanteil vom Fluidisierungsgas an das Partikel im Feuerraum
ψ_{Str}	–	Anpassungsfunktion
ψ	–	Hohlraumanteil
ψ	mol_{Stoff}/mol_{Gem}	Molanteil
Ψ	–	Wertigkeit der Brennkammerflächen
Ψ	var.	Lagranger Multiplikator
Ψ_k	var.	adjungierte Variable
Ω	rad	Raumwinkel der Strahlung
Ω	1/s	Winkelgeschwindigkeit, Kreisfrequenz
Ω_{diff}	1/s	Kollisionsintegral

(wird fortgesetzt)

Zeichen	Einheit	Bedeutung
Ω_{stg}	rad	Raumwinkel der ausgestreuten Strahlung
Ω_{verd}	–	Dimensionslose Verdichterkennzahl
Ω_G	m, m², m³	Gebiet
$\partial\Omega_G$	–, m², m³	Rand, Oberfläche in 3D

Indizes tiefgestellt

Zeichen	Bedeutung
α	Komponente
a	außen
ab	Abrieb, abströmend
abb	Abbruch
$äq$	äquivalent
abs	Absorption
$abso$	absolut
ad	adiabat
aus	Austritt, abgebend
A	bezogen auf die Fläche, Querschnittsfläche
AB	von Komponente A nach Komponente B
Abg	Abgas
Adh	Adhäsion
Akt	Aktivierung
$Anord$	Anordnung
$Asche$	Asche
Auf	Auftrieb
Abd	Ausbrand
b	bottom, Fläche
beh	Beheizung
ber	berechnet
bin	binär
B	Bottom, Definitionspunkt, Blase
Bau	Bauteil
Bas	Basset
$Bett$	Bettmaterial
$Beschl$	Beschleunigung
Bg	Bildungsgeschwindigkeit
$Bind$	Bindung
Bil	Bilanz
Bk	Brennkammer

(wird fortgesetzt)

Zeichen	Bedeutung
Bl	Blase
Bo	Boltzmann
Br	Brennstoff
$Bündel$	Bündel
$chem$	chemisch
C	Kohlenstoff, komplexe Zahl
CA	Koks und Asche
CO_2	Kohlendioxid
d	dichtes Bett
$diff$	diffusiv, diffusion
$diss$	Dissipation
$down$	abwärts
dr	Druck
D	Dampf
$Dä$	Dämpfung
DE	Dampferzeuger
DT	Dampfturbine
e	östliche Fläche
e	Gleichgewichtsterm im Spannungstensor
el	elektrisch
eff	effektiv
ein	Eintritt, Mediumseintritt, eintretender Strom
erf	erforderlich
erw	Erweichung
ext	extern
ez	einzel
E	östlicher Definitionspunkt, Edukt
EDC	Eddy-Dissipation-Konzept
EDM	Eddy-Dissipation-Modell
Ein	Einspritzung
Eq	Equilibrium
$Entg$	Entgasung
$Erst$	Erstarrung
Esp	Einspritzung
f	Fluid, flüssig
f_0	das Fluid liegt als reine Flüssigkeit vor
fe	feucht
fix	fix
fr	Freiraum
F	Feuer, Feuerentbindung
$Fall$	Fallrohr
Fd	Filmdicke

(wird fortgesetzt)

Zeichen	Bedeutung
Ff	Flammenfront
Fi	Field
Fla	Flamme
FlR	Flammraum
$Flux$	auf die Fläche bezogen
$Form$	Formteil
Fs	Fine Structure
FVM	Finite-Volumen-Methode
g	Gasphase, Gas
g_0	das Fluid liegt als reines Gas bzw. Dampf vor
$gegen$	Gegenstrom
ges	gesamt
gew	gewichtet
gr	groß
$grav$	Gravitation
gl	gleichwertig
G	Generator
Gem	Gemisch
Gk	Größenklasse
$Glas$	Glasphase
Gr	Grenzfläche flüssig-gasförmig
Gra	Grain
Gs	Grenzschicht
$Gs\infty$	außerhalb der Grenzschicht
GT	Gasturbine
Gu	Gutstemperatur
h	Enthalpiebilanz, heiße (wärmeabgebende) Seite eines Wärmeübertragers
hd	Hauptdiagonale
hyd	hydraulisch
$hygrosk$	hygroskopisch
H	Hülse, Wasserstoff
HD	Hochdruck
$Heiz$	Aufheizung
HK	Halbkugel
H_2	Wasserstoff
H_2O	Wasser
Hyb	Hybrid
i	Richtungsindex Tensor/Vektor, Zählindex
in	innen
int	intern
$intr$	intrinsisch

(wird fortgesetzt)

Zeichen	Bedeutung
$isen$	isentrop
ist	Istwert
Imp	Impuls
j	Richtungsindex Tensor/Vektor, Zählindex
k	Richtungsindex Tensor/Vektor, Zählindex, kalte (wärmeaufnehmende) Seite eines Wärmeübertragers
ka	Kalzinierung
kk	krummliniges Koordinatensystem
kl	kurvenlinear, klein
kin	kinetisch
$kond$	kondensiert
$konst$	konstant
$konv$	konvektiv
$korr$	Korrektur
$krit$	kritisch
$kühl$	Kühlung, Abkühlung
K	Konvektionszug, Kugel, Kohle
$KaSt$	Kalkstein
Ko	Kolmogorov
$Kohle$	Kohle
$Koks$	Koks
$Kern$	Kern
KL	Kunii und Levenspiel
Kn	Knickpunkt
$Komp$	Komponente
Kr	Rohrkrümmer, Rohrbogen
$Kris$	Kristalisation
KV	Kontrollvolumen
l	Längs, liquid bzw. flüssig
lam	laminar
$leit$	Leitung (Wärmeleitung)
lim	Limes
log	logarithmisch
lz	Laufzahl
L	Luft
Ltr	Luft trocken
Lfe	Luft feucht
La	Laufzeit
Lo	stöchiometrische Verbrennungsluft
m	Mitte
max	Maximum

(wird fortgesetzt)

Zeichen	Bedeutung
mc	Mechanismus
$mech$	mechanisch
mf	Minimum fluidisation
$mGra$	Mikrograin
min	Minimum
mod	modifiziert
mol	molar
$mole$	molekular
mom	momentan, aktuell
M	Medium
Mag	Magnus
$Messung$	Messung
$Misch$	Mischung
n	nördliche Fläche
nb	Nachbar
net	Netto
nt	„Nose-temperature"
N	nördlicher Definitionspunkt, endliche Anzahl, größter Wert von n, Stickstoff
NO	Stickstoffmonoxid
N_2	Stickstoff
o	Oberseite, östliche Fläche, oben
occ	Occurrence
od	obere Nebendiagonale
oxi	Oxidant
O	Oberfläche, östlicher Definitionspunkt
O_2	Sauerstoff
p	proportional
par	parallel
ph	physikalisch
pk	pseudokritisch
pol	polytrop
pyr	Pyrolyse
P	Punkt, Kompassnotation
P	Partikel, Produkt
PrS	Produktschicht
$PECE$	PECE – Predictor – Corrector – Verfahren
Por	Pore
$Prod$	Produkt
q	quer
r	Rippe
ra	Radius

(wird fortgesetzt)

Zeichen	Bedeutung
$real$	real
red	reduziert
ref	Referenz
rel	relativ
rez	Rezirkulation
R	Rohr
Ra	Raum
Rb	Rohrbündel
Rea	Reaktion
$Reakt$	Reaktor
$Rest$	Rest
$Reib$	Reibung
$Ring$	Ring
RK	Rohkohle
s	südliche Fläche, solid bzw. fest
sch	Schmutz
$sink$	sinken
sol	solid bzw. fest
$soll$	Sollwert
st	statisch, stöchiometrisch Luft
stg	Streuung
$stat$	stationär
stH	statische Höhe
stS	stöchiometrisch Sauerstoff
$spez$	spezifisch
S	südlicher Definitionspunkt, Schall, Schwefel
Saf	Saffman
Sam	Sammler
$Sätt$	Sättigung
Sch	Schicht
$Schl$	Abschlämmung
$Schm$	Schmelze
$Sorb$	Sorbent
$Steig$	Steigrohr
$Stoff$	Stoff
Str	Strahlung
Sp	Speicher
$SpQS$	Speicherterm für Quellen- und Senken
Spr	Sprungförmiger Verlauf der Funktion
Spw	Speisewasser
St	Stahl
Str	Strahlung

(wird fortgesetzt)

Zeichen	Bedeutung
StR	Strahlraum
$Sulf$	Schwefel, Sulfatierung
SW	Siedewasser
t	top, Fläche
tat	tatsächlich
th	thermisch
te	terminal /sinken), Sinkgeschwindigkeit
$teil$	Teil
$theo$	theoretisch
tmp	temporär
tr	transfer
$turb$	turbulent
tw	teilweise
T	Top, Definitionspunkt, Temperatur
Ta	Taylor
TDH	Transport Disengaging Height
Tr	Trocken, Trocknung
Tro	Trommel
$Tropf$	Tropfen
$Turb$	Turbine
$Turbv$	Turbinenventilöffnung
u	Unterseite, unten
ud	untere Nebendiagonale
$ungl$	Ungleichgewicht
$unvb$	unverbraucht
up	aufwärts
U	Unterkühlung
$Ü$	Überströmrohr
$ÜH$	Überhitzer
Um	Umgebung
Ums	Umsatz
v	Nichtgleichgewichtsterm im Spannungstensor
$verb$	verbraucht, Verbraucher
$verd$	Verdichter
$virt$	virtuell
vol	volumetrisch
V	Verdampfer, Verweilzeit
Vd	Verdampfung
$Verl$	Verlust
VM	Flüchtige (Volatile Matter)
Vo	Volumen
w	westliche Fläche

(wird fortgesetzt)

Zeichen	Bedeutung
waf	wasser- und aschefrei
W	westlicher Definitionspunkt
Wa	Wand
Wi	Widerstand
Ws	Wirbelschicht
x, y, z	Richtungen im rechtwinkligen, kartesischen Koordinatensystem, Komponenten eines Vektors in diesen Richtungen
$zpro$	Anzahl der Projektionen
zu	zuströmend, zugeführt
zus	zusätzlich
Zer	Zersetzung
$ZÜ$	Zwischenüberhitzer
λ	Wellenlänge
ϕ	der allgemeinen, spezifischen Bilanzgröße ϕ
Ω_G	Gebiet
$\partial \Omega_G$	Rand, Oberfläche in 3D
∞	Unendlich
0	Anfangszustand, Ausgangspunkt, auf Leerrohrzustand bezogen
$1ph$	einphasig
$2ph$	zweiphasig
$1, 2, 3$ oder i, j, k	Richtung x, y, z bzw. x_1, x_2, x_3 in rechtwinkeligen Koordinaten
$*$	dimensionslos

Indizes hochgestellt

Zeichen	Bedeutung
$-$	Mittelwert, integraler Mittelwert
$*$	Näherungswert, Größen der Fine Structures
$**$	Näherungswert nach dem ersten Korrekturschritt des PISO-Verfahrens
$***$	Näherungswert nach dem zweiten Korrekturschritt des PISO-Verfahrens
$'$	Korrekturwert, Schwankungswert oder Abweichung einer zeitgemittelten Größe, Siedewasser, Ableitung
$''$	Sattdampf, 2. Ableitung

(wird fortgesetzt)

Zeichen	Bedeutung
$\hat{}$	Pseudowert, erster Korrekturwert des PISO-Verfahrens
$\hat{\hat{}}$	zweiter Korrekturwert des PISO-Verfahrens
$\rightarrow$	Vektor
$\cdot$	zeitliche Ableitung einer Größe
$\sim$	doppelte Schrittweite
a	allgemeiner Exponent
b	allgemeiner Exponent
C	konvektiv
D	diffusiv
j	j-ter berücksichtigter Schritt im Prediktor-Korrektor-Verfahren
KV	Kontrollvolumen
m	Anzahl der berücksichtigten Schritte im Prediktor-Korrektor-Verfahren
n	allgemeiner Exponent, Reaktionsordnung
rel	relativ
res	resultierend
T	transponiert
0	vorhergehender Zeitschritt, Zustand im umgebenden Fluid, aktueller Schritt im Prediktor-Korrektor-Verfahren
$+$	in positiver Richtung bis zum Rand
$-$	in negativer Richtung bis zum Rand
μ	Iterationsschritt

Dimensionslose Größen

Zeichen	Bedeutung
$Ar = (\varrho_P - \varrho_F)d_P^3 g/(\varrho_F \nu^2)$	Archimedes-Zahl
$Bi = \alpha l/\lambda$	Biot-Zahl
$Ec = w^2/c_p|\overline{T}_f - T_{Wa}|$	Eckert-Zahl
$Fo = a_\lambda \tau / l^2$	Fourier-Zahl
$Fr = w^2/gl$	Froude-Zahl
$Ma = w/w_S$	Mach-Zahl
$Nu = \alpha l/\lambda$	Nußelt-Zahl
$Pe = wl/a_\lambda$	Péclet-Zahl
$Ph = c_{pf}(\vartheta_{Sätt} - \vartheta_{Wa})/r$	Phasenumwandlungszahl
$Pr = \mu c_p/\lambda$	Prandtl-Zahl

(wird fortgesetzt)

Zeichen	Bedeutung
$Re = wl/\nu$	Reynolds-Zahl
$S = fd_a/w$	Strouhal-Zahl
$Sc = \nu/D_{bin}$	Schmidt-Zahl
$Sh = Nu2$	Sherwood-Zahl
$We = w^2 \varrho d/\sigma$	Weber-Zahl
$\kappa = c_p/c_v$	Isentropenexponent des Gases

Mathematische Operatoren

Zeichen	Bedeutung
$\mathrm{Cov}()$	Kovarianz
$\mathrm{Var}()$	Varianz
Δ	Differenz
$\check{\delta}$	Totales bzw. vollständiges Differential
$\Im$	Imaginäranteil
$\mathcal{L}\{\}$	Laplace Operator
$\vee$	Logisches ODER
$\wedge$	Logisches UND
Σ	Summe
Π	Produkt
$\mathrm{div}\vec{w} = \dfrac{\partial w_x}{\partial x} + \dfrac{\partial w_y}{\partial y} + \dfrac{\partial w_z}{\partial z}$	Divergenz eines Vektors ist ein Skalar
$\mathrm{grad}\vartheta = \dfrac{\partial \vartheta}{\partial x} \cdot \mathrm{e_x} + \dfrac{\partial \vartheta}{\partial y} \cdot \mathrm{e_y} + \dfrac{\partial \vartheta}{\partial z} \cdot \mathrm{e_z}$	Gradient eines Skalars ist ein Vektor
$\boldsymbol{\Delta}\phi = \dfrac{\partial^2 \phi}{\partial x^2} + \dfrac{\partial^2 \phi}{\partial y^2}$	Laplace Operator „Delta"
$\nabla = \dfrac{\partial}{\partial x} \cdot \mathrm{e}_x + \dfrac{\partial}{\partial y} \cdot \mathrm{e}_y + \dfrac{\partial}{\partial z} \cdot \mathrm{e}_z$	Hamilton Operator „Nabla"

1
Einleitung

„Denn es ist eines ausgezeichneten Mannes nicht würdig, wertvolle Stunden wie ein Sklave im Keller der einfachen Rechnungen zu verbringen. Diese Aufgaben könnten ohne Besorgnis abgegeben werden, wenn wir Maschinen hätten."

Gottfried Wilhelm Leibniz, 1646–1716

1.1 Auslegung und Simulation

„Multipliziere das Quadrat des Zylinderdurchmessers in inch mit der Kolbengeschwindigkeit in feet pro Minute. Dividiere das Produkt durch 500. Der Quotient ist die erforderliche feuerberührte Kesselfläche in square feet" (Schäff 1982). So einfach war die „Kesselberechnung" zur Zeit von James Watt (1736–1819). Allerdings waren kostspielige, nachträgliche Änderungen an Heizflächen und Feuerungen bis zur zweiten Hälfte des letzten Jahrhunderts an der Tagesordnung.

Wesentliche Verbesserungen brachte die von (Nuber 1967) erstmals 1921 und in vielen Auflagen erschienene Buch „Wärmetechnische Berechnung der Feuerungs- und Dampfkesselanlagen" und das WKV – Wasserrohrkesselverband Düsseldorf – Buch und später das FDBR – Fachverband Dampferzeuger-, Behälter- und Rohrleitungsbau – Handbuch mit genauen Berechnungsabläufen, die jedoch beide nicht allgemein zugänglich waren. Letzteres wurde teilweise von (Schuhmacher 1972) veröffentlicht. Grundlegende Berechnungsmethoden erschienen auch schon von (Ledinegg 1952), (Fryling 1966), (Doležal 1972), (Singer 1981) und in den letzten Jahren von (Brandt 1985), (Brandt 1995), (Brandt 1999a) und (Brandt 1999b).

(Marquardt 1999) unterscheidet zwischen deklarativen (symbolisch, mathematische Formeln) Repräsentationen der Modelle, die im Allg. und auch bei der Berechnung und Simulation von Kraftwerken die wohl notwendige Vorstufe darstellen, und den prozeduralen Repräsentationen der Modelle (ausführbare Programmcodes). Auch macht es einen Unterschied, ob die Integration weiterer Modelle schon bedacht (a priori – (Marquardt 1999)) war oder im Nachhinein erfolgt (a posteriori – (Marquardt 1999)), jedenfalls müssen geeignete Schnittstellen vorhanden sein oder geschaffen werden. Es ist sicher interessant, Methoden und Lösungen dieser Problematik, die sich auch in der Verfahrenstechnik stellte und dort zu Modellierungssprachen wie ASPEN, SPEEDUP, DIVA, ACM, GPROMS, ROMEO, MODELICA etc. (siehe (Marquardt 1999)) geführt hat, mit der Entwicklung in der Energietechnik zu vergleichen.

Aber zuvor noch eine von (Marquardt 1999) entnommene Definition, die dieser von (Motard 1975) übernommen hat und die hier etwas verallgemeinert werden soll: Simulation ist die Abbildung eines Prozesses durch ein mathematisches Modell und dessen (numerische oder analytische) Lösung, um Informationen über den Prozess und das Prozessverhalten zu gewinnen.

Wenn man vom Fliehkraftregler für Dampfmaschinen absieht, der 1788 von James Watt erfunden und patentiert, aber erst 1868 von J. Maxwell berechnet wurde, so ist eine der ersten Simulationen und zwar gleich eine dynamische auf dem Gebiet des Dampferzeugerbaus die Dissertation von (Profos 1944). Sie handelte u. a. über eine Überhitzersimulation und die Dampftemperaturregelung.

In den 50er und 60er Jahren des letzten Jahrhunderts entwickelten die Herstellerfirmen von Dampferzeugern Programme, mit deren Hilfe geometrisch vorgegebene Dampferzeuger bei stationärer Volllast und Teillast nachgerechnet wurden, d.h. die eigentliche Auslegung erfolgte überschlägig von Hand bzw. auf Grund ähnlicher Anlagen. Diese Programme werden auch heute noch benutzt (Leithner 1976).

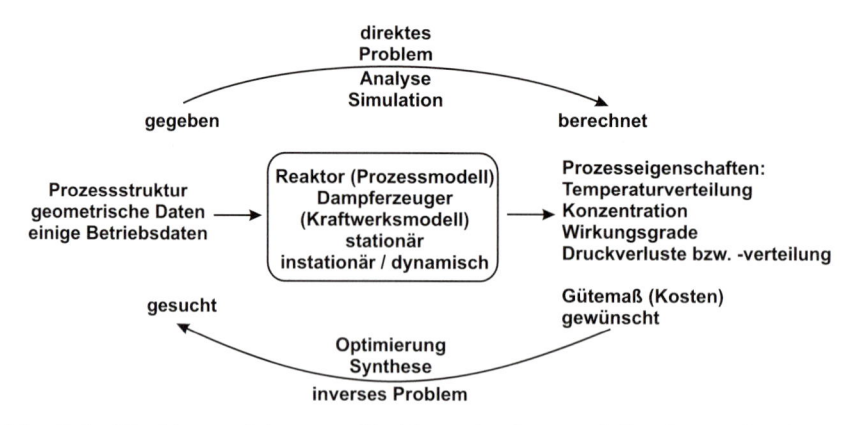

Abb. 1.1. Direktes und inverses Problem; Analyse und Synthese adaptiert von (Marquardt 1999)

Wie in Abb. 1.1 dargestellt, führt die Vorgabe der Geometrie und weiterer Parameter wie Brennstoffeigenschaften, Speisewasserstrom, Speisewasser-

und Frischdampftemperaturen etc. zu einer Simulation bzw. Analyse des Prozesses, und es werden der Brennstoffstrom, der Luftstrom, die Temperaturen an den Ein- und Austritten der Heizflächen und der Wirkungsgrad berechnet. Eigentlich hätte man natürlich gern eine inverse Lösung, d.h. man weiß ja, welchen Dampfstrom, Wirkungsgrad etc. man haben möchte, und das Programm sollte die preiswerteste Auslegung eines dafür geeigneten Dampferzeugers liefern.

In den 80er und 90er Jahren des letzten Jahrhunderts wurden Programme entwickelt, die den inversen Vorgang, d.h. die eigentliche Auslegung auf Grund von Erfahrungen, die in Diagrammen bzw. in Gleichungen z.B. über Querschnitts- und Volumenbelastungen von Dampferzeugerbrennkammern, zulässige Geschwindigkeiten etc. niedergelegt waren, berechneten (z.B. (Wang 1990)). Auch Optimierungsprogramme entstanden erstmals in diesen Jahren ((Leithner 1996b), (Löhr 1996)).

In den 60er Jahren des letzten Jahrhunderts wurden auch schon Programme zur stationären Berechnung von gesamten Kraftwerkskreisläufen entwickelt und diese dann laufend verbessert und in den 80er und 90er Jahren des letzten Jahrhunderts zur Optimierung der Kraftwerkskreisläufe eingesetzt. Eine Übersicht über diese Arbeiten ist in der Dissertation von (Stamatelopoulos 1995) über die stationäre Berechnung und Optimierung von Kraftwerkskreisläufen enthalten. Siehe auch (Löhr 1996), (Löhr 1998). In (Giglmayr 2001) werden diese stationären Kreislaufberechnungsprogramme wie EBSILON, Gate Cycle u.a. einem ausführlichen Vergleich unterzogen. Hinzugekommen ist seither das Programm APROS.

Parallel zu der Entwicklung stationärer Berechnungen von Dampferzeugern und Kraftwerken wurden auch Simulationsprogramme für instationäre Vorgänge wie Laständerungen und schließlich auch für Anfahr- und Abfahrvorgänge und Störfälle, zuerst für einzelne Komponenten und schließlich für Dampferzeuger und Kraftwerke entwickelt und z.B. seit 1977 für Kernkraftwerkssimulatoren und seit 1986 für Simulatoren konventioneller Kraftwerke in der VGB-Kraftwerkerschule verwendet.

Neben der bereits erwähnten Arbeit von (Profos 1944) und den Arbeiten von (Läubli 1960), (Läubli 1984) kann auf Publikationen von (Doležal 1954), (Doležal 1958), (Doležal 1961), (Doležal 1962), (Doležal 1972), (Doležal 1973), (Doležal 1979) und auf Dissertationen verweisen werden, in denen man eine Übersicht über einschlägige Publikationen findet, insbesonders: (Rohse 1995), (Kammer 1977), (Rettemeier 1982), (Grosse-Dunker 1987), (Heitmüller 1987), (Hönig 1980), (Löhr 1999), (Döring 1995) und ferner auf (Leithner 1996a), (Leithner 1974),(Leithner 1975), (Ngoma 2001), (Ufert 1996), (Wippel 2001) und (Leithner 1980b).

In den 70er Jahren des letzten Jahrhunderts entstanden bereits die ersten Programme zur dreidimensionalen Brennkammersimulation (Löhner 1971), (Richter 1978). Am IWBT der TU Braunschweig wurde das Brennkammersimulationsprogramm FLOREAN entwickelt ((Vockrodt 1994), (Müller 1992), (Schulz 1994), (Müller 1994), (Müller 1997), (Schiller 1999), (Fischer 1999),

(Vonderbank 1994), (Päuker 2000)), und es gibt derartige Programme auch an den Universitäten Bochum und Stuttgart sowie kommerzielle CFD-Programme, die solche Simulationen ermöglichen wie z.B. FLUENT, ANSYS-CFX etc. An der TU Darmstadt ist das Programmpaket ESTOS (Epple 2005d) zur Simulation von Feuerräumen entstanden, welches sich mit kommerziellen CFD-Programmpaketen (z.B. FLUENT, ANSYS-CFX etc.) kombinieren lässt. Hierbei wird das kommerzielle Programmpaket lediglich als Plattform verwendet, um über eine offenen Programmierschnittstelle (User Defined Function UDF) das selbst programmierte und validierte Feuerraummodell zum Einsatz zu bringen. Die neueste Entwicklung am IWBT befasst sich mit der Mineralumwandlung in den Brennkammern und der Vorhersage von Verschlackungen ((Bozic 2000), (Božić 2002), (Hoppe 2005)).

Auch CAD wurde schon beginnend in den 70er Jahren zuerst für einzelne Komponenten und schließlich für den ganzen Dampferzeuger (Leithner 1976) und für ein ganzes Kraftwerk (Gajewski 1999) eingesetzt und heute durch „parametrisches Konstruieren" weiterentwickelt.

Rückblickend betrachtet verlief – wie nicht anders zu erwarten – die Entwicklung, die insbesonders durch die stürmische Steigerung der Rechnerleistungen bei gleichzeitigem Preisverfall bestimmt wurde, nicht geradlinig und auch nicht aufeinander abgestimmt. Ein Beispiel dafür ist die getrennte Entwicklung von Dampferzeuger-, Turbinen- und Kreislaufberechnungsprogrammen, die selbst heute noch vielfach anzutreffen ist. Die Folge solcher getrennter Berechnungen war, dass Dampferzeuger, Dampfturbine, Vorwärmer, Kühlturm etc. nicht immer aufeinander abgestimmt waren, was manchmal erst in so genannten Boiler-Turbine-Matching Conferences nach Auftragsvergabe geklärt wurde oder gar erst im Betrieb, z.B. durch eine überflüssige Vorwärmstufe auffiel. Von optimaler Auslegung oder optimalem Betrieb waren bzw. sind solche Anlagen natürlich weit entfernt. Auch heute noch sind stationäre und instationäre Programme und Auswerte- bzw. Validierungsprogramme für Dampferzeuger völlig unabhängig voneinander, obwohl sie doch auf denselben Bilanz-, Transport- und Umwandlungsgleichungen für Masse, Stoffe, Energie und Impuls basieren. Häufig werden sogar andere Beziehungen für den Wärmeübergang, Druckverluste, Stoffwerte etc. verwendet, wodurch sich Unterschiede in den Ergebnissen nicht vermeiden lassen (s. Abb. 1.2).

Ein besonderes Anliegen dieses Buches ist es daher auch, den Lesern diese Zusammenhänge zu vermitteln. Ein Modell soll zwar (nach Einstein) möglichst einfach, aber auch so komplex wie notwendig sein. Zudem zwingen weder moderne PCs und schon gar nicht größere Rechner durch begrenzte Speicherkapazität und lange Rechenzeiten zu Vereinfachungen wie früher.

Um nicht von vornherein festgelegt zu sein, nach welchen Größen das Gleichungssystem aufgelöst werden muss, empfiehlt sich die Aufstellung eines impliziten Gleichungssystems, bei dem wahlweise beliebige Größen vorgegeben sind und der Rest berechnet werden kann. Vor Beginn der Berechnung empfiehlt es sich aber zu überprüfen, ob das Gleichungssystem lösbar und korrekt gestellt ist (wellposed). Ferner sollten objektorientierte Programmiermetho-

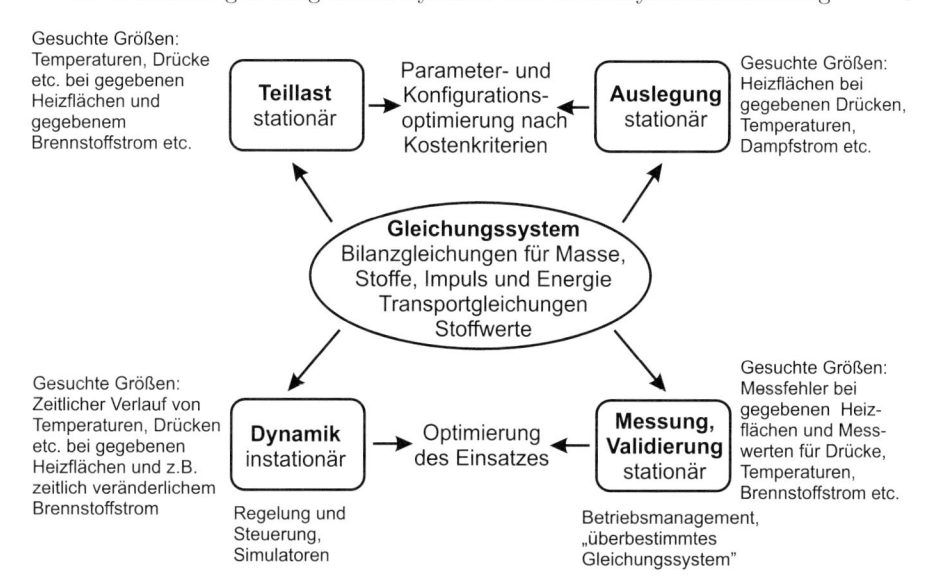

Abb. 1.2. Einsatz des grundlegenden Gleichungssystems für die Analyse und Synthese

den wie XML und C++ verwendet werden, und eine grafische Oberfläche sollte die Bedienung erleichtern (Witkowski 2006).

1.2 Einbindung in umgebende Systeme und Lebenszyklusmodellierung

Auch ein Kraftwerkskreislauf ist in eine Umgebung eingebettet, z.B. in die Atmosphäre, die die Verhältnisse im Kühlturm und dadurch auch im Kondensator bestimmt, in das elektrische Netz mit Verbrauchern und anderen Kraftwerken und schließlich auch in ein Unternehmen, das durch den Betrieb der Anlage Strom produzieren und Gewinne machen möchte.

Sind der Einfluss dieser umgebenden Systeme auf ein spezielles Kraftwerk oder die Auswirkung dieses Kraftwerks auf die umgebenden Systeme Teil der Untersuchung, so müssen diese Systeme in die Simulation in der einen oder anderen Form (feste oder variable Randbedingungen, stark vereinfachte Modelle) miteinbezogen werden. Dies führt zu immer komplexeren Modellstrukturen mit horizontaler und/oder vertikaler Integration, wie sie in Abb. 1.3 dargestellt ist.

Häufig liegen aber nur mangelhafte oder gar keine Verknüpfungen vor, d.h. die Verknüpfungen erfolgen durch den Bearbeiter. Z.B. müssen Daten aus CAD-Dateien entnommen und in stationäre und instationäre Simulationsprogramme transferiert werden, ebenso Daten von stationären Programmen in instationäre Programme oder umgekehrt Daten aus Auslegungsprogrammen in CAD-Programme (parametrisches Konstruieren) etc.

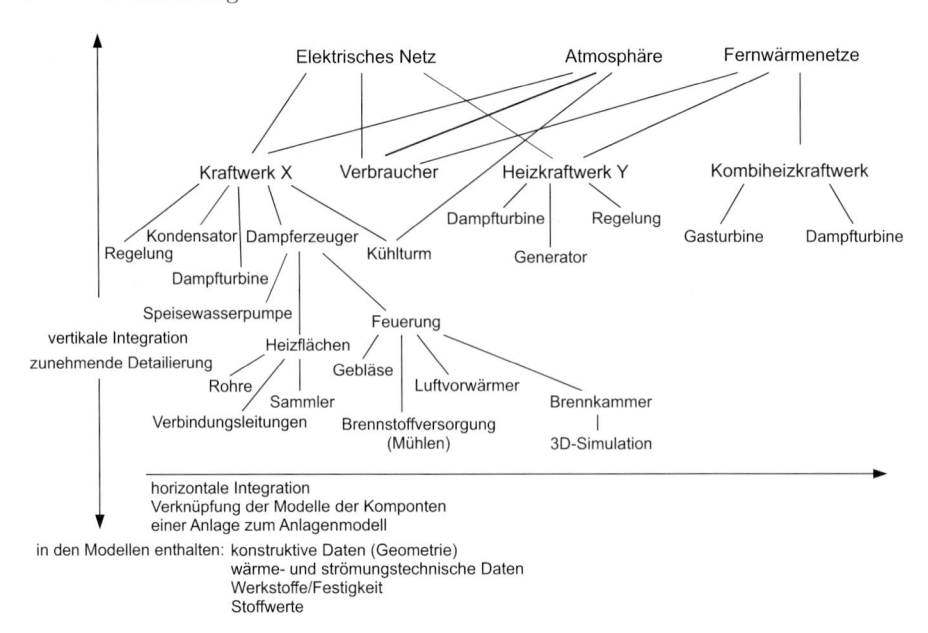

Abb. 1.3. Modellintegration, Quelle: (Marquardt 1999), ergänzt

Die Nutzung von PCs auch für organisatorische und kaufmännische Zwecke lässt natürlich den Wunsch nach einer Integration von technischen, organisatorischen und kaufmännischen Daten über die gesamte Lebensdauer einer Anlage entstehen (lifecycle management), aber auch nach einer verstärkt PC-orientierten Verkopplung der Betreibererfahrungen verschiedener Anlagen untereinander, was bisher in Deutschland von der VGB-Technische Vereinigung der Großkraftwerksbetreiber e. V. Essen durch ihre Fachausschüsse und Merkblätter etc. geleistet wird, und einer gezielten und genaueren Rückkopplung der Erfahrungen der Betreiber zu den Herstellern, was z.B. auch durch Betreiberverträge oder Wartungsverträge zwischen Eigentümern, Betreibern und Herstellern gefördert werden wird.

Nach den obigen Ausführungen ist die Entwicklungstendenz zu erkennen. Schon, um mühselige Datentransferzeiten und die damit verbundenen Fehlermöglichkeiten zu eliminieren, wird man zumindest firmenintern die Integration verschiedener Programmsysteme vorantreiben. Da man auf bisher bewährte Programme nur ungern verzichten wird wollen, werden vermutlich Schnittstellen bzw. Datentransferprogramme zwischengeschaltet werden. Auf Dauer gesehen wird es sich aber wohl lohnen, übergeordnete Programmstrukturen zu entwickeln, die sowohl mit den bisherigen Programmen als auch neuen Modulen arbeiten können, sodass alte Programme sukzessiv durch verbesserte, detaillierte Neuentwicklungen abgelöst werden können.

Verbesserungen werden durch detailliertere Modellierung (siehe unter anderen (Bozic 2000), (Božić 2002)) und/oder Verkopplung von Modellen, durch die zum Beispiel bisher geschätzte Randwerte mitsimuliert werden (ähnlich

(Päuker 2000)) – also durch vertikale und horizontale Integration – erreicht werden.

Natürlich wird auch der durchgehenden (von der Planung bis zum Abriss) Simulation (von (Marquardt 1999) Modellierungsintegration bzw. Lebenszyklusmodellierung genannt) zunehmendes Gewicht zukommen.

Als Lebenszyklusmodellierung definiert (Marquardt 1999) die formale Abbildung des Lebenszyklus durch ein Informationsmodell, dessen rechnerunterstützte Anwendung und Interpretation eine effiziente und ganzheitliche Entwicklung leistungsfähiger (Produktionsprozesse) Kraftwerke ermöglicht (Marquardt 1999).

Einen gewissen Ansatz dazu zeigen moderne Leittechnik-Systeme, in denen Unternehmensinformationssysteme vorgesehen sind.

Letzten Endes – und damit möchte ich den Blick in zukünftige Entwicklungen schließen – wird diese Entwicklung zum „virtuellen Kraftwerk" führen, in dem alle Funktionen simuliert werden und das man „begehen" kann (Leithner 2000).

1.3 Simulation und Experimente

Um Simulationsmodelle zu testen, sind zumindest anfangs Vergleiche mit analytischen Lösungen und auch (meist nicht vermeidbar) mit physischen Modellen nötig. Am einfachsten ist natürlich ein Versuch mit einem Modell 1:1; bezüglich der Übertragbarkeit bestehen keine Zweifel. Allerdings sind unter Umständen bestimmte Betriebszustände nicht ohne enormen Aufwand einstellbar (Explosionen, Crashs, Abstürze etc.), führen zur Zerstörung des Modells und erhöhen damit die ohnehin schon hohen Kosten eines 1:1 Modells, werden aber z.B. in der Automobilindustrie parallel zu Simulationen nach wie vor durchgeführt. Bei großen Anlagen wie z.B. Kraftwerken oder Chemieanlagen ist so etwas aus Kostengründen nicht denkbar.

Also wird i. Allg. versucht, mit möglichst kleinen Modellen einzelner kritischer Komponenten auszukommen. Dabei muss jedoch die Übertragbarkeit der Ergebnisse gewährleistet sein. Dazu ist eine geometrische und eine physikalische Ähnlichkeit erforderlich. Dies ist gewährleistet, wenn der vollständige Satz dimensionsloser Kennzahlen, die die Vorgänge im Modell und in den Hauptausführungen beschreiben, übereinstimmen. Dabei dürfen sich auch die Einflussgrößen nicht ändern, z.B. darf der Einfluss der Erdbeschleunigung nicht vernachlässigbar klein werden, während die Coulomb'schen Kräfte stark an Einfluss gewinnen.

Es gilt das π-Theorem von Buckingham:
Jede in den Dimensionen homogene Funktion kann durch eine Funktion eines vollständigen (n_π-r_π) Systems von linear unabhängigen, dimensionslosen Produkten/Kennzahlen dargestellt werden. n_π=Anzahl der Einflussgrößen, r_π=Rang der Dimensionsmatrix der Einflussgrößen, i. Allg. Anzahl der vorkommenden Grunddimensionen.

Tabelle 1.1. Analoge physikalisch-technische Sachverhalte

Physikalischer Vorgang	Wärmeübertragung durch Leitung	Stoffübertragung durch Diffusion	Leitung des elektrischen Stroms	Laminare Strömung (Impulsübertragung, Massentransport laminare Rohrströmung)	Kraftübertragung im Gravitationsfeld
Autor	Fourier	Fick	Ohm	Newton	Newton
Potential (Skalar)	Temperatur T	Massenkonz. c_i	Spannung U_{el}	Geschwindigkeit w	—
Transportobjekt	Wärmestrom $\dot{Q}$	Massenstrom der Komponente i, $\dot{m}_i$	elektr. Strom I_{el}	Impulsstrom $\dot{m}$	Kraft F
Bezugsfläche	Wärmeübertragungsfläche A	Stoffübertragungsfläche A	Stromleiterquerschnitt A	Strömungsquerschnittsfläche A	—
Proportionalitätskonstante	Wärmeleitfähigkeit λ	Diffusionskoeffizient Γ	elektrische Leitfähigkeit κ_{el}	dynamische Viskosität μ	Gleitfähigkeit $\mu\, d^2\, 32^{-1}$
Gleichung (eindimensional stationär)	$\dot{Q}=-\lambda A\dfrac{dT}{dx}$	$\dot{m}_i=-\Gamma A\dfrac{dc_i}{dx}$	$I_{el}=-\kappa_{el} A\dfrac{dU_{el}}{dx}$	$\dot{m}=-\dfrac{A}{\nu}\dfrac{d^2}{32}\dfrac{dp}{dx}$	$F=+m\dfrac{dgx}{dx}$
bez. Gleichung	$q=-\lambda\dfrac{dT}{dx}$	$\dot{m}_{Flux,i}=-\Gamma\dfrac{dc_i}{dx}$	$i_{el}=-\kappa_{el}\dfrac{dU}{dx}$	$\tau=-\mu\dfrac{dw}{dx}$	$\dot{m}_{Flux}=-\dfrac{1}{\nu}\dfrac{d^2}{32}\dfrac{dp}{dx}$	—
spezifischer Widerstand	$R_\lambda=(\lambda)^{-1}$	$R_{diff}=(\Gamma)^{-1}$	$R_{el}=(\kappa_{el})^{-1}$	$R_\tau=(\mu)^{-1}$	$R_R=\left(\dfrac{1}{\nu}\dfrac{d^2}{32}\right)^{-1}$	—

Sollen die n_π-r_π dimensionslosen Kennzahlen von Modell und Hauptausführung gleich sein und damit die Messwerte des Modells auf die Hauptausführung übertragen werden können, können nur r_π Maßstäbe beliebig gewählt werden. Diese Freiheit erscheint groß, ist es aber oft nicht, weil man natürlich den Längenmaßstab auf alle Fälle vorgeben will und andererseits die anderen Modellmaßstäbe, z.B. Verhältnis der Geschwindigkeiten im Modell und Hauptausführung, begrenzt sein sollen bzw. 1, wenn man z.B. das gleiche Fluid bei gleichem Druck und gleicher Temperatur wählen möchte. Es ist daher oft nötig, geeignete Modellfluide, die natürlich möglichst ungiftig, preiswert etc. sein sollten, zu verwenden.

Eine früher häufiger angewandte Möglichkeit war, analoge Modelle zu verwenden, weil z.B. die Messmöglichkeiten in den analogen Modellen einfacher waren. Die Analogie beruht auf der Tatsache, dass verschiedene technisch-physikalische Sachverhalte zwar durch verschiedene physikalische Größen beschrieben werden, aber trotzdem denselben Gleichungen gehorchen. Einen Überblick über analoge technisch-physikalische Sachverhalte gibt Tabelle 1.1. Letzten Endes kann man einen Entwicklungspfad von den analogen Modellen über den Analogrechner zu den numerischen Modellen/Berechnungen erkennen.

Insgesamt kann man feststellen, dass die Kosten und die Fragen der Übertragbarkeit, insbesondere wenn nur partielle Ähnlichkeit erreicht wird, die beiden Hauptprobleme bei Experimenten mit physischen Modellen sind, aber letzten Endes findet man diese Probleme in analoger Form bei mathematischen/numerischen Modellen wieder.

1.4 Mathematische und numerische Modelle

Leider sind analytisch exakt oder näherungsweise lösbare Gleichungen bzw. Gleichungssysteme zur Beschreibung technisch-physikalischer und chemischer Vorgänge nur auf wenige, einfache Fälle begrenzt, z.B. stationäre Wärmeleitung in einer Platte oder einem Hohlzylinder, einphasige, laminare Rohrströmung, einfache Wärmeübertrager, einfache Reaktionen etc. Schon die Lösung instationärer Wärmeleitprobleme in ebenen Platten führt auf sehr komplizierte Funktionen (siehe (Linzer 1973)) und zeigt damit die Grenzen analytischer Lösungen auf.

Andererseits werden durch die in den letzten 10 bis 20 Jahren stark gestiegene Rechnergeschwindigkeit und Speicherkapazität bei Computern, deren Preis dazu noch eher gesunken ist, numerische Methoden bei der Lösung auch sehr komplexer und großer Probleme im zunehmenden Maße attraktiver und auch von der Industrie eingesetzt. Natürlich haben dazu auch die sich parallel entwickelnden immer bedienungsfreundlicheren, kommerziellen und in letzter Zeit auch public domain Software–Systeme beigetragen, bei denen man spezielle CFD-Programme wie z.B. FLUENT, ANSYS, OPENFOAM etc. und allgemeinere Gleichungslöser wie MATLAB, MATHEMATICA, MODELICA, FEMLAB etc. unterscheiden kann. Mit letzteren sind auch kleinere Strömungssimulationen relativ einfach durchzuführen. Diese Programmsysteme lösen:

- die Bilanzgleichungen für
  - Masse
  - Stoffe und Phasen
  - Energie
  - Impuls
  - und Größen aus der Turbulenzmodellierung
- ferner die Modelle bzw. Transportgleichungen für
  - Wärmeleitung
  - (konvektiven Wärmetransport)
  - Strahlung
  - Diffusion
  - (konvektiven Stofftransport)
  - Stoff- und Phasenumwandlung (Reaktionskinetik, Zustandsgleichungen, Materialgesetze)
- unter gegebenen Anfangs- und Randbedingungen

Die Vorteile der Simulationen sind:

- I. Allg. geringere Kosten als Experimente mit physischen Modellen und Messungen
- In kürzerer Zeit können auch kaum ausführbare Versuche, die zur Zerstörung des Modells führen würden (Explosionen, Absturz etc.), beliebig oft und in beliebiger Art durchgeführt werden.
- Es stehen alle Größen (Geschwindigkeiten, Temperaturen, Drücke, Konzentrationen etc.) im gesamten Berechnungsgebiet und zu jedem Zeitschritt zur Verfügung – eine Informationsfülle, die zwar aufgearbeitet und in Diagrammen, Bildern und Filmen komprimiert dargestellt werden muss, die aber durch Messungen – jedenfalls kaum auf Anhieb – erzielt werden kann.

Die Nachteile bzw. Probleme der Simulationen können sein:

- dass die numerischen Methoden nicht korrekt angewendet bzw. getestet wurden, d.h. z.B., dass die numerische Lösung nicht gegen die exakte Lösung des i. Allg. partiellen Differentialgleichungssystems konvergiert, dass die numerische Lösung instabil ist, d.h. die Häufungseffekte aller Rundungsfehler nicht vernachlässigbar sind (was z.B. dazu führt, dass in der Folge verkleinerte Gitter Lösungen liefern, die sich nicht aperiodisch einem Wert nähern) oder dass das numerische Verfahren inkompatibel oder inkonsistent ist, d.h. gegen die Lösungen eines anderen Differentialgleichungssystems konvergiert;

- dass die Modelle nicht alle Vorgänge physikalisch bzw. chemisch richtig beschreiben, weil sie absichtlich vereinfacht wurden und für den zu berechnenden Fall in Unkenntnis der Auswirkung dieser Vereinfachungen eingesetzt werden oder weil es derzeit keine besseren Modelle gibt. Ein Beispiel für den erstgenannten Fehler ist der Versuch, Druckschwingungen in einer Strömung zu simulieren mit einem Impulserhaltungssatz, der auf den Reibungsdruckverlust reduziert wurde, was für andere Fälle ausreicht und die Berechnungen stark vereinfacht. Beispiele für den zweiten Fall sind die Turbulenzmodellierung bei komplexen Strömungen, insbesondere mit hohen Geschwindigkeitsgradienten und Wirbeln, komplexere Zweiphasenströmungen von Wasser und Wasserdampf oder Partikel und Rauchgas in Wirbelschichten, gewisse Strömungen nichtnewtonscher Fluide etc.

Es ist daher sehr wichtig, auch kommerzielle Software ausführlich an analytischen Lösungen und Messungen, die die geplanten Anwendungen umfassen, zu testen bzw. entsprechende Anpassungen vorzunehmen, oder es bleibt doch nur das Experiment.

1.5 Entwicklung von CFD zur Simulation reagierender Strömungen in Feuerungsanlagen

Die numerische Strömungssimulation (engl. Computational Fluid Dynamics, CFD) hat sich in den letzten Jahren als effizientes Werkzeug zur Gestaltung und Betriebsoptimierung von strömungstechnischen Anlagen (wie z.B. Wärmetauschern, Dampferzeugerfeuerungen, Absorbern von Abgasentschwefelungsanlagen etc.) in der Kraftwerkstechnik etabliert. Bereits Anfang der 90er Jahre wurden an verschiedenen Universitäten Programmpakete zur dreidimensionalen Berechnung von Feuerräumen entwickelt (z.B. (Benesch 1984), (Epple 1993), (Schnell 2002), (Müller 1992)), welche sich in zahlreichen Fällen zur Auslegung und Betriebsoptimierung (z.B. (Epple 2005c), (Sabel 2005), (Hemmerich 1997)) bewährt haben.

Alle diese Programmpakete basieren auf der Finite-Volumen-Methode, welche sich für reagierende Strömungen durchgesetzt hat und auf strukturierten Gittersystemen basiert. Prinzipiell haben strukturierte Gittersysteme bezüglich der Abbildung des Rechengebietes auf ein numerisches Gitter (Diskretisierung) folgende Einschränkung: In Bereichen, in denen Stoffströme in das Rechengebiet eintreten (insbesondere Brennernahbereich, Ausbrandluftdüsen etc.) ist eine sehr feine Diskretisierung und damit eine Vielzahl von Gitterlinien notwendig, welche sich über das gesamte Rechengebiet fortsetzen und somit zu einer überhöhten Anzahl von Kontrollvolumina führen. Durch die Entwicklung und Einführung der Teilgebietszerlegungsmethode (Domain Decomposition) (Epple 1992b) wurde es erst möglich, größere Feuerräume inklusive Brennnahbereiche mit ausreichender Güte abzubilden. Mittlerweile bieten kommerzielle CFD-Programmpakete, welche ebenfalls auf der Finite-Volumen-Methode basieren, die Möglichkeit, unstrukturierte Gittersysteme zu verwenden, was ursprünglich ausschließlich mit der Finite-Element-Methode möglich war. Somit kann nun bei einer Diskretisierung, welche beispielsweise für große Feuerräume durchgeführt wird, im Rechengebiet mit Hexaeder- und Tetraederelementen eine lokale Gitterverfeinerung durchgeführt werden, ohne dass das restliche Rechengebiet hiervon beeinflusst wird.

Ebenso können beliebig geformte Geometrien (z.B. Drallbrenner, Eintrittsspiralen von Mühlen) und rotierende Systeme (z.B. Mahlwerkzeuge von Kohlemühlen, Sichter) auf ein numerisches Gittersystem abgebildet werden. Die Daten können über Datenfiles aus der CAD-Konstruktion an den Preprocessor des CFD-Programms übergeben werden. Bei der Modellierung von reaktiven Strömungen können eigene Reaktions- und Brennstoffabbrandmodelle zum Einsatz gebracht werden. Diese eigens programmierten Modelle (beispielsweise ein Modell zur Kohlenstaubverbrennung und Vorhersage der NO_x-Entstehung (Epple 2005e) können über eine Programmschnittstelle (UDF User Defined Function) mit der kommerziellen CFD-Software verknüpft werden. Somit dient das kommerzielle CFD-Softwarepaket als Plattform, mit welcher selbstentwickelte Modelle numerisch gelöst werden und das Preprocessing (Gittergenerierung) und Postprocessing (Visualisierung der Ergebnisse) durchgeführt wird.

In Abb. 1.4 ist die prinzipielle Vorgehensweise am Beispiel der Feuerraumsimulation dargestellt. Zunächst wird die Geometrie durch ein numerisches Gitter abgebildet, anschließend wird die Simulation durchgeführt, und die Ergebnisse werden in geeigneter Weise dargestellt.

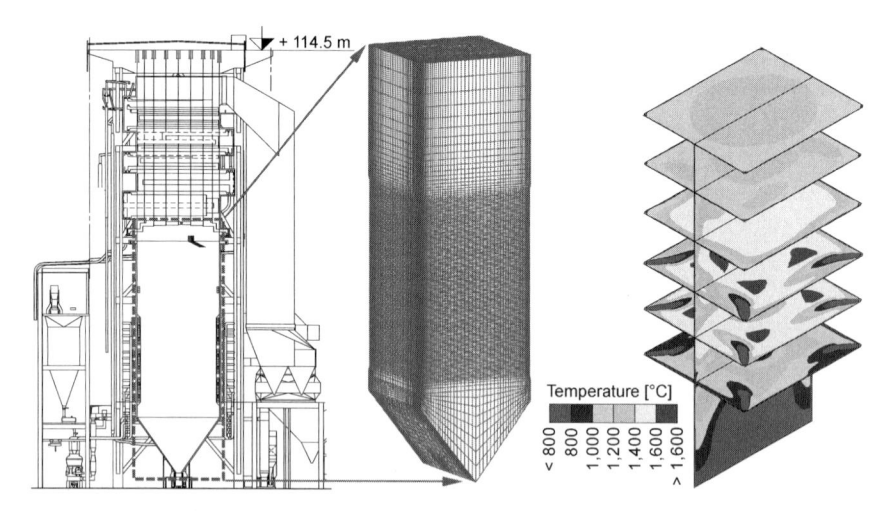

Abb. 1.4. Vorgehensweise bei der Feuerraumsimulation: Geometrie (links), numerisches Gitter (Mitte) und Ergebnisse am Beispiel der Temperaturverteilung (rechts), (Epple 2005c)

CFD-Programme beruhen in der Regel auf der Methode der Finiten Volumen, d.h. der Berechnungsraum wird in eine große Anzahl an Kontrollvolumina (numerisches Gitter) eingeteilt, über welche Masse, Stoffe, Impuls, Energie und alle anderen Transportgrößen bilanziert werden. Zur Berechnung der Flüsse an den Grenzflächen der Kontrollvolumina können Diskretisierungsverfahren verschiedener Genauigkeit eingesetzt werden. Oft wird ein Upwind-Verfahren erster Ordnung verwendet, welches mit einem geringen Rechenaufwand und einer hohen numerischen Stabilität verbunden, aber anfällig für numerische Diffusion ist. Eine höhere Genauigkeit lässt sich mit einem Diskretisierungsverfahren höherer Ordnung (z.B. 2nd Order Upwind, QUICK, MLU) erzielen (Noll 1993).

Da technische Strömungen meist turbulenter Natur sind, müssen turbulente Schwankungen bei der Simulation berücksichtigt werden. Dies geschieht in der Regel durch eine zeitliche Mittelung der Größen mit den sog. Reynolds-Averaged-Navier-Stokes (RANS)-Gleichungen. Zur Schließung dieser Gleichungen können verschiedene Turbulenzmodelle eingesetzt werden. Aufgrund der guten numerischen Stabilität wird hierzu häufig ein k-ε-Modell (Jones 1972) verwendet, bei dem zwei zusätzliche Transportgleichungen gelöst werden. Dieses Modell geht von isotroper Turbulenz aus und liefert für viele Anwendungsfälle ausreichend genaue Ergebnisse. Bei stark rotierenden Strömungen (z.B. Drallbrennern) führt ein Reynolds-Spannungsmodell (Launder 1978) mit sieben zusätzlichen Gleichungen oftmals zu einer genaueren Lösung. Eine andere Möglichkeit zur Berücksichtigung der Turbulenz ist die sog. Large-Eddy-Simulation (LES). Hierbei werden die größeren Skalen der Turbulenz direkt berechnet, und nur die kleinsten Skalen werden modelliert. Hierfür ist jedoch eine sehr feine Gitterauflösung sowie eine instationäre Berechnung erforderlich, was den Rechenaufwand sehr stark ansteigen lässt. Aus diesem Grund kommt LES zurzeit fast ausschließlich zur Berechnung von Laborflammen zum Einsatz.

Mehrphasenströmungen, wie sie z.B. bei der Kohleverbrennung vorkommen, können mit verschiedenen Ansätzen berechnet werden. Bei der Euler-Euler-Betrachtung (Epple 1993) wird die Partikelphase als Konzentration mit einer Transportgleichung bilanziert. Diese Annahme ist für relativ kleine Feststoffkonzentrationen gültig, wie sie in einer Kohlenstaubfeuerung auftreten. Die Mehrphasen-Euler-Betrachtung kann hingegen auch für relativ dichte Strömungen eingesetzt werden, wie sie z.B. in Zyklonen vorkommen. Der Rechenaufwand steigt jedoch beträchtlich, da für jede Partikelgrößenklasse eine eigene Impulsbilanz gelöst und die entsprechenden Kopplungsterme berechnet werden müssen. Die Euler-Lagrange-Betrachtung verfolgt eine große Anzahl repräsentativer Partikel durch den Berechnungsraum, d.h. für jedes Partikel wird Impuls-, Massen-, und Energiebilanz gelöst. Zum Erreichen einer hohen statistischen Genauigkeit ist eine hohe Anzahl an Partikeln erforderlich, was den Rechenaufwand gegenüber den anderen Verfahren weiter ansteigen lässt. Für die Simulation von Kohlenstaubfeuerungen ist die Einphasen-Betrachtung meist ausreichend genau (Epple 2005a). Der Vorgang der Verbrennung setzt sich aus einer großen Anzahl (tausende) von Elementarreaktionen zusammen. Selbst für die relativ einfache Chemie der Wasserstoffverbrennung werden ca. 19 Reaktionen benötigt, für Methan sind es bereits hunderte, für flüssige Brennstoffe (Diesel, Kerosin) tausende. Die Behandlung der detaillierten Reaktionskinetik ist zwar prinzipiell möglich, aber sehr rechenzeitintensiv. Aus diesem Grund werden zur Berechnung technischer Feuerungen meist globale Reaktionsmodelle eingeführt, wobei nur die Hauptstoffe (ohne Radikale) bilanziert werden. Hierbei muss prinzipiell zwischen homogenen (Gasphasen-) und heterogenen (Mehrphasen-)Reaktionen unterschieden werden.

Die heterogene Verbrennung von Kohle wird in zwei globale Schritte unterteilt. Während der Pyrolyse werden die flüchtigen Bestandteile freigesetzt. Die Reaktionsrate wird meist mit einem einfachen Arrhenius-Ansatz berechnet. Der Koksabbrand ist hingegen eine Oberflächenreaktion, deren Reaktionsrate durch drei Effekte limitiert wird: die Diffusion des Oxidanten und der Produkte durch die Korngrenzschicht, die Diffusion in die Poren des Kokses und die chemische Reaktion an der Oberfläche. Beim Abbrand der Flüchtigen handelt es sich um homogene Reaktionen. Typische Globalreaktionen hierfür sind die Reaktion eines Kohlenwasserstoffs (z.B. Methan) mit O_2 zu CO sowie die Oxidation von CO zu CO_2. In Abb. 1.5 ist ein 4-Schritt-Reaktionsmodell der Kohleverbrennung (Epple 1993) dargestellt.

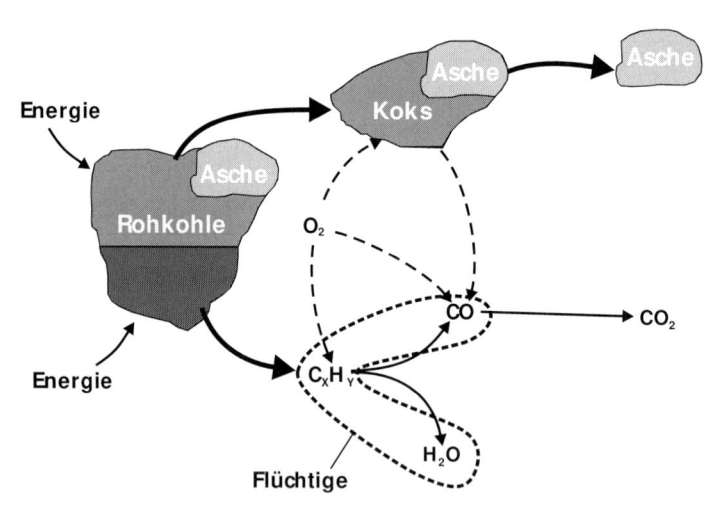

Abb. 1.5. 4-Schritt-Reaktionsmodell der Kohlenstaubverbrennung, (Epple 1993)

Zur Beschreibung der Gasphasenreaktionen muss der Einfluss der Turbulenz mitberücksichtigt werden. Zwei Stoffe (z.B. Methan und Sauerstoff) können erst dann miteinander reagieren, wenn eine Durchmischung der Stoffe auf molekularer Ebene stattgefunden hat. In vielen Fällen laufen die chemischen Reaktionen sehr viel schneller ab als die turbulente Durchmischung der Reaktanden, sodass sog. Wirbelzerfallsmodelle (Eddy-Dissipation, Eddy-Break-

Up Models) (Magnussen 1976) zum Einsatz kommen. Die Reaktionsrate wird hierbei als Funktion der Wirbelzerfallsrate (aus dem Turbulenzmodell) bestimmt. Ein anderer Ansatz sind sog. Flamelet-Modelle, wobei angenommen wird, dass sich eine turbulente Flamme aus einer großen Anzahl laminarer Flammen zusammensetzt. Die stoffliche Zusammensetzung kann anhand einer Wahrscheinlichkeitsdichtefunktion (probability density function, pdf) u.a. für den Mischungsbruch bestimmt werden.

Ein wesentliches Ziel der numerischen Simulation ist die Vorhersage der Schadstoffentstehung (z.B: NO_x-Emissionen) in technischen Feuerungen. Dabei wird ein Großteil dieser NO_x-Emissionen im Feuerraum in Form von Stickstoffmonoxid gebildet und erst nach der Emission in die freie Umgebung zu Stickstoffdioxid konvertiert. Im Feuerraum laufen die für die Schadstoffentstehung verantwortlichen Reaktionen deutlich langsamer ab als die Verbrennungsreaktionen selbst. Aus diesem Grund muss die chemische Kinetik unbedingt berücksichtigt werden.

Stickoxid-Emissionen können prinzipiell drei Ursachen haben:

1. Brennstoffstickstoff, der zu Stickoxid konvertiert wird,
2. thermische Stickoxide aus der Reaktion mit Luftstickstoff und Luftsauerstoff,
3. promptgebildetes Stickoxid aus der Reaktion mit Kohlenwasserstoffradikalen.

Bei der Kohlenstaubverbrennung in Trockenfeuerungen ist der Brennstoffstickstoffmechanismus maßgebend. Bei diesem Mechanismus ist entscheidend, welcher Anteil des Brennstoffstickstoffs während der Pyrolyse freigesetzt wird. Dieser Wert kann nur experimentell bestimmt werden und ist für die Genauigkeit einer Simulation von großer Bedeutung. Zur Modellierung der NO_x-Chemie in der Gasphase werden in der Regel globale Reaktionsmodelle (wie z.B. in (Müller 1992), (Epple 1993), (Förtsch 2003) beschrieben) verwendet, welche die Oxidation und Reduktion von HCN und/oder NH_i beschreiben. Zur Simulation der Brennstoffstufung muss zusätzlich die Reduktion von NO durch Kohlenwasserstoff-Radikale (Reburning) berücksichtigt werden. Thermische NO-Entstehung wird meist durch Globalreaktionen anhand des Zeldovich-Mechanismus dargestellt. Prompt-Stickoxidbildung ist bei gasförmigen oder flüssigen Brennstoffen mit einem hohen Kohlenwasserstoffanteil relevant, kann aber bei der Modellierung fester Brennstoffe vernachlässigt werden. Dieselben Simulationsprogramme können und werden auch zur Berechnung von SNCR- und SCR-NO_x-Minderungsverfahren eingesetzt (Müller 1992).

In Feuerräumen wird der größte Teil der Wärme mittels Strahlung transportiert. Aus diesem Grund muss die Strahlung bei der Feuerraumsimulation auf jeden Fall berücksichtigt werden. Zur Berechnung der Wärmestrahlung wurde eine Reihe von Modellen entwickelt, von denen sich die Discrete-Ordinates-Methode (Fiveland 1984) als guter Kompromiss bezüglich Genauigkeit und Rechenzeit bewährt hat. Die Strahlungseigenschaften von Partikeln und Verbrennungsgasen sind stark von der Wellenlänge abhängig. Bei der Feuerraumsimulation wird aber in der Regel von einem grauen Gas ausgegangen, d.h. die spektrale Abhängigkeit der Strahlungseigenschaften wird vernachlässigt. Zur Berechnung des Gasabsorptionskoeffizienten wird dabei häufig ein Weighted-Sum-of-Grey-Gases-Modell (Smith 1982) eingesetzt. Spektrale Modelle erhöhen die Genauigkeit, sind aber mit einem deutlich größeren Rechenaufwand verbunden (Ströhle 2003) (Details dazu sind in Kapitel 4 zu finden).

Seit einigen Jahren werden in diese Simulationsprogramme auch Mineralumwandlung, Verschlackung, Verschmutzung, Erosion und Korrosion einbezogen (Details dazu in Kapitel 5).

Die neueste Entwicklung bei der Simulation von Gasströmungen mit Partikeln, wie sie z.B. in Wirbelschicht- und Rostfeuerungen, Abscheidezyklonen, Mühlen etc. auftreten, ist die Discrete-Elemente-Methode (DEM) (Kapitel 4.3), bei der die Kopplung nicht nur zwischen Gasströmung und Partikeln berücksichtigt wird, sondern auch die Stöße der Partikel untereinander. Es ist nicht verwunderlich, dass diese Methode sehr aufwändig (speicher- und rechenzeitintensiv) ist und daher doch wieder Vereinfachungen gemacht werden, von der Annahme, dass alle Partikel Kugeln oder andere einfache Körper seien, mal ganz abgesehen.

2

Umwandlung und Transport von Energie, Impuls und Stoffen

Autoren: B. Epple., R. Leithner, H. Müller, K. Ponweiser, H. Walter, A. Werner

2.1 Bilanzgleichungen

Bevor auf die mathematische Beschreibung der Bilanzgleichungen zur Erhaltung von Masse, Energie und Impuls näher eingegangen wird, soll einleitend noch eine kurze Erläuterung hinsichtlich dreier Arten der Ableitungen nach der Zeit angegeben werden. Dies soll anhand eines einfachen Beispiels, nämlich des Problems, die Konzentration der Fische in einem Fluss anzugeben, erörtert werden (Bird 2002). Übersichtliche Darstellungen der Bilanzgleichungen finden sich neben (Bird 2002) auch in (Baehr 2008), (Müller 2001) und vielen anderen.

2.1.1 Formen der zeitlichen Ableitung

Um die Fischkonzentration Y in einem Fluss beschreiben zu können, ist es notwendig, zuerst einige Überlegungen über die Abhängigkeit der Fischkonzentration bezüglich des Raumes und der Zeit anzustellen. Aufgrund der Bewegung der einzelnen Fische im Flusswasser wird sich die Konzentration der Fische sowohl mit der Zeit als auch örtlich ändern. D.h. die Fischkonzentration Y ist eine Funktion des Ortes (x, y, z) und der Zeit (τ).

In Abhängigkeit vom Beobachtungsort zur Feststellung der Fischkonzentration im Fluss ergeben sich folgende Zusammenhänge für die Ableitungen nach der Zeit:

Die partielle Ableitung nach der Zeit $\frac{\partial Y}{\partial \tau}$

Wir stehen auf einer Brücke und notieren, wie sich die Konzentration Y der Fische unter uns mit der Zeit ändert (siehe Abb. 2.1). D.h. wir betrachten,

Abb. 2.1. Partielle Ableitung, ortsfester Beobachter, Euler-Betrachtungsweise, [Jaana Fischer nach (Bird 2002)]

wie sich die Konzentration mit der Zeit an einem festen Ort im Raum ändert. Daher meinen wir mit $\frac{\partial Y}{\partial \tau}$, mit Rücksicht auf die Zeit (τ), den partiellen Anteil von Y bei konstant gehaltenen x, y, z.

Die totale Ableitung nach der Zeit $\frac{dY}{d\tau}$

Fahren wir nun den Fluss in einem Motorboot auf und ab. Zeigen wir dabei die Veränderung der Fischkonzentration mit Rücksicht auf die Zeit an, müssen wir

Abb. 2.2. Totales Differential, [Jaana Fischer nach (Bird 2002)]

bei der notierten Anzahl der Fische außerdem die Bewegung des Bootes zum Ausdruck bringen. Die totale Ableitung nach der Zeit τ ist gegeben durch:

$$\frac{dY}{d\tau} = \frac{\partial Y}{\partial \tau} + \frac{\partial Y}{\partial x}\frac{dx}{d\tau} + \frac{\partial Y}{\partial y}\frac{dy}{d\tau} + \frac{\partial Y}{\partial z}\frac{dz}{d\tau} \qquad (2.1)$$

worin $\frac{dx}{d\tau}, \frac{dy}{d\tau}, \frac{dz}{d\tau}$ die Geschwindigkeitskomponenten des **Bootes** sind.

Die substantielle Ableitung nach der Zeit $\frac{DY}{D\tau}$

Abb. 2.3. Mitbewegter Beobachter, Lagrange-Betrachtungsweise, [Jaana Fischer nach (Bird 2002)]

Angenommen, wir sitzen in einem Boot, treiben mit der Strömung und zählen Fische. Jetzt hat der Beobachter gerade die gleiche Geschwindigkeit wie die Strömung. Geben wir die Veränderung der Fischkonzentration mit Rücksicht auf die Zeit an, hängt die Anzahl der notierten Fische von der örtlichen Strömungsgeschwindigkeit ab. Diese Ableitung ist eine besondere Art der totalen Ableitung nach der Zeit und wird *substantielle Ableitung* oder zuweilen *Ableitung der Bewegung folgend* genannt:

$$\frac{DY}{D\tau} = \frac{\partial Y}{\partial \tau} + w_x\frac{\partial Y}{\partial x} + w_y\frac{\partial Y}{\partial y} + w_z\frac{\partial Y}{\partial z} \qquad (2.2)$$

Hierin sind w_x, w_y, w_z die Komponenten der **örtlichen Strömungsgeschwindigkeit** $\vec{w}$. Der Leser sollte die physikalischen Bedeutungen dieser drei Ableitungen vollständig erkennen. Merken Sie sich: $\frac{\partial \mathbf{Y}}{\partial \tau}$ ist die Ableitung an einem festen Punkt im Raum (*Euler-Betrachtungsweise*). $\frac{DY}{D\tau}$ ist die Ableitung, die von einem Beobachter berechnet wird, der mit der Strömung treibt (*Lagrange-Betrachtungsweise*). Siehe auch Abschnitt 3.1 Koordinatensysteme.

2.1.2 Bilanzgleichung für eine allgemeine Bilanzgröße

Alle Bilanzgleichungen beruhen auf dem Erhaltungsprinzip. Für die Bilanzgrößen gelten allgemein vier Eigenschaften: Eine Bilanzgröße ist

- in einem begrenzten Volumen speicherbar,
- durch die Strömung (konvektiv) und/oder
- durch molekulare Ausgleichsvorgänge (konduktiv/diffusiv) transportierbar,
- innerhalb eines Volumens und/oder an dessen Oberfläche in eine andere Bilanzgröße umwandelbar.

In den Bilanzgleichungen tauchen daher vier Terme auf, nämlich:

- Speicherterm (zeitliche Änderung des Speicherinhalts, d.h. Ableitung nach der Zeit),
- Konvektionsterm (erste Ableitung nach dem Ort, d.h. die infinitesimale Differenz zwischen Zu- und Abstrom),
- diffusiver Term (zweite Ableitung nach dem Ort, d.h. die infinitesimale Differenz zwischen einem Zu- und Abstrom, der selbst wie z.B. der konduktive Wärme- oder der diffusive Stoffstrom proportional dem Gradienten der Temperatur bzw. der Konzentration ist),
- Quell-, Senken- bzw. Umwandlungsterm (algebraischer etc. Term, d.h. der Rest)

Die allgemeine Formulierung der Bilanzgleichungen lautet folgendermaßen:
Die Zu- oder Abnahme einer in einem Volumen(element) gespeicherten Größe (wie Masse, Stoff, Energie oder Impuls) je Zeiteinheit, d.h. die zeitliche Änderung dieser Größe, ist gleich der Summe aus dem Zu- bzw. Abfluss dieser Größe über die Oberfläche des Volumen(element)s mit dem zu- bzw. abfließenden Massenstrom, dem Zu- bzw. Abfluss dieser Größe über die Oberfläche des Volumen(element)s auf Grund anderer Vorgänge als dem Massenstrom (z.B. Wärmeleitung bzw. Diffusion, die nach Fourier bzw. Fick proportional dem Temperatur- bzw. Konzentrationsgradienten sind, was zur Folge hat, dass der Zu- und Abfluss durch diese Phänomene proportional der zweiten Ableitung nach dem Ort sind) und der Entstehung oder Zerstörung bzw. besser Umwandlung dieser Größe je Zeiteinheit im gesamten Volumen(element). Ausgehend von einem kartesischen differentiellen Kontrollvolumen werden die einzelnen Terme des Erhaltungsprinzips näher betrachtet. Dieses Volumen (siehe Abb. 2.4) ist in einer beliebigen Strömung ortsfest verankert und wird über alle 6 Oberflächen ungehindert durchströmt. Die Größe des Volumens ändert sich

nicht mit der Zeit. Diese Betrachtungsweise wird auch als Euler'sche Betrachtungsweise bezeichnet.

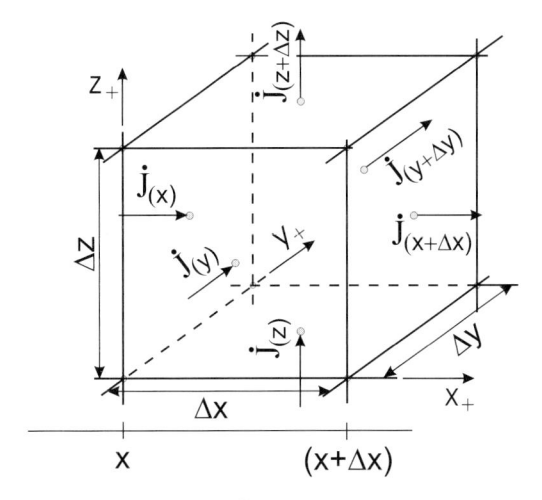

Abb. 2.4. Differentielles Volumen

In den Erhaltungsgleichungen werden:

> die Masse
> der Impuls
> die Energie und
> die Stoffe (partielle Masse)

bilanziert.

Am Beispiel einer allgemeinen spezifischen (auf die Masse bezogenen) Transportgröße ϕ wird die allgemeine Form der differentiellen Erhaltungsgleichung hergeleitet. Diese allgemeine spezifische Transportgröße kann ein Vektor oder ein Skalar sein.

Speicherterm

Die zeitliche Änderung einer spezifischen (je Masseinheit) Größe ϕ in einem Volumenelement dV bzw. in kartesischen Koordinaten dxdydz Abb. 2.4 ist

$$\frac{\partial \varrho \phi}{\partial \tau} \, \mathrm{d}x \mathrm{d}y \mathrm{d}z \tag{2.3}$$

Konvektionsterm

Der Zu- und Abfluss der Größe ϕ mit dem Massenfluss $\vec{\dot{J}} = \varrho \vec{w}$ durch die Oberflächen des Volumenelements dxdydz (East, West, North, South, Top,

Bottom) setzt sich aus drei Termen zusammen, die jeweils zwei gegenüberliegende Seitenwände zusammenfassen. Durch die westliche Seitenfläche tritt der Massenfluss

$$\dot{J}_x\,dydz \qquad (2.4)$$

und durch die östliche

$$\left(\dot{J}_x + \frac{\partial \dot{J}_x}{\partial x}\,dx\right)dydz \qquad (2.5)$$

Der Nettofluss durch die Seiten parallel zur yz-Ebene bzw. parallel zur x-Achse, die normal auf diesen Ebenen steht, ist daher

$$-\frac{\partial \dot{J}_x}{\partial x}\,dxdydz \qquad (2.6)$$

Betrachtet man auch die Massenflüsse parallel zur y- und z-Achse, d.h. durch die Ebenen parallel zur xz-Ebene bzw. xy-Ebene, so erhält man für den gesamten Nettomassenstrom durch die Oberfläche

$$-\left(\frac{\partial \dot{J}_x}{\partial x} + \frac{\partial \dot{J}_y}{\partial y} + \frac{\partial \dot{J}_z}{\partial z}\right)(dxdydz) = -\mathrm{div}\,\vec{\dot{J}}\,(dxdydz) \qquad (2.7)$$

Der Nettofluss der Größe ϕ mit dem Massenfluss ist daher

$$-\left(\frac{\partial \dot{J}_x\phi}{\partial x} + \frac{\partial \dot{J}_y\phi}{\partial y} + \frac{\partial \dot{J}_z\phi}{\partial z}\right)(dxdydz) = -\mathrm{div}\,(\vec{\dot{J}}\phi)\,(dxdydz) \qquad (2.8)$$

Diffusiver Term

Wenn der diffusive Fluss $\vec{\dot{J}}_{diff}\,\phi$ der Größe ϕ proportional dem negativen Gradienten von ϕ ist, gilt

$$\vec{\dot{J}}_{diff}\,\phi = -\Gamma_\phi\,\mathrm{grad}\,\phi \qquad (2.9)$$

und der Nettofluss der Größe ϕ über die Oberfläche des Volumenelements $dxdydz$ zufolge diffusiver Vorgänge (Wärmeleitung, Diffusion, Reibung etc.) ist

$$-\mathrm{div}\,\vec{\dot{J}}_{diff}\,\phi(dxdydz) = \mathrm{div}(\Gamma_\phi\,\mathrm{grad}\,\phi)\,(dxdydz) \qquad (2.10)$$

In einem homogenen Medium ist Γ_ϕ in allen Richtungen gleich groß und konstant. Dann gilt für den Nettofluss der Größe ϕ über die Oberfläche des Volumenelements $dxdydz$ zufolge diffusiver Vorgänge:

$$\Gamma_\phi = \mathrm{konst.} \qquad (2.11)$$

$$\text{div}\,(\Gamma_\phi \text{grad}\phi)\,(\text{d}x\text{d}y\text{d}z) = \Gamma_\phi\,(\text{div grad}\phi)\,(\text{d}x\text{d}y\text{d}z)$$

$$= \Gamma_\phi \left(\frac{\partial^2 \phi}{\partial x^2} + \frac{\partial^2 \phi}{\partial y^2} + \frac{\partial^2 \phi}{\partial z^2} \right) (\text{d}x\text{d}y\text{d}z)$$

$$= \Gamma_\phi\,\Delta\phi\,(\text{d}x\text{d}y\text{d}z) \tag{2.12}$$

Quell- oder Senkenterm

Der Quell- oder Senkenterm der Größe ϕ ist im Allg. ein algebraischer Term, der mit S_ϕ bezeichnet werden soll, wenn er auf den Raum bezogen ist, und alle Terme umfasst, die nicht eine erste Ableitung nach der Zeit oder eine erste oder zweite Ableitung nach dem Ort der Größe ϕ enthalten.

$$S_\phi(\text{d}x\text{d}y\text{d}z) \tag{2.13}$$

Finden die Umwandlungsvorgänge auf einer Oberfläche des Volumens $\text{d}x\text{d}y\text{d}z$ statt, so ergeben sich maximal 6 entsprechende Terme wie $S_{x\phi}(\text{d}y\text{d}z)$ und $S_{x+\text{d}x\phi}(\text{d}y\text{d}z)$ etc.

Allgemeine Form der Bilanzgleichungen

Die allgemeine Form der Bilanzgleichungen ist daher ($\text{d}x\text{d}y\text{d}z$ gekürzt)

$$\frac{\partial \varrho\phi}{\partial \tau} = -\text{div}\vec{J}\phi + \text{div}\,(\Gamma_\phi \text{grad}\phi) + S_\phi \tag{2.14}$$

oder in Tensorschreibweise

$$\frac{\partial \varrho\phi}{\partial \tau} = -\frac{\partial \varrho w_i \phi}{\partial x_i} + \frac{\partial}{\partial x_i}\Gamma_\phi\frac{\partial \phi}{\partial x_i} + S_\phi \tag{2.15}$$

(ist i zweimal in einem Term enthalten, so gilt die „Einstein'sche Summenkonvention", d.h. es wird über alle Raumrichtungen $i = 1, 2, 3$ bzw. x, y und z summiert).

Tabelle 2.1 zeigt die Bedeutung der Transportgröße ϕ, des Austauschkoeffizienten Γ_ϕ und des Quell-/Senkenterms S_ϕ in den verschiedenen Bilanzgleichungen.

Die Bilanzgleichungen sind im Allg. partielle nichtlineare Differentialgleichungen 2. Ordnung.

Partiell heißt eine Differentialgleichung, wenn mindestens 2 unabhängig variable Größen, z.B. Zeit und mindestens 1 Ortskoordinate, in der Gleichung enthalten sind. Gibt es nur zeitliche Änderungen, weil alle Größen in dem Volumen(element) nur von der Zeit und nicht vom Ort abhängig sind bzw. bezüglich des Ortes diskretisiert wurde, handelt es sich um gewöhnliche Differentialgleichungen (im Fall der lokalen Diskretisierung spricht man von "konzentrierten Parametern"; nicht diskretisiert spricht man von „verteilten Parametern").

Tabelle 2.1. Bedeutung der Transportgröße ϕ, des Austauschkoeffizienten Γ_ϕ und des Quell-/Senkenterms S_ϕ in den verschiedenen Bilanzgleichungen

Bilanzgleichung	Größe ϕ	Austausch-koeffizient Γ_ϕ	Quelle / Senke S_ϕ
Masse	1	0	0
Impuls	w_i	μ	S_{Imp}
thermische Energie vereinfacht (Druck und Reibung vernachlässigt)	h	μ/Pr	$S_h = S_{Str} + S_{chem}$
Stoffkomponenten (z.B. O_2, CO_2, H_2O, CO, Rohkohle, C_{fix} und C_xH_y) Schadstoffe HCN, NH_3, NO	Y_k	D	S_{Komp}

Linear sind Differentialgleichungen, wenn die abhängigen Größen und ihre Ableitungen nur zur 1. Potenz und keine Produkte von abhängigen Größen oder deren Ableitungen in der Differentialgleichung enthalten sind. Für lineare Differentialgleichungen gilt das Superpositionsprinzip, d.h. Teillösungen können beliebig zu Gesamtlösungen aufaddiert werden. Auf diese Art kann z.B. aus einer kleinen sprungförmigen Änderung einer Anfangsbedingung und der zugehörigen Lösung die Lösung für eine lineare Änderung der Anfangsbedingung durch Aufsummieren bzw. Integration der (zeitverschobenen) Lösung(en) für eine kleine sprungförmige Änderung berechnet werden.

Die Ordnung der Differentialgleichung richtet sich nach der höchsten vorkommenden Ordnung einer Ableitung.

Bei partiellen Differentialgleichungen zweiter Ordnung, wie den Bilanzgleichungen, unterscheidet man zwischen

- hyperbolischen
- parabolischen oder
- elliptischen

Formen; die Art und Form der Differentialgleichung hat Einfluss auf die Lösungsmöglichkeiten und Lösungsformen bzw. deren Stabilität etc. (siehe u.a. (van Kan 1995))

Dadurch, dass einzelne Vorgänge wie z.B. Quellen oder Senken, Diffusion oder Konvektion nicht vorhanden oder vernachlässigbar sind oder nur der stationäre Zustand betrachtet werden soll, lassen sich aus dieser allgemeinen Form der Bilanzgleichung einfache Beispiele ableiten. Ferner gibt es analoge Gleichungen mit anderen physikalischen Größen (siehe Tabelle 1.1).

2.1.3 Massenbilanz (Kontinuitätsgleichung)

Die Anwendung des Satzes von der Erhaltung der Masse auf ein ortsfestes Kontrollvolumen (siehe Abb. 2.4) führt auf

$$\begin{bmatrix}\text{Nettofluss durch Transport}\\ \text{mit der Strömung}\end{bmatrix} = \Delta y \Delta z \big[(\varrho w_x)|_x - (\varrho w_x)|_{x+\Delta x}\big] \\ + \Delta x \Delta z \big[(\varrho w_y)|_y - (\varrho w_y)|_{y+\Delta y}\big] \\ + \Delta x \Delta y \big[(\varrho w_z)|_z - (\varrho w_z)|_{z+\Delta z}\big] \quad (2.16)$$

Da bei der Masse als Bilanzgröße keine Gradienten auftreten, ist der Transportstrom durch Konduktion (Leitung) null.

Massenumwandlungen durch kernphysikalische Vorgänge in Energie werden nicht betrachtet. Damit ist der Quell-/Senken-Term ebenfalls null.

Das Speicherglied in der Massenbilanz beschreibt die zeitliche Dichteänderung im Kontrollvolumen und resultiert aus dem „Nettofluss durch Konvektion".

$$\big[\text{Speicherung}\big] = \Delta x \Delta y \Delta z \frac{\partial \varrho}{\partial \tau} \quad (2.17)$$

Division der Gleichungen (2.16) und (2.17) durch das Kontrollvolumen und Bildung des Grenzwertes $\Delta x \Delta y \Delta z \to 0$ führt auf die Kontinuitätsgleichung

$$\frac{\partial \varrho}{\partial \tau} = -\left(\frac{\partial \varrho w_x}{\partial x} + \frac{\partial \varrho w_y}{\partial y} + \frac{\partial \varrho w_z}{\partial z}\right) \quad (2.18)$$

In Tensorschreibweise lautet die Massenbilanz:

$$\frac{\partial \varrho}{\partial \tau} = -\frac{\partial \varrho w_i}{\partial x_i} \quad (2.19)$$

und in der Vektorschreibweise

$$\frac{\partial \varrho}{\partial \tau} = -\text{div}(\varrho \vec{w}) \quad (2.20)$$

Diese Gleichungen erhält man aus der allgemeinen Form der Bilanzgleichung (Gl. (2.14) bzw. Gl. (2.15)) für $\phi = 1$, $\Gamma_\phi = 0$ und $S_\phi = 0$. Strömungen mit Machzahlen $Ma \leq 0,3$ können als inkompressibel betrachtet und Dichtänderungen auf Grund von Druckänderung vernachlässigt werden. Änderungen der Dichte auf Grund von Temperaturänderungen können in der Kontinuitätsgleichung trotzdem berücksichtigt werden. Dies bedeutet aber auch, dass bestimmte Strömungsphänomene wie z.B. Druckschwingungen (Schall) oder Druckstöße nicht oder nicht korrekt wiedergegeben werden, wenn derartig vereinfachte Gleichungen für Strömungen mit höheren Machzahlen verwendet werden.

2.1.4 Impulsbilanz

Die Impulsbilanz basiert auf dem zweiten Newton'schen Gesetz und ist letztlich die Bilanz der mechanischen Energie.

> Die Impulsänderung des Fluids ist gleich der Differenz zwischen Impulszu- und -abstrom und der Summe aller von außen angreifenden Kräfte.

Die Massenkräfte sind durch die Schwerkraft (Fliehkraft oder elektrische/magnetische Felder etc. werden nicht berücksichtigt) von außen aufgeprägte Kräfte. Die Oberflächenkräfte (Druck- und Reibungskräfte) hängen vom Deformationszustand (Bewegungszustand) des Fluids ab. Die Summe aller Oberflächenkräfte bestimmt einen Spannungszustand. Der Zusammenhang zwischen Deformationszustand und Spannungszustand wird bei Fluiden durch das Stoke'sche Reibungsgesetz (basierend auf dem Newton'schen Gesetz) beschrieben. Nach diesem Gesetz sind in Fluiden die einer Verformung entgegenwirkenden Kräfte proportional der Formänderungsgeschwindigkeit.

In reibungsfreien Strömungen greifen am Volumenelement nur Druckkräfte normal zur Oberfläche an. In reibungsbehafteten Strömungen treten zusätzlich zu den Normalkräften Tangentialkräfte auf.

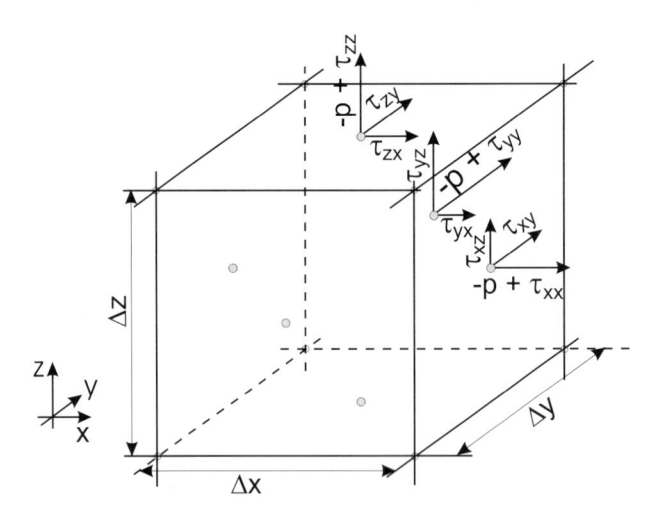

Abb. 2.5. Zur Illustration des Spannungstensors

Für ein Volumenelement gilt allgemein für den aus den Normal- und Tangentialkräften resultierenden Spannungszustand

$$\sigma_{ij} = \begin{pmatrix} \sigma_{xx} & \sigma_{xy} & \sigma_{xz} \\ \sigma_{yx} & \sigma_{yy} & \sigma_{yz} \\ \sigma_{zx} & \sigma_{zy} & \sigma_{zz} \end{pmatrix} \qquad (2.21)$$

Der Doppelindex im Spannungstensor σ_{ij} hat folgende Bedeutung (siehe Abb. 2.5):

1. Index: Achse, zu der das Flächenelement senkrecht steht
2. Index: Achsenrichtung, in die die Spannung zeigt

Auf der Diagonalen des Tensors stehen damit die Normalspannungen. Das Momentengleichgewicht um die Achsen des Volumenelements liefert:

$$\begin{aligned}\text{z-Achse: } & \sigma_{xy}\,\Delta y \Delta z \Delta x = \sigma_{yx}\,\Delta y \Delta z \Delta x \\ \text{y-Achse: } & \sigma_{xz}\,\Delta y \Delta z \Delta x = \sigma_{zx}\,\Delta y \Delta z \Delta x \\ \text{x-Achse: } & \sigma_{yz}\,\Delta x \Delta z \Delta y = \sigma_{zy}\,\Delta x \Delta z \Delta y\end{aligned} \quad (2.22)$$

Der Spannungstensor enthält sechs verschiedene Spannungskomponenten und ist symmetrisch zur Hauptdiagonalen.

Der Spannungstensor wird üblicherweise in zwei Anteile zerlegt:

$$\sigma_{ij} = (\sigma_{ij})_e + (\tau_{ij})_v \quad (2.23)$$

Der erste Anteil wird durch den Zustand des Fluids, der Zweite durch dessen Zustandsänderung gekennzeichnet. Der Spannungstensor enthält einen Gleichgewichtsterm $(\sigma_{ij})_e$ und einen Nichtgleichgewichtsterm $(\tau_{ij})_v$, der durch die Reibungskräfte bestimmt wird.

Das arithmetische Mittel der Normalspannungen $(\sigma_{ii})_e$ ist der Fluiddruck

$$-p = \frac{1}{3}\delta_{ij}\,(\sigma_{ij})_e \quad (2.24)$$

und beschreibt den Zustand des Fluids.

Nach den Materialgesetzen von Newton'schen Fluiden ist die Spannung proportional zu den Formänderungsgeschwindigkeiten mit der Zähigkeit als Proportionalitätsfaktor. Damit gilt für die Elemente des Spannungstensors, die durch die Reibungskräfte bestimmt werden

$$(\tau_{ij})_v = \tau_{ij} = \mu\left(\frac{\partial w_i}{\partial x_j} + \frac{\partial w_j}{\partial x_i}\right) - \frac{2}{3}\mu\frac{\partial w_k}{\partial x_k}\delta_{ij} \quad (2.25)$$

für $i = 1$ und $j = 2$ gilt:

$$\tau_{xy} = \mu\left(\frac{\partial w_x}{\partial y} + \frac{\partial w_y}{\partial x}\right) \quad (2.26)$$

und für $i = 1$ und $j = 1$ mit Gl. (2.25)

$$\tau_{xx} = \mu\left(\frac{\partial w_x}{\partial x} + \frac{\partial w_x}{\partial x}\right) - \frac{2}{3}\mu\left(\frac{\partial w_x}{\partial x} + \frac{\partial w_y}{\partial y} + \frac{\partial w_z}{\partial z}\right) \quad (2.27)$$

Die Reibungskräfte beschreiben den konduktiven Transport des Impulses.

Mit der bereits angewendeten Vorgehensweise am ortsfesten Kontrollvolumen gilt für die Impulsbilanz in x–Richtung

$$[\text{Speicherung}] = \frac{\partial \varrho w_x}{\partial \tau} \tag{2.28}$$

$$\begin{bmatrix}\text{Impulstransport}\\\text{durch Konvektion}\end{bmatrix} = \Delta y \Delta z \left[(\varrho w_x w_x)|_x - (\varrho w_x w_x)|_{x+\Delta x}\right]$$
$$+ \Delta x \Delta z \left[(\varrho w_x w_y)|_y - (\varrho w_x w_y)|_{y+\Delta y}\right] \tag{2.29}$$
$$+ \Delta x \Delta y \left[(\varrho w_x w_z)|_z - (\varrho w_x w_z)|_{z+\Delta z}\right]$$

$$\begin{bmatrix}\text{Impulstransport}\\\text{durch Konduktion}\end{bmatrix} = \Delta y \Delta z \left(\tau_{xx}|_x - \tau_{xx}|_{x+\Delta x}\right)$$
$$+ \Delta x \Delta z \left(\tau_{xy}|_y - \tau_{xy}|_{y+\Delta y}\right) \tag{2.30}$$
$$+ \Delta x \Delta y \left(\tau_{xz}|_z - \tau_{xz}|_{z+\Delta z}\right)$$

$$\begin{bmatrix}\text{Quellterm durch}\\\text{Oberflächenkräfte}\end{bmatrix} = \Delta y \Delta z \left(p|_x - p|_{x+\Delta x}\right) \tag{2.31}$$

$$\begin{bmatrix}\text{Quellterm durch}\\\text{Massenkräfte}\end{bmatrix} = \varrho\, g_x\, \Delta x \Delta y \Delta z \tag{2.32}$$

Division der Gleichungen (2.29), (2.30), (2.31) und (2.32) durch das Kontrollvolumen und Bildung des Grenzwertes $\Delta x \Delta y \Delta z \to 0$ führt auf die Impulserhaltung in x–Richtung.

$$\begin{aligned}\frac{\partial \varrho w_x}{\partial \tau} =\; & -\left(\frac{\partial \varrho w_x w_x}{\partial x} + \frac{\partial \varrho w_x w_y}{\partial y} + \frac{\partial \varrho w_x w_z}{\partial z}\right)\\& -\frac{\partial p}{\partial x} + \frac{\partial \tau_{xx}}{\partial x} + \frac{\partial \tau_{xy}}{\partial y} + \frac{\partial \tau_{xz}}{\partial z} + \varrho\, g_x\end{aligned} \tag{2.33}$$

Werden die Komponenten der Spannungen durch die entsprechenden Geschwindigkeitsgradienten ausgedrückt, ergibt sich:

$$\begin{aligned}\frac{\partial \varrho w_x}{\partial \tau} =\; & -\left(\frac{\partial \varrho w_x w_x}{\partial x} + \frac{\partial \varrho w_x w_y}{\partial y} + \frac{\partial \varrho w_x w_z}{\partial z}\right) - \frac{\partial p}{\partial x}\\& + \frac{\partial}{\partial x}\left[2\mu\left(\frac{\partial w_x}{\partial x}\right) - \frac{2}{3}\mu\left(\frac{\partial w_x}{\partial x} + \frac{\partial w_y}{\partial y} + \frac{\partial w_z}{\partial z}\right)\right]\\& + \frac{\partial}{\partial y}\left[\mu\left(\frac{\partial w_x}{\partial y} + \frac{\partial w_y}{\partial x}\right)\right] + \frac{\partial}{\partial z}\left[\mu\left(\frac{\partial w_x}{\partial z} + \frac{\partial w_z}{\partial x}\right)\right]\\& + \varrho\, g_x\end{aligned} \tag{2.34}$$

Für die y- und z-Richtung ergeben sich analoge Ausdrücke.

In Tensorschreibweise lautet die Impulsbilanz:

$$\frac{\partial \varrho w_i}{\partial \tau} = -\frac{\partial \varrho w_i w_j}{\partial x_j} - \frac{\partial p}{\partial x_i} + \frac{\partial \tau_{ij}}{\partial x_j} + \varrho\, g_i \qquad (2.35)$$

Für konstante Dichte (inkompressibles Medium, z.B. Flüssigkeiten wie Wasser oder Gase wie Luft bis ca. 1/3 der Schallgeschwindigkeit) ergeben sich daraus die so genannten Navier-Stokes-Gleichungen und mit vernachlässigbarer Zähigkeit (d.h. ohne Reibung) die Euler-Gleichungen (siehe auch (Baehr 2008) und mit geschichtlichem Rückblick und Bezug auf den mathematischen Hintergrund (Sonar 2009)).

2.1.5 Energiebilanz (Leistungsbilanz)

Die Anwendung des 1. Hauptsatzes der Thermodynamik auf ein Kontrollvolumen führt auf die Gesamtenergiebilanz eines offenen Systems. In Worten gilt für ein Volumenelement (siehe Abb. 2.4):

$$\begin{bmatrix} \text{Zeitliche Änderung} \\ \text{der gespeicherten inneren} \\ \text{und kinetischen Energie} \end{bmatrix} = \begin{bmatrix} \text{Nettotransport der inneren und} \\ \text{der kinetischen Energie durch} \\ \text{Konvektion über die Oberfläche} \\ \text{je Zeiteinheit} \end{bmatrix}$$

$$+ \begin{bmatrix} \text{Nettotransport durch} \\ \text{Wärmeleitung über die Oberfläche} \\ \text{je Zeiteinheit} \end{bmatrix}$$

$$- \begin{bmatrix} \text{Nettoarbeit, die an den Oberflächen} \\ \text{und im Volumen verrichtet wird,} \\ \text{je Zeiteinheit} \end{bmatrix}$$

$$+ \begin{bmatrix} \text{Quellen, Senken} \end{bmatrix} \qquad (2.36)$$

Mit der Summe von innerer Energie ϱu und kinetischer Energie $\varrho w^2/2$ als speicherbare Größen ergibt sich folgende Gesamtenergiebilanz eines offenen Systems:

$$\begin{bmatrix} \text{zeitliche Änderung der} \\ \text{gespeicherten Energie} \end{bmatrix} = \frac{\partial}{\partial \tau}\left[\varrho\left(\frac{1}{2}w^2 + u\right)\right] \qquad (2.37)$$

$$\begin{bmatrix} \text{Nettotransport der inneren} \\ \text{und kinetischen Energie durch} \\ \text{Konvektion über die Oberfläche} \\ \text{je Zeiteinheit} \end{bmatrix} = -\frac{\partial}{\partial x_i}\left[\varrho\left(\frac{1}{2}w^2 + u\right)w_i\right] \qquad (2.38)$$

$$\begin{bmatrix} \text{Nettotransport} \\ \text{durch Wärmeleitung} \\ \text{über die Oberfläche} \\ \text{je Zeiteinheit} \end{bmatrix} = -\frac{\partial q_i}{\partial x_i} \qquad (2.39)$$

$$\begin{bmatrix} \text{Nettoarbeit durch Druckkräfte} \\ \text{auf der Oberfläche} \\ \text{je Zeiteinheit} \end{bmatrix} = -\frac{\partial p w_i}{\partial x_i} \qquad (2.40)$$

$$\begin{bmatrix} \text{Nettoarbeit durch} \\ \text{Reibungskräfte auf der} \\ \text{Oberfläche je Zeiteinheit} \end{bmatrix} = -\frac{\partial \tau_{ij} w_i}{\partial x_i} \qquad (2.41)$$

$$\begin{bmatrix} \text{Nettoarbeit durch} \\ \text{Volumenkräfte im Volumen} \\ \text{je Zeiteinheit} \end{bmatrix} = \varrho\, w_i\, g_i \qquad (2.42)$$

$$\begin{bmatrix} \text{Quell-/Senken-Term} \end{bmatrix} = S \qquad (2.43)$$

Mit dem Fourier'schen Ansatz der Wärmeleitung wird der Transportstrom in Abhängigkeit vom lokalen Temperaturgradienten ausgedrückt:

$$q_i = -\lambda \frac{\partial \vartheta}{\partial x_i} \qquad (2.44)$$

Die Bilanzgleichung der Gesamtenergie lautet damit:

$$\begin{aligned}
\frac{\partial}{\partial \tau}\left[\varrho\left(\frac{1}{2}w^2 + u\right)\right] = & -\frac{\partial}{\partial x_i}\left[\varrho\left(\frac{1}{2}w^2 + u\right)w_i\right] + \frac{\partial}{\partial x_i}\left(-\lambda\frac{\partial \vartheta}{\partial x_i}\right) \\
& -\frac{\partial}{\partial x_i}(pw_i) - \frac{\partial}{\partial x_i}(\tau_{ij}w_i) + \varrho\, w_i\, g_i + S
\end{aligned} \qquad (2.45)$$

Im Quell-/Senken-Term wird die Zu- bzw. Abnahme der Energie durch chemische Reaktionen und durch Ein- bzw. Abstrahlung von Wärme etc. je Zeiteinheit berücksichtigt.

2.1.6 Bilanzgleichung der mechanischen Energie (Leistung)

Bildet man das Skalarprodukt der lokalen Geschwindigkeit $\vec{w}$ mit der Impulsbilanz aus Gl. (2.35), erhält man

$$\frac{\partial \varrho}{\partial \tau}\left(\frac{1}{2}\varrho w^2\right) = -\frac{\partial}{\partial x_i}\left(\frac{1}{2}\varrho w^2 w_i\right) - w_i\frac{\partial p}{\partial x_i} + w_i\frac{\partial \tau_{ij}}{\partial x_i} + \varrho\, w_i\, g_i \qquad (2.46)$$

Die Gleichung beschreibt die zeitliche Änderung der mechanischen Energie in einem ortsfesten durchströmten Volumenelement. Im Einzelnen bedeuten die Terme der Gleichung:

$$\left[\begin{array}{l}\text{zeitliche Änderung der gespeicherten}\\ \text{mechanischen Energie}\end{array}\right] = \frac{\partial}{\partial \tau}\left(\frac{1}{2}\varrho w^2\right) \qquad (2.47)$$

$$\left[\begin{array}{l}\text{Transport der}\\ \text{mechanischen Energie}\\ \text{durch Konvektion}\\ \text{je Zeiteinheit}\end{array}\right] = \frac{\partial}{\partial x_i}\left(\frac{1}{2}\varrho w^2 w_i\right) \qquad (2.48)$$

$$\left[\begin{array}{l}\text{Nettoarbeit, die durch}\\ \text{den Druck am Volumen-}\\ \text{element verrichtet wird}\\ \text{je Zeiteinheit}\end{array}\right] = w_i \frac{\partial p}{\partial x_i} \qquad (2.49)$$

$$\left[\begin{array}{l}\text{Nettoarbeit, die durch}\\ \text{Reibungskräfte am Volumen-}\\ \text{element verrichtet wird}\\ \text{je Zeiteinheit}\end{array}\right] = w_i \frac{\partial \tau_{ij}}{\partial x_i} \qquad (2.50)$$

$$\left[\begin{array}{l}\text{Nettoarbeit, die durch die}\\ \text{Schwerkraft am Volumen-}\\ \text{element verrichtet wird}\\ \text{je Zeiteinheit}\end{array}\right] = \varrho\, w_i\, g_i \qquad (2.51)$$

Die Nettoarbeit, die durch den Druck und die Reibungskräfte verrichtet wird, kann jeweils in zwei Terme aufgespalten werden.

$$w_i \frac{\partial p}{\partial x_i} = \underbrace{\frac{\partial p w_i}{\partial x_i}}_{I} - \underbrace{p \frac{\partial w_i}{\partial x_i}}_{II} \qquad (2.52)$$

$$w_i \frac{\partial \tau_{ij}}{\partial x_i} = \underbrace{\frac{\partial w_i \tau_{ij}}{\partial x_i}}_{I} - \underbrace{\tau_{ij} \frac{\partial w_i}{\partial x_i}}_{II} \qquad (2.53)$$

Der Term I in den Gleichungen (2.52) und (2.53) beschreibt Arbeit je Zeiteinheit durch die Druck- bzw. Reibungskräfte.

Der Term II in Gl. (2.52) gibt die reversible Umwandlung der Druckarbeit in innere Energie je Zeiteinheit und der Term II in Gl. (2.53) die irreversible Umwandlung der Arbeit der Reibungskräfte in innere Energie je Zeiteinheit an.

In Tensorschreibweise lautet damit die Bilanzgleichung der mechanischen Energie:

$$\begin{aligned}\frac{\partial}{\partial \tau}\left(\frac{1}{2}\varrho w^2\right) = &\frac{\partial}{\partial x}\left(\frac{1}{2}\varrho w^2\right) - \frac{\partial p w_i}{\partial x_i} + p\frac{\partial w_i}{\partial x_i}\\ &+ \frac{\partial w_i \tau_{ij}}{\partial x_i} - \tau_{ij}\frac{\partial w_i}{\partial x_i} + \varrho\, w_i\, g_i\end{aligned} \qquad (2.54)$$

2.1.7 Bilanzgleichung der thermischen Energie (Leistung)

Um zu der Bilanzgleichung der thermischen Energie zu gelangen, ist von der Gesamtenergiebilanz Gl. (2.45) die Bilanzgleichung der mechanischen Energie Gl. (2.54) abzuziehen. Die Subtraktion führt auf:

$$\frac{\partial \varrho u}{\partial \tau} = -\frac{\partial \varrho w_i u}{\partial x_i} + \frac{\partial}{\partial x_i}\left(-\lambda \frac{\partial \vartheta}{\partial x_i}\right) - p \frac{\partial w_i}{\partial x_i} - \tau_{ij} \frac{\partial w_i}{\partial x_i} + S_h \qquad (2.55)$$

Einsetzen des Zusammenhangs zwischen der spez. inneren Energie u und der spez. Enthalpie h

$$h = u + \frac{p}{\varrho} \qquad (2.56)$$

in die Gl. (2.55) ergibt:

$$\frac{\partial \varrho h}{\partial \tau} = -\frac{\partial \varrho w_i h}{\partial x_i} + \frac{\partial}{\partial x_i}\left(-\lambda \frac{\partial \vartheta}{\partial x_i}\right) \\ - p \frac{\partial w_i}{\partial x_i} - \tau_{ij} \frac{\partial w_i}{\partial x_i} + \frac{\partial p w_i}{\partial \tau} + \frac{\partial p}{\partial x_i} + S_h \qquad (2.57)$$

bzw.

$$\frac{\partial \varrho h}{\partial \tau} = -\frac{\partial \varrho w_i h}{\partial x_i} + \frac{\partial}{\partial x_i}\left(-\lambda \frac{\partial \vartheta}{\partial x_i}\right) \\ - \tau_{ij} \frac{\partial w_i}{\partial x_i} + \frac{\partial p}{\partial \tau} + w_i \frac{\partial p}{\partial x_i} + S_h \qquad (2.58)$$

Die Arbeit durch den Druck und die Reibung in Gl. (2.58) ist bei den vielen Strömungsproblemen vernachlässigbar.

Mit der Prandtl-Zahl

$$Pr = \frac{\mu c_p}{\lambda} \qquad (2.59)$$

gilt für den Wärmestrom durch Leitung:

$$\dot{q}_i = -\lambda \frac{\partial \vartheta}{\partial x_i} = \frac{\mu}{Pr} \frac{\partial c_p \vartheta}{\partial x_i} = \frac{\mu}{Pr} \frac{\partial h}{\partial x_i} \qquad (2.60)$$

und damit für die Bilanzgleichung der thermischen Energie

$$\frac{\partial \varrho h}{\partial \tau} = -\frac{\partial \varrho w_i h}{\partial x_i} + \frac{\partial}{\partial x_i}\left(\Gamma_h \frac{\partial h}{\partial x_i}\right) + S_h \qquad (2.61)$$

2.1.8 Bilanzgleichung der Stoffkomponenten

Bei der Simulation von technischen Strömungen im Machzahlbereich $\leq 0,3$ und bei Drücken von ca. 1 bar ist für den diffusiven Transport einer Spezies nur die Fick'sche Stoffstromdichte von Bedeutung. Die Bilanzgleichung für die einzelnen Stoffkomponenten (Spezien) setzt sich aus folgenden Terme zusammen:

$$\begin{bmatrix} \text{zeitliche Änderung des} \\ \text{gespeicherten Stoffes} \end{bmatrix} = \frac{\partial \varrho Y_k}{\partial \tau} \qquad (2.62)$$

$$\begin{bmatrix} \text{Nettotransport} \\ \text{durch Konvektion} \\ \text{je Zeiteinheit} \end{bmatrix} = \frac{\partial \varrho w_i Y_k}{\partial x_i} \qquad (2.63)$$

$$\begin{bmatrix} \text{Nettotransport} \\ \text{durch Diffusion} \\ \text{je Zeiteinheit} \end{bmatrix} = \frac{\partial}{\partial x_i}\left(D \frac{\partial Y_k}{\partial x_i} \right) \qquad (2.64)$$

$$[\,\text{Quellen} + \text{Senken}\,] = S_k \qquad (2.65)$$

mit dem Diffusionskoeffizienten D und dem Zählindex für die einzelne Spezies k. Die Stoffbilanz für eine Spezies ergibt sich damit zu:

$$\frac{\partial \varrho Y_k}{\partial \tau} = -\frac{\partial \varrho w_i Y_k}{\partial x_i} + \frac{\partial}{\partial x_i}\left(\Gamma_k \frac{\partial Y_k}{\partial x_i} \right) + S_k \qquad (2.66)$$

Für weiterführende Informationen zu diesem Thema sei auf die Arbeit von (Müller 1992) verwiesen.

2.1.9 Stationäre und instationäre Zustände

In diesem Abschnitt soll gezeigt werden, wie sich die Bilanzgleichungen verändern und vereinfachen, wenn besondere Fälle betrachtet werden.

Stationäre Zustände – zeitunabhängige Probleme (van Kan 1995)

Charakteristisch für alle stationären Zustände ist, dass alle Ableitungen nach der Zeit (der Speicherterm) verschwinden.

Poisson- und Laplace-Gleichung

Ferner soll der konvektive Term verschwinden, dies trifft z.B. zu für die stationäre Wärmeleitung oder die Diffusion in einem festen Körper oder in einem ruhenden Fluid. Analoge Gleichungen gibt es auch für Potenzialprobleme in der Strömungs- und Elektrizitätslehre (die elektrische Leitung ist analog der Wärmeleitung bzw. Stoffdiffusion) und Gleichgewichtszustände in der Mechanik. Wenn wir noch voraussetzen, dass der Austauschkoeffizient Γ_ϕ konstant ist, vereinfacht sich die allgemeine Bilanzgleichung zur

Poisson-Gleichung (inhomogen)

$$-\Delta\phi = \frac{S_\phi}{\Gamma_\phi} \qquad (2.67)$$

bzw. im dreidimensionalen Raum und mit kartesischen Koordinaten

$$\frac{\partial^2\phi}{\partial x^2} + \frac{\partial^2\phi}{\partial y^2} + \frac{\partial^2\phi}{\partial z^2} = -\frac{S_\phi}{\Gamma_\phi} \qquad (2.68)$$

mit $\phi = \phi(x,y,z)$, $S_\phi = S_\phi(x,y,z)$ und Γ_ϕ = konst.
S_ϕ stellt Wärme- bzw. Stoffquellen oder -senken dar.
Bei der Wärmeleitgleichung haben die allgemeinen Größen folgende Bedeutung:

$$\phi = c_p\vartheta, \qquad S_\phi\ [\text{W}/\text{m}^3], \qquad \Gamma_\phi = \frac{\lambda}{c_p}$$

Die homogene Form der Poisson-Gleichung entsteht, wenn es keine Quellen oder Senken gibt.

Laplace-Gleichung (homogene Poisson-Gleichung)

$$\Delta\phi = 0 \qquad (2.69)$$

Damit diese Gleichungen lösbar werden, müssen entsprechende Randbedingungen gegeben sein (siehe Kapitel 3).

Instationäre Zustände – zeitabhängige Probleme

Charakteristisch für diese Art von Problemen ist, dass eine Ableitung nach der Zeit – d.h. ein Speicherterm – vorhanden ist.

Konvektions-Diffusionsgleichung

Ein Fluid mit konstanter Dichte ϱ strömt mit der Geschwindigkeit $\vec{w}$ (Massenbilanz: aus Gl. (2.14) mit $\phi = 1$, $S_\phi = 0$ und ϱ = konstant: $\nabla \varrho\vec{w}$ = div $\varrho\vec{w} = 0$).

Dabei verändert sich zeitlich und örtlich die Konzentration c eines durch Konvektion und Diffusion transportierten Stoffes. Es gibt keine Quellen und Senken dieses Stoffes in der Strömung, und der Austauschkoeffizient Γ_ϕ = konstant. Die allgemeine Bilanzgleichung vereinfacht sich mit $\phi = c$ zu:

$$\frac{\partial c}{\partial \tau} = -\vec{w}\,\nabla c + \frac{\Gamma_\phi}{\varrho}\Delta c \qquad (2.70)$$

Wird Γ_ϕ sehr klein, dominiert die Konvektion (erste Ableitung nach dem Ort), und die Lösung dieser partiellen Differentialgleichung nähert sich der Lösung der **instationären konvektiven Transportgleichung** an:

$$\frac{\partial c}{\partial \tau} + \vec{w}\,\nabla c = 0 \qquad (2.71)$$

Wenn in einem anderen Fall $\vec{w} = 0$, d.h. in einem ruhenden Fluid oder festen Körper die Konvektion verschwindet, so vereinfacht sich die Konvektions–Diffusionsgleichung zur

Instationären Diffusionsgleichung

$$\frac{\partial c}{\partial \tau} = \frac{\Gamma_\phi}{\varrho}\,\Delta c \qquad (2.72)$$

bzw. mit $\phi = c_p\,\vartheta$, $\Gamma_\phi = \frac{\lambda}{c_p} = $ konstant, $\varrho = $ konstant, $c_p = $ konstant und $a_\lambda = \frac{\lambda}{\varrho\,c_p}$ zur

Instationären Wärmeleitgleichung

$$\frac{\partial \vartheta}{\partial \tau} = a_\lambda\,\Delta\vartheta \qquad (2.73)$$

Normiert man die Temperatur ϑ mit einem konstanten Wert ϑ_{konst} und die Koordinaten mit einer konstanten Länge x_{konst}

$$\vartheta_* = \frac{\vartheta}{\vartheta_{konst}} \qquad (2.74)$$

$$x_* = \frac{x}{x_{konst}},\ y_* = \frac{y}{x_{konst}},\ z_* = \frac{z}{x_{konst}} \qquad (2.75)$$

so erhält man schließlich die normierte Gleichung

$$\frac{\partial \vartheta_*}{\partial \tau_*} = \frac{\partial^2 \vartheta_*}{\partial x_*^2} + \frac{\partial^2 \vartheta_*}{\partial y_*^2} + \frac{\partial^2 \vartheta_*}{\partial z_*^2} \qquad (2.76)$$

wobei τ_* eine dimensionslose Zeit ist

$$\tau_* = \frac{a_\lambda}{x_{konst}^2}\,\tau = Fo = \text{Fourierzahl} \qquad (2.77)$$

Die instationären Diffusions- bzw. Wärmeleitgleichung beschreibt die instationäre Diffusion bzw. Wärmeleitung in einem festen Körper oder einem ruhenden Fluid (also ohne Konvektion) und ohne Wärme- bzw. Stoffquellen.

Die Gleichungen (2.72) und (2.73) unterscheiden sich von der Laplace-Gleichung (2.69) nur durch den Speicherterm!

Zusätzlich zu den Randbedingungen muss für diese DGl 1. Ordnung bezüglich der Zeit daher eine Anfangsbedingung, d.h. alle ϕ, d.h. Konzentrationen bzw. Temperaturen im Gebiet, gegeben sein, um sie lösen zu können.

2.2 Turbulenzmodelle

Die Erforschung und Beschreibung von turbulenten Strömungsvorgängen zählt noch immer zu den großen Herausforderungen. Dabei ist die überwiegende Mehrheit der technisch relevanten Strömungen als turbulent zu bezeichnen. Dies äußert sich in einem scheinbar stochastischen, irregulären Verhalten der Strömung. Die Größenordnung der auftretenden Wirbel hängt von der Anwendung ab und kann stark unterschiedlich sein. Das Spektrum reicht von Strömungspumpen, Haushaltsbrennern, Kraftfahrzeugmotoren, Gasturbinenbrennkammern, Großkraftwerksfeuerungen bis hin zur Klimaströmung um den Globus. Turbulente Strömungen haben im Vergleich zur laminaren Strömung eine deutlich erhöhte Diffusivität, Viskosität und Wärmeleitung. Dabei kann Turbulenz durchaus erwünscht sein, da oftmals eine Verbesserung des Wärmeübergangs, intensivere Durchmischung und Verbrennung erfolgt. Turbulente Strömungen haben dreidimensionale Strukturen, wobei größere Wirbel in immer kleinere Einheiten zerfallen. Das heißt, sie sind stets dissipativ, wobei sich die innere Energie auf Kosten der turbulenten kinetischen Energie erhöht. Man spricht auch von einer Energiekaskade.

2.2.1 Phänomenologische Beschreibung

Die Strukturen von turbulenten Strömungen sind also unregelmäßig und deren Schwankungen stets dreidimensional und drallbehaftet (Wirbelströmung). Turbulente Strömungen führen im Vergleich zum laminaren Fall zu einem höheren Impuls-, Wärme- und Stoffaustausch. Dadurch wird beispielsweise die Vermischung eines eingedüsten Mediums mit dem umgebenden Fluid intensiviert. Dies soll anhand von Abb. 2.6 verdeutlicht werden.

Abb. 2.6. Umschlag von laminarer in turbulente Strömung ($Re_1 < Re_2 < Re_3$)

In Abb. 2.6 handelt es sich um einen nach oben gerichteten Strahl. Die am Anfang noch laminare Strömung schlägt nach einer gewissen Lauflänge in eine turbulente Strömungsform um. Dies ist an der unregelmäßigen Struktur zu erkennen. Die Lauflänge der laminaren Strömung wird mit zunehmender Eindüsegeschwindigkeit bzw. Reynolds-Zahl geringer. Im rechten Teil von Abb. 2.6 ist die Strömung bereits am Düsenaustritt turbulent.

Treten in Strömungen Turbulenzerscheinungen auf, so sind diese hinsichtlich des zeitlichen Verlaufs stets instationär, obwohl es sich auch im zeitlichen Mittel um eine stationäre Strömungsform handeln kann (s. Abb. 2.7).

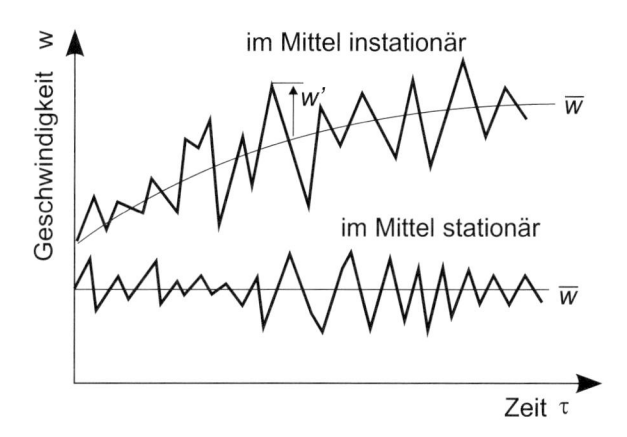

Abb. 2.7. Stationäre und instationäre turbulente Strömung

Turbulente Strömungen zeichnen sich also durch Fluktuationen der Geschwindigkeiten und der darin transportierten Größen aus. Diese Fluktuationen werden durch Trägheitskräfte hervorgerufen. Die durch die Strömung bedingten Schwankungen werden wiederum durch die Reibung infolge der viskosen Eigenschaften des Fluids gedämpft. Dadurch wird ein Teil der kinetischen Energie in Wärme überführt, also dissipiert.

Ein Maß für das Verhältnis von Trägheits- zu Reibungskraft ist die Reynolds-Zahl. Bei größer werdender Reynolds-Zahl sind die Trägheitskräfte und die damit verbundenen Schwankungen so groß, dass Instabilitäten auftreten können, welche nicht mehr durch viskose Kräfte gedämpft werden. Der Umschlag in eine turbulente Strömung erfolgt also beim Überschreiten eines Grenzwertes. Dieser Grenzwert kann durch die Berechnung der kritischen Reynolds-Zahl bestimmt werden, bei dessen Überschreitung Turbulenz auftritt.

Hierbei geht die Modellvorstellung davon aus, dass die anfangs großen Wirbelstrukturen nach dem Prinzip der Energiekaskade zu immer kleiner werdenden zerfallen. Die turbulente Energie wird dabei in thermische Energie umgewandelt und somit dissipiert. Dabei ist der Anteil der kleinen Wirbel an der Umwandlung in Wärme am größten.

Eine direkte Simulation von turbulenten Strömungen (Direct Numerical Simulation (DNS)) ist beim gegenwärtigen Stand der Computertechnik nicht möglich. Eine solche Simulation, ohne eine Verwendung von jeglichen Turbulenzmodellen, würde bedeuten, dass durch die räumliche Diskretisierung das Lösungsgebiet in kleinste Turbulenzelemente aufgelöst werden müsste.

Im Falle der DNS steigt der Berechnungsaufwand proportional zur dritten Potenz der Reynolds-Zahl. Zum Beispiel würde bei einer turbulenten Kanalströmung ($Re = 100\,000$) im Falle einer DNS die Rechenzeit bei einer Hardwareleistung von 1 Tflops/s die Dauer von 122 Jahren betragen (Menter 2002).

2.2.2 Turbulenzmodellierung

Hierunter versteht man die mathematische Beschreibung von turbulenten Längen und Zeitskalen.

2.2.3 Klassifizierung von Turbulenzmodellen

Turbulenzmodelle werden häufig auch durch die Anzahl der verwendeten Transportgleichungen klassiziert. Daher sollen im Folgenden die wesentlichen Vertreter dieser Klassen kurz erläutert werden. Literaturquellen für weiterführende Literatur werden jeweils gegeben.

2.2.4 Nullgleichungsmodelle

Eine wesentliche Grundlage zur Turbulenzmodellierung wurde 1925 durch die Veröffentlichung der Prandtl'schen Mischungslängenhypothese geschaffen. Hierdurch wurde die Berechnung eines Terms zur Bestimmung der turbulenten Viskosität möglich. Turbulente Strömungen werden durch die Wirbelgröße und deren Intensität charakterisiert. Die turbulente Viskosität ist proportional zum Gradienten der gemittelten Geschwindigkeit. Die Wirbelgröße wird durch den Mischungsweg l charakterisiert. Somit ergibt sich folgende Beziehung:

$$\mu_{turb} \sim \varrho\, l^2 \left| \frac{\partial \overline{w}}{\partial x} \right| \qquad (2.78)$$

Dieser Ansatz mag zwar für die Beschreibung von Grenzschichtströmungen geeignet sein, liefert aber bei komplexeren Strömungsproblemen keine zufrieden stellenden Ergebnisse.

2.2.5 Eingleichungsmodelle

Bei den Eingleichungsturbulenzmodellen wird eine Transportgleichung gelöst. Hierzu zählt die Prandtl-Kolmogorov-Formulierung nach Gl. (2.79)

$$\mu_{turb} = \varrho\, \sqrt{k}\, l \qquad (2.79)$$

In Gl. (2.79) wird die kinetische Turbulenzenergie über eine Transportgleichung bestimmt, und die Problemstellung reduziert sich auf die Bestimmung des Längenmaßstabes l.

2.2.6 Zweigleichungsmodelle

Diese Klasse von Turbulenzmodellen wird sehr häufig für industrielle Aufgabenstellungen eingesetzt. Bei den Zweigleichungsturbulenzmodellen werden zwei eigenständige Transportgleichungen zur Bestimmung der turbulenzcharakterisierenden Größen bestimmt. Das heißt, die Beschreibung der Turbulenzverteilung bis auf die übliche Definition der Randbedingungen erfolgt ohne eine Vorgabe weiterer Informationen. Bei den Zweigleichungsturbulenzmodellen besteht ein weites Spektrum an verfügbaren Ansätzen (k, ε, $\omega = \varepsilon/k$ $ctc.$).

Das am häufigsten eingesetzte Turbulenzmodell, sowohl in der Klasse der Zweigleichungsmodelle als auch darüber hinaus, stellt das so genannte k-ε Modell (Jones 1972) dar.

2.2.7 Das k-ε Turbulenzmodell

Dieses Modell behandelt die turbulenten Eigenschaften als isotrop, d.h. als richtungsunabhängig. Somit werden für Strömungsfelder mit nicht-gewundenen Stromlinien bessere Vorhersagen des sich einstellenden Strömungsverlaufes getroffen als beispielsweise für Drallströmungen.

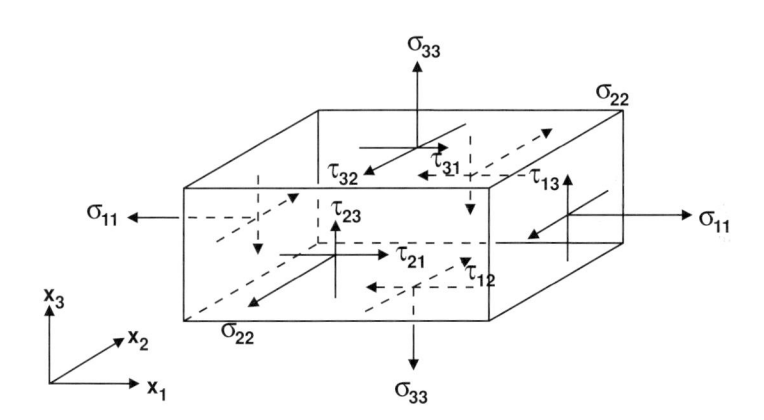

Abb. 2.8. Spannungen an einem Quaderelement

Die im Folgenden dargestellte Form der Gleichungen für die kinetische Turbulenzenergie und deren Dissipation ist analog zur Formulierung von Launder und Spalding (Launder 1974).

Die kinetische Turbulenzenergie entspricht den Normalspannungen in Abb. 2.8 und ergibt sich formal aus den Reynoldsspannungen durch Gleichsetzen der beiden Indizes ($i = j$). Somit ergibt sich:

$$\varrho \overline{w_k} \frac{\partial k}{\partial x_k} = -\underbrace{\varrho \, \overline{w_i' w_k'} \frac{\partial \overline{w_i}}{\partial x_k}}_{I}$$

$$-\underbrace{\frac{\partial}{\partial x_k}\left(\varrho \, \overline{w_i' w_i' w_k'} - \mu\left[\frac{\partial k}{\partial x_k} + \frac{\partial \overline{w_i' w_k'}}{\partial x_k}\right]\right) - \frac{\partial \overline{p' w_k'}}{\partial x_i}}_{II} \qquad (2.80)$$

$$-\underbrace{\mu \, \overline{\frac{\partial w_i'}{\partial x_k}\left(\frac{\partial w_i'}{\partial x_k} + \frac{\partial w_k'}{\partial x_i}\right)}}_{III}$$

Als nächstes erfolgt die Beschreibung der drei Terme auf der rechten Seite von Gl. (2.80). Der erste Term dieser Gleichung stellt den Produktionsterm an kinetischer Turbulenzenergie dar. Die Modellierung dieses Terms erfolgt nach dem auf Boussinesq zurückgehenden Wirbelviskositätsprinzip.

$$I \Rightarrow -\mu_{turb} \frac{\partial \overline{w_i}}{\partial x_k}\left[\frac{\partial \overline{w_i}}{\partial x_k} + \frac{\partial \overline{w_k}}{\partial x_i}\right] \qquad (2.81)$$

Term II stellt einen Diffusionsterm dar und wird nach dem Gradientenflussansatz modelliert:

$$II \Rightarrow \frac{\partial}{\partial x_k}\left(\frac{\mu_{turb}}{\sigma_k} \frac{\partial k}{\partial x_k}\right) \qquad (2.82)$$

Term III stellt den Dissipationsterm an kinetischer Turbulenzenergie dar und wird durch die Dissipationsgröße ε ersetzt, welche durch eine separate Transportgleichung bestimmt wird. Dies führt auf die endgültige Form der Modellgleichung für die kinetische Turbulenzenergie k nach Gl. (2.83), wobei im Folgenden anstelle des Index k der Index j verwendet wird. Die turbulenten und laminaren Anteile der Viskosität werden zur effektiven Viskosität μ_{eff} zusammengefasst.

$$\frac{\partial}{\partial \tau}(\varrho \, k) + \frac{\partial}{\partial x_j}(\varrho \, w_i \, k) = \frac{\partial}{\partial x_j}\left(\frac{\mu_{eff}}{\sigma_k} \frac{\partial k}{\partial x_j}\right) + G - \varrho \, \varepsilon \qquad (2.83)$$

Die Gleichung zur Bestimmung der Dissipation ε lautet:

$$\frac{\partial}{\partial \tau}(\varrho \, \varepsilon) + \frac{\partial}{\partial x_j}(\varrho \, w_i \, \varepsilon) = \underbrace{\frac{\partial}{\partial x_j}\left(\frac{\mu_{eff}}{\sigma_\varepsilon} \frac{\partial \varepsilon}{\partial x_j}\right)}_{I} + \frac{\varepsilon}{k}\left(\underbrace{C_{\varepsilon_1} G}_{II} - \underbrace{C_{\varepsilon_2} \varrho \, \varepsilon}_{III}\right) \qquad (2.84)$$

Der in Gl. (2.83) und Gl. (2.84) auftretende Produktionsterm an kinetischer Energie G ist durch Gl. (2.85) festgelegt.

$$G = \mu_{turb} \frac{\partial \overline{w_i}}{\partial x_j}\left[\frac{\partial \overline{w_j}}{\partial x_i} + \frac{\partial \overline{w_i}}{\partial x_j}\right] \qquad (2.85)$$

Analog zur Modellgleichung für die kinetische Turbulenzenergie setzt sich die rechte Seite der Modellgleichung zur Bestimmung der Dissipation (Gl. (2.84)) an kinetischer Turbulenzenergie ε aus den Termen der Diffusion (I), Produktion (II) und Dissipation (III) zusammen. Der Diffusionsterm wird hierbei, wie bei der kinetischen Turbulenzenergie, durch einen Gradientenflussansatz modelliert. Der Produktions- und Dissipationsterm wird mit dem Reziprokwert des Zeitmaßstabs (ε/k) multipliziert. Zusätzlich erfolgt eine Gewichtung mit empirisch zu bestimmenden Konstanten. Ein von (Launder 1974) angegebener Konstantensatz ist in Tabelle 2.2 wiedergegeben.

Tabelle 2.2. Konstantensatz des k-ε Turbulenzmodells

C_μ	C_{ε_1}	C_{ε_2}	σ_k	σ_ε
0,09	1,44	1,92	1,0	1,3

2.2.8 Reynolds-Spannungsmodelle

Eine weitere Gruppe von Turbulenzmodellen stellen die Reynolds-Spannungsmodelle („Reynolds-stress-models") dar. Diese Obergruppe kann wiederum in „Differential-Stress-" und „Algebraic-Stress-"Modelle unterteilt werden. Bei der ersten Modellgruppe wird im Extremfall für jeden Korrelationsterm der Geschwindigkeitsfluktuationen eine Transportgleichung gelöst und Schließungsbedingungen definiert.

Die in Abb. 2.8 an einem Quader aufgetragenen Spannungen sind in Tensorform in Gl. (2.86) dargestellt.

$$\tau_{ij} = \begin{pmatrix} \sigma_{11} & \tau_{12} & \tau_{13} \\ \tau_{21} & \sigma_{22} & \tau_{23} \\ \tau_{31} & \tau_{32} & \sigma_{33} \end{pmatrix} = \mu \begin{pmatrix} \overline{w'_{11}} & \overline{w'_{12}} & \overline{w'_{13}} \\ \overline{w'_{21}} & \overline{w'_{22}} & \overline{w'_{23}} \\ \overline{w'_{31}} & \overline{w'_{32}} & \overline{w'_{33}} \end{pmatrix} \quad (2.86)$$

Wie in Gl. (2.86) zu erkennen, ist die zum Spannungstensor gehörende Matrix spiegelsymmetrisch. Anhand des Momentengleichgewichts an einem Rechteckelement in Abb. 2.9 ist ebenfalls ableitbar, dass die Schubspannungsterme τ_{12} und τ_{21}, τ_{13} und τ_{31} sowie τ_{23} und τ_{32} betragsmäßig jeweils gleich sein müssen. Folglich sind zusammen mit den Normalspannungen σ_{11}, σ_{22}, σ_{33} insgesamt sechs Größen zu bestimmen. Zusammen mit einer für die turbulente Dissipation zu lösenden Gleichung sind insgesamt sieben Transportgleichungen allein für die Modellierung der Turbulenz zu lösen. Beispielsweise werden bei der Reynolds-Spannungsmodellierung, wie sie von (Weber 1990) verwendet wird, anstelle der einzelnen Normalspannungen die Differenzterme der Normalspannungen ($\overline{w'^2_2} - \overline{w'^2_3}$ und $\overline{w'^2_3} - \overline{w'^2_1}$) und die kinetische Turbulenzenergie über Transportgleichungen gelöst, wobei sich aber die Gesamtzahl der zu berechnenden Gleichungen nicht ändert.

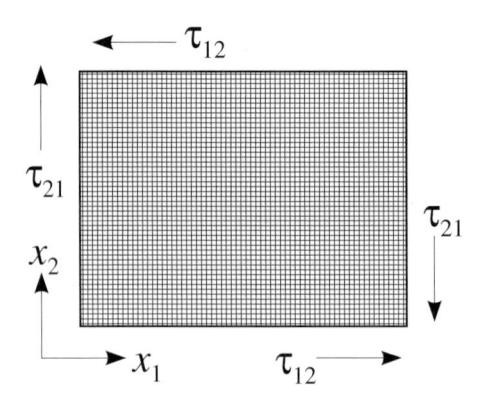

Abb. 2.9. Kräftegleichgewicht $\tau_{12} = \tau_{21}$

Um die Komplexität dieses Ansatzes zu verringern, wurden die so genannten Algebraischen Spannungsmodelle entwickelt. Hierfür sind die Reynolds-Spannungen über die Beziehung nach Gl. (2.87) zu bestimmen.

$$\overline{w'_i w'_j} = k \left[\frac{2}{3} \delta_{ij} + \left(\frac{1-\gamma}{C_1} \right) \left(\frac{\frac{G_{ij}}{\varepsilon} - \frac{2}{3} \delta_{ij} \frac{G}{\varepsilon}}{1 + \frac{1}{C_1} \left(\frac{G}{\varepsilon} - 1 \right)} \right) \right] \quad (2.87)$$

$$G_{ij} = \overline{w'_i w'_k} \frac{\partial \overline{w}_j}{\partial x_k} + \overline{w'_j w'_k} \frac{\partial \overline{w}_i}{\partial x_k} \quad ; \quad G = \overline{w'_k w'_l} \frac{\partial \overline{w}_k}{\partial x_l} \quad (2.88)$$

$$C_\mu = \frac{\frac{2}{3} \frac{1-\gamma}{c_1} \left[1 - \frac{1}{C_1} \left(1 - \gamma \frac{G}{\varepsilon} \right) \right]}{\left[1 + \frac{1}{C_1} \left(\frac{G}{\varepsilon} - 1 \right) \right]^2} \quad (2.89)$$

Die in Gl. (2.87) auftretenden Terme sind durch die Beziehungen nach Gl. (2.88) und Gl. (2.89) zu berechnen. Da die Beziehungen für die Größen G_{ij} und G wiederum Terme enthalten, welche $\overline{w'_i w'_i}$ entsprechen, erhält man ein zu lösendes System von algebraischen Gleichungen.

Nach (Gibson 1978) wird c_1 mit 1,8 und γ mit einem Wert von 0,6 angegeben.

Ein solches Algebraisches Spannungsmodell wurde für einen zweidimensionalen isothermen Fall getestet.

Ein weiteres Spannungsmodell dieser Gruppe stellt die „Effektive Viskositätshypothese (EVH)" von (Pope 1975) dar. Hier zeigten die Berechnungsergebnisse eine gute Übereinstimmung mit den Ergebnissen, welche mit dem Algebraischen Spannungsmodell gewonnen wurden, jedoch ist die Anwendung dieses Modells durch die zugrunde liegenden Vereinfachungen nach (Pope 1975) auf zweidimensionale Fälle beschränkt.

Weitergehende Übersichten über den aktuellen Stand der Turbulenzmodellierung sind u.a. von (Nallasamy 1987), (Sloan 1986), (Launder 1991) und (Leschziner 1989) erschienen.

Der Einsatz eines solchen Reynolds-Spannungsmodells für dreidimensionale Feuerraumberechnungen mit teilweise über 100000 verwendeten Gitterpunkten ist äußerst rechenzeitintensiv. In brennerfernen Bereichen ist die Diskretisierung so grob, dass die Verwendung eines solchen Modells nicht effektiv ist. Bei der Teilgebietszerlegungsmethode lässt sich ein höheres Turbulenzmodell, wie z.B. das Algebraische Spannungsmodell (Epple 1992a), durchaus wirkungsvoll einsetzen. Bei der Teilgebietszerlegungsmethode kann der Brennernahbereich mit einem eigenständigen Gitter extrem fein diskretisiert werden, sodass dort ein Spannungsmodell höherer Ordnung angewendet werden kann. Dieses fein diskretisierte Gitter des Brennernahbereiches wird mit dem umgebenden groben Gitter, für welches ein Standard k-ε Modell verwendet wird, gekoppelt.

2.2.9 Large-Eddy-Simulation

Der Einsatz der Large-Eddy-Methode für industrielle Anwendungen kann noch nicht als Stand der Technik bezeichnet werden. Aufgrund des Potentials dieser Methode ist zu erwarten, dass sich dies in der Zukunft ändern wird. Daher wird im Folgenden das Prinzip kurz beschrieben.

Bei dem Modellansatz der Large-Eddy-Simulation (LES) werden die größeren Wirbel (Eddies) durch eine direkte Simulation beschrieben. Die Modellierung der kleineren Wirbel erfolgt über eine Modellbeschreibung (Subgrid Scale (SGS) Model). Die grundlegende Annahme eines solchen Ansatzes basiert darauf, dass die großen Wirbel ein Maximum an Energie haben und direkt simuliert werden können. Kleinere Wirbel haben weniger Energie, und deren Beschreibung basiert auf einem isotropen Modell mit generellen Eigenschaften, wodurch eine allgemein gültige Modellierung möglich wird. Durch diese Vorgehensweise entstehen zwei Teilaufgaben. Zunächst muss eine Filterung vorgenommen werden, bei welcher eine klare Trennung in große und kleine Wirbelfraktionen entsteht. Eine weitere Aufgabe besteht in der Modellierung der Fraktionen an kleineren Wirbeln, welche über ein so genanntes „Subgrid Scale (SGS)" erfolgt, wodurch das System an ausgefilterten Gleichungen geschlossen wird. Unter dem Aspekt der Modellierung wird nun das Problem auf die Modellierung des weniger wichtigen Teils des Energiespektrums beschränkt. Es ist zwar noch immer ein Turbulenzmodell notwendig, jedoch kann davon ausgegangen werden, dass dessen Einfluss klein ist, da die bedeutenderen Wirbelfraktionen direkt im numerischen Gittersystem erfasst und beschrieben werden. Bei der LES werden nur die kleinen Wirbel modelliert, und die Kontrollvolumen des Gittersystems können viel größer als der Kolmogrov'sche Längenmaßstab sein und die Zeitschrittweite wesentlich größer als bei der „Direkten numerischen Simulation" (DNS). Damit ist der erforderliche Rechenzeitbedarf wesentlich geringer als bei der DNS. Mit der rasanten Entwicklung bei der Steigerung der Leistungsfähigkeit der Computerhardware gibt es eine These, welche besagt, dass die Verbreitung der Anwendung der LES in der nächsten Dekade die von RANS übertrifft. Über diese Sichtweise kann man sich natürlich streiten. Beispielsweise ist das Problem der Behandlung von wandnahen Strömungen noch nicht gelöst. Die dort auftretenden kleinen Wirbelabmessungen bedürfen einer Gitterfeinheit und Zeitschrittweite und erreichen damit annähernd Ausmaße, wie sie bei der Anwendung der DNS auftreten. Bestehende Ansätze wie anisotrope Filter oder dynamische Ansätze führen noch zu keinen befriedigenden Ergebnissen. Eine der Lösungen für die Problematik der Behandlung der wandnahen Bereichen ist die Kombination von LES und RANS, die so genannte gesonderte LES-DES (Detached Eddy Simulation) (Strelets 2000). Beim DES-Ansatz wird die RANS-Methode in Wandnähe verwendet und das LES-Modell in den wandfernen Bereichen, wodurch sich das Problem auf die Kopplung dieser beiden Bereiche reduziert.

2.2.10 Interaktion zwischen Turbulenz und chemischer Reaktion

Turbulente reaktive Strömungen sind äußerst komplex, und eine exakte mathematische Beschreibung ist mit einem hohen Aufwand verbunden. Dies lässt sich mithilfe der Wahrscheinlichkeitstheorie beschreiben. Dabei muss die gebundene Wahrscheinlichkeitsdichte aller beschreibenden Variablen an jedem Ort berechnet werden. Hierzu müssen Gleichungen für die Entwicklung von Wahrscheinlichkeitsdichtefunktionen (Probability Density Function (PDF)) angegeben werden, deren Lösung statistisch vollständige Informationen enthalten. Methoden zur numerischen Lösung wurden u.a. von Pope (Pope 1990b) vorgestellt. Solche PDF-Methoden, die also die Berechnung der gebundenen Wahrscheinlichkeitdichte aller Größen zum Ziel haben, werden in Verbindung mit reduzierter Chemie zur Simulation von geometrisch einfachen Laborflammen eingesetzt ((Pope 1990b), (Gran 1994), (Nau 1995), (Wölfert 1997)). Jedoch tritt auch bei diesen Methoden das Problem von ungeschlossenen Ausdrücken (Mischung, Dichtefluktuation) auf, die durch empirische Modellannahmen geschlossen werden müssen. Der große Vorteil dieser Methoden bei der Simulation von Verbrennungsvorgängen besteht darin, dass die chemische Reaktionskinetik direkt ohne jegliche Modellannahme integriert werden kann ((Pope 1990a), (Warnatz 1996)). Eine Beschreibung der Grundzüge dieser PDF-Ansätze ist in (Gerlinger 2005) zu finden. Solche PDF-Methoden sind bis dato wegen des enormen numerischen Aufwandes für industrielle Fragestellungen nicht handhabar. Daher soll im folgenden Abschnitt auf einen weit verbreiteten Modellansatz, welcher zur Bearbeitung von praktischen, industriellen Fragestellungen eingesetzt wird, eingegangen werden.

2.2.11 Eddy-Dissipation-Concept

Das Eddy-Dissipation-Concept von Magnussen (Magnussen 1989) ist ein empirisches Modell zur Beschreibung von chemischen Reaktionen in turbulenten

Strömungen mit hoher Reynoldszahl. Magnussen entwickelte in Analogie zur bereits beschriebenen Modellvorstellung der Energiekaskade und des Wirbelzerfalls einer turbulenten Strömung einen Modellansatz zur Behandlung von Verbrennungsvorgängen, der gleichermaßen auf dem Transport der turbulenten Energie von den großen Turbulenzstrukturen zu immer kleineren Strukturen bis zur Dissipation in Wärmeenergie in den kleinsten Strukturen basiert. Dabei wird die Energiekaskade durch eine diskrete, stufenweise Formulierung mathematisch beschrieben, bei der sich die charakteristische Lebenszeit der Wirbel von einer Stufe zur nächsten jeweils halbiert. Diese diskrete Energiekaskade bildet die Grundlage zur Ableitung der notwendigen mathematischen Bestimmungsgleichung aller verwendeten Größen.

2.2.12 Reaktionsgebiet

Damit chemische Reaktionen ablaufen können, müssen die Reaktanden auf molekularer Ebene perfekt gemischt sein, und es muss eine ausreichend hohe Temperatur vorliegen. In turbulenten Strömungen ist der Reaktionsfortschritt daher stark von der Mischung durch die Wirbelstrukturen beeinflusst.

Ein wesentlicher Grundgedanke des EDC, der direkt aus der Modellvorstellung der Energiekaskade abgeleitet ist, besteht in der Annahme, dass in turbulenten reaktiven Strömungen eine Mischung der Reaktanden auf molekularer Ebene nur in den kleinsten Strukturen der Energiekaskade vorliegt, dort wo viskose Kräfte dominieren und die Dissipation der Energie in Wärme stattfindet. Es ist bekannt, dass diese kleinsten turbulenten Skalen in bestimmten Regionen lokalisiert sind, deren Volumen nur einen kleinen Teil vom Gesamtvolumen des Fluids ausmacht. Diese Regionen werden von den so genannten Fine Structures eingenommen. Außerhalb der Fine Structures liegt keine Mischung auf molekularer Ebene vor, und es wird angenommen, dass hier keine chemischen Reaktionen stattfinden.

Das Eddy-Dissipation-Concept beruht somit auf einer Unterteilung des gesamten Raumes in ein Reaktionsgebiet und das umgebende Fluid. Reaktionen finden nur in diesem Reaktionsgebiet, den Fine Structures, statt, das also die kleinsten Turbulenzskalen repräsentiert. Der turbulente Reaktionsumsatz wird somit als eine Serienschaltung von skalarer Dissipation und chemischer Reaktion angesehen.

Die getroffene Annahme bei der Ableitung des Kaskadenmodells, dass die Dissipation der turbulenten Energie in Wärme hauptsächlich auf den kleinsten Skalen stattfindet, ist um so besser erfüllt, je höher die Reynoldszahl ist. Dies ist wegen der Analogie auch eine Voraussetzung für das EDC. Jedoch wird durch eine hohe Reynoldszahl nicht garantiert, dass alle Reaktionen außerhalb der Fine Structures vernachlässigt werden können. Für diese Annahme gibt es keine quantifizierbare Definition des Gültigkeitsbereiches.

2.2.13 Charakteristische Kenngrößen der Fine Structures

Um die Reaktionen innerhalb der Fine Structures behandeln zu können, muss man den Volumen- oder Massenanteil der Fine Structures und den Massentransport zwischen Fine Structures und umgebendem Fluid kennen. Beide Größen werden aus den Turbulenzkenngrößen der Strömung bestimmt (siehe (Magnussen 1989), (Gran 1994), (Ertesvag 1996)). Die folgenden Ableitungen beziehen sich bei Verwendung innerhalb eines CFD-Programms auf Favregemittelte Größen. Dabei werden Größen der Fine Structures mit einem Stern bezeichnet.

Die Transferrate M_{tr}^* (pro Zeiteinheit) zwischen Fine Structures und umgebendem Fluid kann aus der Dissipationsrate ε der turbulenten kinetischen Energie mit der kinematischen Viskosität ν und der Modellkonstanten $C_{D2} = 0,50$ abgeleitet werden.

$$M_{tr}^* = -\sqrt{\frac{3}{C_{D2}}}\sqrt{\frac{\varepsilon}{\nu}} \qquad (2.90)$$

Die Transferrate bestimmt auch die charakteristische Aufenthaltszeit τ^* innerhalb der Fine Structures.

$$\tau^* = \frac{1}{M_{tr}^*} \qquad (2.91)$$

Diese charakteristische Aufenthaltszeit liegt in der gleichen Größenordnung wie das oft verwendete Kolmogorov-Zeitmaß τ_{Ko} und kann alternativ unter Verwendung von τ_{Ko} auch folgendermaßen geschrieben werden:

$$\tau^* = \sqrt{\frac{C_{D2}}{3}}\tau_{Ko} = 0,41\,\tau_{Ko} \qquad (2.92)$$

Zur Quantifizierung des Anteils der Fine Structures an der Gesamtmasse wird angenommen, dass sich die Fine Structures in bestimmten Regionen konstanter Energie konzentrieren, den Fine-Structures-Regionen γ_{Fs}.

$$\gamma_{Fs} = \left(\frac{3C_{D2}}{4C_{D1}^2}\right)^{1/4}\left(\frac{\nu\varepsilon}{k^2}\right)^{1/4} \qquad (2.93)$$

Hierbei bezeichnet k die turbulente kinetische Energie, und die Modellkonstante C_{D1} hat den Wert 0,134. Dieser Ausdruck wird ebenfalls unter Verwendung zweier bereits eingeführter Längenmaße, des Kolmogorov-Mikromaßes l_{Ko} und des Taylor-Längenmaßes l_{Ta} formuliert, um den Zusammenhang zu diesen bekannten Größen zu zeigen.

$$\gamma_{Fs} = \left(100\frac{3C_{D2}}{4C_{D1}^2}\right)^{1/4}\left(\frac{l_{Ko}}{l_{Ta}}\right)^{1/4} \qquad (2.94)$$

Der Massenanteil der Fine Structures γ_{Fs}^* wird dann aus dem Anteil der Fine-Structures-Regionen γ_{Fs} berechnet.

$$\gamma_{Fs}^* = \gamma_{Fs}^3 \qquad (2.95)$$

In neueren Veröffentlichungen (Gran 1994) schlägt Magnussen einen Korrekturfaktor a für die nachfolgend aus dem EDC abgeleitete Reaktionsrate vor, der sich ebenfalls aus γ_{Fs} berechnet.

$$a = \frac{1}{\gamma_{Fs}} \qquad (2.96)$$

Dieser Korrekturfaktor wird hier in die Berechnung des Massenanteils der Fine Structures integriert, sodass γ_{Fs}^* sich aus

$$\gamma_{Fs}^* = \gamma_{Fs}^2 \qquad (2.97)$$

berechnet. Aus einfachen geometrischen Überlegungen ergibt sich die Transferrate M_{tr} pro Einheit Fluid (und Zeit) aus der Transferrate M_{tr}^* (Gl. (2.90)) bezogen auf den Fine-Structures-Anteil und deren Massenanteil γ_{Fs}^* (siehe auch Abb. 2.10).

$$M_{tr} = M_{tr}^* \gamma_{Fs}^* \quad \left[\frac{1}{\text{s}}\right] \qquad (2.98)$$

Der massengemittelte Wert einer allg. Variablen ϕ berechnet sich nach Gl. (2.99) aus ihrem Wert in den Fine Structures ϕ^* und ihrem Wert in dem umgebenden Fluid ϕ^0 und wird im Folgenden als mittlere Größe bezeichnet. Bei der Anwendung des EDC sind Massenbrüche und Temperatur stets als Favre-gemittelte Werte zu verstehen.

$$\phi = \gamma_{Fs}^* \chi_{Fs} \phi^* + (1 - \gamma_{Fs}^* \chi_{Fs}) \phi^0 \qquad (2.99)$$

Der Korrekturfaktor χ_{Fs} bezeichnet nach Magnussen den Anteil der Fine Structures, der genügend erhitzt ist und reagieren kann. Er wurde an vereinfachten Modellvarianten unter Annahme „unendlich" schneller Chemie entworfen und dient dazu, reaktionskinetische Effekte zu berücksichtigen. Formeln für χ_{Fs} finden sich beispielsweise in (Magnussen 1989) und (Gran 1994). Für den Fall, dass chemische Reaktionskinetik in das EDC integriert wird, ist dieser Korrekturfaktor physikalisch nicht begründbar. Daher wird χ_{Fs} zu 1 gesetzt.

Die Massentransferrate $\dot{R}_{tr\,i}$ einer Spezieskonzentration i zwischen umgebendem Fluid und den Fine Structures kann aus der Transferrate M_{tr} und der Differenz aus der Konzentration im umgebenden Fluid Y_i^0 und der Konzentration innerhalb der Fine Structures Y_i^* berechnet werden (siehe Abb. 2.10). Hierin bezeichnet $\overline{\varrho}_{Gem}$ die lokale mittlere Dichte der Gasmischung.

$$\dot{R}_{tr\,i} = \overline{\varrho}_{Gem} M_{tr} \left(Y_i^0 - Y_i^*\right) \qquad (2.100)$$

Unter Verwendung von Gl. (2.99) lässt sich $\dot{R}_{tr\,i}$ auf die mittlere Konzentration Y_i zurückführen.

48 Umwandlung und Transport von Masse, Impuls, Energie und Stoffen

$$\dot{R}_{tr\,i} = \frac{\overline{\varrho}_{Gem} M_{tr}}{1 - \gamma^*_{Fs}\chi_{Fs}} \left(Y_i^0 - Y_i^*\right) \tag{2.101}$$

Zur Berechnung von $\dot{R}_{tr\,i}$ fehlt als letzte Größe noch die Konzentration Y_i^* der Komponente innerhalb der Fine Structures, die unter Berücksichtigung der Reaktionskinetik bestimmt wird.

2.2.14 Integration chemischer Reaktionskinetik

Wenn man die Fine Structures lokal als idealen Rührkesselreaktor (PSR) auffasst, der nur mit dem umgebenden Fluid Masse und Energie austauscht (Abb. 2.10), kann jeder chemische Reaktionsmechanismus in das EDC eingebunden werden.

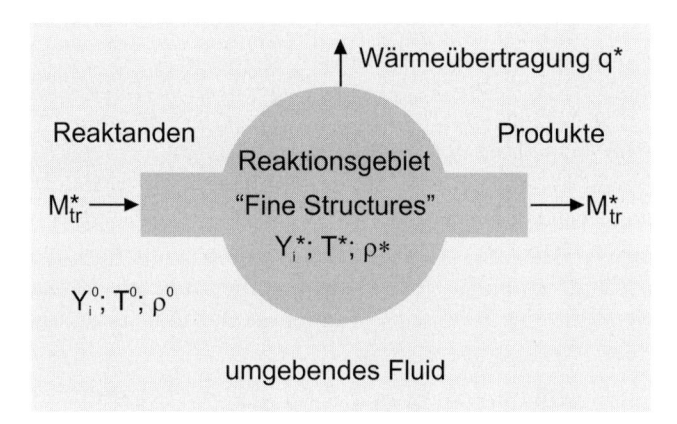

Abb. 2.10. Fine-Structure-Rührkesselreaktor

Die Bildungsgeschwindigkeiten aller Komponenten werden aus einer stationären Massen- und Energiebilanz dieses Fine-Structure-Reaktors berechnet. Die chemische Reaktion und der Massentransport dieses Rührkesselreaktors kann durch die folgenden algebraischen Gleichungen zur Spezieserhaltung und Erhaltung der Energie beschrieben werden.

$$\frac{M^*_{tr}}{1 - \gamma^*_{Fs}\chi_{Fs\,i}} \left(Y_i^0 - Y_i^*\right) = \frac{\dot{R}^*_{chem\,i} W_i}{\varrho^*} \qquad (i = 1,....n) \tag{2.102}$$

$$\frac{M^*_{tr}}{1 - \gamma^*_{Fs}\chi_{Fs\,i}} \sum_{i=1}^{n} (Y_i^* h_i^* - Y_i h_i) = \frac{\dot{q}^*}{\varrho^*} \tag{2.103}$$

$\dot{q}^*$ ist die Netto-Energierate pro Volumeneinheit, die zwischen den Fine Structures und dem umgebenden Fluid durch Strahlung ausgetauscht wird. $\dot{R}^*_{chem\,i}$ sind die chemischen Reaktionsraten, und W_i ist das Molekulargewicht. Die Gleichungen (2.102) und (2.103) werden im Folgenden als PSR-Gleichungssystem bezeichnet.

Aus diesem PSR-Gleichungssystem lassen sich nun die Spezieskonzentrationen Y_i^* und die Temperatur T^* innerhalb der Fine Structures aus den bekannten Größen $\overline{T}$ und Y_i (mittlere Temperatur und mittlere Spezieskonzentrationen) berechnen. Da die chemischen Reaktionsgeschwindigkeiten im Allg. nichtlineare Funktionen der Zustandsvariablen sind, erhält man ein nichtlineares, gekoppeltes, algebraisches Gleichungssystem, das ein iteratives Lösungsverfahren erfordert.

2.2.15 Berechnung der mittleren chemischen Reaktionsquellterme

Mit der Spezieskonzentration Y_i^* innerhalb der Fine Structures kann nun die Massentransferrate jeder Komponente nach Gl. (2.101) bestimmt werden. Diese Massentransferrate $\dot{R}_{tr\,i}$ entspricht den noch unbestimmten chemischen Reaktionsquelltermen in den Spezies-Erhaltungsgleichungen bei der turbulenten Strömungsberechnung. Damit ist das partielle Differentialgleichungssystem zur Beschreibung turbulenter Flammen vollständig bestimmt.

Die Bestimmungsgleichung der Massentransferrate (Gl. (2.104)) zeigt den Einfluss der unterschiedlichen Faktoren auf den mittleren Reaktionsquellterm. Die Massentransferrate basiert auf der mittleren Konzentration Y_i und hängt zusätzlich von der turbulenten Mischung ab, die durch die Transferrate M_{tr} zwischen umgebendem Fluid und Fine Structures charakterisiert ist.

$$\dot{R}_{tr\,i} = \frac{\overline{\varrho}_{Gem} M_{tr}}{1 - \gamma_{Fs}^* \chi_{Fs}} \left(Y_i^o - Y_i^* \right) \qquad (2.104)$$

Darüber hinaus geht die Konzentration Y_i^* innerhalb der Fine Structures in die Bestimmungsgleichung ein. Y_i^* bestimmt über das PSR-Gleichungssystem (2.102) und (2.103) die chemischen Reaktionsgeschwindigkeiten und damit die Reaktionskinetik des Systems. Zur Berechnung der chemischen Reaktionsgeschwindigkeiten werden also nicht die mittleren Konzentrationen herangezogen, sondern die Konzentrationen innerhalb der Fine Structures.

2.2.16 Modifikation der EDC-Kenngrößen

Obwohl eine mathematische Ableitung der zur Charakterisierung der Fine Structures verwendeten Größen im EDC (τ^* und γ_{Fs}^* y*) formuliert ist, bleibt es unklar, warum nicht das bekannte Kolmogorov'sche Zeitmaß τ_{Ko} für die Verweilzeit in den Fine Structures verwendet wird. Das im EDC abgeleitete Zeitmaß τ^* liegt zwar in der gleichen Größenordnung, ist aber mit der vorgeschlagenen Wahl der Konstanten C_{D2} nicht identisch mit τ_{Ko}. Das Kolmogorov-Zeitmaß wird jedoch vielfach zur Bestimmung von turbulenten Mischungsvorgängen verwendet. Deshalb wird hier eine Modellvariation des beschriebenen EDC untersucht, die zur Quantifizierung der Aufenthaltszeit in den Fine Structures das Kolmogorov-Zeitmaß heranzieht. Die Transportrate M_{tr} nach Gl. (2.98), aus der sich die gemittelte Reaktionsrate $\dot{R}_{tr\,i}$ einer

Komponente nach Gl. (2.101) ableitet, soll hierbei beibehalten werden. Daraus ergibt sich dann der Massenanteil der Fine Structures in der Modellmodifikation zu

$$\gamma_{Ko}^* = \frac{\tau_{Ko}^*}{\tau^*}\gamma_{Fs}^* \qquad (2.105)$$

2.2.17 Quasistationaritätsbedingungen

Die Berechnung einer turbulenten Flamme mit detaillierter Chemie benötigt sehr viel Rechenzeit durch die aufwändige, iterative Lösung („innere" Iterationen) des entstandenen nicht-linearen PSR-Gleichungssystems zur Bestimmung der Reaktionsquellterme. Zusätzlich sind sehr viele „äußere" CFD-Iterationen notwendig, um eine auskonvergierte Lösung aller Spezieskonzentrationen zu erhalten, wofür im Besonderen die Konzentrationen vieler Radikale verantwortlich sind. Durch die Einführung von Quasistationaritäts-Annahmen für diese Radikale entfällt die Lösung der entsprechenden Transportgleichungen, und es verringert sich die Anzahl der notwendigen CFD-Iterationen.

Die Komplexität des Systems kann also durch die Einführung von Quasistationaritäts-Annahmen für Radikalkonzentrationen reduziert werden. Quasistationarität („Steady-State"-Zustand) für eine Spezies bedeutet, dass ihre Verbrauchsgeschwindigkeit ungefähr ihrer Bildungsgeschwindigkeit entspricht. Für eine Komponente kann ein Steady-State-Zustand angenommen werden, wenn diese sehr reaktiv ist und als Zwischenprodukt ein niedriges Konzentrationsniveau besitzt.

Quasistationaritätsbedingungen können sehr geschickt in das PSR-Gleichungssystem integriert werden. Hierzu werden die Komponenten in zwei Gruppen aufgeteilt. Die „Hauptspezies" sind unabhängige, reaktive Spezies. Für die „Steady-State-Spezies" heben sich chemische Produktion und Verbrauch innerhalb des Reaktors auf, und damit verschwindet der Transportterm in den PSR-Erhaltungsgleichungen für diese „Steady-State-Spezies". Dies kann auch dadurch erreicht werden, dass ihre Konzentration im Einlass mit ihrer Konzentration innerhalb des Reaktors gleichgesetzt wird.

$$Y_i = Y_i^* \qquad (i: \text{„Steady-State-Spezies"}) \qquad (2.106)$$

Für die „Steady-State-Spezies" nimmt somit Gl. (2.102) folgende Form an.

$$0 = \frac{\omega_i^* W_i}{\varrho^*} \qquad (i: \text{„Steady-State-Spezies"}) \qquad (2.107)$$

Mit diesem Vorgehen werden alle Reaktionen des verwendeten Mechanismus zur Berechnung der Steady-State-Bedingungen herangezogen, ohne dass hierzu zusätzliche analytische mathematische Arbeit notwendig ist. Es lässt sich daher leicht auf unterschiedliche Reaktionsmechanismen anwenden. Ebenso können problemlos Komponenten oder Reaktionen dem System hinzugefügt oder herausgenommen werden.

Gl. (2.107) lässt sofort erkennen, dass die „Steady-State-Spezies" nicht von den Reaktoreintrittswerten abhängig sind und daher keine Transportgleichung für die Mittelwerte dieser Spezies gelöst werden muss. Die Anzahl der zu berechnenden Komponenten einer Flamme kann damit beispielsweise von den typischerweise ca. 30 Komponenten eines Mechanismus auf ca. 5 bis 10 reduziert werden. Leider sinkt dadurch der numerische Aufwand nicht so stark, wie man dies auf den ersten Blick vermuten könnte. Da die Komponenten weiterhin im PSR-Gleichungssystem enthalten sind, bleibt der Aufwand zur Lösung dieses Systems gleich. Der numerische Vorteil wird also hauptsächlich durch die Verringerung der notwendigen CFD-Iterationen bestimmt und reduziert die notwendige Rechenzeit auf etwa die Hälfte bis ein Drittel.

Ähnliches gilt für die Verwendung von konventionell reduzierten Mechanismen mit analytisch (algebraisch) berechneten Quasistationaritätsbedingungen. Auch hierfür ist die Berechnung aller Reaktionen (Vorwärts- und Rückreaktionen) des verwendeten Mechanismus notwendig. Jedoch ergibt sich bei der Berechnung der Jacobimatrix ein gewisser Vorteil.

2.2.18 Eddy-Dissipation-Modell

Das Eddy-Dissipation-Modell, das standardmäßig auch in kommerziellen CFD-Programmen verwendet wird, ist nicht gleichzusetzen mit dem zuvor beschriebenen Eddy-Dissipation-Concept. Vielmehr leitet sich das Eddy-Dissipation-Modell aus dem Eddy-Dissipation-Concept durch die Einführung von vereinfachenden Annahmen (insbesondere die Annahme unendlich schneller Chemie) ab, ähnlich wie ein einfaches Mischungsbruch-Modell auf Basis eines konservativen Skalars und vorgegebener PDF-Form eine Vereinfachung der komplexen PDF-Theorie darstellt.

Um die Verbindung mit dem EDC zu zeigen, soll an dieser Stelle die Herleitung des Eddy-Dissipation-Modells dargestellt werden. Eine einfache 1-Schritt-Reaktion eines Brennstoffs (Br) mit einem Oxidant (oxi) ist gegeben durch

$$\text{Brennstoff} + \nu_1 \, \text{Oxidant} \rightarrow \nu_1 \, \text{Produkte} \qquad (2.108)$$

Hierfür lassen sich nach Gl. (2.101) die zwei Reaktionsraten für die beiden Reaktanden folgendermaßen angeben:

$$\dot{R}_{tr\,Br} = \frac{\overline{\varrho}_{Gem} M_{tr} \chi_{Fs}}{1 - \gamma_{Fs}^* \chi_{Fs}} \left(Y_{Br} - Y_{Br}^*\right) \qquad (2.109)$$

$$\dot{R}_{tr\,oxi} = \frac{\overline{\varrho}_{Gem} M_{tr} \chi_{Fs}}{1 - \gamma_{Fs}^* \chi_{Fs}} \left(Y_{oxi} - Y_{oxi}^*\right) \qquad (2.110)$$

Sie sind durch den massengewichteten stöchiometrischen Bedarf an Oxidant miteinander gekoppelt.

$$\dot{R}_{tr\,oxi} = n_L \dot{R}_{tr\,Br} \qquad (2.111)$$

Um die Konzentrationen der Komponenten innerhalb der Fine Structures zu bestimmen, wird nun beim Eddy-Dissipation-Modell die Annahme sehr schneller chemischer Reaktionen getroffen. Dies führt dazu, dass entweder der gesamte Brennstoff Y_{Br}^* oder der gesamte Sauerstoff Y_{oxi}^* innerhalb der Fine Structures verbraucht wird. Je nach vorliegender Stöchiometrie ergibt sich also

$$Y_{Br}^* = 0 \quad \text{oder} \quad Y_{oxi}^* = 0 \tag{2.112}$$

Die zu Null werdende Komponente bestimmt somit die Reaktionsgeschwindigkeit $\dot{R}_{tr}$, die dann aus dem Massentransfer und den mittleren Konzentrationen mithilfe des Luftbedarfs n_L berechnet wird.

$$\dot{R}_{tr} = \frac{\overline{\varrho}_{Gem} M_{tr} \chi_{Fs}}{1 - \gamma_{Fs}^* \chi_{Fs}} \min\left(Y_{Br}, \frac{Y_{oxi}}{n_L}\right) \tag{2.113}$$

Durch Einsetzen der Gl. (2.95) und Gl. (2.98) lässt sich $\dot{R}_{tr}$ in der bekannten Form darstellen,

$$\dot{R}_{tr} = C_{EDM} \frac{\varepsilon}{k} \overline{\varrho}_{Gem} \min\left(Y_{Br}, \frac{Y_{oxi}}{n_L}\right) \tag{2.114}$$

wobei C_{EDM} nach

$$C_{EDM} = 23{,}9 \left(\frac{\mu \varepsilon}{\varrho k^2}\right)^{1/4} \frac{\chi_{Fs}}{1 - \gamma_{Fs}^* \chi_{Fs}} \tag{2.115}$$

berechnet wird. C_{EDM} wird üblicherweise als konstant angenommen und anwendungsspezifisch auf Werte zwischen 0,6 und 4 gesetzt.

Dieses Vorgehen ist streng genommen nur bei einer irreversiblen, unendlich schnellen Globalreaktion anwendbar, da beim Auftreten einer bestimmten Komponente in mehreren Reaktionsgleichungen die Verteilung dieser Komponente auf die einzelnen Reaktionen nicht bestimmt ist. Trotzdem wird dieses Vorgehen oft mit brauchbaren Ergebnissen auf eine Zweischritt-Reaktion zur Beschreibung der Kohlenwasserstoffoxidation mit CO als Zwischenprodukt angewendet (Schnell 1990), (Magel 1997).

2.3 Wärmeleitung und Diffusion

2.3.1 Grundlagen zur Wärmeleitgleichung

Von Wärmeleitung spricht man, wenn in einem Körper auf Grund einer ungleichmäßigen Temperaturverteilung ein Wärmestrom auftritt. Um den Fall alleiniger Wärmeleitung zu betrachten, werden weitere Energietransportmechanismen wie Konvektion bzw. Strahlung im Folgenden ausgeschlossen. Die Erfahrung bzw. die Beobachtung zeigt, dass der Wärmestrom in diesem Fall den folgenden Bedingungen genügt:

2.3 Wärmeleitung und Diffusion

$$\frac{\vec{q}}{|\vec{q}|} = \frac{-\nabla T}{|\nabla T|} \qquad (2.116)$$

Wärmestromvektor und Temperaturgradient stimmen entsprechend Gl. (2.116) in ihrer Richtung überein, sind aber entgegengesetzt orientiert.

Über die Größe des Wärmestromvektors sagt die folgende Gl. (2.117), dass die Beträge von Temperaturgradient und Wärmestromvektor einander proportional sind:

$$|\vec{q}| \propto |\nabla T| \qquad (2.117)$$

Der Wärmestrom ist als Vektorgröße durch Betrag und Richtung bestimmt. Die Fourier'sche Wärmeleitungsgleichung bringt die Erfahrungen aus den Gleichungen (2.116) und (2.117) zum Ausdruck und lautet in Vektorschreibweise:

$$\vec{q} = -\lambda \nabla T \qquad (2.118)$$

In Komponentenschreibweise entspricht dies, wenn ein kartesische Koordinatensystem zugrunde gelegt wird, den folgenden Ausdrücken in der x-, y- und z-Richtung:

$$\dot{q}_x = -\lambda \frac{\partial T}{\partial x}, \dot{q}_y = -\lambda \frac{\partial T}{\partial y}, \dot{q}_z = -\lambda \frac{\partial T}{\partial z} \qquad (2.119)$$

Der in den Gleichungen (2.118) und (2.119) verwendete Proportionalitätsfaktor λ wird Wärmeleitfähigkeit genannt; seine Einheit ist W/(m K).

Im Allg. kann die Wärmeleitfähigkeit vom Ort und den thermischen Zustandsgrößen abhängen; fällt die Ortsabhängigkeit weg, so muss der Körper homogen (aus einem Stoff bestehend) und isotrop (keine Richtungsabhängigkeit der Stoffwerte) sein. Für die Modellierung eines Wärmeleitvorganges ist von Fall zu Fall zu entscheiden, ob die Änderung der Wärmeleitfähigkeit mit Temperatur und Ort berücksichtigt werden muss. Weiters ist festzulegen, durch welchen funktionalen Zusammenhang die Abhängigkeit dargestellt werden soll (stückweise konstant, linear oder durch ein Polynom angenähert). Natürlich gilt das für die Wärmeleitfähigkeit Gesagte auch für alle anderen Stoffwerte, die am betrachteten Wärmeübertragungsvorgang beteiligt sind. In Bezug auf die Modellerstellung ist es wichtig, vorher festzulegen, in welcher Form die Stoffdaten bereitgestellt werden. Um die Extrema aufzuzeigen, könnte man einerseits alle erforderlichen Stoffdaten einer geeigneten Datenbank entnehmen oder als Alternative entsprechende Funktionen in Programmteilen bereitstellen, welche die gewünschten Stoffdaten bei Funktionsaufruf liefern. Der Vorteil einer zentralen Stoffdatenbank ist die Durchführung der Bereitstellung innerhalb einer leichter organisierbaren Datenstruktur. Hinderlich sind im Zusammenhang mit der Modellierung komplexer wärmetechnischer Systeme die unterschiedlichen Anforderungen an die Stoffdatensammlung. So werden z.B. bei der dynamischen Simulation einer thermischen Anlage Stoffdaten des Arbeitsmediums, des Brennstoffs, des im Feuerraum auftretenden Gasgemisches und des Werkstoffes erforderlich sein. Eine umfassende Datenbank,

54 Umwandlung und Transport von Masse, Impuls, Energie und Stoffen

welche all diese Größen in Abhängigkeit des Betriebszustands zur Verfügung stellt, ist komplex bzw. kaum verfügbar. Ein dem Anwendungsfall angepasstes Bereitstellen von Stoffwerten kann daher notwendig sein.

2.3.2 Wärmeleitgleichung und Energiebilanz

Aufgrund der in Kapitel 2.3.1 gemachten Aussagen kann für das Volumselement im Körper die Energiebilanz formuliert werden, vgl. dazu Abb. 2.11:

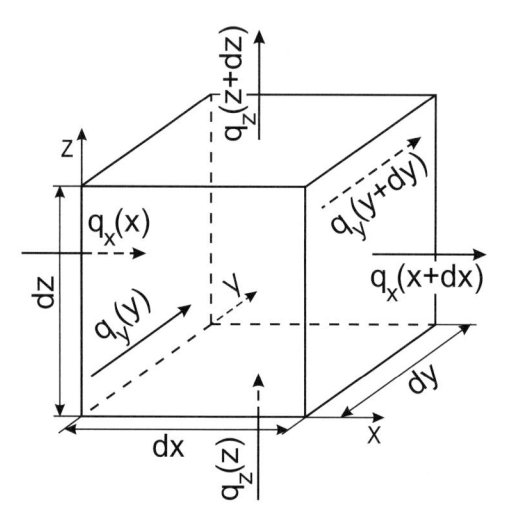

Abb. 2.11. Herleitung der Fourier-Gleichung im kartesischen Koordinatensystem

Betrachtet man die Änderung der inneren Energie U des infinitesimalen Volumselements, so liefert die Energiebilanz, sofern man nur Wärmeleitung und Energiequellen betrachtet:

$$dU = \sum dQ_{x,y,z} + \sum dW \qquad (2.120)$$

Nach Gl.(2.120) ist die Änderung der inneren Energie von den über die Kontrollflächen des Bilanzraums transportierten Wärmemengen $Q_{x,y,z}$ und den Energiequellen und -senken W innerhalb der Systemgrenzen abhängig. Entsprechend Abb. 2.11 gilt ausführlicher aufgeschrieben:

$$\begin{aligned}\frac{\partial U}{\partial \tau}d\tau &= \big(q_x(x) - q_x(x+dx)\big)\,dA_x \\ &+ \big(q_y(y) - q_y(y+dy)\big)\,dA_y \\ &+ \big(q_z(z) - q_z(z+dz)\big)\,dA_z \\ &+ W_{Vo}\,dx\,dy\,dz\end{aligned} \qquad (2.121)$$

Setzt man für die spez. Wärmeströme die entsprechenden Werte aus Gl. (2.119) ein, so erhält man:

$$\varrho\, c_p \frac{\partial T}{\partial \tau}\mathrm{d}x\mathrm{d}y\mathrm{d}z = -\lambda \frac{\partial T}{\partial x}\mathrm{d}y\mathrm{d}z - \left(-\lambda \frac{\partial T}{\partial x} + \frac{\partial}{\partial x}\left(-\lambda \frac{\partial T}{\partial x}\right)\mathrm{d}x\right)\mathrm{d}y\mathrm{d}z$$

$$-\lambda \frac{\partial T}{\partial y}\mathrm{d}x\mathrm{d}z - \left(-\lambda \frac{\partial T}{\partial y} + \frac{\partial}{\partial y}\left(-\lambda \frac{\partial T}{\partial y}\right)\mathrm{d}y\right)\mathrm{d}x\mathrm{d}z \quad (2.122)$$

$$-\lambda \frac{\partial T}{\partial z}\mathrm{d}x\mathrm{d}y - \left(-\lambda \frac{\partial T}{\partial z} + \frac{\partial}{\partial z}\left(-\lambda \frac{\partial T}{\partial z}\right)\mathrm{d}z\right)\mathrm{d}x\mathrm{d}y$$

$$+ W_{Vo}\,\mathrm{d}x\mathrm{d}y\mathrm{d}z$$

Nimmt man an, dass das Materialverhalten des Körpers isotrop (richtungsunabhängig) ist, so kann die Wärmeleitfähigkeit λ vor die Differentialausdrücke gesetzt werden. Anschließende Division durch $\varrho\, c_p$ ergibt:

$$\frac{\partial T}{\partial \tau} = a_\lambda \left(\frac{\partial^2 T}{\partial x^2} + \frac{\partial^2 T}{\partial y^2} + \frac{\partial^2 T}{\partial z^2}\right) + \frac{W_{Vo}}{\varrho\, c_p} \quad (2.123)$$

bzw.

$$\frac{\partial T}{\partial \tau} = a_\lambda \boldsymbol{\Delta} T + \frac{W_{Vo}}{\varrho\, c_p} \quad (2.124)$$

mit dem Laplace-Operator $\boldsymbol{\Delta}$. Aufgrund der Division durch $\varrho\, c_p$ erhält man auf der rechten Seite in den Gleichungen (2.123) bzw. (2.124) die Größe $a_\lambda = \lambda/(\varrho\, c_p)$, welche Temperaturleitfähigkeit genannt wird. Die volumetrische Energiequelle oder -senke W_{Vo} kann auf chemische Reaktionen oder auf pysikalische Vorgänge zurückgeführt werden. Bezieht man anstatt auf ein kartesisches auf ein Zylinder- oder Kugelkoordinatensystem, so sind für den Laplace-Operator $\boldsymbol{\Delta}$ folgende Ausdrücke einzusetzen:

- Zylinderkoordinaten:

$$\boldsymbol{\Delta} T = \frac{1}{r}\frac{\partial}{\partial r}\left(r\frac{\partial T}{\partial r}\right) + \frac{1}{r^2}\frac{\partial^2 T}{\partial \theta^2} + \frac{\partial^2 T}{\partial z^2} \quad (2.125)$$

- Kugelkoordinaten:

$$\boldsymbol{\Delta} T = \frac{1}{r^2}\frac{\partial}{\partial r}\left(r^2\frac{\partial T}{\partial r}\right) + \frac{1}{r^2 \sin \theta}\frac{\partial}{\partial \theta}\left(\sin \theta \frac{\partial T}{\partial \theta}\right) + \frac{1}{r^2 \sin^2 \theta}\frac{\partial T^2}{\partial \varphi^2} \quad (2.126)$$

2.3.3 Rand- und Anfangsbedingungen

Für die Lösung der Wärmeleitgleichung ist, abhängig vom vorliegenden Problem, die Angabe der Randbedingungen erforderlich. Diese geben über die

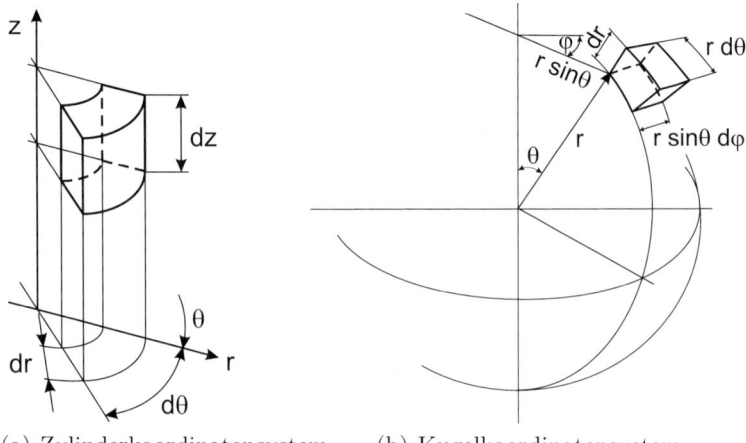

(a) Zylinderkoordinatensystem   (b) Kugelkoordinatensystem

Abb. 2.12. Winkel für die Fourier-Gleichung

Temperaturverteilung oder den Wärmestrom an der Berandung des Berechnungsgebietes Auskunft.

Im instationären Fall kann die Randbedingung selbst auch zeitabhängig sein mit z.B. $q_{Wa} = q_{Wa}(\tau)$ oder $\vartheta_{Wa} = \vartheta_{Wa}(\tau)$. Außerdem ist eine Anfangsbedingung, welche das Temperaturfeld im Berechnungsfeld für den Zeitpunkt $\tau = 0$ z.B. $\vartheta(x, y, z, \tau = 0)$ festlegt, anzugeben.

Bei der Randbedingung unterscheidet man zwischen **erster**, **zweiter** und **dritter** Art; welche im jeweiligen Fall verwendet wird, hängt von der Problemstellung und den zur Verfügung stehenden Informationen ab.

- **Randbedingung 1. Art:** In diesem Fall ist die Temperaturverteilung an der Berandung des Rechengebiets anzugeben. Diese Temperatur könnte konstant $\vartheta_{Wa}(\tau) = konst.$ oder zeitabhängig und in diesem Falle auch periodisch veränderlich sein, wie z.B. $\vartheta_{Wa}(\tau) = \vartheta_0 \cos(\Omega \tau)$. Dabei bezeichnet Ω die Kreisfrequenz, mit der sich die Berandungstemperatur periodisch ändern soll.
- **Randbedingung 2. Art:** Die Randbedingung zweiter Art gibt den Wärmestrom über die Berandung $\vec{q}_{Wa} = \vec{q}_{Wa}(\tau)$ an. Ein Beispiel dafür ist das Vorhandensein einer Energiequelle oder Senke am Rand, welche einen Energiestrom freisetzt wie z.B. eine elektrische Heizung. Da ein am Rand oder an der Oberfläche des Kontrollvolumens auftretender Wärmestrom durch Wärmeleitung in das oder aus dem betrachteten System transportiert werden muss, gilt die Wärmeleitungsgleichung auch am Rand bzw. an der Oberfläche, vgl. Gl. (2.118). Richtig angewendet bedeutet dies, dass am Rand die folgende Beziehung gilt:

$$\vec{q}_{Wa} = -\lambda \left(\frac{\partial T}{\partial \vec{n}}\right)_{Wa} \qquad (2.127)$$

Mit der Größe des Wärmestroms ist der Gradient der Temperatur am Rand festgelegt. Daraus folgt, dass bei adiabater Wand, $\vec{q}_{Wa} = 0$, auch $(\partial T/\partial \vec{n})_{Wa} = 0$ sein muss und dass die in Richtung des Normalenvektors $\vec{n}$ aufgetragenen Temperaturverläufe $T(\vec{n})$ normal in die Wand einmünden.

- **Randbedingung 3. Art:** Steht der betrachtete Körper im thermischen Kontakt mit einem umgebenden Fluid, so bezeichnet man den stattfindenden Vorgang als Wärmeübergang. Zur Beschreibung verwendet man üblicherweise das Newton'sche Abkühlgesetz:

$$\vec{q}_{Wa} = \alpha \, (T_\infty - T_{Wa}) \tag{2.128}$$

Da der Wärmestrom, welcher durch Wärmeübergang vom Fluid an den Körper übertragen wird, jenem gleich sein muss, der durch Wärmeleitung in das Innere des Körpers transportiert wird, kann man die Gleichungen (2.127) und (2.128) gleichsetzen und erhält:

$$-\left(\frac{\partial T}{\partial \vec{n}}\right)_{Wa} = \frac{\alpha(T_\infty - T_{Wa})}{\lambda} \tag{2.129}$$

Die Ableitung des Temperaturprofils nach dem Normalvektor wird durch den Quotienten auf der rechten Seite der Gl. (2.129) definiert. Zur Erläuterung dient Abb. 2.13. Die Steigung der Tangente des Temperaturprofils ist an der betrachteten Oberfläche durch den Quotienten $(T_\infty - T_{Wa})$ zu λ/α festgelegt. Bei konstanten Stoffwerten und vorgegebener Temperatur des Fluids kann man, wie in Abb. 2.13 dargestellt, einen Richtpunkt konstruieren, durch welchen die Tangente an das Temperaturprofil für den jeweiligen Zeitpunkt gehen muss.

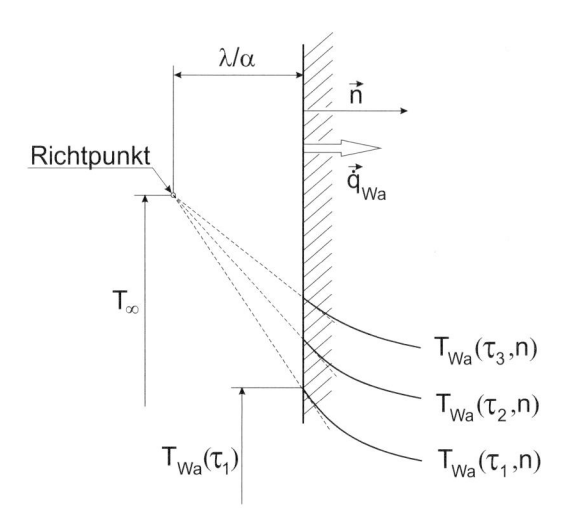

Abb. 2.13. Erklärung zur Randbedingung 3. Art

In Kapitel 6.3.1 ist die Diskretisierung der eindimensionalen Wärmeleitungsgleichung in Zylinderkoordinaten für ein dünnwandiges und ein dickwandiges Rohr mittels der Methode der Finiten-Volumen detailliert dargestellt.

2.3.4 Grundlagen zum Stofftransport durch Diffusion

So wie man von Wärmeleitung spricht, wenn in einem Festkörper oder Fluid Energie nur durch die Relativbewegung von Molekülen transportiert wird, definiert man Diffusion als Stofftransport, der ausschließlich durch die Bewegung von Molekülen relativ zueinander verursacht wird. Für den Begriff der Diffusion ist entscheidend, dass am Stofftransport keine weiteren, so genannten effektiven Transportmechanismen, wie die Konvektion, beteiligt sind. Befindet sich z.B. eine Flüssigkeit in einem Behälter, so muss für rein diffusiven Stofftransport das Fluid in Ruhe sein. Im bewegten System spricht man von Diffusion, wenn der Bezugsgeschwindigkeit $\vec{w}$ der Masse im Volumselement eine Relativgeschwindigkeit $(\vec{w}_A - \vec{w})$ der Komponente A überlagert ist. Als Bezugsgeschwindigkeit kann man die Schwerpunktsgeschwindigkeit $\vec{w}$ der Masse im Volumselement wählen:

$$\varrho\,\vec{w} = \sum_{Komp} \varrho_{Komp}\,\vec{w}_{Komp} \quad \text{und damit} \quad \vec{w} = \sum_{Komp} Y_{Komp}\,\vec{w}_{Komp} \tag{2.130}$$

Damit kann die Diffusionsstromdichte eines Stoffes A in einem mit der Geschwindigkeit w bewegten Kontrollvolumen definiert werden:

$$\vec{j}_A = c_A\,(\vec{w}_A - \vec{w}) \tag{2.131}$$

Die mit Gl. (2.131) gegebene Diffusionsstromdichte ist eine molare Größe mit der Einheit mol/(m² s). Multipliziert man Gl. (2.131) mit der Molmasse M_A von Stoff A, so erhält man die massebezogene Diffusionsstromdichte $\vec{j}_A^\star$:

$$\vec{j}_A^\star = \vec{j}_A\,M_A = \varrho_A\,(\vec{w}_A - \vec{w}) \tag{2.132}$$

Neben der Schwerpunktsgeschwindigkeit $\vec{w}$ verwendet man auch die mittlere, molare Geschwindigkeit als Bezugsgröße.

Diffusion in binären Stoffgemischen

Liegt in einem Fluid in eine Richtung ein Konzentrationsgradient vor (im vorliegenden Falle die z-Koordinate), so ergibt sich unter stationären Bedingungen die Diffusionsstromdichte j_A durch das erste Fick'sche Gesetz:

$$j_A = -D_{bin,AB}\,\frac{dc_A}{dz} = -D_{bin,AB}\,c_{ges}\,\frac{d\psi_A}{dz} \tag{2.133}$$

Die molare Gesamtkonzentration c_{ges} errechnet sich aus den beiden Stoffmengen n_A und n_B und dem Gesamtvolumen V_{ges} mittels:

$$c_{ges} = \frac{n_A + n_B}{V_{ges}} \tag{2.134}$$

Bei Gasen gilt, unter der Zugrundelegung des idealen Gasgesetzes, die folgende Beziehung:

$$j_A = -\frac{D_{bin,AB}}{\Re T} \frac{\mathrm{d}p_A}{\mathrm{d}z} = -D_{bin,AB}\, c_{ges} \frac{\mathrm{d}\psi_A}{\mathrm{d}z} \tag{2.135}$$

Wärmeleitung und Diffusion werden also durch analoge Differentialgleichungen beschrieben, der Proportionalitätsfaktor ist bei der Diffusion der Diffusionskoeffizient $D_{bin,AB}$. Dem Begriff der „binären Diffusion" folgend geht man von einem Zweistoffgemisch aus, in welchem die Komponente A auf Grund von Konzentrationsunterschieden in der Komponente B diffundiert. Der Diffusionskoeffizient $D_{bin,AB}$ beschreibt diesen Diffusionsvorgang von Komponente A in Komponente B und ist von den molekularen Eigenschaften der Stoffe sowie von Konzentration, c_{ges} und Temperatur T abhängig.

Diffusion in Mehrkomponentensystemen

In Mehrkomponentensystemen sind die Verhältnisse wesentlich komplexer, vgl. dazu (Bird 2002); nach (Baehr 1994) ergibt sich für die auf die Schwerpunktsgeschwindigkeit bezogene Diffusionsstromdichte:

$$j_A^\star = \varrho \sum_{\substack{i=1\\ i \neq A}}^{n} \frac{M_A M_i}{M^2} D_{bin,A\,i} \frac{\mathrm{d}\psi_A}{\mathrm{d}z} \tag{2.136}$$

Wie aus der obigen Beziehung hervorgeht, ist für die Berechnung der Diffusionsstromdichte in der Mischung die Ermittlung der binären Diffusionskoeffizienten $D_{bin,Ai}$ erforderlich. Diese beschreiben die Diffusion der Komponente A in jeder der im Stoffgemisch sonst noch enthaltenen Komponente. Je nach Art des Fluids gelten verschiedene Beziehungen zur Berechnung der Diffusionskoeffizienten;

Berechnung von Diffusionskoeffizienten in Gasen: Für Gase kann zur Berechnung des binären Diffusionskoeffizienten $D_{bin,AB}$ die folgende Beziehung von (Hirschfelder 1954) verwendet werden:

$$D_{bin,AB} = \frac{0{,}0018583\, T^{3/2}\, [(M_A + M_B)/(M_A M_B)]^{0{,}5}}{p\, \sigma_{AB}^2\, \Omega_{diff}} \tag{2.137}$$

In Gl. (2.137) ist Ω_{diff} das Kollisionsintegral, wobei dieses von der Kraftkonstante ε_{AB} abhängt:

$$\Omega_{diff} = f\left(\frac{k_{Bo}T}{\varepsilon_{AB}}\right) \tag{2.138}$$

Die in (2.137) und (2.138) angegebenen Kraftkonstanten ε_{AB} und σ_{AB} berechnet man aus den Lennard-Jones-Kraftkonstanten ε_i, und σ_i, wie im Folgenden angeführt:

$$\varepsilon_{AB} = \sqrt{\varepsilon_A\,\varepsilon_B} \quad \text{und} \quad \sigma_{AB} = 0{,}5\,(\sigma_A + \sigma_B) \tag{2.139}$$

Falls für eine Komponente keine geeigneten Daten verfügbar sind, können diese aus empirischen Beziehungen abgeschätzt werden; so gelten lt. (Baerns 1987) die folgenden Beziehungen:

$$\frac{k_{Bo}T}{\varepsilon} = 1{,}3\,\frac{T}{T_{krit}} \quad \text{und} \quad \sigma = 1{,}18\,V_{mol,krit}^{1/3} \tag{2.140}$$

Molekulare, binäre Flüssigkeitsdiffusionskoeffizienten

Die kinetische Theorie zur Beschreibung der Diffusion in flüssigen Medien ist nicht so weit entwickelt wie jene für verdünnte Gase. Als Ausgangspunkt, vgl. (Bird 2002), dient die Beziehung von Nernst-Einstein:

$$D_{bin,AB} = k_{Bo}T(w_A/F_A) \tag{2.141}$$

Der Quotient (w_A/F_A) definiert die Beweglichkeit eines gelösten Moleküls oder Teilchens, wobei w_A die zur Kraft F_A gehörende Gleichgewichtsgeschwindigkeit ist. Bei bekannter Teilchenform kann das Verhältnis (w_A/F_A) durch die Lösung der Bewegungsgleichung für die Kriechströmung bestimmt werden. Für kugelförmige Partikel und unter der Annahme einer möglichen Schlupfbewegung an der Partikeloberfläche erhält man:

$$\frac{w_A}{F_A} = \left(\frac{3\mu_B + r_A\beta_{AB}}{2\mu_B + r_A\beta_{AB}}\right)\frac{1}{6\pi\mu_B r_A} \tag{2.142}$$

In Gl. (2.142) bedeutet μ_B die Viskosität des reinen Lösungsmittels, r_A ist der Radius der gelösten, diffundierenden Partikel bzw. Moleküle, und β_{AB} ist der „Gleitreibungskoeffizient".

Interessant sind die beiden Fälle $\beta_{AB} \to \infty$ sowie $\beta_{AB} = 0$: Für $\beta_{AB} \to \infty$ (Haftbedingung) wird aus Gl. (2.142) das Stokes'sche Gesetz und Gl. (2.141) wird zur so genannten Stokes-Einstein-Gleichung:

$$\frac{D_{bin,AB}\,\mu_B}{k_{Bo}T} = \frac{1}{6\pi r_A} \tag{2.143}$$

Nimmt der Gleitreibungskoeffizient den Wert $\beta_{AB} = 0$ an, so erhält man:

$$\frac{D_{bin,AB}\,\mu_B}{k_{Bo}T} = \frac{1}{4\pi r_A} \tag{2.144}$$

2.3 Wärmeleitung und Diffusion

Da, wie eingangs erwähnt, die Theorie der Diffusion in Flüssigkeiten keine verallgemeinert anwendbaren, zufrieden stellenden Ergebnisse liefert, ist oftmals die Verwendung von empirischen Beziehungen erforderlich. Bei geringer Konzentration des Stoffes A im Stoff B kann die Beziehung von (Wilke 1955) verwendet werden:

$$D_{bin,AB} = 7,4 \cdot 10^{-8} \frac{\sqrt{\Psi_B M_B T}}{\mu_B V_{A,mol}^{0,6}} \quad (2.145)$$

Neben dieser sehr oft zitierten Beziehung gibt es z.B. das Verfahren von (Tyn 1975), bei welchem sich der Diffusionskoeffizient nach der Beziehung

$$D_{bin,AB} = 8,93 \cdot 10^{-8} \left(\frac{V_{A,mol}}{V_{B,mol}^2}\right)^{1/6} \left(\frac{P_B}{P_A}\right)^{0,6} \frac{T}{\mu_B} \quad (2.146)$$

berechnet (μ_B ist in 10^{-3} Pas, die molaren Volumina in cm^3/mol einzusetzen). Die Größe P_i wird dabei als Parachor bezeichnet und folgt aus:

$$P = V\,\sigma^{1/4} \quad (2.147)$$

Der Parachor wird aus dem Molvolumen V und der Oberflächenspannung σ der gelösten Flüssigkeit und des Lösungsmittels bestimmt. Für die Verwendung der Gleichung sind einige Voraussetzungen zu erfüllen, diese sind in (Poling 2001) angeführt. In der Beziehung (2.147) ist die Oberflächenspannung σ in dyn/cm $\equiv$ g/s^2 $\equiv 10^{-3}$ N/m^2 und das Molvolumen in cm^3/mol einzusetzen.

Weitere Beziehungen, wie z.B. die von (Hayduk 1982) oder (Nakanishi 1978), findet man ebenfalls in (Poling 2001).

2.3.5 Diffusion in Feststoffen

Diese ist bei Gas/Feststoffreaktionen sowie bei heterogen katalysierten Gasreaktionen wichtig, weil die Reaktionsgeschwindigkeit in vielen Fällen durch die Diffusionsgeschwindigkeit der Reaktionspartner im inneren Porengefüge der beteiligten Feststoffe beeinflusst wird.

Der Diffusionsvorgang selbst wird davon beeinflusst, ob auf Grund der Porenstruktur molekulare oder Knudsen-Diffusion vorliegt. Treten in der Pore große Druckgradienten auf, so kann den zuvor genannten Transportvorgängen auch noch die so genannte Poiseuille-Strömung überlagert sein. In bestimmten Fällen muss auch die Oberflächendiffusion adsorbierter Moleküle berücksichtigt werden.

Molekulare Diffusion

Bei der molekularen Diffusion wird der Diffusionsvorgang ähnlich zu jener im freien Gasraum durch das erste Fick´sche Gesetz beschrieben, wobei jetzt ein effektiver Diffusionskoeffizient verwendet wird:

$$j_A = -\frac{D_{bin,AB}\,\varepsilon_{Por}}{\tau_{tor}}\frac{\mathrm{d}c_1}{\mathrm{d}y} = -D_{eff,AB}\frac{\mathrm{d}c_1}{\mathrm{d}y} \tag{2.148}$$

In der obigen Gl. (2.148) beschreibt ε_{Por} den Anteil der Poren an der Gesamtoberfläche des Partikels, während $1/\tau_{tor}$ als Labyrinthfaktor bezeichnet wird (τ_{tor} trägt die Bezeichnung Tortuositätsfaktor). Wie aus dem Namen ableitbar, erfasst τ_{tor} die „labyrinthartige" Verbindung der Poren im Inneren des Partikels. Gl. (2.148) zeigt, dass aus dem binären Diffusionskoeffizienten $D_{bin,AB}$ unter Berücksichtigung von ε_{Por} und τ_{tor} ein effektiver Diffusionskoeffizient $D_{eff,AB}$ berechnet wird. Der Tortuositätsfaktor muss meist experimentell bestimmt werden, in bestimmten Fällen ist eine theoretische Abschätzung nach (Wheeler 1951), zitiert in (Baerns 1987), möglich. ε_P wird meist dem relativen Porenvolumen gleichgesetzt, wobei charakteristische Werte im Bereich von $0,2 < \varepsilon_{Por} < 0,7$ liegen.

Knudsen-Diffusion

Die Knudsen-Diffusion gilt für den Fall, dass z.B. bei kleinen Gasdrücken oder geringen Porendurchmessern die Gasmoleküle weit häufiger gegen die Porenwand stoßen, als dass sie mit anderen Molekülen kollidieren. Der Knudsen-Diffusionsstrom durch eine zylindrische Pore beträgt nach der kinetischen Gastheorie:

$$j_A = \frac{\mathrm{d}n_A}{\mathrm{d}\tau\,\pi\,r_{Por}^2} = -\frac{4\,d_{Por}}{3\sqrt{2\pi M_A \Re T}}\frac{\Delta p_A}{\Delta y} \tag{2.149}$$

Nimmt man an, dass es sich beim strömenden Medium um ein ideales Gas handelt, so erhält man für die die Pore mit kreisförmigem Querschnitt $d_{Por} = 2\,r_{Por}$:

$$j_A = -\frac{d_{Por}}{3}\sqrt{\frac{8\Re T}{\pi M_A}}\frac{\Delta c_A}{\Delta y} \tag{2.150}$$

Analog zum Fick'schen Gesetz ergibt sich aus der Gl. (2.150) der Knudsen-Diffusionskoeffizient zu:

$$D_{KA} = \frac{d_{Por}}{3}\sqrt{\frac{8\Re T}{\pi M_A}} \tag{2.151}$$

Im Falle eines porösen Feststoffes lässt sich auch für den Fall der Knudsen-Diffusion ein effektiver Diffusionskoeffizient definieren, welcher wie bei der molekularen Diffusion das relative Porenvolumen und den Tortuositätsfaktor τ_{tor} berücksichtigt:

$$D_{eff,KA} = \frac{\varepsilon_{Por}}{\tau_{tor}}\frac{d_{Por}}{3}\sqrt{\frac{8\Re T}{\pi M_A}} \tag{2.152}$$

Die weiteren Punkte des Stofftransports im Übergangsgebiet zwischen molekularer und Knudsen-Diffusion, die Poiseuille-Strömung sowie die Oberflächendiffusion, werden hier nicht näher behandelt, vgl. dazu (Baerns 1987) sowie (Bird 2002).

2.4 Konvektiver Wärme- und Stoffübergang

Um die physikalischen Vorgänge beim Wärme- und Stoffübergang in einem Rohr beschreiben zu können, ist, neben der Kenntnis der thermodynamischen Zustandsgrößen des Fluides, die Kenntnis einer Vielzahl von Parametern, wie z.B. des Wärmeübergangskoeffizienten vom Fluid zur Rohrwand, die Rohrrauigkeit, der Aggregatzustand des Fluides oder Informationen über den Strömungszustand des zu untersuchenden Mediums (laminare oder turbulente Strömung) usw., notwendig.

2.4.1 Konvektiver Wärmeübergang bei einphasiger Strömung

Kommt es in einem strömenden Fluid zu einer Überlagerung des Energietransports durch die Bewegung des Fluids und durch Wärmeleitung, so spricht man von konvektivem Wärmeübergang (Baehr 1994). Von besonderem technischem Interesse ist dabei der Wärmeübergang vom strömenden Medium auf eine feste Wand, wobei für das Ausmaß des Wärmetransportes die Fluidschicht in unmittelbarer Nähe zur Wand – die so genannte Grenzschicht – von Bedeutung ist. In dieser Grenzschicht ändert sich die Strömungsgeschwindigkeit bei turbulenter Strömung vom Wert Null bis fast auf den Maximalwert, welcher in der Mitte des Rohres liegt. Wie die Geschwindigkeit ändert sich auch die Temperatur des Fluides in der Grenzschicht und zwar in Abhängigkeit des zu- oder abgeführten Wärmestromes von der Oberflächentemperatur der Wand ϑ_{Wa} auf die ungestörte Arbeitsstofftemperatur ϑ_f in einigem Abstand von der Wand. Die an der Wand auftretende Wärmestromdichte $\dot{q}_{Wa}$ hängt somit vom Geschwindigkeitsfeld und vom Temperaturfeld des Fluides ab.

$$\dot{q}_{Wa} = \alpha \left(\vartheta_{Wa} - \vartheta_f \right) \quad (2.153)$$

α bezeichnet dabei den örtlichen Wärmeübergangskoeffizienten. Die Berechnung dieser Größe setzt die Kenntnis des Geschwindigkeits- und Temperaturfeldes im strömenden Medium voraus. Der Wärmeübergangskoeffizient α lässt sich jedoch nur in sehr einfachen Fällen, wie z.B. bei einer ausgebildeten laminaren Strömung, exakt berechnen (Baehr 1994). Die Bestimmung des Wärmeübergangskoeffizienten muss daher auf experimentellem Weg erfolgen.

Da der örtliche Wärmeübergangskoeffizient an jeder Stelle der Wand unterschiedlich sein kann, wird in der Praxis ein mittlerer, auf die Oberfläche bezogener Wärmeübergangskoeffizient $\overline{\alpha}$ bestimmt.

$$\overline{\alpha} = \frac{\dot{Q}}{A_O \left(\vartheta_{Wa} - \vartheta_f \right)} \quad (2.154)$$

Dabei bezeichnet $\dot{Q}$ denjenigen Wärmestrom, welcher an das Fluid von der Oberfläche A_O übergeht. Gl. (2.154) dient zur Berechnung des Wärmeübergangskoeffizienten und ist nicht dazu geeignet, die Mechanismen des Wärme-

und Stoffaustausches zu beschreiben. Dies ist nur durch eine eingehende Analyse der Strömung möglich.

Da die Zahl der im Zuge des experimentell zu bestimmenden Wärmeübergangskoeffizienten zu variierenden Einflussgrößen nach (Baehr 1994) zwischen fünf und zehn liegt, war man bestrebt, durch die Anwendung von Ähnlichkeits- und Modellgesetzen die Anzahl der für die Bestimmung von $\overline{\alpha}$ notwendigen Versuche zu verringern. Die zur Bestimmung des Wärmeübergangskoeffizienten benötigte dimensionslose Kennzahl wurde erstmals in der grundlegenden Arbeit von (Nußelt 1915) eingeführt. Diese – nach ihm benannte – Nußelt-Zahl Nu drückt das Verhältnis von konvektivem Wärmeübergang zu reiner Wärmeleitung in der Grenzschicht aus:

$$Nu = \frac{\alpha l}{\lambda_{Gs}} \qquad (2.155)$$

Bei der erzwungenen Konvektion berechnet man die Nußelt-Zahl aus einem Potenzprodukt weiterer Kennzahlen, wie z.B.:

$$Nu = C Re^m Pr^n \qquad (2.156)$$

mit

$$Re = \frac{wl\varrho}{\mu} \qquad (2.157)$$

$$Pr = \frac{c_p \mu}{\lambda} \qquad (2.158)$$

$\overline{T}_f$ bezeichnet die mittleren Grenzschichttemperatur des Fluids.

Unter Zuhilfenahme dieser Ähnlichkeitsbeziehungen lassen sich die in Modellversuchen gefundenen Ergebnisse für den konvektiven Wärmeübergang auf geometrisch ähnliche Großausführungen übertragen, wenn die dimensionslosen Kennzahlen für Modell und Großanlage übereinstimmen.

Eine ausführliche, allgemeine Beschreibung zum Wärmeübergang findet sich in der Literatur z.B. bei (Prandtl 1990), (Baehr 1994), (Hausen 1976) oder (Michejew 1961).

Konvektiver Wärmeübergang in der Einphasenströmung eines Gases

Die folgenden Betrachtungen beziehen sich vor allem auf den Wärmeübergang, dort wo sich Analogien zum Stoffübergang ergeben, wird auf diese verwiesen.

Bei der Betrachtung des Wärmeübergangs an umströmten Körpern geht man im ersten Schritt von Einzelkörpern (Zylinder, Rechteck, usw.) aus. Dabei wird die Ausbildung der Strömung nicht von anderen in der Nähe befindlichen Körpern gestört, Strömung und Grenzschicht können sich unbehindert entwickeln. Erzwungene Konvektion bedeutet, dass eine Pumpe oder ein Verdichter für die Förderung eines Massenstromes sorgt; in Gerinnen oder Kanälen verursacht im Allg. die Höhendifferenz zwischen Zu- und Ablauf die Einstellung der Fließgeschwindigkeit und damit den konvektiven Charakter der Strömung. Ähnlich dazu bewirkt im Steigrohr-/Fallrohrsystem eines Naturumlaufdampferzeugers die Differenz der mittleren Dichten zwischen den beiden Systemen (Wasser-Dampfgemisch mit geringerer Dichte in den beheizten Steigrohren und Siedewasser höherer Dichte in den Fallrohren) die Ausbildung einer Umlaufströmung im Gesamtsystem. Diese Aufprägung einer Fließgeschwindigkeit oder eines Massenstromes von außen auf das betrachtete System definiert also die Bedingungen für die erzwungene Konvektion im Unterschied zur freien Konvektion.

Zur Beschreibung der lokalen Wärme- und Stoffübergangsverhältnisse gelten im Falle der erzwungenen Konvektion Funktionen, welche die Reynolds- und Prandtl-Zahl als Potenzprodukt enthalten, wobei weitere Faktoren zur Beschreibung von Effekten wie z.B. der nicht vollausgebildeten Strömung hinzukommen können.

$$Nu = f(x^+, Re, Pr), \qquad Sh = f(x^+, Re, Sc) \qquad (2.159)$$

Die obigen Beziehungen in Gl. (2.159) gelten für die lokalen Nußelt- und Sherwood-Zahlen, bei komplexen Geometrien lassen sich die übertragenen Wärmeströme nur mehr experimentell ermitteln. Dazu misst man am umströmten Körper oder am geometrisch ähnlichen Modell die übertragenen Wärme- bzw. Stoffströme sowie die damit verbundenen Temperatur- bzw. Konzentrationsunterschiede. Mithilfe der experimentell erhaltenen Daten können die Wärme- bzw. Stoffübergangszahlen ermittelt werden:

$$\alpha = \frac{\dot{Q}}{A\,\Delta\vartheta},\, \alpha = \frac{\dot{M}}{A\,\rho\,\Delta\vartheta} \qquad (2.160)$$

Mit den ermittelten Werten der Wärme- bzw. Stoffübergangszahl bildet man die Nußelt- bzw. Sherwood-Zahl in Abhängigkeit der weiteren Kennzahlen Re, Pr bzw. Re, Sc. Für einige einfache Körper kann der Wärme- und Stoffübergangskoeffizient durch das Lösen der Grenzschichtgleichungen berechnet werden, Näheres dazu findet man z.B. in (Baehr 1994).

Die parallel angeströmte ebene Platte

Die folgende Skizze veranschaulicht die Modellvorstellung von laminarer und turbulenter Grenzschicht an der angeströmten ebenen Platte.

Von der Vorderkante weg entsteht vorerst eine laminare Grenzschicht. Nach einer bestimmten Lauflänge x_{lam}, welche mit einer mit dieser gebildeten Reynolds-Zahl $Re = \overline{w}\,x_{lam}/\nu$ einhergeht, wird die Strömung instabil; dies geschieht bei Werten der Reynolds-Zahl von etwa ab $Re \approx 60000$. Ab diesem Wert für Re klingen kleine Störungen nicht mehr ab; Störungen mit

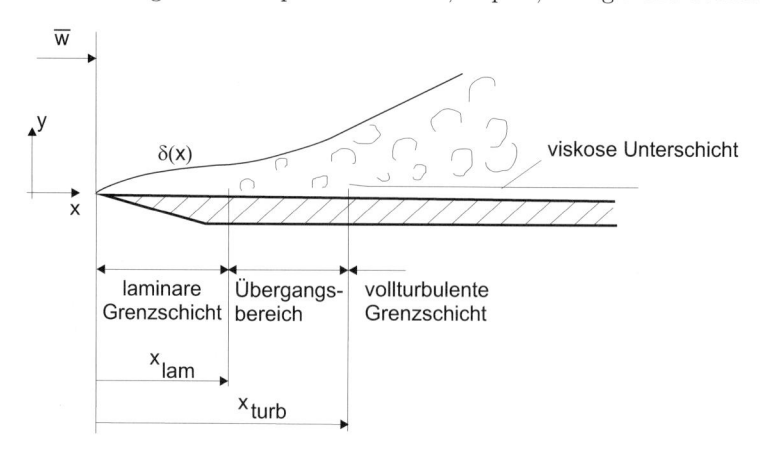

Abb. 2.14. Ausbildung der Grenzschicht an der längsangeströmten Platte, (Baehr 1998)

besonders kleiner oder großer Frequenz werden aber weiterhin gedämpft. Dieses Verhalten wird als Übergangsbereich zwischen laminarer und turbulenter Strömung bezeichnet. Erst nach einer weiteren Zunahme der Lauflänge auf x_{turb}, sodass die Reynolds-Zahl Werte von $Re = 3\ldots 5 \cdot 10^5$ annimmt, stellt sich eine vollständig turbulente Strömung ein. Auch bei vollständig turbulenter Strömung bildet sich eine dünne, direkt die Wand umhüllende Schicht mit viskosem Verhalten aus, in welcher die turbulenten Schwankungsbewegungen gedämpft werden; aus diesem Grund wird diese Zone viskose Unterschicht genannt.

Bei vollausgebildeter turbulenter Strömung gilt die Reynolds'sche Analogie, wonach die Wärme- und Stoffübergangskoeffizienten durch den Reibungsbeiwert miteinander verknüpft sind:

$$\frac{Nu}{Re} = \frac{Sh}{Re} = \frac{\zeta_{Reib}}{2} \qquad \text{für} \qquad Pr = Sc = 1 \qquad (2.161)$$

Für den Reibungskoeffizienten kann nach (Schlichting 1965) die Beziehung

$$\zeta_{Reib} = 0,0592\, Re^{-1/5} \qquad \text{für} \qquad 5 \cdot 10^{-5} < Re < 10^7 \qquad (2.162)$$

verwendet werden, womit sich folgende Abhängigkeit ergibt:

$$\frac{Nu}{Re} = \frac{Sh}{Re} = 0,0296\, Re^{-1/5} \qquad \text{für} \qquad Pr = Sc = 1 \qquad (2.163)$$

Querangeströmter zylindrischer Körper

Im Unterschied zur ebenen Platte existiert beim querangeströmten Zylinder bereits im vorderen Staupunkt eine Grenzschicht endlicher Dicke. Für das Verständnis der Ablösung sind ein paar Überlegungen zum Verhalten der adiabaten reversiblen und irreversiblen Strömung bei der Umströmung eines zylindrischen Profilkörpers notwendig. Am vorderen Staupunkt wird die kinetische Energie in Enthalpie umgewandelt:

$$h_0 = h + \frac{w^2}{2} \tag{2.164}$$

Bei reversibler Strömung folgt, dass es wegen $h = h(s,p)$ für $s =$ konst. zu einem Druckanstieg am Staupunkt kommt. Auf einer Stromlinie in der Nähe des Körpers wird das Teilchen daher beschleunigt und bewegt sich damit in einen Bereich abnehmenden Druckes. Nach der Stelle, wo das Profil am dicksten ist, wird das Fluidteilchen wieder verzögert, und der Druck steigt wieder an. Bei der realen Strömung bewirkt die Irreversibilität, dass durch Reibung kinetische Energie dissipiert und in innere Energie umgewandelt wird. Die in der Beschleunigungsphase gewonnene kinetische Energie ist daher geringer als im reversiblen Fall. Als Folge davon hat das betrachtete Teilchen seine kinetische Energie bereits aufgebraucht, bevor es in den Bereich steigenden Druckes kommt. Dieser bewirkt eine Änderung der Strömungsrichtung, und es kommt zur Ausbildung eines Rückströmgebietes, durch welches die Hauptströmung von der Oberfläche verdrängt wird. Hinter dem Ablösepunkt bleibt der Druck etwa konstant; es liegt keine beschreibbare Strömung mehr vor, Wärme- und Stoffübergang kommen im darauffolgenden Totwassergebiet praktisch zum Erliegen, vgl. Abb. 2.15.

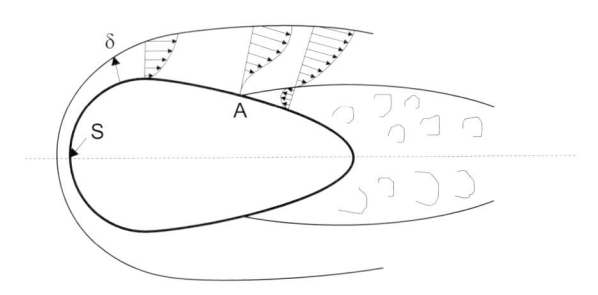

Abb. 2.15. Grenzschicht an einem zylindrischen Körper; S... Staupunkt, A... Ablösepunkt, δ... Grenzschichtdicke, (Baehr 1998)

Am querangeströmten Kreiszylinder beeinflusst die Strömung den Wärme- und Stoffübergang in sehr komplexer Weise. Für einen Bereich der Reynolds-Zahl von $Re = 70000 \ldots 220000$ beginnt die Ablösung bei einem Winkel von ca. $80°$. Bei bis zum Ablösepunkt abnehmender Nu-Zahl steigt diese anschließend wieder an, weil das Fluid durch die Ablösewirbel stark durchmischt wird. Qualitativ ist dieses Verhalten in Abb. 2.16 in der unteren Kurve für $Re < 1 \cdot 10^5$ dargestellt. Bei höheren Reynolds-Zahlen besitzt die Kurve nach dem Ablösepunkt ein Maximum, weil die laminare Grenzschicht in eine turbulente mit besserer Durchmischung übergeht. Mit wachsender Dicke der turbulenten Grenschicht nimmt die Nußelt-Zahl wieder ab, bis das zweite Minimum

68   Umwandlung und Transport von Masse, Impuls, Energie und Stoffen

erreicht wird. Schließlich sorgt die oben erwähnte Wirbelablösung wieder für einen Anstieg der Nußelt-Zahl im Bereich von $\varphi > 140°$.

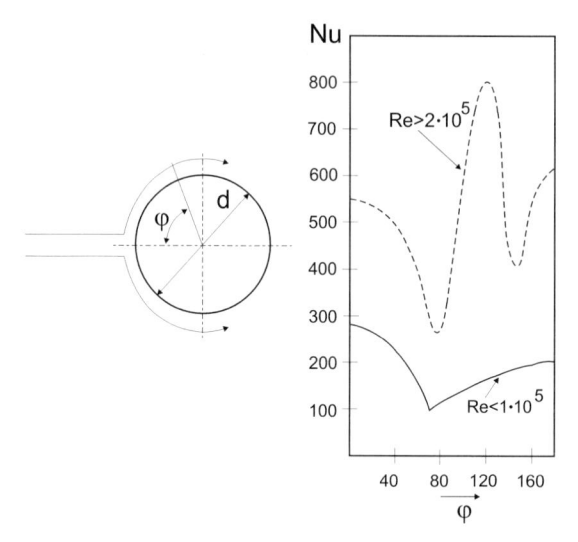

Abb. 2.16. Lokale Nußelt-Zahl am querangeströmten Zylinder in Abhängigkeit von Re und φ, (Baehr 1998)

Für den Wärmeübergang im Dampferzeugerbau ist das querangeströmte Rohrbündel sehr wichtig, weil viele wichtige Wärmetauscher z.B. im Bereich der Nachschaltheizflächen (Überhitzer, Speisewasservorwärmer) als Bündelheizflächen ausgeführt werden. Die geometrischen Verhältnisse im Bündel (Querteilung, Längsteilung, fluchtende oder versetzte Rohranordnung) sind für die Ermittlung einer für das Rohrbündel gültigen Nußelt-Zahl zu berücksichtigen.

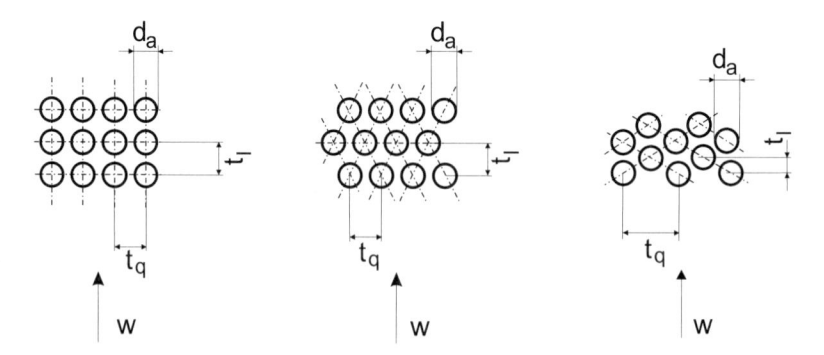

Abb. 2.17. Gebräuchliche Rohranordnungen an Bündelheizflächen, **links:** fluchtend, **Mitte:** versetzt (engster Querschnitt quer zur Stömungsrichtung), **rechts:** versetzt (engster Querschnitt in der Diagonalen)

Abb. 2.17 zeigt die an Heizflächen gebräuchlichen Arten der Rohranordnung.

Die weitere Vorgangsweise zur Berechnung des Wärmeübergangskoeffizienten für ein Glattrohrbündel ist beispielsweise in (VDI-Wärmeatlas 2006) dargestellt. Es sollen daher hier nur die wichtigsten Punkte angeführt werden. Mit der Quer- und Längsteilung t_q, t_l werden die in Gl. (2.165) angegebenen Beziehungen für das Quer- und Längsteilungsverhältnis ξ_q und ξ_l berechnet:

$$\xi_q = \frac{t_q}{d_a} \quad \text{und} \quad \xi_l = \frac{t_l}{d_a} \tag{2.165}$$

Mithilfe der Teilungsverhältnisse folgt der Hohlraumanteil zu:

$$\psi = 1 - \frac{\pi}{4\,\xi_q} \quad \text{für} \quad \xi_l \geq 1 \tag{2.166}$$

bzw.

$$\psi = 1 - \frac{\pi}{4\,\xi_q\,\xi_l} \quad \text{für} \quad \xi_l < 1 \tag{2.167}$$

Die Beziehung für die Berechnung der Nußelt-Zahl einer einzelnen, querangeströmten Rohrreihe, angedeutet durch den Index 1, lautet:

$$Nu_1 = 0,3 + \sqrt{Nu_{1,lam}^2 + Nu_{1,turb}^2} \tag{2.168}$$

wobei:

$$Nu_{1,lam} = 0,664\,\sqrt{Re_{\psi,1}}\,\sqrt[3]{Pr} \tag{2.169}$$

$$Nu_{1,turb} = \frac{0,037\,Re_{\psi,1}^{0,8}\,Pr}{1 + 2,443\,Re_{\psi,1}^{-0,1}(Pr^{2/3} - 1)} \tag{2.170}$$

und

$$Re_{\psi,1} = \frac{Re}{\psi} \tag{2.171}$$

Als charaktistische Länge für die Ermittlung der Reynolds-Zahl Re ist die so genannte Überströmlänge des einzelnen Glattrohres $0,5\pi d_a$ einzusetzen. Für ψ ist bei der Einzelrohrreihe in Gl. (2.171) der Wert aus Gl. (2.166) einzusetzen. Aus Nu_1 folgt die Nußelt-Zahl des Bündels $Nu_{Bündel}$ durch Multiplikation mit einem von der Rohranordnung abhängigen Anordnungsfaktor f_{Anord}. Es ist außerdem der korrekte Wert des Hohlraumanteils ψ nach Gl. (2.166) oder Gl. (2.167) einzusetzen:

$$Nu_{Bündel} = f_{Anord}\,Nu_1 \tag{2.172}$$

70 Umwandlung und Transport von Masse, Impuls, Energie und Stoffen

Für weitere Informationen zur Berechnung des Wärmeüberganges in einem Glattrohrbündel sei auf die Literatur wie z.B. (VDI-Wärmeatlas 2006), (Žukauskas 1988), (Žukauskas 1989) oder (HDEH 2002) verwiesen.

Werden an Stelle von Glattrohren so genannte Rippenrohre (siehe als Beispiel für mögliche Rippenformen Abb. 2.18(a) und 2.18(b)) in den Wärmeübertrager eingebaut, so kann bei gleicher Baugröße der Wärmeübertrager ein deutlich größerer Wärmestrom ausgetauscht werden. Die Rippen werden dabei immer auf der Seite des kleineren (schlechteren) Wärmeübergangskoeffizienten angeordnet. Ein typisches Anwendungsbeispiel für den Einsatz von Rippenrohrwärmeübertragern im Dampferzeugerbau stellt der Abhitzekessel, welcher z.B. hinter einer Gasturbine angeordnet werden kann, dar.

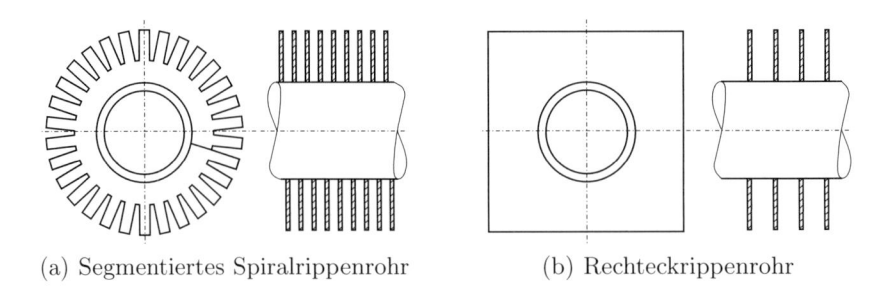

(a) Segmentiertes Spiralrippenrohr   (b) Rechteckrippenrohr

Abb. 2.18. Ausgewählte Beispiele für Rippenrohre

Wie bei einem Glattrohr errechnet sich auch beim Rippenrohr der gesamte übertragene Wärmestrom mithilfe der Beziehung

$$\dot{Q} = k\, A_{a,O,ges}\, \Delta\vartheta_{\log} \tag{2.173}$$

Für den Wärmedurchgangswiderstand $k\,A_{a,O,ges}$ einer berippten Wand gilt:

$$\frac{1}{k\,A_{a,O,ges}} = \frac{1}{\alpha_{in}\,A_{in,O}} + \frac{s_{Wa}}{\overline{\lambda}_{Wa}\,\overline{A}} + \frac{1}{\alpha_r(A_{a,O} + \eta_r\,A_{r,O,ges})} \tag{2.174}$$

Hierin sind $\overline{\lambda}_{Wa}$ die mittlere Wärmeleitfähigkeit, s_{Wa} die Wandstärke und $\overline{A}^1$ die mittlere Fläche der unberippten Wand; $A_{in,O}$ die Oberfläche und α_{in} der Wärmeübergangskoeffizient an der Rohrinnenseite. α_r bezeichnet den (mittleren) Wärmeübergangskoeffizienten zwischen dem Fluid und der Rippe; $A_{r,O,ges}$ die gesamte Rippenoberfläche sowie $A_{a,O,ges}$ die gesamte äußere Oberfläche des Rippenrohres. Die von den Rippen freie äußere Grundfläche des Glattrohres berechnet sich zu $A_{a,O} = A_{a,O,ges} - A_{r,O,ges}$. η_r wird als Rippenwirkungsgrad bezeichnet.

---

[1] Bei dünnwandigen Rohren kann der Einfachheit halber die mittleren Fläche der unberippten Rohrwand $\overline{A}$ durch $A_{in,O}$ ersetzt werden.

Der Rippenwirkungsgrad ist definiert als das Verhältnis des Wärmestroms $\dot{Q}_r$, den die Rippe tatsächlich aufnimmt, zum theoretischen Wärmestrom $\dot{Q}_{r,theo}$, den die Rippe aufnehmen würde, wenn die Rippe über ihre gesamte Länge die Temperatur des Rippenfußes (Rohroberfläche) $\vartheta_{R,O}$ besäße.

$$\eta_r = \frac{\dot{Q}_r}{\dot{Q}_{r,theo}} = \frac{\vartheta_r - \vartheta_{Um}}{\vartheta_{R,O} - \vartheta_{Um}} \qquad (2.175)$$

Der Rippenwirkungsgrad ist stets kleiner als 1 und errechnet sich formal aus der Beziehung

$$\eta_r = \frac{\tanh(b_r)}{b_r} \qquad (2.176)$$

mit der Kenngröße b_r für den Rippenwirkungsgrad

$$b_r = H_{r,gew}\sqrt{\frac{2\alpha_r}{\lambda_r s_r}} \qquad (2.177)$$

Darin bezeichnet s_r die Rippendicke, $H_{r,gew}$ eine gewichtete Rippenhöhe und λ_r die Wärmeleitfähigkeit der Rippe. Die gewichtete Rippenhöhe $H_{r,gew}$ ist abhängig von der Form der Rippe und ergibt sich z.B. für die häufig zur Anwendung kommenden Kreisrippe nach (Schmidt 1963a) näherungsweise zu

$$H_{r,gew} = H_r \left[1 + 0{,}35 \ln\left(1 + \frac{2H_r}{d_a}\right)\right] \qquad (2.178)$$

mit der Rippenhöhe H_r und dem äußeren Rohrdurchmesser d_a.

Zur Theorie des Wärmeautausches mithilfe von Rippengeometrien sei u.a. auf (Baehr 2008), (Shah 2003), (Stasiulevičius 1988), (HDEH 2002) oder (Webb 1994) verwiesen.

Ungeachtet der weit verbreiteten Anwendung von Rippenrohren entsprechen die Berechnungsgleichungen für den Wärmeübergang meist nur unzureichend den komplexen physikalischen Vorgängen am Rippenrohr. Die Ursache dafür liegt in einer – gegenüber dem Glattrohr – weit größeren Anzahl an zu variierenden Parametern. Es existiert daher in der Literatur eine große Anzahl von Publikationen, welche sich mit der Problematik des Wärmeübergangs an Rippenrohren beschäftigen (siehe u.a. (Bogdanoff 1955), (Fraß 1992), (Reid 1994), (Wang 2001), (Hofmann 2007), (Hofmann 2008), (Hofmann 2009), (Weierman 1978), (Schmidt 1963a), (Schmidt 1963b) oder (Kim 1999)). Viele Hersteller führen aus diesem Grund Wärmeübergangsversuche an den von ihnen gefertigten Rippenrohren durch und korrigieren damit die aus der Literatur entnommenen Beziehungen.

Für die Berechnung des Wärmeübergangskoeffizienten am querangeströmten Rippenrohrbündel mit segmentierten (siehe Abb. 2.18(a)) bzw. glatten spiralisierten Kreisrippen sind in der Praxis die Berechnungsgleichungen des Rippenrohrherstellers ESCOA sehr weit verbreitet. Die von ESCOA angegebenen Gleichungen basieren auf den Arbeiten von (Weierman 1975), (Weierman 1976) und (Weierman 1978).

(Ganapathy 2003) gibt die Beziehung von ESCOA zur Berechnung der Nußelt-Zahl für eine fluchtende oder versetzte Rohranordnung im Wärmeübertragerbündel wie folgt an:

$$Nu = C_{r,1} C_{r,3} C_{r,5} Re Pr^{1/3} \left(\frac{T_g}{\overline{T}_r}\right)^{0,25} \left(\frac{d_a + 2H_r}{d_a}\right)^{0,5} \tag{2.179}$$

Die Koeffizienten $C_{r,1}$, $C_{r,3}$ und $C_{r,5}$ sind abhängig von der geometrischen Ausführung der Rippe (glatt oder segmentiert) bzw. der Rohranordnung im Wärmeübertragerbündel (fluchtend oder versetzt) und sind wie folgt zu verwenden:

Fluchtende Anordnung

$$C_{r,1} = 0,053 \left[1,45 - \left(2,9\frac{t_l}{d_a}\right)^{-2,3}\right] Re^{-0,21} \tag{2.180}$$

$$C_{r,5} = 1,1 - [0,75 - 1,5 \ \exp(-0,7n_r)] \exp\left(\frac{-2t_l}{t_q}\right) \tag{2.181}$$

$$C_{r,3} = 0,2 + 0,65 \ \exp\left(\frac{-0,25 \, H_r}{t_r - s_r}\right) \quad \text{glatte Rippe} \tag{2.182}$$

und

$$C_{r,3} = 0,25 + 0,6 \ \exp\left(\frac{-0,26 \, H_r}{t_r - s_r}\right) \quad \text{segmentierte Rippe} \tag{2.183}$$

Versetzte Anordnung

$$C_{r,1} = 0,091 Re^{-0,25} \tag{2.184}$$

$$C_{r,5} = 0,7 + [0,7 - 0,8 \ \exp(-0,15n_r^2)] \exp\left(-\frac{t_l}{t_q}\right) \tag{2.185}$$

$$C_{r,3} = 0,35 + 0,65 \ \exp\left(\frac{-0,25 \, H_r}{t_r - s_r}\right) \quad \text{glatte Rippe} \tag{2.186}$$

und

$$C_{r,3} = 0,35 + 0,65 \ \exp\left(\frac{-0,17 \, H_r}{t_r - s_r}\right) \quad \text{segmentierte Rippe} \tag{2.187}$$

n_r bezeichnet die Anzahl der Rohrreihen in Strömungsrichtung des Abgases. Die Koeffizienten $C_{r,1}$ und $C_{r,5}$ der fluchtenden bzw. versetzten Rohranordnung sind für die segmentierte und die glatte spiralisierte Kreisrippe ident. Als charakteristische Länge für die Reynolds- und Nußelt-Zahl der Gl. (2.179) wird der Außendurchmesser des Glattrohres d_a verwendet. Der Rippenwirkungsgrad η_r, wie er sich in Gleichung (2.176) darstellt, wurde in den Berechnungsunterlagen von ESCOA durch folgende, von (Weierman 1976) angegebene Korrekturgleichung ersetzt:

$$\eta_{r,korr} = \eta_r \left(0.9 + 0.1\eta_r\right) \qquad (2.188)$$

Weitere Beziehungen zur Ermittlung des Wärmeübergangskoeffizienten von Rippenrohren können u.a. dem (HDEH 2002), (VDI-Wärmeatlas 2006), (Webb 1994) oder (Stasiulevičius 1988) entnommen werden. Einen Vergleich unterschiedlicher Beziehungen zur Berechnung des Wärmeübergangskoeffizienten an Rippenrohren gibt (Fraß 2008) oder (Hofmann 2009) an.

Konvektiver Wärmeübergang bei Einphasenströmung in einem Rohr

Die Berechnung des konvektiven Wärmeüberganges in einer vollausgebildeten turbulenten Einphasenströmung in einem Rohr kann nach der von (Gnielinski 1975) bzw. (Gnielinski 1995) angegebenen Gleichung

$$Nu_{turb} = \frac{\zeta_{Reib}}{8} \frac{(Re - 1000)\,Pr_f}{1 + 12{,}7\left(Pr_f^{2/3} - 1\right)\sqrt{\frac{\zeta_{Reib}}{8}}} K_1 K_2 \qquad (2.189)$$

erfolgen, welche sich im Wasser- und Dampfgebiet gleichermaßen bewährt hat. Gl. (2.189) enthält die Beziehung für den Reibungsdruckabfall nach (Konakov 1954)

$$\zeta_{Reib} = (1{,}8\log Re - 1{,}5)^{-2}$$

sowie einen von (Hufschmidt 1968) und (Jakovlev 1960) ermittelten Korrekturfaktor K_1 zur Berücksichtigung der Temperaturabhängigkeit der Stoffwerte des Wassers auf den Wärmeübergangskoeffizienten.

$$K_1 = \left(\frac{Pr_f}{Pr_{Wa}}\right)^{0{,}11}$$

Durch die Prandtl-Zahl wird im Besonderen die starke Abhängigkeit der Viskosität des Wassers von der Temperatur erfasst. Pr_f ist die Prandtl-Zahl bei der mittleren Flüssigkeitstemperatur und Pr_{Wa} diejenige bei der mittleren Wandtemperatur.

Liegt der Arbeitsstoff als Dampf vor, so empfiehlt (Gnielinski 1995), den Korrekturfaktor K_1, auf Grund der geringen Temperaturabhängigkeit der Prandtl-Zahl von Gasen wie folgt zu bilden:

$$K_1 = \left(\frac{\overline{T}_f}{\overline{T}_{Wa}}\right)^{-0,18}$$

wobei $\overline{T}_f$ die mittlere Fluidtemperatur des Gases und $\overline{T}_{Wa}$ die mittlere Wandtemperatur bezeichnet.

Der von (Hausen 1959) angegebene Term zur Berücksichtigung der Abhängigkeit des Wärmeübergangskoeffizienten vom thermischen und fluiddynamischen Anlauf bei kurzen Rohren

$$K_2 = 1 + \left(\frac{d_{in}}{l}\right)^{2/3}$$

kann auf Grund der großen Längsausdehnung der Rohre im Dampferzeuger und des somit verschwindenden Einflusses dieses Korrekturfaktors im Allg. vernachlässigt werden.

$2300 \leq Re \leq 10^6$, $0,6 \leq Pr \leq 10^5$ und $d_{in}/l \leq 1$ stellen den Definitionsbereich der Gl. (2.189) dar.

Für die hydrodynamisch vollausgebildete laminare Rohrströmung wird bei (Leithner 1984) oder (Gnielinski 2006) u.a. die Gleichung

$$Nu_{lam} = 4,364 \qquad (2.190)$$

für die mittlere Nußelt-Zahl angegeben, wobei die Beziehung für Reynolds-Zahlen $Re < 2300$ definiert ist.

Im Übergangsbereich zwischen der laminaren und der turbulenten Rohrströmung, $2300 \leq Re < 10^4$, kann zwischen den beiden Beziehungen (2.189) und (2.190) nach der Gleichung

$$Nu = \frac{Nu_{turb}(Re - 2300) + Nu_{lam}(10000 - Re)}{7700} \qquad (2.191)$$

linear interpoliert werden.

Die oben dargestellten Gleichungen zur Berechnung des Wärmeübergangskoeffizienten gelten für den unterkritischen Druckbereich.

In modernen Wärmekraftanlagen ist die Entwicklung hin zu überkritischen Dampferzeugern jedoch bereits seit Jahren vollzogen. Es war daher erforderlich, Beziehungen für den Wärmeübergangskoeffizienten über einen weiten Betriebsbereich, inklusive des Gebietes um den kritischen Punkt, zu ermitteln. Erste experimentelle Arbeiten auf diesem Gebiet entstanden bereits in den fünfziger und sechziger Jahren, wie z.B. von (Dickinson 1958), (McAdams 1950), (Styrikowitsch 1959), (Domin 1963) oder (Swenson 1965).

Im überkritischen Druckbereich erfolgt der Übergang von der Wasser- auf die Dampfphase kontinuierlich. Dabei ändern sich mit der Temperatur im pseudokritischen Bereich die physikalischen Eigenschaften des überkritischen Fluides nicht nur sehr rasch, sondern zum Teil auch nicht stetig. Die beträchtliche Volumenvergrößerung ist mit einer Erhöhung der spezifischen Wärmekapazität verbunden, weshalb dieser Bereich auch als Pseudophasenumwandlung bezeichnet wird. Die dynamische Viskosität sowie die Wärmeleitfähigkeit nehmen hingegen stark ab (siehe dazu (Griem 1995) oder (Styrikowitsch 1959)). Bei der rechnerischen Erfassung des Pseudosiedens liegt die Schwierigkeit bei der Ermittlung der richtigen Bezugstemperatur für die spezifische Wärmekapazität, da im Gebiet der Pseudophasenumwandlung bereits eine kleine Änderung der Temperatur diese Größe stark verändert. Die Temperatur, für die die spezifische Wärmekapazität ein Maximum annimmt, wird als pseudokritische Temperatur T_{pk} bezeichnet, wobei diese – für Wasser – mit dem Druck entsprechend Gl. (2.192) steigt.

$$T_{pk} = T_{krit} + 0,388 \cdot 10^{-5} \left(p - p_{krit}\right) \tag{2.192}$$

Eine einfache, Druckänderungen nicht berücksichtigende Vorgehensweise zur Bestimmung einer geeigneten spez. Wärmekapazität ist die von deren Definition abgeleitete zwischen der Wandoberflächen- und der Fluidtemperatur integrierte Beziehung

$$\overline{c}_{p\,f} = \frac{h_{Wa} - h_f}{T_{Wa} - T_f} \tag{2.193}$$

Die Auswirkungen der Pseudophasenumwandlung wird umso kleiner, je weiter sich der Druck vom kritischen Druck entfernt.

Nach (Hall 1978) sowie (Kakarala 1974) lässt sich das Pseudosieden bei geringen Wärmestromdichten und hoher Massenstromdichte beobachten. Auf Grund des niedrigen Wärmeflusses besteht nur eine geringe Temperaturdifferenz zwischen der Rohrwandoberfläche und der Kernströmung. Es liegen daher fast konstante Stoffgrößen über den gesamten Querschnitt vor, wodurch sich der große Einfluss der spez. Wärmekapazität auf den Wärmeübergang erklären lässt. Wird die Wärmestromdichte gesteigert bzw. die Massenstromdichte reduziert, so vergrößert sich die Temperaturdifferenz zwischen der Wandoberfläche und der mittleren Fluidtemperatur. Dies hat zur Folge, dass keine konstanten Stoffwerte mehr über den Rohrquerschnitt vorliegen und dass die Maxima der Wärmeübergangskoeffizienten abgebaut werden. Kommt es zu einer weiteren Erhöhung der Wärmestromdichte bzw. zu einer weiteren Reduktion der Massenstromdichte, so führt dies zu einer starken Erhöhung der Wandtemperatur. Bei diesem Vorgang spricht man in Anlehnung an die Vorgänge im unterkritischen Bereich von Pseudofilmsieden, wenn die Wandoberflächentemperatur oberhalb der pseudokritischen Temperatur und die mittlere Fluidtemperatur noch darunter liegt. In diesem Falle sinkt der Wärmeübergangskoeffizient ab. Wie Versuche von (Yamagata 1972) und (Lee 1974) gezeigt haben, liegt die Grenze zum Pseudofilmsieden bei sehr hohen Heizflächenbelastungen. Die von (Yamagata 1972) angegebene Beziehung

$$\dot{q}_{krit} = 0,2 \dot{m}_{Flux}^{1,2} \tag{2.194}$$

beschreibt die Grenzkurve zum Pseudofilmsieden.

Eine genauere Darstellung der physikalischen Vorgänge beim Wärmeübergang im überkritischen Gebiet gibt (Griem 1995).

Griem schlägt in (Griem 1995) und (Griem 1996) für die Berechnung des Wärmeübergangskoeffizienten bei Zwangskonvektion im überkritischen Druckbereich nachfolgendes Verfahren vor: Die diesem Verfahren zugrunde liegende Korrelation ist vom Dittus-Bolter-Typ $Nu = CRe^m Pr^n$. Zur Bestimmung der repräsentativen spez. Wärmekapazität werden für fünf Referenztemperaturen die Wärmekapazitäten bestimmt. Anschließend werden die zwei höchsten Werte ausgesondert und von den restlichen drei Werten der arithmetische Mittelwert gebildet, welcher die charakteristische Wärmekapazität darstellt. Griem empfiehlt sein Verfahren für Anwendungsfälle, in denen eine starke Abhängigkeit der Stoffwerte von der Temperatur gegeben ist.

(Kakaç 1987) empfiehlt auf Grund umfangreicher Vergleiche mit Messungen folgende Gleichung:

$$Nu_f = 0,0183 Re_f^{0,82} Pr_f^{0,5} \left(\frac{\varrho_{Wa}}{\varrho_f}\right)^{0,3} \left(\frac{\bar{c}_{p\,f}}{c_{p\,f}}\right)^n \qquad (2.195)$$

mit den von der Lage der Bezugstemperatur abhängigen Exponenten:

$$n = \begin{cases} 0,4 & \text{für } T_{Wa} \leq T_{pk} \\ & \text{oder } T_f \geq 1,2\, T_{pk} \\ 0,4 + 0,2\left(\dfrac{T_{Wa}}{T_{pk}} - 1\right) & \text{für } T_f \leq T_{pk} < T_{Wa} \\ 0,4 + 0,2\left(\dfrac{T_{Wa}}{T_{pk}} - 1\right)\left[1 - 5\left(\dfrac{T_{Wa}}{T_{pk}} - 1\right)\right] & \text{für } T_{pk} < T_f < 1,2\, T_{pk} \end{cases}$$

Die mit der Korrelation von Griem berechneten Werte weisen eine bessere Übereinstimmung mit den experimentell ermittelten Wärmeübergangskoeffizienten auf. Im Gegensatz zeichnet sich jedoch die von (Kakaç 1987) empfohlene Beziehung durch geringeren Rechenaufwand bei annähernd gleich guten Ergebnissen aus.

Abb. 2.19 zeigt die Entwicklung des Wärmeübergangskoeffizienten als Funktion der Wärmestromdichte und der spez. Enthalpie für ein vertikales Rohr im überkritischen Druckbereich bei einem Druck von $p = 250$ bar.

Die obige Darstellung des erzwungenen konvektiven Wärmeübergangs gilt für eine Rohrströmung ohne Änderung des Aggregatzustandes mit dem dabei verbundenen gleichzeitigen Auftritt von koexistierenden Phasen. In vielen technischen Anwendungen existieren jedoch Bereiche, z. B. im Verdampfer oder Kondensator eines Kraftwerks, eines Kühlschranks oder einer Wärmepumpe, in denen eine Mehrphasenströmung vorliegt. Für den technisch wichtigen Teilbereich des konvektiven Wärmeübergangs einer Zweiphasenströmung Flüssigkeit/Gas in einem Rohr sei auf das Kapitel 2.7.1 verwiesen.

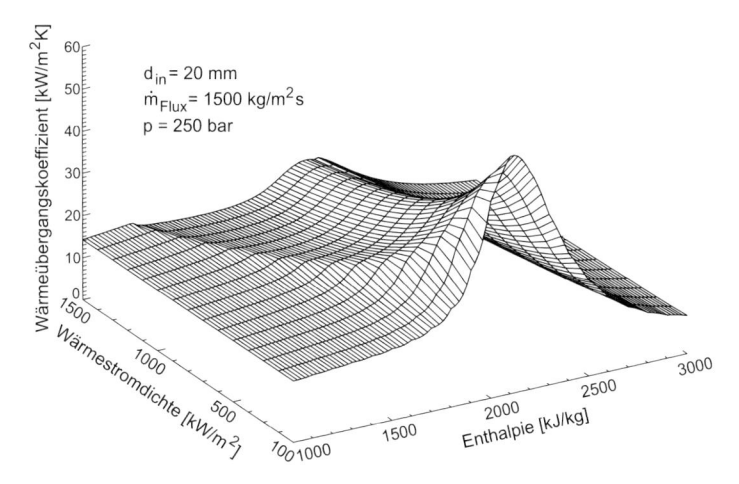

Abb. 2.19. Wärmeübergangskoeffizienten als Funktion der Wärmestromdichte und der spez. Enthalpie im überkritischen Druckbereich, (Walter 2001)

2.5 Strahlung

Im Feuerraum eines Dampferzeugers erfolgt der Energietransport von den heißen Verbrennungsgasen zu den Umfassungswänden vorwiegend durch Strahlung, die thermisch angeregt ist. Sie wird von jedem Körper ausgesandt und hängt von seinen Materialeigenschaften und von seiner Temperatur ab. Man nennt sie Temperaturstrahlung, Wärmestrahlung oder thermische Strahlung. Zur theoretischen Beschreibung der Aussendung, Übertragung und Absorption von Strahlungsenergie stehen zwei Ansätze zur Verfügung: die klassische Theorie der elektromagnetischen Wellen und die Quantentheorie der Photonen. Diese Theorien schließen einander nicht aus, sondern ergänzen sich dadurch, dass eine jede einzelne Aspekte der Energieübertragung durch Strahlung besonders gut zu beschreiben vermag (Baehr 2004).

Der Prozess der Wärmestrahlung basiert grundsätzlich auf anderen physikalischen Vorgängen als der Wärmeübergang durch Konvektion. Die Konvektion ist ein kombinierter Energietransport von thermischer innerer Energie, die an einen Stoff gebunden ist und mit diesem transportiert wird, und Wärmeleitung, die für den Transport von thermischer innerer Energie in einem Stoff selbst verantwortlich ist. Der konvektive Energiestrom ist proportional zur Temperaturdifferenz zwischen einem fluiden Medium und der Oberfläche seiner begrenzenden Wände. Der Energietransport durch Strahlung erfolgt hingegen über elektromagnetische Wellen und ist nicht an die Anwesenheit von Materie gebunden. Für den Energiestrom in Form von Strahlung sind die Unterschiede der vierten Potenz der thermodynamischen (absoluten) Temperatur der Körper, zwischen welchen Energie durch Strahlung ausgetauscht wird, maßgebend.

Von einem Punkt aus betrachtet, erfolgt der Energietransport durch Strahlung geradlinig in alle Richtungen des Raumes. Die Dichte des Energiestroms

(Strahlungsintensität) ist, wie erwähnt, von der Wellenlänge und der Richtung abhängig. Sie kann in einem strahlungsaktiven Medium durch Emission, Absorption, Reflexion und Streuung verändert werden. Bei der Absorption und der Emission findet eine Umwandlung von thermischer innerer Energie in Strahlungsenergie oder umgekehrt statt, während die Reflexion und die Streuung nur eine Richtungsänderung der Strahlung bewirken. Da bei hohen Temperaturen die Emission, bei niedrigen Temperaturen jedoch die Absorption überwiegt, wird in Feuerräumen durch die Wärmestrahlung Energie aus der heißen Verbrennungszone in kältere Bereiche, wie beispielsweise Wände und Aufheizzone, auch gegen die Strömungsrichtung der fluiden Medien transportiert. Die Wärmestrahlung wirkt sich somit unmittelbar auf die Energiebilanz aus und beeinflusst dadurch direkt die Temperaturverteilung in einem Feuerraum (Kühlert 1998).

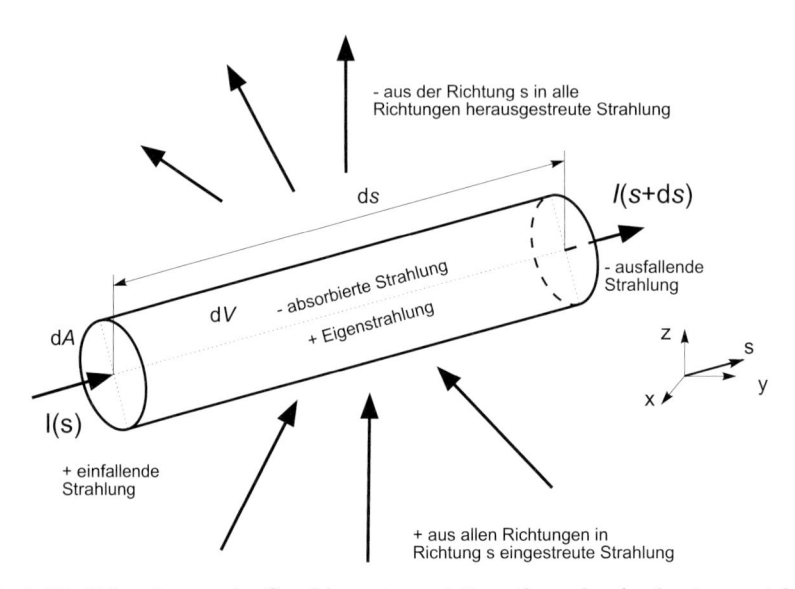

Abb. 2.20. Bilanzierung der Strahlungsintensität entlang der Ausbreitungsrichtung

Die physikalischen Grundlagen zur Strahlung in technischen Problemstellungen finden sich in zahlreichen Lehrbüchern, wie beispielsweise (Siegel 1992) oder (Baehr 2004). Der Energietransport durch Strahlung wird mathematisch durch die Strahlungstransportgleichung beschrieben. Sie kann mittels einer Energiebilanz entsprechend Abb. 2.20 hergeleitet werden und lautet für ein strahlungsaktives Medium an einer Position im Raum $\vec{r}$ in Richtung $\vec{s}$:

$$\frac{dI(\vec{r},\vec{s})}{ds} + (a_{Str} + \sigma_{stg})\,I(\vec{r},\vec{s}) = a_{Str}\,n_{Str}^2\,\frac{\sigma_{Str}\,T^4}{\pi} \\ + \frac{\sigma_{stg}}{4\,\pi}\int_{4\pi} I(\vec{r},\vec{s}_{stg})\Phi(\vec{s}\cdot\vec{s}_{stg})\,d\Omega_{stg} \quad (2.196)$$

2.5 Strahlung

Die Strahlungstransportgleichung beschreibt die Änderung der Intensität entlang der Strahlungsausbreitungsrichtung. Diese wird durch Absorption und Ausstreuung verringert und durch Emission und Einstreuung von Strahlungsenergie erhöht.

In Gl. (2.196) bezeichnet I die Strahlungsintensität, $\vec{r}$ die Position des Bilanzvolumens im Raum, $\vec{s}$ die Ausbreitungsrichtung der Strahlung, $\vec{s}_{stg}$ die Ausbreitungsrichtung der gestreuten Strahlung, s die Weglänge, a_{Str} den Absorptionskoeffizienten, n_{Str} den Brechnungsindex, σ_{stg} den Streukoeffizienten, σ_{Str} die Stefan-Boltzmann-Konstante ($5{,}67051 \cdot 10^{-8}$ W/(m²K⁴)), T die thermodynamische Temperatur des Mediums im Bilanzvolumen, Φ die Phasenfunktion und Ω_{stg} den Raumwinkel der ausgestreuten Strahlung.

$(a_{Str} + \sigma_{stg})s$ ist die optische Dicke des Mediums. Die Phasenfunktion $\Phi(\vec{s} \cdot \vec{s}_{stg})$ ist eine Wahrscheinlichkeitsdichtefunktion. Sie beschreibt, wie viel Strahlungsenergie aus welcher Richtung in die Strahlungsrichtung $\vec{s}$ eingestreut wird. Das Integral der Phasenfunktion ist auf eins normiert:

$$\frac{1}{4\pi} \int\limits_{4\pi} \Phi(\vec{s} \cdot \vec{s}_{stg}) \, \mathrm{d}\Omega_{stg} = 1 \qquad (2.197)$$

Der Streukoeffizient σ_{stg} kann oft als Konstante behandelt werden, während der Absorptionskoeffizient a_{Str} in der Regel eine Funktion der lokalen Konzentration von H_2O und CO_2 (sowie aller weiteren mehratomigen Moleküle, welche in der Lage sind, Strahlung zu absorbieren, wie beispielsweise CO), der repräsentativen Schichtdicke und des Totaldrucks ist. Als repräsentative Schichtdicke wird beispielsweise in einer Feuerung der Brennkammerdurchmesser herangezogen.

2.5.1 Lösung der Strahlungstransportgleichung

Aufgrund der Komplexität der mathematischen Beziehungen zur Beschreibung des Energietransports durch Strahlung lässt sich eine analytische Lösung nur bei sehr einfachen Geometrien und stark vereinfachten Annahmen der Eigenschaften des strahlungsaktiven Mediums realisieren, wie beispielsweise bei einem Medium mit grauem Strahlungsverhalten zwischen zwei parallelen, unendlich großen, ebenen Platten. Graues Strahlungsverhalten liegt vor, wenn die spektrale Intensität der Strahlungsemission des Mediums dem Plank'schen Gesetz der schwarzen Strahlung proportional ist.

Zur numerischen Lösung der Strahlungstransportgleichung haben sich, abhängig von den optischen Eigenschaften des strahlungsaktiven Mediums, verschiedene Verfahren etabliert. In modernen CFD-Programmen sind meist unterschiedliche Modelle für verschiedene Anwendungsfälle implementiert. In FLUENT beispielsweise sind folgende Modelle verfügbar:

- Discrete transfer radiation model (DTRM)
- P-1 radiation model

- Surface-to-surface (S2S) radiation model
- Discrete ordinates (DO) radiation model

Die grundlegenden Beziehungen dieser Modelle werden im Folgenden mit der bei FLUENT verwendeten Nomenklatur beschrieben.

Einen Überblick über die verschiedenen Verfahren geben beispielsweise (Siegel 1992) und (Modest 1993).

Die Methoden zur Ermittlung des Energietransports durch Strahlung lassen sich in drei Gruppen einteilen:

- statistische Methoden
- Zonen-Methoden
- differentielle Methoden

Statistische Methoden

Für eine Vielzahl mathematisch komplexer Problemstellungen können statistische Methoden zur Lösung herangezogen werden. Dabei werden mit einem Zufallsgenerator Anfangszustände generiert. Diese werden einer Rechenvorschrift unterzogen, und das Ergebnis wird bewertet. Bei einer genügend großen Anzahl betrachteter Ereignisse kann so die wahrscheinlichste Lösung ermittelt werden. Die Monte-Carlo-Methode zur numerischen Lösung des physikalischen Problems des Energietransports durch Strahlung gehört zu den statistischen Methoden.

Zonen-Methoden

Die Zonen-Methoden wurden für den Energieaustausch durch Strahlung zwischen Flächen entwickelt, die einen Hohlraum einschließen, der ein nicht strahlungsaktives Medium enthält, wie zum Beispiel die Nettostrahlungsmethode in (Siegel 1991a). Die geometrischen Verhältnisse der am Strahlungsaustausch teilnehmenden Flächen werden durch Formfaktoren (auch Winkelverhältnisse genannt) beschrieben. Für viele, bei technischen Anwendungen auftretende, Standardkonfigurationen existieren analytische Beziehungen bzw. Diagramme zur Ermittlung der Formfaktoren. Sie können mit entsprechenden Berechnungsroutinen auch numerisch bestimmt werden, was bei feiner Diskretisierung aufwändig werden kann.

Die Nettostrahlungsmethode wurde auch für die Problemstellung erweitert, bei welcher die im Strahlungsaustausch stehenden Flächen ein strahlungsaktives Medium einschließen, beispielsweise (Siegel 1991b).

Differentielle Methoden

Bei den differentiellen Methoden werden Annahmen bezüglich der Abhängigkeit der Strahlungsintensität vom Raumwinkel getroffen. Es wird dadurch eine Trennung der Raumkoordinaten von der Winkelabhängigkeit erzielt, und man erhält ein System von gekoppelten Differentialgleichungen, das nur noch Raumkoordinaten enthält. Das Lösen der Differentialgleichungen liefert die freien Parameter der vorher festgelegten Raumwinkelabhängigkeit der Intensität. Mit steigender Anzahl von Differentialgleichungen wird die Raumwinkelabhängigkeit immer besser erfasst.

2.5.2 Monte-Carlo-Methode

Bei der Monte-Carlo-Methode werden üblicherweise das betrachtete Volumen sowie die begrenzenden Oberflächen in diskrete Volumen bzw. Oberflächen unterteilt. Von jedem Element werden sukzessive Strahlen ausgesendet, deren Richtung durch Zufallszahlen festgelegt wird. Die einzelnen Strahlen können in Volumina, abhängig von Zufallszahlen, mehr oder minder gestreut und mehr oder minder absorbiert werden. An Begrenzungsflächen können die einzelnen Strahlen reflektiert oder absorbiert werden, wobei die Richtung der Reflexion sowie der Grad der Absorption ebenfalls von Zufallszahlen abhängig ist. Es wird der Weg jedes einzelnen Strahles verfolgt, bis er absorbiert ist.

Mit einer großen Anzahl von Einzelstrahlen können Ergebnisse hoher Genauigkeit erzielt werden. Das Verfahren ist sowohl für komplexe Geometrien als auch für die Berücksichtigung spektraler Effekte geeignet. Nachteilig ist jedoch, dass bereits die Mindestanzahl an betrachteten Einzelstrahlen, die erforderlich ist, um die statistischen Schwankungen klein genug zu halten, einen hohen Rechenaufwand erfordert.

2.5.3 Diskrete-Transfer-Methode (DTM)

Die Diskrete-Transfer-Methode vereinigt Eigenschaften der Zonen-Methode, der Monte-Carlo-Methode und der Flussmodelle. Bei der Diskrete-Transfer-Methode wird angenommen, dass der Energieaustausch durch Strahlung eines Oberflächenelementes mit seiner Umgebung nur in diskreten Raumrichtungen stattfindet und somit durch einzelne Strahlen modelliert werden kann.

Unter Vernachlässigung der Streuung und unter der Annahme eines Brechungsindex von 1 wird die Änderung der Strahlungsintensität dI entlang des Weges ds beschrieben durch:

$$\frac{dI}{ds} + a_{Str} I = \frac{a_{Str}\, \sigma_{Str}\, T^4}{\pi} \tag{2.198}$$

mit dem Absorptionskoeffizienten a_{Str} und der lokalen Gastemperatur T.

Unter der Annahme eines konstanten Absorptionskoeffizienten a_{Str} entlang des Strahlenweges folgt aus Gl. (2.198) für $I(s)$:

$$I(s) = \frac{\sigma_{Str}\, T^4}{\pi} \left(1 - e^{-a_{Str} s}\right) + I_0\, e^{-a_{Str} s} \tag{2.199}$$

wobei I_0 die Intensität am Startpunkt des betrachteten Strahlenweges bezeichnet. Ist das Gebiet über der Oberfläche in Bilanzvolumina unterteilt, so durchdringen die diskreten Strahlen diese, und die Intensität eines betrachteten Strahls ändert sich, wie in Abb. 2.21 für den zweidimensionalen Fall gezeigt, entsprechend:

$$I_{n+1} = \frac{\sigma_{Str}\, T_q^4}{\pi}\left(1 - e^{-a_{Str}\, s_n}\right) + I_n\, e^{-a_{Str}\, s_n} \tag{2.200}$$

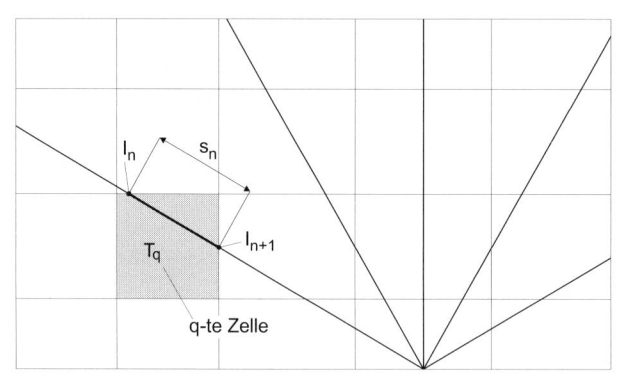

Abb. 2.21. Intensitätsänderung in einem Bilanzvolumen

Die Zunahme an innerer thermischer Energie in einem bestimmten Volumen des strahlungsaktiven Fluids ergibt sich durch Aufsummieren der absorbierten Strahlungsenergie aller Strahlen, die durch das betrachtete Volumen gehen. Für den zweidimensionalen Fall ist dies in Abb. 2.22 dargestellt.

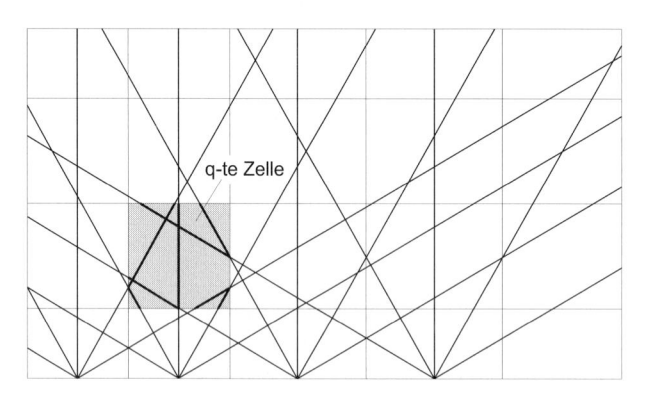

Abb. 2.22. Einfluss der verschiedenen Strahlen auf den Quellterm eines Bilanzvolumens

Diese Methode, auch als „ray tracing" bekannt, liefert den Energietransport durch Strahlung auch ohne explizite Berechnung der Winkelverhältnisse.

Die Genauigkeit der Methode wird in erster Linie durch die Anzahl der verfolgten Strahlen bestimmt.

Bei einer großen Anzahl von Oberflächen- und Volumselementen kann dieses Verfahren rasch sehr aufwändig werden, da dann die Anzahl der zu betrachtenden Strahlen sehr groß wird. Abhilfe schafft das Zusammenfassen von Volumselementen und auch von Oberflächenelementen zu Gruppen: „Cluster-Bildung".

Randbedingung bei der Diskrete-Transfer-Methode

Zur Bestimmung des Strahlungswärmeflusses $\dot{q}_{ein}$ in ein Oberflächenelement wird die Intensität der auf das Oberflächenelement einfallenden Strahlung über den Halbraum, der sich über dem betrachteten Oberflächenelement erstreckt, integriert:

$$\dot{q}_{ein} = \int_{\vec{s}\cdot\vec{n}>0} I_{ein}\, \vec{s}\cdot\vec{n}\, d\Omega \qquad (2.201)$$

mit dem Raumwinkel Ω, der Intensität des auftreffenden Strahls I_{ein}, dem Richtungsvektor des auftreffenden Strahls $\vec{s}$ und dem Normalvektor $\vec{n}$ des Oberflächenelements, der aus dem Rechengebiet weist. Der Nettowärmestrom $\dot{q}_{aus}$, der vom Oberflächenelement abgestrahlt wird, errechnet sich dann aus der Summe der reflektierten Strahlung von $\dot{q}_{ein}$ und der Emission des Oberflächenelements:

$$\dot{q}_{aus} = (1 - \varepsilon_{Wa})\dot{q}_{ein} + \varepsilon_{Wa}\, \sigma_{Str}\, T_{Wa}^4 \qquad (2.202)$$

Hier ist T_{Wa} die thermodynamische Temperatur des betrachteten Oberflächenelements und ε_{Wa} dessen Emissionskoeffizient. Die in Gl. (2.199) bzw. Gl. (2.200) benötigte Intensität I_0 des betrachteten Oberflächenelements an der Wand ergibt sich wiederum aus:

$$I_0 = \frac{\dot{q}_{aus}}{\pi} \qquad (2.203)$$

2.5.4 P-1 Strahlungsmodell

Das P-1 Strahlungsmodell ist das einfachste Modell der Spherical-Harmonics-Methode, bei der die Intensität in eine auf der Einheitskugel orthogonale Funktionenreihe entwickelt wird. Die Approximation erster Ordnung (P-1) liefert eine Differentialgleichung, die in ihrer Form den Erhaltungsgleichungen für den Impuls-, den Energie- und den Stofftransport ähnlich ist. Wird die Funktionenreihe nach dem vierten Glied abgebrochen, ergibt sich für den Strahlungsflussvektor $\vec{q}_{Str}$:

$$\vec{q}_{Str} = -\frac{1}{3(a_{Str} + \sigma_{stg}) - C_{Str}\, \sigma_{stg}} \nabla G_{Str} \qquad (2.204)$$

mit dem Absorptionskoeffizient a_{Str}, dem Streukoeffizient σ_{stg} und der Strahlungsgröße G_{Str}. C_{Str} ist der Koeffizient für die lineare Phasenfunktion, die eine anisotrope Streuung berücksichtigt. Nach Einführung des Parameters

$$\Gamma_{Str} = \frac{1}{3\,(a_{Str} + \sigma_{stg}) - C_{Str}\,\sigma_{stg}} \qquad (2.205)$$

vereinfacht sich Gl. (2.204) zu

$$\vec{q}_{Str} = -\Gamma_{Str}\,\nabla G_{Str} \qquad (2.206)$$

Die Transportgleichung für G_{Str} ist dann

$$\nabla \cdot (\Gamma_{Str}\,\nabla G_{Str}) - a_{Str}\,G_{Str} + 4\,a_{Str}\,\sigma_{Str}\,T^4 = S_\phi \qquad (2.207)$$

mit der Stefan-Boltzmann-Konstanten σ_{Str} und einer etwaigen Strahlungsquelle S_ϕ.

Die Kombination von Gl. (2.206) mit Gl. (2.207) liefert:

$$-\nabla \cdot \vec{q}_{Str} = a_{Str}\,G_{Str} - 4\,a_{Str}\,\sigma_{Str}\,T^4 \qquad (2.208)$$

Der Ausdruck $-\nabla \cdot \vec{q}_{Str}$ kann direkt in die Energiegleichung eingesetzt werden und steht dann für den Energietransport durch Strahlung.

Anisotrope Streuung

Im beschriebenen P-1 Strahlungsmodell kann die anisotrope Streuung durch folgende Phasenfunktion berücksichtigt werden:

$$\Phi(\vec{s}_{stg} \cdot \vec{s}) = 1 + C_{Str}\,\vec{s}_{stg} \cdot \vec{s} \qquad (2.209)$$

$\vec{s}$ ist der Richtungsvektor der Strahlung und $\vec{s}_{stg}$ der Richtungsvektor der Streustrahlung. Der Koeffizient für die lineare Phasenfunktion C_{Str}, ($-1 < C_{Str} < 1$), ist eine Stoffgröße des Fluids. Positive Werte berücksichtigen verstärkte Vorwärtsstreuung, negative Werte verstärkte Rückwärtsstreuung. $C_{Str} = 0$ bedeutet isotrope Streuung.

Randbedingung beim P-1 Strahlungsmodell

Aus Gl. (2.206) ergibt sich als Bedingung an der Oberfläche

$$\vec{q}_{Str} \cdot \vec{n} = -\Gamma_{Str}\,\nabla G_{Str} \cdot \vec{n} \qquad (2.210)$$

bzw.

$$\dot{q}_{Str,Wa} = -\Gamma_{Str}\,\frac{\partial G_{Str}}{\partial n} \qquad (2.211)$$

Den gesamten Strahlungswärmestrom an der Oberfläche erhält man durch Integration über den Halbraum:

$$\int_{4\pi} I_{Wa}(\vec{r},\vec{s})\,\vec{n}\cdot\vec{s}\,\mathrm{d}\Omega = \int_{4\pi} \left[\varepsilon_{Wa}\frac{\sigma_{Str}T_{Wa}^4}{\pi} + \varrho_{Wa}\,I(\vec{r},-\vec{s})\right]\vec{n}\cdot\vec{s}\,\mathrm{d}\Omega \quad (2.212)$$

bzw. nach Auswertung des Integrals

$$\dot{q}_{Str,Wa} = -\frac{4\pi\,\varepsilon_{Wa}\frac{\sigma_{Str}T_{Wa}^4}{\pi} - (1-\varrho_{Wa})\,G_{Str,Wa}}{2\,(1+\varrho_{Wa})} \quad (2.213)$$

Unter der Annahme, dass die Oberfläche graues Strahlungsverhalten aufweist, gilt $\varrho_{Wa} = 1 - \varepsilon_{Wa}$ und Gl. (2.213) vereinfacht sich zu

$$\dot{q}_{Str,Wa} = -\frac{\varepsilon_{Wa}}{2\,(2-\varepsilon_{Wa})}\left(4\,\sigma_{Str}\,T_{Wa}^4 - G_{Str,Wa}\right) \quad (2.214)$$

2.5.5 Rosseland-Strahlungsmodell

Das Rosseland-Strahlungsmodell resultiert aus einer Vereinfachung des P-1 Strahlungsmodells und ist nur für optisch dicke Medien gültig (($a_{Str} + \sigma_{stg})\,L \gg 1$). Üblicherweise wird eine optische Dicke von mindestens 3 vorausgesetzt.

Beim P-1 Strahlungsmodell wird der Strahlungswärmestrom aus

$$\vec{\dot{q}}_{Str} = -\Gamma_{Str}\,\nabla G_{Str} \quad (2.215)$$

berechnet, wobei für G_{Str} eine Transportgleichung gelöst werden muss. Beim Rosseland-Modell wird angenommen, dass sich jedes Volumselement des strahlungsaktiven Mediums wie ein schwarzer Strahler verhält. Damit ergibt sich $G_{Str} = 4\,\sigma_{Str}\,n_{Str}^2\,T^4$ mit dem Brechungsindex n, und man erhält für den Strahlungswärmestrom:

$$\vec{\dot{q}}_{Str} = -16\,\sigma_{Str}\,\Gamma_{Str}\,n_{Str}^2\,T^3\nabla T \quad (2.216)$$

Diese Beziehung entspricht einer Diffusionsgleichung. Sie hat die gleiche Form wie das Fourier'sche Wärmeleitgesetz, und man kann die Wärmestrahlung gemeinsam mit der Wärmeleitung behandeln:

$$\vec{\dot{q}} = \vec{\dot{q}}_{leit} + \vec{\dot{q}}_{Str} \quad (2.217)$$

$$\vec{\dot{q}} = -(\lambda + \lambda_{Str})\,\nabla T \quad (2.218)$$

$$\lambda_{Str} = 16\,\sigma_{Str}\,\Gamma_{Str}\,n_{Str}^2\,T^3 \quad (2.219)$$

mit der Wärmeleitfähigkeit λ und der „Strahlungsleitfähigkeit" λ_{Str}.

Randbedingung beim Rosseland-Strahlungsmodell

Da die Approximation der Strahlungstransportgleichung durch eine Diffusionsgleichung am Übergang zu einer Wand nicht mehr die physikalische Realität wiedergibt, muss hier eine spezielle Randbedingung verwendet werden. Üblicherweise wird der Wandenergiestrom zufolge Strahlung $\dot{q}_{Str,Wa}$ definiert durch

$$\dot{q}_{Str,Wa} = -\frac{\sigma_{Str}(T_{Wa}^4 - T_g^4)}{\psi_{Str}} \quad (2.220)$$

mit der Gastemperatur T_g, der Wandtemperatur T_{Wa} und der Anpassungsfunktion ψ_{Str}, die beispielsweise nach (Siegel 1992) durch

$$\psi_{Str} = \begin{cases} 0,5 & : N_{Str,Wa} < 0,01 \\ \dfrac{2b^3 + 3b^2 - 12b + 7}{54} & : 0,01 \leq N_{Str,Wa} \leq 10 \\ 0 & : N_{Str,Wa} > 10 \end{cases} \quad (2.221)$$

mit

$$N_{Str,Wa} = \frac{k(a_{Str} + \sigma_{stg})}{4\sigma_{Str}T_{Wa}^3} \quad (2.222)$$

und $b = \log_{10} N_{Str,Wa}$ errechnet werden kann.

2.5.6 Diskrete-Ordinaten-Methode (DO)

Bei der Diskrete-Ordinaten-Methode wird der Raum in diskrete Raumrichtungen $\vec{s}$ eingeteilt und damit die Richtungsabhängigkeit der Strahlungstransportgleichung auf einige Richtungen reduziert. Im Unterschied zur Diskrete-Transfer-Methode wird bei der Diskrete-Ordinaten-Methode keine Strahlverfolgung vorgenommen. Vielmehr wird die Strahlungstransportgleichung Gl. (2.196) in eine Feldgleichung umgewandelt:

$$\nabla \cdot \left[I(\vec{r},\vec{s})\vec{s}\right] + (a_{Str} + \sigma_{stg})I(\vec{r},\vec{s})$$
$$= a_{Str}n_{Str}^2 \frac{\sigma_{Str}T^4}{\pi} + \frac{\sigma_{stg}}{4\pi} \int_{4\pi} I(\vec{r},\vec{s}_{stg}) \Phi(\vec{s} \cdot \vec{s}_{stg}) \, d\Omega_{stg} \quad (2.223)$$

Zur mathematischen Beschreibung des Strahlungsproblems muss für jede diskrete Raumrichtung $\vec{s}$ eine eigene Transportgleichung vorgesehen werden. Die Lösung dieser Transportgleichungen kann analog zur Lösung der Energiegleichung mit einem Finite-Volumen-Verfahren erfolgen.

Abb. 2.23 zeigt die Diskrete-Ordinaten-Diskretisierung an der Bilanzgrenze zwischen zwei Kontrollvolumina in einem rechtwinkeligen Koordinatensystem.

Bei der Diskrete-Ordinaten-Methode kann auch eine nicht graue Wellenlängenabhängigkeit der Strahlungsintensität berücksichtigt werden. Die entsprechende Feldgleichung wird dann zu

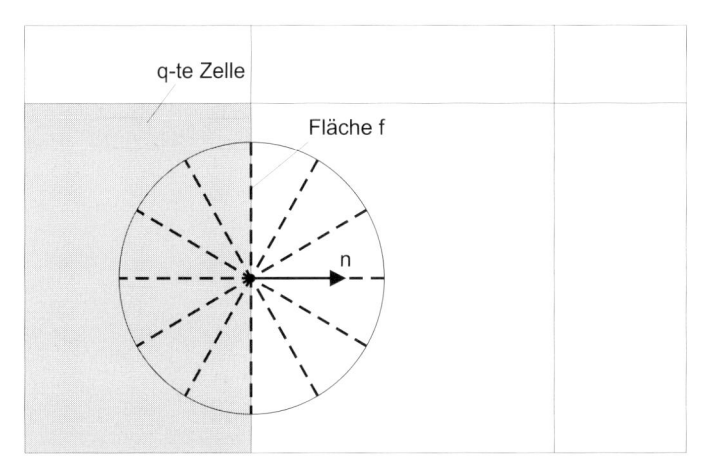

Abb. 2.23. Diskrete-Ordinaten-Diskretisierung im 2-dimensionalen Fall bei rechtwinkeligem Koordinatensystem

$$\nabla \cdot \left[I_\lambda(\vec{r},\vec{s})\vec{s} \right] + (a_\lambda + \sigma_{stg}) I_\lambda(\vec{r},\vec{s})$$
$$= a_\lambda \, n_{Str}^2 \, I_{b\lambda} + \frac{\sigma_{stg}}{4\pi} \int\limits_{4\pi} I_\lambda(\vec{r},\, \vec{s}_{stg}) \, \Phi(\vec{s} \cdot \vec{s}_{stg}) \, \mathrm{d}\Omega_{stg} \quad (2.224)$$

wobei der Index λ die Wellenlängenabhängigkeit ausdrückt. a_λ ist der spektrale Absorptionskoeffizient und $I_{b\lambda}$ die Intensität der schwarzen Strahlung (Index b) bei der Wellenlänge λ. Für die Berechnung wird das Wellenlängenspektrum in diskrete Banden unterteilt. Die Strahlungstransportgleichung wird über das Wellenlängenintervall integriert, sodass man eine Transportgleichung für $I_\lambda \Delta\lambda$ erhält, wobei $I_\lambda \Delta\lambda$ die Strahlungsenergie in einem Wellenlängenbereich $\Delta\lambda$ darstellt. In jedem Wellenlängenintervall $\Delta\lambda$ kann graues Strahlungsverhalten angenommen werden.

An der Position $\vec{r}$ in Richtung $\vec{s}$ ergibt sich die gesamte Intensität $I(\vec{r},\vec{s})$ zu

$$I(\vec{r},\vec{s}) = \sum_k I_{\lambda k}(\vec{r},\,\vec{s})\, \Delta\lambda_k \quad (2.225)$$

also aus einer Summation über die Wellenlängenbanden. Die Randbedingungen müssen ebenfalls auf Bandenbasis berücksichtigt werden.

2.5.7 Surface-to-Surface-Strahlungsmodell (S2S)

In technischen Anwendungen ist oft der Energieaustausch durch Strahlung zwischen Oberflächen zu ermitteln, die einen Raum umschließen, in welchem sich ein nicht oder nur in geringem Maße strahlungsaktives Medium befindet. Die Wände sind meist undurchlässig für Strahlung ($\tau_{Str} = 0$) und haben graue, diffuse Strahlungseigenschaften. Für diese Oberflächen folgt aus der

Energieerhaltung $a_{Str} + \rho_{Str} = 1$ und aus den grauen Strahlungseigenschaften $\varepsilon_{Wa} = a_{Str}$, sodass sich schließlich $\rho_{Str} = 1 - \varepsilon_{Wa}$ ergibt.

Damit hängt der Strahlungswärmestrom, der von einem Oberflächenelement ausgeht, von der eingestrahlten Energie aller Flächen ab, die mit diesem Oberflächenelement in Strahlungsaustausch treten. Der vom k-ten Oberflächenelement ausgehende Wärmestrom ist

$$\dot{q}_{aus\,k} = \varepsilon_{Wa\,k}\,\sigma_{Str}\,T_{Wa\,k}^4 + \rho_{Str\,k}\,\dot{q}_{ein\,k} \tag{2.226}$$

mit dem auf das k-te Oberflächenelement einfallenden Strahlungswärmestrom $\dot{q}_{ein\,k}$.

Der Anteil des Strahlungswärmestroms, der von einem Oberflächenelement j ausgehend auf das k-te Oberflächenelement trifft, wird mit dem Sichtfaktor $F_{j\,k}$ angegeben. Damit ergibt sich der Wärmestrom $\dot{q}_{ein\,k}$ aus

$$A_k\,\dot{q}_{ein\,k} = \sum_{j=1}^{n} A_j\,\dot{q}_{aus\,j}\,F_{j\,k} \tag{2.227}$$

mit A_k und A_j für das k-te bzw. das j-te Oberflächenelement.

Da zwischen den Sichtfaktoren der n Oberflächenelemente die Reziprozitätsbeziehung

$$A_j\,F_{j\,k} = A_k\,F_{k\,j} \quad \text{für } j = 1, 2, 3, \ldots n \tag{2.228}$$

gilt, folgt

$$\dot{q}_{ein\,k} = \sum_{j=1}^{n} F_{k\,j}\,\dot{q}_{aus\,j} \tag{2.229}$$

wodurch sich mit Gl. (2.226)

$$\dot{q}_{aus\,k} = \varepsilon_{Wa\,k}\,\sigma_{Str}\,T_{Wa\,k}^4 + \rho_{Str\,k}\sum_{j=1}^{n} F_{k\,j}\,\dot{q}_{aus\,j} \tag{2.230}$$

ergibt. Umgeschrieben in

$$\dot{q}_{aus\,k} = E_{Str\,k} + \rho_{Str\,k}\sum_{j=1}^{n} F_{k\,j}\,\dot{q}_{aus\,j} \tag{2.231}$$

mit dem von der k-ten Oberfläche abgegebenen Strahlungswärmestrom $\dot{q}_{aus\,k}$ und deren Emissionsleistung $E_{Str\,k}$ erhält man n Gleichungen, die in die Matrixform

$$\mathbf{A}\,\vec{\dot{q}}_{aus} = \vec{E}_{Str} \tag{2.232}$$

gebracht und nach $\vec{\dot{q}}_{aus}$ gelöst werden können. $\mathbf{A}$ bezeichnet die Koeffizientenmatrix der Gl. (2.232).

Die Sichtfaktoren können aus

$$F_{ij} = \frac{1}{A_i} \int\limits_{A_i} \int\limits_{A_j} \frac{\cos\theta_i \, \cos\theta_j}{\pi \, r^2} \, \delta_{Str} \, \mathrm{d}A_i \, \mathrm{d}A_j \qquad (2.233)$$

ermittelt werden. Hierin bezeichnet r den räumlichen Abstand (Verbindungslinie) der beiden Flächen und θ den Raumwinkel der jeweiligen Fläche zur Verbindungslinie. δ_{Str} beschreibt die Sichtbarkeit, mit $\delta_{Str} = 1$ wenn $\mathrm{d}A_j$ für $\mathrm{d}A_i$ sichtbar ist und 0 sonst.

2.6 Chemische Reaktionen

In diesem Kapitel sollen die grundlegenden Begriffe wie Reaktionsenergie, Reaktionsenthalpie, Standardbildungsenthalpie, Reaktionsgeschwindigkeit, Reaktionsordnung, ein- und mehrstufige Reaktionen, Geschwindigkeitsgesetze und Reaktionsmechanismen behandelt werden. Eine ausführliche Darstellung zur Reaktionstechnik findet man z.B. in (Baerns 1987) und (Barrow 1983).

2.6.1 Reaktionsenergie und Reaktionsenthalpie

Von Reaktionsenergie spricht man, wenn eine chemische Reaktion bei konstantem Volumen, z.B. in einem geschlossenen Gefäß stattfindet (vgl. Heizwertbestimmung in einem Bombenkalorimeter). Diese Energie wird, je nachdem ob die Reaktion exo- oder endotherm verläuft, als Wärme über die Systemgrenze zu- oder abgeführt. Beim geschlossenen System wird die Reaktionsenergie $\Delta U_{Rea,EP}$ als Differenz der inneren (thermischen) Energie der Produkte U_P und der Edukte U_E dargestellt; es gilt also:

$$\Delta U_{Rea,EP} = U_P - U_E \qquad (2.234)$$

Legt man eine verallgemeinerte Reaktionsgleichung zugrunde:

$$\nu_{1,E} \, E_1 + \ldots \nu_{i,E} \, E_i + \ldots \nu_{m,P} \, E_m \longrightarrow \nu_{1,P} \, P_1 + \ldots \nu_{k,P} \, P_k + \ldots \nu_{n,P} \, P_n$$

so kann man durch $\Delta U_{Rea,EP}$ die Differenz der Systemenergie vor und nach der Reaktion definieren.

Entsprechend (2.234) ist $\Delta U_{Rea,EP}$ positiv, wenn Energie aufgenommen und negativ, wenn Energie im Verlaufe der Reaktion in Form von Wärme abgegeben wird; die Notwendigkeit der Energiezufuhr oder Abgabe ergibt sich aus der Forderung, den Prozess grundsätzlich isotherm ablaufen zu lassen.

Da viele Reaktionen in offenen Gefäßen, das heißt unter dem Einfluss des Atmosphärendruckes ablaufen, wird, in diesem Fall, während der Reaktion auch Volumsänderungsarbeit geleistet, und die während der chemischen Reaktion an den Systemgrenzen auftretenden Prozessgrößen sind Wärme und Arbeit:

$$\Delta H_{Rea,EP} = H_P - H_E = U_P - U_E + p(V_P - V_E) \qquad (2.235)$$

Auf diese Weise definiert man die Reaktionsenthalpie $\Delta H_{Rea,EP}$. Da die Reaktion unter konstantem Druck den Standardfall darstellt, ist die Reaktionsenthalpie $\Delta H_{Rea,EP}$ von größerem praktischem Interesse als die Reaktionsenergie $\Delta U_{Rea,EP}$. Reaktionen, bei denen Wärme aufgenommen wird, bezeichnet man als endotherm, jene, bei denen Wärme abgegeben wird, heißen exotherm. All die Angaben über auf- und abgegebene Wärme beziehen sich, wie oben schon erwähnt, auf die Einstellung der gleichen Temperatur vor und nach der Reaktion. Als Zustandsgröße ist die Reaktionsenthalpie nicht vom Weg der Zustandsänderung abhängig. Aus diesem Grunde kann man die Reaktionsenthalpien für eine zu untersuchende chemische Reaktion aus der Linarkombination der Reaktionsenthalpien zweier oder mehrerer Reaktionsgleichungen darstellen, wenn sich durch diese Linearkombination die stöchiometrischen Koeffizienten der gesuchten Reaktion darstellen lassen (Hess'scher Satz). Die Berechnung der Reaktionsenthalpien erfolgt zweckmäßigerweise mithilfe der Bildungsenthalpien. Dazu wird ein Nullpunkt als Energie- bzw. Enthalpienullpunkt festgelegt, bei dem die thermischen Zustandsgrößen den Wert 25°C und 1 bar annehmen.

2.6.2 Reaktionsgeschwindigkeit

Als Reaktionsgeschwindigkeit bezeichnet man die pro Zeitspanne reagierende Anzahl von Molekülen oder die Molzahl bezogen auf das Volumen. Bezieht man wieder auf die verallgemeinerte Reationsgleichung:

$$\nu_{1,E} E_1 + \ldots \nu_{i,E} E_i + \ldots \nu_{m,P} E_m \longrightarrow \nu_{1,P} P_1 + \ldots \nu_{k,P} P_k + \ldots \nu_{n,P} P_n$$

mit den Konzentrationen c_{E_i} der Reaktanden und c_{P_k} der gebildeten Produkte sowie der stöchiometrischen Koeffizienten $\nu_{i,E}$ und $\nu_{i,P}$, so lautet die Definition der volumetrischen Reaktionsgeschwindigkeit (wird auch als Reaktionsrate bezeichnet):

$$\dot{R}_{vol} = -\frac{1}{\nu_{i,E}} \frac{dc_{E_i}}{\tau} \quad \text{oder} \quad \dot{R}_{vol} = +\frac{1}{\nu_{k,P}} \frac{dc_{P_k}}{\tau} \qquad (2.236)$$

Die zeitliche Abnahme eines Reaktanden (negatives Vorzeichen) ist daher gleich groß wie die Zunahme eines der entstehenden Produkte (positives Vorzeichen).

Die so definierte Reaktionsgeschwindigkeit ist eine Funktion der Randbedingungen, unter denen die Reaktion abläuft, d.h., sie ist von den Konzentrationen c_{E_i} der Reaktanden (oder den entsprechenden Partialdrücken) bei Gasphasenreaktionen und der Temperatur abhängig. Allgemein gilt:

$$\dot{R}_{vol} = f(\ldots c_{E_i} \ldots, T) \qquad (2.237)$$

Die Differentialgleichung (2.236) wird Geschwindigkeitsgleichung genannt. Wenn $f(\ldots c_{E_i} \ldots, T)$ bekannt ist, kann sie für bestimmte Anfangsbedingungen integriert werden und liefert dann ein Geschwindigkeitsgesetz $\dot{R}_{vol} = g(\tau)$.

$$\dot{R}_{vol} = k_{Rea} \prod_{i=1}^{m} c_{E_i}^{\nu_{i,E}} \tag{2.238}$$

Die in der Gleichung auftretende Proportionalitätskonstante k_{Rea} bezeichnet man als Geschwindigkeitskonstante, diese hängt im Allg. von der Temperatur ab. In der Reaktionstechnik unterscheidet man zwischen Elementar- und Bruttoreaktionen. Bei Elementarreaktionen läuft die Reaktion tatsächlich wie in der Reaktionsgleichung angeschrieben ab; als Beispiel dient die folgende Reaktion zwischen einem Wasserstoffatom und Brom:

$$H + Br_2 \longrightarrow HBr + Br$$

Im Gegensatz dazu ist die Reaktion:

$$H_2 + Br_2 \longrightarrow 2 HBr$$

eine Bruttoreaktion, weil sie aus einer Reihe hintereinander ablaufender Elementarreaktionen besteht. Die Unterscheidung von Elementar- und Bruttoreaktionen führt auf die Vermutung, dass für den Reaktionsablauf mehrere Molekuele in einer bestimmten Orientierung miteinander zusammenstoßen müssen. Je nach der Zahl der beteiligten Molekuele spricht man von mono-, bi- oder trimolekularen Elementarreaktionen. Falls laut Bruttoreaktionsgleichung noch mehr Molekuele miteinander reagieren sollten, geschieht dies meist nicht in einem Schritt, sondern in zeitlich hintereindander ablaufenden Teilreaktionen, wobei jede dieser Teilreaktionen mono-, bi- oder trimolekular sein kann. Geschwindigkeitsbestimmend für die Gesamtreaktion ist die langsamste Teilreaktion, unter der Voraussetzung, dass alle anderen Teilreaktionen wesentlich schneller ablaufen. Auf diese Weise definiert man Reaktionen erster, zweiter und dritter Ordnung, wobei die Reaktionsordnung den Exponenten in der Beziehung für die Reaktionsgeschwindigkeit, vgl. Gl. (2.236), angibt. Definiert man die Reaktionsgeschwindigkeit im Geschwindigkeitsgesetz nicht nur über die Konzentration eines Reaktanden, sondern über das Produkt von mehreren Reaktanden oder Produkten, so gibt die Summe der Exponenten die Reaktionsordnung an. Aus den obigen Annahmen folgt, dass man eigentlich nur ganzzahlige Reaktionsordnungen erwarten darf, durch die Kopplung mit Folgereaktionen sind aber gebrochene Reaktionsordnungen möglich.

Im Folgenden sind die wichtigsten in der Reaktionstechnik verwendeten Geschwindigkeitsgesetze dargestellt:

Tabelle 2.3. Geschwindigkeitsgesetze in der Reaktionstechnik (eine Auswahl)

Ordnung	Geschwindigkeitsgleichung	Geschwindigkeitsgesetz	Dimension der Geschwindigkeitskonstanten	Halbwertszeit
0	$\frac{dc}{d\tau} = k_{Rea}$	$k_{Rea} = \frac{c}{\tau}$	$mol\, l^{-1}\, s^{-1}$	$\frac{c_0}{2\,k_{Rea}}$
1/2	$\frac{dc}{d\tau} = k_{Rea}(c_0 - c)^{1/2}$	$k_{Rea} = \frac{2}{\tau}\left[c_0^{1/2} - (c_0-c)^{1/2}\right]$	$mol^{-1/2}\, l^{-1/2}\, s^{-1}$	$\frac{\sqrt{2}\, c_0\,(\sqrt{2}-1)}{k_{Rea}}$
1	$\frac{dc}{d\tau} = k_{Rea}(c_0 - c)$	$k_{Rea} = \frac{1}{\tau}\ln\frac{c_0}{c_0 - c}$	s^{-1}	$\frac{1}{k_{Rea}}\ln 2$
3/2	$\frac{dc}{d\tau} = k_{Rea}(c_0 - c)^{3/2}$	$k_{Rea} = \frac{2}{3}\frac{2}{\tau}\left(\frac{1}{(c_0-c)^{1/2}} - \frac{1}{c^{1/2}}\right)$	$mol^{-1/2}\, l^{1/2}\, s^{-1}$	$\frac{2}{k_{Rea}}\frac{\sqrt{2}-1}{\sqrt{c_0}}$
2	$\frac{dc}{d\tau} = k_{Rea}(c_0 - c)^2$	$k_{Rea} = \frac{1}{\tau}\frac{c_0}{c_0(c_0 - c)}$	$mol^{-1}\, l\, s^{-1}$	$\frac{1}{k_{Rea}\, c_0}$
3	$\frac{dc}{d\tau} = k_{Rea}(c_0 - c)^3$	$k_{Rea} = \frac{1}{2\tau}\frac{2c_0\, c - c^2}{c_0^2(c_0 - c)^2}$	$mol^{-2}\, l^2\, s^{-1}$	$\frac{1}{k_{Rea}\, c_0}$

Überlegungen zu Reaktionen erster und höherer Ordnung

Als Beispiel dient die Reaktion: $(CH_3)_3CBr + H_2O \longrightarrow (CH_3)_3COH + HBr$

Trägt man die aktuelle Bromidkonzentration $((CH_3)_3CBr)$ über der Zeit in einem logarithmischen Diagramm auf, so liegen die Messpunkte in Falle einer Reaktion erster Ordnung auf einer Geraden.

$$\dot{R}_{vol} \equiv -\frac{dc}{d\tau} = k_{Rea}\, c \tag{2.239}$$

Verwendet man die Anfangsbedingung $c = c_0$ bei $\tau = \tau_0$, ergibt sich:

$$-\int_{c=c_0}^{c} \frac{dc}{c} = k_{Rea} \int_{\tau=0}^{\tau} d\tau \tag{2.240}$$

bzw.:

$$-\ln\left(\frac{c}{c_0}\right) = k_{Rea}\, \tau \tag{2.241}$$

Damit folgt:

$$\log(c) = -\frac{k_{Rea}}{2,303}\tau + \log(c_0) \tag{2.242}$$

Der Versuch, die Messdaten einem anderen Geschwindigkeitsgesetz anzupassen, wäre gescheitert. Aus der Steigung der $\log c, \tau$-Geraden kann der Wert der Geschwindigkeitskonstanten berechnet werden.

Nach zweiter Ordnung verlaufen Reaktionen, wenn die Geschwindigkeit dem Quadrat der Konzentration eines Reaktionspartners oder dem Produkt der Konzentrationen zweier Reaktionspartner proportional ist. Bei gleich großer Anfangskonzentration der beiden Reaktionspartner reduziert sich dieser Fall auf den zuvor beschriebenen; vorausgesetzt die beiden Reaktionspartner sind im gleichen Ausmaß am Reaktionsablauf beteiligt. Es folgt also:

$$-\int_{c=c_0}^{c} \frac{dc}{c} = k_{Rea} \int_{\tau=0}^{\tau} d\tau = \frac{1}{c} - \frac{1}{c_0} = k_{Rea}\, \tau \tag{2.243}$$

Im Falle der Reaktionsordnung $n = 2$ liegen also die Messpunkte in einem $1/c, \tau$-Diagramm auf einer Geraden. Aus der Steigung der Geraden ergibt sich wieder die Geschwindigkeitskonstante k_{Rea}.

Bei unterschiedlicher Anfangskonzentration $(c_{0,1}, c_{0,2})$ der beiden Reaktionspartner und der zum Zeitpunkt τ vorhandenen Produktkonzentration c ergibt sich durch Umformung:

$$\dot{R}_{vol} \equiv -\frac{dc}{d\tau} = k_{Rea}\, (c_{0,1} - c)(c_{0,2} - c) \tag{2.244}$$

Durch Partialbruchzerlegung, Einsetzen der Grenzen und weitere Umformung erhält man:

$$\frac{1}{c_{0,1} - c_{0,2}} \ln\left[\frac{c_{0,2}}{c_{0,1}} \frac{(c_{0,1} - c)}{(c_{0,2} - c)}\right] = k_{Rea}\, \tau \qquad (2.245)$$

2.7 Zweiphasenströmung

Im Gegensatz zur Einphasenströmung existieren in der Zweiphasenströmung zwei Aggregatzustände (fest-flüssig, fest-gasförmig, flüssig-gasförmig oder flüssig-flüssig) nebeneinander. Man spricht auch dann von einer Zweiphasenströmung, wenn die beiden Phasen unterschiedlichen Stoffen, wie z.B. ein Aschepartikel, welches mit dem Abgasmassenstrom mittransportiert wird, zugehörig sind.

Die im Dampferzeugerbau am weitest verbreiteten Formen der Zweiphasenströmung – Gas-Flüssigkeit und Gas-Feststoff – sollen in den folgenden Kapiteln näher betrachtet werden.

2.7.1 Zweiphasenströmung Gas-Flüssigkeit

Strömungsformen in der Gas-Flüssigkeits-Zweiphasenströmung

In einer Gas-Flüssigkeitströmung können die beiden Phasen in Abhängigkeit vom Volumenanteil des Gases an der Gesamtströmung und der Lage des Strömungskanals im Raum (horizontal, vertikal oder geneigt) die unterschiedlichsten Phasenverteilungen, welche als Strömungsformen bezeichnet werden, annehmen. Wichtige physikalische Einflussparameter auf die Strömungsformen sind u.a. die Oberflächenspannung, die Fluidgeschwindigkeit, der Wärmestrom von der Wand und die Gravitation.

Bei der Modellierung einer Zweiphasenströmung ist es von großer Wichtigkeit, die auftretenden Strömungsformen zu kennen, da diese einen großen Einfluss auf die Modellbildung der physikalischen Phänomene haben. So kann ein Modell, welches speziell für eine Blasenströmung entwickelt wurde, keine guten Ergebnisse für z.B. eine Ringströmung liefern.

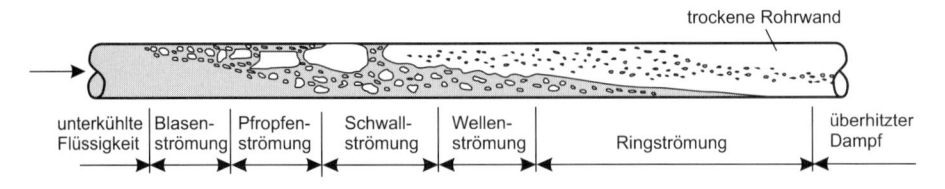

Abb. 2.24. Strömungsformen im horizontalen, beheizten Rohr

Abb. 2.24 zeigt die Grundtypen der Strömungsformen in einem horizontalen und Abb. 2.28 die in einem vertikalen von unten nach oben durchströmten Rohr. Das Fluid tritt in beiden Fällen als unterkühlte Flüssigkeit in das beheizte Verdampferrohr ein und verlässt dieses als überhitzter Dampf. Zwischen den in den Abbildungen eingezeichneten Strömungsformen können jedoch auch noch Misch- und Übergangsformen auftreten. Eine detaillierte Beschreibung zu den einzelnen horizontalen und vertikalen Strömungsformen kann z.B. bei (Tong 1997), (Collier 1994), (Baehr 1994) oder (Delhaye 1981a) entnommen werden.

Strömungskarten in der Gas-Flüssigkeits-Zweiphasenströmung

Unter einer Strömungskarte versteht man eine zweidimensionale Darstellung des Existenzbereiches der einzelnen Strömungsformen. Diese Karten stellen aber nur eine grobe Orientierung dar, da die Übergänge zwischen den einzelnen Strömungsformen fließend und eine eindeutige Grenze daher nicht vorhanden ist. Ein Vergleich unterschiedlicher Strömungskarten ist daher sehr schwierig. Viele dieser Karten sind außerdem für eine adiabate Zweiphasenströmung entwickelt worden und sind daher für eine Zweiphasenströmung mit Wärmezufuhr nur mit einer gewissen Unsicherheit zu verwenden. Einfache Strömungskarten benützen für die unterschiedlichen Strömungsformen die gleichen Achsen, während komplexer aufgebaute Karten für die einzelne Strömungsform unterschiedliche Achsen verwenden.

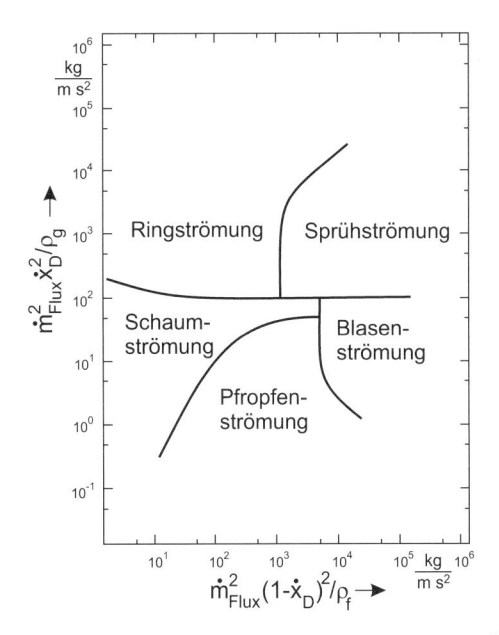

Abb. 2.25. Strömungskarte für das vertikale Rohr nach (Hewitt 1969)

Abb. 2.25 zeigt das Beispiel einer Strömungskarte für eine vertikale Aufwärtsströmung nach Hewitt und Roberts. Diese Karte kann sowohl für eine Strömung bestehend aus einem Luft-Wassergemisch in einem Druckbereich bis 5,4 bar oder einem Wasser-Wasserdampfgemisch bei höheren Drücken (34,5 bis 69 bar) verwendet werden. Der Durchmesser des senkrechten Rohres kann dabei zwischen 10 und 30 mm variieren.

Eine komplexere Strömungskarte für das horizontale und geneigte Rohr wurde z.B. von (Taitel 1976) entwickelt und ist in Abb. 2.26 dargestellt. Wie der Abbildung zu entnehmen ist, kommen unterschiedliche Koordinatensysteme in Abhängigkeit von der Übergangszone zwischen zwei Strömungsformen zur Anwendung.

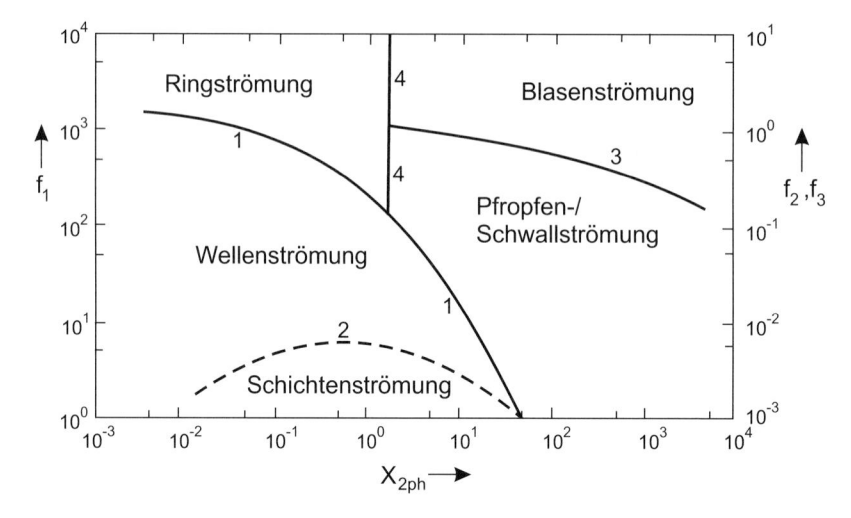

Abb. 2.26. Strömungskarte für das horizontale Rohr nach (Taitel 1976)

Der Übergang von der Wellenströmung auf die Schwall- und Pfropfenströmung bzw. die Ringströmung – Kurve 1 in Abb. 2.26 – errechnet sich nach (Taitel 1976) durch die Funktion f_1

$$f_1 = \sqrt{\frac{\varrho_g}{\varrho_f - \varrho_g}} \frac{\overline{w}_{g_o}}{\sqrt{d\,g\cos\varphi}} \qquad (2.246)$$

Der Winkel φ gibt die Neigung des Rohres gegenüber der Horizontalen an, wobei die Zählung im Uhrzeigersinn erfolgt. Für eine Abwärtsströmung ist somit ein positiver Wert für den Winkel zu nehmen.

Die Grenze zwischen der Wellen- und Schichtenströmung – Kurve 2 in Abb. 2.26 – wird nach Taitel und Duckler mittels der Funktion f_2

$$f_2 = \frac{\varrho_g}{(\varrho_f - \varrho_g)} \frac{\overline{w}_{g_o}^2 \, \overline{w}_{f_o}}{\nu_f g \cos\varphi} \qquad (2.247)$$

und der Umschlag von der Blasen- zur Pfropfen- und Schwallströmung mittels f_3

$$f_3 = \sqrt{\frac{|\mathrm{d}p/\mathrm{d}x|_{f,Reib}}{(\varrho_f - \varrho_g)g \cos \varphi}} \qquad (2.248)$$

bestimmt. $|\mathrm{d}p/\mathrm{d}x|_{f,Reib}$ stellt den Betrag des Reibungsdruckabfalls der reinen flüssigen Phase dar. D.h., die Berechnung des fluidmechanischen Reibungsdruckverlustes erfolgt unter der Annahme, dass der flüssige Anteil des Zweiphasengemisches alleine im Rohr strömt. Der Übergang von der Ring- zur Blasen- bzw. Schwall- und Pfropfenströmung (Kurve 4) wird durch eine Linie bei konstantem Martinelli-Parameter X_{2ph}

$$X_{2ph} = \sqrt{\frac{|\mathrm{d}p/\mathrm{d}x|_{f,Reib}}{|\mathrm{d}p/\mathrm{d}x|_{g,Reib}}} \qquad (2.249)$$

definiert.

$\overline{w}_{g_o}$ und $\overline{w}_{f_o}$ in den Gleichungen (2.246) und (2.247) bezeichnen die mittlere Leerrohrgeschwindigkeiten der gasförmigen bzw. der flüssigen Phase, welche wie folgt definiert sind:

$$\overline{w}_{g_o} = \frac{\dot{x}_D \dot{m}_{Flux}}{\varrho_g} \qquad \text{und} \qquad \overline{w}_{f_o} = \frac{(1 - \dot{x}_D)\dot{m}_{Flux}}{\varrho_f} \qquad (2.250)$$

Für weiterführende Informationen zu Strömungskarten bei der Gas-Flüssigkeitsströmung sei auf die Literatur, wie z.B. (Collier 1994), (Tong 1997), (Baehr 1994) oder (Delhaye 1981a) verwiesen.

Mathematische Beschreibung der Zweiphasenströmung

Grundsätzlich wird bei der mathematischen Behandlung der Mehrphasenströmung gasförmig-flüssig zwischen dem so genannten homogenen, dem heterogenen und dem Zwei-Fluid-Modell unterschieden.

Im Folgenden soll ein kurzer Überblick über diese Mehrphasenmodelle gegeben werden. Für eine genauere und umfassendere Erörterung der mathematischen Beschreibung der Zweiphasenströmung sei auf die Literatur, wie z.B. (Huhn 1975), (Kolev 1986), (Collier 1994), (Mayinger 1982), (Delhaye 1981b), (Wallis 1969), (Butterworth 1977), (Kleinstreuer 2003) oder (Whalley 1996), verwiesen.

Beim **homogenen Modell** wird angenommen, dass das Gas und die Flüssigkeit als homogenes Gemisch durch den Strömungskanal strömen und kein Geschwindigkeitsunterschied zwischen den beiden Phasen besteht. Aus den thermodynamischen Zustandsgrößen der beiden Phasen werden mittlere Werte gebildet, welche über den gesamten Querschnitt als konstant angenommen werden. Das Wasser-Dampf-Gemisch kann daher wie eine Einphasenströmung behandelt werden. Unter diesen Voraussetzungen gelten zur Beschreibung der

Strömung die in Kapitel 2.1 hergeleiteten Beziehungen der Erhaltungsgleichungen für Impuls, Masse und Energie. In den Bilanzgleichungen ist die Dichte durch die mittlere Dichte des Zweiphasengemisches

$$\overline{\varrho} = \alpha_{fg}\varrho_g + (1 - \alpha_{fg})\varrho_f \qquad (2.251)$$

zu ersetzen.

In der Modellvorstellung des **heterogenen Modells** strömen beide Phasen mit unterschiedlichen Geschwindigkeiten getrennt nebeneinander im Strömungskanal, sodass ein so genannter Schlupf zwischen den beiden Aggregatzuständen des Arbeitsstoffes besteht. Für jede Phase wird mit einem mittleren Wert für die Geschwindigkeit und für die einzelnen Zustandsgrößen gerechnet. Die mathematische Modellierung der Zweiphasenströmung und die damit verbundene Genauigkeit der Beschreibung der physikalischen Strömungsvorgänge hängt bei Verwendung des heterogenen Modells von der Anzahl der zur Anwendung kommenden Bilanzgleichungen ab. Im Gegensatz zum homogenen Modell können bei der Berechnung der Strömung des Zweiphasengemisches Wasser und Dampf bis zu sechs Bilanzgleichungen – für jede Phase eine Impuls-, Massen- und Energiebilanz – verwendet werden. Die Lösung der Gleichungen erfolgt geschlossen in Verbindung mit Beziehungen, welche die gegenseitige Beeinflussung der beiden Phasen und die Wechselwirkung beider Phasen mit der Rohrwand beschreiben. Diese zusätzlichen Informationen werden aus empirischen Korrelationen gewonnen, die die Wandschubspannung und den Schlupf oder den Dampfvolumenanteil in Abhängigkeit von den primären Strömungsparametern angeben. Eine direkte Koppelung der beiden Phasen ist nicht gegeben.

Das **Zwei-Fluid-Modell** berücksichtigt im Gegensatz zum heterogenen Modell die Wechselwirkung zwischen den beiden Phasen in den sie beschreibenden sechs Bilanzgleichungen. Dazu wird die Strömung jeder Phase mithilfe so genannter Stromröhren beschrieben. Die Interaktionen können dabei nur an den Phasengrenzflächen, den Berührungsflächen der beiden Stromröhren, auftreten. Zusätzlich zu diesen sechs Bilanzgleichungen werden noch sieben konstitutive Gesetze benötigt, um eine geschlossene Lösung des Gleichungssystemes zu gewährleisten. Die Bereitstellung der Bilanzgleichungen des Zwei-Fluid-Modells können unter Zuhilfenahme zweier unterschiedlicher Formen der Mittelung, der so genannten zeitlichen ((Ishii 1975)) sowie der räumlichen Mittelung ((Kocamustafaogullari 1971) in (Delhaye 1981b)), erfolgen. Die eigentliche Schwierigkeit besteht jedoch in der Erstellung der Gesetzmäßigkeiten zur Berechnung der Transportansätze, da diese äußerst komplex sind ((Haßdenteufel 1983)).

Die Schließbedingungen für das Zwei-Fluid-Modell sind abhängig von der vorliegenden Strömungsform, welche daher unter Zuhilfenahme von Strömungskarten spezifiziert werden müssen. Die von (Yadigaroglu 1987) vorgeschlagenen und aus (Levy 1999) entnommenen Bilanzgleichungen des Zwei-Fluid-Modells sollen im Folgenden für die eindimensionale Rohrströmung angegeben werden.

Die Mittelung der Größen erfolgte über die Querschnittsfläche des Rohres. Das momentane Querschnittsflächenmittel einer Größe f, gemittelt über die Querschnittsfläche des Rohres an einer beliebigen Stelle x, errechnet sich aus:

$$\overline{f} = \frac{1}{A} \int_A f \, dA \tag{2.252}$$

Für die phasenabhängigen Größen, wie sie z.B. die lokale Geschwindigkeit der Flüssigkeit w_f und des Gases w_g darstellen, berechnet sich das entsprechende Querschnittsflächenmittel aus

$$\overline{w}_f = \frac{1}{A_f} \int_{A_f} w_f \, dA_f \quad \text{und} \quad \overline{w}_g = \frac{1}{A_g} \int_{A_g} w_g \, dA_g \tag{2.253}$$

A_f und A_g stellen dabei die von der Flüssigkeit bzw. dem Gas eingenommene Fläche dar. Die Kontinuitätsgleichung für die beiden Phasen lässt sich wie folgt anschreiben:

$$\frac{\partial}{\partial \tau}\left[\varrho_f(1-\overline{\alpha}_{fg})\right] + \frac{1}{A}\frac{\partial}{\partial x}\left[\varrho_f(1-\overline{\alpha}_{fg})\overline{w}_f A\right] = -\Gamma_{2ph} \tag{2.254}$$

$$\frac{\partial}{\partial \tau}\left(\varrho_g \overline{\alpha}_{fg}\right) + \frac{1}{A}\frac{\partial}{\partial x}\left(\varrho_g \overline{\alpha}_{fg} \overline{w}_g A\right) = \Gamma_{2ph} \tag{2.255}$$

Γ_{2ph} bezeichnet die volumetrische Stoffübergangsrate zwischen der flüssigen und der gasförmigen Phase. Ein Teil dieser Stoffübergangsrate kann an der Wand und der Rest an der Grenzfläche zwischen den beiden Phasen entstehen.

Unter der Annahme eines gleichen Drucks für beide Phasen folgt für die Impulsbilanzen:

$$\frac{\partial}{\partial \tau}\left[\varrho_f(1-\overline{\alpha}_{fg})\overline{w}_f\right] + \frac{1}{A}\frac{\partial}{\partial x}\left[\varrho_f(1-\overline{\alpha}_{fg})\overline{w}_f^2 A\right]$$
$$= -(1-\overline{\alpha}_{fg})\frac{\partial p}{\partial x} - g\varrho_f(1-\overline{\alpha}_{fg})\sin\varphi - \frac{U_{Wa,f}\tau_{Wa,f}}{A} + \frac{U_{Gr}\tau_{Gr}}{A} \tag{2.256}$$
$$- \Gamma_{2ph}\overline{w}_{Gr,f} + \overline{\alpha}_{fg}\,\overline{\varrho}\,b\,(1-\overline{\alpha}_{fg})\frac{\partial(\overline{w}_g - \overline{w}_f)}{\partial \tau}$$

$$\frac{\partial}{\partial \tau}\left(\varrho_g \overline{\alpha}_{fg} \overline{w}_g\right) + \frac{1}{A}\frac{\partial}{\partial x}\left(\varrho_g \overline{\alpha}_{fg} \overline{w}_g^2 A\right)$$
$$= -\overline{\alpha}_{fg}\frac{\partial p}{\partial x} - g\varrho_g\overline{\alpha}_{fg}\sin\varphi - \frac{U_{Wa,g}\tau_{Wa,g}}{A} - \frac{U_{Gr}\tau_{Gr}}{A} \tag{2.257}$$
$$+ \Gamma_{2ph}\overline{w}_{Gr,g} - \overline{\alpha}_{fg}\,\overline{\varrho}\,b\,(1-\overline{\alpha}_{fg})\frac{\partial(\overline{w}_g - \overline{w}_f)}{\partial \tau}$$

Die Terme auf der rechten Seite der Gleichungen (2.256) und (2.257) stellen die an den beiden Phasen angreifenden Kräfte dar. Der erste Term der rechten Seite der Gleichungen (2.256) und (2.257) stellt die auf die einzelne Phase wirkende Nettodruckkraft dar; der zweite Term ist die Gravitationskraft. Der dritte und vierte Term repräsentiert die an den einzelnen Phasen wirkenden Schubkräfte der Rohrwand $\tau_{Wa,g}$ und am Umfang der Grenzfläche zur zweiten Phase τ_{Gr}. Die Größen $U_{Wa,g}$ und $U_{Wa,f}$ sind jene Umfangsanteile der Wand, welche von der entsprechenden Phase benetzt werden. Der vorletzte Term auf der rechten Seite der Gleichungen (2.256) und (2.257) repräsentiert den zusätzlichen Impuls an der Grenzfläche in die benachbarte Phase durch den Massenaustausch mit der zweiten Phase. Derjenige Massenstrom, welcher durch die Grenzfläche in die benachbarte Phase übertritt, besitzt die Grenzflächengeschwindigkeit $\overline{w}_{Gr,f}$ bzw. $\overline{w}_{Gr,g}$. Der letzte Term verkörpert einen so genannten virtuellen Massenterm, welcher in den Erhaltungsgleichungen ohne Stoffaustausch über die Grenzfläche nicht enthalten ist. Die Konstante b variiert mit der Strömungsform. In ihrer einfachsten Form, welche in dem Simulationsprogramm RELAP implementiert ist, nimmt die Konstante den Wert 0,5 für die Blasenströmung an und ist identisch Null für die Schichtenströmung (Levy 1999). Die unterschiedlichen Beziehungen zur Berechnung des virtuellen Massenterms werden bei (Ishii 1984) ausführlich diskutiert. Es sollte hier aber noch angemerkt werden, dass dieser Term nur für sehr schnelle Strömungen (z.B. kritische Strömungen) von Wichtigkeit ist. Er dient dabei zur Stabilisierung der numerischen Lösung der Bilanzgleichungen.

Die Energiebilanzen der beiden Phasen unter Zugrundelegung der totalen Enthalpie ergeben sich zu:

$$\frac{\partial}{\partial \tau}\left[\varrho_f(1-\overline{\alpha}_{fg})\overline{h}_{f,tota}\right] + \frac{1}{A}\frac{\partial}{\partial x}\left[\varrho_f(1-\overline{\alpha}_{fg})\overline{h}_{f,tota}\overline{w}_f A\right]$$
$$= q_f'''(1-\overline{\alpha}_{fg}) + \frac{q_{Gr,f}'' U_{Gr}}{A} + \frac{q_{Wa,f}'' U_{Wa,f}}{A} - \Gamma_{2ph}\overline{h}_{Gr,f,tota} \qquad (2.258)$$
$$+ (1-\overline{\alpha}_{fg})\frac{\partial p}{\partial \tau} - \xi_{diss}\frac{U_{Gr}}{A}\tau_{Gr}\overline{w}_{Gr,f}$$

$$\frac{\partial}{\partial \tau}\left(\varrho_g \overline{\alpha}_{fg}\overline{h}_{g,tota}\right) + \frac{1}{A}\frac{\partial}{\partial x}\left(\varrho_g \overline{\alpha}_{fg}\overline{h}_{g,tota}\overline{w}_g A\right)$$
$$= q_g'''\overline{\alpha}_{fg} + \frac{q_{Gr,g}'' U_{Gr}}{A} + \frac{q_{Wa,g}'' U_{Wa,g}}{A} + \Gamma_{2ph}\overline{h}_{Gr,g,tota} \qquad (2.259)$$
$$+ \overline{\alpha}_{fg}\frac{\partial p}{\partial \tau} - \xi_{diss}\frac{U_{Gr}}{A}\tau_{Gr}\overline{w}_{Gr,g}$$

mit der totalen Enthalpie, angeschrieben für die flüssige Phase

$$h_{f,tota} = h_f + \frac{w_f^2}{2} - gx\sin\varphi \qquad (2.260)$$

Der erste Term auf der rechten Seite der Gleichungen (2.258) und (2.259) stellt die interne Wärmeproduktion auf Grund der volumetrischen Wärmequellen q_f''' und q_g''' dar. Der zweite Term repräsentiert die Wärmeströme über den Umfang der Grenzfläche U_{Gr}; der dritte denjenigen Wärmestrom, welcher vom beheizten Anteil des von der jeweiligen Phase benetzten Rohrumfangs $U_{Wa,f}$ bzw. $U_{Wa,g}$ von der Wand an die jeweilige Phase abgegeben wird. Der vierte Term der rechten Seite ist die mit dem Massenstrom, welcher durch die Grenzfläche in die benachbarte Phase übertritt, der benachbarten Phase zugeführten Energie. Der fünfte Term stellt die durch die Expansion oder Kontraktion der Phase verrichtete reversible Arbeit dar. Der letzte Term verkörpert die Energiedissipation zwischen den beiden Phasen. ξ_{diss} ist jener Anteil an der Energiedissipation an der Grenzfläche, welche in die Gasphase übergeführt wird.

Es sei hier noch angemerkt, dass sowohl für die Impuls- als auch die Energiebilanz derselbe Umfang der Grenzfläche U_{Gr} zu verwenden ist.

Beziehungen für die einzelnen Austauschterme der rechten Seite der Impuls- und Energiebilanzen können u.a. bei (Levy 1999) oder (Yadigaroglu 1995) nachgelesen werden.

Außer den oben erwähnten Modellen gibt es noch eine Reihe **hybrider Strömungsmodelle**. Hier seien stellvertretend das Veränderliche-Dichte-Modell (Bankoff 1960), das Entrainmentmodell von (Levy 1966) oder das Drift-Flux-Modell, welches auf (Zuber 1965), (Wallis 1969) und (Ishii 1977) zurückgeht, erwähnt. Das **Drift-Flux-Modell** stellt dabei eine Weiterentwicklung des homogenen Modells dar, wobei hier die unterschiedlichen Geschwindigkeiten der Flüssigkeits- und Gasphase berücksichtigt werden. Einige dieser Modelle wie das von z.B. (Zuber 1965) oder (Chexal 1997) können auch eine Gegenstromströmung von Gas und Flüssigkeit behandeln. Speziell bei niedrigen Geschwindigkeiten erzielt das Drift-Flux-Modell bessere Ergebnisse als das homogene Modell.

Das von (Chexal 1997) entwickelte Drift-Flux-Modell ist unabhängig von den Strömungsformen und benötigt daher keine Strömungskarten. Das Modell wurde für vertikale als auch horizontale und geneigte Verdampferrohre entwickelt und ist für den gesamten Druckbereich geeignet. Die Anwendung des Modells ist jedoch kompliziert. Eine ausführliche Beschreibung unterschiedlicher Driftgeschwindigkeitsmodelle ist bei (Kolev 1986) zu finden.

Weiterführende Informationen zu eindimensionalen Mehrgleichungsmodellen geben u.a. (Bouré 1982), (Hetsroni 1995) oder (Yadigaroglu 1995), während bei (Lahey Jr. 2005) eine Übersichtsdarstellung zum Thema der 3-dimensionalen Simulationsmodelle für Zweiphasenströmungen gegeben wird.

Druckabfall in der Gas-Flüssigkeits-Zweiphasenströmung

Während bei der Einphasenströmung der Druckverlust mit einer relativ hohen Genauigkeit vorhergesagt werden kann, ist dieser Exaktheitsanspruch bei der Berechnung des Druckabfalls in einer Zweiphasenströmung nicht gegeben. Eine Begründung liegt dafür nach (Mayinger 1982) in der Schwierigkeit einer genauen Messung des Druckverlusts bei einer Mehrphasenströmung.

Die Ansätze zur Vorhersage des fluidmechanischen Energieverlusts eines Zweiphasengemisches bauen auf den Erkenntnissen der Einphasenströmung auf, wobei allerdings zusätzlich zu den Einflussgrößen des einphasigen Fluids auf den Druckabfall bei der Strömung eines Gas-Flüssigkeits-Gemisches noch eine weitere große Anzahl an fluiddynamischen und thermodynamischen Parametern, wie z.B. unterschiedliche Dichten, Viskositäten oder Schlupf zwischen Gas und Flüssigkeit, berücksichtigt werden muss. (Martinelli 1948) waren die Ersten, die sich mit Ähnlichkeitsbetrachtungen zur Druckverlustberechnung einer Zweiphasenströmung beschäftigten. Sie gingen dabei von der Vorstellung aus, dass sich der Druckabfall eines Gas-Flüssigkeits-Gemisches durch Einführung einer zusätzlichen Kennzahl, des so genannten Zweiphasenmultiplikators Φ^2, auf den Druckverlust einer einphasigen Strömung zurückführen lässt. Lockhart und Martinelli (Lockhart 1949) vervollständigten später diese Überlegungen.

Verallgemeinert lässt sich nach (Martinelli 1948) der Druckabfall in einer Zweiphasenströmung durch die Beziehung

$$\Delta p_{2ph} = \Delta p_{1ph} \Phi^2 \tag{2.261}$$

angeben. Als Bezugsgröße des Druckverlusts des Gemisches Δp_{2ph} wird dabei der fluidmechanische Energieverlust der Einphasenströmung Δp_{1ph}, unter der Annahme, dass das Gas oder die Flüssigkeit alleine im Rohr strömt, herangezogen. Der Zweiphasenmultiplikator Φ^2 ist abhängig vom Systemdruck und dem Dampfgehalt der Gas-Flüssigkeits-Strömung.

Druckabfall auf Grund der Rohrreibung

Der fluidmechanische Energieverlust auf Grund der Reibung berechnet sich für eine Einphasenströmung nach

$$\Delta p_{Reib} = \lambda_{Reib} \frac{l}{d_{hyd}} \frac{\dot{m}_{Flux}^2 v}{2} \tag{2.262}$$

Die Rohrreibungszahl λ_{Reib}, welche eine Funktion der Reynolds-Zahl Re und der relativen Rohrrauigkeit ist, kann dem Colebrook-Diagramm entnommen werden. Das Diagramm ist dabei in die Bereiche laminare und turbulente Strömung sowie den Übergangsgebiet zwischen diesen beiden Bereichen unterteilt. Die Widerstandszahl λ_{Reib} lässt sich für die vollausgebildete laminare Rohrströmung mittels

$$\lambda_{Reib} = \frac{64}{Re} \tag{2.263}$$

berechnen. Gl. (2.263) gilt für Reynolds-Zahlen des Arbeitsfluides Wasser $Re \leq 2320$.

2.7 Zweiphasenströmung

Im Bereich der vollausgebildeten turbulenten Rohrströmung gilt folgende Beziehung zur Ermittlung der Widerstandszahl λ_{Reib}:

$$\lambda_{Reib} = \frac{1}{\left(1,14 + 2\log\dfrac{d_{hyd}}{k_R}\right)^2} \quad (2.264)$$

mit $d_{hyd} = d_{in}$. Das Definitionsgebiet der Gl. (2.264) erstreckt sich jedoch nicht über den gesamten turbulenten Bereich der Rohrströmung, ab dem der laminar-turbulente Umschlag der Rohrströmung stattfindet. Die untere Grenze des Definitionsgebietes der Gl. (2.264) wird in der Literatur ((Truckenbrodt 1983), (Richter 1962), (Kast 1996) oder (Zoebl 1982)) mit $Re\sqrt{\lambda_{Reib}}\left(\dfrac{k_R}{d_{hyd}}\right) > 200$ für Wasser angegeben.

Im so genannten Übergangsgebiet, welches zwischen den Grenzen $Re > 2320$ und $Re\sqrt{\lambda_{Reib}}\left(\dfrac{k_R}{d_{hyd}}\right) < 200$ der Gleichungen (2.263) und (2.264) liegt, kommt Gl. (2.265) zur Anwendung.

$$\frac{1}{\sqrt{\lambda_{Reib}}} = -2\log\left(\frac{k_R}{3,71 d_{hyd}} + \frac{2,51}{Re\sqrt{\lambda_{Reib}}}\right) \quad (2.265)$$

Hierbei handelt es sich um eine implizite Gleichung, welche iterativ gelöst werden muss.

Eine analytische Erfassung des Reibungsdruckverlusts einer Zweiphasenströmung konnte auf Grund ihrer Komplexität bis heute noch nicht bewerkstelligt werden. Die bestehenden Berechnungsvorschriften basieren daher auf empirisch oder halbempirisch gewonnenen Korrelationen. In der Literatur finden sich z.B. bei (Chisholm 1967) oder (Johannessen 1972) Ansätze, die anhand von Experimenten gefundenen Beziehungen auf eine theoretische Basis zu stellen.

Ausgehend von der Idee von (Martinelli 1948), den Reibungsdruckabfall einer heterogenen Zweiphasenströmung mittels des Zweiphasenmultiplikators Φ^2 auf den Druckverlust einer einphasigen Strömung zurückzuführen, haben zahlreiche Autoren wie z.B. (Chisholm 1973), (Lombardi 1972), (Thom 1964), (Baroczy 1966) oder (Friedel 1978) und (Friedel 1979) eigene Gleichungen und Berechnungsverfahren zur Ermittlung des Zweiphasenmultiplikators veröffentlicht. Verbesserungen bei der Berechnung des Zweiphasenmultiplikators wurden nach (Mayinger 1982) dadurch erzielt, dass

- zusätzliche Einflussfaktoren auf den Zweiphasenmultiplikator, wie z.B. der des Massenstromes in (Baroczy 1966) oder (Chisholm 1973), berücksichtigt wurden
- versucht wurde, eine einfache mathematische Beziehung zur Beschreibung von Φ^2 zu finden (siehe (Lombardi 1972)), oder
- die Ansätze auf eine wesentlich breitere experimentelle Basis gestellt werden konnten, wie z.B. (Friedel 1978) und (Friedel 1979).

Für das homogene wie auch für das heterogene Zweiphasenströmungsmodell können nach (Collier 1994) sowohl die Beziehungen von (Martinelli 1948), (Baroczy 1966) als auch (Friedel 1978) oder (Friedel 1979) verwendet werden.

Einen Vergleich unterschiedlicher Beziehungen zur Berechnung des Zweiphasenmultiplikators Φ^2 für den Reibungsdruckabfall unter Verwendung eines homogenen Modells gibt (Teichel 1978) an.

Nach (Collier 1994), (Mayinger 1982) oder (Whalley 1996) wird der Reibungsdruckabfall einer Zweiphasenströmung bei Verwendung der Beziehung von (Friedel 1978) zurzeit am besten wiedergegeben. Anhand eigener Messdaten und eines eigenen Verfahrens als auch anhand von Daten und elf anderen Verfahren zur Bestimmung des Zweiphasenmultiplikationsfaktors aus der Literatur haben (Zheng 1991a) und (Zheng 1991b) die Gleichung von Friedel verglichen. Dabei gab die von Friedel entwickelte Beziehung die empirischen Daten sehr gut wieder.

Auf Grund der guten Übereinstimmung der Gleichung von Friedel mit den gemessenen Daten[2] und der Anwendungsmöglichkeit in einem homogenen Zweiphasenströmungsmodell soll diese im Folgenden näher erläutert werden.

Friedel ging bei der von ihm entwickelten Korrelation von der Vorstellung aus, dass der zweiphasige Druckabfall so berechnet wird, als ob das gesamte Wasser-Dampf-Gemisch als flüssige Phase strömen und den gesamten Querschnitt abdecken würde. Friedel unterscheidet in seinen empirischen Produktansätzen zwischen einer vertikal aufwärtsgerichteten oder horizontalen Strömung einerseits und einer vertikal abwärtsgerichteten Strömung andererseits.

Der Zweiphasenmultiplikator für den Reibungsdruckabfall einer vertikal aufwärtsgerichteten oder horizontalen Strömung ergibt sich nach Friedel zu:

$$\Phi^2_{f_0,Reib} = b_1 + \frac{3,24\, b_2\, b_3}{Fr_{fg}^{0,045}\, We_{fg}^{0,035}} \qquad (2.266)$$

mit den Koeffizienten

$$b_1 = (1-\dot{x}_D)^2 + \dot{x}_D^2 \left(\frac{\varrho_f}{\varrho_g} \frac{\zeta_{g_0,Reib}}{\zeta_{f_0,Reib}}\right)$$

$$b_2 = \left(\frac{\varrho_f}{\varrho_g}\right)^{0,91} \left(\frac{\mu_g}{\mu_f}\right)^{0,19} \left(1-\frac{\mu_g}{\mu_f}\right)^{0,7} \quad \text{und}$$

$$b_3 = \dot{x}_D^{0,78} (1-\dot{x}_D)^{0,224}$$

Für eine vertikal abwärtsgerichtete Strömung ist der Zweiphasenmultiplikator nach Friedel mittels

$$\Phi^2_{f_0,Reib} = b_1 + \frac{48,6\, b_2\, b_3\, Fr_{fg}^{0,03}}{We_{fg}^{0,12}} \qquad (2.267)$$

---

[2] Zur Entwicklung seiner Gleichung stützte sich Friedel auf eine Datenbank aus der Literatur, welche 25000 Messwerte zum Druckverlust einer Zweiphasenströmung enthielt.

und den Parametern

$$b_1 = (1 - \dot{x}_D)^2 + \dot{x}_D^2 \left(\frac{\varrho_f}{\varrho_g} \frac{\zeta_{g_0,Reib}}{\zeta_{f_0,Reib}} \right)$$

$$b_2 = \left(\frac{\varrho_f}{\varrho_g} \right)^{0,9} \left(\frac{\mu_g}{\mu_f} \right)^{0,73} \left(1 - \frac{\mu_g}{\mu_f} \right)^{7,4} \quad \text{und}$$

$$b_3 = \dot{x}_D^{0,8} (1 - \dot{x}_D)^{0,29}$$

zu berechnen. Für die in den Gleichungen (2.266) und (2.267) enthaltenen Größen Strömungsdampfgehalt, Froude- und Weber-Zahl gilt:

$$\dot{x}_D = \frac{\dot{m}_g}{\dot{m}_g + \dot{m}_f} \tag{2.268}$$

$$Fr_{fg} = \frac{\dot{m}_{Flux,ges}^2}{g\, d_{in}\, \varrho^2} \tag{2.269}$$

beziehungsweise

$$We_{fg} = \frac{\dot{m}_{Flux,ges}^2 d_{in}}{\sigma\, \varrho} \tag{2.270}$$

Zur Berechnung des Widerstandskoeffizienten für die Rohrreibung $\zeta_{j,Reib}$ verwendet Friedel die Beziehung nach (Techo 1965), welche unabhängig von der tatsächlichen Rauigkeit der Rohrinnenwand ist.

$$Re_j \leq 1055 \text{ folgt} \quad \zeta_{j,Reib} = \frac{64}{Re}$$

$$Re_j > 1055 \text{ folgt} \quad \zeta_{j,Reib} = \left[0,86859 \ln \left(\frac{Re_j}{1,964 \ln(Re_j) - 3,8215} \right) \right]^{-2}$$

mit $j = f_0, g_0$.

Einschränkend sei hier noch angemerkt, dass die Beziehung von Friedel für $\mu_f/\mu_g > 1000$ keine guten Übereinstimmungen mit den Messwerten hat.

Druckabfall in Formteilen

Die Ansätze zur Berechnung des fluidmechanischen Energieverlustes eines Zweiphasengemisches in z.B. einem Rohrkrümmer bauen auch hier auf den Erkenntnissen der Einphasenströmung auf. Wie bei der Berechnung des Druckverlustes auf Grund der Reibung wird auch für den Fall eines Rohrkrümmers ein Zweiphasenmultiplikator Φ_{Kr}^2 eingeführt. Die experimentell am besten abgesicherte Methode zur Bestimmung des Zweiphasenmultiplikators Φ_{Kr}^2 zur Berechnung des Druckverlustes einer Zweiphasenströmung in einem 90^0-Krümmer wurde von (Chisholm 1980) entwickelt. Wie (Friedel 1979) geht auch Chisholm von der Annahme aus, dass der Druckverlust, verursacht durch die 90^0-Umlenkung, auf jenen fluidmechanischen Energieverlust bezogen werden kann, der entsteht, wenn das gesamte Wasser-Dampf-Gemisch als Flüssigkeit strömen würde. Nach (Chisholm 1980) berechnet sich der Zweiphasenmultiplikator Φ^2_{Kr} eines 90^0-Krümmers einer homogenen Gas-Flüssigkeits-Strömung durch die einfach auszuwertende Beziehung

$$\Phi^2_{Kr} = 1 + \left(\frac{\varrho_f}{\varrho_g} - 1\right)\left[b\dot{x}_D(1-\dot{x}_D) + \dot{x}_D^2\right] \tag{2.271}$$

Collier und Thome geben in (Collier 1994) für eine 90^0-Umlenkung Werte für den Koeffizienten b in Abhängigkeit vom Verhältnis r_{Kr}/d_{in} an.

Eine verallgemeinerte Beziehung des Koeffizienten b ergibt sich nach Chisholm zu

$$b = 1 + \frac{2,2}{\lambda_{Reib}\dfrac{l}{d_{in}}\left(2 + \dfrac{r_{Kr}}{d_{in}}\right)} \tag{2.272}$$

λ_{Reib} ist die Rohrreibungszahl für den einphasigen fluidmechanischen Druckverlust. Bei der Berechnung des einphasigen Druckverlusts in einem Krümmer wird dieser mit dem fluidmechanischen Energieverlust einer geraden Rohrleitung mit gleichem Durchmesser verglichen. Die Umrechnung erfolgt dabei unter Zuhilfenahme der äquivalenten Länge l/d_{in}. Der zweiphasige fluidmechanische Druckverlust in einen Krümmer ergibt sich somit zu:

$$\Delta p_{2ph,Kr} = \Delta p_{1ph,Kr}\Phi^2_{Kr} = \lambda_{Reib}\frac{l}{d_{in}}\frac{\dot{m}^2_{Flux}v_f}{2}\Phi^2_{Kr} \tag{2.273}$$

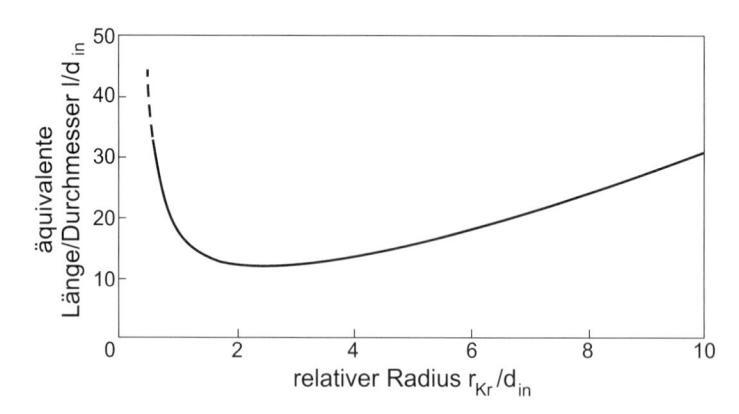

Abb. 2.27. Verhältnis der äquivalenten Länge zum Durchmesser einer geraden Rohrleitung mit gleichem Druckverlust wie ein 90^0-Krümmer mit dem relativen Radius r_{Kr}/d_{in}, (Muschelknautz 2006)

In Abb. 2.27 ist das Verhältnis der äquivalenten Länge zum Durchmesser einer geraden Rohrleitung mit gleichem Druckverlust wie ein 90^0-Krümmer mit dem relativen Radius r_{Kr}/d_{in} dargestellt.

Nach (Muschelknautz 2006) ist der Koeffizient b im Winkelbereich $90^0 < \varphi_{Kr} \leq 180^0$ des Krümmers unter Zuhilfenahme der Gl. (2.274) zu ermitteln.

$$b = 1 + \frac{2,2}{\lambda_{Reib} \dfrac{l}{d_{in}} \left(2 + \dfrac{r_{Kr}}{d_{in}}\right)} \frac{l_{Kr,90^0}}{l_{Kr,\varphi_{Kr}}} \qquad (2.274)$$

Für Rohrbögen mit $\varphi_{Kr} < 90^0$ empfiehlt (Muschelknautz 2006), den Wert des Koeffizienten b bei $\varphi_{Kr} = 90^0$ zu verwenden.

Neuere Arbeiten zum zweiphasigen Druckverlust in Rohrkrümmern finden sich u.a. bei (Azzi 2000), (Azzi 2003) und (Azzi 2005).

Die Berechnungsvorschriften zur Ermittlung der fluidmechanischen Energieverluste anderer Formteile wie z.B. Rohrerweiterungen oder Rohrverengungen können der entsprechenden Literatur, wie (Schmidt 1997), (Collier 1994), (Wallis 1969), (Delhaye 1981b), (Azzopardi 1987) oder (Tong 1997) entnommen werden.

Konvektiver Wärmeübergang in der Zweiphasenströmung Wasser-Dampf

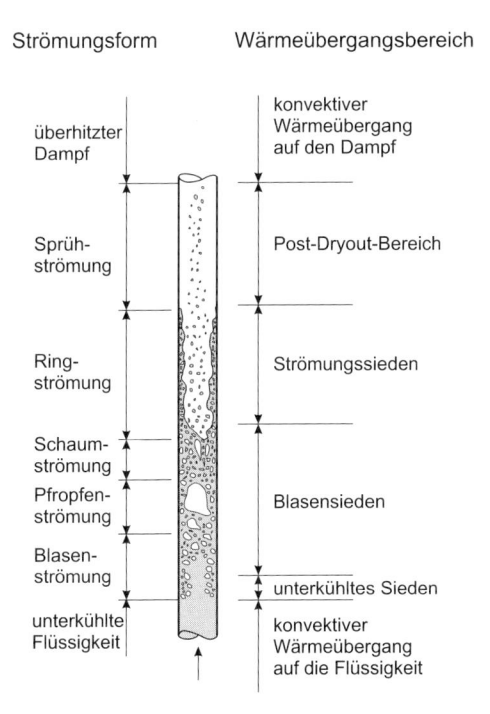

Abb. 2.28. Strömungsform und zugehörige Wärmeübergangsbereiche im senkrechten, beheizten Rohr

108   Umwandlung und Transport von Masse, Impuls, Energie und Stoffen

Abb. 2.28 zeigt ein senkrechtes, über die gesamte Länge gleichmäßig beheiztes Verdampferrohr, welchem von unten eine unterkühlte Flüssigkeit zugeführt wird. Die Wärmestromdichte $\dot{q}$ ist so gewählt, dass es zu einer vollständigen Verdampfung des Arbeitsstoffes kommt.

In der Energie- und Verfahrenstechnik erfolgt die Verdampfung meist unter Zwangskonvektion, wobei sich die Auftriebskraft der Blasen und eine längs der Heizfläche wirkende Druckdifferenz überlagern. Die bei der Verdampfung auftretenden Strömungsformen und die ihnen zugehörigen Wärmeübergangsbereiche sind der Abb. 2.28 zu entnehmen.

Für den Wärmeübergang bei unterkritischem Druck lassen sich folgende Bereiche unterscheiden:

- Konvektiver Wärmeübergang an das Wasser:
  Der Wärmeübergang folgt hier den Gesetzmäßigkeiten der einphasigen Zwangskonvektion und wurde in Kapitel 2.4.1 ausführlich diskutiert.
- Unterkühltes Sieden:
  Dabei übersteigt die Wandtemperatur die Sättigungstemperatur um einen bestimmten Betrag, obwohl die Temperatur im Kern der Flüssigkeit noch unterhalb der Sättigungstemperatur liegt. Die Wandtemperatur bleibt trotz steigender Enthalpie der Flüssigkeit in diesem Gebiet nahezu konstant und liegt wenige Kelvin über der Sättigungstemperatur.
- Blasensieden und Strömungssieden:
  Erreicht das Fluid die Sättigungstemperatur, schließt sich der Bereich des Blasensiedens an das unterkühlte Sieden mit einer annähernd konstanten Wärmeübergangszahl an. Mit steigender Dampfmassenzahl erreicht der Arbeitsstoff das Gebiet der Ringströmung. Hier wird die Wärme von der Rohrwand zunehmend durch Konvektion an den Wasserfilm übertragen, weshalb dieser Bereich als Strömungssieden bezeichnet wird. Die Wärmeübergangszahl nimmt in diesem Bereich zu.
- Siedekrise und Post-Dryout-Bereich:
  Verdampft der Flüssigkeitsfilm an der Wand vollständig, so kommt es zur Siedekrise. Dabei fällt der Wärmeübergang stark ab (s. Abb. 2.30), und die Wandtemperatur steigt deutlich an. Die Kenntnis der Maximalwerte der Wandtemperatur ist für die festigkeitsmäßige Auslegung der Dampferzeugerrohre von großer Wichtigkeit. Im dem Austrocknen der Rohrwand nachfolgenden Bereich der Sprühströmung kommt es zu einem konvektiven Wärmeübergang an den Dampf und den vom Dampf mitgerissenen Wassertröpfchen.
- Konvektiver Wärmeübergang an den Dampf:
  Hier sind alle Wassertropfen vollständig verdampft, und es liegt eine Einphasenströmung des Dampfes vor. Der Wärmeübergang folgt hier den Gesetzmäßigkeiten der einphasigen Zwangskonvektion.

Für eine detailliertere Beschreibung der einzelnen in Abb. 2.28 dargestellten Strömungsformen und Wärmeübergangsbereiche sei auf die Literatur, wie z.B. (Mayinger 1982), (Stephan 1988), (Baehr 1994), (Huhn 1975), (Collier 1994) oder (Whalley 1996), verwiesen.

Im Folgenden sollen für die unterschiedlichen Wärmeübergangsbereiche der Zweiphasenströmung einige ausgewählte Beziehungen zur Berechnung des Wärmeübergangskoeffizienten angegeben werden.

Vertikal nach oben durchströmte Rohre

Nach Abb. 2.28 tritt eine unterkühlte Flüssigkeit von unten in das senkrecht stehende Verdampferrohr ein, und es erfolgt ein einphasiger konvektiver Wärmeübergang an das Fluid. Ist die Wand gegenüber der Sättigungstemperatur des Arbeitsstoffes hinreichend überhitzt, sodass Blasen an der Rohroberfläche entstehen können, so setzt unterkühltes Sieden ein. Es entstehen zunächst nur wenige Blasen, sodass der größte Teil des Wärmestromes noch konvektiv auf die Flüssigkeit zwischen den Blasen übertragen wird. In der Literatur wird dieser Vorgang als partielles unterkühltes Sieden bezeichnet. Mit steigender Wandtemperatur nimmt die Anzahl der Blasen zu und der konvektiv übertragene Wärmestrom ab. Mit weiter anwachsender Blasendichte wird der konvektiv übertragene Wärmestrom vernachlässigbar, und man befindet sich im so genannten Bereich des vollausgebildeten unterkühlten Siedens, wobei die Strömungsgeschwindigkeit und die Unterkühlung nur mehr einen verschwindenden Einfluss auf die Wandtemperatur haben.

Jens und Lottes (Jens 1951) fassten die zahlreichen Messwerte, welche es für vollausgebildetes unterkühltes Sieden für die vertikale Aufwärtsströmung von Wasser gab, zusammen und erhielten folgende empirische Beziehung für die Temperaturdifferenz zwischen Wand- und Sättigungstemperatur:

$$\vartheta_{Wa} - \vartheta_{Sätt} = 0,79057\dot{q}^{0,25}e^{-(p/62,05\cdot 10^5)} \qquad (2.275)$$

Gl. (2.275) gilt für hohe Drücke und große Wärmestromdichten.

Bei kleinen Drücken (< 50 bar) und niedrigen Wärmestromdichten (< 300 kW/m^2) liefert die von (Thom 1965) modifizierte Gleichung genauere Werte.

$$\vartheta_{Wa} - \vartheta_{Sätt} = 0,02265\dot{q}^{0,5}e^{-(p/87\cdot 10^5)} \qquad (2.276)$$

Der Wärmeübergangskoeffizient im Bereich des unterkühlten Siedens – vom Wert der einphasigen Strömung bis hin zu dem des gesättigten Siedens – berechnet sich nach der Beziehung

$$\alpha = \frac{\dot{q}}{\vartheta_{Sätt} - \vartheta_{Bil} + (\vartheta_{Wa} - \vartheta_{Sätt})} \qquad (2.277)$$

wobei für ($\vartheta_{Wa} - \vartheta_{Sätt}$) die Werte nach Gl. (2.275) bzw. (2.276) einzusetzen sind. ϑ_{Bil} ist hierin die auf Grund der Energiebilanz berechnete Fluidtemperatur.

Auf das unterkühlte Sieden folgt, wie der Abb. 2.28 zu entnehmen ist, das Blasensieden der gesättigten Flüssigkeit. Das Sättigungssieden beginnt definitionsgemäß dann, wenn unter der Annahme eines thermodynamischen Gleichgewichts der berechnete Strömungsdampfgehalt zu Null wird. Der Mechanismus der Wärmeübertragung ist dabei unabhängig vom Massenstrom und der örtlichen Enthalpie und somit identisch dem des unterkühlten Siedens. Gl. (2.277) kann daher auch für das Blasensieden herangezogen werden, wenn berücksichtigt wird, dass das Fluid bereits die Sättigungstemperatur erreicht hat. Gl. (2.277) kann somit auf

$$\alpha_{2ph} = \frac{\dot{q}}{(\vartheta_{Wa} - \vartheta_{Sätt})} \qquad (2.278)$$

übergeführt werden, wobei für $(\vartheta_{Wa} - \vartheta_{Sätt})$ ebenfalls die Werte nach den Gleichungen (2.275) bzw. (2.276) einzusetzen sind.

Im Dampferzeugerbau kommen für die Berechnung des Wärmeübergangskoeffizienten im Bereich des Blasensiedens auch häufig die Beziehungen nach (Bogdanoff 1955)

$$\alpha_{2ph} = 1,86 \cdot 10^{-3} (860\,\dot{q})^{0,7} (1,0197\,p)^{0,3} \qquad (2.279)$$
$$\dot{q} \leq 116 \text{ kW/m}^2$$
$$\alpha_{2ph} = 2,20875 \cdot 10^{-3} (860\,\dot{q})^{0,7} (1,0197\,p)^{0,23} \qquad (2.280)$$
$$174 \text{ kW/m}^2 \leq \dot{q} \leq 290 \text{ kW/m}^2$$
$$\alpha_{2ph} = 2,67375 \cdot 10^{-3} (860\,\dot{q})^{0,7} (1,0197\,p)^{0,175} \qquad (2.281)$$
$$\dot{q} > 290 \text{ kW/m}^2$$

zur Anwendung, wobei der Druck p in bar und die Wärmestromdichte $\dot{q}$ in kW/m² einzusetzen sind. Die Gleichungen (2.279) bis (2.281) gelten im Druckbereich $p \leq 68$ bar und liefern einen Wärmeübergangskoeffizienten α_{2ph} in kW/(m²K). Für Drücke größer als 68 bar sind die Werte für $p = 68$ bar zu nehmen.

In einem beheizten Verdampferrohr lässt sich nach Überschreiten eines bestimmten Dampfmassenanteils die Benetzung der Rohroberfläche nicht mehr aufrechterhalten. Es tritt eine so genannte Siedekrise auf, welche zu einer Verschlechterung des Wärmeübergangs und somit zu einer Abnahme des Wärmeübergangskoeffizienten führt. Bei Systemen mit einem aufgeprägten Wärmefluss, wie z.B. bei elektrischer oder nuklearer Beheizung oder bei durch Strahlung zugeführter Wärme, steigt die Wandtemperatur sprunghaft an. Im Gegensatz dazu kommt es bei Systemen mit einer aufgeprägten Wandtemperatur, wie es z.B. ein Wärmeübertrager oder ein Kondensator darstellt, zu einem drastischen Abfall der Wärmestromdichte nach dem Überschreiten der Siedekrise. Diese Erscheinungen werden unter dem Begriff der kritischen Siedezustände zusammengefasst. Allgemein wird darunter also das Absinken des Wärmeübergangskoeffizienten nach Überschreitung einer kritischen Wärmestromdichte verstanden.

Grundsätzlich wird zwischen zwei Arten von Siedekrisen unterschieden:

- Filmsieden (Siedekrise 1. Art oder Departure of Nucleate Boiling – DNB):
  Hier bildet die Flüssigkeit die kontinuierliche Phase. An der Wand bildet sich nach Überschreitung der kritischen Wärmestromdichte ein Dampffilm, welcher das Wasser von der Wand trennt. Wegen der schlechten Wärmeleitfähigkeit des Dampfes fällt der Wärmeübergangskoeffizient stark ab. Die kritische Wärmestromdichte ist umso größer, je kleiner der Dampfvolumenanteil ist.
- Austrocknen der Heizfläche (Siedekrise 2. Art oder Dryout):
  Liegt ein hoher Dampfvolumenanteil vor, so reißt der noch vorhandene Wasserfilm von der Wand ab, bzw. er trocknet aus. In diesem Fall bildet der Dampf die kontinuierliche Phase. Der Wärmeübergangskoeffizient fällt hier nicht so stark ab, da auf Grund des hohen Dampfmassenanteils eine stärkere Kühlwirkung durch Konvektion gegeben ist.

Kommt es zu einer weiteren Verminderung der Wärmestromdichte, so ist ein Wandern der Siedekrise zu Orten höheren Dampfgehaltes zu beobachten. Dabei lagern sich offensichtlich Wassertropfen an der Rohrwand an, weshalb dieser Vorgang auch als „Deposition Controlled Burnout" bezeichnet wird. Ebenso wie die Siedekrise 2. Art ist dies mit einer Austrocknung der Heizfläche verbunden.

Eine detailliertere Beschreibung der physikalischen Vorgänge, welche zu den Siedekrisen führen, kann u.a. (Stephan 1988), (Collier 1994), (Baehr 1994) oder (Mayinger 1982) entnommen werden.

In der Literatur ist eine Vielzahl von empirischen Korrelationen wie z.B. die von (Biasi 1968), (Katto 1979), (Katto 1981), (Katto 1982), (Katto 1984), (Katto 1980a), (Katto 1980b) oder (Shah 1979b), (Shah 1980) nachzulesen, die zur Bestimmung der kritischen Wärmestromdichte entwickelt wurden. Viele von ihnen besitzen jedoch nur in einem engen Parameterbereich Gültigkeit, und nur wenigen liegt eine Modellvorstellung über die Art der Siedekrise zugrunde. Aufgrund der verschiedenartigen Mechanismen, die zu einer Siedekrise führen können, ist es von Vorteil, wenn sowohl für das Gebiet des Dryout als auch für das Gebiet des Departure of Nucleate Boiling unterschiedliche Gleichungen zur Anwendung kommen. Nach (Drescher 1981) bedarf es keiner eigenen Berechnungsvorschrift für das Gebiet des Deposition Controlled Burnout. Dieses Gebiet lässt sich rechnerisch mit genügender Genauigkeit in das Gebiet der Siedekrise 2. Art integrieren.

Drescher und Köhler empfehlen nach einem umfangreichen Vergleich an Versuchspunkten die Beziehungen von (Kon'kov 1965) und (Doroshchuk 1975) zur Berechnung der Siedekrisen 1. und 2. Art.

Nach (Drescher 1981) hat sich die von Doroshchuk für den praktischen Gebrauch aus seinen Tabellenwerten entwickelte Gleichung den anderen Vorschriften zur Berechnung des DNB – trotz geringfügiger Genauigkeitsverluste – überlegen gezeigt.

112 Umwandlung und Transport von Masse, Impuls, Energie und Stoffen

$$\dot{x}_{Dkrit} = \frac{\ln\left(\dfrac{\dot{m}_{Flux}}{1000}\right)\left(0,68\dfrac{p}{p_{krit}} - 0,3\right) - \ln(\dot{q}_{krit}) + \ln(b)}{1,2\ln\left(\dfrac{\dot{m}_{Flux}}{1000}\right) + 1,5} \qquad (2.282)$$

bzw.

$$\dot{q}_{krit} = b\left(\frac{\dot{m}_{Flux}}{1000}\right)^{0,68\left(\frac{p}{p_{krit}}\right)-1,2\dot{x}_D-0,3} e^{-1,5\dot{x}_D} \qquad (2.283)$$

mit dem Koeffizienten

$$b = 10^3\left[10,3 - 17,5\left(\frac{p}{p_{krit}}\right) + 8\left(\frac{p}{p_{krit}}\right)^2\right]\left(\frac{8 \cdot 10^{-3}}{d_{in}}\right)^{0,5}$$

und $\dot{q}_{krit}$ in kW/m². Der Gültigkeitsbereich der Gleichungen (2.282) und (2.283) ist gegeben durch:

$$\begin{aligned} 29 \text{ bar} &\leq p \leq 200 \text{ bar} \\ 500 \text{ kg/(m}^2\text{ s)} &\leq \dot{m}_{Flux} \leq 5000 \text{ kg/(m}^2\text{ s)} \\ 4 \text{ mm} &\leq d_{in} \leq 25 \text{ mm} \end{aligned}$$

Die Beziehung für die Siedekrise 2. Art verliert ihre Gültigkeit bei niedrigen Wärmestromdichten. Der kritische Dampfmassenanteil bzw. die kritische Wärmestromdichte für vertikal nach oben durchströmte Rohre ergibt sich nach (Kon'kov 1965) zu:

$$\dot{x}_{Dkrit} = 10,795\, \dot{q}^{-0,125}\, \dot{m}_{Flux}^{-0,333}\, (1000 d_{in})^{-0,07}\, e^{0,017150\,p} \qquad (2.284)$$
$$\text{4,9 bar bis 29,4 bar}$$
$$\dot{x}_{Dkrit} = 19,398\, \dot{q}^{-0,125}\, \dot{m}_{Flux}^{-0,333}\, (1000 d_{in})^{-0,07}\, e^{-0,00255\,p} \qquad (2.285)$$
$$\text{29,4 bar bis 98 bar}$$
$$\dot{x}_{Dkrit} = 32,302\, \dot{q}^{-0,125}\, \dot{m}_{Flux}^{-0,333}\, (1000 d_{in})^{-0,07}\, e^{-0,00795\,p} \qquad (2.286)$$
$$\text{98 bar bis 196 bar}$$

bzw.

$$\dot{q}_{krit} = 1,8447 \cdot 10^8\, \dot{x}_D^{-8}\, \dot{m}_{Flux}^{-2,664}\, (1000\, d_{in})^{-0,56}\, e^{0,1372\,p} \qquad (2.287)$$
$$\text{4,9 bar bis 29,4 bar}$$
$$\dot{q}_{krit} = 2,0048 \cdot 10^{10}\, \dot{x}_D^{-8}\, \dot{m}_{Flux}^{-2,664}\, (1000\, d_{in})^{-0,56}\, e^{-0,0204\,p} \qquad (2.288)$$
$$\text{29,4 bar bis 98 bar}$$
$$\dot{q}_{krit} = 1,1853 \cdot 10^{12}\, \dot{x}_D^{-8}\, \dot{m}_{Flux}^{-2,664}\, (1000\, d_{in})^{-0,56}\, e^{-0,0636\,p} \qquad (2.289)$$
$$\text{98 bar bis 196 bar}$$

mit der Wärmestromdichte $\dot{q}$ in kW/m² und dem Druck p in bar.
Der Definitionsbereich der Gleichungen (2.284) bis (2.289) ist gegeben durch:

2.7 Zweiphasenströmung

$$200 \text{ kg}/(\text{m}^2 \text{ s}) \leq \dot{m}_{Flux} \leq 5000 \text{ kg}/(\text{m}^2 \text{ s})$$
$$4 \text{ mm} \leq d_{in} \leq 32 \text{ mm}$$

Da die Art der Siedekrise oft nicht eindeutig festlegt, haben Drescher und Köhler vorgeschlagen, die Bereichswahl so zu treffen, dass beide Werte für die kritische Wärmestromdichte berechnet werden und der kleinere der beiden Werte als gültig betrachtet wird. Bei Anwendung der Beziehung nach Kon'kov bis zum Schnittpunkt der errechneten kritischen Wärmestromdichten mittels der Gleichung nach Doroshchuk kommt es nach (Köhler 1984) zu einer Überschreitung des Definitionsgebietes. Diese Überschreitung kann jedoch nicht vermieden werden, da ansonsten keine geschlossene Berechnung möglich ist.

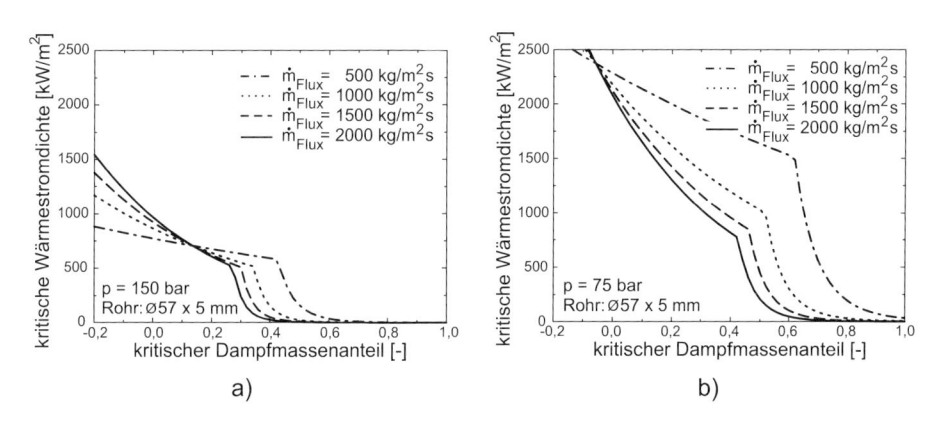

Abb. 2.29. Kritischer Dampfgehalt $\dot{x}_{Dkrit}$

Die Abbildungen 2.29(a) und 2.29(b) zeigen die kritische Wärmestromdichte in Abhängigkeit vom kritischen Dampfmassenanteil bei unterschiedlichen Massenstromdichten und Drücken. Wie den Abbildungen zu entnehmen ist, sinkt mit steigendem Druck die kritische Wärmestromdichte. Mit steigender Massenstromdichte sinkt im Bereich höherer kritischer Dampfmassenanteile die kritische Wärmestromdichte, und $\dot{q}_{krit}$ nimmt zu im Gebiet mit einem niedrigeren $\dot{x}_{Dkrit}$.

Für den Parameterbereich

$$p < 5 \text{ bar}$$
$$\dot{m}_{Flux} < 300 \text{ kg}/(\text{m}^2 \text{ s})$$
$$10 < l/d_{in} < 100$$
$$-0{,}2 < \dot{x}_{ein} < 0$$

kann nach (Auracher 1996) folgende Beziehung zur Ermittlung der kritischen Wärmestromdichte nach (Alad'yev 1969) verwendet werden:

$$\dot{q}_{krit} = b \left(\frac{\dot{m}_{Flux}}{l/d_{in}} \right)^{0,8} (1 - 2\dot{x}_{D\,ein}) \qquad (2.290)$$

Der Koeffizient b ist nach (Thompson 1964) für Wasser mit 460 zu wählen.

Nach der Überschreitung des Ortes der Siedekrise 2. Art wird die Wärme von der Wand hauptsächlich durch den Dampf übertragen. Dieser wird in der Folge überhitzt und gibt die Wärme an die Flüssigkeitströpfchen ab, die zunehmend verdampfen. Der Dampf bildet hier die kontinuierliche, die Wassertröpfchen die disperse Phase. Der Wärmeübergang wird in diesem Bereich mit Post-Dryout bezeichnet. Für die Bestimmung des Wärmeübergangskoeffizienten vom Ort der Siedekrise 2. Art bis zum Bereich der reinen Dampfströmung kann das von (Köhler 1984) vorgestellte Rechenmodell für ein aufwärtsdurchströmtes vertikales gerades Rohr bei thermodynamischem Nichtgleichgewicht angewendet werden, da die unter der Annahme eines thermodynamischen Nichtgleichgewichtes berechneten Wärmeübergangskoeffizienten besser mit den Messwerten in einem größeren Parameterbereich übereinstimmen als die unter der Annahme eines thermodynamischen Gleichgewichtes berechneten (Auracher 1996).

Köhler ermittelt unter Zuhilfenahme der Energiebilanz die Höhe des thermischen Ungleichgewichts, welche die Temperaturdifferenz $\Delta\vartheta_{ungl}$ zwischen dem Dampf und den mitgerissenen Wassertropfen bestimmt.

$$\Delta\vartheta_{ungl} = \vartheta_D - \vartheta_{Sätt} = \frac{r}{2\,c_{pD}} \left(\sqrt{1 + \frac{4\,c_{pD}\,\dot{q}}{r\,(A_O\alpha)_{Tropf}}} - 1 \right) \qquad (2.291)$$

mit dem Wärmeübergangskoeffizienten zwischen dem Wassertropfen und dem Dampf und der Oberfläche des verdampfenden Wassertropfens

$$(A_O\alpha)_{Tropf} = 1{,}473 \cdot 10^{-7} \left(\frac{\dot{m}_{Flux}}{b}\right)^{1{,}33} \quad \text{für} \quad \frac{\dot{m}_{Flux}}{b_{Lap}} \leq 1767 \cdot 10^3 \qquad (2.292)$$

$$(A_O\alpha)_{Tropf} = 3{,}078 \cdot 10^{-24} \left(\frac{\dot{m}_{Flux}}{b_{La}}\right)^{4} \quad \text{für} \quad \frac{\dot{m}_{Flux}}{b_{Lap}} > 1767 \cdot 10^3 \qquad (2.293)$$

mit $(A_O\alpha)_{Tropf}$ in W/(m²K) und der Laplace-Konstanten

$$b_{Lap} = \sqrt{\frac{\sigma}{g\,(\varrho_f - \varrho_g)}} \qquad (2.294)$$

Der tatsächliche Strömungsmassendampfgehalt $\dot{x}_{D\,tat}$ ergibt sich nach Köhler zu:

$$\dot{x}_{D\,tat} = \frac{h_{Bil} - h_f}{r + c_{pD}\Delta\vartheta_{ungl}} \qquad (2.295)$$

Hierin ist h_{Bil} die spezifische Enthalpie der Strömung, welche unter Zuhilfenahme einer Energiebilanz ermittelt wird.

$$h_{Bil} = \frac{\dot{q}A_{O,a}}{\dot{m}_{Flux}A} + h_{ein} \qquad (2.296)$$

Befinden sich Dampf und Wassertropfen im thermodynamischen Gleichgewicht, so geht Gl. (2.295) in die Bestimmungsgleichung für den Dampfmassenanteil aus der Energiebilanz über.

$$\dot{x}_{D\,Bil} = \frac{h_{Bil} - h_f}{r} \qquad (2.297)$$

Zur Berechnung des zweiphasigen Wärmeübergangskoeffizienten wird bei (Köhler 1984) die bei einphasiger konvektiver Strömung zur Anwendung kommende Gl. (2.189) nach Gnielinski unter Vernachlässigung des Korrekturfaktors K_1 vorgeschlagen, wobei die zweiphasige Reynolds-Zahl Re_{2ph} mit der mittleren Geschwindigkeit der Zweiphasenströmung unter Vernachlässigung des Schlupfes wie folgt gebildet wird:

$$Re_{2ph} = \frac{\dot{m}_{Flux} d_{hyd}}{\mu_g} \left[\dot{x}_{D\,tat} + (1 - \dot{x}_{D\,tat}) \frac{\varrho_g}{\varrho_f} \right] \qquad (2.298)$$

Als Bezugstemperatur für die Stoffwerte ist in Gl. (2.189) zur Bestimmung des Wärmeübergangskoeffizienten die mittlere Grenzschichttemperatur einzusetzen, die dem arithmetischen Mittel aus Wand- und Dampftemperatur entspricht. Die Dichte ϱ_g in Gl. (2.298) ist jedoch auf die tatsächliche Dampftemperatur zu beziehen.

Das oben beschriebene Modell ist erst gültig, wenn das thermodynamische Nichtgleichgewicht vollständig ausgebildet, d.h., die Stelle des minimalen Wärmeübergangs $\dot{x}_{D\,\alpha_{min}}$ erreicht ist.

$$\dot{x}_{D\,\alpha_{min}} = \dot{x}_{Dkrit} + \frac{\dot{x}_{Dkrit} c_{pD} \Delta\vartheta_{ungl}}{r} \qquad (2.299)$$

Zwischen dem Ort der Siedekrise 2. Art und der Stelle des minimalen Wärmeübergangs wird linear interpoliert.

Die obere Definitionsgrenze für das von Köhler entwickelte Modell ist erreicht, wenn der thermodynamische Dampfgehalt folgende, vom Druck abhängige, Bereichsgrenze überschreitet:

$$\dot{x}_{D\,lim} = 0,7 + 0,002 \cdot 10^{-5} p \qquad (2.300)$$

Für den Strömungsmassendampfgehalt $\dot{x}_D > \dot{x}_{D\,lim}$ gelten wieder die Gesetze des einphasigen Wärmeübergangs.

Nach (Auracher 1996) kann in der Nähe des kritischen Punktes angenommen werden, dass ein thermodynamisches Gleichgewicht der Strömung vorliegt. Daher kann in diesem Bereich eine Bestimmung des Wärmeübergangskoeffizienten mittels der Beziehungen für ein thermodynamisches Nichtgleichgewicht entfallen.

Abb. 2.30 zeigt für ein aufwärtsdurchströmtes vertikales Verdampferrohr den Verlauf des Wärmeübergangskoeffizienten im Ein- und Mehrphasengebiet des Arbeitsstoffes aufgetragen über Druck und Enthalpie. Die Berechnung

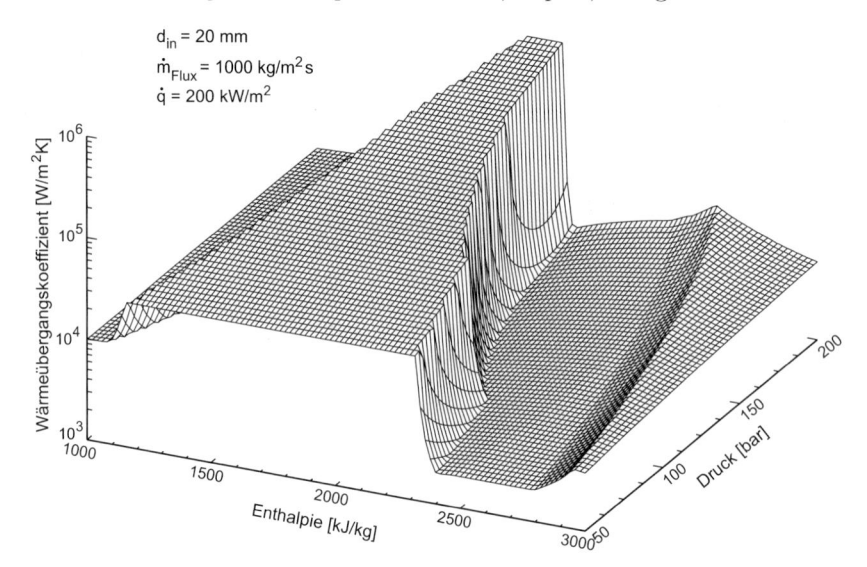

Abb. 2.30. Wärmeübergangskoeffizienten als Funktion von Druck und Enthalpie für ein vertikales Rohr, (Walter 2001)

der Wärmeübergangskoeffizienten erfolgte bei einer Massenstromdichte von $\dot{m}_{Flux} = 1000$ kg/(m^{2}s) und einer Wärmestromdichte von $\dot{q} = 200$ kW/m^2. Der Innendurchmesser des Rohres betrug $d_{in} = 20$ mm. Abb. 2.30 zeigt in sehr anschaulicher Weise den starken Abfall der Werte für den Wärmeübergangskoeffizienten nach Überschreitung des Ortes der Siedekrise. Zwischen der Stelle des minimalen Wärmeübergangs und jener der reinen Dampfkonvektion steigt der Wert des Wärmeübergangskoeffizienten wieder an.

Horizontale und geneigte Rohre

Die Wärmeübergangsbeziehungen sind meist für ein vertikales, von unten nach oben durchströmtes Verdampferrohr entwickelt worden. Es ist daher von großer Bedeutung, ihre Gültigkeit auf ein horizontales bzw. geneigtes Rohr in jedem Einzelfall zu überprüfen. Für die einphasige Konvektionsströmung wurden dazu z.B. von (Petukhov 1974) theoretische und experimentelle Untersuchungen angestellt. Den Einfluss der Rohrlage auf den Ort der Siedekrise untersuchten unter anderen (Wallis 1969), (Watson 1974), (Kefer 1989a), (Kefer 1989b) oder (Hein 1982).

Nach (Hein 1982) können im Gegensatz zum senkrechten Rohr für das horizontale bzw. geneigte Rohr keine Modelle zur Berechnung des Wärmeübergangs angegeben werden, die nicht unabhängig von den Abmessungen und den Stoffwerten des Verdampferrohres sind.

Im Bereich des unterkühlten Siedens und des Sättigungssiedens ändert sich in senkrechten Rohren, wie bereits oben erwähnt, die Rohrwandtemperatur nicht. Nach (Bier 1981) stellen sich auch bei horizontalen und geneigten Rohren keine bzw. nur sehr kleine Temperaturdifferenzen über den Rohrumfang ein, da die physikalischen Vorgänge beim Sieden nur unerheblich von der Strömung beeinflusst sind. Dies wurde auch von (Kefer 1989a) bestätigt, wobei die in dieser Untersuchung gewählten Parameter zu starken Schichtungseffekten in der Strömung führten. (Kefer 1989a) fand eine gute Übereinstimmung zwischen den empirisch ermittelten Temperaturwerten an der Innenseite des Rohres und deren Berechnung nach der Gleichung von (Jens 1951).

Die Siedekrise tritt in einem horizontalen bzw. geneigten Rohr auf Grund der durch die Schwerkraft verursachten Phasentrennung bereits bei niedrigeren Dampfmassenanteilen auf als beim senkrechten Verdampferrohr. Dabei ist der Ort der Siedekrise meist an der Oberseite des Rohres zu finden, während die Unterseite noch benetzt ist. Nach einer Modellvorstellung von (Wallis 1969) lassen sich Schichtungseffekte in einer Zweiphasenströmung eines horizontalen Rohres durch eine dimensionslose Kennzahl wiedergeben. Zu dieser Bewertung der Strömungsverhältnisse wird die so genannte Froude-Zahl gebildet, welche als Verhältnis der Trägheitskraft zur Schwerkraft in der Strömung definiert ist. Bildet man diese Kennzahl mit dem kritischen Dampfanteil $\dot{x}_{Dkrit}$, bei dem in einem vertikalen Rohr die Siedekrise auftreten würde, so erhält man die von (Kefer 1989a) modifizierte Froude-Zahl

$$Fr = \frac{\frac{\dot{x}_{Dkrit}\,\dot{m}_{Flux}}{\sqrt{\varrho_g}}}{\sqrt{g\,d_{in}\,(\varrho_f - \varrho_g)\cos\varphi}} \qquad (2.301)$$

mit φ dem Steigungswinkel, den das Verdampferrohr mit der Horizontalen bildet.

Nach (Hein 1982) liegt kein Einfluss der Rohrlage auf den Ort der Siedekrise mehr vor, wenn die Froude-Zahl $Fr \geq 10$ ist. Bei Froude-Zahlen unter 3 ist der Einfluss der Rohrlage hingegen sehr stark, wobei die Siedekrise bei horizontalen Rohren hier schon bei sehr kleinen Dampfgehalten an der Oberseite des Verdampferrohres eintritt, während die Unterseite des Rohres fast bis zur vollständigen Verdampfung des Wassers benetzt bleibt.

(Kefer 1989a) gibt in seiner Arbeit eine empirisch ermittelte Beziehung zur Berechnung der Differenz zwischen den kritischen Dampfmassenanteilen an der Ober- und Unterseite des Verdampferrohres unter Zuhilfenahme der Gl. (2.301) an:

$$\Delta\dot{x}_{Dkrit} = \frac{16}{(2+Fr)^2} \qquad (2.302)$$

mit dem Gültigkeitsbereich

$$\begin{aligned} 25\text{ bar} &\leq p \leq 200\text{ bar} \\ 500\text{ kg/(m}^2\text{ s)} &\leq \dot{m}_{Flux} \leq 2500\text{ kg/(m}^2\text{ s)} \\ 200\text{ kW/m}^2 &\leq \dot{q} \leq 600\text{ kW/m}^2 \end{aligned}$$

118 Umwandlung und Transport von Masse, Impuls, Energie und Stoffen

Der in Gl. (2.301) zur Anwendung kommende kritische Dampfmassenanteil kann auch als Mittelwert der Werte, an denen die Ober- bzw. die Unterseite des Rohres austrocknet, angesehen werden. Die kritischen Dampfmassenanteile an der Ober- $\dot{x}_{Dkrit,o}$ bzw. Unterseite $\dot{x}_{Dkrit,u}$ lassen sich daher wie folgt berechnen:

$$\dot{x}_{Dkrit,o} = \dot{x}_{Dkrit} - \frac{\Delta \dot{x}_{Dkrit}}{2} \qquad (2.303)$$

und

$$\dot{x}_{Dkrit,u} = \dot{x}_{Dkrit} + \frac{\Delta \dot{x}_{Dkrit}}{2} \qquad (2.304)$$

Für $\dot{x}_{Dkrit,u} > 1$ ist $\dot{x}_{Dkrit,u} = 1$ zu setzen.

Um den Wärmeübergang in einem horizontalen bzw. geneigten, nach oben durchflossenen Verdampferrohr nach Überschreitung der Siedekrise 2. Art berechnen zu können, müssen zuerst unter Zuhilfenahme der Beziehungen (2.301), (2.303) und (2.304) die Froude-Zahl Fr und der kritische Dampfmassenanteil an der Ober- bzw. Unterseite des Verdampferrohres ermittelt werden.

Die Berechnung des Wärmeübergangs erfolgt danach unter Berücksichtigung folgender Bedingungen:

- Für $Fr \geq 10$ oder $\dot{x}_{Dkrit,u} - \dot{x}_{Dkrit,o} \leq 0,1$ ist der Wärmeübergang von der Rohrlage unabhängig, während für $\dot{x}_D > \dot{x}_{Dkrit,u}$ eine reine Tröpfchenströmung vorliegt. Die Berechnung dieser beiden Bereiche erfolgt entsprechend dem oben angegebenen Verfahren für vertikale Verdampferrohre.

- In dem Bereich $Fr < 10$ und $\dot{x}_{Dkrit,o} \leq \dot{x}_D \leq \dot{x}_{Dkrit,u}$ ist nach (Kefer 1989a) und (Hein 1982) die Berechnung des Wärmetransportes nicht unabhängig von der Rohrwandstärke, dem Rohrwerkstoff und dem Benetzungsverhältnis an der Rohrinnenwand. Kefer et al. schlagen für diesen Bereich umfangreiche Berechnungen unter Einbeziehung der Lösung der zweidimensionalen Fourier'schen Differentialgleichung für die Wärmeleitung vor. Diese Vorgehensweise zur Ermittlung des Wärmeübergangskoeffizienten ist für eine stationäre Berechnung oder für eine Detailanalyse einzelner Rohre oder Rohrgruppen durchaus machbar, sie ist jedoch auf Grund des hohen Rechenaufwandes für eine dynamische Simulation nicht geeignet. (Walter 2001) schlägt in seiner Arbeit vor, den Wärmeübergangskoeffizienten für die Grenzwerte $Fr = 10$ und $\dot{x}_{Dkrit,u} - \dot{x}_{Dkrit,o} = 0,1$ entsprechend dem oben angegebenen Verfahren für vertikale Verdampferrohre zu ermitteln und in der weiteren Berechnung jeweils den kleineren der beiden Werte für den Wärmeübergangskoeffizienten zu verwenden.

2.7.2 Zweiphasenströmung Gas-Feststoff

Möchte man die Zweiphasenströmung einer dispersen Gas-Feststoff-Strömung beschreiben, so stehen, wie bereits in Kapitel 2.1.1 beschrieben, grundsätzlich die Möglichkeiten einer Lagrange'schen oder einer Euler'schen Beschreibung der Transportgleichungen zur Verfügung. Für die kontinuierliche Gasphase ist es jedoch zweckmäßiger, die Euler'sche Betrachtungsweise für die Bewegungsgleichungen zu wählen. Dahingegen kann die mathematische Beschreibung der Partikelphase davon abhängen, ob detailliertere Informationen über die Partikel, wie z.B. Partikeltrajektoren, als Resultat der Simulation gewünscht sind. Die unterschiedlichen Ansätze für die disperse Gas-Feststoff-Strömung lassen sich in die zwei Gruppen

- *Euler-Euler-Ansatz (Zwei-Fluid-Modell)*
  Hier werden beide Phasen als getrennte Kontinua angesehen. Dabei wird die Partikelphase als „zweite schwere Gasphase" betrachtet, und es ist eine Koppelung der Bilanzgleichungen beider Phasen gegeben.
- *Euler-Lagrange-Ansatz*
  Die kontinuierliche Phase wird hier mittels des Euler-Ansatzes und die disperse Phase durch die Betrachtung einzelner Partikel (Lagrange) beschrieben.

unterteilen und sollen in der Folge näher betrachtet werden.

Zwei-Fluid-Modell

In Anlehnung an die Kontinuitätsgleichungen für die einzelnen Phasen der Zweiphasenströmung Gas-Flüssigkeit (Gl. (2.254)) ergibt sich die Massenbilanz für die Gasphase der Gas-Feststoff-Strömung zu

$$\frac{\partial}{\partial \tau}[(1-\overline{\varepsilon}_P)\varrho_g] + \frac{\partial}{\partial x_j}[(1-\overline{\varepsilon}_P)\varrho_g \overline{w}_{g,j}] = \Gamma_P \qquad (2.305)$$

und die Kontinuitätsgleichung für die disperse Phase zu:

$$\frac{\partial}{\partial \tau}(\overline{\varepsilon}_P \varrho_P) + \frac{\partial}{\partial x_j}(\overline{\varepsilon}_P \varrho_P \overline{w}_{P,j}) = -\Gamma_P \qquad (2.306)$$

$\overline{w}_{g,j}$ und $\overline{w}_{P,j}$ bezeichnen die zeitlich gemittelten Geschwindigkeitskomponenten der Gas- bzw. Partikelphase. Γ_P beschreibt die volumetrische Stoffübergangsrate zwischen der dispersen und der kontinuierlichen Phase auf Grund physikalischer und chemischer Reaktionen. Die Modellierung dieses Terms erfolgt z.B. mit den Reaktionsmodellen für die Verbrennung. $\Gamma_P = 0$, wenn kein Stoffaustausch zwischen beiden Phasen stattfindet (z.B. im Falle des Inertmaterials bei der Wirbelschichtfeuerung oder einer monodispersen oder polydispersen nichtreagierenden Zweiphasenströmung). Die Porosität ε_P für die disperse Phase errechnet sich aus dem Verhältnis des von den Partikeln eingenommenen Volumens zum Gesamtvolumen.

$$\varepsilon_P = \frac{V_P}{V_{ges}} = \frac{V_P}{V_P + V_g} \qquad (2.307)$$

Für die Volumenanteile der Partikel- und Gasphase muss gelten:

$$\underbrace{\varepsilon_P}_{\substack{\text{Volumenanteil} \\ \text{der Partikel-} \\ \text{phase}}} + \underbrace{(1-\varepsilon_P)}_{\substack{\text{Volumenanteil} \\ \text{der Gasphase}}} = 1 \qquad (2.308)$$

Die Impulsbilanz für die Gasphase einer turbulenten Strömung ergibt sich nach (Lendt 1991) oder (Schiller 1999) aus der Reynold'schen Gleichung unter Vernachlässigung der Dichtefluktuationen zu:

$$\frac{\partial}{\partial \tau}\left[(1-\overline{\varepsilon}_P)\varrho_g \overline{w}_{g,i}\right] = -\frac{\partial}{\partial x_j}\left[(1-\overline{\varepsilon}_P)\varrho_g \overline{w}_{g,i}\overline{w}_{g,j}\right] - (1-\overline{\varepsilon}_P)\frac{\partial \overline{p}}{\partial x_i}$$

$$+ \frac{\partial}{\partial x_j}\left[(1-\overline{\varepsilon}_P)\mu\left(\frac{\partial \overline{w}_{g,i}}{\partial x_j} + \frac{\partial \overline{w}_{g,j}}{\partial x_i}\right)\right.$$

$$\left. - \frac{2}{3}(1-\overline{\varepsilon}_P)\mu \operatorname{div}\overline{w}_g \, \delta_{ij} - (1-\overline{\varepsilon}_P)\varrho_g \overline{w'_{g,i}w'_{g,j}}\right]$$

$$+ (1-\overline{\varepsilon}_P)\varrho_g g_i - F_{Pg,i} + \overline{w}_{P,i}\Gamma_P \qquad (2.309)$$

$\overline{w'_{g,i}w'_{g,j}}$ bezeichnet die Reynoldsspannungen (siehe Kapitel 2.2.8); $F_{Pg,i}$ den Impulskoppelungsterm zwischen der dispersen und der Gasphase.

Für die Impulsbilanz der Partikelphase gilt:

$$\frac{\partial}{\partial \tau}(\overline{\varepsilon}_P \varrho_P \overline{w}_{P,i}) = -\frac{\partial}{\partial x_j}(\overline{\varepsilon}_P \varrho_P \overline{w}_{P,i}\overline{w}_{P,j}) - \overline{\varepsilon}_P \frac{\partial \overline{p}}{\partial x_i} - \overline{\varepsilon}_P \varrho_P g_i + F_{Pg,i} +$$

$$\frac{\partial}{\partial x_j}\left[\overline{\varepsilon}_P \frac{\mu_{eff}}{\sigma_{P,turb}}\left(\frac{\partial \overline{w}_{P,i}}{\partial x_j} + \frac{\partial \overline{w}_{P,j}}{\partial x_i}\right)\right] - \overline{w}_{P,i}\Gamma_P \qquad (2.310)$$

Der Term $\mu_{eff}/\sigma_{P,turb}$ folgt aus der Turbulenzmodellierung. Die effektive Zähigkeit errechnet sich aus der Summe der turbulenten und der laminaren Viskosität entsprechend $\mu_{eff} = \mu_{lam} + \mu_{turb}$. Die Herleitung der Impulsbilanz für die disperse Phase aus der Newton'schen Bewegungsgleichung für ein Partikel kann u.a. bei (Schiller 1999) oder (Durst 1984) entnommen werden. Die Gleichungen (2.306) und (2.310) stellen die Kontinuitäts- und Impulsbilanz für eine Partikelgrößenklasse dar. Für jede weitere Partikelgrößenklasse muss ein weiterer Satz an Massen- und Impulsbilanzen gelöst werden.

Unter Vernachlässigung der Beiträge der kinetischen und potentiellen Energien im strömenden Gas kann unter Zuhilfenahme der Beziehung

$$h = u + \frac{p}{\varrho} \qquad (2.311)$$

und dem ersten Hauptsatz für die Thermodynamik, welcher auf ein Kontrollvolumen angewendet wird, die Bilanzgleichung für die spez. Enthalpie der Gasströmung angeschrieben werden.

$$\frac{\partial}{\partial \tau}(\varrho h) = -\frac{\partial}{\partial x_j}(\varrho w_j h) - \frac{\partial q_{mole}}{\partial x_j} + \frac{\partial p w_j}{\partial x_j} + \tau_{ij}\frac{\partial w_j}{\partial x_j} + \frac{\partial p}{\partial \tau} + S_\phi \quad (2.312)$$

Der erste Term der rechten Seite der Energiebilanz beschreibt den konvektiven Energietransport und der zweite Term den molekularen Wärmeaustausch über die Volumensgrenze. In einem Mehrkomponentensystem, wie es auch das Abgas eines Verbrennungsvorganges darstellt, setzt sich nach (Bird 1960) die Nettostromdichte aus dem molekularen Wärmeaustausch, aus den Energietransporten durch Wärmeleitung (z.B. Beschreibung durch das Fourier'sche Wärmeleitungsgesetz), dem diffusiven Stofftransport und der Diffusionsthermik[3] zusammen. Der dritte und vierte Term repräsentieren die Umwandlung der durch Druck und Reibung an der Kontrollvolumenoberfläche geleisteten Arbeit in Energie; der fünfte Term stellt die durch Kontraktion und Expansion verrichtete reversible Arbeit dar. Der letzte Term in Gl. (2.312) bezeichnet den Austauschterm für die Wärmequellen und -senken. Dieser Term beinhaltet z.B. den Energietransport auf Grund des Strahlungsaustausches mit der Umgebung oder die Umwandlung von chemisch gebundener Energie in thermische Energie.

Nach (Müller 1992) sind die Anteile der Energietransporte durch diffusiven Stofftransport und Diffusionsthermik gegenüber der Wärmeleitung bei der Simulation von Brennkammern vernächlässigbar klein. Die Umwandlung der reversiblen und irreversiblen mechanischen Arbeit in Energie (dritter und vierter Term) ist nur in hochviskosen Fluiden bei großen Geschwindigkeitsänderungen oder bei Strömungen mit hohen Mach-Zahlen von Bedeutung und kann nach (Müller 1992), (Brauer 1971) oder (Schiller 1999) daher bei der Simulation der Verbrennungsvorgänge in einem Dampferzeuger ebenfalls vernachlässigt werden.

Ersetzt man die Momentanwerte für die Geschwindigkeit und die spez. Enthalpie durch die Mittel- und Schwankungswerte und substituiert man den molekularen Energietransport auf Grund der Wärmeleitung durch die Beziehung für die Fourier'sche Wärmeleitung, so geht die Energiebilanz Gl. (2.312), unter Einbeziehung der oben angegebenen Vereinfachungen, über in

$$\frac{\partial}{\partial \tau}(\varrho \overline{h}) = -\frac{\partial}{\partial x_j}(\varrho \overline{w}_j \overline{h}) + \frac{\partial}{\partial x_j}\left(\frac{\lambda}{c_p}\frac{\partial \overline{h}}{\partial x_j} - \varrho \overline{w'_j h'}\right) + S_\phi \quad (2.313)$$

mit

$$c_p = \frac{\partial h}{\partial T}\bigg|_{p=konst.}$$

Wie bei der Impulsbilanz folgt auch hier der Term $\varrho \overline{w'_j h'}$ aus der Turbulenzmodellierung und beschreibt den deutlich stärkeren Enthalpiestransport gegenüber dem molekularen Austauschvorgang in einer turbulenten Strömung.

---

[3] Auch als Dufour'sche Energiestromdichte bezeichnet. Diese beruht auf den Energieaustausch zwischen den Molekülen der einzelnen Komponenten beim Ausgleich von Konzentrationsunterschieden und tritt auch in isothermen Strömungen auf.

Die Energiebilanzen für die Gas- und disperse Phase des Zwei-Fluid-Modells lassen sich, unter Berücksichtigung der Porösität ε_P, nun analog zur vereinfachten Bilanzgleichung der Gasströmung Gl. (2.313) anschreiben:

Gasphase:

$$\frac{\partial}{\partial \tau}\left[(1-\overline{\varepsilon}_P)\varrho_g \overline{h}_g\right] = -\frac{\partial}{\partial x_j}\left[(1-\overline{\varepsilon}_P)\varrho_g \overline{w}_{g,j}\overline{h}_g)\right] \qquad (2.314)$$
$$+ \frac{\partial}{\partial x_j}\left[(1-\overline{\varepsilon}_P)\left(\frac{\lambda_g}{c_{p,g}} + \frac{\mu_{turb}}{\sigma_{g,turb}}\right)\frac{\overline{h}_g}{\partial x_j}\right] + S_{\phi,g}$$

Partikelphase:

$$\frac{\partial}{\partial \tau}\left(\overline{\varepsilon}_P \varrho_P \overline{h}_P\right) = -\frac{\partial}{\partial x_j}\left(\overline{\varepsilon}_P \varrho_P \overline{w}_{P,j}\overline{h}_P\right) + \frac{\partial}{\partial x_j}\left(\overline{\varepsilon}_P \frac{\mu_{turb}}{\sigma_{P,turb}}\frac{\overline{h}_P}{\partial x_j}\right) + S_{\phi,P}$$
$$(2.315)$$

Die Quellterme für die Gasphase $S_{\phi,g}$ und die disperse Phase $S_{\phi,P}$ setzen sich z.B. aus der Energiequelle auf Grund von chemischen Reaktionen in der Gasphase, des Phasenwechsels zwischen z.B. Kohleteilchen und dem Gas (Pyrolyse von Flüchtigen, Verdampfung der Restfeuchte, ...) und dem konvektiven und Strahlungswärmeaustausch zwischen den beiden Phasen und der Brennkammerwand zusammen. Beziehungen für die Quellterme (z.B. konvektiver Wärmeaustausch, Energieaustausch durch einen Phasenwechsel oder einen Strahlungswärmeaustausch) können u.a. bei (Epple 1993), (Fischer 1999), (Schiller 1999) oder (Görner 1991) entnommen werden.

Liegen mehrere Größenklassen an Partikeln vor, so ist die Energiebilanz der dispersen Phase Gl. (2.315) für jede dieser Größenklassen zu lösen.

Lagrange-Betrachtungsweise der dispersen Phase

Im Gegensatz zur Euler'schen Betrachtungsweise, bei der die Berechnung der Bewegung des kontinuierlichen Fluids mithilfe der Navier-Stocke'schen Bewegungsgleichung erfolgt, wird bei der Lagrange'schen Beschreibung der betrachteten Partikelbewegung der Newton'sche Bewegungsansatz (Impulsbilanz der Punktmechanik) verwendet. Die Änderung des Partikelimpulses ist somit gleich der Summe der an dem Partikel angreifenden äußeren Kräfte:

$$m_P \frac{d\vec{w}_P}{d\tau} = \sum_i \vec{F}_i \qquad (2.316)$$

Nach (Görner 1991) müssen folgende Kräfte prinzipiell berücksichtigt werden:

- der **Strömungswiderstand**:
  Dieser wird hervorgerufen durch die mittlere Partikel- und Gasgeschwindigkeit und ist jene Kraft, die ein Teilchen erfährt, wenn es sich mit einer Relativgeschwindigkeit zu einem Trägermedium bewegt. Ist das Partikel langsamer als das Trägermedium, so wird das Teilchen beschleunigt. Bewegt sich das Teilchen schneller als das umgebende Fluid, so kommt es zu einer Verzögerung des Teilchens. Allgemein lässt sich die Widerstandskraft wie folgt angeben:

$$\vec{F}_{P,Wi} = \frac{1}{8} \pi d_P^2 \varrho_g c_W |\vec{w}_P - \vec{w}_g| (\vec{w}_P - \vec{w}_g) \quad (2.317)$$

Liegt eine laminare, schleichende Umströmung der Partikel (sehr kleine Partikel-Reynolds-Zahlen) vor, so können die Trägheitskräfte gegenüber den Reibungskräften vernachlässigt werden, und es kann folgende analytische Lösung für den Widerstandbeiwert c_W einer Kugel gefunden werden (Stokes 1851):

$$c_W = \frac{24}{Re_P} \quad (2.318)$$

Die Reynolds-Zahl für das Partikel Re_P errechnet sich aus:

$$Re_P = \frac{\varrho_g d_P |\vec{w}_g - \vec{w}_P|}{\mu_g} \quad (2.319)$$

Der Widerstandskoeffizient c_W kann durch das Stokes'sche Gesetz (2.318) in guter Näherung im Bereich $Re_P < 1$ beschrieben werden. Im Übergangsgebiet zum Newton-Bereich $0,5 < Re_P < 1000$ nimmt der Einfluss der Trägheitskräfte ab, und es kommt zu periodischen Ablösungen der Strömung des Kugelnachlaufs. Die Beziehung von (Schiller 1933) in (Sommerfeld 2006)

$$c_W = \frac{24}{Re_P} \left(1 + 0,15 \, Re_P^{0,687}\right) \quad (2.320)$$

liefert in diesem Übergangsbereich gute Ergebnisse bis zu Reynolds-Zahlen $Re_P < 1000$. Im Newton-Bereich ($1000 < Re_P < Re_{P,krit}$) bleibt der Widerstandskoeffizient nahezu konstant auf dem Wert von $c_W \approx 0,44$. Bei Erreichen der kritischen Reynolds-Zahl von $Re_{P,krit} \approx 2,5 \cdot 10^5$ nimmt die Widerstandszahl stark ab, was durch den turbulent-laminaren Umschlag verursacht wird. Im überkritischen (turbulenten) Bereich ($Re_{P,krit} > 4,0 \cdot 10^5$) nimmt c_W auf Grund der Vergrößerung des Nachlaufgebiets wieder zu. (Clift 1978) modifizierte die Beziehung von (Schiller 1933) für den Gebrauch bei höheren Reynolds-Zahlen bis $Re_P \approx 3,0 \cdot 10^5$.

$$c_W = \frac{24}{Re_P}\left(1+0,15 Re_P^{0,687}\right) + \frac{0,42}{1+4,25\cdot 10^4 Re_P^{-1,16}} \quad (2.321)$$

Der Widerstandsbeiwert von Partikeln wird von einer Reihe von weiteren Effekten, wie z.B. der Oberflächenrauigkeit oder der Partikelform, beeinflusst. (Chhabra 1999) evaluierten eine größere Anzahl an Methoden zur Bestimmung des Widerstandsbeiwerts von nichtsphärischen Partikeln. Eine umfassende Darstellung zu diesen Effekten gibt (Crowe 1998). (Thompson 1991) und (Haider 1989) geben eine Vielzahl an Korrelationen für nichtsphärische Partikel an.

- die **virtuelle Massenkraft**:
  Kommt es zu einer Beschleunigung bzw. einer Verzögerung eines Partikels gegenüber der Gasphase, so wird auch das Fluid in der direkten Umgebung des Teilchens mitbeschleunigt oder verzögert, und es kommt zur Entstehung einer so genannten virtuellen Massenkraft. Sie ist proportional zur relativen Beschleunigung bzw. Verzögerung und unabhängig von den viskosen Kräften (Smoot 1979).

$$\vec{F}_{P,virt} = m_P c_{virt} \frac{\varrho_g}{\varrho_P}\left(\frac{\partial \vec{w}_g}{\partial \tau} - \frac{\partial \vec{w}_P}{\partial \tau}\right) \quad (2.322)$$

Odar und Hamilton geben eine Beziehung zur Berechnung des Koeffizienten c_{virt} in Abhängigkeit der Partikel-Reynolds-Zahl Re_P und einer so genannten Beschleunigungszahl a_{virt} in (Odar 1964) an. a_{virt} kann gleich dem Wert 0,5 gesetzt werden, wenn das Partikel annähernd eine Kugelform aufweist.

- der **Auftrieb**:

$$\vec{F}_{P,Auf} = m_g \vec{g} = \frac{\varrho_g \pi d_P^3}{6}\vec{g} \quad (2.323)$$

- die **Gravitationskraft**:

$$\vec{F}_{P,grav} = m_P \vec{g} = \frac{\varrho_P \pi d_P^3}{6}\vec{g} \quad (2.324)$$

Bei unregelmäßig geformten Teilchen muss für den Partikeldurchmesser ein massenäquivalenter Wert eingesetzt werden.

- die **turbulente Wechselwirkungskraft mit dem Gas**:
  Ist nach (Görner 1991) prinzipiell in der Widerstandkraft als Folge der Relativgeschwindigkeit zwischen der Gas- und Partikelphase enthalten. Sie wird jedoch auf Grund ihres stochastischen Charakters dort ausgeklammert und muss mit gesonderten Modellgesetzen beschrieben werden (siehe dazu z.B. (Görner 1991)).

- die **Basset-Kraft**:
  Wird hervorgerufen durch die instationäre Beschleunigung der Partikelgrenzschicht. Während eines Beschleunigungs- bzw. Verzögerungsvorganges ist die Form und das Volumen der Grenzschicht einer ständigen Veränderung unterworfen. Die Basset-Kraft hängt somit von der zeitlichen

Entwicklung der Relativbewegung ab (Smoot 1979). Sie wird daher auch als „History"-Kraft bezeichnet. Die Basset-Kraft kann für große Dichteunterschiede zwischen Gas- und Partikelphase vernachlässigt werden. Eine Obergrenze von $d_P \approx 0,05\ \mu\text{m}$ wird von (Thomas 1992) angegeben, bis zu der bei Partikel mit einer Dichte von 1000 kg/m^3 die Basset-Kraft signifikanten Einfluss hat. Nach (Görner 1991) verschwindet dieser Term auch dann, wenn stochastische (turbulente), im zeitlichen Mittel aber homogene Partikelbewegungen betrachtet werden.

$$\vec{F}_{P,Bas} = \frac{a_{Bas}\, d_P^2\, \sqrt{\pi\, \varrho_g\, \mu_g}}{4} \int_0^\tau \frac{\left(\frac{\partial \vec{w}_g}{\partial \tau} - \frac{\partial \vec{w}_P}{\partial \tau}\right) d\tau'}{\sqrt{\tau - \tau'}} \qquad (2.325)$$

Der Koeffizient a_{Bas} liegt in der Größenordnung von 6.
- die **Saffman-Kraft** (Saffman 1965), (Saffman 1968):
Wird durch große Geschwindigkeitsgradienten in Bezug auf den Partikeldurchmesser verursacht. Dabei wird das Teilchen in Richtung der größeren Geschwindigkeit verschoben.

$$\vec{F}_{P,Saf} = 0,1615\, d_P^2\, \sqrt{\varrho_g\, \mu_g}\, a_{Saf} \frac{\left[(\vec{w}_g - \vec{w}_P) \times \vec{\Omega}_g\right]}{\sqrt{|\vec{\Omega}_g|}} \qquad (2.326)$$

Der Koeffizient a_{Saf} kann nach (Mei 1992) wie folgt berechnet werden:

$$a_{Saf} = (1 - 0,3314\, \sqrt{b})e^{-0,1\, Re_P} + 0,3314\, \sqrt{b} \quad \text{für} \quad Re_P \leq 40 \qquad (2.327)$$

und

$$a_{Saf} = 0,0524\, \sqrt{b\, Re_P} \quad \text{für} \quad Re_P > 40 \qquad (2.328)$$

mit

$$b = \left|\frac{\mathrm{d}w_x}{\mathrm{d}n}\right| \frac{d_P}{2|\vec{w}_g - \vec{w}_P|} \quad \text{und} \quad n = y, z. \qquad (2.329)$$

- die **Magnus-Kraft**:
Auf Grund der Eigenrotation des Partikels hervorgerufene Kraft. Sie ist neben der Relativgeschwindigkeit zwischen Gas- und Partikelphase auch von der Drehzahl des Teilchens abhängig (Smoot 1979). An der Teilchenoberfläche stellt sich auf Grund der Relativgeschwindigkeit eine ungleichmäßige Druckverteilung über der Oberfläche ein. Die dadurch hervorgerufene Kraft wird als Magnus-Kraft bezeichnet.

$$\vec{F}_{P,Mag} = \frac{1}{8} d_P^2\, a_{Mag}\, \varrho_g \frac{\vec{\Omega}_{rel} \times (\vec{w}_g - \vec{w}_P)}{|\vec{\Omega}_{rel}|} |(\vec{w}_g - \vec{w}_P)| \qquad (2.330)$$

mit der relativen Winkelgeschwindigkeit $\vec{\Omega}_{rel} = \vec{\Omega}_g - \vec{\Omega}_P$. Der Magnus-Koeffizient a_{Mag} errechnet sich z.B. nach (Lun 1997) mittels

$$a_{Mag} = \frac{d_P |\vec{\Omega}_{rel}|}{|\vec{w}_g|} \quad \text{für} \quad Re_P \leq 1 \quad \text{und} \quad (2.331)$$

$$a_{Mag} = \frac{d_P |\vec{\Omega}_{rel}|}{|\vec{w}_g|} \left(0,178 + 0,822 \, Re_P^{-0,522} \right) \quad \text{für} \quad 1 \leq Re_P \quad (2.332)$$

Für kleine Partikeldurchmesser ist die Magnuskraft nur von untergeordnetem Einfluss und kann nach (Cherukat 1999) vernachlässigt werden.
- die **Kraft auf Grund eines Druckgradienten**:
Sind in einer Strömung Druckgradienten vorhanden, so können die Druckkräfte nicht mehr als isotrop angesehen werden. Die auf das Teilchen wirkenden Druckkräfte heben sich nicht mehr gegeneinander auf. Es muss daher mit einer Druckkraft auf der Partikeloberfläche gerechnet werden, welche über die Teilchenoberfläche veränderlich ist. Die Gesamtkraft ergibt sich aus Integration über den an der gesamten Oberfläche angreifenden Druck.

$$\vec{F}_P = -\nabla p \frac{m_P}{\varrho_P} \quad (2.333)$$

Diese Kraft kann vernachlässigt werden, wenn der Druckgradient in geometrischen Dimensionen des Partikeldurchmessers klein ist.
- die **Wechselwirkungskräfte durch Stöße mit anderen Teilchen**:
Nach (Schiller 1999) können Stöße der Teilchen untereinander bzw. mit der Brennkammerwand eines Dampferzeugers einen wesentlichen Einfluss auf die Partikelverteilung im Strömungsfeld haben. Aus Rechenzeitgründen muss aber auf statistische Ansätze für Kollisionen ausgewichen werden, da die Verfolgung der Flugbahnen aller Teilchen mit der Kontrolle, ob es zu Kollisionen gekommen ist, zurzeit rechentechnisch nicht möglich ist. Nach (Görner 1991) kann auch angenommen werden, dass die Stöße isotrop erfolgen und es daher im Mittel zu keiner Änderung der Partikelströmung kommt. Ein Modell zur Berechnung der Partikel-Wand Kollision wird z.B. bei (Zhang 2005) oder (Sommerfeld 1999), das einer Partikel-Partikel Kollision z.B. bei (Wassen 2001) oder (Wang 1992) präsentiert.

Elektrische und magnetische Kräfte wurden in dieser Aufzählung vernachlässigt. Als weiterführende Literatur zu den einzelnen hier beschriebenen Kräfte seien z.B. (Görner 1991), (Soo 1990) oder (Dodemand 1995) angeführt.

Den Einfluss des Druckgradienten, der virtuellen Massenkraft und der Basset-Kraft auf das Geschwindigkeitsverhältnis des Fluids und der dispersen Phase haben (Dodemand 1995) untersucht. Dazu wurde die Impulsbilanz für kleine oszillatorische Störungen um einen Stabilitätspunkt linearisiert. Es konnte gezeigt werden, dass der Einfluss nicht zu vernachlässigen ist, wenn das Verhältnis der Massenstromdichte des Partikels zur Massenstromdichte der Gasphase klein wird. Für die Berechnung von Öl- und Kohlenstaubfeuerungen haben jedoch nur die Auftriebskraft, die Widerstandskraft und die Gewichtskraft (Gravitationskraft) einen signifikanten Einfluss auf die Flugbahn des Partikels. Die Bewegungsgleichung eines Partikels in der Lagrange'schen Darstellung ergibt sich daher unter Vernachlässigung aller anderen Terme zu:

$$m_P \frac{dw_{P,i}}{d\tau} = m_P \left[\frac{3\,\mu_g\,c_W\,Re_P}{4\,\varrho_P\,d_P^2}(w_{g,i} - w_{P,i}) + g_i \left(1 - \frac{\varrho_g}{\varrho_P}\right) \right] \quad (2.334)$$

$w_{g,i}$ und $w_{P,i}$ bezeichnen die momentanen, nicht zeitlich gemittelten Geschwindigkeitskomponenten der Gas- bzw. Partikelphase.

Einführung der Partikel-Relaxationszeit

$$\tau_P = \frac{4\varrho_P d_P^2}{3\mu_g c_W Re_P} \quad (2.335)$$

vereinfacht Gl. (2.334) zu

$$\frac{dw_{P,i}}{d\tau} = \left[\frac{w_{g,i} - w_{P,i}}{\tau_P} + g_i \left(1 - \frac{\varrho_g}{\varrho_P}\right) \right] \quad (2.336)$$

Die Partikel-Relaxationszeit entspricht der Zeit, welche ein Partikel benötigt, um 63,2 % seiner stationären Geschwindigkeit zu erreichen, und stellt ein Maß für die Fähigkeit des Teilchens dar, sich einer Änderung der Fluidgeschwindigkeit anzupassen.

Gl. (2.336) stellt ein Anfangswertproblem dar, welches durch unterschiedliche Ansätze wie z.B. Einschritt- (z.B. Polygonzugverfahren von Euler-Cauchy oder Runge-Kutta-Verfahren), Mehrschritt- (z.B. das explizite Verfahren von Adam-Bashforth oder das Prädiktor-Korrektor-Verfahren von Adams-Moulton), Extrapolationsverfahren (z.B. das nach Bulirsch-Stoer-Gragg) oder halbanalytische Verfahren lösbar ist. Mehrschrittverfahren benötigen zunächst die Lösung der Differentialgleichung von mehreren zuvor berechneten Schritten, welche mittels eines Einschrittverfahrens bestimmt werden müssen. Ihre Verwendung ist daher bei der Lösung der Bewegungsgleichung für das Partikel nur eingeschränkt sinnvoll. Einen sehr hohen Rechenaufwand benötigen die Extrapolationsverfahren, weshalb diese bei der Berechnung von Zweiphasenströmungen gewöhnlich nicht zum Einsatz kommen. Als weiterführende Literatur zu den Einschritt- und Mehrschrittverfahren sei u.a. auf (Ames 1977), (Stiefel 1970), (Press 1992) oder (Dahmen 2006) verwiesen. Einen halbanalytischen Ansatz der Form

$$w_{P,i}(\tau + \Delta\tau) = w_{g,i} - [w_{g,i} - w_{P,i}(\tau)]e^{-\frac{\Delta\tau}{\tau_P}} +$$
$$g_i \tau_P \left(1 - \frac{\varrho_g}{\varrho_P}\right)\left(1 - e^{-\frac{\Delta\tau}{\tau_P}}\right) \quad (2.337)$$

zur Lösung der Gl. (2.336) geben (Fischer 1999) oder (Ro 1992) an.

128 Umwandlung und Transport von Masse, Impuls, Energie und Stoffen

Die Position des Partikels im Raum lässt sich aus der Partikelgeschwindigkeit

$$w_{P,i} = \frac{dx_{P,i}}{d\tau} \qquad (2.338)$$

mittels eines einfachen Differenzenverfahrens

$$x_{P,i}(\tau + \Delta\tau) = x_{P,i}(\tau) + 0,5\left[w_{P,i}(\tau) + w_{P,i}(\tau + \Delta\tau)\right]\Delta\tau \qquad (2.339)$$

berechnen.

Ist die betrachtete Strömung reaktionsbehaftet (physikalische oder chemische Reaktionen), so muss eine Massenbilanz für jede einzelne Spezies des betrachteten Partikels entlang seiner Flugbahn gelöst werden. Handelt es sich zusätzlich auch noch um eine nicht-isotherme Strömung, so muss auch die Energiebilanz für das Partikel im Modell implementiert und gelöst werden.

Koppelung der dispersen Phase mit der Gasphase

Die Koppelung der kontinuierlichen mit der dispersen Phase erfolgt über die in den Transportgleichungen beider Phasen zu implementierenden Quell- und Senkterme. Die Änderung der Bilanzgröße eines Partikels $\Delta\phi_P$ zwischen den Stützstellen ist aus der Berechnung der Partikeltrajektoren bekannt. Daraus lässt sich derjenige Anteil der Änderung $\Delta\phi_P^{rel}$ ermitteln, welcher einen Einfluss auf Transportgrößen der kontinuierlichen Phase hat. Dazu ist es notwendig, die Änderung der Bilanzgröße eines Partikels $\Delta\phi_P$ innerhalb eines Kontrollvolumens KV der kontinuierlichen Phase zu bestimmen.

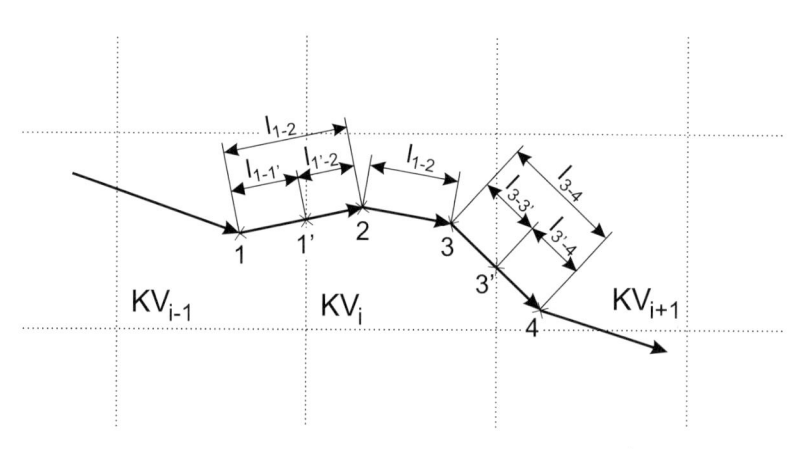

Abb. 2.31. Ermittlung der Partikelbilanzgrößenanteile $\Delta\phi_P^{rel}$ in einem Kontrollvolumen

Abb. 2.31 zeigt die Flugbahn eines Partikels mit vier Stützstellen in einem 2-dimensionalen Rechengitter für die kontinuierliche Gasphase. KV_{i-1} bis KV_{i+1} bezeichnen die Kontrollvolumina der Gasphase; die Ziffern 1 bis 4 die Stützstellen der dispersen Phase. Wie der Darstellung zu entnehmen ist, liegen die Stützstellen der Partikeltrajektorien innerhalb der Kontrollvolumina von KV_{i-1} bis KV_{i+1}. Für das Kontrollvolumen i soll nun der Anteil an der Änderung der Bilanzgröße des Partikels am Quellterm bestimmt werden. Dazu ist es notwendig, die Schnittpunkte der Partikelflugbahn mit den Rändern des Kontrollvolumens zu ermitteln. Die Änderung der Bilanzgröße $\Delta\phi_P^{rel}$ wird linear gemäß den in den einzelnen Volumina zurückgelegten Weg aufgeteilt. Der Anteil des einzelnen Teilchens der Größenklasse k am Quellterm des Kontrollvolumens i beträgt

$$S_{\phi P, kj} = \frac{l_{1'-2}}{l_{1-2}}\Delta\phi_{P,1-2}^{rel} + \frac{l_{2-3}}{l_{2-3}}\Delta\phi_{P,2-3}^{rel} + \frac{l_{3-3'}}{l_{3-4}}\Delta\phi_{P,3-4}^{rel} \qquad (2.340)$$

Bezeichnen m und n zwei aufeinander folgende Stützstellen und belädt man die Flugbahn mit einem Teilchenstrom $\dot{N}_{P,j}$, so lässt sich Gl. (2.340) wie folgt darstellen:

$$S_{\phi P, kj} = \dot{N}_{P,j} \sum \left(\frac{l_{m-n}^{KV}}{l_{m-n}} \Delta\phi_{P,m-n}^{rel} \right) \qquad (2.341)$$

l_{m-n}^{KV} bezeichnet diejenige Strecke zwischen den Stützstellen m und n, welche innerhalb des Kontrollvolumens i liegt. Summation über alle in einem Kontrollvolumen durch die einzelnen Partikeltrajektorien hervorgerufenen Quellterme liefert die gesamte, mit der kontinuierlichen Phase ausgetauschte Bilanzgröße.

$$S_{\phi P} = \sum_{j\ in\ KV} \left[\dot{N}_{P,j} \sum \left(\frac{l_{m-n}^{KV}}{l_{m-n}} \Delta\phi_{P,m-n}^{rel} \right) \right] \qquad (2.342)$$

Vergleich der beiden Ansätze zur Beschreibung der Gas-Feststoff-Strömung

Das Zwei-Fluid-Modell hat hinsichtlich der Programmentwicklung einen großen Vorteil gegenüber dem Euler-Lagrange-Ansatz, da die allgemeine Transportgleichung für beide Phasen ihre Gültigkeit besitzt und einzelne Programmteile durch geringe Modifikation für die zweite Phase genützt werden können. Das Zwei-Fluid-Modell besitzt in all jenen Fällen einen Vorteil gegenüber dem Euler-Lagrange-Ansatz, bei denen eine hohe Partikelbeladung vorliegt und wo die hohe Porosität der Strömung eine dominierende Größe wird. Des Weiteren ist die für Konvergenz notwendige Rechenzeit beim Zwei-Fluid-Modell geringer, da für die zusätzlichen Teilchenkollektive weniger Transportgleichungen gelöst werden müssen. Müssen jedoch mehrere Partikelgrößenklassen berechnet werden, so reduziert sich der Vorteil der schnelleren Berechnung wieder, da für jede Klasse eine eigene Bilanzgleichung gelöst werden muss. Nach (Durst 1984) reagiert das Zwei-Fluid-Modell sehr empfindlich auf die Diskretisierung des Rechengitters. Dieses sollte daher möglichst fein unterteilt sein. Durch die numerische Diffusion im Zwei-Fluid-Modell kommt es zu Abweichungen in den Ergebnissen zum Euler-Lagrange-Ansatz. Diese stellt jedoch bei der Berechnung der Partikelflugbahnen kein Problem dar.

Abhilfe kann ein Diskretisierungsschema höherer Ordnung für die Partikelphase liefern. Nach (Crowe 1998) kann dies auch durch ein feineres Gitter erreicht werden.

Ein wesentlicher Vorteil des Euler-Lagrange-Ansatzes liegt in der Berechnung der Partikelflugbahn und des Aufenthaltortes der Partikel. Es können daher z.B. komplexere Abbrandmodelle in das Programm implementiert werden oder auch Aussagen über mögliche Verschmutzungsvorgänge an den Wänden des Kessels getroffen werden ((Müller 1997)). Weiters kann eine große Partikelgrößenverteilung betrachtet werden, da jede Partikeltrajektorie mit einer anderen Partikelgröße berechnet werden kann. Nachteilig ist, dass auf Grund der hohen Rechenzeit nur eine begrenzte Anzahl an repräsentativen Teilchen betrachtet werden kann. Diese so erhaltenen Flugbahnen werden mit einem Teilchenstrom $\dot{N}_{P,j}$, bestehend aus $n_{P,j}$ Partikel, welche alle den gleichen Startpunkt und Durchmesser sowie die gleiche Anfangsbedingung haben, beladen. Aus diesen muss dann auf das Verhalten aller Partikel geschlossen werden. Es wurden daher zur genaueren Beschreibung der Partikel-Dispersion bereits Modelle vorgeschlagen, welche eine radiale Verteilung der Teilchen entlang der Flugbahn berücksichtigen. (Schulz 1994) schlägt dazu vor, die Feststoffverteilung entlang der Flugbahn mittel eines Gauß'schen Fahnenmodells, welches für die Berechnung von Gasausbreitungen benützt wird, zu modellieren. Ein weiterer Ansatz beruht auf den Langevin-Gleichungen ((Sommerfeld 1993b)). Einen Überblick zu den unterschiedlichen Ansätze gibt (Sommerfeld 1993a).

2.7.3 Kondensation reiner Dämpfe

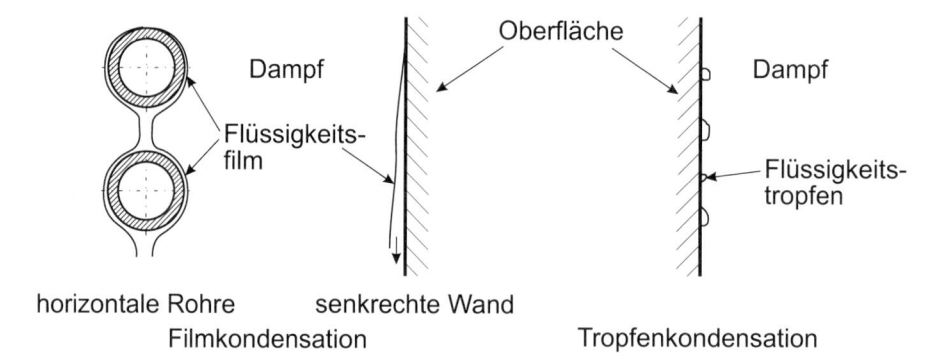

Abb. 2.32. Erscheinungsformen der Kondensation an der Wand- bzw. an der horizontalen Rohroberfäche

Kondensation tritt auf, wenn Dampf mit einer Oberfläche in Kontakt kommt, die eine Temperatur aufweist, welche unterhalb der Sattdampftemperatur des Dampfes liegt. Abb. 2.32 zeigt die beiden grundsätzlichen Formen der Kondensation – die Film- und die Tropfenkondensation – an einer ebenen Wand bzw. äußeren Rohroberfläche.

Die **Tropfenkondensation** ist dadurch gekennzeichnet, dass an der Oberfläche der Wand Tropfen entstehen, welche jedoch keinen kontinuierlichen Film entstehen lassen. Die Oberfläche der Wand wird dabei nicht vollständig benetzt. Der „Lebenszyklus" eines Tropfens beginnt mit der Entstehung von mikroskopisch kleinen Tropfen an der Wandoberfläche, welche in Abhängigkeit der Dampfkondensation an der Wand sehr rasch anwachsen und mit den benachbarten Tropfen zusammenfließen. Die Wachstumsgeschwindigkeit wird durch den Wärmeleitwiderstand in den Tropfen und teilweise auch durch den Wärmewiderstand an der Phasengrenze zum Dampf bestimmt ((Baehr 1994)). Die Wachstumsgeschwindigkeit ist damit nur vom jeweiligen Tropfenradius und der treibenden Temperaturdifferenz abhängig. Dies wurde auch experimentell von (Krischer 1971) bestätigt. Die Tropfenbildung erfolgt auch nicht örtlich stationär, da der sich bildende Tropfen seine Position an der Oberfläche ständig verändert. Nach Erreichen einer kritischen Tropfengröße werden die adhäsiven Kräfte auf Grund der Oberflächenspannung von der Gravitation oder den Scherkräften überwunden, und der Tropfen fließt ab. Es bleibt eine annähernd trockene Oberfläche zurück, an der sich ein neuer Tropfen ausbilden und somit ein neuer Zyklus beginnen kann. Bei der Tropfenkondensation steht der Dampf in direktem Kontakt mit der kalten Oberfläche. Daher sind die Wärmeübergangskoeffizienten signifikant höher als bei der Filmkondensation[4]. So wurden bei der Kondensation von Wasserdampf um den Faktor vier bis acht größere Wärmeübergangskoeffizienten gemessen. Eine technische Verwirklichung der Tröpfchenkondensation ist jedoch sehr schwierig. Es wurden zwar Materialien entwickelt, welche eine Tropfenkondensation begünstigen, jedoch nimmt nach (Whalley 1996) die Wirksamkeit mit der Lebensdauer des Bauteils ab. Es erfolgt daher in der Praxis das Design von Kondensatoren mittels des niedrigeren Wärmeübergangskoeffizienten für Filmkondensation. Eine ausführliche Zusammenfassung zum Thema der Tropfenkondensation geben u.a.(Baehr 1994) oder (Collier 1994).

Bei der **Filmkondensation** formt das entstehende Kondensat einen kontinuierlichen Film auf der kalten Oberfläche. Die latente Wärme (Verdampfungswärme) des Dampfes wird dabei von der Grenzfläche zwischen der gasförmigen- und flüssigen Phase des Fluids, dem Entstehungsort des Kondensats, durch Wärmeleitung im Film an die kalte Oberfläche der Wand transportiert. Im Gegensatz zur Tropfenkondensation entwickelte (Nußelt 1916) bereits 1916 eine Theorie zur Berechnung des Wärmeübergangs bei der laminaren Filmkondensation, welche durch Versuche bestätigt wurde. In der Literatur wird diese Theorie auch als *Nußelt'sche Wasserhauttheorie* bezeich-

---

[4] Ein Ausnahme stellt die Kondensation von Metalldämpfen dar; auf Grund der hohen Wärmeleitfähigkeit der flüssigen Metalle unterscheiden sich die Wärmeübergänge bei Film- und Tropfenkondensation nur geringfügig (Tanaka 1981).

net und soll im Folgenden anhand des Beispiels der Filmkondensation an einer senkrechten Wand erörtert werden.

Folgende Vereinfachungen bei der Herleitung des Wärmeübergangskoeffizienten wurden von Nußelt getroffen:

- Die Strömung des Kondensatfilmes ist laminar,
- die Stoffwerte seien konstant,
- eine Unterkühlung des Kondensats wird vernachlässigt,
- es erfolgt kein Impulsaustausch durch den Film,
- der Dampf ist stationär und übt keinen Widerstand auf die Abwärtsströmung des Films aus ($\frac{\partial w}{\partial y} = 0$), und
- der Wärmetransport durch den Flüssigkeitsfilm erfolgt rein durch Leitung.

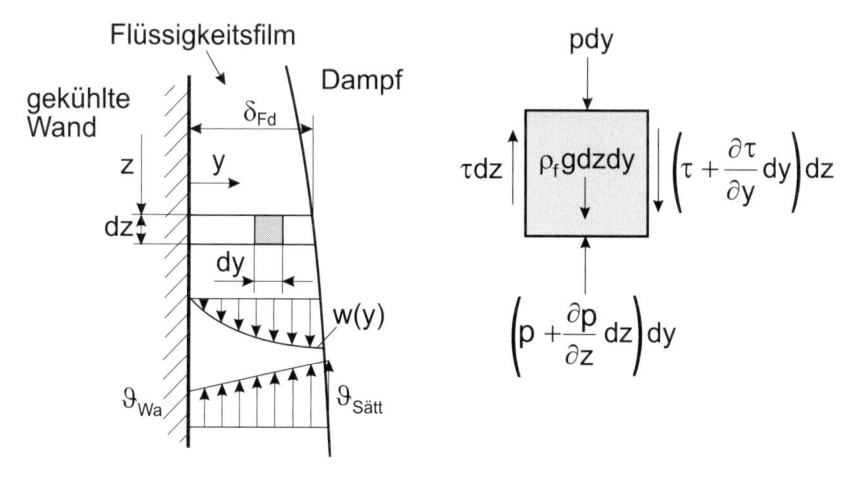

Abb. 2.33. Laminarer Kondensatfilm an der vertikalen Wand

Wie Abb. 2.33 zeigt, soll gesättigter Dampf der Temperatur $\vartheta_{Sätt}$ an einer vertikalen Wand der Temperatur ϑ_{Wa} kondensiert werden. Dabei bildet sich ein zusammenhängender Kondensatfilm, welcher unter dem Einfluss der Gravitation nach unten fließt. Die Dicke des Kondensatfilms δ_{Fd} nimmt dabei stetig zu. Eine Kräftebilanz in Richtung der z-Koordinate um das in Abb. 2.33 dargestellte differentielle Volumselement liefert:

$$\frac{\partial \tau}{\partial y} - \frac{\partial p}{\partial z} + \varrho_f g = 0 \qquad (2.343)$$

Betrachtet man den Dampfraum, so gilt:

$$\frac{\partial p}{\partial z} - \varrho_g g = 0 \qquad (2.344)$$

Substitution des Ausdruckes $(\partial p/\partial z)$ in der Gl. (2.343) durch Gl. (2.344) ergibt

$$\frac{\partial \tau}{\partial y} = -(\varrho_f - \varrho_g)\, g \qquad (2.345)$$

Eine Integration der Gl. (2.345) von y nach δ_{Fd} resultiert in einer Beziehung für die Schubspannungsverteilung im Film.

$$\tau = -(\varrho_f - \varrho_g)\, g\, (\delta_{Fd} - y) \qquad (2.346)$$

Nach Gl. (2.346) ist die Schubspannung τ an der Stelle $y = \delta_{Fd}$ identisch null, was der oben getroffenen Annahmen eines stationären Dampfes entspricht. Für die laminare Strömung einer Newton'schen Flüssigkeit kann die Schubspannung τ durch

$$\tau = \mu_f \frac{\partial w}{\partial y} \qquad (2.347)$$

ersetzt werden. Einsetzten der Gl. (2.347) in die Gl. (2.346) und anschließende Integration mit der Bedingung $w = 0$ an der Stelle $y = 0$ liefert das Geschwindigkeitsprofil an einer beliebigen Stelle y im Kondensatfilm

$$w = \frac{(\varrho_f - \varrho_g)\, g}{\mu_f} \left(\delta_{Fd}\, y - \frac{y^2}{2} \right) \qquad (2.348)$$

Die lokal abfließende Kondensatmassenstromdichte pro Tiefeneinheit $\dot{m}$ ist gegeben durch

$$\dot{m} = \int_0^{\delta_{Fd}} \varrho_f\, w\, \mathrm{d}y = \frac{\varrho_f (\varrho_f - \varrho_g)\, g\, \delta_{Fd}^3}{3\, \mu_f} \qquad (2.349)$$

Die Zunahme der Kondensatmassenstromdichte mit der Filmdicke folgt zu

$$\frac{\mathrm{d}\dot{m}}{\mathrm{d}\delta_{Fd}} = \frac{\varrho_f (\varrho_f - \varrho_g)\, g\, \delta_{Fd}^2}{\mu_f} \qquad (2.350)$$

Bei vernachlässigbarer konvektiver Wärmeübertragung ist zur Bildung des Kondensatmassenstromes $d\dot{m}$ ein Wärmestrom $\mathrm{d}\dot{Q} = r\, \mathrm{d}\dot{m}$ durch Wärmeleitung abzuführen, wobei r die Verdampfungswärme darstellt. Unter der Voraussetzung eines entsprechend der Abb. 2.33 linearen Temperaturverlaufes im Kondensatfilm zwischen der Temperatur des gesättigten Dampfes $\vartheta_{Sätt}$ und der gekühlten Wandtemperatur ϑ_{Wa} ergibt sich der abzuführende Wärmestrom an einem Element der Länge $\mathrm{d}z$ pro Tiefeneinheit zu

$$\mathrm{d}\dot{Q} = \lambda_f\, \frac{\vartheta_{Sätt} - \vartheta_{Wa}}{\delta_{Fd}}\, \mathrm{d}z \qquad (2.351)$$

Mit $\mathrm{d}\dot{Q} = r\, \mathrm{d}\dot{m}$ und Gl. (2.350) kann Gl. (2.351) übergeführt werden in

$$\lambda_f\, \frac{\vartheta_{Sätt} - \vartheta_{Wa}}{\delta_{Fd}}\, \mathrm{d}z = r\, \frac{\varrho_f (\varrho_f - \varrho_g)\, g\, \delta_{Fd}^2}{\mu_f}\, \mathrm{d}\delta_{Fd} \qquad (2.352)$$

Die Dicke des Kondensatfilms an einer Stelle z ergibt sich unter Beachtung von $\delta_{Fd}(z=0) = 0$ durch die Separation der Variablen in Gl. (2.352) und anschließender Integration zu

$$\delta_{Fd} = \left[\frac{4\,\lambda_f\,\mu_f(\vartheta_{Sätt} - \vartheta_{Wa})}{\varrho_f(\varrho_f - \varrho_g)\,g\,r}\,z\right]^{\frac{1}{4}} \qquad (2.353)$$

Wie der Gl. (2.353) zu entnehmen ist, wächst die Kondensatfilmdicke mit der vierten Wurzel aus der Lauflänge an. Der örtliche Wärmeübergangskoeffizient α an einer Stelle z kann auf Grund des linear vorausgesetzten Temperaturprofiles mit

$$\alpha = \frac{\lambda_f}{\delta_{Fd}} \qquad (2.354)$$

angegeben werden. Elimination der örtlichen Filmdicke durch eine Kombination der Gleichungen (2.354) und (2.353) führt zur Beziehung

$$\alpha = \left[\frac{\varrho_f(\varrho_f - \varrho_g)\,g\,\lambda_f^3\,r}{4\,\mu_f(\vartheta_{Sätt} - \vartheta_{Wa})}\frac{1}{z}\right]^{\frac{1}{4}} \qquad (2.355)$$

für den örtlichen Wärmeübergangskoeffizienten. Der mittlere Wärmeübergangskoeffizient $\overline{\alpha}$ für eine Wand der Höhe H lässt sich durch Integration der Gl. (2.355) ermitteln.

$$\overline{\alpha} = \frac{1}{H}\int_0^H \alpha\,\mathrm{d}z = 0{,}943\left[\frac{\varrho_f(\varrho_f - \varrho_g)\,g\,\lambda_f^3\,r}{\mu_f(\vartheta_{Sätt} - \vartheta_{Wa})}\frac{1}{H}\right]^{\frac{1}{4}} \qquad (2.356)$$

Betrachtet man Gl. (2.356) eingehender, so erkennt man, dass der Wärmeübergangskoeffizient mit sinkender Temperaturdifferenz zwischen der Wandoberfläche und der Sättigungstemperatur des Dampfes ($\vartheta_{Sätt} - \vartheta_{Wa}$) sowie einer geringen Wandhöhe H zunimmt.

Obige Beziehung kann auch für die Berechnung des Kondensatfilms an der Außen- bzw Innenwand von Rohren verwendet werden, wenn der Rohrdurchmesser sehr viel größer ist als die Filmdicke δ_{Fd} und die Effekte auf Grund der Dampfscherspannung gering sind.

(Bromley 1952) erweiterte die Nußelt-Theorie durch die Einbeziehung der Unterkühlung des Kondensats in die Wärmebilanz. Dazu muss in Gl. (2.356) die Verdampfungswärme r durch die modifizierte Verdampfungswärme

$$r_{mod} = r + \frac{3}{8}\,c_{pf}(\vartheta_{Sätt} - \vartheta_{Wa}) \qquad (2.357)$$

ersetzt werden. Die Annahme eines linearen Temperaturprofils im Kondensatfilm wird dabei jedoch beibehalten. Die Bildung des Kondensats ist jedoch ein kontinuierlicher Vorgang, und es kann sich daher kein lineares Temperaturprofil ausbilden. Um dies zu berücksichtigen, sollte der Faktor 3/8 in Gl. (2.357) nach (Rohsenow 1956) durch den Wert 0,68 ersetzt werden.

Erreicht die mit der Filmdicke δ_{Fd} und der mittleren Geschwindigkeit $\overline{w} = \dot{m}/\varrho_f \delta_{Fd}$ gebildete Reynoldszahl den Wert von ca. 400, so erfolgt ein Umschlag von der laminaren zu einer turbulenten Strömungsform. Durch Anwendung der Prandtl-Analogie für die Rohrstömung auf die turbulente Kondensathaut hat (Grigull 1942) als Erster näherungsweise den Wärmeübergang bei der turbulenten Filmkondensation berechnet. Der laminar-turbulente Umschlag der Kondensation erfolgt jedoch nicht plötzlich, sondern es bildet sich im Bereich von ca. $4 < Re < 400$ ein Übergangsgebiet aus. In diesem Übergangsgebiet kommt es zur Bildung eines welligen Kondensatfilms, was zu einer Erhöhung des Wärmeübergangskoeffizienten führt. Der Beginn des Übergangsgebiets erfolgt bei sehr kleinen Reynolds-Zahlen, wenn die Prandtl-Zahl hinreichend groß ist.

Die laminare Filmkondensation an der Außenseite eines horizontalen Rohres wurde das erste Mal von (Nußelt 1916) unter Zuhilfenahme der Nußelt'schen Wasserhauttheorie untersucht. Die Herleitung der Beziehung für den mittleren Wärmeübergangskoeffizient $\overline{\alpha}$ erfolgte – ähnlich der Gl. (2.356) für die Filmkondensation der vertikalen Wand – unter Vernachlässigung der Dampfschubspannung.

Als Resultat erhält man folgende Beziehung:

$$\overline{\alpha} = 0,728 \left[\frac{\varrho_f(\varrho_f - \varrho_g)\, g\, \lambda_f^3\, r}{d_a\, \mu_f (\vartheta_{Sätt} - \vartheta_{Wa})} \right]^{\frac{1}{4}} \quad (2.358)$$

Gl. (2.358) entspricht bis auf den konstanten Faktor von 0,728 exakt der Gl. (2.356). Der Faktor in Gl. (2.358) ist kleiner, da der Kondensatfilm auf einem Rohr tendenziell eine größere Dicke aufweist. Eine halbempirische und experimentell überprüfte Beziehung für den mittleren Wärmeübergangskoeffizienten eines Einzelrohres, welche die Schubspannung berücksichtigt, gibt (Fujii 1982) an.

$$\overline{Nu} = \sqrt{Re_{2ph}}\, \frac{l}{d_a} \left[0,99 - 0,26 \frac{\sqrt{5\,b} - 1}{\sqrt{5\,b} + 1} \right] b^{\frac{1}{4}} \quad (2.359)$$

mit

$$l = \left(\frac{\nu^2}{g}\right)^{\frac{1}{3}}, \quad b = \frac{Pr}{FrPh}, \quad Fr = \frac{w_\infty^2}{g\, d_a} \quad \text{und} \quad Re_{2ph} = \frac{w_\infty \varrho_f d_a}{\mu_f} \quad (2.360)$$

l bezeichnet die charakteristische Länge und w_∞ die Anströmgeschwindigkeit des Dampfes. Die zweiphasige Reynolds-Zahl Re_{2ph} wird mit der Anströmgeschwindigkeit des Dampfes und den Stoffwerten des Kondensats gebildet.

Die typischen Wärmeübergangszahlen eines horizontalen Rohres sind größer als die für eine ebene Platte. Daher werden Kondensatorrohre normalerweise horizontal und nicht vertikal angeordnet.

136 Umwandlung und Transport von Masse, Impuls, Energie und Stoffen

Kondensatoren bestehen jedoch aus einer Vielzahl an parallel geschalteten Rohre. Es ist daher notwendig, die für das Einzelrohr erhaltene Lösung auf das Rohrbündel zu übertragen. Das Rohrbündel unterscheidet sich vom Einzelrohr u.a. in folgenden Punkten:

- Die einzelnen Kühlrohre beeinflussen sich gegenseitig, was eine Störung der Dampfströmung bewirkt.
- Die Strömung des Kondensats ist immer mit einer Dampfschubspannung behaftet, da der Dampf in das Rohrbündel eingesaugt wird.
- Die Effekte der lokalen Dampfgeschwindigkeit und die Überflutung[5] des für den Dampf verfügbaren freien Raums durch das Kondensat (s. Abb. 2.34). Dies verhindert die Dampfspülung und führt zu einer Unterkühlung des Kondensats.

Tropfenform   Säulenform   Blattform

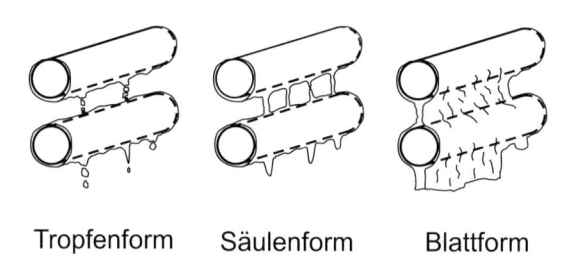

Abb. 2.34. Strömungsformen des Kondensats an horizontalen Rohrreihen

Abb. 2.34 zeigt schematisch mögliche Strömungsformen des Kondensats in Abhängigkeit von der Kondensatmassenstromdichte. Mit ansteigender Massenstromdichte ändert sich die Strömungsform des Kondensats von der Tropfen- über die Säulen- hin zur Blattform (im Engl. als Sheet mode bezeichnet). Im Folgenden sollen die Strömungsformen kurz erläutert werden:

- **Tropfenform:** (Droplet mode) Die Flüssigkeit fließt vom oberen zum darunter gelegenen Rohr als individueller Tropfen. Die Tropfengröße ist dabei von den Stoffgrößen des Kondensats wie z.B. Dichte, Oberflächenspannung und Viskosität abhängig.
- **Säulenform:** (Column mode) Bei höherer Strömungsrate des Kondensats wachsen die Tropfen zusammen und formen einzelne Säulen zwischen den übereinander liegenden Rohren. Dabei trifft das Fluid der Kondensatsäulen auf das darunter liegende Rohr auf und breitet sich entlang des Rohres aus, während es entlang des Rohrumfangs nach unten fließt. Auf der Rohrunterseite bilden sich erneut Kondensatsäulen aus. Diese Kondensatsäulen

---

[5] Mit Überflutung wird jener Vorgang während der Kondensation bezeichnet, bei dem das Kondensat vom oberen auf das darunter liegende Rohr fließt und dort die mittlere Filmdicke erhöht.

von einem Rohr zum nächsten können sich sowohl in fluchtend als auch in versetzt angeordneten Rohren ausbilden.
- **Blattform:** (Sheet mode) Liegen sehr hohe Kondensatströmungsraten vor, so kann es zu einem Zusammenwachsen der Säulen und der Ausbildung einzelner kurzer Flüssigkeitswände von einem Rohr zum nächsten kommen. Diese Strömungsform hat nur dann Bestand, wenn genug Flüssigkeit zur Verfügung steht und der Rohrabstand genügend klein ist, um ein Abreißen der Flüssigkeitswand zu verhindern. In versetzten Rohranordnungen kann im Falle einer instabilen Kondensatwand diese brechen und mit dem am nächsten gelegenen nicht fluchtenden Rohr eine neue Flüssigkeitswand bilden. In diesem Fall erreicht der Kondensatfilm nicht mehr das fluchtend angeordnete Rohr.

Die von Nußelt angegebene Gl. (2.358) für den mittleren Wärmeübergangskoeffizienten $\overline{\alpha}$ an einem einzelnen horizontalen Rohr kann auf eine Beziehung für eine *fluchtend angeordnete Rohrreihe* erweitert werden. Dabei ist jedoch zu berücksichtigen, dass die oben getätigten Annahmen weiterhin ihre Gültigkeit besitzen (z.B. laminare Strömung, Vernachlässigung der Dampfscherspannung ...). Des Weiteren wird vorausgesetzt, dass das Kondensat immer im „sheet mode" auf das darunter liegende Rohr abfließt und die Temperaturdifferenz $(\vartheta_{Sätt} - \vartheta_{Wa})$ für alle Rohre konstant bleibt. Gl. (2.358) wird für eine Anordnung mit n_R Rohren somit zu:

$$\overline{\alpha}_n = 0,728 \left[\frac{\varrho_f (\varrho_f - \varrho_g) \, g \, \lambda_f^3 \, r}{n_R \, d_a \mu_f (\vartheta_{Sätt} - \vartheta_{Wa})} \right]^{\frac{1}{4}} \quad (2.361)$$

Durch die stetige Zunahme der Filmdicke auf den tiefer liegenden Rohren nimmt der mittlere Wärmeübergangskoeffizient $\overline{\alpha}$ ab.

Bildet man nun das Verhältnis des mittleren Wärmeübergangskoeffizienten für eine Anordnung mit n_R Rohren (Gl. (2.361)) zum mittleren Wärmeübergangskoeffizienten für ein Rohr (Gl. (2.358)), so ergibt sich dieses zu:

$$\frac{\overline{\alpha}_n}{\overline{\alpha}} = n_R^{-\frac{1}{4}} \quad (2.362)$$

Die Korrektur für das j-te Rohr eines Rohrbündels mit n_R Rohren ergibt sich nach Nußelt zu:

$$\frac{\overline{\alpha}_j}{\overline{\alpha}} = j^{\frac{3}{4}} - (j-1)^{\frac{3}{4}} \quad (2.363)$$

Auf Grund seiner experimentellen Ergebnisse schlug (Kern 1958) vor, den Exponenten in Gl. (2.362) von 1/4 auf 1/6 zu ändern, da die Auslegung der Kondensatoren mittels Gl. (2.362) auf zu niedrige Werte für den mittleren Wärmeübergangskoeffizienten des Bündels führt und damit zu konservativ ist. Für das thermische Design von Kondensatoren stellt die korrigierte Beziehung der Gl. (2.362) heute eine der gebräuchlichsten Beziehungen dar.

138 Umwandlung und Transport von Masse, Impuls, Energie und Stoffen

Obige Beziehungen zur Berechnung des mittleren Wärmeübergangskoeffizienten für ein Rohrbündel sind im Falle von zu großen Rohrverbänden mit versetzter Rohranordnung, bei denen die Kondensatabflussbilder weitgehend von der Nußelt-Vorstellung abweichen bzw. bei denen signifikante Dampfschubspannungen vorliegen, für die Auslegung von Kondensatoren nicht geeignet. Eine ausführliche Darstellung zur Ermittlung der Wärmeübergangszahl in diesen Fällen ist u.a. (Collier 1994) oder (Marto 1998) zu entnehmen.

Erfolgt die **Filmkondensation eines reinen Dampfes im inneren eines Rohres**, so können in Abhängigkeit von der Orientierung und Länge des Rohres, der Kühlung entlang der Rohrachse und der Stoffwerte des zu kondensierenden Fluids unterschiedliche Strömungsformen, wie sie z.B. in Abb. 2.35 für das horizontale Rohr dargestellt sind, auftreten. Dies hat zur Folge, dass der Wärmeübergang sowie der zweiphasige Druckabfall entlang der Rohrachse mit der Strömungsform und somit mit der Gas-Flüssigkeitsverteilung variiert.

Überhitzter Dampf tritt in das horizontale Kondensatorrohr ein, wobei die

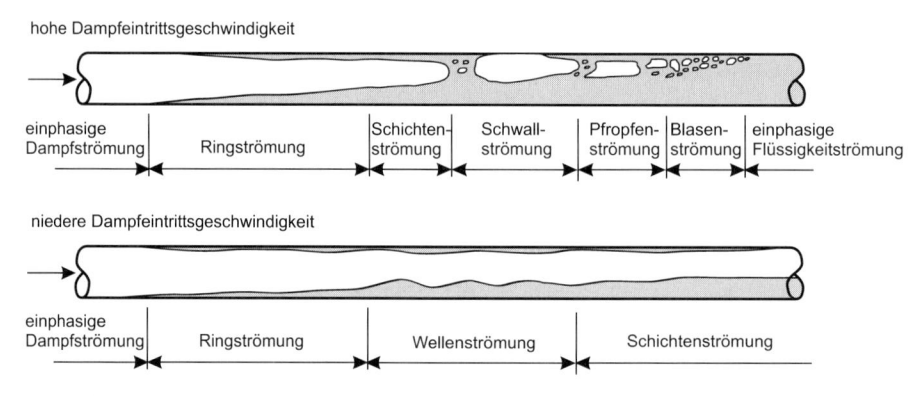

Abb. 2.35. Strömungsformen bei der Kondensation im horizontalen Rohr

Dampfgeschwindigkeit wahrscheinlich hoch genug für eine turbulente Strömung ist. Hat die Rohrwand eine gegenüber der örtlichen Sattdampftemperatur des Fluids höhere Temperatur, so können die Beziehungen zur Berechnung des einphasigen konvektiven Wärmeübergangs, wie sie in Kapitel 2.4.1 dargestellt sind, zur Anwendung kommen. Liegt die Temperatur der Rohrwand jedoch unter der örtlichen Sattdampftemperatur des Fluids, so beginnt die Kondensation des Dampfes, und es kommt in weiterer Folge zur Ausbildung eines Flüssigkeitsfilms entlang des inneren Rohrumfangs (Ringströmung). Der Dampf im Kern der Strömung ist dabei weiterhin überhitzt. Mit zunehmender Kondensation des Dampfes kommt es zu einer Abnahme der Dampfgeschwindigkeit, und die Filmdicke des Kondensats nimmt zu. In Abhängigkeit von der Orientierung des Rohres und der Größe der Dampfscherspannung im Vergleich zur Schwerkraft kann es zur Ausbildung einer Schichtenströmung kommen. Die Filmdicke ist dabei auf Grund der Gravitation am Rohrboden stärker als am oberen Umfang des Rohres. Mit zunehmendem Kondensat kann es zur Ausformung von Schwall-, Pfropfen- und Blasenströmung kommen. Ist die Kühlung des Rohres ausreichend gut, so tritt am Rohrende eine einphasige Flüssigkeit, welche unterkühlt sein kann, aus.

Ist die Dampfeintrittsgeschwindigkeit in das Kondensatorrohr klein, so kommt es zwar zur Ausbildung einer Ringströmung, welche jedoch rasch in eine wellenförmige Strömung mit ihren charakteristisch großen Amplituden oder in eine Schichtenströmung transformiert wird. Füllt die bei der Kondensation entstehende Flüssigkeit nicht den gesamten Querschnitt des Rohres aus, so kann Dampf das Rohrende erreichen und dieses, ohne zu kondensieren, verlassen.

Zur Beurteilung der vorliegenden Strömungsform wurden zahlreiche Strömungskarten wie z.B. von (Tandon 1982), (Breber 1980), (Rahman 1985) oder (El Hajal 2003) entwickelt.

Der Wärmeübergangskoeffizient bei der Kondensation im horizontalen Rohr muss in Abhängigkeit von der vorliegenden Strömungsform erfolgen. Die *Schichtenströmung* ist verbunden mit einer niedrigen Dampfgeschwindigkeit und wird von der Schwerkraft dominiert (geringe Scherkräfte an der Grenzfläche zwischen Dampf und Flüssigkeit). In diesem Fall bildet das Kondensat einen dünnen laminaren Film an der oberen Wandoberfläche, welcher entlang des Umfangs auf Grund der Gravitation nach unten fließt, wo sich das Kondensat sammelt. Diese Problemstellung wurde als erstes von (Chato 1962) untersucht. Die für eine laminare Filmkondensation an der Außenseite eines horizontalen Rohres von Nußelt hergeleitete Gl. (2.358) kann auch auf die Oberseite des Rohres angewendet werden, da der Wärmeübergang im Kondensat am Rohrboden vernachlässigbar ist (Marto 1998). Der mittlere Wärmeübergangskoeffizient über den Umfang ergibt sich somit zu einer modifizierten Nußelt-Beziehung

$$\overline{\alpha} = b \left[\frac{\varrho_f (\varrho_f - \varrho_g) g \lambda_f^3 r}{d_a \mu_f (\vartheta_{Sätt} - \vartheta_{Wa})} \right]^{\frac{1}{4}} \quad (2.364)$$

Der Koeffizient b ist abhängig von jenem Anteil des Rohrumfangs, welcher vom Kondensatfilm überstrichen wird. (Jaster 1976) konnten zeigen, dass der Koeffizient b mit dem Gasvolumenanteil α_{fg} zusammenhängt.

$$b = 0,728\, \alpha_{fg}^{\frac{3}{4}} \quad (2.365)$$

mit dem Gasvolumenanteil nach (Zivi 1964)

$$\alpha_{fg} = \frac{1}{1 + \dfrac{1-x_D}{x_D} \left(\dfrac{\varrho_g}{\varrho_f} \right)^{\frac{2}{3}}} \quad (2.366)$$

Liegen höhere Dampfgeschwindigkeiten vor, so weicht die Strömung von der oben idealisierten Schichtenströmung ab, und es liegt eine *Wellenströmung* vor. Das hat zur Konsequenz, dass der Wärmeübergang des Kondensats am Rohrboden nicht mehr vernachlässigt werden kann. Des Weiteren beeinflusst die axiale Scherkraft an der Grenzfläche zwischen Dampf und Flüssigkeit die Bewegung und den Wärmeübergang des dünnen Kondensatfilms an der Rohroberseite. (Dobson 1994) entwickelte ein additives Verfahren, welches die Filmkondensation an der Rohroberseite und den Seitenwänden (durch eine modifizierte Nußelt-Beziehung) mit der erzwungenen konvektiven Kondensation am Rohrboden kombiniert. Weitere Informationen dazu können der Literatur u.a. bei (Dobson 1994), (Dobson 1998) oder (Marto 1998) entnommen werden.

Ist die dimensionslose Dampfgeschwindigkeit

$$\frac{x_D \, \dot{m}_{Flux}}{\sqrt{g \, \varrho_g (\varrho_f - \varrho_g) d_a}} > 1,5 \qquad (2.367)$$

so kann der Einfluss der Gravitation vernachlässigt werden, und das Kondensat verteilt sich als dünner Ringfilm am Umfang, während der überhitzte Dampf im Kern des Rohres strömt (*Ringströmung*). Dabei kommt es zu keiner Schichtung der Strömung. Für diese Strömungform kann eine Vielzahl an Korrelationen, wie z.B. (Akers 1959), (Boyko 1967), (Cavallini 1974), (Fujii 1995), (Soliman 1968), (Ananiev 1961) oder (Traviss 1972), in der Literatur gefunden werden. Diesen Beziehungen gemein ist, dass sie eine modifizierte Form der Dittus-Boelter-Nußelt-Korrelation für den Wärmeübergang einer turbulenten einphasigen Strömung bei erzwungener Konvektion verwenden. Die lokale Nußelt-Korrelation dieser Beziehungen lässt sich allgemein wie folgt darstellen:

$$Nu(x) = \frac{\alpha(x) \, d_{in}}{\lambda_f} = C \, Re_{äq}^n \, Pr_f^{\frac{1}{3}} \qquad (2.368)$$

Die äquivalente Reynolds-Zahl für die Zweiphasenströmung

$$Re_{äq} = \frac{\dot{m}_{Flux,äq} \, d_{in}}{\mu_f} \qquad (2.369)$$

wird bestimmt durch die äquivalente Massenstromdichte, welche sich aus der gesamten Massenstromdichte multipliziert mit einem Zweiphasenmultiplikator ergibt.

$$\dot{m}_{Flux,äq} = \dot{m}_{Flux,ges} \left[(1 - x_D) + x_D \sqrt{\frac{\varrho_f}{\varrho_g}} \right] \qquad (2.370)$$

Die gesamte Massenstromdichte $\dot{m}_{Flux,ges}$ errechnet sich aus der Massenstromdichte der Flüssigkeit plus derjenigen des Dampfes. Nach (Akers 1959) sind in Gl. (2.368) die empirischen Parameter

$$C = 0,0265 \quad \text{für} \quad n = 0,8 \quad \text{für} \quad Re_{äq} > 5 \cdot 10^4 \quad \text{und}$$
$$C = 5,03 \quad \text{für} \quad n = 1/3 \quad \text{für} \quad Re_{äq} < 5 \cdot 10^4$$

zur Berechnung des lokalen Wärmeübergangskoeffizienten zu verwenden. Obige Parameter wurden anhand verschiedener Kältemittel und organischer Stoffe bestimmt und sind über den gesamten Dampfziffernbereich anwendbar. (Cavallini 1974) entwickelte eine ähnliche Beziehung für die reine Ringströmung und bestimmte die beiden Parameter der Gl. (2.368) zu $C = 0,05$ und $n = 0,8$.

Die von (Fujii 1995) ermittelte Beziehung

$$\frac{\alpha(x)\, d_{in}}{\lambda_f} = 0,018 \left[Re_f \sqrt{\frac{\varrho_f}{\varrho_g}} \right]^{0,9} \left(\frac{x_D}{1-x_D} \right)^{0,1 x_D + 0,8} Pr_f^{\frac{1}{3}} \left(1 + \frac{aPh}{Pr_f} \right) \tag{2.371}$$

mit dem Parameter

$$a = 0,07 Re_f^{0,1} \left(\frac{\varrho_f}{\varrho_g} \right)^{0,55} \left(\frac{x_D}{1-x_D} \right)^{0,2-0,1 x_D} Pr_f^{\frac{1}{3}} \tag{2.372}$$

zeigt im Gegensatz zu den beiden oben dargestellten Gleichungen zur Berechnung der lokalen Nußelt-Beziehung einen etwas komplizierteren Aufbau des Zweiphasenmultiplikators. Ph bezeichnet in Gl. (2.371) die Phasenumwandlungszahl.

Die von (Shah 1979a) vorgestellte Beziehung

$$\frac{\alpha(x)\, d_{in}}{\lambda_f} = 0,023\, Re_{f_0}^{0,8}\, Pr_{f_0}^{0,4} \left[(1-x_D)^{0,8} + \frac{3,8\, x_D^{0,76}(1-x_D)^{0,04}}{p_{red}^{0,38}} \right] \tag{2.373}$$

mit

$$p_{red} = \frac{p_{Sätt}}{p_{krit}} \tag{2.374}$$

ist sowohl für Wasserdampf und Kältemittel als auch auf organische Stoffe anwendbar und nützt die Dittus-Boelter-Nußelt-Korrelation als Startpunkt für die Berechnung. Re_{f_0} bezeichnet die Reynolds-Zahl für Rohrströmung einer Flüssigkeit, welche mit der Massenstromdichte der Flüssigkeit plus derjenigen des Dampfes berechnet wird. Nach (Collier 1994) sollte die Beziehung nach Shah dann zur Anwendung kommen, wenn die Massenstromdichte > 200 kg/(s m^2) ist, während die Gleichungen nach (Akers 1959) für kleinere Massenstromdichten besser geeignet ist.

Wie bereits oben erläutert, kann unter Zuhilfenahme der hier vorgestellten Beziehungen der lokale Wärmeübergangskoeffizient ermittelt werden. Um den mittleren Wärmeübergangskoeffizienten zu berechnen, ist es daher notwendig, über die gesamte Rohrlänge l zu integrieren.

$$\overline{\alpha} = \frac{1}{l} \int_0^l \alpha(x)\, \mathrm{d}x \tag{2.375}$$

Um die Integration der Gl. (2.375) ausführen zu können, ist es erforderlich, die lokale Dampfziffer x_D an jeder Stelle x des Rohres zu kennen. Daher ist es in den meisten Fällen notwendig, das Integrationsgebiet in einzelne Zonen zu unterteilen und den lokalen Wärmeübergangskoeffizienten für jeden dieser Teilbereiche zu bestimmen.

Obige Ausführungen zur Kondensation reiner Stoffe stellt nur eine Einführung zu den Arbeiten auf diesem Gebiet dar. Viele Aspekte der Kondensation, wie z.B. Kondensation von Mehrstoffgemischen, Einfluss von Inertgasen auf die Kondensation oder die Kondensation an berippten Rohren (Rifert 2004), konnten aus Platzgründen hier nicht behandelt werden. Es sei daher auf die einschlägige Literatur verwiesen. Einen Gesamtüberblick zum Thema Kondensation geben u.a. (Baehr 1994), (Marto 1998), (Butterworth 1977), (Collier 1972), (VDI–Wärmeatlas 2002) oder (Collier 1994).

2.8 Zustands- und Transportgrößen

2.8.1 Grundlagen

In der Thermodynamik unterscheidet man:

- intensive (p, T) und
- extensive $(s, u, v, f, g, h;$ alle bezogen auf die Massaneinheit)
  (Merksätze: „<u>U</u>nser <u>V</u>ater <u>f</u>and <u>t</u>ausend <u>G</u>ulden <u>P</u>apier <u>h</u>interm <u>S</u>chrank" oder „<u>U</u>nheimlich <u>v</u>iele <u>F</u>orscher <u>t</u>rinken <u>g</u>erne <u>P</u>ils <u>h</u>interm <u>S</u>chreibtisch")
  und ferner
- thermische (p, T, v) und
- kalorische (h, s)

Zustandsgrößen.

In den Bilanzgleichungen benötigt man Größen je Volumeneinheit, die als Produkt von Größen je Masseneinheit, wie z.B. spez. Enthalpie, Massenanteil (Konzentration) oder Geschwindigkeit (Impuls je Masseneinheit), und der Dichte berechnet werden können.

Ferner werden in den Bilanzgleichungen Transportgrößen wie Wärmeleitfähigkeit, Diffusionskoeffizient, Zähigkeit etc. benötigt. Zusammenfassend wird von Stoffwerten gesprochen (Jischa 1982).

Für wärme- und strömungstechnische Berechnungen in der Energie- und Verfahrenstechnik werden die Zustands- und Transportgrößen für die jeweils verwendeten Flüssigkeiten und Gase (im Falle eines Dampferzeugers sind dies Wasser bzw. Wasserdampf sowie das bei den Verbrennungsvorgängen entstehende Abgas) sowie für die zum Einsatz kommenden Brennstoffe und Werkstoffe benötigt. Diese Stoffwerte sind i. Allg. von Druck und Temperatur bzw. im Falle des Abgases auch von der Abgaszusammensetzung abhängig. Während die Druckabhängigkeit des Arbeitsstoffes Wasser bzw. Wasserdampf sehr hoch ist, kann sie für das Abgas (bei niedrigen Drücken) und die Werkstoffe vernachlässigt werden. Die Annahme der Druckunabhängigkeit des Abgases begründet sich darauf, dass das Gas den thermodynamischen Eigenschaften des idealen Gases entspricht und die das Abgas betreffenden Prozesse bei annähernd Atmosphärendruck ablaufen.

2.8.2 Stoffwerte für Wasser und Wasserdampf

Eines der wichtigsten Prozessmedien in der Wärmetechnik ist wohl das Wasser bzw. seine gasförmige Phase, der Wasserdampf. Diesem Umstand Rechnung tragend, besteht bereits seit Mitte des letzten Jahrhunderts ein starker Forschungsanreiz, die thermodynamischen und thermophysikalischen Stoffgrößen des Mediums Wasser mit hoher Genauigkeit verfügbar zu haben.

Um dem vermehrten Einsatz von digitalen Rechenanlagen Folge zu leisten, wurde auf der 6th International Conference on the Properties of Steam 1963 in New York beschlossen, das „International Formulation Committee" (IFC) zu bilden und mit dem Auftrag zu versehen, eine für elektronische Rechenanlagen geeignete, thermodynamisch konsistente Formulierung der Stoffeigenschaften für Wasser und Wasserdampf zu formulieren (siehe dazu Schmidt (Schmidt 1967b)). 1967 wurde unter dem Namen „The 1967 IFC Formulation for Industrial Use" (IFC-67) ein entsprechender Satz von Gleichungen angenommen, welcher gezielt nur solche Zustandsgrößen und -bereiche abdeckt, die überwiegend von der Industrie benötigt werden. Als unabhängige Veränderliche der Formulation wurden die thermodynamischen Zustandsgrößen Druck p und Temperatur T gewählt. Um die thermodynamische Konsistenz der Formulierung zu erreichen, wurde dem Gleichungssatz die so genannte kanonische Funktion $G = G(p,T)$ zugrundegelegt. Die gebräuchlichsten Zustandsgrößen, die spez. Entropie s, die Dichte ϱ und die spez. Enthalpie h können aus der freien Enthalpie G durch partielle Differentiation abgeleitet werden.

1997 wurde auf dem Jahrestreffen der International Association for the Properties of Water and Steam (IAPWS) in Erlangen eine neue Industrie-Formulation – die IAPWS-IF97 (siehe dazu (IAPWS 1997), (Wagner 1998a), (Wagner 2000)) – verabschiedet. Die Gründe für die Entwicklung eines neuen Gleichungssatzes liegen nicht nur in einer Erhöhung der Genauigkeit und Rechengeschwindigkeit durch die IAPWS-IF97, sondern auch in einer Reihe weiterer Unzulänglichkeiten der Formulierung von 1967, welche sich im Laufe der Jahre herausstellten und ausführlich bei (Wagner 1995) und (Wagner 1998b) diskutiert werden.

Parallel zur Industrie-Formulation (IFC-67) wurde die so genannte „Scientific Formulation", die IFC-68, entwickelt. Im Gegensatz zur IFC-67 umfassen die wissenschaftlichen Standardgleichungen praktisch alle Zustandsgrößen über den gesamten, experimentell untersuchten Zustandsbereich mit höchster Genauigkeit ((Wagner 1995)). Dass zwei Dampftafeln nebeneinander existieren, deren thermodynamische Zustandsgrößen mit zwei unterschiedlichen Formulationen berechnet werden, ist kein Widerspruch, sondern die logische Folge der von der IAPS verfolgten Politik, die Anforderungen der Praktiker an eine Formulation von denen der Theoretiker getrennt zu berücksichtigen.

1984 wurde die IFC-68 durch die von (Haar 1988) entwickelte „IAPS Formulation for Scientific and General Use" (IAPS-84) abgelöst. Als Grundlage diente eine analytische Gleichung, die eine sehr gute Näherung an die Helmholtz-Funktion für gewöhnliches Wasser und Wasserdampf darstellt. Sie wurde als Erweiterung eines theoretischen Modells für dichte Fluide abgeleitet und hat die Form

$$F = F(\varrho, T) \tag{2.376}$$

wobei F für die Helmholtz-Funktion, ϱ für die Dichte und T für die Temperatur steht. Um Werte einer beliebigen thermodynamischen Zustandsgröße berechnen zu können, muss die Gleichung gemäß dem ersten und zweiten Hauptsatz differenziert werden. Dabei ist darauf Bedacht zu nehmen, dass die Helmholtz-Funktion nur im Einphasengebiet definiert ist. Bei (Ponweiser 1993) und (Ponweiser 1994) werden Erweiterungen für die IAPS-84 Wasserdampftafel um die Umkehrfunktionen und deren Ableitungen angegeben. Wie bei der IFC-67 Formulation ist auch bei der IAPS-84 Formulierung eine Iteration notwendig, wenn andere Kombinationen von unabhängigen Veränderlichen gewünscht werden, da die funktionelle Form der Gleichungen zu kompliziert ist, als dass diese analytisch nach einer einzelnen unabhängigen Variablen aufgelöst werden könnten.

Neben den oben genannten Formulierungen wurde eine Reihe von weiteren Gleichungssätzen für die Berechnung der Zustandsgrößen von Wasser und Wasserdampf aufgestellt. Stellvertretend für viele andere seien hier die Arbeiten von (Pollak 1975), (Rosner 1986) und (Keyes 1968), zitiert in (Reimann 1970), angeführt. Eine umfangreiche Übersicht über existierende Zustandsgleichungen für Wasser und Wasserdampf gibt (Schiebener 1989) an.

2.8.3 Stoffwerte für Gase und Gasgemische

Das bei der Verbrennung in der Brennkammer eines z.B. Dampferzeugers oder einer dem Abhitzekessel vorgeschalteten Gasturbine entstehende Abgas ist ein Gasgemisch, welches in seiner Hauptzusammensetzung aus den Bestandteilen O_2, N_2, CO_2, H_2O, SO_2 und Ar besteht. Die Kenntnis der genauen Zusammensetzung ist Voraussetzung für die Bestimmung der Stoffeigenschaften des Abgases. Ist die Zusammensetzung des Abgases nicht aus einer Gasanalyse bekannt, so muss diese über eine Verbrennungsrechnung – wie sie z.B. bei (Brandt 1999a) beschrieben ist – ermittelt werden.

Brandt gibt in (Brandt 1995) Beziehungen für die Stoffeigenschaften der einzelnen Abgasbestandteile als Funktion der Temperatur an. Bei den von Brandt beschriebenen Gleichungen für die spez. Enthalpie und die spez. Wärmekapazität bei konstantem Druck handelt es sich um Polynome höherer Ordnung, wie sie hier stellvertretend für alle anderen Abgasbestandteile für die spez. Enthalpie des Sauerstoffes h_{O_2} angeführt ist.

$$h_{O_2} = R_{O_2}T\left(a_{1\,O_2} + \frac{a_{2\,O_2}}{2}T + \frac{a_{3\,O_2}}{3}T^2 + \frac{a_{4\,O_2}}{4}T^3 + \frac{a_{5\,O_2}}{5}T^4 + \frac{a_{6\,O_2}}{T}\right)$$
(2.377)

Die Koeffizienten $a_{i\,O_2}$ der Gl. (2.377) können bei (Brandt 1995) entnommen werden.

Die spez. Enthalpie für das Gasgemisch des Abgases ergibt sich aus:

$$h_{Abg} = \sum_i Y_{Abg\,i} h_i \qquad (2.378)$$

Der in Gl. (2.378) verwendete Index i steht stellvertretend für die einzelnen Komponenten des Abgases, $Y_{Abg\,i}$ für die den Abgaskomponenten zugehörigen Massenanteile.

Gl. (2.378) ist – unter Berücksichtigung der Gl. (2.377) – in der vorliegenden Formulierung für die numerische Simulation nicht gut geeignet, da zu viele Rechenoperationen pro Iterationsschritt vorgenommen werden müssen. Formt man Gl. (2.378) – nach Substitution der spez. Enthalpie h_i durch die Gl. (2.377) für alle einzelnen Rauchgaskomponenten – um, so erhält man folgende, für die numerische Simulation besser geeignete Formulierung:

$$h_{Abg} = a_{6\,Abg} + \left\{\left[\left((a_{5\,Abg}T + a_{4\,Abg})T + a_{3\,Abg}\right)T + a_{2\,Abg}\right]T + a_{1\,Abg}\right\}T$$
(2.379)

mit den neuen Konstanten

$$a_{j\,Abg} = \frac{1}{j}\sum_i Y_{Abg\,i}\,R_i\,a_{j,i}$$

mit $j = 1$ bis 5 und

$$a_{6\,Abg} = \sum_i Y_{Abg\,i}\,R_i\,a_{6,i}$$

In der nun vorliegenden Form können die Stoffeigenschaften des Gasgemischs für die spez. Enthalpie und die spez. Wärmekapazität bei konstantem Druck mit einem Minimum an Rechenoperationen ermittelt werden. Die in Gl. (2.379) verwendeten Koeffizienten müssen in der neuen Formulierung nur bei einer Änderung der Abgaszusammensetzung neu berechnet werden.

Im Gegensatz zur Berechnung der spez. Enthalpie und der spez. Wärmekapazität lassen sich die Transportgrößen eines Gasgemisches nicht über einfache Mischungsregeln, wie sie Gl. (2.378) darstellt, berechnen. Brandt gibt in (Brandt 1995) die entsprechenden Beziehungen zur Ermittlung der Gemischeigenschaften für die Wärmeleitfähigkeit und die dynamische Viskosität an, welche aus der kinetischen Gastheorie abgeleitet wurden.

Beziehungen zur Berechnung der Stoffwerte von Gasgemischen können u.a. auch bei (Bücker 2003) oder (Kabelac 2006) entnommen werden.

2.8.4 Stoffwerte für Brennstoffe und Werkstoffe

Stoffwerte für Brennstoffe sind in (Brandt 1999a) zu finden.

Für viele Zustands- und Transportgrößen technisch wichtiger Stahlsorten gibt (Richter 1983) Gleichungen in der Form von einfach auszuwertenden Polynomen an. Diese Polynome sind alle eine Funktion der Temperatur und beschränken sich in der Regel auf den Anwendungsbereich des betreffenden Stahls. Die einzelnen Stahlsorten wurden dabei hinsichtlich ihrer Ähnlichkeit in den physikalischen Eigenschaften in folgende drei Gruppen eingeteilt:

- Ferritische Stähle (0°C $\leq \vartheta \leq$ 600°C)
- Martensitische Stähle (0°C $\leq \vartheta \leq$ 700°C) und
- Austenitische Stähle (0°C $\leq \vartheta \leq$ 800°C).

Der den einzelnen Werkstoffgruppen nachgeordnete Klammerausdruck bezeichnet den Gültigkeitsbereich der Polynome der Stahlgruppe.

Zusammenstellungen von Stoffwerten für Werkstoffe in Tabellenform bzw. in Form von Berechnungsgleichungen können u.a. auch bei (McBride 1963), (Perry 1984), (Poling 2001), (HDEH 1987) oder (VDI–Wärmeatlas 2002) gefunden werden.

2.9 Wärmeaustausch mittels Wärmeübertrager

Wärmeübertrager (auch als Wärmtauscher bezeichnet) sind Apparate der Energie- und Verfahrenstechnik, welche dazu dienen, den Austausch von Wärme zwischen zwei oder mehreren Fluiden zu bewerkstelligen. Die am Wärmeaustausch beteiligten Fluide können dabei unter Umständen ihren Aggregatzustand ändern. Die Energiespeicherung kann dabei durch eine Temperaturänderung bei endlicher Wärmekapazität (sensible Wärmespeicherung) oder durch Kondensation oder Verdampfung (latente Wärmespeicherung) erfolgen.

Basierend auf den Anforderungen an die Leistungsfähigkeit und die Baugröße von Wärmeübertragern wurde eine Vielzahl an unterschiedlichen Bauformen entwickelt. Grundlegend werden die Wärmetauscher nach zwei unterschiedlichen Prinzipien als

- Regeneratoren und als
- Rekuparatoren

gebaut. Beide Systeme haben Vor- und Nachteile und haben somit ihre spezifischen Anwendungen.

2.9.1 Regenerator

Bei den Regeneratoren wird der zu übertragende Wärmestrom zunächst einer Speichermasse zugeführt und zeitlich verzögert an das wärmeaufnehmende Fluid wieder abgegeben. Dieser Vorgang kann periodisch (zyklisch) oder kontinuierlich erfolgen. Zusätzlich zum Wärmeaustausch ist bei einem Regenerator auch ein Stoffaustausch (z.B. Feuchteaustausch in Klimaanlagen) möglich. Eine Einteilung der Regeneratoren kann z.B. hinsichtlich der Verwendung der Speichermassen getroffen werden:

- Verwendung **einer** feststehenden Speichermasse: Das Energieangebot und der Energiebedarf sind zeitlich nacheinander liegend (z.B. Nutzung der Solarenergie)
- Verwendung **zweier** feststehender Speichermassen: Durch Umschaltung der Gasströme kann die Speichermasse abwechselnd aufgewärmt und abgekühlt werden. Die Austrittstemperaturen der Gasströme sind variabel (nicht konstant). Diese Form von Regeneratoren kommt in der Praxis z.B. in der Hüttenindustrie zum Einsatz.
- Verwendung **rotierender** Speichermassen: Die Austrittstemperaturen der Gasströme sind konstant. Aufwändig bei dieser Konstruktion von Regeneratoren ist die Dichtung der beiden Regeneratorenhälften zueinander. Anwendung findet dieses Prinzip z.B. zur Luftvorwärmung in Dampfkraftwerken (Ljungström-Regenerator (siehe Abb. 2.36) oder in der Klimatechnik.

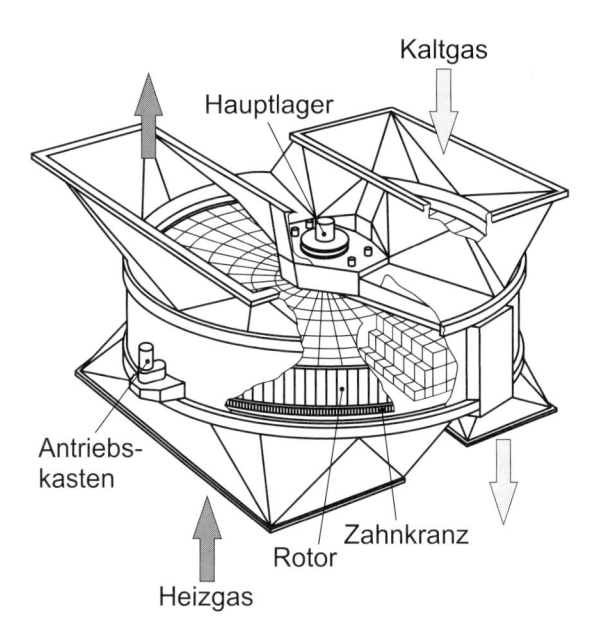

Abb. 2.36. Skizze eines Ljungström-Regenerators

148 Umwandlung und Transport von Masse, Impuls, Energie und Stoffen

2.9.2 Rekuparator

Die Rekuparatoren stellen den klassischen und am häufigsten eingesetzten Wärmeübertrager dar. Dabei erfolgt die Wärmeübertragung unmittelbar ohne zwischengeschaltete Speicherung und somit ohne Zeitverzögerung. Die am Wärmeaustausch beteiligten Medien sind jedoch durch eine Wand räumlich voneinander getrennt (siehe als einfaches Beispiel Abb. 2.38). Die Rekuparatoren unterscheiden sich insbesondere durch die Stromführung der am Wärmeaustausch beteiligten Fluide (Gleichstrom, Gegenstrom oder Kreuzstrom bzw. einer komplizierteren Strömungsführung).

Die Berechnung von Rekuparatoren unterscheidet prinzipiell zwischen

- Auslegungs- bzw. Dimensionierungsrechnung: Alle Ein- und Austrittstemperaturen sowie die Massenströme der Fluide sind bekannt. Die Abmessungen (Fläche) des Rekuparators sind gesucht.
- Nachrechnung: Die geometrischen Dimensionen des Rekuparators sind bekannt, und die Austrittstemperaturen für unterschiedliche Lastfälle sind gesucht. Anschließend lassen sich noch der Wirkungsgrad und die übertragene Wärmeleistung ermitteln.

Um die Berechnung eines Wärmeübertragers vornehmen zu können, müssen jedoch als erstes die maßgebenden Einflussgrößen festgestellt werden.

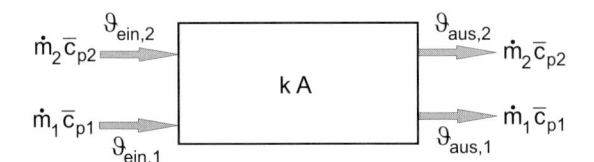

Abb. 2.37. Einflussgrößen am Wärmeübertrager

In Abb. 2.37 sind die maßgebenden Einflussgrößen am Wärmeübertrager – die Übertragungsfähigkeit kA, die Wärmekapazitätenströme $\dot{m}_1\bar{c}_{p1}$ und $\dot{m}_2\bar{c}_{p2}$ sowie die Ein- und Austrittstemperaturen der Fluidmassenströme – dargestellt. Diese Einflussgrößen lassen sich reduzieren, indem man diese in geeigneter Weise in dimensionslose Kenngrößen überführt.

In der Praxis haben sich unterschiedliche Methoden zur Berechnung von Wärmeübertragern entwickelt. Angeführt seien hier die Methoden ε-NTU (Number of Transfer Units bzw. im deutschen Schrifttum „Anzahl der Übertragungseinheiten") und LMTD (Logarithmic Mean Temperature Difference bzw. im deutschen Schrifttum „mittlere logarithmische Temperaturdifferenz").

Im Folgenden soll die für die Dimensionierung bzw. Nachrechnung notwendige maßgebliche Temperaturdifferenz – die so genannte mittlere logarithmische Temperaturdifferenz (LMTD) – hergeleitet werden.

2.9.3 Mittlere logarithmische Temperaturdifferenz (LMTD)

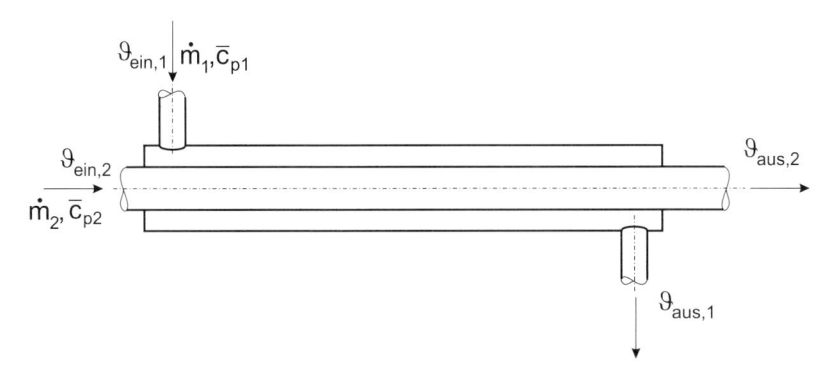

Abb. 2.38. Skizze eines Doppelrohr-Wärmeübertragers

Zu den einfachsten Formen von Wärmeübertragern (Rekuparatoren) gehört der in Abb. 2.38 dargestellte Doppelrohr-Wärmeübertrager. Dieser ist in der Regel so aufgebaut, dass zwei konzentrische Rohre ineinander angeordnet sind. Das mit dem Index 1 gekennzeichnete Fluid strömt im inneren Rohr, jenes mit dem Index 2 gekennzeichnete Fluid strömt im ringförmigen Raum zwischen dem inneren und dem äußeren Rohr. Die Temperaturen am Eintritt der Fluide in den Wärmeübertrager werden für das Fluid 1 mit $\vartheta_{ein,1}$ und für das Fluid 2 mit $\vartheta_{ein,2}$ bezeichnet, wobei angenommen wird, dass $\vartheta_{ein,1} > \vartheta_{ein,2}$ ist. Die Austrittstemperaturen aus dem Wärmeübertrager werden mit $\vartheta_{aus,1}$ und $\vartheta_{aus,2}$ gekennzeichnet. Die Wärmeübertragung zwischen den beiden Fluiden soll so erfolgen, dass **keine Phasenänderung**, d.h. keine Verdampfung oder Kondensation, auftritt. Der Wärmeübertrager sei gegen die Umgebung adiabat.

Grundsätzlich bestehen zwei Möglichkeiten der Stromführung für den in Abb. 2.38 dargestellten Wärmeübertrager:

1) **Gegenstrom**: Hier strömen beide Fluide in entgegengesetzter Richtung durch den ihnen zugehörigen Kanal (siehe Abb. 2.39(b)) und
2) **Gleichstrom**: Hier strömen beide Fluide in gleicher Richtung durch ihr Rohr, und beide Stoffströme streben einer gemeinsamen Austrittstemperatur zu (siehe Abb. 2.39(a)).

In Abb. 2.39(a) und 2.39(b) sind die über den Querschnitt gemittelten Temperaturen ϑ_1 und ϑ_2 entlang der Wärmeübertragerlänge aufgetragen. Bei der Gegenstromführung kann die Austrittstemperatur des Wärme abgebenden Fluids 1 auf eine niedrigere Temperatur abgekühlt werden als die Eintrittstemperatur des Wärme aufnehmenden Fluids 2, da die beiden am Wärmeaustausch beteiligten Fluide an den entgegengesetzten Enden des Wärmeübertragers eintreten. Durch diese Stromführung ist eine im Vergleich zum

150 Umwandlung und Transport von Masse, Impuls, Energie und Stoffen

(a) Gleichstromführung

(b) Gegenstromführung

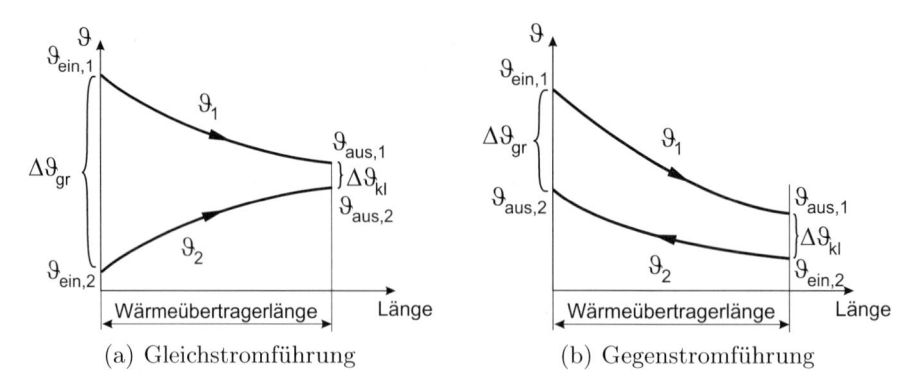

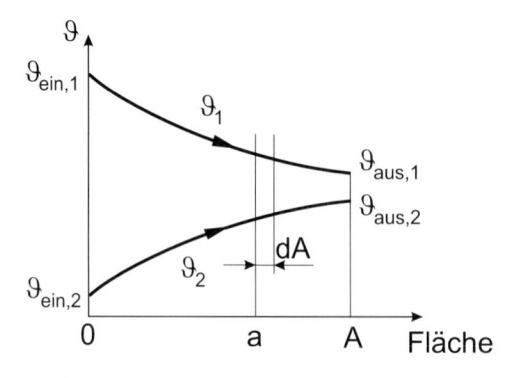

Abb. 2.39. Temperaturverlauf im Gleich- und Gegenstromwärmeübertrager

Gleichstromwärmeübertrager niedrigere Kühlungsendtemperatur des warmen Fluids 1 und eine größere Erwärmung des Fluids 2 möglich.

Bei der Gleichstromführung treten beide Fluide am gleichen Ende des Apparates ein. Für die Temperaturen am Austritt muss somit gelten: $\vartheta_{aus,1} > \vartheta_{aus,2}$. Selbst eine beliebige Verlängerung des Wärmeübertragers kann nicht dazu führen, dass beide Austrittstemperaturen gleich groß sind. Die Konsequenz aus diesem Verhalten ist, dass nicht alle Wärmeübertragungsaufgaben mittels beider Stromführungen verwirklicht werden können. Ein weiterer Nachteil des Gleichstromwärmeübertragers ist, dass bei gleicher Wärmeleistung immer eine gegenüber dem Gegenstromwärmeübertrager größere Fläche benötigt wird. Daher kommt der Gleichstromwärmeübertrager nur in seltenen Fällen zur Anwendung.

Durch eine Analyse des Temperaturverlaufs der Fluide im Wärmeübertrager soll im Folgenden die mittlere logarithmische Temperaturdifferenz $\Delta\vartheta_{log}$, welche zur Berechnung der Wärmeleistung und zur Dimensionierung von Gleich- und Gegenstromwärmeübertrager herangezogen wird, anhand eines Gleichstromwärmeübertragers hergeleitet werden.

Abb. 2.40. Temperaturverlauf im Gleichstromwärmeübertrager

Abb. 2.40 zeigt den Temperaturverlauf im gegen die Umgebung adiabaten Wärmeübertrager aufgetragen über die Heizfläche. Die sehr geringe Druckabhängigkeit der spez. Enthalpie h der Fluide soll vernachlässigt werden. Somit hängt h nur noch von der Temperatur ab, und es gilt:

$$\bar{c}_{p\,i} = \frac{h_{ein,i} - h_{aus,i}}{\vartheta_{ein,i} - \vartheta_{aus,i}} \qquad \text{mit} \qquad i = 1, 2 \tag{2.380}$$

mit der integralen spez. Wärmekapazität $\bar{c}_{p\,i}$ zwischen den Temperaturen $\vartheta_{ein,i}$ und $\vartheta_{aus,i}$. Auf dem beliebig gewählten Abstand a vom Eintritt der Fluide in den Doppelrohr-Wärmeübertrager soll auf den Abschnitt dA der 1. Hauptsatz der Thermodynamik für stationäre Fließprozesse unter Vernachlässigung der potentiellen und kinetischen Energien, welche klein sind gegenüber der thermischen Energie des Fluides, angewendet werden.

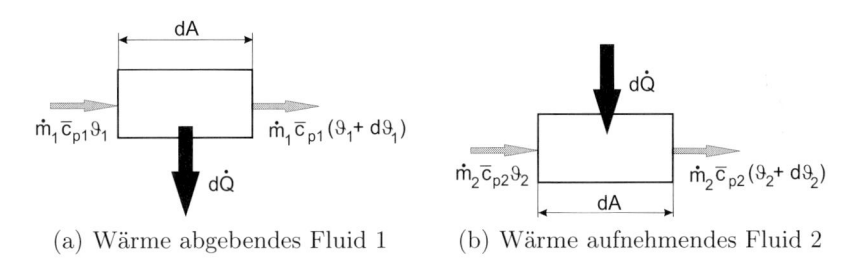

(a) Wärme abgebendes Fluid 1   (b) Wärme aufnehmendes Fluid 2

Abb. 2.41. Wärmeströme über die Systemgrenzen des Elements dA für beide Fluide

Abb. 2.41(a) zeigt für das Fluid 1 die über die Systemgrenzen des Heizflächenelements dA ein- und austretenden Wärmeströme. Da die Temperatur des Fluids 1 höher ist als die des Fluids 2, wird ein Wärmestrom d$\dot{Q}$ an das Fluid 2 übertragen. Wendet man nun den 1. Hauptsatz der Thermodynamik auf dieses Heizflächenelement an, so erhält man folgenden Zusammenhang:

$$\dot{m}_1 \bar{c}_{p\,1} \vartheta_1 = \mathrm{d}\dot{Q} + \dot{m}_1 \bar{c}_{p\,1} (\vartheta_1 + \mathrm{d}\vartheta_1) \tag{2.381}$$

Umformung der Gl. (2.381) liefert eine Beziehung für die Änderung des Wärmestroms bzw. der Fluidtemperatur:

$$-\mathrm{d}\dot{Q} = \dot{m}_1 \bar{c}_{p\,1} \mathrm{d}\vartheta_1 \qquad \text{bzw.} \qquad \mathrm{d}\vartheta_1 = -\frac{\mathrm{d}\dot{Q}}{\dot{m}_1 \bar{c}_{p\,1}} \tag{2.382}$$

Die gleiche Vorgangsweise wird nun für das Fluid 2 gewählt. Die über die Systemgrenzen des Heizflächenelements dA des Fluids 2 ein- und austretenden Wärmeströme können der Abb. 2.41(b) entnommen werden. Anwendung des 1. Hauptsatzes der Thermodynamik auf das Heizflächenelement des Fluids 2 liefert:

$$\mathrm{d}\vartheta_2 = \frac{\mathrm{d}\dot{Q}}{\dot{m}_2 \bar{c}_{p\,2}} \tag{2.383}$$

Subtraktion der Gl. (2.383) von Gl. (2.382) resultiert in einer Beziehung für die differentielle Änderung der Temperaturdifferenz der beiden Fluide.

$$\mathrm{d}\vartheta_1 - \mathrm{d}\vartheta_2 = -\mathrm{d}\dot{Q}\left(\frac{1}{\dot{m}_1 \bar{c}_{p\,1}} + \frac{1}{\dot{m}_2 \bar{c}_{p\,2}}\right) \qquad (2.384)$$

Für den übertragenen Wärmestrom zwischen den beiden Fluiden durch die Rohrwand des Wärmeübertragers im Heizflächenelement $\mathrm{d}A$ gilt folgende Beziehung:

$$\mathrm{d}\dot{Q} = k\left(\vartheta_1 - \vartheta_2\right) \mathrm{d}A \qquad (2.385)$$

mit der Wärmedurchgangszahl k. Substitution des übertragenen Wärmestroms $\mathrm{d}\dot{Q}$ in Gl. (2.384) durch Gl. (2.385) ergibt

$$\mathrm{d}\vartheta_1 - \mathrm{d}\vartheta_2 = -k\left(\vartheta_1 - \vartheta_2\right)\left(\frac{1}{\dot{m}_1 \bar{c}_{p\,1}} + \frac{1}{\dot{m}_2 \bar{c}_{p\,2}}\right) \mathrm{d}A \qquad (2.386)$$

Unter Ausnutzung des Zusammenhangs $\mathrm{d}\vartheta_1 - \mathrm{d}\vartheta_2 = \mathrm{d}\left(\vartheta_1 - \vartheta_2\right)$ lässt sich Gl. (2.386) wie folgt anschreiben:

$$\frac{1}{(\vartheta_1 - \vartheta_2)} \mathrm{d}\left(\vartheta_1 - \vartheta_2\right) = -k\left(\frac{1}{\dot{m}_1 \bar{c}_{p\,1}} + \frac{1}{\dot{m}_2 \bar{c}_{p\,2}}\right) \mathrm{d}A \qquad (2.387)$$

Trennung der Variablen der gewöhnlichen Differentialgleichung 1. Ordnung (2.387) und anschließende Integration über den Wärmeübertrager

$$\int_{ein}^{aus} \frac{1}{(\vartheta_1 - \vartheta_2)} \mathrm{d}\left(\vartheta_1 - \vartheta_2\right) = -k \int_0^A \left(\frac{1}{\dot{m}_1 \bar{c}_{p\,1}} + \frac{1}{\dot{m}_2 \bar{c}_{p\,2}}\right) \mathrm{d}A$$

ergibt nach Umformung die Beziehung

$$\ln\left(\frac{\vartheta_{ein,1} - \vartheta_{ein,2}}{\vartheta_{aus,1} - \vartheta_{aus,2}}\right) = kA\left(\frac{1}{\dot{m}_1 \bar{c}_{p\,1}} + \frac{1}{\dot{m}_2 \bar{c}_{p\,2}}\right) \qquad (2.388)$$

Nun müssen noch die beiden Ausdrücke $\dot{m}_1 \bar{c}_{p\,1}$ und $\dot{m}_2 \bar{c}_{p\,2}$ durch geeignete Beziehungen substituiert werden. Dazu werden die beiden Fluide als zwei eigenständige Systeme betrachtet, welche im Wärmeaustausch zueinander stehen. Trägt man die Wärmeströme, welche über die Systemgrenzen der beiden Fluidsysteme 1 und 2 zwischen dem Wärmeübertragerein- und -austritt treten, in jeweils eine eigene Skizze ein, so erhält man die in Abb. 2.42(a) und 2.42(b) dargestellten Systeme.

Anwendung des 1. Hauptsatzes der Thermodynamik für stationäre Fließprozesse auf beide Systeme und anschließende Umformung liefert:

$$\dot{m}_1 \bar{c}_{p\,1} = \frac{\dot{Q}}{\vartheta_{ein,1} - \vartheta_{aus,1}} \quad \text{und} \qquad (2.389)$$

$$\dot{m}_2 \bar{c}_{p\,2} = \frac{\dot{Q}}{\vartheta_{aus,2} - \vartheta_{ein,2}} \qquad (2.390)$$

2.9 Wärmeaustausch mittels Wärmeübertrager

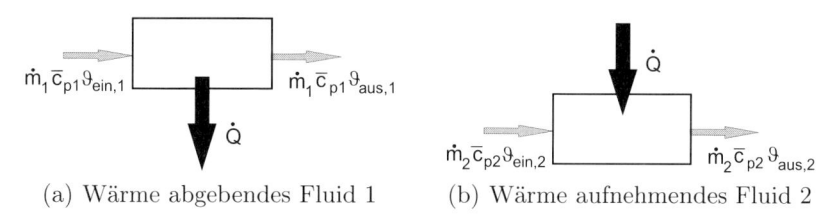

Abb. 2.42. Wärmeströme über die Systemgrenzen der einzelnen Fluide

(a) Wärme abgebendes Fluid 1
(b) Wärme aufnehmendes Fluid 2

Substitution der Ausdrücke $\dot{m}_1 \bar{c}_{p\,1}$ und $\dot{m}_2 \bar{c}_{p\,2}$ in Gl. (2.388) durch Gl. (2.389) und Gl. (2.390) und anschließende Umformung ergibt die gesuchte Lösung

$$\dot{Q} = \frac{kA}{\ln\left(\dfrac{\vartheta_{ein,1} - \vartheta_{ein,2}}{\vartheta_{aus,1} - \vartheta_{aus,2}}\right)} \left[(\vartheta_{ein,1} - \vartheta_{ein,2}) - (\vartheta_{aus,1} - \vartheta_{aus,2})\right] = kA\Delta\vartheta_{\log} \tag{2.391}$$

mit der mittleren logarithmischen Temperaturdifferenz

$$\Delta\vartheta_{\log} = \frac{(\vartheta_{ein,1} - \vartheta_{ein,2}) - (\vartheta_{aus,1} - \vartheta_{aus,2})}{\ln\left(\dfrac{\vartheta_{ein,1} - \vartheta_{ein,2}}{\vartheta_{aus,1} - \vartheta_{aus,2}}\right)} \tag{2.392}$$

Wird die oben beschriebene Herleitung der mittleren logarithmischen Temperaturdifferenz für einen Gegenstromwärmeübertrager durchgeführt, so erhält man ein ähnliches Ergebnis.

$$\Delta\vartheta_{\log} = \frac{(\vartheta_{ein,1} - \vartheta_{aus,2}) - (\vartheta_{aus,1} - \vartheta_{ein,2})}{\ln\left(\dfrac{\vartheta_{ein,1} - \vartheta_{aus,2}}{\vartheta_{aus,1} - \vartheta_{ein,2}}\right)} \tag{2.393}$$

Ein Vergleich der beiden Lösungen für die mittlere logarithmische Temperaturdifferenz des Gegenstrom- und Gleichstromwärmeübertragers zeigt, dass sich diese für beide Fälle allgemein darstellen lässt:

$$\Delta\vartheta_{\log} = \frac{(\Delta\vartheta_{gr} - \Delta\vartheta_{kl})}{\ln\left(\dfrac{\Delta\vartheta_{gr}}{\Delta\vartheta_{kl}}\right)} \tag{2.394}$$

Die Temperaturdifferenzen $\Delta\vartheta_{gr}$ und $\Delta\vartheta_{kl}$ können für die beiden Möglichkeiten der Stromführung des Doppelrohr-Wärmeübertragers aus der Abb. 2.39(a) und 2.39(b) entnommen werden.

Möchte man noch den **Temperaturverlauf** der beiden am Wärmeaustausch beteiligten Fluide über die Länge des Wärmeübertragers bestimmen, so muss eine Integration der gewöhnlichen Differentialgleichung 1. Ordnung (2.387) vom Eintritt des Fluidmassenstroms in den Wärmeübertrager bis zu

154 Umwandlung und Transport von Masse, Impuls, Energie und Stoffen

dem beliebig gewählten Punkt a (siehe Abb. 2.40) der Wärmeübertragerfläche erfolgen.

$$\int_{ein}^{\vartheta_{1,a},\vartheta_{2,a}} \frac{1}{(\vartheta_1 - \vartheta_2)} d(\vartheta_1 - \vartheta_2) = -k \int_0^{A_a} \left(\frac{1}{\dot{m}_1 \bar{c}_{p\,1}} + \frac{1}{\dot{m}_2 \bar{c}_{p\,2}} \right) dA \quad (2.395)$$

Integration der Gl. (2.395) und anschließende Umformung liefert

$$(\vartheta_{1,a} - \vartheta_{2,a}) = (\vartheta_{ein,1} - \vartheta_{ein,2}) \exp \left[-kA_a \left(\frac{1}{\dot{m}_1 \bar{c}_{p\,1}} + \frac{1}{\dot{m}_2 \bar{c}_{p\,2}} \right) \right] \quad (2.396)$$

mit der Heizfläche des Wärmeübertragers A_a vom Fluideintritt in den Wärmeübertrager bis zur Stelle a.

Damit ist der Verlauf der Temperaturdifferenz $(\vartheta_1 - \vartheta_2)$ in Abhängigkeit von der Heizfläche ermittelt. Da wir jedoch am Temperaturverlauf der einzelnen Fluide interessiert sind, muss noch eine der beiden Temperaturen $\vartheta_{1,a}$ oder $\vartheta_{2,a}$ an der Stelle a in Gl. (2.396) durch eine geeignete Beziehung substituiert werden. Dazu betrachten wir wieder die beiden Fluide 1 und 2 als zwei eigenständige Systeme, welche im Wärmeaustausch zueinander stehen. Im Gegensatz zur Herleitung der mittleren logarithmischen Temperaturdifferenz betrachten wir jetzt den Doppelrohr-Wärmeübertrager vom Eintritt des Fluids in den Wärmeübertrager bis zur frei gewählten Stelle a. Trägt man die Wärmeströme, welche über die Grenzen der beiden Fluidsysteme gehen, in jeweils eine eigene Skizze ein, so erhält man die in Abb. 2.43(a) und 2.43(b) dargestellten Konfigurationen.

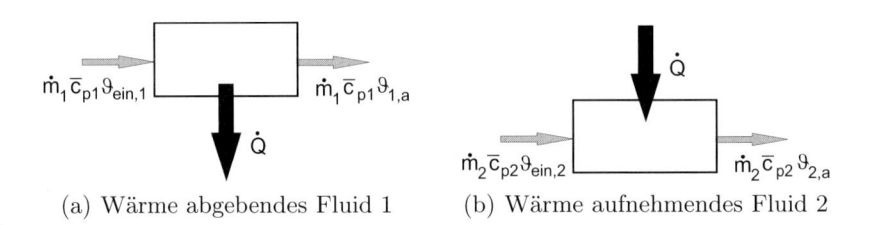

(a) Wärme abgebendes Fluid 1   (b) Wärme aufnehmendes Fluid 2

Abb. 2.43. Wärmeströme über die Systemgrenzen des einzelnen Fluidsysteme

Anwendung des 1. Hauptsatzes der Thermodynamik für stationäre Fließprozesse auf die in den Abb. 2.43(a) und 2.43(b) dargestellten Systeme ergibt:

$$\dot{m}_1 \bar{c}_{p\,1} \vartheta_{ein,1} - \dot{Q} = \dot{m}_1 \bar{c}_{p\,1} \vartheta_{1,a} \quad \text{und} \quad (2.397)$$
$$\dot{m}_2 \bar{c}_{p\,2} \vartheta_{ein,2} + \dot{Q} = \dot{m}_2 \bar{c}_{p\,2} \vartheta_{2,a} \quad (2.398)$$

Addition der Gleichungen (2.397) und (2.398) und anschließende Umformung ergibt

$$\vartheta_{2,a} = \vartheta_{ein,2} + \frac{\dot{m}_1 \bar{c}_{p\,1}}{\dot{m}_2 \bar{c}_{p\,2}} \left(\vartheta_{ein,1} - \vartheta_{1,a} \right) \qquad (2.399)$$

Substitution der Temperatur $\vartheta_{2,a}$ in Gl. (2.396) durch die Gl. (2.399) ergibt nach einigen Umformungen die gesuchte Beziehung für die Temperatur $\vartheta_{1,a}$ im Punkt a.

$$\vartheta_{1,a} = \frac{\dot{m}_1 \bar{c}_{p\,1} \vartheta_{ein,1} + \dot{m}_2 \bar{c}_{p\,2} \left(\vartheta_{ein,2} + b \right)}{\dot{m}_1 \bar{c}_{p\,1} + \dot{m}_2 \bar{c}_{p\,2}} \qquad (2.400)$$

Um den Temperaturverlauf für $\vartheta_{2,a}$ zu erhalten, muss aus den Gleichungen (2.397) und (2.398) die Temperatur $\vartheta_{1,a}$ ermittelt werden. Substitution der Temperatur $\vartheta_{1,a}$ in Gl. (2.396) führt auf die Bestimmungsgleichung für die Temperatur $\vartheta_{2,a}$ im Punkt a.

$$\vartheta_{2,a} = \frac{\dot{m}_2 \bar{c}_{p\,2} \vartheta_{ein,2} + \dot{m}_1 \bar{c}_{p\,1} \left(\vartheta_{ein,1} - b \right)}{\dot{m}_1 \bar{c}_{p\,1} + \dot{m}_2 \bar{c}_{p\,2}} \qquad (2.401)$$

mit dem Koeffizienten b in den Gl. (2.400) und (2.401)

$$b = (\vartheta_{ein,1} - \vartheta_{ein,2}) \exp\left[-kA_a \left(\frac{1}{\dot{m}_1 \bar{c}_{p\,1}} + \frac{1}{\dot{m}_2 \bar{c}_{p\,2}} \right) \right]$$

Weiterführende Literatur zum Thema Wärmeübertrager (inklusive der ε-NTU-Methode, auf die hier nicht näher eingegangen werden soll) findet sich u.a. bei (Martin 1988), (Baehr 2008), (Poling 2005), (VDI-Wärmeatlas 2006), (Shah 1998) oder (Hausen 1976).

Beispiel zum Gegenstromwärmeübertrager

In einem Gegenstromwärmeübertrager soll gesättigter Wasserdampf (= Zustand auf der Taulinie) bei einem Druck von 3 bar auf eine Temperatur von $\vartheta_{D,aus} = 125°C$ zum Zwecke der Raumheizung abgekühlt werden. Der Dampfmassenstrom sei mit $\dot{m}_D = 4$ kg/s gegeben. Für die Kühlung des Dampfmassenstroms steht Luft mit einer Temperatur von $\vartheta_{L,ein} = -10°C$ zur Verfügung, welche sich auf $\vartheta_{L,aus} = 22°C$ erwärmen soll. Die mittlere spez. Wärmekapazität der Luft betrage $\bar{c}_{pL} = 1,0096$ kJ/kgK. Näherungsweise kann eine isobare Zustandsänderung angenommen werden.

Folgende Fragen sind zu beantworten:

a) Gesucht ist der schematische Temperaturverlauf für beide am Wärmeaustausch beteiligten Fluide über die Wärmeübertragerfläche. Es sind weiters die für die Berechnung notwendigen Temperaturen einzutragen.
b) Wie groß ist die für den Wärmeaustausch mindestens erforderliche Fläche A_{erf} des Wärmeübertragers, wenn eine mittlere Wärmedurchgangszahl für den gesamten Wärmeübertrager von $\bar{k} = 60$ W/m²K angenommen werden kann?

Auszug aus der Dampftafel für Wasser:
Werte an der Siede- und Taulinie:

p [bar]	ϑ [°C]	ϱ' [kg/m³]	ϱ'' [kg/m³]	h' [kJ/kg]	h'' [kJ/kg]	s' [kJ/kgK]	s'' [kJ/kgK]
3	133.555	931.84	1.6505	561.61	2725.3	1.67211	6.9921

Unterkühlte Flüssigkeit:

p [bar]	ϑ [°C]	ϱ [kg/m³]	h [kJ/kg]	s [kJ/kgK]
3	125.0	939.11	525.11	1.58142

Frage a):

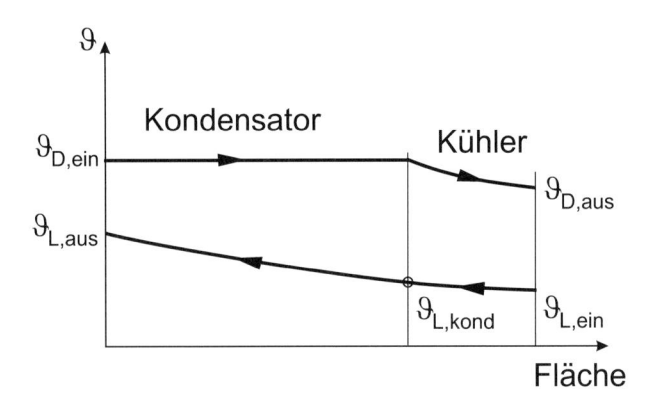

Abb. 2.44. Temperaturverlauf im Gegenstromwärmeübertrager

Die Abkühlung des Dampfes erfolgt im ersten Teil im Gegenstromwärmeübertrager durch Kondensation und in dem daran anschließenden Teil durch Unterkühlung des Fluids. Während der Kondensation ist die Dampftemperatur ident mit der Sattdampftemperatur bei dem in der Angabe angegebenen Betriebsdruck von 3 bar. Nach vollständiger Kondensation des Dampfes gibt das Fluid 1 weiter Wärme an die Luft ab und verlässt den Wärmeübertrager mit der Austrittstemperatur $\vartheta_{D,aus}$. Im Gegenzug dazu erwärmt sich die Luft ausgehend von ihrer Eintrittstemperatur $\vartheta_{L,ein}$ auf die Austrittstemperatur $\vartheta_{L,aus}$.

Frage b):
Bei der Bestimmung der Wärmeübertragerfläche muss nun darauf Bedacht genommen werden, dass der Dampf kondensiert. Es ist daher nicht zulässig,

den hier zu untersuchenden Apparat mit der oben hergeleiteten mittleren logarithmischen Temperaturdifferenz als gesamten Wärmeübertrager zu berechnen, für den nur die Ein- und Austrittstemperaturen maßgebend sind. Bei der Herleitung der mittleren logarithmischen Temperaturdifferenz wurde vorausgesetzt, dass keine Phasenänderung im Wärmeübertrager stattfindet und sich dabei die Wärmekapazitäten stark ändern. Es muss daher der zu untersuchende Apparat gedanklich unterteilt und wie zwei in Serie geschaltete Wärmeübertrager berechnet werden. Zur Bestimmung der Wärmeübertragerfläche muss daher zuerst noch die fehlende Temperatur $\vartheta_{L,kond}$ (siehe Abb. 2.44) bestimmt werden. Dazu ist es erforderlich, den übertragenen Wärmestrom $\dot{Q}$ sowie den Luftmassenstrom $\dot{m}_L$ zu bestimmen.

Mithilfe des 1. Hauptsatzes der Thermodynamik für stationäre Fließprozesse ergibt sich der übertragene Wärmestrom zu

$$\dot{Q} = \dot{m}_D(h'' - h_{D,aus}) = 8800.76 \text{ kW}$$

mit $h_{D,aus} = 525.11$ kJ/kg laut Dampftafel. Der Luftmassenstrom errechnet sich ebenfalls unter Zuhilfenahme des 1. Hauptsatzes der Thermodynamik für stationäre Fließprozesse:

$$\dot{m}_L = \frac{\dot{Q}}{\bar{c}_{pL}(\vartheta_{L,aus} - \vartheta_{L,ein})} = 272.41 \text{ kg/s}$$

Nun kann die Kondensatoraustrittstemperatur der Luft $\vartheta_{L,kond}$ bestimmt werden. Dazu wird eine Energiebilanz über den gesamten Wärmeübertrager, entsprechend der Abb. 2.45, gebildet.

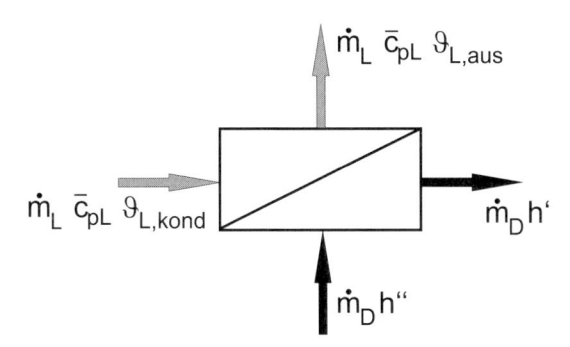

Abb. 2.45. Wärmeströme über die Systemgrenzen des Gegenstromwärmeübertragers

Energiebilanz:

$$\dot{m}_L \bar{c}_{pL} \vartheta_{L,kond} + \dot{m}_D h'' = \dot{m}_L \bar{c}_{pL} \vartheta_{L,aus} + \dot{m}_D h'$$

Umformung der Energiebilanz liefert die Beziehung für die gesuchte Größe $\vartheta_{L,kond}$.

158 Umwandlung und Transport von Masse, Impuls, Energie und Stoffen

$$\vartheta_{L,kond} = \vartheta_{L,aus} + \frac{\dot{m}_D(h' - h'')}{\dot{m}_L \bar{c}_{pL}} = -9.469°C$$

Nun können die einzelnen Übertragerheizflächen ermittelt werden.
1) Unterkühlungsteil:

$$A_U = \frac{\dot{Q}_U}{\bar{k}\,\Delta\vartheta_{log,U}} = \frac{m_L \bar{c}_{pL}(\vartheta_{L,kond} - \vartheta_{L,ein})}{\bar{k}\,\dfrac{(\vartheta_{D,Sätt} - \vartheta_{L,kond}) - (\vartheta_{D,aus} - \vartheta_{L,ein})}{\ln \dfrac{(\vartheta_{D,Sätt} - \vartheta_{L,kond})}{(\vartheta_{D,aus} - \vartheta_{L,ein})}}} = 17.51 \text{ m}^2$$

mit $\vartheta_{D,Sätt} = 133.555°C$ der Sattdampftemperatur des Dampfes.

2) Kondensationsteil:

$$A_{kond} = \frac{\dot{Q}_{kond}}{\bar{k}\,\Delta\vartheta_{log,kond}} = \frac{m_L \bar{c}_{pL}(\vartheta_{L,aus} - \vartheta_{L,kond})}{\bar{k}\,\dfrac{(\vartheta_{D,Sätt} - \vartheta_{L,kond}) - (\vartheta_{D,Sätt} - \vartheta_{L,aus})}{\ln \dfrac{(\vartheta_{D,Sätt} - \vartheta_{L,kond})}{(\vartheta_{D,Sätt} - \vartheta_{L,aus})}}}$$

$$A_{kond} = 1139.04\,\text{m}^2$$

Die erforderliche Wärmeübertragerfläche ergibt sich aus der Summe der Teilflächen:

$$A_{erf} = A_U + A_{kond} = 1156.55\,\text{m}^2$$

Würde in der vorliegenden Fragestellung die Berechnung irrtümlich ohne Unterteilung des Wärmeübertragers erfolgen, so würde sich für die gesuchte Fläche folgender, nicht korrekter Wert ergeben:

$$A = \frac{\dot{Q}}{\bar{k}\Delta\vartheta_{log}} = \frac{m_L \bar{c}_{pL}(\vartheta_{L,aus} - \vartheta_{L,ein})}{\bar{k}\,\dfrac{(\vartheta_{D,aus} - \vartheta_{L,ein}) - (\vartheta_{D,Sätt} - \vartheta_{L,aus})}{\ln \dfrac{(\vartheta_{D,aus} - \vartheta_{L,ein})}{(\vartheta_{D,Sätt} - \vartheta_{L,aus})}}} = 1193.44\,\text{m}^2$$

3
Numerische Methoden

Autoren: R. Leithner, H. Müller, K. Ponweiser, H. Walter, H. Zindler

Wie schon in Kapitel 1.1 (Abb. 1.2) und Kapitel 2 bemerkt, bilden die Bilanzgleichungen für Masse, Impuls, Energie, Stoffe und Phasen und die konstitutiven Gleichungen bzw. Modelle für Wärme- und Stofftransport, Stoff- und Phasenumwandlung, Turbulenz und Stoffwertedaten ein gekoppeltes System nichtlinearer, partieller Differentialgleichungen (PDG), dessen Komplexität (Anzahl der Gleichungen) von dem zu modellierenden Problem und der erwarteten Detaillierung der Ergebnisse abhängt. Solche PDG sind nur dann lösbar, wenn die richtigen Rand- und Anfangswerte gegeben sind, was auch von kommerziellen Programmen nicht in allen Fällen überprüft und erkannt wird. Das Problem ist dann korrekt gestellt (well-posed). Analytische Lösungen gibt es nur für stark vereinfachte Problemstellungen; im Allg. ist nur eine numerische Lösung möglich (van Kan 1995), (Steinrück 2000). Wie in Kapitel 2 Gl. (2.14) und Gl. (2.15) bereits erwähnt, lautet die allgemeine Bilanzgleichung in Vektorschreibweise

$$\frac{\partial \rho \phi}{\partial \tau} = -\mathrm{div}\vec{J}\phi + \mathrm{div}\left(\Gamma_\phi \mathrm{grad}\phi\right) + S_\phi \tag{3.1}$$

oder in Tensorschreibweise

$$\frac{\partial \rho \phi}{\partial \tau} = -\frac{\partial \rho w_i \phi}{\partial x_i} + \frac{\partial}{\partial x_i}\Gamma_\phi \frac{\partial \phi}{\partial x_i} + S_\phi \tag{3.2}$$

Die kontinuierliche Information der exakten Lösung wird angenähert durch endlich viele (diskrete) Zahlen. Zur Berechnung dieser Zahlen müssen daher endlich viele algebraische Gleichungen anstelle der Differentialgleichung gelöst werden. Dazu sind folgende Schritte notwendig:

- Unterteilung des Rechengebietes in Teilgebiete (Wird in Kapitel 3.1 Koordinatensysteme und Gitter behandelt).
  (Gebiet ist die allgemeine Bezeichnung für Volumen (3D) bzw. Fläche (2D)

bzw. Strecke (1D); Rand die allgemeine Bezeichnung für Oberfläche (3D) bzw. Seite (2D) bzw. Anfangs- und Endpunkt (1D))
- Überführung der Differentialgleichungen in ein System von algebraischen Gleichungen. Die Lösung dieses Systems algebraischer Gleichungen ergibt eine Näherung der Lösungen für ϕ in den Definitionspunkten (Gitterpunkten) und setzt auch einen Verlauf von ϕ zwischen den Definitionspunkten (Gitterpunkten) voraus (Wird in Kapitel 3.2 Diskretisierungsmethoden behandelt).

3.1 Koordinatensysteme und Gitter

3.1.1 Koordinatensysteme

Grundsätzlich kann man zwei Koordinatensysteme unterscheiden:

- Euler'sches Koordinatensystem, das im Allg. ortsfest ist, in Spezialfällen sich aber auch z.B. mit dem Rotor einer Windenergieanlage, Turbine oder eines Hubschraubers etc. mitbewegen kann,
- Lagrange'sches Koordinatensystem, das sich mit den Massenelementen der Strömung mitbewegt, wobei sich das Volumen eines fluiden Massenelements im Allg. verändern wird, was man sich schwer vorstellen kann. Ein seltenes Beispiel für eine eindimensionale (in einem Rohr) nach Lagrange betrachteten Wasser–Dampf–Strömung findet man in (Jekerle 2001). Darin wird auch die Transformation von Bilanzgleichungen vom Lagrange'schen ins Euler'sche Koordinatensystem gezeigt.

Bei Fluiden wird fast ausschließlich das Euler'sche Koordinatensystem verwendet, weil die Gleichungen leichter zu verstehen und mathematisch einfacher zu behandeln sind; am einfachsten, wenn die Wände, die die Strömung begrenzen, als ortsfest und starr angesehen werden können. Es findet im Allg. über die Elementoberflächen ein konvektiver Transport statt, und im Kontrollvolumenelement wird vollständig gemischt, sodass die Geschichte der Ströme über die Elementoberflächen verloren geht. Dies ist in seltenen Fällen, z.B. bei Mineralumwandlungen, nachteilig.

Bei Stößen, oder wenn sich die Wände/Oberflächen, die die Fluidströmung begrenzen, unter einem äußeren Einfluss (Rotoren eines Hubschraubers oder einer Windenergieanlage oder einer Turbinen oder Pumpe etc.) und/oder durch die Strömungskräfte (Flügel eines Flugzeugs, Hängebrücken etc.) bewegen, ist es vorteilhaft, das Euler'sche Koordinatensystem diese Bewegung mitmachen zu lassen und ist es nötig, Strömung und Wände (Spannungen und Verformungen) gemeinsam zu berechnen. Dadurch wird die Berechnung natürlich komplizierter. In letzter Zeit wurde dafür die Raum-Zeit-Finite-Element-Methode entwickelt (siehe dazu (Walhorn 2002)).

Häufig verwendet wird eine Kombination aus Euler'scher und Lagrange'scher Betrachtungsweise, wenn man Flugbahnen von festen Partikeln in

Fluiden, Flüssigkeitstropfen in Gasströmungen oder Gasblasen in Flüssigkeiten untersucht, wobei das Problem erleichtert wird, wenn die Partikel, die Tropfen bzw. die Gasblasen als Kugeln mit konstantem Radius behandelt werden können. Dabei lässt sich die Geschichte eines Partikels, Tropfens bzw. einer Gasblase natürlich einfach auf der Flugbahn, d.h. Trajektorie verfolgen, was z.B. von Bedeutung ist, wenn man in einer Brennkammer Aschepartikel und die Umwandlungen der Ascheminerialien längs der Flugbahn untersuchen will, um die Verschlackung von Brennkammern zu berechnen. Dabei kann die Kopplung bei einer geringen Partikelkonzentration einseitig sein (nur die Strömungskräfte auf das Partikel etc. werden betrachtet) oder korrekterweise beidseitig (auch die Rückwirkung der Partikel etc. auf die Strömungen wird berücksichtigt). Noch komplexer wird das Problem, wenn wegen der hohen Partikelkonzentration die Partikelstöße untereinander berücksichtigt werden müssen.

Eine andere Einteilungsmöglichkeit ist die nach dem zur Anwendung kommenden Koordinatensystem:
Das zu wählende Koordinatensystem hängt dabei von der Konfiguration, dem Lösungsraum sowie dem zu lösenden Problem ab. Das Koordinatensystem soll daher nach dem Gesichtspunkt ausgewählt werden, welcher die Physik der Problemstellung am einfachsten beschreibt. Ein passend gewähltes Koordinatensystem wird den Lösungsvorgang deutlich vereinfachen. Dabei spielt die Dimensionalität (ein-, zwei- oder dreidimensional) der gestellten Aufgabe eine nicht unwesentliche Rolle, denn diese bestimmt in einem sehr hohen Maße den numerischen Aufwand, der für die Lösung notwendig ist. Mit der Wahl des Koordinatensystems wird gleichzeitig auch die Form der Bilanzgleichungen festgelegt.

Die am meisten benützten Koordinatensysteme sind:

- Kartesisches Koordinatensystem (orthogonal)

(a) Koordinatensystem

(b) dreidimensionales Rechengitter

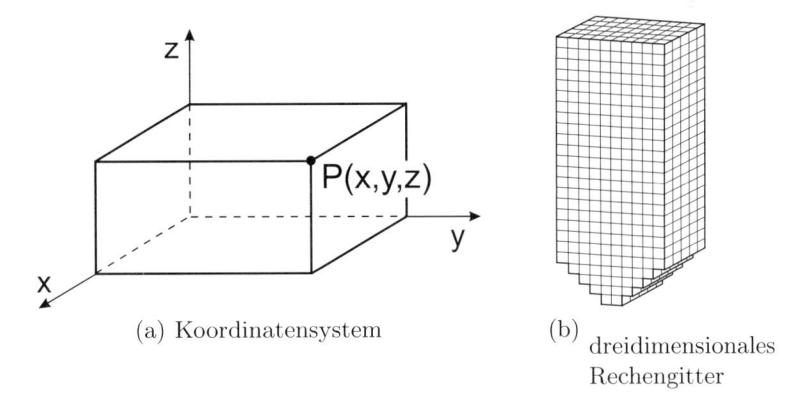

Abb. 3.1. Kartesisches Koordinatensystem und kartesisches 3D-Rechengitter

162   Numerische Methoden

Abb. 3.1(a) zeigt die für die Bestimmung eines Punktes P im kartesischen Koordinatensysten notwendigen Koordinaten. Dieses Koordinatensystem ist geeignet für rechteckige Gesamtgeometrien.

Das stark vereinfachte dreidimensionale Rechengitter eines Feuerraums mit Staubfeuerung ist in Abb. 3.1(b) als beispielhafter Anwendungsfall für das kartesische Koordinatensystem dargestellt.

Verwendet man ein kartesisches Rechengitter, sind schräge Flächen gestuft, was meist tolerierbar ist.

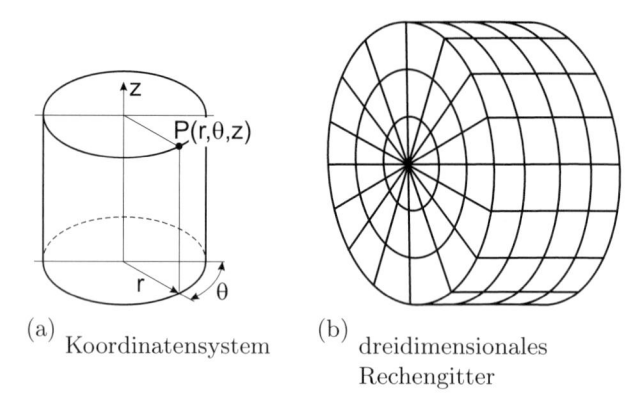

- Zylinderkoordinatensystem

(a) Koordinatensystem   (b) dreidimensionales Rechengitter

Abb. 3.2. Zylinderkoordinatensystem

Die für die Definition eines Punktes P in Zylinderkoordinaten notwendigen Koordinaten können der Abb. 3.2(a) entnommmen werden. Die Abb. 3.2(b) zeigt ein zylindrisches 3D-System Rechengitter, wie es z.B. bei einem zylindrischen Brenner verwendet wird. Herrscht Rotationssymmetrie, d.h. die Größen sind nur abhängig von Radius r und nicht vom Winkel θ, so kann ein 2D-zylindrisches Rechengitter verwendet werden, wie es in Abb. 3.3(a) dargestellt ist.

(a) zweidimensionales zylindrisches Rechengitter   (b) eindimensionales zylindrisches Rechengitter

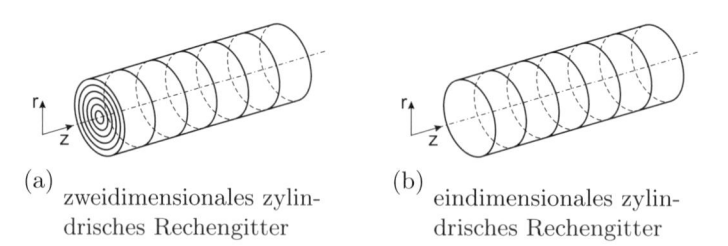

Abb. 3.3. Beispiel für ein zweidimensionales und eindimensionales Rechengitter in Zylinderkoordinaten

Ein typischer Anwendungsfall für ein 2D-zylindrisches Rechengitter ist die Berechnung einer rotationssymetrischen Einzelflamme unter Vernachlässigung der Auftriebseffekte (Görner 1991). Natürlich kann auch eindimensional gerechnet werden (siehe Abb. 3.3(b)). Allerdings sind alle Größen unabhängig vom Radius r und vom Winkel θ, die Art des Querschnitts spielt keine Rolle. Anwendungsgebiete sind: Rohrströmungen, Wirbelschicht, Wärmeleitung in Stab etc.
- Kugelkoordinatensystem

(a) Koordinatensystem (b) dreidimensionales Netz

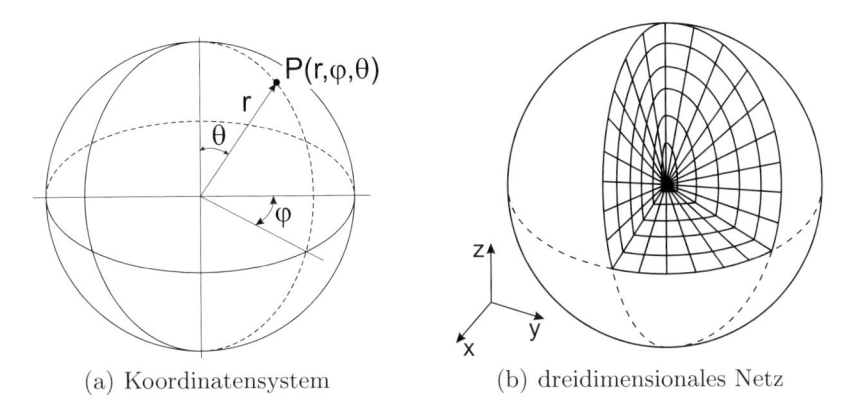

Abb. 3.4. Kugelkoordinatensystem

Abb. 3.4(a) zeigt die für die Beschreibung eines Punktes P im Kugelkoordinatensystem notwendigen Koordinaten r, φ und θ. In Abb. 3.4(b) ist als Anwendungsbeispiel für das 3D-Kugelkoordinaten-Rechennetz das für ein Kohleteilchen mit dem Koordinatenursprung im geometrischen Mittelpunkt des Partrikels im Schnitt dargestellt.

Die zylindrischen und Kugelkordinatensysteme lassen sich unter Zuhilfenahme von

$$\text{Zylinderkoordinaten: } x = r\sin\theta$$
$$y = r\cos\theta$$
$$z = z$$

$$\text{Kugelkoordinaten: } x = r\sin\theta\sin\varphi$$
$$y = r\sin\theta\cos\varphi$$
$$z = \cos\theta$$

in das kartesische Koordinatensystem umrechnen. Eine Zusammenstellung der Navier-Stokes-Gleichungen für die oben beschriebenen Koordinatensysteme finden sich u.a. bei (Görner 1991) oder (Hoffmann 1996).

3.1.2 Gitter und Gittergenerierung

Gitter

Bei der numerischen Simulation verwendet man:

- struktrurierte,
- blockstrukturierte und
- unstrukturierte Gitter/Netze

Im dreidimensionalen Fall ist bei strukturierten und unstrukturierten Gittern jeder Gitterpunkt durch seine Ortskoordinaten festgelegt.

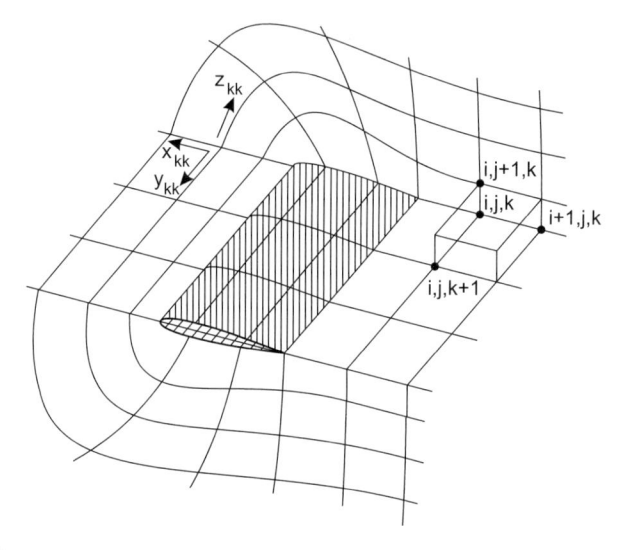

Abb. 3.5. Schema eines dreidimensionalen körperangepassten Berechnungsgitters, (Schüller 1999)

- Bei strukturierten dreidimensionalen Gittern hat jeder Gitterpunkt ein Indextripel i, j, k und 6 Nachbarpunkte, die dadurch ermittelt werden können, dass i, j und k um 1 vermindert oder erhöht werden. Dies gilt für kartesische Koordinaten, Zylinderkoordinaten und Kugelkoordinaten. Allerdings fallen in der Zylinderachse bzw. in der Polachse und im Kugelmittelpunkt zahlreiche Gitterpunkte zusammen. Aber auch für andere räumliche Gebilde, z.B. körperangepasste Berechnungsgitter, siehe Abb. 3.5 (Schüller 1999), mit den kurvenlinearen Koordinaten x_{kl}, y_{kl} und z_{kl}. Die jeweiligen Schnittpunkte der drei Koordinatenlinien bilden die Eckpunkte der dreidimensionalen Kontrollvolumina. Durch die Wahl kurvenlinearer Koordinaten treten zwischen den einzelnen Zellen weder Überschneidungen noch Klaffungen auf. Die Verwendung körperangepasster Gitter erlaubt die Abbildung des in dreidimensionale Kontrollvolumina aufgeteilten Strömungsgebietes in einen dreidimensionalen Indexraum, wie er in

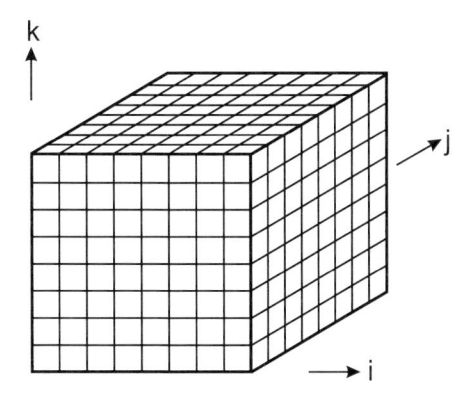

Abb. 3.6. Dreidimensionaler Indexraum eines dreidimensionalen körperangepassten Berechnungsgitters

Abb. 3.6 dargestellt ist. Der Indexraum besteht generell aus Würfeln, und seine Koordinaten werden mit i, j und k bezeichnet. Im Indexraum sind die Zelleneckpunkte des körperangepassten Netzes eindeutig anhand ihrer Indizes i, j, k und der zugehörigen kartesischen Koordinaten $x(i,j,k)$, $y(i,j,k)$, $z(i,j,k)$ identifizierbar. Die einzelnen Kontrollvolumina lassen sich ebenfalls indizieren und erhalten den Index i_{Ra}, j_{Ra}, k_{Ra} zugeordnet, wenn die Zelleneckpunkte im Indexraum durch

$$i,j,k \qquad i+1,j,k \qquad i+1,j+1,k \qquad i,j+1,k$$
$$i,j,k+1 \quad i+1,j,k+1 \quad i+1,j+1,k+1 \quad i,j+1,k+1$$

bezeichnet sind.

Dreidimensionale Gitter haben daher Hexaeder bzw. Quader oder Würfel als Volumenelemente und zweidimensionale Gitter entsprechend Vierecke bzw. Rechtecke oder Quadrate.

Um sich die Transformation des Simulationsraums mit strukturiertem Gitter in Abb. 3.5 in den Indexraum von Abb. 3.6 zu veranschaulichen, kann man sich einen Hohlzylinder axial aufgeschnitten und abgewickelt vorstellen, wobei natürlich einzelne Volumina gestaucht oder gestreckt werden. Ähnlich kann eine Hohlkugel mit kegelstumpfförmigen Ausschnitten um die Polachse entlang eines Längengrades aufgeschnitten und abgewickelt gedacht werden.

- Bei unstrukturierten Gittern sind im physikalischen Raum mehr oder weniger beliebig Punkte vorgegeben. Natürlich muss die Verteilung der Punkte dem Strömungsfeld angepasst sein, um sinnvolle Ergebnisse erzielen zu können. Die Punkte müssen nun miteinander so verbunden werden, dass der physikalische Raum in Dreiecke (2D) bzw. Tetraeder (3D) unterteilt wird. Die Dreiecke bzw. Tetraeder nennt man Elemente. Auch Unterteilungen in andere geometrische Formen (z.B. Vierecke 2D, Hexaeder 3D)

sind möglich. Zu jedem Element müssen nun die entsprechenden Eckpunkte zugeordnet werden. Die Eckpunkte werden lokal indiziert:
$P_{i,j}$ bezeichnet den $j$ten Eckpunkt im $i$ten Element. Die Punkte müssen aber auch global indiziert werden P_k. In der Zuordnungsmatrix (siehe Abb. 3.7) wird der Zusammenhang zwischen lokaler und globaler Indizierung festgelegt. Der Vorteil der unstrukturierten Gitter liegt in der Flexibilität und Anpassungsfähigkeit an komplizierte Berandungen. Außerdem kann der Abstand der Netzpunkte ohne Rücksicht auf eine globale Struktur den lokalen Erfordernissen angepasst werden. Die Generierung unstrukturierter Netze ist i. Allg. aufwändiger. Auch ist der Speicherbedarf um die Zuordnungsmatrix erhöht. Unstrukturierte Gitter werden gewöhnlich bei Finite-Elemente-Methoden angewandt.

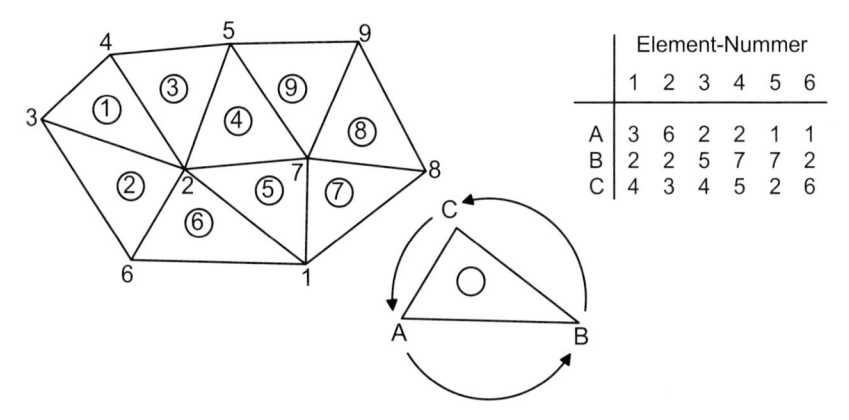

	Element-Nummer					
	1	2	3	4	5	6
A	3	6	2	2	1	1
B	2	2	5	7	7	2
C	4	3	4	5	2	6

Abb. 3.7. Triangulierung: lokale (A,B,C) und globale Nummerierung der Knoten durch die Zuordnungsmatrix, (Oertel 1995)

- Blockstrukturierte Gitter: Bei komplizierten Berandungen des Rechengebietes fällt es oft schwer, eine Struktur mit einer einzigen indizierten Datenstruktur beizubehalten. Eine Abhilfe kann man mit blockstrukturierten Netzen finden. Dabei werden mehrere Blöcke zu einem Gesamtnetz zusammengefügt. Der Übergang von einem Block zum anderen erfordert eine Sonderbehandlung. Eine Möglichkeit ist, dass die Oberflächen der Volumenelemente an der Schnittstelle zwischen zwei Blöcken genau zusammenpassen oder zwei oder vier Oberflächen eines Gitters auf eine Oberfläche des angrenzenden Gitters passen. Es ist aber auch eine beliebige Zuordnung von Oberflächen möglich oder die Überlappung der Blöcke mit entsprechenden Interpolationen (Chimera Netze).
- Hybride Gitter versuchen, die Vorteile von strukturierten und unstrukturierten Gittern zu kombinieren. An den Schnittstellen gibt es die o.g. Möglichkeiten.

Ferner unterscheidet man zwischen

- versetztem und
- nicht versetztem Gitter.

Beim versetzten Gitter werden die skalaren Größen im Volumen, im Schwerpunkt definiert, oder die Oberflächen liegen in der Mitte zwischen diesen Gitterpunkten. Die vektoriellen Größen werden auf den Oberflächen definiert, sodass im 3D–Fall vier Gitter auftreten – eines für skalare Größen und je eines für die Komponenten der Vektoren in x-, y- und z-Richtung. Beim nichtversetzten Gitter sind skalare und vektorielle Größen im gleichen Punkt definiert. Dies führt zu einem anderen Berechnungsablauf, der unter Umständen nicht so einfach konvergiert wie der mit versetztem Gitter (siehe auch Kapitel 3.5.5).

Es gibt auch Verfahren, die auf mehreren Gittern arbeiten, um die Konvergenz zu fördern (Mehrgitterverfahren).

Gittergenerierung

Einfach zu erzeugen sind äquidistante Gitter mit kartesischen Koordinaten, Zylinder- oder Kugelkoordinaten. Dies hat aber bei kartesischen Koordinaten zur Folge, dass Flächen, die nicht parallel zu den Koordinatenebenen sind, stufenförmig approximiert werden müssen und dass bezüglich der Gitterweite ein Kompromiss zu schließen ist zwischen der kleinsten notwendigen und größten möglichen Gitterweite an verschiedenen Stellen.

Dabei sollte sich die Gitterweite an den Gradienten der gesuchten Größen orientieren, d.h. je größer der Gradient, umso kleiner sollte die Gitterweite sein.

Der nächsteinfachste Fall ist die Verkleinerung der Gitterweiten in bestimmten Entfernungen der x-, y- und/oder z-Achse. Dabei wird aber z.B. bei kartesischen Koordinaten durchgehend die Gitterweite in x-Richtung auch für y- und z-Werte verkleinert, wo dies gar nicht nötig wäre, was natürlich die Elementanzahl und damit die Rechenzeit erhöht.

Für solche Fälle sind blockstrukturierte Gitter zu empfehlen, bei welchen z.B. an Stellen, wo erhöhte Gradienten erwartet werden, wie z.B. in der Nähe von Brenner oder dort, wo kleine Ein- bzw. Austrittsquerschnitte vorgesehen sind, Blöcke mit einem feinen Gitter in das gröbere Gitter eingelassen werden.

Grundsätzlich unterscheidet man folgende Gittergenerierungsmethoden:

- algebraische Methoden, z.B.:
    + äquidistantes, kartesisches Gitter

$$x_i = \frac{i-1}{n_x - 1} \cdot l_x \qquad i = 1, 2, \ldots, n_x$$

$$y_j = \frac{j-1}{n_y - 1} \cdot l_y \qquad j = 1, 2, \ldots, n_y \qquad (3.3)$$

$$z_k = \frac{k-1}{n_z - 1} \cdot l_z \qquad k = 1, 2, \ldots, n_z$$

- + nicht äquidistantes kartesisches Gitter; dabei muss gespeichert werden, an welchen Stellen welche Gitterweiten in x-, y- und z-Richtung vorgesehen sind.
- + Interpolationsmethode (Oertel 1995)
- + Transfinite Interpolation (Oertel 1995)
- + Schießverfahren (Oertel 1995)
- Verfahren mittels Lösung einer PDG
  - + Elliptisches Verfahren: Die Grundidee ist, dass die Koordinatenfunktionen die Laplace-Gleichung erfüllen sollen.
  - + Steuerung mittels Kontrollfunktion zur lokalen Verdichtung
  - + Hyperbolische Methoden
- Triangulierung
  - + Delauny Triangulierung
  - + Frontgenerierungsmethode

Im Allg. sind Elemente mit stark unterschiedlichen Kanten- bzw. Seitenlängen, spitzen Winkeln etc. problematisch. Gitter sollten zur Kontrolle immer gezeichnet werden!

3.1.3 Kartesisches Diskretisierungsschema

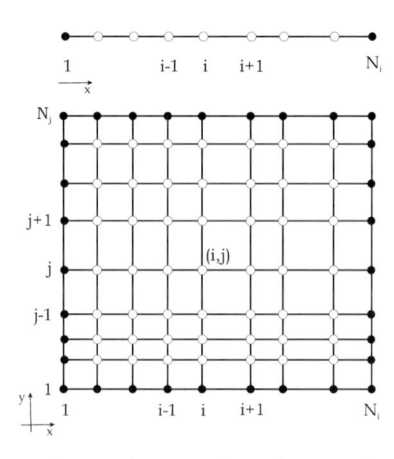

Abb. 3.8. Beispiel eines kartesischen Gitters 1D oben, 2D unten

Bei strukturierten Gittern ist wie bereits erwähnt jeder Gitterpunkt eindeutig über einen Satz von Indizes definiert ((i) im 1D-Fall, (i,j) im 2D-Fall und (i,j,k) im 3D-Fall). Die entsprechenden Nachbarpunkte werden bei der Verwendung eines strukturierten Gitters durch aufsteigende bzw. abnehmende Indizes eindeutig festgelegt (siehe Abb. 3.8). Der Anschaulichkeit halber wird ein kartesisches Koordinatensystem verwendet, auf das jedes strukturierte Gitter abgebildet werden kann.

Zur Bezeichnung der Nachbarpunkte um einen Gitterpunkt wird oft die so genannte Kompassnotation verwendet. Analog zur Windrose werden auf der x-y-Ebene die Nachbarpunkte mit E für East und W für West in x-Richtung, N für North und S für South in y-Richtung bezeichnet (siehe Abb. 3.9(a)). Im 3D-Fall wird der „Kompass" um T für Top und B für Bottom für die z-Richtung erweitert (siehe Abb. 3.9(b)). Zwischen den Indizes der Gitterpunkte und den Bezeichnungen nach der Kompassnotation besteht der in der Tabelle 3.1 aufgeführte Zusammenhang.

Tabelle 3.1. Zusammenhang zwischen Indizes der Gitterpunkte und der Kompassnotation in einem dreidimensionalen kartesischen Gitter

Gitterindex	Kompassnotation	Gitterindex	Kompassnotation
i,j,k	P	i+1,j+1,k	NE
i-1,j,k	W	i-1,j-1,k	SW
i,j-1,k	S	i+2,j,k	EE
i,j+1,k	N	i,j+2,k	NN
i+1,j,k	E	i+1,j-1,k+1	SE
i,j,k-1	B	i-2,j,k	WW
i,j,k+1	T	i,j-2,k	SS

Geeignete numerische Beziehungen nähern den Verlauf der Größen zwischen den Definitionspunkten an und führen auf ein System algebraischer Gleichungen. Jede partielle Differentialgleichung wird durch einen Satz von algebraischen Gleichungen ersetzt. Nach der Überführung ist die Anzahl der algebraischen Gleichungen (die aus einer DGl gewonnen werden) identisch mit der Anzahl der Gitterpunkte. Jede algebraische Gleichung eines Gitterpunktes verbindet die Variable mit den

Nachbarpunkten, wobei die Anzahl der Nachbarpunkte vom gewählten Diskretisierungsschema abhängt. Es sind also für jeden Gitterpunkt algebraische Gleichungen von der Differentialgleichung herzuleiten. Über den Verlauf der Variablen zwischen den Gitterpunkten sind Annahmen zu treffen.

Aus der allgemeinen Form einer Bilanzgleichung für eine Strömungsgröße Gl. (3.1) bzw. Gl. (3.2) ist zu erkennen, dass Differentiale 1. Ordnung und

170 Numerische Methoden

Differentiale 2. Ordnung durch algebraische Gleichungen zu approximieren sind.

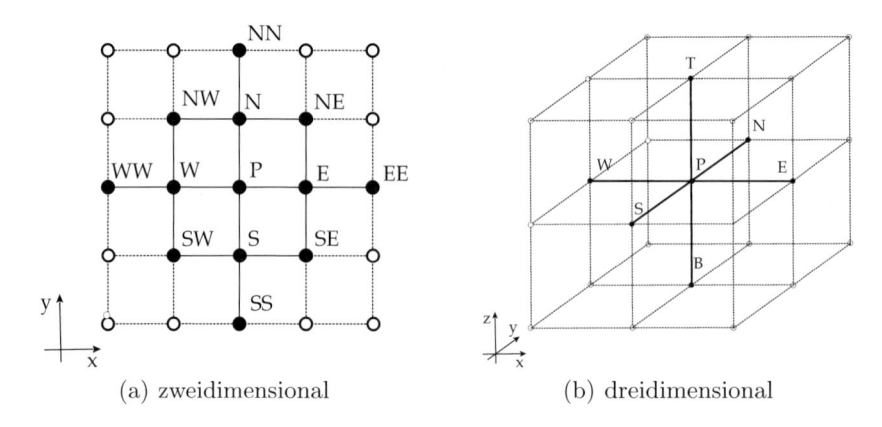

(a) zweidimensional

(b) dreidimensional

Abb. 3.9. Bezeichnung der Definitionspunkte in der Kompassnotation für ein differentielles Volumenelement in einem dreidimensionalen kartesischen Gitter

Die Anordnung von Definitionspunkten und den zugehörigen Randpunkten kann auf zwei verschiedene Arten erfolgen (siehe Abb. 3.10).

1. Die Definitionspunkte der Bilanzgrößen liegen im Elementmittelpunkt (siehe Abb. 3.10(b)).
2. Die Elementränder halbieren die Abstände zwischen den benachbarten Definitionspunkten (siehe Abb. 3.10(a)).

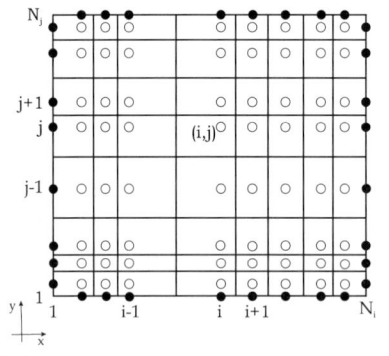

(a) Ränder halbieren den Abstand zwischen den Definitionspunkten

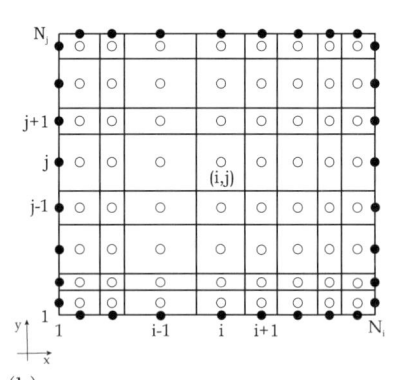

(b) Definitionspunkt im Elementzentrum

Abb. 3.10. Möglichkeiten für die Anordnung von Definitionspunkte und Rändern (2D–Fall)

Bei der Herleitung der Diskretisierungsvorschriften wird hier immer vom volumenzentrierten Gitter nach Abb. 3.10(b) ausgegangen.

3.2 Diskretisierungsmethoden

- **Finite-Differenzen-Methode, Taylor-Reihen-Formulierungen**.
  Die Werte von ϕ sind an den Stellen $\vec{x}_1$, $\vec{x}_2$, $\vec{x}_3$ gegeben: ϕ_1, ϕ_2, ϕ_3
  Die Ableitungen werden mittels Taylor-Reihen-Entwicklungen, die nach einem Term $n$ter Ordnung abgebrochen werden, durch finite Differenzen angenähert. Dadurch entsteht ein Abbruchfehler $n+1$.Ordnung. Probleme ergeben sich bei nicht entsprechend oft differenzierbaren Lösungsfunktionen. Das entstehende algebraische Gleichungssystem kann mit verschiedenen bekannten Methoden gelöst werden.

  Zwar ist die Finite-Differenzen-Methode (FDM) am nahe liegendsten, sie ist aber weder in der Strömungssimulation noch in der Spannungssimulation verbreitet. Der Grund liegt bei Strömungssimulationen darin, dass die Finite-Volumen-Methode konservativ ist, d.h. dass auskonvergierte Lösungen auf jeden Fall die Bilanzgleichungen erfüllen.
  Es existieren noch zwei weitere Methoden

- die Finite-Elemente-Methode (FEM), die in bestimmten Fällen einer Minimierungsaufgabe (Variationsrechnung) entspricht und
- die Finite-Volumen-Methode (FVM), die auf dem Gauß'schen Integralsatz basiert

Beide Methoden FEM und FVM gehören zur Methode der gewichteten Residuen, wobei bei der FVM der Gewichtungsfaktor gleich 1 ist.

3.2.1 Finite-Differenzen-Methode

Die Differentiale 1. und 2. Ordnung in der Bilanzgleichung werden bei der Methode der Finiten Differenzen durch eine Approximation aus der Taylorreihenentwicklung ersetzt. Für ein Gitter mit konstanten Abständen zwischen den einzelnen Rechenpunkten gelten folgende Taylorreihenentwicklungen (s. Abb. 3.11):

vorwärts:

$$\phi(x + \Delta x) = \phi(x) + \Delta x\, \frac{\partial \phi}{\partial x} + \frac{1}{2}\Delta x^2\, \frac{\partial^2 \phi}{\partial x^2} + \cdots \frac{1}{n!}\Delta x^n\, \frac{\partial^n \phi}{\partial x^n} \qquad (3.4)$$

rückwärts:

$$\phi(x - \Delta x) = \phi(x) - \Delta x\, \frac{\partial \phi}{\partial x} + \frac{1}{2}\Delta x^2\, \frac{\partial^2 \phi}{\partial x^2} + \cdots (-1)^n \frac{1}{n!}\Delta x^n\, \frac{\partial^n \phi}{\partial x^n} \qquad (3.5)$$

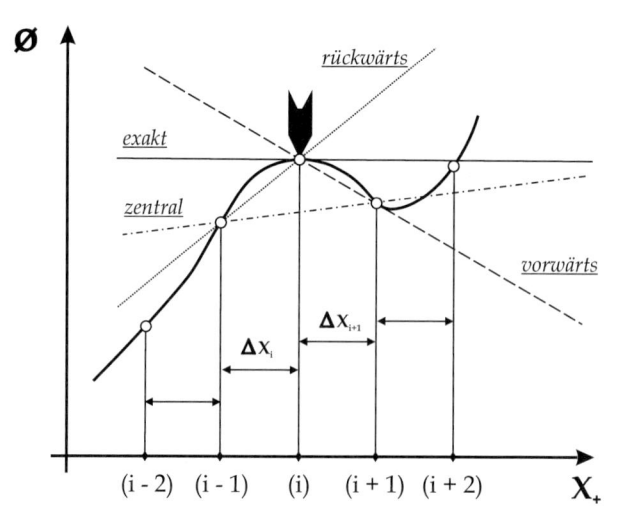

Abb. 3.11. Taylorreihenentwicklung

Die Ableitung erster Ordnung kann auf drei verschiedene Arten aus diesen beiden Taylorreihenentwicklungen bzw. aus einer der beiden approximiert werden:

- Die Subtraktion der Gl. (3.5) von Gl. (3.4) und Vernachlässigung der Ableitungen höherer Ordnung führt auf die häufig verwendete so genannte Zentraldifferenz:

$$\phi(x + \Delta x) - \phi(x - \Delta x) = 2\,\Delta x\,\frac{\partial \phi}{\partial x} \tag{3.6}$$

$$\frac{\partial \phi}{\partial x} = \frac{\phi(x + \Delta x) - \phi(x - \Delta x)}{2\Delta x} \tag{3.7}$$

- Aus Gl. (3.4) ergibt sich nach Umformung und Vernachlässigung der Ableitungen 2. und höhere Ordnung die Vorwärtsdifferenz:

$$\frac{\partial \phi}{\partial x} = \frac{\phi(x + \Delta x) - \phi(x)}{\Delta x} \tag{3.8}$$

- Aus Gl. (3.5) die Rückwärtsdifferenz:

$$\frac{\partial \phi}{\partial x} = \frac{\phi(x) - \phi(x - \Delta x)}{\Delta x} \tag{3.9}$$

Die Differenzenformel für Ableitungen 2. Ordnung ergibt sich durch die Addition von Gl. (3.4) und Gl. (3.5) und die Vernachlässigung der Ableitungen 4. und höherer Ordnung:

$$\phi(x + \Delta x) + \phi(x - \Delta x) = 2\,\phi(x) + \Delta x^2\,\frac{\partial^2 \phi}{\partial x^2} \tag{3.10}$$

Die Umformung ergibt:

$$\frac{\partial^2 \phi}{\partial x^2} = \frac{\phi(x+\Delta x) - 2\,\phi(x) + \phi(x-\Delta x)}{\Delta x^2} \qquad (3.11)$$

Die Vernachlässigung der Ableitungen höherer Ordnung führt zu einem Abbruchfehler.

Beispiel Vorwärtsdifferenz:

$$\underbrace{\frac{\partial \phi}{\partial x}}_{\text{Steigung der Tangente}} = \underbrace{\frac{\phi(x+\Delta x) - \phi(x)}{\Delta x}}_{\text{Steigung der Sehne}} \underbrace{- \frac{\partial^2 \phi}{\partial x^2}\frac{\Delta x^2}{2!} - \frac{\partial^3 \phi}{\partial x^3}\frac{\Delta x^3}{3!} - \frac{\partial^n \phi}{\partial x^n}\frac{\Delta x^n}{n!}}_{\text{Abbruchfehler}} \qquad (3.12)$$

Bei der Entwicklung der numerischen Beziehungen zur Beschreibung des Verlaufes der Größen zwischen den Diskretisierungspunkten über die Taylorreihenentwicklung wird von der Differentialgleichung ausgegangen.

3.2.2 Finite-Elemente-Methode

Zwischen Minimierungsaufgaben und der Lösung von PDG besteht in manchen Fällen ein Zusammenhang, d.h. in diesen Fällen ist eine Funktion ϕ (stets eine Funktion von $\vec{x}$), die einen Integralausdruck (Funktional) stationär (d.h. die erste Variation zu Null) macht unter der Nebenbedingung, dass diese Funktion ϕ auf dem Rand gegeben ist, auch die Lösung einer PDG mit denselben Dirichlet'schen Randbedingungen und denselben Cauchy'schen Randbedingungen; zur Bestimmung einer solchen Funktion ϕ verwendet man einen Ritzschen Ansatz.

Existiert kein solches Funktional, dann führt die Forderung, dass das Integral der gewichteten Residuen (Differenzen zwischen Approximationsfunktion (mit Ansatzfunktionen wie beim Ritz'schen Ansatz) und Lösung) über dem Gebiet verschwinden muss – daher Methode der gewichteten Residuen oder Galerkin'sche FEM – ebenfalls zu einem algebraischen Gleichungssystem.

Als Beispiel werde eine PDG einer Funktion ϕ ((Specht 2000))

$$L_{\Omega_G}(\phi) - S_{\phi\Omega_G} = 0 \qquad (3.13)$$

z.B. mit dem Differentialoperator L_{Ω_G}

$$L_{\Omega_G} = -\mathrm{div}(\varrho\vec{w}\phi) + \mathrm{div}(\Gamma_\phi \mathrm{grad}\phi) \qquad (3.14)$$

auf dem Gebiet Ω_G betrachtet. Die Randbedingungen seien durch

$$L_{\partial\Omega_G}(\phi) - S_{\phi\partial\Omega_G} = 0 \qquad (3.15)$$

auf dem Rand $\partial\Omega_G$ des Gebiets Ω_G gegeben und damit das Problem korrekt gestellt. Die gesuchte Funktion ϕ soll nun approximiert werden. Dazu wählt man einen Satz geeigneter, linear unabhängiger Ansatzfunktionen

$o_0, o_1, o_2, o_3, \ldots, o_n$, wobei o_0 die inhomogenen Randbedingungen erfüllt und die o_i auf dem Rand verschwinden, d.h. die homogenen Randbedingungen erfüllen.

Die gesuchte Funktion ϕ wird durch

$$\phi^* = o_0 + \sum_{i=1}^{n} o_i \cdot \phi_i \tag{3.16}$$

approximiert, wobei ϕ_i die Werte von ϕ an den Stützstellen repräsentieren. Bis zu diesem Schritt sind Ritz'sches und Galerkin'sches Verfahren gleich.

Beim Ritz'schen Verfahren, bei dem ein Funktional der PDG zur Verfügung stehen muss, werden die ϕ_i dadurch bestimmt, dass man die Näherungslösung in das Funktional einsetzt und verlangt, dass dabei die erste Variation des Funktionals verschwindet. Dies liefert genau n Gleichungen zur Bestimmung der n ϕ_i.

Bei den Galerkin-Verfahren setzt man die Approximationsfunktion in die PDG ein und erhält für endliche n ein Residuum $\mathbf{R}$

$$\mathbf{R} = L_{\Omega_G}(\phi^*) - S_{\phi\Omega_G} \tag{3.17}$$

Die Methode der gewichteten Residuen fordert das Verschwinden des Residuums im Mittel:

$$\iiint_{\Omega} O_i \mathbf{R} \, d\Omega_G = 0 \tag{3.18}$$

Daraus folgt ebenfalls ein System algebraischer Gleichungen zur Bestimmung der ϕ_i.

Die Gewichtsfunktionen O_i sind bei der Bubnow-Galerkin'schen FEM gleich den Ansatzfunktionen o_i ($O_i = o_i$); bei der Petrov-Galerkin'schen FEM sind Gewichts- und Ansatzfunktionen verschieden.

Existiert für eine PDG ein Funktional, so sind das Ritz'sche und Galerkin'sche Verfahren korrekt angewendet ineinander überführbar und liefern dieselben Ergebnisse.

3.2.3 Finite-Volumen-Methode

Die Finite-Volumen-Methode kann als Variante der Methode der gewichteten Residuen interpretiert werden. Das Rechengebiet wird in einzelne Volumenelemente zerteilt, und es werden für jedes Volumenelement eine eigene Ersatzfunktion bestimmt. Als Gewichtsfunktion wird O=1 gewählt.

Die FVM ist für „konservative" Gleichungen, d.h. Formulierungen von Erhaltungssätzen bzw. Bilanzgleichungen, besonders gut geeignet. Die allgemeine Form der Bilanzgleichung 3.1 lässt sich darstellen als

$$\text{div}\left(-\varrho \vec{w}\phi + \Gamma_\phi \text{grad}\phi\right) = \frac{\partial \varrho \phi}{\partial \tau} - S_\phi \tag{3.19}$$

oder zusammengefasst als

$$\text{div} \dot{\vec{J}}^{res}_{konv,diff} = S^{res}_{SpQS} \tag{3.20}$$

wobei $\dot{\vec{J}}^{res}_{konv,diff}$ ein allgemeiner Flussvektor auf dem Rand bzw. der Oberfläche $\partial\Omega_G$ ist und S^{res}_{SpQS} ein allgemeiner Quell-Senken-Speicherterm im Gebiet bzw. Volumen Ω_G.

Die Gl. (3.19) bzw. Gl. (3.20) soll im Gebiet Ω_G integriert werden. Mit dem Gauß'schen Integralsatz (siehe etwas später in diesem Kapitel) wird das Volumenintegral über den Divergenzterm in ein Oberflächenintegral umgewandelt, und es ergibt sich die folgende Integro-Differentialgleichung

$$\iiint_{\Omega_G} \frac{\partial \varrho \phi}{\partial \tau} \, d\Omega_G = \iint_{\partial\Omega_G} \left(-\varrho \vec{w} \phi + \Gamma_\phi \text{grad} \phi \right) \cdot \tilde{n} \, d\partial\Omega_G \\ + \iiint_{\Omega_G} S_\phi \, d\Omega_G \tag{3.21}$$

Zur Diskretisierung teilt man das Gebiet Ω_G in kleine Kontrollvolumina (Volumenelemente oder Finite Elemente) V_i, $i = 1, 2, \ldots, N_n$ auf, so kann man die PDG in diesen Kontrollvolumina integrieren und erhält genau eine diskretisierte Gleichung für jedes Kontrollvolumen. Die Kontrollvolumina sind im Allg. Hexaeder oder Tetraeder bzw. im 2D–Fall Rechtecke (Quadrate) oder Dreiecke. Siehe Abb. 3.12.

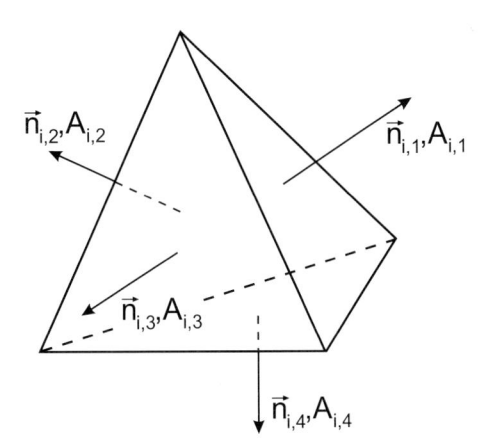

Abb. 3.12. Kontrollvolumen V_i, Oberflächen $A_{i,k}$ und Flächennormalenvektoren $\vec{n}_{i,k}$

Der Gauß'sche Integralsatz erlaubt, bestimmte Oberflächenintegrale in Volumenintegrale umzuwandeln und umgekehrt; er besagt, dass das Volumenintegral der Divergenz (Differenz zwischen Ein- und Austrittsströmen in gleicher

Richtung) eines Flussvektors gleich ist dem Oberflächenintegral des skalaren Produkts des Flussvektors mit den Flächennormalen.

$$\iiint_{V_i} \mathrm{div}\vec{\dot{J}}^{res}_{konv,diff} \mathrm{d}V_i = \iint_{A_i} \vec{\dot{J}}^{res}_{konv,diff} \cdot \vec{n} \mathrm{d}A_i \qquad (3.22)$$

3.3 Approximation der Oberflächen- und Volumenintegrale

Die rechte Seite der Gl. (3.22) kann für jedes Volumenelement unter der Annahme eines konstanten Werts des Integranden auf den Flächen A_i berechnet werden als

$$\iint_{A_i} \vec{\dot{J}}^{res}_{konv,diff} \cdot \vec{n} \mathrm{d}A_i = \sum_{k=1}^{n} \vec{\dot{J}}^{res}_{konv,diff} \cdot \vec{n}_{i,k} A_{i,k} \qquad (3.23)$$

Damit ist die linke Seite der Gl. (3.20) integriert und diskretisiert. Das Volumenintegral der rechten Seite der Gl. (3.20) kann unter der Annahme eines konstanten Werts von S^{res}_{SpQS} in den Volumina V_i einfach bestimmt werden zu

$$\iiint_{V_i} S^{res}_{SpQS} \mathrm{d}V_i = S^{res}_{SpQS}(\vec{x}_i) V_i \qquad (3.24)$$

Der Stützpunkt $\vec{x}_i$ ist im Allg. der Schwerpunkt; es gibt prinzipiell auch andere Möglichkeiten (siehe Kapitel 3.1).

Für jedes Kontrollvolumen V_i wird folgende FVM-Gleichung aufgestellt.

$$\sum_{k=1}^{n} \vec{\dot{j}}^{res} \cdot \vec{n}_{i,k} A_{i,k} = S^{res}_{SpQS}(\vec{x}_i) V_i \qquad (3.25)$$

Jede Fläche im Innengebiet kommt zweimal in den Gleichungen vor, wobei die Ströme über diese Flächen natürlich entgegengesetzte Vorzeichen haben; denn was aus dem einen Volumenelement ausströmt, muss in das Nachbarvolumenelement hineinströmen, d.h. die Summe der Flüsse im Innengebiet ist null, und daher sind auch die Gesamtbilanzen erfüllt. Deshalb ist die FVM konservativ.

3.3 Approximation der Oberflächen- und Volumenintegrale

Für ein kartesisches Volumenelement gilt bei der FVM:

$$\frac{\partial}{\partial \tau}\left(\int_{x^-}^{x^+}\int_{y^-}^{y^+}\int_{z^-}^{z^+}\varrho\phi\,\mathrm{d}x\mathrm{d}y\mathrm{d}z\right) = -\int_{y^-}^{y^+}\int_{z^-}^{z^+}\left[\left.((\varrho w_1)\phi)\right|_{x^+} - \left.((\varrho w_1)\phi)\right|_{x^-}\right]\mathrm{d}y\mathrm{d}z$$

$$-\int_{x^-}^{x^+}\int_{z^-}^{z^+}\left[\left.((\varrho w_2)\phi)\right|_{y^+} - \left.((\varrho w_2)\phi)\right|_{y^-}\right]\mathrm{d}x\mathrm{d}z$$

$$-\int_{x^-}^{x^+}\int_{y^-}^{y^+}\left[\left.((\varrho w_3)\phi)\right|_{z^+} - \left.((\varrho w_3)\phi)\right|_{z^-}\right]\mathrm{d}x\mathrm{d}y$$

$$+\int_{y^-}^{y^+}\int_{z^-}^{z^+}\left[\left.\Gamma_\phi\frac{\partial\phi}{\partial x_1}\right|_{x^+} \left.\Gamma_\phi\frac{\partial\phi}{\partial x_1}\right|_{x^-}\right]\mathrm{d}y\mathrm{d}z$$

$$+\int_{x^-}^{x^+}\int_{z^-}^{z^+}\left[\left.\Gamma_\phi\frac{\partial\phi}{\partial x_2}\right|_{y^+} -\left.\Gamma_\phi\frac{\partial\phi}{\partial x_2}\right|_{y^-}\right]\mathrm{d}x\mathrm{d}z$$

$$+\int_{x^-}^{x^+}\int_{y^-}^{y^+}\left[\left.\Gamma_\phi\frac{\partial\phi}{\partial x_3}\right|_{z^+} -\left.\Gamma_\phi\frac{\partial\phi}{\partial x_3}\right|_{z^-}\right]\mathrm{d}x\mathrm{d}y$$

$$+\int_{x^-}^{x^+}\int_{y^-}^{y^+}\int_{z^-}^{z^+} S_\phi\,\mathrm{d}x\mathrm{d}y\mathrm{d}z$$

(3.26)

Die integrierte Bilanzgleichung ist bis zu diesem Punkt noch exakt.

Um diese Integrale für ein Kontrollvolumen (Volumenelement V_i) lösen zu können, müssen Annahmen über die Verteilung der variablen Größen im Volumen und auf der Oberfläche getroffen werden. Die zweckmäßigste Annahme ist ein konstanter Wert im gesamten Volumen und auch auf der Oberfläche, da dadurch die Integration durch Multiplikation der Integranden mit dem Volumen bzw. der Oberflächen, die im Allg. konstant sind und daher nur einmal berechnet werden müssen, ersetzt werden kann. Da die Größen nur im Definitionspunkt innerhalb der Volumina zur Verfügung stehen, werden die Größen auf den Oberflächen, die für die Flüsse benötigt werden, durch geeignete Berechnungsvorschriften (Interpolation) der Größen der Volumina berechnet, die von der (jeweiligen) Oberfläche getrennt werden.

Für die Kennzeichnung von Volumenoberflächen, auf denen die Werte für die Flussbilanz benötigt werden, wird die Kompassnotation erweitert. Großbuchstaben kennzeichnen die Definitionspunkte der Bilanzgrößen im Volumen-

178   Numerische Methoden

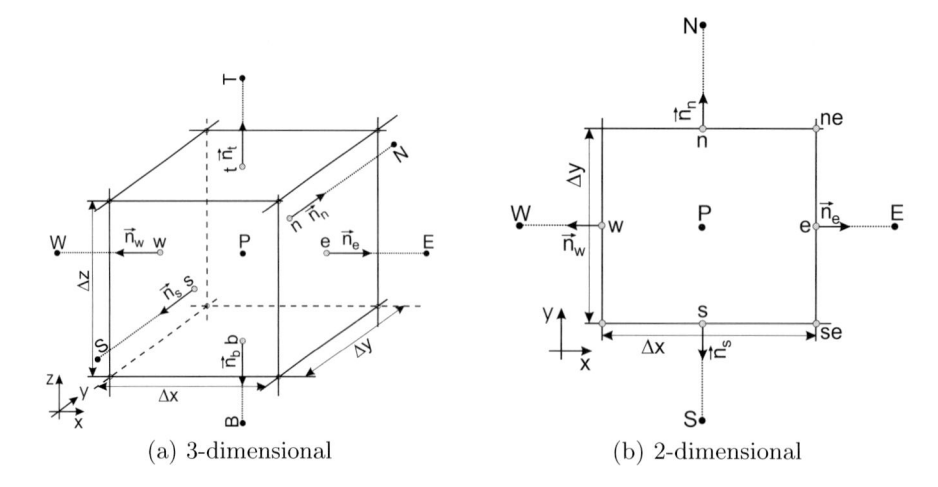

(a) 3-dimensional

(b) 2-dimensional

Abb. 3.13. Bezeichnungen am Kontrollvolumen

mittelpunkt, und Kleinbuchstaben kennzeichnen die Punkte auf den Oberflächen der Kontrollvolumina. In x-Richtung steht E für den Definitionspunkt des Variablenwertes im Osten (aus dem Englischen East) und e für die Fläche zwischen dem Definitionspunkt P und dem Definitionspunkt E (siehe auch Abb. 3.13(a) und Abb. 3.13(b)).

Weiters werden verwendet, wie in Abb. 3.13 zu sehen

$$
\begin{array}{ll}
N, n & \text{für north,} \\
W, w & \text{für west,} \\
S, s & \text{für south,} \\
T, t & \text{für top und} \\
B, b & \text{für bottom.}
\end{array}
$$

Für die Durchführung der Flussbilanz sind die Oberflächenintegrale zu approximieren. Die Approximation der Integrale geschieht zweckmäßigerweise in zwei Schritten.

1. Approximation der (Stoffwerte ϱ, Γ_ϕ etc.) auf den Kontrollvolumenoberflächen (2D-Kontrollvolumenseite) durch Werte in den Kontrollvolumenzentren (2D-Kontrollflächenzentren)
2. Approximation der Bilanzgröße ϕ auf den Kontrollvolumenoberflächen (2D-Kontrollvolumenseite) durch Werte in den Kontrollvolumenzentren (2D-Kontrollflächenzentren)

Die einfachste Möglichkeit ist eine Approximation mit dem Wert des Definitionspunkts. Weitere gängige Formeln, die für die Approximation verwendet werden können, sind die *Trapezregel* und die *Simpson'sche Regel*.

3.3 Approximation der Oberflächen- und Volumenintegrale

Tabelle 3.2. Approximation der Integrale über die Seite $|_e$ einer 2D-Kontrollfläche (siehe Abb. 3.13(a) und Abb. 3.13(b))

Bezeichnung	Formel für 2-dimensionalen Fall
Mittelpunktsregel	$w_i|_{N,e}$
Trapezregel	$(w_i|_{N,ne} + w_i|_{N,se})/2$
Simpson'sche Regel	$(w_i|_{N,ne} + 4w_i|_{N,e} + w_i|_{N,se})/6$

Durch die Vereinfachungen werden die Oberflächenintegrale ersetzt durch die Differenz der Flüsse über die Oberflächen und die Volumenintegrale durch die Produkte aus Quell–Senken–Stärke S_ϕ bzw. dem spezifischen Speicherinhalt $\varrho\phi$ und dem Kontrollvolumen ($\Delta x\, \Delta y\, \Delta z$).

$$\begin{aligned}
\frac{\partial}{\partial \tau}(\varrho\phi)\Delta x\Delta y\Delta z &= \left[\left((\varrho w_1)\phi\right)\big|_{x^+} - \left((\varrho w_1)\phi\right)\big|_{x^-}\right]\Delta y\Delta z \\
&\quad - \left[\left((\varrho w_2)\phi\right)\big|_{y^+} - \left((\varrho w_2)\phi\right)\big|_{y^-}\right]\Delta x\Delta z \\
&\quad - \left[\left((\varrho w_3)\phi\right)\big|_{z^+} - \left((\varrho w_3)\phi\right)\big|_{z^-}\right]\Delta x\Delta y \\
&\quad + \left[\Gamma_\phi\frac{\partial \phi}{\partial x_1}\bigg|_{x^+} - \Gamma_\phi\frac{\partial \phi}{\partial x_1}\bigg|_{x^-}\right]\Delta y\Delta z \qquad (3.27)\\
&\quad + \left[\Gamma_\phi\frac{\partial \phi}{\partial x_2}\bigg|_{y^+} - \Gamma_\phi\frac{\partial \phi}{\partial x_2}\bigg|_{y^-}\right]\Delta x\Delta z \\
&\quad + \left[\Gamma_\phi\frac{\partial \phi}{\partial x_3}\bigg|_{z^+} - \Gamma_\phi\frac{\partial \phi}{\partial x_3}\bigg|_{z^-}\right]\Delta x\Delta y \\
&\quad + S_\phi\,\Delta x\Delta y\Delta z
\end{aligned}$$

Im stationären Fall verschwindet die zeitliche Ableitung des Speicherinhaltes, und es ergibt sich eine algebraische Gleichung für jedes Volumenelement, wobei die Größe auf den Volumenelementoberflächen noch zu bestimmen ist.

Für die weitere Behandlung werden die Werte der Bilanzgrößen ϕ und ihrer Gradienten auf den Volumenoberflächen benötigt. Die Ermittlung der Größen und ihrer Gradienten zwischen den Definitionspunkten folgen aus geeigneten Berechnungsvorschriften, so genannten Approximationen des Verlaufs einer Größe zwischen den Stützstellen durch Polynome. Mit diesen werden die Werte auf den Volumenoberflächen in Abhängigkeit von den Werten in den Definitionspunkten ermittelt. Die Auswahl der Lage und Anzahl der Stützstellen für die Interpolation beeinflusst den Abbruchfehler und die Stabilität der Verfahren ((Patankar 1980), (Noll 1993), (Schäfer 1999)).

Im Allg. werden Interpolationspolynome folgender Form eingesetzt:

$$\phi(x) = a_0 + a_1(x - x_1) + a_2(x - x_1)(x - x_2) + \ldots \quad (3.28)$$

Bei der Auswahl und Festlegung solcher Polynome sind folgende wichtige Regeln zu beachten:

- Eine eindeutige Beziehung zwischen Volumenseite und Polynom muss bestehen.
- Ein Polynom darf nur für eine Volumenseite verwendet werden. Wird das Polynom für zwei Volumenseiten verwendet, ergeben sich zwei unterschiedliche Näherungen für jede Seite.

(a) Diskretisationsfehler

(b) Diskretisationsfehler vergrößert

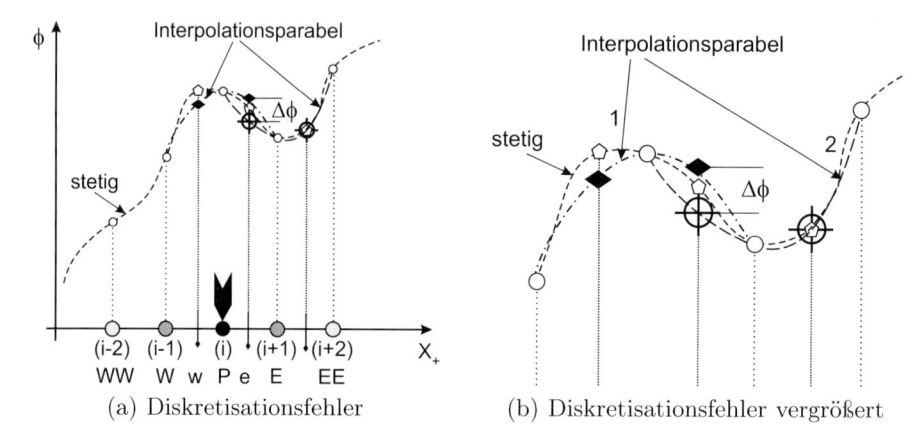

Abb. 3.14. Diskretisationsfehler $\Delta\phi$ bei Anwendung einer Parabel gleichzeitig für zwei Kontrollvolumenseiten

In der Abb. 3.14 wird deutlich, dass bei Verwendung der Parabel (1) gleichzeitig für die $|_w$-Fläche und die $|_e$-Fläche eine Approximation ermittelt wird, die sich auf der $|_e$-Fläche von der Approximation durch die Parabel (2) unterscheidet. Durch das dann hier auftretende $\Delta\phi$ auf der $|_e$-Fläche (siehe vergrößerten Ausschnitt Abb. 3.14(b)) wird das Erhaltungsprinzip der Bilanzgleichungen verletzt.

Die Koeffizienten a_i des Polynoms (3.28) werden durch Einsetzen der Funktionswerte mit den zugehörigen Koordinaten der Stützstellen ermittelt.

Am Beispiel einer $|_w$-Fläche eines kartesischen Kontrollvolumens werden im Folgenden die Polynome zur Berechnung der Größen entwickelt. Für die Herleitung wird die Nomenklatur der Kompassnotation verwendet. Die verbleibenden Flächen werden analog behandelt.

3.3.1 Diskretisierung der konvektiven Terme

(a) Polynom 0-ter Ordnung (UPSTREAM-Verfahren)

(b) Polynom 1-ter Ordnung (Zentraldifferenzen)

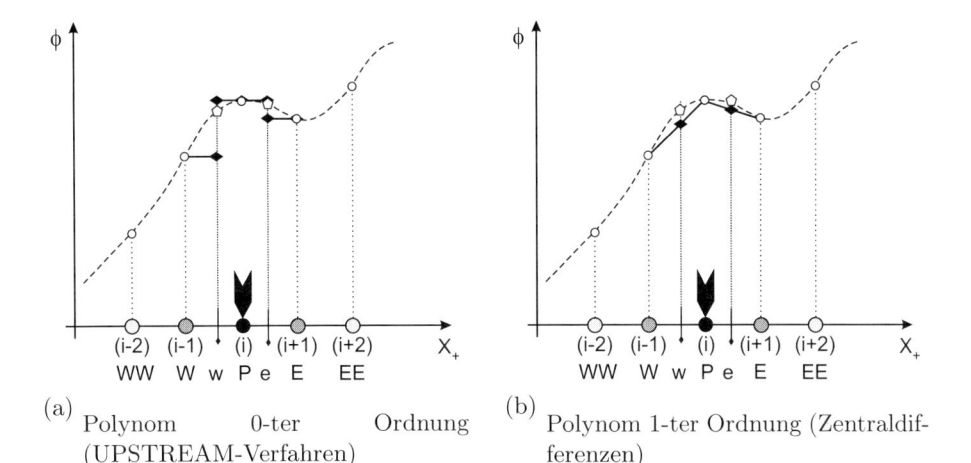

Abb. 3.15. Beschreibung des Verlaufes der Größe ϕ mit a) Polynom 0-ter und b) Polynom 1-ter Ordnung

Für ein **Polynom 0-ter Ordnung** (UPSTREAM-Verfahren; s. Abb. 3.15(a)) gilt allgemein:

$$f(x) = a_0 \qquad (3.29)$$

Für die $|_w$-Fläche mit der x-Koordinate x_w gelten dann als mögliche Werte der Bilanzgrößen auf der Fläche die Werte in den benachbarten Definitionspunkten x_W und x_P. Zu beachten ist die Richtung der Geschwindigkeit. Es ist immer der Wert stromauf der Fläche einzusetzen. Daher gilt für $f(x_w)$, der Wert auf der $|_w$-Fläche:

$$\phi_w = \phi_W \qquad w_x > 0 \qquad (3.30)$$
$$\phi_w = \phi_P \qquad w_x < 0 \qquad (3.31)$$

Für das **Polynom 1. Ordnung** (Zentraldifferenzen; s. Abb. 3.15(b)) gilt allgemein:

$$f(x) = a_0 + a_1(x - x_1) \qquad (3.32)$$

Wird das Polynom um den Punkt P entwickelt gilt:

$$x_1 = x_P \qquad (3.33)$$

und somit ergibt sich das Polynom 1. Ordnung zu

$$f(x_P) = a_0 + a_1(x_P - x_P) \qquad (3.34)$$

Für den Koeffizienten a_0 gilt dann:

$$a_0 = \phi_P \tag{3.35}$$

Im nächsten Schritt wird mit dem Wert der Bilanzgröße und der x-Koordinate des Punktes W der Koeffizient a_1 ermittelt. Mit a_0 aus Gl. (3.35) gilt für den Koeffizienten a_1

$$x_1 = x_P \text{ und } x = x_W \tag{3.36}$$

Einsetzen in das Polynom liefert

$$\phi(x_W) = \phi_P + a_1(x_W - x_P) \tag{3.37}$$

bzw.

$$a_1 = \frac{\phi_W - \phi_P}{x_W - x_P} \tag{3.38}$$

Mit diesem Polynom kann mit den x-Koordinaten und den entsprechenden Bilanzgrößen für jede Kontrollvolumenfläche die benötigte Größe berechnet werden.

$$f(x) = \phi_P + \frac{\phi_W - \phi_P}{x_W - x_P}(x - x_P) \tag{3.39}$$

Für die $|_w$-Fläche mit der x-Koordinate x_w und $f(x_w) = \phi_w$ gilt:

$$f(x_w) = \phi_w = \phi_P + \frac{\phi_W - \phi_P}{x_W - x_P}(x_w - x_P) \tag{3.40}$$

Für das **Polynom 2. Ordnung** (QUICK-Schema; s. Abb. 3.16) gilt allgemein:

$$f(x) = a_0 + a_1(x - x_1) + a_2(x - x_1)(x - x_2) \tag{3.41}$$

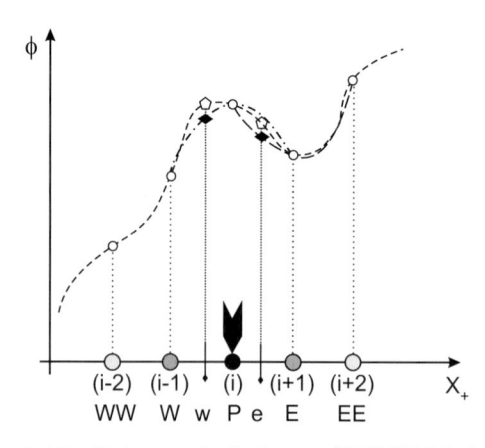

Abb. 3.16. Polynom 2. Ordnung (QUICK-Verfahren)

3.3 Approximation der Oberflächen- und Volumenintegrale

Zwei Stützwerte zur Entwicklung der Parabel liegen stromaufwärts, um die Transportrichtung zu erfassen. Die resultierende Diskretisierung mit einem Polynom zweiter Ordnung ist also wie die Diskretisierung mit einem Polynom 0-ter Ordnung abhängig von der Richtung der Geschwindigkeit.

Für $w_x > 0$ sind x_W und x_{WW} die Stützpunkte zur Entwicklung des Polynoms. Damit können die Koeffizienten a_0 und a_1 aus den Gleichungen (3.35) und (3.38) verwendet werden. Mit x_{WW} als Stützpunkt gilt:

$$f(x_{WW}) = \phi_P + \frac{\phi_W - \phi_P}{x_W - x_P}(x_{WW} - x_W) + a_2(x_{WW} - x_W)(x_{WW} - x_P) \quad (3.42)$$

Der Koeffizient a_2 errechnet sich dann zu:

$$a_2 = \frac{\phi_{WW} - \phi_P - \dfrac{\phi_W - \phi_P}{x_W - x_P}(x_{WW} - x_W)}{(x_{WW} - x_W)(x_{WW} - x_P)} \quad (3.43)$$

Damit gilt für $w_x > 0$ für das Polynom

$$f(x) = \phi_P + \frac{\phi_W - \phi_P}{x_W - x_P}(x - x_W) + \quad (3.44)$$

$$\frac{\phi_{WW} - \phi_P - \dfrac{\phi_W - \phi_P}{x_W - x_P}(x_{WW} - x_W)}{(x_{WW} - x_W)(x_{WW} - x_P)}(x - x_W)(x - x_P)$$

und mit x_w der x-Koordinate der $|_w$-Fläche mit der x-Koordinate

$$f(x_w) = \phi_w = \phi_P + \frac{\phi_W - \phi_P}{x_W - x_P}(x_w - x_W) + \quad (3.45)$$

$$\frac{\phi_{WW} - \phi_P - \dfrac{\phi_W - \phi_P}{x_W - x_P}(x_{WW} - x_W)}{(x_{WW} - x_W)(x_{WW} - x_P)}(x_w - x_W)(x_w - x_P)$$

wird der Wert der Bilanzgröße auf der Fläche berechnet.

Für $w_x < 0$ sind x_P und x_E die Stützpunkte zur Entwicklung des Polynoms. Auch hier können die Koeffizienten a_0 und a_1 aus den Gleichungen (3.35) und (3.38) verwendet werden. Mit x_E als Stützpunkt gilt für den Koeffizient a_2:

$$f(x_E) = \phi_P + \frac{\phi_W - \phi_P}{x_W - x_P}(x_E - x_P) + a_2(x_E - x_P)(x_E - x_W) \quad (3.46)$$

Der Koeffizient a_2 errechnet sich dann zu:

$$a_2 = \frac{\phi_E - \phi_P - \dfrac{\phi_W - \phi_P}{x_W - x_P}(x_E - x_P)}{(x_E - x_P)(x_E - x_W)} \quad (3.47)$$

Damit gilt für $w_x < 0$ für das Polynom

$$f(x) = \phi_P + \frac{\phi_W - \phi_P}{x_W - x_P}(x - x_P) + \tag{3.48}$$

$$\frac{\phi_E - \phi_P - \dfrac{\phi_W - \phi_P}{x_W - x_P}(x_E - x_P)}{(x_E - x_P)(x_E - x_W)}(x - x_P)(x - x_W)$$

Somit gilt für die $|_w$-Fläche:

$$f(x_w) = \phi_w = \phi_P + \frac{\phi_W - \phi_P}{x_W - x_P}(x_w - x_P) + \tag{3.49}$$

$$\frac{\phi_E - \phi_P - \dfrac{\phi_W - \phi_P}{x_W - x_P}(x_E - x_P)}{(x_E - x_P)(x_E - x_W)}(x_w - x_P)(x_w - x_W)$$

Für ein äquidistantes Gitter gilt zwischen den Koordinaten der Flächen und der Definitionspunkte und den Dimensionen des Kontrollvolumens folgender Zusammenhang:

$$x_W - x_P = -\Delta x \qquad\qquad x_{WW} - x_P = -2\,\Delta x$$
$$x_{WW} - x_W = -\Delta x \qquad\qquad x_E - x_W = -2\,\Delta x$$
$$x_w - x_W = -(1/2)\Delta x \qquad\qquad x_w - x_P = (1/2)\Delta x$$

Bei der Diskretisierung der konvektiven Flüsse gilt also für ein äquidistantes Gitter, für die Fläche mit dem Index w und für $w > 0$:

mit Polynom:	
0. Ordnung	$\phi_w = \phi_W$
1. Ordnung	$\phi_w = (\phi_W + \phi_P)/2$
2. Ordnung	$\phi_w = (\phi_W + \phi_P)/2 - (\phi_{WW} + \phi_P - 2\,\phi_W)/8$

Da bei der Verwendung der Polynome, die Richtung der Geschwindigkeit zu beachten ist, gilt für $w < 0$:

mit Polynom:	
0. Ordnung	$\phi_w = \phi_P$
1. Ordnung	$\phi_w = (\phi_W + \phi_P)/2$
2. Ordnung	$\phi_w = (\phi_W + \phi_P)/2 - (\phi_E + \phi_W - 2\,\phi_P)/8$

Verfahren mit beliebiger Ordnung sind über die Polynome entwickelbar. In der Regel wird aber maximal eine Parabel (Polynom 2. Ordnung) verwendet, da beim Einsatz Polynome höherer Ordnung die Verringerung des Abbruchfehlers in keinem Verhältnis zum Rechenaufwand steht.

3.3.2 Diskretisierung der diffusiven Terme

Es können unterschiedliche Ansätze für Konvektion und Diffusion sowie für die verschiedenen Strömungsgrößen angewandt werden! Wird für die Diskretisierung der diffusiven Flüsse $\Gamma_\phi \frac{d\phi}{dx}$ ein Polynom zweiter Ordnung nach Gl. (3.44) eingesetzt,

$$\Gamma_\phi \frac{d\phi}{dx} = \Gamma_\phi \frac{df(x)}{dx} \qquad (3.50)$$

führt das Differenzieren auf:

$$\Gamma_\phi \frac{d\phi}{dx} = \Gamma_{\phi,w} \left[a_1 + 2a_2 x - a_2(x_P + x_W) \right]$$

Für die $|_w$-Fläche ergibt sich der diffusive Fluss für ein äquidistantes Gitter somit unter Berücksichtigung der Koeffizienten a_1 und a_2 aus den Gleichungen (3.38) und (3.43) zu:

$$\Gamma_\phi \left. \frac{d\phi}{dx} \right|_w = \Gamma_{\phi,w} \left[\frac{\phi_W - \phi_P}{x_W - x_P} \right.$$
$$\left. + \frac{\phi_{WW} + \phi_P - 2\phi_W}{2\Delta x^2} (2x_w - x_P - x_W) \right] \qquad (3.51)$$

Eine nähere Betrachtung des Ausdruckes $(2x_w - x_P - x_W)$ der Gl. (3.51) führt auf folgenden Zusammenhang:

$$(2x_w - x_P - x_W) = 2x_w - \left(x_w + \frac{\Delta x}{2} \right) - \left(x_w - \frac{\Delta x}{2} \right) = 0$$

Gl. (3.51) vereinfacht sich somit zu

$$\Gamma_\phi \left. \frac{d\phi}{dx} \right|_w = \Gamma_{\phi,w} \left(\frac{\phi_P - \phi_W}{\Delta x} \right) \qquad (3.52)$$

Wird für die Approximation des diffusiven Flusses auf einem äquidistanten Gitter anstelle des Polynoms 2. Ordnung ein Polynom 1. Ordnung verwendet, so vereinfacht sich Gl. (3.51) zu folgenden Ausdruck:

$$\Gamma_\phi \left. \frac{d\phi}{dx} \right|_w = \Gamma_{\phi,w} \frac{\phi_W - \phi_P}{x_W - x_P}$$
$$= \Gamma_{\phi,w} \frac{\phi_W - \phi_P}{-\Delta x} \qquad (3.53)$$

Es gilt also für die Approximation des diffusiven Flusses auf einem äquidistanten Gitter durch ein Polynom 1. Ordnung:

$$\Gamma_\phi \left. \frac{d\phi}{dx} \right|_w = \Gamma_{\phi,w} \frac{\phi_P - \phi_W}{\Delta x} \qquad (3.54)$$

Polynome erster und zweiter Ordnung führen im äquidistanten Gitter zum gleichen Ergebnis. Für die Diskretisierung der diffusen Flüsse wird daher im Allg. das Polynom erster Ordnung eingesetzt.

3.3.3 Anwendung auf ein eindimensionales Problem

Obige Herleitungen für die Approximation der konvektiven und diffusiven Flüsse sollen im Folgenden auf eine eindimensionale, stationäre Problemstellung angewendet werden. Um die Einfachheit und Übersichtlichkeit zu gewährleisten, sollen bei dem hier angeführten Beispiel keine Quellen- und Senkenterme auftreten (siehe auch (Patankar 1980)).

Gegeben sei eine Differentialgleichung der Form

$$\frac{\mathrm{d}\varrho w_x \phi}{\mathrm{d}x} = \frac{\mathrm{d}}{\mathrm{d}x}\left(\Gamma_\phi \frac{\mathrm{d}\phi}{\mathrm{d}x}\right)$$

für die die algebraische Gleichung ermittelt werden soll.

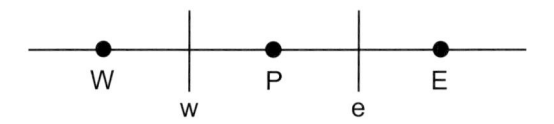

Abb. 3.17. Rechengitter

Abb. 3.17 zeigt das Rechengitter für ein allgemeines Kontrollvolumen wie es für die Ermittlung der algebraischen Gleichung benötigt wird. Der Punkt P stellt den Rechenpunkt, die Punkte W und E die Rechenpunkte der Nachbarvolumina sowie w und e die Grenzflächen des Kontrollvolumens dar. Integration der Differentialgleichung über das betrachtete Kontrollvolumen liefert folgenden Zusammenhang:

$$\underbrace{(\varrho w_x \phi)_e - (\varrho w_x \phi)_w}_{konvektiver Fluss} = \underbrace{\left.\Gamma_\phi \frac{\mathrm{d}\phi}{\mathrm{d}x}\right|_e - \left.\Gamma_\phi \frac{\mathrm{d}\phi}{\mathrm{d}x}\right|_w}_{diffusiver Fluss}$$

Approximation der konvektiven und diffusiven Terme durch ein Polynom 1. Ordnung führt auf:

$$(\varrho w)_e \left(\frac{\phi_P + \phi_E}{2}\right) - (\varrho w)_w \left(\frac{\phi_P + \phi_W}{2}\right) = \Gamma_{\phi,e}\frac{\phi_E - \phi_P}{\Delta x} - \Gamma_{\phi,w}\frac{\phi_P - \phi_W}{\Delta x}$$

wobei die betrachtete Randfläche des Kontrollvolumens durch den entsprechenden Index gekennzeichnet wird. Auflösen der Gleichung führt zum gesuchten Wert der Variablen im Punkt P:

$$\phi_P \left[\frac{1}{2}(\varrho w)_e - \frac{1}{2}(\varrho w)_w + \frac{\Gamma_{\phi,e}}{\Delta x} + \frac{\Gamma_{\phi,w}}{\Delta x}\right] = \phi_E \left[\frac{\Gamma_{\phi,e}}{\Delta x} - (\varrho w)_e\right]$$
$$+ \phi_W \left[\frac{\Gamma_{\phi,w}}{\Delta x} - (\varrho w)_w\right]$$

3.3 Approximation der Oberflächen- und Volumenintegrale

Für die diffusiven Flüsse wird folgende Abkürzung eingeführt:

$$D = \frac{\Gamma_\phi}{\Delta x}$$

mit der Diffusionsstromdichte D. Werden nun die Massenstromdichte und Diffusionsstromdichte entsprechend

$$a = D \pm \frac{1}{2}(\varrho w)$$

zusammengefasst, so vereinfacht sich die diskretisierte Differentialgleichung zu:

$$\phi_P \left[a_e + a_w + (\varrho w)_e - (\varrho w)_w\right] = a_e\, \phi_E + a_w\, \phi_W$$

mit den Koeffizienten

$$a_e = D_e - \frac{1}{2}(\varrho w)_e \quad \text{und} \quad a_w = D_w + \frac{1}{2}(\varrho w)_w$$

bzw.

$$a_p = a_e + a_w + (\varrho w)_e - (\varrho w)_w$$

Somit gilt für die Differenzengleichung:

$$a_p\, \phi_P = a_e\, \phi_E + a_w\, \phi_W$$

Zahlenbeispiel zum eindimensionalen Problem

Für die algebraische Gleichung des obigen Beispiels sollen in weiterer Folge Zahlenwerte eingesetzt und das so erhaltene Ergebnis auf seine physikalische Plausibilität hin untersucht werden. Als Bilanzgröße ϕ soll das Produkt $c_P T$ verwendet werden. Weiters seien folgende Größen bekannt und als konstante Werte vorausgesetzt:

Geschwindigkeit $w = 4\,\frac{m}{s}$, spez. Wärmekapazität $c_P = 1\,\frac{kJ}{kg\,K}$,
Dichte $\varrho = 1\,\frac{kg}{m^3}$, Länge des Kontrollvolumens $\Delta x = 1\,m$,
diffusiver Fluss $\Gamma = \frac{\lambda}{c_P} = 1\,\frac{kg}{m\,s}$

Die Koeffizienten der algebraischen Gleichung errechnen sich mittels den gegebenen Werten zu:

$$\begin{aligned}
&a_e = 1 - 2 = -1, &&(\varrho w)_e = (\varrho w)_w = 4,\\
&a_w = 1 + 2 = 3, &&D_e = D_w = 1,\\
&a_p = -1 + 3 + 2 - 2 = 2
\end{aligned}$$

Umformung der algebraischen Differenzengleichung zur Bestimmung der Bilanzgröße liefert:

$$\phi_P = \frac{a_e\,\phi_E + a_w\,\phi_W}{a_p}$$

Unter der Annahme, dass die Nachbarkoeffizienten ϕ_E und ϕ_W die Werte $\phi_E = 200$ und $\phi_W = 100$ aufweisen, errechnet sich die Bilanzgröße ϕ_P des gesuchten Rechenpunktes P zu:

$$\phi_P = \frac{-1 \cdot 200 + 3 \cdot 100}{2} = 50$$

Diese Lösung ist physikalisch unsinnig, da auf Grund der Angabe eine lineare Abnahme der Bilanzgröße ϕ_P im äquidistanten Gitter zu erwarten ist. Werden die Zahlenwerte der Nachbarkoeffizienten ϕ_E und ϕ_W getauscht und die Bilanzgröße ϕ_P des gesuchten Rechenpunktes P erneut berechnet, so erhält man:

$$\phi_P = \frac{-1 \cdot 100 + 3 \cdot 200}{2} = 250$$

Diese Lösung ist ebenfalls physikalisch unsinnig. Ursache für die unsinnige Lösung sind negative Koeffizienten in der Differenzengleichung. Die Koeffizienten a_E und a_W beschreiben den Einfluss der Nachbarwerte bei E und W auf den Wert der Größe ϕ im Punkt P. Zum Beispiel mit ϕ die Temperatur: Ist T_W = konst., folgt mit $a_W \geq 0$, $a_E \leq 0$ und $a_P \geq 0$ aus einer Zunahme von T_E eine Abnahme von T_P, was physikalisch unsinnig ist. Es wird daher verlangt, dass die Koeffizienten in der diskretisierten Differentialgleichung alle das gleiche Vorzeichen haben bzw. alle positiv sind. Es gilt die **Stabilitätsbedingung: Koeffizienten ≥ 0**.

Betrachtet man nun ein Polynom 1. Ordnung (zentrale Differenz), so muss laut Stabilitätsbedingung für z.B. den Koeffizient a_e gelten: $a_e \geq 0$. Mit

$$a_e = D_e - \frac{1}{2}(\varrho w)_e \geq 0$$

folgt nach Umformung

$$(\varrho w)_e \leq 2\,D_e \qquad \text{bzw.} \qquad \frac{(\varrho w)_e}{D_e} \leq 2$$

Substitution des diffusiven Flusses durch $D_e = \frac{\Gamma_{\phi,e}}{\Delta x}$ liefert

$$\frac{(\varrho w)_e\,\Delta x}{\Gamma_{\phi,e}} \leq 2$$

Dieses Verhältnis wird als Péclet-Zahl bezeichnet. Bei der Approximation mittels eines Polynoms 1. Ordnung ist das Verfahren stabil bis zu einer Péclet-Zahl $Pe \leq 2$ (für $Pr = 1$ ist Pe identisch mit Re) mit der Zellengröße als charakteristischen Länge.

3.3 Approximation der Oberflächen- und Volumenintegrale   189

Abschließend soll nun noch die Stabilität bei einer Approximation mittels eines Polynoms 0. Ordnung (UPSTREAM oder Aufwinddifferenzen) betrachtet werden. Für die Approximation mittels eines Polynoms 0. Ordnung gilt laut oben Gesagtem:

$$\phi_w = \phi_W \quad \text{für} \quad w > 0$$
$$\phi_w = \phi_P \quad \text{für} \quad w < 0$$
$$\phi_e = \phi_E \quad \text{für} \quad w < 0$$
$$\phi_e = \phi_P \quad \text{für} \quad w > 0$$

Die Größe hängt von der Richtung der Geschwindigkeit ab.

$$(\varrho w)_e \, \phi_e = \max\left[(\varrho w)_e, 0\right] \phi_P - \max\left[-(\varrho w)_e, 0\right] \phi_E$$
$$(\varrho w)_w \, \phi_w = \max\left[(\varrho w)_w, 0\right] \phi_W - \max\left[-(\varrho w)_w, 0\right] \phi_E$$

Die Koeffizienten lassen sich somit wie folgt anschreiben:

$$a_e = D_e + \max\left[-(\varrho w)_e, 0\right]$$
$$a_w = D_w + \max\left[(\varrho w)_w, 0\right] \quad \text{und}$$
$$a_p = a_e + a_w + (\varrho w)_e - (\varrho w)_w$$

Die Berechnung der Koeffizienten mittels der gegebenen Werte führt zu dem Ergebnis $a_e = 1$, $a_w = 5$ und $a_p = 1 + 5 = 6$. Unter der Annahme, dass die Nachbarkoeffizienten ϕ_E und ϕ_W die Werte $\phi_E = 200$ und $\phi_W = 100$ aufweisen (siehe oben), errechnet sich die Bilanzgröße ϕ_P des gesuchten Rechenpunktes P zu:

$$\phi_P = \frac{500 + 200}{6} = 116,7$$

bzw. für den Fall, dass $\phi_E = 100$ und $\phi_W = 200$ ist, ergibt sich ϕ_P zu:

$$\phi_P = \frac{1000 + 100}{6} = 183,3$$

Wie den Ergebnissen entnommen werden kann, ergeben sich bei einer Approximation mittels eines Polynoms 0. Ordnung immer positive Koeffizienten. Daher ist das Verfahren uneingeschränkt stabil.

3.3.4 Fehler und Stabilitätsabschätzung

Eine diskretisierte Differentialgleichung wird als konvergent bezeichnet, wenn an den einzelnen Rechenpunkten die definierten Werte von ϕ bei infinitesimal kleinen Diskretisierungsintervallen sich an die Werte der exakten Lösung annähern bzw. wenn mit infinitesimal kleinen Diskretisierungsabständen der lokale Abbruchfehler infinitesimal klein wird. Der Abbruchfehler erfasst den

Unterschied zwischen approximierten und originalen Differentialgleichungen. Bei der UPSTREAM-Diskretisierung der Konvektiven Terme tritt der größte Abbruchfehler auf. Der Abbruchfehler hat bei Verfahren 1.Ordnung die gleiche Ordnung wie die Diffusionsterme und bewirkt bei der Lösung einen zusätzlichen Transport, der die Ergebnisse verfälscht. Dieser Fehler wird daher als falsche oder numerische Diffusion bezeichnet. Beim UPSTREAM-Verfahren ergeben sich aber immer positive Koeffizienten, und das Verfahren ist daher uneingeschränkt stabil.

Bei Verfahren 2. Ordnung tritt keine numerische Diffusion auf. Das QUICK-Verfahren neigt aber bei hohen Péclet-Zahlen und vor allem in Gebieten mit starken Gradienten zu Instabilitäten. Das Zentraldifferenzen-Schema wird bei einer Zellpécletzahl größer Zwei auch instabil und liefert dann physikalisch unsinnige Ergebnisse. Aus Stabilitätsgründen muss daher eine Diskretisierung mit kleinen Gitterabständen durchgeführt werden, was zu hohem Speicherplatzbedarf und zu unwirtschaftlichen Rechenzeiten führt.

Die Kombination von UPSTREAM mit Zentraldifferenzen bzw. die Anwendung zentraler Differenzen bis zur kritischen Zellpécletzahl und des UPSTREAM-Verfahrens bei größeren Péclet-Zahlen verknüpft bei dem so genannten HYBRID-Schema den geringen Abbruchfehler mit der uneingeschränkten Stabilität.

3.3.5 Das HYBRID-Schema

Das HYBRID-Schema, welches ein weit verbreiteter Diskretisierungsansatz ist, wurde bereits Anfang der 70er Jahre von (Spalding 1972a) entwickelt. Wie bereits oben kurz angedeutet, basiert das HYBRID-Schema auf einer Kombination der Zentraldifferenzen- und UPSTREAM-Diskretisierung. Die Diskretisierung mittels Zentraldifferenzen, welche eine Genauigkeit 2. Ordnung besitzt, wird beim HYBRID-Schema für kleine Zellpécletzahlen (≤ 2) verwendet und die UPSTREAM-Diskretisierung, welche eine Genauigkeit 1.Ordnung aufweist, kommt für große Zellpécletzahlen (> 2) zur Anwendung. Das HYBRID-Schema nützt dabei seine stückweise Bauart, basierend auf der lokale Zellpécletzahl, zur Evaluierung des Nettoflusses über die Grenzflächen des Kontrollvolumens.

In Abhängigkeit von der Richtung der Geschwindigkeit ergibt sich beim HYBRID-Schema der Nettofluss über z.B. die Westfläche zu:

$$w > 0 : \quad \phi_W = \frac{\xi_{Hyb}}{2} \phi_P + \left(1 - \frac{\xi_{Hyb}}{2}\right) \phi_W \qquad (3.55)$$

$$w < 0 : \quad \phi_W = \left(1 - \frac{\xi_{Hyb}}{2}\right) \phi_P + \frac{\xi_{Hyb}}{2} \phi_W \qquad (3.56)$$

ξ_{Hyb} gibt das Verhältnis der Mischung zwischen Zentraldifferenzen- und UPSTREAM-Diskretisierung an:

- Bei hohen Zellpécletzahlen folgt $\xi_{Hyb} \to 0$. D.h. nur UPSTREAM-Differenzen kommen zur Anwendung.
- Bei Zellpécletzahlen $\leq 2 \Rightarrow \xi_{Hyb} = 1$. In diesem Fall kommt nur die Zentraldifferenzendiskretisierung zur Anwendung.

Neben der Größe ϕ sind die Stoffwerte und Austauschkoeffizienten Γ_ϕ auf den Flächen auszudrücken.

Die einfachste Möglichkeit stellt die lineare Interpolation dar. Für das äquidistante Gitter ergibt sich $\Gamma_{\phi,w}$ zu:

$$\Gamma_{\phi,w} = \frac{1}{2}\left(\Gamma_{\phi,W} + \Gamma_{\phi,P}\right)$$

Für ein nicht äquidistantes Rechengitter erhält man:

$$\Gamma_{\phi,w} = f_w\,\Gamma_{\phi,P} + (1-f_w)\,\Gamma_{\phi,W} \quad \text{mit} \quad f_w = \frac{x_w - x_W}{x_P - x_W}$$

Ein analoges Vorgehen für die y- und z-Koordinate führt auf die allgemeine Form der Differenzengleichung. Im Falle eines 1D-Problems erhält man folgende algebraische Gleichung:

$$a_p\phi_P = a_e\phi_E + a_w\phi_W$$

bzw. im Falle eines 3D-Problems:

$$a_p\phi_P = a_e\phi_E + a_w\phi_W + a_n\phi_N + a_s\phi_S + a_t\phi_T + a_b\phi_B$$

Der Aufbau der Koeffizienten hängt dabei von der gewählten Diskretisierung ab. Am Beispiel des UPSTREAM-Verfahrens ergeben sich die Koeffizienten zu:

$$a_e = D_e + \max\left[-(\varrho w)_e, 0\right],$$

$$a_w = D_w + \max\left[(\varrho w)_w, 0\right],$$

$$a_n = D_n + \max\left[-(\varrho w)_n, 0\right],$$

$$a_s = D_s + \max\left[(\varrho w)_s, 0\right],$$

$$a_t = D_t + \max\left[-(\varrho w)_t, 0\right],$$

$$a_b = D_b + \max\left[(\varrho w)_b, 0\right]$$

und

$$a_p = a_e + a_w + a_n + a_s + a_t + a_b + (\varrho w)_e - (\varrho w)_w + (\varrho w)_n - (\varrho w)_s + (\varrho w)_t - (\varrho w)_b$$

Unter Zuhilfenahme dieser Diskretisierung kann jede stationäre Bilanzgleichung ohne Quellen und Senken gelöst werden.

3.3.6 Diskretisierung des Speicherterms

Für instationäre Problemstellungen ist auch der Zeitterm (Speicherterm) der allgemeinen Differentialgleichung

$$\frac{\partial \varrho \phi}{\partial \tau} \Delta x \Delta y \Delta z$$

zu berücksichtigen. Wird der zeitlicher Verlauf von ϕ durch einen stückweise linearen Verlauf von ϕ über die Zeit mittels eines Rückwärtsdifferenzenquotienten approximiert, so ergibt sich:

$$\frac{\partial \varrho \phi}{\partial \tau} \Delta x \Delta y \Delta z = \left(\frac{\varrho \phi - \varrho^0 \phi^0}{\Delta \tau}\right) \Delta x \Delta y \Delta z$$

wobei ϱ^0 und ϕ^0 die Werte zum Zeitpunkt τ und ϱ und ϕ die Werte zum Zeitpunkt $\tau + \Delta \tau$ bezeichnen. Einsetzen des diskretisierten Zeitterms in die allgemeine Differentialgleichung (3.19) in diskretisierter Form führt im 1-dimensionalen Fall, unter Vernachlässigung des Quellen- und Senkenterms, auf:

$$\left(\frac{\varrho_P \phi_P - \varrho_P^0 \phi_P^0}{\Delta \tau}\right) \Delta x + (\varrho w \phi)_e - (\varrho w \phi)_w = \Gamma_{\phi,e} \frac{\phi_E - \phi_P}{\Delta x} - \Gamma_{\phi,w} \frac{\phi_P - \phi_W}{\Delta x} \tag{3.57}$$

Mit der diskretisierten instationären Massenbilanz

$$\frac{(\varrho_P - \varrho_P^0) \Delta x}{\Delta \tau} + (\varrho w)_e - (\varrho w)_w = 0$$

kann Gl. (3.57) vereinfacht werden. Dazu wird die diskretisierte Massenbilanz mit ϕ_P multipliziert und anschließend von der integrierten (mit Gauß' schem Integralsatz) Bilanzgleichung subtrahiert. Entsprechend der nachfolgend dargestellten Subtraktion erhält man:

$$\frac{(\varrho_P \phi_P - \varrho_P^0 \phi_P^0) \Delta x}{\Delta \tau} + (\varrho w \phi)_e - (\varrho w \phi)_w = \Gamma_{\phi,e} \frac{\phi_E - \phi_P}{\Delta x} - \Gamma_{\phi,w} \frac{\phi_P - \phi_W}{\Delta x}$$

$$- \left(\phi_P \frac{(\varrho_P - \varrho_P^0) \Delta x}{\Delta \tau} + \phi_P (\varrho w)_e - (\varrho w)_w = 0\right)$$

$$\rule{10cm}{0.4pt}$$

$$\frac{(\varrho_P^0 \phi_P - \varrho_P^0 \phi_P^0) \Delta x}{\Delta \tau} + (\varrho w \phi)_e - (\varrho w \phi)_w$$
$$- \phi_P [(\varrho w)_e - (\varrho w)_w] = \Gamma_{\phi,e} \frac{\phi_E - \phi_P}{\Delta x} - \Gamma_{\phi,w} \frac{\phi_P - \phi_W}{\Delta x}$$

3.3 Approximation der Oberflächen- und Volumenintegrale

Für UPSTREAM-Differenzen gelten damit folgende Koeffizienten:

$$a_p = a_e + a_w + [(\varrho w)_e - (\varrho w)_w] - [(\varrho w)_e - (\varrho w)_w] + \frac{\varrho_P^0 \Delta x}{\Delta \tau}$$

$$= a_e + a_w + \frac{\varrho_P^0 \Delta x}{\Delta \tau}$$

$$a_e = D_e + \max[-(\varrho w)_e, 0]$$

$$a_w = D_w + \max[(\varrho w)_w, 0] \quad \text{und}$$

$$b = \frac{\varrho_P^0 \phi_P^0}{\Delta \tau} \Delta x$$

Die den Koeffizienten zugehörige Differenzengleichung lautet:

$$a_p \phi_P = a_e \phi_E + a_w \phi_W + b$$

Dabei handelt es sich um ein Verfahren 1. Ordnung mit UPSTREAM-Differenzen. Die Koeffizienten a_p, a_e, und a_w sind abhängig von der Geometrie, den Stoffwerten (ϱ, Γ_ϕ) und der Geschwindigkeit.

3.3.7 Berücksichtigung von Quell- und Senkentermen

Der Quell- und Senkenterm kann eine Funktion der Größe im Punkt P sein, wobei diese Abhängigkeit von der Größe ϕ nichtlinear sein kann. Eine Berücksichtigung dieser Abhängigkeit in der diskretisierten Gleichung ist jedoch nur in Form einer linearen Abhängigkeit möglich. Ist eine Abhängigkeit des Quellterms von der Größe ϕ gegeben, so muss der Quellterm in folgender Weise linearisiert werden:

$$S_\phi = S_c + S_p \phi \tag{3.58}$$

mit dem konstnaten Anteil am Quellterm S_c und dem proportionalen Anteil S_p. S_c und S_p können wiederum von ϕ abhängig sein, es ist dann jedoch auf alle Fälle eine iterative Lösung der Problemstellung erforderlich. Eine Konvergenz der Lösung des algebraischen Gleichungssystems ist nur möglich, wenn $a_p > 0$ gilt. Deshalb werden Quell- und Senkenterm als additiver Term im Koeffizienten a_p und in die rechte Seite der allgemeinen Differentialgleichung b eingeführt. Für den eindimensionalen Fall der diskretisierten allgemeinen Bilanzgleichung:

$$a_p \phi_P = a_e \phi_E + a_w \phi_W + b$$

ergeben sich die veränderten Koeffizienten zu:

$$a_p = a_e + a_w + \frac{\phi_P^0 \varrho_P^0 \Delta x}{\Delta \tau} + S_p$$

$$b = \frac{\varrho_P^0 \phi_P^0}{\Delta \tau} \Delta x + S_c$$

3.4 Rand- und Anfangswerte

Partielle Differentialgleichungen (PDG) sind nur dann lösbar, wenn die richtigen Rand- und Anfangswerte gegeben sind. Das Problem ist dann korrekt gestellt (well-posed). Programme sollten nicht korrekt gestellte Probleme erkennen und abweisen, dies tun kommerzielle Programme meistens, aber vermutlich mit sehr hoher Wahrscheinlichkeit nicht immer.

Bei **stationären Problemen** gibt es grundsätzlich drei Typen von Randwerten:

- **Dirichlet'sche Randbedingung**
  Bei dieser Randbedingung ist der Wert von ϕ auf den Rand $\partial\Omega$ gegeben,

$$\phi = \phi_1(\vec{x}) \qquad \vec{x} \in \partial\Omega \qquad \phi_1(\vec{x}) \tag{3.59}$$

- **Neumann'sche Randbedingung**
  Bei dieser Randbedingung ist der Wert des Gradienten von ϕ in Normalenrichtung $\vec{n}$ (nach außen gerichteter Normalenvektor) zum Rand $\partial\Omega$ vorgegeben.

$$\frac{\partial \phi}{\partial \vec{n}} = \phi_2(\vec{x}) \qquad \vec{x} \in \partial\Omega \qquad \phi_2(\vec{x}) \tag{3.60}$$

- **Gemischte** oder **Cauchy'sche** oder **Robbins'sche Randbedingung**
  Bei dieser Randbedingung ist der Wert selbst und der Wert des Gradienten von ϕ in Normalenrichtung auf den Rand gegeben.

$$a \cdot \phi + \frac{\partial \phi}{\partial \vec{n}} = \phi_3(\vec{x}) \qquad \vec{x} \in \partial\Omega,\ a > 0 \qquad \phi_3(\vec{x}) \tag{3.61}$$

Für die Dirichlet'sche Randbedingung existiert bei der Poisson-Gleichung (z.B. stationäre Wärmeleitung mit Wärmequellen im Volumen) eine eindeutige Lösung. Bei der Neumann'schen Randbedingung ist die Lösung der Poisson-Gleichung bis auf eine Konstante bestimmt (das Temperaturniveau kann beliebig hoch sein); aber eine notwendige Bedingung für die Existenz einer Lösung ist, dass die sog. Kompatibilitätsbedingung

$$-\iint\limits_{\partial\Omega} \phi_2 \,\mathrm{d}\Omega\mathrm{d}\partial = \iiint\limits_{\Omega} \frac{S_\phi}{\Gamma_\phi} \mathrm{d}\Omega \tag{3.62}$$

erfüllt ist. Diese bedeutet, dass z.B. der Wärmestrom zufolge Wärmeleitung über die Oberfläche gleich sein muss dem Wärmestrom der Quellen bzw. Senken im Inneren des Volumens.

Bei **instationären Problemen** müssen die Anfangsbedingungen gegeben sein, d.h., der Funktionswert der Lösung muss am gesamten Definitionsgebiet zum Startzeitpunkt bekannt sein. Die Randbedingungen sind im Allgemeinen zeitlich variabel, also gegebene Funktionen der Zeit.

Eigenwertprobleme

Eine Kategorie von Randwertproblemen, die eine besondere Behandlung benötigt, sind die Eigenwertprobleme. Diese entstehen, wenn man beispielsweise eine Wellengleichung mit homogenen Randbedingungen (das bedeutet $\phi = 0$ auf dem Rand oder $\frac{\partial \phi}{\partial \bar{n}} = 0$ auf dem Rand) nicht als Anfangswertproblem betrachtet, sondern die freien Schwingungen (Eigenschwingungen) durch Substitution einer harmonischen Schwingung untersucht.

3.5 Druckkorrekturverfahren

Wird die Methode der Finiten-Volumen zur Berechnung von Strömungsvorgängen auf Basis der so genannten primitiven Variablen Druck und Geschwindigkeit herangezogen, so muss dabei sowohl die Massen- als auch die Impulsbilanz gleichzeitig erfüllt sein. Die Erhaltungsgleichungen stellen dabei ein elliptisch-parabolisches Gleichungssystem dar. Die große Schwierigkeit bei der Berechnung des Geschwindigkeitsfeldes liegt an dem Umstand, dass die Impulsbilanz nur bei bekannter Druckverteilung gelöst werden kann. Im System der Bilanzgleichungen existiert jedoch keine Bestimmungsgleichung zur Berechnung des Druckes. Ungeachtet dessen ist der Druck indirekt über eine Koppelung der Impuls- und Massenbilanz durch das Geschwindigkeitsfeld festgelegt, da die Geschwindigkeit beide Bilanzgleichungen gleichzeitig erfüllen muss.

Die Schwierigkeiten bei der Bestimmung des Druckfeldes haben dazu geführt, dass zur Berechnung konsistenter Druck- und Geschwindigkeitsfelder unterschiedliche Vorgangsweisen entwickelt wurden.

Liegt ein zweidimensionales Problem vor, so können Stromfunktion und Wirbelstärke (siehe dazu (Hoffmann 1995)) herangezogen werden, um sowohl den Druck als auch die Geschwindigkeit aus den Transportgleichungen zu eliminieren. Dabei werden die beiden Impulsbilanzen unter Zuhilfenahme der Kontinuitätsgleichung so umgeformt, dass nur noch diese beiden Größen enthalten sind. Die Kontinuitätsgleichung entfällt bei der Umformung vollständig. Die Navier-Stokes-Gleichungen zur Erhaltung der Kontinuität und des Impulses einer inkompressiblen Strömung werden dabei in eine elliptische und eine parabolische Gleichung entkoppelt, welche getrennt nach der Wirbelstärke und der Stromfunktion gelöst werden können. Ein weiterer Vorteil der Methode ist, dass im Falle einer externen wirbelfreien Strömung, welche an das Rechengebiet anschließt, die Randbedingung für die Wirbelstärke identisch null ist. Neben den oben genannten Vorteilen hat diese Methode jedoch auch einige Nachteile. So ist der Wert der Wirbelstärke an der Wand nur sehr schwer zu spezifizieren und verursacht daher oft große Probleme, um eine Konvergenz des Verfahrens zu erhalten (Patankar 1980). Möchte man diese Methode auf dreidimensionale Problemstellungen ausweiten, so erhält man sechs abhängige

Variablen – drei Komponenten des Wirbelstärkenvektors sowie drei Komponenten des Stromfunktionsvektors. Die Komplexität zur Bestimmung dieser sechs Variablen ist deutlich höher als eine Formulierung des Problems mittels der drei Geschwindigkeitskomponenten und des Drucks. Wird der Druck zudem als Teil der Lösung benötigt, so stellen Bemühungen, diesen aus der Wirbelstärke zu ermitteln, einen großen zusätzlichen Aufwand dar (Aziz 1967).

Bei den Verfahren zur Berechnung kompressibler Strömungen[1] hat es sich als vorteilhaft erwiesen, wenn die Koppelung zwischen Druck und Geschwindigkeit über eine separate Gleichung erfolgt. Der Druck wird dabei unter Zuhilfenahme einer Zustandsgleichung als Funktion der Dichte und z.B. der Temperatur ermittelt. Dadurch besteht in den dafür vorgesehenen Berechnungsalgorithmen keine starke Bindung zwischen den Druck- und Geschwindigkeitsfeldern. Die Kontinuitätsgleichung dient in diesem Fall der Bestimmung der lokalen Dichte.

Besteht keine eindeutige Beziehung zwischen Druck und Dichte, so kann diese Methode nicht zur Anwendung gelangen (z.B. Strömung in einer Lavaldüse). Bei kompressiblen Strömungen kann daher diese Methode nur dann zum Einsatz kommen, wenn eine künstliche Verbindung zwischen Dichte und Druck hergestellt wird. Ein Beispiel dafür ist die Methode der künstlichen Kompressibilität (Noll 1993). Ist jedoch – wie in einem Dampferzeuger – die Dichte nicht nur vom Druck, sondern auch von anderen Einflüssen wie z.B. einer lokal wechselnden Zusammensetzung oder einer Zweiphasenströmung mit Phasenübergang abhängig, so ist diese Methode auch dafür nicht mehr geeignet.

Neben der Dichte kann auch ein auf den Druck bezogenes Verfahren herangezogen werden. Dazu wird der Druck aus einer Gleichung berechnet, welche aus der Impuls- und Massenbilanz resultiert. Der Vorteil dieser Vorgehensweise liegt in dem Umstand, dass sie grundsätzlich zur Simulation von kompressiblen wie auch inkompressiblen Strömungsvorgängen geeignet ist (Karki 1989). Des Weiteren gibt es keine Einschränkung in der Dimensionalität des zu untersuchenden Problems. Eines dieser Verfahren ist das Druckkorrekturverfahren. Dieser Algorithmus nützt die Kontinuitätsgleichung dazu, um mit der indirekt darin enthaltenen Information über den Druck das Druckfeld zu bestimmen.

Zur Berechnung des Strömungsfeldes auf Basis der primitiven Variablen Druck und Geschwindigkeit lautet das dazu notwendige Gleichungssystem aus Impuls- und Massenbilanz:

---

[1] Ob eine Strömung als kompressibel oder inkompressibel bezeichnet werden kann, hängt nicht nur von der Veränderlichkeit der Dichte ab. Als Kriterium für die Kompressibilität einer Strömung kommen diejenigen Dichtevariationen in Frage, welche sich auf eine starke lokale Beschleunigung bis auf Mach-Zahlen größer als etwa 0,4 zurückführen lassen. Werden die Dichteänderungen durch andere Ursachen, wie z.B. durch die bei chemischen Reaktionen freigesetzte Wärme, hervorgerufen, so kann die Strömung trotz starker Dichtevariationen durchaus inkompressibel sein.

$$\frac{\partial \varrho w_i}{\partial \tau} = \frac{\partial \varrho w_i w_j}{\partial x_i} + \frac{\partial}{\partial x_i}\left(\mu \frac{\partial w_i}{\partial x_i}\right) - \frac{\partial p}{\partial x_i} + S_{SpQS} \qquad (3.63)$$

und

$$\frac{\partial \varrho}{\partial \tau} + \frac{\partial \varrho w_i}{\partial x_i} = 0 \qquad (3.64)$$

Die Geschwindigkeitskomponenten w_i und der Druck p sind die unbekannten Größen dieses Gleichungssystems. Die numerische Lösung der Gleichungen (3.63) und (3.64) muss sowohl die Kontinuitäts- als auch die Impulsbilanz gleichzeitig erfüllen.

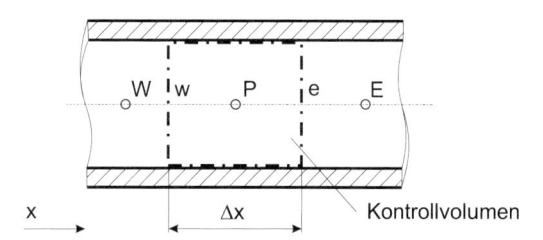

Abb. 3.18. Kontrollvolumen einer allgemeinen Rechenzelle

Abb. 3.18 stellt eine allgemeine Rechenzelle für den eindimensionalen Fall einer Rohrströmung dar. Um die Strömung einer numerischen Berechnung zugänglich machen zu können, ist es notwendig, die beiden Gleichungen (3.63) und (3.64) zu diskretisieren. Dies soll unter Zuhilfenahme des in Kapitel 3.2.3 dargestellten Finite-Volumen-Verfahrens erfolgen. Dazu muss auch der Druckterm $-\frac{\partial p}{\partial x_i}$ der Impulsbilanz in Richtung der x-Koordinate durch Integration über das Kontrollvolumen diskretisiert werden. Werden die Druckkräfte als Oberflächenkräfte aufgefasst, so kann der Druckterm mithilfe des Satzes von Gauß integriert werden. Als Ergebnis erhält man die Druckdifferenz $p_w - p_e$, welche die Nettodruckkraft auf das Kontrollvolumen je Flächeneinheit darstellt. Zur Berechnung der Druckdifferenz $p_w - p_e$ werden die Drücke an den Kontrollvolumenoberflächen benötigt. Die Druckwerte werden jedoch nur an den Gitterknoten E, W, P ermittelt. Daher müssen die zur Berechnung notwendigen Druckwerte an der Kontrollvolumenoberfläche durch eine sinnvolle Annahme aus den Werten an den Gitterknoten ermittelt werden. Dazu wird ein abschnittsweise linearer Druckverlauf zwischen den Gitterknoten angenommen. Durch lineare Interpolation ergibt sich die gesuchte Druckdifferenz zu:

$$p_w - p_e = \frac{p_W + p_P}{2} - \frac{p_P + p_E}{2} = \frac{p_W - p_E}{2} \qquad (3.65)$$

Betrachtet man das Ergebnis der linearen Interpolation, so ist deutlich zu erkennen, dass die Druckdifferenz in der Impulsbilanz auf einem Rechengitter mit doppelter Gitterweite – im Vergleich zum Geschwindigkeitsgitter –

berechnet wird. Der Druck und die Geschwindigkeit sind im Gitterpunkt P somit entkoppelt. Es besteht daher die Gefahr, dass eine oszillierende Druckverteilung, wie sie in Abb. 3.19 dargestellt ist, eine Lösung des Verfahrens ist.

$$p = 100 \quad 500 \quad 100 \quad 500 \quad 100$$

Abb. 3.19. Physikalisch nicht sinnvolles Druckfeld

Diese Druckverteilung kann jedoch aus physikalischer Sicht als nicht realistisch für eine Strömung angesehen werden. Für jeden Gitterpunkt liefert eine Auswertung der Druckdifferenz $p_w - p_e$ jedoch den Wert Null. Somit finden die Druckkräfte in der Impulsbilanz keine Berücksichtigung.

Die Diskretisierung der Kontinuitätsgleichung (3.64) für eine eindimensionale stationäre Strömung wird in ähnlicher Weise durchgeführt und liefert:

$$\frac{\partial \varrho w_x}{\partial x} = 0 \Rightarrow w_e - w_w = 0 \qquad (3.66)$$

Die Annahme eines stückweisen linearen Geschwindigkeitsverlaufes führt zu:

$$w_e - w_w = \frac{w_P + w_E}{2} - \frac{w_W + w_P}{2} = w_E - w_W = 0 \qquad (3.67)$$

Wie die Berechnung der Druckdifferenz ist auch die Geschwindigkeitsdifferenz unabhängig vom Gitterpunkt P. Damit kann sich auch für die Geschwindigkeit eine physikalisch nicht sinnvolle diskontinuierliche oszillierende Verteilung – wie sie in Abb. 3.19 für das Druckfeld dargestellt ist – einstellen.

Um die Möglichkeit der Entstehung eines oszillierenden Geschwindigkeits- und Druckfeldes zu beseitigen, muss sich das Rechengitter zur Ermittlung der Geschwindigkeit vom Gitter aller anderen Variablen unterscheiden.

Solch ein versetztes Rechengitter (staggered grid) für die Geschwindigkeit wurde zum ersten Mal von (Harlow 1965) in ihrem MAC-Algorithmus zur Anwendung gebracht. Dabei werden die Geschwindigkeitskomponenten verschoben auf den Grenzflächen zwischen zwei Druckknoten berechnet (s. Abb. 3.20, dargestellt für den zweidimensionalen Fall). Die Werte zur Berechnung des Druckes an den Grenzflächen der Geschwindigkeitsvolumina müssen nun nicht mehr durch lineare Interpolation ermittelt werden.

Abb. 3.21 stellt ein versetztes Rechengitter zur Ermittlung der Geschwindigkeit in Richtung der x-Koordinate für den zweidimensionalen Fall dar. Wird die Diskretisierungsvorschrift auf die Impulsbilanz für das Kontrollvolumen um e angewendet, so führt dies zu folgender algebraischer Gleichung:

$$a_e w_{x,e} = \sum_{nb} a_{x,nb}\, w_{x,nb} + b_x + (p_P - p_E)\, A_e \qquad (3.68)$$

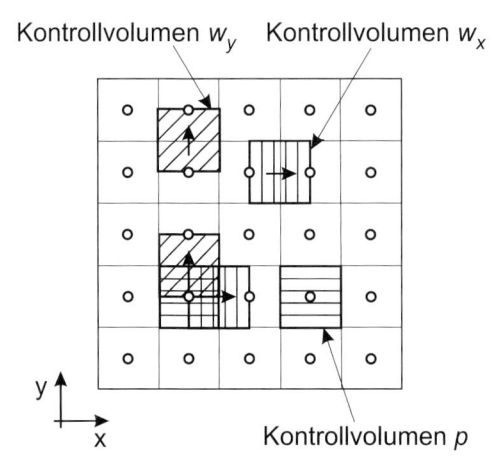

Abb. 3.20. Anordnung der Kontrollvolumina im versetzten Gitter

mit $A_e = V_e/\Delta x$. Die Koeffizienten $a_{x,nb}$ in Gl. (3.68) beschreiben den konvektiv-diffusiven Einfluss der Nachbarvolumina auf die Kontrollvolumenoberfläche. Die Anzahl der Nachbarterme nb ist abhängig von der Dimensionalität des zu untersuchenden Problems. Für das in Abb. 3.21 dargestellte Kontrollvolumen sind die zur Berechnung benötigten Nachbarn durch die vier außerhalb des Volumens liegenden Pfeile dargestellt.

Durch die Anordnung des versetzten Rechengitters kann die Ermittlung der Geschwindigkeitskomponenten an den Kontrollvolumenoberflächen ohne Interpolation erfolgen. Ein Druckfeld – wie es in Abb. 3.19 dargestellt ist – wird nicht mehr als gleichmäßig wahrgenommen. Die Druckdifferenz zwischen den einzelnen Gitterknoten wirkt wie eine natürlich treibende Kraft für die Geschwindigkeitskomponente zwischen diesen Rechenpunkten.

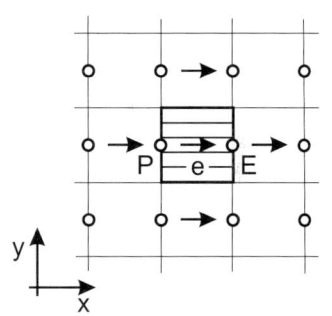

Abb. 3.21. Kontrollvolumen der Geschwindigkeit in Richtung der x-Koordinate

Liegt jedoch kein äquidistantes Rechengitter vor, so verursachen die unterschiedlich großen Kontrollvolumina einen erhöhten Speicherplatzbedarf zur Speicherung der geometrischen Daten, wie z.B. Flächen, Abstände usw., die zur Berechnung der Koeffizienten auf dem versetzten Gitter benötigt werden. Des Weiteren steigt der Rechenaufwand durch die ständig wiederkehrende Interpolation der Zustandsgrößen am versetzten Gitter an. Aber auch die Programmierung des Codes ist mit einem erhöhten Aufwand verbunden.

Neben der hier beschriebenen Vorgehensweise bei der Versetzung der Geschwindigkeitskomponenten kommen noch weitere Methoden, wie z.B. die teilweise versetzende ALE (Arbitrary Lagrangian-Eulerian) Methode nach

(Hirt 1974), bei der die Geschwindigkeitskomponenten an den Eckpunkten des Kontrollvolumens für den Druck gespeichert sind, zur Anwendung. Diese Variante hat besondere Vorteile, wenn das Rechengitter nicht orthogonal ist. In diesem Fall muss der Druck nicht als Randbedingung vorgegeben werden. Nachteilig ist, dass die Möglichkeit besteht, ein oszillierendes Druck- und Geschwindigkeitsfeld zu erhalten.

Im Folgenden wird eine Auswahl an iterativen Methoden zur Ermittlung des Druck- und Geschwindigkeitsfeldes, angewendet auf das versetzte Rechengitter, dargestellt. Allen diesen Druckkorrekturverfahren gemein ist, dass ein Verfahren gesucht wurde, welches es ermöglicht, ein Geschwindigkeitsfeld zu finden, das sowohl die Kontinuitätsgleichung als auch die Impulsbilanz gleichzeitig erfüllt. Viele dieser Druckkorrekturverfahren stellen dabei eine Weiterentwicklung des so genannten SIMPLE-Verfahrens dar. Es wird daher auf den SIMPLE-Algorithmus (**S**emi **I**mplicit **M**ethod for **P**ressure **L**inked **E**quations), als Ausgangspunkt für die Darstellung der einzelnen Druckkorrekturverfahren, detaillierter eingegangen.

3.5.1 SIMPLE-Algorithmus

Im Folgenden werden für ein dreidimensionales Strömungsfeld, welches auf einem orthogonalen, versetzten Rechengitter berechnet werden soll, die dafür notwendigen Beziehungen hergeleitet.

Geschwindigkeitskorrektur

Ausgangspunkt für die iterative Ermittlung der Lösung ist ein geschätztes Druckfeld[2] p^*, das durch Lösen der Gleichungen (3.69) bis (3.71) für alle Elemente des Rechengebietes ein geschätztes Geschwindigkeitsfeld w^* liefert, welches die Massenbilanz nur ungenau erfüllt.

$$a_e w^*_{x,e} = \sum_{nb} a_{x,nb}\, w^*_{x,nb} + b_x + (p^*_P - p^*_E)\, A_e \qquad (3.69)$$

$$a_n w^*_{y,n} = \sum_{nb} a_{y,nb}\, w^*_{y,nb} + b_y + (p^*_P - p^*_N)\, A_n \qquad (3.70)$$

$$a_t w^*_{z,t} = \sum_{nb} a_{z,nb}\, w^*_{z,nb} + b_z + (p^*_P - p^*_T)\, A_t \qquad (3.71)$$

Um eine Verbesserung des Geschwindigkeits- bzw. Druckfeldes zu erhalten, werden die Näherungswerte für Druck und Geschwindigkeit entsprechend den Gleichungen (3.72) und (3.73) korrigiert, wobei die mit ′ gekennzeichneten Variablen die Korrekturwerte für die Größen p und w darstellen:

$$p = p^* + p' \quad \text{und} \qquad (3.72)$$

---

[2] Mit * werden jeweils die geschätzten bzw. ungenauen Größen der Geschwindigkeit w und des Druckes p bezeichnet.

$$w_x = w_x^* + w_x' \tag{3.73}$$

Gl. (3.73) steht stellvertretend auch für die beiden Geschwindigkeitskomponenten w_y und w_z. Einsetzen der Gleichungen (3.72) und (3.73) in die diskretisierten Impulsbilanzen liefert:

$$a_e \left(w_{x,e}^* + w_{x,e}' \right) = \sum_{nb} a_{x,nb} \left(w_{x,nb}^* - w_{x,nb}' \right) + b_x + \left[(p_P^* - p_P') - (p_E^* - p_E') \right] A_e \tag{3.74}$$

$$a_n \left(w_{y,n}^* + w_{y,n}' \right) = \sum_{nb} a_{y,nb} \left(w_{y,nb}^* - w_{y,nb}' \right) + b_y + \left[(p_P^* - p_P') - (p_N^* - p_N') \right] A_n \tag{3.75}$$

$$a_t \left(w_{z,t}^* + w_{z,t}' \right) = \sum_{nb} a_{z,nb} \left(w_{z,nb}^* - w_{z,nb}' \right) + b_z + \left[(p_P^* - p_P') - (p_T^* - p_T') \right] A_t \tag{3.76}$$

Subtraktion der Gleichungen (3.74) bis (3.76) von den Gleichungen (3.69) bis (3.71) liefert als Resultat den Zusammenhang zwischen Druck- und Geschwindigkeitskorrektur in folgender Form:

$$a_e w_{x,e}' = \sum_{nb} a_{x,nb} w_{x,nb}' + (p_P' - p_E') A_e \tag{3.77}$$

$$a_n w_{y,n}' = \sum_{nb} a_{y,nb} w_{y,nb}' + (p_P' - p_N') A_n \tag{3.78}$$

und

$$a_t w_{z,t}' = \sum_{nb} a_{z,nb} w_{z,nb}' + (p_P' - p_T') A_t \tag{3.79}$$

Vernachlässigung der Geschwindigkeitsänderungen in den Nachbarzellen und Auflösen der Gleichungen (3.77) bis (3.79) nach der Geschwindigkeit liefert die Geschwindigkeitskorrektur für z.B. die x-Koordinatenrichtung

$$w_{x,e}' = d_e \left(p_P' - p_E' \right) \tag{3.80}$$

mit

$$d_e = \frac{A_e}{a_e} \tag{3.81}$$

Der vernachlässigte Term ist proportional zu den Geschwindigkeitskorrekturen und strebt mit fortschreitender Iteration gegen Null und hat somit keinen Einfluss auf das Endergebnis.

Die Geschwindigkeit muss nun wie folgt korrigiert werden, um den Änderungen im Druckfeld zu entsprechen:

$$w_{x,e} = w_{x,e}^* + d_e \left(p_P' - p_E' \right) \tag{3.82}$$

$$w_{y,n} = w_{y,n}^* + d_n \left(p_P' - p_N' \right) \tag{3.83}$$

und

$$w_{z,t} = w_{z,t}^* + d_t \left(p_P' - p_T' \right) \tag{3.84}$$

Druckkorrektur

Substituiert man in der diskretisierten Kontinuitätsgleichung die Geschwindigkeiten an den Grenzen des Kontrollvolumens durch die Geschwindigkeitskorrekturen (Gleichungen (3.82) bis (3.84)), so kann eine Beziehung für die Druckkorrektur p' in folgender Form angeschrieben werden:

$$a_P p'_P = a_E p'_E + a_W p'_W + a_N p'_N + a_S p'_S + a_T p'_T + a_B p'_B + b \qquad (3.85)$$

mit den Koeffizienten

$$b = \frac{(\varrho_P^0 - \varrho_P) \Delta x \Delta y \Delta z}{\Delta \tau} + \left[(\varrho w_x^*)_w - (\varrho w_x^*)_e\right] \Delta y \Delta z$$
$$+ \left[(\varrho w_y^*)_s - (\varrho w_y^*)_n\right] \Delta x \Delta z + \left[(\varrho w_z^*)_b - (\varrho w_z^*)_t\right] \Delta x \Delta y \qquad (3.86)$$

$$a_W = (\varrho_w \Delta y \Delta z)\, d_w \qquad (3.87)$$

$$a_E = (\varrho_e \Delta y \Delta z)\, d_e \qquad (3.88)$$

$$a_N = (\varrho_n \Delta x \Delta z)\, d_n \qquad (3.89)$$

$$a_S = \varrho_s \Delta x \Delta z)\, d_s \qquad (3.90)$$

$$a_T = (\varrho_t \Delta x \Delta y)\, d_t \qquad (3.91)$$

$$a_B = (\varrho_b \Delta x \Delta y)\, d_b \qquad (3.92)$$

und

$$a_P = a_W + a_E + a_N + a_S + a_T + a_B \qquad (3.93)$$

Der Koeffizient b repräsentiert den Fehler in der Kontinuitätsgleichung, welcher durch die Geschwindigkeit w^* verursacht wird, und stellt daher ein geeignetes Maß für die Güte der gefundenen Lösung dar. $b = 0$ bedeutet, dass sowohl die Impuls- als auch die Massenbilanz im jeweiligen Kontrollvolumen erfüllt ist.

Iterationsschema des SIMPLE-Algorithmus

Das Iterationsschema des SIMPLE-Algorithmus stellt sich wie folgt dar:

1. Als Ausgangspunkt für die Iteration werden Schätzwerte für alle erforderlichen Zustands- und Transportgrößen angenommen. Diese geschätzten Werte sollten möglichst sinnvoll gewählt werden, um eine gute und rasche Konvergenz des Verfahrens zu begünstigen.
2. Unter Vorgabe des geschätzten Druckfeldes wird die Impulsbilanz (Gleichungen (3.69) bis (3.71)) gelöst. Daraus ergibt sich das dem geschätzten Druckfeld zugehörige Geschwindigkeitsfeld.
3. Lösung der Druckkorrekturgleichung (3.85) für alle Gitterpunkte des Rechengebietes.

- Addition der Druckkorrekturwerte zu den geschätzten Druckwerten, um somit ein verbessertes Druckfeld zu erhalten (Gl. (3.72)).
4. Korrektur des Geschwindigkeitsfeldes mittels der Gleichungen (3.82) bis (3.84).
5. Berechnung aller Differenzengleichungen für die Größen, welche das Geschwindigkeitsfeld beeinflussen (z.B. spez. Enthalpie, Turbulenzparameter, Konzentration).
6. Abgleichen aller für die Berechnung benötigten Zustands- und Transportgrößen, wie z.B. die Dichte ϱ oder die dyn. Viskosität μ.
7. Ist eine Konvergenz erreicht, so wird die Iteration abgebrochen; ansonsten wird mit dem neu ermittelten Geschwindigkeits-, Druck- und Enthalpiefeld die Iteration ab Punkt 2 fortgesetzt.

3.5.2 SIMPLEC-Algorithmus

Der SIMPLEC-Algorithmus (SIMPLE-Consistent) entspricht in seiner Form weitgehend derjenigen des SIMPLE-Verfahrens. Der entscheidende Unterschied zwischen den beiden Methoden besteht in der Formulierung der Korrekturgleichung für das Geschwindigkeitsfeld.

Die Vernachlässigung des Terms $\sum_{nb} a_{nb} w'_{nb}$ in den Gleichungen (3.77) bis (3.79) hat zur Folge, dass es zu einer großen Druckkorrektur kommt. Diese führt im Generellen zu einer sehr starken Unterrelaxation und somit zu einer sehr langsamen Konvergenz des Verfahrens (siehe dazu auch (Lee 1992) oder (Walter 2003b)). Wie bereits oben gezeigt wurde, gilt für die x-Komponente der Geschwindigkeit

$$a_e w'_{x,e} = \sum_{nb} a_{x,nb}\, w'_{x,nb} + (p'_P - p'_E)\, A_e \qquad (3.94)$$

Subtraktion des Terms $\sum_{nb} a_{x,nb} w'_{x,e}$ von beiden Seiten der Gl. (3.94) liefert eine konsistentere Approximation

$$\left(a_e - \sum_{nb} a_{x,nb}\right) w'_{x,e} = \sum_{nb} a_{x,nb}\left(w'_{x,nb} - w'_{x,e}\right) + (p'_P - p'_E)\, A_e \qquad (3.95)$$

Im Gegensatz zur Herleitung des SIMPLE-Verfahrens wird nun der Ausdruck $\sum_{nb} a_{x,nb}(w'_{x,nb} - w'_{x,e})$ der rechten Seite der Gl. (3.95) vernachlässigt. Da die Geschwindigkeiten $w'_{x,nb}$ und $w'_{x,e}$ von gleicher Größenordnung sind, ist ihre Differenz sehr klein, was letztendlich zu kleineren Druckkorrekturen führt. Nach (Van Doormaal 1984) bzw. (Noll 1993) oder (Latimer 1985) kann eine Unterrelaxation der Druckkorrektur vollständig entfallen. Wie in (Walter 2002b) gezeigt werden konnte, kann aus numerischen Gründen eine Dämpfung erforderlich sein. Dabei wurde nicht die Korrektur der Größe, sondern die Größe selbst unterrelaxiert.

Die resultierende Beziehung für die Geschwindigkeitskorrekturgleichung in Richtung der x-Koordinate entspricht in ihrer Form der Gl. (3.82)

$$w_{x,e} = w^*_{x,e} + d_e\,(p'_P - p'_E) \qquad (3.96)$$

enthält aber den modifizierten Koeffizienten

$$d_e = \frac{A_e}{a_e - \sum_{nb} a_{x,nb}} \qquad (3.97)$$

Die Druckkorrekturgleichung des SIMPLEC-Verfahrens ist identisch mit der in Kapitel 3.5.1 angegebenen Gl. (3.85). Das Iterationsschema für den SIMPLEC-Algorithmus entspricht dem des SIMPLE-Verfahrens, wobei anstelle der Gl. (3.81) die Gl. (3.97) zur Anwendung kommt.

3.5.3 SIMPLER

Beim Druckkorrekturverfahren SIMPLE erhält man auf Grund der Vernachlässigung der Geschwindigkeitsänderungen in den Nachbarzellen $\sum_{nb} a_{nb} w'_{nb}$ der Gleichungen (3.77) bis (3.79) auch bei einem exakten Geschwindigkeitsfeld zum Beginn der iterativen Berechnung erst nach mehreren Iterationsschritten das richtige Druckfeld (Noll 1993). Diese Vernachlässigung führt dazu, dass im Generellen eine sehr starke Unterrelaxation notwendig und somit die Konvergenz des Verfahrens sehr langsam ist (Lee 1992). Dieses schlechte Konvergenzverhalten war einer der Motivationsgründe für Patankar, eine Änderung des SIMPLE-Algorithmus in Erwägung zu ziehen. 1980 stellte Patankar in (Patankar 1980) den „SIMPLE-**R**evised-Algorithm" (SIMPLER) vor, der diesen Nachteil umgeht und damit ein besseres Konvergenzverhalten aufweist. Der Zeitgewinn durch die raschere Konvergenz des Verfahrens kann jedoch durch den erhöhten Rechenaufwand pro Iterationsschritt nicht vollständig umgesetzt werden. Nach (Patankar 1980) soll dieser Mehraufwand an Rechenoperationen allerdings durch die erhöhte Konvergenzrate mehr als kompensiert werden. Bei diesem Verfahren wird das Druckfeld nicht mehr über eine Druckkorrekturgleichung, sondern direkt bestimmt.

Ermittlung von Pseudogeschwindigkeit und Druckfeld

Patankar geht bei der Herleitung der Gleichung zur Berechnung des Druckfeldes von der diskretisierten Impulsbilanz aus und definiert eine so genannte „Pseudogeschwindigkeit" $\widehat{w}$ über folgende Ausdrücke:

$$\widehat{w}_{x,e} = \frac{\sum_{nb} a_{x,nb}\, w_{x,nb} + b_x}{a_e} \qquad (3.98)$$

$$\widehat{w}_{y,n} = \frac{\sum_{nb} a_{y,nb}\, w_{y,nb} + b_y}{a_n} \qquad (3.99)$$

und

$$\widehat{w}_{z,t} = \frac{\sum_{nb} a_{z,nb}\, w_{z,nb} + b_z}{a_t} \qquad (3.100)$$

Die Gleichungen (3.98) bis (3.100) werden nur über die Nachbargeschwindigkeiten gebildet und beinhalten nicht den Druck p. Gleichungen (3.82) bis (3.84) werden zu

$$w_{x,e} = \widehat{w}_{x,e} + d_e(p_P - p_E) \tag{3.101}$$
$$w_{y,n} = \widehat{w}_{y,n} + d_n(p_P - p_N) \tag{3.102}$$

und

$$w_{z,t} = \widehat{w}_{z,t} + d_t(p_P - p_T) \tag{3.103}$$

mit

$$d_e = \frac{A_e}{a_e}, \quad d_n = \frac{A_n}{a_n} \quad \text{und} \quad d_t = \frac{A_t}{a_t} \tag{3.104}$$

Substitution der Geschwindigkeiten in der diskretisierten Kontinuitätsgleichung durch die Beziehungen (3.101) bis (3.103) führt zur neuen Bestimmungsgleichung für das Druckfeld.

$$a_P p_P = a_E p_E + a_W p_W + a_N p_N + a_S p_S + a_T p_T + a_B p_B + b \tag{3.105}$$

Die Koeffizienten a_E bis a_B der Gl. (3.105) zur Bestimmung des Druckfeldes sind gleich jenen der Druckkorrekturgleichung (3.85). Einzig die Bildung des Residuums b unterscheidet sich gegenüber derjenigen in Gl. (3.85) durch die Verwendung der Pseudogeschwindigkeit $\widehat{w}$.

$$b = \frac{(\varrho_P^0 - \varrho_P)\Delta x \Delta y \Delta z}{\Delta \tau} + \big[(\varrho\widehat{w}_x)_w - (\varrho\widehat{w}_x)_e\big]\Delta y \Delta z \\ + \big[(\varrho\widehat{w}_y)_s - (\varrho\widehat{w}_y)_n\big]\Delta x \Delta z \\ + \big[(\varrho\widehat{w}_z)_b - (\varrho\widehat{w}_z)_t\big]\Delta x \Delta y \tag{3.106}$$

Eine Unterrelaxation der Druckkorrektur sollte beim SIMPLER-Verfahren nicht notwendig sein (vgl. SIMPLEC). Nach (Walter 2002b) kann aber auch beim SIMPLER-Algorithmus eine Dämpfung aus numerischen Gründen erforderlich sein. Diese ist dann ebenso an den Größen selbst durchzuführen.

Im Allg. liegt als Ausgangspunkt für eine Berechnung nur ein geschätztes Geschwindigkeitsfeld vor. Es muss daher auch beim SIMPLER-Verfahren die Lösung iterativ bestimmt werden.

Iterationsschema des SIMPLER-Algorithmus

1. Als Ausgangspunkt für die Iteration werden, in Anlehnung an das SIMPLE-Verfahren, Schätzwerte für alle erforderlichen Zustands- und Transportgrößen angenommen.
2. Unter Zuhilfenahme des geschätzten Geschwindigkeitsfeldes werden die Koeffizienten für die Impulsbilanz ermittelt. Daran anschließend erfolgt unter Verwendung der Beziehungen (3.98) bis (3.100) die Berechnung der Pseudogeschwindigkeit $\widehat{w}$ für alle Kontrollvolumina des Rechengebietes.

3. Lösen der Bestimmungsgleichung für den Druck (3.105) liefert das verbesserte Druckfeld.
4. Unter Zugrundelegung des neu ermittelten Druckfeldes werden die Bilanzgleichungen für den Impuls Gl. (3.69) bis Gl. (3.71) gelöst. Daraus ergibt sich das geschätzte Geschwindigkeitsfeld w^*.
5. Lösung der Druckkorrekturgleichung (3.85) für alle Gitterpunkte des Rechengebietes.
6. Korrektur des Geschwindigkeitsfeldes mittels der Gleichungen (3.82) bis (3.84).
7. Berechnung der Differenzengleichungen für diejenigen Größen, welche die Massen- und Impulsbilanz beeinflussen. Als Beispiel sei hier die Energiebilanz für das Arbeitsfluid angeführt.
8. Abgleichen aller für die Berechnung benötigten Zustands- und Transportgrößen.
9. Überprüfung der Konvergenz. Ist das Konvergenzkriterium erreicht, so wird die Iteration abgebrochen, ansonsten wird mit den neu ermittelten Größen die Iteration ab Punkt 2 fortgesetzt.

3.5.4 PISO-Algorithmus

Allgemeines

Bei dem von (Issa 1985) entwickelten PISO-Algorithmus (**P**ressure-**I**mplicit with **S**plitting of **O**perators) handelt es sich wie bei den beiden vorhergehend beschriebenen Druckkorrekturverfahren SIMPLEC und SIMPLER um eine Weiterentwicklung des SIMPLE-Algorithmus. Im Gegensatz zu den oben beschriebenen Methoden zur Lösung der partiellen Differentialgleichungen von Masse und Impuls werden beim PISO-Verfahren neben den impliziten auch explizite Korrekturschritte ausgeführt, um eine Lösung zu erhalten.

Um die Lesbarkeit der folgenden Herleitung zu erhöhen, werden die Lösungen aus dem Prädiktorschritt mit dem Exponenten $*$, diejenigen nach dem ersten Korrekturschritt mit $**$ und die nach dem zweiten Korrekturschritt mit $***$ bezeichnet. Werte aus dem vorhergehenden Iterationsschritt, welche als Startwerte für die erneute Iteration verwendet werden, erhalten den Exponenten n.

Erste Geschwindigkeitskorrektur

Wird die Impulsbilanz Gl. (3.68) entsprechend obiger Notation angeschrieben, so ergibt sich für die x-Komponente der Geschwindigkeit:

$$a_e w^*_{x,e} = \sum_{nb} a_{x,nb}\, w^*_{x,nb} + b_x + (p^n_P - p^n_E)\, A_e \qquad (3.107)$$

bzw. nach dem ersten Korrekturschritt:

$$a_e w^{**}_{x,e} = \sum_{nb} a_{x,nb}\, w^*_{x,nb} + b_x + (p^*_P - p^*_E)\, A_e \qquad (3.108)$$

(vergl. dazu auch Jang et al. (Jang 1986)).
Subtraktion der Gl. (3.107) von Gl. (3.108) liefert den ersten expliziten Korrekturschritt für die Geschwindigkeit in Richtung der x-Koordinate:

$$w^{**}_{x,e} = \widehat{w}_{x,e} + d_e (p^*_P - p^*_E) \qquad (3.109)$$

mit

$$d_e = \frac{A_e}{a_e} \qquad (3.110)$$

und

$$\widehat{w}_{x,e} = w^*_{x,e} - d_e\, (p^n_P - p^n_E) \qquad (3.111)$$

Gl. (3.107) stellt den Prädiktorschritt, Gl. (3.109) den ersten Korrekturschritt für das Geschwindigkeitsfeld dar.

Einsetzen der Gl. (3.109) in die diskretisierte Kontinuitätsgleichung liefert die Beziehung für die Druckkorrekturgleichung. Diese ist ident mit Gl. (3.105) des SIMPLER-Verfahrens, wobei die Koeffizienten unter Zuhilfenahme der Gl. (3.106) sowie Gl. (3.87) bis Gl. (3.93) und unter Verwendung von Gl. (3.111) zur Ermittlung von $\widehat{w}$ berechnet werden müssen.

Zweite Geschwindigkeitskorrektur

Einsetzen der Geschwindigkeiten $w^{**}_{x,e}$ und $w^{***}_{x,e}$ in die Impulsbilanz (3.68) liefert den zweiten Korrekturschritt:

$$a_e w^{***}_{x,e} = \sum_{nb} a_{x,nb}\, w^{**}_{x,nb} + b_x + (p^{**}_P - p^{**}_E)\, A_e \qquad (3.112)$$

Durch die Subtraktion der Gl. (3.108) von Gl. (3.112) erhält man die zweite Korrekturgleichung für die Geschwindigkeit in Richtung der x-Koordinate:

$$w^{***}_{x,e} = \widehat{\widehat{w}}_{x,e} + d_e\, (p^{**}_P - p^{**}_E) \qquad (3.113)$$

mit

$$\widehat{\widehat{w}}_{x,e} = w^{**}_{x,e} - d_e\, (p^*_P - p^*_E) + \frac{\sum_{nb} a_{x,nb}(w^{**}_{x,nb} - w^*_{x,nb})}{a_e} \qquad (3.114)$$

und d_e aus Gl. (3.110).

Zur Herleitung der Druckkorrekturgleichung wird eine Gleichung der Form (3.113) in die diskretisierte Massenbilanz eingesetzt. Das Ergebnis ist eine Beziehung, welche identisch ist mit Gl. (3.105). Diese Beziehung repräsentiert die Druckkorrekturgleichung.

Iterationsschema des PISO-Algorithmus

(Issa 1985), (Issa 1986), (Jang 1986) sowie (Chuan 1990) beschreiben u.a. das PISO-Verfahren als einen nichtiterativen Algorithmus zur Behandlung der Druck-Geschwindigkeitskopplung der diskretisierten Transportgleichungen des Arbeitsstoffes für Masse und Impuls.

Wie jedoch (Weichselbraun 2001) in seiner Arbeit darstellen konnte, kommt es bei Aufgabenstellungen, welche mit einem Phasenwechsel des Arbeitsstoffes verbunden sind, zu Abweichungen in der Lösung bei der Verwendung des PISO-Verfahrens als einen nichtiterativen Algorithmus. Der Übergang vom ein- in den zweiphasigen Zustand von z.B. Wasser ist verbunden mit Nichtlinearitäten in den Zustandsgrößen des Arbeitsfluides. Wie groß der Einfluss des Phasenwechsels auf die Stabilität eines Druckkorrekturverfahrens sein kann, demonstrierte (Lomic 1998) anhand seiner Untersuchungen am SIMPLE-Algorithmus.

Um den Einfluss der Energiebilanz und der Koppelung von Druck, Dichte und Temperatur durch die Zustandsgleichung auf das Ergebnis der Berechnungen zu berücksichtigen, erweiterte (Issa 1985) die beiden Korrekturschritte um einen dritten. Bei diesem erweiterten Verfahren wird vor der dritten Druckkorrektur die Energiebilanz mittels eines expliziten Schrittes gelöst.

Nach (Ferziger 1999) kommt dieser dritte Korrekturschritt in der praktischen Umsetzung des Verfahrens jedoch nur sehr selten zur Anwendung. Vielmehr stellt nach (Ferziger 1999) das oben beschriebene PISO-Verfahren die Grundlage für ein iteratives Verfahren dar.

Bei den zu simulierenden Strömungsvorgängen in der Energie- und Verfahrenstechnik kann es zu Änderungen des Aggregatzustandes kommen. Es wird daher der iterativen Lösung unter Einbeziehung zweier Korrekturschritte der Vorzug gegeben, da die mit dem Phasenwechsel einhergehenden Unstetigkeiten in den Zustandsgrößen einen sehr großen Einfluss auf die gesuchte Lösung des Verfahrens ausüben.

Im Folgenden soll das Iterationsschema für den PISO-Algorithmus kurz beschrieben werden:

1. Beginn der Iteration des neuen Zeitschrittes unter Zugrundelegung der Lösung für das Druck- und Geschwindigkeitsfeld des letzten Zeitschrittes als Startwerte.
2. Aus dem Druckfeld des vorhergehenden Iterationsschrittes p^n werden anhand der Impulsbilanz (Gl. (3.107)) die Prädiktorwerte für das Geschwindigkeitsfeld w^* sowie $\widehat{w}$ für den ersten Korrekturschritt (Gl. (3.111)) ermittelt.
3. Einsetzen der Geschwindigkeit $\widehat{w}$ in die Bestimmungsgleichung (3.105) für das Druckfeld liefert die Schätzwerte für den Druck p^*.
4. Berechnung des Geschwindigkeitsfeldes w^{**} durch Korrektur des Feldes w^* mittels der expliziten Gl. (3.109).
5. Ermittlung der Geschwindigkeit $\widehat{\widehat{w}}$ unter Zuhilfenahme der Gl. (3.114).

6. Ausgehend vom Geschwindigkeitsfeld $\widehat{\widehat{w}}$ wird durch das Lösen der Gl. (3.105) das korrigierte Druckfeld p^{**} berechnet.
7. Ausführen des zweiten expliziten Schrittes (Gl. 3.113) liefert das nun zweifach korrigierte Geschwindigkeitsfeld w^{***}.
8. Berechnung der Differenzengleichungen, welche die Massen- und Impulsbilanz beeinflussen.
9. Abgleichen aller für die Berechnung benötigten Zustands- und Transportgrößen.
10. Wiederholen der Schritte 2 bis 9, bis eine hinreichend genaue Lösung gefunden wird.
11. Fortfahren mit dem nächsten Zeitschritt.

Vergleicht man die Iterationsschemata des SIMPLER und des PISO-Verfahrens miteinander, so erkennt man, dass die Schritte 2 und 3 des PISO-Algorithmus ident sind mit jenen des Druckkorrekturverfahrens SIMPLER. Der PISO-Algorithmus nützt jedoch eine höhere Ordnung der Druck- und Geschwindigkeitskorrektur zum Auffinden der Lösung.

3.5.5 Nichtversetztes Rechengitter

Die Berechnung der Geschwindigkeitskomponenten an einem versetzten Rechengitter war viele Jahre der einzig bekannte Weg zur gekoppelten Berechnung des Geschwindigkeits- und Druckfeldes in inkompressiblen Strömungen. Wie in (Noll 1989) gezeigt werden konnte, kann es trotz des versetzten Rechengitters bei der Diskretisierung der Transportgleichungen in krummlinigen Koordinaten in Verbindung mit der Formulierung der Impulsbilanz in kartesischen Geschwindigkeitskoordinaten zu einer Entkoppelung des Druck- und Geschwindigkeitsfeldes kommen. Diese Problematik an nichtorthogonalen Gittern mit kartesischen Geschwindigkeitskoordinaten sowie dem bereits oben beschriebenen höheren Aufwand führte zur Entwicklung von Algorithmen, welche eine gekoppelte Lösung der Transportgleichungen für Impuls und Masse auf einem nichtversetzten Rechengitter gestattet.

Rhie und Chow (Rhie 1983) präsentierten mit der so genannten **P**ressure-**W**eighted **I**nterpolation **M**ethod (PWIM) ein Verfahren, das die Anwendung des SIMPLE-Algorithmus auf ein nichtversetztes Rechengitter erlaubt. Drei unterschiedliche Verfahren, welche ebenfalls keine Versetzung der Rechengitter benötigen, wurden 1984 von (Shih 1984) vorgestellt.

Der Vorteil des nichtversetzten Rechengitters sind neben dem minimierten Speicheraufwand und dem einfacheren Programmieren auch bei der Verwendung von Mehrgitterverfahren (siehe dazu (Paisley 1997), (Ghia 1982) oder (Trottenberg 2001)) durch die Anwendung der gleichen Dehnungs- und Einengungsvorschriften zwischen den unterschiedlichen Gittern gegeben. Die Verwendung von nichtversetzten Rechengittern kann nach (Patankar 1988) dazu führen, dass die gefundene Lösung von der Wahl der Relaxationsfaktoren bzw. von der Zeitschrittweite abhängt.

Nach (Noll 1993) muss eine Methode, welche für ein nichtversetztes Rechengitter geeignet sein soll, eine Koppelung zwischen dem Druck und der zugehörigen Geschwindigkeit im Rechenpunkt schaffen. Grundsätzlich kann dies durch eine Interpolation des Druckes oder der Geschwindigkeit erfolgen.

Im Folgenden soll auf die Vorgehensweise bei der Abstimmung der Druck- und Geschwindigkeitsfelder in einem nichtversetzten Rechengitter näher eingegangen werden, wobei das von (Rhie 1983) vorgeschlagene Verfahren zur linearen Interpolation der Geschwindigkeiten an den Grenzflächen der Kontrollvolumen zugrunde gelegt werden soll.

Abb. 3.22 zeigt für den zweidimensionalen Fall die Anordnung der Geschwindigkeitskomponente in Richtung der x-Koordinate für ein nichtversetztes Kontrollvolumen im äquidistanten Rechengitter.

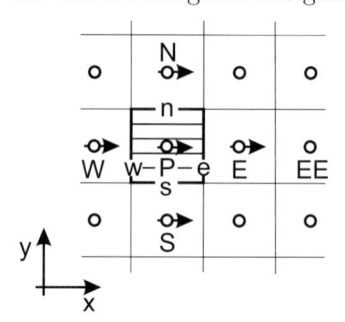

Abb. 3.22. Kontrollvolumen der Geschwindigkeit in Richtung der x-Koordinate im nichtversetzten, äquidistanten Rechengitter

Formal stellt die Bestimmungsgleichung für die Geschwindigkeit $w_{x,e}$ nach Gl. (3.115), wie sie von (Rhie 1983) vorgeschlagen wurde, den Ausgangspunkt für die Geschwindigkeitsinterpolation dar.

$$w_{x,e} = \frac{\sum_{nb} a_{x,nb}\, w_{x,nb} + b_{x,e}}{a_{x,e}} + \frac{A_e}{a_{x,e}}\left(p_P - p_E\right) \qquad (3.115)$$

Die diskretisierte Impulsbilanz, angeschrieben für den Gitterpunkt P, zur Bestimmung der Geschwindigkeit in x-Koordinatenrichtung $w_{x,P}^*$ am äquidistanten Rechengitter ergibt sich zu:

$$w_{x,P}^* = \frac{\sum_{nb} a_{x,nb}\, w_{x,nb}^* + b_{x,P}}{a_{x,P}} + \frac{1}{2}\frac{A_P}{a_{x,P}}\left(p_W^* - p_E^*\right) \qquad (3.116)$$

gebildet mit den geschätzten Drücken p_W^* und p_E^* der benachbarten Rechenpunkte. Unter Zuhilfenahme der Geschwindigkeiten $w_{x,P}^*$ werden in Anlehnung an das SIMPLER-Verfahren die Pseudogeschwindigkeiten

$$\widehat{w}_{x,P} = \frac{\sum_{nb} a_{x,nb}\, w_{x,nb}^* + b_{x,P}}{a_{x,P}} = w_{x,P}^* - \frac{1}{2}\frac{A_P}{a_{x,P}}\left(p_W^* - p_E\right) \qquad (3.117)$$

und

$$\widehat{w}_{x,E} = \frac{\sum_{nb} a_{x,nb}\, w_{x,nb}^* + b_{x,E}}{a_{x,E}} = w_{x,E}^* - \frac{1}{2}\frac{A_E}{a_{x,E}}\left(p_P^* - p_{EE}\right) \qquad (3.118)$$

der Rechenpunkte P und E gebildet. Die so ermittelten Pseudogeschwindigkeiten werden anschließend entsprechend dem Vorschlag von (Rhie 1983) mittels

3.5 Druckkorrekturverfahren

$$w_{x,e}^* = \frac{1}{2}\left[\left(\frac{\sum_{nb} a_{x,nb}\, w_{x,nb}^* + b_{x,P}}{a_{x,P}}\right) + \left(\frac{\sum_{nb} a_{x,nb}\, w_{x,nb}^* + b_{x,E}}{a_{x,E}}\right)\right]$$
$$+ \frac{1}{2}\left[\left(\frac{A_P}{a_{x,P}}\right) + \left(\frac{A_E}{a_{x,E}}\right)\right](p_P^* - p_E^*) \tag{3.119}$$

interpoliert, um die maßgebliche Geschwindigkeit an der Kontrollvolumenoberfläche e für die Massenbilanz zu erhalten. Substitution der Pseudogeschwindigkeiten durch die Gleichungen (3.117) und (3.118) und Verwendung der Abkürzung

$$d_e = \frac{1}{2}\left[\left(\frac{A_P}{a_P}\right) + \left(\frac{A_E}{a_E}\right)\right] \tag{3.120}$$

liefert die Interpolationsvorschrift in der folgenden Form:

$$w_{x,e}^* = \frac{1}{2}(\widehat{w}_{x,P} + \widehat{w}_{x,E}) + d_e\,(p_P^* - p_E^*) \tag{3.121}$$

Die Bestimmung der Geschwindigkeiten in die hier nicht explizit dargestellten Koordinatenrichtungen (in y-Richtung im zweidimensionalen Fall bzw. in y- und z-Richtung im dreidimensionalen Fall) erfolgen analog dem hier dargestellten.

Das besondere Merkmal an den Gleichungen (3.119) und (3.121) ist, dass die Geschwindigkeit an der Kontrollvolumenoberfläche vom Druck zweier benachbarter Rechenzellen abhängig ist, was auch die Basis für die versetzten Rechengitter darstellt. Somit bedient sich die Methode der nichtversetzten Gitter indirekt der Idee der versetzten Gitter. Es können daher also die gleiche Methoden zur Druckkorrektur wie im Falle des nichtversetzten Rechengitters zur Anwendung gebracht werden. Dazu müssen die Geschwindigkeiten so ermittelt werden, dass diese die Massenbilanz

$$w_{x,e} = \frac{1}{2}(\widehat{w}_{x,P} + \widehat{w}_{x,E}) + d_e\,(p_P - p_E) \tag{3.122}$$

erfüllen. In Anlehnung an das SIMPLE-Verfahren erfolgt die Korrektur der Geschwindigkeit mittels

$$w_{x,e} = w_{x,e}^* + w_{x,e}' \tag{3.123}$$

und die des Druckes unter Zuhilfenahme der Beziehungen

$$p_P = p_P^* + p_P' \tag{3.124}$$

und

$$p_E = p_E^* + p_E' \tag{3.125}$$

Einsetzen der Beziehungen (3.123) bis (3.125) in Gl. (3.122) und anschließende Subtraktion der Gl. (3.121) liefert die Bestimmungsgleichung für die Geschwindigkeitskorrektur in x-Koordinatenrichtung

$$w'_{x,e} = d_e \left(p'_P - p'_E \right) \tag{3.126}$$

Substitution der Geschwindigkeiten in der diskretisierten Kontinuitätsgleichung durch die Gleichungen (3.123) und (3.126) liefert die Beziehung zur Bestimmung der Druckkorrektur p', welche von der gleichen Form wie die für das versetzte Gitter ist (siehe dazu Gl. (3.85)).

Das Iterationsschema des SIMPLE-Algorithmus mit nichtversetzten Rechengittern stellt sich wie folgt dar:

1. Als Ausgangspunkt für die Iteration werden Schätzwerte für alle erforderlichen Zustands- und Transportgrößen angenommen.
2. Unter Vorgabe des geschätzten Druckfeldes wird die Impulsbilanz Gl. (3.116) gelöst. Daraus ergibt sich das zugehörige Geschwindigkeitsfeld $w^*_{x,P}$ und $w^*_{y,P}$.
3. Unter Zuhilfenahme des Geschwindigkeitsfeldes w^* werden die Pseudogeschwindigkeiten $\hat{w}$ für alle Kontrollvolumina des Rechengebietes mittels der Gleichungen (3.117) und (3.118) berechnet.
4. Ermitlung der Geschwindigkeiten w^*_e an den Kontrollvolumenoberflächen mittels der Gl. (3.121).
5. Lösung der korrigierten Druckkorrekturgleichung (3.85) für alle Gitterpunkte des nichtversetzten Rechengebietes.
   - Addition der Druckkorrekturwerte zu den geschätzten Druckwerten, um somit ein verbessertes Druckfeld zu erhalten (Gl. (3.124) und Gl. (3.125)).
6. Korrektur des Geschwindigkeitsfeldes mittels der Gleichungen (3.123) und (3.126).
7. Berechnung aller Differenzengleichungen für die Größen, welche das Geschwindigkeitsfeld beeinflussen.
8. Abgleichen aller für die Berechnung benötigten Zustands- und Transportgrößen.
9. Ist eine Konvergenz erreicht, so wird die Iteration abgebrochen; ansonsten wird mit dem neu ermittelten Größen die Iteration ab Punkt 2 fortgesetzt.

Vergleiche zwischen einzelnen Druckkorrekturverfahren auf einem versetzten und/oder nichtversetzten Rechengitter finden sich in der Literatur u.a. bei (Latimer 1985), (Shih 1984), (Jang 1986), (Van Doormaal 1984), (Walter 2002b), (Walter 2007a) und (Perić 1988).

3.6 Lösungsalgorithmen

3.6.1 Einleitung

Die Problemstellungen eines Ingenieurs waren schon immer komplex. Aber auf Grund des fehlenden Rüstzeugs war er gezwungen, viele im Detail bekannte

Modelle stark zu vereinfachen, damit er eine Lösung berechnen konnte. Mithilfe von Rechnern, deren Leistungsfähigkeit immer mehr zunimmt, ist es dem Ingenieur nun möglich, selbst komplexeste Probleme bzw. Gleichungssysteme in Form eines Computerprogramms zu programmieren und zu lösen.

Zum Lösen komplexer Gleichungssysteme hat die Mathematik schon seit langer Zeit entsprechende Algorithmen entwickelt, die aber erst mithilfe von Computern ihren wahren Wert zeigen und nun verfeinert werden. In Tabelle 3.3 werden beispielhaft einige Arten von Gleichungssystemen mit Beispielen aus der Energietechnik und ihren Lösungsalgorithmen aufgelistet.

Tabelle 3.3. Zuordnung von Gleichungssystemen und Lösungsalgorithmen

Gleichungssystem	Beispiele	Lösungsalgorithmus
Lineares Gleichungssystem	Energie- und Massenbilanzen	Gauß'scher Algorithmus TDMA, LU-Decomp.
Nichtlineares Gleichungssystem	Transportgleichungen	Newton-Algorithmus
Gewöhnliches Differentialgleichungssystem	Regelung	Euler, Runge-Kutta, Adam-Bashfort, Prediktor-Korrektor-Verfahren
Partielles Differentialgleichungssystem	Strömungen	Finite-Volumen-Verfahren
Differential-algebraisches Gleichungssystem	Kombinierte Gleichungen	Prediktor-Korrektor-Verfahren

Nicht alle Lösungsalgorithmen basieren auf analytischen Ansätzen. Dies hat zwei Ursachen. Zum einen sind für viele komplizierte Gleichungssysteme keine analytischen Lösungen gefunden worden, und es ist oft zweifelhaft, dass noch welche gefunden werden, und zum anderen ist die Implementierung eines Computerprogramms oft auf mehr Problemstellungen anwendbar, wenn man nicht analytische Verfahren einsetzt.

Das führt zu einem neuen Problemfeld, nämlich dem Feld der numerischen Fehler. D.h. der Ingenieur muss heute wissen, mit welchem numerischen Algorithmus er ein Problem löst, unter welchen Randbedingungen der Algorithmus gilt und welche Fehler zu erwarten sind. Der Ingenieur kann niemals davon ausgehen, dass der Algorithmus auch bei Konvergenz das physikalisch richtige Ergebnis berechnet. Dies wird deutlich an der Tatsache, dass selbst analytische Verfahren wie der Gauß'sche Algorithmus nicht korrekt rechnen, weil ein Computer nur mit rationalen und nicht mit reellen Zahlen rechnen kann.

Daher werden in diesem Kapitel die Prinzipien der im Buch verwendeten Algorithmen kurz vorgestellt. Die folgenden Kapitel entstanden in Anlehnung an (Bronstein 2000), (Papula 1994), (Patankar 1980) und (Press 1989).

3.6.2 Lineare Gleichungssysteme

Darstellung der Gleichungssysteme und Lösbarkeit

Nach (Papula 1994) kann ein lineares Gleichungssystem mit n Variablen und m Gleichungen der Form

$$a_{11}\,x_1 + a_{12}\,x_2 + \cdots + a_{1n}\,x_n = b_1$$
$$a_{11}\,x_1 + a_{22}\,x_2 + \cdots + a_{2n}\,x_n = b_2$$
$$\vdots$$
$$a_{m1}\,x_1 + a_{m2}\,x_v + \cdots + a_{mn}\,x_n = b_v$$

mithilfe von Matrizen und Vektoren kompakt dargestellt werden.

$$\mathbf{A} = \begin{pmatrix} a_{11} & a_{12} & \cdots & a_{1n} \\ a_{21} & a_{22} & \cdots & a_{2n} \\ \vdots & \vdots & & \vdots \\ a_{m1} & a_{m2} & \cdots & a_{mn} \end{pmatrix}, \quad \vec{b} = \begin{pmatrix} b_1 \\ b_2 \\ \vdots \\ b_m \end{pmatrix}, \quad \vec{x} = \begin{pmatrix} x_1 \\ x_2 \\ \vdots \\ x_n \end{pmatrix}$$

Die Matrix $\mathbf{A}$ heißt Koeffizientenmatrix, der Vektor $\vec{b}$ Vektor der rechten Seite und der Vektor $\vec{x}$ Lösungsvektor. Das lineare Gleichungssystem kann dann mit der Matrizenschreibweise wie folgt dargestellt werden:

$$\vec{A}\,\vec{x} = \vec{b} \tag{3.127}$$

Ein lineares (m,n)-Gleichungssystem der Form $\mathbf{A}\,\vec{x} = \vec{b}$ ist lösbar, wenn der Rang r der Koeffizientenmatrix $\mathbf{A}$ gleich dem Rang der um den Vektor der rechten Seite erweiterten Koeffizientenmatrix $(\mathbf{A}|\vec{b})$ ist:

$$\mathrm{Rg}(\mathbf{A}) = \mathrm{Rg}(\mathbf{A}|\vec{b}) = r$$

Der Rang bezeichnet die Anzahl der Zeilen der triangulierten Matrix $\mathbf{A}$ und der erweiterten triangulierten Matrix $(\mathbf{A}|\vec{b})$ (auch gestaffeltes Gleichungssystem), die nicht Null sind. Die Triangulierung erfolgt mithilfe von äquivalenten Umformungen der Matrizen, die mithilfe des Gauß'schen Algorithmus automatisiert durchgeführt werden können.

Sind die Ränge nicht identisch, so gibt es keine Lösung, und man nennt das Gleichungssystem singulär. Sind die Ränge gleich, so sind folgende Fälle zu unterscheiden:

1. Ist $r = n$, dann folgt, dass genau eine Lösung existiert.
2. Ist $r < n$, dann folgt, dass unendlich viele Lösungen existieren, wobei $n-r$ Parameter frei gewählt werden können.

Für den Sonderfall der quadratischen, linearen (und inhomogenen) Gleichungssysteme, d.h. $n = m$, kann die Singularität mithilfe der Determinante der Matrix $\mathbf{A}$ bestimmt werden. Ist

$$\det(\mathbf{A}) \neq 0,$$

dann ist die Matrix nicht singulär, und es existiert nur eine Lösung.

Gauß-Algorithmus

Zur Lösung eines linearen Gleichungssystems kann nach (Papula 1994) und (Press 1989) der Gauß'sche Algorithmus angewendet werden. Der Gauß'sche Algorithmus trianguliert die erweiterte Koeffizientenmatrix.

$$\begin{pmatrix} a_{1,1} & a_{1,2} & \cdots & a_{1,n-1} & a_{1,n} & | & b_1 \\ a_{2,1} & a_{2,2} & \cdots & a_{2,n-1} & a_{2,n} & | & b_2 \\ a_{3,1} & a_{3,2} & \cdots & a_{3,n-1} & a_{3,n} & | & b_3 \\ \vdots & \vdots & & \vdots & \vdots & | & \vdots \\ a_{m-1,1} & a_{m-1,2} & \cdots & a_{m-1,n-1} & a_{m-1,n} & | & b_{m-1} \\ a_{m,1} & a_{m,2} & \cdots & a_{m,n-1} & a_{m,n} & | & b_m \end{pmatrix}$$

$$\Downarrow$$

$$\begin{pmatrix} a_{1,1} & a_{1,2} & \cdots & a_{1,n-1} & a_{1,n} & | & b_1 \\ 0 & a_{2,2}^* & \cdots & a_{2,n-1}^* & a_{2,n}^* & | & b_2^* \\ 0 & 0 & \cdots & a_{3,n-1}^* & a_{3,n}^* & | & b_3^* \\ \vdots & \vdots & \vdots & \vdots & \vdots & | & \vdots \\ 0 & 0 & \cdots & a_{m-1,n-1}^* & a_{m-1,n}^* & | & b_{m-1}^* \\ 0 & 0 & \cdots & 0 & a_{m,n}^* & | & b_m^* \end{pmatrix}$$

Der Gauß-Algorithmus führt nun $i = 1\ldots m$ Eliminationsschritte durch, wodurch nach jedem i-ten Schritt in der i-ten Spalte der erweiterten Koeffizientenmatrix unterhalb der i-ten Zeile Nullen stehen. In einem Eliminationsschritt wird jede Zeile i mit dem Pivot-Element multipliziert und von der Zeile $j = i + 1\ldots m$ abgezogen:

Index des Eliminationsschritt $\quad i = 1\ldots m$

Index der Zeilen $\quad j = (i+1)\ldots m$

Index der Spalten $\quad k = i\ldots n$

$$a_{j,k} = a_{j,k} - a_{i,k} \underbrace{\frac{a_{j,i}}{a_{i,i}}}_{\text{Pivot-Element}}$$

$$b_j = b_j - b_i \frac{a_{j,i}}{a_{i,i}}$$

Bei der Division durch kleine Zahlen kommt es zu großen numerischen Fehlern. Um diese Divisionsfehler zu verringern, wird versucht, das Element $a_{i,i}$ durch Zeilen- und Spaltentauschoperationen zu maximieren. Da die Zeilentauschoperationen in der Rechenzeit viel weniger ins Gewicht fallen als Spaltentauschoperationen, wird oft auf das Tauschen von Spalten verzichtet. Man spricht dann von einer vereinfachten statt vollständigen Pivot-Suche. Die vereinfachte Pivot-Suche findet vor jedem Eliminationsschritt statt:

1. Beim i-ten Eliminationsschritt wird das größte Element in der i-ten Spalte ab der i-ten Zeile gesucht.

2. Die Zeile mit dem größten Element in der i-ten Spalte wird mit der i-ten Zeile getauscht.

Wenn alle m Eliminationsschritte durchgeführt worden sind, ist die erweiterte Koeffizientenmatrix trianguliert. Sollte die Matrix nicht singulär sein, so kann nun mithilfe der Backupsubstitution der Lösungsvektor berechnet werden.

$$x_m = \frac{b_m}{a_{m,n}}$$

Index der Zeilen $\quad j = (m-1)\ldots 1$

$$x_j = \frac{1}{a_{j,j}}\left(b_j - \sum_{k=j+1}^{n} a_{j,k}\, x_k\right)$$

Gauß-Seidel-Verfahren

Das Gauß-Seidel-Verfahren ist nach (Bronstein 2000) ein iteratives Einzelschrittverfahren zur Lösung von linearen Gleichungssystemen. Das Gauß-Seidel-Verfahren geht von einem geschätzten Lösungsvektor $\vec{x}^*$ aus, der dann in jedem Iterationsschritt verbessert wird.

Das Gauß-Seidel-Verfahren leitet sich aus dem Jacobi-Verfahren ab, in dem jede Gleichung f_i nach der Variablen x_i aufgelöst wird, unter der Voraussetzung, dass sämtliche Diagonalelemente ungleich 0 sind.

Index der Zeilen $\quad i = 1\ldots n$

$$x_i^{(\mu+1)} = \frac{b_i}{a_{ii}} - \sum_{k=1;\, k\neq i}^{n} \frac{a_{ik}}{a_{ii}} x_k^{(\mu)}$$

So wird in jedem Iterationsschritt der Lösungsvektor $\vec{x}$ verbessert. Das Jacobi-Verfahren hat im Gegensatz zum Gauß-Seidel-Verfahren recht einfache Konvergenzkriterien, auf die hier aber nicht eingegangen werden soll. Während das Jacobi-Verfahren den Lösungsvektor $\vec{x}^{(\mu+1)}$ aus dem Lösungsvektor aus dem vorhergehenden Iterationsschritt $\vec{x}^{(\mu)}$ in einem Schritt berechnet, versucht das Gauß-Seidel-Verfahren, die Verbesserungsinformationen jeder Komponente $x_i^{(\mu+1)}$ im Vektor $\vec{x}^{(\mu+1)}$ aus den bisherigen Einzelschritten gleich in die folgenden Einzelschritte einfließen zu lassen.

Index der Zeilen $\quad i = 1\ldots n$

$$x_i^{(\mu+1)} = \frac{b_i}{a_{ii}} - \sum_{k=1}^{i-1} \frac{a_{ik}}{a_{ii}} x_k^{(\mu+1)} - \sum_{k=i+1}^{n} \frac{a_{ik}}{a_{ii}} x_k^{(\mu)}$$

Das Gauß-Seidel-Verfahren konvergiert im Allg. schneller als das Jacobi-Verfahren.

TDMA-Algorithmus

Wenn Strömungsprobleme in Einrohrmodellen mithilfe von Finite Volumenverfahren gelöst werden sollen, treten quadratische tridiagonale Koeffizientenmatrizen (TriDiagonale Matrizen TDMA) auf. D.h. nur die Hauptdiagonale und die beiden Nebendagonalen sind mit Werten besetzt, und die restlichen Elemente sind alle null.

$$\begin{pmatrix} a_{hd\,1} & a_{od\,1} & 0 & 0 & 0 \cdots & 0 & 0 \\ a_{ud\,2} & a_{hd\,2} & a_{od\,2} & 0 & 0 \cdots & 0 & 0 \\ 0 & a_{ud\,3} & a_{hd\,3} & a_{od\,3} & 0 \cdots & 0 & 0 \\ \vdots & \vdots & \vdots & \vdots & \vdots & \vdots & \vdots \\ 0 & 0 & 0 & 0 & 0 \cdots & a_{hd\,n-1} & a_{od\,n-1} \\ 0 & 0 & 0 & 0 & 0 \cdots & a_{ud\,n} & a_{hd\,n} \end{pmatrix} \begin{pmatrix} x_1 \\ x_2 \\ x_3 \\ \vdots \\ x_{n-1} \\ x_n \end{pmatrix} = \begin{pmatrix} b_1 \\ b_2 \\ b_3 \\ \vdots \\ b_{n-1} \\ b_n \end{pmatrix}$$

Tridiagonale Gleichungssysteme lassen sich z.B. nach (Patankar 1980) und (Press 1989) sehr effizient lösen und verzichten zudem auf eine Pivot-Suche. Die Gleichung der Zeile 1 beschreibt, dass x_1 mit der Kenntnis von x_2 berechnet werden kann. x_2 steht nach Gleichung der Zeile 2 mit x_1 und x_3 in Beziehung. x_1 kann jedoch mithilfe der Gleichung der Zeile 1 durch x_2 substituiert werden. Diese Substitution kann bis zur letzten Gleichung und x_n durchgeführt werden. Da die Gleichung der letzten Zeile aber nur x_{n-1} und x_n in Beziehung setzt, kann im letzten Schritt x_n berechnet werden. Mit der Kenntnis von x_n können die anderen Variablen rückwärts laufend berechnet werden.

Der Algorithmus berechnet sich zunächst Startwerte:

$$c_1 = \frac{a_{od\,1}}{a_{hd\,1}} \quad \text{und}$$

$$k_1 = \frac{b_1}{a_{hd\,1}}.$$

Daran anschließend wird die Vorwärtssubstitution durchgeführt:

$$\text{Index} \quad i = 2 \ldots n$$

$$c_i = \frac{a_{od\,i}}{a_{hd\,i} - a_{ud\,i}\, c_{i-1}} \quad \text{und}$$

$$k_i = \frac{b_i + a_{ud\,i}\, k_{i-1}}{a_{hd\,i} - a_{ud\,i}\, c_{i-1}}.$$

Nach der Vorwärtssubstitution kann der letzten Wert berechnen werden:

$$x_n = k_n$$

Es folgt die Rückwärtssubstitution:

$$\text{Index} \quad i = (n-1) \ldots 1$$

$$x_i = c_i\, x_{i+1} + k_i$$

Line-By-Line-Algorithmus

Der Line-By-Line-Algorithmus ist nach (Patankar 1980) eine Kombination aus dem TDMA-Algorithmus und dem Gauß-Seidel-Verfahren, um den effizienten TDMA-Algorithmus zur Lösung von linearen Gleichungssystemen für eindimensionale Strömungen auf zwei- bzw. dreidimensionale Strömungen zu übertragen. Die Funktionsweise des Line-By-Line-Algorithmus soll anhand der Abb. 3.23, in der ein Temperaturgitter einer zweidimensionalen Strömung dargestellt ist, erläutert werden. Das Prinzip gilt ebenso für dreidimensionale Strömungen.

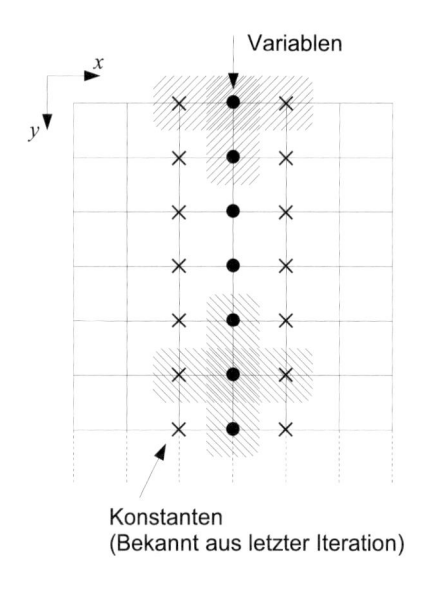

Abb. 3.23. Temperaturgitter einer 2D-Strömung

Wir nehmen an, dass das Gitter von oben nach unten durchströmt wird. Jeder Gitterpunkt stellt den Mittelpunkt eines Volumenelementes dar. In dem vorliegenden Beispiel soll die Temperatur im Volumenelement berechnet werden. Zu Beginn der Berechnung müssen Schätzwerte für alle Temperaturen vorliegen. Zudem sind am Gitterrand Randbedingungen vorgegeben. In einem Iterationsschritt werden nun die Temperaturen entlang einer Linie (schwarze Punkte in Abb. 3.23) als Variablen betrachtet. Die Temperaturen in den Nachbarvolumina (Kreuze in Abb. 3.23) werden als Konstanten angesehen. Es wird jetzt ein tridiagonales Gleichungssystem entlang der Variablen unter Einbeziehung der Nachbarelemente aufgestellt, entsprechend den schraffierten Flächen in Abb. 3.23. In der Abbildung sind zwei verschiedene schraffierte Flächen einmal für eine Randbedingung und einmal für ein mittleres Element dargestellt.

$$c_{x,y} = b_{x,y} + a_{x-1,y}\, T^{(\mu)}_{x-1,y} + a_{x+1,y}\, T^{(\mu)}_{x+1,y}$$
$$a_{x,y}\, T^{(\mu+1)}_{x,y} = a_{x,y-1}\, T^{(\mu+1)}_{x,y-1} + a_{x+1,y}\, T^{(\mu+1)}_{x+1,y} + c_{x,y}$$

Die Koeffizienten entstammen der Linearisierung der partiellen Differentialgleichung. Diese Iterationsschritte werden nun für alle Linien in alle Koordinatenrichtungen so lange wiederholt werden, bis die gewünschte Gesamtgüte erreicht ist.

Der Line-By-Line-Algorithmus konvergiert sehr schnell, da bei jedem Iterationsschritt Randwerte sofort in das Innere des Rechengitters getragen werden und das unabhängig davon, wie viele Gitterpunkte ein Rechengitter aufweist. Daher sollten die Linien auch möglichst oft von Volumselementen starten, in denen Randwerte definiert sind. Zudem ist es sinnvoll, öfter in Strömung als quer zur Strömung zu iterieren.

3.6.3 Nichtlineare Gleichungssysteme

Newton-Algorithmus

Ein implizites Gleichungssystem von n nichtlinearen (oder algebraischen) Gleichungen der Form

$$0 = \mathbf{f}(\vec{x})$$

für n Variablen habe einen Lösungsvektor $\vec{x}$. Der Lösungsvektor für das implizite Gleichungssystem kann oft nur numerisch ermittelt werden.

Ein Verfahren zur Lösung nichtlinearer impliziter Gleichungssysteme ist nach (Bronstein 2000) und (Press 1989) der Newton-Algorithmus. Ausgehend von einem geschätzten Lösungsvektor $\vec{x}^*$ und der Annahme, dass die partiellen Ableitungen existieren, werden die Gleichungen nach Taylor linearisiert. Dadurch wandelt man das nichtlineare Gleichungssystem im aktuellen Arbeitspunkt in ein lineares Gleichungssystem um, mit dessen Hilfe man den geschätzten Lösungsvektor verbessert.

$$\mathbf{J}^{(\mu)} = \underbrace{\begin{pmatrix} \dfrac{\partial f_1\left(\vec{x}^{(\mu)}\right)}{\partial x_1} & \dfrac{\partial f_1\left(\vec{x}^{(\mu)}\right)}{\partial x_2} & \cdots & \dfrac{\partial f_1\left(\vec{x}^{(\mu)}\right)}{\partial x_n} \\ \dfrac{\partial f_2\left(\vec{x}^{(\mu)}\right)}{\partial x_1} & \dfrac{\partial f_2\left(\vec{x}^{(\mu)}\right)}{\partial x_2} & \cdots & \dfrac{\partial f_2\left(\vec{x}^{(\mu)}\right)}{\partial x_n} \\ \vdots & \vdots & & \vdots \\ \dfrac{\partial f_n\left(\vec{x}^{(\mu)}\right)}{\partial x_1} & \dfrac{\partial f_n\left(\vec{x}^{(\mu)}\right)}{\partial x_2} & \cdots & \dfrac{\partial f_n\left(\vec{x}^{(\mu)}\right)}{\partial x_n} \end{pmatrix}}_{\text{Jacobi-Matrix } \mathbf{J}^{(\mu)}}$$

$$0 = \underbrace{\begin{pmatrix} f_1(\vec{x}^{(\mu)}) \\ f_2(\vec{x}^{(\mu)}) \\ \vdots \\ f_n(\vec{x}^{(\mu)}) \end{pmatrix}}_{\text{Residuums-vektor } \vec{R}^{(\mu)}} + \mathbf{J}^{(\mu)} \cdot \underbrace{\left(\begin{pmatrix} x_1^{(\mu+1)} \\ x_2^{(\mu+1)} \\ \vdots \\ x_n^{(\mu+1)} \end{pmatrix} - \begin{pmatrix} x_1^{(\mu)} \\ x_2^{(\mu)} \\ \vdots \\ x_n^{(\mu)} \end{pmatrix} \right)}_{\text{Vektor der Verbesserungen } \vec{v}^{(\mu)}}$$

$$\mathbf{J}^{(\mu)} \cdot \vec{v}^{(\mu)} = -\vec{R}^{(\mu)}$$

In jedem Iterationsschritt muss also ein lineares Gleichungssystem gelöst werden. Dies kann z.B. mit dem Gauß'schen Algorithmus geschehen. Der verbesserte Lösungsvektor kann dann wie folgt berechnet werden.

$$\begin{pmatrix} x_1^{(\mu+1)} \\ x_2^{(\mu+1)} \\ \vdots \\ x_n^{(\mu+1)} \end{pmatrix} = \begin{pmatrix} x_1^{(\mu)} \\ x_2^{(\mu)} \\ \vdots \\ x_n^{(\mu)} \end{pmatrix} + f_{D\ddot{a}} \begin{pmatrix} v_1^{(\mu)} \\ v_2^{(\mu)} \\ \vdots \\ v_n^{(\mu)} \end{pmatrix}$$

Wobei $f_{D\ddot{a}}$ ein Relaxations- oder Dämpfungsfaktor ist, mit dem die Startwerteabhängigkeit des Verfahrens gemindert und das Konvergenzverhalten verbessert werden kann. Varianten des Newton-Algorithmus verfeinern die Dämpfung auf verschiedene Arten.

Die partiellen Ableitungen in der Jacobi-Matrix können ebenfalls numerisch berechnet werden, in dem in erster Näherung der Differenzenquotient anstelle des Differentialquotienten verwendet wird.

$$\frac{\partial f_i(\vec{x})}{\partial x_i} \approx \frac{f_i(x_1, \ldots, x_{i-1}, x_i + \Delta, x_{i+1}, \ldots, x_n)}{\Delta}$$

Die Iteration kann abgebrochen werden, wenn der Residuumsvektor $\vec{R}$ die gewünschte Güte erreicht hat. Das Verfahren ist lokal quadratisch konvergent. Sollte der Startvektor aber zu weit vom Lösungsvektor entfernt liegen, kommt es schnell zu Divergenz.

Eine grafische Interpretation des Verfahrens anhand eines eindimensionalen Falls ist in Abb. 3.24 dargestellt. Im aktuellen Schätzwert wird eine Tangente an die Residuumsfunktion gelegt. Der Schnittpunkt der Tangente mit der x-Achse bildet den neuen Schätzwert. Für mehrdimensionale Gleichungssysteme werden grafische Interpretationen schnell unübersichtlich.

3.6.4 Relaxation

Für die iterative Lösung von algebraischen Gleichungssystemen oder eines übergeordneten iterativen Lösungsschemas, wie sie z.B. die Druckkorrekturverfahren darstellen, ist es oft wünschenswert, die Änderung der abhängigen

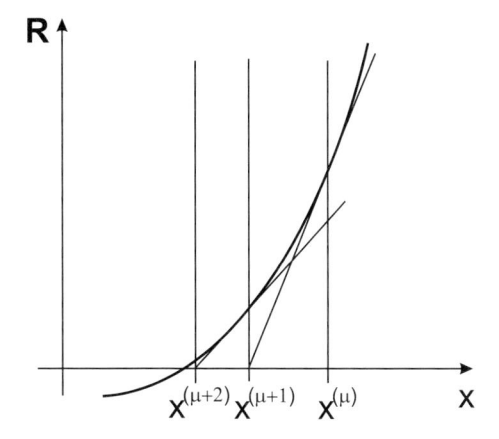

Abb. 3.24. Newton-Algorithmus für eine Gleichung

Variablen während zweier aufeinander folgender Iterationsschritte zu beeinflussen. D.h. die Konvergenz des Verfahrens soll durch eine Verstärkung bzw. Abschwächung der Korrekturen optimiert werden. Dieser Prozess wird als Über- bzw. Unterrelaxation bezeichnet. So ist z.B. bei dem oben dargestellten **Gauß-Seidel-Verfahren** die Konvergenzrate relativ niedrig, und es wird daher sehr oft eine Überrelaxation (Verstärkung) vorgenommen. Das daraus resultierende Verfahren wird als „Successive Over-Realxation" (SOR) bezeichnet (siehe dazu auch (Noll 1993), (Ferziger 1999) oder (Patankar 1980)). Bei dem **Line-By-Line-Algorithmus** ist dahingegen eine Überrelaxation nicht zielführend. Es wird daher eine Unterrelaxation (Abschwächung) des Verfahrens durchgeführt.

Die Unterrelaxation stellt besonders bei stark nichtlinearen Problemstellungen ein sehr hilfreiches Instrument dar, um eine Divergenz des iterativen Verfahrens zu vermeiden. Die numerische Lösung großer nichtlinearer Gleichungssysteme ist daher in der Regel mit einer Unterrelaxation des Verfahrens verbunden.

Im Folgenden soll nun gezeigt werden, wie eine Unterrelaxation bereits in die algebraischen Gleichungen, welche in den Druckkorrekturverfahren zur Anwendung kommen, einbezogen werden kann. Dazu wird von der diskretisierten Bestimmungsgleichung der allgemeinen Differentialgleichung für den in Abb. 3.18 dargestellten Gitterpunkt P zum μ-ten Iterationsschritt der äußeren Schleife ausgegangen.

$$a_P \phi_P^\mu = \sum_{nb} a_{nb} \phi_{nb}^\mu + b_P \tag{3.128}$$

Umformung und Addition von $\phi_P^{\mu-1}$ führt zu

$$\phi_P^\mu = \phi_P^{\mu-1} + \left(\frac{\sum_{nb} a_{nb} \Phi_{nb}^\mu + b_P}{a_P} - \phi_P^{\mu-1} \right) \tag{3.129}$$

wobei $\phi_i^{\mu-1}$ den Wert der gesuchten Größe aus dem vorhergehenden Iterationsschritt kennzeichnet. Wird nun Gleichung (3.129) mit dem Relaxationsfaktor *Rel* erweitert und anschließend umgeformt, so ergibt sich die neue Bestimmungsgleichung für die Größe ϕ_P^μ zu

$$\frac{a_P}{Rel}\phi_P^\mu = \sum_{nb} a_{nb}\phi_{nb}^\mu + b_P + (1 - Rel)\frac{a_P}{Rel}\phi_P^{\mu-1} \qquad (3.130)$$

mit $0 < Rel \leq 1$.

Es sei an dieser Stelle noch anzumerken, dass im Falle der Konvergenz die Größe $\phi_i^{\mu-1}$ identisch der Größe ϕ_i^μ wird. Daraus folgt, dass Gl. (3.130) im Falle der Konvergenz des Verfahrens in Gl. (3.128) übergeht. D.h. der Relaxationsfaktor hat keinen Einfluss auf die gesuchte Lösung, sehr wohl jedoch auf die iterative Konvergenzrate der Berechnung. Gerade bei nichtlinearen Gleichungssystemen hängt von der Wahl eines günstigen Relaxationsfaktors oft nicht nur die Konvergenzrate, sondern auch die Stabilität des Verfahrens ab. Im Gegensatz zu linearen Gleichungssystemen, bei denen es in Ausnahmefällen Beziehungen zur Berechnung eines optimalen Relaxationsfaktors gibt (siehe u. a. (Smith 1978), kann ein optimaler Relaxationsfaktor im Falle eines nichtlinearen Gleichungssystems, wie es z.B. bei der Strömungssimulation auftritt, nur empirisch ermittelt werden. Dieser optimale Relaxationsfaktor ist jedoch sehr stark von der zu lösenden Problemstellung, der Anzahl an Kontrollvolumen, der Größe der Rechenzellen, der Zeitschrittweite (im Falle einer dynamischen Simulationsrechnung) und dem iterativen Verfahren abhängig. Es lassen sich daher keine allgemein gültigen Angaben zu den Faktoren machen. Bei der Wahl geeigneter Faktoren für die Unterrelaxation kommt es daher sehr auf die Erfahrung des Ingenieurs an, um bei der numerischen Berechnung eine hohe Konvergenzrate bzw. um in manchen Fällen überhaupt eine Konvergenz des Verfahrens zu erzielen. Eine gute Strategie kann sein, dass zu Beginn der Berechnung kleine Faktoren für die Unterrelaxation verwendet werden, welche mit fortdauernder Iteration langsam erhöht werden. Sollte das Lösungsverfahren divergieren, so kann die Verkleinerung der Faktoren für die Unterrelaxation das Verfahren stabilisieren und einer Lösung zuführen. Diese Vorgehensweise muss jedoch nicht immer zum gewünschten Ziel führen. Nach (Noll 1993) kann in diesen Fällen die iterative Rechnung meist nur in Verbindung mit einem Zeitschrittverfahren stabilisiert werden. Es hat sich jedoch gezeigt, dass zur Ermittlung einer stationären Lösung größere Faktoren für die Unterrelaxation verwendet werden können als bei einer dynamischen Simulation.

Zusätzlich zu den abhängigen Variablen können auch andere Größen der Gleichungen einer Unterrelaxation unterzogen werden. Dies ist oft notwendig, wenn Stoffwerte von der gesuchten Lösung abhängig sind und nach jedem Iterationschritt aktualisiert werden müssen. Als Beispiel sei hier die Unterrelaxation der Dichte eines beliebigen Stoffes angeführt:

$$\varrho^\mu = Rel\ \varrho^{\mu/2} + (1 - Rel)\ \varrho^{\mu-1} \qquad (3.131)$$

$\varrho^{\mu/2}$ stellt den Wert der Dichte nach der Aktualisierung, ϱ^μ den Wert für den neuen Iterationsschritt dar.

Den Einfluss der Unterrelaxationsfaktoren für Druck, Dichte, spez. Enthalpie und Geschwindigkeit auf die Konvergenz der vier Druckkorrekturverfahren SIMPLE, SIMPLEC, SIMPLER und PISO zeigten (Walter 2002b) und (Walter 2007a) anhand der eindimensionalen transienten Simulation von Heißstartvorgängen zweier Abhitzedampferzeuger. Die für die Studie notwendigen Berechnungen erfolgten dabei auf einem versetzten Rechengitter unter Zugrundelegung der in Kapitel 6.3 dargestellten Dampferzeugermodelle. (Majumdar 1988) zeigt in seinem Aufsatz den Einfluss der Unterrelaxation auf die Interpolation der Geschwindigkeiten in der Impulsbilanz bei der Strömungsberechnung auf einem nichtversetzen Rechengitter.

3.6.5 Differentialgleichungssysteme

Anfangswertprobleme

In vielen Fällen ist eine analytische Lösung von Differentialgleichungssystemen nicht möglich. Die dennoch unter allgemeinen Vorraussetzungen (Cauchy'scher Existenzsatz; Lipschitz-Bedingung) existierenden Lösungsfunktionen können numerisch bestimmt werden. Das Ergebnis einer Differentialgleichung ist dann eine partikuläre Lösung in Form eines Vektors von Punkten, der die Lösungsfunktion repräsentieren.

Bei instationären Prozessen kann es durch Konzentrieren der Parameter gelingen, ein System von partiellen Differentialgleichungen in ein System von gewöhnlichen Differentialgleichungen umzuwandeln (lumped parameter model). Dies kann beispielsweise durch das Betrachten von Zustandsänderungen in ganzen Baugruppen oder durch abschnittsweise Unterteilung von größeren Einheiten, z.B. Wärmeaustauschern, geschehen. In diesen Bereichen steht die zeitliche Änderung der Zustandsgrößen im Vordergrund, wodurch die Zustandsänderungen mathematisch durch gewöhnliche Differentialgleichungen beschrieben werden können. Die Flüsse zwischen den einzelnen Bereichen bzw. Baugruppen gehen in die Parameter ein.

Mit dieser Modellierung besteht die Möglichkeit, die in diverser Simulationssoftware (z.B. MATLAB/SIMULINK) bereitgestellten Integratoren zu nutzen. Mit diesen werden die zeitlichen Zustandsänderungen in den einzelnen Bereichen berechnet. Da die einzelnen Blöcke nur hintereinander abgearbeitet werden können, kann der Einfluss der Flüsse zwischen den Bereichen nur explizit berücksichtigt werden.

Abhängig davon, an welcher Stelle die Randbedingungen der Differentialgleichungen definiert sind, spricht man von Anfangswertproblemen (Randbedingung an der Stelle $\tau = 0$) oder Randwertproblemen (Randbedingung an der Stelle $\tau \neq 0$).

Diese Problematik gehört zum Standardrepertoire der Differentialrechnung und ist somit in zahlreichen Lehrbüchern unter Zuhilfenahme unterschiedlicher Zugänge abgehandelt, beispielsweise seien hier u.a. (Stiefel 1970), (Becker 1977), (Vesely 2005), oder (Press 1992) angeführt.

Im Folgenden wird die Anfangswertaufgabe,

$$\vec{y}' = \vec{f}(\tau, \vec{y}) \qquad \vec{y}(\tau_0) = \vec{y}_0 \tag{3.132}$$

wie in (Becker 1977) dargestellt, behandelt. Für gewisse Funktionen $\vec{f}(\tau, \vec{y})$ sind exakte Lösungen von Gl. (3.132) bekannt. In allen anderen Fällen müssen Näherungsverfahren verwendet werden. Ist für einen Punkt $\tau = \tau_0$ die unabhängige Veränderliche $\vec{y} = \vec{y}_0$ gegeben oder berechnet, so folgt aus Gl. (3.132)

$$\vec{y}' = \vec{f}(\tau_0, \vec{y}_0) \tag{3.133}$$

dass damit auch die Ableitung in diesem Punkte bekannt ist. Abb. 3.25 veranschaulicht diesen Sachverhalt.

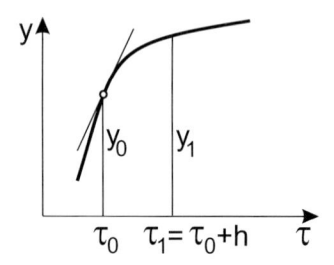

Abb. 3.25. Anfangswertproblem

Ist die Differentialgleichung von k-ter Ordnung, so kann diese in ein System von k Differentialgleichungen 1. Ordnung transformiert werden, weshalb im Weiteren nur mehr die Differentialgleichungen 1. Ordnung behandelt werden.

Es gibt im Wesentlichen folgende Ansätze zur numerischen Lösung der Differentialgleichung (3.132):

Reihenansatz

Für die unbekannte Funktion wird der Ansatz

$$y = y_0 + \sum_{i=1}^{\infty} a_i (\tau - \tau_0)^i \tag{3.134}$$

mit unbestimmten Koeffizienten a_i gemacht. Hieraus bildet man formal y', weiter wird $f(\tau, y)$ in eine Reihe von zwei Veränderlichen entwickelt, wobei jeweils für y wieder Gl. (3.134) eingesetzt wird. Man erhält ein im Allg. kompliziertes System für die Unbekannten a_i auf Grund eines Koeffizientenvergleichs. Da dieses Verfahren eher kompliziert ist, wird im Weiteren auf diese Methode nicht mehr eingegangen.

Taylor-Reihenentwicklung

Alle in diesem Abschnitt genannten Verfahren beruhen auf dem Prinzip, nur diskrete Werte der unabhängigen Veränderlichen zu betrachten. Dadurch entsteht aus Gl. (3.132) ein diskretisiertes Ersatzproblem. Es sei eine feste Schrittweite h gegeben, sowie

$$\tau_n = \tau_0 + n\,h \qquad y_n = y(\tau_n) \quad \text{für} \quad n \in N_n \qquad (3.135)$$

Während das Punktepaar (τ_n, y_n) auf der Lösungskurve der Differentialgleichung (3.132) liegt, sei im Folgenden (τ_n, u_n) eine Näherung für (τ_n, y_n).

Aus Gl. (3.132) erhält man nach dem Hauptsatz der Differential- und Integralrechnung

$$y_1 - y_0 = \int_{\tau_o}^{\tau_1} f(\tau, y(\tau))\,d\tau = J(\tau_0, h) \qquad (3.136)$$

Andererseits ist nach Taylor wegen $y_1 = y(\tau_0 + h)$

$$y_1 - y_0 = h\,y_0' + \frac{h^2}{2!}y_0'' + \frac{h^3}{3!}y_0''' + \ldots \qquad (3.137)$$

Es werden nun Ansätze für $J(\tau_0, h)$ gesucht mit dem Ziel, in möglichst vielen Potenzen von h Übereinstimmung mit der rechten Seite von Gl. (3.137) zu erzielen.

Einschrittverfahren

Mit τ_0 und y_0 ist auch $y_0' = f(\tau_0, y_0)$ bekannt. Für $0 \leq \alpha_i \leq 1$ werden weitere Werte von f gebildet und so kombiniert, dass

$$J(\tau_0, h) \approx \sum_{i=1}^{m} a_i\,f(\tau_0 + \alpha_i\,h,\,y_0 + b_i) \qquad (3.138)$$

bei geeigneter Wahl der a_i, α_i und b_i in möglichst vielen Potenzen von h mit Gl. (3.137) übereinstimmt. Alle benutzten Werte entstammen dem **einen** Intervall $[\tau_0, \tau_0 + h]$, daher stammt die Bezeichnung Einschrittverfahren. Es wird also eine Näherung u_1 durch

$$u_1 = y_0 + \sum_{i=1}^{m} a_i\,f(\tau_0 + \alpha_i\,h,\,y_0 + b_i) \qquad (3.139)$$

bestimmt. Bei weiteren Schritten treten auf der rechten Seite Näherungswerte u_n auf

$$u_{n+1} = u_n + \sum_{i=1}^{m} a_i\,f(\tau_n + \alpha_i\,h,\,u_n + b_i) \qquad n \in N_n \qquad (3.140)$$

Forward-Euler-Algorithmus

Die einfachste Methode zur numerischen Integration von Differentialgleichungssystemen ist nach (Bronstein 2000), (Ascher 1998) und (Brenan 1995) der Forward-Euler-Algorithmus. Dazu werden die Integrationsintervalle mit einer Schrittweite $\tau_{i+1} - \tau_i = h_i$ diskretisiert. Bei einem Anfangswertproblem ist der Startvektor der Lösungsfunktionen $\vec{y}_0$ bekannt. Von diesem aus kann schrittweise integriert werden, indem immer auf die letzten berechneten Stützstellen zurückgegriffen werden kann. Die Lösungsfunktion wird mithilfe einer Taylorreihe entwickelt und nach dem linearen Glied abgeschnitten.

$$\vec{y}(\tau_{i+1}) = \vec{y}(\tau_i) + h_i\,\vec{y}'(\tau_i) + \ldots$$

Der Vektor der ersten Ableitung der Lösungsfunktion kann durch den Vektor der expliziten Differentialgleichungen ersetzt werden.

$$\vec{y}(\tau_{i+1}) = \vec{y}(\tau_i) + h_i\,\vec{f}\left(\tau_i, \vec{y}(\tau_i)\right)$$

Der Forward-Euler-Algorithmus ist ein extrem einfaches Verfahren zur Integration. Die berechnete Lösungsfunktion kann von der analytischen Lösung stark abweichen, da sich die Integrationsfehler in jedem Iterationsschritt addieren. Die einzige Möglichkeit, die Fehler zu minimieren, ist, die Schrittweite sehr klein zu wählen.

Backward-Euler-Algorithmus

Bei steifen Differentialgleichungssystemen können nach (Ascher 1998) und (Brenan 1995) die Lösungen expliziter Lösungsalgorithmen wie dem Forward-Euler stark von der analytischen Lösung abweichen. Ein Differentialgleichungssystem heißt daher steif, wenn die Schrittweite des numerischen Lösungsverfahrens extrem klein gewählt werden muss, um annehmbare Lösungen zu erhalten. Bildlich gesprochen handelt es sich bei steifen Differentialgleichungssystemen um Systeme, in denen die Lösungsgleichungen stark schwankende Steigungen aufweisen. Ein Beispiel wäre die Lösungsfunktion der Differentialgleichung $y' = -100(y - \sin(\tau))$. Steife Differentialgleichungen lassen sich besser mit impliziten Lösungsalgorithmen berechnen, da bei ihnen die Lösungsgüte nicht so stark von der Schrittweite abhängt. Ein implizites numerisches Lösungsverfahren ist der Backward-Euler-Algorithmus, der hier kurz vorgestellt werden soll. Wenn das Differentialgleichungssystem mit

$$\vec{y}(\tau_0) = \vec{y}_0$$
$$\vec{y}' = \vec{f}(\tau, \vec{y})$$

definiert ist, dann lässt es sich mit der folgenden Vorschrift lösen.

$$\vec{y}(\tau_{i+1}) = \vec{y}(\tau_i) + h_i\,\vec{f}\left(\tau_{i+1}, \vec{y}(\tau_{i+1})\right)$$

Die geometrische Interpretation des Backward-Euler-Algorithmus ist, dass die Steigung jetzt nicht am letzten berechneten Zeitschritt τ, sondern am neu zu berechnenden Zeitschritt $\tau+1$ verwendet wird. Der Backward-Euler-Algorithmus erstellt in jedem Zeitschritt ein implizites Gleichungssystem, dass gelöst werden muss. Abhängig von der Art des Gleichungssystems (linear oder nichtlinear) muss ein entsprechendes Lösungsverfahren (Gauß bzw. Newton) zu Lösung verwendet werden.

Runge-Kutta-Verfahren

Wie bereits oben geschildert, soll in

$$\vec{y}_1 = \vec{y}_0 + \int_{\tau_0}^{\tau_1} \vec{f}(\tau, \vec{y}(\tau))\, d\tau = \vec{y}_0 + \vec{R}(\tau_0, h)$$

die Funktionen $\vec{R}(\tau_0, h)$ durch eine lineare Kombination von Funktionen $\vec{f}(\tau, \vec{y})$ mit unterschiedlichen Argumenten τ mit $\tau_o \leq \tau \leq \tau_1$ angenähert werden

$$\vec{R}(\tau_0, h) = \sum_{i=1}^{m} a_i\, \vec{f}(\tau_0 + \vec{\alpha}_i\, h, \vec{y}_0 + \vec{b}_i) \qquad (3.141)$$

sodass die Reihenentwicklung von

$$\vec{u}_1 = \vec{y}_0 + \sum_{i=1}^{m} a_i\, \vec{f}(\tau_0 + \vec{\alpha}_i\, h, \vec{y}_0 + \vec{b}_i) \qquad (3.142)$$

in möglichst vielen Potenzen von h mit der Taylor-Entwicklung

$$\vec{y}_1 = \vec{y}_0 + h\, \vec{y}_0' + \frac{h^2}{2!}\, \vec{y}_0'' + \frac{h^3}{3!}\, \vec{y}_0''' + \ldots \qquad (3.143)$$

übereinstimmt.

Zur Verdeutlichung der Methode wird zunächst eine Lösung dieser Aufgabe so gesucht, dass eine Übereinstimmung der Potenzen von h bis zu h^2 erreicht wird. Hierzu werden zwei Werte

$$\vec{k}_1 = h\, \vec{f}(\tau_0, \vec{y}_0) \qquad \vec{k}_2 = h\, \vec{f}(\tau_0 + \vec{\alpha}_2\, h, \vec{y}_0 + \vec{\beta}_1\, \vec{k}_1)$$

eingeführt und Gl. (3.142) mit $\vec{\alpha}_1 = \vec{b}_1 = 0$ und $\vec{b}_2 = \vec{\beta}_1\, \vec{k}_1$ in der Form

$$\vec{u}_1 = \vec{y}_0 + a_1\, \vec{k}_1 + a_2\, \vec{k}_2 \qquad (3.144)$$

nach Potenzen von h entwickelt. Für $\vec{k}_2$ erhält man die Taylor-Entwicklung

$$\vec{k}_2 = h\, \vec{f}(\tau_0 + \vec{\alpha}_2\, h, \vec{y}_0 + \vec{\beta}_1\, \vec{k}_1)$$
$$= h\, \vec{f}(\tau_0 + \vec{\alpha}_2\, h, \vec{y}_0 + \vec{\beta}_1\, h\, \vec{f}(\tau_0, \vec{y}_0))$$
$$= h\{\vec{f}(\tau_0, \vec{y}_0) + \vec{\alpha}_2\, h\, \vec{f}_\tau(\tau_0, \vec{y}_0) + \vec{\beta}_1\, h\, \vec{f}(\tau_0, \vec{y}_0)\, \vec{f}_y(\tau_0, \vec{y}_0) + \ldots\}$$

Dann wird nach Gl. (3.144)

$$\vec{u}_1 = \vec{y}_0 + a_1\, h\, \vec{f}(\tau_0, \vec{y}_0) + a_2\, h\, \vec{f}(\tau_0, \vec{y}_0) +$$
$$+ a_2\, \vec{\alpha}_2\, h^2\, \vec{f}_\tau(\tau_0, \vec{y}_0) + a_2\, \vec{\beta}_1\, h^2\, \vec{f}(\tau_0, \vec{y}_0)\, \vec{f}_y(\tau_0, \vec{y}_0) + \ldots \quad (3.145)$$

Gl. (3.143) kann man wegen $\vec{y}\,' = \vec{f}$ und $\vec{y}\,'' = \vec{f}_\tau + \vec{f}_y\, \vec{f}$ in der Form

$$\vec{y}_1 = \vec{y}_0 + h\, \vec{f}(\tau_0, \vec{y}_0) + \frac{h^2}{2}\, [\vec{f}_\tau(\tau_0, \vec{y}_0) + \vec{f}_y(\tau_0, \vec{y}_0)\, \vec{f}(\tau_0, \vec{y}_0)] + \ldots \quad (3.146)$$

anschreiben. Der Koeffizientenvergleich zwischen den Gleichungen (3.145) und (3.146) ergibt

$$a_1 + a_2 = 1$$
$$a_2\, \vec{\alpha}_2\, \vec{f}_\tau(\tau_0, \vec{y}_0) + a_2\, \vec{\beta}_1\, \vec{f}(\tau_0, \vec{y}_0)\, \vec{f}_y(\tau_0, \vec{y}_0) = \frac{1}{2}\vec{f}_\tau(\tau_0, \vec{y}_0) +$$
$$+ \frac{1}{2}\vec{f}_y(\tau_0, \vec{y}_0)\, \vec{f}(\tau_0, \vec{y}_0)$$

Dieses System soll für alle Funktionen $\vec{f}$, $\vec{f}_\tau$ und $\vec{f}_y$ erfüllt sein. Hieraus folgt

$$a_1 + a_2 = 1, \quad a_2\, \vec{\alpha}_2 = \frac{1}{2} \quad \text{und} \quad a_2\, \vec{\beta}_1 = \frac{1}{2} \quad (3.147)$$

Dies sind für jede Funktion 3 Gleichungen mit 4 Unbekannten, eine Unbekannte kann daher frei gewählt werden. Mit

$$a_1 = 1 - \frac{1}{2\,\vec{\alpha}_2}, \quad a_2 = \frac{1}{2\,\vec{\alpha}_2} \quad \text{und} \quad \vec{\beta}_1 = \vec{\alpha}_2$$

ist $\vec{\alpha}_2$ der zu wählende Parameter. Für $\vec{\alpha}_2 = 1/2$ ergibt sich

$$\vec{k}_1 = h\, \vec{f}(\tau_0, \vec{y}_0), \quad \vec{k}_2 = h\, \vec{f}\left(\tau_0 + \frac{h}{2}, \vec{y}_0 + \frac{\vec{k}_1}{2}\right) \quad \text{und} \quad \vec{u}_1 = \vec{y}_0 + \vec{k}_2 \quad (3.148)$$

Setzt man dagegen $\vec{\alpha}_2 = 1$, so erhält man

$$\vec{k}_1 = h\, \vec{f}(\tau_0, \vec{y}_0), \quad \vec{k}_2 = h\, \vec{f}(\tau_0 + h, \vec{y}_0 + \vec{k}_1) \quad \text{und} \quad \vec{u}_1 = \vec{y}_0 + \frac{1}{2}(\vec{k}_1 + \vec{k}_2)$$
$$(3.149)$$

Die Gleichungen (3.148) und (3.149) sind beides Einschrittverfahren zweiter Ordnung. Man kann nicht allgemein sagen, dass eine der Formeln besser sei als die andere. Dies kann bei unterschiedlichen rechten Seiten $\vec{f}(\tau, \vec{y})$ verschieden sein.

Wesentlich größere Bedeutung hat der Ansatz, eine Übereinstimmung der Potenzen von h bis h^4 zu erreichen. Der dabei auftretende Rechenaufwand ist erheblich größer, bringt aber im Prinzip nichts Neues. Mit

$$\vec{k}_1 = h\,\vec{f}(\tau_0,\vec{y}_0) \tag{3.150}$$

$$\vec{k}_2 = h\,\vec{f}\left(\tau_0+\vec{\alpha}_2\,h,\;\vec{y}_0+\vec{\beta}_1\,\vec{k}_1\right) \tag{3.151}$$

$$\vec{k}_3 = h\,\vec{f}\left(\tau_0+\vec{\alpha}_3\,h,\;\vec{y}_0+\vec{\beta}_2\,\vec{k}_1+\vec{\gamma}_2\,\vec{k}_2\right) \tag{3.152}$$

$$\vec{k}_4 = h\,\vec{f}\left(\tau_0+\vec{\alpha}_4\,h,\;\vec{y}_0+\vec{\beta}_3\,\vec{k}_1+\vec{\gamma}_3\,\vec{k}_2+\vec{\delta}_3\,\vec{k}_3\right) \tag{3.153}$$

$$\vec{u}_1 = \vec{y}_0 + a_1\,\vec{k}_1 + a_2\,\vec{k}_2 + a_3\,\vec{k}_3 + a_4\,\vec{k}_4 \tag{3.154}$$

erhält man pro Funktion folgende 8 Gleichungen für 10 Unbekannte

$$a_1+a_2+a_3+a_4 = 1 \tag{3.155}$$

$$\vec{\alpha}_2\,a_2+\vec{\alpha}_3\,a_3+\vec{\alpha}_4\,a_4 = \frac{1}{2} \tag{3.156}$$

$$\vec{\alpha}_2^2\,a_2+\vec{\alpha}_3^2\,a_3+\vec{\alpha}_4^2\,a_4 = \frac{1}{3} \tag{3.157}$$

$$\vec{\alpha}_2^3\,a_2+\vec{\alpha}_3^3\,a_3+\vec{\alpha}_4^3\,a_4 = \frac{1}{4} \tag{3.158}$$

$$\vec{\alpha}_2\,\vec{\gamma}_2\,a_3+(\vec{\alpha}_2\,\vec{\gamma}_3+\vec{\alpha}_3\,\vec{\delta}_3)\,a_4 = \frac{1}{6} \tag{3.159}$$

$$\vec{\alpha}_2^2\,\vec{\gamma}_2+(\vec{\alpha}_2^2\,\vec{\gamma}_3+\vec{\alpha}_3^2\,\vec{\delta}_3)\,a_4 = \frac{1}{12} \tag{3.160}$$

$$\vec{\alpha}_2\,\vec{\alpha}_3\,\vec{\gamma}_2\,a_3+(\vec{\alpha}_2\,\vec{\gamma}_3+\vec{\alpha}_3\,\vec{\delta}_3)\,\vec{\alpha}_4\,a_4 = \frac{1}{8} \tag{3.161}$$

$$\vec{\alpha}_2\,\vec{\gamma}_2\,\vec{\delta}_3\,a_4 = \frac{1}{24} \tag{3.162}$$

Es lässt sich zeigen, dass immer $\vec{\alpha}_4 = 1$ gilt. Bei 8 Gleichungen mit 10 Unbekannten können 2 Unbekannte frei gewählt werden (2 Freiheitsgrade).

Ansatz von Runge-Kutta

Runge und Kutta haben durch Wahl von 2 Parametern des Systems (3.155) mehrere Einschrittverfahren vierter Ordnung entwickelt. Besonders häufig wird das Verfahren benutzt, das sich aus $\vec{\alpha}_2 = 1/2$ und $\vec{\delta}_3 = 1$ ergibt.

$$\vec{k}_1 = h\,\vec{f}(\tau_0,\vec{y}_0) \tag{3.163}$$

$$\vec{k}_2 = h\,\vec{f}\left(\tau_0+\frac{h}{2},\;\vec{y}_0+\frac{\vec{k}_1}{2}\right) \tag{3.164}$$

$$\vec{k}_3 = h\,\vec{f}\left(\tau_0+\frac{h}{2},\;\vec{y}_0+\frac{\vec{k}_2}{2}\right) \tag{3.165}$$

$$\vec{k}_4 = h\,\vec{f}\left(\tau_0+h,\;\vec{y}_0+\vec{k}_3\right) \tag{3.166}$$

$$u(\tau_0+h) = y(\tau_0)+\frac{1}{6}\left(\vec{k}_1+2\,\vec{k}_2+2\,\vec{k}_3+\vec{k}_4\right) \tag{3.167}$$

Zur Verdeutlichung von Gl. (3.163) wird in Abb. 3.26 die geometrische Bedeutung dieser Näherung an der Differentialgleichung. $y' = \tau + y$ mit $y(0) = -0{,}1$ gezeigt. Die exakte Lösung ist $y = 0{,}9\,e^\tau - \tau - 1$.

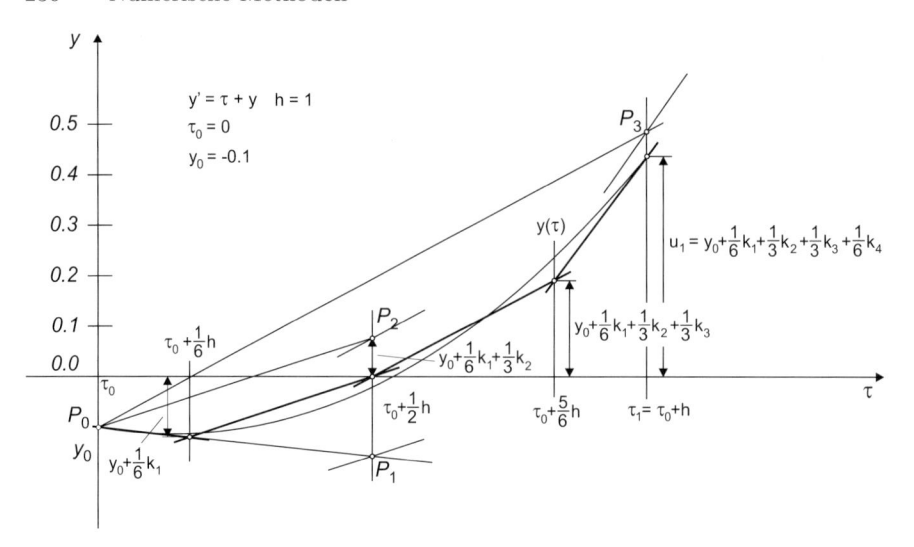

Abb. 3.26. Beispiel für Runge-Kutta-Verfahren

Schrittweitensteuerung

Das Ziel einer Schrittweitensteuerung ist, mit einem Minimum an Rechenzeit eine vordefinierte Genauigkeit im Rechenergebnis zu erreichen. In Gebieten starker Gradientenänderung sollten viele kleine Schritte für die notwendige Genauigkeit sorgen, während Gebiete mit geringer Änderung mit wenigen, großen Schritten überbrückt werden sollten.

Die einfachste Art der Fehlerabschätzung, auf die eine Schrittweitensteuerung aufgebaut werden kann, beruht darauf, die Rechnung einmal mit der Schrittweite h und noch mal mit der doppelten Weite $\tilde{h} := 2h$ durchzuführen und den Fehler aus der Differenz der zwei Näherungslösungen zu bestimmen.

Sei $\vec{y}_i(\tau + 2h)$ die exakte Lösung an der Stelle $\tau + 2h$ und $\vec{u}_1$ und $\vec{u}_2$ zwei Näherungslösungen, die durch einfache Anwendung der zweifachen Schrittweite $\tilde{h}$ bzw. der zweifachen Anwendung der einfachen Schrittweite h erzielt wurden, dann lässt sich $\vec{y}_i(\tau + 2h)$ wie folgt in einer Taylorreihe entwickeln:

$$\vec{y}_i(\tau + 2\,h) = \vec{u}_1(\tau + \tilde{h}) + (\tilde{h})^5 \vec{\phi} + O(h^6) + \ldots \quad (3.168)$$
$$= \vec{u}_1(\tau + 2\,h) + (2\,h)^5 \vec{\phi} + O(h^6) + \ldots \quad (3.169)$$

$$\vec{y}_i(\tau + 2\,h) = \vec{u}_2(\tau + 2\,h) + 2(h^5)\vec{\phi} + O(h^6) + \ldots \quad (3.170)$$

Hieraus folgt, dass der Vektor $\vec{\phi}$ von der Größenordnung $\frac{\vec{u}^{(5)}(\tau)}{5!}$ ist. Gl. (3.169) beinhaltet den Term $(2\,h)^5$ auf Grund der Schrittweite $\tilde{h} = 2\,h$, während Gl. (3.170) den Ausdruck $2(h^5)$ enthält. Die Abweichung von der exakten Lösung beträgt also im ersten Fall der doppelten Schrittweite $\tilde{h}$ das 16-Fache gegenüber der doppelten Anwendung der einfachen Schrittweite h.

Als Indikator für den Fehler lässt sich dann die Näherung

$$\vec{\delta_{Fe}} = \vec{u}_2 - \vec{u}_1$$

verwenden. Um $\|\vec{\delta_{Fe}}\|$ unter einer vorgegebenen Grenze klein zu halten, wird die Schrittweite bei Überschreiten dieser Grenze verringert. Konkret bedeutet dies, dass an Stellen τ, an denen sich die Funktionswerte schnell ändern, die Schrittweite h soweit heruntergesetzt wird, dass der Fehler $\|\vec{\delta_{Fe}}\|$ unter einer festgelegten Toleranzgrenze bleibt. Im Gegensatz hierzu wird beim Erreichen von Gebieten, in denen sich die Funktion nur langsam verändert, die Schrittweite erhöht. Mathematisch äußert sich dies durch eine Annäherung von $\|\vec{\delta_{Fe}}\|$ gegen Null.

Ein moderner Zugang zur Fehlerkontrolle und damit zur adaptiven Schrittweite besteht in der Verwendung eingebetteter Runge-Kutta-Formeln. Generell benötigen Runge-Kutta-Formeln einer Ordnung $n > 4$ zwischen n und $n+2$ Gleichungen; dies ist der Hauptgrund für die Beliebtheit der Methode 4. Ordnung. Sie ergibt das beste Verhältnis aus Rechengenauigkeit zu Rechenzeit.

Höhere Genauigkeiten lassen sich jedoch durch die Verwendung von Runge-Kutta-Methoden höherer Ordnung erzielen, was sich aber nachteilig auf die Rechenzeit auswirkt. Die allgemeine Form einer Runge-Kutta-Methode 5. Ordnung lässt sich schreiben als:

$$\vec{k}_1 = h\,\Delta(\vec{u}_{i,j},\tau_j) \tag{3.171}$$

$$\vec{k}_2 = h\,\Delta(\vec{u}_{i,j} + b_{21}\vec{k}_1,\tau_j + a_2 h) \tag{3.172}$$

$$\vdots$$

$$\vec{k}_6 = h\,\Delta\left(\vec{u}_{i,j} + \sum_{k=1}^{5} b_{6k}\vec{k}_k,\tau_j + a_6 h\right) \tag{3.173}$$

$$\vec{u}_{i,j+1} = \vec{u}_{i,j} + \sum_{k=1}^{6} c_k \vec{k}_k + O(h^6) \tag{3.174}$$

Nach E. FEHLBERG beinhaltet eine Formel n-ter Ordnung in eingebetteter Form (in der numerischen Mathematik als „embedded formulas" bekannt) eine Formel der Ordnung $n-1$. Die Differenz $\vec{\delta_{Fe}}$ zwischen der 5. Ordnung und der eingebetteten 4. Ordnung kann als Fehlerabschätzung für eine adaptive Schrittweitenkontrolle herangezogen werden.

Gl. (3.174) enthält indirekt als eingebettete Runge-Kutta-Formel 4. Ordnung den Ausdruck

$$\vec{u}^*_{i,j+1} = \vec{u}_{i,j} + \sum_{k=1}^{6} c_k^* \vec{k}_k + O(h^5) \tag{3.175}$$

Gl. (3.175) unterscheidet sich von Gl. (3.174) durch die Verwendung anderer Koeffizienten c^* und den Wegfall der Terme der 6. Ordnung in h. Für die

Fehlerabschätzung bietet sich wieder die Differenz zwischen den Ergebnissen verschiedener Schrittweiten h an:

$$\vec{\delta}_{Fei} = \vec{n}_{i,j+1} - \vec{n}^*_{i,j+1} = \sum_{k=1}^{6}(c_k - c^*_k)\vec{k}_k$$

Tabelle 3.4. Koeffizienten für die eingebettete Runge-Kutta-Methode 4. Ordnung mit adaptiver Schrittweitensteuerung

i	a_i	$h_{i,j}$					c_i	c^*_i
1							$\frac{37}{378}$	$\frac{2825}{27648}$
2	$\frac{1}{5}$	$\frac{1}{5}$					0	0
3	$\frac{3}{10}$	$\frac{3}{40}$	$\frac{9}{40}$				$\frac{250}{621}$	$\frac{18575}{48384}$
4	$\frac{3}{5}$	$\frac{3}{10}$	$-\frac{9}{10}$	$\frac{6}{5}$			$\frac{125}{594}$	$\frac{13525}{55296}$
5	1	$-\frac{11}{54}$	$\frac{5}{2}$	$-\frac{70}{27}$	$\frac{35}{27}$		0	$\frac{277}{14336}$
6	$\frac{7}{8}$	$\frac{1631}{55296}$	$\frac{175}{512}$	$\frac{575}{13824}$	$\frac{44275}{110592}$	$\frac{253}{4096}$	$\frac{512}{1771}$	$\frac{1}{4}$
$j =$		1	2	3	4	5		

Als spezielle Koeffizienten a, b, c werden die in Abb. 3.4 aufgeführten Werte verwendet.

Da $\vec{\delta}_{Fe}$ sich wie h^5 verhält, lässt sich der Zusammenhang von $\vec{\delta}_{Fei}$ zu h verstehen. Wenn ein Schritt h_1 einen Fehler $\vec{\delta}_{Fei,1}$ produziert, so ist der Schritt h_2, der einen Fehler $\vec{\delta}_{Fei,2}$ erzeugen würde, gegeben durch

$$\left(\frac{h_2}{h_1}\right)^5 = \frac{\|\vec{\delta}_{Fei,2}\|}{\|\vec{\delta}_{Fei,1}\|}$$

$$\Leftrightarrow h_2 = h_1\left(\frac{\|\vec{\delta}_{Fei,2}\|}{\|\vec{\delta}_{Fei,1}\|}\right)^{\frac{1}{5}} \tag{3.176}$$

Demzufolge lässt sich Gl. (3.176) nun dazu verwenden, eine geforderte Genauigkeit $\delta_{Fe_{soll}}$ zu definieren:

$$\delta_{Fe_{soll}} \equiv \|\vec{\delta}_{Fei,2}\|$$

Ergibt sich in der Simulation der Fall $\max\|\vec{\delta}_{Fei}\| > \delta_{Fe_{soll}}$, so lässt sich eine reduzierte Schrittweite h_2 ermitteln, mit der der fehlgeschlagene Schritt erneut versucht wird. Ist dagegen $\max\|\vec{\delta}_{Fei}\| < \delta_{Fe_{soll}}$, so lässt sich hieraus ableiten, um wie viel die Schrittweite für den nächsten Schritt gefahrlos erhöht werden kann.

Mehrschrittverfahren

Hier wird vorausgesetzt, dass nicht nur y_0 und damit auch y'_0, sondern $y_0, y_{-1}, \ldots, y_{-m}$ und damit auch $y'_0, y'_{-1}, \ldots, y'_{-m}$ bekannt sind. Es wird dann ein Ansatz

$$J(\tau_0, h) \approx \sum_{i=1}^{m} \left(a_i\, y_{-1} + b_i\, h\, y'_{-i} \right) + b_{-1}\, h\, u'_1 \tag{3.177}$$

zur möglichst weitgehenden Annäherung an die Taylor-Entwicklung (3.137) gemacht. Die Koeffizienten a_i und b_i sind entsprechend zu bestimmen.

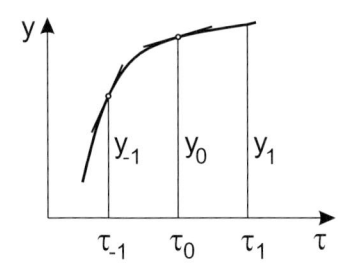

Abb. 3.27. Prinzip eines Mehrschrittverfahrens

Abb. 3.27 erläutert die Fragestellung. Ist $b_{-1} \neq 0$, so tritt in

$$u_1 = y_0 + \sum_{i=0}^{m} \left(a_i\, y_{-i} + b_i\, h\, y'_{-i} \right) + b_{-1}\, h\, u'_1 \tag{3.178}$$

auf der rechten Seite der noch unbekannte Wert $u'_1 = f(\tau_1, u_1)$ auf. Gl. (3.178) ist dann nur iterativ zu lösen. Beim zweiten und den weiteren Schritten treten auf der rechten Seite wie beim Einschrittverfahren Näherungsgrößen auf

$$u_{n+1} = u_n + \sum_{i=0}^{m} \left(a_i\, u_{n-i} + b_i\, h\, u'_{n-i} \right) + b_{-1}\, h\, u'_{n+1} \tag{3.179}$$

Da zur Berechnung eines neuen Wertes jeweils von Funktionswerten aus **mehreren** Intervallen ausgegangen wird, spricht man von Mehrschrittverfahren. Es wird jedoch nochmals betont, dass beim Einschritt- wie beim Mehrschrittverfahren jeweils nur **ein** weiterer Wert berechnet wird.

Verfahren von Adam-Bashfort

Zur Verdeutlichung der Mehrschrittverfahren wird als Spezialfall des allgemeinen Ansatzes Gl. (3.140)

$$\vec{u}_{n+1} = \vec{u}_n + h\, (b_0\, \vec{u}'_n + b_1\, \vec{u}'_{n-1} + b_2\, \vec{u}'_{n-2}) \tag{3.180}$$

gewählt. Um diesen Ansatz mit der Taylor-Entwicklung Gl. (3.137) vergleichen zu können, bildet man

$$\vec{u}'_{n-1} = \vec{u}\,'(\tau_n - h) = \vec{u}'_n - h\,\vec{u}''_n + \frac{h^2}{2}\,\vec{u}'''_n - \ldots \tag{3.181}$$

$$\vec{u}'_{n-2} = \vec{u}\,'(\tau_n - 2h) = \vec{u}'_n - 2h\,\vec{u}''_n + 2h^2\,\vec{u}'''_n - \ldots \tag{3.182}$$

Diese Entwicklung setzt man in Gl. (3.180) ein

$$\vec{u}_{n+1} = \vec{u}_n + h\,b_0\,\vec{u}'_n + \tag{3.183}$$

$$+h\,b_1\,\vec{u}'_n - h^2\,b_1\,\vec{u}''_n + \frac{h^3}{2}\,b_1\,\vec{u}'''_n - \ldots \tag{3.184}$$

$$+h\,b_2\,\vec{u}'_n - 2h^2\,b_2\,\vec{u}''_n + 2h^3\,b_2\,\vec{u}'''_n - \ldots \tag{3.185}$$

Vergleicht man die ersten drei Potenzen von h mit Gl. (3.137), so folgt

$$b_0 + b_1 + b_2 = 1 \tag{3.186}$$

$$-b_1 - 2\,b_2 = \frac{1}{2} \tag{3.187}$$

$$\frac{1}{2}b_1 + 2\,b_2 = \frac{1}{6} \tag{3.188}$$

Hieraus ergibt sich $b_0 = 23/12$, $b_1 = -16/12$ und $b_2 = 5/12$. Dann erhält man aus Gl. (3.180) eine der Formeln von **Adam-Bashfort**:

$$\vec{u}_{n+1} = \vec{u}_n + \frac{h}{12}(23\,\vec{u}'_n - 16\,\vec{u}'_{n-1} + 5\,\vec{u}'_{n-2}) \tag{3.189}$$

Prediktor-Korrektor-Verfahren

Bei den Prediktor-Korrektor-Verfahren zur Lösung gewöhnlicher Differentialgleichungen gibt es ebenfalls verschiedene Ausführungen. Die grundsätzliche Idee ist, mit einem Schritt auf der τ-Achse um einen Abstand h fortzuschreiten und für diesen neuen τ-Wert Schätzwerte für die zugehörigen Funktionswerte $\vec{y}$ zu ermitteln. Diese Schätzwerte werden in einen Algorithmus zur Korrektur der Funktionswerte $\vec{y}$ eingebunden.

Der einfachste Ansatz ist die Methode von Heun mit einem Prediktorschritt nach Euler:

$$\text{Prediktor:} \quad \vec{y}^{\,0}_{i+1} = \vec{y}_i + \vec{f}(\tau_i, \vec{y}_i)\,h \tag{3.190}$$

$$\text{Korrektor:} \quad \vec{y}_{i+1} = \vec{y}_i + \frac{\vec{f}(\tau_i, \vec{y}_i) + \vec{f}(\tau_{i+1}, \vec{y}^{\,0}_{i+1})}{2}\,h \tag{3.191}$$

Hier ist der Fehler des Prediktorschritts von der Ordnung h^2, während der Fehler des Korrektorschritts von der Ordnung h^3 ist. Eine Möglichkeit, die Ordnung des Fehlers vom Prediktorschritt auf h^3 zu erhöhen, ist, anstelle von den Funktionswerten $\vec{y}_i$ von den Funktionswerten $\vec{y}_{i-1}$ auszugehen und $2h$ fortzuschreiten

Prediktor: $$\vec{y}_{i+1}^{\,0} = \vec{y}_{i-1} + \vec{f}(\tau_i, \vec{y}_i)\, 2\,, h \qquad (3.192)$$

Korrektor: $$\vec{y}_{i+1} = \vec{y}_i + \frac{\vec{f}(\tau_i, \vec{y}_i) + \vec{f}(\tau_{i+1}, \vec{y}_{i+1}^{\,0})}{2}\, h \qquad (3.193)$$

Dies hat jedoch zur Konsequenz, dass dieser Algorithmus nicht vom Anfangswert an starten kann, da die Funktionswerte $\vec{y}_{i-1}$ ebenfalls benötigt werden. Es muss dann zumindest der erste Schritt mit einem anderen Verfahren berechnet werden.

Eine weiter Möglichkeit, eine hohe Genauigkeit zu erreichen, ist eine iterative Vorgehensweise

Prediktor: $$\vec{y}_{i+1}^{\,0} = \vec{y}_{i-1}^{\,m} + \vec{f}(\tau_i, \vec{y}_i^{\,m})\, 2\, h \qquad (3.194)$$

Korrektor: $$\vec{y}_{i+1}^{\,j} = \vec{y}_i^{\,m} + \frac{\vec{f}(\tau_i, \vec{y}_i^{\,m}) + \vec{f}(\tau_{i+1}, \vec{y}_{i+1}^{\,j-1})}{2}\, h \qquad (3.195)$$

mit $j = 1, 2, \ldots, m$.

Für den Prediktorschritt wird das Resultat der Korrektoriteration des vorangegangenen Schrittes verwendet. Der Korrektorschritt wird so lange wiederholt, bis das Abbruchkriterium erreicht ist. Als Abbruchkriterium wählt man z.B.

$$\varepsilon_{abb} > \left\| \frac{\vec{y}_{i+1}^{\,j} - \vec{y}_{i+1}^{\,j-1}}{\vec{y}_{i+1}^{\,j}} \right\| \qquad (3.196)$$

Extrapolationsverfahren

Durch ein Mehrschrittverfahren wird zur Bestimmung von $y(\tau)$ eine Funktion $f(\tau)$ mit der Eigenschaft

$$f(\tau, h) = y(\tau) + e_1(\tau)\, h^2 + e_2(\tau)\, h^4 + \ldots \quad \tau > \tau_0 \qquad (3.197)$$

gebildet. Gl. (3.197) wird für $h/2$ geschrieben

$$f\left(\tau, \frac{h}{2}\right) = y(\tau) + e_1(\tau)\left(\frac{h}{2}\right)^2 + e_2(\tau)\left(\frac{h}{2}\right)^4 + \ldots \qquad (3.198)$$

Man kombiniert diese beiden Gleichungen und erhält

$$\frac{4 f(\tau, h/2) - f(\tau, h)}{3} = y(\tau) - \frac{1}{4} e_2(\tau)\, h^4 + \ldots \qquad (3.199)$$

Diese Funktion wird $y(\tau)$ genauer annähern als $f(\tau, h)$, weil der Fehler proportional h^4 anstatt h^2 ist. Da man die Funktionen $f(\tau, h)$ und $f(\tau, h/2)$ als Funktionen von h kombiniert, um den außerhalb des Intervalls $[h/2, h]$ liegenden Wert für $h = 0$, also $f(\tau, 0)$, anzunähern, spricht man von einem Extrapolationsverfahren.

3.6.6 Differential-algebraische Gleichungssysteme

Differential-algebraische Gleichungssysteme treten immer dann auf, wenn gewöhnliche Differentialgleichungen mit algebraischen Randbedingungen gekoppelt werden oder einige System relativ zu anderen sich so schnell anpassen, dass sie als quasi-stationär angesehen werden können. In der Energietechnik treten solche Fälle auf, wenn z.B. Turbinen und Wärmeübertrager in einem Gleichungssystem instationär gelöst werden sollen. Dann können die Turbinengleichungen als quasi-stationär angenommen werden. In allgemeiner Form sieht ein differential-algebraisches Gleichungssystem nach (Ascher 1998) und (Brenan 1995) folgendermaßen aus

$$0 = \vec{f}(\vec{y}\,'(\tau), \vec{y}(\tau), \vec{x}(\tau), \tau)$$
$$0 = \vec{g}(\vec{y}(\tau), \vec{x}(\tau), \tau)$$

Dabei ist $\vec{f}$ ein Differentialgleichungssystem und $\vec{g}$ ein algebraisches Gleichungssystem. $\vec{y}(\tau)$ ist der differentielle Variablenvektor, und $\vec{x}(\tau)$ ist der algebraische Variablenvektor.

Es gibt eine ganze Reihe von numerischen Lösungsverfahren für differential-algebraische Gleichungssysteme die mehr oder weniger auf der BDF's (Backward Differentiation Formulae) basieren, wie DASSL, GAMD, MEBDFDAE, MEBDFI, PSIDE, RADAU und RADAU5, auf die hier jedoch nur verwiesen werden soll.

3.6.7 Verfahren zur numerischen Differentiation

Um mithilfe des Newton-Verfahrens nichtlineare Gleichungssysteme lösen zu können, müssen zum Aufstellen der Jacobi-Matrix die partiellen Ableitungen berechnet werden. Prinzipiell sollten die Ableitungen mithilfe des Differentialquotienten analytisch berechnet werden, um das Konvergenzverhalten und die Berechnungsgeschwindigkeit zu maximieren.

$$f'(\tau) = \lim_{\Delta \to 0} \frac{f(\tau + \Delta) - f(\tau)}{\Delta} \tag{3.200}$$

Wenn die analytischen Ableitungen nicht als bekannt implementiert sind, müssen sie zur Laufzeit in Abhängigkeit vom aktuellen Arbeitspunkt numerisch berechnet werden.

Zweipunktformel/Finite Differenz

Die einfachste Variante zur Berechnung der Ableitung einer Funktion an dem Arbeitspunkt τ_0 ist der Schritt zurück vom Differentialquotienten zum Differenzenquotienten. D.h., dass Δ einen endlich kleinen Wert annimmt. Man spricht dann von einer forward-difference formula oder auch Zweipunktformel.

$$f'(\tau) \approx \frac{f(\tau + \Delta) - f(\tau)}{\Delta} \tag{3.201}$$

Die Genauigkeit des Verfahrens kann nach (Faires 1995) verbessert werden, indem mehrere Punkte in der unmittelbaren Nähe des Arbeitspunktes zur Berechnung der Ableitung verwendet werden.

Das Problem der Zweipunktformel ist, dass der lokale Abbruchfehler eine Ordnung von $O(\Delta)$ besitzt. Um die Güte der Ableitung zu verbessern, muss Δ minimiert werden, was nach (Martins 2000) wegen der kleinen Differenzen unvermeidlich zu numerischen Fehlern führt. Zudem muss die Funktion $f(\tau)$ zweimal gelöst werden, was sich negativ auf die Rechengeschwindigkeit auswirkt.

Complex-Step Derivative Approximation

Der Complex-Step zur Ableitung analytischer Funktionen basiert auf der forward-difference formula und der Cauchy-Riemann'schen Differentialgleichung. Die hier gewählte Darstellung lehnt sich an die Veröffentlichungen von (Lyness 1967), (Martins 2000) und (Martins 2001b) an. Eine Funktion $f(z_C)$ mit $z_C = x_C + i\,y_C$ und der imaginären Zahl i heißt regulär, wenn sie im Intervall G_I differenzierbar ist. Dann gelten die Cauchy-Riemann'schen Differentialgleichungen:

$$f(x_C + i\,y_C) = u_f(x_C, y_C) + i\,v_f(x_C, y_C) \tag{3.202}$$

$$\frac{\partial u_f}{\partial x_C} = \frac{\partial v_f}{\partial y_C}; \quad \frac{\partial u_f}{\partial y_C} = -\frac{\partial v_f}{\partial x_C} \tag{3.203}$$

mit z_C einer komplexen Zahl mit dem Imaginäranteil y_C und dem Realanteil x_C und den Funktionen v_f und u_f.

Mit der Gleichung 3.203 kann man nun schreiben

$$\frac{\partial u_f}{\partial x_C} = \lim_{\Delta \to 0} \frac{v_f(x_C + i(y_C + \Delta)) - v_f(x_C + i\,y_C)}{\Delta} \tag{3.204}$$

Da im betrachteten Fall aber f eine reelle Funktion mit reellen Variablen ist, kann man sich auf die reelle Achse beschränken.

$$y_C = 0; \quad u_f(x_C) = f(x_C); \quad v_f(x_C) = 0 \tag{3.205}$$

$$\frac{\partial f}{\partial x_C} = \lim_{\Delta \to 0} \frac{\Im[f(x_C + i\,\Delta)]}{\Delta} \tag{3.206}$$

$$\frac{\partial f}{\partial x_C} \approx \frac{\Im[f(x_C + i\,\Delta)]}{\Delta} \tag{3.207}$$

Die Gl. (3.207) wird „complex-step derivative approximation" genannt. Dadurch, dass keine Differenzen berechnet werden, sind keine numerischen Fehler durch eine Verkleinerung von Δ zu erwarten.

Die complex-step derivative approximation liefert sehr genaue Ableitungen. Die Implementierung ist in C++ einfach, da diese Programmiersprache komplexe Datentypen unterstützt. Jedoch sind algebraische Rechenoperationen mit komplexen Datentypen im Schnitt 15-mal langsamer als mit den rationalen Datentypen.

Algorithmisches bzw. automatisches Ableiten

In der Disziplin des wissenschaftlichen Rechnens tritt ebenfalls das Problem auf, dass Funktionen im mathematischen wie im programmiertechnischen Sinne nach Variablen bzw. Parametern abgeleitet werden müssen.

Die Methode der finiten Differenzen ist ungenau. Das Verfahren der Wahl, das sich in den letzten Jahrzehnten entwickelt hat, ist die Methode des algorithmischen bzw. automatischen Ableitens. Standardwerke hierzu sind (Rall 1981) und (Griewank 2000). Ein Beispiel für die Ingenieurswissenschaften findet sich in (Mönnigmann 2003).

Die Idee, die sich hinter dem algorithmischen Ableiten verbirgt, ist die Erkenntnis, dass Programme aus elementaren Rechenoperationen (wie Addition, Multiplikation, ...) oder analytischen Funktionen (wie Sinus- oder Exponentialfunktionen) zusammengesetzt sind. Diese Rechenoperationen und Funktionen sind alle analytisch differenzierbar. In der Abfolge des Programms lassen sich die einzelnen analytischen Ableitungen der Basisoperationen über die Kettenregel zu einer gesamten analytischen Ableitung einer programmiertechnischen Funktion verbinden.

Programme zum algorithmischen Ableiten sind nach (Bischof 1997) z.B. ADIFOR für die Programmiersprache FORTRAN oder ADIC für ANSI-C. Ein Programm oder eine Funktion, die abgeleitet werden soll, muss als Source-Code vorliegen. Der Source-Code muss dem Standard entsprechen. So sind die in FORTRAN beliebten COMMON-Blöcke ein Ausschlusskriterium für algorithmisches Ableiten. Programme wie ADIFOR analysieren den Source-Code und erweitern ihn um Funktionen, die die Ableitungen berechnen.

Adjungiertenverfahren

Das Adjungiertenverfahren findet Anwendung, wenn Ableitungen von großen Gleichungssystemen nach Randbedingungen in Folge einer Optimierungsaufgabe berechnet werden müssen. Die hier gewählte Darstellung des Adjungiertenverfahrens basiert auf (Martins 2001a) und (Fazzolari 2007).

Wenn ein Optimierungsproblem zu lösen ist, bedeutet das in der Regel, dass eine Optimierungsfunktion **R** minimiert bzw. maximiert werden muss. Ein Extrempunkt kann analytisch durch die Nullstellensuche der ersten Ableitung der Optimierungsfunktion gefunden werden. Oft lässt sich die Optimierungsfunktion jedoch nicht analytisch ableiten. Dann können z.B. Gradientenverfahren zur Bestimmung eines Extrempunktes verwendet werden. In diesem

Fall ist es lediglich notwendig, Ableitungen in den aktuellen Arbeitspunkten zu berechnen.

Die Optimierungsfunktion $\mathbf{R}$ soll von einigen Designvariablen $\mathbf{r}_j$ abhängig sein. Zudem soll die Optimierungsfunktion noch einige physikalische Randbedingungen mit den Variablen b_k erfüllen.

$$\mathbf{R} = \mathbf{R}(\mathbf{r}_j, b_k) \qquad (3.208)$$

Die physikalischen Randbedingungen B_k müssen immer erfüllt sein.

$$B_k(\mathbf{r}_j, b_k) = 0 \qquad (3.209)$$

Wenn ein gradientenbasierter Optimierungsalgorithmus verwendet wird, müssen die partiellen Ableitungen $\frac{\partial \mathbf{R}}{\partial \mathbf{r}_j}$ berechnet werden. Zur Herleitung der partiellen Ableitungen wird vom totalen Differential $\check{\delta}$ der Optimierungsfunktion ausgegangen.

$$\check{\delta}\mathbf{R} = \frac{\partial \mathbf{R}}{\partial \mathbf{r}_j}\check{\delta}\mathbf{r}_j + \frac{\partial \mathbf{R}}{\partial b_k}\check{\delta}b_k \qquad (3.210)$$

Die Variablen $\check{\delta}\mathbf{r}_j$ und $\check{\delta}b_k$ sind voneinander nicht unabhängig, wenn vorausgesetzt wird, dass die physikalischen Randbedingungen eingehalten werden sollen. Eine Abhängigkeit zwischen den Variablen kann über das totale Differential der physikalischen Randbedingungen berechnet werden.

$$\check{\delta}B = \frac{\partial B_k}{\partial \mathbf{r}_j}\check{\delta}\mathbf{r}_j + \frac{\partial B_k}{\partial b_k}\check{\delta}b_k = 0 \qquad (3.211)$$

Da Gl. (3.211) gleich Null ist, kann sie zur Gl. (3.210) unter Zuhilfenahme eines beliebigen Koeffizientenvektors Ψ_k addiert werden. Der Vektor Ψ_k wird Vektor der adjungierten Variablen genannt. Der Ansatz ist der gleiche wie bei der Multiplikatorenmethode von Lagrange. Die adjungierten Variablen entsprechen dann den Lagrange-Multiplikatoren.

$$\check{\delta}\mathbf{R} = \frac{\partial \mathbf{R}}{\partial \mathbf{r}_j}\check{\delta}\mathbf{r}_j + \frac{\partial \mathbf{R}}{\partial b_k}\check{\delta}b_k + \Psi_k\left(\frac{\partial B_k}{\partial \mathbf{r}_j}\check{\delta}\mathbf{r}_j + \frac{\partial B_k}{\partial b_k}\check{\delta}b_k\right) \qquad (3.212)$$

Durch einfache Umsortierung erreicht man folgende Form:

$$\check{\delta}\mathbf{R} = \left(\frac{\partial \mathbf{R}}{\partial \mathbf{r}_j} + \Psi_k\frac{\partial B_k}{\partial \mathbf{r}_j}\right)\check{\delta}\mathbf{r}_j + \underbrace{\left(\frac{\partial \mathbf{R}}{\partial b_k} + \Psi_k\frac{\partial B_k}{\partial b_k}\right)}_{= 0}\check{\delta}b_k \qquad (3.213)$$

(per Definition)

Da die Werte des Vektors Ψ_k beliebig sind, wird der hintere Klammerausdruck gleich null gesetzt. Es entsteht ein lineares Gleichungssystem, mit dessen Hilfe der Vektor Ψ_k bestimmt werden kann.

$$-\frac{\partial \mathbf{R}}{\partial b_k} = \Psi_k \left(\frac{\partial B_k}{\partial b_k}\right)^T \tag{3.214}$$

Der vordere Teil der Gl. (3.213) kann dann zur Bestimmung der partiellen Ableitungen verwendet werden.

$$\frac{d\mathbf{R}}{d\mathbf{r}_j} = \frac{\partial \mathbf{R}}{\partial \mathbf{r}_j} + \Psi_k \frac{\partial B_k}{\partial \mathbf{r}_j} \tag{3.215}$$

Das Adjungiertenverfahren erlaubt also die analytische Berechnung von partiellen Ableitungen einzelner Gleichungen, die von ganzen Gleichungssystemen abhängen. Das Verfahren ist daher sehr effizient, da das Gleichungssystem nur einmal gelöst werden muss und anschließend nur ein lineares Gleichungssystem für die exakte Berechnung der Ableitungen gelöst werden muss.

4
Simulation der Feuerung und Gasströmung

Autoren: B. Epple, R. Leithner, W. Linzer, H. Walter, A. Werner

Gasförmige, flüssige und feste Brennstoffe werden verständlicherweise i. Allg. in sehr unterschiedlichen Feuerungen verbrannt. Natürlich gibt es auch Feuerungen, die sowohl mit gasförmigen als auch mit flüssigen und festen Brennstoffen befeuert werden können.

Feuerungen umfassen den geregelten Antransport von Brennstoff und Luft, deren Mischung und Abbrand und den Abtransport der Verbrennungsgase und gegebenfalls der Asche und Schlacke. Dazu gehören auch Zündsysteme, Flammenüberwachung und gegebenenfalls Stützfeuerungen.

4.1 Grundlagen

Grundsätzlich ergeben sich aus laminarer und turbulenter Strömungsform in der Flamme und Vormischung von Brennstoff und Luft (Vormischflammen) oder Mischung von Brennstoff und Luft während des Verbrennungsvorgangs (Diffusionsflammen) vier Grundtypen. Technisch bedeutsam in Kraftwerksfeuerungen sind meist nur turbulente Diffusionsflammen. Ferner können noch Strahlflammen (nur axiale Strömung) und Drallflammen (axiale Strömung mit überlagerter Rotations- bzw. Drallströmung) unterschieden werden.

4.1.1 Brennstoffeigenschaften

Es gibt zahlreiche Ansätze, gasförmige, flüssige und feste Brennstoffe zu beschreiben, je nachdem, für welchen Zweck die Angaben benötigt werden. Generell bedeutsam sind natürlich:

- der (untere) Heizwert Hu oder der Brennwert Ho ((oberer) Heizwert einschließlich Verdampfungswärme des im Abgas enthaltenen Wasserdampfes), der die bei der Verbrennung freigesetzte Energie angibt und entweder mit Kalorimetern gemessen oder nach folgender Gleichung aus der Elementaranalyse (umfasst C-, H-, O-, N- und S-Gehalte) nach der „Verbandsformel" bestimmt werden kann:

$$\mathrm{Hu} = \left[33907\, Y_\mathrm{C} + 142324 \left(Y_{\mathrm{H}_2} - \frac{Y_{\mathrm{O}_2}}{8} \right) + 10465\, Y_\mathrm{S} \right.$$

$$\left. - 2512 \left(Y_{\mathrm{H}_2\mathrm{O}} + 9\, Y_{\mathrm{H}_2} \right) \right] \cdot 10^3$$

$$\mathrm{Ho} = \left[33907\, Y_\mathrm{C} + 142324 \left(Y_{\mathrm{H}_2} - \frac{Y_{\mathrm{O}_2}}{8} \right) + 10465\, Y_\mathrm{S} \right] \cdot 10^3$$

Ferner werden benötigt

- die spezifischen Luft- und Rauchgasmengen, die zur Bestimmung des benötigten Luftstroms und des abzuführenden Rauchgas- bzw. Abgasstroms und damit für die Auslegung von Frischluft- und Saugzuggebläsen unerlässlich sind und entweder aus der
- Elementaranalyse (umfasst C-, H-, O-, N- und S-Gehalte) oder aus der statistischen Verbrennungsrechnung bestimmt werden. Die statistischen Verbrennungsrechnung benutzt nur den Heizwert und die Brennstoffart, um die C-, H-, O-, N- und S-Gehalte zu bestimmen (Brandt 1999a), und ist für die Auslegung ausreichend, da ohnehin eine Bandbreite von verschiedenen Brennstoffen mit verschiedenen Elementaranalysen abzudecken ist.
- Natürlich sind auch bei festen und teils auch bei flüssigen Brennstoffen Asche- und Wassergehalt wichtig, die zusammen mit dem Gehalt an flüchtigen Bestandteilen bei der Immediatanalyse (siehe auch 4.3.1) bestimmt werden. Die flüchtigen Bestandteile können allerdings z.B. bei hohem Karbonatgehalt der Asche durchaus aus einem nicht unerheblichen Anteil nicht brennbaren Gases, z.B. CO_2, bestehen.
- Spezifische Dichte (spezifisches Volumen), bei festen Brennstoffen auch die Schüttdichte, zur Berechnung von Geschwindigkeiten und auch von Volumina der Behälter etc.
- Wärmeleitzahl und Zähigkeit für die Berechnung des Wärmeübergangs, falls eine Aufheizung erfolgt.
- Bei festen Brennstoffen: Mahlbarkeit (Hardgrove 1968) und Korngrößenverteilung (Brandt 1999a)

Alle diese Daten und detaillierten Berechnungsmethoden sind u.a. in (Brandt 1999a) zu finden. Verwendung finden diese Größen nicht nur für die Gebläseauslegung, sondern auch für die Energiebilanz des Dampferzeugers und die Brennkammerauslegung.

4.1.2 Verbrennungsrechnung

Die spezifischen Luft- und Rauchgasmengen und die Zusammensetzungen der Rauchgase werden durch die Verbrennungsrechnung bestimmt, die nachfolgend stark konzentriert dargestellt ist. Details sind in (Brandt 1999a) zu finden:

Bei vollständiger, stöchiometrischer Verbrennung benötigt ein Brennstoff bestehend aus der Anzahl n_C an kmol Kohlenstoff (C), n_H kmol Wasserstoff (H), n_S kmol Schwefel (S), n_O kmol Sauerstoff (O) und n_N kmol Stickstoff (N) eine bestimmte Menge Sauerstoffmoleküle (O_2), die durch folgende Gleichung gegeben ist; dabei entsteht folgendes Abgas:

$$C_{n_C}H_{n_H}S_{n_S}O_{n_O}N_{n_N} + \left(n_C + \frac{n_H}{4} + n_S - \frac{n_O}{2}\right) O_2 \longrightarrow$$
$$n_C\, CO_2 + \frac{n_H}{2} H_2O + n_S\, SO_2 + \frac{n_N}{2} N_2 \qquad (4.1)$$

Mit der molaren Masse des Brennstoffs

$$M_{Br} = n_C\, M_C + \frac{n_H}{2} M_{H_2} + n_S\, M_S + \frac{n_O}{2} M_{O_2} + \frac{n_N}{2} M_{N_2} \qquad (4.2)$$

folgt für 1kg Brennstoff sowohl der spezifische Sauerstoffbedarf μ_{O_2st} [kg O_2/kg Brennstoff] bei stöchiometrischer Verbrennung mit reinem Sauerstoff als auch die spez. Rauchgasteilmengen μ_{CO_2st}, μ_{H_2OstS}, μ_{SO_2st} und μ_{N_2stS}.

$$1kg\; \text{Brennstoff} + \underbrace{\frac{\left(n_C + \frac{n_H}{4} + n_S - \frac{n_O}{2}\right) M_{O_2}}{M_{Br}}}_{\mu_{O_2st}} kg\; O_2 \longrightarrow$$
$$\longrightarrow \underbrace{\frac{n_C\, M_{CO_2}}{M_{Br}}}_{\mu_{CO_2st}} kg\; CO_2 + \underbrace{\frac{n_H}{2} \frac{M_{H_2O}}{M_{Br}}}_{\mu_{H_2OstS}} kg\; H_2O+ \qquad (4.3)$$
$$+ \underbrace{\frac{n_S\, M_{SO_2}}{M_{Br}}}_{\mu_{SO_2st}} kg\; SO_2 + \underbrace{\frac{n_N}{2} \frac{M_{N_2}}{M_{Br}}}_{\mu_{N_2stS}} kg\; N_2$$

Analoge Gleichungen können hergeleitet werden, wenn man bei unvollständiger Verbrennung die spezifischen Mengen des unverbrannten Brennstoffs oder die spezifischen Mengen an CO oder anderen Produkten unvollständiger Verbrennung kennt. Da Feuerungen nur in sehr geringen Mengen Produkte unvollständiger Verbrennung emittieren dürfen, werden diese im Allg. vernachlässigt. Auch der Verlust durch unverbrannten Brennstoff darf im Allg. nicht sehr groß werden und hängt mit dem Gehalt an Unverbrannten in der Asche direkt zusammen (DIN 1942, Juni 1979).

Aus dem spezifischen Sauerstoffbedarf μ_{O_2st} bei stöchiometrischer Verbrennung mit Sauerstoff lässt sich mit der Luftzusammensetzung der trockenen Luft (siehe Tabelle 4.1) auch der Luftbedarf an trockener Luft bei stöchiometrischer Verbrennung ermitteln:

Tabelle 4.1. Luftzusammensetzung DIN 1871, (Brandt 1999a)

	Vol.%	Gew.%	vereinfacht	Vol.%	Gew.%
Stickstoff	78,084	75,510	Luft-Stickstoff		
Argon	0,934	1,289	Luft-Stickstoff		
Neon	0,002	0,001	Luft-Stickstoff		
Kohlendioxid	0,032	0,049	Luft-Stickstoff	79,052	76,849
Sauerstoff	20,948	23,151	Sauerstoff	20,948	23,151
Summe	100,000	100,000		100,000	100,00

$$\mu_{Ltr,st} = \frac{\mu_{O_2 st}}{0,23151} \tag{4.4}$$

Mithilfe der Massenanteile, der Molmassen und der Molvolumina (ca. 22,4 m³/kmol) lässt sich die Dichte der trockenen Luft im Normzustand zu $\varrho_{Ltr} = 1,293$ kg/m³ berechnen. Zusätzlich ist der Wassergehalt der Luft zu berücksichtigen, der im Allg. auf 1kg trockene Luft bezogen wird:

$$Y_{H_2O,Ltr} = \frac{\varrho_{H_2O}}{\varrho_{Ltr}} \frac{p_{H_2O,g}}{p - p_{H_2O,g}} = \frac{0,8038}{1,293} \frac{\varphi_L \, p_{H_2O,g,Sätt}}{p - \varphi_L \, p_{H_2O,g,Sätt}}$$
$$= \frac{0,804}{1,293} \frac{V_{H_2O,mol}}{V_{Ltr,mol}} \tag{4.5}$$

Die Luftüberschusszahl n_L ist definiert als das Verhältnis der tatsächlich zugeführten spez. Verbrennungsluftmenge (trocken oder feucht) zum spez. stöchiometrischen Luftbedarf (trocken oder feucht).

$$n_L = \frac{\mu_{Ltr}}{\mu_{Ltr,st}} = \frac{\mu_{Lfe}}{\mu_{Lfe,st}} \tag{4.6}$$

Die Luftüberschusszahl hängt vor allem vom Brennstoff, aber auch von der Feuerungsart ab und kann auch innerhalb der Brennkammer aus Gründen der primären NO$_x$-Minderung variieren (Luftstufung, Overfire-Air, Brennstoffstufung). Anhaltswerte gibt die Tabelle 4.2.

Die Dichte der feuchten Luft im Normzustand ergibt sich mit

$$\frac{1}{\varrho} = \sum_i \frac{Y_i}{\varrho_i} \tag{4.7}$$

und mit dem Wassergehalt der Luft bezogen auf 1kg feuchte Luft

$$Y_{H_2O,Lfe} = \frac{Y_{H_2O,Ltr}}{1 + Y_{H_2O,Ltr}} \tag{4.8}$$

$$\frac{1}{\varrho_{Lfe}} = \frac{1 - Y_{H_2O,Lfe}}{1,293} + \frac{Y_{H_2O,Lfe}}{0,8038} \tag{4.9}$$

Der Abgasstrom setzt sich entsprechend der Massenbilanz zusammen aus dem Luftstrom und dem Brennstoffstrom, sofern nicht ein Teil der Asche nicht mit dem Abgasstrom mitfliegt, sondern sich im Trichter etc. absetzt.

Bei Wirbelschichtfeuerungen kann noch ein Bettmaterialstrom und ein Additivstrom hinzukommen, die auch bei den Energiebilanzen in den folgenden Unterkapiteln berücksichtigt werden müssen; andererseits sind unter Umständen Trichteraschesträme bzw. Ascheabzug aus dem Bett abzuziehen.

Die Abgaszusammensetzung kann aus der Gleichung 4.3, dem Luftüberschuss und der Flugasche etc. abgeleitet oder in (Brandt 1999a) nachgeschlagen werden.

4.1.3 Adiabate Verbrennungstemperatur (ohne Bettmaterial und Additive)

Mit adiabater Verbrennungstemperatur wird die Abgastemperatur bezeichnet, die bei einer Verbrennung ohne Wärmeabgabe an die Brennkammerwände entstünde; d.h. die gesamte durch die Verbrennung freigesetzte Wärme wird in einer Temperaturerhöhung der Abgase bis auf die „adiabate Verbrennungstemperatur" umgesetzt.

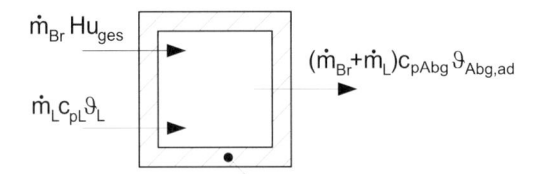

Abb. 4.1. Energiebilanz und Massenbilanz für die Berechnung der adiabaten Verbrennungstemperatur

Es gilt (unter der vereinfachenden Annahme, dass der gesamte Brennstoffstrom $\dot{m}_{Br}$ verbrennt) folgende Energiebilanz (Abb. 4.1) mit Hu_{ges} als (unterer) Heizwert einschließlich einer eventuellen Brennstoffvorwärmung:

$$\dot{m}_{Br}\,Hu_{ges} + \dot{m}_L\,c_{pL}\,\vartheta_L = \left(\dot{m}_{Br} + \dot{m}_L\right)c_{pAbg}\,\vartheta_{Abg,ad} \qquad (4.10)$$

Mit dem Massenerhaltungssatz:

$$\dot{m}_{Abg} = \dot{m}_{Br} + \dot{m}_L \qquad (4.11)$$

und den spezifischen Luft- und Rauchgasmengen $\mu_L = n_L\,\mu_{Lst}$ und $\mu_{Abg} = 1 + \mu_L$ vereinfacht sich Gleichung (4.10) zu

$$\dot{m}_{Br}\,Hu_{ges} + \dot{m}_{Br}\,n_L\,\mu_{Lst}\,c_{pL}\,\vartheta_L = \dot{m}_{Br}\left(1 + n_L\,\mu_{Lst}\right)c_{pAbg}\,\vartheta_{Abg,ad}$$

$$Hu_{ges} + n_L\,\mu_{Lst}\,c_{pL}\,\vartheta_L = \left(1 + n_L\,\mu_{Lst}\right)c_{pAbg}\,\vartheta_{Abg,ad} \qquad (4.12)$$

Da $\dot{m}_{Br}$ gekürzt werden kann, fällt auf, dass die adiabate Verbrennungstemperatur $\vartheta_{Abg,ad}$ in °C unabhängig vom Brennstoffstrom ist

$$\vartheta_{Abg,ad} = \frac{\text{Hu}_{ges} + n_L\,\mu_{Lst}\,c_{pL}\,\vartheta_L}{c_{pAbg}\,(1 + n_L\,\mu_{Lst})} \quad (4.13)$$

und nur abhängig von Hu_{ges} und μ_{Lst}, welches Brennstoffeigenschaften sind, vom Luftüberschuss n_L und der Verbrennungslufttemperatur ϑ_L in °C.

Wird statt des Heizwertes Hu_{ges} der Brennwert Ho_{ges} verwendet, so muss dies in der spez. Wärmekapazität der Abgase c_{pAbg} entsprechend berücksichtigt werden, die dann ebenfalls die Kondensationswärme des Wasserdampfes beinhalten muss; dasselbe gilt natürlich auch für die spezifische Wärmekapazität der Luft c_{pL}. Nur so ergibt sich die gleiche adiabate Verbrennungstemperatur.

Einige Anhaltswerte der adiabaten Verbrennungstemperatur für einige fossile Brennstoffe bei üblichen Luftüberschüssen und Lufttemperaturen gibt die Tabelle 4.2.

Tabelle 4.2. Anhaltswerte der adiabaten Verbrennungstemperatur für einige fossile Brennstoffe bei üblichen Luftüberschüssen und Lufttemperaturen

Brennstoff	Luftüberschuss n		Lufttemp. ϑ_L °C	adiab. Verbrennungstemperatur der Rauchgase $\vartheta_{Abg,ad}$ °C	Kommentar
	früher	heute			
Erdgas	1,05	1,03	ca. 300	ca. 2200	
Schweröl	1,10	1,05	ca. 300	ca. 2250	
Braunkohle	1,25	1,15	ca. 300	ca. 1400	schwankt stark mit dem Heizwert
Steinkohle	1,25	1,15	ca. 350	ca. 2150	

Die adiabate Verbrennungstemperatur ist auch ein Richtwert für die maximalen Brennkammertemperaturen – also eine nützliche Kontrolle von CFD–Berechnungen.

4.2 Vereinfachte Brennkammermodelle

4.2.1 Nulldimensionales Brennkammermodell

Das nulldimensionale Brennkammermodell nach (Traustel 1955) basiert auf der Annahme, dass der Wärmetransport von den Brennkammergasen an die Brennkammerwände, der auf Grund der im Allg. bei höheren Lasten sehr hohen Temperaturen in den Brennkammern vom Strahlungswärmetransport dominiert wird, mit sehr guter Näherung durch eine mittlere Temperatur ($\overline{\vartheta}_{Abg}$

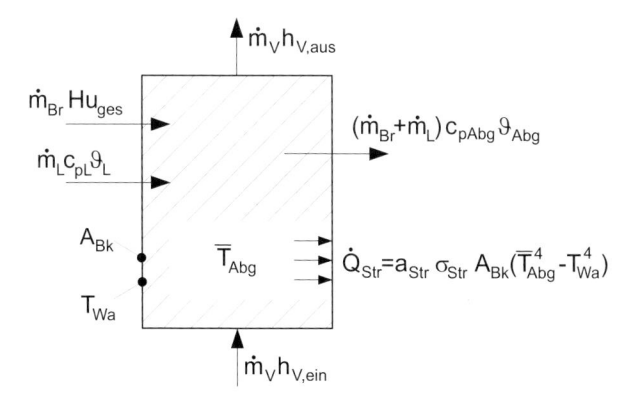

Abb. 4.2. Energiebilanz der Brennkammer und Brennkammerwände

in °C bzw. $\overline{T}_{Abg}$ in K) und durch einen einzigen Absorptionskoeffizienten a_{Str} beschrieben werden kann.

Danach gilt die in Abb. 4.2 dargestellte Energiebilanz (ohne Bettmaterial und Additive):

$$\underbrace{\dot{m}_{Br}\,\text{Hu}_{ges} + \dot{m}_L\,c_{pL}\,\vartheta_L}_{\substack{\text{mit Brennstoff und Luft}\\\text{eintretende Energieströme}}} = \underbrace{a_{Str}\,\sigma_{Str}\,A_{Bk}\left(\overline{T}_{Abg}^4 - T_{Wa}^4\right)}_{\substack{\text{Wärmeabstrahlung an}\\\text{die Brennkammerwände}}} + \underbrace{(\dot{m}_{Br} + \dot{m}_L)\,c_{pAbg}\vartheta_{Abg}}_{\substack{\text{mit den Abgasen}\\\text{aus der Brennkammer}\\\text{austretender Energiestrom}}} \quad (4.14)$$

Der linke Teil der Gl. (4.14) ist aus Abschnitt 4.1.3 bekannt und proportional der adiabaten Verbrennungstemperatur $\vartheta_{Abg,ad}$ in °C.

$$(\dot{m}_{Br} + \dot{m}_L)\,c_{pAbg}\,\vartheta_{Abg,ad} = a_{Str}\,\sigma_{Str}\,A_{Bk}\left(\overline{T}_{Abg}^4 - T_{Wa}^4\right) + (\dot{m}_{Br} + \dot{m}_L)\,c_{pAbg}\,\vartheta_{Abg} \quad (4.15)$$

Mit dem Massenerhaltungssatz

$$\dot{m}_{Br} + \dot{m}_L = \dot{m}_{Abg} \quad (4.16)$$

und nach einer Division der Gl. (4.15) mit $T_{Abg,ad}^4$ und einer Umstellung ergibt sich

$$\dot{m}_{Abg}\,c_{pAbg}\,(T_{Abg,ad} - T_{Abg})\,\frac{1}{T_{Abg,ad}^4} = a_{Str}\,\sigma_{Str}\,A_{Bk} \left[\left(\frac{\overline{T}_{Abg}}{T_{Abg,ad}}\right)^4 - \left(\frac{T_{Wa}}{T_{Abg,ad}}\right)^4\right] \quad (4.17)$$

Da im Allg. $T_{Wa}^4 \ll T_{Abg,ad}^4$ gilt und daher der Term $(T_{Wa}/T_{Abg,ad})^4$ vernachlässigbar klein ist gegenüber $(\overline{T}_{Abg}/T_{Abg,ad})^4$, vereinfacht sich mit der Annahme, dass für die mittlere Temperatur

$$\overline{T}_{Abg} = \sqrt{T_{Abg,ad} T_{Abg}} \qquad (4.18)$$

gilt, die Gleichung (4.17) zu folgender quadratischen Gleichung:

$$\frac{1}{a_{Str}} \underbrace{\frac{\dot{m}_{Abg}\, c_{pAbg}}{\sigma_{Str}\, A_{Bk}\, T_{Abg,ad}^3}}_{K_o = Konakow-Zahl} \left(1 - \frac{T_{Abg}}{T_{Abg,ad}}\right) = \left(\frac{T_{Abg}}{T_{Abg,ad}}\right)^2 \qquad (4.19)$$

Deren Lösung ist einfach zu bestimmen

$$\frac{T_{Abg}}{T_{Abg,ad}} = \frac{1}{2}\frac{K_o}{a_{Str}}\left(\sqrt{1 + 4\frac{a_{Str}}{K_o}} - 1\right) \qquad (4.20)$$

Es gibt auch noch andere Lösungsmöglichkeiten für die Gl. (4.17), die nicht genauer, aber weniger elegant sind. Der „Trick" und die Eleganz dieser Lösung liegen natürlich in der Wahl des Mittelwerts zwischen adiabater Verbrennungstemperatur und Brennkammertemperatur, also der Quadratwurzel aus dem Produkt und damit der Reduktion der Gleichung 4. Ordnung auf eine 2. Ordnung.

Die von den Brennkammergasen abgestrahlte und von den im Allg. als Verdampfer geschalteten Brennkammerwänden aufgenommene Wärme wird zur Aufheizung des Verdampfermassenstroms verwendet.

Es gilt daher folgende weitere Energiebilanz für die Brennkammerwände

$$\begin{aligned}\dot{Q}_{str} &= a_{Str}\, \sigma_{Str}\, A_{Bk}\left(\overline{T}_{Abg}^4 - T_{Wa}^4\right)\\ &= \dot{m}_V\left(h_{V,aus} - h_{V,ein}\right)\end{aligned} \qquad (4.21)$$

Auch dieses stark vereinfachte, nulldimensionale Brennkammermodell eignet sich sehr gut zur Überprüfung von CFD-Berechnungen. Man benötigt allerdings einige Erfahrung bezüglich der Wahl von a_{Str}.

4.2.2 Flammraum-Strahlraum-Modell

Mit dem in Kapitel 4.2.1 beschriebenen und zum Beispiel bei (Berndt 1984), (Klug 1984), (Heitmüller 1987), (Dymek 1991) oder (Rohse 1995) in der dynamischen Simulation eingesetzten Konakow-Modell kann die Feuerraumaustrittstemperatur und der gesamte im Feuerraum übertragene Wärmestrom gut abgeschätzt werden. Es kann jedoch kein Wärmestromdichteprofil über die Feuerraumhöhe berechnet werden.

Betrachtet man die in Abb. 4.3 beispielhaft dargestellte Verteilung der Wärmestromdichte in der Brennkammer eines Dampferzeugers, so lässt sich

4.2 Vereinfachte Brennkammermodelle

sehr deutlich die ungleichmäßige Verteilung über die Feuerraumhöhe erkennen. Um den mit dem Konakow-Modell ermittelten übertragenen Wärmestrom in ein Wärmestromdichteprofil überführen zu können, werden die Verteilungen der Wärmestromdichte i. Allg. auch noch für verschiedene Lastfälle benötigt. Ist eine solche Wärmestromdichteverteilung nicht verfügbar, so kann für Feuerräume mit tief liegenden Brennern eine von Doležal in (Doležal 1990) angegebene Beziehung für die Umrechnung der gesamten im Feuerraum abgegebenen Wärme auf die örtliche Wärmestromdichte herangezogen werden. Nachteilig in der von Doležal angegebenen Gleichung sind die die Brenneranordnung charakterisierenden Konstanten, welche einen großen Einfluss auf die Lage der Maxima der Beheizung haben. Nach (Riemenschneider 1988) ist jedoch die korrekte Erfassung der integralen Wärmezufuhr für die Dampferzeugerdynamik von größerer Bedeutung als die korrekte Erfassung des Verlaufs der Wärmestromdichte über die Brennkammerhöhe.

Bei dem Flammraum-Strahlraum-Modell wird die Brennkammer, wie in Abb. 4.4 dargestellt, in Anlehnung an das Zonenmodell von Hottel und Sarofin, in zwei Bereiche – den Flammraum und den Strahlraum – unterteilt. In der Modellvorstellung erfolgt der primäre Wärmeaustausch mit der Wand im Flammraum durch Flammenstrahlung, während im Strahlraum der Austausch allein durch die Gasstrahlung erfolgt. Auf Grund dieser Annahmen kommt es zu differierenden mittleren Temperaturen und Wärmeströmen in den beiden Zonen, was eine näherungsweise Berücksichtigung des in Abb. 4.3 skizzierten Verlaufs der Wärmestromdichte darstellt. Betrachtet man die in Abb. 4.4 eingetragenen Wärmeströme, so wurde kein Wärmetransport auf Grund einer Rückstrahlung vom Strahlraum in den Flammraum vorgesehen, was zu einer Entkoppelung der Berechnung beider Zonen führt. Im Gegensatz zum Zonenmodell müssen somit die Feuerraumendtemperatur und die Wärmestromdichte im Feuerraum des Dampferzeugers nicht iterativ bestimmt werden.

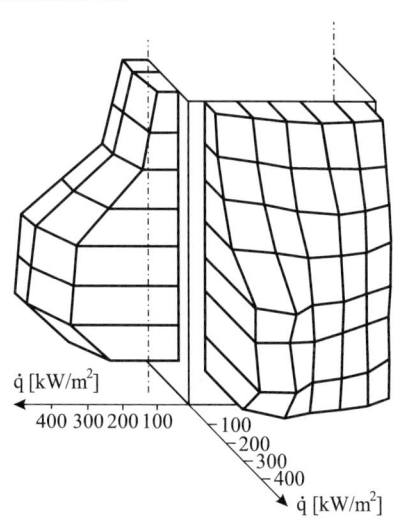

Abb. 4.3. Wärmestromdichteverteilung im Feuerraum, (Schobesberger 1989)

Eine weitere Modellvoraussetzung für den Flammraum ist die Annahme, dass die Flamme den Flammraum vollständig ausfüllt und der in den Dampferzeuger eingebrachte Brennstoff am Strahlraumeintritt vollständig verbrannt ist.

250 Simulation von Feuerungen und Gasströmungen

Flammraum

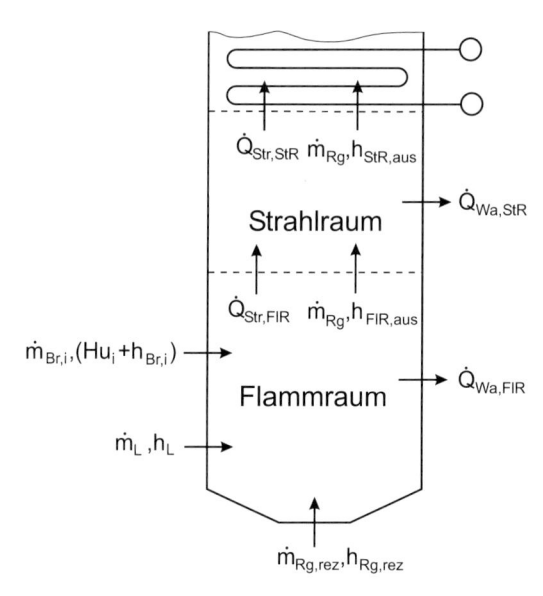

Abb. 4.4. Flammraum-Strahlraum-Modell, (Walter 2001)

Abb. 4.4 zeigt die dem Flammraum zu- und abgeführten Wärme-, Massen- und Enthalpieströme, wie sie für die Berechnung des Flammraumes benötigt werden. Die Modellierung der Brennkammer des Dampferzeugers erfolgt unter der Annahme, dass gleichzeitig k unterschiedliche Brennstoffe in den Feuerraum eingebracht werden können. Sowohl der in die Brennkammer mit einem Heizwert Hu_i eingebrachte Brennstoff als auch die Verbrennungsluft können eine Vorwärmung erfahren haben, was zu einer Erhöhung der spezifischen Enthalpie der Verbrennungsluft um Δh_L und der des jeweiligen Brennstoffes um $\Delta h_{Br,i}$ auf h_L bzw. $h_{Br,i}$ führt.

Die theoretische spezifische Enthalpie der adiabaten Verbrennung ergibt sich aus den dem Flammraum zugeführten Wärmeströmen zu:

$$h_{FlR,ein} = \frac{\sum \dot{Q}_{FlR,ein}}{\dot{m}_{Abg}}$$
$$= \frac{\dot{m}_L h_L + \dot{m}_{Abg,rez} h_{Abg,rez} + \sum_{i=1}^{k} \dot{m}_{Br,i}(Hu_i + h_{Br,i})}{\dot{m}_{Abg}} \quad (4.22)$$

Das Emissionsverhältnis der Flamme ε_{Fla} ist, wie bei (Siegel 1991b) oder (Riemenschneider 1988) ausführlich dargestellt wird, von vielen Parametern, wie z.B. der Anzahl der Kohlenstoffteilchen in der Flamme, der Form des Brenners, der Aufwärmung der Luft und des Brennstoffes, den Partialdrücken, dem Verbrennungsluftverhältnis oder dem Ort innerhalb der Flamme, abhängig, sodass sich keine allgemeinen Angaben darüber machen lassen. Um diese Abhängigkeiten untereinander darstellen zu können, ist eine mehrdimensionale Feuerraummodellierung – wie sie z.B. in Kapitel 4.5 beschrieben werden – notwendig, wobei ein Teil dieser Einflussfaktoren trotzdem experimentell bestimmt werden müsste. (Doležal 1990) gibt für unterschiedliche Brennstoffe Anhaltswerte für den Emissionsgrad der Flamme an.

Tabelle 4.3. Flammenemissionsgrade unterschiedlicher Brennstoffe, (Doležal 1990)

Brennstoff	Emissionsgrad
Stein- und Braunkohle	0,55 - 0,80
Heizöl	0,45 - 0,85
Erdgas	0,40 - 0,60
Gichtgas	0,35 - 0,60

Die Berechnung des Emissionsverhältnisses der Flamme ε_{Fla} kann z.B. unter Zuhilfenahme der von (Schuhmacher 1972) angegebenen und in Abb. 4.5 als Funktion der Schichtdicke dargestellten Werte für den Emissionsgrad erfolgen.

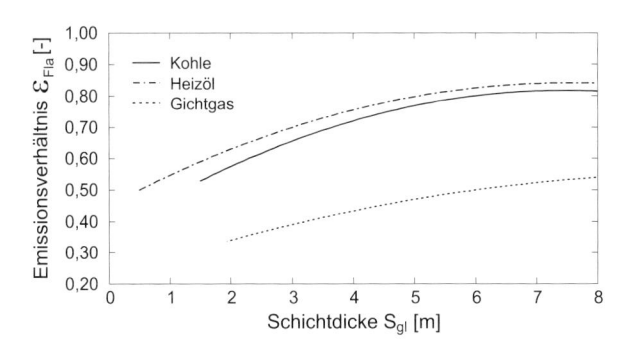

Abb. 4.5. Emissionsverhältnis der Flamme in Abhängigkeit von der Schichtdicke

(Wochinz 1992) hat die von Schuhmacher und Waldman angegebenen Kurven durch Polynome 2. Ordnung angenähert, um sie einer numerischen Behandlung zugänglich machen zu können. Für die einzelnen Brennstoffgruppen gibt Wochinz folgende Beziehungen an:

$$\varepsilon_{Fla} = 0,365 + (0,12125 - 0,008125\, S_{gl})\, S_{gl} \quad \text{für Kohle} \qquad (4.23)$$

$$\varepsilon_{Fla} = 0,45 + (0,10375 - 0,006875\, S_{gl})\, S_{gl} \quad \text{für Heizöl} \qquad (4.24)$$

$$\varepsilon_{Fla} = 0,22 + (0,06667 - 0,003332\, S_{gl})\, S_{gl} \quad \text{für Gichtgas} \qquad (4.25)$$

mit der äquivalenten Schichtdicke S_{gl} nach (Günther 1974)

$$S_{gl} = 3,4 \frac{V_{FlR}}{A_{O,FlR} + A_{FlR,aus}} \qquad (4.26)$$

Die Bestimmung der mittleren bzw. äquivalenten Schichtdicke ist abhängig von den den Gaskörper umgebenden Rohrwänden und erfolgt unter Berücksichtigung der Absorptionsgesetze. Dazu wird der Strahlungsaustausch jedes Volumenelements des Gaskörpers mit jedem Flächenelement ermittelt. Ist z.B. der Gaskörper von Rohrwänden umschlossen, so ist die projizierende Fläche für die Berechnung der äquivalenten Schichtdicke heranzuziehen. Für die Schichtdicke im Außenraum von Rohrbündeln wäre folgende Beziehung zu verwenden:

$$S_{gl} = 0,85 \frac{\left(\frac{4}{\pi}\frac{t}{d_a} - \frac{d_a}{t}\right)t}{1 + \frac{t}{2l}\left(\frac{4}{\pi}\frac{t}{d_a} - \frac{d_a}{t}\right)} \qquad (4.27)$$

mit der Rohrlänge l und der Teilung

$$t = \sqrt{t_l t_q} \qquad (4.28)$$

Werden unterschiedliche Brennstoffe gleichzeitig zur Verfeuerung in die Brennkammer eines Dampferzeugers eingebracht, so muss für das Flammraummodell ein mittleres, gewichtetes Emissionsverhältnis der Flamme $\varepsilon_{Fla,gew}$ berechnet werden. Die Wichtung der einzelnen Flammenemissionsverhältnisse erfolgt unter Zuhilfenahme der Brennstoffmassenströme.

$$\varepsilon_{Fla,gew} = \frac{\sum_{i=1}^{k} \varepsilon_{Fla,i}\, \dot{m}_{Br,i}}{\sum_{i=1}^{k} \dot{m}_{Br,i}} \qquad (4.29)$$

Für den gesamten Flammraum ergibt sich das mittlere Emissionsverhältnis aus

$$\overline{\varepsilon}_{FlR} = \frac{1}{\dfrac{1}{\varepsilon_{Fla,gew}} + \dfrac{A_{O,Fla}}{A_{O,FlR} + A_{FlR,aus}}\left(\dfrac{1}{\varepsilon_{Wa}} - 1\right)} \qquad (4.30)$$

mit dem Emissionsgrad für die Wand des Feuerraumes ε_{Wa}. In einer rohbraunkohlestaubbefeuerten Dampferzeuger-Brennkammer liegt ε_{Wa} nach (Jahns 1979) im Bereich von 0,6 bis 0,9.

Für das Flammraum-Strahlraum-Modell wurde weiters die Annahme getroffen, dass die Flammenoberfläche $A_{O,Fla}$ gleich der Summe aus der Flammraumwandoberfläche $A_{O,FlR}$ und der Querschnittsfläche zwischen Flamm- und Strahlraum $A_{FlR,aus}$ ist. Die Wandoberfläche des Flammraumes $A_{O,FlR}$ errechnet sich aus

$$A_{O,FlR} = \sum_{i=1}^{j} A_{O,Wa,i}\, \Psi_i \qquad (4.31)$$

mit $A_{O,Wa,i}$, der i-ten Flammraumwandoberfläche und Ψ_i, der der Flammraumwandoberfläche zugehörigen Wertigkeit. Die Ermittlung der Wertigkeit der Strahlungsheizfläche kann zum Beispiel nach (Brandt 1995) erfolgen und ist für eine einseitig beheizte Flossenrohrwand gleich 1.

Die Wertigkeit einer einseitig beheizten Glatttrohrwand errechnet sich aus

$$\Psi_{ez} = 1 - \frac{\sqrt{a^2-1} - \arctan\left(\sqrt{a^2-1}\right)}{a} \quad (4.32)$$

mit dem Parameter $a = t/d_a$. Liegt hinter der Rohrwand eine wärmeundurchlässige reflektierende Wand, so ergibt sich die gesamte Einstrahlzahl für das Glattrohr Ψ_{ges} zu:

$$\Psi_{ges} = 1 - (1-\Psi_{ez})^2 = 1 - \left[\frac{\sqrt{a^2-1} - \arctan\left(\sqrt{a^2-1}\right)}{a}\right]^2 \quad (4.33)$$

Der mittlere Emissionsgrad $\overline{\varepsilon}_{FlR}$ kann nun, unter Zugrundelegung der oben getroffenen Annahmen, wie jener für unendlich große, ebene parallele Flächen ermittelt werden.

$$\overline{\varepsilon}_{FlR} = \frac{1}{\dfrac{1}{\overline{\varepsilon}_{Fla}} + \left(\dfrac{1}{\varepsilon_{Wa}} - 1\right)} \quad (4.34)$$

Eine weitere dem Flammraum-Strahlraum-Modell zugrunde gelegte Modellannahme geht bezüglich des Strahlungsaustausches zwischen Flamm- und Strahlraum davon aus, dass der Flammraum für Strahlung nur in eine Richtung durchlässig ist. D.h., aus dem Flammraum kann die von der Flamme emittierte Strahlung in den Strahlraum einstrahlen, es erfolgt jedoch keine Rückstrahlung aus dem Strahlraum.

Bilanziert man, unter Berücksichtigung der oben getroffenen Annahmen, über die im gesamten Flammraum zu- und abgeführten Wärmemengen, so lässt sich eine implizite Beziehung für die Rauchgastemperatur am Flammraumaustritt angeben.

$$T_{FlR,aus} = 100 \sqrt[4]{\frac{\dot{m}_{Abg}(h_{FlR,ein} - h_{FlR,aus})}{\overline{\varepsilon}_{FlR} f_{sch} \sigma_{Str}(A_{O,FlR} + A_{FlR,aus})} + \left(\frac{T_{Wa,FlR}}{100}\right)^4} \quad (4.35)$$

mit der Stefan-Boltzmann-Konstanten $\sigma_{Str} = 5,67051$ W/m^{2}K^4 und der spezifischen Enthalpie am Flammraumaustritt

$$h_{FlR,aus} = \overline{c}_{p\,Abg}\vartheta_{FlR,aus} \quad (4.36)$$

Der Verschmutzungsfaktor f_{sch} wird z.B. für Kohlenstaubfeuerungen von (Lawrenz 1978) mit 0,55, von (Doležal 1961) mit 0,7 angegeben. Für flüssige Brennstoffe und feste Brennstoffe auf Rostfeuerungen liegt der Verschmutzungsfaktor f_{sch} zwischen 0,9 und 1, wobei der niedrigere Wert für Öl mit einem großen Anteil an Natrium in der Asche zu wählen ist. Für gasförmige Brennstoffe ist $f_{sch} = 1$ zu setzen.

Auf Grund des impliziten Charakters der Gl. (4.35) muss die Abgastemperatur am Flammraumaustritt unter Zuhilfenahme der Beziehung (4.36) iterativ bestimmt werden.

Der an die Rohrwand im Flammraum abgeführte Wärmestrom $\dot{Q}_{Wa,FlR}$ errechnet sich als proportionaler Anteil des gesamten im Flammraum zur Verfügung stehenden Wärmestromes.

$$\dot{Q}_{Wa,FlR} = \dot{m}_{Abg} \left(h_{FlR,ein} - h_{FlR,aus} \right) \frac{A_{O,FlR}}{A_{O,FlR} + A_{FlR,aus}} \quad (4.37)$$

Der vom Flammraum in den Strahlraum abgegebene Wärmestrom $\dot{Q}_{FlR,aus}$ lässt sich somit durch folgende einfache Beziehung angeben:

$$\dot{Q}_{Str,FlR} = \dot{m}_{Abg} \left(h_{FlR,ein} - h_{FlR,aus} \right) - \dot{Q}_{Wa,FlR} \quad (4.38)$$

Strahlraum

Abb. 4.4 zeigt die dem Strahlraum zu- und abgeführten Wärme-, Massen- und Enthalpieströme, wie sie für die hier zur Anwendung kommende Modellvorstellung zur Strahlraumberechnung benötigt werden.

Mit der aus dem Flammraum austretenden spezifischen Enthalpie des Abgases und den vom Gas absorbierten Anteil des Wärmestromes der Flammenstrahlung $\dot{Q}_{Str,FlR}$ lässt sich eine fiktive spezifische Enthalpie $h_{StR,ein}$ des in den Strahlraum eintretenden Abgases ermitteln:

$$h_{StR,ein} = \frac{\dot{Q}_{Str,FlR}\, \varepsilon_{Abg}}{\dot{m}_{Abg}} + h_{FlR,aus} \quad (4.39)$$

mit ε_{Abg} als dem Emissionsverhältnis des Abgases.

Für das Emissionsverhältnis des Abgases ist die Gasstrahlung im infraroten Bereich von Bedeutung. In diesem Gebiet strahlen vor allem die Abgaskomponenten CO_2 und H_2O, wobei die Emission nicht kontinuierlich über alle Wellenlängen erfolgt, sondern selektiv über begrenzte Wellenlängenbereiche. Die Hauptbestandteile der Luft, N_2 und O_2, lassen hingegen Strahlung im Infrarotbereich ungehindert durch. D.h., sie absorbieren nicht und emittieren daher nach dem Gesetz von Kirchhoff auch keine Strahlung. Dass die Komponenten CO_2 und H_2O des Abgases für den Wärmeübergang in den Feuerräumen von Dampferzeugern eine so wesentliche Bedeutung haben, wurde als Erstes von (Schack 1924) erkannt. Seine Vermutung wurde experimentell bestätigt, wobei den Arbeiten von (Schmidt 1932), (Schmidt 1937), (Hottel 1942), (Hottel 1941) und (Hottel 1935) eine besondere Bedeutung zukommt.

Die spektrale Intensität der Abgaskomponenten CO_2 und H_2O ist abhängig vom Gesamtdruck, vom Partialdruck, der Schichtdicke und der Gastemperatur. Diagramme zum Gesamtemissionsgrad für ε_{CO_2} und ε_{H_2O} werden z.B. bei (Vortmeyer 2006a), (Baehr 1994), (Hottel 1967), (Günther 1974) oder (Brandt 1995) angegeben. Bei Gasgemischen nimmt man – entsprechend dem Beer'schen Gesetz – an, dass für eine konstante Temperatur und einen konstanten Gesamtdruck die Strahlung vom Produkt von Partialdruck und Schichtdicke abhängt. Dies trifft für CO_2 weitgehend zu, nicht jedoch für H_2O (Günther 1974).

Im Verbrennungsgas von Dampferzeugern tritt sowohl CO_2 als auch H_2O auf. Das gesamte Emissionsverhältnis des Abgases errechnet sich somit als Summe der einzelnen Emissionsgrade der Abgaskomponenten, ermittelt unter dem jeweiligen Partialdruck.

$$\varepsilon_{Abg} = \varepsilon_{CO_2} + \varepsilon_{H_2O} \tag{4.40}$$

Der tatsächliche Gesamtemissionsgrad ist jedoch kleiner als die Summe aus den beiden Einzelemissionsgraden. Dies ist darauf zurückzuführen, dass sich einige der Emissionsbanden von CO_2 und H_2O überlappen (siehe dazu (Günther 1974)). Hottel und Egbert (Hottel 1942) haben die in Gl. (4.40) anzubringende Bandenüberdeckungskorrektur $\Delta\varepsilon_{Abg}$ bestimmt und in Diagrammen dargestellt. Der Gesamtemissionsgrad für das Abgas ergibt sich somit zu

$$\varepsilon_{Abg} = \varepsilon_{CO_2} + \varepsilon_{H_2O} - \Delta\varepsilon_{Abg} \tag{4.41}$$

Verschiedene Autoren (siehe dazu z.B. (Schack 1970), (Kostowski 1991), (Kohlgrüber 1986) oder (Schack 1971)) haben die von (Hottel 1942) dargestellten Diagramme einer numerischen Verarbeitung zugänglich gemacht, indem sie die dafür notwendigen Beziehungen entwickelt haben.

Aus der gesamten vom Gaskörper im Strahlraum der Brennkammer an die Wand abgegebenen Wärme errechnet sich der Wärmeübergangskoeffizient für die Strahlung zu:

$$\alpha_{Str} = \frac{2\varepsilon_{Wa}\Psi}{1+\varepsilon_{Wa}\Psi} \frac{\sigma_{Str}\left[\varepsilon_{Abg}\left(\dfrac{\overline{T}_{Abg}}{100}\right)^4 - a_{Str}\left(\dfrac{T_{Wa,StR}}{100}\right)^4\right]}{T_{Abg}-T_{Wa,StR}} \tag{4.42}$$

Die mittlere isotherme Abgastemperatur $\overline{T}_{Abg}$ für den Strahlraum, welche sich aus dem arithmetischen Mittel aus der Flammraum- und der Strahlraumaustrittstemperatur berechnet, ergibt sich zu:

$$\overline{T}_{Abg} = 273,15 + \frac{\vartheta_{FlR,aus} + \vartheta_{StR,aus}}{2} \tag{4.43}$$

Das Absorptionsverhältnis ist, im Gegensatz zum Emissionsverhältnis, nicht nur vom Gesamtdruck, dem Partialdruck, der Schichtdicke und der Gastemperatur, sondern auch von der Oberflächentemperatur der Brennkammerwand abhängig. Da Gase keine grauen Strahler sind, stimmt das Absorptionsverhältnis a_{Str} – außer im Grenzfall $\overline{T}_{Abg} = T_{Wa,StR}$ – nicht mit dem Emissionsverhältnis ε_{Abg} überein. (Hottel 1942) (vergleiche auch (Hottel 1967)) haben den Absorptionsgrad für CO_2 und H_2O bestimmt und durch Gleichungen mit dem Emissionsgrad ε_{CO_2} bzw. ε_{H_2O} verknüpft.

Um die Strahlraumaustrittstemperatur $\vartheta_{StR,aus}$ ermitteln zu können, wird über die in Abb. 4.4 dargestellten zu- und abgeführten Wärmeströme des Strahlraumes bilanziert, wobei hier zunächst für die beiden Teilstrahlungswärmeströme $\dot{Q}_{Str,StR}$ und $\dot{Q}_{Wa,StR}$, welche nicht bekannt sind, die gesamte vom Gaskörper im Strahlraum der Brennkammer an die Wände abgegebene Wärme

$$\dot{Q}_{ges,StR} = \alpha_{Str}\, A_{O,StR} \left(\frac{\vartheta_{FlR,aus} + \vartheta_{StR,aus}}{2} - \vartheta_{Wa,StR} \right) \qquad (4.44)$$

eingesetzt wird. Substitution der spezifischen Enthalpie am Strahlraumaustritt in der Energiebilanz durch $h_{StR,aus} = \overline{c}_{p\,Abg}\vartheta_{StR,aus}$ und anschließende Umformung dergleichen liefert, in expliziter Form, die gesuchte Austrittstemperatur aus dem Strahlraum

$$\vartheta_{StR,aus} = \frac{h_{StR,ein} - \dfrac{A_{O,StR}}{\dot{m}_{Abg}} \alpha_{Str}\left(0,5\,\vartheta_{FlR,aus} - \vartheta_{Wa,StR}\right)}{\overline{c}_{p\,Abg} + \dfrac{A_{O,StR}}{2\,\dot{m}_{Abg}} \alpha_{Str}} \qquad (4.45)$$

Mit der Kenntnis der Strahlraumaustrittstemperatur lassen sich die Teilstrahlungswärmeströme $\dot{Q}_{Str,StR}$ und $\dot{Q}_{Wa,StR}$ als Summe aus den Anteilen der gesamten im Strahlraum freigesetzten Strahlungswärme des Gases und der von der Flamme direkt eingestrahlten Wärme ermitteln.

$$\dot{Q}_{Str,StR} = \dot{m}_{Abg}\left(h_{StR,ein} - h_{StR,aus}\right) \frac{A_{StR,aus}}{A_{O,StR}} \\ + (1 - \varepsilon_{Abg})\, F_{ij}\, \dot{Q}_{Str,FlR} \qquad (4.46)$$

und

$$\dot{Q}_{Wa,StR} = \dot{m}_{Abg}\left(h_{StR,ein} - h_{StR,aus}\right)\left(1 - \frac{A_{StR,aus}}{A_{O,StR}}\right) \\ + (1 - \varepsilon_{Abg})(1 - F_{ij})\, \dot{Q}_{Str,FlR} \qquad (4.47)$$

mit F_{ij}, dem Sichtfaktor zwischen zwei strahlenden, endlichen Flächen. Der Sichtfaktor, welcher zur Berechnung des Strahlungsaustausches zwischen zwei Flächen benötigt wird, erfasst den Einfluss der Lage und der Orientierung zwischen diesen Flächen. In Abb. 4.6 sind für zwei typische Kesselbauarten deren Strahlräume und die dafür notwendigen Flächenkonfigurationen für die Bestimmung des Sichtfaktors F_{ij} dargestellt.

4.2 Vereinfachte Brennkammermodelle

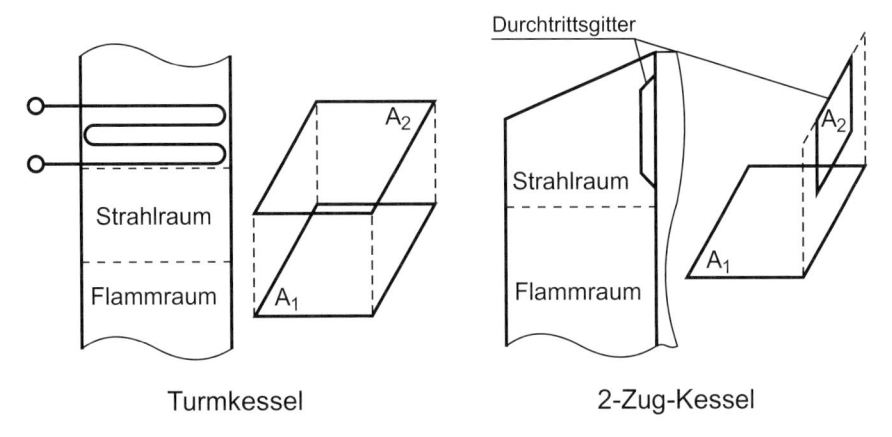

Abb. 4.6. Schematische Darstellung der Strahlräume unterschiedlicher Kesselbauarten und der ihnen zugeordneten Flächenkonfigurationen für den Strahlungsaustausch

Im Folgenden sollen die Sichtfaktoren F_{ij} für die in Abb. 4.6 skizzierten Brennkammern angegeben werden. Die Abbildungen 4.7(a) und 4.7(b) erläutern die in den Beziehungen (4.48) und (4.50) benötigten Abmessungen zur Bestimmung des Sichtfaktors.

(a) zwei idente, parallele, gegenüberliegende Rechteckflächen (Turmkessel)

(b) zwei in allgemeiner Lage zueinander senkrechte Rechteckflächen (2-Zug-Kessel)

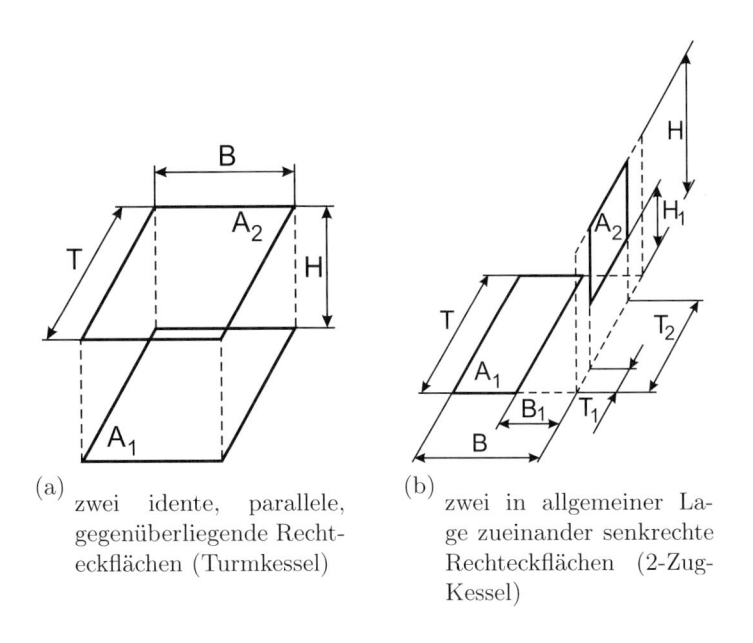

Abb. 4.7. Beispiele für Formfaktoren für den Strahlungsaustausch

Der Sichtfaktor F_{ij} zwischen **zwei identen, parallelen, gegenüberliegenden Rechtecken** (Abbildung 4.7(a)), wie sie z.B. für den Turmkessel benötigt wird, lässt sich nach (Siegel 1991a) mittels

$$F_{ij} = \frac{2}{\pi ab}\left\{\ln\left[\frac{(1+a^2)(1+b^2)}{1+a^2+b^2}\right]^{\frac{1}{2}} + b\sqrt{1+a^2}\arctan\frac{b}{\sqrt{1+a^2}} + a\sqrt{1+b^2}\arctan\frac{a}{1+b^2} - a\arctan a - b\arctan b\right\} \quad (4.48)$$

berechnen. Die Koeffizienten a und b ergeben sich zu:

$$a = \frac{T}{H} \quad \text{und} \quad b = \frac{B}{H} \quad (4.49)$$

Nach (Chekhovskii 1979) errechnet sich der Sichtfaktor F_{ij} für **zwei in allgemeiner Lage zueinander senkrechte Rechteckflächen** (z.B. Durchtrittsgitter eines 2-Zug-Kessels) unter Zuhilfenahme folgender Beziehung:

$$F_{ij} = \frac{c_1 - c_2 - c_3 + c_4}{2\pi (T_2 - T_1)(B - B_1)} \quad (4.50)$$

mit

$$c_i = a_i\left[T_2\arctan\left(\frac{T_2}{a_i}\right) - T_1\arctan\left(\frac{T_1}{a_i}\right) - (T - T_2)\arctan\left(\frac{T - T_2}{a_i}\right) + (T - T_1)\arctan\left(\frac{T - T_1}{a_i}\right)\right] + \frac{a_i^2}{4}\ln\left\{\frac{(a_i^2 + T_1^2)\left[a_i^2 + (T - T_2)^2\right]}{(a_i^2 + T_2^2)\left[a_i^2 + (T - T_1)^2\right]}\right\} - \frac{b_i^2}{4}\ln\left[\frac{(H_1^2 + b_i^2 + B^2)(H^2 + b_i^2 + B_1^2)}{(H_1^2 + b_i^2 + B_1^2)(H^2 + b_i^2 + B^2)}\right] \quad (4.51)$$

Die Koeffizienten a_i und b_i ergeben sich zu:

$$a_1 = \sqrt{H_1^2 + B^2}, \quad a_2 = \sqrt{H_1^2 + B_1^2},$$
$$a_3 = \sqrt{H^2 + B^2}, \quad a_4 = \sqrt{H^2 + B_1^2} \quad (4.52)$$

und

$$b_1 = T_1, \quad b_2 = T_2,$$
$$b_3 = T - T_1, \quad b_4 = T - T_2 \quad (4.53)$$

In der Literatur sind größere Zusammenstellungen von Sichtfaktoren für ausgewählte geometrische Anordnungen u.a. bei (Siegel 1991a), (Siegel 1992), (Modest 2003) oder (Vortmeyer 2006b) zu finden.

4.3 Modellierung und Simulation von Feuerungen

4.3.1 Modellierung der Verbrennung fester Brennstoffe

Möchte man das Abbrandverhalten eines Brennstoffes mithilfe der Simulation vorhersagen, so müssen entsprechend der Brennstoffeigenschaften die relevanten physikalisch-chemischen Teilprozesse berücksichtigt werden. Definiert man einen technischen Brennstoff, bei dessen Verbrennung die ganze Bandbreite der physikalisch-chemischen Teilprozesse auftritt, so hat dieser bei Raumtemperatur einen festen Aggregatzustand. Bei dessen Brennstoffproximatanalyse (DIN 51718, DIN 51719 und DIN 51720) wird die in Abb. 4.8 gezeigte Zusammensetzung festgestellt. Das heißt der Brennstoff besteht aus einem Anteil an festem Kohlenstoff, diversen Kohlenwasserstoffverbindungen, Wasser sowie nicht-brennbaren Bestandteilen (Asche) und Begleitstoffen (u.a. N, S, Cl etc.).

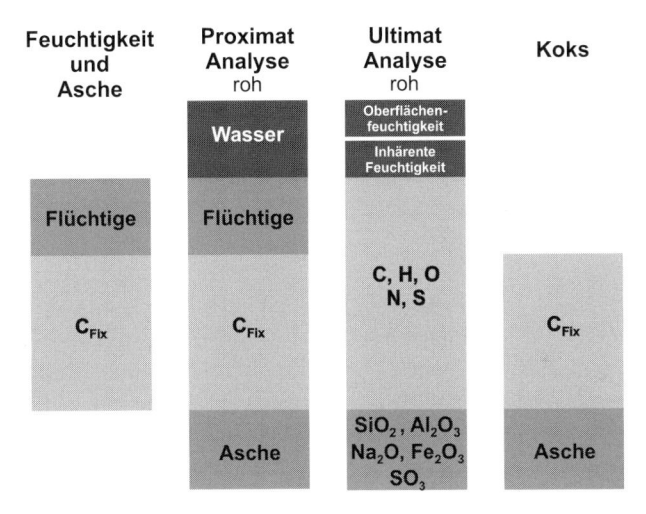

Abb. 4.8. Brennstoffzusammensetzung

Bei der Erwärmung und der Verbrennung dieses Brennstoffs laufen nun verschiedene Teilprozesse ab. Zunächst wird der Brennstoff einem Trocknungsprozess ausgesetzt, wodurch das Wasser ausgetrieben wird. Danach werden Kohlenwasserstoffverbindungen und weitere Begleitstoffe in die Gasphase freigesetzt. Der restliche feste Brennstoff wird heterogen verbrannt. Die aus dem Brennstoff entstandenen Gase werden homogen verbrannt. Auf diese einzelnen Teilprozesse und deren Modellierung soll im Folgenden eingegangen werden.

Bezüglich der Verbrennung in Wirbelschichten und Rosten siehe auch Kapitel 4.3.4 und 4.3.5.

Trocknung

Der Trocknungsablauf wird vor allem von der Bindung der Feuchtigkeit an den Feststoff beeinflusst. Ein genereller fester Brennstoff besteht aus einem Porensystem, dessen Hohlräume abhängig von der Gutsfeuchte mit Kapillarflüssigkeit gefüllt sein können. Diese Flüssigkeit kann infolge von Kapillarkräften an die Oberfläche transportiert werden. In diesem Fall wird nun der Brennstoff zum Trocknungsgut, bei welchem zwischen hygroskopischen und nichthygroskopischen Gütern unterschieden wird. Bei einem nichthygroskopischen Gut ist die Feuchtigkeit vollkommen an der Oberfläche gebunden. Die nichthygroskopischen Güter sind dadurch gekennzeichnet, dass deren Feuchtigkeit vollkommen physikalisch-mechanisch beseitigt werden kann. Bei hygroskopischen Gütern wird der Gleichgewichtspartialdruck neben der Temperatur durch die Feuchte im Gut beeinflusst. Der Dampfpartialdruck an der Verdunstungsoberfläche liegt unterhalb des Sättigungsdrucks. Die im Porensystem vorliegende Feuchte wird von Kapillar-, Sorptions- und Valenzkräften an den Feststoff gebunden. Mittels Sorptionsisothermen wird das Verhältnis des Dampfdrucks gegenüber dem Sattdampfdruck als Funktion der Gutsfeuchte bei konstanter Temperatur beschrieben. Diese Kurven müssen für jedes Trocknungsgut experimentell bestimmt werden.

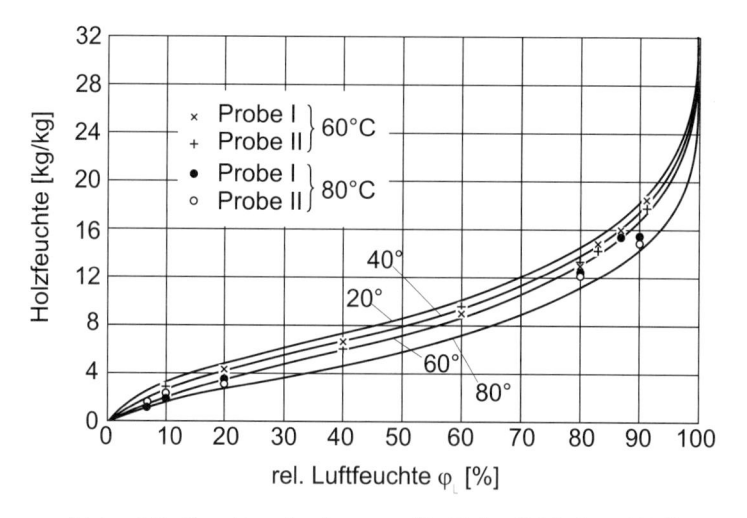

Abb. 4.9. Sorptionsisothermen für Holz, (Krischer 1978)

Für Holz sind solche Sorptionsisothermen in Abb. 4.9 dargestellt. Bei der Brennstoff-Feuchte wird grundsätzlich zwischen freier und gebundener Feuchte unterschieden. Freie Feuchte tritt bei Brennstoffen mit einem vollständig benetzenden Wasserfilm auf. Ebenso bei kapillarporösen Stoffen, bei denen infolge großer Poren oder dicker Wasserfilme keine Kapillarkräfte entstehen. In diesem Fall ist der Dampfdruck an der Flüssigkeitsoberfläche gleich dem

Sattdampfdruck. Nachdem die freie Feuchte vollständig verdampft ist, verschwindet zunehmend auch die Flüssigkeit in den Zwischenräumen. Infolge steigender Oberflächenspannung wird der Einfluss der Kapillarkräfte auf die Flüssigkeit so groß, dass sie an den Brennstoff gebunden wird. Bei der Trocknung des Brennstoffs muss zusätzlich Bindungsenthalpie Δh_{Bind} neben der Verdampfungsenthalpie r aufgewendet werden. Für Holz ist der Verlauf der Bindungsenthalpie über der Gutsfeuchte in Abb. 4.10 dargestellt.

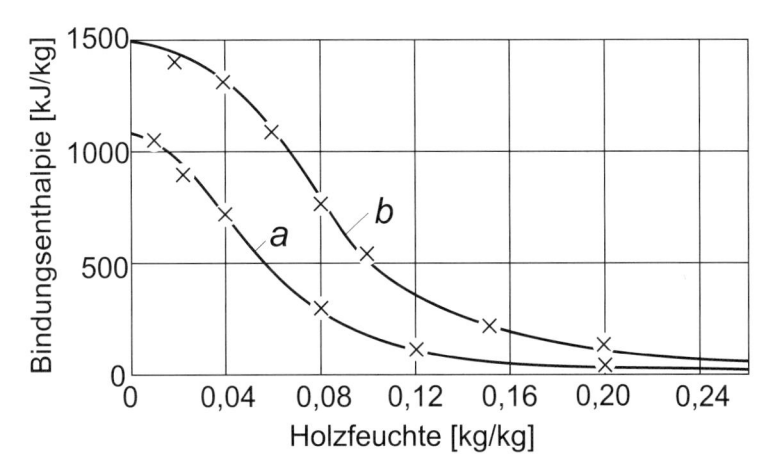

Abb. 4.10. Verlauf der Bindungsenthalpie für Holz, (Krischer 1978)

Der Verlauf der Trocknung wird in drei Phasen untergliedert (s. Abb. 4.11). In der 1. Phase erfolgt die reine Oberflächentrocknung, und somit ist der Prozess der Trocknung unabhängig von den Brennstoffeigenschaften. Durch die Kapillarwirkung der Poren wird die Oberfläche mit Wasser versorgt und dadurch ständig mit einem geschlossenen Flüssigkeitsfilm benetzt gehalten. Die Kinetik des Trocknungsprozesses ist somit durch die Wärme- und Stoffübertragungsmechanismen an der äußeren Oberfläche bestimmt.

Der Beginn der 2. Phase ist durch einen Knick in der Kurve der Trocknungsgeschwindigkeit gekennzeichnet. Der Feuchtegehalt in diesem Knickpunkt wird als Knickpunktsfeuchte bezeichnet, welche experimentell bestimmt werden muss. Ab hier besteht keine vollständige Benetzung der Oberfläche mit einem Wasserfilm. Nach Unterschreitung der Knickpunksfeuchte nimmt die Trocknungsgeschwindigkeit kontinuierlich ab und verläuft asymptotisch bis zur Gleichgewichtsfeuchte. Nach Unterschreitung der Gleichgewichtsfeuchte sind die Wärmetransportvorgänge infolge der sehr geringen Trocknungsgeschwindigkeit nicht mehr geschwindigkeitsbestimmend (Mersmann 1980). Maßgebend ist hier der Feuchtetransport infolge instationärer Diffusion, indem die Differenz zwischen Gutsfeuchte und Gleichgewichtsfeuchte das treibende Gefälle darstellt.

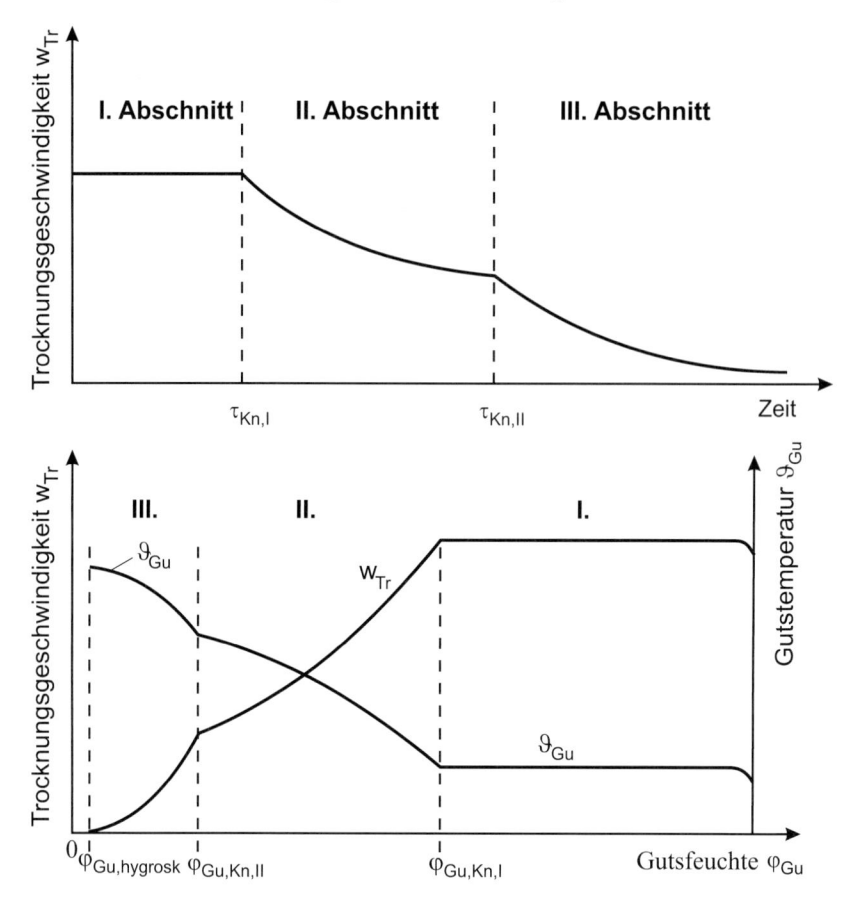

Abb. 4.11. Trocknungsgeschwindigkeit: Trocknungskurve in Abhängigkeit von der Zeit (oben) und der Gutsfeuchte (unten), (Krischer 1978)

Modellierung des Trocknungsprozesses

Der Prozess der Trocknung ist durch Wärmeübergangs-, Stoffübergangs- und Diffusionsprozesse gekennzeichnet. Die Modellansätze (Krischer 1978) der Trocknungstechnik sind sehr komplex, und deren weitergehende Schilderung und Diskussion würde den Rahmen dieses Buchkapitels sprengen. Daher sollen im Folgenden nur praktikable Ansätze für den Bereich der Feuerungstechnik vorgestellt werden.

Modellierung der Kohlenstaubverbrennung

Braunkohlen deutscher Provenienz sind durch einen Wassergehalt von bis zu 60 % gekennzeichnet. Bei einer Rohbraunkohlefeuerung wird daher heißes Abgas mit ca. 1000°C über spezielle Mühlen, so genannte Schlagradmühlen, rezirkuliert. Diese Mühlen haben Ventilationsfunktion, d.h. sie arbeiten als

Heißgasrezirkulationsgebläse, und führen einen Druckaufbau in der Größenordnung von ca. 20 mbar durch. Simulationsstudien solcher Mühlen wurden bereits durchgeführt (siehe Abb. 4.65, 4.66 und Abb. 4.67). Die getrockneten, aufgemahlenen Braunkohlekornfraktionen haben einen Restfeuchtegehalt von ca. 18 %. Für Steinkohle erfolgt in der Mühle eine Aufmahlung in kleine Kornfraktionen (z.B. 10 % Rückstand auf einem 90 μm-Sieb). Hierzu wird Luft mit einer Temperatur von 300°C zur Trocknung, Fluidisierung und dem pneumatischen Transport des Kohlenstaubs benutzt. Die Massen- und Temperaturverhältnisse einer Schüsselmühle sind in Abb. 4.12 dargestellt.

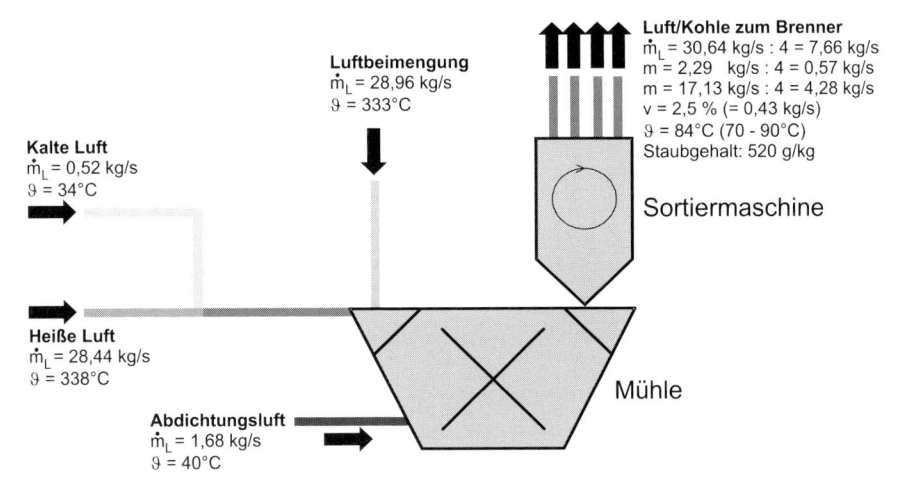

Abb. 4.12. Mahltrocknung in einer Steinkohlenmühle (angegebene Zahlenwerte sind exemplarisch)

Werden Simulationen von Einzelbrennern oder Großfeuerungen durchgeführt, so werden i. Allg. die Randbedingungen am Brennereintritt, das heißt nach der Mahltrocknung definiert. Eine übliche Methode ist es, die Trocknung des Kohlenstaubs mit einer an die Pyrolyserate angelehnten Verdampfungsrate für die Restfeuchtigkeit zu beschreiben.

Reaktionsmodellierung von allgemeinen (festen) Brennstoffen

Bei reagierenden Strömungen besteht eine wechselseitige Wirkung zwischen den Teilprozessen der Strömung und der chemischen Reaktion. Dabei zeichnen sich turbulente Strömungen durch Fluktuationen der darin transportierten Größen aus, welche bei reagierenden Strömungen entscheidend für deren chemischen Umsatz sein können.

Für eine Klassifizierung des Problems wird die Damköhler-Kennzahl (Da I) verwendet, welche aus dem Verhältnis von chemisch umgesetzter Molzahl zu strömungsmäßig nachgelieferter Molzahl besteht.

Bei hohen **Damköhler-Zahlen** erfolgt eine schnelle chemische Umsetzung, sodass die Strömungscharakteristik den chemischen Umsatz bestimmt.

Bei **niedrigen Damköhler-Zahlen** ist die chemische Reaktionsrate geschwindigkeitsbestimmend, sodass die Relevanz der Strömungscharakteristik für den chemischen Umsatz in den Hintergrund tritt.

Bei der chemischen Umsetzung gibt die Reaktionsordnung n im Zusammenwirken mit der Reaktionsgeschwindigkeitskonstanten k_{Rea} und der molaren Konzentration c Aufschluss über den zeitlichen Ablauf der chemischen Reaktion. Es gilt dabei folgender Zusammenhang:

$$\frac{\partial c_1}{\partial \tau} = -k_{Rea}\, c_1^{n_1}\, c_2^{n_2}\, c_3^{n_3} \ldots \qquad (4.54)$$

Die zeitliche Änderung von c_1 entspricht der Reaktionsrate der Spezies und wird nach Gl. (4.55) abgekürzt angegeben.

$$\dot{R}_{vol,1} = -k_{Rea} \prod_i c_i^{n_i} \qquad (4.55)$$

Bei stöchiometrischer Umsetzung lässt sich c_i durch c_1, über die Beziehung

$$c_i = \left|\frac{\nu_i}{\nu_1}\right| c_1 \qquad (4.56)$$

definieren. Unter Verwendung der Beziehung nach Gl. (4.56) wird aus Gl. (4.55):

$$\dot{R}_{vol,1} = -k_{Rea} \prod_i \left|\frac{\nu_i}{\nu_1}\right|^{n_i} \prod_i c_1^{n_i} \qquad (4.57)$$

Die Reaktionsgeschwindigkeitskonstante k_{Rea} und das Produkt aus dem Verhältnis der stöchiometrischen Koeffizienten lassen sich zur Konstante a_{Rea} zusammenfassen. Dies führt auf Gl. (4.58)

$$\dot{R}_{vol,1} = -a_{Rea} \prod_i c_1^{n_i} = -a_{Rea} c_1^{\Sigma n_i} = -a_{Rea} c_1^n \qquad (4.58)$$

Die Reaktionsordnung n setzt sich dabei wie folgt zusammen:

$$n = \sum_i n_i \qquad (4.59)$$

Für den Sonderfall $n = 1$ ergibt sich ein zeitlicher Verlauf von c_1, welcher aus dem Integral nach Gl. (4.60) bestimmt werden kann:

$$\int_{c_{1_0}}^{c_{1_\tau}} \frac{dc_1}{c_1} = \int_0^{\tau_1} -a_{Rea}\, d\tau \qquad (4.60)$$

Nach der Integration lässt sich für die Konzentration c_1 die in Gl. (4.61) angegebene Beziehung herleiten:

$$c_1(\tau) = c_{1_0}\,\exp(-a_{Rea}\,\tau) \tag{4.61}$$

Eine solche Reaktion erster Ordnung liegt beispielsweise bei der Koksoxidation – solange Koks im ausreichenden Maß vorhanden – ist vor, da während des Abbrandvorganges unter Feuerraumbedingungen die Sauerstoffkonzentration limitierend für die Umsetzung zu Kohlenmonoxid ist.

Die Herleitung einer Beziehung für die Reaktionsgeschwindigkeitskonstante k_{Rea} erfolgt hierbei über einen Arrheniusansatz, welcher den Frequenzfaktor $k_{0,1}$ und die Aktivierungsenergie E enthält:

$$k_{Rea} = k_{0,1}\,\exp\bigl[-E/(\Re T)\bigr] \tag{4.62}$$

Für die Bestimmung der Reaktionsraten der einzelnen Spezies lassen sich einige Gesetzmäßigkeiten ausnützen.

So lässt sich eine Beziehung zwischen den einzelnen Reaktionsraten der an der Reaktion beteiligten Spezies über die Reaktionslaufzahl R_{lz} anhand Gl. (4.63) ableiten:

$$R_{lz} = \frac{\dot{c}_{l,1}}{\nu_{l,1}} = \frac{\dot{c}_{l,2}}{\nu_{l,2}} = \ldots = \frac{\dot{c}_{l,n}}{\nu_{l,n}} \tag{4.63}$$

Es gilt ferner, dass die Summe aller stöchiometrischen Koeffizienten einer Reaktion den Wert Null ergibt:

$$\sum_{i=1}^{N_n} \nu_{l,i} = 0 \tag{4.64}$$

Sofern die Reaktionsraten bekannt sind, ist jede an der Reaktion teilnehmende Spezies über eine Transportgleichung bestimmbar. Möchte man die Anzahl der Transportgleichungen verringern, so lässt sich der Shvab-Zeldovich-Mechanismus anwenden, falls die Anzahl der beteiligten Spezies N_n größer ist als die Anzahl der Reaktionsgleichungen L.

Somit lassen sich durch Gaußelimination $(N_n - L)$ linear unabhängige Linearkombinationen angeben (Zinser 1985). Das heißt, es muss nicht für jede im Rahmen des Modells bilanzierte Spezies eine Transportgleichung gelöst werden, sondern es müssen bei Anwendung dieses als Shvab-Zeldovich Mechanismus bezeichneten Formalismus nur L Spezies über Transportgleichungen bestimmt werden.

Die Modellvorstellung des Ablaufs der Kohlenstaubverbrennung ist in Abb. 4.13 skizziert. Das Rohkohlekorn unterliegt der Pyrolyse (Reaktion 1, Gl. (4.65)), wobei bei der Modellbildung die Asche zunächst als inerte Substanz betrachtet wird.

Ein spezielles Kapitel des Buches ist der Modellierung der Aschenumwandlungsvorgänge gewidmet.

Die Flüchtigen werden im Modell in Form von Kohlenmonoxid, Wasserstoff und Kohlenwasserstoffverbindungen freigesetzt.

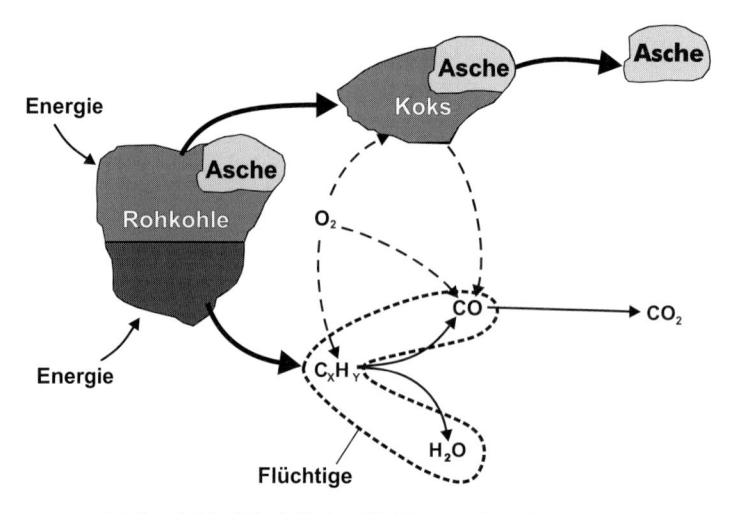

Abb. 4.13. Modell der Kohlenstaubverbrennung

Der zurückbleibende Koks wird in einer heterogenen Reaktion in Abhängigkeit von der an der Koksoberfäche auftretenden, lokalen Sauerstoffkonzentration zu CO als Zwischenprodukt (Reaktion 2, Gl. (4.66)) oxidiert. Als Repräsentant der Kohlenwasserstoffverbindungen wird Methan (CH$_4$) angenommen. Die freigesetzten Flüchtigen werden in einer 2-Schritt-Reaktion über CO zu CO$_2$ und H$_2$O (Reaktion 3, Gl. (4.67), und Reaktion 4, Gl. (4.68)) oxidiert.

Die entsprechenden Reaktionsschritte sind in Gl. (4.65) bis (4.68) angegeben. Dabei entspricht die Größe N_P der Zahl der betrachteten Partikelgrößenklassen und RK der Rohkohle.

$$|\nu_{1,RK}|\, RK \xrightarrow{k_1} \sum_{j=1}^{N_P} \nu_{1,C_j} C_j + \nu_{1,CH_4}\, CH_4 + \nu_{1,CO}\, CO + \nu_{1,H_2O}\, H_2O \quad (4.65)$$

$$\sum_{j=1}^{N_P} |\nu_{2,C_j}|\, C_j + |\nu_{2,O_2}|\, O_2 \xrightarrow{k_{2,j}} \nu_{2,CO}\, CO \quad (4.66)$$

$$|\nu_{3,CH_4}|\, CH_4 + |\nu_{3,O_2}|\, O_2 \xrightarrow{k_3} \nu_{3,CO}\, CO + \nu_{3,H_2O}\, H_2O \quad (4.67)$$

$$|\nu_{4,CO}|\, CO + |\nu_{4,O_2}|\, O_2 \xrightarrow{k_4} \nu_{4,CO_2}\, CO_2 \quad (4.68)$$

Pyrolyse

Hierunter versteht man einen thermischen Prozess, bei welchem eine organische Substanz bei Temperaturen über 300°C in die Komponenten, Flüchtige, Teere und Koks übergeführt wird. Teere sind dabei Kohlenwasserstoffe, welche bei einer Temperaturabsenkung kondensieren und bei Raumtemperatur flüssig vorliegen. Der Gesamtprozess lässt sich vereinfacht über zwei Teilreaktionen beschreiben. Die im Korninneren ablaufende Primärreaktion des Pyrolyseprozesses führt im Bereich von 200°C bis 500°C zum Aufbrechen schwacher Brücken und Seitengruppen höherer molekularer organischer Substanzen (z.B. Zellulose, Kunststoffe, Fette) und zum Abbau der makromolekularen Gerüststruktur im Porensystem.

Die kleinen Bruchstücke der Brennstoffmoleküle werden durch verschiedenartige chemische Reaktionen stabilisiert. Im Temperaturbereich zwischen 300°C und 550°C kommt es zur Bildung von kondensierbaren Kohlenwasserstoffen (Teeren). Bei höheren Temperaturen werden diese gebildeten Teermengen durch Crackreaktionen reduziert. Daneben treten gasförmige Kohlenwasserstoffe, Kohlenmonoxide, Wasser sowie Schwefel und Stickstoffverbindungen auf. Eine Verfestigung der plastischen Struktur erfolgt bei Temperaturen von ca. 500°C. Eine weitere Temperaturerhöhung führt zur Abspaltung von Kohlenmonoxid und Wasserstoff. Nach dem Entgasungsvorgang liegt der Koks mit stark aufgeweiteten Poren vor. Somit hat der Koks eine deutlich größere innere Oberfläche als die Ausgangssubstanz. Der zweite Reaktionsschritt der Pyrolyse beschreibt die infolge der Sekundärreaktionen sich anschließende Gasbildungsphase und somit alle Folgereaktionen, die beim Molekültransport im Korninneren und außerhalb des Partikels ablaufen. Dieser Prozess läuft zwischen 500°C und 1200°C ab. Dabei werden die im ersten Schritt gebildeten, höhermolekularen Substanzen über Crackreaktionen in niedrigmolekulare abgebaut, sodass nachfolgend über weitere Reaktionen in der Gasphase nur noch die stabilen Spezies H_2, CO und CO_2 sowie niedrigmolekulare Aliphate (C_2H_2, CH_4, C_2H_6, etc.) vorliegen. Neben diesen Hauptkomponenten liegen mit dem Pyrolysegas ausgebrachte Mengen an Chlor, Fluor, Stickstoff und Schwefel in Form ihrer Wasserstoffverbindungen NH_3, H_2S, HCN, HCl und HF vor (Bilitewski 1985).

Modellierung der Pyrolyse

Die Charakteristik des Pyrolysepozesses von Kohlenstaubpartikeln ist abhängig von deren Temperatur und Aufheizgeschwindigkeit. So wird bei einer Aufheizgeschwindigkeit von 10 K/s ein geringerer Flüchtigenanteil freigesetzt, als dies bei den Verhältnissen von drallbehafteten Kohlenstaubflammen mit typischen Werten von 10^4 bis 10^5 K/s der Fall ist. Die Zeitdauer der Pyrolyse liegt bei Kohlenstaubfeuerungen im Größenbereich von 100 ms, während als typische Kornabbrandzeiten ca. 1 bis 2 s gelten.

Es gibt eine Reihe von Modellen mit unterschiedlicher Komplexizität, wie z.B. das Pyrolysemodell mit zwei Parallelreaktionen von (Kobayashi 1976), welches zwischen Nieder- und Hochtemperaturpyrolyse-Bereichen unterscheidet, oder das Modell der Funktionalen Gruppen von (Solomon 1986). Andere noch komplexere Pyrolysemodelle, wie das Mehrschrittmodell von Reidelbach und Algermissen (Reidelbach 1981), führen auf die Lösung eines steifen Differentialgleichungssystems. Bei einer praktischen Anwendung solcher Modelle besteht die Schwierigkeit, dass die Modellparameter für die zum Einsatz gebrachten Kohlen in der Regel nicht vorhanden sind. Ein häufig verwendeter Ansatz basiert auf dem 1-Schrittpyrolysemodell von (Badzioch 1970).

$$\dot{c}_{VM} = \sum_{j=1}^{N_P} k_{1,0} \exp\left[-E_1/(\Re T_{P,j})\right] \upsilon_{1,VM} Y_{RK} \qquad (4.69)$$

Ferner tritt die Partikeltemperatur $T_{P,j}$ auf, welche anhand der Bilanz von freiwerdender Reaktionswärme und Wärmeleitung in der Korngrenzschicht modelliert werden kann; eine weitere Größe ist der Flüchtigengehalt $\upsilon_{1,VM}$.

Bezüglich der Modellierung der Pyrolyse von Kohle gibt es ein Spektrum von Modellansätzen mit unterschiedlicher Komplexität. Ein Pyrolysemodell basierend auf der Repräsentation der Kohle durch funktionale Gruppen wurde von Gavalas (Gavalas 1981) vorgestellt. Sehr detaillierte Modelle sind das von Solomon propagierte FG-DVC Modell ((Serio 1987), (Serio 1989), (Solomon 1988), (Zhao 1994), (Zhao 1996)), das FLASHCHAIN Modell von Niksa ((Niksa 1991), (Niksa 1994), (Niksa 1995), (Niksa 1996)) und das CPD Modell von Fletcher ((Fletcher 1990), (Fletcher 1992), (Grant 1989)). Das FG-DVC ((Serio 1998)) und das FLASHCHAIN Modell (Niksa 2000) wurden erweitert, um die Pyrolyse von Biomasse zu beschreiben. Ursprünglich wurden für die Anwendung dieser Modelle umfangreiche kohlespezifische Datensätze benötigt, welche experimentell bestimmet werden mussten. Dann wurden Interpolationsmethoden vorgeschlagen, die Daten aus der Ultimatanalyse ableiten zu können. Die einzelnen Modelle wurden untereinander verglichen und von (Kellerhoff 1999), (Rummer 1999) und (Solomon 1993) veröffentlicht.

Eine Reihe von kinetischen Ansätzen ist veröffentlicht worden: Arrhenius Ansätze n-ter Ordnung ((Anthony 1976), (Badzioch 1970), (Kobayashi 1976)), mehrere unabhängige Parallelreaktionen (Nsakala 1977), mehrere Konkurrenzreaktionen (Kobayashi 1976) und Mehrfach-Reaktionen 1. Ordnung mit verteilter Aktivierungsenergie. Letztendlich hat ein Ansatz von Jüntgen und van Heck (Jüntgen 1970), für den Fall, dass die Massenabnahme von Hauptinteresse ist, weite Akzeptanz gefunden und wird meist für CFD-Anwendungen verwendet. Dieser Ansatz beruht auf einer Reihe sich überlappender, paralleler Reaktionen 1. Ordnung. Dies kann durch einen einzelnen Ausdruck 1. Ordnung approximiert werden, welcher sowohl die geringere Aktivierungsenergie als auch den niedrigeren Vorexponential hat. Somit lässt sich schreiben:

$$Y_{VM} = k_{1,0} \exp\left[-E_1/(\Re T_P)\right] \nu_{1,VM} Y_{RK} \qquad (4.70)$$

Würde man die Werte nach Tab. 4.4 grafisch auftragen, so könnte man leicht feststellen, dass die Werte nach Badzioch das Mittelfeld sehr gut repräsentieren. Letztendlich wurden diese Werte von verschiedenen Autoren (z.B. (Epple 1993), (Müller 1992)) für die Simulation von Kohlenstaubfeuerungen verwendet.

Tabelle 4.4. Kinetische Daten für die Massenabnahme während der Pyrolyse

Autoren	Atmosphäre	$k_{1,0}$ in 1/s	E_1/R
Anthony et al. (Anthony 1975)	inert	$2,83 \cdot 10^2$	5,586 K
Anthony et al. (Anthony 1975)	inert	$7,06 \cdot 10^2$	5,939 K
Badzioch and Hawksley (Badzioch 1970)	inert	$0,84 - 6,51 \cdot 10^5$	8,900 K
Solomon et al. (Solomon 1986)	inert	$4,28 \cdot 10^{14}$	27,500 K
Truelove and Jamaluddin (Truelove 1986)	inert	$6,20 \cdot 10^3$	5,530 K
Truelove and Jamaluddin (Truelove 1986)	inert	$2,00 \cdot 10^4$	5,942 K
Beck and Hayhurst (Beck 1990)	oxidativ	$3,0 \cdot 10^3$	2,766 K
Fletcher (Fletcher 1989)	inert	$2,3 \cdot 10^{14}$	27,680 K
Kobayashi et al. (Kobayashi 1976)	inert	$6,6 \cdot 10^4$	12,582 K
Kellerhoff (Kellerhoff 1999)	inert	$1,5 \cdot 10^5$	8,630 K

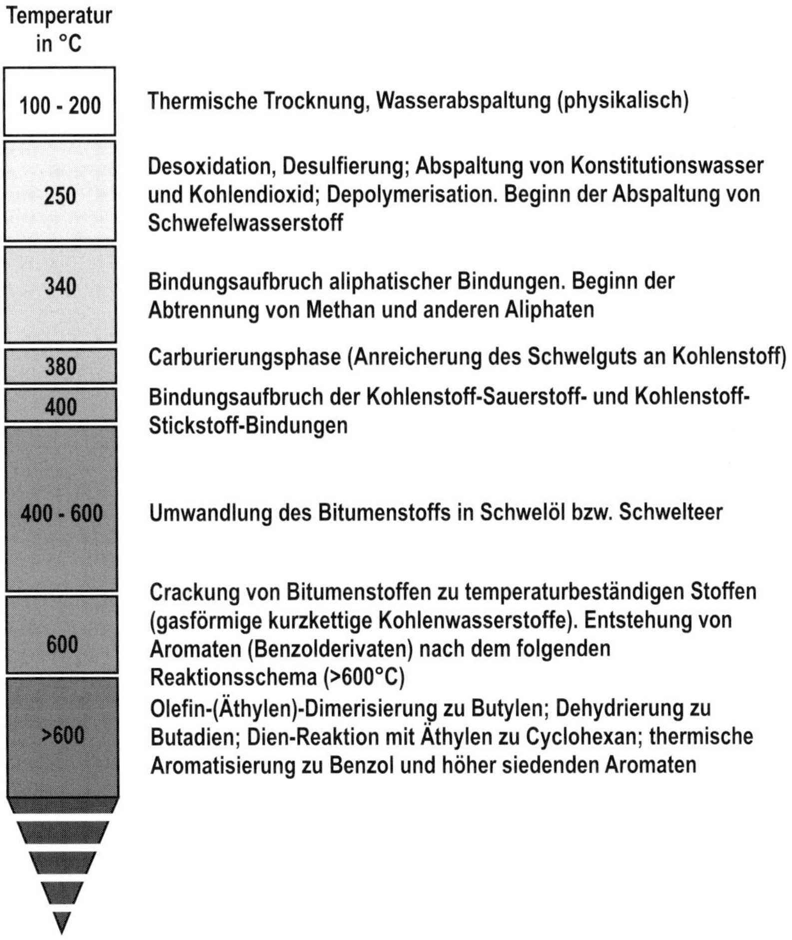

Temperatur in °C

100 - 200	Thermische Trocknung, Wasserabspaltung (physikalisch)
250	Desoxidation, Desulfierung; Abspaltung von Konstitutionswasser und Kohlendioxid; Depolymerisation. Beginn der Abspaltung von Schwefelwasserstoff
340	Bindungsaufbruch aliphatischer Bindungen. Beginn der Abtrennung von Methan und anderen Aliphaten
380	Carburierungsphase (Anreicherung des Schwelguts an Kohlenstoff)
400	Bindungsaufbruch der Kohlenstoff-Sauerstoff- und Kohlenstoff-Stickstoff-Bindungen
400 - 600	Umwandlung des Bitumenstoffs in Schwelöl bzw. Schwelteer
600	Crackung von Bitumenstoffen zu temperaturbeständigen Stoffen (gasförmige kurzkettige Kohlenwasserstoffe). Entstehung von Aromaten (Benzolderivaten) nach dem folgenden Reaktionsschema (>600°C)
>600	Olefin-(Äthylen)-Dimerisierung zu Butylen; Dehydrierung zu Butadien; Dien-Reaktion mit Äthylen zu Cyclohexan; thermische Aromatisierung zu Benzol und höher siedenden Aromaten

Abb. 4.14. Pyrolytische Zersetzung organischer Materialien in Abhängigkeit von der Temperatur, (Bilitewski 1985)

Koksabbrand

Der Abbrand des Kohlekorns stellt im Vergleich zur schnelleren Pyrolyse den geschwindigkeitsbestimmenden Schritt dar. Die Einflüsse auf den Reaktionsumsatz sind dabei durch die chemische Reaktion, die Poren- und die Grenzschichtdiffusion festgelegt. Im Arrheniusdiagramm (Abb. 4.15) sind diese Teilprozesse dargestellt, welche in einem unterschiedlichen Temperaturbereich geschwindigkeitsbestimmend für die Abbrandreaktion sind.

Bei niedrigen Temperaturen diffundiert der Luftsauerstoff hinreichend schnell in das fein verästelte Porensystem, sodass eine Limitierung durch die chemische Reaktion vorhanden ist. Steigt die Temperatur über 750°C (Günther 1974), so wird der chemische Umsatz höher, und es tritt eine Verarmung an Sauerstoffmolekülen im Porengefüge ein. Dadurch wird der Transport an Sauerstoffmolekülen infolge der Diffusion in das Korninnere geschwindigkeitsbestimmend. Bei noch höheren Temperaturen (größer 900°C) läuft die Kohlenstoffoxidation nahezu ausschließlich an der äußeren Koksoberfläche ab, da die Sauerstoffmoleküle nicht mehr ausreichend in das Porengefüge diffundieren können. Dadurch wird nun die Diffusion des Sauerstoffs durch die das Kokspartikel umgebende Grenzschicht geschwindigkeitsbestimmend.

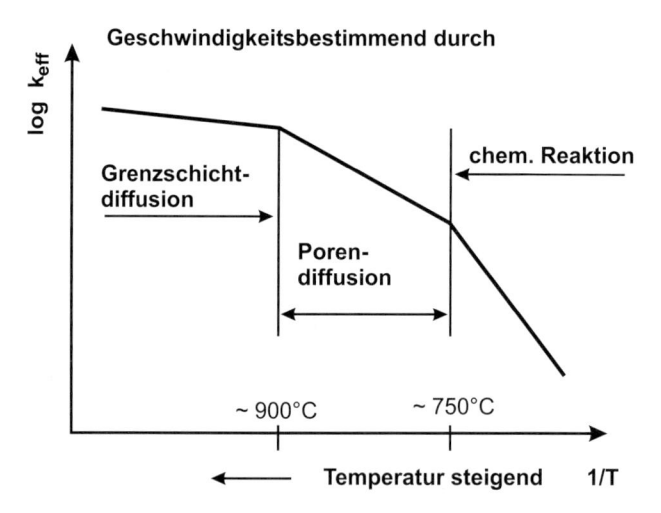

Abb. 4.15. Arrheniusdiagramm des Koksabbrands

Die Gesamtrate des Koksabbrandes kann durch Gl. (4.71) festgelegt werden. Der Index j entspricht der aktuellen Partikelgrößenklasse:

$$w_{Ums,Koks_j} = -k_{2,eff}\, p_{O_2,\infty}\, A_{P,spez,Koks_j} \tag{4.71}$$

Der Sauerstoffpartialdruck $p_{O_2,\infty}$ wird aus einer Wichtung mit der über eine Transportgleichung bestimmten Sauerstoffkonzentration und dem physikalischen Gesamtdruck bestimmt. Die Bestimmung des effektiven Reaktionsgeschwindigkeitskoeffizienten $k_{2,eff}$ und der spezifischen Oberfläche des abbrennenden Partikels $A_{P,spez,Koks_j}$ wird in den nachfolgenden Abschnitten beschrieben.

Bestimmung des effektiven Koeffizienten der Koksabbrandreaktion

Der Koeffizient $k_{2,eff}$ setzt sich aus den beschriebenen Teilvorgängen der physikalischen Diffusion und der chemischen Umsetzung zusammen. Die Formulierung der chemischen Rate erfolgt durch Gl. (4.72):

$$k_{2,Koks} = k_{2,Koks,0} \exp\left[-E_2/(\Re T_{P,j})\right] \quad (4.72)$$

Der darin auftretende Frequenzfaktor $k_{2,Koks,0}$ und die bezogene Aktivierungsenergie $-E_2/\Re$ haben die in Tab. 4.5 angegebenen Werte.

Tabelle 4.5. Parameter der Koksabbrandreaktion

Reaktion: Koksabbrand	Frequenzfaktor $k_{2,Koks,0}$ [kg/m^{2}s bar^n]	Bezogene Aktivierungsenergie $E_2/\Re$ [K]	Reaktionsordnung	Literaturquelle
Steinkohle	204	9553 K	1	(Smoot 1985b)
Braunkohle	93	8157 K	0,5	(Hamor 1973)

Die diffusive Rate wird durch Gl. (4.73) berücksichtigt:

$$k_{2,ph} = \frac{48 \, D_{O_2}}{\Re \, d_{P,j} \, T_g} 10^5 \quad (4.73)$$

Der in Gl. (4.73) auftretende Diffusionskoeffizient D_{O_2} wird in Gl. (4.74) bestimmt. Dabei ist dieser Koeffizient eine Funktion der Grenzschichttemperatur T_{Gs}, welche aus dem arithmetischen Mittelwert von Partikeltemperatur und der Temperatur der Gasphase bestimmt wird. Ferner tritt in Gl. (4.74) ein Referenzwert des Koeffizienten auf, welcher auf eine Temperatur von 1600 K bezogen und in Gl. (4.75) angegeben ist.

$$D_{O_2} = D_{O_2}(1600\,K) \left[\frac{T_{Gs}}{1600\,K}\right]^{1,75} \quad (4.74)$$

$$D_{O_2}(1600\,K) = 3,39 \cdot 10^{-4}\,\mathrm{m}^2/\mathrm{s} \quad (4.75)$$

Durch die oben beschriebenen Teilvorgänge kann nun die effektive Reaktionsrate nach Gl. (4.76) mit den in Gl. (4.73) und Gl. (4.74) angegebenen chemischen und physikalischen Raten bestimmt werden. Diese lautet in allgemeiner Form:

$$k_{2,eff} = k_{2,Koks}\left(p_{O_2,Gs\infty} - \frac{k_{2,eff}}{k_{2,ph}}\right)^{n_c} \qquad (4.76)$$

Im Allg. muss die Reaktionsrate nach Gl. (4.76) numerisch ermittelt werden, jedoch lassen sich analytisch für die in Tab. 4.5 angegebenen Fälle Beziehungen herleiten. Für den in Tab. 4.5 angegebenen Fall einer Reaktionsordnung von Eins kann Gl. (4.76) in Form von Gl. (4.77) überführt werden.

$$k_{2,eff} = \frac{1}{1/k_{2,ph} + 1/k_{2,chem}}\, p_{O_2,Gs\infty} \qquad (4.77)$$

Für den Fall von Braunkohle ist die Reaktionsordnung in Tab. 4.5 mit einem Wert von 0,5 angegeben. Hierfür lässt sich $k_{2,eff}$ nach Quadrieren analytisch bestimmen. Dies führt auf Gl. (4.78):

$$k_{2,eff} = \sqrt{\left(\frac{k_{2,chem}^2}{k_{2,ph}}\right) + 4\, k_{2,chem}\, p_{O_2,Gs\infty}} - \frac{1}{2}\frac{k_{2,chem}^2}{k_{2,ph}} \qquad (4.78)$$

Berechnung der spezifischen Koksoberfläche

Da durch den Oxidationsprozess eine Massenabnahme des Partikels zu verzeichnen ist, ändert sich auch dessen spezifische Kornoberfläche, welche durch Gl. (4.79) definiert ist. Dabei wird die Partikeloberfläche A_P auf die Masse des Gemisches m_{Gem} bezogen:

$$A_{P,spez} = \frac{A_P}{m_{Gem}} \qquad (4.79)$$

$$\frac{A_{P,spez}}{Y_P} = \frac{A_P}{Y_P\, m_{Gem}} = \frac{\pi d_P^2}{\rho_P\, \frac{\pi}{6}\, d_P^3} \qquad (4.80)$$

Durch Umformen von Gl. (4.80) erhält man eine Gleichung zur Bestimmung der spezifischen Oberfläche, welche in Gl. (4.81) angegeben ist.

$$A_{P,spez} = \frac{6 Y_P}{\rho_P\, d_P} \qquad (4.81)$$

$$\rho_P = \frac{1}{\dfrac{Y_{RK}}{\rho_{RK}} + \dfrac{Y_{Koks}}{\rho_{Koks}} + \dfrac{Y_{Asche}}{\rho_{Asche}}} \qquad (4.82)$$

Die mittlere Partikeldichte nach Gl. (4.82) setzt sich aus den Komponenten Rohkohle, Koks und Asche zusammen und ist auf das Partikelvolumen bezogen. Im Folgenden gilt es nun, eine Beziehung für den Verlauf des Ausbrandes bzw. die Änderung des Partikeldurchmessers während des Koksabbrandes zu bestimmen. Hierfür wird auf das Prinzip der „Shadow-Methode" zurückgegriffen, welches ursprünglich von (Spalding 1982) eingeführt wurde. Dabei wird die reale, lokale Brennstoffkonzentration auf eine so genannte Schattenkonzentration bezogen. Die Schattenkonzentration ist dabei die fiktive Konzentration des Brennstoffs, welche sich einstellen würde, wenn der Brennstoff ohne zu reagieren bei sonst unveränderten Transportverhältnissen im Strömungsfeld vorhanden wäre. Diese Schattenkonzentration wird aus dem Produkt des Mischungsgrades und der Eingangskonzentration des Brennstoffs bestimmt. Auf diese Weise lässt sich für Koks und Asche der Ausbrandwert B_{CA} definieren:

$$B_{CA} = 1 - \frac{\nu_{1,Koks} Y_{RK} + Y_{Koks} + Y_{Asche}}{(\nu_{1,Koks} Y_{RK,0} + Y_{Asche}) f_{Misch}} \quad (4.83)$$

In Gl. (4.83) steht die lokale Feststoffkonzentration bezogen auf die Konzentration im Einlass (Index 0) multipliziert mit dem Mischungsgrad f_{Misch}. Durch den stöchiometrischen Koeffizienten $\nu_{1,Koks}$ wird der um den Flüchtigengehalt verminderte Restkoksanteil der Rohkohle berücksichtigt. Da im Einlass noch kein Koks vorliegt, tritt dessen Konzentration im Nenner von Gl. (4.83) nicht auf. Analog hierzu ist die Vorgehensweise für die Rohkohle (RK). Für diesen Fall entspricht der Wert $\Delta m_{Kohle,Verl}$ dem Gesamtmassenverlust der Kohle nach Gl. (4.84).

$$\Delta m_{Kohle,Verl} = 1 - \frac{Y_{RK} + Y_{Koks} + Y_{Asche}}{(Y_{RK,0} + Y_{Asche}) f_{Misch}} \quad (4.84)$$

Für das Verhältnis der Partikeloberfläche A_P der reagierenden Teilchen und der ursprünglichen Oberfläche $A_{P,0}$ soll folgender Zusammenhang gelten:

$$\frac{A_P}{A_{P,0}} = (1 - \Delta m_{Kohle,Verl})^n \quad (4.85)$$

Setzt man den Exponenten n in Gl. (4.85) zu Null, so bleibt der Durchmesser des Partikels unverändert. Dies würde dem praktischen Fall entsprechen, dass das Partikel in seinem Kern ausgehöhlt wird, wie es bei sehr kleinen Partikeln der Fall sein kann (Zinser 1985). Bei einem Wert von Eins ist die Abnahme linear. Die Veränderung der Partikeloberfläche während der verschiedenen Stadien des Verbrennungsprozesses ist in Abb. 4.16 für einen Wert von $n = 2/3$ skizziert. Gesucht wird nun eine Beziehung für die auf die Masse des Gemisches bezogene Fläche $A_{P,spez}$ des Partikels.

Anhand von Gl. (4.79) ergibt sich aus dem Verhältnis des aktuellen Wertes $A_{P,spez}$ und des ursprünglichen Wertes $A_{P,spez,0}$ unter Verwendung des Ansatzes nach Gl. (4.85) die Beziehung nach Gl. (4.86):

$$\frac{A_{P,spez}}{A_{P,spez,0}} = \frac{A_P}{A_{P,0}} = (1 - \Delta m_{Kohle,Verl})^n \quad (4.86)$$

Bei Anwendung von Gl. (4.81) ergibt sich die spezifische Oberfläche für den fiktiven Fall einer nicht-reagierenden Strömung entsprechend Gl. (4.87).

$$A_{P,spez,0} = \frac{6}{\rho_{P,0} d_{P,0}} (Y_{RK,0} + Y_{Asche,0}) f_{Misch} \quad (4.87)$$

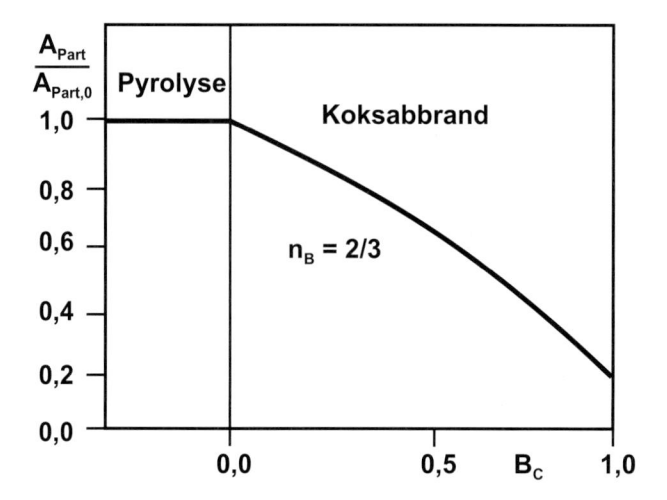

Abb. 4.16. Änderung der Kornoberfläche während des Verbrennungsprozesses

Über den Ansatz nach Gl. (4.86) und Gl. (4.87) lässt sich eine Beziehung für die aktuelle Partikeloberfläche $A_{P,spez}$ angeben:

$$A_{P,spez} = \frac{6}{\rho_{P,0}\, d_{P,0}} \left(Y_{RK,0} + Y_{Asche,0}\right) \left(1 - B_{CA}\right)^n f_{Misch} \qquad (4.88)$$

Unter Einbeziehung der Definition von $\Delta m_{Kohle,Verl}$ nach Gl. (4.84) ergibt sich aus Gl. (4.88):

$$A_{P,spez} = \frac{6\,(1 - B_{CA})^n\,(Y_{RK,0} + Y_{Koks} + Y_{Asche,0})}{\rho_{P,0}\, d_{P,0}\, (1 - \Delta m_{Kohle,Verl})} \qquad (4.89)$$

Da für die heterogene Reaktion aber nur die spezifische Oberfläche des Koksanteils relevant ist, muss dessen spezifische Oberfläche bestimmt werden:

$$A_{P,spez,Koks} = A_{P,spez}\frac{Y_{Koks}}{Y_P} = A_{P,spez}\frac{Y_{Koks}}{Y_{RK} + Y_{Koks} + Y_{Asche}} \qquad (4.90)$$

Setzt man in Gl. (4.90) die Beziehung nach Gl. (4.89) ein, so fällt die Gesamtpartikelkonzentration weg, da die Partikelkonzentration aus den Komponenten von Rohkohle, Koks und Asche besteht, und es ergibt sich die Berechnungsgleichung für die spezifische, reaktive Oberfläche des Koksanteils nach Gl. (4.91).

$$A_{P,spez,Koks} = \frac{6\,(1 - B_{CA})^n\, Y_{Koks}}{\rho_{P,0}\, d_{P,0}\, (1 - \Delta m_{Kohle,Verl})} \qquad (4.91)$$

Diese Gleichung lässt sich für die Festlegung der Reaktionsrate des Koksabbrandes der entsprechenden Partikelgrößenklasse „j" nach Gl. (4.71) verwenden. Da diese Beziehung als Quellterm in der Transportgleichung für den Koks auftritt, empfiehlt sich deren Linearisierung.

Flüchtigenabbrand

Bei der Reaktionsmodellierung in turbulenten Strömungen ist zwischen Makro- und Mikromischung zu unterscheiden, wobei bei dieser Strömungsform die Mikromischung auf molekularer Ebene für die chemische Umsetzung entscheidend sein kann. Die dabei maßgebenden Mikrostrukturen haben eine charakteristische Dimension in der Größenordnung des Kolmogorov'schen Mikrolängenmaßstabes (Kolmogorov 1962).

Die Berücksichtigung der Makromischung erfolgt durch die Beschreibung der turbulenten Transportvorgänge. Für die Reaktionsmodellierung ist die Bestimmung der Quellterme relevant, da diese maßgebend für den Reaktionsumsatz der Spezies sind. Die Quellterme sind aber nicht-lineare Funktionen der Temperatur, des Druckes und der Konzentrationen. Die Bestimmung der zeitgemittelten Quellterme nach Gl. (4.92) kann im Allgemeinen nicht durch Verwendung der zeitgemittelten Werte von Temperatur, Druck und Konzentrationen erfolgen.

$$\overline{S(T, p, Y_1, Y_2, \ldots)} \neq S\left(\overline{T}, \overline{p}, \overline{Y_1}, \overline{Y_2}, \ldots\right) \qquad (4.92)$$

Die Schwierigkeit der Modellbildung besteht darin, eine Beziehung für die Bestimmung eines Quellterms festzulegen.

Im Folgenden werden die Merkmale der einfacheren Modellansätze kurz erläutert.

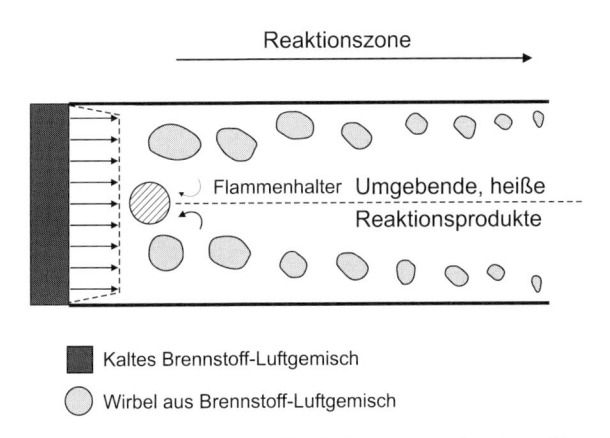

Abb. 4.17. Modellvorstellung zum Wirbeltransport in einer Vormischflamme

Bei Diffusionsflammen, bei denen Luft und Brennstoff separat zugegeben werden, lautet ein solcher Ansatz „gemischt = verbrannt" oder „mixed is burned". Dieser Modellansatz, wie er bei homogenen Gasphasenreaktionen verwendet werden kann, liefert in der Verbrennungszone zu hohe Temperaturen und setzt eine schnelle chemische Umsetzung voraus. Ursprünglich wurde für

Vormischflammen und nachfolgend auch für Diffusionsflammen das „Eddy-Breakup"-Modell ((Howe 1964), (Spalding 1970)) angewendet. Die Reaktionsrate entspricht dabei der Wirbelzerfallsrate des unverbrannten Brennstoff-Luftgemisches. Die Verhältnisse bei einer Vormischflamme sind in Abb. 4.17 skizziert.

Die Strömung der Vormischflamme enthält in der Verbrennungszone Wirbel, welche aus einem noch unverbrannten Brennstoff-Luftgemisch bestehen. In diesen Wirbeln tritt auf Grund zu niedriger Temperaturen keine Reaktion auf. Zerfallen diese Wirbel und vermischen sie sich mit den sie umgebenden heißen Reaktionsprodukten, so erfolgt deren chemische Umsetzung.

Der Mischungsgrad stellt eine passive, skalare Größe dar. Dessen Fluktuation ($g_{Misch} = f'^2_{Misch}$) kann als Maß für die Wirbelzerfallsrate gelten. Die hierfür zu lösende Transportgleichung mit einem Parametersatz nach Spalding ($C_{g1} = 2,7$ und $C_{g2} = 1,787$) (Spalding 1971) lautet:

$$\frac{\partial}{\partial \tau}(\varrho g_{Misch}) = -\frac{\partial}{\partial x_j}(\varrho w_j g_{Misch}) \frac{\partial}{\partial x_j}\left(\frac{\mu_{eff}}{\sigma_g} \frac{\partial g_{Misch}}{\partial x_j}\right) \\ + C_{g1}\mu_{turb}\left(\frac{\partial f_{Misch}}{\partial x_j}\right)^2 - C_{g2}\varrho\frac{\varepsilon}{k}g_{Misch} \quad (4.93)$$

Ein weiterführendes Modell, welches für Diffusionsflammen und Vormischflammen angewendet wurde, ist das Eddy-Dissipation-Modell.

Die Modellvorstellung knüpft dabei ebenfalls an den Wirbeltransport an. Bei Diffusionsflammen enthalten die Wirbel intermittierend Brennstoff und Luft. Sind diese Wirbel klein genug bzw. haben sie sich aufgelöst, so erfolgt die chemische Umsetzung der Reaktanden.

Beim Eddy-Dissipation-Modell ((Magnussen 1976) und (Magnussen 1981)) wird als Maß für die Auflösung der Wirbel das reziproke Verhältnis von turbulenter kinetischer Energie k und deren Dissipation ε herangezogen, welches mit der zeitgemittelten Konzentration der reagierenden Spezies multipliziert wird. Die physikalische Einheit von ε/k ist $1/s$, sodass ein kleiner turbulenter Zeitmaßstab einen hohen Reaktionsumsatz zur Folge hat.

Wendet man dieses Prinzip auf die Abbrandreaktion der Flüchtigenkomponente Methan (Repräsentant der Kohlenwasserstoffe) an, so entspricht die Umsetzungsgeschwindigkeit dem Minimum aus den Wirbelzerfallsraten von Methan, Sauerstoff und der Reaktionsprodukte.

In Gl. (4.95) tritt neben Wasserdampf das Zwischenprodukt Kohlenmonoxid auf, welches zu Kohlendioxid oxidiert werden kann.

$$\dot{c}_{CH_4,3} = -\min\left[Y_{CH_4}, Y_{O_2}, \frac{C_{EDC_2}}{C_{EDC_1}}|Y_{Prod}\nu_{Prod}|\right]\frac{\varepsilon}{k}C_{EDC_1} \quad (4.94)$$

$$Y_{Prod}\nu_{Prod} = -\nu_3\left[\frac{Y_{H_2O}}{\nu_{3,H_2O}} + \frac{Y_{CO}}{\nu_{3,CO}} - \frac{1}{\nu_{3,CO}}\frac{\nu_{4,CO}}{\nu_{4,CO_2}}Y_{CO_2}\right] \quad (4.95)$$

Die Konstanten C_{EDC_1} und C_{EDC_2} haben nach (Magnussen 1976) einen Wert von 4,0 bzw. 2,0. Neuere Untersuchungen nach (Visser 1991) ergaben bei Werten von 0,5 bis 0,7 für C_{EDC_1} anstatt von 4,0 eine bessere Übereinstimmung mit Messergebnissen.

Die Oxidation von CO findet nur bei Koexistenz mit Wasserdampf bzw. mit daraus entstandenen OH-Radikalen (Warnatz 1979) statt. Daher tritt neben den üblichen drei Termen des Eddy-Dissipation-Konzeptes eine weitere Größe hinzu. Diese Größe wird nach (Kozlov 1958) bzw. (Dryer 1972) in Gl. (4.96) angegeben.

$$\dot{c}_{CO_2,kin} = -2{,}24 \cdot 10^{12} \frac{\nu_{4,CO_2}}{\nu_{4,CO}} Y_{CO}\, \varrho^{0,75} \left[\frac{Y_{H_2O}}{M_{H_2O}}\right]^{0,5} \left[\frac{Y_{O_2}}{M_{O_2}}\right]^{0,25} \exp\left[-\frac{20130}{T}\right] \quad (4.96)$$

Das erweiterte Eddy-Dissipation-Konzept ergibt sich somit entsprechend Gl. (4.97).

$$\dot{c}_{CO_2,4} = \min\left[-\frac{Y_{CO}}{\nu_{4,CO}},\ -\frac{Y_{O_2}}{\nu_{4,O_2}},\ \frac{C_{EDC_2}}{C_{EDC_1}} \dot{c}_{CO_2},\ \frac{k}{\varepsilon\, C_{EDC_1}} \dot{c}_{CO_2,kin}\right] \frac{\varepsilon}{k} C_{EDC_1} \quad (4.97)$$

Bei Verwendung von Gl. (4.97) ist zu beachten, dass bei Beginn der Simulationsrechnung die Feldwerte der CO_2-Konzentration den Wert Null haben. Die Datenfelder sollten daher mit einem endlichen Wert initialisiert werden.

4.3.2 Modellierung der NO_x-Entstehung und deren Minderung

Bereits in den 70er Jahren des letzten Jahrhunderts wurde erkannt, dass die bei der Verbrennung von fossilen Brennstoffen entstehende Oxide des Stickstoffs als Mitverursacher von Umweltschäden angesehen werden müssen. So wurde in den 80er Jahren die Ursache des Waldsterbens hierauf zurückgeführt. Die bei der Verbrennung entstehenden Stickoxide bestehen zunächst zu über 95 % aus Stickstoffmonoxid (NO), der Rest ist Stickstoffdioxid (NO_2) und Distickstoffoxid (N_2O), wobei die Summe der NO- und (NO_2)-Konzentrationen als NO_x bezeichnet wird. Die Entstehung von Distickstoffoxid (N_2O) kann allenfalls in bestimmten Fällen in Wirbelschichtfeuerungen beobachtet werden. Ansonsten ist diese Spezies für die meisten Verbrennungssysteme vernachlässigbar. Daher ist der Fokus auf Stickstoffmonoxid (NO) und Stickstoffdioxid (NO_2) gerichtet. Die Wirkung von Stickoxiden als anthropogene umweltschädigende Gase besteht darin, dass das im Abgas enthaltene NO nach dessen Emission in die Atmosphäre zu (NO_2) konvertiert wird, wo es nach dem Kontakt mit Wasser als Salpetersäure gelöst und nach Deposition mit Staub oder Regen zur Versauerung des Boden und damit zur Schädigung der Vegetation beiträgt. Zudem können Stickoxide in der Stratosphäre zur Zerstörung der Ozonschicht beitragen. Daher wurden sowohl in den USA als auch in der Bundesrepublik Deutschland die NO_x-Emissionen aus Großfeuerungsanlagen vom

Gesetzgeber beschränkt. Im Jahr 1984 trat in der Bundesrepublik Deutschland die Großfeuerungsanlagenverordnung (13. Bundesimmissionsschutzverordnung BImSchV) in Kraft. Für Anlagen mit einer Kapazität von mehr als 300 MW wurden die NO_x-Emissionen (gerechnet als (NO_2)) auf 200 (mg/m^3) (i.N.) bezogen auf 6 % Sauerstoffgehalt im Abgas begrenzt. Es hat sich gezeigt, dass durch feuerungstechnische Maßnahmen die Stickoxidemissionen drastisch reduziert werden können. Es gelang bei fast allen braunkohlegefeuerten Anlagen durch rein feuerungstechnische Maßnahmen, diesen Grenzwert einzuhalten. Bei steinkohlegefeuerten Anlagen konnten ebenfalls durch feuerungstechnische Maßnahmen, insbesondere durch Luftstufung, die NO_x-Emissionen weitgehend reduziert werden. Um bei steinkohlegefeuerten Anlagen den Grenzwert von 200 (mg/m^3) (i.N., 6 % O_2) im Dauerbetrieb sicher einhalten zu können, wurden diese mit SCR (Selective Catalytic Reduction)-Verfahren ausgestattet. Trotz vorhandener SCR-Anlagen macht es Sinn, das bei der Luftstufung vorhandene Potential zur primärseitigen NO_x-Minderung auszuschöpfen, da hiermit der beim SCR-Einsatz notwendige Aufwand (NH_3-Menge, Eigenbedarf, etc.) reduziert werden kann. Daher ist es interessant, das beim Umsetzen von Feuerungskonzepten mithilfe einer Feuerraumsimulation vorhandene NO_x-Minderungspotential abschätzen zu können.

NO_x-Bildungsmechanismen

In Verbrennungssystemen basiert die NO-Entstehung auf den folgenden Mechanismen:

- Thermische NO-Bildung
- Prompt-NO-Mechanismus
- Brennstoff NO-Bildung

Diese Mechanismen tragen in ganz unterschiedlicher Weise und Quantität zu den insgesamt gebildeten NO-Emissionen bei und seien im Folgenden kurz erläutert.

Thermisch gebildetes NO

Grundsätzlich kann die NO-Bildung durch eine Reaktion des molekularen Luftstickstoffs oder durch brennstoffgebundenen Stickstoff erfolgen. Die NO-Bildung basierend auf dem thermischem NO-Bildungsmechanismus wird bei Temperaturen von oberhalb 1800 K signifikant, da hier eine Dissoziation von Luftstickstoffmolekülen möglich ist.

Dieser Mechanismus wurde bereits um die Mitte des 20. Jahrhunderts im Rahmen von experimentellen Untersuchungen (Zeldovich 1946) entdeckt. Damit wird Stickoxid über eine thermische Reaktion aus Luftstickstoff und Sauerstoff gebildet. Dieser unabhängig vom Brennstoff verlaufende Kettenreaktionsmechanismus basiert im Wesentlichen auf den folgenden Reaktionsschritten:

$$O + N_2 \underset{k_{Rea_{-1}}}{\overset{k_{Rea_1}}{\rightleftharpoons}} NO + N \qquad (4.98)$$

$$N + O_2 \underset{k_{Rea_{-2}}}{\overset{k_{Rea_2}}{\rightleftharpoons}} NO + O \qquad (4.99)$$

Der erste Reaktionsschritt ist dabei geschwindigkeitsbestimmend, da hier das stabile Stickstoffmolekül mit seiner Dreifachbindung (Dissoziationsenergie 941 kJ/kmol (Hayhurst 1980)) bei einer Aktivierungsenergie von 314 kJ/mol ((de Soete 1981)) aufgespalten werden muss. In der Arrheniusdarstellung der Reaktionsgeschwindigkeit k_1 ergibt sich eine sehr hohe Aktivierungstemperatur von ca. 700 K. Dies macht deutlich, dass die thermische NO-Bildung exponentiell von der Flammentemperatur und nur linear von der Sauerstoffatomkonzentration abhängt. Maßgebend für die thermische NO-Bildung ist dabei die Verweilzeit in der höchsten Temperaturzone. Daher ist in der Praxis meist die Interaktion zwischen Turbulenz und chemischer Reaktion ausschlaggebend für die Höhe an thermisch gebildeten NO-Emissionen. Dies zeigt sich daran, dass bereits bei einer Temperaturschwankung von 20 % über den Mittelwert und der daraus resultierenden kurzzeitigen Temperaturspitze die thermische NO-Bildung um das 15-Fache (Koopman 1985) zunimmt. Diese Temperaturfluktuationen wirken sich auch auf die Änderung der Sauerstoffatomkonzentrationen aus, da die Gleichgewichtskonstante der O_2-Dissoziationsreaktion ebenfalls sehr stark von der Temperatur abhängt.

$$O_2 \overset{K_3}{\rightleftharpoons} 2\,O \qquad (4.100)$$

$$c_O = \sqrt{K_3\, c_{O_2}} \qquad (4.101)$$

Die molare NO-Bildungsgeschwindigkeit lässt sich anhand der Reaktionen (Gl. (4.98) und Gl. (4.99)) wie folgt angeben:

$$\frac{d c_{NO}}{d\tau} = \frac{2\, k_{Rea_1}\, c_O\, c_{N_2}\left[1 - \left(c_{NO}^2/K_{1,2}\, c_{N_2}\, c_{O_2}\right)\right]}{1 + (k_{Rea_{-1}}\, c_{NO}/k_{Rea_2}\, c_{O_2})} \qquad (4.102)$$

mit k_{Rea_1} nach Gl. (4.112). Die Beziehung für die Gleichgewichtskonstante lautet:

$$K_{1,2} = \frac{k_{Rea_1}\, k_{Rea_2}}{k_{Rea_{-1}}\, k_{Rea_{-2}}} \qquad (4.103)$$

Die Globalschrittreaktion zur Stickoxidbildung lautet:

$$N_2 + O_2 \overset{K_{1,2}}{\rightleftharpoons} 2\,NO \qquad (4.104)$$

Die Beziehung zur Bestimmung der molaren NO-Bildungsgeschwindigkeit lässt sich vereinfachen unter der Annahme, dass die NO-Konzentration anfänglich oder bei weit unterhalb der Gleichgewichtseinstellung geltenden Bedingungen vernachlässigbar gering ($c_{NO} = 0$) und die Sauerstoffkonzentration sehr viel größer als die NO-Konzentration ($c_{O_2} \gg c_{NO}$) ist. Somit ergibt sich:

$$\frac{dc_{NO}}{d\tau} = 2\,k_{Rea_1}\,c_O\,c_{N_2} \qquad (4.105)$$

Bei hohen Temperaturen und hohem Wasseranteil wird die Oxidation von atomarem Stickstoff durch OH-Radikale bedeutsam. Der Reaktionsschritt nach Gl. (4.106) wird somit zur Alternativreaktion von Gl. (4.99).

$$N + OH \underset{k_{Rea_{-4}}}{\overset{k_{Rea_4}}{\rightleftharpoons}} NO + H \qquad (4.106)$$

$$H + O_2 \overset{k_{Rea_5}}{\rightleftharpoons} OH + O \qquad (4.107)$$

Die NO-Bildungsgeschwindigkeit des erweiterten Zeldovich-Mechanismus lautet somit:

$$\frac{dc_{NO}}{d\tau} = \frac{2\,k_{Rea_1}\,c_O\,c_{N_2}\left[1 - \left(c_{NO}^2 / K_{1,2}\,c_{N_2}\,c_{O_2}\right)\right]}{1 + k_{Rea_{-1}}\,c_{NO}/(k_{Rea_2}\,c_{O_2} + k_{Rea_4}\,c_{OH})} \qquad (4.108)$$

Die für die Bildungsreaktion des thermischen NO benötigten Reaktionspartner sind überwiegend Radikale, die erst beim Abbrand der Brenngase gebildet werden. Deshalb ist der Ablauf der thermischen NO-Bildung bevorzugt nach dem eigentlichen Umsatz des Brennstoffes in der Zone der heißen Verbrennungsgase zu erwarten.

Modellierung der thermischen NO-Bildung (Zeldovich-Mechanismus)

Für die Modellierung der thermischen Stickoxidbildung werden insbesondere Gasflammen-Modelle mit sehr unterschiedlicher Komplexität eingesetzt. Als einfachster Fall beginnt dies bei der Anwendung von vereinfachten Beziehungen nach Gl. (4.105) unter der Annahme, dass der Momentanwert der NO-Bildung dem Erwartungswert entspricht. Ein wesentlich komplexerer Fall besteht in der Realisierung von kompletten, von Vor- und Rückreaktionsgeschwindigkeiten abhängigen Raten nach Gl. (4.105) und Gl. (4.108) unter Berücksichtigung turbulenter Fluktuationen bei der Bestimmung der zeitgemittelten Reaktionsrate.

Im Folgenden soll nun eine kurze Übersicht über mögliche Modellansätze gegeben werden.

Jones (Jones 1980) propagiert einen relativ einfachen Modellierungsansatz zur Beschreibung des Zeldovich-Mechanismus. Die momentane NO-Bildungsgeschwindigkeit nach Gl. (4.102) wird damit vereinfacht und erhält damit die Form entsprechend Gl. (4.105). Dies erscheint auf Grund der in Flammen meist unterhalb des Gleichgewichtswertes liegenden NO-Konzentrationen zulässig. Ferner betrachtet er die Annahme einer Sauerstoffatom-Gleichgewichtskonzentration als irrelevant. Unter der Annahme des Gleichgewichts der Sauerstoffdissoziationsreaktion Gl. (4.100) ergibt sich die momentane NO-Bildungsgeschwindigkeit:

$$\dot{R}_{Bg\,\text{NO},th} = 4{,}09 \cdot 10^{13}\, T^{-0{,}0675}\, M_{\text{NO}} \sqrt{\frac{\rho Y_{\text{O}_2}}{M_{\text{O}_2}}} \left(\frac{Y_{\text{N}_2}}{M_{\text{N}_2}}\right) \exp\left(\frac{-67915\,K}{T}\right) \tag{4.109}$$

Aus dem hohen Wert der Aktivierungsenergie wird eine sehr starke Abhängigkeit der thermischen NO-Bildung von der Temperatur deutlich. Daher ist eine realistische Beschreibung des Reaktionsablaufs durch die Turbulenzinteraktion erforderlich. Die Verwendung einer β-Wahrscheinlichkeitsdichtefunktion zur Bestimmung der Temperaturfluktuationen nach (Jones 1977) lieferte dabei eine gute Übereinstimmung zwischen Messung und Rechnung bei einer Propangasflamme.

Ebenso ist (Gouldin 1974) der Auffassung, dass die beiden Voraussetzungen für die Anwendung von Gl. (4.108) gewährleistet sind. Die Einstellung des Gleichgewichtswertes der Sauerstoffatomkonzentration und der Stickstoffatome in Flammen ist davon abhängig, ob der Zeitmaßstab der Turbulenz größer ist als die größte Zeitdauer der beiden Vorgänge. Diese Bedingungen sind nach Gouldin erfüllt. Auch er geht davon aus, dass die Fluktuationen der Spezieskonzentrationen im Vergleich zu den Temperaturschwankungen vernachlässigbar sind. Gouldin propagiert die Verwendung einer an den Enden abgeschnittenen Wahrscheinlichkeitsdichtefunktion mit einer aus dem Mischungslängenansatz approximierten Fluktuationsstärke der Temperatur.

Bartok (Bartok 1972) verwendet die ungekürzte Form der NO-Bildungsrate nach Gl. (4.102) mit der aus den Janaf-Tafeln (Janaf 1971) bestimmten Gleichgewichtskonstante der Sauerstoffdissoziationsreaktion (Gl. (4.100)) nach Gl. (4.101)

$$K_3 = \frac{c_{\text{O}}^2}{c_{\text{O}_2}} = 25\, \exp[-59386\,K/T] \quad \left[\frac{mol}{cm^3}\right] \tag{4.110}$$

und der hieraus bestimmbaren c_{O}-Konzentration:

$$c_{\text{O}} = 5\, \exp[-29700\,K/T]\, \sqrt{c_{\text{O}_2}} \quad \left[\frac{mol}{cm^3}\right] \tag{4.111}$$

mit c_{O_2} in mol/cm^3. Nachfolgend wird nun ein Modell vorgestellt, welches sich sowohl bei der Vorhersage der NO_x-Emissionen bei Einzelbrennern im Technikumsmaßstab (Schnell 1990), als auch bei einer Vielzahl von Großfeuerungsanlagen (Epple 1993) bewährt hat.

Die Gleichung zur Bestimmung der NO-Bildungsgeschwindigkeit ist in Gl. (4.102) angegeben. Die Gl. (4.102) lässt sich aus den genannten Gründen zu Gl. (4.105) vereinfachen. Mit der Sauerstoffatom-Konzentration nach Gl. (4.111) und dem Vorwärtsreaktionsgeschwindigkeitskoeffizienten der Reaktion (Gl. (4.98)) nach (Fenimore 1980)

$$k_{Rea_1} = 1{,}8 \cdot 10^{14}\, \exp[-38370\,K/T] \quad \left[\frac{cm^3}{mol\,s}\right] \tag{4.112}$$

ergibt sich der Erwartungswert der NO-Massenquelle unter Verwendung einer Wahrscheinlichkeitsdichtefunktion der Temperatur

$$\dot{R}_{vol\,NO,th} = 2\,k_{Rea_1}\,c_O\,c_{N_2}\,\frac{M_{NO}}{\bar{\rho}}\,10^{-3} \int_{T_{min}}^{T_{max}} P(T)\exp[-38370\,K/T]\,dT \tag{4.113}$$

Setzt man Gl. (4.111) zur Bestimmung der Sauerstoffatom-Konzentration sowie die Beziehungen nach Gl. (4.112) ein, so ergibt sich:

$$\dot{R}_{vol\,NO,th} = 1{,}8\cdot 10^{12}\sqrt{c_{O_2}}\,c_{N_2}\,\frac{M_{NO}}{\bar{\rho}}\int_{T_{min}}^{T_{max}} P(T)\exp[-68070\,K/T]\,dT \tag{4.114}$$

Dabei haben die Sauerstoff- und Stickstoffkonzentrationen die physikalische Einheit [mol/cm³], welche sich aus den Massenkonzentrationen wie folgt bestimmen lassen:

$$c_{O_2} = \frac{Y_{O_2}\,\rho_{Gem}\,10^{-3}}{M_{O_2}} \quad \text{bzw.} \quad c_{N_2} = \frac{Y_{N_2}\,\rho_{Gem}\,10^{-3}}{M_{N_2}} \quad \left[\frac{mol}{cm^3}\right] \tag{4.115}$$

Die in den Gleichungen Gl. (4.113) und Gl. (4.114) auftretenden Temperaturen T_{min} und T_{max} lassen sich entsprechend der jeweiligen Anwendung eingrenzen. Die Temperatur T_{min} kann dem entsprechenden Einlasswert des noch nicht reagierenden Fluids entsprechen. Die Temperatur T_{max} ist entsprechend der adiabaten Verbrennungstemperatur begrenzt. Eine Abschätzung kann unter der Annahme dadurch erfolgen, dass bei der adiabaten Verbrennung eines stöchiometrischen Gemisches die gesamte umgesetzte Reaktionsenthalpie als fühlbare Wärme an die Abgase abgegeben wird. Daraus ergibt sich aus dem Heizwert des Brennstoffs Hu, dem Mindestluftbedarf $n_{L,min}$ und der mittleren spez. Wärmekapazität der Abgase $\bar{c}_p$ die adiabate Flammentemperatur:

$$T_{ad} = \frac{\text{Hu}}{(1+n_{L,min})\bar{c}_p} \tag{4.116}$$

Prompt-NO-Mechanismus

Der Prompt-NO-Mechanismus ist ein mit der thermischen NO-Bildung verwandter Prozess, da hier ebenfalls molekularer Stickstoff den Ausgangspunkt der NO-Bildung darstellt. Der Mechanismus war zunächst nicht als eigenständiger Reaktionspfad bekannt und wurde nach Entdeckung durch (Fenimore 1970) zunächst kontrovers diskutiert. Letztendlich setzte sich die Sichtweise von Fenimore durch, dass in brennstoffreichen Kohlenwasserstoff-Flammen in der primären Reaktionszone durch den Angriff von nur dort vorkommenden Kohlenwasserstoffradikalen auf Stickstoffmoleküle eine schnelle Stickoxidbildung stattfindet, daher die Bezeichnung als „Prompt-NO"-Bildung. Diese Schlussfolgerung wird aus der Tatsache hergeleitet, dass in

Wasserstoff- und Kohlenmonoxid-Flammen keine Über-Gleichgewichtskonzentrationen an Stickoxiden gefunden wurden. Dies wurde nur in Methan-, Ethylen- und Propanflammen beobachtet, wobei mit zunehmendem Brennstoff-/Luft-Verhältnis die NO-Konzentration ansteigt. Die Startreaktionen des Prompt-NO-Mechanismus sind wie folgt:

$$C_2 + N_2 \rightarrow 2\,CN \tag{4.117}$$

$$CH + N_2 \rightarrow HCN + N \tag{4.118}$$

$$CH_2 + N_2 \rightarrow HCN + NH \tag{4.119}$$

Die Cyanidspezies sind über eine schnelle Gleichgewichtsreaktion gekoppelt:

$$HCN + H \leftrightarrow CN + H_2 \tag{4.120}$$

Die Produkte der Reaktionen (Gl. (4.118) und Gl. (4.119)) sind wegen der Reaktion Gl. (4.119) nicht voneinander unterscheidbar.

$$NH + OH \leftrightarrow N + H_2O \tag{4.121}$$

Der aus den Reaktionen (Gl. (4.118) und Gl. (4.121)) entstehende atomare Stickstoff kann durch den 2. Schritt des Zeldovich-Mechanismus direkt zu NO umgesetzt werden.

Die Prompt-NO-Bildung ist nur in geringem Maße von der Temperatur abhängig. Bei der Verbrennung von Brennstoffen, bei der brennstoffgebundener Stickstoff vorhanden ist, ist in heißen, mageren Flammen die Prompt-NO-Bildung quantitativ von untergeordneter Bedeutung. Auch Fenimore (Fenimore 1980) entdeckte in Methanflammen nur einen geringen Anteil an Prompt-NO. Die entstehenden Kohlenwasserstoffradikale neigen eher dazu, schon gebildetes NO zu reduzieren. Dieser Reaktionsschritt (s. Abb. 4.19) wird als „NO-Recycle Step" bezeichnet, auf welchen später noch eingegangen wird. Es wird allgemein davon ausgegangen, dass bei Kohlenstaubflammen die Prompt-NO-Bildung quantitativ nahezu unbedeutend ist. Beispielsweise hatte (Hayhurst 1980) nachgewiesen, dass bei einer Kohlenstaubflamme mit 1 % Brennstoff-Stickstoff und 50 %igem Konversionsgrad zu NO der Prompt-NO-Mechanismus weniger als 5 % zur Gesamtemission beiträgt.

Brennstoff-NO-Bildung

Bei der Verbrennung von festen Brennstoffen wird der Großteil (mehr als 80 %) der NO-Emissionen durch den Brennstoff NO-Bildungsmechanismus verursacht. Daher wird im Folgendem den Hintergründen dieses Mechanismus besondere Beachtung gewidmet. Voraussetzung ist, dass ein gewisser Anteil an Stickstoff organisch im Brennstoff gebunden ist. Wie in Tabelle 4.6 dargestellt, ist dies bei nahezu allen festen Brennstoffen der Fall. Feste Brennstoffe, sei es Kohle, Torf, Agrarrestprodukte, enthalten Stickstoff in der Größenordnung von 1 %. Holz, Papier und Plastikabfälle enthalten wesentlich weniger Stickstoff. Der Stickstoffgehalt von Bäumen liegt bei ca. 1 %, wobei der höchste Anteil in Blättern und Nadeln vorhanden ist. In der Holzrinde liegt der Anteil bei 0,3 - 0,5 % und im Kern des Baumstammes bei unter 0,1 %.

Tabelle 4.6. Typische Stickstoffgehalte in bestimmten Brennstoffen

Brennstoff	N-Gehalt [Gew.%]
Stroh	0,3-1,5
Diverse Agrarrestprodukte	0,4-3,5
Holz	0,03-1,0
Kohle	0,5-2,5
Torf	0,5-2,5
Papier	0,1-0,2
RDF	0,8
Reifenabfälle	0,3
Hausmüll	0,5-1,0
Plastikabfälle	0,0
Klärschlamm	2,5-6,5

Letztendlich kann aber nicht von der Höhe des Brennstoffstickstoffgehalts auf die Höhe der bei der Verbrennung entstehenden NO-Emissionen gefolgert werden. Hierbei ist eine ganze Reihe von Faktoren maßgebend, z.B. wie schnell der Brennstoff-Stickstoff bei der Verbrennung freigesetzt werden kann. Dabei spielt es eine Rolle, wie der Stickstoff im Brennstoff eingebunden ist. Abb. 4.18 zeigt beispielhaft, wie der Stickstoff in der Struktur der Kohle eingebunden ist.

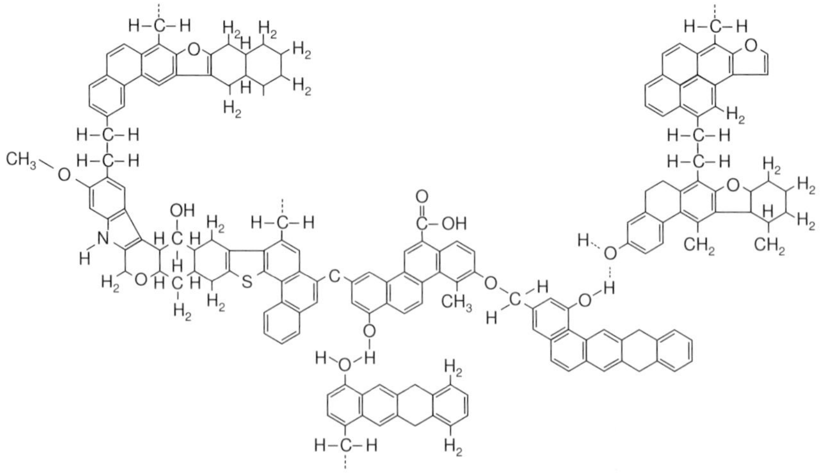

Abb. 4.18. Modellvorstellung über die Struktur von Kohle, (Smoot 1985a)

Die Höhe der bei der Verbrennung entstehenden NO-Emissionen ist nicht unbedingt von der Höhe des Brennstoff-Stickstoffgehaltes abhängig, sondern davon, welcher Anteil zu NO konvertiert wird. Würde beispielsweise bei der Verbrennung einer hochflüchtigen Steinkohle mit einem Stickstoffgehalt von 1,5 % (waf) der gesamte Stickstoff zu NO konvertiert werden, so würden die NO Emissionen von 4500 (mg/m^3) (i.N. 6 % O_2) entstehen. Tatsächlich liegen die Konversionsraten von Brennstoffstickstoff zu NO typischerweise im Bereich von zirka 15 und 30 %. Ein Initialschritt, welcher für die NO-Entstehung bzw. deren primärseitige Reduktion ausschlaggebend ist, ist die Freisetzung von N bzw. die Aufteilung von N in Flüchtige und Restkoks. Sobald ein Partikel zu brennen beginnt, wird ein Teil des Stickstoffs mit den Flüchtigen freigesetzt, während der restliche Stickstoff im Koks verbleibt. Dieser Zusammenhang ist für einen festen Brennstoff in Abb. 4.19 skizziert.

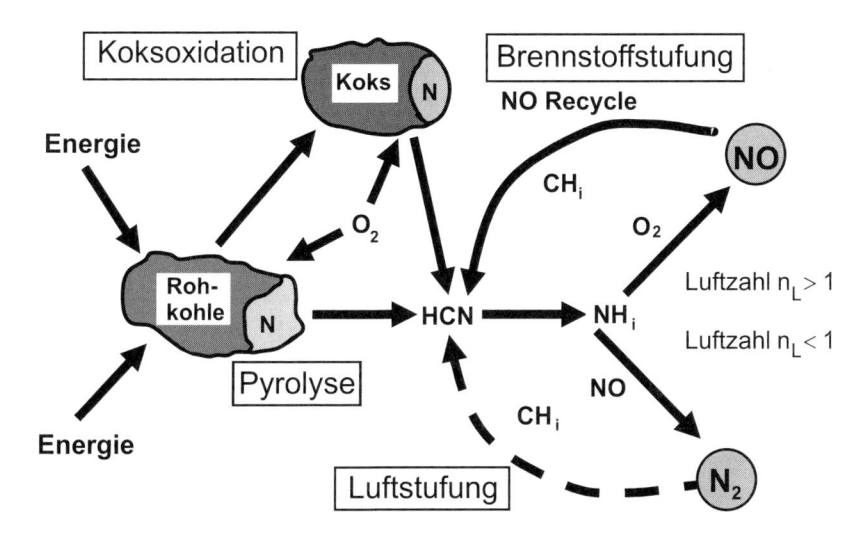

Abb. 4.19. Brennstoffstickstoff NO-Bildung

Das Brennstoffkorn gelangt in einen Feuerraum, wo es infolge Konvektion und Strahlung aufgeheizt wird. Typische Aufheizraten liegen bei 10^4 bis 10^5 K/s. Im ersten Schritt erfolgt nun eine Pyrolyse des Brennstoffkorns, das im Wesentlichen Kohlenwasserstoffverbindungen freisetzt. Während dieses Pyrolyseschrittes wird auch ein Teil des Brennstoffstickstoffs freigesetzt. Letzendlich werden hierdurch im Wesentlichen HCN- bzw. NH_i-Verbindungen gebildet. Wendet man nun als Primärmaßnahme die Luftstufung zur NO-Minderung an, so erfolgt die Verbrennung zunächst unter Luft- bzw. Sauerstoffmangel. Daher kann HCN in molekularen Stickstoff übergeführt werden. Eine weitere Primärmaßnahme zur NO-Minderung, welche in der Praxis weit weniger verbreitet ist, ist die so genannte Brennstoffstufung. Dieses Prinzip ist ebenfalls in Abb. 4.19 skizziert. Letzendlich werden Kohlenwasserstoffradikale (CH_i) durch die gestufte Zugabe von Brennstoff erzeugt. Die Kohlenwasserstoffradikale greifen die NO-Moleküle an und führen diese in Zwischenverbindungen z.B. (HCN) über; dieser Reaktionsschritt wird als NO-Recycle bezeichnet. Die gängigste Maßnahme zur primärseitigen NO-Minderung ist die Luftstufung. Um einen möglichst hohen Grad der NO-Minderung zu erreichen, ist es entscheidend, den Brennstoffstickstoff möglichst frühzeitig freizusetzen. Dadurch kann der weitere Reaktionsweg der Stickstoffzwischenverbindungen (HCN, NH_i) beeinflusst werden, und durch entsprechende Feuerungsführung besteht eine gute Chance, einen Großteil dieser Verbindungen in molekularen Stickstoff überzuführen, insbesondere wenn diese in einer unterstöchiometrischen Atmosphäre, d.h. unter Sauerstoffmangel, freigesetzt werden und sich somit NO reduzieren lässt. Der Reaktionspfad des im Restkoks verbleibenden Stickstoffs ist wesentlich schwieriger zu beeinflussen. Die Wahrscheinlichkeit, dass hieraus NO entsteht, ist daher wesentlich größer. Ein Übersichtsbeitrag zum Thema Brennstoffstickstofffreisetzung während des Koksabbrandes wurde von Thomas (Thomas 1997) veröffentlicht.

Der Schlüssel zur primärseitigen NO-Minderung liegt also in der Stickstoffreisetzung mit den Flüchtigen. Wesentliche Parameter hierfür sind der Typ des Brennstoffs, dessen Herkunft und der Flüchtigengehalt sowie die Temperatur und die Verweilzeit. Der Stickstoff-Flüchtigenanteil steigt mit geringer werdendem Inkohlungsgrad des Brennstoffs. Niedrige Temperaturen oder geringe Verweilzeit begünstigen den Verbleib des Stickstoffs im Restkoks ((Baxter 1996), (Blair 1976), (Epple 1995b), (Haussmann 1990), (Pohl 1976), (Kambara 1993), (Solomon 1978)).

Die Höhe des Stickstoff-Flüchtigenfreisetzungsgrades in Abhängigkeit des Brennstofftyps ist für verschiedene Kohlen in Tabelle 4.7 zusammengestellt. Je höher der Inkohlungsgrad des Brennstoffs, desto höher ist der Anteil der an Aromaten gebundenen Stickstoffatome. Diese werden dann in einer späteren Phase der Pyrolyse bei Temperaturen von ca. 800°C freigesetzt. Dies trifft für Steinkohlen zu, bei denen der Flüchtigen-Stickstoff im Wesentlichen in Teerverbindungen enthalten ist, welche bei hohen Temperaturen gecrackt werden, sodass sehr schnell HCN entsteht. Für Brennstoffe mit niedrigem Inkohlungsgrad, wie Lignite oder Biomasse, können die schwach gebundenen Stickstoffverbindungen direkt aus der Feststoffmatrix freigesetzt werden. HCN-Verbindungen können über den Zwischenschritt der NH_i-Bildung zu Stickstoff reduziert oder zu NO oxidiert werden. Dies hängt im Wesentlichen von der lokalen Stöchiometrie ab (s. Abb.4.19).

Tabelle 4.7. Zusammensetzung von Braun- und Steinkohle

Kohle	A	B	C	C	D	D	E	F
Flüchtige [%waf]	51,3	47,2	36,8	34,3	25,7	25,7	22,8	11,0
Asche [%waf]	16,1	18,8	5,6	4,3	6,0	8,2	9,3	3,9
Fixer Kohlenstoff [%waf]	48,7	52,8	63,2	65,7	74,3	74,3	77,2	89,0
Heizwert [MJ/kg%waf]	24,6	31,9	33,8	34,4	34,4	35,2	35,1	34,4
C [%waf]	66,0	67,0	81,4	83,3	87,9	88,5	87,3	93,1
H [%waf]	0,6	2,7	5,1	5,2	4,9	5,0	4,6	3,1
O [%waf]	31,8	28,8	10,2	7,8	5,3	4,2	5,0	1,8
S [%waf]	0,4	0,2	0,8	0,8	0,9	0,7	0,6	0,7
N [%waf]	1,2	1,3	1,5	1,5	1,5	1,6	1,8	1,2
N [%N in Flüchtigen]	95	95	75	65	53	49	39	–

A = Braunkohle
B = niedrig inkohlte Steinkohle
C = hochflüchtige Steinkohle
D = mittelflüchtige Steinkohle
E = niederflüchtige Steinkohle
F = Anthrazit

Modellierung der Brennstoff-NO-Bildung

Die Bildung von NO aus brennstoffgebundenem Stickstoff stellt, wie einleitend bereits erwähnt, die Hauptquelle der NO-Emissionen aus Kohlenstaubfeuerungen dar.

Die erste Modellannahme besteht darin, dass der Brennstoffstickstoff in Form von HCN freigesetzt wird bzw. die freigesetzten Produkte sich sehr schnell zu HCN umwandeln. Diese Annahme wurde sowohl unter oxidierenden als auch unter reduzierenden Bedingungen durch Experimente von Ghani und Wendt (Ghani 1990) bestätigt. Da der Brennstoffstickstoff durch die Pyrolysereaktion freigesetzt wird, besteht eine weitere Annahme darin, dass die Brennstoffstickstoff-Freisetzungsrate in Form von HCN proportional zur Pyrolyserate ist. Somit wird die Freisetzungsrate an HCN durch Gl. (4.122) festgelegt:

$$\dot{c}_{HCN,1} = \frac{\dot{c}_{VM}}{\dot{c}_{VM,RK}} c_{N,RK} C_{N,VM} \frac{M_{HCN}}{M_N} \quad (4.122)$$

Die in Gl. (4.122) auftretende Größe $\dot{c}_{VM}$ ist die Freisetzungsrate der Flüchtigen während der Pyrolysereaktion. Die Konstante entspricht dem Stickstoffgehalt der Kohle, wie er beispielsweise durch die Ultimatanalyse bekannt ist. Da nur ein Teil des Brennstoffstickstoffes in Form von HCN während der Pyrolyse freigesetzt wird, während der Rest im Kokskorn verbleibt, tritt der Faktor hinzu. Dieser drückt die experimentell zu bestimmende Abhängigkeit des Brennstoffstickstoffanteils in den Flüchtigen von der Pyrolysetemperatur aus. In Abb. 4.20 ist ein solcher Zusammenhang dargestellt, wobei sich herausstellte, dass bei Pyrolysetemperaturen von über 1800 K praktisch der gesamte Kohlestickstoff durch den Pyrolyseprozess freigesetzt wird.

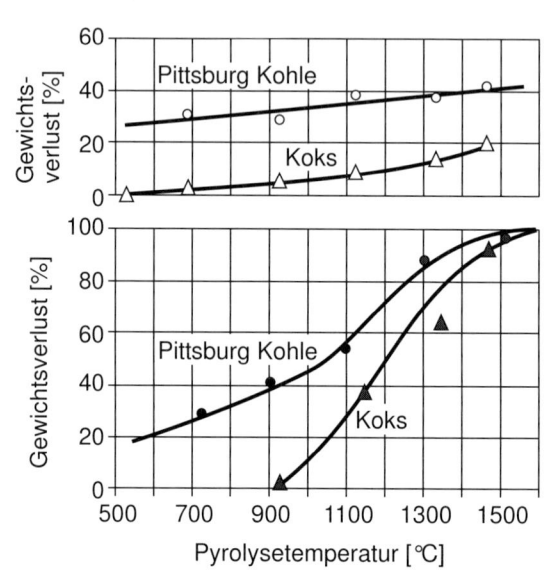

Abb. 4.20. HCN-Freisetzung in Abhängigkeit der Pyrolysetemperatur, (Wendt 1980)

Neben dem überwiegenden Anteil an Stickstoff, welcher durch die Pyrolyse freigesetzt wird, ist die im Restkoks verbleibende Stickstoffmenge ebenfalls zu berücksichtigen. Dabei wird angenommen, dass dieser Anteil analog zur Rate des Koksabbrandes abnimmt und ebenfalls in Form von HCN freigesetzt wird. Die Freisetzungsrate des im Koks gebundenen Reststickstoffes ergibt sich somit zu:

$$\dot{c}_{\text{HCN},2} = \sum_{j=1}^{NC} \dot{c}_{C_j}(1 - C_{N,VM})\frac{c_{N,RK}}{1 - c_{VM,RK}}\frac{M_{\text{HCN}}}{M_N} \qquad (4.123)$$

Konversion von HCN zu NO

Bei turbulenten, reagierenden Strömungen können insbesondere die Schwankungswerte entscheidend für den chemischen Umsatz sein. Dabei sind die Schwankungsbereiche der Temperatur und der an der chemischen Reaktion beteiligten Größen von besonderer Bedeutung. Da zwischen diesen Größen stark nichtlineare funktionale Beziehungen bestehen, wird das Prinzip der Wahrscheinlichkeitsdichtefunktion, welche in der Literatur als PDF (Probability Density Function) bezeichnet wird, verwendet. Werden Dichte- und Druckfluktuationen vernachlässigt, so lässt sich eine verbundene PDF zwischen der Temperatur T und den Reaktanden c_1 und c_2 aufstellen. Dabei ergibt sich eine ähnliche Problemstellung wie bei der Turbulenzmodellierung der Reynoldsspannungen, da ebenfalls Momente höherer Ordnung $\left(\overline{c'_1 c'_2} \text{ usw.}\right)$ in Erscheinung treten.

Im Falle der NO-Bildung ist der Einfluss der Schwankungen der an der HCN-Konversion in geringen Konzentrationen auftretenden Spezies im Vergleich zur Relevanz der Temperaturfluktuationen von untergeordneter Bedeutung und kann nach (Gouldin 1974) vernachlässigt werden. Somit reduziert sich der Ansatz auf eine Bestimmung einer Wahrscheinlichkeitsdichtefunktion $P(T)$ für die Temperatur. Ist diese bekannt (Abschnitt 4.3.2), so kann die Konversionsrate angegeben werden.

Modellansatz zur Bestimmung der HCN-Konversionsrate

Das gesamte Brennstoff-NO-Modell wurde bereits in Abb. 4.19 skizziert. Der Reaktionspfad von HCN über NCO und NH ist nach (De Soete 1974) nicht geschwindigkeitsbestimmend. Daher erfolgt die Modellierung der NO-Entstehung aus HCN entsprechend der Globalreaktion nach Gl. (4.124).

$$|\nu_{6,\text{HCN}}|Y_{\text{HCN}} + |\nu_{6,\text{O}_2}|Y_{\text{O}_2} \overset{k_{Rea_6}}{\longrightarrow} |\nu_{6,\text{NO}}|Y_{\text{NO}} + |\nu_{6,\text{CO}}|Y_{\text{O}} + |\nu_{6,\text{H}_2\text{O}}|Y_{\text{H}_2\text{O}} \quad (4.124)$$

Die zu obenstehender Gleichung entsprechende Reaktionrate ist in Gl. (4.125) wiedergegeben ((De Soete 1974)).

$$\dot{R}_{Bg\,\text{HCN},6} = -10^{10}\,\dot{R}_{Bg\,\text{HCN}}\,x_{\text{O}_2}^b \int_{T_{min}}^{T_{max}} P(T)\exp[-33700/T]\mathrm{d}T \quad (4.125)$$

Die Reaktion ist abhängig von der lokalen Sauerstoffkonzentration, welche als molare Größe x_{O_2} in Gl. (4.125) auftritt. Die molare Größe x_{O_2} ergibt sich durch Umrechnung aus der Massenkonzentration Y_{O_2} unter Berücksichtigung der Summe aller Feststoffkonzentrationen nach Gl. (4.126).

$$x_{\text{O}_2} = Y_{\text{O}_2}\frac{M_g}{M_{\text{O}_2}}(1-Y_P)^{-1} \quad (4.126)$$

Für die Reaktionsordnung b gilt nach (Wendt 1980) der in Abb. 4.21 dargestellte Kurvenverlauf. Die molare Größe x_{O_2} wird durch Umrechnung aus der Massenkonzentration c_{O_2} unter Berücksichtigung der Summe aller Feststoffkonzentrationen nach Gl. (4.125) berechnet.

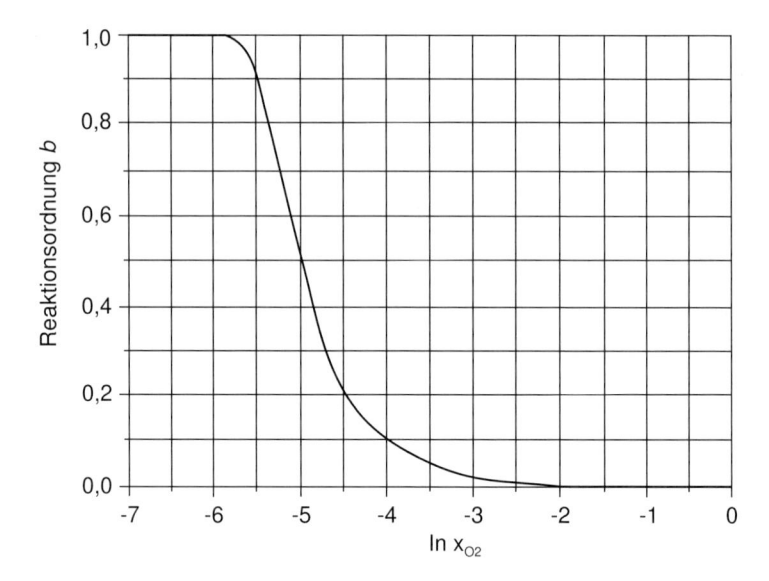

Abb. 4.21. Zusammenhang zwischen Reaktionsordnung b und molarer O_2-Konzentration [kmol/kmol], (De Soete 1974)

Ein weiterer möglicher Reaktionspfad besteht neben der Oxidationsreaktion in der Möglichkeit, dass bereits entstandenes NO durch freigesetztes HCN reduziert wird (Gl. (4.127)).

$$|\nu_{7,\text{HCN}}|\,Y_{\text{HCN}} + |\nu_{7,\text{NO}}|\,Y_{\text{NO}} \xrightarrow{k_7} |\nu_{7,\text{N}_2}|\,Y_{\text{N}_2} + |\nu_{7,\text{CO}}|\,Y_{\text{CO}} + |\nu_{7,\text{H}_2\text{O}}|\,Y_{\text{H}_2\text{O}} \tag{4.127}$$

Eine Gleichung zur Bestimmung der Reaktionsrate dieses Reduktionsmechanismus kann mit Reaktionsgeschwindigkeitswerten von (De Soete 1974) nach Gl. (4.128) angegeben werden.

$$\dot{R}_{Bg\,\text{HCN},7} = -3\cdot 10^{12}\,\dot{R}_{Bg\,\text{HCN}}\,Y_{\text{NO}}\,\frac{M_g}{(1-Y_P)M_{\text{NO}}}\int_{T_{min}}^{T_{max}} P(T)\exp\left[-33700/T\right]\,dT \tag{4.128}$$

Bei dem in Abb. 4.19 skizzierten NO_x-Modell treten NH_3 als Zwischenspezies und die Reburning-Reaktion durch den Angriff der CH_i-Radikale auf. Die entsprechenden kinetischen Modelldaten sind ausführlich in (Mitchell 1982) zu finden.

Das Modell zur Bestimmung der Brennstoff-NO-Bildung, wie es zur dreidimensionalen Simulation von großtechnischen Kohlenstaubfeuerungen eingesetzt wird, ist somit vollständig beschrieben.

Das skizzierte globale NO-Bildungsmodell wurde in (Epple 1993) publiziert. Weitere globale NO-Bildungsmodelle im Zusammenhang mit der Kohlenstaubverbrennung wurden unter anderen in (Coimbra 1994), (Peters 1997),

(Fiveland 1991), (Williams 1994), (Lockwood 1992) und (Visona 1996) veröffentlicht.

Wahrscheinlichkeitsdichtefunktionen (PDF)

Im vorherigen Abschnitt tritt in einigen Gleichungstermen der Term P auf, welcher für die Wahrscheinlichkeitsdichtefunktion steht. Hierauf soll in diesem Abschnitt eingegangen werden.

Bei turbulenten Strömungen können die Fluktuationen der darin transportierten Größen anhand der Schwankungen eines konservativen Skalars beschrieben werden. Dieser konservative Skalar entspricht dem Mischungsgrad, welcher durch eine quelltermfreie Transportgleichung gelöst wird. Der quadrierte Wert der Fluktuation des Mischungsgrades wird als g_{Misch} bezeichnet, welcher durch die Transportgleichung bestimmt wird. Dadurch lassen sich Fluktuationen für andere Größen, wie beispielsweise der Schwankungsbereich der Temperatur, abschätzen. Für die Temperatur lässt sich dieser Bereich durch Gl. (4.129) definieren.

$$-\Delta T + \overline{T} \leq \overline{T} + \Delta T \tag{4.129}$$

Die Schwankungsbreite wird dabei mithilfe der Mischungsgradfluktuation g_{Misch} abgeschätzt.

$$\Delta T = \sqrt{g_{Misch}}\,\overline{T} \tag{4.130}$$

Dadurch sind die oberen und unteren Temperaturwerte bestimmbar.

$$T_o = \overline{T}\left(1 + \sqrt{g_{Misch}}\right); \quad T_u = \overline{T}\left(1 - \sqrt{g_{Misch}}\right) \tag{4.131}$$

Nachdem der obere und untere Temperaturbereich und dessen Mittelwert bestimmt worden sind, gilt es nun, eine Beziehung zwischen den Größen herzustellen. Beim einfachsten Ansatz wird unterstellt, dass der Temperaturverlauf einzig nur periodisch den oberen oder unteren Temperaturwert einnimmt. Dies führt auf eine Rechteckschwankung, welche als „SQUARE-WAVE" (SQW)-Funktion bezeichnet wird, von Spalding (Spalding 1971) vorgeschlagen wurde und Anwendung fand ((Lockwood 1976), (Gosman 1973), (Smith 1980)).

Der dadurch beschriebene zeitliche Verlauf der Temperatur ist in Abb. 4.22 dargestellt. Die zu Abb. 4.22 korrespondierende Wahrscheinlichkeitsdichtefunktion lässt sich durch Dirac'sche Deltafunktionen δ beschreiben.

$$P(T) = P_1(T)\,\delta(T_u) + P_2(T)\,\delta(T_o) \tag{4.132}$$

Wird nun angenommen, dass im zeitlichen Mittel der obere und untere Extremwert über den gleichen Zeitraum existieren, so haben die Anteile entsprechend Gl. (4.133) eine gleich große Wichtung:

$$P_1(T) = 0{,}5\,; \quad P_2(T) = 0{,}5 \tag{4.133}$$

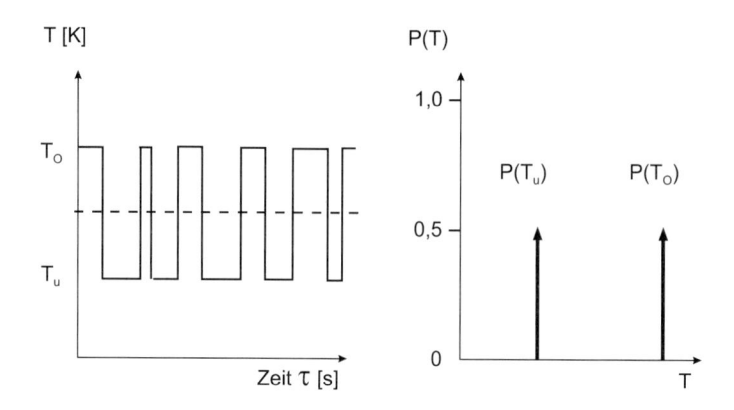

Abb. 4.22. Rechteckfunktion (SQW)

Nun ist es jedoch möglich, dass die durch Gl. (4.131) bestimmte Temperatur T_o oder T_u, einen physikalisch realistischen Wert über- oder unterschreitet. Eine physikalisch sinnvolle obere Temperaturbegrenzung entspricht dabei der adiabaten Flammentemperatur T_{ad}, wie sie sich bei einer Verbrennung ohne Wärmeabfuhr einstellen würde. Ein solcher Wert kann für Feuerungen aus dem unteren Heizwert Hu, dem Mindestluftbedarf $n_{L,min}$ und der mittleren Wärmekapazität der Abgase nach (Doležal 1985) entsprechend Gl. (4.134) ermittelt werden.

$$T_{ad} = \frac{\text{Hu}}{(1 - n_{L,min})\,c_p} \qquad (4.134)$$

Das untere Temperaturlimit stellt die Einlasstemperatur dar. Somit sind T_{max} und T_{min} entsprechend Gl. (4.135) festgelegt.

$$P_1(T) = 0,5\;;\quad P_2(T) = 0,5 \qquad (4.135)$$

Überschreitet nun die berechnete Temperatur T_o den Grenzwert T_{max}, so werden die Anteile der Wahrscheinlichkeitsdichtefunktion nach Gl. (4.136) gewichtet.

$$P_2(T) = \frac{\overline{T} - T_u}{T_{max} - T_u}\;;\quad P_1(T) = 1 - P_2(T) \qquad (4.136)$$

Falls die Temperatur T_u den realistischen Minimalwert T_{min} unterschreitet, so werden die Beziehungen nach Gl. (4.137) verwendet.

$$P_2(T) = \frac{\overline{T} - T_{min}}{T_o - T_{min}}\;;\quad P_1(T) = 1 - P_2(T) \qquad (4.137)$$

Mithilfe dieser durch Gl. (4.133) bzw. Gl. (4.136) und Gl. (4.137) formulierten Beziehungen lässt sich das Integral nach Gl. (4.138) auswerten.

$$\int_{T_u}^{T_o} k_{Rea\,0} \exp[-E/(\Re T)]\, P(T)\, \mathrm{d}T =$$
$$k_{Rea\,0}\{\exp[-E/(\Re T_u)]\, P_1(T) + \exp[-E/(\Re T_o)]\, P_2(T)\} \quad (4.138)$$

$$T_o \leq T_{max}; \qquad T_u \geq T_{min}$$

Ein wesentlich realistischerer Verlauf einer Wahrscheinlichkeitsdichtefunktion ((Lockwood 1975), (Smoot 1985b)) lässt sich durch eine Gauß'sche Normalverteilung beschreiben.

Die Ränder der Funktion werden dabei wiederum durch ein physikalisch realistisches Minimum und Maximum (T_{min} und T_{max}) begrenzt. Mathematisch entspricht dies der Verwendung von Deltafunktionen an den Rändern der Verteilung. Die auf diese Weise zusammengesetzte Funktion wird als „**C**lipped **G**aussian **D**istribution" (CGD) bezeichnet.

Eine weitere Form der Wahrscheinlichkeitsdichtefunktion ist die so genannte β-Funktion, welche nach (Jones 1977) eine noch bessere Übereinstimmung mit Messwerten liefert und ursprünglich von (Richardson 1952) propagiert wurde. Bei dieser Funktion (Gl. (4.139)) entfällt die notwendige Begrenzung der Ränder durch Deltafunktionen. Die β-Funktion lässt sich entsprechend Gl. (4.139) angeben:

$$P(\phi) = \frac{\phi^{a-1}(1-\phi)^{b-1}}{\int_0^1 \phi^{a-1}(1-\phi)\mathrm{d}\phi} \qquad 0 \leq \phi \leq 1 \quad (4.139)$$

Die darin auftretenden Koeffizienten a und b werden nach Gl. (4.140) bestimmt.

$$a = \overline{\phi}\left[\frac{\overline{\phi}(1-\overline{\phi})}{\overline{\phi'^2}} - 1\right]; \qquad b = \frac{(1-\overline{\phi})}{\overline{\phi}}\, a \quad (4.140)$$

Bei einer Anwendung dieser Funktion auf die Temperatur müssen die darin auftretenden Größen normiert werden:

$$\overline{T}_* = \frac{T - T_{min}}{T_{max} - T_{min}}; \qquad \overline{T'}_*^2 = \frac{T'^2}{(T_{max} - T_{min})^2} \quad (4.141)$$

Mithilfe der mittleren Temperatur und der Temperaturfluktuation lassen sich verschiedene Verläufe von β-Funktionen angeben. Für eine Kohlenstaubfeuerung wurden diese Werte simuliert (Faeth 1983) und in Abb. 4.23 und Abb. 4.24 aufgetragen. Es handelt sich dabei um Werte an verschiedenen Stellen in der Feuerung.

Je nach Schwankungsgröße der Temperatur und deren Mittelwert ergeben sich unterschiedliche Kurvenverläufe. Es zeigt sich ferner, dass, wie durch Abb. 4.24 verdeutlicht, keine zwangsläufige Koinzidenz zwischen dem Maximum des Wahrscheinlichkeitsdichteverlaufs und der Lage der mittleren Temperatur besteht.

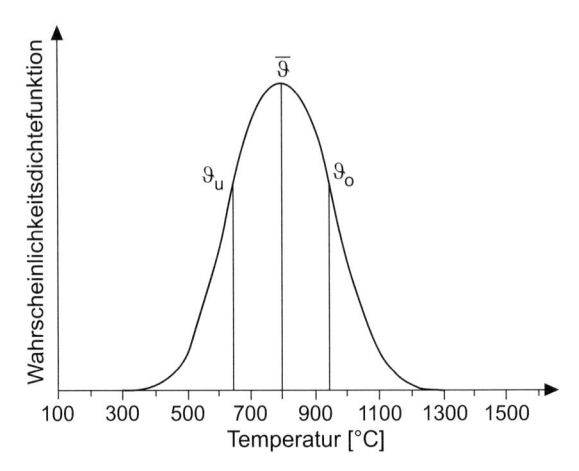

Abb. 4.23. Simulierter Verlauf einer β-Funktion an einer bestimmten Stelle im Feuerraum

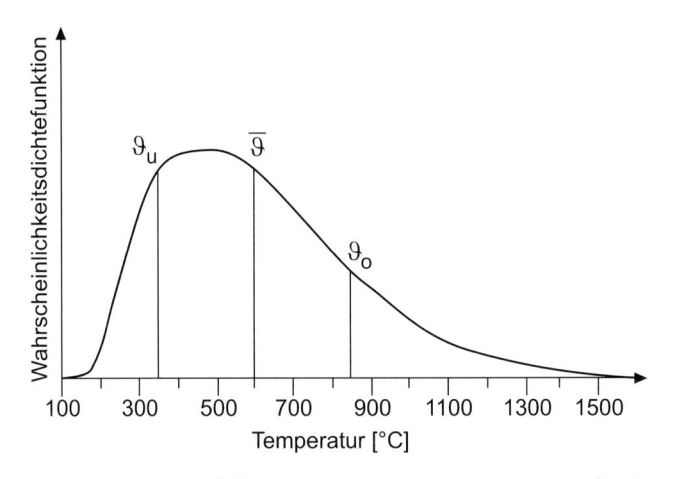

Abb. 4.24. Verlauf einer β-Funktion an einer weiteren Stelle im Feuerraum

4.3.3 Modellierung der SO_x-Entstehung und Minderung

Vorgang und Einflussfaktoren

Im Folgenden wird auf die Modellierung der Schwefeleinbindung in Feuerungen eingegangen. Vor allem in Wirbelschichtfeuerungen findet man die Möglichkeit dieser „in-Situ"-Entschwefelung. Die Schwefelfreisetzung erfolgt während des Verbrennungsvorganges durch Entgasung und Restkoksabbrand, Ort und Rate der Freisetzung lassen sich im Rahmen der Modellierung von Flüchtigenfreisetzung und Koksverbrennung beschreiben. Für die Simulation der Schwefelfreisetzung wählt man bei Verwendung eines Mehrkomponentenmodelles für die Entgasung einen Schwefelträger (z.B. H_2S), repräsentativ für alle Substanzen, die freigesetzt werden und Schwefel enthalten.

Kalzinierung und Sulfatierung

Unter atmosphärischen Bedingungen geht der Schwefelaufnahme (Sulfatierungsreaktion):

$$\text{CaO}_{(s)} + \text{SO}_2 + 1/2\,\text{O}_2 \rightarrow \text{CaSO}_{4\,(s)} \tag{4.142}$$

die Kalzinierung des Sorbens voraus:

$$\text{CaCO}_{3\,(s)} \rightleftharpoons \text{CaO}_{(s)} + \text{CO}_{2\,(g)} \tag{4.143}$$

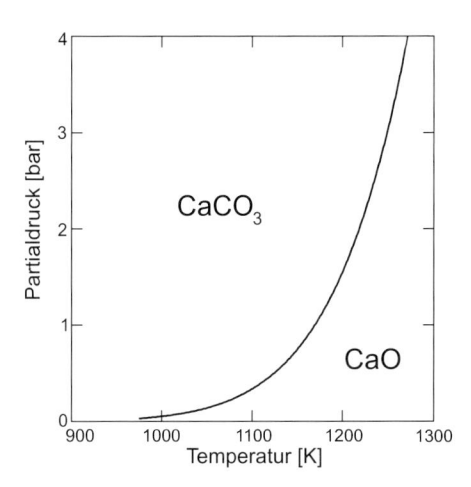

Abb. 4.25. Gleichgewichtspartialdruck von CO_2 in Abhängigkeit von der Temperatur, vgl. (Hill 1956) und (Baker 1981)

Diese Reaktion ist vom CO_2-Partialdruck in der Gasphase abhängig, lt. (Hill 1956) sowie (Baker 1981), beide zitiert in (Hansen 1991), gilt für den Gleichgewichtspartialdruck in bar für einen Temperaturbereich von $975 < T < 1100$ K:

$$p_{(CO_2)Eq} = 3{,}32 \cdot 10^7 \, \exp[-20245K/T] \tag{4.144}$$

bzw. für $1100 < T < 1275$ K:

$$p_{(CO_2)Eq} = 1{,}2 \cdot 10^7 \, \exp[-19130K/T] \tag{4.145}$$

vgl. dazu Abb. 4.25. Bei ≈ 1123 K beträgt der Gleichgewichtspartialdruck lt. obiger Formel $\approx 0{,}48$ bar. Unter der Annahme, dies entspräche einem Anteil von ≈ 15 Vol-% CO_2 – Verbrennung von Steinkohle mit einem Luftüberschuß $n_L = 1{,}2$ –, so käme die Kalzinierung bei einem Gesamtdruck von ca. $3{,}2$ bar im Feuerraum zum Erliegen. Dementsprechend findet bei druckaufgeladenen Wirbelschichtfeuerungen eine Direktaufnahme des Schwefeldioxids statt:

$$\text{CaCO}_{3\,(s)} + \text{SO}_2 + 1/2\text{O}_2 \rightarrow \text{CaSO}_{4,\,(s)} + \text{CO}_2 \tag{4.146}$$

Wird Dolomit ($CaCO_3 \cdot MgCO_3$) als Sorbens eingesetzt, so kalziniert unter atmosphärischen Bedingungen sowohl der Kalkstein als auch das Magnesiumkarbonat:

$$CaCO_3 \cdot MgCO_{3,\,(s)} \rightarrow MgO_{(s)} + CaO_{(s)} + 2CO_2 \qquad (4.147)$$

Das entstehende Magnesiumoxid bildet mit SO_2 aber keine stabile Verbindung, weshalb es zur Entschwefelung des Rauchgases nicht beiträgt. Allerdings erhöht die CO_2-Abgabe des Magnesiumkarbonates die Porosität des Sorbens, was sich auf die nachfolgende Sulfatierung günstig auswirken kann. Da die Kalzinierung des $MgCO_3$ auch bei erhöhtem Druck abläuft, bildet sich in diesem Fall „halbkalzinierter" Dolomit: $MgO + CaCO_{3,\,(s)} + CO_2$. Dadurch steigt wieder die innere Porosität, was oftmals als Voraussetzung für die SO_2-Aufnahme angesehen wurde, vgl. (O'Neill 1977), zitiert in (Lisa 1992). Nichtsdestoweniger hat (Dennis 1985) gezeigt, dass die Direktreaktion von $CaCO_3$ zu $CaSO_4$ möglich ist.

Die Beschreibung des physikalisch/chemischen Verhaltens des Sorbens ist eine komplexe Aufgabe im Rahmen der Simulation zirkulierender Wirbelschichtfeuerungen, weil viele einander beeinflussende Faktoren zu berücksichtigen sind.

Der wichtigste die SO_2-Aufnahme hemmende Effekt ist das „Pore-Blocking"; dazu kommt es wegen des höheren molaren Volumens von $CaSO_4$ gegenüber $CaCO_3$. Daraus folgt, dass das im Partikel enthaltene CaO nicht vollständig zu $CaSO_4$ reagiert, im Gegenteil, die erreichbaren Endumsätze schwanken je nach Kalksteinsorte zwischen ca. $16 \div 52$ % (unter besonders ungünstigen Umständen kann dieser aber auch auf ungefähr 6 % absinken).

Abhängigkeit des Umsatzes vom Partikeldurchmesser

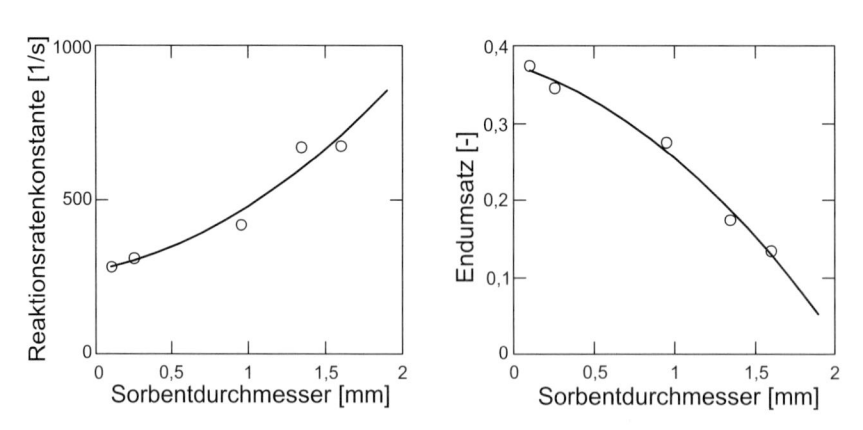

Abb. 4.26. Abhängigkeit der Reaktionsratenkonstante und des Endumsatzes vom Partikeldurchmesser nach (Fee 1983)

Ein wichtiger Parameter, der das Entschwefelungsverhalten maßgeblich beeinflusst, ist der Durchmesser der Sorbenspartikel, vgl. dazu z.B. (Hamer 1987) sowie (Fee 1983). Abb. 4.26 gibt für den von Fee et al. untersuchten Kalkstein (Lowellville limestone) die Abhängigkeit der Reaktionsrate und des Endumsatzes vom Partikeldurchmesser an.

Grundsätzlich nimmt, wie in Abb. 4.26 dargestellt, der erreichbare Endumsatz mit steigendem Partikeldurchmesser ab, weil durch das Verschließen der Poren nur der äußere Bereich des Partikels in $CaSO_4$ umgewandelt werden kann. Davon sind größere Partikel stärker betroffen als kleinere, woraus weiters, vgl. dazu (Basu 1991), ein systembedingter Vorteil für zirkulierende Wirbelschichten resultiert, weil hier der Sorbensdurchmesser nur ca. $100 \div 300$ μm beträgt, während im stationären Wirbelschichtreaktor Kalkstein von $500 \div 1500$ μm verwendet werden muss, um zu großen Austrag zu vermeiden. Dadurch wird der notwendige Kalksteinmassenstrom verringert, um einen geforderten Entschwefelungsgrad (z.B. 90 %) zu erreichen. Das notwendige Ca/S-Verhältnis sinkt von $2 \div 3,5$ auf $1,5 \div 2,5$. Mit der geringeren Kalksteinzugabe reduzieren sich auch der zu deponierende Aschemassenstrom und die Verluste durch die Enthalpie des entnommenen Aschemassenstroms.

Einfluss von Temperatur und O_2-Konzentration auf die Schwefeleinbindung

Zusätzlich zur Kalzinierungsreaktion (wegen der Abhängigkeit des Gleichgewichtspartialdruckes von der Temperatur ist auch die Sulfatierung temperaturabhängig. (Borgwardt 1970) hat zur Beschreibung der Reaktionskinetik einen Arrheniusansatz gewählt. Mit steigender Temperatur ist aber auch der Effekt des „Pore Blocking" ausgeprägter, weil die $CaSO_4$-Bildung jetzt vor allem den äußeren Bereich des Partikels betrifft, außerdem kommt es bei höheren Temperaturen (um $880 \div 890$°C) zur Zersetzung des $CaSO_4$ nach den folgenden Reaktionen, (vgl. (Lyngfelt 1989)):

$$CaSO_{4\,(s)} + CO \rightarrow CaO_{(s)} + SO_2 + CO_2 \qquad (4.148)$$

oder

$$CaSO_{4\,(s)} + 4CO/4H_2 \rightarrow CaS_{(s)} + 4CO_2/4H_2O \qquad (4.149)$$

Die Sulfatierung nach Gl. (4.142) läuft unter oxidierenden Bedingungen ab, während die Zersetzung nach den Reaktionen der Gl. (4.148) und Gl. (4.149) unter O_2-Mangel stattfindet. (Lyngfelt 1989) schlossen daraus, dass im Wirbelschichtreaktor, je nachdem ob oxidierende oder reduzierende Bedingungen vorherrschen, SO_2 eingebunden und (abgesehen von der Verbrennung) auch aus dem Bettmaterial wieder freigesetzt wird. Für die messbare Emission von SO_2 über 880°C ist natürlich nur die Reaktion nach Gl. (4.148) verantwortlich. Das dabei rückgebildete CaO ist wesentlich reaktiver als jenes, das wohl noch unverbraucht, aber bereits unter einer $CaSO_4$-Schicht vorhanden ist.

Auf die Effekte der wechselnden Bedingungen, (oxidierend/reduzierend), wie sie in ZWSF-Anlagen durch die Feststoffrückführung herrschen, gingen z.B. (Hansen 1993) ein. Eine qualitative Beschreibung der Gas-/Feststoffumwandlungen zeigt Abb. 4.27. Interessant ist, dass man Gl. (4.149) in diesem Schema

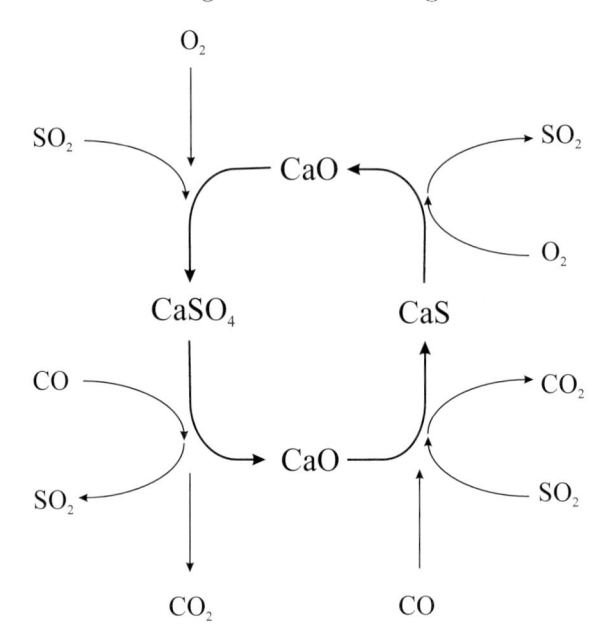

Abb. 4.27. Ca-Reaktionen bei der Schwefeleinbindung und Re-Emission nach (Hansen 1993)

nicht direkt ablesen kann, weil diese lt. (Hansen 1993) eine Nettoreaktion ist, deren zwei Teilreaktionen über CaO als Zwischenprodukt ablaufen.

(Hansen 1993) stellten fest, dass es speziell bei geringem Partikeldurchmesser des Sorbens dazu kommen kann, dass im reduzierenden Bereich der ZWS-Anlage CaS gebildet wird, das im Riser zu CaO unter SO_2-Bildung oxidiert wird. Da die Oxidation von CaO viel rascher vor sich geht als die Sulfatierung, kann es damit am Feuerraumende zu einer Erhöhung der SO_2-Konzentration kommen, wobei dieses SO_2 wegen der geringen Feststoffkonzentration dort nicht mehr abgebaut werden kann. Eine Untersuchung von 14 europäischen Kalksteinen zeigte, dass das Wechseln von oxidierenden auf reduzierende Bedingungen und umgekehrt den Endumsatz des Kalksteins geringfügig verminderte. Eine grundsätzliche Änderung in der Reihung wurde dadurch aber nicht bewirkt, außer bei jenen Kalksteinsorten mit hohem Fe_2O_3-Anteil.

Einfluss der Abscheider

Großen Einfluss auf den Entschwefelungswirkungsgrad hat weiters das Abscheideverhalten von Zyklon und Grobaschesichter. Der Einsatz von Sorbens mit sehr geringem Partikeldurchmesser wäre zwar bezüglich des erreichbaren Endumsatzes günstig, der Sorbensschlupf durch den Zyklon bewirkt aber, dass die Verweilzeit der Fraktion im Feuerraum gering ist, wodurch unverbrauchter Kalkstein den Reaktor verlässt. (Wu 1993) haben den Sorbensnutzungsgrad in Grob- und Flugasche sowie im Rückführzweig für zwei Kalkstein- und

Brennstoffarten an einer ZWS-Pilotanlage (0,91 m Innendurchmesser, 18,3 m Höhe) untersucht. Für den ersten Kalkstein (Meckley Fine) ergab sich dabei ein relativ hoher Sorbensnutzungsgrad in der Grobasche bei Verwendung der bituminösen Kohle (Fettkohle), der durch die hohe Verweilzeit des Grobmaterials in der Bettzone der Brennkammer verursacht wurde.

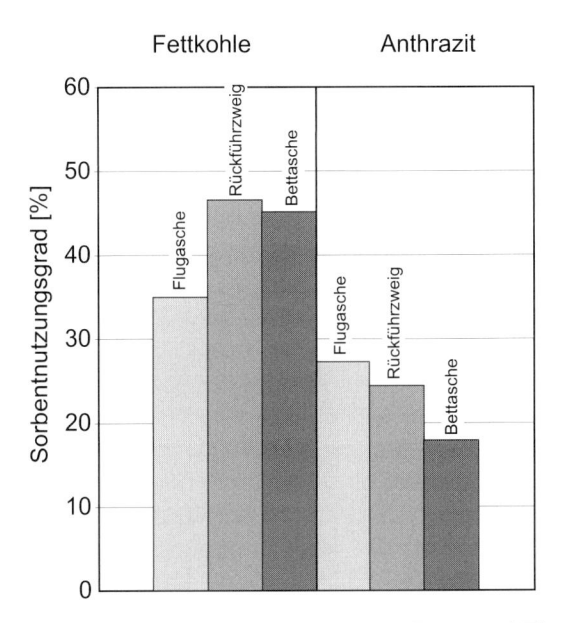

Abb. 4.28. Umsatz von „Mickley Fine"-Kalkstein in Bett- und Flugasche sowie im rezirkulierten Feststoff, nach (Wu 1993)

Verantwortlich dafür ist der niedrige Aschegehalt der bituminösen Kohle, vgl. linken Teil von Abb. 4.28. Im Gegensatz dazu hat bei Anthrazit (vgl. rechten Teil von Abb. 4.28) das Sorbens in der Flugasche den höchsten und jenes in der Grobasche den niedrigsten Nutzungsgrad. Generell sind die Endumsätze wegen des niedrigeren Schwefelgehalts geringer als bei der bituminösen Kohle. Der hohe Aschegehalt des Anthrazits bewirkt, dass das Sorbens in der Grobasche sowie jenes im Rückführzweig geringere Endumsätze als jenes in der Flugasche hat, weil der hohe Feinanteil der Asche eine größere Eintrittsbeladung und damit einen besseren Abscheidegrad am Zyklon bewirkt. Abb. 4.29 zeigt die Verhältnisse bei Verwendung von Kalkstein 2 („New Enterprise Medium").

Grundsätzlich ist die Tendenz gleich, nur zeigt die Flugasche jetzt einen deutlich höheren Umsatz als bei der ersten Sorte. (Wu 1993) führen dies darauf zurück, dass der Kalkstein 2 ursprünglich kaum Feinfraktionen besaß, weshalb der vorhandene Feinstaub durch Abrieb aus anderen Fraktionen entstanden sein muss. Deren Randzone ist, entsprechend der Vorstellung, dass die Sulfatierung von außen nach innen fortschreitet, bereits weiter umgesetzt.

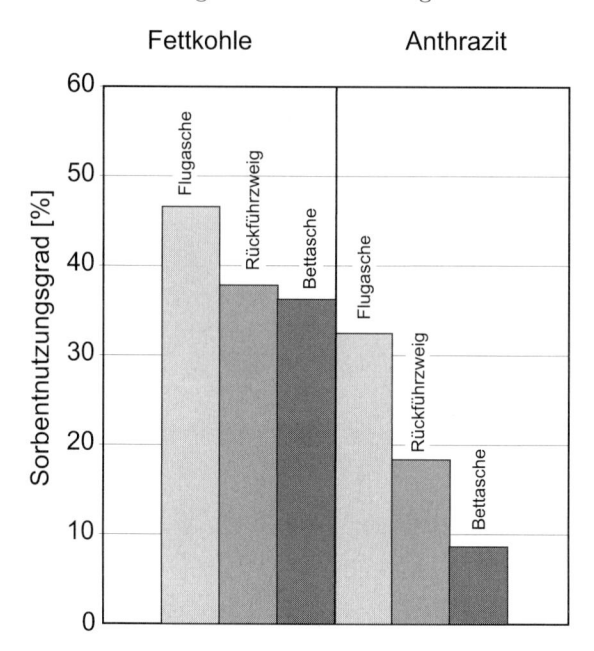

300 Simulation von Feuerungen und Gasströmungen

Abb. 4.29. Umsatz von „New Enterprise Medium"-Kalkstein in Bett- und Flugasche sowie im rezirkulierten Feststoff, nach (Wu 1993)

Damit ist der letzte wichtige Punkt, der das Sorbensverhalten stark beeinflusst, genannt:

Fragmentierungs- und Abriebsverhalten des Sorbens

(Couturier 1993) haben diesbezüglich eine Untersuchung an acht kanadischen Kalksteinen durchgeführt. Es zeigte sich, dass Fragmentierung vor allem während der Anfangsphase (speziell in diesem Fall, in den ersten fünf Minuten) nach dem Einbringen des Sorbens in den Versuchsreaktor auftrat. Das Fragmentierverhalten war unter SO_2 enthaltendem Testgas weniger ausgeprägt als ohne SO_2-Zugabe.

Couturier et al. führten dies darauf zurück, dass die Bildung von $CaSO_4$ im kalzinierten Teilchen zu einer Wiederverfestigung führt. Die wichtigsten Parameter, die das Zerkleinerungsverhalten beeinflussen, sind demnach:

- der Thermoschock,
- der Ablauf von Kalzinierung und Sulfatierung,
- die Strömungsgeschwindigkeit (Fluidisierungs- und Sekundärluft) und
- Kollisionen der Partikel untereinander und mit den Feuerraumwänden.

Der Grad an Verunreinigungen steigert die Widerstandsfähigkeit der Teilchen gegen Zerkleinerungsvorgänge.
(Lyngfelt 1992) unterschieden zwei Extremfälle mechanischen Sorbensverhaltens:

Im Fall 1 finden die Zerkleinerungsvorgänge großteils sofort nach dem Einbringen in den Feuerraum statt, sodass der Hauptteil des Sorbens im Inventarmaterial keiner weiteren Größenreduktion unterliegt. Damit entspricht die fraktionsbezogene Verweilzeit

$$\tau_V = \frac{n_{Ca}}{\dot{n}_{Rest} + \dot{n}_{verb}} \qquad (4.150)$$

auch tatsächlich dem „durchschnittlichen Alter" der Sorbenspartikel, die das System gerade wieder verlassen.

Fall 2 geht von einer altersunabhängigen Durchmesserabnahme der Kalksteinpartikel aus, wodurch die obige Gleichung nicht mehr das korrekte Alter der Partikel im Feuerraum ausdrückt. Die intrinsische Verweilzeit hingegen

$$\tau_{intr,i} = \frac{n_{Ca,(i)}}{\dot{n}_{KaSt,(i)} + \dot{n}_{Br,(i)} + \dot{n}_{zu,(i)}} \qquad (4.151)$$

oder

$$\tau_{intr,i} = \frac{n_{Ca,(i)}}{\dot{n}_{Rest,(i)} + \dot{n}_{verb,(i)} + \dot{n}_{ab,(i)}} \qquad (4.152)$$

gibt nur für jene Partikel, die bereits ihre endgültige Größe erreicht haben, das „korrekte" Alter an. In den obigen Beziehungen stellt $n_{Ca,(i)}$ die Molmasse an Ca der Fraktionsgröße i im Bett der Wirbelschicht, $\dot{n}_{ab,(i)}$ die abgeführte Molmasse auf Grund der Reduktion der Korngröße i in kleinere Partikel, $\dot{n}_{zu,(i)}$ die zugeführte Molmasse auf Grund der Reduktion der Korngröße größerer Partikel, $\dot{n}_{verb,(i)}$ die mit dem verbrauchten Bettmaterial abgezogene Molmasse, $\dot{n}_{Rest,(i)}$ die verbleibende (restliche) Molmasse der Fraktion i, $\dot{n}_{Br,(i)}$ die mit dem Brennstoff zugeführte Molmasse an der Fraktionsgröße i und $\dot{n}_{KaSt,(i)}$ die mit dem Kalkstein eingebrachte Molmasse der Fraktionsgröße i dar.

(Lyngfelt 1992) folgerten daraus, dass die fraktionsbezogene Verweilzeit zwar einerseits ein Maß für die Wahrscheinlichkeit ist, mit der ein Partikel bestimmter Größe im System bleibt, andererseits aber das tatsächliche Alter der betrachteten Fraktion nicht richtig dargestellt wird. Im Fall 2 ist die fraktionsbezogene Verweilzeit für die Modellierung der zeitabhängigen Sulfatierungsrate weniger geeignet als im Fall 1.

Zur Beschreibung der Abriebsvorgänge an Kalkstein haben (Lee 1993a) ein Abriebsmodell 1. Ordnung bezüglich des vorhandenen abriebsfähigen Materials vorgeschlagen:

$$\frac{dm_{Sorb}}{d\tau} = -k_{ab,Sorb}(m_{Sorb} - m_{Sorb,min}) \qquad (4.153)$$

Die Abriebsratenkonstante $k_{ab,Sorb}$ in Gl. (4.153) wird mittels eines Arrheniusansatzes beschrieben:

$$k_{ab,Sorb} = k_{o,ab,Sorb} \exp\left[-\frac{E_{Akt,Sorb}}{\psi_{Sorb}}\right] \qquad (4.154)$$

$m_{Sorb,min}$ ist dabei die minimale Sorbensmasse in der Bettzone, bei deren Unterschreitung kein merkbarer Abrieb mehr auftritt. $E_{Akt,Sorb}$, eine Pseudoaktivierungsenergie, ist, wie auch der Häufigkeitsfaktor $k_{o,ab,Sorb}$, spezifisch für das dem Abriebsprozess unterliegende Material. ψ_{Sorb} ist der Anteil an Energie, der vom Fluidisierungsgas an die Partikel im Feuerraum übertragen wird:

$$\psi_{Sorb} = \frac{Energie\,aus\,dem\,Fluidisierungsgas}{Masse\,der\,Partikel\,im\,Bettbereich} \qquad (4.155)$$

Nach (Lee 1993b) ist der dominierende Abriebsprozess jener, der durch Kollisionen der Mutterpartikel untereinander hervorgerufen wird. Die Experimente zeigten, dass mit steigender Temperatur die Widerstandsfähigkeit des Materials gegen Abriebsvorgänge stieg, abgesehen vom Rissigwerden der Kalksteinmatrix durch den stark wachsenden Druck (auf Grund des Verdampfens von eingeschlossenem Wasser).

Der gegebene Überblick sollte zeigen, wie komplex die Zusammenhänge bezüglich der Entschwefelung in Wirbelschichtanlagen sind. Wegen des stark unterschiedlichen Verhaltens verschiedener Kalksteinsorten und der vielen Einflussfaktoren ist es daher auch nach intensiven Bemühungen nicht möglich, den einzelnen Kalkstein anhand seiner physikalisch/chemischen Eigenschaften hinsichtlich seines Sulfatierungsverhaltens zu beurteilen, vgl. (Adánez 1994). Für die Modellierung des Entschwefelungsverhaltens sind daher modellabhängige, reaktionskinetische Parameter am einzusetzenden Kalkstein zu bestimmen. Die Schaffung einer umfassenden Sorbens-Datenbank mit den in der Literatur vorhandenen Daten wäre wegen des beträchtlichen experimentellen Aufwandes zur Bestimmung des Sulfatierungsverhaltens der verschiedenen Kalksteinsorten wünschenswert.

Modelle zur Beschreibung der SO_2-Aufnahme

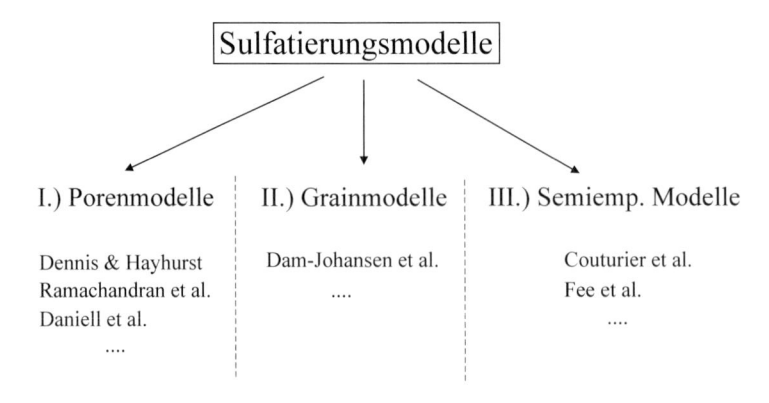

```
                    Sulfatierungsmodelle
              ↙             ↓             ↘
   I.) Porenmodelle  II.) Grainmodelle  III.) Semiemp. Modelle

   Dennis & Hayhurst   Dam-Johansen et al.   Couturier et al.
   Ramachandran et al.       ....            Fee et al.
   Daniell et al.                                 ....
        ....
```

Abb. 4.30. Modelle zur Beschreibung des Sulfatierungsverhaltens von Sorbens

4.3 Modellierung und Simulation von Feuerungen

Im Folgenden werden einige Einzelpartikelreaktionsmodelle aus der Literatur beschrieben, repräsentativ für die zahlreichen Ansätze, die zur Beschreibung des Sulfatierungsvorganges entwickelt wurden. Die in Abb. 4.30 gegebene Struktur gibt eine Grobeinteilung der angeführten Modelle.

Porenmodelle

Modell nach (Dennis 1986) Dieses Einzelporenmodell geht von einer Modellpore der dargestellten Form aus, vgl. Abb. 4.31. Vor der SO_2-Aufnahme werden die Porenwände als parallele Platten mit dem Abstand $2x$ angesehen.

Die Kalzinierung wird als unendlich rasch ablaufend angenommen, d.h. zum Zeitpunkt $\tau = 0$ ist die poröse Struktur voll ausgebildet, es liegt gebrannter Kalk (CaO) vor. Die Partikel bestehen aus einer Anzahl von parallelen Poren mit der Länge l_{Por}, die Breite B_P ist im Vergleich zur Porenweite $2x$ sehr groß, sodass die Reaktion nur an den beiden parallelen Oberflächen stattfindet. Durch das Ablaufen der Sulfatierungsreaktion wird die Pore wegen der Ausbildung der $CaSO_4$-Produktschicht zunehmend keilförmig, die Schichtstärken $\delta_{Sch,1}$ und $\delta_{Sch,2}$ beschreiben dabei die Porositätsabnahme des Teilchens. In Abb. 4.31 ist dabei der spezielle Zeitpunkt dargestellt, zu dem die Sulfatierung am inneren Porenende gerade beginnt. Jeder Pore ist eine Feststoffschicht λ_{Sch} zugeordnet, in den Poren ist die SO_2-Konzentration nur von der Länge l_{Por} abhängig, in x-Richtung gibt es keine Konzentrationsgradienten.

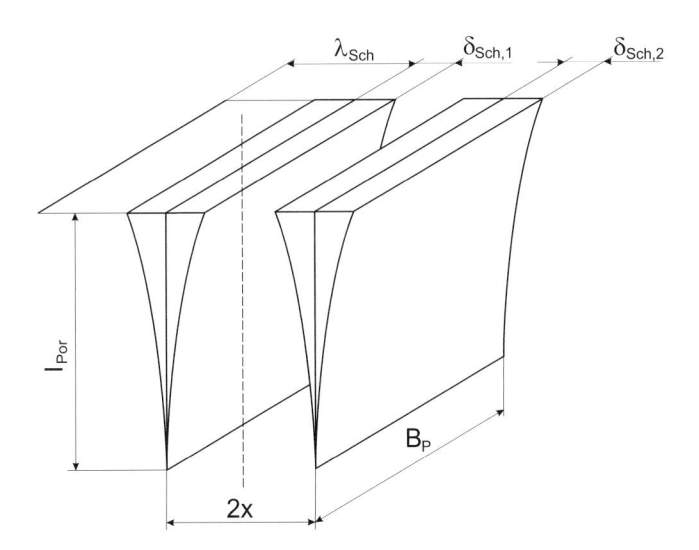

Abb. 4.31. Modellierung der Einzelpore nach (Dennis 1986)

Die Reaktionsrate wird durch Porendiffusion, Diffusion durch die $CaSO_4$-Produktschicht sowie durch die Oberflächenreaktion an der $CaSO_4/CaO$-Phasengrenzschicht beeinflusst. Der gesamte gasförmige Schwefel liegt in Form von SO_2 vor, und $CaSO_4$ entsteht nur nach der Reaktion:

304 Simulation von Feuerungen und Gasströmungen

$$CaO_{(s)} + SO_2 + 1/2\,O_2 \rightarrow CaSO_{4\,(s)}$$

Die Konzentration von SO_2 am Poreneingang entspricht derjenigen im Hauptgasstrom. Alle Vorgänge werden als quasistationär angesehen. Bemerkenswert ist, dass es sich dabei um ein analytisches Modell handelt mit den beiden Gleichungen

$$K_{sulf} = \frac{1 - \varepsilon_{P,0}}{24\, c_{SO_2, Por} V_{CaO}} \left(3\, P_1'\, \tau^{-0{,}25} - 5\, P_2'\, \tau^{0{,}25}\right) \tag{4.156}$$

zur Beschreibung der zeitabhängigen spezifischen Reaktionsrate sowie des Umsatzes

$$\Lambda(\tau) = \left(P_1 - P_2 \sqrt{\tau}\right) \tau^{0{,}75} \tag{4.157}$$

Für die Berechnung werden der Partikeldurchmesser d_P, der Diffusionskoeffizient von SO_2 in der $CaSO_4$-Produktschicht, die Ausgangsporosität $\varepsilon_{P,0}$ sowie die SO_2-Konzentration $c_{SO_2, Por}$ am Poreneingang benötigt.

Modell von (Ramachandran 1977)

Bei diesem Modell geht man von parallelen, zylindrischen Poren der Länge l_{Por} aus, vgl. Abb. 4.32.

Zu jeder Pore gehört eine konzentrische Feststoffschicht der Dicke $\lambda_{Sch} - r_{Por}$. Der Porenradius verkleinert sich mit Fortschreiten der Reaktion, die $CaSO_4$-Produktschicht bildet sich mit der Dicke $\delta_{Sch,2}$ innerhalb des ursprünglichen Feststoffes und mit $\delta_{Sch,1}$ im Freiraum der Pore.

Die wichtigsten weiteren Modellvoraussetzungen sind:

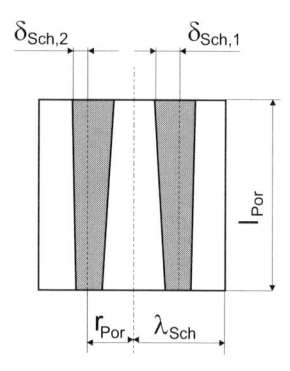

Abb. 4.32. Modellierung der Einzelpore nach (Ramachandran 1977)

- In der Pore gibt es nur axiale Konzentrationsgradienten,
- in der Feststoffschicht kommt es zu keiner weiteren axialen Diffusion von SO_2,
- die chemische Reaktion ist irreversibel und 1. Ordnung bezüglich SO_2,
- es herrschen isotherme Bedingungen,
- äußere Stoffübergangswiderstände werden vernachlässigt,
- die zur Pore gehörende Feststoffschicht ist nicht porös, und die Reaktion findet nur an einer ausgebildeten Phasengrenzfläche statt.

Für ein differentielles, zylindrisches Porenvolumselement ergibt sich nach (Ramachandran 1977) folgende lokale Reaktionsrate:

$$\dot{R}_{SO_2} = \frac{2\pi \, \Delta x \, c_{SO_2,Por}}{\dfrac{1}{k_{Sulf,RS}\,(r_{Por,0} + \delta_{Sch,2})} + \dfrac{\ln\dfrac{r_{Por,0} + \delta_{Sch,2}}{r_{Por,0} - \delta_{Sch,1}}}{D_{eff}}} \qquad (4.158)$$

Die wichtigsten Parameter in diesem Modell sind der Porenradius r_{Por}, die Porenlänge l_{Por}, die Dicke der zu jeder Pore gehörenden Feststoffschicht λ_{Sch}, der effektive Diffusionskoeffizient D_{eff} sowie die Reaktionsratenkonstante $k_{Sulf,RS}$.

Modell nach (Daniell 1987) Dieses Modell ist ein Einzelporenmodell, das vom Konzept her aber sehr unterschiedlich im Vergleich zu den beiden bisher erwähnten Porenmodellen ist. Hier wird die zylindrische Pore mit dem Radius r_{Por} in n Abschnitte der Länge Δl_{Por} unterteilt, vgl. Abb. 4.33.

Das Partikel selbst ist kugelförmig, die dargestellte Pore ist repräsentativ für alle im Partikel vorhandenen Poren. Die Reaktionsrate hängt von der SO_2-Diffusion in den Poren sowie von der Reaktionsrate an der Porenwand ab. Im Unterschied zu den anderen Porenmodellen wird die Diffusion von SO_2 im $CaSO_4$ aber nicht berücksichtigt. Die Berechnung der SO_2-Aufnahme erfolgt für die Zeitschritte $\Delta\tau$ durch die Bestimmung der Anfangskonzentration für jeden Porenabschnitt, dann wird die Reaktionsrate $\dot{R}_{SO_2}(\Delta l_{Por})$ abschnittsweise ermittelt und schließlich der Gesamtumsatz im Partikel nach dem Zeitschritt $\Delta\tau$ bestimmt. Danach wird auf Grund der Volumszunahme durch das $CaSO_4$ der Porenradius neu berechnet und der Vorgang für den nächsten Zeitschritt wiederholt. Sobald der Porenradius r_{Por} am Poreneingang null wird, kommt die Sulfatierungsreaktion zum Stillstand.

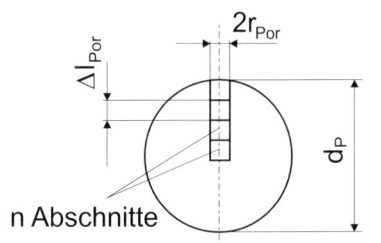

Abb. 4.33. Modellierung der Einzelpore nach (Daniell 1987)

Grain/Mikrograin-Modelle

Modell nach (Dam-Johansen 1991) Eine Erweiterung der bestehenden Grain-Modelle um die Annahme, dass die Grains (Radius r_{Gra}) selbst wieder aus Mikrograins (Radius r_{mGra}) bestehen, erfolgte durch (Dam-Johansen 1991), vgl. dazu Abb. 4.34.

Damit ist es möglich, im Partikel zwischen Makro- und Mikroporosität zu unterscheiden. Folgende Phänomene werden berücksichtigt:

- äußerer Stoffübergang,
- molekulare Diffusion und Knudsen-Diffusion durch die Mikroporen,
- Reaktion an den Micrograins nach dem Shrinking-Core-Modell, wobei die Diffusion durch die Produktschicht berücksichtigt wird, ebenso das Wachsen der Micrograins und das Verschwinden der Mikroporosität und

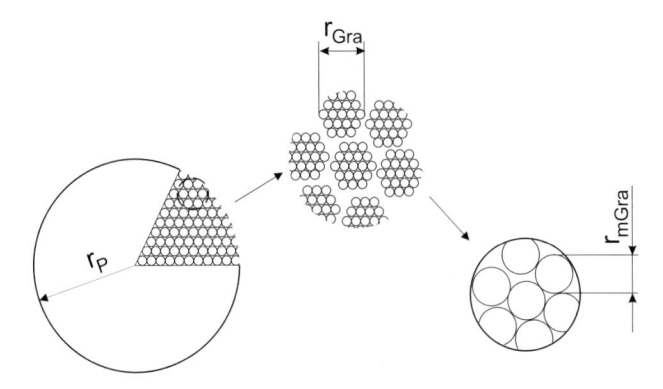

Abb. 4.34. Makro- und Mikroporosität nach (Dam-Johansen 1991)

- Reaktion an den nichtporösen, teilweise reagierten Grains nach einem Shrinking-Core-Modell, wobei das Wachsen der Grains beschrieben wird.

Die lokale Reaktionsrate wird vor und nach dem Verschließen der Mikroporen durch die beiden folgenden Gleichungen ausgedrückt:

$$\frac{\mathrm{d}r_{mGra,unvb}}{\mathrm{d}\tau} = -\frac{D_{\mathrm{SO}_2}\, r_{mGra,mom}\, c_{\mathrm{SO}_2,Por}}{\varrho_{mol,\mathrm{CaO}}\, r_{mGra,unvb}\, (r_{mGra,mom} - r_{mGra,unvb})} \quad (4.159)$$

und

$$\frac{\mathrm{d}r_{Gra,tw}}{\mathrm{d}\tau} = -\frac{D_{\mathrm{SO}_2}\, S\, r_{Gra,mom}\, c_{\mathrm{SO}_2,Por}}{\varrho_{mol,\mathrm{CaO}}(1-\varepsilon_{mGra,0})(1-\Lambda)r_{Gra,tw}(r_{Gra,mom} - r_{Gra,tw})} \quad (4.160)$$

Die wichtigsten Parameter für die Berechnung sind der Diffusionskoeffizient von SO_2 in der $CaSO_4$-Schicht D_{SO_2}, die SO_2-Konzentration in der Pore $c_{SO_2,Por}$, der Radius des Sorbenspartikels r_P, des Grains r_{Gra} und Micrograins r_{mGra}, der Grenzumsatz Λ_{max}, ab dem die Mikroporen blockiert sind, sowie die anfängliche Micrograin-Porosität $\varepsilon_{mGra,0}$.

Semiempirische Modelle

Modell 1 nach (Couturier 1986) Zur Beschreibung der volumetrischen Reaktionsrate $\dot{R}_{vol}$ in Abhängigkeit der Zeit wird ein Exponentialansatz:

$$\dot{R}_{vol} = k_{vol}\left[\exp(a_{sulf}\tau) - 1\right]^{-1} \quad (4.161)$$

gewählt. Die Reaktionsratenkonstante k_{vol} und der Modellparameter a_{sulf} müssen aus Sulfatierungsversuchen bestimmt werden. Für die Abhängigkeit des Umsatzes von der Zeit erhält man:

$$\frac{\mathrm{d}\Lambda}{\mathrm{d}\tau} = \frac{V_{mol,\mathrm{CaO}}}{1 - \varepsilon_{P,0,\mathrm{CaO}}} k_{vol}\left[\exp(a_{sulf}\tau) - 1\right]^{-1} f_{eff} \quad (4.162)$$

Neben den beiden Modellparametern k_{vol} und a_{sulf} benötigt das Modell 1 nach (Couturier 1986) noch Werte für den effektiven Diffusionskoeffizienten von SO_2 in den Poren D_{eff,SO_2}, beim vereinfachten **Modell 2** (hier nicht explizit angeführt) wird dieser nicht berücksichtigt.

Kalzinierungs-/Sulfatierungsmodell für das Trocken-Additiv-Verfahren (TAV)

Für die Beschreibung der Kalzinierung und Sulfatierung der eingesetzten Kalksteinpartikel beim Trocken-Additiv-Verfahren (TAV) wird im Folgenden ein Modell beschrieben, das von (Vonderbank 1993) entwickelt wurde. Das Modell berücksichtigt für Kalkstein und Kalkhydrat den gegenseitigen Einfluss von Kalzinierung und Sulfatierung. Oft wird bei der Modellierung von Entschwefelungsvorgängen die Annahme gemacht, dass die Sulfatierung unabhängig von der Kalzinierung abläuft. Diese Annahme ist dadurch begründet, dass die alleinige Kalzinierung bei üblichen Feuerraumtemperaturen sehr rasch vor sich geht. Durch niedrigere Feuerraumtemperaturen oder einen hohen SO_2-Gehalt im Rauchgas kann es aber dazu kommen, dass sich eine Sulfatschicht bildet, welche dem Kalzinierungsvorgang durch die Vergrößerung des Diffusionswiderstandes entgegenwirkt. Aus diesem Grund sollte nicht von vornherein eine vollständige bzw. sehr rasche Sulfatierung bei der Simulation des TAV vorausgesetzt werden. Eine Besonderheit des vorliegenden Modells ist, dass für die Produktschicht ein Oberflächenmodell entwickelt wurde, welches die größere Porosität von Kalkhydrat, entsprechend den tatsächlichen Gegebenheiten, berücksichtigt. Zusammen mit der raschen Kalzinierung des $Ca(OH)_2$ ist die große innere Oberfläche der Produktschicht der Grund für die bessere Entschwefelung von Rauchgas in Feuerräumen im Vergleich zu Kalziumkarbonat.

Modell für die Kalzinierung des Kalksteins:

Für die Beschreibung dieses Vorgangs wird ein Shrinking-Core-Modell (SCM) verwendet, wobei davon ausgegangen wird, dass das $CaCO_3$-Partikel weitgehend nicht porös ist. Daraus folgt die Modellannahme, dass das $CaCO_3$ von außen nach innen unter der Abgabe von CO_2 zu CaO umgewandelt wird. Findet die Kalzinierung in SO_2-haltiger Atmosphäre statt, so bildet sich auf der CaO-Oberfläche eine wenig poröse Produktschicht aus $CaSO_4$. Diese Produktschicht behindert nun zum einen den weiteren Ablauf der Kalzinierung, weil der Diffusionswiderstand im $CaSO_4$ die CO_2-Abgabe bremst, zum anderen wird auch die weitere Bildung von $CaSO_4$ an der CaO-Oberfläche durch denselben Diffusionswiderstand für SO_2 im $CaSO_4$ gebremst.

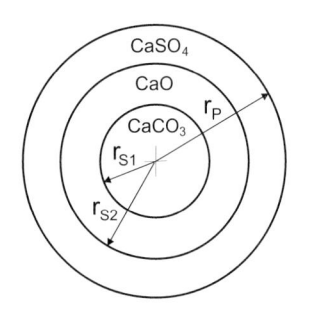

Abb. 4.35. Annahmen zum Entschwefelungsmodell nach (Vonderbank 1993)

In Abb. 4.35 sind die geometrischen Annahmen zum Kalzinierungs-/Sulfatierungsvorgang dargestellt. Die Geschwindigkeit der Kalzinierung hängt stark von der Temperatur sowie von der CO_2-Konzentration an der Reaktionsfront ab. Beim Kalzinierungsvorgang selbst sind die folgenden Vorgänge wichtig:
- Wärmeübergang vom umgebenden Gas an das Partikel und Wärmeleitung zur Reaktionsfront,
- endotherme Kalzinierungsreaktion,
- diffusiver Transport des CO_2 von der Reaktionsfront zur Partikeloberfläche und Übergang in das umgebende Gas

$$\frac{dr_{S1}}{d\tau} = -\frac{M_{CaCO_3}}{\rho_{CaCO_3}} \cdot$$

$$\cdot \frac{c_{CO_2,S1} - c_{CO_2,g}}{\frac{1}{k_{Rea,ka}\,\Xi_{T,ka}\,\Xi_{P,ka}} + \frac{(r_{S1}-r_{S2})\,r_{S1}}{D_{eff}\,r_{S2}} + \frac{4\pi\,\lambda_{Sch,CaSO_4}\,r_{S1}^2}{\Xi_{diff}\,D_{SO_2}\,A_O} + \frac{1}{\beta_{por,g,ka}}\frac{r_{S1}^2}{r_P^2}} \quad (4.163)$$

mit der Molmasse M_{CaCO_3} in kg/mol, dem effektiven Diffusionskoeffizienten von CO_2 in der CaO-Schicht D_{eff}, der CO_2-Konzentration an der Kalzinierungsschicht $c_{CO_2,S1}$ und der CO_2-Konzentration in der Gasphase $c_{CO_2,g}$. Weiters bedeutet in Gl. (4.164) entsprechend Abb. 4.35 r_{S1} den Radius des unreagierten $CaCO_3$-Kerns bzw. r_{S2} den Abstand der Reaktionsfront vom Partikelmittelpunkt. Dieser Radius hängt vom Kalzinierungsgrad α_{ka} ab, welcher durch die folgende Beziehung gegeben ist:

$$\alpha_{ka} = 1 - (r_{S1}/r_P)^3 \quad (4.164)$$

Modell zur Beschreibung der Produktschicht-Oberfläche:

Da, wie bereits zuvor festgestellt, die Entstehung der $CaSO_4$-Produktschicht äußerst wichtig für den Ablauf des Gesamtvorgangs ist, muss diese entsprechend im Modell berücksichtigt werden. Beim Kalzinierungsvorgang erhöht sich nämlich wegen des höheren Molvolumens von $CaCO_3$ im Vergleich zu CaO die Porisität und damit die innere Oberfläche. Im Zuge der Sulfatierung nimmt aber die Porosität auf Grund des höheren molaren Volumens von $CaSO_4$ im Vergleich zu $CaCO_3$ und CaO ab. Beim vorliegenden Modell wird die Produktschichtoberfläche in Abhängigkeit vom Kalzinierungs- und Sulfatierungsgrad modelliert, ohne auf die Einzelheiten des Partikelaufbaus einzugehen, wie in den Modellen zuvor beschrieben. Die Oberfläche der Produktschicht setzt sich aus einem Anteil für die Oberfläche einer Kugelschale nach dem SCM (Term 1) und einem Anteil für die innere Oberfläche $A_{O,in,ka,spez}$ nach dem Uniform-Conversion-Modell (UCM) (Term 2) zusammen.

$$A_O = \underbrace{4\pi\,r_P\,r_{S2}}_{1} + \underbrace{\alpha_{ka}\,\varrho_{CaO}\,V_P\,A_{O,in,ka,spez}\,(1 - \alpha_{ka}/0{,}59)}_{2} \quad (4.165)$$

Die obige Beziehung gilt, solange $\alpha_{ka} \leq 0,59$ ist; für Werte $\alpha_{ka} \geq 0,59$ gilt für die Oberfläche der $CaSO_4$-Schicht A_O:

$$A_O = 4\pi r_P r_{S2} \tag{4.166}$$

Modell der Kalksteinsulfatierung:

Im vorliegenden kombinierten Modell wird die Geschwindigkeit der Sulfatierung unter Berücksichtigung der folgenden Widerstände ermittelt:

- Stoffübergang des SO_2 vom umgebenden Gas an das Partikel (Term 1),
- Diffusion durch die Produktschicht (Term 2),
- chemische Reaktion (Term 3)

Die Diffusion durch reines CaO wird nicht berücksichtigt, weil sich die Sulfatierungsfront so einstellt, dass keine Diffusion durch das reine CaO stattfindet. Den obigen Annahmen entsprechend ergibt sich die folgende Beziehung zur Beschreibung des Fortschritts der Sulfatierungsfront:

$$\frac{dr_{S2}}{d\tau} = -\frac{M_{CaO}}{\rho_{CaO}} \frac{1}{4\pi r_{S2}^2} \cdot$$

$$\cdot \frac{c_{CO_2,S2}\, \Xi_{ra,sulf}\, \Xi_{H_2O}}{\underbrace{\dfrac{1}{\beta_{por,g,sulf}} \dfrac{1}{4\pi r_P^2}}_{1} + \underbrace{\dfrac{1}{\Xi_{diff}\, D_{SO_2}} \dfrac{\lambda_{Sch,CaSO_4}}{A_O}}_{2} + \underbrace{\dfrac{1}{\Xi_{T,sulf}\, k_{Rea,sulf}} \dfrac{1}{A_O}}_{3}} \tag{4.167}$$

mit Ξ_{diff} dem Korrekturfaktor für die Diffusion, $\Xi_{T,sulf}$ dem Korrekturfaktor für die Temperatur und $\Xi_{ra,sulf}$ dem Korrekturfaktor für den Radius der Sulfatierung. Der Korrekturfaktor Ξ_{H_2O} berücksichtigt die katalytische Wirkung der Wasserdampfkonzentration auf die Reaktionsgeschwindigkeit.

Modell der Kalkhydratkalzinierung und -sulfatierung:

Grundsätzlich wird beim $Ca(OH)_2$-Modell dieselbe Methodik angewandt wie bereits beschrieben. Bei der Kalzinierung bzw. Sulfatierung von Kalkhydrat entstehen im Temperaturbereich zwischen 500 – 800°C die Zwischenprodukte $CaSO_3$ und $CaCO_3$.
Für das Kalkhydrat-Sulfatierungsmodell werden die Details des $CaCO_3$-Sulfatierungsablaufs übernommen, es wird nur das $Ca(OH)_2$-Oberflächenmodell ersetzt.

Das relativ einfache kombinierte Modell weist in Modellrechnungen eine ebenso hohe Genauigkeit auf, wie komplexere Modelle, welche noch zusätzlich Phänomene des Energietransportes oder der Porenstruktur berücksichtigen.

4.3.4 Wirbelschichtmodelle

Grundlagen zur Wirbelschichtfeuerung

Erste Versuche mit fluidisierten Feststoffschüttungen führte Franz Winkler um 1920 in Deutschland durch, als er gasförmige Verbrennungsprodukte durch eine Schüttung von Kokspartikeln führte. Auf ihn geht auch der Bau der ersten stationären Wirbelschichtreaktoren zur Kohlevergasung (Winkler-Vergaser) zurück. Die zirkulierende Wirbelschicht (ZWS) wurde von W. Lewis und E. Gilliland am M.I.T. um 1938 untersucht. Erste typische Anwendungen der zirkulierenden Wirbelschicht lagen im Bereich verfahrenstechnischer Operationen, wie z.B. dem FCC-Verfahren **Fluidized Catalytic Cracking**, welches zur Herstellung von hochoktanigem Flugbenzin während des 2. Weltkrieges eingesetzt wurde. Die ersten Bemühungen, die Wirbelschicht als Brennkammer zu verwenden, gehen auf D. Elliott zurück, der in den frühen 60er Jahren des letzten Jahrhunderts in England den Einsatz dieses Feuerungssystems propagierte. Dort lag das Interesse hauptsächlich an der Verkleinerung und Verbilligung der Kesselanlagen, wobei man vom guten Wärmeübergang von den in die Wirbelschicht eintauchenden Heizflächen ausging. In den USA trieb man die Entwicklung der Wirbelschichtfeuerung mit dem Ziel voran, hochschwefelhaltige Kohle einzusetzen, ohne zusätzliche Abgasentschwefelungsanlagen zu benötigen. Diese zuvor genannten Feuerungen waren alle stationäre oder blasenbildende Wirbelschichten. Die Entwicklung der zirkulierenden Wirbelschicht hin zur Feuerungsanlage wurde von mehreren Gruppen unabhängig voneinander betrieben. So setzte z.B. die Fa. LURGI die ZWS zum Kalzinieren bei der Aluminiumerzeugung ein. Aus dieser Anwendung wurde im Jahr 1982 der erste ZWS-Dampferzeuger mit einer Leistung von $84\,\text{MW}_{\text{th}}$ gebaut. In der obigen einleitenden Darstellung wurde zwischen stationären und zirkulierenden Wirbelschichten unterschieden. Bei stationären Wirbelschichten wählt man die Gasgeschwindigkeit so, dass der Feststoff zwar fluidisiert, aber nicht in nennenswertem Maße aus dem Bettbereich ausgetragen wird. Bettoberfläche und die darüber befindliche Freeboardzone bleiben voneinander unterscheidbar. Bei zirkulierenden Wirbelschichten liegt die Gasgeschwindigkeit beträchtlich über der Sinkgeschwindigkeit der Partikel mittleren Durchmessers, aus denen das Inventarmaterial besteht. Auf diese Weise verteilt sich der Feststoff über die Höhe der Brennkammer und verlässt diese zum guten Teil mit dem Abgas. Die Gas-/Feststoffsuspension gelangt in einen Feststoffabscheider (meist ein Zyklon) wo die Partikel abgeschieden und über eine Rückführleitung in den Feuerraum rezirkuliert werden.

Aus Abb. 4.36 geht hervor, dass die Wirbelschicht bei atmosphärischen Bedingungen oder druckaufgeladen betrieben werden kann, die Druckverbrennung führt zu einer starken Leistungssteigerung und ermöglicht den thermodynamisch günstigen Kombiprozess; aus technischen/wirtschaftlichen Gründen wird diese Möglichkeit zurzeit nicht weiter verfolgt.

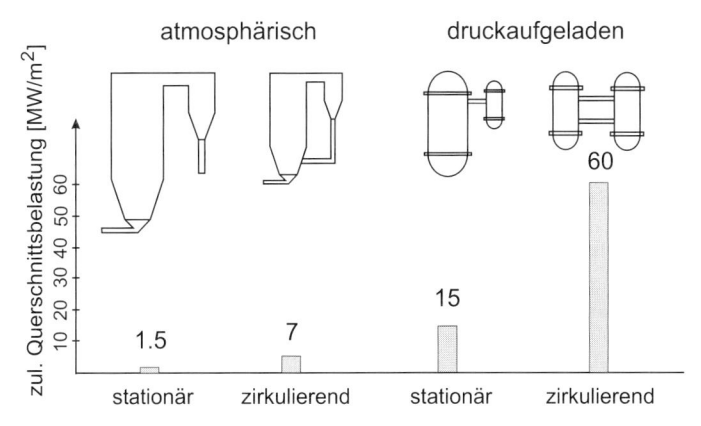

4.3 Modellierung und Simulation von Feuerungen   311

Abb. 4.36. Vergleich verschiedener Wirbelschichtfeuerungen

Modellierung der Feststoffverteilung und Auswirkungen auf den Wärmeübergang

Die besonderen Eigenschaften von Wirbelschichtfeuerungen, wie gute Wärme- und Stoffübergangsbedingungen und hohe Flexibilität beim Einsatz unterschiedlicher Brennstoffe, werden natürlich durch den in der Brennkammer befindlichen Feststoff bedingt. Deshalb soll im Folgenden auf die Möglichkeiten zur Beschreibung der Feststoffverteilung in Wirbelschichtanlagen näher eingegangen werden. Das Steigrohr eines Wirbelschichtreaktors kann man in einen Bereich höherer Feststoffkonzentration (dense phase) nahe dem Düsenboden und in einen daran anschließenden Abschnitt niedrigerer Feststoffkonzentration unterteilen. Diese einfachste Unterteilung gilt für weite Bereiche der Fluidisierungsgeschwindigkeit, wenn man von den Extremwerten des dichten Bettes (unterhalb der minimalen Fluidisierungsgeschwindigkeit) und des pneumatischen Transports bei Porositäten $\epsilon_P \approx 1$ (bei hohen Gasgeschwindigkeiten) absieht; eine diesen Annahmen entsprechende Darstellung findet man in Abb. 4.37.

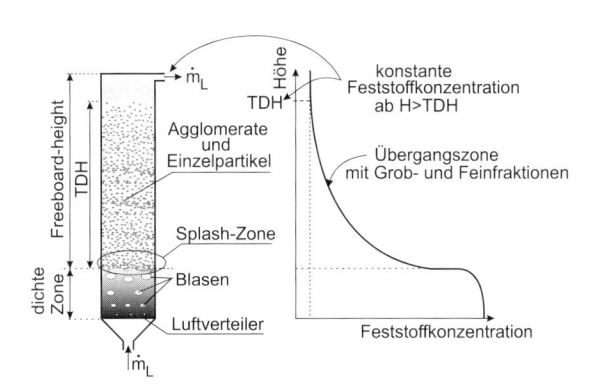

Abb. 4.37. Feststoffverteilung in Wirbelschichten

Dichte Zone

In diesem Bereich können zwei Phasen unterschieden werden; die eine ist dadurch gekennzeichnet, dass Gas und Feststoff gleichförmig durchmischt sind (emulsion phase), die andere ist die feststofffreie Blasenphase (bubble phase). Wann es zur Blasenbildung kommt, hängt von der Art des zu fluidisierenden Feststoffs und vom Fluidisierungsmedium ab. Das Verhalten der Blasenphase (max. Blasengröße, Blasengeschwindigkeit) kann grundsätzlich entsprechend der Zuordnung der Gas-/Feststoffmischung nach der Geldart-Klassifikation, (Geldart 1986) erfolgen. Modelle zur Entstehung des Volumenanteils der Blasenphase im Verhältnis zu dem der Emulsionsphase wurden entwickelt. Eine der ersten derartigen Modellvorstellungen war jene von (Davidson 1963):

$$\frac{\dot{Q}_{Bl}}{A} = w - w_{mf} \qquad (4.168)$$

Dieser einfache Ansatz geht davon aus, dass in der Emulsionsphase immer der Zustand am Lockerungspunkt (bei Lockerungsporosität $\epsilon_{P,mf}$) vorliegt. Der überschüssige Gasmassenstrom muss mittels Blasenphase durch die Wirbelschicht transportiert werden. Messungen haben gezeigt, dass der sichtbare, in der Blasenphase transportierte Gasmassenstrom geringer als der mittels Gl. (4.168) berechnete ist, weil die überlagerte Durchströmung der Blase durch Gas im obigen Modellansatz unberücksichtigt bleibt.

Lean-Phase

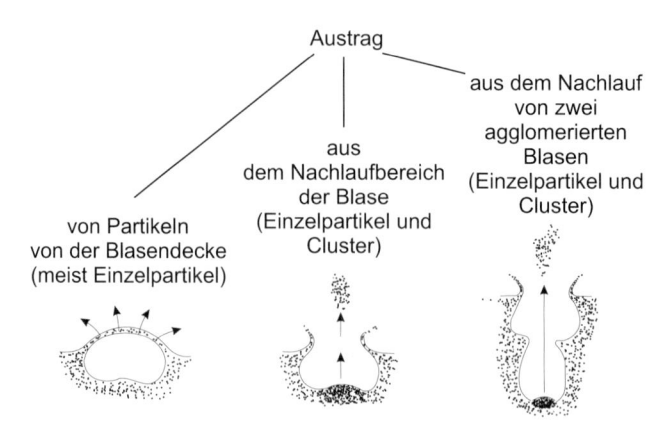

Abb. 4.38. Feststoffverteilung in Wirbelschichten

Nach der dichten Zone folgt in vertikaler Richtung ein Bereich, in dem die Feststoffkonzentration nach oben hin stark abnimmt. Hier findet man neben Einzelpartikeln, welche durch den Gasmassenstrom ausgetragen werden, auch sich aufwärts bewegende Partikelagglomerate, die durch das Zerplatzen der Blasen and Bettoberfläche entstanden sind, vgl. Abb. 4.38, sowie Cluster (Partikelagglomerate) und Feststoffsträhnen, welche in die dichte Zone zurückfallen. Experimentelle Beobachtungen haben gezeigt, dass sich diese herabfallenden Cluster besonders in Wandnähe bilden und erstrecken, sodass sich dort eine Randzone fallender Partikel entwickelt. Abb. 4.37 zeigt auch, dass es eine weitere, charakteristische Höhe gibt, welche für die Beschreibung der vertikalen Feststoffverteilung wichtig ist. Es handelt sich dabei um die **Transport disengaging height** (TDH), ab der die Feststoffkonzentration im Steigrohr weitgehend konstant bleibt. Überhalb der TDH befinden sich im Gas-/Feststoffgemisch also nur mehr jene Partikel, die von der Gasströmung auch tatsächlich kontinuierlich gefördert werden können, unterhalb der TDH sind im Feststoffmassenstrom auch Grobfraktionen vorhanden, welche der internen Rezirkulation unterliegen und deshalb noch vor dem Erreichen der TDH wieder in den Bereich der dichten Zone zurückfallen.

Modellkategorien

In Abb. 4.39 ist eine Zusammenstellung von (Tanner 1994) über die Möglichkeiten zur Modellierung der Feststoffverteilung in Wirbelschichtanlagen dargestellt. Tanner unterscheidet zwischen deterministischen und stochastischen sowie zwischen globalen und lokalen Modellen.

Deterministische Modelle sind jene, bei denen der zeitliche Verlauf der zu bestimmenden Größe(n) durch eine Gleichung oder ein Gleichungssystem beschrieben wird. Bei stochastischen Vorgängen, bei denen der zeitliche Verlauf der Zustandsgrößen zufällig und damit nicht durch mathematische Gleichungen beschreibbar ist, können daher mit deterministischen Modellen nur zeitlichen Mittelwerte berechnet werden. Globale deterministische Modelle dienen der Berechnung der höhenabhängigen Feststoffverteilung, querschnittsmittlere Konzentrationen werden dabei ermittelt. In Ergänzung der von Tanner 1994 gegebenen Darstellung wurde bei den globalen Modellen eine Unterteilung in 1- und 1,5-dimensionale Modelle vorgenommen, wobei die letzteren die Möglichkeiten zur realitätsnahen Modellierung von Wirbelschichtanlagen beträchtlich erhöhen. Unter einem 1,5-dimensionalen Modell versteht man einen Ansatz, bei dem die Anlagenquerschnittsfläche in einen Kernbereich und einen Randbereich unterschiedlicher Feststoffkonzentration unterteilt wird. Globale stochastische Modelle basieren auf Korrelationsgleichungen, mit deren Hilfe die statistischen Größen Mittelwert und Varianz der axialen Feststoffverteilung bestimmt werden. Den Korrelationsgleichungen liegen experimentelle Untersuchungen der Druckschwankungen im Steigrohr zu Grunde. Lokale Modelle kommen überall dort zum Einsatz, wo detaillierte Analysen z.B. zum Massen- und Stoffübergang zwischen dem reagierenden Partikel und dem umgebenden Gas erforderlich sind oder wenn die Wärmeübergangsverhältnisse an Teilen von Wärmetauscherflächen untersucht werden sollen.

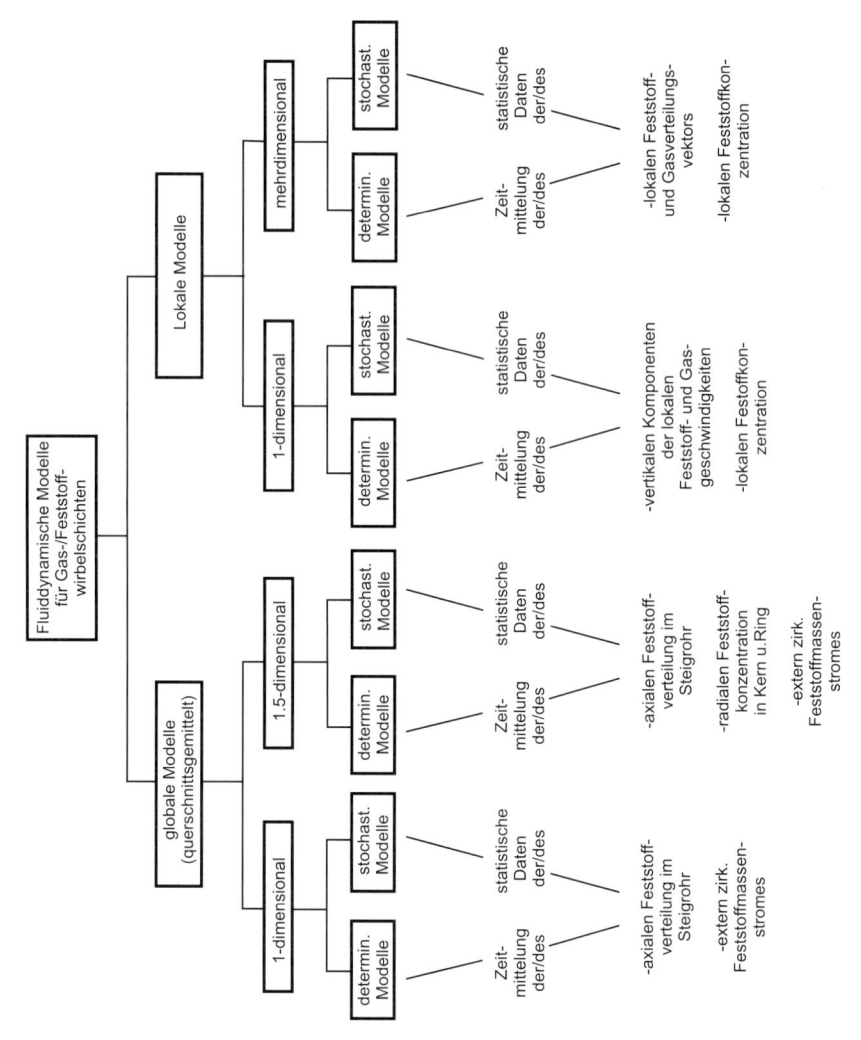

Abb. 4.39. Einteilung der Modelle zur Beschreibung der Feststoffverteilung in Wirbelschichten nach Tanner, (Tanner 1994)

Numerische Modelle:

Numerische Ansätze zur Bestimmung der Gas-/Feststoffverteilung in Wirbelschichten können in Lagrange'sche und Euler'sche Modelle unterteilt werden. Beim **Lagrange'schen Ansatz** muss im teilchenbezogenen Bezugssystem für jedes Partikel die Bewegungsgleichung im Strömungsfeld gelöst werden. Kräfte und Flüsse am Partikel, welche durch Gradienten zu den Umgebungsbedingungen entstehen, werden bilanziert. Um vom Einzelpartikel auf das zeitmittlere Verhalten des Gesamtsystems schließen zu können, müssen entsprechend viele Partikelbahnen berechnet werden. Als Folge davon kann der

Lagrange'sche Ansatz nur auf Systeme mit geringer Feststoffkonzentration ($\epsilon_P \geq 0,9$) angewendet werden, weil sonst der rechentechnische Aufwand zur Zeit noch viel zu hoch ist.

Bei der **Euler'schen Betrachtungsweise**, dem Kontinuumsansatz, werden die Gas- und Feststoffphase als sich einander durchsetzende Kontinua betrachtet. Jede der beiden Phasen wird durch eine Bewegungsgleichung dargestellt, (sog. 2-Fluid-Formulierungen). Der große Vorteil der Euler'schen Methode in Bezug auf die Simulation der Feststoffverteilung in Wirbelschichten ist, dass diese zur Lösung von praktischen Fragen eingesetzt werden kann. Nichtsdestowenigern sind im Euler'schen Ansatz zahlreiche Parameter enthalten, welche mit entsprechender Sorgfalt bestimmt werden müssen.

Discrete-Element-Method (DEM)

Die Discrete-Element-Methode wurde in den 70er Jahren des letzten Jahrhunderts von (Cundall 1971) bzw. von (Cundall 1979) entwickelt. Die Entwicklung dieses Modells erfolgte ursprünglich für Probleme aus dem Bereich der Felsmechanik und granularer Medien. Etwa 20 Jahre später verwendeten u.a. (Tsuji 1993) diesen Ansatz, um verschiedene Partikelbewegungen in Wirbelschichten zu simulieren. Nach (Cundall 1992) soll der Begriff Discrete-Element-Method auf Algorithmen angewendet werden, welche einerseits endliche Verschiebungen und Rotationen diskreter Körper einschließlich ihrer vollständigen Trennung voneinander zulassen, andererseits müssen auch neue Kontakte zwischen den Elementen erkannt werden. Die Modellbildung bei der Discrete-Element-Methode beruht auf der Approximation des Schüttgutes durch geeignete, geometrisch beschreibbare Körper. In vielen Fällen bringt bereits die einfache Kugelform wesentlich realistischere Ergebnisse als kontinuumsmechanische Ansätze. Die Abbildung der gegenseitigen Wechselwirkung an den Berührungspunkten erfolgt z.B. durch elastische Kraft-Verformungs-Gesetze, wobei auch Reibungs- und Dämpfungseffekte berücksichtigt werden können. Auch die Berücksichtigung weiterer Kraftwirkungen wie die auf Grund von Van-der-Waals-Kräften oder kohäsiven Effekten ist möglich. Bei der DEM wird aus allen am Partikel wirkenden Kräften eine Resultierende ermittelt. Mithilfe der resultierenden Kraft wird für den Zeitschritt die Newton'sche Bewegungsgleichung für das Partikel formuliert. Durch die numerische Integration der Bewegungsgleichung können bei entsprechend kurz gewähltem Zeitschritt die neue Position und die Geschwindigkeit des Partikels bestimmt werden. Nach jedem Zeitschritt sind die Randbedingungen zu überprüfen, d.h. mögliche neue Kollisionen von Partikeln müssen erkannt werden bzw. sind bestehende Kontakte zwischen Partikeln ggf. aufzulösen. Durch die wiederholte Ausführung dieses Vorgangs kann die zeitabhängige Verteilung und Bewegung eines Partikelsystems simuliert werden.

Modell von Kunii und Levenspiel (Kunii 1990)

Die zuvor beschriebenen numerischen Modelle sind für den Einsatz in Gesamtsimulationsprogrammen nicht verwendbar, weil sie zu komplex sind und zu lange Rechenzeit benötigen. Für die Anwendung im Gesamtsimulationsprogramm sind semiempirische Modelle, wie das von Kunii und Levenspiel (Kunii 1990), geeignet. Beispielhaft soll dieses Modell daher im Weiteren näher ausgeführt werden. Will man das Modell von Kunii und Levenspiel der von (Tanner 1994), vgl. Abb. 4.39, gewählten Einteilung zuordnen, so handelt es sich um ein globales, deterministisches Modell, das von einer querschnittsmittleren Porosität ausgeht. Diese querschnittsmittlere Porosität kann man als Grundlage für ein Kern-/Ringmodell verwenden, vgl. (Glatzer 1994), mit dessen Hilfe bezogen auf die Querschnittsfläche zwischen einer Kernzone, in der sich der Feststoff aufwärts bewegt, und einer Randzone, wo eine Abwärtsbewegung (interne Rezirkulationsbewegung) des Feststoffs stattfindet, unterschieden wird. Von seiner grundlegenden Annahme her geht das Modell von Kunii und Levenspiel davon aus, dass man das Steigrohr in eine dichte untere Zone mit konstanter und einen darüber anschließenden Bereich mit abnehmender Feststoffkonzentration unterteilen kann, auf den sich das Modell eigentlich bezieht. Es handelt sich dabei um ein semiempirisches Modell, das heißt, dass die an Versuchsanlagen und Reaktoren beobachtete, exponentielle Abnahme der Feststoffkonzentration und der daraus abgeleitete Exponentialansatz zwar zum einen aus der Erkenntnis der Experimente stammt, dass andererseits aber die Funktion selbst auf Modellannahmen über die Feststoffbewegung und Transportmechanismen beruht.

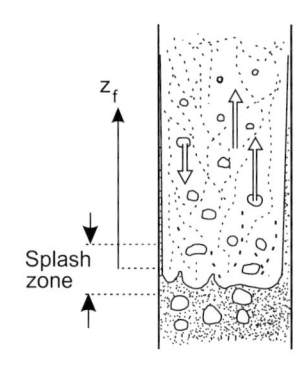

Abb. 4.40. Dichte Zone und Freeboard nach dem Modell von (Kunii 1990)

Abb. 4.40 zeigt die globale Modellvorstellung zum Modell von Kunii und Levenspiel. Die folgenden Annahmen legen den Ansatz fest:
- Im Freiraum einer Wirbelschicht existieren drei Phasen:
  Phase 1 besteht aus dem Gasstrom und den in diesem fein verteilten Partikeln (Emulsionsphase); Feststoff dieser Phase wird mit einer Geschwindigkeit w_1 aus dem Bettbereich ausgetragen und weitertransportiert.
  Phase 2 setzt sich aus Partikelagglomeraten zusammen, die durch Vorgänge in der dichten Zone (z.B. Blaseneruption an der Bettoberfläche, vgl. Abb. 4.38) in den Freiraum gelangen und sich durch diesen mit einer Geschwindigkeit w_2 aufwärts bewegen.
  Phase 3 entsteht dadurch, dass sich bei den Partikelagglomeraten aus Phase 2 und 3 die Bewegungsrichtung ändert, sodass diese mit einer Geschwindigkeit w_3 herabfallen oder auch einen abwärtsströmenden Film an den Wänden des Reaktors bilden.

- Aus Phase 2 und 3 können Partikel in die Phase 1 gelangen, die Intensität des Austauschs ist der Konzentration (dem Volumenanteil) an Partikelagglomeraten proportional.
- Die sich aufwärts bewegenden Agglomerate können ihre Bewegungsrichtung ändern (Übergang zur Phase 3), die Häufigkeit solcher Ereignisse wird durch den Volumenanteil von Phase 2 im betreffenden Höhenabschnitt festgelegt.

In Abb. 4.41 sind die zuvor beschriebenen Verhältnisse zwischen den drei Phasen dargestellt; die beiden Austauschkoeffizienten $K_{1,Ws}$ und $K_{2,Ws}$ legen die Intensität des Feststoffaustauschs zwischen den drei Phasen fest.

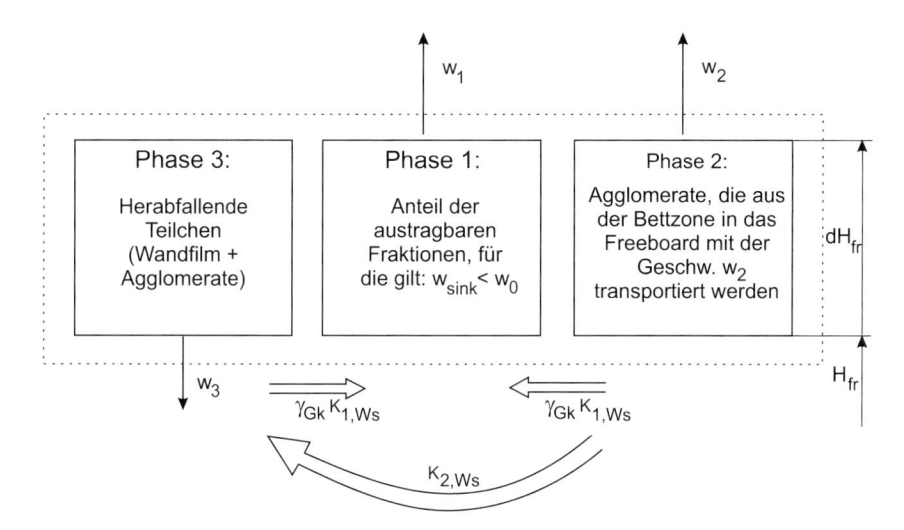

Abb. 4.41. Dichte Zone und Freeboard nach dem Modell von (Kunii 1990)

Ausgehend von diesen Grundlagen kann man für den Verlauf der Feststoffkonzentration über die Freiraumhöhe folgende Beziehung ableiten:

$$\frac{\phi_P - \phi_P^*}{\phi_d - \phi_P^*} = \exp(-a_{KL}(H - H_d)) \qquad (4.169)$$

Wichtig ist, dass diese Beziehungen nur für Reaktoren gelten, deren Höhe größer als die Transport Disengaging Height (TDH) ist. Als TDH wird beim zirkulierenden Wirbelschichtreaktor jene Höhe bezeichnet, ab der sich die Feststoffkonzentration nicht mehr ändert, d.h., es treten keine internen Abscheide- oder Rezirkulationsvorgänge mehr auf, die über diese Höhe ausgetragene Feststoffmassenstromdichte wird üblicherweise als G_s^* bezeichnet. Entscheidend für die Anwendung des Modells auf zirkulierende Wirbelschichtanlagen und auch für die Versuchsauswertung ist aber die Tatsache, dass weder ausgeführte ZWS-Reaktoren noch die meisten ZWS-Versuchsanlagen Steigrohrhöhen haben, die größer als die TDH sind. Aus diesem Grund beinhaltet

318 Simulation von Feuerungen und Gasströmungen

das genannte Modell die Annahme, dass sich in Anlagen mit Freiraumhöhen <
TDH die Feststoffkonzentration zu niedrigeren Werten hin verschiebt, weil der
Nettoaustrag aus dem Steigrohr bei sinkender interner Rezirkulation ansteigt,
vgl. Abb. 4.42.

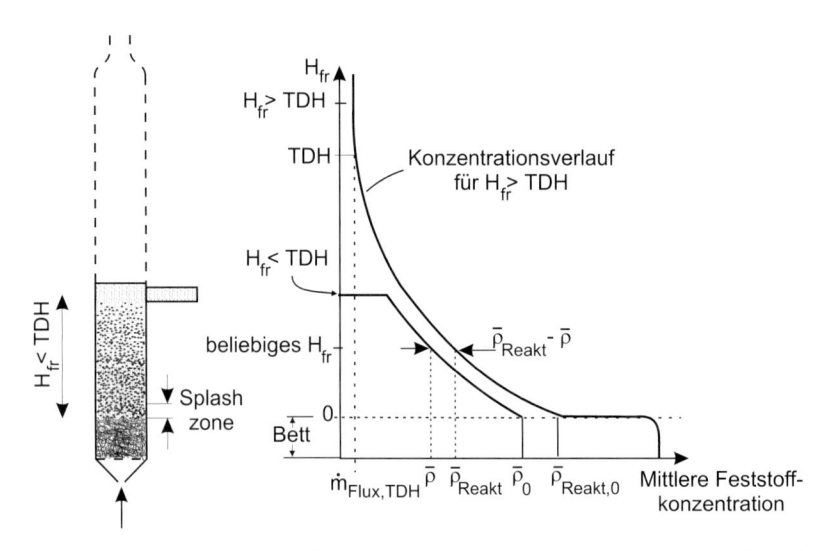

Abb. 4.42. Modell zur Feststoffverteilung bei Reaktorhöhen kleiner und größer als
TDH nach (Kunii 1990)

Entsprechend diesen Voraussetzungen verschiebt sich, vgl. Abb. 4.42, das
Konzentrationsprofil beim Reaktor mit $H_{fr} < TDH$ um einen bestimmten
Betrag nach links, wobei für die Distanz der beiden Kurven gilt:

$$\overline{\varrho}_{Reakt} - \overline{\varrho} = \frac{\dot{m}_{Flux,d}}{w_3} \exp\left(-a_{KL} H_{fr}\right) \quad (4.170)$$

Anforderungen an Feststoffverteilungsmodelle für Wirbelschichtsimulationsprogramme

Möchte man ein Feststoffverteilungsprogramm für ein Gesamtsimulationsprogramm für Wirbelschichtfeuerungen entwickeln, sollten die folgenden Punkte beachtet werden:

- Feststoffkonzentration entlang der Steigrohrhöhe; bei stationären Wirbelschichten wird eine Unterteilung in Wirbelbett und Freeboard (weitgehend feststofffrei) genügen. Dafür ist die Feststoffverteilung im Wirbelbett hinsichtlich des Anteils von Blasen- und Suspensionsphase von größerem Interesse. Für die Modellierung von chemischen Reaktionen (Abbrand, Entschwefelung, Stickoxidfreisetzung und Einbindung) ist es notwendig, über die Massen- und Stoffübergangsverhältnisse zwischen Suspensions- und Blasenphase Bescheid zu wissen.

- Bei zirkulierenden Wirbelschichtfeuerungen (ZWS) ist der Anteil von Kern- und Randzone an der Querschnittsfläche wegen des Einflusses auf Temperaturprofil und Wärmeübergang von Bedeutung.
- Die Bestimmung des extern zirkulierenden Feststoffmassenstromes bei ZWS-Anlagen ist wichtig für die Formulierung der Energiebilanz und für die Modellierung des Feststoffhaushalts.
- Die intern rezirkulierten Feststoffmassenströme sind für die Formulierung der Energiebilanz wichtig; sie beeinflussen das Temperaturprofil entlang der Steigrohrhöhe und damit das Gesamtverhalten der Anlage.

Um die zuvor genannten Forderungen an das Feststoffverteilungsmodell erfüllen zu können, wurde oftmals ein Kern-/Ring- bzw. Zwei-Zonen-Modell ausgewählt. Dieses unterteilt die Reaktorquerschnittsfläche in eine Kernzone, in der die Partikel (ausgetragen durch den Fluidisierungsgasmassenstrom) aufwärts strömen, und in eine Randzone, in der die Partikel herabfallen.

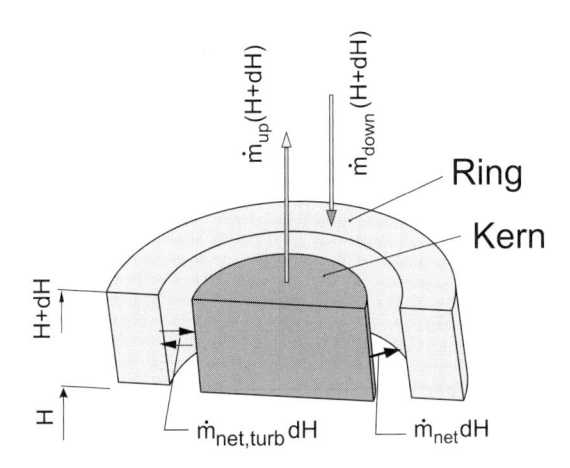

Abb. 4.43. Kern-/Ring-Modell

In Abb. 4.43 ist die beschriebene Aufteilung dargestellt; auf Grund der abnehmenden Feststoffkonzentration mit wachsender Höhe existiert ein vom Kern zum Ring gerichteter Feststoffmassenstrom, der sich aus dem Ansatz von Kunii und Levenspiel bestimmen lässt und es gilt:

$$\frac{\mathrm{d}\dot{m}_{up}}{\mathrm{d}H} = \dot{m}_{net} \quad (4.171)$$

Zu diesem aus dem Modell berechenbaren Massenstrom kommt noch ein turbulenter Austausch von Partikeln zwischen Kern und Ring hinzu; in Abb. 4.43 werden die damit verbundenen Massenströme als $\dot{m}_{net,turb}$ bezeichnet, weil diese betragsmäßig gleich großen Feststoffströme vom Kern zum Ring und umgekehrt die Massenbilanz nicht beeinflussen, wohl aber hat der turbulente

Austausch von Partikeln zwischen den beiden Zonen Auswirkungen auf die Energiebilanz.

Die folgende Beziehung für das Flächenverhältnis zwischen Kern und Ring folgt aus einer Massenbilanz für ein Volumenelement der Höhe 1:

$$\xi_A = \frac{A_{Kern}}{A_{Ring}} = \left(\frac{d_{Kern}}{d_{Ring}}\right)^2 = \frac{\varepsilon_P - \varepsilon_{P,Ring}}{\varepsilon_{P,Kern} - \varepsilon_{P,Ring}} \qquad (4.172)$$

Vom Gas wird angenommen, dass es nur im Kern strömt, die Zwischenkorn-Gasgeschwindigkeit erhält man aus:

$$w_{GK} = \frac{w_0}{\varepsilon_P \, \xi_A} \qquad (4.173)$$

Im Randbereich fallen die Partikelagglomerate mit konstanter Geschwindigkeit $w_{sink,Ring}$, wobei diese Geschwindigkeit von den Eigenschaften der Partikelagglomerate abhängt. Für $w_{sink,Ring}$ wird auf Grund von Messungen der 1,5-fache Wert der Einzelkorn-Sinkgeschwindigkeit eines Partikels mit Sauterdurchmesser in der betreffenden Höhe angenommen. Zur Festlegung der über TDH ausgetragenen Feststoffmassenstromdichte $\dot{m}_{Flux,TDH}$ muss eine der zahlreichen empirischen Beziehungen aus der Literatur verwendet werden, die Ergebnisse der verschiedenen Ansätze sind allerdings stark unterschiedlich. Beispielhaft ist die Beziehung von (Geldart 1986), mit der sich die über TDH ausgetragene Feststoffmassenstromdichte folgendermaßen ermitteln lässt:

$$\dot{m}_{Flux,TDH} = 23,7\rho_g w_0 \exp\left(-5,4\,\frac{w_{sink}}{w_0}\right) \qquad (4.174)$$

Modellierung des Verbrennungsvorgangs

Die Modellierung des Verbrennungsvorgangs ist im Wesentlichen, abgesehen von einigen wirbelschichtspezifischen Gleichungen (z.B. Wärmeübergang am Kohlepartikel), ähnlich aufgebaut wie die in Staubfeuerungen (siehe Kapitel 4.3.1).

Aufwärmung

Nach der Einbringung in den Feuerraum werden die Kohlepartikel einem raschen Aufheizvorgang unterworfen. In einem Temperaturintervall, unter Annahme einer konstanten spez. Wärmekapazität des Feststoffs $c_{p\,Br}$ und konstanter Dichte ρ_{Br}, kann man den Aufwärmvorgang mittels der folgenden Differentialgleichung beschreiben:

$$c_{p\,Br}\,\rho_{Br}\,\frac{d_{Br}^3\,\pi}{6}\,\frac{dT_{Br}}{d\tau} = d_{Br}^2\,\pi\,\alpha_{P,g}(T_{Ws} - T_{Br}) \qquad (4.175)$$

Für die Bestimmung des Wärmeübergangskoeffizenten vom Gas zum Feststoff stehen verschiedene Beziehungen zur Verfügung. Nach (Basu 1991) kann man für Partikel im Größenbereich $5 < d_P < 12\,mm$ die Beziehung annehmen:

$$Nu_{P,g} = \frac{\alpha_{P,g} d_{Br}}{\lambda_{Gs}} = 0{,}33\, Re^{0{,}62} \frac{d_{Br}}{\bar{d}_{P,Bett}}^{0{,}1} + \lambda_{Gs}\, \varepsilon_{P,Br}\, \sigma\, \frac{(T_{Ws}^4 - T_{Br}^4)}{d_{Br}(T_{Ws} - T_{Br})} \quad (4.176)$$

Bei großen Kohlepartikeln können während des Aufheizvorganges und auch während der Pyrolyse innerhalb des Partikels beträchtliche Temperaturgradienten auftreten. Um dies zu berücksichtigen, sind Schalenmodelle verwendet worden, wie z.B. in (Buerkle 1990) und (Solomon 1992).

Trocknung

Bei der Modellierung der Verbrennung von Kohle mit geringem Wassergehalt kann der Trocknungsvorgang auch vernachlässigt werden. Bei der Simulation des Verbrennungsvorganges von Braunkohlen (mit bis zu 60 %) sollte der Trocknungsschritt jedoch berücksichtigt werden. Beim Verdampfen des Wassers muss nicht nur die Verdampfungsenthalpie des Wassers, sondern auch die Desorptionswärme des Kohlenwassers berücksichtigt werden. Ein Trocknungsmodell für Rohkohle stammt z.B. von (Wang 1993); die Zeit bis Abschluss der Trocknung setzt sich aus der Aufheizzeit bis zum Erreichen der Trocknungstemperatur und der Verdampfungszeit zusammen:

$$\tau_{Tr} = \tau_{Heiz} + \tau_{Vd} \quad (4.177)$$

$$\tau_{Vd} = \frac{d_{Br}\, \rho_{Br}\, r_{H_2O}(p)}{6\, \alpha_{P,g}\, (T_{Ws} - T_{Tr})}\, Y_{H_2O} \quad (4.178)$$

Entgasung, Pyrolyse

Der Entgasungsvorgang ist ein Prozess, bei dem Teile des Brennstoffes bei höheren Temperaturen (über 300°C) in die Komponenten Flüchtige, Teer und Koks übergeführt werden. Dieser Umwandlungs- bzw. Zersetzungsprozess wird durch Energiezufuhr hervorgerufen und beinhaltet eine Vielzahl komplexer Zwischenreaktionen, vgl. (Solomon 1992). Je nachdem, ob dieser Vorgang bei oxidierender Atmosphäre oder unter inerten Bedingungen abläuft, spricht man im ersten Fall von Entgasung bzw. im zweiten Fall von Pyrolyse.

Einfache Entgasungsmodelle beschreiben den Vorgang unter der Annahme einer konstanten Freisetzungsrate flüchtiger Bestandteile. In diese Kategorie fällt zum Beispiel der Ansatz von (Pillai 1981), der auf Grund experimenteller Untersuchungen an 12 unterschiedlichen Kohlen eine Beziehung für die Entgasungsdauer angibt:

$$\tau_{Entg} = a\, d_{Br}^b \quad (4.179)$$

Die Untersuchungen wurden in einer blasenbildenden Wirbelschicht durchgeführt, und als Entgasungszeit gilt die Zeitspanne zwischen dem Zünden und

Erlöschen der Flüchtigenflamme. Die beiden Parameter a und b werden in Abhängigkeit der Wirbelschichttemperatur festgelegt. Mithilfe der Entgasungszeit kann eine (zeitlich konstante) Freisetzungsrate der Entgasungsprodukte berechnet werden:

$$\frac{\mathrm{d}m_{VM}}{\mathrm{d}\tau} = -\frac{1}{\tau_{Entg}} m_0 \qquad (4.180)$$

Das Einschritt-Pyrolysemodell wird zur Beschreibung der Freisetzung einer einzelnen Komponente oder für die Modellierung der Gesamtfreisetzungsrate verwendet:

$$\frac{\mathrm{d}m_{Komp}}{\mathrm{d}\tau} = k_{Komp}[m_{0,\,Komp} - m_{Komp}(\tau)]^n \qquad (4.181)$$

Die Reaktionsordnung n muss experimentell bestimmt werden, $n = 1$ bedeutet, dass die Reaktionsrate proportional zur Konzentration des Reaktanden (gesamtabbaubare Stoffmenge) ist. Die Abhängigkeit der Reaktionsratenkonstante von der Temperatur wird oft mittels eines Arrheniusansatzes:

$$k_{Komp} = k_{Komp,0} \exp\left(-\frac{E_{Komp}}{\Re T}\right) \qquad (4.182)$$

ausgedrückt. Der Häufigkeitsfaktor $k_{Komp,0}$ sowie die Aktivierungsenergie E_{Komp} (bzw. k_0 und E, falls die Gesamtfreisetzung beschrieben wird) sind mittels der zuvor beschriebenen experimentellen Methoden bestimmbar. Sind $k_{Komp,0}$ sowie E_{Komp} konstante Werte, so bezeichnet man den Ansatz als Einzelreaktionsmodell, weil man damit voraussetzt, dass für die Bildung der betrachteten Spezies bzw. für den Globalvorgang eine einzelne Zersetzungsreaktion die Ursache ist. Findet der Entgasungsvorgang wegen der Inhomogenität des Ursprungsmaterials jedoch auf Grund zahlreicher unabhängiger Reaktionen statt, vgl. (Anthony 1976), so werden, je nach Stärke der chemischen Bindung im Kohlemolekül, die Abbauvorgänge bei deutlich unterschiedlichen Temperaturen ablaufen. Dies lässt sich durch variierende, zu den verschiedenen Reaktionen gehörende Aktivierungsenergien ausdrücken, was z.B. durch eine Gaußverteilung formuliert werden kann:

$$f(E_{Komp}) = \left[\sigma_{Komp}(2\pi)^{1/2}\right]^{-1} \exp\left[-\frac{(E_{Komp} - E_{Komp,0})^2}{2\sigma_{Komp}^2}\right] \qquad (4.183)$$

Auf Grund der erwähnten Möglichkeiten haben (Solomon 1992) eine Unterteilung in „S"-, „G"- und „G*"-Modelle vorgenommen, je nachdem, ob konstante oder verteilte Aktivierungsenergie angesetzt wird. Beim „G*"-Modell kommt zusätzlich zur Verteilung der Aktivierungsenergie auch noch eine Funktion zur Beschreibung der Variation des Häufigkeitsfaktors hinzu. Wichtig wird die Wahl des richtigen Modelles, wenn experimentelle Ergebnisse angepasst werden sollen, vor allem, um die Kinetik des Freisetzungsvorganges bei unterschiedlichen Entgasungsbedingungen wiederzugeben. Nicht berücksichtigt bleiben bei diesen einfachen Ansätzen jedoch Änderungen im Ertrag der betreffenden Komponente durch geänderte Aufheizraten.

Verbrennung der flüchtigen Bestandteile

Im Zusammenhang mit ZWS-Simulationen wurde zumeist die Annahme „freigesetzt = verbrannt" gemacht, da der Abbrand der flüchtigen Bestandteile im Vergleich zum Koksabbrand und zur Freisetzung der Entgasungsprodukte sehr rasch abläuft. Zumindest für Kohle sollte diese Annahme gerechtfertigt sein, bei Holz und Biomasse mit weit höherem Anteil an entgasbarer Substanz könnte der Abbrand der flüchtigen Bestandteile z.B. durch Einführung eines Mischungsweges berücksichtigt werden, um die Verlagerung der Wärmefreisetzung vom Ort der Entstehung der Entgasungsprodukte korrekt zu beschreiben. Experimentelle Untersuchungen zum Abbrand der flüchtigen Bestandteile fanden vor allem in stationären Wirbelschichtreaktoren statt und bezogen sich auf die Beobachtung des Abbrandvorganges (Brenndauer der Entgasungsflamme, Rückwirkung der Flamme auf den Aufwärmvorgang des Partikels), vgl. (Atimtay 1987) und (Zhang 1990).

Koksabbrand in zirkulierenden Wirbelschichtfeuerungen

Allgemeines

Für die Modellierung des Wärmeüberganges in ZWS-Anlagen ist neben der Beschreibung der Feststoffverteilung die Modellierung der Restkoksverbrennung bedeutend, weil diese die Wärmefreisetzung in Abhängigkeit von der Reaktorhöhe maßgeblich beeinflusst. Die Kokskonzentration im Inventarmaterial des Wirbelschichtreaktors liegt zwischen 0,1 und 1 %, der Restkoks selbst bleibt als Endprodukt des Entgasungsvorganges zurück und setzt sich aus den Komponenten Kohlenstoff C, Wasserstoff H, Schwefel S, Sauerstoff O, Stickstoff N und Asche zusammen.

$$Y_{Koks,Asche} + Y_{Koks,C} + Y_{Koks,H} + Y_{Koks,S} + Y_{Koks,O} + Y_{Koks,N} = 1$$

Der Abbrand des Restkokses wird durch die folgenden Faktoren beeinflusst, vgl. (Haider 1994):

1. Stofftransport zwischen Partikel und Suspension,
2. Wärmetransport zwischen Partikel und Umgebung,
3. Porendiffusion der Reaktionspartner,
4. Wärmetransport durch die Wärmeleitung innerhalb des Partikels,
5. heterogene Reaktion und
6. Veränderung der Porenstruktur, der inneren Oberfläche, Auftreten von Sekundärfragmentierung.

324 Simulation von Feuerungen und Gasströmungen

Von besonderer Bedeutung sind die Vorgänge 1.), 3.) und 5.), vgl. dazu (Zelkowski 1986).

Grundsätzlich wird der Gesamtvorgang durch den langsamsten Teilprozess kontrolliert. Ist dies, vgl. Abb. 4.15, die chemische Reaktion (Adsorption/Desorption) an der inneren Oberfläche des Kokspartikels, so findet der Abbrandvorgang gleichmäßig über das gesamte Partikel statt, und es gibt keinen nennenswerten Abfall der O_2-Konzentration innerhalb des Kokspartikels. Dieser Abbrandmodus ist vor allem für geringe Partikeltemperaturen typisch. Bei diffusionskontrollierter Reaktion (höhere Partikeltemperaturen über 750°C) sinkt die O_2-Konzentration im Inneren des Teilchens, der Abbrandvorgang findet vor allem in der Randzone statt. Bei Temperaturen über 900°C konzentriert sich die Reaktion praktisch nur mehr auf die Partikeloberfläche, da die Geschwindigkeit der chemischen Reaktion auf Grund ihrer Temperaturabhängigkeit so stark zugenommen hat, dass es zu keiner nennenswerten Porendiffusion mehr kommt. Sollen diese verschiedenen Abbrandmodii vereinfachend beschrieben werden, bieten sich drei Grundmodelle an (Abb. 4.44).

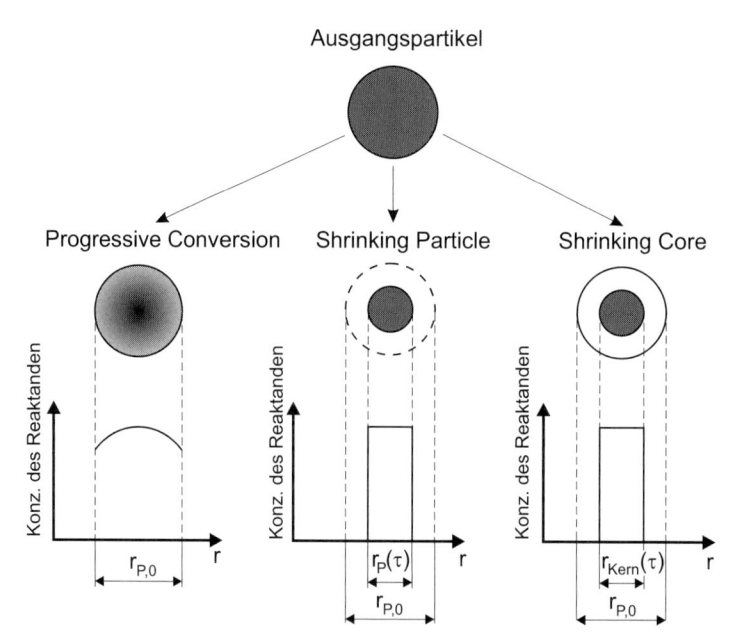

Abb. 4.44. Abbrandmodelle für Restkoksverbrennung

Natürlich sind die gezeigten Reaktionsmodelle vereinfachte Extremfälle, es hat sich aber gezeigt, dass viele Kohlen nach dem Shrinking-Particle-Modell reagieren, vgl. (Halder 1990).

In einem Vergleich verschiedener Brennstoffe wurde ein Shrinking-Core-Verhalten für eine Matt-/Glanzkohle (Sub-Bituminous Coal) und für den

Restkoksabbrand von Klärschlämmen festgestellt. Von (Durao 1990) wurde Shrinking-Core-Verhalten bei einem aschereichen portugiesischen Anthrazit beobachtet. Diesen Grundmodellen überlagert ist die Sekundärfragmentierung des Brennstoffes sowie der Abrieb und die damit verbundene Erzeugung von Feinfraktionen, die je nach Größe einem anderen Verbrennungsmodus unterliegen als die Mutterpartikel, von denen sie stammen, vgl. (Field 1969). Für die Umsetzung des Kohlenstoffes sind die folgenden chemischen Reaktionen wichtig:

- Heterogene Reaktion am Kokspartikel:
$$C_{fix} + O_2 \rightarrow CO_2$$

- Heterogene Reaktion, falls nur Kohlenmonoxid gebildet wird:
$$C_{fix} + 1/2\,O_2 \rightarrow CO$$

- Boudouard'sche Reaktion (tritt auf, wenn kein Sauerstoff an das Partikel gelangt, sondern völlig für die Oxidation von CO zu CO_2 verbraucht wird):
$$C_{fix} + CO_2 \rightarrow 2CO$$

- Vergasungsreaktion:
$$C_{fix} + H_2O \rightarrow CO + H_2$$

- Methanbildung:
$$C_{fix} + 2H_2 \rightarrow CH_4$$

Modelle zur Beschreibung des Abbrandvorganges

Modell von Field

Ein weit verbreiteter Ansatz ist der von (Field 1967), bei diesem berechnet sich die zeitliche Abnahme der Koksmasse m_{Koks} aus:

$$\frac{dm_{Koks}}{d\tau} = -k_{Koks}\, m_{Koks}(\tau) \qquad (4.184)$$

wobei für k_{Koks} gilt:

$$k_{Koks} = \frac{A_{P,spez,Koks}\, p_{O_2}}{\frac{1}{a_{diff,Fi}} + \frac{1}{k_{S,F}}} \qquad (4.185)$$

In Gl. (4.185) ist $A_{P,spez,Koks} = A_{P,Koks}/m_{P,Koks}$ die spez. Partikeloberfläche, $k_{S,F}$ ist der Koeffizient der chem. Reaktion; dieser kann mit einem Arrheniusansatz von der Temperatur abhängig dargestellt werden.

$$k_{S,F} = k_{S,F,0} \exp\left(-\frac{E}{\Re T}\right) \qquad (4.186)$$

Für $a_{diff,Fi}$ gilt:

$$a_{diff,Fi} = \frac{2\, M_C\, f_{mc}\, D_{bin,O_2}}{d_P\, \Re\, \overline{T}} \qquad (4.187)$$

f_{mc} ist dabei der Mechanismusfaktor nach (Rajan 1980), der festlegt, in welchem Verhältnis bei der Verbrennung CO_2 bzw. CO entsteht:

$$C + \frac{1}{f_{mc}}\, O_2 \rightarrow \left(2 - \frac{2}{f_{mc}}\right) CO + \left(\frac{2}{f_{mc}} - 1\right) CO_2$$

Der Diffusionskoeffizient D_{bin,O_2} kann nach (Field 1967) folgendermaßen berechnet werden:

$$D_{bin,O_2} = \left(D\, \frac{\overline{T}}{T_0}\right)^{1,75} \qquad (4.188)$$

wobei $\overline{T}$ der arithmetische Mittelwert zwischen Gas- und Partikeltemperatur ist. Durch Einsetzen in die ursprüngliche Differentialgleichung und Integration, (Wang 1993), erhält man eine quadratische Gleichung zur Bestimmung des Partikeldurchmessers in Abhängigkeit von der Zeit. Daraus lässt sich auch die Gesamtausbrandzeit $\Delta \tau_{Abd,ges}$

$$\Delta \tau_{Abd,ges} = \underbrace{\frac{\rho_{Koks}\, \Re\, \overline{T}\, d_{P,Koks,0}^2}{8\, M_C\, f_{mc}\, D_{bin,O_2}\, p_{O_2}}}_{\tau_{Abd,diff}} + \underbrace{\frac{\rho_{Koks}\, d_{P,Koks,0}}{2\, k_S\, p_{O_2}}}_{\tau_{Abd,kin}} \qquad (4.189)$$

ermitteln. Der erste Summand repräsentiert dabei die Ausbrandzeit bei diffusionskontrollierter Reaktion, der zweite gibt die Ausbrandzeit bei reaktionskinetisch limitiertem Ablauf an.

(Pillai 1981) hat für den diffusionskontrollierten Abbrand von „Texas Lignite" für die Berechnung der Abbrandzeit die folgende Beziehung angegeben:

$$\tau_{Abd,diff} = \frac{\rho_C\, \Re\, \overline{T}\, d_{P,Koks,0}^2}{4\, M_C\, f_{mc}\, Sh\, \varepsilon_b\, D_m\, c_{O_2,mol}^p\, p} \qquad (4.190)$$

Zur Bestimmung der Sherwood-Zahl Sh stehen verschiedene empirische Ausdrücke zur Verfügung, einen Vergleich der Methoden zur Berechnung führten (Agarwal 1989).

Modell von (Basu 1991)

Bei diesem Ansatz wird zwischen drei Verbrennungsmodi (Regime 1, 2 und 3) unterschieden. Im Regime 1 kontrolliert die chemische Reaktion den Vorgang (hohe Temperaturen bei nichtporösen, groben Partikeln oder poröse Grobpartikel bei Temperaturen kleiner als 600°C). Bei porösen Feinpartikeln tritt dieser Verbrennungsmodus bei ca. 800°C auf, wenn gute Massenübergangsverhältnisse in der Grenzschicht vorliegen.

Regime 2 liegt vor, wenn chemische Reaktionsrate sowie Porendiffusion von gleicher Größenordnung sind. Der Reaktionsvorgang läuft nach Regime 3 ab, wenn der Massenübergang sehr langsam im Vergleich zur chemischen Reaktion ist (diffusionskontrollierte Verbrennung), z.B. bei großen Partikeln. Im Laufe des Abbrandes ändert sich der Verbrennungsmodus von Regime 3 (für das unverbrauchte Kokspartikel) über Regime 2 auf Regime 1, wenn durch den geringer werdenden Partikeldurchmesser der Massenübergangswiderstand abnimmt. Die Formeln zur Beschreibung der Abbrandrate hat (Haider 1994) angegeben.

Shrinking-Core-Modell nach Levenspiel (Levenspiel 1972)

Soll die Abbrandrate nach einem Shrinking-Core-Modell beschrieben werden, kann die Beschreibung nach der von (Levenspiel 1972) angegebenen Beziehung:

$$-\frac{dr_C}{d\tau} = b \frac{c_{O_2}^p}{\rho_{mol,Koks}} \left[\frac{r_C^2}{r_P^2 k_g} + \frac{(r_P - r_C) r_C}{r_P D_{eff}} + \frac{1}{k_S} \right]^{-1} \quad (4.191)$$

erfolgen.

4.3.5 Rostfeuerungsmodelle

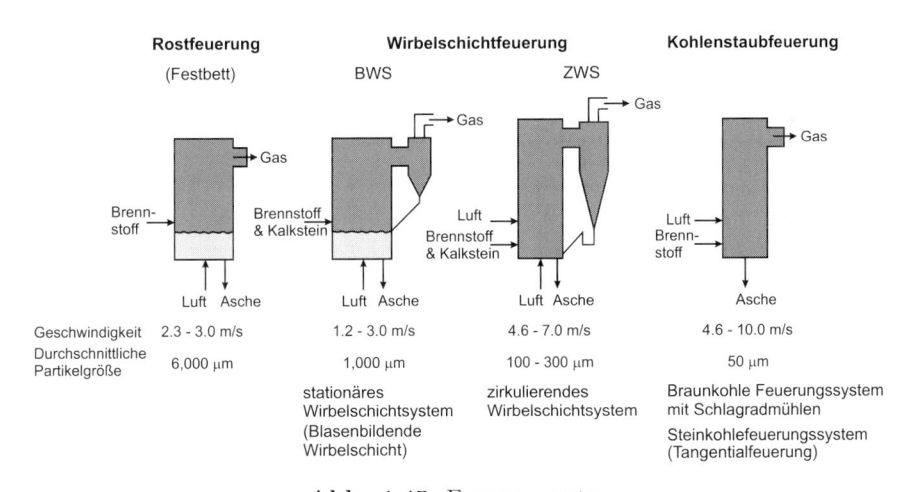

Abb. 4.45. Feuerungsarten

Eine Klassifizierung der Feuerungsarten ist in Abb. 4.45 zusammengestellt. Die Rostfeuerung besteht aus einem festen Bett, welche mit Verbrennungsluft durchstömt wird. Ursprünglich wurde die Rostfeuerung auch für den Einsatz von Kohle verwendet. Durch den verstärkten Einsatz von Staubfeuerungen in den 50er Jahren des letzten Jahrhunderts und Wirbelschichtfeuerungen wird sie aber praktisch für den Einsatz von Kohle nicht mehr verwendet. Aktuell kommen Rostfeuerungen für den Einsatz von Müllverbrennung und für Biomasse, insbesondere für stückige Güter (Hölzer etc.), zum Einsatz. Durch das Erneuerbare Energien Gesetz (EEG), welches den Einsatz von Biomasse fördert, wurden zahlreiche Rostfeuerungen mit einer Kapazität von 20 MW$_{th}$ gebaut. Bei den thermischen Müllverwertungsanlagen waren Teilvergasungsverfahren (Thermoselect, Schwelbrenn (Fa. Siemens)) bis zur Jahrtausendwende in der Erprobung. Die bestehenden Anlagen wurden auf Grund von Problemen im Dauerbetrieb mittlerweile stillgelegt. Somit konnte sich die Rostfeuerung zur thermischen Müllentsorgung eindeutig behaupten. Durch das Inkrafttreten der TA Siedlungsabfall und der damit entfallenden Möglichkeit der Deponierfähigkeit von thermisch unbehandeltem Müll mussten zusätzliche Kapazitäten an thermischen Müllentsorgungsanlagen gebaut werden. Dadurch haben die Rostfeuerungen durch den Bau von Neuanlagen einen enormen Boom erlebt.

Bei der mathematischen Modellierung von Rostfeuerungen muss man zwei grundsätzlich unterschiedliche Bereiche unterscheiden, für welche auch ein vollkommen unterschiedlicher Modellansatz angewendet wird. Dies ist der Bereich des Rostes, welcher mit vorgewärmter Luft durchströmt wird. Nach der Zuführung des Mülls erwärmt sich dieser. In Abhängigkeit des lokalen Temperaturniveaus werden in den Zonen die Erwärmung der Müllschicht im Bereich zwischen 20°C und 100°C, die Verdampfung der Müllfeuchte bei 100°C, die weitere Erwärmung der Müllschicht von 100°C auf 300°C und die daraus resultierende Pyrolyse, die Zündung und der Abbrand mathematisch beschrieben. Als Ergebnis liefert dieses Abbrandmodell die Konzentrationen an C_xH_x, CO_2, CO, H_2O, SO_2, HCl, N_2 und O_2 sowie die Temperatur des Müllbettes und die Temperatur des in den Feuerraum eintretenden Abgases. Am Ende des Reaktionsweges auf dem Rost wird die Asche mit einem gewissen Anteil an Unverbranntem (Bestandteile, welche noch einen Heizwert besitzen) vom Rost abtransportiert. Je nach Rostbauart findet eine Rückmischung von Müll unterschiedlicher Konversionsstadien statt. Bei Vorschub, Rückschub und Walzenrosten ist dieser Rückmischungsmechanismus ausgeprägt, während dies bei horizontalen Wanderrosten praktisch nicht auftritt. Unabhängig von der Rostkonstruktion werden Gaskonzentrationen freigesetzt, welche entsprechend dem Stadium der Müllkonversion unterschiedliche Zusammensetzungen haben. Am Beginn besteht das vom Müllbett aufsteigende Abgas im Wesentlichen aus N_2, O_2 und Wasser, danach werden Kohlenwasserstoffe C_xH_y, CO und zunehmende Mengen an CO_2 freigesetzt, wobei das Temperaturniveau der Abgase entsprechend ansteigt. Die freigesetzten Abgase können dann mithilfe von den bei turbulenten homogenen Gasphasenreaktionen (z.B. Eddy-Dissipation-Concept) üblichen Ansätzen modelliert werden.

Die Festbettoberfläche der auf dem Rost befindlichen Müllschicht weist ein bestimmtes Wärmefreisetzungsprofil und entsprechende Speziesverteilung von C_xH_y, CO, CO_2, H_2O, O_2 aus. Dies wird anhand von Betriebsmessungen, experimentellen oder empirischen Daten festgelegt. Diese Verteilung der Heißgasmassenströme sowie deren Gaskonzentrationszusammensetzung und deren Temperaturverteilung kann auch analytisch auf einer integralen Bilanzierung der Stoff- und Entalphieströme erfolgen. Dieser prinzipielle Weg zur Modellierung von Rostfeuerungssystemen kam bei (Krohmer 1995), (Klasen 1998), (Krüll 1998) und (Görner 1998) zur Anwendung. Natürlich setzt eine solche Vorgehensweise, nämlich die Modellierung der Müllkonversion auf dem Rost, entsprechende Kenntnisse über das Betriebsverhalten der entsprechenden Rostanlagenbauart voraus.

Ein weitergehender Ansatz besteht in der Verwendung eines Abbrandmodells zur Beschreibung der Brennstoffumsetzung auf dem Rost. In einem solchen Rostmodell werden die zum Teil gleichzeitig ablaufenden Einzelprozesse analog zu den entsprechenden Vorgängen bei der heterogenen Verbrennung anderer Brennstoffe betrachtet. Dabei müssen die spezifischen Bedingungen des Brennstoffumsatzes in einer beweglichen Schüttung berücksichtigt werden. Die unterschiedlichen Formen und Größen des Schüttgutes und deren stochastische Verteilung im Müllbett erschweren die Beschreibung der physikalisch-chemischen Prozesse in solchen Kollektiven, da diese Prozesse gleichzeitig von den spezifischen Brennstoffeigenschaften und der Schüttungscharakteristik abhängen ((Gumz 1953), (Hämmerli 1983)). Zudem sind die Vorgänge der Vermischung und Entmischung vom eingesetzten Rostsystem bestimmt. Abhängig von der Zielsetzung bieten sich unterschiedliche Rostmodelle an. Grundsätzlich wird bei der Modellierung von mehrphasigen Fluiden zwischen dem Euler- und dem Lagrangeansatz unterschieden. Bei der Euler'schen Betrachtungsweise wird die polydisperse Müllschicht als Kontinuum betrachtet und deren Bewegung entlang des Rostes unter Verwendung von hintereinander geschalteten Bilanzräumen mittels integraler Transportgleichungen beschrieben. Beim Lagrangeansatz zur Rostabbrandmodellierung kommt die so genannte Diskrete-Element-Methode (DEM) zum Einsatz, wobei über Partikel-Partikel-Interaktionen der mechanische Transport mittels diskreter Partikel beschrieben wird. Beim Euleransatz wird zwischen einem Rührkesselreaktorkaskaden-Modell und einem Kontinuumsmodell unterschieden. Bei der Rührkesselreaktorkaskade wird in Analogie zur chemischen Verfahrenstechnik der kontinuierliche Prozess der Müllkonversion auf einer Rostfeuerung in diskrete Zonen unterteilt. Die einzelnen Stufen des Prozessablaufs werden in einzelnen Rührkesselreaktoren zeitabhängig abgebildet. Durch eine Kaskadenschaltung erfolgt der Transport vom ersten bis zum letzten Reaktorelement. Durch entsprechende Schaltung der einzelnen Reaktoren kann dadurch ein Rückfluss definiert werden. Die Anzahl der Reaktoren muss mindestens der Anzahl der Rostzonen entsprechen (s. Abb. 4.46). Da somit der Verbrennungsvorgang einer Rostfeuerung über eine Rührkesselkaskade nur als transienter chemisch kontrollierter Vorgang beschrieben wird, bleibt der physikalische Einfluss der Schüttungscharakteristik unberücksichtigt. Die zeitliche Änderung einer transportierten Größe in einem Rührkesselement kann somit in der differentiellen Form einer allgemeinen Transportgröße ϕ beschrieben werden.

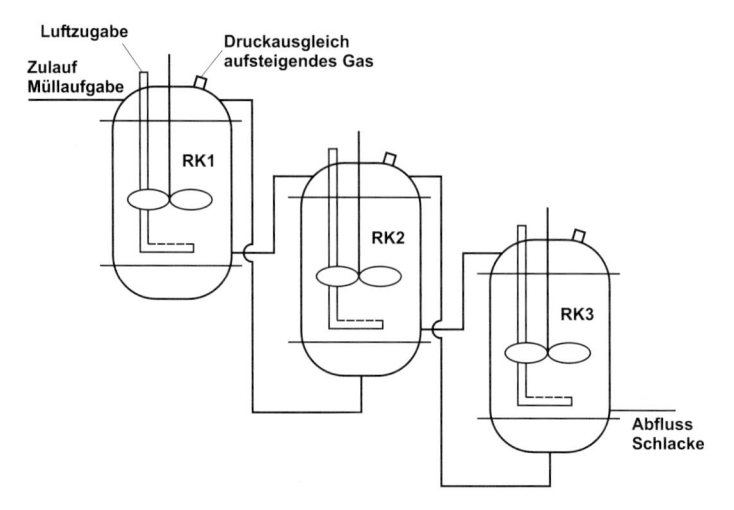

Abb. 4.46. Kaskade idealer Rührkesselreaktoren als Rostmodell

$$\frac{\mathrm{d}\phi}{\mathrm{d}\tau} = \dot{\phi}_{Eintritt} - \dot{\phi}_{Austritt} + S_{\dot{\phi}} \qquad (4.192)$$

Der Quell-/Senkenterm $S_{\dot{\phi}}$ umfasst den Umsatz durch die Einzelprozesse wie Trocknung, Pyrolyse, heterogene Verbrennung. Somit ergibt sich für die transportierten Brennstoffkomponenten einschließlich der transportierten fühlbaren Wärme des Feststoffs unter Berücksichtigung aller Rührkesselelemente ein gekoppeltes Differentialgleichungssystem. Dies kann durch ein schrittweitengesteuertes Runge-Kutta-Verfahren (Murza 1999) gelöst werden.

Kontinuumsmodell für Müllrostfeuerungen

Beim Kontinuumsansatz für Müllrostfeuerungen wird die Müllschicht als Kontinuum betrachtet, sodass der Transportvorgang entlang des Müllbetts auf dem Rost mit der Betrachtungsweise nach dem Euleransatz approximiert wird. Analog zur Strömungssimulation wird die Verteilung der Transportgrößen über Finite Volumen beschrieben, wobei sowohl eine stationäre als auch instationäre Simulation möglich ist. Bei der Kontinuumsbetrachtung müssen die Schüttungscharakteristika wie Lückengrad und Dichte vorgegeben oder aus empirischen Ansätzen bestimmt werden. Ebenso muss die mechanische Mischung im Müllbett aus vorhandenen empirischen Daten oder experimentell bestimmt werden (Beckmann 1995), das heißt lokale Mischungsvorgänge innerhalb der Bilanzierungsvolumina können nicht bilanziert werden. Es wird eine homogene Verteilung innerhalb der Kontrollvolumen angenommen, weshalb die Kontrollvolumen in reaktiven Zonen möglichst kleine Abmessungen haben sollten. Hinsichtlich der Kugelschüttguteigenschaften existieren zahlreiche empirische Ansätze. Weiterhin wird vereinfacht von einem homogenen Brennstoff ausgegangen, welcher aus den Elementen C, H, O, N, S und Cl besteht. Unter Berücksichtigung der Chlorfreisetzung im Rahmen einer Strömungssimulation können Korrosionsangriffsvorhersagen durchgeführt werden. Damit sind Lebensdauervorhersagen von exponierten Bauteilen möglich.

Der Brennstoff wird also über einen Rost geführt, welcher von vorgewärmter Luft durchströmt wird. Die Gasbilanz an einem Rost ist schematisch dargestellt. Im vorderen Bereich dient die Primärluft als Wärmeträger zur Erwärmung und Trocknung des Müllbetts. Zur Durchführung der Simulation werden folgende Daten benötigt:

1. Geometrie des Rostes sowie die Abmessungen der einzelnen Rostzonen
2. Primärluft: Mengenstrom, Temperatur, Luftfeuchte
3. Müllbrennstoff: Massenstrom, Partikeldurchmesser (Cluster als Kugeln idealisiert) und Schüttungsdichte
4. Emissivität der Feuerraumwände

Luft wird im Kreuzstrom durch das Müllbett geführt. Daraus resultiert ein Gas mit einer je nach Rostzone unterschiedlichen Zusammensetzung. Für die Enthalpie und für jede im Abbrandmodell auftretende Brennstoffgröße muss je eine Bilanzgleichung gelöst werden.

Die im Müllbett ablaufenden Prozesse der Trocknung/Verdampfung, Pyrolyse und Verbrennung werden von der Erwärmung des Mülls kontrolliert. Die Erwärmung der Brennstoffschicht erfolgt konvektiv über die vorgewärmte Primärluft, die Strahlungswärme aus dem Feuerraum und die Wärmeleitung zwischen den Schichten. Die Strahlungswärme wirkt dabei nur auf die Oberfläche der Brennstoffschicht ein. Durch die Schürwirkung des Rostes werden heiße Teile an Müll oder Glutnester aus der oberen Schicht in die untere kältere Schicht transportiert. Durch diesen hervorgerufenen Massenaustausch kommt es zu einer Erwärmung der unteren Schichten und infolge des Temperaturanstiegs zu einer Durchzündung und Einleitung des Verbrennungsvorgangs.

Daher ist eine genauere Beschreibung der Schürung, abhängig vom eingesetzten Rostsystem (Walzen-, Wander-, Vorschub- und Rückschubrost), erforderlich, da der Energietransport durch Schürung einen größeren Einfluss auf die Wärmeübertragung hat als der durch Wärmeleitung. Die Schürung des Müllbetts stellt einen rein mechanischen Vorgang dar und wird durch die Transportbewegung des Rostes hervorgerufen. Das Müllbett wird in voneinander getrennte Schichten aufgeteilt. Dabei erfolgt die Schürung unter Vorgabe einer Schürrate über den Austausch von Masse zwischen den beiden Schichten. Mit dem Massenaustausch werden gleichzeitig Energie und Korngrößen zwischen den Schichten ausgetauscht. Da für die Schürraten noch keine empirischen Ansätze existieren, kann die Schichtenanzahl auf zwei beschränkt werden. Die Schürung des Müllbetts erfolgt hauptsächlich quer zur Haupttransportrichtung des Schüttguts, das heißt in vertikaler Richtung. Folglich kann von einer Schürung über die Rostbreite abgesehen werden, und der Modellansatz lässt sich auf zwei Dimensionen beschränken.

Ansatz zur Trocknungsmodellierung

Rostfeuerungen haben den Vorteil, dass stückige Güter mit heterogener Zusammensetzung eingesetzt werden können. Das heißt, der Aufwand der Brennstoffaufbereitung, Mahlung und Vortrocknung des Brennstoffes entfällt. Die Trocknung erfolgt direkt auf dem Rost innerhalb der 1. Rostzone. Betrachtet man bei der Modellierung des Mülltrocknungsvorgangs die erste Phase der Oberflächenverdunstung, so lassen sich Beziehungen mit den Gesetzen des gekoppelten Wärme- und Stoffaustauschs angeben:

$$\dot{m}_D = -\frac{b}{R_{H_2O,f} T_{P,O}} \left(p_{S\ddot{a}tt}(T_{P,O}) - p_{H_2O,g} \right) n_P A_{P,O} \qquad (4.193)$$

mit $T_{P,O}$ der Partikeloberflächentemperatur, n_P der Partikelanzahl und

$$b = \frac{Sh \, D_{H_2O,g}}{d_P} \qquad (4.194)$$

Nach Erreichen der Sattdampftemperatur (100°C bei 1,013 bar) führt die starke Erwärmung durch Feuerraumstrahlung an der Oberfläche des Müllbetts zur Verdampfung. Das heißt, nach der ersten Phase der Verdunstung schließt sich der Abschnitt der Verdampfung an. Der Verdampfungsprozess im Müllbett kann nach (Krüll 2001) als Oberflächenverdampfung dem stillen Sieden (Baehr 1994) approximiert werden. Somit ergibt sich der Dampfmassenstrom aus dem auf die Siedetemperatur bezogenen Potential der Brennstoffenthalpie. Das bedeutet, dass gerade so viel Wasser verdampfen kann, wie von Seiten des Brennstoffs überschüssige Wärme für den Verdamfungsprozess zur Verfügung gestellt werden kann. Über die folgende Beziehung kann der Dampfmassenstrom der Oberflächenverdampfung bestimmt werden.

$$\dot{m}_D = -\frac{\dot{H}_{Br}(T_{P,O}) - \dot{H}_{Br}(T_{S\ddot{a}tt})}{r + \Delta h_{Bind}} \qquad (4.195)$$

Die Bindungsenthalpie ergibt sich aus den Sorptionsisothermen. Bei der Modellierung der Biomasseverbrennung wird ein konstanter Wert von 400 kJ/kg (Görres 1997) angenommen.

4.4 CFD-Programmaufbau und Programmablauf

Je nach Problemstellung wird eine Kombination der in den vorhergehenden Abschnitten beschriebenen Modellen ausgewählt. Dadurch ist der Satz von Differential-Algebraischen-Gleichungen, d.h. das Differential-Algebraische-Gleichungssystem bestimmt.

Der gesamte Simulationsraum muss in entsprechend viele – heute bis zu etlichen Millionen – Volumenelemente unterteilt werden (Netzgenerierung; siehe Kapitel 3.1). Eine besondere Rolle spielen dabei Randelemente ohne oder mit

Ein- und Austritten bzw. mit Symmetrien, für die Randbedingungen vorgegeben werden müssen. Bei instationären Simulationen müssen überall auch Anfangswerte vorgegeben werden. Bei stationären Simulationen sind gut geschätzte Startwerte für die Iteration bzw. eine rasche Konvergenz sehr nützlich.

Entsprechend der gewählten Diskretisierungs- und Approximationsmethode (FDM, FEM, FVM; siehe Kapitel 3.2 und 3.3) wird das Differential-Algebraische-Gleichungssystem durch ein algebraisches Gleichungssystem für den diskretisierten Simulationsraum ersetzt, wobei für jeden Stützpunkt bzw. jedes Volumen ein Satz von algebraischen Gleichungen das Differential-Algebraische-Gleichungssystem approximiert. Die Randbedingungen müssen in den Koeffizienten der algebraischen Gleichungen der Randelemente eingearbeitet sein. Die Anfangsbedingungen bzw. Startwerte müssen in allen Elementen zum Programmstart gesetzt werden. Siehe Kapitel 3.4. Außerdem müssen Stoffwerte zur Verfügung gestellt und gegebenenfalls das Druckkorrekturverfahren (siehe Kapitel 3.5) ausgewählt werden. Damit endet das Preprocessing.

Dieses riesige algebraische Gleichungssystem kann mit verschiedenen Lösungsalgorithmen wie Gauß, Gauß-Seidel, TDMA etc. (siehe Kapitel 3.6) gelöst werden. Dabei spielen geeignete Startwerte und Relaxationsfaktoren eine wichtige Rolle.

Die Ergebnisse in Tabellenform auszugeben ist, abgesehen von wenigen Sonderfällen, nicht sinnvoll. Deshalb muss an die Berechnung ein Postprocessing anschließen, durch das anschauliche und informative Diagramme, Bilder, Schnitte, Abläufe, Filme etc. erzeugt werden.

In einigen Fällen, wie z.B. bei der Berechnung des Schadstoffes NOx oder der Berechnung von Verschlackungen und Verschmutzungen, wird vorausgesetzt, dass diese Vorgänge das Strömungsfeld durch ihre Wärmetönung und ihr Volumen nur vernachlässigbar beeinflussen. In diesen Fällen muss nur der konvektive und diffusive Transport und die Bildung und der Zerfall (Quellen-Senken-Terme) der betrachteten Spezies gelöst werden. Die für die Berechnung der Koeffizienten des konvektiven Transports und für die Berechnung der Quellen-Senken-Terme benötigten Geschwindigkeiten, Temperaturen etc. können aus der bereits durchgeführten Simulation übernommen werden. Ähnliches gilt für die Berechnung von Partikelflugbahnen (Trajektorien) und der Umwandlung z.B. von Mineralien in den Partikeln auf diesen Flugbahnen, wenn vorausgesetzt werden kann, dass diese Vorgänge die berechneten Geschwindigkeits-, Temperatur- und Konzentrationsfelder nicht beeinflussen. Ansonsten ist eine Rückkopplung samt Iteration durchzuführen.

4.5 Einsatz von CFD bei der Bearbeitung von praktischen Aufgabenstellung

CFD kann in allen Phasen von Anlagenprojekten in der Energie-, Umwelt-, Verfahrens- und Kraftwerkstechnik nutzbringend zum Einsatz gebracht werden (s. Abb. 4.47), z.B. in der Phase der Produktentwicklung und -optimierung im Bereich von Forschung, Entwicklung und des Engineering. Ebenso von Nutzen ist der CFD-Einsatz bei der Inbetriebsetzung und dem späteren Betrieb der Anlagen. Dabei können Maßnahmen gefunden werden, welche zur Erhöhung der Verfügbarkeit und Optimierung der Anlagen dienen und welche wiederum Einfluss auf die Produktoptimierung haben. Bezüglich der Anwendbarkeit bei der Behandlung von komplexen Bauteilgeometrien existiert mittlerweile praktisch keine Einschränkung mehr, da mithilfe von unstrukturierten Gittern nahezu beliebig geformte geometrische Körper in ein numerisches Gittersystem umgesetzt werden können. Auch ist die Behandlung von Aufgabenstellungen bei reaktiven Mehrphasenströmungen in einer Kombination von ruhenden und rotierenden Bauteilsystemen mittlerweile möglich. Nachfolgend

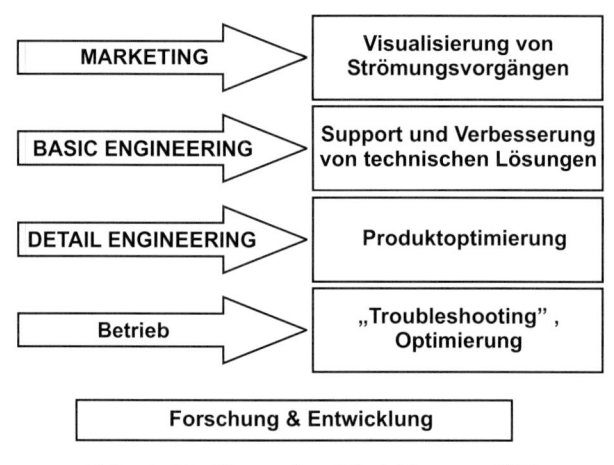

Abb. 4.47. Einsatzbereichsfelder von CFD

soll kurz auf einige exemplarische komplexere Anwendungen eingegangen werden.

4.5.1 Mitverbrennung eines Abfallproduktes in einer Hauptfeuerung

In den meisten Fällen dient eine Brennkammer der Verfeuerung von verschiedenen Brennstoffen, welche dann mit einem eigenen Brennersystem verbrannt werden. Beispiele hierzu sind der Einsatz von mit erdgas- oder ölbetriebenen Anfahr-/Stützbrennern in kohlebefeuerten Kraftwerken oder die Mitverbrennung von Biomasse, Klärschlamm, Tiermehl, Abfällen (Ersatzbrennstoffe) etc. Im nachfolgenden Beispiel (Epple 2001) handelt es sich um eine Brennkammer, deren Hauptbrennstoff Erdgas oder Öl ist und in welcher ein niedrigkalorisches, gasförmiges Abfallprodukt (Schwachgas) aus der chemischen Industrie entsorgt werden soll. Die Brenner der Hauptfeuerung sind in den Ecken (Abb.

4.5 Einsatz von CFD bei der Bearbeitung von praktischen Aufgabenstellung 335

4.48) angeordnet und auf einen imaginären Tangentialkreis in der Brennkammermitte gerichtet. Das Schwachgas und die Verbrennungsluft strömen über die Brenner am Boden in die Brennkammer. Ziel der Untersuchung war es, eine möglichst hohe Menge an Schwachgas stabil und sicher mitverbrennen zu können und diese Menge mithilfe einer CFD-Studie verlässlich zu beziffern. Dabei galt es zu untersuchen, wie die Zusatzfeuerung das Verhalten der Hauptfeuerung beeinflusst und umgekehrt.

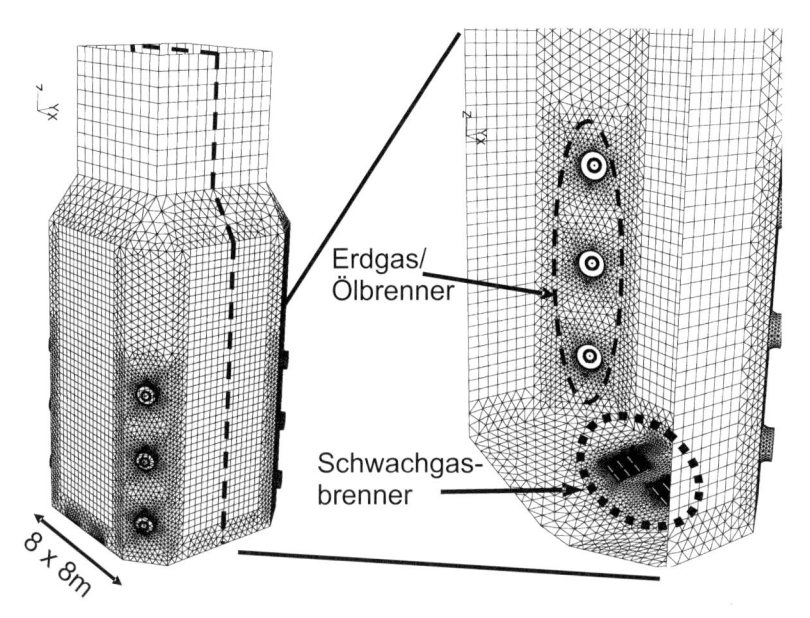

Abb. 4.48. Numerisches Gittersystem (Dampferzeugerleistung 240 t/h)

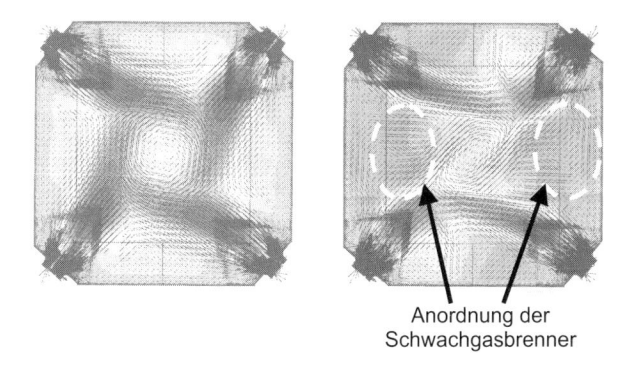

Abb. 4.49. Horizontalschnitt auf der untersten Brennerebene: simulierte Geschwindigkeits- und Temperaturverteilung

In Abb. 4.49 sind die simulierten Temperatur- und Strömungsverteilungen im Horizontalschnitt auf der untersten Brennerebene dargestellt. Im Fall der symmetrischen Strömungsverteilung handelt es sich um eine reine Erdgasfeuerung. Im anderen Fall wird zusätzlich zur Erdgasfeuerung die maximale Menge an Schwachgas mitverbrannt. Anhand der Simulation wird deutlich, wie durch den hohen Impuls des Schwachgasbrenners die Brennerströmung des Hauptbrenners in horizontaler Richtung zur Brennkammerwand hin abgelenkt wird. Dennoch erreicht die Flammenströmung nicht die Wände. Würde die Flamme die Wände erreichen, so würde dies zu einer Zerstörung der Rohrwände führen. Ebenso wird deutlich, dass die Strömung des Schwachgasbodenbrenners nicht in die Brennerecken gelangt und so die Flammenwurzel des Hauptbrenners nicht beeinflusst, was eine Auslöschung der Flammen bewirken könnte. Somit besteht keine Gefahr, dass die Verbrennungsstabilität des Hauptbrenners beeinträchtigt wird.

Basierend auf dieser CFD-Studie wurde die maximale Menge an Schwachgas festgelegt, welche ohne Probleme stabil und sicher mitverbrannt werden kann. Beim nachfolgenden Betrieb der Anlage mit der durch die Simulationsstudie bestimmten Menge an Schwachgas zeigte sich, dass die Prognose mit den Betriebsergebnissen sehr gut übereinstimmte.

4.5.2 Kohlebefeuerte Dampferzeuger

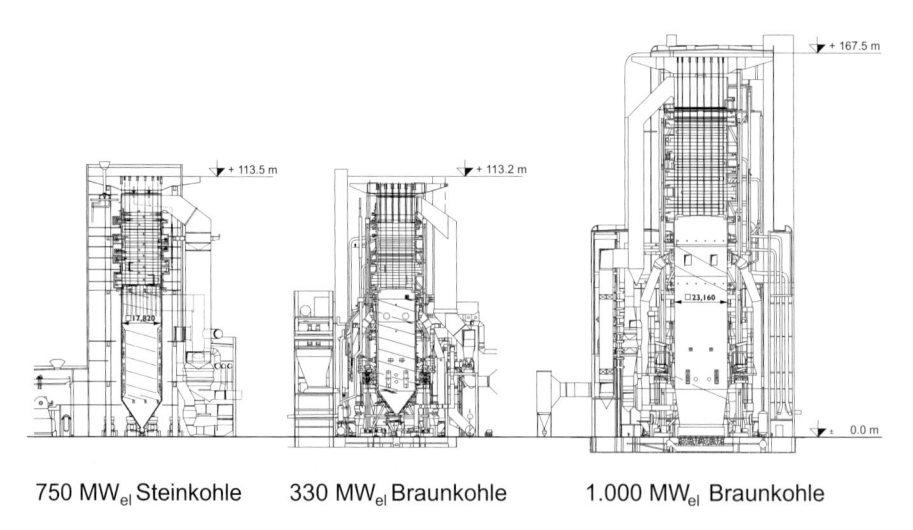

Abb. 4.50. Vergleich von verschiedenen ausgeführten kohlebefeuerten Dampferzeugern (Quelle: ALSTOM)

Im Vergleich zu dem im vorherigen Abschnitt dargestellten Beispiel eines gasbefeuerten Dampferzeuger ist der Aufbau und Betrieb eines kohlebefeuerten Dampferzeugers wesentlich komplexer und aufwändiger. Beispielsweise

4.5 Einsatz von CFD bei der Bearbeitung von praktischen Aufgabenstellung   337

muss der Brennstoff in Kohlensilos zwischengespeichert werden. Danach erfolgt eine Zerkleinerung, Sichtung und Trocknung in Mühlen. Der produzierte Kohlenstaub wird auf Staubleitungen verteilt und pneumatisch zu den Brennern transportiert. Hierbei kommt es zu Verschleißerscheinungen. Auf Grund der mineralischen Kohlebestandteile kommt es bei der Verbrennung im Feuerraum zu Ablagerungen bis hin zu Verschlackungen, welche während des Anlagenbetriebs abgereinigt werden müssen. Da die Zusammensetzung und Eigenschaften der Kohle stark unterschiedlich sein können, wird der Dampferzeuger entsprechend der eingesetzten Kohle individuell ausgelegt. Bei gleicher Dampferzeugerleistung ergeben sich stark unterschiedliche Baugrößen. Um dies zu verdeutlichen, sind die Baugrößen von drei ausgeführten Anlagen in Abb. 4.50 gegenübergestellt. Beispielsweise kann ein braunkohlebefeuerter Dampferzeuger mit einer Leistung von 330 MW$_{el}$ ähnliche Abmessungen wie ein steinkohlebefeuerter Dampferzeuger mit einer Leistung von 750 MW$_{el}$ haben.

4.5.3 Braunkohlegefeuerte Dampferzeuger

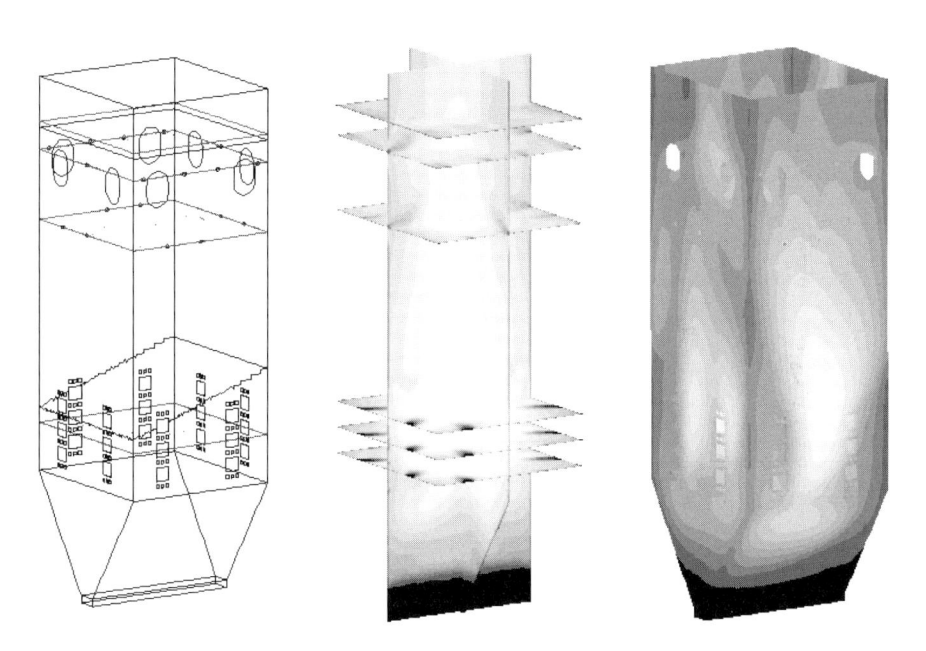

Abb. 4.51. Geometrie (links), berechnete Temperatur (Mitte) und Wandwärmeströme (rechts) in einem braunkohlebefeuerten Dampferzeuger, (Epple 2005f)

In Abb. 4.51 ist beispielhaft die simulierte Verteilung der Temperatur im Feuerraum und die Wärmestromdichte an den Feuerraumwänden in einem mit

Braunkohle befeuerten Kraftwerkskessel dargestellt. Auffällig ist die Asymmetrie bei der Verteilung der Wandwärmeströme, welche an den einzelnen Wänden verschieden sind. Die Temperaturschieflage im Feuerraum ist darauf zurückzuführen, dass in einem rohbraunkohlebefeuerten Dampferzeuger grundsätzlich mindestens eine Mühle und der jeweils dazugehörige Brenner außer Betrieb sind. Im Bereich des Brenners, welcher außer Betrieb ist, strömen relativ heiße Gase zu dessen Wand hin, was zu erhöhten Wandwärmeströmen führt. Für die Konzeption einer braunkohlegefeuerten Dampferzeugerfeuerung (Epple 2005b) mit einer Leistung von 330 MW$_{el}$ wurde eine Simulationsstudie durchgeführt. Als Brennstoff diente eine sehr ballastreiche Kohle (Aschegehalt bis 18 %, Wassergehalt bis 55 %) mit einem unteren Heizwert von 5,4 MJ/kg. Das heißt der Inertanteil dieser Kohle lag bei über 70 %. Auf Grund der bei Rohbraunkohlefeuerungen typischen asymmetrischen Feuerungsbeaufschlagung (mindestens eine Schlagradmühle ist außer Betrieb) kommt es dadurch zu Strömungs- und Temperaturschieflagen im Feuerraum und als Folge dessen zu lokal überhöhten Geschwindigkeiten, welche auf Grund des hohen Aschegehaltes enorme Erosionsprobleme verursachen können.

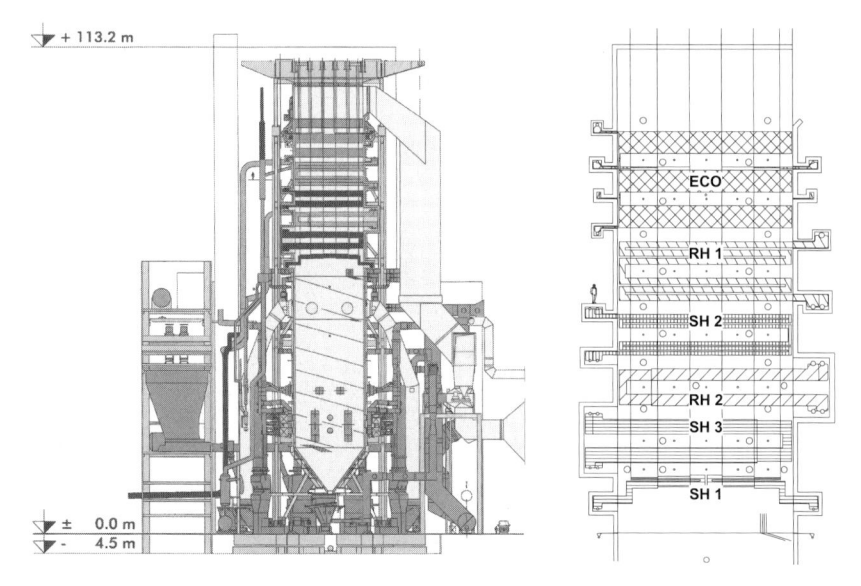

Abb. 4.52. Längsschnitt und Heizflächenanordnung eines rohbraunkohlebefeuerten Dampferzeugers 330 MW$_{el}$

Auf Grund der Studie konnten Problemzonen detektiert und Gegenmaßnahmen (z.B. lokale Anbringung von Staubbremsen, Verschleißschutzblechen, Heizflächenpanzerungen) eingeleitet werden. Exemplarisch sind die Zusammenhänge für einen bestimmten Betriebsfall (Abb. 4.53) für verschiedene Höhen in horizontalen Querschnitten vor bzw. nach bestimmten Heizflächen dargestellt. Die Lage der Heizflächen sind in Abb. 4.52 rechts dargestellt. Vor dem

4.5 Einsatz von CFD bei der Bearbeitung von praktischen Aufgabenstellung 339

Eintritt in die Überhitzerheizflächen (SH1), in einem mittleren Bereich (RH2) und am Austritt des Economizers (ECO) sind jeweils über den Brennkammerquerschnitt die simulierten Verteilungen dargestellt. In der linken Bildhälfte sind die Geschwindigkeiten, in der rechten Bildhälfte die Temperaturen dargestellt. Deutlich zu erkennen ist die feuerungsbedingte Schieflage am Feuerraumende vor dem Eintritt in die erste Bündelheizfläche (SH1). Der Bereich von überhöhten Geschwindigkeiten und Temperaturen liegt im selben Gebiet. Beim Durchtritt durch die Heizflächen wird dem Abgas entsprechend Wärme entzogen. Nach oben hin wird die Heizflächenteilung immer kleiner, sodass der horizontale Rohrabstand im ECO-Bereich nur noch 110 mm beträgt. Dadurch werden die Abweichungen der Abgastemperaturverteilung über dem Brennkammerquerschnitt immer geringer. Am Austritt des Economizers hat man nahezu eine Gleichverteilung der Temperatur vorliegen. Lediglich durch die Umlenkung in den 2. Zug wird die Geschwindigkeitsverteilung wieder ungleichförmiger. Hieran ist das wesentliche Merkmal und der Vorzug der Turmbauweise deutlich zu erkennen.

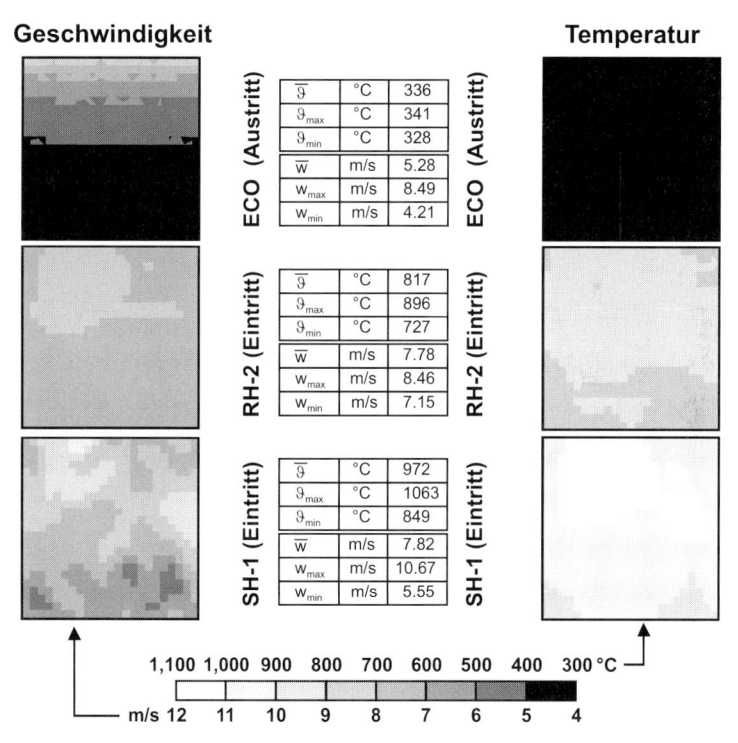

Abb. 4.53. Geschwindigkeits- und Temperaturverteilung über dem Brennkammerquerschnitt auf verschiedenen Höhen (Lage der Heizflächen SH1, RH2, ECO siehe Abb. 4.52)

Da bei Turmkesseln zwischen den Heizflächen keine gasseitigen Umlenkungen vorliegen, können die Heizflächen wie in einem „Turm" im Rauchgaszug übereinander angeordnet werden. Dies hat zur Folge, dass die Temperatur- und Geschwindigkeitsunterschiede nach oben hin immer kleiner werden. Dies gilt sowohl für abgasseitige als auch dadurch bestimmt für die wasser-/dampfprozessseitigen Verhältnisse.

Bei Zweizugdampferzeugern befindet sich eine abgasseitige Umlenkung zwischen den Heizflächen, wodurch die Übertemperaturen sowohl auf der Abgas- als auch auf der Prozessseite stark ansteigen (Epple 2003). Es fallen daher die Übertemperaturen auf der Prozessseite von Turmkesseln stets niedriger als bei Zweizugdampferzeugern aus.

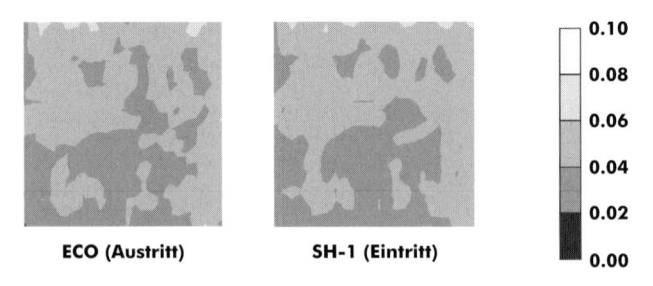

Abb. 4.54. Staubbeladungen [kg Asche/kg Abgas]; Verteilung der Asche über dem Querschnitt am Feuerraumende (vor Eintritt in den SH1) und am Ende der Brennkammer (nach ECO); 330 MW$_{el}$ Dampferzeuger

Die Staubbeladungsverteilung des Abgases ist in Abb. 4.54 dargestellt. Durch die querliegenden Heizflächenrohre, deren horizontaler Abstand auf höheren Ebenen immer geringer wird, wird eine Quervermischung der staubbeladenen Abgase weitgehend unterbunden. Es zeigt sich, dass die Staubbeladungsverteilung vor dem Eintritt in die ersten querliegenden Heizflächen (SH1) und nach deren Austritt (ECO) nahezu identisch ist. Das bedeutet, dass Staubsträhnen beim Durchtritt durch die Heizflächen nicht aufgelöst werden. Daher müssen aus Verschleißschutzgründen entsprechende Staubbremsen in bestimmten Bereichen angebracht werden. Beispielsweise sind die Bereiche in der Nähe von Umfassungswänden (Heizflächendurchtritte, -bögen) besonders verschleißgefährdet.

4.5.4 Trockenbraunkohlebefeuerte Dampferzeuger

Bei der Konzeption von vollkommen neuartigen Feuerungssystemen ist CFD ebenfalls zu einem unverzichtbaren Werkzeug geworden. Dies soll am Beispiel der Konzeption einer Trockenbraunkohlenfeuerung illustriert werden.

Braunkohlen haben i. d. R. einen sehr hohen Wassergehalt. Bei deutscher Provenienz liegt dieser bei Werten von bis zu 60 %. Daher wird die Rohbraun-

4.5 Einsatz von CFD bei der Bearbeitung von praktischen Aufgabenstellung   341

kohle während des Mahlprozesses durch spezielle Mühlen (meist Schlagradmühlen) mit rezirkulierten heißen Abgasen (ca. 1000°C) vorgetrocknet. Exergetisch betrachtet ist dies sehr ungünstig, da ein Medium mit einem sehr hohen Temperaturniveau benutzt wird, um Wasser aus der Kohle bei 100°C zu verdampfen.

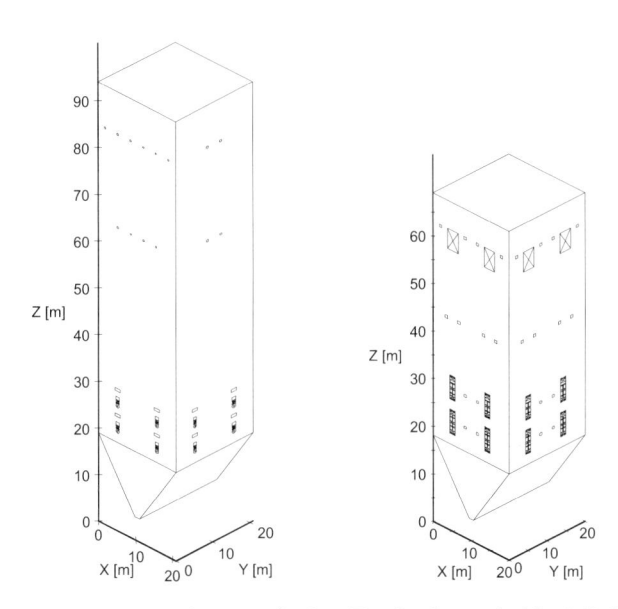

Abb. 4.55. Brennerkammerskizzen: (links: Trockenbraunkohle 950 MW$_{el}$, rechts: Rohbraunkohle 600 MW$_{el}$)

Eine exergetisch wesentlich günstigere Möglichkeit besteht darin, die Kohletrocknung mit einem niederkalorischen Medium durchzuführen. Dies kann über eine externe Vortrocknung erfolgen. Hierzu gibt es unterschiedliche Trocknungsverfahren (z.B. (Klutz 2006)). Durch den Übergang auf ein solches Konzept kann der Gesamtwirkungsgrad des Kraftwerksprozesses um bis zu ca. 4 Prozentpunkte gesteigert werden. Eine Gegenüberstellung der Brennkammerskizzen (Epple 2005b) eines trockenbraunkohlebefeuerten Dampferzeugers mit einer Leistung von 950 MW$_{el}$ und eines rohbraunkohlebefeuerten Dampferzeugers (600 MW$_{el}$) ist in Abb. 4.55 dargestellt. Hervorzuheben sind die Abgasrücksaugeschächte im oberen Bereich (Abb. 4.55 rechts), über welche heiße Abgase zur Trocknung der Rohbraunkohle in die Schlagradmühle rezirkuliert werden.

Im Falle der Trockenbraunkohlefeuerung (Abb. 4.55, links) wird keine Schlagradmühle zur Vortrocknung eingesetzt, da die Kohle bereits vorgetrocknet mit einer Restfeuchte von ca. 12 % den Brennern zugeführt wird. Daher kann nun ein Feuerungssystem gewählt werden, welches dem von Steinkohle entspricht, bei welchem der Brennstoffstrom auf einer Höhe in einer Ebene (so genannte Lagenschaltung) auf die über den Umfang verteilten Brenner zugegeben wird. Damit lässt sich eine symmetrische Strömungs- und Temperaturverteilung erreichen. Der Vergleich der horizontalen Strömungsverteilung auf der untersten Brennerebene basierend auf der Simulation der beiden Feuerungskonzepte ist in Abb. 4.56 gegenübergestellt. Deutlich zu sehen ist die Asymmetrie des Strömungsfeldes bei der Rohbraunkohlefeuerung, da eine Mühle außer Betrieb ist und somit dieser Brenner in Kühlluftstellung ist. Daher ist in diesem Bereich nur ein sehr geringer Impuls vorhanden, sodass sich das Zentrum der Drehströmung in Richtung der Wand hin verschiebt, an welcher der nicht-betriebene Brenner angeordnet ist.

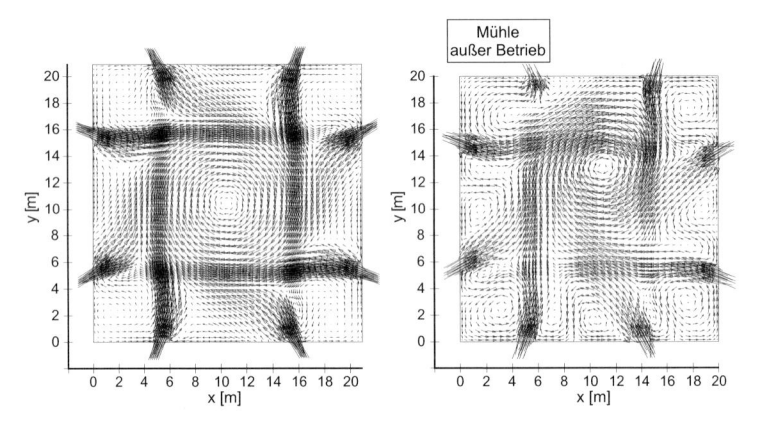

Abb. 4.56. Simulierte Geschwindigkeitsverteilung im unteren Brennerebenenbereich (links: auf Basis des Trockenbraunkohlefeuerungskonzeptes, rechts: auf Basis der konventionellen Rohbraunkohlefeuerung (mindestens eine Mühle ist außer Betrieb))

Ein weiterer Aspekt bei der Trockenbraunkohlefeuerung sind die höheren Feuerraumtemperaturen und die damit verbundene Gefahr der Verschlackung. Der Wassergehalt des aufgegebenen Brennstoffes beträgt anstelle eines ursprünglichen Wertes von über 50 % nun im Falle der Trockenbraunkohle nur noch 12 %. Damit steigt der untere Heizwert der Kohle von 9,2 MJ/kg (Rohbraunkohle) auf einen Wert von 19,5 MJ/kg (Trockenbraunkohle). Dadurch wird bei gleicher Dampferzeugerleistung und damit gleicher Feuerungswärmeleistung der bei der Verbrennung entstehende Abgasvolumenstrom wesentlich geringer. In Zusammenwirken mit einer Absenkung der Luftzahl von 1,15 auf 1,1 ergibt sich somit ein Abgasvolumenstrom, dessen Wert im Vergleich zur Rohbraunkohlefeuerung nur noch 74 % hiervon beträgt. Ganz wesentlich ist dabei, dass das maximale Temperaturniveau der Feuerung von 1250 auf 1500°C (Abb. 4.57) ansteigt. Da sich durch die Vortrocknung der Mineralienanteil (z.B. Alkaliverbindungen) der Kohle nicht ändert, erhöht sich auf signifikante Weise die Verschlackungsgefahr im Feuerraum auf Grund des gestiegenen Temperaturniveaus. Der im Folgenden beschriebene Ansatz der CFD-Feuerraumsimulationsstudie ist wie folgt. Im ersten Schritt wurde eine

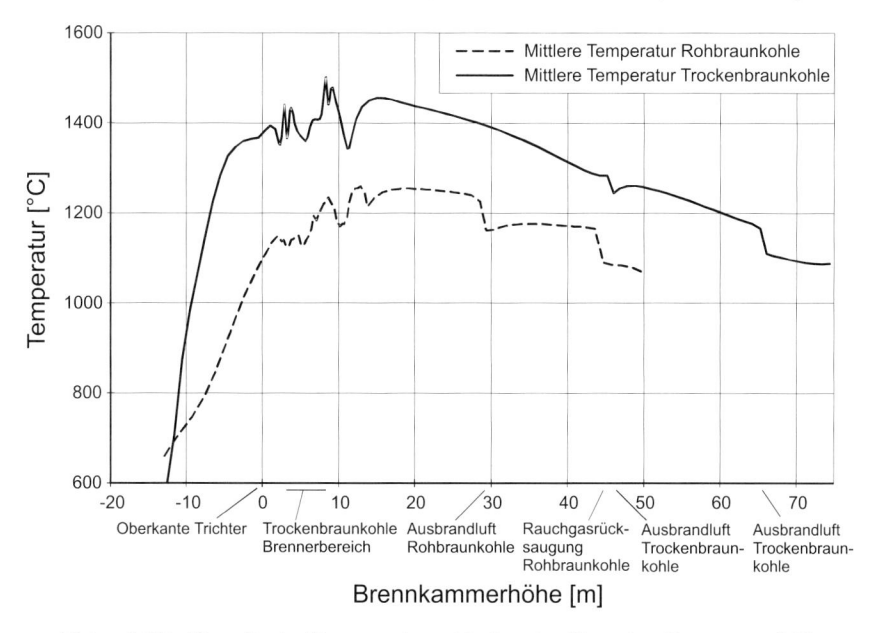

4.5 Einsatz von CFD bei der Bearbeitung von praktischen Aufgabenstellung 343

Abb. 4.57. Simulierte Temperaturmittelwerte über der Feuerraumhöhe

Simulation der Strömungs-, Verbrennungs- und Wärmeübertragungsvorgänge in der Dampferzeugerfeuerung durchgeführt. Die Verteilung der reaktiven Strömung der Trockenbraunkohlefeuerung ist in Abb. 4.56 dargestellt. Die Mehrphasenströmung der Kohlenstaubverbrennung kann dabei nach dem Euler/Euler-Ansatz modelliert werden, da die Feststoffbeladung mit Maximalwerten im Brenneraustrittsbereich (0,4 kg Feststoff/kg Gas) relativ gering ist und bei der Größe des Feuerraums sehr schnell ein Verdünnungseffekt eintritt. Basierend auf der beschriebenen Vorgehensweise wurde das Ascheanba-

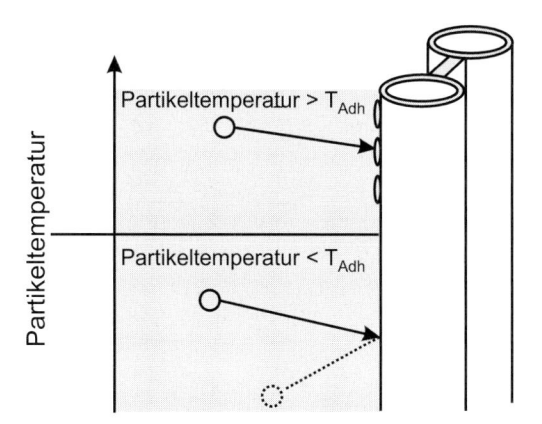

Abb. 4.58. Modellansatz der Adhäsion von Partikeln beim Auftreffen auf die Wand

ckungsverhalten eines rohbraunkohle- und eines trockenbraunkohlebefeuerten Dampferzeugers modelliert. Im zweiten Schritt der Studie, sobald der Verlauf der Einzelpartikelflugbahnen vorhergesagt werden soll, muss die Modellierung der Partikelbewegung mit einem Lagrangeansatz erfolgen. Dabei werden die Flugbahnen von einzelnen reagierenden Partikeln berechnet sowie deren zeit- und wegabhängige Temperaturentwicklung. Trifft ein Partikel auf eine Wand, so kann dieser reflektiert werden bzw. bleibt an der Wand haften. Als Haftkriterium kann beispielsweise die Ascheerweichungstemperatur dienen. Ist die Partikeltemperatur zum Zeitpunkt des Auftreffens auf die Wand höher als die Ascheerweichungstemperatur, so bleibt dieses an der Wand haften (Abb. 4.58). Ein systematischer Vergleich von möglichen Modellansätzen zur Modellierung von reaktiven Mehrphasenströmungen mit Messwerten in (Epple 2005a) veröffentlicht.

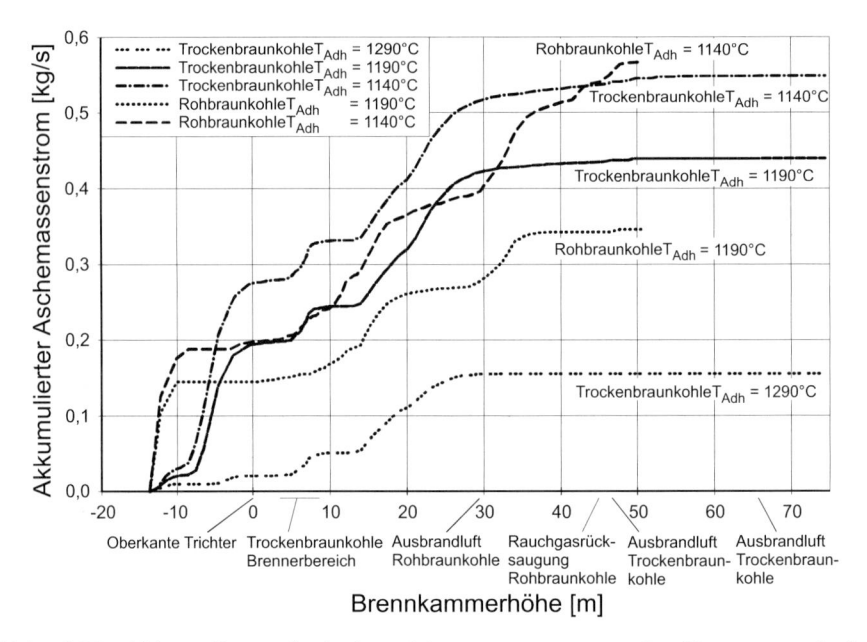

Abb. 4.59. Akkumulierter Aschedepositionmassenstrom an den Feuerraumwänden für das Roh- und Trockenbraunkohlenfeuerungssystem

Wie zu erwarten ist das Ascheanbackverhalten stark abhängig von der Höhe der Ascheerweichungstemperatur. Dies ist in Abb. 4.59 zu erkennen, wo die Akkumulation der Aschedepositionsmassenströme über der Feuerraumhöhe für verschiedene Ascheerweichungstemperaturen dargestellt ist. Eine Ascheerweichungstemperatur von 1140°C als Haftbedingung führt zu einem akkumuliertem Aschemassenstrom von 0,55 kg/s, welcher sich an den Wänden ablagert. Dies entspricht 4,9 % des mit der Kohle gesamten zugeführten Aschemassenstromes. Beim Trockenbraunkohlefeuerungskonzept führt ei-

4.5 Einsatz von CFD bei der Bearbeitung von praktischen Aufgabenstellung

ne Erhöhung des Hafttemperaturkriteriums um 150 K zu einer Reduktion der Aschedepositionsrate auf einen Wert von 0,16 kg/s. Ein steiler Gradient im Verlauf der Aschedepositionsrate über der Feuerraumhöhe (Abb. 4.59) deutet auf einen Bereich von erhöhten Ascheanbackungen hin. Dies tritt im Falle des niedrigen Hafttemperaturkriteriums insbesondere im Bereich des Trichters und des Brennergürtels auf. Die Erklärung hierzu ist wie folgt. Bei reagierenden Kohlepartikeln tritt nach der Beendigung der Pyrolyse und Verdampfung der Restfeuchte durch den fortschreitenden Koksausbrandprozess ein Anstieg der Partikelübertemperatur auf. Dies führt zu erhöhten Aschedepositionsraten im Bereich zwischen oberster Brennerebene und Ausbrandluftebene. Im Bereich des Feuerraumaustritts existiert ein flacher Kurvenverlauf, das heißt, die Tendenz zu Aschedepositionen ist gering. Bei einer Erhöhung des Hafttemperaturkriteriums ist die Aschedepositionsrate geringer. Dies ist insbesondere im Trichterbereich der Fall, da dann dort die auftretenden Temperaturen das Hafttemperaturkriterium nicht überschreiten. Weniger sensitiv ist der Einfluss des Hafttemperaturkriteriums im Bereich der geraden Wände.

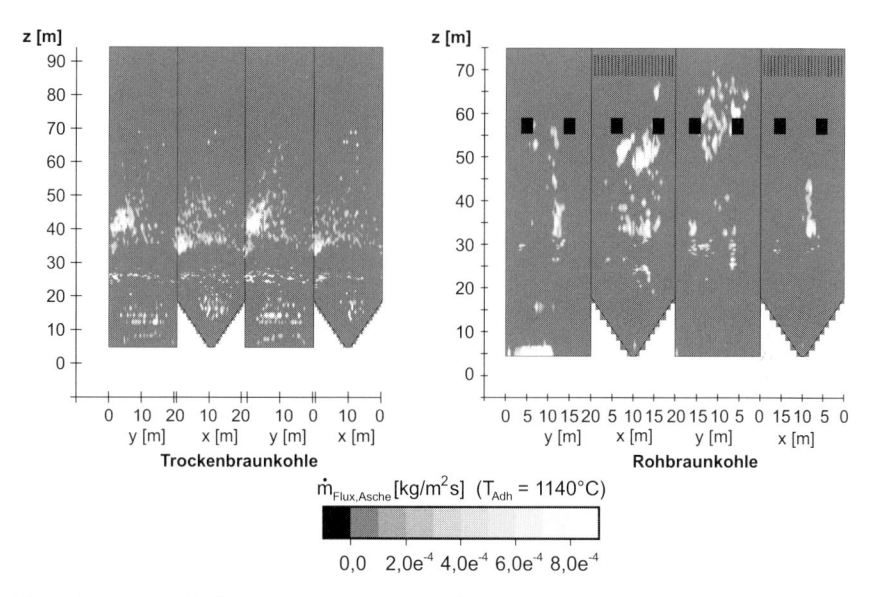

Abb. 4.60. Aschedepositionsraten an den Feuerraumwänden beim Trocken- und Rohbraunkohlenfeuerungskonzept (Adhäsionstemperatur der Partikel: 1140°C) $\dot{m}_{Flux,Asche}[kg/(m^2 s) \cdot 10^{-4}]$

Eine Analyse der Auftreffpunkte von Aschepartikeln mit der Wand bei einem Hafttemperaturkriterium von 1140°C führt zu der in Abb. 4.60 dargestellten Verteilung der Ascheanbackungen. Speziell größere Partikel mit einem Durchmesser von über 0,5 mm fallen in den Trichterbereich und lagern sich an den geneigten Trichterwänden an. In Abb. 4.56 ist sichtbar, wie durch den hohen Impuls der Brennerströmung Rezirkulationsgebiete auftreten. Hierdurch wird ein Teil der Partikel wieder zurück an die Wände transportiert. Der hohe Anteil an Restkoks in Verbindung mit Sauerstoffüberschuss an den Wänden führt zu hohen Partikelübertemperaturen, sodass die Partikel beim Auftreffen an der Wand haften. Speziell in Wandzonen oberhalb des Brennergürtels können daher erhöhte Wandablagerungen beobachtet werden. Der Vergleich der Aschedepositionsratenverteilungen der beiden Feuerungssysteme ist in Abb. 4.58 gegenübergestellt. Hierbei sind grundsätzliche Unterschiede zu erkennen. Beim Trockenbraunkohlefeuerungskonzept tritt an allen Wänden das gleiche Verteilungsmuster auf. Bei der Rohbraunkohlefeuerung ist dies an jeder Wand individuell verschieden. Dies ist auf die starke Asymmetrie des Strömungsfeldes (Abb. 4.56) zurückzuführen. Je nach Mühlenkombinationsbetrieb treten an der Wand die höchsten Ablagerungsraten auf, welche den geringsten Abstand zum Wirbelmittelpunkt hat. Der Einfluss der Abgasrezirkulation und der zweiten Ausbrandebene führt zu erhöhten Ablagerungen im Bereich der Abgasrücksaugeschächte. Der Vergleich der beiden Feuerungssysteme hinsichtlich der Aschedepostionsraten ergibt, dass die akkumulierten Aschedepositionen in der gleichen Größenordnung (Abb. 4.59) liegen. Das heißt, obwohl die Feuerraumtemperaturen bei der Trockenbraunkohlefeuerung wesentlich höher liegen, ist mit keinen höheren Ascheanbackungen oder gar mit Verschlackungsgefahr zu rechnen. Dies ist im Wesentlichen auf das beim Trockenbraunkohlefeuerungskonzept auftretende symmetrische Strömungsfeld zurückzuführen.

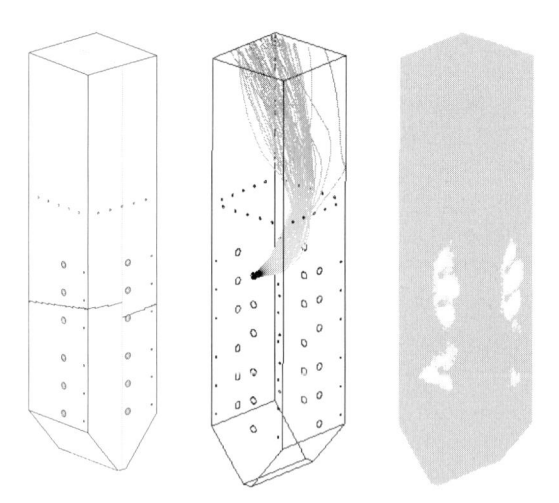

Abb. 4.61. Geometrie (links), berechnete Partikelbahnen (Mitte) und Wandablagerungen (rechts) in einem trockenbraunkohlegefeuerten Dampferzeuger mit Drallbrennern, (Epple 2005f)

Im umseitig beschriebenen Fall der Untersuchung eines Trockenbraunkohlefeuerungskonzeptes handelt es sich um eine Konfiguration mit Strahlbrennern. Ebenso kann für Trockenbraunkohle ein Konzept unter Einsatz von Drallbrennern entwickelt werden, welches zu geringen Ascheabbackungen führt. In Abb. 4.61 sind einige berechnete Partikelbahnen einer Größenklasse, ausgehend von einem Brenner, sowie Wandablagerungen dargestellt. Es konnten lediglich geringfügige Ablagerungen rund um die Brennerbereiche durch kleine Partikelfraktionen beobachtet werden, die auf Grund der Rezirkulationsströmung der Brenner zur Wand hin transportiert werden.

4.5.5 Steinkohlebefeuerte Dampferzeuger

Bei steinkohlebefeuerten Dampferzeugern konnten unter Einsatz von luftgestufter Fahrweise NO_x-Emissionen in der Größenordnung von 300 mg/m^3 (i.N., 6 % O_2) (Epple 1995a), (Epple 2004) erreicht werden.

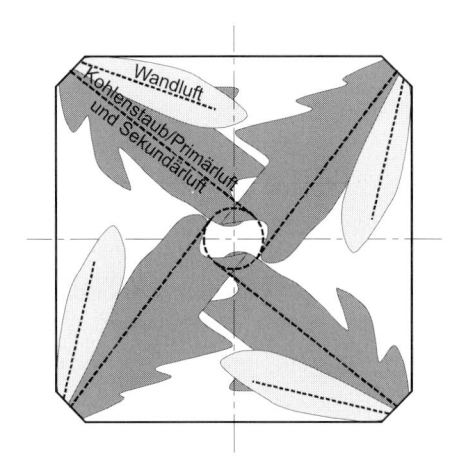

Abb. 4.62. Ausrichtung des Kohlenstaubbrenners auf den Tangentialkreis, Luftstufung innerhalb der Ebene durch Ausrichtung eines Teilluftstromes (Wandluft) in Richtung Wand, (Epple 1995b)

Um dies zu erreichen, wird ein Teil der Luft an die Feuerraumwände gelenkt (s. Abb. 4.62). Somit wird eine Luftstufung innerhalb einer Ebene durchgeführt. Im Innern des Feuerraumquerschnittes wird ein Bereich mit Sauerstoffmangel eingestellt, um somit niedrige NOx-Emissionen zu erzielen. Gleichzeitig müssen an den Wänden ausreichend hohe Sauerstoffkonzentrationswerte sein, um diese vor Korrosion zu schützen. Daher wird bei steinkohlebefeuerten Anlagen die Feuerraumsimulation oft zur Vorhersage von korrosionsgefährdeten Bereichen an den Feuerraumwänden verwendet. Die Drehströmung in einer Tangentialfeuerung lässt sich durch den Vergleich mit der Strömung in einem Zyklonstaubabscheider veranschaulichen. Zunächst bildet sich eine Drehströmung, welche nach unten verläuft, im unteren Bereich (oberhalb des Feuerraumtrichters) erfolgt eine Umkehrung, und die Strömung ist im Wirbelkern nach oben gerichtet. Dies hat zur Folge, dass die im oberen Brennergürtelbereich angeordneten Brenner eine geringere Eindringtiefe besitzen. Daher ist dem oberen Bereich des Brennergürtels besondere Aufmerksamkeit zu widmen, denn – falls überhaupt – kann in diesem Bereich und dem darüberliegenden Bereich Sauerstoffmangel an den Wänden auftreten.

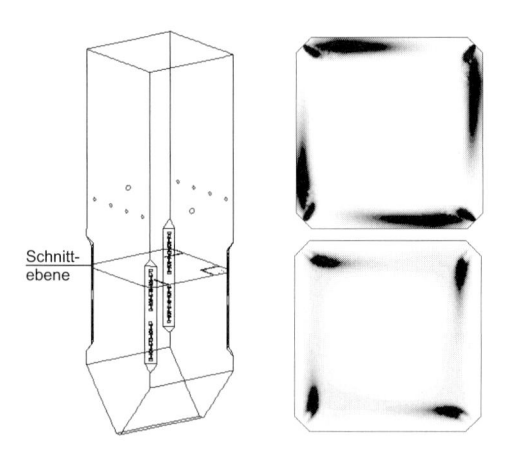

Abb. 4.63. Geometrie (links), berechnete O_2-Konzentration (oben) und CO-Konzentration (unten) in einem steinkohlebefeuerten Dampferzeuger, (Epple 2005f) – (dunkler Farbton: hohe Werte; heller Farbton: niedrige Werte)

Abb. 4.63 zeigt links die berechnete O_2-Konzentrationsverteilung auf einer horizontalen Ebene im Brennerbereich eines tangential gefeuerten Steinkohlekessels. Deutlich zu erkennen ist die Ablenkung (im Uhrzeigersinn) der aus den Ecken eintretenden Strömung durch den Tangentialwirbel. Spezielle Wandlüfte, welche in einem geringen Winkel zur Wand hin eingedüst werden, sorgen für eine sauerstoffreiche Atmosphäre entlang der Wand, welche korrosive Gase (Indikation anhand CO) von der Wand fernhält.

4.5.6 Mühlensysteme

Ein weiterer Anwendungsfall ist die Simulation von Kohlemühlen für Stein- oder Braunkohle, welche einen jeweils vollkommen unterschiedlichen Aufbau haben. Bei Mühlen für Steinkohle kommen meist Walzen-/Schüsselmühlen (siehe Abb. 4.64(a) und 4.64(b)) zum Einsatz. Die Kohle fällt zunächst durch ein zentrales Fallrohr in die Mühle. Durch einen Elektromotor wird die Schüssel angetrieben, und die Kohle wird zwischen Schüssel und Walzen zerkleinert. Die Primärluft strömt am äußeren Umfang der Schüssel durch Primärluftdüsen in die Mühle, und der Kohlestaub wird nach oben zum Sichter transportiert, welche nur die kleinen Kornfraktionen passieren lässt. Mithilfe von CFD-Studien lässt sich das Strömungsverhalten in der Mühle untersuchen

4.5 Einsatz von CFD bei der Bearbeitung von praktischen Aufgabenstellung 349

und zudem das Sichtersystem optimieren, da insbesondere bei NO_x-armen Feuerungen eine möglichst feine Körnung erwünscht wird, um somit den Kohlenstoffanteil in der Flugasche zu reduzieren. Ferner kann die eingespeicherte Masse an Brennstoff bestimmt werden, welche bei Laständerungen von Bedeutung ist.

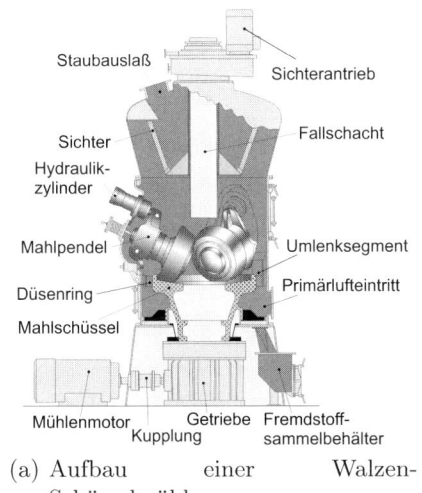

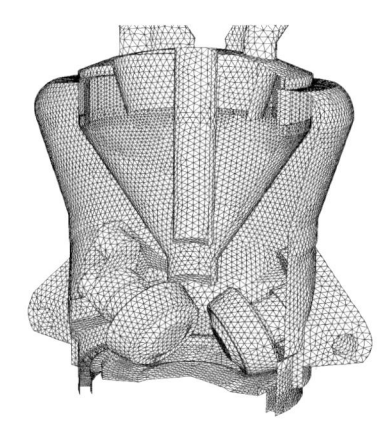

(a) Aufbau einer Walzen-Schüsselmühle

(b) Numerisches Gitter einer Walzen-Schüsselmühle mit Fliehkraftsichter; Kohledurchsatz 105 t/h, Walzendurchmesser 2800 mm, (Epple 2001)

Abb. 4.64. Walzen-Schüsselmühle

Bei Schlagradmühlen für Braunkohle (siehe Abb. 4.65, 4.66 und 4.67) werden heiße Abgase aus dem Feuerraum über Schächte rezirkuliert, in welche die Rohbraunkohle zugegeben wird. Die Rohkohle wird durch die umlaufenden Schlagplatten durch den Aufprall auf den gepanzerte Mühlenspirale zerkleinert. Oftmals befindet sich am Ausgang der Mühle ein Sichtersystem, sodass nur feine Fraktionen zum Brenner gelangen, hingegen werden grobe Fraktionen zur Mühle zurückgeführt. Die Schlagradmühle hat also verschiedene Funktionen. Neben der Zerkleinerung und Trocknung der Kohle fördert sie das heiße Abgas (ca. 1000°C) wie ein Rezirkulationsgebläse und macht dabei einen bestimmten Druckaufbau, welcher für den Transport der gemahlenen Kohle in den Staubleitungen notwendig ist.

Abb. 4.68 zeigt die berechnete Verteilung des Druckes und der Temperatur in einer Schlagradmühle. Aus den Bildern ist der Druckaufbau durch das rotierende Schlagrad und die Abkühlung der Abgastemperatur durch Verdampfung der Kohlefeuchte zu erkennen. Ferner können verschleißgefährdete Bereiche identifiziert und optimiert werden.

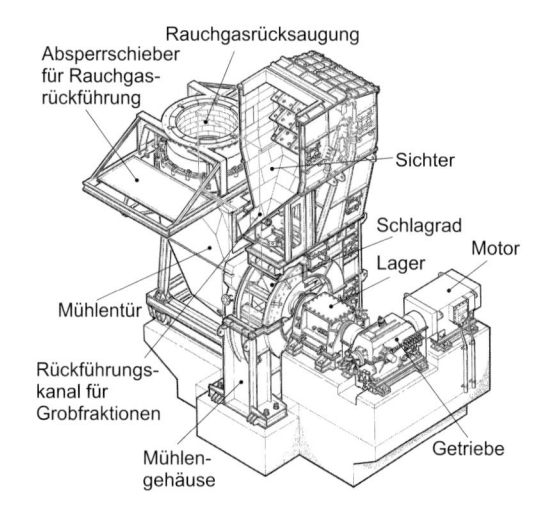

350 Simulation von Feuerungen und Gasströmungen

Abb. 4.65. Aufbau einer Schlagradmühle

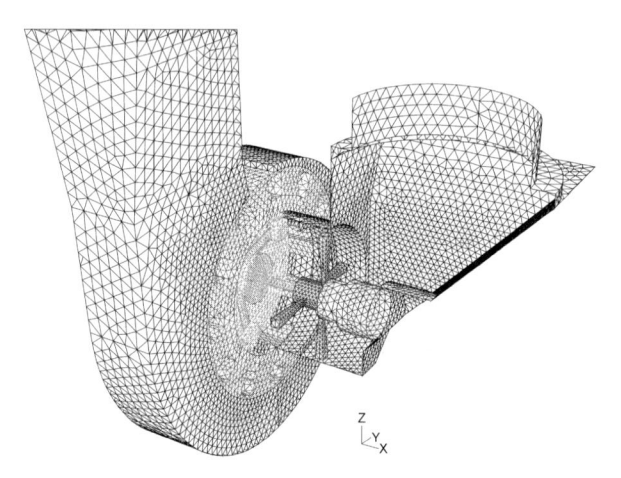

Abb. 4.66. Numerisches Gitter einer Schlagradmühle mit Vorschläger, (Epple 2001)

Auf Grund ihrer hohen Feststoffbeladung stellen Wirbelschichten besonders hohe Anforderungen an die Simulation. In Abb. 4.69 ist beispielhaft die berechnete Druck- und Geschwindigkeitsverteilung in einem Zyklon dargestellt. Es ist zu erkennen, dass der Druck von der Außenwand zur Mitte hin stark abnimmt. Die höchsten Geschwindigkeiten treten im Bereich des Einlasses in das Tauchrohr auf.

Einen interessanten Vergleich zwwischen analytischen Modellen, CFD-Rechnungen und Messungen gibt (Missalla 2009).

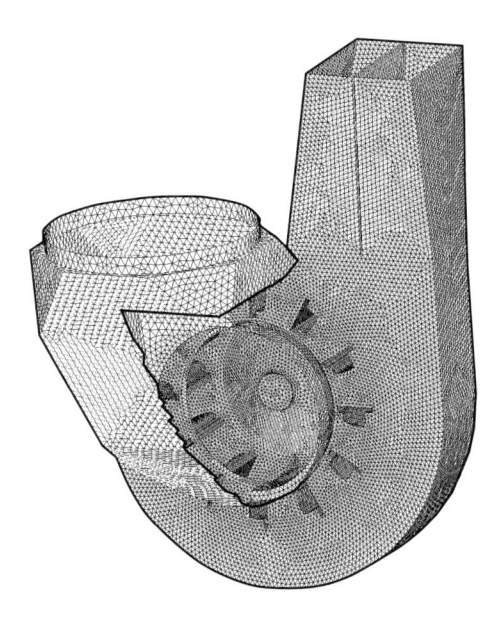

4.5 Einsatz von CFD bei der Bearbeitung von praktischen Aufgabenstellung 351

Abb. 4.67. Numerisches Gitter einer Schlagradmühle für größte Durchsätze (> 130 t/h Kohle), (Epple 2005f). Blick in den Einlauf zum rotierenden Schlagrad.

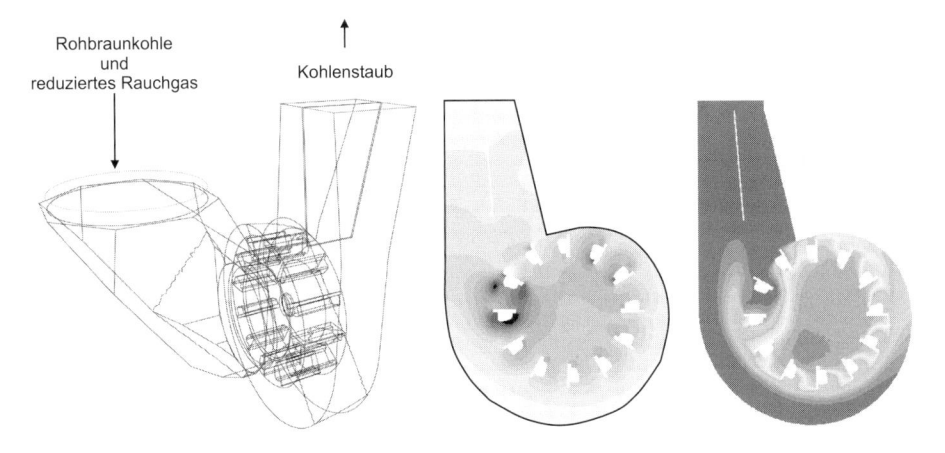

Abb. 4.68. Geometrie (links), berechneter Druck (Mitte) und Temperatur (rechts) in einer Schlagradmühle, (Epple 2005f) – (dunkler Farbton: niedriger Wert; heller Farbton: hoher Wert)

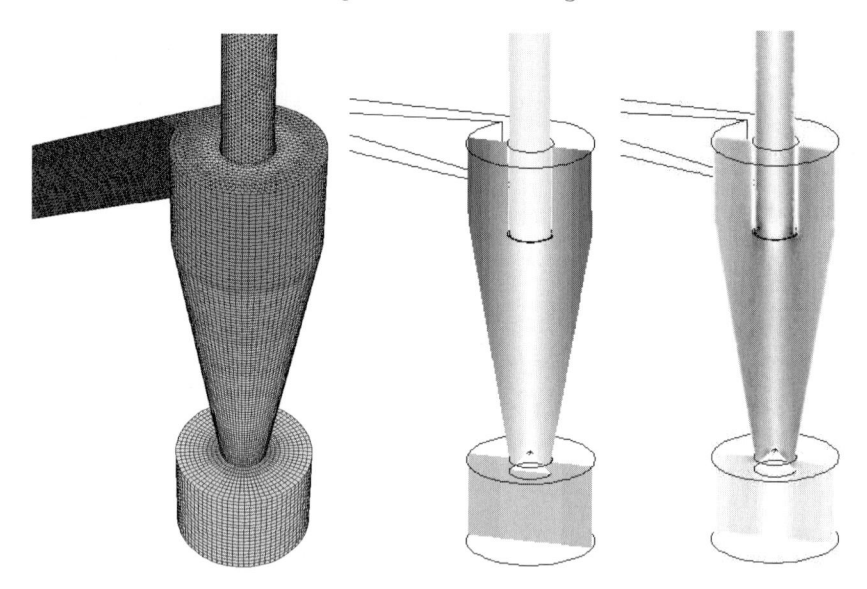

Abb. 4.69. Numerisches Gitter (links), berechnete Verteilung von Druck (Mitte) und Geschwindigkeit (rechts) in einem Zyklon, (Epple 2005f) – (dunkler Farbton: hoher Wert; heller Farbton: niedriger Wert)

4.6 Schwingungen im Luft- und Abgasstrom

4.6.1 Einleitung

Bei den heute üblichen hohen Belastungen wärmetechnischer Anlagen gehört eine Untersuchung auf mögliche Schwingungsprobleme zu den Standardprozeduren einer vollständigen Auslegung. In diesem Kapitel sollen nur die rauchgas- bzw. luftseitigen Schwingungen kurz behandelt werden. Bei befeuerten wärmetechnischen Anlagen sind im Wesentlichen 2 Phänomene zu beachten, nämlich

- Schwingungen in Brennkammern und
- Schwingungen im berohrten Konvektionsteil.

Die in wärmetechnischen Anlagen auftretenden Schwingungen verursachen nicht nur Lärm, sondern können in kürzester Zeit zur Zerstörung der Anlage oder Anlagenteilen führen.
Zu der angeführten Problematik existiert zahlreiche Literatur (insbesondere (Blevins 1990) und (Au-Yang 2001)).

4.6.2 Druckpulsationen in Brennkammern

Ein in einem Kanal befindliches oder strömendes Gas kann grundsätzlich zu Schwingungen angeregt werden. Stimmt die Erregerfrequenz mit der Eigenfrequenz einer Gassäule zusammen, kommt es zur Resonanz mit den bereits erwähnten unangenehmen Folgen.

Gassäulenschwingungen in Brennkammern können durch vielfältige Erregungsarten entstehen ((Chen 1979), (Chen 1968) und (Oppenberg 1977)). Am häufigsten werden Schwingungen durch Vorgänge am Brenner selbst erregt. Der Verbrennungsablauf kann auch durch periodische Vorgänge im Brennstoff und Luftstrom gestört werden.

Sowohl in großen als auch kleinen Dampferzeugern können niederfrequente Schwingungen auftreten, deren Ursprung auf eine schwankende Verbrennungsintensität zurückzuführen ist. Diese Art der Schwingung ist von der Art der Feuerung nahezu unabhängig. Ihre Frequenz wird vom aerodynamischen Verhalten des Gesamtsystems Brennkammer bis inklusive Schornstein bestimmt. Diese nicht harmonischen Druckschwingungen haben Amplituden von ca. ±3 mbar und Frequenzen um 1 Hz. Man kann sie als aerodynamische Schwingungen bezeichnen.

Durch die oben erwähnten Druckschwingungen können auch niederfrequente akustische Schwingungen, welche sich in Richtung des Rauchgasstromes ausbreiten, entstehen. Man kann sie daher als thermoakustische Schwingungen bezeichnen. Die Frequenz liegt zwischen 4 bis 15 Hz.

Der Vollständigkeit halber sei erwähnt, dass thermoakustische Schwingungen auch in unbefeuerten Anlagen auftreten können. Allein die Wärmezu- oder -abfuhr kann in einer Gassäule zu Druckschwingungen führen. Die dazu notwendigen Voraussetzungen sind in (Au-Yang 2001) kurz beschrieben. Ein praktisches Beispiel für eine Abhitzeanlage ist in (Eisinger 1994) zu finden.

Insbesondere in öl- und gasgefeuerten Anlagen können auch höherfrequente Druckschwingungen auftreten. Frequenzen von mehr als 120 Hz wurden in der Praxis festgestellt. Auch in Anlagen mit Kohlezyklonfeuerungen wurden höherfrequente Schwingungen mit bis zu 70 Hz festgestellt.

Eigenfrequenz der Gassäule in freien Kanälen

Befindet sich das Gas in länglichen Kanälen oder Rohren, so sind in Bezug auf die Eigenfrequenz zwei Fälle zu unterscheiden.

Bei einem einseitig offenen Kanal berechnet man die Eigenfrequenz der Gassäule aus:
$$f_n = \frac{2n+1}{2}\frac{c}{l}; \qquad n = 0,1,2,3 \qquad (4.196)$$

Bei einem beidseitig geschlossenen oder offenen Kanal folgt:
$$f_n = \frac{n}{2}\frac{c}{l}; \qquad n = 1,2,3 \qquad (4.197)$$

Der beidseitig offene Kanal hat an den Enden den Umgebungsdruck und dazu im Gegensatz der geschlossene Kanal den maximalen Schalldruck an den geschlossenen Enden.

In einem geschlossenen Quader berechnet man die möglichen Eigenfrequenzen aus:

$$f_{n_1,n_2,n_3} = \frac{c}{2}\left[\left(\frac{n_1}{l_1}\right)^2 + \left(\frac{n_2}{l_2}\right)^2 \left(\frac{n_3}{l_3}\right)^2\right]^{\frac{1}{2}} ; \qquad n = 1,2,3 \qquad (4.198)$$

In einem quaderförmigen Raum kann sich eine stehende Welle in 3 Richtungen ausbilden, und es sind somit 3 verschiedene Eigenfrequenzen zu beachten.

Schließlich kann man zum Beispiel bei einem so genannten Turmkessel die Brennkammer und den Konvektionszug, eventuell auch den aufgesetzten Schornstein, als Helmholtz-Resonator auffassen. Die Eigenfrequenz folgt aus:

$$f = \frac{c}{2\pi l_K}\sqrt{\frac{V_K}{V_{Bk}}} \qquad (4.199)$$

Die Schallgeschwindigkeit in Gasen berechnet man aus

$$c = \sqrt{\kappa \Re T} \qquad (4.200)$$

In der Praxis hat sich gezeigt, dass man trotz des doch komplexen Aufbaues wärmetechnischer Anlagen die auftretenden Schwingungen in guter Näherung mit einer der oben angeführten einfachen Geometrien beschreiben kann.

Schwingungen, die auf den Feuerraum beschränkt sind, lassen sich in der Regel als stehende Wellen in einem geschlossenen Kanal erfassen. Für die niederfrequenten Schwingungen, die sich in Strömungsrichtung des Rauchgases als stehende Wellen bemerkbar machen, kann der einseitig offene Kanal als Modell herangezogen werden.

Beispiele aus der Praxis und Maßnahmen zur Beseitigung der Schwingungen

In (Chen 1971) und (Chen 1979) werden von Chen auftretende Schwingungen in einigen Anlagen analysiert. In einem 125-MW-Dampferzeuger mit Ölfeuerung konnte eine durch Pendeln bzw. Flattern der Flamme erregte Schwingung der Rauchgassäule bis zum Luftvorwärmer bemerkt werden. Die Frequenz betrug 5 - 6 Hz und entsprach somit recht genau der Eigenfrequenz 2. Ordnung der etwa 90 m langen Gassäule.

Durch konstruktive Maßnahmen am Brenner, welche die Flamme stabilisiert haben, konnte die Schwingung beseitigt werden.

In einem weiteren Beispiel wird eine durch in der Ölzufuhrleitung entstandene Eigenschwingung im gesamten Dampferzeuger wahrnehmbare Gasschwingung beschrieben. Die Frequenz von ca. 13 Hz entsprach in diesem Fall wieder der Grundfrequenz der Gassäule. Durch Einbau eines Expansionsgefäßes in der Ölleitung konnte dieses Schwingungsproblem gelöst werden.

Als letztes Beispiel für niederfrequente Schwingungen sei der Fall in einem Turmkessel mit aufgesetztem Schornstein erwähnt (Leikert 1976).

Hier konnte unter anderem eine Schwingung von ca. 6 Hz über den gesamten Rauchgasweg beobachtet werden. Eine Erklärung für diese Schwingung konnte gefunden werden, indem man den Dampferzeuger als Helmholtz-Resonator auffasste. Durch Optimierungsarbeiten an den Gasdüsen konnte Abhilfe geschaffen werden. Niederfrequente Schwingungen können besonders unangenehme Folgen haben. Die Brennkammerwandkonstruktion hat in der Regel ebenfalls niedrige Eigenfrequenzen, und eine Resonanz mit der Gassäulenschwingung ist gut möglich.

Höherfrequente Schwingungen in Brennkammern mit Frequenzen bis über 120 Hz sind in der Regel auf Störungen der Strömung des Brennstoff-Luftgemisches am Brenner oder in Brennernähe zurückzuführen. Chen berichtet in (Chen 1971) und (Chen 1979) über Schwingungen in einem ölgefeuerten Dampferzeuger mit 3 Drallbrennern. Die Frequenz der Gasschwingung betrug ca. 90 Hz und verschwand sofort, wenn ein Brenner außer Betrieb genommen wurde. Durch Änderung der Drallrichtung an einem unteren Brenner konnte die Schwingung zwar nicht restlos beseitigt, aber die zuerst hohe Druckamplitude von mehr als 90 mbar merklich abgesenkt werden.

In (Oppenberg 1977) ist eine ausführliche Zusammenstellung praxisnaher Beispiele zu finden.

Daraus sei als Beispiel das Schwingungsproblem in einer fast nach allen Seiten geschlossenen prismatischen Brennkammer erwähnt. In dieser prismatischen Brennkammer konnten alle möglichen Eigenfrequenzen, also in allen 3 Richtungen Frequenzen zwischen 40 und 160 Hz, festgestellt werden. Die Druckamplituden betrugen je nach Brennerbetriebsart (Zahl der Brenner) und Last bis zu 20 mbar (Abb. 4.70).

Die an dieser Stelle angeführten Änderungen an den Brennern sind ein typisches Beispiel für Abhilfemaßnahmen bei öl- und gasgefeuerten Anlagen mit Drallbrennern. In dem oben erwähnten Fall wurden folgende Modifikationen vorgenommen:

- Änderung der Brenngasdüsen zur Verbesserung der Zündung (20 Maßnahmen);
- Einbau von Drosselblenden in die Gaslanzen zur Verhinderung der Eigenfrequenzen der Lanzen;
- Optimierung der Drallklappenstellung;
- Wechsel der Drallrichtung an 2 Brennern;
- Einbau von zentralen Gaslanzen.

Nach diesen Maßnahmen konnten keine Resonanzen mehr festgestellt werden.

Die vorangegangenen Ausführungen zeigen, dass Brennkammerschwingungen nur durch Beseitigung der Erregung, d.h. in der Regel durch Maßnahmen am Brenner mit dem Ziel, die Verbrennung zu stabilisieren, beseitigt werden können. Eine Veränderung der Eigenfrequenz der Gassäule in den Kanalgebilden ist nicht gut möglich, da deren Dimensionen aus wärmetechnischen Gegebenheiten festgelegt sind. Wie im nächsten Kapitel gezeigt, muss im Gegensatz

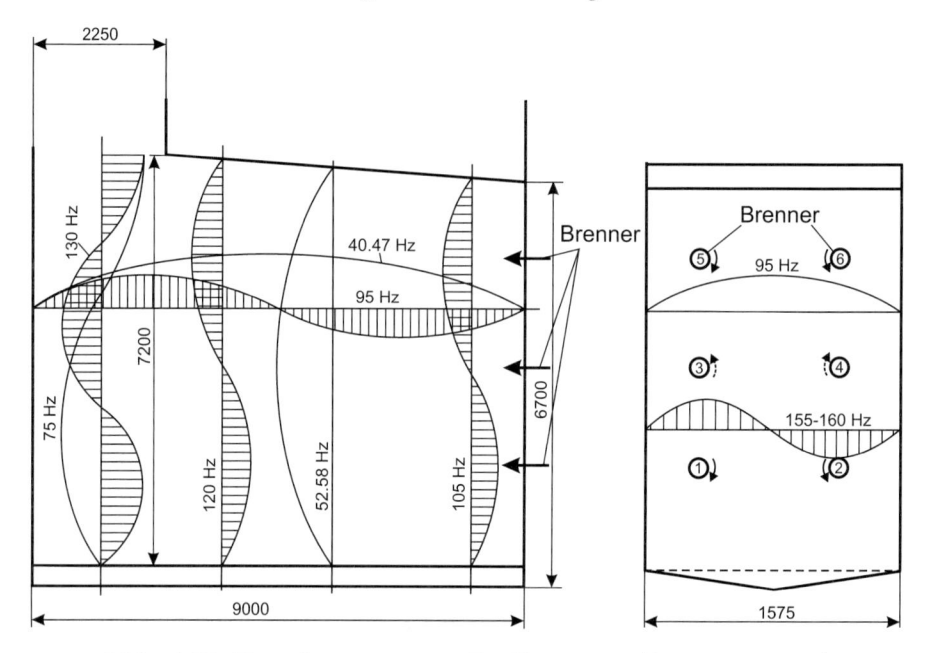

Abb. 4.70. Dampferzeuger mit 6 Drallbrennern, (Oppenberg 1977)

dazu bei Schwingungen die durch Wirbelablösung an Rohren entstehende Resonanz durch Veränderung der Eigenfrequenz der Gassäule verhindert werden. Dies geschieht durch Unterteilung des Kanals in entsprechende Teilkanäle.

4.6.3 Strömungserregte Schwingungen in Rohrbündeln

Folgende Phänomene können in Rohrbündelheizflächen zu Druckschwingungen führen:

- Wirbelablösungen
- Akustische Schwingungen
- Selbsterregte Rohrschwingungen

Letztere können mit den ersten beiden gekoppelt sein.

Wirbelablösung

Benard und von Karman haben schon zu Beginn des vorigen Jahrhunderts festgestellt, dass sich im Totwasserbereich eines Rohres periodische Wirbel ablösen. Die Frequenz (Karman'sche Wirbelstraße) der ablösenden Wirbel eines Einzelrohres lässt sich als Funktion der Anströmgeschwindigkeit und des äußeren Durchmessers d_a in der Form

$$S = \frac{f d_a}{w} \tag{4.201}$$

4.6 Schwingungen im Luft- und Abgasstrom

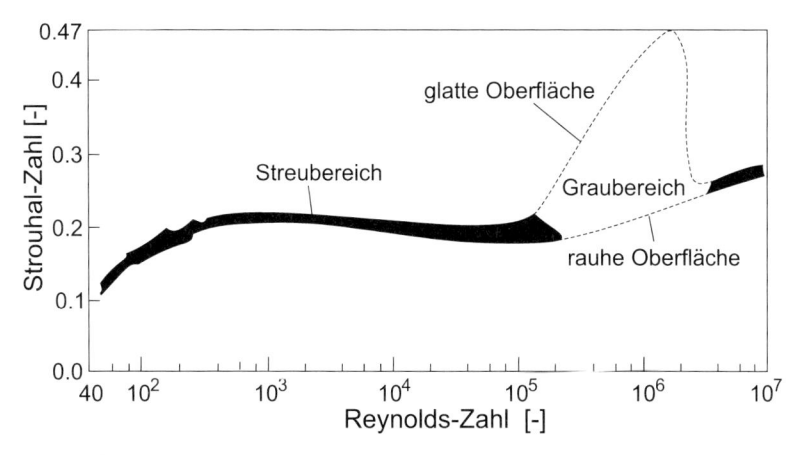

Abb. 4.71. Strouhal-Zahl als Funktion der Reynolds-Zahl für den Einzelzylinder. Messergebnisse mehrerer Autoren, (Blevins 1990)

darstellen.

Die dimensionslose Größe S wird als Strouhal-Zahl bezeichnet und ist von der Reynolds-Zahl Re abhängig (Abb. 4.71). Im Bereich $300 \leq Re \leq 10^5$ ist die Strouhal-Zahl praktisch konstant und beträgt ziemlich genau 0,21. Für nicht kreisförmige Querschnitte wurden ebenfalls für Einzelkörper die Strouhal-Zahlen gemessen und als Funktion der Re-Zahl dargestellt ((Blevins 1990)).

Wirbelablösungen finden auch in Rohrbündeln statt. Sind die Bündelteilungen relativ klein, so weichen die Strouhal-Zahlen stark von den Werten des Einzelrohres ab.

Basierend auf eigenen Versuchen und der anderer Forscher hat (Chen 1968) die in den Abbildungen 4.72 und 4.73 dargestellten Diagramme angegeben. Abb. 4.72 zeigt die Abhängigkeit der Strouhal-Zahl von der Bündelgeometrie für fluchtende Rohranordnung bei glatten Rohren.

Aus Abb. 4.73 kann die Strouhal-Zahl für eine versetzte Rohranordnung entnommen werden. Für diese Rohranordnung existieren Angaben sowohl für glatte als auch berippte Rohre.

Im Vergleich zu versetzten Rohrteilungen existieren für fluchtende Rohranordnungen mit berippten Rohren nur sehr wenig Versuchsergebnisse. Mayr empfiehlt in (Mayr 1975) auf der Basis von einigen Versuchsergebnissen die Strouhal-Zahl berippter Rohre mit einem Referenzdurchmesser

$$d_{ref} = \frac{1}{t}\left[(t - s_r)d_a + s_r d_r\right] \tag{4.202}$$

zu ermitteln, womit für berippte Rohre die Unterlagen glatter Rohre angewendet werden können. Dabei ist: d_a der Grundrohrdurchmesser, d_r der Durchmesser der Rippe, t die Rippenteilung und s_r die Rippendicke.

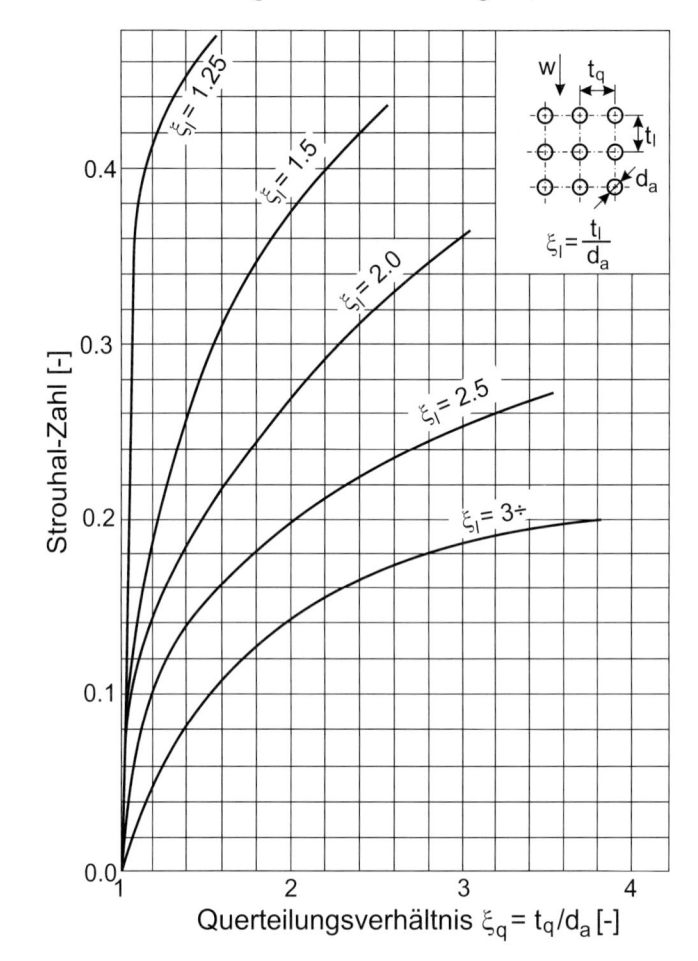

Abb. 4.72. Strouhal-Zahl in Rohrbündeln für fluchtende Teilung, (Chen 1968)

Akustische Schwingungen in Rohrbündeln

In Rohrbündeln treten akustische Schwingungen (stehende Wellen) in der Regel nur in Richtung quer zur Rohrachse auf (Abb. 4.74). Bezeichnet man die entsprechende Dimension des Rauchgaskanals als Kanalbreite B, so folgt die Frequenz der stehenden Wellen mit

$$f_n = c_{Rb}\frac{n}{2B}; \quad \text{wobei} \quad n = 1, 2, 3, 4, ... \tag{4.203}$$

die Zahl der Halbwellen über der Kanalbreite B angibt (Abb. 4.75).

Da die Schallgeschwindigkeit c_{Rb} in Rohrbündeln durch die Rohre etwas reduziert wird (Blevins 1990), ist die für das Fluid bei der entsprechenden Temperatur ermittelte Schallgeschwindigkeit c mit dem Faktor $\xi_{Vo} \leq 1$ zu korrigieren.

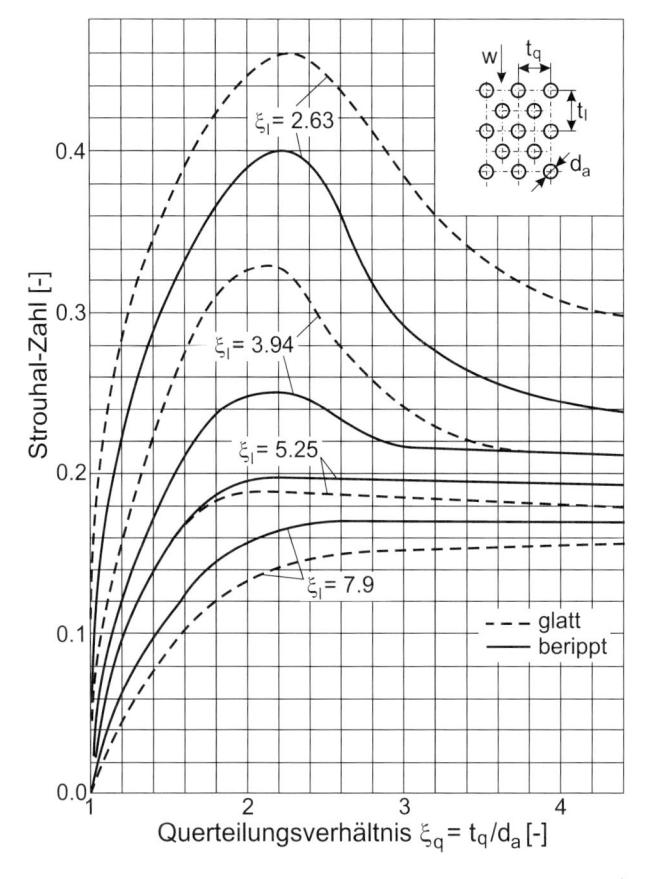

Abb. 4.73. Strouhal-Zahl in Rohrbündeln für versetzte Teilung, (Chen 1968)

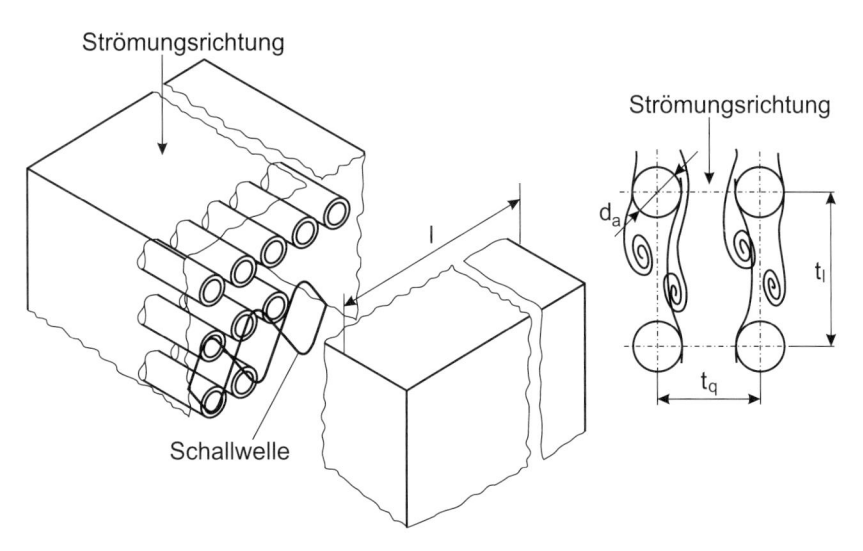

Abb. 4.74. Durch Wirbelablösung erregte Schallwellen in einem Rohrbündel

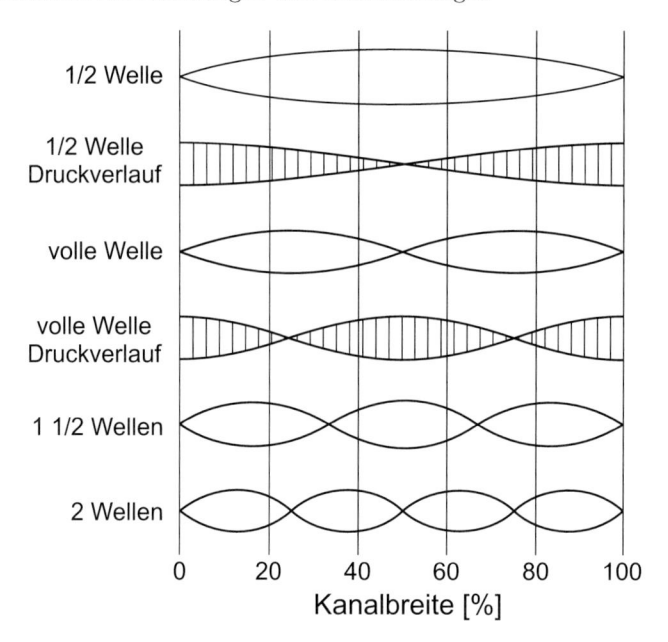

Abb. 4.75. Schallwellen in einem Kanal

$$c_{Rb} = \frac{c}{(1+\xi_{Vo})^{\frac{1}{2}}} \quad (4.204)$$

ξ_{Vo} ist das Verhältnis des vom Rohrbündel eingenommenen Volumens zum Volumen des leeren Kanals und stellt somit eine Art Porosität dar.

Durch Wirbelablösung erzeugte Gassäulenschwingungen in querangeströmten Rohrbündeln

Die Frequenz der von den Rohren ablösenden Wirbel ist mithilfe der Strouhal-Zahl S (Abbildungen 4.72 und 4.73) zu berechnen.

$$f = S\frac{w}{d_a} \quad (4.205)$$

Dabei ist die Geschwindigkeit w im Rohrspalt einzusetzen.

Stimmt die Wirbelfrequenz mit einer Eigenfrequenz f_n der Fluidsäule überein, so kommt es zur Resonanz und damit unter Umständen zu stehenden Wellen (Schallwellen) mit erheblichen Druckamplituden in der Wandnähe des Kanals. Nach außen hin machen sich die gasseitigen Schallwellen durch Vibrieren bzw. durch Dröhnen der Kanalwand bemerkbar.

Betrachtet man den Verlauf der Wirbelfrequenz als Funktion der Last und ermittelt die Eigenfrequenzen der Gassäule in einem Rohrbündelkanal, so können Zustände, wie in Abb. 4.76 schematisch dargestellt, auftreten.

Die Wirbelfrequenz f steigt mit der Last stetig an. Auch die Eigenfrequenz der Gassäule wird wegen der mit der Last steigenden Gastemperatur leicht

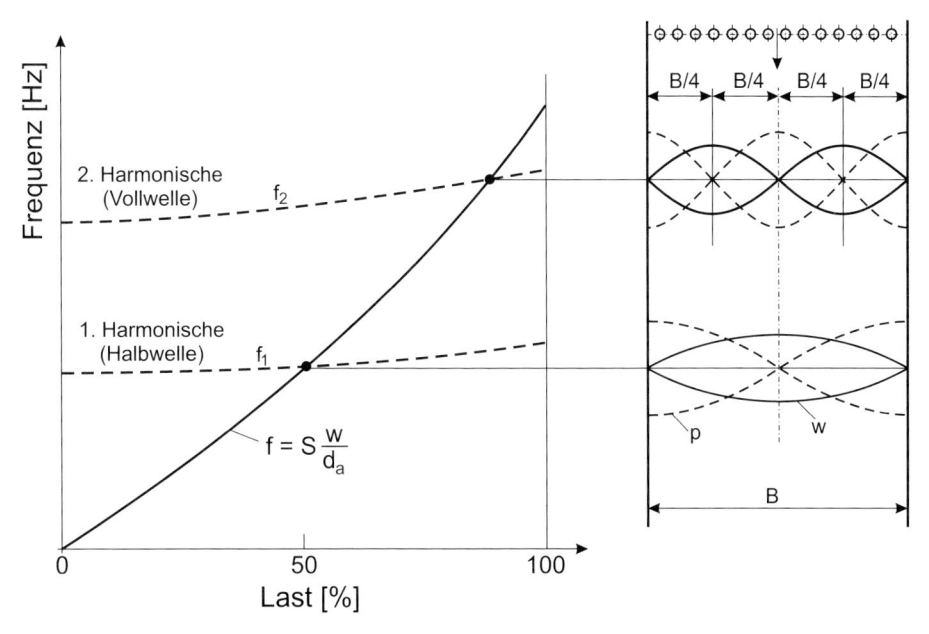

Abb. 4.76. Wirbelfrequenz f und Frequenz der Gassäulenschwingung in einem Kanal mit Rohrbündeln

steigend sein. Bei dem in dieser Abbildung gezeigten Fall kann es im gesamten Lastbereich zweimal zu einer Resonanz kommen. Die Ausbildung einer Halbwelle im Teillastbereich und einer ganzen Welle nahe der 100 %-Last ist möglich.

Ob sich tatsächlich in jedem Resonanzfall eine merkliche stehende Welle ausbildet oder die Koppelung der Wirbelablösung mit der Gassäulenschwingung unterdrückt wird, hängt von der Dämpfung der Gassäulenschwingung im Rohrbündel ab. Chen gibt dafür folgendes Kriterium an:

$$\Psi = \frac{Re}{S}\left(\frac{t_l - d_a}{t_l}\right)^2 \frac{d_a}{t_q} \qquad (4.206)$$

Bei $\Psi \geq 2000$ wird die Koppelung der Gassäulenschwingung und der Wirbelablösung unterdrückt.

In Bezug auf das Schwingungsproblem in Rohrbündeln ist noch ein weiteres Phänomen zu beachten.

Abb. 4.77 zeigt wieder den Verlauf der Wirbelfrequenz f und die Frequenzen der möglichen akustischen Schwingung der Gassäule in einem Rohrbündel eines Dampferzeugers in Abhängigkeit der Last.

In diesem Fall war keine erste Harmonische (Halbwelle) bemerkbar, obwohl bei etwa 32 % eine Resonanz feststellbar wäre. Die Halbwelle wurde offensichtlich durch die Dämpfung der Gassäulenschwingung unterdrückt. Wird die Last weiter gesteigert, so entsteht bei etwa 60 % eine volle stehende Welle

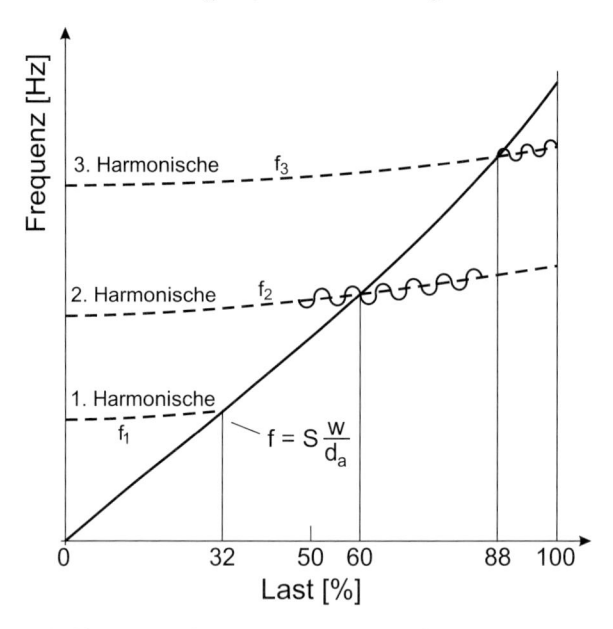

Abb. 4.77. Wirbelfrequenz f und Frequenz der Gassäulenschwingung in einem Kanal mit Rohrbündeln – lock in

mit der Frequenz f_2. Unter bestimmten Bedingungen kann es passieren, dass die Wirbelablösung von der Gassäulenschwingung gesteuert wird. In einem mehr oder weniger breiten Lastbereich erfolgt dann die Wirbelablösung mit der Frequenz der Gassäulenschwingung, es kommt zum so genannten „lock in". Wird die Last weiter gesteigert, so wird die Resonanz gebrochen, und es kann zu einer neuen Resonanz mit der nächst höheren Harmonischen (in diesem Fall die 1 1/2 Welle) kommen.

Für dieses instabile Verhalten der Wirbelablösung, welches durch die Schallwelle verursacht wird, gibt (Blevins 1990) ein Kriterium an. Übersteigt der Schalldruck im Resonanzfall den Wert von 140 dB, so ist ein „lock in" möglich.

Durch Wirbelablösung erzeugte akustische Schwingungen können nicht nur inakzeptablen Lärm verursachen, sondern auch zu erheblichen mechanischen Schäden führen. Es ist daher notwendig, die Resonanz zwischen der Wirbelablösung und der Gassäulenschwingung zu vermeiden. Eine seit langem bewährte Methode ist der Einbau von so genannten Antidröhnblechen. Diese Bleche unterteilen den Wärmeübertrager in Teilkanäle und zwar der Art, dass in keinem der Teilkanäle eine Resonanz möglich ist.

Betrachtet man als Beispiel den in Abb. 4.76 schematisch dargestellten Rohrbündelwärmeübertrager mit 2 Rohrbündeln und geht davon aus, dass bezüglich der Frequenzen Verhältnisse vorliegen wie in Abb. 4.76 gezeigt, so könnte sich sowohl eine Halbwelle bei Teillast als auch eine ganze Welle in der Nähe der Volllast ausbilden.

Die Halbwelle wäre mit einem Trennblech zu unterbinden. Würde man das Trennblech in der Mitte anordnen, so wären bei der Frequenz f_2 immer noch je eine Halbwelle in den Teilkanälen mit der Breite $B/2$ möglich. Bei außermittiger Anordnung des Trennbleches entsteht ein Teilkanal mit der Breite $B_{teil} > l/2$, somit könnte eine Halbwelle mit einer Frequenz zwischen f_1 und f_2 entstehen. In diesem Fall kann die Entstehung von stehenden Wellen, also die Resonanz zwischen der Wirbelablösung und der Gassäulenschwingung, nur mit 2 Trennblechen verhindert werden.

In Abb. 4.78 ist eine mögliche Anordnung dieser Trennbleche eingezeichnet. Die Trennbleche sollten in möglichst ungleichen Abständen angeordnet werden. Sollten durchgehende Bleche nicht möglich sein, so müssen diese ca. 500 mm in die Zwischenräume der Rohrbündel hineinragen.

Haben mehrere Rohrbündel eine unterschiedliche Rohranordnung und verschiedene Rohrdurchmesser, so ist für jedes Bündel eine eigene Bestimmung der notwendigen Anzahl von Antidröhnblechen durchzuführen.

Da im Resonanzfall die Wirbelfrequenz sowohl nach oben als auch unten verschoben werden kann, sollte bei der Anordnung von Trennblechen in den Teilkanälen ein Sicherheitsabstand zwischen den Frequenzen f und f_n von mindestens 20 % eingehalten werden.

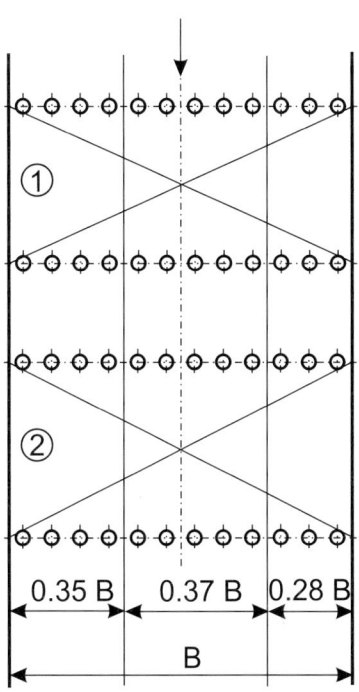

Abb. 4.78. Wirbelfrequenz f und Frequenz der Gassäulenschwingung in einem Kanal mit Rohrbündeln

Instabilität von Rohren in Rohrbündeln

In den bisherigen Betrachtungen wurde davon ausgegangen, dass die einzelnen Rohre eines Rohbündels keine nennenswerten Schwingungen vollführen. Grundsätzlich ist aber davon auszugehen, dass von einem Fluid umströmte Rohre in Bewegung geraten und dabei in ovalen Bahnen schwingen. Durch die Bewegung der Rohre wird das Strömungsfeld verändert, und damit ändern sich auch die auf das Rohr wirkenden Fluidkräfte. Ist die durch die Fluidkräfte aufgebrachte Energie größer als die durch die Dämpfung aufgebrauchte Energie, kann dies zu einer Instabilität der Rohrschwingung führen. Das Rohr wird in diesem Fall in starke Schwingungen versetzt, wodurch in kürzester Zeit Schäden auftreten können.

Erreicht die Geschwindigkeit w im Spalt zwischen den Rohren den kritischen Wert w_{krit}, so besteht die Gefahr, dass Rohre im Bündel ein instabiles Schwingungsverhalten zeigen. Die kritische Geschwindigkeit kann nach (ASME 1998) wie folgt ermittelt werden:

$$\frac{w_{krit}}{f_R d_a} = b \left[\frac{m_R 2\pi \zeta_R}{\varrho d_a^2} \right]^a \qquad (4.207)$$

f_R Eigenfrequenz des Rohres in Hertz (in der Regel die niedrigste Ordnung),
ζ_R Dämpfungsfaktor der Rohre, nach (Blevins 1990) kann bei einem gasförmigen Fluid geringen Druckes ein Wert zwischen 0,008 und 0,002 gesetzt werden, wobei die niedrigsten Werte für starre und die höheren Werte für lose Lagerung der Rohre gelten,
m_R Masse pro Längeneinheit des Rohres inklusive etwaiger Zusatzmassen wie Flossen und ein Teil der mitbewegten Fluidmasse (added mass); letztere ist bei gasförmigen Fluiden nahezu unbedeutend und kann entsprechend etwa dem 2/3 des Rohrvolumens angenommen werden.

Der Koeffizient b und der Exponent a wurden versuchsmäßig ermittelt. In (ASME 1998) wurden als konservative Werte $b = 4$ und $a = 0,5$ vorgeschlagen.

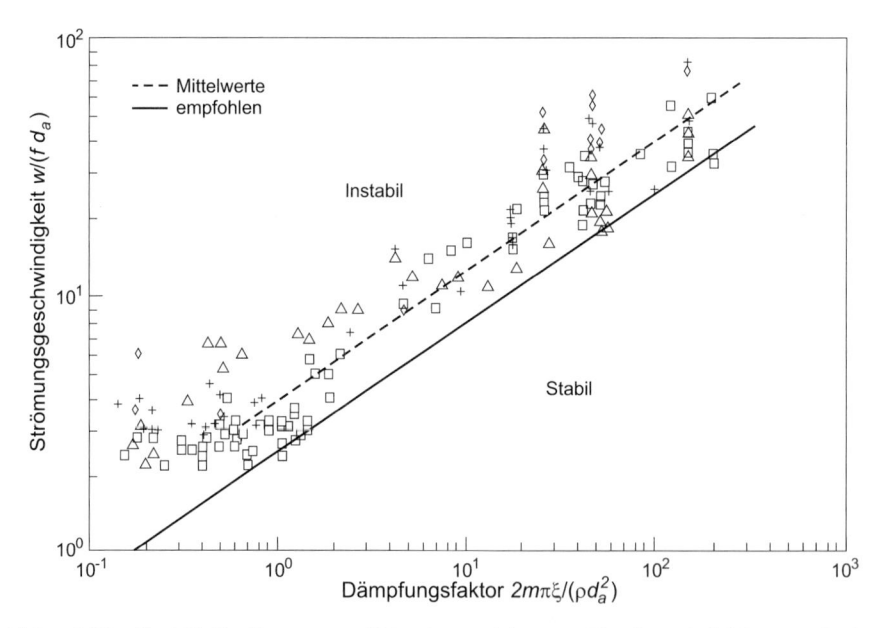

Abb. 4.79. Stabilitätsdiagramm (Die eingezeichneten Punkte sind Messergebnisse für verschiedene Rohranordnungen, (ASME 1998))

In Abb. 4.79 ist die dimensionslose kritische Geschwindigkeit als Funktion des ebenfalls dimensionslosen Massendämpfungsfaktors aufgetragen. Die eingezeichneten Punkte stellen die Versuchsergebnisse für die verschiedensten Rohranordnungen dar.

Die eigentliche Rohranordnung, ob fluchtend oder versetzt etc., hat keinen nennenswerten Einfluss auf die kritische Geschwindigkeit. Für eine bestimmte Rohrdimension und die entsprechende Lagerung des Rohres ist die Eigenfrequenz f_R für die Biegegeschwindigkeit zu bestimmen.

$$f_R = a_i \left(\frac{EJ}{m_R l_R^4}\right)^{\frac{1}{2}} \quad (4.208)$$

Darin bezeichnet a_i einen Koeffizient entsprechend der Lagerung und Ordnungszahl der Biegeschwingung, m_R die Masse pro Längeneinheit des Rohres plus eventueller Zusatzmassen, l_R die freie Rohrlänge und J das axiale Trägheitsmoment für den Rohrquerschnitt.

Das Problem der Instabilität in Rohrbündeln ist bei horizontal angeordneten Rohren in gasförmigen Fluiden sehr selten anzutreffen. Horizontale Rohre müssen in relativ kurzen Abständen gelagert werden, um die Durchbiegung in Grenzen zu halten. Bei vertikalen Rohren besteht dieses Problem nicht. In Abhitzeanlagen hinter Gasturbinen und so genannten Zweitrommeldampferzeugern werden heute Rohrlängen von bis zu 20 m verwendet. In diesen Fällen wird, da die Eigenfrequenz der Rohrbiegeschwingung eine Funktion von $1/l_R^2$ ist, die kritische Geschwindigkeit durchaus in den Bereich der in solchen Anlagen auftretenden Gasgeschwindigkeit fallen.

Durch entsprechende konstruktive Maßnahmen ist daher zu sorgen, dass durch Erhöhung der Eigenfrequenz der Rohre die kritische Rauchgasgeschwindigkeit w_{krit} merklich höher ist als die maximale Rauchgasgeschwindigkeit im Betrieb.

In Abb. 4.80 ist eine solche Maßnahme dargestellt. Durch eine zusätzliche Rohrabstützung wird die freie Rohrlänge halbiert und damit die Eigenfrequenz des Rohres wesentlich erhöht. Das Problem der Rohrinstabilität ist bei Fluiden weit größerer Dichte (Wasser, Zweiphasengemische, etc.) von wesentlich größerer Bedeutung als bei Gasen. Näheres dazu ist bei (Blevins 1990) zu finden. In diesem Buch sind auch umfangreiche Literaturlisten zusammengestellt.

4.6.4 Abgasdruckschwingungen bei Ausfall der Feuerung

Ursprünglich wurden die Abgase der Feuerungen durch den Schornstein abgesaugt. Bei kleinem Schornsteinquerschnitt, niedriger Schornsteinhöhe, erhöhten Druckverlusten in Luftvorwärmern, Brennern, Heizflächen, Abgasreinigungsanlagen (Staubfilter, $DeSO_x$- und $DeNO_x$–Anlagen) etc. reicht der Schornsteinzug nicht aus, um die Luft bzw. das Abgas durch die Anlage zu fördern.

Öl- und Gasfeuerungen können rauchgasdicht ausgeführt werden, und es genügt ein Frischluftgebläse, um die Luft bzw. die Abgase durch die Anlage bis zum Schornsteinaustritt zu drücken. Mit Kohle bzw. allgemein Festbrennstoff

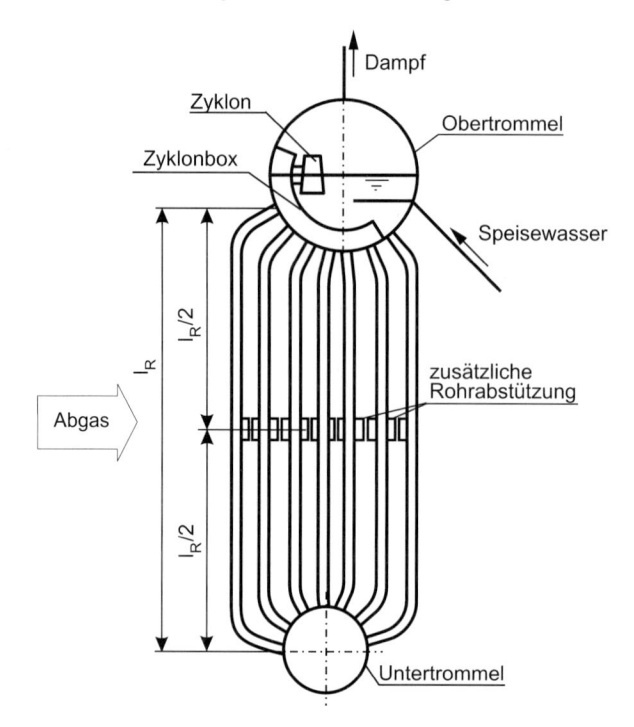

Abb. 4.80. Maßnahmen zur Verminderung der Rohrinstabilität in einem Zweitrommeldampferzeuger

(wie z.B. Müll) gefeuerte Anlagen sind vor allem auch wegen der Entaschung und zum Teil auch wegen der Brenner nicht rauchgasdicht ausgeführt. Deshalb wird zusätzlich zum Frischlüfter ein Saugzuggebläse verwendet, das in der Brennkammer einen leichten Unterdruck einstellt. Ferner gibt es unter Umständen noch weitere Gebläse im Abgaskanal, wenn der Druckverlust in den Abgasreinigungsanlagen sehr hoch ist.

Bei Ausfall der Feuerung entsteht ein Unterdruck in der Brennkammer, der bis zur Zerstörung (Implosion) führen kann, entweder durch das Abstoppen der Strömung allein oder durch Überlagerung des Abstoppvorganges mit dem Verhalten des Saugzuggebläses, wenn ein solches vorhanden ist:

- Zufolge der schlagartigen Absperrung der Brennstoffzufuhr durch Ventile bei Gas- oder Ölfeuerungen oder Klappen bei Staufeuerungen bei „Feuer Not aus" erlischt das Feuer, das zu einer starken Volumensvergrößerung des Luft-Brennstoff-Stroms geführt hat, je nach Brennstoffinventar der Brennkammer sehr schnell bei Gas oder Öl, etwas langsamer bei Staubfeuerungen und sehr, sehr langsam bei Rost- oder Wirbelschichtfeuerungen. Ein sprunghaftes Abstoppen einer Gasströmung führt maximal zu einem Überdruck vor dem Absperrorgan und einem Unterdruck nach dem Absperrorgan von

$$\Delta p = \varrho w c \qquad (4.209)$$

mit nachfolgenden Druckschwingungen.
- Wenn der Fördervolumenstrom des Saugzuggebläses dieser raschen Volumensänderung nicht exakt nachgeführt wird, kann das Saugzuggebläse ebenfalls zum Unterdruck in der Brennklammer beitragen. Der maximale Unterdruck, den das Saugzuggebläse verursachen kann, entspricht der Nullförderhöhe.

Zur Abschätzung des gesamten maximalen Unterdrucks müssen gegebenenfalls der Unterdruck zufolge des Abstoppens der Strömung und die Nullförderhöhe der Saugzuggebläse addiert werden. Diese Vorgänge lassen sich mit Massen-, Energie und Impulsbilanzgleichungen längs des Luft- und Abgasweges (eindimensional) und mit der Kennlinie der Frischlüfter- und Saugzuggebläse samt Regelung und Steuerung (quasistationär) relativ einfach simulieren. Dabei ist insbesonders darauf zu achten, dass im Impulserhaltungssatz der Beschleunigungsterm/Speicherterm mitsimuliert und nicht vereinfacht nur der Druckverlust berechnet wird. Eine heute mit MATLAB-Simulink relativ einfach umsetzbare Modellierung ist in (Leithner 1979) und (Leithner 1980a) beschrieben. Dabei wird auch auf die Belastungen und Spannungen in den Brennkammerwänden eingegangen.

Auch mit den heute üblichen modernen Computern wird eine 3D-Simulation des Luft- und Abgasweges einschließlich der Gebläse und Regelungen zu lange Rechenzeiten verursachen, sodass die Vereinfachungen auf ein eindimensionales Modell der Strömung und quasistationäre Kennfelder der Gebläse notwendig und sinnvoll sind, zumal sie ausreichend genaue Ergebnisse liefern.

5
Mineralumwandlung

Autoren: O. Božić, R. Leithner

5.1 Verschlackungs- und Verschmutzungskennzahlen und andere einfache Verfahren

Kohle ist ein fossiler Brennstoff und von Abbaugebiet zu Abbaugebiet verschieden. In den Kohlen verschiedener Kohlereviere variiert sowohl die organische als auch die anorganische (mineralische) Zusammensetzung. Im Prinzip gelten diese Ausführungen auch für Biomasse. Der Anteil der unverbrennbaren mineralischen Bestandteile, der als Asche anfällt, liegt etwa zwischen 5 und 35 %. Die Ascheeigenschaften haben einen erheblichen Einfluss auf die Verschlackung und damit auch auf die Auslegung von Feuerräumen, weil Verschlackungen die Wärmeübertragung stark beeinträchtigen und damit den Betrieb des Dampferzeugers gefährden. Deshalb ist die Minderung oder Verhinderung von Verschlackungen in Feuerräumen von großer wirtschaftlicher Bedeutung. Für eine bestimmte Kohlesorte ausgelegte Dampferzeuger, die auf eine andere Kohlesorte umgestellt werden müssen, und für neue Dampferzeuger ist es bis heute schwierig, die Verschlackungsneigung vorherzusagen. Dies gilt, obwohl sich weltweit seit vielen Jahren zahlreiche Untersuchungen mit den Problemen der Veränderungen von mineralischen Materialien während der Kohleverbrennung bis hin zu den Verschlackungen in Feuerräumen befassen (Rost 1956), (Gumz 1958), (Kirsch 1965), (Reichelt 1966), (Beising 1972), (Förtland 1958), (Wall 1965), (Singer 1981), (Dunken 1981), (Kautz 1984), (Huffman 1981), (Haynes 1982), (Brostow 1983), (Bryers 1984), (Koch 1984), (Raask 1985), (ten Brink 1987), (ten Brink 1992a), (ten Brink 1992b), (ten Brink 1992c), (ten Brink 1993a), (ten Brink 1993b), (ten Brink 1994), (ten Brink 1997), (Srinivasachar 1989a), (Srinivasachar 1990b), (Srinivasachar 1990a), (Helble 1990), (Frenzel 1988), (Srinivasachar 1989b), (Winegartner 1975), (Brown 1986), (Koschack 1998), (Altman 1988), (Wilemski 1991), (Nash 1985), (Boni 1989). Die bisherigen Ergebnisse sind jedoch im Allg. empirisch, und es fehlen die Kenntnisse über die Entstehungsprozesse der Verschlackungen, die eine Vorausberechnung auch bei geänderten Bedingungen ermöglichen würden.

5.1.1 Oxidische Ascheanalyse

Die am häufigsten verwendete Methode zur Bestimmung der Verschlackungsneigung von Aschen ist die oxidische Ascheanalyse. Die Eigenschaften der Schlacken und Flugaschen in realen Brennkammern unterscheiden sich aber wesentlich von den im Labor gewonnenen Aschen. Ferner ist aus der Analyse nicht ersichtlich, welche Aschebestandteile von welchen Mineralien stammen, z.B. ob das SiO_2 vom Quarz oder vom Ton stammt. Im Feuerraum verhalten sich diese zwei Mineralien jedoch verschieden. Es ist daher sehr fraglich, ob die oxidischen Ascheanalysen der in einem Labor gewonnenen Aschen tatsächlich auf reale Brennkammern angewendet werden können. Auf der Basis oxidischer Ascheanalysen gibt es zwei Möglichkeiten, die Verschlackungsneigung vorherzusagen:

- Eine häufig verwendete Möglichkeit ist die Benutzung von Verhältnissen und Charakteristiken (Kennzahlen, Faktoren und Indizes), von denen es mehr als 30 gibt. Es wird lediglich eine Kennzahl verwendet, die das Verhältnis der wichtigsten Elemente aus einer oxidischen Ascheanalyse enthält, um die Verschlackungsneigung zu bewerten. (Brösdorf 2000) gibt einen Überblick über 34 solcher Kennzahlen und die Widersprüchlichkeit ihrer Aussage. Diese Widersprüchlichkeit ist nicht verwunderlich, wenn man das π-Theorem nach (Buckingham 1914), (Wetzlers 1985) oder auch nach (Pawlowski 1971) die Dimensionsanalyse heranzieht, um aus der Anzahl der Einflussgrößen abzüglich der Anzahl der Grunddimensionen die Anzahl der dimensionslosen Kennzahlen zu bestimmen, die das System beschreiben. Auch bei Vernachlässigung vieler Einflüsse ergeben sich wesentlich mehr als eine Kennzahl, was bedeutet, dass nur bei Gleichheit der nicht beachteten Kennzahlen die Aussage richtig sein kann.
- Die andere Möglichkeit, die Verschlackungsneigung mit der oxidischen Ascheanalyse zu bewerten, ist die Verwendung von Phasendiagrammen (Levin 1964), (Levin 1975). Diese werden oft in der Form eines Dreiphasendreieck-Diagramms erstellt. Zahlreiche Analysen haben gezeigt, dass sich die Oxide SiO_2 und Al_2O_3 oft mit einem Anteil von über 2/3 in der Asche befinden. Die dritthäufigste Komponente der Asche in europäischen und südafrikanischen Kohlen ist Fe_2O_3. Deshalb findet man diese Komponente sehr oft als dritte Komponente im Phasendiagramm dargestellt. Ein hoher SiO_2- und Al_2O_3-Gehalt in der Asche weist auf eine hohe Viskosität der Schlacke und eine hohe Schmelztemperatur hin. Ein hoher Fe_2O_3-Anteil ist der Grund für eine niedrige Viskosität und einen niedrigen Schmelzpunkt der Schlacke. Mineralien mit CaO haben den gleichen, jedoch nicht so ausgeprägten Einfluss wie Fe_2O_3. Die Verschlackungsneigung ist umso größer, je mehr im Phasendiagramm der für die Asche charakteristische

5.1 Verschlackungs- und Verschmutzungskennzahlen und andere einfache Verfahren   371

Punkt in Richtung CaO und/oder Fe_2O_3 verschoben ist. Eine solche Bewertung kennzeichnet hauptsächlich einen Trend, ist aber nicht präzise genug, den Prozess der Verschlackung bei der Verbrennung von Kohle im Feuerraum zu bestimmen. Einige der wichtigsten Dreistoffdiagramme zur Bestimmung der Verschlackungsneigung sind in Abb. 5.1 zusammengefasst.

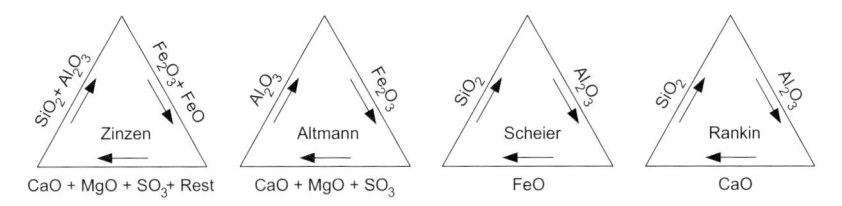

Abb. 5.1. Darstellung einiger einfacher Dreistoffdiagramme

5.1.2 Ascheschmelzverhalten

Ein weiteres Verfahren zur Vorhersage von Verschlackungen ist die Bestimmung des Ascheschmelzverhaltens. Diese ist gut dokumentiert und in mehreren nationalen Standards, z.B. DIN 51730, MO3-012 (Frankreich, 1945), D1857 (USA 1968) sowie dem britischen Standard (1970) genormt. Nach DIN 51730 werden mithilfe eines Leitzschen-Erhitzungsmikroskops die Erweichungs-, Schmelz- und Fließtemperaturen des Ascheprobenkörpers ermittelt (Leitz-Typ). Das Ascheschmelzverhalten bildet den Verbrennungsvorgang nur sehr ungenau nach. Entsprechend wenig aussagekräftig sind die Ergebnisse. Trotzdem werden sie oft zu einer ersten Vorhersage über die Verschlackungsneigung einer Kohle verwendet. Ferner werden diese Temperaturen auch als sehr einfaches Haftkriterium bei der Berührung der Wand durch ein Partikel verwendet.

5.1.3 Andere Untersuchungsmethoden

Drei weitere Untersuchungsmethoden zur Vorhersage der Verschlackungsneigung sind:

1. Bestimmung der Ascheviskosität (Raask 1985),
2. Bestimmung des Sinterpunktes (Raask 1985),
3. Fallrohrreaktoruntersuchungen (Koschack 1998)

Alle diese unter 5.1.1 bis 5.1.3 genannten Methoden bilden den Verbrennungsvorgang nur sehr ungenau nach, beinhalten nicht den Umwandlungsvorgang der Kohlemineralien in der Brennkammer und auch nicht Brenner- und Brennkammerabmessungen. Es ist daher nicht verwunderlich, dass diese

Methoden nur grobe und oft nicht zutreffende Aussagen über die Verschlackungsgefahr etc. liefern und sich auch keine Methoden zur Auslegung von Brennern und Brennkammern daraus ableiten lassen.

Um die Umwandlung von Kohlemineralien zu Asche und zu Schlackenansätzen zu untersuchen, haben sich Untersuchungsmethoden als sehr nützlich erwiesen, die in den Fachgebieten Physikalische Chemie, Technische Physik, Mineralogie und Metallurgie angewandt werden. In (Božić 2002) ist ein Verzeichnis solcher Methoden wie TGA/DTA, Röntgenpulverdiffraktometrie (XRD), Mössbauerspektroskopie u.a. angegeben. Diese Untersuchungen ermöglichen in Verbindung mit den Methoden der mathematischen Modellierung eine Bewertung der Verschlackungsneigung. In diese fließen sowohl die Kohlemineralien als auch Brenner- und Brennkammergeometrien etc. ein und erlauben daher auch Aussagen über den Einfluss dieser Parameter.

5.2 Übersicht über Simulationsmodelle für Brennkammerverschlackung

Abhängig von der Art der mathematischen Algorithmen, die benutzt werden, kann man die Simulationsmodelle in zwei Gruppen unterteilen:

- Simulationsmodelle, die angenäherte algebraische Ausdrücke oder Multiparameter-Korrelationsanalysen benutzen
- Simulationsmodelle, die mit diskreten Methoden, wie Finite Differenzen (FDM), Finite Volumen (FVM), Finite Elemente (FEM) etc., die Massen-, Stoff-, Impuls- und Energiebilanzen einschließlich Transport und physikalischen und chemischen Umwandlungen etc. lösen, wie sie in ähnlicher Form auch in anderen Industriezweigen, wie z.B. Luft- und Raumfahrt, Turbomaschinen, Kolbenmaschinen, Automobilbau und Verfahrenstechnik unter dem Begriff CFD – Computational Fluid Dynamics – verwendet werden.

Von Interesse und Bedeutung, aber nicht unmittelbar anwendbar sind Programme aus den Fachgebieten physikalische Chemie, technische Physik, Geochemie, Mineralogie und Metallurgie. Das Phänomen der Verschlackungen greift in jedes dieser Fachgebiete hinein.

5.2.1 Simulationsmodelle mit angenäherten algebraischen Ausdrücken

Ein typischer Vertreter dieser Modellgruppe ist das Programm BASIC. In dieses Programm wurden von (Altman 1988) die wichtigsten Forschungsergebnisse und Erfahrungen von zahlreichen Wissenschaftern eingearbeitet. Es ist für praxisbezogene Anwender konzipiert, die keine detaillierten EDV-Vorkenntnisse besitzen. Altmann realisierte dieses Programm unter Verwendung neuer statischer Methoden, wobei das System die spezifischen Eigenschaften von verschiedenen Feuerraumtypen mit den Kohle- und Aschepartikeleigenschaften verbindet. Für jeden Feuerraumtyp wird von dem Programm berechnet, ob die Konstruktion bezüglich der Kohleverbrennung optimal gestaltet ist, und es wird eine Abschätzung der Verschlackungsneigung vorgenommen. Die Resultate, die BASIC liefert, sind die annehmbarsten Ergebnisse, die in den achtziger Jahren zu erreichen waren. Aber die Berechnungsmethode offenbart auch gleichzeitig die Grenzen des Programms. Nutzt man charakteristische Kennziffern, Faktoren und Indizes für eine ganze Reihe von thermischen und chemischen Eigenschaften, dann erhält man nur Durchschnittswerte, und es sind keine detaillierten Ergebnisse über Verschlackungen zu erwarten. Außerdem ist es auch möglich, dass falsche Schlüsse gezogen werden, wenn Feuerraum- oder Brennergeometrie, Betriebsweise oder Kohle zu stark von bisherigen Erfahrungswerten abweichen. Das Programm ist gut zugeschnitten auf Eigenschaften der Braunkohle aus ostdeutschen Revieren.

Das Computerprogramm DEPOSIT (Frenzel 1988) ermittelt mit einer Multiparameterkorrelationsanalyse auf Grund experimenteller Daten den Zusammenhang zwischen Feuerraumbedingungen, Aschezusammensetzung und Verschlackungsneigung. Das Programm bestimmt typische Verschlackungskennzahlen, bewertet die Ergebnisse und liefert eine grafische Auswertung. Die Grenzen dieses Programms haben ihre Ursache in der experimentellen Grundlage, die erweitert werden müsste, damit die Ergebnisse auf andere Anlagentypen und Kohlesorten übertragen werden könnten. Mit der heutigen Version des Programms lassen sich nur Trends vorhersagen.

Das Programm PARTICLE (Nusser 1985) versucht, den Verschlackungsprozess einzustufen, indem es ein glühendes, sich bewegendes Aschepartikel von 100 μm Durchmesser durch die Rauchgasgrenzschicht hindurch, dicht an die Feuerraumoberfläche herangleitend, beobachtet. Mit der Runge-Kutta-Methode wird die Wärmebilanz für dieses Aschepartikel gelöst. Für verschiedene Bahnen der Aschepartikel in der Nähe der Feuerraumwände wird jeweils eine solche Bilanz erstellt und die Temperatur berechnet. Das Programm PARTICLE steht mit seinen Lösungsmöglichkeiten zwischen den oben genannten Modelltypen, sodass auch von diesem Programm keine detaillierten Ergebnisse des Verschlackungsprozesses zu erwarten sind. Eine Reihe von ähnlichen Programmen die in den achtziger Jahren entstanden, entsprach dem damaligen Entwicklungsstand im Fachgebiet, liefert aber für heutige Anforderungen keine zufrieden stellenden Ergebnisse.

5.2.2 Simulationsmodelle mit diskreten Methoden – CFD Strömungssimulation

Mit Simulationsmodellen, die die FDM, FVM oder FEM nutzen, ist es prinzipiell möglich, den Verschlackungsprozess für die geplante oder tatsächliche Geometrie des Feuerraumes zu simulieren.

International entstand eine große Zahl kommerzieller, zur Simulation von Kraftwerksbrennkammern geeigneter Programme, die zum Teil schon wie-

374 Mineralumwandlung

der vom Markt verschwunden sind. Zu nennen sind die häufig angewandten, auf der FV-Methode basierenden Pakete FLUENT, PHOENICS, STAR CD, TRIO-3D, FLOW-3D, FIRE, FASTEST, TASCflow, BANFF, GLACIER und die public domain Programme OPENFOAM mit PARAVIEW als postprocessing Programm und SATURNE. Allerdings enthält OPENFOAM keine Abbrand- und/oder Mineralumwandlungsmodelle. Ebenfalls auf dem Markt erhältlich sind auf der Finite-Elemente-Methode (FEM) basierende Softwarepakete, wie z.B. FLOTRAN, N3S, ESTET und FIDAP. Diese sind gut geeignet zur Berechnung von Werksstofffestigkeitsanalysen und Wärmeübertragung, aber weniger tauglich bei Problemen, die mit Verbrennungsprozessen gekoppelt sind. Einige von ihnen, wie FLUENT, CFX und STAR-CD, werden auch an mehreren Hochschulinstituten und in der Industrie in Deutschland verwendet und haben Verbrennungs- und Kraftwerkstechnik zum Schwerpunkt.

Anderseits existieren an drei Hochschulinstituten aus eigener Entwicklung entstandene, für Kraftwerksbrennkammern spezialisierte Programme:

- FLOREAN an der TU Braunschweig (Institut für Wärme- und Brennstofftechnik), (Leithner 1987), (Leithner 1991b), (Müller 1992), (Müller 1994), (Vockrodt 1994), (Vonderbank 1994), (Fischer 1998), (Schiller 1999) und (Päuker 2001)
- LORA an der Ruhr-Universität Bochum (Lehrstuhl für Energieanlagen und Energieprozesstechnik) (Kremer 1998)
- AIOLOS an der Universität Stuttgart (Institut für Verfahrenstechnik und Dampfkesselwesen)
- ESTOS an der TU Darmstadt (Fachgebiet Energiesysteme und Energietechnik) (Epple 2005c)

Ein Vergleich der Eigenschaften dieser Programme ist in (Päuker 2001) zu finden. Diese Programme beschränken sich jedoch auf die Strömungs- und Verbrennungssimulationen und behandeln Kohlemineralien als inerte Substanzen und sind daher allein nur bedingt für die Simulation von Verschlackungen und Verschmutzungen geeignet, indem z.B. Partikelflugbahnen berechnet und als Haftkriterien Erweichungs-, Schmelz- und/oder Fließtemperaturen z.B. nach DIN 51730 verwendet werden. Sie liefern eigentlich nur die für die Verschlackungsberechnungen benötigten Daten wie Temperatur-, Geschwindigkeits- und Konzentrationsfelder. Erst zusammen mit Minteralumwandlungsmodellen können Verschlackungen von Brennkammern berechnet werden.

Programme zur Berechnung thermochemischer und physikalischer Eigenschaften reiner Stoffe und Mischungen

ASPEN PLUS ist ein komplexes mehrzweckfähiges Programm aus dem Chemiebereich. Neben den physikalischen, den Transport- und den thermodynamischen Eigenschaften reiner Stoffe und Mischungen in allen Aggregatzuständen beinhaltet es so genannte Reaktormodelle, die auch fähig sind, einfache Strömungsmodelle zu berücksichtigen. Um chemische Prozesse, die im Verschlackungsbereich von Interesse sind, zu berechnen, ist die implementierte

5.2 Übersicht über Simulationsmodelle für Brennkammerverschlackung

Mineraliendatenbank zu unvollständig. Darüber hinaus lässt das Programm nur Berechnungen von Gleichgewichtszuständen zu.

TAPP 2.2 ist mehr eine Datenbank als ein Programm für anspruchvolle Berechnungen. Obwohl Daten über rund 17.000 Komponenten und Mischungen in allen Aggregatzuständen und Phasendiagramme von mehr als 1500 Metallen, Oxiden und Halogeniden vorliegen, sind sie in dem für die Verschlackungsforschung interessierenden Bereich unvollständig. Die Darstellungen der Phasendiagramme, die zur Verfügung stehen, dienen nur einer groben Orientierung, überwiegend im 2D-Bereich (binäre Mischungen in Abhängigkeit von der Temperatur, Gleichgewichtszustände).

EQUITHERM ist eine Datenbank und ein Programm für thermodynamische Berechnungen, das von Barin, Schmidt und Eriksson entwickelt wurde (Barin 1993). Das Programm ist nur in der Lage, Prozesse in chemischen Systemen zu berechnen, die sich im Gleichgewichtszustand befinden. Für diese Berechnung wird das Prinzip der Minimierung der Gibb'schen Energie eingesetzt. Die Berechnungsmöglichkeiten des Programms sind begrenzt auf die Stoffverbindungen mit Idealverhalten (überwiegend Fest-Fest-Reaktionen oder Festphase-Gasphase-Reaktionen).

CHEMSAGE 4.0 ist die dritte Generation des unter Chemikern bekannten Programms SOLGAMIX für thermodynamische Berechnungen (Eriksson 1990). Grundlage für solche Berechnungen (von den Autoren auch als thermochemische Modellierung bezeichnet) ist die Minimierung der Gibb'schen Energie des Gesamtsystems bei einer Zusammensetzung der am Prozess beteiligten Phasen (Starke 2000a), (Starke 2000b). Es ist zur Berechnung von komplexen, heterogenen, chemischen Systemen entwickelt worden. Dieses Programm erlaubt, im Unterschied zu EQUITHERM, die Modellierung von nichtidealen Mischphasen wie flüssigen Schlacken, flüssigen Sulfaten und festen oxidischen Lösungen.

FACTSAGE ist eine Weiterentwicklung von CHEMSAGE.

Geo-CALC (PTXA) ist ein sehr benutzerorientiertes Programm, welches grundsätzlich entwickelt wurde, um Phasendiagramme im Geochemiebereich zu ermitteln. Für beliebige Kombinationen von Druck und Temperatur und typische Mischungen von Mineralien und Flüssigkeiten ($CO_2 - H_2O$) kann es die Parameter im Gleichgewichtszustand aus den Phasendiagrammen ermitteln.

PERPLEX ist ein mächtiger Mehrzweck-Phasendiagramm-Generator, der die Erzeugung recht komplexer Phasendiagramme erlaubt. Die thermodynamischen Daten, die das Programm für die Diagrammerzeugung benutzt, bekommt es aus kalorimetrischen Messungen oder aus Versuchsdaten über Gleichgewichtszustände von Mineralstoffen. In dem Programm sind die zwei in der Petrologie bekannten Datenbanken (Berman 1988) und (Bucher 1994) mit thermodynamischen Daten eingebaut. Andere Programme, die in der geologischen Petrologie genutzt werden, sind SUPCRT92, PTPATH und THERMO.

Mineralumwandlung

Kombinierte Simulationspakete zur Vorhersage der Verschlackung

An der TU Bergakademie Freiberg wurde das Programm CHEMSAGE für die thermodynamische Modellierung von Kohleschlacken-Systemen angewandt (Starke 2000a), (Starke 2000b). Neben der CHEMSAGE-Datenbank wurden Zugriffe auf folgende Datenbank-Systeme realisiert:

- SGTE Pure Substance Database (ver. '96)
- SGTE Solution Database (Distribution GTT, 1964)
- FACT Thermodynamic Database
- NIST (National Institute for Standard and Technology (USA))

In den Berechnungen, bezeichnet als Realphasenmodellierung, wurden die auftretenden Wechselwirkungen zwischen festen und flüssigen Phasen und die Abweichung vom Gleichgewichtszustand durch die Einführung von Aktivitätskoeffizienten berücksichtigt.

An dem Lehrstuhl für Wärmeübertragung und Klimatechnik der RWTH Aachen (Hecken 1999) wurde die instationäre numerische Simulation des Schlackefilms in der Druckkohlestaubfeuerungsversuchsanlage (PPCC) durchgeführt. Diverse mathematische Modelle wurden entwickelt und in das CFD-Programm FLUENT eingebaut. Die Ziele der Simulation waren:

- Berechnung der charakteristischen Größen des Schlackefilms: lokale Geschwindigkeiten, lokale Schlackefilmdicken, lokale Temperaturen, Phasenwechsel (flüssig/fest)
- tendenzielle Beschreibung des Schlackefilmverhaltens bei unterschiedlichen Betriebsbedingungen.

Die Kohlenstaubverbrennung wurde simuliert durch die stationäre Gasphasenberechnung (Euler-Methode) und die Lagrange'sche Partikelverfolgung, bei gleichzeitiger Simulation von Pyrolyse und Abbrand. Der Schlackefilm auf der Wand wurde als instationär und zweiphasig (fest/flüssig) berechnet.

An der TU Dresden (Bernstein 1999) wurde ein anderer Weg zur Vorhersage der Verschlackung in Dampferzeugern gefunden. Das Berechnungsverfahren wird in drei Berechnungsschritten abgewickelt. Im ersten Schritt wurden durch Brennraumsimulation die Geschwindigkeits-, Temperatur- und Konzentrationsfelder in der Gasphase, im zweiten die Partikelbahnen mit den entsprechenden Temperaturen, Geschwindigkeiten, Verweilzeiten, Pyrolyse, Abbrandverhalten usw. ermittelt. Durch die numerische Simulation der Verhältnisse in der Brennkammer wurden die Massekonzentrationen der Aschepartikel in der Nähe von Wänden und Einbauten ortsabhängig berechnet. Die Simulation wurde mit dem Programmsystem FLUENT durchgeführt. Numerisch ermittelte physikalische Größen wurden mit thermochemischen Gleichgewichtsberechnungen gekoppelt und daraus eine Wahrscheinlichkeitsgröße für die Verschlackung entwickelt. Diese örtlich bestimmte Verschlackungswahrscheinlichkeit ist eine Kombination von Wahrscheinlichkeitsfunktionen für drei

5.2 Übersicht über Simulationsmodelle für Brennkammerverschlackung 377

grundlegende Einflüsse (Kriterien):
- Partikeltemperatur
- Massekonzentration der Partikel
- Massekonzentration des Sauerstoffs in der Gasphase als Repräsentant der Reaktionsbedingungen

Die thermochemischen Gleichgewichtsberechnungen wurden mit dem Programm CHEMSAGE durchgeführt. Durch diese Berechnungen wurde das Schmelzverhalten der Asche berücksichtigt und in die Bestimmung der Wahrscheinlichkeitsfunktionen für die Temperatur miteinbezogen. Das Berechnungsverfahren zur Vorhersage der Verschlackungswahrscheinlichkeit wurde durch Brennkammersimulation eines 800 MW_{el} Blockes getestet. Das Verfahren wurde mit Messwerten von Modell- und Originalanlage (Schallpyrometrie), durch Laboruntersuchungen der Asche des bestimmten Brennstoffes und Fallrohruntersuchungen validiert.

In der Firma „Reaction Engineering International" aus Salt Lake City, Utah, USA, ist das Programmpaket GLACIER (Bockelie 1998) in Entwicklung. Dieses ist in der Lage, diverse industrielle Prozesse mit vollständiger Kopplung von Strömung (CFD) und Wärmeübertragung durch Konvektion sowie Strahlung unter Berücksichtigung vielfältiger Reaktionsvorgänge zu simulieren. Für komplexe 3D-Geometrien (z.B. Öfen, Brennkammern, Feuerräume) ist das Programm GLACIER in der Lage, Folgendes zu berechnen:

- die Mehrphasenströmungen unter Beteiligung von Gasmischungen, dispergierten Tropfen und Partikeln bei vollständiger Kopplung der Masse-, Impuls- und Energiebilanzen,
- die vielfältigen Reaktionsprozesse bei der Verdampfung von Flüssigkeiten, bei der Kohleverbrennung (Trocknung, Pyrolyse und Kohleabbrand) oder bei anderen Reaktionen heterogener Partikel,
- die Partikelbahnen, Feststoffkonzentrationen, Partikelablagerungen an den Reaktorwänden sowie die Verschlackung (begrenzt auf Eisenoxide und Eisensulfide),
- die Mischung und Reaktion mehrerer Brennstoffe.

Als Teil einer, in Zusammenarbeit mit der „University of Utah", USA, (Sarofim 1999) durchgeführten technischen Studie, wurde die Reaktionskinetik der Pyritzersetzung in das Programm integriert. Es wurde die Bildung von Ablagerungen der Zersetzungsprodukte von Pyrit und deren Einfluss auf den Korrosionsvorgang in einem Feuerraum berechnet und validiert.

Diesen Programmen fehlen jedoch die detaillierte, instationäre Mineralumwandlung aller beteiligten Mineralien, die durch den Gleichgewichtszustand oft nur unzureichend beschrieben wird. Ferner fehlen die Beschreibung der Wandhaftung und der Vorgänge in der Schlackenschicht an der Wand, oder es ist nur ein Teil dieser Aspekte realisiert.

5.3 Modellierung der Mineralumwandlung

5.3.1 Kohle- und Mineraleigenschaften

Rohkohle ist als Naturstoff aus pflanzlichen Resten entstanden. Mit Blick auf die Verbrennung kann man die Kohlesubstanz in brennbare Substanz und Ballaststoffe (Wasser, anorganische Substanz) einteilen. In der organischen Substanz unterscheidet man folgende Macerale:

- Steinkohle: Vitrinit, Exinit (Liptinit), Inertinit (umfasst Mikrinit, Semifusinit, Fusinit, Sklerotonit)
- Braunkohle: Humit, Liptinit, Inertinit

und Mischungen davon. Diese Macerale sind ihrerseits noch weiter unterteilbar, aber das ist für die hier dargestellten Modellierungsverfahren nicht von Bedeutung. In der Kohle ist Wasser in der Form grober und hygroskopischer Feuchtigkeit gebunden. In der Rohbraunkohle kann der Wassergehalt einen Gewichtsanteil über 60 % erreichen, nach der Mahltrocknung bis zu 20 %. Anorganische Substanz ist in der Form von Mineralkörnern (diskrete Form), amorphen Phasen, organisch gebundenen Kationen (Na, K, Mg, Ca, St, Ba u.a.) und Kationen, die in den Kapillaren und Poren des Kohlepartikels im Wasser (hygroskopische Feuchtigkeit) gelöst sind, in der Kohle enthalten. Bei Staubfeuerungen wird Kohle gemahlen und gleichzeitig getrocknet. Die Partikelgröße liegt größtenteils unter 1 mm. Für Steinkohle gilt als Faustregel, dass der Rückstand auf dem 0,09 mm-Sieb dem Gehalt an flüchtigen Bestandteilen entsprechen sollte. Die so entstandenen Kohlepartikel, mit unregelmäßiger Form, können folgende Zusammensetzungen haben (Kirsch 1965):

- Mineralfreie Kohle, die noch submikroskopische Einlagerungen von Tonmineralien enthält
- Körner aus einer Mineralart
- Körner aus Verwachsungen von zwei oder mehreren Mineralien
- Kohle-Mineral-Verwachsungen entweder mit einer (selten) oder mehreren Mineralarten (überwiegend)

Als Hauptbestandteil sind in der Kohle folgende Mineralarten zu finden: Silikate (überwiegend Tone), Carbonate, Sulfide, Oxide und Phosphate. Eine detaillierte Übersicht der Minerale, die in typischen deutschen Stein- und Braunkohlen zu finden sind, ist in (Božić 2002) gegeben. Abhängig davon, wann die mineralischen Einlagerungen der Kohle entstanden sind, unterscheidet man:

- *detritische Minerale*, die während der Anfangsphase der Kohlenbildung durch Wind und Wasser transportiert worden sind. Üblicherweise sind diese an der Kohlensubstanz gebunden und enthalten als Hauptbestandteil Silikate (meistens Tone und Quarz).

5.3 Modellierung der Mineralumwandlung

- *syngenetische Minerale und anorganische Bestandteile* in organischer Bindung, die zur gleichen Zeit durch Karbonisation und Sedimentation wie die Kohle entstanden sind. Diese Mineralgefüge sind aus Karbonaten, Sulfiden, einigen Oxiden und Phosphaten zusammengesetzt.
- *epigenetische Minerale und anorganische Bestandteile*, die nach der Verfestigung der Kohle in später entstandenen Spalten und Rissen (zweite Phase der Kohlebildung) in die Kohle gelangt sind.

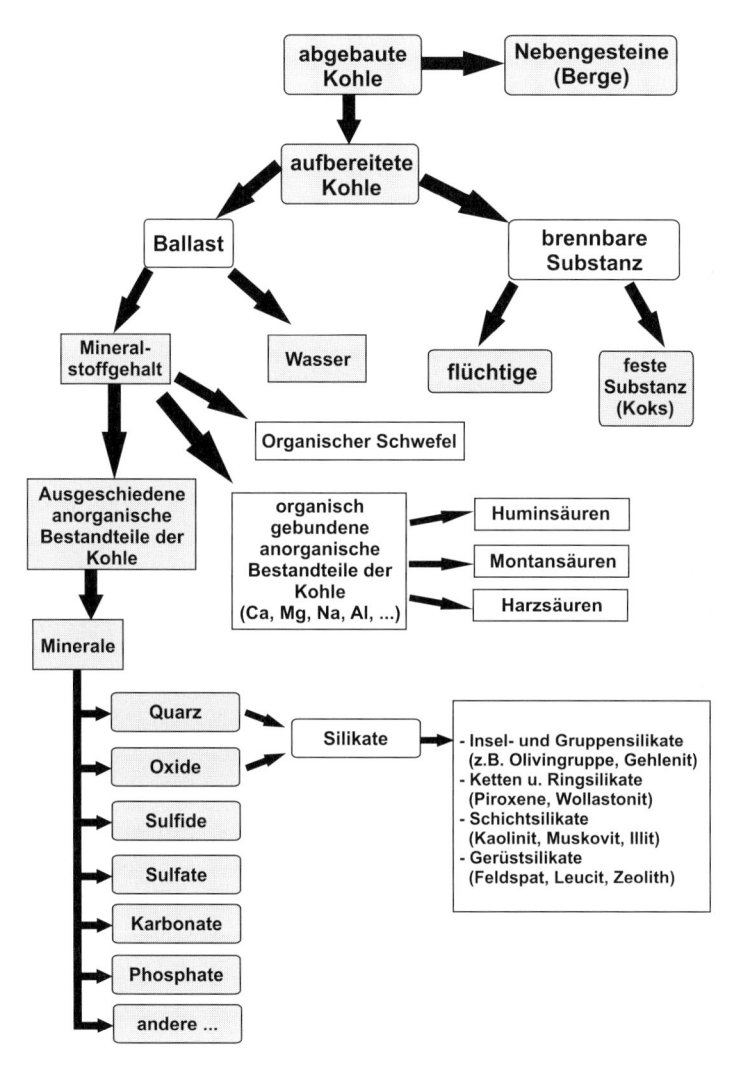

Abb. 5.2. Kohlestruktur

Je nach Herkunft der Kohle können sich die Zusammensetzung und die Anteile der organischen und anorganischen Bestandteile wesentlich unterscheiden. Siehe auch Abb. 5.2. Ein Vergleich zwischen den Stein- und Braunkohlen deutscher Herkunft zeigt Folgendes:

Die Rohbraunkohle hat einen wesentlich größeren Anteil von Ballaststoffen, vor allem Wasser. In den Braunkohlen sind erhebliche Teile der anorganischen Substanz an die organische Kohlesubstanz (bis 70 %) gebunden. Die Braunkohlen besitzen mehr Karbonate, Sulfide/Sulfate, Schwefel und metallische Elemente (K, Na, Fe u.a.), die als Kationen von Karboxilgruppen auftreten. Braunkohlen haben ein höheres Sauerstoffniveau. Organisch gebundene anorganische Kationen binden drei Viertel des Sauerstoffs, der in der Kohlestruktur enthalten ist. Cirka ein Viertel des Sauerstoffs ist an die Karboxilgruppen direkt gebunden.

Im Gegensatz dazu haben Steinkohlen mehr ausgeschiedene Mineralkörner. Ein Vergleich der Mineralzusammensetzung zeigt wesentlich mehr Quarz und Silikate in den Steinkohlen.

5.3.2 Grundlagen der Modellierung von Mineralumwandlungen

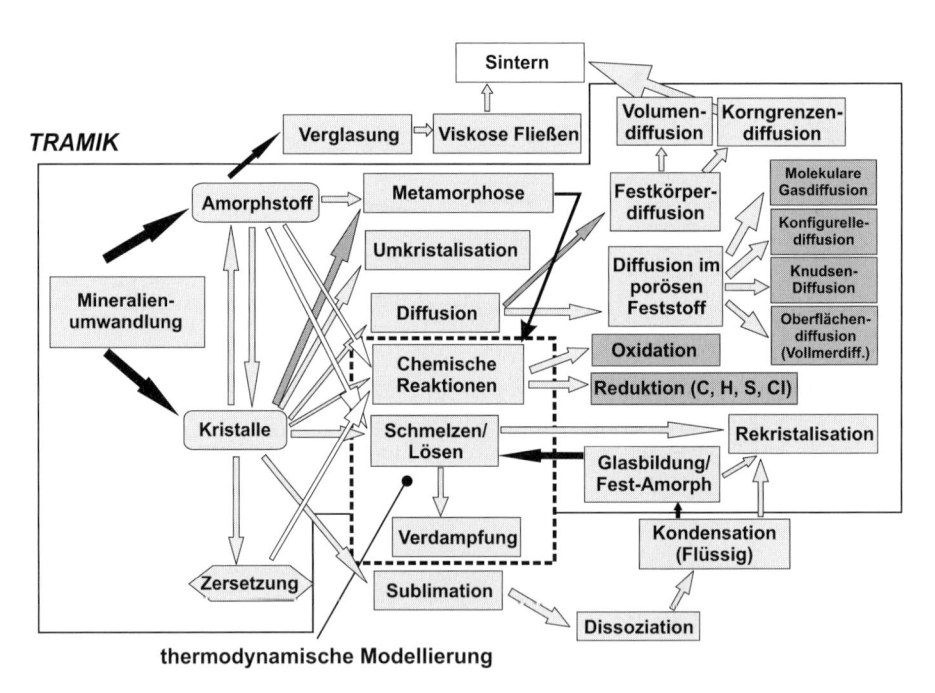

Abb. 5.3. Vorgänge bei Mineralumwandlungen

Bei Mineralumwandlungen im Brennraum sind zahlreiche physikalisch-chemische Prozesse möglich (Abb. 5.3): chemische Reaktionen, Diffusion, Zersetzung, Schmelzen, Kristallisation, Erstarrung durch Glasbildung oder Rekristallisation u.a. Alle diese Prozesse können einzeln betrachtet mit einer

5.3 Modellierung der Mineralumwandlung

allgemeinen Umwandlungsgleichung (Stoffbilanz) folgendermaßen beschrieben werden:

$$\nu_{1,E}E_1 + \nu_{2,E}E_2 + \ldots \longleftarrow \text{UMWANDLUNG} \longrightarrow \nu_{1,P}P_1 + \nu_{2,P}P_2 + \ldots \quad (5.1)$$

Bei der Berechnung instationärer Prozesse innerhalb kleiner Partikel (der Durchmesser liegt im Mikrometerbereich) ist es zweckmäßig, Stoff- und Massenänderungen durch relative Verhältnisse auszudrücken. Aus Gl. (5.1) ergibt sich die Stoff- und Massenbilanz in Masseanteilen Y_i aus Edukten mit $Y_{i,E} = \nu_{i,E}E_i$ und Produkten mit $Y_{j,P} = \nu_{j,P}P_j$:

$$\sum_{i=1}^{n} Y_{i,E} \longleftarrow \text{UMWANDLUNG} \longrightarrow \sum_{j=1}^{k} Y_{j,P} \quad (5.2)$$

Für jede Komponente im Prozess wird die zeitliche Massenänderung im Verhältnis zu der Anfangsmasse aller Edukte definiert. Dabei gilt:

Massenanteil:
$$Y_i = \frac{m_i(\tau)}{m_0} = \frac{\rho(T, \varepsilon_P, \tau)}{\rho_0} X_i \quad (5.3)$$

Volumenanteil:
$$X_i = \frac{V_i(\tau)}{V_0} \quad (5.4)$$

Der mit Gl. (5.1) beschriebene allgemeine Prozess kann die Umwandlung von unterschiedlichen chemischen Stoffen (chemische Reaktion) oder von unterschiedlichen physikalischen Zuständen (z.B. Verglasung) gleicher chemischer Stoffe beschreiben. Ein allgemeines instationäres Umwandlungsmodell kann unabhängig vom Prozesstyp in Form der Gl. (5.5) aufgestellt werden (Tanaka 1995):

$$\frac{dX}{d\tau} = K f(X) \quad (5.5)$$

Die Umwandlungskonstante K kann als Fitfunktion der unabhängigen Variablen Erhitzungsrate β_t, Temperatur T, Partialdrücke p_{O_2}, p_{H_2O} und der kinetischen Arrhenius-Parameter Frequenzfaktor k_0 und Aktivierungsenergie E_A in der Form gegeben werden:

$$K = f_1(\beta_t) f_2(k_0, E_A, T) f_3(p_{O_2}) f_4(p_{H_2O}) \quad (5.6)$$

Im allgemeinen Fall ist K abhängig von Korngröße, Porosität und anderen Einflussfaktoren, deren Änderungen während der Untersuchungen nur begrenzt nachvollziehbar sind. Darum sind diese Einflussfaktoren in den abgeleiteten Fitfunktionen in einem definierten Gültigkeitsbereich als konstant zu betrachten. In den Faktoren bzw. Funktionen f_1 bis f_4 können diese konstanten Größen jeweils erscheinen, abhängig von der angewendeten Art der Multikorrelationsanalyse. Das unüberlegte Anwenden dieser Fitfunktion kann zu erheblichen Rechenfehlern führen.

Bei homogenen Gasreaktionen hängt die Reaktionsgeschwindigkeit im Wesentlichen von der Zusammensetzung, der Temperatur und der Konzentration der Rauchgaskomponenten ab. Bei Hin- und Rückreaktionen in Gasmischungen sind die Geschwindigkeiten der beteiligten Komponentenglieder gleich oder nur geringfügig unterschiedlich (z.B. bei Mitwirkung von Ionisations- und Plasmaeffekten). Feststoffreaktionen unterscheiden sich wesentlich von Gasreaktionen. Feststoffreaktionen laufen in nur einer Richtung ab. Nur durch Änderung des Umwandlungstyps sind die ursprünglichen Reaktionskomponenten (Edukte) wieder herstellbar. Eine Klasse für sich sind heterogene Feststoff-Gas-Reaktionen, bei denen Rückreaktionen möglich sind. Es entsteht jedoch ein Hysterese-Effekt. Dieser Effekt hat seine Gründe in der unterschiedlichen Porosität und schwer zu erfassenden Einflussfaktoren für die unterschiedlichen Reaktionsrichtungen. Darum werden Hin- und Rückreaktionen oft als unabhängige Schritte betrachtet und durch unterschiedliche Fitfunktionen berechnet.

Durch Betrachtung der TGA/DTA-Messungen ist der Einfluss der Erhitzungsrate auf die Reaktionsgeschwindigkeit festgestellt worden. Der Einfluss der Erhitzungsrate auf die Funktion K wird durch die Funktion $f_1(\beta_t)$ (s. Gl. (5.7)) berücksichtigt:

$$f_1(\beta_t) = \begin{cases} \beta_t = \frac{T_{i+1}-T_i}{\Delta\tau} > 0 & , f_1(\beta_t) = f(\beta_t) \\ \beta_t \leq 0 & , f_1(\beta_t) = 1 \end{cases} \quad (5.7)$$

Wenn für die Erhitzungsrate $\beta_{t,0}$ (aus Messungen oder Literatur) nur Daten für einen bestimmten Messbereich bekannt sind (z.B. $\beta_t < 100$ K/s), kann die Funktion $f_1(\beta_t)$ abgeschätzt werden durch:

$$f_1(\beta_t) = \frac{\beta_t}{\beta_{t,0}} f_1(\beta_{t,0}) \quad (5.8)$$

Während der Abkühlung im Bereich unterhalb der Erweichungstemperatur, d.h. wenn $\beta_t < 0$, ist

$$f_1(\beta_t) = 1.0 \quad (5.9)$$

Für einfache Umwandlungsmodelle wurde der Lösungsansatz nach dem Euler-Verfahren (Ein-Schritt-Verfahren) angewendet (Atkinson 1996).

$$X(\tau + \Delta\tau) = X(\tau) + \frac{dX}{d\tau}\Delta\tau \quad (5.10)$$

Die adaptive Schrittweite $\Delta\tau$ wird durch die Umwandlungskonstante K und einen Dämpfungsfaktor bestimmt (wichtig für die Stabilität der Berechnung):

$$\Delta\tau = \frac{1}{f_{Dä} K} \quad (5.11)$$

Um die Berechnungszeit zu optimieren, ist $\Delta\tau$ nach oben und unten begrenzt.

$$\Delta\tau_{min} \leq \Delta\tau \leq \Delta\tau_{max} \qquad (5.12)$$

Dieses Verfahren zur Bestimmung von X bzw. Y berücksichtigt den Einfluss von wechselnden Gastemperaturen.

Am IPTC der TU Braunschweig (Kipp 1999), (Kipp 2000a), (Kipp 2000b) wurde eine Reihe realer Mineralumwandlungen untersucht. Für die Simulation der Messungen wurden Modelle aus Tabelle 5.1 verwendet.

Tabelle 5.1. Modelle der Mineralumwandlungen (Božić 2002)

Symbol	Prozess	f(X)
R1	1D Phasengrenzreaktions-Modelle (PBC)	1.0
R2	2D PBC	$2(1-X)^{1/2}$
R3	3D PBC	$3(1-X)^{2/3}$
D1	1D Diffusion	$1/2X$
D2	2D Diffusion	$-1/\ln(1-X)$
D3	3D Diffusion Jander-Typ	$3(1-X)^{2/3}/\{2[1-(1-X)^{1/3}]\}$
D4	3D Diffusion Ginstling-Brounsthein-Typ	$3/(2(1-X)^{-1/3}-1)$
D5	3D Diffusion Carter-Typ $z = V_P/V_A$	$\frac{[1+(z-1)X]^{1/3}(1-X)^{1/3}}{[1+(z-1)X]^{1/3}-(1-X)}$
An	Keimbildung und Wachstum JMAK-Modelle (0.5 < n < 4)	$n(1-X)[-\ln(1-X)]^{(n-1)/n}$
Fn	Formale Kinetik n-ter Ordnung	$(1-X)^n$
B1	Autokatalytische Aktivierung Prout-Tompkin-Typ	$X(1-X)$
SCM	Shrinking-Core-Model	siehe (Božić 2002)
SCGM	Shrinking-Core-Grain-Model	siehe (Božić 2002)

Als einfache Modelle werden diejenigen bezeichnet, bei denen ein physikalischer Prozess oder eine chemische Reaktion dominant ist und für deren Beschreibung eines der ersten zehn verfügbaren Modelle ausreicht (Tabelle 5.1). Mit einem ausgewählten Modell aus diesem Gleichungsset können vollkommen unterschiedliche Prozesse beschrieben werden. Zum Beispiel kann man mit dem Modell R3 chemische Reaktionen in Mineralpartikeln beschreiben, wenn der noch nicht reagierende Kern nicht porös, aber der Mantel aus Produkten sehr porös ist. In diesem Fall ist der Widerstand gegen die Gasdiffusion vernachlässigbar. Das gleiche Modell kann im Fall einer Verdampfung, Sublimation oder Lösung angewendet werden, natürlich mit anderem Umwandlungskoeffizienten K. Für die Beschreibung einer heterogenen chemischen Reaktion kann ein Modell der formalen Kinetik Fn n-ter Ordnung eingesetzt werden. Fn stellt eine Gleichungsform dar, die auf der Analogie zu den Gleichungen für chemische Reaktionen im Gaszustand basiert. Das Modell An für Keimbildung und Wachstum (Johnson-Mehl-Avrami-Kolmogorov-Typ) kann unterschiedliche Vorgänge der Kristallisation, Rekristallisation und Zersetzung beschreiben. Mit dem Modell D1 kann die Verwachsung von zwei Mineralphasen in einem Partikel durch Feststoffdiffusion beschrieben werden.

384 Mineralumwandlung

Die Modelle D3-D5 beschreiben Feststoffdiffusion in binären Mischungen aus komprimiertem Pulver (siehe auch Abb. 5.4 und 5.5).

Von komplexen Prozessen spricht man, wenn mehrere physikalische und chemische Prozesse simultan stattfinden, z.B. eine der Diffusionsarten (Gas- und/oder Knudsendiffusion) und eine chemische Reaktion. Für solche Fälle ist z.B. das Shrinking-Core-Modell (SCM) (Smooth 1993) geeignet. Wichtige Voraussetzung für die Anwendung eines solchen Modells ist, dass die Mineralkerne (Edukte) nicht porös sind. Der Mineralmantel, der die Produkte beinhaltet, kann porös werden. Siehe Abb. 5.4.

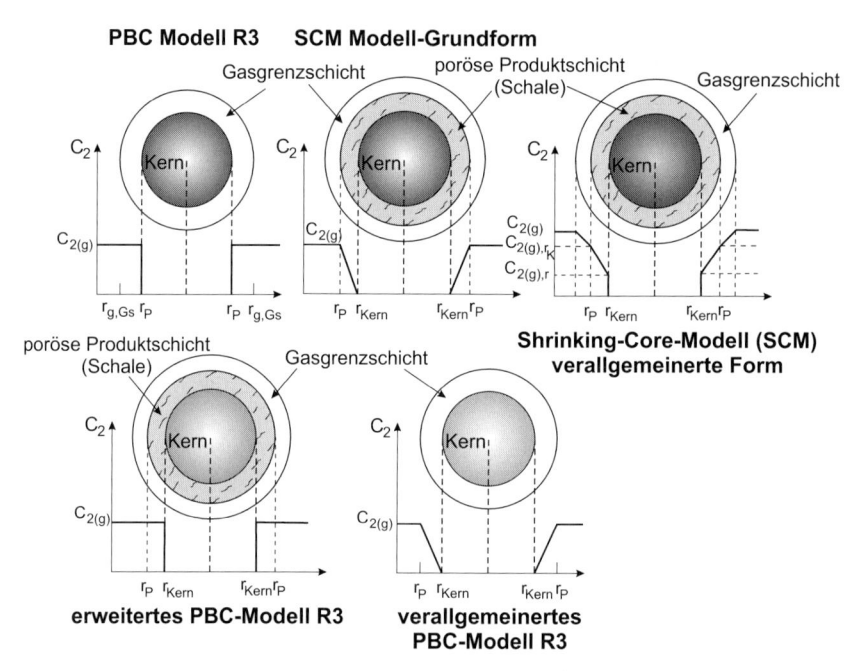

Abb. 5.4. Mathematische Modelle, (Božić 2002)

Wenn das ganze Partikel porös ist, stellt das Shrinking-Core-Grain-Modell (SCGM) eine gute Näherung dar (s. Abb. 5.5 (Uhde 1996)).

Ein Nachteil der SCM- und SCGM-Modelle ist, dass in jedem Zeitschritt entlang der Partikelbahn eine oder mehrere DGln mit robuster Zeitschrittkontrolle gelöst werden müssen, was viel Rechenzeit kostet. Zur Lösung der DGl komplexer Modelle wurde die Fehlberg-Methode (Runge-Kutta-Verfahren fünfter Ordnung) genutzt.

5.3 Modellierung der Mineralumwandlung

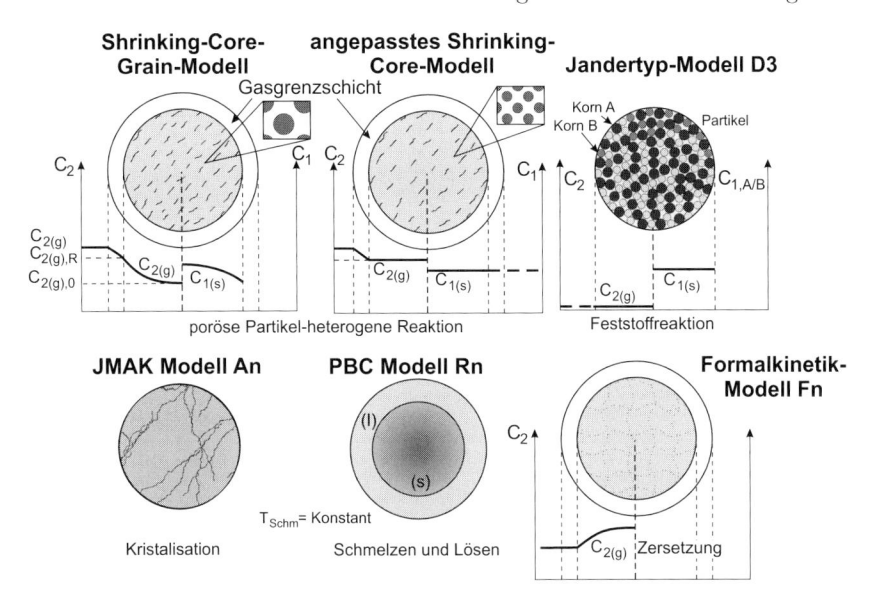

Abb. 5.5. Mathematische Modelle, (Božić 2002)

Für einige einfache Mineralumwandlungsmodelle gibt es auch Integrallösungen, d.h. die Gl. (5.3) kann analytisch integriert werden:

$$\frac{dX}{d\tau} = K\,f(X) \tag{5.13}$$

$$K\,\tau = g(X) \tag{5.14}$$

$$g(X) = \int_0^X \left[\frac{1}{f(X)}\right] dX \tag{5.15}$$

Modelle der Mineralumwandlungen – Integrallösungen findet man in der Literatur u.a. bei (Malek 1995), (Sestak 1996), (Tanaka 1995), (Zanoto 1996) und in Tabelle 5.2.

Tabelle 5.2. Modelle der Mineralumwandlungen – Integrallösungen, (Božić 2002)

Symbol	Prozess	g(X)
Rn	Phasengrenzreaktion (PBC)	
R1	1D PBC	X
R2	2D PBC	$1-(1-X)^{1/2}$
R3	3D PBC	$1-(1-X)^{1/3}$
D1	1D Diffusion	X^2
D2	2D Diffusion	$X+(1-X)\ln(1-X)$
D3	3D Diffusion Jander-Typ	$(1-(1-X)^{1/3})^2$
D4	3D Diffusion Ginstling-Brounsthein-Typ	$1-(2/3)X-(1-X)^{2/3}$
D5	3D Diffusion Carter-Typ $z=V_P/V_A$	$[(1+(z-1)X)^{2/3}+(z-1)(1-X)^{2/3}-z]$
An	Keimbildung und Wachstum JMAK-Modelle ($0.5 < n < 4$)	$[-\ln(1-X)]^{1/n}$
Fn	Formal Kinetik n-ter Ordnung[1]	
F1	Formal Kinetik 1. Ordnung	$-\ln(1-X)$
F2	Formal Kinetik 2. Ordnung	$(1-X)^{-1}$
F3	Formal Kinetik 3. Ordnung	$(1-X)^{-2}$
B1	Autokatalytische Aktivierung Prout-Tompkin-Typ	
SCM	Shrinking-Core-Model (Grundform)[2]	$1+2(1-X)-3(1-X)^{2/3}$
SCGM	Shrinking-Core-Grain-Model	

Die Umwandlungskonstante kann auch analog zum Wärmedurchgangskoeffizienten z.B. folgendermaßen gebildet werden:

$$\frac{1}{K_{eff}} = \frac{1}{K_{chem}} + \frac{1}{D_{eff}} + \ldots \qquad (5.16)$$

---

[1] Keine analytische Lösung für $n \neq 0, 1/3, 2/3, 1, 2, 3$. Dieses Modell ist für $n = 0, 1/3, 2/3$ identisch mit dem PBC-Modell.

[2] Bedingungen: Im Vergleich zur Geschwindigkeit der chemischen Reaktion ist die Diffusionsgeschwindigkeit durch die Produktschicht sehr gering und kann als annähernd stationär betrachtet werden. In der Grenzschicht und auf der Partikeloberfläche ist die Gaskonzentration konstant. Durch den Widerstand der Produktschicht reduziert sich die Gaskonzentration an der inneren Reaktionsfläche auf Null. Die implizite Gleichungsform muss durch ein iteratives numerisches Verfahren gelöst werden.

5.3.3 Modellierung von Schmelzvorgängen und Reaktionen im flüssigen Zustand und Erstarrung am Beispiel der Eisenoxidation

Diese allgemeinen Regeln für die Modellierung von Mineralumwandlungen werden am Beispiel eines komplexen eisenhaltigen Mineralsystems in der Dissertation von (Bozic 2000) näher erläutert. Siehe auch Abb. 5.6.

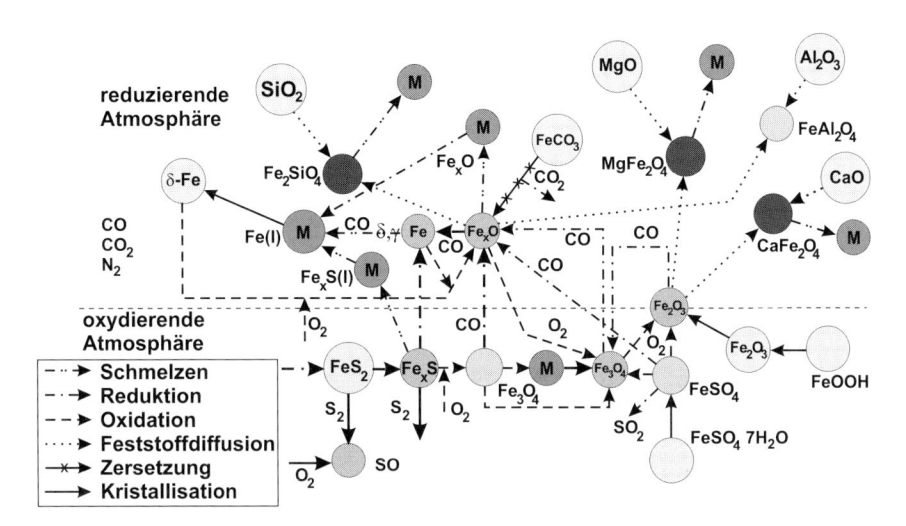

Abb. 5.6. Mineralienstoffumwandlungen mit Eisenanteilen in der Brennraumatmosphäre, (Božić 2002)

Der Prozessverlauf ist beschreibbar mit einem System von ca. 30 Gleichungen. Der Reaktionsablauf muss für jede Gleichung durch ein passendes Zeitgesetz (instationär) beschrieben werden (s. Tabelle 5.1). Entsprechende Umwandlungskonstanten K sind aus der Literatur und durch Untersuchungen am IPTC der TU Braunschweig gewonnen worden. Bei der Bestimmung von geeigneten Zeitgesetzen und K-Werten sind zwei unterschiedliche Größen für die Fehlerbewertung genutzt worden: die Fehlerquadratsumme FQS der Residuen nach dem Marquard-Levenberg-Verfahren und das Bestimmtheitsmaß R_B^2. Im besten Fall ist $R_B^2 = 1$; im schlechtesten Fall ist $R_B^2 = 0$. Gute FQS-Ergebnisse liefern Werte nahe Null. Um einen Übergang von Kohlemineralien zu Schlacke zu bestimmen, ist es erforderlich, alle Reaktionen mit Ablaufketten zu beschreiben. Dabei sind verschiedene Reaktionswege möglich. Zur Steuerung des Ablaufs entlang des Reaktionsweges werden Phasendiagramme (PD) in verschiedenen Formen genutzt. Ein zweidimensionales PD in Druck-Temperatur-Form (p-T) kann man verwenden, um die p-T-Charakteristika von Mehrkomponenten-Reaktionen und Gleichgewichten darzustellen. Die Kurven in einem solchen Diagramm stellt eine Reaktion oder ein Gleichgewicht zwischen verschiedenen Verbindungen dar. Die Kurve für den kritischen O_2-Druck teilt die Gebiete Oxidation und Reduktion eines

Mineralsystems (Božić 2002). Für einen Zersetzungsprozess liefert das p-T-Diagramm Daten über den Gasdruck, bei dem die Zersetzung beginnt. Die p-T-Diagramme berücksichtigen aber keine Zusammensetzungsänderungen der einzelnen Phasen während der Reaktion. Solche Änderungen sind jedoch ein wichtiges Merkmal der Verschlackungsprozesse. Daher ist es notwendig, T-Y-Diagramme einzuführen, in denen die Gleichgewichtstemperatur als Funktion der Phasenzusammensetzung Y aufgetragen ist. In Abb. 5.7 sind Schmelzen, Erstarren und auch eine Art von Phasenumwandlungen (neben Phasenumwandlungen durch Feststoffreaktionen, polymorphe Umwandlungen u.a.) dargestellt. Bei Teilnahme von Mineralkomponenten an einem Schmelzvorgang liefert das T-Y-Phasendiagramm Daten über den Schmelzbeginn (Soliduslinie) und das Erreichen der vollständigen Schmelze (Liquiduslinie) eines Mineralsystems. Bei der Erstarrung bezeichnet die Soliduslinie die Entstehung des Feststoffs. Abb. 5.7 verdeutlicht den Zusammenhang.

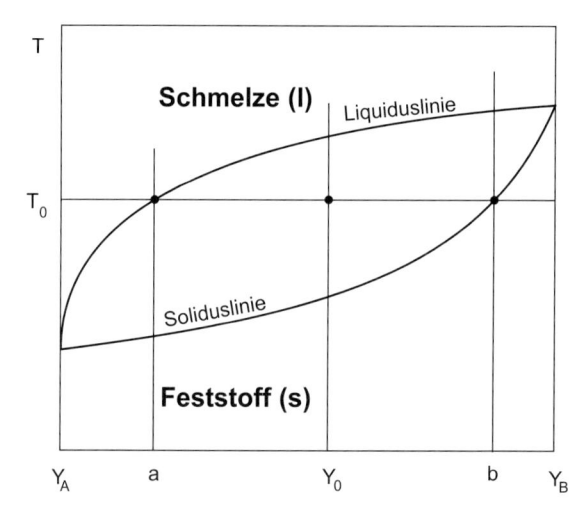

Abb. 5.7. Massenverhältnis zwischen Schmelzphase und Feststoffphase einer binären Mischung festgestellt nach dem Hebelgesetz

Während der Simulation wird geprüft, in welcher Diagrammzone sich das reagierende Mineralsystem befindet. Beim Übergang in eine andere Diagrammzone wird eine andere Gleichung benutzt. Weil sich entlang eines fliegenden Kohle-/Mineralpartikels im Brennraum der Partialdruck der Rauchgaskomponenten ständig verändert, sind zahlreiche Reaktionswege möglich. Die Kinetik anderer Mineralsysteme, wie z.B. Tone, Karbonate, Sulfate u.a., sind in dem vorläufigen Forschungsbericht AiF 10639 (Božić 1998) und in der Dissertation (Božić 2002) zu finden.

5.3 Modellierung der Mineralumwandlung

Allgemeiner Prozessverlauf

Während des Fluges durch den Brennraum kann ein Mineralpartikel mehrmals den Aggregatzustand und die chemische Zusammensetzung wechseln, bevor es den Brennraum verlässt oder auf eine Wand trifft. Dabei sind z.B. folgende Kombinationen von Zuständen und Prozessen möglich (s. Abb. 5.8 *s* steht für solid/fest und *l* für liquid/flüssig):

A. Fest (s) – Erhitzen (s) – Schmelzen (s/l) – Schmelze (l) /1-2-3-4-5/
B. Fest (s) – Erhitzen (s) – unvollständiges Schmelzen (s/l) – weiche Partikel (s/l) /1-2-6-7/
C. Fest (s) – Erhitzen (s) – Schmelzen (s/l) – Schmelze (l) – Kühlung (l) – unterkühlte Flüssigkeit (l) /1-2-3-4-7/
D. Fest (s) – Erhitzen (s) – Schmelzen (s/l) – Schmelze (l) – Kühlung (l) – unterkühlte Flüssigkeit – Erstarrung (l/s) – Glasbildung – Glas (s) /1-2-3-4-8/
E. Fest (s) – Erhitzen (s) – Schmelzen (s/l) Schmelze (l) – Kühlung (l) – Erstarrung (l/s) – Kristallisation (s) – Kristall (s) /1-2-3-4-9/
F. Fest (s) – Erhitzen (s) – Erweichung (s/l) – Kühlung (l) – Erstarrung (l/s) – Glasbildung – Glas (s) /1-2-6-8/
G. Fest (s) – Erhitzen (s) – Erweichung (s/l) – Kühlung (l) – Erstarrung (l/s) – Kristallisation (s) Kristall (s) /1-2-6-9/

Falls ein Partikel bei seinem Flug am Ende der Prozessketten A, B oder C auf die Wand trifft, haftet es; in allen anderen Fällen wird es reflektiert und fliegt weiter; es sei denn, die Wand selbst ist bereits klebrig.

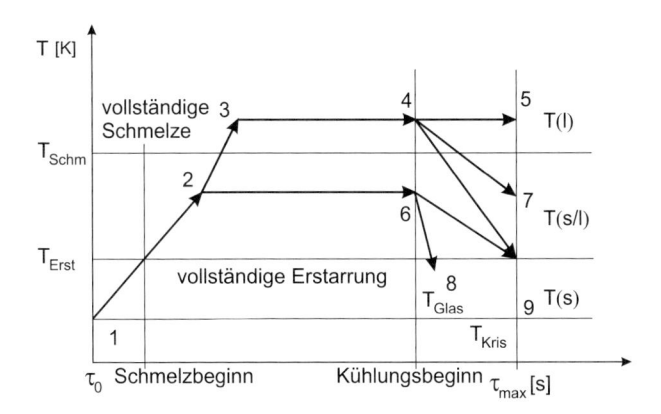

Abb. 5.8. Mögliche Kombinationen von Zuständen und Prozessen

Beim Übergang vom Kristallzustand zur Schmelze kommt es bei vielen Stoffen als Zwischenphase zur Verglasung. Ebenso kann es bei der Erstarrung von binären Stoffen oder beim Abkühlen zur gleichzeitigen Glas- und Kristallbildung kommen.

Mineralumwandlung

Schmelzvorgang

Wichtige Fragen bei der Bestimmung des Schmelzvorganges sind die Dauer des Prozesses und der Massenanteil der Schmelz-/Festphase. Bei homogenen Stoffen ist das Problem einfach zu definieren. Ist die Schmelztemperatur erreicht, geht der Feststoff in Schmelze über. Gesucht werden Übergangszeit und Anteil der Fest-/Flüssigphase während der Dauer des Übergangsprozesses. Diese sind abhängig von der Schmelzwärme und vom zugeführten Wärmefluss durch Wärmeleitung, Konvektion, Strahlung und eventuelle chemische Reaktionen.

$$Y_{Schm} = \frac{1}{m_{P,0}} \int_0^\tau \frac{\dot{Q}_{leit} + \dot{Q}_{konv} + \dot{Q}_{Str} + \dot{Q}_{chem}}{\Delta h_{Schm}} \, d\tau \qquad (5.17)$$

Im Fall eines Partikels von binärer oder mehrfacher Stoffmischung ist der Schmelzvorgang komplizierter. Eine Stoffkomponente schmilzt bei niedrigerer Temperatur als die andere. Ein Gemisch besitzt in der Regel eine niedrigere Schmelztemperatur als die reinen Stoffe. Das Mischverhältnis mit dem niedrigsten Schmelzpunkt nennt man Eutektikum. Der Schmelzprozess ist vielseitig und für viele Mineralsysteme nicht vollständig geklärt. Im Rahmen von (Božić 2002) war die Betrachtung auf binäre Mineralsysteme begrenzt. Für ein binäres Mineralsystem, zusammengesetzt aus den Komponenten A und B, sind drei Schmelzarten möglich:

1. Eutektikum, wobei die gemischten Komponenten A und B in die Schmelze L übergehen,
2. Peritektikum, wobei die feste Lösung von A und B in die feste Komponente A und die Schmelzen der Stoffe A und B im bestimmten Verhältnis übergeht,
3. Bildung von zwei Schmelzen aus fester Lösung von A und B. Dazu gehören die zusätzlichen Schmelzmöglichkeiten, Fall 4 und 5,
4. Monotektikum, wobei eine Mineralkomponente, z.B. A, zerfällt und in zwei unmischbare Schmelzen (wie. z.B. Wasser und Öl) übergeht,
5. Inkongruente Schmelze, wobei Komponente A in Komponente B und eine Schmelze zersetzt wird.

Ein wichtiges Merkmal für alle diese Schmelzfälle ist, dass Minerale gleichzeitig und nicht nacheinander schmelzen. Eine partielle Schmelze kann als Lösung angesehen werden, in der alle festen Phasen der Ausgangsstoffe teilweise löslich sind. Bei einem bestimmten Druck und einer bestimmten Temperatur wird eine partielle Schmelze oder eine vollständige Schmelze entstehen. Eine partielle Schmelze bleibt für Fall 2 bis zum Prozessende bestehen. Eine vollständige Schmelze entsteht für die Fälle 1, 3, 4 am Prozessende. Für Fall 2 wird ein Gleichgewicht, das hei"st ein unveränderliches Massenverhältnis Feststoff-/Schmelze erst nach einer gewissen Zeit erreicht. Für unterschiedliche Mineralsysteme liegt diese zwischen einigen Millisekunden und einigen Tagen (Hummel 1984); in Extremfällen auch wesentlich länger.

Im Gleichgewichtzustand kann der Schmelzprozess mithilfe des Phasendiagramms grafisch dargestellt werden (üblicherweise in der T-Y-Form). Das Verhältnis von Schmelze und Festphase kann, durch Anwendung des „Hebelgesetzes", berechnet werden. Für zeitlich sehr kurze Schmelzprozesse können Phasendiagramme ohne Einschränkungen genutzt werden. Ein Beispiel dazu ist das Schmelzen eines kleinen Partikels eines Pyrrhotin/Magnetit-Gemisches. In allen anderen Anwendungsfällen handelt es sich um eine Approximation, die für langsame Prozesse schlechter wird.

Die Anwendung der genannten Überlegungen auf ein brennendes Kohlepartikel mit Mineralgehalt, das durch den Brennraum fliegt (Kohlenstaubverbrennung), führt zu folgenden Schlüssen:

- Ein Kohlepartikel enthält i.Allg. nicht alle Mineralstoffe, die in der Mineralvollanalyse der Kohle vorkommen. Untersuchungen an zwei Braunkohletypen, mit REM/EDX-Technik durchgeführt (Kipp 2000a), (Kipp 2000b), haben gezeigt, dass kleine Korngrößen (unter 112 μm) mehr als 40 % Kohleanteil mit homogenen Mineraleinschlüssen und ca. 70 % Kohleanteil mit weniger als vier Mineraleinschlüssen haben. Für übliche Brennraumbedingungen sind einige Mineralphasen inert und/oder schmelzen nicht, oder mehrere Mineraleinschlüsse sind gleich. In diesen Fällen kann man Phasendiagramme für binäre Mischungen anwenden.
- Der Mineralinhalt eines Kohlepartikels, als binäre Mischung betrachtet, beginnt bei Erhitzung zu schmelzen, wenn im PD die Soliduslinie erreicht ist (s. Abb. 5.7). Der Schmelz-Prozess ist beendet, wenn die Liquiduslinie erreicht ist. Unter dem Aspekt der Verschlackungsproblematik betrachtet, entspricht die Solidustemperatur der Erweichungstemperatur. Die Liquidustemperatur entspricht der Fließtemperatur. Bereits wenn die Erweichungstemperatur erreicht ist, muss mit dem Haften des Partikels an der Wand gerechnet werden.
- Größere Kohlepartikel (über ca. 300 μm) haben eher eine heterogene Mineralzusammensetzung. Ein Partikel enthält bis zu 20 Mineralbestandteile, deren Schmelzverhalten in Phasendiagrammen schwer zu erfassen ist. Beim heutigen Entwicklungsstand auf diesem Fachgebiet könnte folgendes Verfahren anzuwendet werden:
  1. Experimentelle Bestimmung von Erweichungstemperatur, Schmelztemperatur (Halbkugelpunkt) und Fließtemperatur nach DIN 51730 für betrachteten Kohletyp.
  2. Anwendung der gewonnenen Werte für die Simulation des Schmelzvorgangs.

Im Fall instationärer Erhitzung oder Abkühlung (in Feuerräumen herrschen Temperaturtransienten über 100 K/s) kann ein Gleichgewichtzustand beim Schmelzen in der Regel nicht erreicht werden. Daher treten oft unerwarteten Effekte (Hummel 1984) auf. Einige werden hier genannt:

1. Es kommt zu Hysterese-Erscheinungen. Solidus- und Liquiduslinien weichen von der Lage im Phasendiagramm für den stationären Zustand ab.

Gemäß TGA und anderer Messungen sind für mehrere Stoffe (Kipp 1999) Unterschiede von 1-15°C (bei einem Temperaturtransienten bis zu 99 K/min) gemessen worden. Für die überwiegende Zahl von Mineralien, die als Verschlackungskomponenten auftreten, sind diese Temperaturabweichungen unbekannt. Die Solidus- und Liquiduslinien aus dem Phasendiagramm gelten unter diesen Bedingungen als bestbekannte Approximationswerte für Haft- und Schmelztemperatur.

2. Bei schneller Erhitzung sind polymorphe Modifikationen und neue Zwischenverbindungen der untersuchten Minerale als Übergang zur Schmelzphase gefunden worden.
3. Eine inkongruente Schmelze enthält bei schneller Erhitzung am Prozessende mehr Feststoffphase B und weniger Schmelzphase, als mit dem zugehörigen Phasendiagramm festgestellt worden ist. In diesem Fall ist die Schmelzphase heterogen und enthält Konzentrationsgradienten.

Bei den durchgeführten Berechnungen wurden folgende Vereinfachungen benutzt:

- Die gesamte Schmelzwärme ist gleich der Summe der Produkte aus Schmelzwärme und Massenanteil der einzelnen Stoffkomponenten im Partikel.

$$\Delta h_{Schm,ges} = m_{P,ges} \sum_{i=1}^{2} \left[Y_i \, \Delta h_{Schm,i} \right] \quad (5.18)$$

- Der Anteil der einzelnen Komponenten in der Schmelzphase ist aus dem Phasendiagramm nach dem Hebelgesetz zu bestimmen. Für den einfachen Fall, in Abb. 5.7 dargestellt, ist das Massenverhältnis zwischen Schmelzphase und Feststoffphase einer binären Mischung durch die Proportion:

$$\frac{Gew. - \%\ \ \text{Schmelze}\ a}{Gew. - \%\ \ \text{Feststoffmischung}\ b} = \frac{\text{Abschnitt}\ Y_0 - b}{\text{Abschnitt}\ a - Y_0} \quad (5.19)$$

gegeben.

Da Schmelze und Feststoffmischung zusammen immer 100 % sind, ist der Anteil der Schmelzphase leicht zu bestimmen. Für komplizierte Fälle sind Problemlösungen in (Levin 1964), (Levin 1975) und (Rath 1990) zu finden.

- Während des Schmelzvorgangs binärer Mischungen sind chemische Reaktionen inaktiv (gefrorener Zustand). Der Fehler, der durch vernachlässigte chemische Reaktionen für sehr schnelle Schmelzprozesse entsteht, ist klein. Die Folge ist, dass während des Schmelzvorgangs die chemische Zusammensetzung konstant bleibt. Die Voraussetzung ist, dass der Schmelzprozess sehr schnell verläuft, was der Realität in der Brennkammer entspricht.

Prozesse im flüssigen Zustand

Allgemein kann der Prozess in einer Schmelze durch chemische Reaktion und Diffusion erklärt werden. In Mineralschmelzen hoher Temperaturen ist die Diffusion um fünf Größenordnungen höher als im festen Zustand. Die Werte für Kationendiffusion einiger Mineralstoffe sind in (Salamang 1982), (Angel 1987), (Schmalzried 1995) bzw. (Božić 2002) zu finden.

Für den Fall, dass die Mischzeit für die anwesenden Schmelzkomponenten deutlich unter einer Sekunde liegt, kann die Diffusion flüssiger Komponenten als bestimmender Prozess vernachlässigt werden. Die Zeit zur vollständigen Mischung (Verweilzeit) der Komponenten eines kugelförmigen Tropfens kann berechnet werden aus:

$$\tau_V = \frac{r^2}{D_{eff}} \quad (5.20)$$

Im Brennraum reagiert ein flüssiger Tropfen (ehemaliges Partikel) mit dem Rauchgas aus der Umgebung. Im allgemeinen Fall müssen die zeitabhängige Gasdiffusion (für die prozessbestimmende Rauchgaskomponenten), der Gasübergang zur Tropfenoberfläche und die chemische Reaktion sowie die Diffusion im Tropfen selbst berücksichtigt werden. Ein für Flüssigkeiten angepasstes Shrinking-Core-Modell kann in dem Fall erfolgreich angewandt werden.

Bei der Anwendung des Modells verursachen oft unbekannte Diffusionskonstanten und Übergangskoeffizienten Schwierigkeiten. Diese müssen durch Experimente bestimmt werden.

Wenn die Diffusion in der Flüssigkeit und der Widerstand bei der Gasübertragung aus der Umgebung vernachlässigbar sind und die Reaktionsgeschwindigkeit sehr hoch ist, kann die chemische Gleichgewichtsberechnung auf den Prozess angewendet werden. Diese Vereinfachung sollte man nicht verallgemeinern, sondern für jeden Schmelztyp überprüfen, ob sie annehmbar ist. Falls der Widerstand beim Gastransport aus der Umgebung zur Tropfenoberfläche bekannt und größer als Null ist, sollte ein Shrinking-Core-Modell als bessere Approximation verwendet werden.

Ein Anwendungsbeispiel für die chemische Gleichgewichtsberechnung ist die Beschreibung von Oxidation und Reduktion der Eisenoxide im flüssigen Zustand, welches in (Božić 2002) dargestellt ist.

Erstarrung durch Glasbildung und/oder Kristallisation

Schmelz- und Erstarrungstemperatur für einen homogenen Stoff sind nur dann gleich, wenn der Phasenübergang sehr langsam stattfindet (theoretisch – in unendlich langer Zeit). In der Praxis tritt dies jedoch nie auf, da im Feuerraum die üblichen Aufheiz- und Abkühlungsgeschwindigkeiten im Bereich von 100-10000 K/s liegen. Wenn die Partikelabkühlung unendlich schnell erfolgt, endet die Erstarrung bei der Temperatur T_0, auch als ideale Umwandlungstemperatur des Glases bezeichnet.

Für eine reale Abkühlungsgeschwindigkeit der Partikel liegt die ideale Umwandlungstemperatur der Glasphase T_{Glas} im Bereich $T_0 < T_{Glas} < T_{Schm}$. Für die Berechnung der Temperatur T_{Glas} sind mehrere Verfahren bekannt, aber jedem fehlt die Allgemeingültigkeit. Eine von Uhlmann (Dubey 1996) entwickelte Berechnungsprozedur, die eine breite Palette der

Stoffe inklusiv Metalloxide umfasst, ist die „Peak Method". Diese Methode nutzt eine durch Versuche gefundene Abkühlungskurve für den selektierten Mineralstoff, die in einem ZTU-Diagramm (Zeit-Temperatur-Umwandlungs-Diagramm) dargestellt werden kann. Wenn die Abkühlungskurve ein Temperaturgebiet T_n („Nose-temperature") erreicht, erstarrt die unterkühlte Flüssigkeit.

5.4 Kopplung von Brennkammersimulation und Mineralumwandlung

5.4.1 Berechnungsschritte und Kopplungsverfahren

In der Literatur sind von einer Reihe von Autoren (Beer 1991), (Kang 1991), (Monroe 1989) (Wilemski 1991) unterschiedliche Modellierungen vorgestellt worden. Alle diese Modelle haben versucht, eine Verbindung zwischen Verbrennung und Mineralumwandlung im brennenden Kohlepartikel herzustellen. Es wurde aber nicht die Mineralumwandlungen in einer Brennkammer und deren Verschlackung simuliert.

Die Modellierung der Mineralumwandlung in einem Feuerraum erfordert die Durchführung von vier Berechnungsschritten BS1, BS2, BS3 und BS4:

BS1: Berechnung der Geschwindigkeiten, Temperaturen und Konzentrationen der Rauchgaskomponenten in der Gasphase
BS2: Berechnung von Partikelbewegung
BS3: Verbrennung in der Feststoff-/Flüssig-Phase
BS4: Berechnung der Mineralumwandlungen in der Feststoff-/Flüssig-Phase und der Haftung an den Wänden/Verschlackung

(Schiller 1999) gibt eine Übersicht über verschiedene Kopplungsmöglichkeiten der ersten drei Berechnungsschritte, die so gestaltet sind, dass sie für den Anwendungsfall genügend genau sind, sich aber auf einen möglichst kleinen Rechenaufwand beschränken.

Alle Berechnungsschritte können entweder in einer Richtung (One-Way-Coupling (OWC)) oder in Hin- und Rückrichtung (s. Abb. 5.9) gekoppelt werden, was Iterationen (Two-Way-Coupling (TWC)) notwendig macht. Bei Anwendung jeder Methode muss man die Ziele der Berechnung in Betracht ziehen. OWC ist natürlich wirtschaftlicher, weil weniger Rechenzeit verbraucht wird. Alle berechneten Vorgänge laufen parallel oder seriell in Ketten gebunden, ohne Rückwirkung auf die im vorherigen Berechnungsschritt laufenden Prozesse. TWC kann man als partielle Kopplung (nur Berechnungsschritte 1, 2 und 4) oder vollständige Kopplung (aller vier Berechnungsschritte) durchführen. Partielle Kopplung bietet die Möglichkeit, den Einfluss von Massenänderungen der Mineralbestandteile auf die Partikelbahn zu berücksichtigen. Eine vollständige Kopplung in zwei Richtungen (TWC) bietet die Möglichkeit, auch den Einfluss der Verbrennung und Bewegung einzelner Kohlepartikel auf Gastemperatur und Konzentrationen der Rauchgaskomponenten und

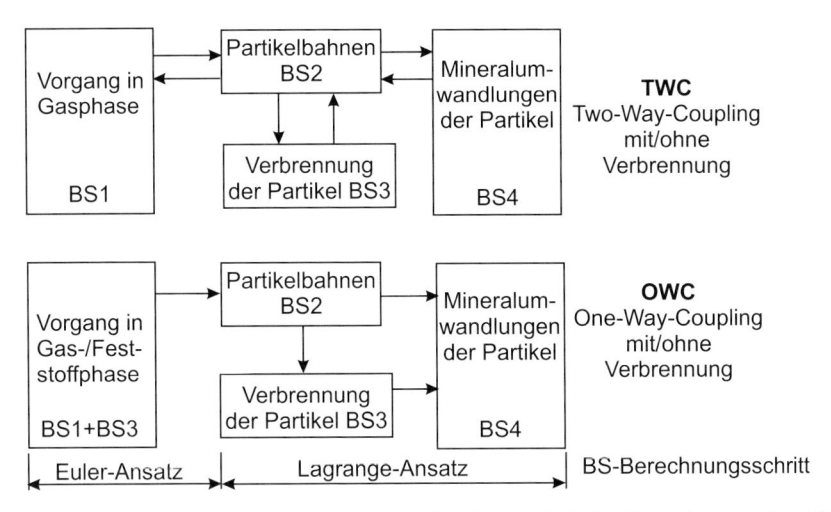

5.4 Kopplung von Brennkammersimulation und Mineralumwandlung

Abb. 5.9. Darstellung der Kopplungsmöglichkeiten bei der Berechnung der Mineralumwandlung

auch die Turbulenz (Fischer 1998) zu berechnen. In diesem Fall ist der Berechnungsaufwand sehr groß, und er stößt bei komplizierter Geometrie mit hoher Zellenzahl und hoher Anzahl an Partikelbahnen an die Grenzen der heutigen Computertechnik.

Bei der Modellierung der Mineralumwandlung und des Verschlackungsprozesses wurden in (Božić 2002) als optimaler Kompromiss für die Beschreibung der Prozesse in der Gasphase der Euler'sche Ansatz und der Lagrange'sche Ansatz zur Beschreibung der Prozesse in der Feststoff-/Flüssig-Phase verwendet. Details zu Partikel-, Energie-, Massen- und Stoffbilanzen sind in (Božić 2002) zu finden.

Ferner beinhaltet das verwendete OWC-Modell folgende Vorstellungen (Abb. 5.10 und Abb. 5.11):

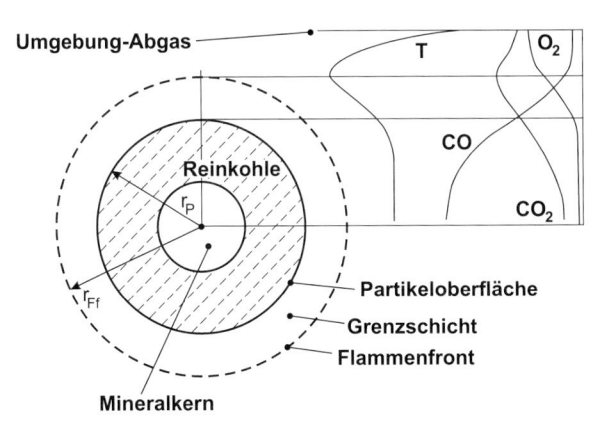

Abb. 5.10. Kohle-Mineral-Modell

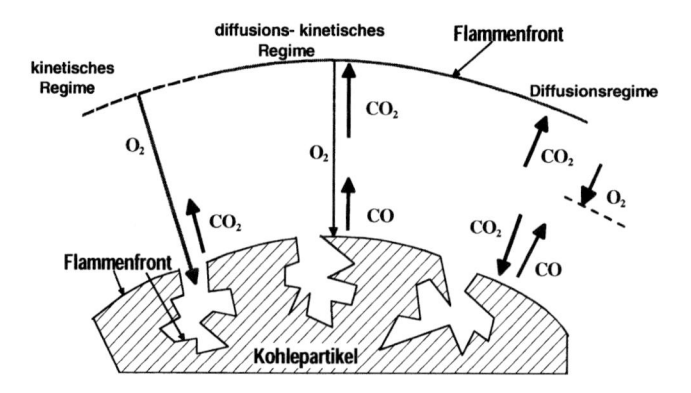

Abb. 5.11. Drei mögliche Verbrennungsregime; Quellen: (Vockrodt 1994), (Essenhigh 1981)

- Das Kohlepartikel ist eine Kugel, mit dem Radius r_K
- In dieser Kugel befindet sich eine kleinere, konzentrische Kugel, in der die Mineralstoffe konzentriert sind. Die Masse der Mineralstoffe im Kern entspricht dem Ascheanteil aus der Elementaranalyse der Kohle.
- Die Kohleschicht ist porös, und Verbrennungsprodukte aus der Grenzschicht gehen ohne Widerstand bis zum Mineralkern durch. Dort wirken sie am Umwandlungsprozess mit.
- Zwischen der noch unverbrannten Rohkohle und dem Mineralkern kommt es im festen Zustand nicht zu Reaktionen. Die Prozesse sind durch das gebildete CO und CO_2 und das noch nicht verbrauchte O_2 an der inneren Oberfläche des Mineralkerns gekoppelt. Die Konzentrationen dieser Gaskomponenten an der Partikeloberfläche und in der Gasumgebung sind unterschiedlich.
- Wenn der Verbrennungsprozess beendet ist, ist der freie Mineralkern im direkten Kontakt mit dem umgebenden Rauchgas.
- Mit der Ausscheidung von Gaskomponenten aus dem Mineralkern sinkt die Masse des Mineralkerns, die Porosität steigt, aber der Durchmesser bleibt konstant. Ausscheidungen entstehen üblicherweise bei der Entwässerung von Hydraten und Hydrosilikaten, bei der Zersetzung von Karbonaten, Sulfaten, Oxiden u.a. heterogenen Reaktionen. Die Abnahme der Mineralmasse hat nach der Modellvorstellung keine Rückwirkung auf die Partikelbahn, aber sie hat Einfluss auf die Masse der an der Wand haftenden Partikel (One-Way-Coupling).
- Kohlepartikel, die an unterschiedlichen Punkten der Brennermündung starten, haben eine unterschiedliche Mineralzusammensetzung. Diese wird mit einem Mineralverteilungsmodell definiert. Alle Kohlepartikel, die zur gleichen Bahn gehören (wie eine „Perlenschnur"), haben die gleiche Zusammensetzung im Mineralkern. Bei gleicher Mineralzusammensetzung im Startpunkt haben Partikel, die unterschiedlichen Bahnen angehören, im

5.4 Kopplung von Brennkammersimulation und Mineralumwandlung

Endpunkt (Wandhaftung oder Ausgang des Feuerraums) unterschiedliche Zusammensetzungen. Dies ist die Folge unterschiedlicher Gaszusammensetzungen und Temperaturen bzw. Wärmeflüssen denen die Partikel auf ihren unterschiedlichen Bahnen ausgesetzt sind. Diese ungleichen Randbedingungen steuern die Abläufe der Mineralumwandlungen unterschiedlich.
- Mineralumwandlungen in einem Partikel umfassen unterschiedliche physikalisch-chemische Prozesse, abhängig von den Anfangs- und Randbedingungen. Für die Beschreibung jedes Prozesses wird eines von zwölf vordefinierten Modellen für Mineralumwandlungen (s. Tabelle 5.1) benutzt. Nicht benutzt wird das SCGM-Modell. Welches Modell am Startpunkt des Partikels genutzt wird, hängt von der Auswahl der Mineralstoffe, ihrer Herkunft und den Rauchgaseigenschaften (Zusammensetzung, Temperatur) ab, die gemeinsam die Umwandlungsart bestimmen. Abhängig von den Brennraumbedingungen treten weitere Umwandlungen auf, von denen jede mit einem passenden Modell zu berechnen ist. Alle Modelle sind an die Ablaufketten gebunden. Der Prozess ist zu dem Zeitpunkt beendet, an dem das Partikel die Wand trifft und haftet oder die Brennkammer verlässt. Die letzte Umwandlung beim Haften auf der Wand beschreibt den bleibenden Zustand der Mineralien (Asche, Schlacke).

Die Modellierung umfasst nicht Cenosphärebildung, Zersplitterung der Kohlepartikel, Sublimation, Verdampfung und Kondensation der Mineralstoffe. Das Modell unterscheidet die Bildung von Kristall- und Glaszustand.

In einer weiteren Arbeit (Hoppe 2005) wurde die Freisetzung und Ablagerung von Alkalien behandelt.

5.4.2 Modell für die Verteilung der Mineralien auf die Startpunkte der Partikelbahnen

Das in (Božić 2002) angewandte Verteilungsmodell erlaubt im Mineralkern eines Partikels reine Mineralphasen oder binäre Mineralmischungen. Nach der Modellvorstellung ist die Zahl der Kohlepartikel mit einer bestimmten Mineralphase proportional ihrem Masseanteil in der jeweiligen Kohlefraktion. Derzeit kann mit TRAMIK die Umwandlung der in Tabelle 5.3 angegebenen Mineralphasen und binären Mischungen berechnet werden. Die Startpunkte werden gleichmäßig auf dem Brennerquerschnitt verteilt. Unbekannte Mineralphasen, die durch Untersuchungen nicht eindeutig festgestellt werden konnten, sind in die Simulation als inerte Stoffe (s. Tabelle 5.6) eingebracht worden (keine Umwandlung, aber Beteiligung an der Massenbilanz).

Die Masseanteile werden durch Oxidanalyse und Mineralvollanalysen von Kohleproben ermittelt, die mithilfe von Röntgenfluoreszenz-Technik (RF) und XRD oder KKREM/EDX-Technik (CCSEM/EDX) durchgeführt wurden.

---
[1] kein Schmelzpunkt im interessanten Bereich
[2] Umwandlungskinetik aller dieser Mineralstoffe ist erläutert in (Božić 1998)

Tabelle 5.3. Einzelne Mineralphasen und binäre Mischungen, die in der TRAMIK-Simulation als Anfangskomponente in einem fliegenden Kohlepartikel erscheinen können.

Nr.	Mineralphase [2] [kg/kg Gesamt]	berücksichtigte Zwischen- oder Endprodukte (Feststoffe)	berücksichtigte Schmelzphasen	berücksichtigte Glasphasen
1	Pyrit	Pyrrhotin, Fe-Oxide	X	
2	Lymonit/Fe_2O_3	alle Fe-Oxide	X	
3	Siderit	alle Fe-Oxide	X	
4	Quarz/Cristall.	alle Phasen SiO_2	X	X
5	Quarz/Amorph	alle Phasen SiO_2	X	X
6	Kaolinit	alle Zersetzungsprodukte	X	
7	Gips	$CaSO_4$, CaO	$-^1$	
8	Kieserit	$MgSO_4$, MgO	−	
9	Kalcit/Kalkspat	CaO	$-^1$	
10	Magnesit	MgO	$-^1$	
11	Dolomit	MgO CaO	$-^1$	
12	Enstatit	−	X	X
13	Periklas	MgO	−	
binäre Mischungen				
14	FeO/SiO_2	Fayalit	X	X
15	CaO/SiO_2	Wollastonit	X	X
16	CaO/Fe_2O_3	Calciumferrit	X	X
17	MgO/Fe_2O_3	Magnesiumferrit	−	
18	FeO/Al_2O_3	Herzynit	$-^1$	
19	MgO/Al_2O_3	echter Spinell	$-^1$	
20	CaO/Al_2O_3	Calciumaluminate		
21	MgO/SiO_2	Enstatit	$-^1$	
22	INERTSTOFFE		−	

Für die XRD-Untersuchung sollte die Kohleprobe durch Kaltveraschung mit einem Plasmaverfahren vorbereitet werden. Durch dieses Verfahren wird in der Probe die Konzentration der Mineralkomponenten erhöht und während der Messungen eine bessere Auflösung erreicht. Durch Untersuchungen mit XRD ist es möglich, den Anteil der kristallisierten Mineralkomponenten in der gesamten Mineralsubstanz festzustellen. Üblicherweise beträgt dieser Anteil 40-75 %. Bei kombinierter Anwendung von KKREM/EDX ist es zum Teil auch möglich, nichtkristalline Stoffen zu bestimmen. Dabei liegt ein Unsicherheitsfaktor darin, dass Atome, die leichter als Sauerstoff sind, nicht identifiziert werden können. Dadurch ist es für einige Stoffe schwer zu unterscheiden, ob es sich z.B. um ein Karbonat oder ein Oxid handelt.

Mithilfe der RF-Methode wird für die gesamte Mineralsubstanz eine Oxidanalyse durchgeführt. Anderseits kann aus den mit XRD oder KKREM/EDX gewonnenen Messdaten eine Atombilanz und eine Bilanz der Oxide erstellt werden. Zwischen dem Oxidgehalt der gesamten Mineralsubstanz und dem

5.4 Kopplung von Brennkammersimulation und Mineralumwandlung

Oxidgehalt der einzelnen Mineralphasen (gefunden mit XRD-Technik) besteht im Allg. eine Differenz. Diese Differenz stellt den Oxidgehalt folgender Komponenten dar:

- Anorganische Kationen, die zur organischen Kohlesubstanz gehören.
- Amorphe Mineralsubstanz, die mit o. g. Methoden nicht festgestellt werden konnte.

Dazu ist eine Hypothese über das Mineralverhalten während der Kohleverbrennung eingeführt worden. Entsprechend dieser Vorstellung verbleiben alle anorganischen Kationen, die nicht zu den Alkalien gehören, während der Verbrennung in der inneren Struktur oder auf der Oberfläche des schrumpfenden Kohlepartikels. Im Kontakt mit Sauerstoff oxidieren sie schlagartig. Dafür wird der Sauerstoff verwendet, der zum Teil in der Kohlestruktur selbst und zum Teil in der Umgebung der Oberfläche enthalten ist. Die Alkali-Kationen (anorganischer Anteil in der Kohlestruktur) verdampfen, durchqueren die Flammenfront und oxidieren dabei (Effenberger 1989). Alkalioxide werden bei den Mineralumwandlungen und Ablagerungen in (Hoppe 2005) berücksichtigt.

Unterschiedliche Kohlefraktionen haben unterschiedliche Mineralzusammensetzungen (Kipp 1999). Die Gründe dafür liegen im Mahlverfahren und in der unterschiedlichen Festigkeit einzelner Mineralphasen. Die Berücksichtigung der Mineralzusammensetzung für mehrere Kohlefraktionen bringt eine erhebliche Verbesserung in der Simulation der Verschlackung.

5.4.3 Besonderheiten der numerischen Verfahren bei der Kopplung von Euler'scher und Lagrange'scher Betrachtungsweise

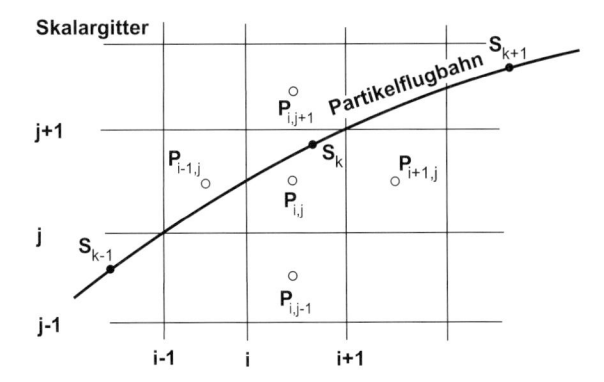

Abb. 5.12. Schema der Variablenkopplung zwischen Euler- und Lagrange-Verfahren (P Definitionspunkt für skalare Variable im Kontrollvolumen, S Stützstelle der Partikelflugbahn)

400   Mineralumwandlung

Eine Brennkammer ist entsprechend der Euler-Beschreibung durch Gitter in Kontrollvolumina (Finite-Volumen-Methode) aufgeteilt. Verwendet man versetzte Gitter, so benutzt man 4 verschiedene Gitter, nämlich je eines für skalare Größen, ein in x-Richtung, ein in y-Richtung, ein in z-Richtung versetztes Gitter für vektorielle Größen in x-, y-, bzw. z-Richtung (siehe Abb. 5.12 und 5.13). Innerhalb eines Kontrollvolumens sind die Größen überall gleich. Für jede Stützstelle einer Partikelflugbahn werden sowohl skalare als auch vektorielle Größen bestimmt, wobei natürlich die Werte der entsprechenden Kontrollvolumina verwendet werden. Je dichter die Stützstellen der Partikelflugbahn liegen, desto genauer wird die Flugbahn berechnet. Im Hinblick auf die benötigte Rechenzeit sollte nicht mehr als eine Stützstelle in ein Kontrollvolumen fallen.

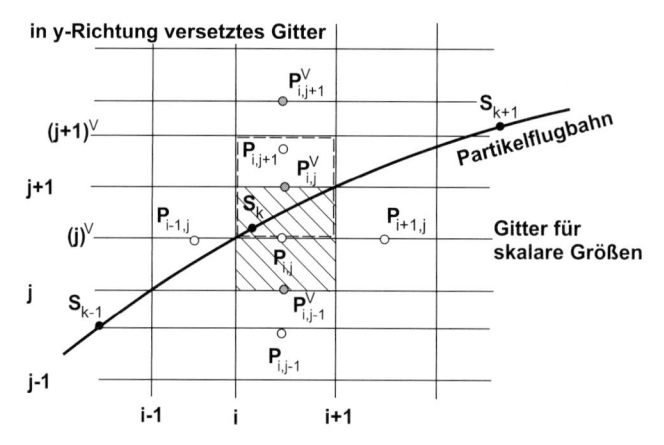

Abb. 5.13. Schema der Variablenkopplung zwischen Euler- und Lagrange-Verfahren (P Definitionspunkt für skalare Größen im Kontrollvolumen, P^V Definitionspunkt für vektorielle Größen im Kontrollvolumen, S Stützstelle der Patikelflugbahn)

Werden wenig Stützstellen für die Flugbahn verwendet, d.h. lässt man ein Partikel bis zur nächsten Stützstelle relativ weit fliegen, werden ein oder mehrere Kontrollvolumina übersprungen. Um das Partikel keinen zu großen Temperatursprüngen auszusetzen, wurde in solchen Fällen bei weiteren Berechnungen (wie bei der Mineralumwandlung im Programm TRAMIK) die Temperatur zwischen zwei Stützstellen linear interpoliert. Für rasch ablaufende Mineralumwandlungen wurden zwischen den zwei Stützstellen ausreichend viele Zeitschritte verwendet, für langsam ablaufende Mineralumwandlungen entsprechend weniger. Laufen gleichzeitig mehrere Mineralumwandlungen, die sich gegenseitig beeinflussen, in einem Partikel ab, so bestimmt die schnellste Umwandlung die Größe der Zeitschritte.

5.5 Modell der Haftung und Verschlackung

In (Božić 2002) wie auch in ähnlichen Modellen wird ein sehr einfaches Haftkriterium verwendet, nämlich die Ascheerweichungs- und/oder Aschefließtemperatur, d.h. ein Partikel mit einer Temperatur oberhalb der als kritisch betrachteten Temperatur haftet, ein Partikel mit einer niedrigeren Temperatur wird reflektiert. Nicht berücksichtigt wird, ob ein Belag bereits vorhanden und eventuell schon klebrig bzw. geschmolzen ist. Kondensation und Sublimation von Dämpfen werden in (Hoppe 2005) behandelt. Auch die Vorgänge im Wandbelag werden nicht simuliert. Dafür müssen ähnliche instationäre Modelle wie für die Mineralumwandlung in der Brennkammer oder Gleichgewichtsberechnungen angewendet werden. Siehe auch (Müller 1997), (Bernstein 1999) und (Hecken 1999).

5.6 Simulation der Mineralumwandlung und Verschlackung und Vergleich mit Messungen in der Brennkammer eines braunkohlegefeuerten 600 MW$_{el}$ Dampferzeugers

In (Božić 2002) wird die Simulation der Verschlackung einer Brennkammer eines 600 MW$_{el}$ braunkohlenstaubgefeuerten Dampferzeugers nach dem vorgestellten Verfahren beschrieben.

Beschreibung der Brennkammer

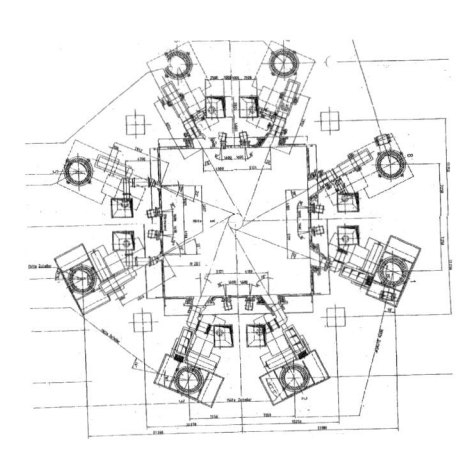

Abb. 5.14. Einstellung der Brenner auf den Brennerkreis

Die Brennkammer hat einen quadratischen Querschnitt mit 20,0 m Kantenlänge und eine Höhe von 56,8 m (siehe Abb. 5.15 und 5.14).

402 Mineralumwandlung

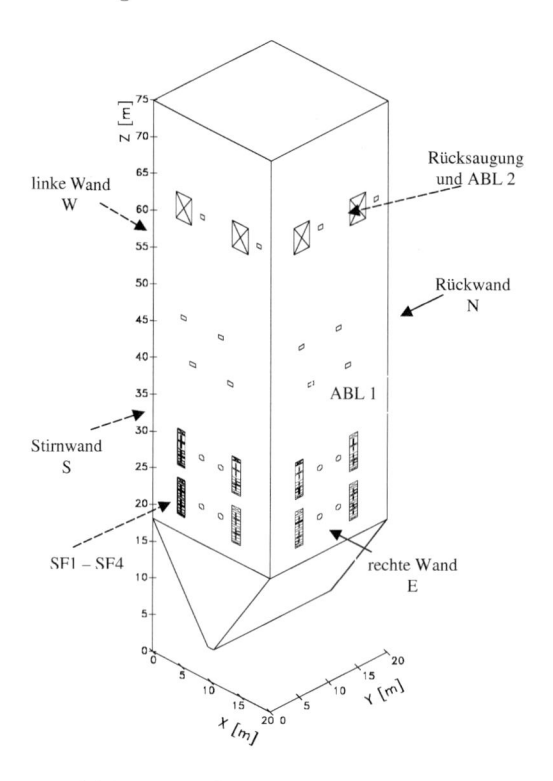

Abb. 5.15. Schema des Feuerraums

Die Brennkammer ist mit acht Mühlen ausgestattet, in denen die Braunkohle gleichzeitig gemahlen und getrocknet wird. Zur Trocknung werden heiße Rauchgase aus der Brennkammer in die Mühlen geleitet. Jede Mühle versorgt jeweils eine „Brennerecke" mit dem Kohlenstaub-Traggas-Gemisch. Jede „Brennerecke" ist mit 2 Brennern versehen. Die untere Ebene besitzt zwei Staubfinger (SF1 und SF2), die obere Ebene nur einen (SF3). Auf dem Platz des zweiten Staubfingers der oberen Ebene (SF4) sind die Kernluftöffnungen in Betrieb. Der Brennergürtel beginnt bei 20,5 m und endet bei 32,1 m. Die Staubfinger und Luftdüsen der Brenner sind alle waagerecht und auf einen Brennkreis von 2 m Durchmesser eingestellt. Unter dem Brennkammertrichter befindet sich ein Nachbrennrost, auf dem unverbrannte Bestandteile der Brennkammerasche nachverbrannt werden. Die Ölzündbrenner sind in zwei Ebenen auf +23,110 m und +29,770 m zwischen den Kohlenbrennern angeordnet. Sie sind im simulierten Betriebsfall außer Betrieb und werden mit Verbrennungsluft aus dem Luvo (Kühlluft) beaufschlagt.

Die Verbrennungsluft wird über die Brenner und in zwei Ausbrandluftebenen (ABL) gestuft über der Brennkammerhöhe zugeführt. Die ABL-Ebenen befinden sich auf +47,76 m und +62,50 m. Vor der zweiten Ausbrandluftzugabe beträgt das Luftverhältnis 1,05; am Ende des Feuerraums 1,21. Auf der

Höhe 61,8 m befinden sich die Abgas-Rücksaugöffnungen, durch die etwa 20 % des erzeugten Abgasstroms für die Vortrocknung und den Transport des Brennstoffs abgezogen werden. Die Unterkante der Rücksaugeköpfe befindet sich auf +60,6 m. Die Simulationsrechnungen wurden bis zur Höhenkote +74,9 m (Trichteroberkante = +18,1 m) durchgeführt und schließen damit die erste Bündelheizfläche mit ein. Die Rechnung wurde für eine 7-Mühlen-Vollast durchgeführt. Außer Betrieb ist der Brenner 8.

Bestimmung der Kohle- und Mineraleigenschaften

Die Simulation wurde für eine Braunkohle aus dem rheinischen Revier durchgeführt. Die Kohleeigenschaften wurden hinsichtlich ihrer Immediat- und Elementaranalyse innerhalb einer früheren Untersuchung (Heitmüller 1999) bestimmt. Das Untersuchungsergebnis ist in Tabelle 5.4 gegeben.

Tabelle 5.4. Zusammensetzung der Kohle

Analyse		Einheit	Wert
Rohkohle	Hu	MJ/kg	16,924
Reinkohle	Hu	MJ/kg (waf)	25,789
Immediatanalyse	-Anteil-		
Wasser	W	Gew.-%	53,600
Asche	A_K	Gew.-%	3,724
Flücht. Best.	FL	Gew.-% . (waf)	53,600
Elementaranalyse			
	C	Gew.-% . (waf)	67,091
	H	Gew.-% . (waf)	4,866
	O	Gew.-% . (waf)	26,795
	N	Gew.-% . (waf)	0,750
	S	Gew.-% . (waf)	0,499

In den Mühlen wird die Kohle auf eine Restfeuchte von etwa 28 Gew.-% getrocknet. Bei ausgewählten Referenzkohlen aus der gleichen Probe wurden auch qualitative Zusammensetzung der Rohmineralien und Ascheeigenschaften untersucht. Die experimentelle Elementanalyse der Asche wurde in Ascheoxide umgerechnet (s. Tabelle 5.5) und in dieser Form für Simulationszwecke weiter benutzt.

Tabelle 5.5. Oxidanalyse der Asche (Gew.-%)

SiO_2	Al_2O_3	Fe_2O_3	CaO	MgO	Na_2O	K_2O	SO_3	TiO_2	Cl	Summe
3,347	3,042	10,524	33,747	13,730	6,263	0,665	28,438	0,237	<0,007	100,0

Die Daten der Oxidanalyse wurden für die Berechnung der Ascheschmelztemperatur, der Oberflächenspannung und der Viskosität im Postprozessor

TRAMIK benutzt. Sie sind von Bedeutung, wenn diese Werte im Programm nicht als gemessene Werte gegeben sind. Ebenso wurden diese Daten zur Durchführung einiger interner Bilanzen der Mineralstoffe während der Umwandlung verwendet.

Tabelle 5.6. Mineralphasenzusammensetzung der Kohle (pro Partikelgröße)–Ausgangsdaten für die Simulation

REFERENZKOHLE					
Partikelgröße	$d\ [\mu m]$	< 80	80-112	112-160	>160
Pyrit	FeS_2	0,227	0,344	0	0,405
Hämatit	Fe_2O_3	0,360	2,060	0,250	1,183
Siderit	$FeCO_3$	1,800	47,000	12,000	65,000
Magnetit	Fe_3O_4	0	0,129	0	0,500
Quarz	SiO_2	52,627	5,697	13,889	0,820
Gips	$CaSO_4 2H_2O$	36,680	24,96	28,727	18,195
Kaolinit/Illit	$Al_2Si_2H_4O_9$	0,789	1,203	5,320	8,438
Periklas	MgO	0,950	0,500	3,020	1,584
Enstatit	$MgSiO_3$	0,142	0,158	8,949	0,082
gemischte Oxide					
FeO/SiO_2		0	0	0	0
CaO/SiO_2		1,130	7,458	5,419	0,075
CaO/Fe_2O_3		5,29	10,006	0,248	3,670
MgO/Fe_2O_3		0	0	0	0
FeO/Al_2O_3		0	0	0	0
CaO/Al_2O_3		0	0	1,530	0,048
Al_2O_3/SiO_2		0	0	0	0
Summe:	%.-Gew.	99,995	99,5150	79,352	100,000
Innert/Unbekannt	%. Gew.	0,005	0,4850	20,648	0

Aus dieser Zusammensetzung und den Daten einer REM/EDX-Analyse (Kipp 1999) wurde mit begrenzter Genauigkeit eine quantitative Mineralzusammensetzung bestimmt (siehe Tabelle 5.6). In einigen Kohlepartikeln sind Mineralkörner entdeckt worden, in denen unterschiedliche Mineralphasen stark verwachsen sind, wobei einzelne von ihnen nicht identifiziert werden konnten. Ebenso sind organisch gebundene Mineralstoffe in Form von Kationen gefunden worden. Es wurde aus physikalischen Gründen angenommen, dass die Kationen am Prozessanfang in Oxide umgesetzt werden. So sind stark gemischte Mineralphasen in Kohlepartikeln, die nicht identifiziert werden konnten, und Kationen aus organischen Anteilen der Rohkohle als Verhältnis der einzelnen Oxide gegeben. Dem erreichten Entwicklungsstand von TRAMIK entsprechend wurden Mineralmischungen als binär betrachtet und in dieser Form in die Berechnungen eingeführt.

Die Elementaranalyse der Asche zeigt, dass der Anteil der Alkalien (Na, K) sehr hoch ist, was für rheinische Kohlen typisch ist. Alkalien zusammen mit

Silizium und eisenhaltigen Stoffen sind als verschlackungsfördernd bekannt. Beim derzeitigen Stand von TRAMIK sind diese aber nicht in Betracht gezogen worden. Erst in (Hoppe 2005) werden diese berücksichtigt und ergeben einen Anfangsbelag aus kondensierten bzw. sublimierten Dämpfen.

Zur Beurteilung der Ascheeigenschaften wurde auch die Erweichungstemperatur (T_{erw} = 1140°C) und die Halbkugeltemperatur (T_{HK} = 1290°C) ermittelt.

Simulation von Strömung, Abbrand und Wärmeübertragung in der Brennkammer nach dem Euler-Euler-Verfahren

Tabelle 5.7. Betriebswerte für den ausgewählten Simulationsfall

	Einheit	Wert	Mediumstemp. °C
Feuerungsleistung	[MW]	1839,77	-
Kohlemassenstrom	[kg/s]	7 mal 15,53	-
Massenstrom-Ausbrandluft 1 (ABL1)	[kg/s]	93,55	353
Massenstrom-Ausbrandluft 2 (ABL2)	[kg/s]	90,75	353
Transportgas	[kg/s]	7 mal 73,01	158
Sekundärluft der Brenner in Betrieb	[kg/s]	109,58	353
Kühlluft der Brenner	[kg/s]	11,5	353
Kühlluft der Ölbrenner	[kg/s]	32,0	353
Trichterluft	[kg/s]	23,805	30
Falschluft	[kg/s]	7,953	30
Rostheißluft	[kg/s]	45,0	353
Rückgesaugte Massenströme	[kg/s]	7 mal 18,28	1117
Luftverhältnis	-	1,201	
Mühlen in Betrieb	-	7	
Mühlen außer Betrieb	-	1	
Brennstoff		Rheinische Braunkohle	

Die Simulation wurde mit den in Tabelle 5.7 dargestellten Betriebsparametern durchgeführt.

Im ersten Berechnungsschritt wurden mit dem Einphasen-Ansatz nach der Euler-Euler-Methode (Gas- und Feststoff nach Euler) die Transportgleichungen für Masse, Impuls, Energie und Stoffkonzentrationen gelöst und zwar gekoppelt mit den Umwandlungsraten für die Verbrennung. Als Ergebnis dieser Berechnung erhält man Geschwindigkeits-, Temperatur-, Strahlungsfluss- und Konzentrationsfelder für die Rauchgaskomponenten sowie für flüchtige Bestandteile, Kohle, Koks und Asche.

Tabelle 5.8. Korngrößenvert. in der Simulation nach Euler-Euler-Methode

Klasse	Mittlere Partikelgröße (μm)	Massenanteil der Klasse	Rohkohle (kg/s)	Reinkohle-Anteil (kg_{waf}/kg_{ges})
1	50	0,15	16,31	0,682
2	120	0,20	21,73	0,683
3	330	0,65	70,67	0,683

Die Konzentrationsfelder für Feststoffe wurden für drei Partikelgrößen (s. Tabelle 5.8) berechnet.

Nähere Informationen über die verwendeten Abbrand-, Strahlungs- und Impulsmodelle etc., über Geschwindigkeits-, Temperatur- und Konzentrationsfelder und das Unverbrannte (CO und Restkoks) sind in (Müller 1992) und (Božić 2002) zu finden.

Simulation der Mineralumwandlung, der Verschlackung und Mineralphasenverteilung auf den Feuerraumwänden

Der vorherige Berechnungsschritt liefert den größten Teil der benötigten Randbedingungen für die Simulation der Mineralumwandlung und Verschlackung. Bevor weitere Berechnungsschritte gestartet werden dürfen, müssen alle Anfangs- und bisher noch unbestimmte Randbedingungen definiert werden. Als Anfangsbedingungen wurden am Feuerraumeintritt definiert:

- Zahl der Partikelflugbahnen (gesamt, pro Brenner und pro Partikelgrößenklasse)
- Startpunkte an der Brennermündung
- Partikelgeschwindigkeiten
- Partikeltemperatur

Tabelle 5.9. Einteilung der Größenklassen der Kohlepartikel in der durchgeführten Simulation nach der Lagrange-Methode

Partikelklasse	Mittlere Durchmesser [μm]	Masseanteil der Klasse [Gew.-%]
1	8,00	10
2	15,00	10
3	32,50	10
4	60,00	10
5	105,00	10
6	160,00	10
7	250,00	10
8	400,00	10
9	675,00	10
10	1000,00	10

In der durchgeführten Simulation wurden für jeden der sieben Brenner im Betrieb 6624 Partikelbahnen, d.h. insgesamt 46368 Partikelbahnen, gestartet und berechnet. Alle Kohlepartikel wurden 10 Größenklassen zugeordnet und zwar entsprechend der Siebanalyse (s. Tabelle 5.9).

Die Mineralzusammensetzung wurde für die vier Größenklassen Mi 1 bis Mi 4 (s. Tabelle 5.10) untersucht und entsprechend dieser Verteilung den einzelnen Partikelgrößenklassen zugeordnet (s. Tabelle 5.10)

Tabelle 5.10. Einteilung der Größenklassen der Kohlepartikel nach Kriterium – unterschiedliche Mineralzusammensetzung (TRAMIK-Simulation)

Klasse	Partikelgröße (μm)	Masseanteil der Kohlefraktion Gew.-%	Glührest (Asche) Gew.-%	Partikelklasse (s. Tab. 5.9)
Mi 1	< 80	26,8	8,2	1 - 4
Mi 2	80 - 111	5,7	7,4	5
Mi 3	112 - 160	6,8	8,2	6
Mi 4	> 161	60,7	7,0	7 - 10

Es wurde angenommen, dass Geschwindigkeiten und Temperaturen der Partikel auf den Startpunkten mit denen des Gases an den jeweiligen Orten übereinstimmen. Die Startpunkte sind gleichmäßig über die Brennstoffeintrittsfläche verteilt.

Das weitere Verfahren umfasst folgende Berechnungsschritte:
- Bestimmung der Partikelflugbahnen
- Bestimmung der Mineralumwandlung auf den Partikelflugbahnen
- Bestimmung der Massenstromdichten der an der Wand haftenden Partikel
- Grafische Darstellung der Ergebnisse

Die Berechnung der Verbrennung der Kohlepartikel entlang der Flugbahnen hat gezeigt, dass 1,46 % der Partikel, überwiegend der gröberen Fraktionen, an der Wand haften. Als Haftkriterium wurde eine Erweichungstemperatur der Asche von $T = 1140°C$ angenommen.

Der Vergleich zwischen Partikel- und Gastemperaturen entlang der Bahnen zeigt, dass die Partikeltemperaturen im Brennergürtel zwischen Wänden und Rändern des Brennkreises erwartungsgemäß niedriger sind als die Gastemperaturen. Die freigesetzte Wärme wird gebraucht für die Partikelerhitzung, Kohletrocknung und Pyrolyse. Erst im Brennerkreis und in den Zonen außerhalb des Brennergürtels erreichen und überschreiten die Partikel die Gastemperatur. Das ist besonders ausgeprägt bei Partikeln mit großem Durchmesser (grobe Kohlefraktionen). Im Bereich der ersten Ausbrandluftebene (ABL1) sind diese Temperaturen größtenteils ausgeglichen. Bei der gröbsten Fraktion zeigen brennende Koksparktikel in einigen Flugphasen eine Temperaturüberhöhung bis ca. 200°C im Vergleich zur Gastemperatur.

Die Koksverteilung ist qualitativ im Einklang mit dem Ergebnis der Simulation nach der Euler-Euler-Methode. Bei Verfolgung der Massenkomponenten

408   Mineralumwandlung

innerhalb eines brennenden Kohlepartikels ist festzustellen, dass die Kokskonzentrationen in der Feuerraumzone zwischen Brennergürtel- und Rücksaugebene sehr hoch sind. Ein Teil der Partikel, die auf der Wand haften, hat im Auftreffpunkt bis zu 60 % Massenanteile Koks. Es ist denkbar, dass gröbere Partikel noch einige Zeit auf der Wand brennen und zur Erhöhung der lokalen CO-Konzentration beitragen, was zu Korrosionen führen kann. Eine relativ kleine Anzahl an Partikeln, die auf der Wand haften, haben einen Aschegehalt von mehr als 90 % der gesamten Masse. In erster Linie trifft das auf die kleineren Partikelfraktionen zu.

Asche-Massenstromdichte [kg/m² s]

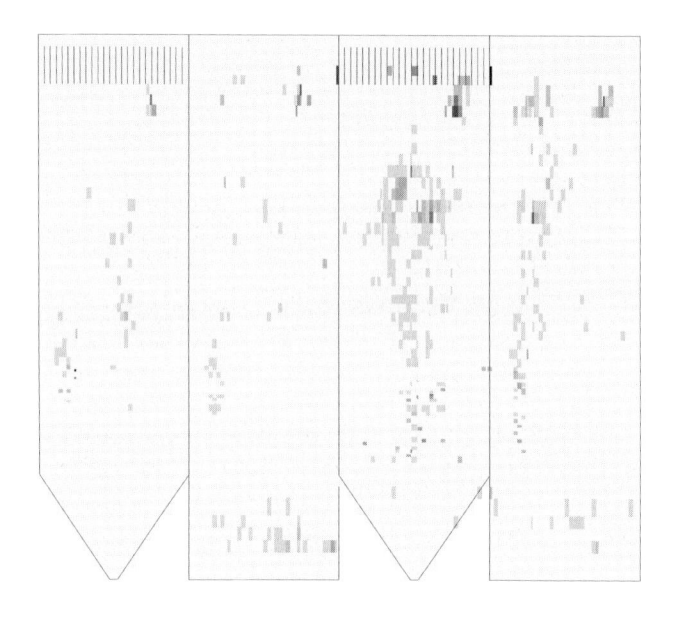

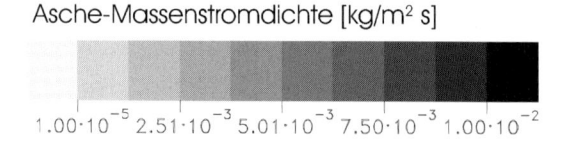

$1.00 \cdot 10^{-5}$ $2.51 \cdot 10^{-3}$ $5.01 \cdot 10^{-3}$ $7.50 \cdot 10^{-3}$ $1.00 \cdot 10^{-2}$

Abb. 5.16. Ascheablagerung an den Wänden des Feuerraums eines KW-Blocks (Abwicklung Stirnwamd, linke Seitenwand, Rückwand und rechte Seitenwand)

Die gebildeten Ascheablagerungen auf den Brennkammerwänden zeigen als Folge unsymmetrischer Strömung im Feuerraum eine ungleichmäßige Verteilung. Diese, verursacht durch die ausgeschaltete „Brennerecke" 8, belastet die Rückwand (N) und rechte Seitenwand (E) (s. Abb. 5.15 und Abb. 5.16) stärker als die anderen Wände. Oberhalb der Brenner ist eine größere Ansatzbildung zu registrieren, nämlich in Höhe der Öffnungen für die ABL1-Düsen (zusätzliche Luft für Verbrennung), in Höhe der Rücksaugeöffnungen, der ABL2-Düsen und im Brennkammertrichter. Die Verschmutzung wird überwiegend durch gröbere Partikel wegen ihrer größeren Trägheit und erhöhten Partikeltemperatur verursacht. Die an den Wänden insgesamt haftenden Ströme von Aschepartikeln und unverbranntem Koks sind in Tabelle 5.11 zusammengestellt.

Tabelle 5.11. Massenströme: der Ablagerungen – gesamt, des unverbrannten Kokses und der Asche an den einzelnen Brennkammerwänden

	Referenzkohle					
Komponente	Ablagerungen		Koks		Asche	
Massenstrom	[kg/s]	[%]	[kg/s]	[%]	[kg/s]	[%]
Stirnwand	0,061	5,13	0,048		0,013	4,81
Linke Wand	0,051	4,29	0,035		0,016	5,93
Rückwand	0,444	37,31	0,340		0,104	38,52
Rechte Wand	0,244	20,50	0,186		0,058	21,48
Trichter	0,390	32,77	0,311		0,079	29,26
Summe:	1,190	100,00	0,920	100,00	0,270	100,00

Ein Blick auf die Partikeltemperaturen in der Austrittsebene zeigt, dass ein begrenztes Feld innerhalb des abgeschwächten Zentralwirbels, in dem die Festpartikel aus gröberen Fraktionen bestehen, Temperaturen über dem Erweichungspunkt der Asche der benutzten Kohle aufweist. Dies stellt eine Gefahr der kombinierten Verschlackung und Verschmutzung nachfolgender Heizflächen dar.

Alle Mineralphasen aus der Zusammensetzung der Rohkohle, die in der Simulation eintreten, sind in Tabelle 5.6 gegeben. Beeinflusst durch Verbrennung und Kontakt der Partikel mit dem Rauchgas werden Rohmineralien in Asche umgewandelt. In den auf der Wand haftenden Aschepartikeln wurden folgende Mineralphasen berechnet: Hämatit, Magnetit, Wüstit, Kalk (CaO), Ca-Sulfat, Wollastonit, Quarz, Cristobalit, Periklas und Aluminiumoxid (Al_2O_3 in Spuren). In den Ablagerungen wurden ebenso flüssige Mineralphasen (Schlacke) mit Anteilen von CaO und FeO gefunden.

In Ablagerungen in der Zone zwischen ABL1- und ABL2-Luftdüsen wurden auch Glassphasen auf der Wand berechnet. Das weist auf haftende Partikel hin, die durch Überquerung des Brennkreises geschmolzen sind. Durch rasche Abkühlung, welche durch ABL-Düsen und Wandnähe beeinflusst wird, erstarren diese Partikel und bilden eine Glasphase.

Im Allgemeinen sind die Flugbahnen haftender Partikel kurz und dauern zwischen 1 und 9 s. Andere Partikel verlassen in kurzer Zeit den Feuerraum. Die Ausnahme sind ganz feine Partikel, die lange Zeit in nahezu geschlossenen Bahnen, in einem stationären Wirbel gefangen, fliegen können. Das betrifft nur wenige Prozente der gesamten Bahnenanzahl.

410   Mineralumwandlung

Betrachtet man das Verhältnis der Verweil- und Flugzeit für verschiedene Kohle-/Aschepartikel, kann man folgende Zeitskala vorschlagen:

1. sehr schnelle Umwandlungsprozesse: bis 0,5 s
2. schnelle Umwandlungsprozesse: zwischen 0,5 und 10 s
3. langsame Umwandlungsprozesse: länger als 10 s

Langsame Umwandlungsprozesse laufen auf der Wand oder außerhalb des Feuerraums weiter ab, falls die Bedingungen für den Reaktionsablauf noch vorhanden sind. Mit dieser Einteilung lassen sich im Feuerraum ablaufende Mineralumwandlungen leichter unterscheiden.

Als Beispiele werden die Mineralumwandlungen auf einigen Flugbahnen näher beschrieben:

Auf der Bahn Nr. 2040 mit einer Mischung von CaO/Fe_2O_3 am Eintritt wird innerhalb von 0,56 s Ca-Ferrit gebildet. Das Partikel fliegt durch die heiße Zone des Brennkreises und schmilzt. Jetzt erreicht der Tropfen, statt des Partikels, nach kurzer Flugzeit von 1,7 s die Wand und haftet. Weitere Vorgänge in den gebildeten Ablagerungen wurden von dieser Simulation nicht verfolgt.

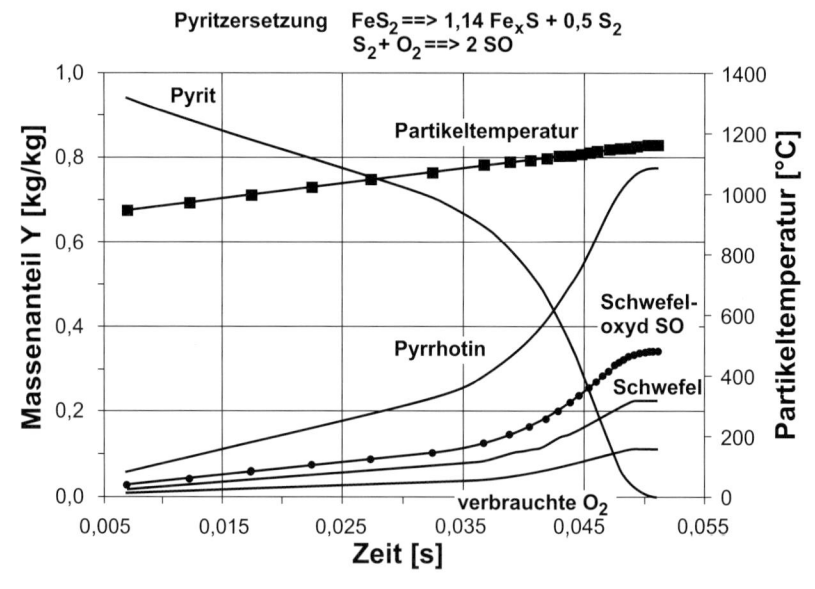

Abb. 5.17. Piritumwandlung innerhalb eines Partikels entlang einer Flugbahn innerhalb der Brennkammer

So zersetzt sich z.B. auf der Bahn Nr. 1158 Pyrit innerhalb von 50 ms (Abb. 5.17). In weiteren 30 ms wandelt sich gebildetes Pyrrhotin zum Teil in Magnetit um und erreicht den Schmelzpunkt. Die weitere Verfolgung des Reaktionsablaufs entlang der Bahn Nr. 1158 zeigt, dass die Reaktion in der

Schmelze (FeS-Fe$_3$O$_4$) weiter geht und nach 13 ms beendet ist. Ein Temperaturanstieg von 1463 auf 1561 K in dieser Flugsequenz beschleunigt die ganze Reaktionsabwicklung. Nach 0,31 s gesamter Flugzeit kommt das Partikel in die Zone etwas kühleren Rauchgases. Das inzwischen voll gebildete flüssige Fe$_x$O$_y$ kristallisiert in kurzer Zeit zu Magnetit (1 ms). Im Allgemeinen sind Schmelz- und Erstarrungsprozesse sehr schnell, überwiegend unter 100 ms. Entlang der weiteren Flugbahn erlaubt ausreichendes Sauerstoffangebot weiterhin die Oxidation zu Hämatit. Bis zum Aufprall auf die Wand wandelt sich das Teilchen vollständig zu Hämatit um.

Entsäuerungsprozesse (Dekarbonisierung) sind schnelle Vorgänge in typischen Aschepartikelgrößen von 20 μm oder weniger mit weniger als 1 s Dauer. Eine lokale Rauchgasatmosphäre mit großem Anteil an CO$_2$ verlangsamt den Zersetzungsprozess. Als typische Zersetzungszeit für Siderit (Bahn Nr. 559) wurde durch die Simulation 0,39 s festgestellt.

Partikel mit Gipsinhalt geben in kurzer Zeit, üblicherweise unter 0,5 s, Feuchtigkeit und Wasser aus ihrer Struktur ab. Abhängig von der Partikelgröße findet in einem Zeitabschnitt zwischen 30-150 s die weitere Zersetzung des gebildeten Ca-Sulfats in CaO und SO$_3$ statt. Darum kann man die Zersetzung von CaSO$_4$ als eher langsam bezeichnen. Alle Partikel mit Gipskern haben ihre Umwandlung bis zum Aufprallpunkt nicht beendet. Beim Haften bestehen sie aus einem Gemisch aus CaO und CaSO$_4$ (Bahn Nr. 21340).

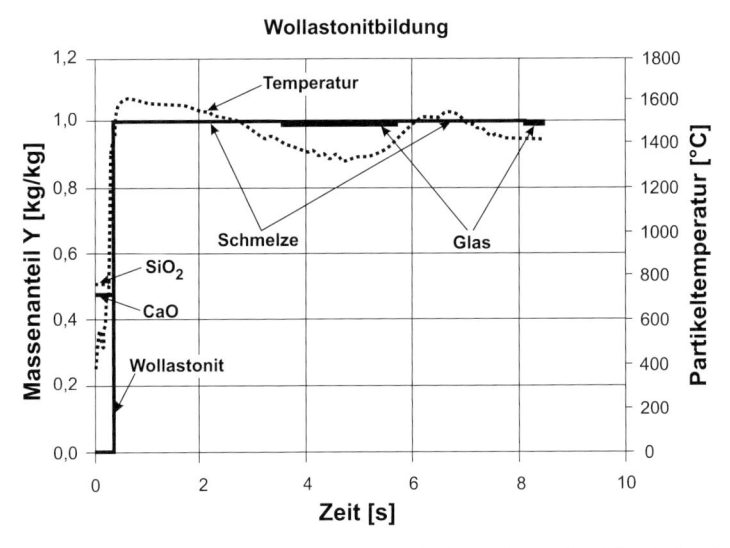

Abb. 5.18. Wollastonit innerhalb eines Partikels entlang der Flugbahn innerhalb der Brennkammer

Weitere Umwandlungsbeispiele von binären Mischungen sind auf den Abb. 5.18 (Wollastonitbildung-Bahn Nr. 12880) und 5.19 (Enstatitbildung-Bahn Nr. 13616) dargestellt.

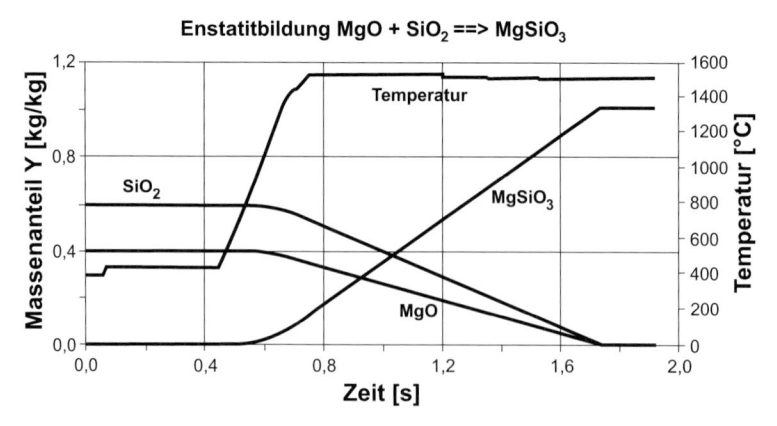

Abb. 5.19. Enstatitbildung innerhalb eines Partikels entlang der Flugbahn innerhalb der Brennkammer

Ein Blick auf die Verteilung der Mineralphasen auf den Feuerraumwänden (s. Abb. 5.20 und 5.21) zeigt einen erhöhten Anteil von Eisenoxiden. Im Brennerbereich, wo die Rauchgasatmosphäre sauerstoffärmer ist, überwiegt der Anteil der Wüstitphase Fe_xO. Diese Mineralphase (Inhalt: zweiwertiges Eisen) ist wegen ihrer niedrigen Schmelztemperatur und der Affinität, sich mit anderen Oxiden zu binden, verschlackungsfördernd. Im oberen Teil des Feuerraums ist der Anteil von Magnetit und Hämatit höher. Gründe dafür sind hohe O_2-Konzentrationen in der Zone der ABL1- und ABL2-Luftdüsen sowie längere Partikelbahnen. Diese erlauben die zügige Abwicklung der Eisenoxidation. Das Eisen im Hämatit ist dreiwertig (Fe^{3+}) und beschleunigt bei anderen Oxiden die Bildung einer festen Glasstruktur (harte Ablagerungen).

Eine offene Frage ist, woher der Wüstit stammt. Der minimal berechnete O_2-Partialdruck liegt bei $4 \cdot 10^{-5}$ bar. Niedrigere Werte bis 10^{-8} bar sind während der Verbrennungsphase kurzfristig in der Grenzschicht des Kohlepartikels zu finden. Bei üblichen Temperaturen im Feuerraum und im festgestellten O_2-Partialdruckbereich ist die Bildung einer Wüstitphase in sehr begrenztem Umfang (siehe Fe-O-Phasen-Diagramm von (Muan 1962)) zu erwarten. Dass Wüstit überhaupt zu finden ist, liegt daran, dass Wüstit ein Zersetzungsprodukt von Siderit ist. Bei ausreichendem O_2-Angebot ($p_{O_2} > 10^{-5}$) oxidiert Wüstit zwar zu Magnetit und Hämatit, aber diese Reaktion ist langsam und läuft während der kurzen Flugzeit nicht vollständig ab.

Die berechneten Verhältnisse zwischen CaO und $CaSO_4$ in den Ablagerungen belegen, dass die durchschnittliche Zersetzung von $CaSO_4$ zu CaO und SO_3 unter 40 % liegt. Die benötigte Zeit für die Abwicklung der Zersetzung kann nur erreicht werden, wenn Partikelbahnen in den oberen Teil des Feuerraums führen.

In den Ablagerungen gefundener Mullit sowie die geringen Mengen von Al_2O_3 stammen aus dem Zersetzungsprozess des Kaolinit (Komponente der Tone).

5.6 Simulation der Mineralumwandlung und Verschlackung

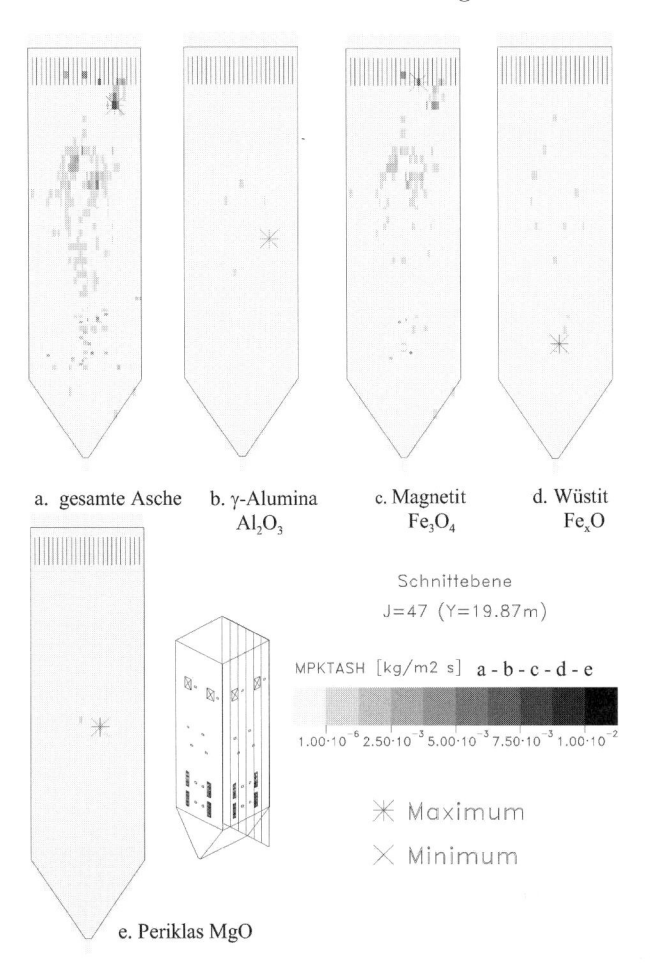

a. gesamte Asche   b. γ-Alumina   c. Magnetit   d. Wüstit
                   Al$_2$O$_3$ Fe$_3$O$_4$ Fe$_x$O

Schnittebene
J=47 (Y=19.87m)

MPKTASH [kg/m2 s]   a - b - c - d - e

1.00·10^{-6} 2.50·10^{-3} 5.00·10^{-3} 7.50·10^{-3} 1.00·10^{-2}

✳ Maximum
✕ Minimum

e. Periklas MgO

Abb. 5.20. Verteilung der Mineralphasen auf der Hinterwand (N) des Feuerraums

Der Schwachpunkt der vorliegenden Analyse ist das Haftkriterium (Erweichungstemperatur). Viele berechnete Mineralstoffe in den Aschepartikeln haben im Haftpunkt, dem zugehörigen Phasendiagramm nach, eine Solidustemperatur Tsol oberhalb der Erweichungstemperatur Terw (Temperatur des Schmelzbeginns unter stationären Bedingungen). Daher liegt das Partikel im Auftreffpunkt nicht geschmolzen vor und haftet daher nicht bzw. haftet nur, wenn sich an der Wand ein klebriger Belag gebildet hat.

Außerdem können derzeit im Modellierungsverfahren (TRAMIK) in der Zusammensetzung der Asche eines Partikels nur einfache Stoffe und binäre Mischungen berücksichtigt werden. In der Realität sind zwar ein oder zwei Mineralstoffe dominant, es treten jedoch auch andere Stoffe als Beimischungen auf. Beispiele dafür sind anorganische Kationen, gebunden mit organischen Anteilen der Kohle. Diese Komponenten beeinflussen die Solidustemperatur

414 Mineralumwandlung

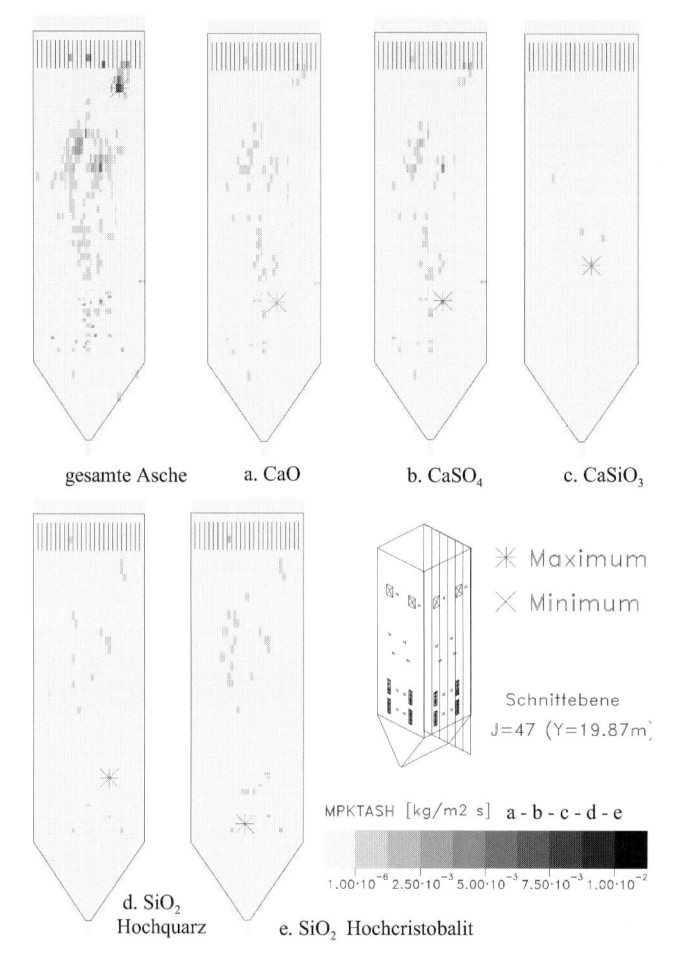

Abb. 5.21. Verteilung der Mineralphasen auf der Hinterwand (N) des Feuerraums

der betrachteten Mineralphasen. In der überwiegenden Zahl der betrachteten Fälle senken Beimischungen die Liquidustemperatur. Daher ist die Erweichungstemperatur einer Kohleprobe niedriger als die Solidustemperaturen vieler einzelner Komponenten.

Die Arbeiten werden aber, sowohl was die Modellierung als auch die Bestimmung von Stoffwerten der Mineralumwandlungen betrifft, fortgesetzt, und die zunehmende Speicherkapazität und Rechengeschwindigkeit wird in Zukunft immer detailliertere Simulationen erlauben, was in der Praxis die Auswahl der Kohlen, die in einer Anlage ohne größere Probleme verbrannt werden können, und die Auslegung neuer Feuerungen, angepasst an das geplante Kohleband, wesentlich erleichtern wird.

6

Dampferzeugersimulation – Simulation der Wasser- und Dampfströmung

Autoren: H. Walter, K. Ponweiser

6.1 Typen von Dampferzeugern

Im Dampferzeugerbau unterscheidet man in Abhängigkeit vom eingesetzten Brennstoff zwischen so genannten konventionellen Anlagen, welche mit fossilen Brennstoffen wie Erdöl, Erdgas oder Kohle betrieben werden, und nuklearen Anlagen, bei denen Kernbrennstoffe wie z.B. ^{235}U zur Anwendung kommen. In der nachfolgenden Zusammenfassung der Dampferzeugersysteme wird jedoch nur auf die mit fossilen Brennstoffen befeuerten Anlagen näher eingegangen. Eine kurze Übersicht zu den Grundzügen zur Reaktortheorie und der Kernspaltung sowie zum Aufbau von Kernreaktoren geben u.a. (Thomas 1975), (Ziegler 1983), (Ziegler 1984), (Ziegler 1985) oder (Strauß 1992).

Grundsätzlich können die mit fossilen Brennstoffen befeuerten Dampferzeuger in

- Großwasserraumdampferzeuger und
- Wasserrohrdampferzeuger

unterteilt werden.

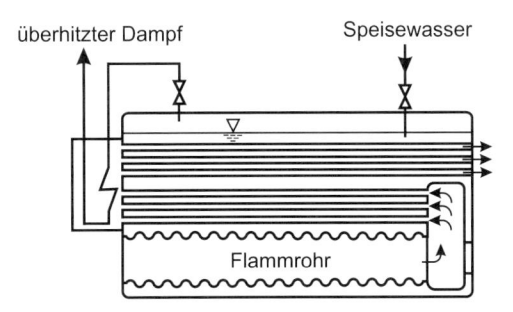

Abb. 6.1. Skizze eines Flammrohr-Rauchrohr-Dampferzeugers

Bei den Großwasserraumdampferzeugern (s. Abb. 6.1) befindet sich das zu verdampfende Wasser in einem zylindrischen Behälter mit ebenen Böden. Die Heizfläche liegt unterhalb des Wasserspiegels; sie besteht aus einem Flammrohr und den vom Abgas durchströmten Rauchrohren. Der Großwasserraumdampferzeuger wird heute üblicherweise als Flammrohr-Rauchrohr-Dampferzeuger in Dreizugbauweise ausgeführt und ist zur Verbrennung von festen, flüssigen und gasförmigen Brennstoffen geeignet. Der Dampferzeuger wird für kleinere Dampfmassenströme (8 - 10 kg/s) und einen Betriebsdruck bis ca. 25 bar eingesetzt. Weitere Informationen zum Großwasserraumdampferzeuger können u.a. bei (Brandt 1999b), (Thomas 1975), (Doležal 1990), (Netz 1994) oder (Lehmann 1990) entnommen werden.

Im Gegensatz zum Großwasserraumdampferzeuger strömt das Wasser bzw. das Wasser-Dampf-Gemisch in den Rohren des Wasserrohrdampferzeugers, und das Abgas umströmt die Rohre. Entsprechend ihres Umlaufsystems werden die Wasserrohrdampferzeuger in

- Naturumlaufdampferzeuger,
- Zwangumlaufdampferzeuger und
- Zwangdurchlaufdampferzeuger (mit und ohne Umwälzeinrichtung)

eingeteilt.

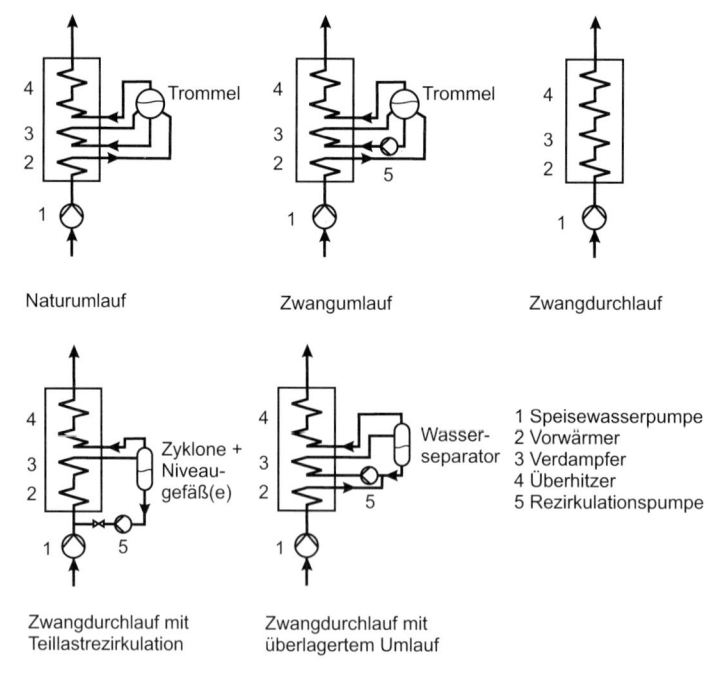

Abb. 6.2. Dampferzeugersysteme

Abb. 6.2 zeigt neben den drei grundlegenden Durchflussschemata auch die Schaltungen für den Zwangdurchlaufdampferzeuger mit überlagertem Umlauf (Volllastumwälzung) und mit Teillastrezirkulation (Teillastumwälzung).

Die unterschiedlichen Typen der Wasserrohrdampferzeuger weisen folgende Charakteristika auf:

1. Der Verdampfungsendpunkt ist bei einem mit unterkritischem Druck betriebenen Zwangdurchlaufdampferzeuger mit und ohne Teillastumwälzung im Durchlaufbetrieb variabel, während er beim Natur-, Zwangumlauf- und Zwangdurchlaufdampferzeuger mit Volllastumwälzung in der Trommel bzw. im Wasserabscheider liegt.
2. Der Verdampferdruckverlust wird beim Zwangdurchlaufdampferzeuger mit und ohne Teillastrezirkulation im Durchlaufbetrieb von der Speisewasserpumpe aufgebracht, beim Zwangdurchlaufdampferzeuger mit überlagertem Umlauf bzw. bei Teillastumwälzung durch die Rezirkulationspumpe und beim Naturumlauf durch den Auftrieb.

6.1.1 Naturumlaufdampferzeuger

Bei dieser Bauart des Wasserrohrdampferzeugers erfolgt die Durchströmung zur Kühlung der Verdampferrohre auf Grund des Dichteunterschiedes des Arbeitsstoffes in den Fall- und Steigrohren (siehe dazu auch Abb. 6.23 in Kapitel 6.4.1). Das sich in den beheizten Verdampferrohren bildende Wasser-Dampf-Gemisch ist spezifisch leichter als das Wasser in den meist unbeheizten Fallrohren und bewirkt eine Auftriebskraft. Dadurch stellt sich in dem kommunizierenden System, bestehend aus Fallrohr, Verteiler, Steigrohr und Trommel, ein Wasserumlauf ein. In der Trommel erfolgt die Trennung des Wasser-Dampf-Gemisches – im einfachsten Fall durch die Schwerkraft. Eine bessere Abscheidung des Zweiphasengemisches erhält man in Zyklonabscheidern, welche auch bei höheren Auslegungsdrücken des Dampferzeugers zum Einsatz kommen. Während das Sattwasser dem Trommelwasser und somit erneut dem Fallrohr zugeführt wird, verlässt der Sattdampf die Trommel in Richtung Überhitzer. Der Wasserumlauf regelt sich selbstständig durch die Höhe der Wärmezufuhr. Mit steigendem Druck nimmt der Dichteunterschied in den Fall- und Verdampferrohren des Naturumlaufdampferzeugers ab. Die physikalische Grenze für den Einsatzbereich dieser Dampferzeugerbauart stellt der kritische Druck dar. In diesem Punkt verschwindet der Dichteunterschied zwischen den beiden Phasen Flüssigkeit und Dampf. Es kann daher keine Dampftrennung in der Trommel mehr erfolgen. Die praktische Grenze für den Betriebsdruck der Trommel liegt bei ca. 180 bar, denn mit steigendem Druck nimmt die Verdampfungswärme immer mehr ab und der Anteil der Verdampferheizfläche an der Gesamtheizfläche wird somit immer geringer. Werden, wie bereits oben erwähnt, zur besseren Wasserabscheidung Zyklone eingesetzt, so liegen die Frischdampfdrücke auf Grund der hohen Druckverluste in den Zyklonabscheidern und Überhitzern bei ca. 160 bar (Leithner 1983a).

Ein wichtiger Parameter für den Wasserumlauf eines Dampferzeugers stellt die Umlaufzahl U_D dar. Sie gibt das Verhältnis des sich im Verdampfer in Umlauf befindlichen Gesamtmassenstromes $\dot{m}_{ges}$ zum erzeugten Dampfmassenstrom $\dot{m}_D$ an und errechnet sich aus

$$U_D = \frac{\dot{m}_{ges}}{\dot{m}_D} = \frac{1}{x_D} \qquad (6.1)$$

Tabelle 6.1 gibt typische Umlaufzahlen von Naturumlaufdampferzeugern in Abhängigkeit vom Auslegungsdruck und der Dampferzeugerkapazität an.

Tabelle 6.1. Umlaufziffern für Naturumlaufdampferzeuger, (Lin 1991b)

Druck [bar]	Dampferzeugerkapazität [t/h]	Umlaufzahl
170 - 190	≥ 800	4 - 6
140 - 160	185 - 670	5 - 8
100 - 120	160 - 420	8 - 15
20 - 30	35 - 240	15 - 25
≤ 15	20 - 200	45 - 65
	≤ 15	100 - 200

Mit ansteigendem Druck nimmt der Umlauf, wie auch der Tabelle 6.1 zu entnehmen ist, ab. D. h., der Dampfgehalt x_D des Arbeitsstoffes am Verdampferaustritt steigt mit zunehmendem Druck an. Daher muss bei höheren Drücken den Wärmeübergangsbedingungen eine erhöhte Aufmerksamkeit gewidmet werden. Bei der Auslegung des Verdampfers ist demzufolge sicherzustellen, dass sowohl bei stationären als auch instationären Betriebszuständen eine ausreichende Kühlung der Siederohre gewährleistet ist. Dazu ist der Nachweis eines ausreichenden Abstandes von der Siedekrise durch Filmsieden oder Austrocknen (dryout) notwendig (siehe dazu Kapitel 2.7.1). Wie den Gleichungen (2.282) bis (2.289) zu entnehmen ist, hängt der kritische Dampfgehalt vom Betriebsdruck und der Wärmestromdichte ab. Daher erfordert ein ölbefeuerter Dampferzeuger mit einer Wärmestromdichte von ca. 550 kW/m² eine höhere Umlaufziffer als ein kohlebefeuerter Dampferzeuger mit ca. 300 kW/m² (Brockel 1985).

Bei geneigten oder horizontalen Verdampferrohren, wie sie z.B. in vertikalen Abhitzedampferzeugern implementiert werden, ist für alle Betriebsbedingungen auch die von (Kefer 1989a) modifizierte Froude- Zahl (Gl. (2.301)) zu überprüfen. Nach (Hein 1982) liegt kein Einfluss der Rohrlage auf den Ort der Siedekrise vor, wenn die Froude-Zahl $Fr \geq 10$ ist. Bei Froude-Zahlen $Fr < 3$ ist der Einfluss der Rohrlage hingegen sehr stark, wobei die Siedekrise bei horizontalen Rohren bereits bei sehr kleinen Dampfgehalten an der Oberseite der Verdampferrohre auftreten kann (siehe dazu auch Kapitel 2.7.1).

Wie bereits oben beschrieben, liegt der Verdampfungsendpunkt beim Naturumlaufdampferzeuger in der Trommel und ist somit örtlich fixiert. Ein

Ausgleich von Wärmeaufnahmeverschiebungen und die Konstanz der Frischdampftemperatur ist daher nur unter Inanspruchnahme der Einspritzung möglich, es sei denn, die Wärmeaufnahme im Economiser oder in einem eventuell vorhandenen Berührungsverdampfer sorgt für einen entsprechenden Ausgleich (Leithner 1983a). Eine etwaige Verdampfung im Economiser schadet dabei dem Naturumlaufdampferzeuger nicht, da eine Trennung des Zweiphasengemisches in der Trommel erfolgt.

Der Naturumlaufdampferzeuger wird bevorzugt im Festdruck, aber auch im Gleitdruck betrieben. Nachteilig auf die Betriebsweise des Naturumlaufdampferzeugers wirkt sich jedoch die Beschränkung der Druckänderungsgeschwindigkeit sowohl für die Laststeigerung als auch für die Lastabsenkung auf Grund der Thermospannungen in den dickwandigen Bauteilen des Dampferzeugers aus. Diese Beschränkung gilt für diejenigen Bauteile, welche im Sattdampfbereich liegen. Daher ist dieser Typ von Dampferzeuger auch nur unter bestimmten Bedingungen für den Gleitdruckbetrieb geeignet, da die Laständerung mit einer Druckänderung und somit mit einer Änderung der Siedetemperatur verbunden ist. Insbesondere im Bereich niederer Drücke ändert sich die Siedetemperatur sehr stark mit dem Druck. Dies hat zur Folge, dass in diesem Lastbereich beim modifiziertem Gleitdruck im Festdruckbetrieb gefahren wird (Leithner 1983a).

Nach (Leithner 1991a) lässt sich für einen dickwandigen Bauteil, welcher nach der TRD[1] 301, Anlage 1, ausgelegt ist, die für eine Temperaturänderung benötigte Zeit τ in Minuten unter Vernachlässigung des nicht quasistationären Anfangs und Endes einer Temperatur- und Drucksteigerung mittels

$$\tau = \frac{25}{\sqrt{2}} \frac{1}{a_1 a_3^3} \left[\ln \frac{a_4^2 + a_3\sqrt{2a_4 + a_3^2}}{a_4^2 - a_3\sqrt{2a_4 + a_3^2}} + 2\arctan \frac{a_3\sqrt{2a_4}}{a_3^2 - a_4^2} \right]\Bigg|_{a_{41}}^{a_{42}} \quad (6.2)$$

berechnen, wenn die Temperatursteigerung mit dem jeweils zulässigen Temperaturtransienten w_ϑ erfolgt. Gl. (6.2) stellt die geschlossene Lösung des Integrals

$$\tau = \int_{p_1}^{p_2} \frac{d\vartheta_s}{dp} \frac{d\tau}{d\vartheta} dp \quad (6.3)$$

dar. Die in Gl. (6.2) enthaltenen Koeffizienten a_1 bis a_3 ergeben sich zu:

$$a_1 = \frac{w_{\vartheta 2} - w_{\vartheta 1}}{p_2 - p_1} \quad a_2 = w_{\vartheta 2} - a_1 p_1 \quad \text{und} \quad a_3 = \sqrt[4]{\frac{a_2}{a_1}}$$

Dabei stellt $w_{\vartheta 1}$ die zulässige Temperaturänderungsgeschwindigkeit in K/s bei 1 bar Druck, $w_{\vartheta 2}$ diejenige beim Betriebsdruck p_2 dar. Der Koeffizient a_4

---
[1] Technische Regeln für Dampfkessel. Herausgegeben im Auftrage des Deutschen Dampfkesselausschusses von der Vereingung der Technischen Überwachungsvereine e. V. Essen, Carl Heymann Verlag KG, Cologne

in Gl. (6.2) steht stellvertretend für die beiden Integrationsgrenzen $a_{41} = \sqrt[4]{p_1}$ und $a_{42} = \sqrt[4]{p_2}$.

Bei der Herleitung der Gl. (6.2) sind folgende näherungsweise Bestimmungsgleichungen für die Siedetemperatur

$$\vartheta_s \approx 100\sqrt[4]{p} \qquad (6.4)$$

und für die Änderung der Siedetemperatur bei einer Druckänderung

$$\frac{d\vartheta_s}{dp} \approx 25 p^{-0{,}75} \qquad (6.5)$$

zur Anwendung gekommen. Die zeitliche Änderung der Temperatur $d\tau/d\vartheta$ in Gl. (6.3) wurde entsprechend der TRD 301, Anlage 1,

$$\frac{d\vartheta}{d\tau} = w_\vartheta = w_{\vartheta 1} + \frac{p - p_1}{p_2 - p_1}(w_{\vartheta 2} - w_{\vartheta 1}) \qquad (6.6)$$

eingesetzt.

Tabelle 6.2. Anfahrzeiten für Trommel und Zyklone bei Steigerung des Betriebsdruckes, (Leithner 1983a)

	Anfahrzeit τ [min]				
Bauteil	Trommel	Trommel	Trommel	Zyklon	Zyklon
Werkstoff	WB 36	WB 36	WB 36	WB 36	13 CrMo 44
100 % Druck [bar]	72,8	141	185	192	286
Innendurchmesser [mm]	1620	1532	1680	585	420
Wanddicke [mm]	41	84	116	46	74,3
$\Delta\vartheta_1$ [K]	-8,1	-9,5	-8,3	-9,8	-15,4
$\Delta\vartheta_2$ [K]	-71,1	-64,9	-67,4	-63,5	-50,0
w_{ϑ_1} [K/min]	8,7	2,3	1,0	7,0	4,0
w_{ϑ_2} [K/min]	75,8	15,4	7,7	45,2	12,8
τ, 1 bar, 100 % p [min]	9,74	56,5	137,7	21,42	55,6
τ, 2 bar, 100 % p [min]	7,85	48,6	120,2	18,82	50,9
τ, 5 bar, 100 % p [min]	5,24	36,9	92,8	14,83	43,5
τ, 10 bar, 100 % p [min]	3,39	27,4	70,4	11,47	36,8
τ, 30 %, 100 % p [min]	1,68	9,5	20,6	3,46	12,0

Tabelle 6.2 zeigt für unterschiedliche Dampferzeuger Betriebsdrücke, Wanddicken, Innendurchmesser und zulässige Temperaturänderungsgeschwindigkeiten w_ϑ bzw. Wandtemperaturdifferenzen $\Delta\vartheta$, die Anfahrzeiten τ, welche bei einer Druckänderung von 1 bar, 2 bar, 5 bar, 10 bar und 30 % des Betriebsdruckes auf Vollastbetriebsdruck benötigt werden.

Die Empfindlichkeit des Naturumlaufdampferzeugers gegenüber schnellen Druckabsenkungen stellt einen weiteren Nachteil dieses Dampferzeugertyps dar. Ein zu schneller Druckabfall kann eine Dampfbildung in den Fallrohren des Dampferzeugers bewirken, welche zu Störungen im Wasserumlauf führen kann. Tritt dieser Effekt in einem Verdampferrohr auf, so kann dies zu einer örtlichen Überschreitung der zulässigen Rohrtemperatur und in der Folge zu Rohrschäden führen. Nach (Strauß 1992) liegen die zulässigen Drucksenkungsgeschwindigkeiten typischer Anlagen im Bereich von 6 bis 8 bar pro Minute.

Ein Vorteil für den Naturumlauf ist sein gutes Speichervermögen auf Grund der großen Wassermassen im Rohrnetzwerk des Dampferzeugers. Diese bewirkt, dass bei einer Druckabsenkung infolge einer plötzlichen Dampfentnahme, die Flüssigkeitswärme als Verdampfungswärme frei und dadurch zusätzlich Dampf produziert wird. Nach (Lehmann 1990) beträgt die relative Speicherfähigkeit ca. 2 bis 2,5 kg Dampf je % Druckabfall und je kg/s Dampfleistung. Als weitere Vorteile seien hier noch erwähnt, dass der Naturumlaufdampferzeuger unter normalen Umständen keine besonderen Anfahreinrichtung benötigt, und der im Vergleich zu anderen Dampferzeugertypen geringere Kraftbedarf der Speisewasserpumpe. Auch erhöht sich die Massenstromdichte im Verdampfer mit der Beheizung, was im Allg. ausreichend für eine gute Kühlung der Verdampferrohre ist (s. Abb. 6.3).

6.1.2 Zwangumlaufdampferzeuger

Der Zwangumlaufdampferzeuger hat im Prinzip den gleichen Aufbau wie der Naturumlaufdampferzeuger (Abb. 6.2). Der Unterschied zwischen den beiden Zirkulationssystemen liegt in der beim Zwangumlaufdampferzeuger im Verdampfer zusätzlich implementierten Umwälzpumpe. Dadurch wird die Durchströmung der Siederohre zusätzlich zum thermischen Auftrieb unterstützt. Der Trommeldruck des Zwangumlaufdampferzeugers kann daher auf bis zu ca. 200 bar ($\approx$ 180 bar Frischdampfdruck) erhöht werden. Die Anordnung der Umwälzpumpen erfolgt im tiefsten Punkt der Fallrohre. Der zusätzliche statische Druck auf Grund des Arbeitsstoffes im Fallrohr bewirkt, dass der Arbeitspunkt der Umwälzpumpe leicht links von der Siedelinie zum Liegen kommt. Dies wirkt sich positiv auf die Pumpen aus, da bei Erreichen der Sattdampftemperatur die Gefahr der Kavitation gegeben ist. Der Verdampfungsendpunkt liegt wie beim Naturumlauf in der Trommel.

Der durch die Umwälzpumpe aufgeprägte Wasserumlauf erlaubt einen größeren Freiraum bei der geometrischen Gestaltung der Verdampferberohrung, welche somit unabhängig von der Lage der Trommel ist. Dies hat bei einem nachträglichen Einbau eines z.B. Abhitze- oder Prozessdampferzeugers in eine bestehende, räumlich beengte Anlage oder bei der Implementierung zusätzlicher Kühlelemente große Vorteile gegenüber einem Dampferzeuger, welcher im Naturumlauf betrieben wird. Der Rohrdurchmesser der Verdampferrohre kann trotz des damit verbundenen höheren Strömungswiderstandes kleiner gewählt werden, was zu einer geringeren Wandstärke und somit auch zu einer Materialersparnis führt. Durch eine entsprechende Wahl des Massendurchsatzes kann das Auftreten einer kritischen Heizflächenbelastung bei hohen Betriebsdrücken verhindert werden. Eine gleichmäßige Aufteilung des Arbeitsstoffes wird durch die Montage von Drosselblenden am Eintritt in die einzelnen Verdampferrohre erzielt. Die Umlaufzahlen für den Zwangumlaufdampferzeuger sollen mit Rücksicht auf die Leistung der Umwälzpumpe klein gehalten werden und liegen laut (Lehmann 1990) im Allg. zwischen 3 und 10 bei einer Druckdifferenz von ca. 2,5 bar. Als Kriterium für die Wahl der Umlaufzahl gilt eine ausreichende Stabilität in den parallel durchströmten Verdampferrohren sowie ein genügend großer Massenfluss zur Vermeidung einer Siedekrise.

Die Massenstromdichte in der Brennkammer des Zwangumlaufdampferzeugers ist annähernd konstant mit der Last und somit unabhängig von deren Wärmestromdichte.

6.1.3 Zwangdurchlaufdampferzeuger

Im Gegensatz zum Naturumlauf wird beim Zwangdurchlaufsystem das Arbeitsmedium unter Zuhilfenahme der Speisewasserpumpe durch alle Heizflächen (Vorwärmer, Verdampfer und Überhitzer) des Dampferzeugers gedrückt. Als Nachteil anzuführen ist der höhere Kraftverbrauch der Speisewasserpumpe gegenüber dem des Naturumlaufsystems.

Zwangdurchlaufdampferzeuger mit und ohne Teillastumwälzung

Dieser Dampferzeugertyp kommt vor allem im Bereich höherer Drücke und einer höheren geforderten betrieblichen Flexibilität zum Einsatz. Die Dampfparameter sind nur durch den Werkstoff der Dampferzeugerelemente beschränkt.

Im Gegensatz zu den Trommeldampferzeugern und dem Zwangdurchlaufdampferzeuger mit Volllastumwälzung besitzt der Zwangdurchlaufdampferzeuger einen variablen Verdampfungsendpunkt. Das Arbeitsfluid wird daher in einem Durchgang vollständig verdampft. Vor dem Eintritt in den Verdampfer liegt eine einphasige, unterkühlte Wasserströmung und nach dem Verdampfungsendpunkt eine einphasige Dampfströmung vor. Dabei müssen auch die Orte der Siedekrisen durchlaufen werden. Je nach Kesselbelastung kann sich der Verdampfungsendpunkt örtlich verschieben. Beim so genannten Benson-Dampferzeuger, welcher ursprünglich für überkritische Drücke konzipiert wurde, wird der Verdampfungsendpunkt in ein von den Abgasen schwächer beheiztes und über dem Verdampfer liegendes Gebiet in den Übergangsteil zum Überhitzer verlegt. Dieser Bereich wird als Restverdampfer bezeichnet. Beim Sulzer System erfolgt eine Trennung des Dampfes vom Wasser, ähnlich der Trommel in einem Zwangumlaufdampferzeuger, in einem Wasserabscheider. Damit sind für alle Lastzustände die Bereiche Verdampfer und Überhitzer wieder eindeutig festgelegt. Durch einen variablen Verdampfungsendpunkt erhält man jedoch die Möglichkeit, Wärmeaufnahmeveränderungen zwischen der Brennkammer und dem Konvektionsteil des Dampferzeugers im Rahmen der zulässigen Wandtemperaturen zu verschieben. Auch besteht dadurch keine

Beschränkung der Wärmeaufnahme in der Brennkammer durch das Zweiphasengemisch des Arbeitsfluides, und die Brennkammer kann daher alleine nach feuerungstechnischen Gesichtspunkten ausgelegt werden.

Die Durchströmung der Heizflächen ist beim reinen Zwangdurchlaufdampferzeuger linear von der Last abhängig. Daher ist, um eine ausreichende Kühlung der Heizflächen zu gewährleisten, eine Mindestlast von 35 bis 40 % notwendig. Um ein besseres Teillastverhalten erreichen zu können, wird meist ein Bypass vorgesehen, welcher das aus der Flasche anfallende Wasser über eine Umwälzpumpe wieder der Speisewasserleitung vor bzw. nach dem Vorwärmer zuführt (s. Abb. 6.2, Zwangdurchlaufdampferzeuger mit Teillastumwälzung). Mit dieser Schwachlasteinrichtung wird die Massenstromdichte konstant gehalten, und es können somit auch Teillasten unter 40 % ohne Wasserverlust gefahren werden.

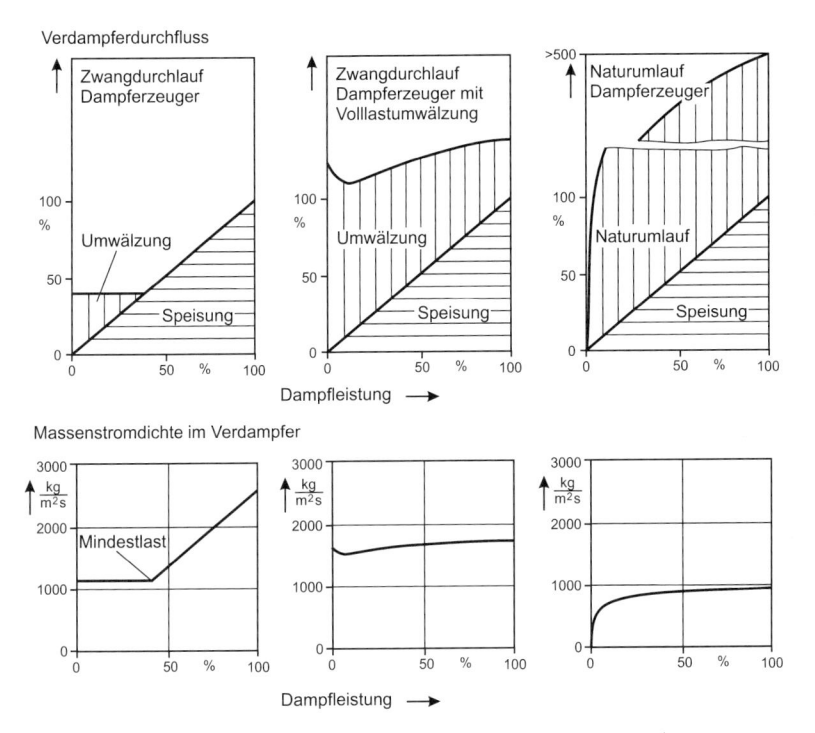

Abb. 6.3. Durchfluss und Massenstromdichte im Verdampfer, (Leithner 1983a)

Wichtig für die Auslegung eines Zwangdurchlaufdampferzeugers ist der Mindestlastpunkt (s. Abb. 6.3). Dieser stellt die geringste Kessellast dar, bei der noch ein reiner Zwangdurchlaufbetrieb gefahren werden kann und eine sichere Kühlung der Verdampferrohrwände gewährleistet ist. Dabei tritt auch die kleinste Massenstromdichte (> 700 kg/(m^2 s)) im Verdampfer auf. Diese Massenstromdichte definiert die Anzahl der Verdampferrohre, welche im Allg.

geringer ist als die notwendige Rohranzahl, für eine senkrechte Berohrung der Brennkammerwände. Daher ist man gezwungen, auf eine schraubenförmig gewickelte Brennkammerwand überzugehen (s. Abb. 6.4(a)). Des Weiteren ist die Festlegung des Rohrdurchmessers und der Teilung nicht frei wählbar, da der Druckverlust in der Verdampferwicklung und die zulässige Materialtemperatur zu beachten sind.

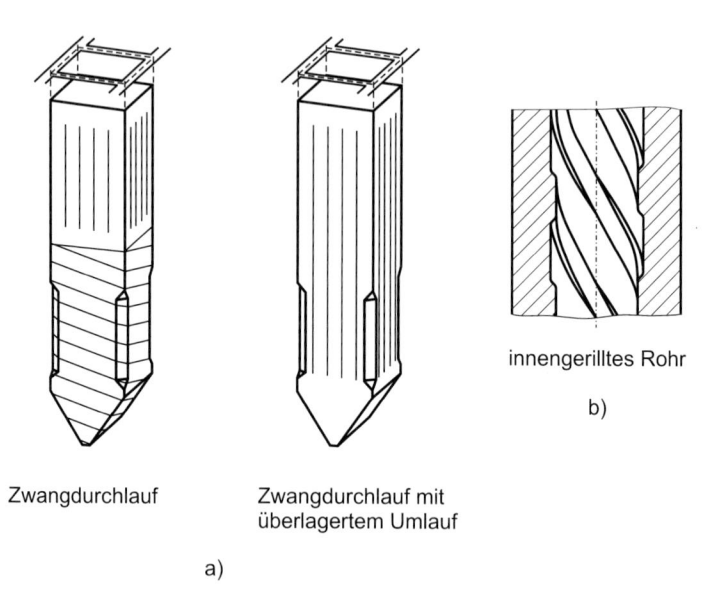

Abb. 6.4. a) Verdampferwandkonstruktion für Zwangdurchlaufdampferzeuger, b) innengerilltes Rohr

Eine Möglichkeit, die Rohranzahl für die Brennkammer zu erhöhen, liegt in der Verwendung innengerillter Rohre (Abb. 6.4(b)). Bei dieser Rohrgeometrie verbessert sich der Wärmeübergang im Zweiphasengebiet, und somit sind geringere Massenstromdichten für die Kühlung zulässig. Nachteilig wirkt sich jedoch der damit verbundene höhere Druckverlust aus. Beziehungen zur Berechnung des Wärmeüberganges und des Druckverlusts in innengerillten Rohren können u.a. (Chen 1991), (Iwabuchi 1985), (Kitto 1982), (Matsuo 1987), (Nishikawa 1973), (Zheng 1991a),(Zheng 1991b), (Watson 1974), (Xu 1984), (Swenson 1962), (Nishikawa 1974) oder (Köhler 1986) entnommen werden.

Durch die hohe Anzahl an parallelen Verdampferrohren, welche über gemeinsame Eintritts- und Austrittssammler miteinander verbunden sind, kann es zwischen den einzelnen Verdampferrohren zu Temperaturunterschieden kommen. Ursachen hierfür können Beheizungsunterschiede sowie unterschiedliche Strömungswiderstände auf Grund z.B. verschiedener Rohrlängen, Rohrrauigkeiten, Schweißnähten, ungleicher Anzahl an Rohrkrümmern usw. sein. Die Beheizungsunterschiede können verursacht werden durch z.B. konstruktiv bedingte Unterschiede in der beheizten Länge (z.B. hervorgerufen durch die unterschiedlichen Ausbiegungen an den Brenneröffnungen), durch eine örtlich verschiedene Verschmutzung der Heizflächen und durch die Feuerungsanlage (z.B. in Betrieb befindliche Brennerebenen, Schieflagen).

Unterschiedliche Beheizung und/oder Strömungswiderstände in den einzelnen Rohren wirken sich in einer Änderung des Massenstroms aus, was zu Temperatur- bzw. Enthalpieunterschieden am Austritt aus den Verdampferrohren führt. Eine Erhöhung oder Verminderung des Massenstroms in einem stärker beheizten Rohr einer Rohrgruppe ist abhängig vom Verhältnis des Reibungsdruckverlustes, der statischen Höhe und der Dichte des Zweiphasengemisches und somit vom Ort des Beheizungsunterschiedes. Bei einem Zwangdurchlaufdampferzeuger überwiegt im Allg. der Reibungsdruckverlust, und daher weist ein stärker beheiztes Rohr einer Rohrgruppe einen geringeren Massenstrom und somit eine höhere Austrittstemperatur auf, als allein durch die stärkere Beheizung zu erwarten wäre. Die Verdampferrohre des Zwangdurchlaufdampferzeugers sind daher auch auf statische Instabilität zu überprüfen (siehe dazu Kapitel 6.4.1).

Die Abnahme des Massenstroms in den stärker beheizten Rohren kann eine Änderung des Wärmeüberganges im Rohrinneren zur Folge haben (z.B. Erreichen der kritischen Wärmestromdichte bzw. des kritischen Dampfmassenanteils an der Stelle der höchsten Wärmestromdichte), was zu einem Versagen des Rohres führen kann.

Unterschiedliche Widerstände in einem Rohr könnten durch den Einbau von zusätzlichen Widerständen, wie z.B. Blenden oder Drosseln, in den anderen Rohren an der gleichen Stelle vollständig ausgeglichen werden. Im Allg. ist die Implementierung des Zusatzwiderstandes an der gleichen Stelle nicht durchführbar, wodurch der Korrekturwiderstand an anderer Stelle eingebaut werden muss (in der Regel am Rohreintritt, da an dieser Stelle der Massenstrom nur einer geringen Änderung unterworfen ist und somit ein genau definierter Zustand vorliegt. Wichtig ist in diesem Zusammenhang auch, dass das Fluid in einem einphasigen Zustand vorliegt. Eine Implementierung der Blenden im Gebiet der koexistierenden Phasen kann zur Verringerung der Stabilität des Dampferzeugers führen. Siehe dazu u.a. Kapitel 6.4.2). Dies hat den Nachteil, dass der Ausgleich nicht für alle Betriebszustände gleich gut erfolgt.

Als weiterer Vorteil für den Zwangdurchlaufdampferzeuger sei hier noch erwähnt, dass dieser, da er keine mit der Trommel vergleichbaren dickwandigen Bauteile besitzt, besonders für den Gleitdruck und schnelles Anfahren (im Rahmen der zulässigen Thermospannungen) geeignet ist. Des Weiteren kann die Frischdampftemperatur über einen großen Lastbereich annähernd konstant gehalten werden.

Abb. 6.5 zeigt die Entwicklung des Nettowirkungsgrades der Dampfkraftanlagen in Europa. Wie der Abbildung zu entnehmen ist, hat sich der Wirkungsgrad seit den späten 1980ern stark verbessert. So geht nach (Weissinger 2004) die ca. 7,2 %ige Erhöhung des Wirkungsgrades steinkohlegefeuerter Anlagen in der Periode 1985 - 2000 zu ca. 2 % auf eine Verbesserung des

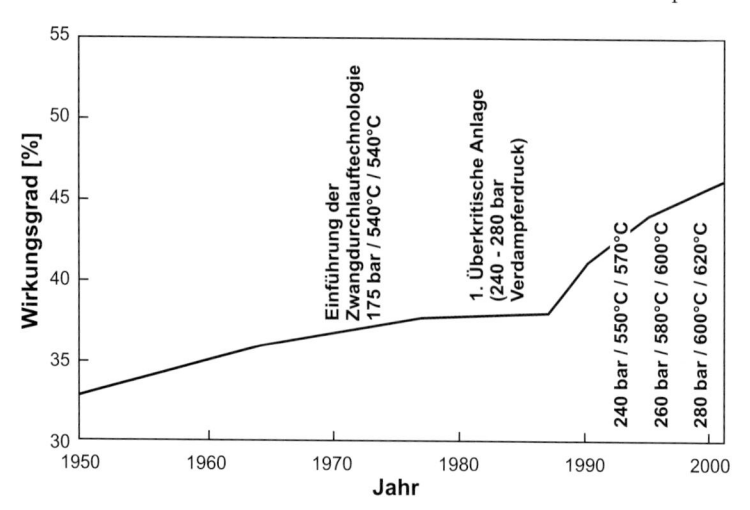

Abb. 6.5. Entwicklung der Wirkungsgrade von Dampfkraftanlagen in Europa, (Stamatelopoulos 2003)

Turbinenwirkungsgrades, ca. 1,5 % auf eine Verringerung des Kondensatordruckes, ca. 0,4 % auf Prozessoptimierung, ca. 2 % auf die Anhebung der Dampfparameter sowie ca. 1,3 % auf sonstige Maßnahmen zurück, wobei als Basis ein Wirkungsgrad von 38 % zugrunde gelegt wurde. Daraus ist der große Stellenwert einer Dampfparametererhöhung zur Verbesserung des Wirkungsgrades ersichtlich.

Die Erhöhung der Dampfparameter des Zwangdurchlaufdampferzeugers nur durch den Werkstoff der Dampferzeugerelemente beschränkt. Es wurden daher in den letzten Jahren starke Anstrengungen unternommen, um neue Werkstoffe mit verbesserten Eigenschaften für den Einsatz in Dampfkraftwerken zu entwickeln. Heute verfügbare Stähle ermöglichen Dampftemperaturen von ca. 600°C bis 620°C und Drücke von ca. 300 bar (Chen 2003). Dies führt nach (Stamatelopoulos 2005) zu Nettowirkungsgraden von 45 % bis 47 % bei steinkohle-, bzw. 41 % bis über 43 % bei braunkohlebefeuerten Kraftwerken (siehe dazu auch (Epple 2004) und (Breuer 2005)). Der Leistungsbereich dieser Anlagen variiert dabei zwischen 300 MW_{el} und 1100 MW_{el}.

Abb. 6.6 zeigt eine Übersicht über heute verfügbare oder in Entwicklung befindliche Werkstoffe für unterschiedliche kritische Komponenten des Dampferzeugers bei unterschiedlichen Dampfparametern.

Um den Wirkungsgrad weiter zu steigern, wurde in den 1990ern von den Kraftwerksherstellern und -betreibern entschieden, an der Entwicklung eines überkritischen Dampfkreislaufes mit einer maximalen Dampftemperatur von ca. 700°C bis 720°C und einem Druck von ca. 350 bar bis 370 bar zu arbeiten. Dieser kohlegefeuerte Dampferzeuger soll einen Nettowirkungsgrad von mehr als 50 % aufweisen ((Kjaer 2002), (Bauer 2003)).

6.1 Typen von Dampferzeugern

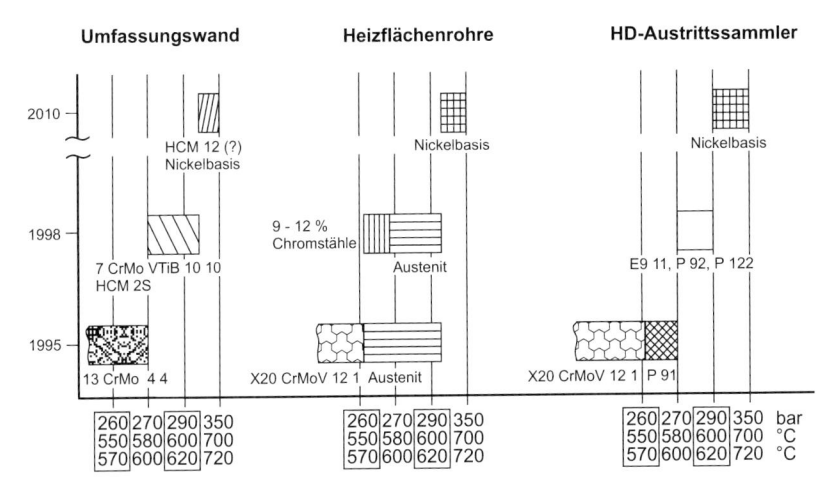

Abb. 6.6. Werkstoffentwicklung und Dampfparameter, (Stamatelopoulos 2005)

Die zur Verwendung kommenden Werkstoffe müssen abhängig vom Einsatzort (dickwandige Bauteile wie Sammler und Rohrleitungen, Verdampferwand oder Endstufen von Überhitzern und Zwischenüberhitzern) unterschiedlichen Anforderungen genügen. Im Allg. müssen die neuen Werkstoffe höhere Zeitstandsfestigkeiten, bessere Korrosionseigenschaften und bessere Schweiß- und Verformbarkeit aufweisen.

Die neuen ultrakritischen kohlegefeuerten Dampferzeuger können auf die in den letzten Jahrzehnten mit überkritischen Anlagen gesammelten Erfahrungen aufbauen. Damit wird das Risiko bei der Einführung der neuen 700°C Technologie auf eine überschaubare Anzahl an kritischen Komponenten minimiert, welche vorab getestet werden müssen. Weiterführende Infomationen zur Technologie der ultrakritischen Dampferzeuger und der in Entwicklung befindlichen Werkstoffe kann z.B. (Tippkötter 2003), (Stamatelopoulos 2005), (Uerlings 2008), (Epple 2004), (Breuer 2005), (Köster 2001), (Kjaer 2002), (Chen 2002), (Chen 2003), (Bauer 2003), (Kern 2001), (Meyer 2008) oder entnommen werden.

6.1.4 Zwangdurchlaufdampferzeuger mit Volllastumwälzung

Ein Schaltschema des Zwangdurchlaufdampferzeugers mit Volllastumwälzung ist in Abb. 6.2 dargestellt. Dieser Typ von Dampferzeuger kann knapp unterkritisch ($\approx$ 200 bar) oder überkritisch ($>$ 250 bar), wie z.B. der CE-Combined Circulation Dampferzeuger, betrieben werden. Letzterer hat hinter dem Verdampfer Drosselventile angeordnet, um den überkritischen Druck auch beim Anfahren halten zu können (Strauß 1985).

Das aus dem Verdampfer austretende Wasser-Dampf-Gemisch wird in einem Wasserseparator getrennt. Das dabei anfallende Restwasser wird mit dem Speisewasser aus dem Vorwärmer (Eco) vermischt und dabei abgekühlt. Daran anschließend wird der Arbeitsstoff unter Zuhilfenahme einer Umwälzpumpe dem Verdampfer zugeführt. Die Umlaufzahl beträgt beim Zwangdurchlaufdampferzeuger mit überlagertem Umlauf ca. 1,3 - 1,7, sodass zur Wasserabscheidung einfache Abscheidezyklone ausreichen. Der Verdampfungsendpunkt ist im Wasserabscheider festgehalten. Es ist daher wie beim Naturumlauf auch beim Zwangdurchlauf mit Volllastumwälzung ein Ausgleich der Wärmeaufnahmeverschiebung und die Konstanz der Frischdampftemperatur nur durch Einspritzung möglich – es sei denn, die Wärmeaufnahme im Vorwärmer oder in einem eventuell vorhandenen Berührungsverdampfer sorgt für einen entsprechenden Ausgleich (Leithner 1983a). Im Gegensatz zum Naturumlauf darf keine Verdampfung im Vorwärmer erfolgen, da der Dampf in die Umwälzpumpe gelangen und dies zur Kavitation in der Pumpe führen kann. Wird der Dampferzeuger mit überkritischem Druck betrieben, so wird, da keine Phasentrennung mehr erfolgen kann, der Abscheidezyklon durch eine einfache Verzweigung ersetzt.

Die Auslegung der Umwälzpumpe hat so zu erfolgen, dass die Förderhöhe bei Volllast größer ist als der Druckverlust im Verdampfer. Dadurch ist der Druck vor der Umwälzpumpe kleiner als im Wasserabscheider, und es entsteht ein natürlicher Wasserumlauf über die Nebenstromleitung zur Pumpe. Durch die Umwälzung des Arbeitsstoffes ist in allen Lastbereichen ein nahezu konstanter Massenstrom im Verdampfer vorhanden, was eine gegenüber dem reinen Zwangdurchlaufdampferzeuger bessere Kühlung der Verdampferrohre gewährleistet (Abb. 6.3). Die Zumischung des Speisewassermassenstromes aus dem Vorwärmer führt dazu, dass im Allg. eine ausreichende Unterkühlung des Wassers gegeben ist, sodass Ausfälle der Umwälzpumpe bei Druckabsenkung höchstens in der Startphase des Dampferzeugers vorkommen können.

Der Zwangdurchlaufdampferzeuger mit überlagertem Umlauf wird sowohl in Gleit- als auch Festdruck betrieben. Es kommt jedoch auch bei diesem Typ von Dampferzeuger auf Grund von Thermospannungen in den dickwandigen Bauteilen, wie z.B. den Wasserabscheidern, zu einer Beschränkung der Druckänderungsgeschwindigkeit. Die Druckänderungsgeschwindigkeit ist jedoch größer als beim Naturumlaufdampferzeuger, was zu kürzeren Anfahrzeiten und größeren zulässigen Temperaturtransienten führt.

Gegenüber dem reinen Zwangdurchlauf ist eine senkrechte Berohrung der Brennkammerwände möglich (s. Abb. 6.4(a)).

6.2 Stationäre Strömungsverteilung in den Rohren von Dampferzeugern

Das Streben nach möglichst hohen thermischen Wirkungsgraden bei der Umwandlung der chemisch gebundenen Energie der Brennstoffe in mechanische bzw. elektrische Energie mittels eines Dampfkraftprozesses führte zum Wunsch, die Verdampfung des Arbeitsmediums (Wasser) bei möglichst hohen Temperaturen zu realisieren. Die hohen Temperaturen bei der Verdampfung

6.2 Stationäre Strömungsverteilung in den Rohren von Dampferzeugern

gehen unmittelbar mit hohen Systemdrücken einher. Die Systemdrücke waren jedoch durch die großen Behälterabmessungen der Rauchrohrkessel (auch Großwasserraumdampferzeuger genannt), bei welchen die Abgase der Verbrennung (auch Rauchgase genannt) durch Rohre gehen, die durch großvolumige Wasserbehälter geführt werden, limitiert. Damit waren auch die Wirkungsgrade der damit realisierten Dampfkraftprozesse auf ein niedriges Niveau beschränkt.

Erst die Fortschritte in der Werkstoff- sowie in der Schweißtechnik ermöglichten den Übergang von Rauchrohrkesseln, wie sie beispielsweise auch bei Dampflokomotiven zum Einsatz kamen, zu den heute für die Dampfbereitstellung üblichen Wasserrohrkesseln, bei welchen nicht das Abgas, sondern das Wasser in den Rohren geführt wird. Das Wasser wird vom heißen, die Rohre umströmenden Abgas erwärmt und verdampft. Falls erforderlich, kann der Wasserdampf auch noch überhitzt werden. Im Gegensatz zu den Rauchrohrkesseln können auf Grund der geringen Rohrdurchmesser bei Wasserrohrkesseln wesentlich höhere Systemdrücke realisiert werden, welche höhere thermische Wirkungsgrade des Dampfkraftprozesses ermöglichen.

Um einerseits die gewünschten Dampfparameter zu erreichen und andererseits die Abgase im gewünschten Temperaturverlauf abkühlen zu können, sind komplexe Verschaltungen der Einzelrohre zu Rohrgruppen, welche wieder parallel oder in Serie verschaltet werden können, erforderlich. Es ergibt sich also ein Netzwerk von Kanten (Rohre) und Knoten (Verteiler bzw. Sammler), in welchem sich die Massenströme in den Einzelrohren auf Grund der Auftriebsverhältnisse und der Druckverluste einstellen.

Für die Auslegung derartiger wärmetechnischer Anlagen steht man daher vor der Problemstellung, die Massenstromverteilung in einem beheizten Rohrnetzwerk unter Gravitationseinfluss berechnen zu müssen. Mangelhaft dimensionierte Rohrsysteme können im Betrieb der Anlage zu Strömungsinstabilitäten mit Strömungsumkehr oder -stagnation führen, die wiederum Überhitzung und Zerstörung der Rohre zur Folge haben können.

Im Folgenden sollen Teilmodelle, wie sie für die Berechnung der stationäre Strömungsverteilung im Rohrnetzwerk eines Dampferzeugers benötigt werden und in dem Softwarepaket NOWA, welches am Institut für Energietechnik und Thermodynamik der TU-Wien entwickelt wurde, implementiert sind, dargestellt werden.

6.2.1 Modellierung der Rohrströmung

Die Strömung in dem dreidimensional im Raum liegenden Netzwerk von Rohren und Sammlern zur numerischen Behandlung detailliert dreidimensional aufzulösen würde auch die Kapazität der heute üblichen Computer überfordern. Es ist vielmehr eine Modellierung der Problemstellung gefragt, die eine möglichst einfache mathematische Beschreibung der physikalischen Vorgänge unter Berücksichtigung aller signifikanten Einflussgrößen erlaubt. Für eine Berechnung der Massenströme und der Geschwindigkeiten in den Rohren des betrachteten Netzwerks bei stationären Betriebszuständen, deren Kenntnis für die Auslegung der wichtigsten Dimensionierungsgrößen meist ausreicht, ist es naheliegend, Rohre, welche geometrisch gleich sind und gleichen hydraulischen und thermischen Randbedingungen unterliegen, zu Rohrgruppen zusammenzufassen und rechentechnisch als äquivalentes Einzelrohr zu behandeln.

Da stationäre Verhältnisse vorausgesetzt sind, führt die Erfüllung der Massenbilanz in diesem äquivalenten Einzelrohr dazu, dass der aus dem Rohr austretende Massenstrom gleich dem in das Rohr eintretenden Massenstrom ist. Die Impulsbilanz führt zu einer Verknüpfung der Drücke an den beiden Rohrenden. Neben den Druckunterschieden zufolge der unterschiedlichen geodätischen Höhen der Rohrenden (statische Druckunterschiede) und den Reibungsdruckverlusten sollten auch die Druckänderungen zufolge einer etwaigen Beschleunigung der Strömung berücksichtigt werden (siehe dazu auch Kapitel 6.4.1). Bei stationären Bedingungen entsteht eine Beschleunigung der Strömung durch eine Reduktion der Dichte, die wiederum aus einer Wärmezufuhr resultiert. Gegenüber dem Reibungsdruckverlust spielt der Beschleunigungsdruckabfall jedoch meist eine untergeordnete Rolle. Im Reibungsdruckverlust sind die Druckverluste in geraden Rohrstrecken, die Druckverluste in Rohrkrümmern sowie in etwaig vorhandenen Armaturen, aber auch die Druckänderungen zufolge der Impulsänderungen der Strömung beim Eintritt in das Rohr bzw. beim Austritt aus dem Rohr zu berücksichtigen. Bei zweiphasiger Strömung ist es unbedingt erforderlich, die entsprechenden Beziehungen für den Zweiphasendruckverlust, der vielfach als Funktion von Druck und Dampfgehalt beschrieben wird, zu verwenden. Beziehungen für den Schlupf, das ist bei der zweiphasigen Rohrströmung die Voreilung der dampfförmigen gegenüber der flüssigen Phase, welcher die Druckänderung im Rohr auch beeinflusst, können ebenfalls hier implementiert werden.

Die Energiebilanz verknüpft die durch Strahlung und/oder Konvektion dem Rohr zugeführte Energie mit der Zunahme der Energie des Wassermassenstroms zwischen Rohrein- und Rohraustritt. Die Energie der Strömung an den Rohrenden setzt sich aus der Enthalpie sowie der kinetischen und der potenziellen Energie zusammen.

Die Zustandsgleichungen für das Wasser, das flüssig, zweiphasig oder dampfförmig auftreten kann, verknüpfen schließlich die spezifische Enthalpie, den Druck und das spezifische Volumen. Darüber hinaus liefern die Zustandsgleichungen verschiedene weitere Zustands- und Transportgrößen, wie etwa den Dampfgehalt bei zweiphasiger Strömung, die Temperatur und die Dichte des Fluids sowie die Viskosität, die für die Berechnung des Reibungsdruckverlusts ebenfalls erforderlich ist.

In Abb. 6.7 sind eine reale Heizfläche sowie die Modellierung dieser als äquivalentes Einzelrohr dargestellt.

Geometrische Daten:

- Außendurchmesser d_a
- Rohrwandstärke s_{Wa}

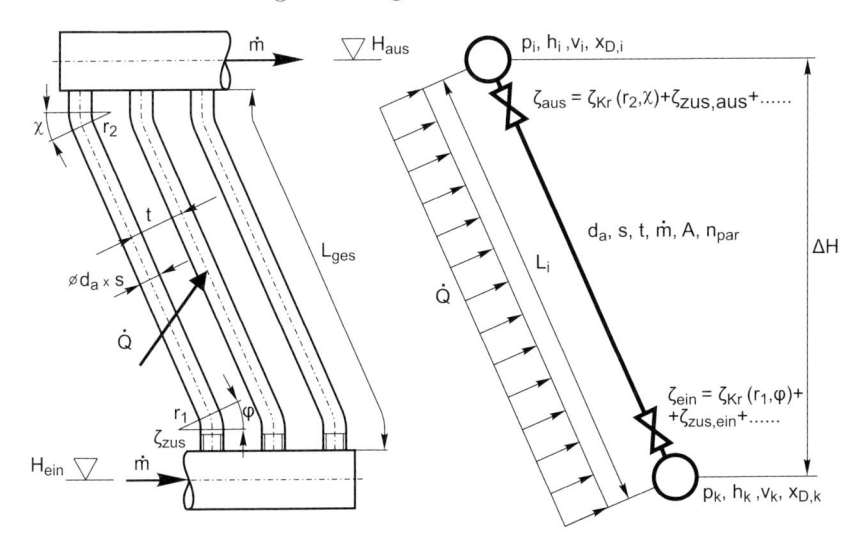

6.2 Stationäre Strömungsverteilung in den Rohren von Dampferzeugern

Abb. 6.7. Original und Modell einer Heizfläche, (Nowotny 1982)

- Teilung t
- Rohrrauigkeit k_R
- gestreckte Rohrlänge L_{ges}
- Höhendifferenz (Höhe am Rohraustritt – Höhe am Rohreintritt) ΔH
- Anzahl paralleler Rohre n_{par}
- Krümmer (Lage, Anzahl, Radius, Umlenkwinkel)
- Zusatzwiderstände (Drosseln, Blenden, sonstige Zusatzwiderstände)

Thermische Randbedingung:

- Wärmezufuhr (konstant über der Rohrlänge) $\dot{Q}$

Im Sinne eines möglichst einfachen, aber flexiblen Modells für die Rohre ist es sinnvoll, von den Rohren, die zu einem äquivalenten Einzelrohr zusammengefasst werden sollen, neben konstanter Geometrie über der Rohrlänge auch konstante Wärmezufuhr entlang dieser zu fordern. Das Wegschalten von Ein- bzw. Austrittsdruckverlusten an den Rohrenden ermöglicht es, mit diesem einfachen Modell durch Hintereinanderschalten von Rohrelementen auch eine ungleichmäßige Beheizung über die Rohrlänge, wie sie bei den Rohrwänden des Feuerraums von Dampferzeugern auftritt, abzubilden, siehe Abb. 4.3.

6.2.2 Modellierung der Sammler

Die Knotenpunkte des beschriebenen Rohrnetzwerkes werden von den Sammlern gebildet, welche wasserdampfseitig am Eintritt in eine Heizfläche bzw. am Austritt aus einer Heizfläche angeordnet sind. Eintrittsseitig sollen sie Wasser bzw. Dampf möglichst gleichmäßig auf die zahlreichen parallelen Rohre der

432 Dampferzeugersimulation – Simulation der Wasser- und Dampfströmung

Heizfläche aufteilen. Austrittsseitig sammeln sie das Fluid, um es Überströmleitungen, das können einzelne Rohrleitungen, aber auch parallel angeordnete Rohrgruppen geringerer Anzahl sein, zuzuführen.

Das Modell eines Sammlers ist in Abb. 6.8 dargestellt.

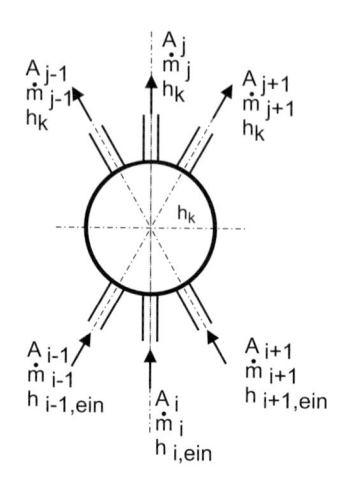

Abb. 6.8. Modell eines Sammlers

Unter der Voraussetzung stationärer Verhältnisse fordert die Massenerhaltung in einem Sammler, dass die Summe der in den Sammler einströmenden Masse gleich der Summe der aus dem Sammler ausströmenden Masse ist.

Bezüglich der Impulsbilanz wird angenommen, dass die vertikale Abmessung eines Sammlers klein ist gegenüber den geodätischen Höhendifferenzen der Rohre. Damit können statische Druckunterschiede im Sammler vernachlässigt werden. Unter der Annahme, dass die Geschwindigkeiten in den Sammlern klein gegenüber den Geschwindigkeiten in den Rohren sind, kann der Impuls der Strömung im Sammler zu Null gesetzt werden. Mit diesen Annahmen degeneriert die Impulsbilanz zu einer Druckbilanz. Das bedeutet, es wird an allen Rohrenden, die an einem Sammler angeschlossen sind, der gleiche Druck herrschen.

Die Energiebilanz betreffend wird angenommen, dass die Sammler adiabat sind. Des Weiteren wird angenommen, dass sich die aus verschiedenen Rohren in einen Sammler einströmenden Fluidmassenströme im Sammler vollkommen vermischen, sodass am Eintritt aller Rohre, die Fluid aus dem Sammler abziehen, die Mischenthalpie herrscht.

Die Abhängigkeit des spezifischen Volumens, der Temperatur sowie des Dampfgehalts von Druck und Enthalpie wird wieder von den Zustandsgleichungen für das Arbeitsmedium beschrieben.

6.2.3 Modellierung der Trommel

Um auch im Rohrnetzwerk von Naturumlaufsystemen die Massenstromverteilung berechnen zu können, ist eine mathematische Beschreibung der Interaktion der Vorgänge in der Dampftrommel mit dem Rohrnetzwerk erforderlich. Die physikalischen Vorgänge in einer realen Trommel, die die Trennung des Dampfes vom Wasser möglichst vollständig bewerkstelligen soll, sind äußerst komplex. Das Wasser-Dampf-Gemisch, welches aus den Überströmrohren in die Trommel einströmt, wird Abscheidern zugeführt, die verschiedenster Bauart sein können (z.B. Zyklonabscheider oder einfach nur Umlenkkästen etc.). Sie haben die Aufgabe, unter dem Einfluss der Gravitation (oder der Zentripetalkraft bei Zyklonabscheidern), den Dichteunterschied zwischen Wasser und Dampf nutzend, eine Phasentrennung durchzuführen. Nach Passieren etwaiger Dampftrockner (Demister) soll der Dampf möglichst ohne Wassertröpfchen die Trommel durch die Sattdampfleitung verlassen, während das Wasser möglichst ohne Dampfbläschen durch die Fallrohre abgeführt wird. Auf Grund des äußerst turbulenten Regimes der teilweise zweiphasigen Strömung unter Gravitationseinfluss entziehen sich die Strömungsvorgänge in der Trommel einer numerischen Simulation bis dato.

Für die stationäre Berechnung der Massenstromverteilung in dem an die Trommel angeschlossenen Rohrnetzwerk ist jedoch eine relativ einfache Modellierung der Dampftrommel ausreichend, Abb. 6.9.

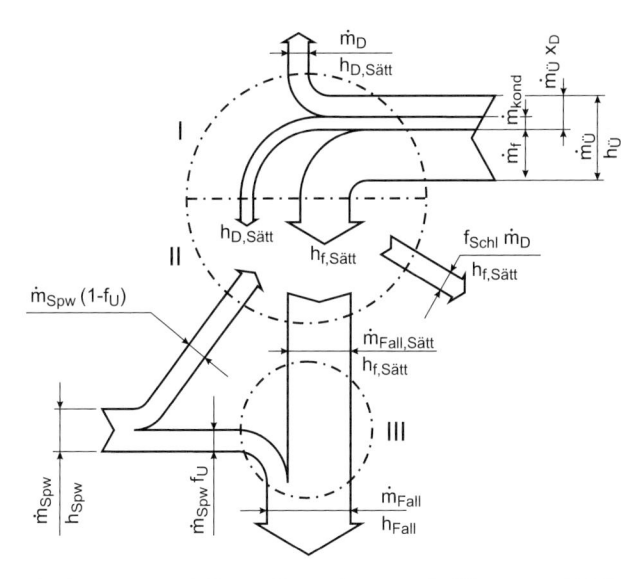

Abb. 6.9. Modell der Dampftrommel, (Nowotny 1982)

Bezüglich der Impulsbilanz werden ähnliche Annahmen wie bei der Modellierung der Sammler getroffen: Die vertikale Abmessung der Trommel ist klein gegenüber der geodätischen Höhendifferenzen im Rohrnetzwerk, wodurch statische Druckunterschiede zwischen den Rohranschlusspunkten vernachlässigt werden können. Der Impuls der Strömung wird ebenfalls Null gesetzt, wodurch die Impulsbilanz zu einer Druckbilanz degeneriert. Damit kann angenommen werden, dass an allen Rohranschlusspunkten der gleiche Druck anliegt.

Wie in Abb. 6.9 dargestellt, werden die Massen- und die Energiebilanz in drei Bilanzzonen angesetzt: Dampfraum (I), Wasserraum (II) und der Speisewasser-Mischpunkt (III).

Im Dampfraum gilt:
Der aus den Überströmrohren in den Dampfraum eintretende Massenstrom $\dot{m}_{\ddot{U}}$ besteht aus einem Wassermassenstrom $\dot{m}_f$ und einem Dampfmassenstrom $\dot{m}_{\ddot{U}}\, x_D$, wobei x_D den Dampfgehalt des eintretenden Umlaufmassenstroms repräsentiert. Der eintretende Dampfmassenstrom teilt sich auf in einen Massenstrom, der kondensiert $\dot{m}_{kond}$, um das Speisewasser auf Siedetemperatur zu bringen, und den Dampfmassenstrom, der die Trommel durch die Sattdampfleitung verlässt $\dot{m}_D$.

Massenbilanz:
$$\dot{m}_{\ddot{U}} = \dot{m}_f + \dot{m}_{kond} + \dot{m}_D \qquad (6.7)$$

Energiebilanz:
$$\dot{m}_{\ddot{U}}\, h_{\ddot{U}} = \dot{m}_f\, h_{f,Sätt} + \dot{m}_{kond}\, h_{D,Sätt} + \dot{m}_D\, h_{D,Sätt} \qquad (6.8)$$

Je nachdem, wie die Speisewasserverteiler und die Fallrohranschlüsse in der Trommel angeordnet sind, kann ein Teil des Speisewassers in die Fallrohre gelangen, ohne vorher im Wasserraum der Trommel auf Siedetemperatur gebracht worden zu sein. Diese Unterkühlung des in die Fallrohre einströmenden Wassers kann variieren zwischen Null, wenn der gesamte Speisewassermassenstrom im Wasserraum der Trommel auf Siedetemperatur gebracht wird, und der maximalen Unterkühlung, wenn der gesamte Speiswassermassenstrom ohne Aufwärmung in die Fallrohre gelangt. Im Trommelmodell wird die Möglichkeit der Unterkühlung durch die Einführung eines Speisewasser-Mischpunkts berücksichtigt. Mit einem Faktor f_U, $0 < f_U < 1$, kann dann angegeben werden, welcher Anteil des Speisewassermassenstroms direkt in die Fallrohre gelangt. Der Wert dieses Faktors muss vom Benutzer angegeben werden, er ist nicht Resultat der Berechnung.

In einem Naturumlaufdampferzeuger liegt der Verdampfungsendpunkt in der Dampftrommel. Da etwaig im Speisewasser gelöste Salze die Trommel mit dem Sattdampf nicht verlassen können, wird üblicherweise eine Abschlämmung vorgesehen, damit es zu keiner Aufkonzentration der Salze kommen kann. Im Trommelmodell wird die Abschlämmung als Bruchteil des Dampfmassenstroms $\dot{m}_D\, f_{Schl}$ berücksichtigt. Der Faktor f_{Schl} muss ebenfalls vom Benutzer vorgegeben werden.

6.2 Stationäre Strömungsverteilung in den Rohren von Dampferzeugern

Unter diesen Annahmen gilt für den Wasserraum:
Massenbilanz:

$$\dot{m}_{Spw}\left(1-f_{U}\right)+\dot{m}_{kond}+\dot{m}_{f}=\dot{m}_{D}\,f_{Schl}+\dot{m}_{Fall,Sätt} \qquad (6.9)$$

Energiebilanz:

$$\dot{m}_{Spw}\left(1-f_{U}\right)h_{Spw}+\dot{m}_{kond}\,h_{D,Sätt}+\dot{m}_{f}\,h_{f,Sätt}= \\ \dot{m}_{D}\,f_{Schl}\,h_{f,Sätt}+\dot{m}_{Fall,Sätt}\,h_{f,Sätt} \qquad (6.10)$$

und für den Speisewasser-Mischpunkt:
Massenbilanz:

$$\dot{m}_{Spw}\,f_{U}+\dot{m}_{Fall,Sätt}=\dot{m}_{Fall} \qquad (6.11)$$

Energiebilanz:

$$\dot{m}_{Spw}\,f_{U}\,h_{Spw}+\dot{m}_{Fall,Sätt}\,h_{f,Sätt}=\dot{m}_{Fall}\,h_{Fall} \qquad (6.12)$$

worin $\dot{m}_{Fall,Sätt}$ den Massenstrom bezeichnet, der mit Siedetemperatur die Trommel verlässt, während $\dot{m}_{Fall}$ den Massenstrom in den Fallrohren darstellt. h_{Spw} ist die Enthalpie des Speisewassers und h_{Fall} die Enthalpie des Wassers in den Fallrohren.

Wird in dem an der Trommel angeschlossenen Rohrnetzwerk kein Massenstrom abgezweigt bzw. zugeführt, so gilt: $\dot{m}_{\ddot{U}}=\dot{m}_{Fall}$. Dieser Massenstrom wird auch als Umlaufmassenstrom $\dot{m}_{U}$ bezeichnet, und es kann die Umlaufzahl definiert werden: $U_{D}=\dot{m}_{U}/\dot{m}_{D}$. Die Enthalpie des Wasser-Dampf-Gemisches in den Überströmrohren $h_{\ddot{U}}$ ergibt sich dann aus der dem Rohrnetzwerk zugeführten Wärme:

$$\dot{m}_{U}\,h_{\ddot{U}}=\dot{m}_{U}\,h_{Fall}+\dot{Q} \qquad (6.13)$$

Der Umlaufmassenstrom bzw. die Umlaufzahl können nicht aus einer Energiebilanz errechnet werden, sie resultieren vielmehr aus der Impulsbilanz über das Rohrnetzwerk.

6.2.4 Verwaltung der Daten

Bei jedem Programm zur numerischen Berechnung stellt die Verwaltung der Daten ein zentrales Problem dar. Über eine Benutzerschnittstelle müssen die geometrischen Daten sowie die thermischen Randbedingung dem Programm zugeführt werden. Das Computerprogramm muss die Eingabedaten in geeigneter Form halten und für den Lösungsalgorithmus aufbereiten. Unter Anwendung eines Lösungsalgorithmus wird das Resultat der Berechnung ermittelt, welches ebenfalls in geeigneter Form gehalten werden muss. Schließlich müssen die Ergebnisse in einer für den Benutzer übersichtlichen Form ausgegeben werden.

Für relativ einfache Problemstellungen, zu welchen auch die numerische Berechnung der Massenstromverteilung in einem Rohrnetzwerk gehört, ist es nach wie vor zweckmäßig, die Aufbereitung der erforderlichen Eingabedaten in Form von ASCII Dateien vorzusehen. Gegenüber grafischen User-Interfaces (GUIs), in welchen man das Modell durch „drag and drop" von vordefinierten Objekten aus einer Objektdatenbank aufbauen kann, mag dies zwar altmodisch erscheinen, für einfache Problemstellungen liegt jedoch der unbestrittene Vorteil einer oder einiger weniger Eingabedateien in ASCII-Format darin, dass man die Eingabedaten sehr kompakt und übersichtlich gestalten kann. Allgemeine Daten, die beispielsweise auch Information über globale Randbedingungen, den Berechnungsablauf, Abbruchkriterien, Ausgabeumfang etc. enthalten, können in einem Eingabeblock zusammengefasst werden. Die Daten für die Rohrsegmente werden vernünftigerweise in Listenform (eine Zeile je Rohrsegment) aufgebaut. Neben der Geometrie und der thermischen Randbedingung (Beheizung) muss hier auch die Information über die Topologie des Rohrnetzwerkes bereitgestellt werden, also Information darüber, an welchem Knoten das betrachtete Rohrsegment beginnt und an welchem es endet.

Während des Programmlaufes werden die Daten für die Rohrabschnitte in Vektoren gehalten. Die Topologie eines Rohrnetzwerkes kann mathematisch durch einen gerichteten Grafen beschrieben werden. Die Information für den Aufbau dieses gerichteten Grafen muss während des Programmlaufes ebenfalls möglichst effizient gehalten werden, da damit die Matrizen zur Lösung der Massen-, Impuls- und Energiebilanz erstellt werden müssen. Zur mathematischen Beschreibung des gerichteten Grafen können die Verbindungen der einzelnen Endpunkte der Rohrabschnitte (Eintritt und Austritt) mit den Endpunkten anderer Rohrabschnitte in Form einer Koinzidenzmatrix beschrieben werden. Für ein Rohrnetzwerk mit k Knoten und n Rohrabschnitten benötigt man dazu eine $k \times n$ Matrix. Dies ist jedoch nicht die effizienteste Methode, da die Koinzidenzmatrix sehr schwach besetzt ist (ihre Spalten, die jeweils einen Rohrabschnitt charakterisieren, weisen nur 2 von null verschiedene Elemente auf), sodass beim Aufstellen der Berechnungsmatrizen sehr viele Leeroperationen durchgeführt werden müssen. Effizienter ist es, die Information über den Aufbau des gerichteten Grafen unter Verwendung von Methoden der Grafentheorie in Vektoren, die die Vorgänger-Nachfolger-Struktur beschreiben, zu halten. Die Grafentheorie bietet auch die Möglichkeit, den Grafen auf etwaige Eingabefehler zu prüfen, beispielsweise unverbundene Rohrenden, so genannte Sackgassen, zu detektieren.

Die erforderlichen Stoffwerte des Arbeitsmediums können entweder durch Gleichungen in das Programm implementiert werden oder als Werte in einer Stützstellentabelle bereitgestellt werden. Da im Zuge der Berechnung die Stoffwerte sehr oft benötigt werden, ist die erste Variante nur zu empfehlen, wenn für die geforderte Abhängigkeit, beispielsweise das spezifische Volumen als Funktion von Druck und Enthalpie, explizite Gleichungen zur Verfügung stehen. Die Verwendung von Formulierungen, bei welchen die geforderte Größe erst mithilfe einer Iteration errechnet werden kann, ist nicht ratsam, da die Rechenzeit dadurch exorbitant ansteigen kann. Wählt man für die Bereitstellung der Stoffwerte eine Stützstellentabelle, muss diese so gestaltet werden,

6.2 Stationäre Strömungsverteilung in den Rohren von Dampferzeugern

dass Gebiete großer Gradienten und insbesondere auch der Rand des Zweiphasengebietes besonders gut aufgelöst werden. Die Werte der Stützstellentabelle werden zu Programmstart aus einer Datei eingelesen und während des Programmlaufs in Vektoren gehalten. Da die Stoffwerte nicht diskret, sondern kontinuierlich benötigt werden, ist eine Interpolationsroutine vorzusehen.

Die Ergebnisse der Berechnung, das sind für jeden Rohrabschnitt

- Massenstrom bzw. Massenstromdichte
- Geschwindigkeit am Eintritt und am Austritt
- Dichte am Eintritt und am Austritt
- Dampfgehalt am Eintritt und am Austritt
- Temperatur am Eintritt und am Austritt
- Druck am Eintritt und am Austritt
- statische Druckdifferenz zwischen Austritt und Eintritt
- Druckverlust zufolge Reibung und Beschleunigung
- Wärmestrom bzw. Wärmestromdichte
- etc.

werden vorzugsweise wieder in Dateien im ASCII-Format abgespeichert. Von hier können sie mühelos im „post-processing" weiterverarbeitet werden.

6.2.5 Gleichungssystem und dessen Lösung

Das Gleichungssystem zur Beschreibung der Strömung in einem Rohrnetzwerk setzt sich aus linearen und nichtlinearen Gleichungen zusammen. Lineare Gleichungen sind beispielsweise die Kontinuitätsgleichungen. Die Impulsgleichungen sind generell nichtlinearer Natur, da bei turbulenter Strömung der Reibungsdruckverlust vom Quadrat der Geschwindigkeit abhängt. Auch die Gleichungen zur Beschreibung des Druckverlusts in einer Zweiphasenströmung bringen Nichtlinearitäten ein. Wenn man in den Energiegleichungen die kinetische Energie berücksichtigt, sind diese ebenfalls nichtlinear. Auf Grund der Nichtlinearitäten kann das Gleichungssystem zur Beschreibung der Strömung in einem Rohrnetzwerk nur iterativ gelöst werden.

Abb. 6.10 zeigt die Besetztheitsstruktur der Funktionalmatrix zur Beschreibung der Strömung in einem Rohrnetzwerk, das aus k Knoten und n Rohrabschnitten besteht.

Wie man sieht, besteht die Funktionalmatrix aus linearen und nichtlinearen Untermatrizen sowie aus großen Bereichen, die mit Nullelementen besetzt sind. Die Funktionalmatrix stellt also generell eine schwach besetzte Matrix dar. Da zufolge der Nichtlinearitäten von vornherein ein iterativer Lösungsalgorithmus notwendig ist, ist es bei der vorhandenen Struktur der Funktionalmatrix naheliegend, das große Gleichungssystem in mehrere kleinere Systeme aufzuteilen, welche nicht mehr simultan gelöst werden müssen, sondern sukzessive gelöst werden können. Die daraus resultierende Verkleinerung der Ordnung der Teilgleichungssysteme verringert den Aufwand zur Lösung beträchtlich.

Lösungsvektor

Gleichungen	$\dot{m}_1...\dot{m}_n$	$p_2...p_k$	$h_{1e}...h_{ne}$	$h_1...h_k$	$v_1...v_k$	$x_{1e}...x_{ne}$	$x_1...x_k$	$v_{1e}...v_{ne}$
1	lin	0	0	0	0	0	0	0
2	nlin	nlin	0	0	nlin	nlin	nlin	nlin
3	nlin	0	nlin →lin	nlin →lin	0	0	0	0
4	nlin	0	nlin →lin	nlin →lin	0	0	0	0
5	0	nlin	0	0	lin	0	0	0
6	0	nlin	nlin	0	0	lin	0	0
7	0	nlin	0	nlin	0	0	lin	0
8	0	nlin	nlin	0	0	0	0	lin

Gruppe	Gleichungsart	Anzahl
1	Kontinuitätsgleichungen, Knoten	k-1
2	Impulsgleichungen, Rohre	n
3	Energiegleichungen, Knoten	k
4	Energiegleichungen, Rohre	n
5	Zustandsgleichungen, Knoten	k
6	Zustandsgleichungen, Rohrende	n
7	Zustandsgleichungen, Knoten	k
8	Zustandsgleichungen, Rohrende	n

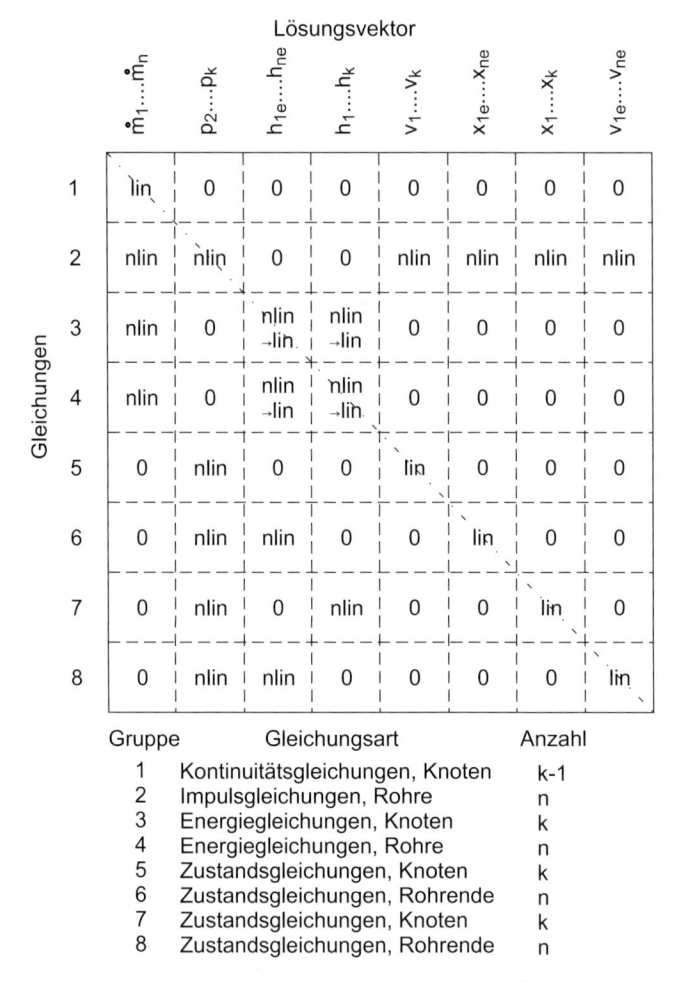

Abb. 6.10. Besetztheit der Funktionalmatrix, k Anzahl der Knoten, n Anzahl der Rohre, lin in dieser Submatrix können konstante Koeffizienten stehen (lineare Terme), $nlin$ in dieser Submatrix können variable Koeffizienten stehen (nichtlineare Terme), 0 leere (unbesetzte) Submatrix, (Nowotny 1982)

Die umrandeten Teilsysteme der Matrix in Abb. 6.10 bilden eine Block Diagonal-Matrix. Da auch außerhalb dieser umrandeten Teilmatrizen weitere Teilmatrizen mit von null verschiedenen Elementen existieren, kann der Lösungsvektor nicht direkt durch sukzessives Lösen der umrandeten Teilmatrizen ermittelt werden. Seine Berechnung erfolgt iterativ nach dem Block-Einzelschritt-Verfahren (Block-Gaus-Seidel-Iteration), welches auf die Gleichungsgruppen 1+2, 3+4 und 5 bis 8 angewendet wird. Da die Gleichungsgruppen 5 bis 8, die die Zustandsgleichungen repräsentieren, linearer Natur sind, können sie nacheinander direkt gelöst werden. Die Gleichungsgruppen

6.2 Stationäre Strömungsverteilung in den Rohren von Dampferzeugern   439

1+2 und 3+4 sind nichtlinear und benötigen somit einen Lösungsalgorithmus für nichtlineare Systeme.

Die Aufgabe, das gesamte nichtlineare Gleichungssystem zu lösen, kann somit auf die mehrfache Lösung der Gleichungsgruppen 1+2 und 3+4 innerhalb einer Iterationsschleife über das Gesamtsystem reduziert werden.

Zur Lösung eines nichtlinearen Subgleichungssystems kann beispielsweise der Algorithmus von MARQUARDT herangezogen werden.

6.2.6 Beispiel einer Rohr-Sammler-Struktur

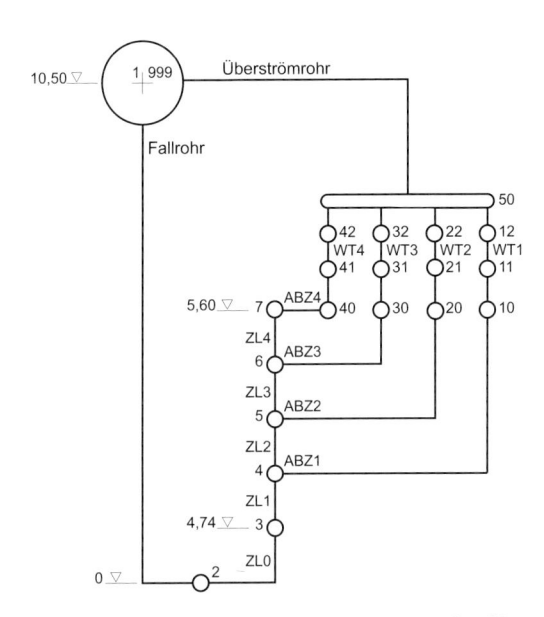

Abb. 6.11. Rohr-Sammler-Struktur eines Naturumlaufdampferzeugers

Die Abb. 6.11 zeigt beispielhaft die Modellierung eines Naturumlaufdampferzeugers mit einem horizontalen Konvektivverdampferbündel in Form eines Rohr-Sammler-Netzwerkes zur Berechnung des stationären Massenstromaufteilung.

Die Knotenpunkte werden durch Kreise bzw. das langlochförmige Objekt dargestellt. Der größere Kreis im oberen Bildbereich symbolisiert die Dampftrommel. Die Rohrabschnitte, die die Knoten verbinden, werden durch Linien dargestellt.

Das Konvektivverdampferbündel besteht aus 4 parallel geschalteten Wärmeübertragern (WT1 bis WT4), die jeweils mit 3 seriellen Segmenten modelliert sind. Die Anspeisung erfolgt über ein Fallrohr, eine seriell unterteilte Zuleitung (ZL0 bis ZL4) und die Abzweigungen (ABZ1 bis ABZ4). Die Verbindung vom Sammler nach den Wärmeübertragern zur Trommel wird durch ein Überströmrohr modelliert.

Die Berechnung der stationären Strömungsverteilung in den Rohren des betrachteten Naturumlaufdampferzeugers mit einem horizontalen Konvektivverdampferbündel nach diesem einfachen Modell erlaubt die Auslegung bzw. Kontrolle der wichtigsten strömungs- und wärmetechnischen Größen, wie beispielsweise die Umlaufzahl sowie die Geschwindigkeiten, die Dampfziffern und die Enthalpien des Wasser-Dampf-Gemisches in den Austrittspunkten der Heizflächenabschnitte etc.

6.3 Instationäres Dampferzeugermodell

Mithilfe von stationären Simulationsprogrammen können Aussagen über die Verteilung des z.B. Massenstromes, der Geschwindigkeit oder der thermodynamischen Zustandsgrößen der verwendeten Arbeitsstoffe wie z.B. Druck, Dichte oder Temperatur in den untersuchten Anlagen für bestimmte definierte Betriebspunkte getroffen werden. Die stationären Simulationsprogramme haben jedoch den Nachteil, dass sie keine Angaben über das transiente Verhalten bei z.B. einem Startvorgang oder einer Laständerung der Anlage zulassen. So führt z.B. die verstärkte Einbindung alternativer Energiebereitsteller (z.B. Windenergie) in das Stromnetz dazu, dass die Anforderung an den Betreiber fossiler Dampferzeuger auf Schwankungen im Stromnetz stabilisierend einzugreifen steigt (s. (Zindler 2008)). Um das transiente Verhalten eines Dampferzeugers oder einer verfahrenstechnischen Anlage bereits während der Planungsphase zu kennen, ist es daher notwendig, Programme zu entwickeln, die es bereits zu diesem frühen Zeitpunkt erlauben, Aussagen über das Betriebsverhalten zu treffen.

Im Folgenden sollen einige Teilmodelle für ein instationäres Dampferzeugermodell vorgestellt werden, wie sie im Programm DBS (**D**ynamic **B**oiler **S**imulation), welches am Institut für Energietechnik und Thermodynamik der Technischen Universität Wien entwickelt wurde, implementiert sind.

6.3.1 Rohrwandmodelle

In der Energie- und Verfahrenstechnik strömt das Arbeitsmedium in hohlen Körpern, welche fast ausschließlich eine zylindrische Form aufweisen. Diese hohlzylindrischen Körper dienen nicht nur der Beförderung des Arbeitsstoffes, sondern auch dem Wärmetransport vom oder zum Arbeitsmedium. Bei der instationären Betrachtung solcher Wärmetransportvorgänge muss auch die Energieein- bzw. Energieausspeicherung in die Wand Berücksichtigung finden, da sie die Zustandsänderung der an das Rohr angrenzenden Medien beeinflusst.

Infolge der meist hohen Betriebsdrücke in den energie- und verfahrenstechnischen Anlagen kommt der Kenntnis der Wandtemperatur große Bedeutung zu, da zusätzlich zu der durch den hohen Innendruck in den hohlzylindrischen Körpern bereits vorhandenen Materialbeanspruchung Wärmespannungen entstehen. Kommt es zu einer Überschreitung der höchst zulässigen

Oberflächentemperatur oder der maximal zulässigen Temperaturdifferenz, so kann dies zu Schäden am Bauteil (z.B. Rohr oder Sammler) führen. Es sind daher zur genauen Beurteilung der zulässigen Laständerungen Spannungsanalysen der kritischen Bauteile in Abhängigkeit von der Zeit notwendig, um die hierbei auftretenden instationären Spannungen berechnen zu können (siehe dazu (Albrecht 1966), (Albrecht 1969), (Schmidt 1967a), (Schmidt 1973), (Leithner 1990), (Pich 1983), (Pich 1993), (Taler 1986) oder (Taler 1997)).

Die im Dampferzeugerbau zum Einsatz kommenden hohlzylindrischen Bauteile werden auf Grund ihrer Wandstärke in so genannte dünnwandige und dickwandige Bauteile untergliedert. Der ersten Gruppe zugehörig sind unter anderen die Rohre der Überhitzerheizflächen, der Verbindungsleitungen oder die der Verdampferheizflächen. Der zweiten Gruppe hohlzylindrischer Bauteile werden z.B. die Trommel oder die Sammler zugeordnet.

Für diese beiden Bauteilgruppen soll in den beiden folgenden Unterkapiteln jeweils ein mögliches Verfahren zur Bestimmung der Oberflächentemperatur bzw. der Temperaturdifferenz näher betrachtet werden.

Modell für ein dünnwandiges Rohr

Nach (Berndt 1984) kann für die eindimensionale Berechnung der Wandtemperatur von dünnwandigen Rohren von der Differentialgleichung der Wandenergiebilanz Gl. (6.14) ausgegangen werden, wenn kein Bedarf an der Kenntnis der Temperaturverteilung in der Rohrwand, wie sie für eine etwaige Spannungsanalyse benötigt würde, besteht. Dabei wird von der Annahme einer unendlichen Wärmeleitfähigkeit in radialer Richtung und einer vernachlässigbaren Wärmeleitfähigkeit in axialer und tangentialer Richtung ausgegangen.

$$A_{Wa}\Delta x \frac{\partial}{\partial \tau}(\varrho_{Wa} c_{p\,Wa} \vartheta_{Wa}) = \alpha_{in} A_{O,in}(\vartheta_f - \vartheta_{Wa}) + \dot{Q} \qquad (6.14)$$

Eine Diskretisierung der Zeitableitung in Gl. (6.14) mittels eines Rückwärtsdifferenzenquotienten und einer anschließenden Umformung ergibt

$$\vartheta_{Wa}\left(\alpha_{in} A_{O,in} + \varrho_{Wa} c_{p\,Wa} A_{Wa} \frac{\Delta x}{\Delta \tau}\right) =$$
$$\dot{Q} + \alpha_{in} A_{O,in} \vartheta_f + \varrho_{Wa}^0 c_{p\,Wa}^0 A_{Wa} \frac{\Delta x}{\Delta \tau} \vartheta_{Wa}^0 \qquad (6.15)$$

Löst man Gl. (6.15) nach der Wandtemperatur ϑ_{Wa} auf, so erhält man deren explizite Bestimmungsgleichung

$$\vartheta_{Wa} = \frac{b_{Wa}}{a_{Wa}} \qquad (6.16)$$

mit den Koeffizienten

$$b_{Wa} = S_{cWa} + a_{Wa}^0 \vartheta_{Wa}^0 \qquad (6.17)$$

$$a_{Wa} = a_{Wa}^0 + S_{pWa} \qquad (6.18)$$

$$a_{Wa}^0 = \frac{\varrho_{Wa}^0 c_{pWa}^0 A_{Wa} \Delta x}{\Delta \tau} \qquad (6.19)$$

$$S_{cWa} = \dot{Q} + \alpha_{in} A_{O,in} \vartheta_f \quad \text{und} \qquad (6.20)$$

$$S_{pWa} = \alpha_{in} A_{O,in} \qquad (6.21)$$

Unter der Annahme, dass die Stoffwerte der Wand, Dichte ϱ_{Wa} und spez. Wärmekapazität c_{pWa}, von einem Zeitschritt zum nächsten keiner starken Änderung unterworfen sind, können die Koeffizienten der Gl. (6.16) – aus Gründen der Rechenzeitersparnis – mittels der Werte aus dem alten Zeitschritt berechnet werden. Beziehungen für die Stoffwerte von Werkstoffen werden im Kapitel 2.8.4 beschrieben.

Modell für ein dickwandiges Rohr

Das mathematische Modell zur Berechnung der Wandtemperatur von dünnwandigen Rohren setzte vereinfachend eine konstante Temperatur in radialer Richtung voraus. Diese Annahme ist für dünnwandige Bauteile, welche in der Regel beheizt sind, zulässig. Sie führt jedoch bei dickwandigen Bauteilen, welche im Allg. unbeheizt sind, zu größeren Fehlern. Zum einen entstehen diese Abweichungen von den tatsächlichen Temperaturverhältnissen dadurch, dass die instationäre Wärmeleitung nicht berücksichtigt wird, wodurch sich Fehler in der Berechnung der Energieeinspeicherung in die Wand ergeben. Zum anderen kann der Verlauf der Temperatur in einem dickwandigen Bauteil nicht mehr als linear angenommen werden. Es ist daher notwendig, die Fourier'sche Differentialgleichung der Wärmeleitung (6.22)

$$\varrho_{Wa} c_{pWa} \frac{\partial T_{Wa}}{\partial \tau} = \frac{1}{r} \frac{\partial}{\partial r} \left(r \lambda_{Wa} \frac{\partial T_{Wa}}{\partial r} \right) \qquad (6.22)$$

nicht geschlossen für die gesamte Wandstärke des dickwandigen Bauteils auf einmal zu lösen, sondern es muss im einfachsten Fall eine Unterteilung der Wand in einzelne Kreisringsegmente, wie in Abb. 6.12 dargestellt, vorgenommen werden. Die Fourier'sche Differentialgleichung muss somit auf jedes einzelne Ringelement angewendet und numerisch gelöst werden. Diese Vorgehensweise der Diskretisierung erfolgt unter der Annahme einer vernachlässigbaren Wärmeleitung in axialer Richtung und einer radialsymmetrischen Temperaturverteilung.

Um die partielle Differentialgleichung für die instationäre Wärmeleitung (6.22) lösen zu können, sind sowohl eine zeitliche Anfangsbedingung als auch örtliche Randbedingungen anzugeben. Die Anfangsbedingung gibt zu einem bestimmten Zeitpunkt an jeder Stelle des Körpers eine Temperatur vor. An

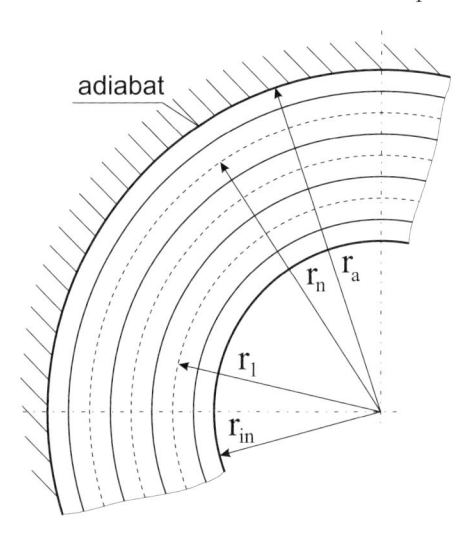

Abb. 6.12. Dickwandiges, außen adiabates Rohr: globale eindimensionale Diskretisierung, (Walter 2001)

den freien Oberflächen (Rändern) sind die örtlichen Randbedingungen, wie sie in Kapitel 2.3.3 dargestellt sind, anzugeben.

Während des Anfahrvorganges eines Dampferzeugers kann der entstehende Dampf auf Grund instationärer Druckschwankungen an der noch kühlen Wandoberfläche der Trommel kondensieren. Durch die höhere Wärmeübergangszahl des Kondensats gegenüber dem Dampf und der siedenden Flüssigkeit im unteren Teil der Trommel kommt es zu einem Wärmetransport in tangentialer Richtung, was eine zweidimensionale Berechnung der Wärmeleitung in der Rohrwand der Trommel notwendig machen würde. Wie (Berndt 1984) in seiner Arbeit nachweisen konnte, entstehen nur sehr kleine Temperaturdifferenzen zwischen dem oberen und dem unteren Teil der Trommel. Es kann daher die zweidimensionale Berechnung dickwandiger Hohlzylinder auf die eindimensionale Wärmeleitung in radialer Richtung zurückgeführt werden.

In Kapitel 6.1.1 wurde bereits darauf hingewiesen, dass während des An- und Abfahrvorganges von Dampferzeugern die Temperaturänderungsgeschwindigkeit nicht überschritten werden darf. Ursache dafür sind die Thermospannungen in den dickwandigen Bauteilen des Dampferzeugers. Diese sind proportional der Differenz zwischen der Innenwandtemperatur und der integralen Mitteltemperatur in der Wand ((Pich 1993), (Albrecht 1966)).

$$\sigma_{th,in} = \frac{\beta_\vartheta E_\sigma}{1-\nu_q}(\overline{T}_{Wa}(\tau) - T_{Wa,in}(r,\tau)) \qquad (6.23)$$

Die mittlere Wandtemperatur lässt sich allgemein aus der Beziehung

$$\overline{T}_{Wa} = \frac{1}{V}\int\limits_V T_{Wa}\mathrm{d}V \qquad (6.24)$$

444 Dampferzeugersimulation – Simulation der Wasser- und Dampfströmung

berechnen und nimmt für einen Hohlzylinder folgende Form an:

$$\overline{T}_{Wa}(\tau) = \frac{2}{r_a^2 - r_{in}^2} \int_{r_{in}}^{r_a} T_{Wa}(r,\tau) r \, dr \qquad (6.25)$$

Im Folgenden soll ein numerisches Verfahren zur Berechnung der Temperaturdifferenz in dickwandigen Bauteilen dargestellt werden. Bei dem hier vorgestellten Verfahren handelt es sich um das Finite-Volumen-Verfahren nach (Patankar 1980). Weitere Verfahren zur Berechnung der Temperaturdifferenzen in dickwandigen Bauteilen können z.B. bei (Köhne 1969), (Leithner 1990), (Lehne 1995) oder (Mair 1985) gefunden werden.

Abb. 6.12 stellt ein dickwandiges Rohr dar, welches in einzelne, sich nicht überlappende Kreisringsegmente unterteilt ist. Die Einteilung in die einzelnen Kontrollvolumina erfolgt entsprechend dem Vorschlag nach (Patankar 1980).

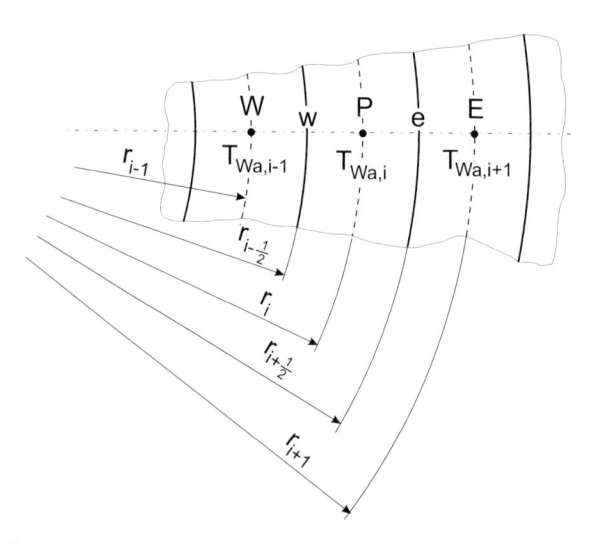

Abb. 6.13. Allgemeines Kontrollvolumen des diskretisierten dickwandigen Rohres, (Walter 2001)

Abb. 6.13 zeigt eine allgemeine Bilanzzelle i sowie ihre Nachbarkontrollvolumina $i+1$ und $i-1$, deren Rechenpunkte jeweils in der Mitte der Rechenzelle auf den Radien r_i, r_{i+1} und r_{i-1} liegen. Die Grenzflächen des Kontrollvolumens i werden mit folgenden Indizes versehen: $i+\frac{1}{2}$ an der östlichen und $i-\frac{1}{2}$ an der westlichen Fläche, mit deren zugehörigen Radien $r_{i+\frac{1}{2}}$ und $r_{i-\frac{1}{2}}$. Bei der nachfolgenden Herleitung der diskretisierten algebraischen Gleichung wird von einer Ortsabhängigkeit der Wärmeleitfähigkeit der Wand λ_{Wa} ausgegangen.

Ausgehend von der Fourier'schen Differentialgleichung (6.22) kann für eine allgemeine Bilanzzelle i, wie sie in Abb. 6.13 skizziert ist, die algebraische

6.3 Instationäres Dampferzeugermodell

Beziehung zur Ermittlung der Wandtemperatur $T_{Wa,i}$ unter Zuhilfenahme der Diskretisierung mittels der Finiten-Volumen hergeleitet werden. Dazu wird Gl. (6.22) mit dem Radius r multipliziert und anschließend über ein allgemeines Kontrollvolumen ($i - \frac{1}{2}$ bis $i + \frac{1}{2}$ und von 0 bis 2π) sowie des Zeitintervalls von τ_0 bis τ_1 integriert.

$$\int_0^{2\pi}\int_{\tau_0}^{\tau_1}\int_{i-\frac{1}{2}}^{i+\frac{1}{2}} \varrho_{Wa,i} c_{pWa,i} r \frac{\partial T_{Wa,i}}{\partial \tau} \mathrm{d}r \mathrm{d}\tau \mathrm{d}\varphi = \int_0^{2\pi}\int_{\tau_0}^{\tau_1}\int_{i-\frac{1}{2}}^{i+\frac{1}{2}} \frac{\partial}{\partial r}\left(r\lambda_{Wa}\frac{\partial T_{Wa}}{\partial r}\right) \mathrm{d}r \mathrm{d}\tau \mathrm{d}\varphi \tag{6.26}$$

Integration über den Radius liefert:

$$\int_0^{2\pi}\int_{\tau_0}^{\tau_1} \varrho_{Wa,i} c_{pWa,i} \frac{1}{2}\left(r_{i+\frac{1}{2}}^2 - r_{i-\frac{1}{2}}^2\right) \frac{\partial T_{Wa,i}}{\partial \tau} \mathrm{d}\tau \mathrm{d}\varphi =$$

$$\int_0^{2\pi}\int_{\tau_0}^{\tau_1} \left(r\lambda_{Wa}\frac{\partial T_{Wa}}{\partial r}\right)_{i+\frac{1}{2}} - \left(r\lambda_{Wa}\frac{\partial T_{Wa}}{\partial r}\right)_{i-\frac{1}{2}} \mathrm{d}\tau \mathrm{d}\varphi \tag{6.27}$$

Die partielle Ableitung der Temperatur T_{Wa} nach dem Radius r an den Kontrollvolumengrenzen $i + \frac{1}{2}$ und $i - \frac{1}{2}$ auf der rechten Seite der Gl. (6.27) wird durch eine stückweise lineare Approximation ersetzt.

$$\int_0^{2\pi}\int_{\tau_0}^{\tau_1} \varrho_{Wa,i} c_{pWa,i} \frac{1}{2}\left(r_{i+\frac{1}{2}}^2 - r_{i-\frac{1}{2}}^2\right) \frac{\partial T_{Wa,i}}{\partial \tau} \mathrm{d}\tau \mathrm{d}\varphi =$$

$$\int_0^{2\pi}\int_{\tau_0}^{\tau_1} \left[\frac{r_{i+\frac{1}{2}} \lambda_{Wa,i+\frac{1}{2}} (T_{Wa,i+1} - T_{Wa,i})}{(r_{i+1} - r_i)} - \frac{r_{i-\frac{1}{2}} \lambda_{Wa,i-\frac{1}{2}} (T_{Wa,i} - T_{Wa,i-1})}{(r_i - r_{i-1})}\right] \mathrm{d}\tau \mathrm{d}\varphi \tag{6.28}$$

Integration der Gl. (6.28) über die Zeit liefert unter Einbeziehung von $\Delta \tau = \tau_1 - \tau_0$

$$\int_0^{2\pi} \frac{1}{2}\left(r_{i+\frac{1}{2}}^2 - r_{i-\frac{1}{2}}^2\right) \left(\varrho_{Wa,i} c_{pWa,i} T_{Wa,i} - \varrho_{Wa,i}^0 c_{pWa,i}^0 T_{Wa,i}^0\right) \mathrm{d}\varphi =$$

$$\Delta\tau \int_0^{2\pi} \left[\frac{r_{i+\frac{1}{2}} \lambda_{Wa,i+\frac{1}{2}} (T_{Wa,i+1} - T_{Wa,i})}{(r_{i+1} - r_i)} - \frac{r_{i-\frac{1}{2}} \lambda_{Wa,i-\frac{1}{2}} (T_{Wa,i} - T_{Wa,i-1})}{(r_i - r_{i-1})}\right] \mathrm{d}\varphi \tag{6.29}$$

Darin bezeichnet $\varrho^0_{Wa,i}$, $c^0_{pWa,i}$ und $T^0_{Wa,i}$ die jeweilige Größe im Rechenpunkt i zum vorhergegangenen Zeitschritt. Abschließende Integration über den Umfang des Kontrollvolumens ergibt die Bestimmungsgleichung für die Wandtemperatur im allgemeinen Kontrollvolumen i.

$$\frac{1}{2}\left(r^2_{i+\frac{1}{2}} - r^2_{i-\frac{1}{2}}\right)\left(\varrho_{Wa,i} c_{pWa,i} T_{Wa,i} - \varrho^0_{Wa,i} c^0_{pWa,i} T^0_{Wa,i}\right) 2\pi = \Delta\tau 2\pi$$

$$\left[\frac{r_{i+\frac{1}{2}} \lambda_{Wa,i+\frac{1}{2}} (T_{Wa,i+1} - T_{Wa,i})}{(r_{i+1} - r_i)} - \frac{r_{i-\frac{1}{2}} \lambda_{Wa,i-\frac{1}{2}} (T_{Wa,i} - T_{Wa,i-1})}{(r_i - r_{i-1})}\right]$$

(6.30)

Sortieren der Gl. (6.30) nach den Temperaturen ergibt die Bestimmungsgleichung für ein allgemeines Kontrollvolumen i

$$a_{Pi} T_{Wa,i} = a_{Wi} T_{Wa,i-1} + a_{Ei} T_{Wa,i+1} + a^0_{Pi} T^0_{Wa,i} \qquad (6.31)$$

mit den Koeffizienten

$$a^0_{Pi} = \frac{\varrho^0_{Wa,i} c^0_{pWa,i} \left(r^2_{i+\frac{1}{2}} - r^2_{i-\frac{1}{2}}\right)}{2\Delta\tau} \qquad (6.32)$$

$$a_{Wi} = \frac{r_{i-\frac{1}{2}} \lambda_{Wa,i-\frac{1}{2}}}{(r_i - r_{i-1})}, \qquad (6.33)$$

$$a_{Ei} = \frac{r_{i+\frac{1}{2}} \lambda_{Wa,i+\frac{1}{2}}}{(r_{i+1} - r_i)} \quad \text{und} \qquad (6.34)$$

$$a_{Pi} = \frac{\varrho_{Wa,i} c_{pWa,i} \left(r^2_{i+\frac{1}{2}} - r^2_{i-\frac{1}{2}}\right)}{2\Delta\tau} + a_{Wi} + a_{Ei} \qquad (6.35)$$

Abb. 6.14 zeigt die Kontrollvolumenkonfiguration für die beiden Ränder des in Abb. 6.12 dargestellten dickwandigen Bauteils. An der inneren bzw. äußeren Randfaser des Hohlzylinders liegen die Rechenpunkte für die Oberflächentemperaturen $T_{Wa,in}$ und $T_{Wa,a}$ des Festkörpers. Ihnen zugeordnet sind die Radien r_{in} und r_a. Die Herleitung der algebraischen Beziehungen für die beiden Randkontrollvolumina erfolgt in der Weise, dass an den beiden freien Oberflächen die Randbedingung der 3. Art zur Anwendung kommt (siehe auch Kapitel 2.3.3).

Ausgangspunkt für die Herleitung der diskretisierten Bestimmungsgleichung für die innere Oberflächentemperatur $T_{Wa,in}$ ist wieder die Fourier'sche Differentialgleichung der Wärmeleitung (6.22). Als untere Grenze für die Integration über dr ist der innere Radius des Hohlzylinders r_{in} zu setzen.

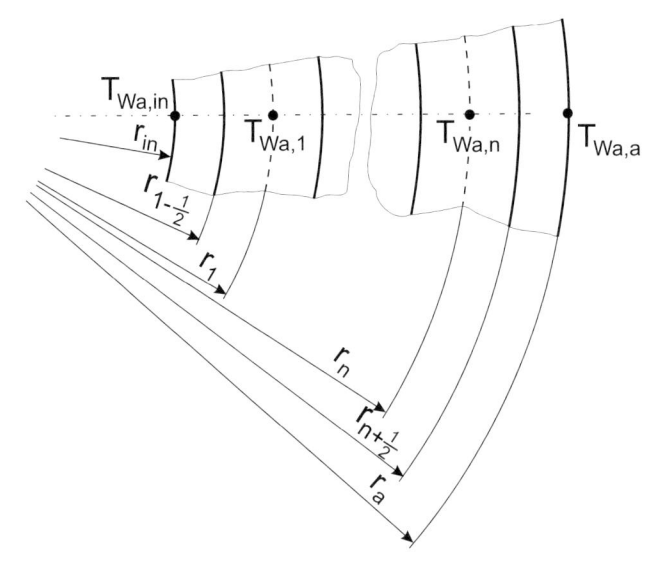

Abb. 6.14. Randvolumina des diskretisierten dickwandigen Rohres, (Walter 2001)

$$\int_0^{2\pi}\int_{\tau_0}^{\tau_1}\int_{r_{in}}^{r_{i+\frac{1}{2}}} \varrho_{Wa,in} c_{pWa,in} r \frac{\partial T_{Wa,in}}{\partial \tau} \mathrm{d}r \mathrm{d}\tau \mathrm{d}\varphi =$$
$$\int_0^{2\pi}\int_{\tau_0}^{\tau_1}\int_{r_{in}}^{r_{i+\frac{1}{2}}} \frac{\partial}{\partial r}\left(r\lambda_{Wa}\frac{\partial T_{Wa}}{\partial r}\right) \mathrm{d}r \mathrm{d}\tau \mathrm{d}\varphi \qquad (6.36)$$

Integration über den Radius und Einsetzen der Integrationsgrenzen ergibt:

$$\int_0^{2\pi}\int_{\tau_0}^{\tau_1} \varrho_{Wa,in} c_{pWa,in} \frac{1}{2}\left(r_{i+\frac{1}{2}}^2 - r_{in}^2\right) \frac{\partial T_{Wa,in}}{\partial \tau} \mathrm{d}\tau \mathrm{d}\varphi =$$
$$\int_0^{2\pi}\int_{\tau_0}^{\tau_1} \left(r\lambda_{Wa}\frac{\partial T_{Wa}}{\partial r}\right)_{i+\frac{1}{2}} - \left(r\lambda_{Wa}\frac{\partial T_{Wa}}{\partial r}\right)_{in} \mathrm{d}\tau \mathrm{d}\varphi \qquad (6.37)$$

Die partielle Ableitung der Temperatur T_{Wa} nach dem Radius r an der Stelle $i+\frac{1}{2}$ wird, wie bereits oben gezeigt wurde, wieder durch eine stückweise lineare Approximation ersetzt. Die partielle Ableitung der Temperatur an der inneren Wandoberfläche wird durch die Randbedingung 3. Art

$$-\lambda_{Wa,in}\frac{\partial T_{Wa,in}}{\partial r} = \alpha_{in}(\overline{T}_f - T_{Wa,in}) \qquad (6.38)$$

substituiert. α_{in} bezeichnet den Wärmeübergangskoeffizienten zwischen der inneren Festkörperoberfläche und dem angrenzenden Medium; $\overline{T}_f$ die mittlere Temperatur des im Rohr strömenden Fluids. Gl. (6.37) lässt sich somit wie folgt anschreiben:

$$\int_0^{2\pi}\int_{\tau_0}^{\tau_1} \varrho_{Wa,in} c_{pWa,in} \frac{1}{2}\left(r_{1-\frac{1}{2}}^2 - r_{in}^2\right) \frac{\partial T_{Wa,in}}{\partial \tau} d\tau d\varphi =$$

$$\int_0^{2\pi}\int_{\tau_0}^{\tau_1} \left[\frac{r_{1-\frac{1}{2}}\lambda_{Wa,1-\frac{1}{2}}(T_{Wa,1} - T_{Wa,in})}{(r_1 - r_{in})} + r_{in}\alpha_{in}(\overline{T}_f - T_{Wa,in})\right] d\tau d\varphi \quad (6.39)$$

Werden die beiden verbleibenden Integrale der Gl. (6.39) entsprechend dem bereits oben gezeigten gelöst und anschließend nach den Temperaturen sortiert, so erhält man die diskretisierte algebraische Bestimmungsgleichung für die innere Rohrwandoberflächentemperatur $T_{Wa,in}$

$$a_{P,in} T_{Wa,in} = a_{W,in}\overline{T}_f + a_{E,in} T_{Wa,1} + a_{P,in}^0 T_{Wa,in}^0 \quad (6.40)$$

mit den Koeffizienten

$$a_{P,in}^0 = \frac{\varrho_{Wa,in}^0 c_{pWa,in}^0 \left(r_{1-\frac{1}{2}}^2 - r_{in}^2\right)}{2\Delta\tau} \quad (6.41)$$

$$a_{W,in} = \alpha_{in} r_{in}, \quad (6.42)$$

$$a_{E,in} = \frac{r_{1-\frac{1}{2}}\lambda_{Wa,1-\frac{1}{2}}}{(r_1 - r_{in})} \quad \text{und} \quad (6.43)$$

$$a_{P,in} = \frac{\varrho_{Wa,in} c_{pWa,in}\left(r_{1-\frac{1}{2}}^2 - r_{in}^2\right)}{2\Delta\tau} + a_{W,in} + a_{E,in} \quad (6.44)$$

Analog zu Gl. (6.40) lässt sich die Bestimmungsgleichung für die äußere Oberflächentemperatur $T_{Wa,a}$ anschreiben

$$a_{Pa} T_{Wa,a} = a_{Wa} T_{Wa,n} + a_{Ea}\overline{T}_{f,a} + a_{Pa}^0 T_{Wa,a}^0 \quad (6.45)$$

mit den Parametern

$$a_{Pa}^0 = \frac{\varrho_{Wa,a}^0 c_{pWa,a}^0\left(r_a^2 - r_{n+\frac{1}{2}}^2\right)}{2\Delta\tau} \quad (6.46)$$

$$a_{Wa} = \frac{r_{n+\frac{1}{2}}\lambda_{Wa,n+\frac{1}{2}}}{(r_a - r_n)} \quad (6.47)$$

$$a_{Ea} = \alpha_a r_a \quad \text{und} \quad (6.48)$$

$$a_{Pa} = \frac{\varrho_{Wa,a} c_{pWa,a}\left(r_a^2 - r_{n+\frac{1}{2}}^2\right)}{2\Delta\tau} + a_{Wa} + a_{Ea} \quad (6.49)$$

α_a ist der Wärmeübergangskoeffizient zwischen der äußeren Festkörperoberfläche und dem angrenzenden Medium; $\overline{T}_{f,a}$ ist die mittlere Temperatur des das Rohr umströmenden Mediums.

Um den Sonderfall einer adiabaten Außenwand zu erhalten, muss der äußere Wärmeübergangskoeffizient α_a gleich null gesetzt werden.

Werden die Gleichungen für alle Kontrollvolumina des dickwandigen Rohres angeschrieben, so ergeben diese ein lineares tridiagonales Gleichungssystem, welches z.B. mittels des TDMA-Algorithmus gelöst werden kann.

Die Mitteltemperatur ist für jeden Zeitschritt aus den an diskreten örtlichen Punkten bekannten Wandtemperaturen zu bestimmen. Dazu wird das Integral in Gl. (6.24) durch die Summe der gespeicherten Wärmemenge in den Kontrollvolumina ersetzt. Division der gespeicherten Wärmemenge durch die Summe des Produktes aus Zellenmasse und spez. Wärmekapazität liefert die Bestimmungsgleichung für die Mitteltemperatur

$$\overline{T}_{Wa} = \frac{\sum\limits_{i} T_{Wa,i} m_i c_{pWa,i}}{\sum\limits_{i} m_i c_{pWa,i}} \tag{6.50}$$

6.3.2 Rohr-Sammler-Modell

Modell des Sammlers

Der Sammler dient im Dampferzeugerbau als Verbindungsglied zwischen den internen oder externen Verbindungsleitungen mit einem großen Rohrdurchmesser und einer großen Anzahl an Heizflächenrohren mit kleinen Rohrdurchmessern. Die Querschnittsfläche des Sammlers selbst ist abhängig von der höchst zulässigen Geschwindigkeit des Arbeitsstoffes im Sammler.

Neben dem hohen Betriebsdruck im Sammler trägt auch die große Anzahl an Heizflächenrohren, welche in die Mantelfläche des Sammlers münden und so eine beträchtliche Querschnittsschwächung mit sich bringen, dazu bei, dass große Wandstärken für diesen Dampferzeugerbauteil verwendet werden müssen.

Als Folge der großen Wandstärken kommt es, wie bereits oben beschrieben, bei dynamischen Vorgängen, wie sie z.B. das An- oder Abfahren eines Dampferzeugers darstellen, zu Ein- bzw. Ausspeichervorgängen von Wärme in die Sammlerwand, was auf Grund der dort entstehenden Temperaturgradienten Wärmespannungen hervorruft, deren Kenntnis für den instationären Betrieb von großer Wichtigkeit ist.

Bei der Erstellung eines mathematischen Sammlermodells muss darauf Bedacht genommen werden, ob zur Simulation der Rohrströmung ein expliziter oder impliziter Lösungsalgorithmus zur Anwendung kommt. Im Gegensatz zu einer expliziten müssen bei einer impliziten Formulierung der Rohrströmung die Bilanzgleichungen für den Sammler ebenfalls implizit in den Rechenalgorithmus eingebettet werden, da ansonsten aus Stabilitätsgründen die Zeitschrittweite entsprechend der Courant-Friedrichs-Lewy[2] (CFL)-

---

[2] Die Courant-Friedrichs-Lewy-Bedingung ist eine notwendige Bedingung für die numerische Stabilität. Dabei muss, um die Konvergenz der numerischen Lösung

450   Dampferzeugersimulation – Simulation der Wasser- und Dampfströmung

Bedingung beschränkt wäre und der Vorteil der impliziten Formulierung, der in einer freien Wahl der Zeitschrittweite liegt, verloren ginge. Es ist daher notwendig, die Bilanzgleichungen des Sammlers so zu formulieren, dass in Kombination mit jenen der Rohre ein Satz von Gleichungen entsteht, der für einen Zeitpunkt, in Kenntnis der Randbedingungen und des Zustandes eines Zeitschritts vorher, die Berechnung der Zustände in der gesamten Rohr-Sammler-Struktur erlaubt. Im Folgenden sollen die algebraischen Bestimmungsgleichungen für ein eindimensionales Sammlermodell, basierend auf dem SIMPLER-Algorithmus (s. Kapitel 3.5.3), vorgestellt werden.

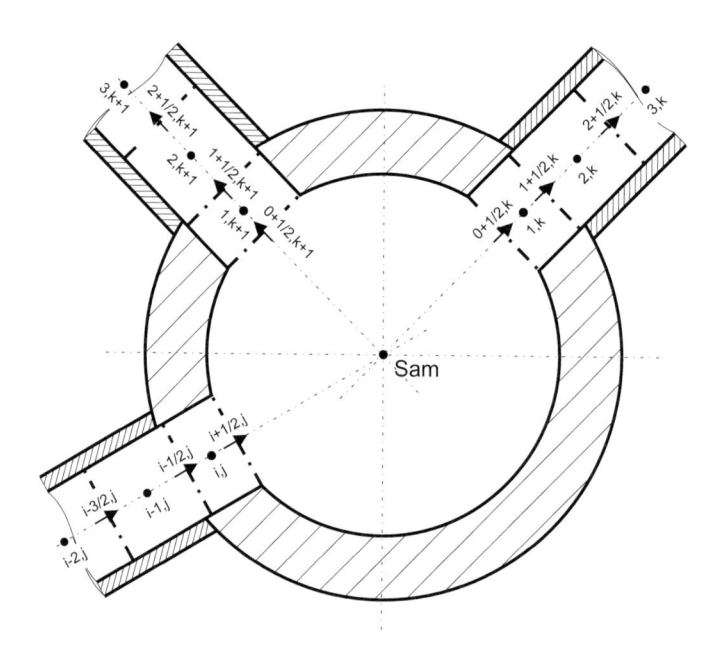

Abb. 6.15. Diskretisierung des Sammlers und der ihm angeschlossenen Rohre, (Walter 2001)

In Abb. 6.15 ist zur besseren Veranschaulichung ein Sammler mit nur drei angeschlossenen Rohren, welche repräsentativ für alle anderen mit dem Sammler verbundenen Rohren stehen, dargestellt, wobei diejenigen Rohre, die in den Sammler münden, mit dem Index j bezeichnet werden. Index k kennzeichnet jene Rohre, welche ihren Rohranfang im Sammler haben. Abb. 6.15 zeigt weiters die Anordnung der für die Diskretisierung des Sammlers und der ihm angeschlossenen Rohre verwendeten Kontrollvolumina. Im Zentrum eines jeden regulären Kontrollraumes ist der Rechenpunkt für den Druck und die spez. Enthalpie, welcher jeweils mit einem • gekennzeichnet ist, angeordnet. An den Grenzflächen der regulären Kontrollvolumina ist der Rechen-

---

u_i^n gegen die analytische Lösung $u(x_i, \tau^n)$ sichern zu können, der numerische Abhängigkeitsbereich das analytische Abhängigkeitsgebiet umfassen.

punkt für die Geschwindigkeiten, symbolisiert durch einen $\longrightarrow$, angeordnet. In der Modellvorstellung wird angenommen, dass die den gesamten Sammler beschreibenden thermodynamischen Zustandsgrößen dem mit *Sam* bezeichneten Punkt, welcher sich in der Mitte des Sammlers befindet, zugeordnet sind. Diese Auffassung stützt sich auf die Annahme, dass die radiale Ausdehnung des Sammlers gering und daher der Einfluss des Schwerefeldes auf die Dichte und den Druck im Sammler vernachlässigbar klein ist.

Aus dem in Abb. 6.15 dargestellten linken unteren Rohranschluss tritt der Arbeitsstoff in den Sammler ein und wird dort mit dem sich bereits im Sammler befindlichen Fluid so vollkommen vermischt, dass es zu keiner Entmischung eines sich eventuell im Sammler befindlichen Wasser-Dampf-Gemisches kommen kann. Diese Annahme leitet sich aus der Vorstellung eines scharfkantigen Querschnittsüberganges vom Rohr in den Sammler und der dadurch entstehenden Turbulenzen ab. Der beim Eintritt des Arbeitsstoffes in den Sammler transportierte Impuls wird im Sammler vollständig vernichtet. Im Gegenzug dazu muss sich der Impuls an den dem Sammler angeschlossenen Rohren, an denen der Arbeitsstoff den Sammler verlässt, wieder aufbauen.

Diese Modellvorstellung der Vernichtung und des Aufbauens des Impulses führt zu einer Entkoppelung der Bilanzgleichungen für den Impuls für die dem Sammler angeschlossenen Rohre. Bei der Aufstellung der Impulsbilanzen für die einzelnen Kontrollvolumina des zu berechnenden Rohrnetzwerkes findet daher das Sammlerkontrollvolumen keine Berücksichtigung, wodurch die tridiagonale Struktur der Matrix für die Bilanzgleichungen des Impulses erhalten bleibt.

Somit kann, auf Grund der Entkoppelung des Sammlers in seinen Rechenpunkten, eine Ermittlung der Pseudogeschwindigkeit $\widehat{w}$ entfallen. Eine Entkoppelung in der Bestimmungsgleichung für den Sammlerdruck ist jedoch nicht gegeben. Die Berechnung des Druckes im Sammler ist infolgedessen nicht unabhängig von den an den Sammler angrenzenden Bilanzzellen und ergibt sich daher zu

$$a_{PSam}\, p_{Sam} = \sum_j a_{WSam,j}\, p_{i,j} + \sum_k a_{ESam,k}\, p_{1,k} + b_{Sam} \qquad (6.51)$$

mit den Koeffizienten

$$a_{WSam,j} = (\varrho A)_{i+\frac{1}{2},j}\, d_{wi,j} \qquad (6.52)$$

$$a_{ESam,k} = (\varrho A)_{0+\frac{1}{2},k}\, d_{e1,k} \qquad (6.53)$$

$$a_{PSam} = \sum_j a_{WSam,j} + \sum_k a_{ESam,k} \qquad (6.54)$$

und

$$b_{Sam} = \frac{(\varrho^0_{Sam} - \varrho_{Sam})V_{Sam}}{\Delta\tau} + \sum_j (\varrho\widehat{w}A)_{i+\frac{1}{2},j} - \sum_k (\varrho\widehat{w}A)_{0+\frac{1}{2},k} \qquad (6.55)$$

Die Druckkorrekturgleichung zur Berechnung der Geschwindigkeitskorrektur lässt sich für den Sammler wie folgt angeben:

$$a_{PSam} p'_{Sam} = \sum_j a_{WSam,j} p'_{i,j} + \sum_k a_{ESam,k} p'_{1,k} + b_{Sam} \qquad (6.56)$$

mit den Koeffizienten

$$a_{WSam,j} = (\varrho A)_{i+\frac{1}{2},j} d_{wi,j} \qquad (6.57)$$

$$a_{ESam,j} = (\varrho A)_{0+\frac{1}{2},k} d_{e1,k} \qquad (6.58)$$

$$a_{PSam} = \sum_j a_{WSam,j} + \sum_k a_{ESam,k} \qquad (6.59)$$

und

$$b_{Sam} = \frac{(\varrho^0_{Sam} - \varrho_{Sam})V_{Sam}}{\Delta\tau} + \sum_j (\varrho w^* A)_{i+\frac{1}{2},j} - \sum_k (\varrho w^* A)_{0+\frac{1}{2},k} \qquad (6.60)$$

Die spez. Enthalpie des Sammlers h_{Sam} ist, ebenso wie die Druckkorrektur, nicht unabhängig von den dem Sammlerkontrollvolumen angrenzenden Bilanzvolumina zu berechnen.

Die Bestimmungsgleichung für die spez. Enthalpie des Sammlers ergibt sich somit zu

$$a_{PSam} h_{Sam} = \sum_j a_{WSam,j} h_{i,j} + \sum_k a_{ESam,k} h_{1,k} + b_{Sam} \qquad (6.61)$$

mit den Koeffizienten

$$a^0_{PSam} = \frac{\varrho^0_{Sam} V_{Sam}}{\Delta\tau} \qquad (6.62)$$

$$a_{WSam,j} = \max[(\varrho w)_{i+\frac{1}{2},j}, 0] A_{i+\frac{1}{2},j} \qquad (6.63)$$

$$a_{ESam,k} = \max[-(\varrho w)_{0+\frac{1}{2},k}, 0] A_{0+\frac{1}{2},k} \qquad (6.64)$$

$$b_{Sam} = S_{cSam} V_{Sam} + a^0_{PSam} h^0_{Sam} \qquad (6.65)$$

und

$$a_{PSam} = \sum_j a_{WSam,j} + \sum_k a_{ESam,k} + a^0_{PSam} - S_{pSam} V_{Sam} \qquad (6.66)$$

Durch die Koppelung des Kontrollvolumens für den Sammler an die ihm angrenzenden Bilanzzellen der Rohre kommt es zum Verlust der tridiagonalen Struktur in der Koeffizientenmatrix für die Bestimmungsgleichungen des Druck-, des Enthalpie- sowie des Geschwindigkeitsfeldes (Druckkorrekturgleichung (6.56)). Die entstehende Bandbreite der Koeffizientenmatrix ist sehr stark von der Reihenfolge der Nummerierung der dem Sammler angrenzenden Kontrollvolumina abhängig. Um eine möglichst schmale Bandstruktur für die zu lösenden Gleichungssysteme zu erhalten, sollte eine Bandbreitenoptimierung für die Koeffizientenmatrizen vorgenommen werden.

Bilanzgleichungen der an den Sammler angrenzenden Kontrollvolumina

In Abb. 6.15 sind die an die Rechenzelle des Sammlers angrenzenden Rohrkontrollvolumina dargestellt, wobei die Zählrichtung der skizzierten Rechenzellen der dem Sammler angeschlossenen Rohre mit der eingezeichneten Strömungsrichtung konform geht.

Betrachtet man die Indizes der Geschwindigkeiten der in Abb. 6.15 dargestellten Rohranfänge, so ist diesen zu entnehmen, dass für die auf der Grenzfläche zwischen der Rechenzelle des Sammlers und der ihm angrenzenden Kontrollvolumina die Geschwindigkeiten mit $0 + \frac{1}{2}$ bezeichnet sind. Diese aus der Modellvorstellung kommende Kennzeichnung steht für eine imaginäre nullte Bilanzzelle, welche der ersten regulären Rechenzelle des Rohres anstelle des Sammlerkontrollvolumens vorgelagert wird.

Die Bestimmungsgleichung für die Pseudogeschwindigkeiten $\widehat{w}_{0+\frac{1}{2},k}$ der Rohre k, $k+1$ usw. lässt sich somit unabhängig von der in Abb. 6.15 skizzierten Strömungsrichtung des Arbeitsstoffes anschreiben:

$$\widehat{w}_{0+\frac{1}{2},k} = \frac{a_{ee0,k} w_{1+\frac{1}{2},k} + b_{0,k}}{a_{e0,k}} \tag{6.67}$$

mit den Koeffizienten

$$a^0_{e0,k} = \frac{\varrho^0_{0+\frac{1}{2},k} A_{0+\frac{1}{2},k} \Delta x_{0+\frac{1}{2},k}}{\Delta \tau} \tag{6.68}$$

$$a_{ee0,k} = \left(\frac{\mu_{1+\frac{1}{2},k}}{\Delta x_{1+\frac{1}{2},k}} + \max\left[-(\varrho w)_{1+\frac{1}{2},k}, 0 \right] \right) A_{1+\frac{1}{2},k} \tag{6.69}$$

$$a_{e0,k} = a_{ee0,k} + a^0_{e0,k} - S_{p0,k} A_{0+\frac{1}{2},k} \Delta x_{0+\frac{1}{2},k} \tag{6.70}$$

und

$$b_{0,k} = S_{c0,k} A_{0+\frac{1}{2},k} \Delta x_{0+\frac{1}{2},k} + a^0_{e0,k} w^0_{0+\frac{1}{2},k} \tag{6.71}$$

Der Index ee des Koeffizienten $a_{ee0,k}$ bezeichnet den östlichen Nachbarn des Kontrollvolumens e am versetzten Rechengitter. Der Koeffizient $a_{w0,k}$, welcher im Gegensatz zu der in Kapitel 3.5.3 hergeleiteten Beziehung zur Berechnung der Pseudogeschwindigkeit (Gl. (3.98)) in Gl. (6.67) nicht mehr enthalten ist, kann auf Grund der Annahme einer gleich großen Geschwindigkeit am linken Rand der imaginären Zelle und der ersten regulären Bilanzzelle gleich null gesetzt werden.

Der durch den Eintritt des Arbeitsstoffes aus dem Sammler in das Rohr verursachte Beschleunigungsdruckverlust findet durch den Widerstandsbeiwert ζ_{ein}, welcher z.B. aus (Richter 1962), (Eck 1988) oder (Fried 1989) entnommen werden kann, im proportionalen Quellterm $S_{p0,k}$ seine Berücksichtigung.

$$S_{p0,k}\Delta x_{0+\frac{1}{2},k} = -\frac{|\Delta p_{R0+\frac{1}{2},k}|}{|w_{0+\frac{1}{2},k}|} - (1+\zeta_{ein})\frac{\varrho_{0+\frac{1}{2},k}w_{0+\frac{1}{2},k}\max[w_{0+\frac{1}{2},k},0]}{2\left|w_{0+\frac{1}{2},k}\right|}$$
(6.72)

Liegt eine der Abb. 6.15 entgegengesetzte Strömungsrichtung in den Rohren k oder $k+1$ usw. vor, so wird der Beschleunigungsdruckverlust unter Zuhilfenahme des Operators $\max[A,B]$ in der Beziehung für den proportionalen Quellterm $S_{p0,k}$ gleich Null, was der Modellvorstellung für den Sammler entspricht, da der gesamte durch die Strömung vom Rohr in den Sammler transportierte Impuls vernichtet wird. In diesem Fall muss auch kein Druckrückgewinn berücksichtigt werden.

Die Bestimmungsgleichungen für das Druckfeld der ersten Bilanzzellen der Rohre k, $k+1$ usw. ergeben sich zu:

$$a_{P1,k}\,p_{1,k} = a_{W1,k}\,p_{Sam} + a_{E1,k}\,p_{2,k} + b_{1,k} \tag{6.73}$$

mit den Koeffizienten

$$a_{W1,k} = (\varrho A)_{0+\frac{1}{2},k}\,d_{w1,k} \tag{6.74}$$

$$a_{E1,k} = (\varrho A)_{1+\frac{1}{2},k}\,d_{e1,k} \tag{6.75}$$

$$a_{P1,k} = a_{W1,k} + a_{E1,k} \tag{6.76}$$

und

$$b_{1,k} = \frac{(\varrho_{1,k}^0 - \varrho_{1,k})A_{1,k}\Delta x_{1,k}}{\Delta\tau} + (\varrho\widehat{w}A)_{0+\frac{1}{2},k} - (\varrho\widehat{w}A)_{1+\frac{1}{2},k} \tag{6.77}$$

Die Impulsbilanz Gl. (3.69) für die Rohre k, $k+1$ usw. lässt sich somit unter Zugrundelegung des neu ermittelten Druckfeldes für die in Abb. 6.15 skizzierte Strömungsrichtung des Arbeitsmediums in folgender Form angeben:

$$a_{e0,k}w^*_{0+\frac{1}{2},k} = a_{ee0,k}w^*_{1+\frac{1}{2},k} + b_{0,k} + (p_{Sam} - p_{1,k})A_{0+\frac{1}{2},k} \tag{6.78}$$

Die Koeffizienten der Gl. (6.78) können unter Zuhilfenahme der Beziehungen (6.68) - (6.71) berechnet werden.

Die Korrekturgleichung für das Geschwindigkeitsfeld der ersten Bilanzzellen der Rohre k, $k+1$ usw. ergeben sich zu:

$$a_{P1,k}\,p'_{1,k} = a_{W1,k}\,p'_{Sam} + a_{E1,k}\,p'_{2,k} + b_{1,k} \tag{6.79}$$

mit den Koeffizienten

$$a_{W1,k} = (\varrho A)_{0+\frac{1}{2},k}\,d_{w1,k} \tag{6.80}$$

$$a_{E1,k} = (\varrho A)_{1+\frac{1}{2},k}\,d_{e1,k} \tag{6.81}$$

$$a_{P1,k} = a_{W1,k} + a_{E1,k} \tag{6.82}$$

und

$$b_{1,k} = \frac{(\varrho_{1,k}^0 - \varrho_{1,k})A_{1,k}\Delta x_{1,k}}{\Delta\tau} + (\varrho w^* A)_{0+\frac{1}{2},k} - (\varrho w^* A)_{1+\frac{1}{2},k} \quad (6.83)$$

Die Bestimmungsgleichung für die spez. Enthalpie $h_{1,k}$ des k-ten Rohres kann wie folgt angeschrieben werden:

$$a_{P1,k} h_{1,k} = a_{W1,k} h_{Sam} + a_{E1,k} h_{2,k} + b_{1,k} \quad (6.84)$$

mit den Koeffizienten

$$a_{P1,k}^0 = \frac{\varrho_{1,k}^0 A_{1,k}\Delta x_{1,k}}{\Delta\tau} \quad (6.85)$$

$$b_{1,k} = (S_c A\Delta x)_{1,k} + (a_P^0 h^0)_{1,k} \quad (6.86)$$

$$a_{W1,k} = \max[(\varrho w)_{0+\frac{1}{2},k}, 0]A_{0+\frac{1}{2},k} \quad (6.87)$$

$$a_{E1,k} = \max[-(\varrho w)_{1+\frac{1}{2},k}, 0]A_{1+\frac{1}{2},k} \quad \text{und} \quad (6.88)$$

$$a_{P1,k} = a_{W1,k} + a_{E1,k} + a_{P1,k}^0 - (S_p A\Delta x)_{1,k} \quad (6.89)$$

Mit den Beziehungen (6.67) bis (6.89) können somit alle Bilanzgleichungen für das jeweils erste an die Rechenzelle des Sammlers angrenzende reguläre Kontrollvolumen derjenigen Rohre aufgestellt werden, deren Rohranfang sich im Sammler befindet. Die hier dargestellten Gleichungen können unabhängig von der im Rohr vorherrschenden Strömungsrichtung angewendet werden.

Um einen vollständigen Satz an Gleichungen für alle an einem Sammler angeschlossenen Rohre zu erhalten, müssen für die in den Sammler mündenden Rohrenden die dazu notwendigen Beziehungen in ähnlicher Weise hergeleitet werden. Für das hier vorgestellte Rohr-Sammler-Modell kann der vollständige Satz an Gleichungen für die beiden Druckkorrekturverfahren SIMPLER und PISO bei (Walter 2001), (Walter 2002b), (Walter 2007a) oder (Walter 2005c) entnommen werden.

6.3.3 Modell für die Trommel

Die Trommel stellt das wohl charakteristischste Merkmal eines Naturumlaufdampferzeugers dar. Sie bildet den Mittelpunkt des Verdampfersystems und hat gleichzeitig die unterschiedlichsten Aufgaben zu erfüllen (s. Kapitel 6.1.1). Die Trommel dient in erster Linie sowohl als Bindeglied zwischen den Fall- und Steigrohren, um den Umlauf des Arbeitsstoffes zu gewährleisten, als auch zur Trennung des aus den Steigrohren des Verdampfers austretenden Wasser-Dampf-Gemisches. Der gesättigte Dampf wird am Trommelscheitel abgezogen und den Überhitzern zugeführt.

Um eine Austrocknung der Trommel zu vermeiden, wird ihr über die Speisewasserleitungen vorgewärmtes Wasser zugeführt, welches sich mit dem Wasser der Trommel mehr oder weniger vollständig vermischt. Die mit dem Speisewasser eingebrachten Salze können das Verdampfersystem mit dem Sattdampf

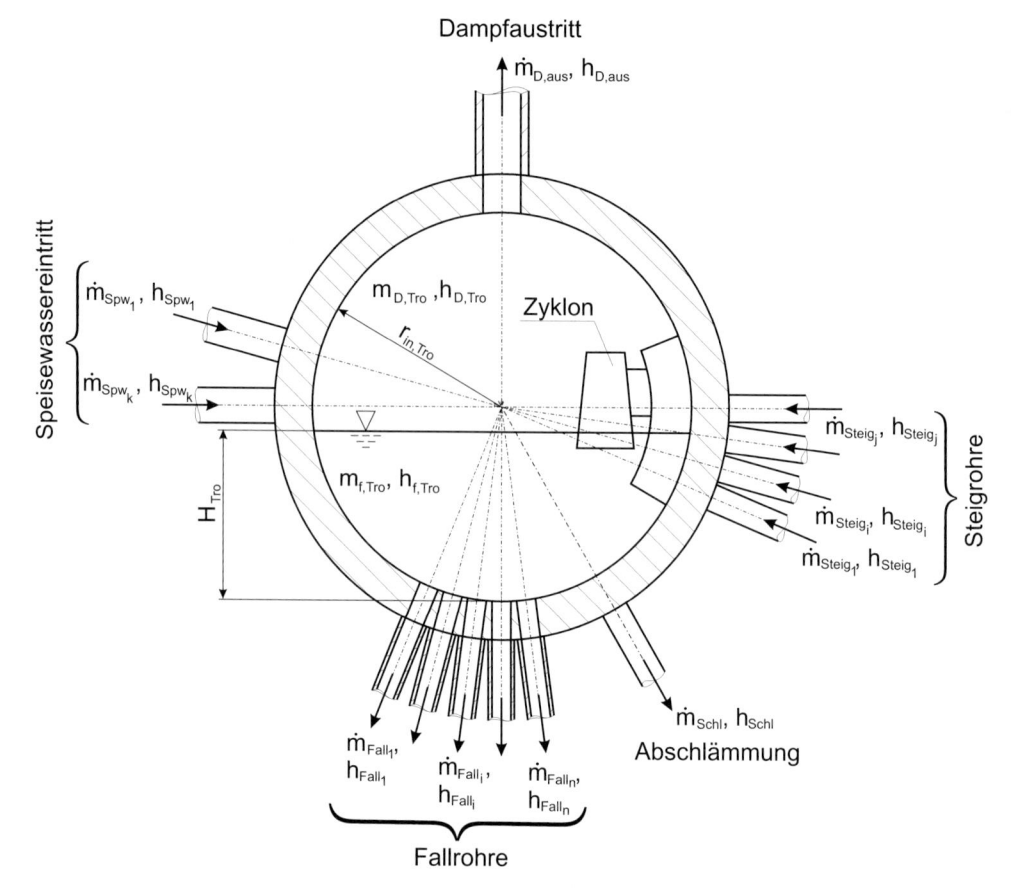

Abb. 6.16. Diskretisierung der Trommel und der ihr angeschlossenen Rohre, (Walter 2001)

nicht mehr verlassen. Um eine unzulässig hohe Anreicherung an Salzen im Verdampfungssystem zu verhindern, wird ständig eine gewisse Wassermenge aus der Trommel abgezogen (= Abschlämmung).

Abb. 6.16 zeigt die Skizze einer Trommel mit allen für die Herleitung der Trommelbilanzgleichungen relevanten Größen. An die Trommel können k Speisewasserleitungen, j Steigrohre und n Fallrohre angeschlossen werden. Für die Abschlämmung wird eine Massen- und Energiesenke als Funktion der Zeit vorgesehen. Diese mathematische Behandlungsweise der Abschlämmung hat den Vorteil, dass ein Abschlämmen der Trommel zu jedem beliebigen Zeitpunkt aktiviert bzw. deaktiviert werden kann. Für den aus der Trommel abzuziehenden gesättigten Dampf steht nur eine Rohrleitung zur Verfügung, welche im Weiteren wieder auf eine beliebige Anzahl von parallelen Rohren verzweigt werden kann. Diese Vorgehensweise wurde deshalb so gewählt, weil sich der Druck in der Trommel im Falle mehrerer parallel angeordneter Dampfaustrittsrohre nicht mehr eindeutig hätte bestimmen lassen.

6.3 Instationäres Dampferzeugermodell

Entsprechend der Abb. 6.16 treten k Speisewassermassenströme $\dot{m}_{Spw}$ und das Wasser-Dampf-Gemisch aus den j Steigrohren in die Trommel ein. Im Gegensatz zum mathematischen Sammlermodell kommt es im Falle des aus den Steigrohren ausströmenden Massenstromes zu einer Entmischung der beiden Phasen des Arbeitsstoffes. Das aus den Steigrohren eintretende Wasser vermischt sich dabei mit dem sich in der Trommel befindlichen Sattwasser. Ebenso erfolgt eine Vermischung des sich in der Trommel befindlichen Sattdampfes mit der aus den Steigrohren in die Trommel eintretenden Dampfphase.

Während in der Modellannahme für das aus den Steigrohren austretende Zweiphasengemisch für die beiden Phasen des Arbeitsstoffes eine vollkommene Vermischung vorgesehen ist (homogenes Zweiphasenmodell), gilt diese Annahme für den in die Trommel eintretenden Speisewassermassenstrom nicht. In Abhängigkeit von der konstruktiven Auslegung der Trommel ist eine Erwärmung des Speisewassers auf Sattwassertemperatur der Trommel nicht immer gegeben. Damit die auf Grund dieses Umstandes eintretenden Auswirkungen auf die Dampferzeugerdynamik ebenfalls berücksichtigt werden können, kann im Modell ein variabler Vermischungsgrad des eintretenden Speisewassers mit dem in der Trommel enthaltenen Sattwasser vorgesehen werden. Eine detaillierte Beschreibung der mathematischen Formulierung zu dieser Problematik erfolgt weiter unten in diesem Kapitel.

Aus der Trommel treten, gemäß Abb. 6.16, der Abschlämmmassenstrom $\dot{m}_{Schl}$, die n Massenströme in den Fallrohren $\dot{m}_{Fall_i}$ und der Massenstrom des Dampfes $\dot{m}_{D,aus}$ am Scheitel der Trommel aus. Der Abschlämmmassenstrom verlässt die Trommel stets im Sattwasserzustand. Der Austrittsmassenstrom des Dampfes $\dot{m}_{D,aus}$ dagegen kann die Trommel im Sattdampfzustand oder in einem Zustand mit geringer Restfeuchte verlassen. Die spez. Enthalpie der Massenströme, welche in die Fallrohre einströmen, ist abhängig vom Vermischungsgrad des in die Trommel eintretenden Speisewassers mit dem in der Trommel enthaltenen Sattwasser. Der in die Fallrohre mündende Massenstrom kann in Abhängigkeit vom Grad der Vermischung des Speisewassermassenstromes mit dem Trommelwasser eine Unterkühlung erfahren.

Korrespondierend zur Modellvorstellung des in Kapitel 6.3.2 beschriebenen Sammlers kann auch beim Trommelmodell angenommen werden, dass der beim Eintritt des Arbeitsstoffes in die Trommel transportierte Impuls vollständig vernichtet wird und sich der Impuls an den der Trommel angeschlossenen Rohren, an denen der Arbeitsstoff die Trommel verlässt, wieder aufbaut.

Bezogen auf die in Abb. 6.16 dargestellten Größen errechnet sich die Wasser- und Dampfmasse in der Trommel mittels

$$m_{f,Tro} = \varrho_{f,Tro} A_{f,Tro} l_{Tro} \tag{6.90}$$

bzw.

$$m_{D,Tro} = \varrho_{D,Tro} \left(A_{Tro} - A_{f,Tro} \right) l_{Tro} \tag{6.91}$$

wobei l_{Tro} die Länge der Trommel, A_{Tro} die gesamte Trommelquerschnittsfläche, $A_{f,Tro}$ die vom Wasser eingenommene Trommelquerschnittsfläche und $\varrho_{f,Tro}$ sowie $\varrho_{D,Tro}$ die Dichten des Arbeitsstoffes an der Siede- bzw. Taulinie bei Trommeldruck darstellen.

Bilanziert man über die in Abb. 6.16 skizzierte Trommel mit ihren ein- und austretenden Massen- und Energieströmen, so lässt sich die Energie-[3] und Massenbilanz für die Trommel wie folgt angeben:

Energiebilanz der Trommel:

$$\frac{\mathrm{d}\, m_{f,Tro}h_{f,Tro}}{\mathrm{d}\tau} + \frac{\mathrm{d}\, m_{D,Tro}h_{D,Tro}}{\mathrm{d}\tau} = \sum_{i=1}^{k} \dot{m}_{Spw_i} h_{Spw_i} + \sum_{i=1}^{j} \dot{m}_{Steig_i} h_{Steig_i} -$$

$$\sum_{i=1}^{n} \dot{m}_{Fall_i} h_{Fall_i} - \dot{m}_{Schl} h_{Schl} - \dot{m}_{D,aus} h_{D,aus} + V_{Tro}\frac{\mathrm{d}\, p_{Tro}}{\mathrm{d}\tau} \quad (6.92)$$

Massenbilanz der Trommel:

$$\frac{\mathrm{d}\, m_{f,Tro}}{\mathrm{d}\tau} + \frac{\mathrm{d}\, m_{D,Tro}}{\mathrm{d}\tau} = \sum_{i=1}^{k} \dot{m}_{Spw_i} + \sum_{i=1}^{j} \dot{m}_{Steig_i} - \sum_{i=1}^{n} \dot{m}_{Fall_i} - \dot{m}_{Schl} - \dot{m}_{D,aus}$$

(6.93)

Die in der Energie- und Massenbilanz enthaltenen zeitlichen Ableitungen werden durch finite Differenzen angenähert. Die Diskretisierung der Ableitungen der Bilanzgleichungen erfolgt durch Rückwärtsdifferenzen und ergibt sich zu:

$$\frac{\mathrm{d}\, m_{f,Tro}h_{f,Tro}}{\mathrm{d}\tau} = \frac{m_{f,Tro}h_{f,Tro} - m^0_{f,Tro}h^0_{f,Tro}}{\Delta\tau}$$

$$\frac{\mathrm{d}\, m_{D,Tro}h_{D,Tro}}{\mathrm{d}\tau} = \frac{m_{D,Tro}h_{D,Tro} - m^0_{D,Tro}h^0_{D,Tro}}{\Delta\tau}$$

$$\frac{\mathrm{d}\, m_{f,Tro}}{\mathrm{d}\tau} = \frac{m_{f,Tro} - m^0_{f,Tro}}{\Delta\tau}$$

$$\frac{\mathrm{d}\, m_{D,Tro}}{\mathrm{d}\tau} = \frac{m_{D,Tro} - m^0_{D,Tro}}{\Delta\tau}$$

$$\frac{\mathrm{d}\, p_{Tro}}{\mathrm{d}\tau} = \frac{p_{Tro} - p^0_{Tro}}{\Delta\tau}$$

Die mit ^{0} gekennzeichneten Variablen stellen den Zustand der Größen zum vorangegangenen Zeitschritt dar.

Werden nun die Massenbilanz der Trommel Gl. (6.93) und die Beziehung für die in der Trommel enthaltenen Dampfmenge (Gl. (6.91)) in die Energiebilanz Gl. (6.92) eingesetzt, so erhält man eine Beziehung für die vom Wasser in der Trommel eingenommenen Querschnittsfläche.

---

[3] In den Speichertermen der Energiebilanz wurde vereinfachend die innere Energie des Wassers bzw. die des Dampfes durch die entsprechenden spez. Enthalpien ersetzt.

6.3 Instationäres Dampferzeugermodell

$$A_{f,Tro} = \frac{\frac{\Delta\tau}{l_{Tro}}a_1 + a_2}{\varrho_{f,Tro}h_{f,Tro} - \varrho_{D,Tro}h_{D,Tro} + h_{D,aus}(\varrho_{D,Tro} - \varrho_{f,Tro})} \quad (6.94)$$

mit den Koeffizienten

$$a_1 = \sum_{i=1}^{k} \dot{m}_{Spw_i}h_{Spw_i} + \sum_{i=1}^{j} \dot{m}_{Steig_i}h_{Steig_i} - \sum_{i=1}^{n} \dot{m}_{Fall_i}h_{Fall_i} - \dot{m}_{Schl}h_{Schl}$$

$$- h_{D,aus}\left(\sum_{i=1}^{k} \dot{m}_{Spw_i} + \sum_{i=1}^{j} \dot{m}_{Steig_i} - \sum_{i=1}^{n} \dot{m}_{Fall_i} - \dot{m}_{Schl}\right)$$

und

$$a_2 = \varrho_{D,Tro}A_{Tro}(h_{D,aus} - h_{D,Tro}) + (\varrho_{f,Tro}A_{f,Tro}h_{f,Tro})^0$$

$$- h_{D,aus}\left\{(\varrho_{f,Tro}A_{f,Tro})^0 + [(A_{Tro} - A_{f,Tro})\varrho_{D,Tro}]^0\right\}$$

$$+ [(A_{Tro} - A_{f,Tro})\varrho_{D,Tro}h_{D,Tro}]^0 + A_{Tro}(p_{Tro} - p_{Tro}^0)$$

Aus der Trommelgeometrie, wie sie in Abb. 6.16 dargestellt ist, lässt sich ebenfalls eine Gleichung für die vom Wasser in der Trommel eingenommenen Querschnittsfläche $A_{f,Tro}$, in Abhängigkeit vom Trommelwasserstand H_{Tro} und dem inneren Trommelhalbmesser $r_{in,Tro}$, angeben:

$$A_{f,Tro} = r_{in,Tro}^2 \arccos\left(1 - \frac{H_{Tro}}{r_{in,Tro}}\right) +$$

$$(H_{Tro} - r_{in,Tro})\sqrt{H_{Tro}(2r_{in,Tro} - H_{Tro})} \quad (6.95)$$

für $H_{Tro} \leq r_{in,Tro}$ und

$$A_{f,Tro} = r_{in,Tro}^2 \pi\left[1 - \frac{1}{\pi}\arccos\left(\frac{H_{Tro}}{r_{in,Tro}} - 1\right)\right] +$$

$$(H_{Tro} - r_{in,Tro})\sqrt{H_{Tro}(2r_{in,Tro} - H_{Tro})} \quad (6.96)$$

für $H_{Tro} \geq r_{in,Tro}$.

Mit der Kenntnis der vom Wasser in der Trommel eingenommenen Querschnittsfläche (Gl. (6.94)) lässt sich aus der Gl. (6.95) bzw. Gl. (6.96) der Wasserstand in der Trommel iterativ berechnen.

Der Dampfaustrittsmassenstrom $\dot{m}_{D,aus}$, berechnet aus der Kontinuitätsgleichung, ergibt sich zu:

$$\dot{m}_{D,aus} = -\frac{\Delta\tau}{l_{Tro}} \Big\{ A_{f,Tro}\left(\varrho_{f,Tro} - \varrho_{D,Tro}\right) + \varrho_{D,Tro} A_{Tro}$$

$$- \left[\left(\varrho_{f,Tro} A_{f,Tro}\right)^0 + \left((A_{Tro} - A_{f,Tro})\varrho_{D,Tro}\right)^0\right] \Big\}$$

$$+ \sum_{i=1}^{k} \dot{m}_{Spw_i} + \sum_{i=1}^{j} \dot{m}_{Steig_i} - \sum_{i=1}^{n} \dot{m}_{Fall_i} - \dot{m}_{Schl} \qquad (6.97)$$

Unterkühlung des Arbeitsstoffes beim Eintritt in das Fallrohr

Auf Grund konstruktiver Gegebenheiten im Dampferzeuger ist eine Erwärmung des Speisewassers auf die Sattwasserenthalpie der Trommel $h_{Sätt,Tro}$ nicht immer möglich. Diesem Umstand entsprechend kann es daher zu einer Unterkühlung des in die Fallrohre eintretenden Wassermassenstromes kommen. Somit kann das die Trommel durch die Fallrohre verlassende Wasser nachstehende zwei Grenzzustände annehmen:

1. Die Vermischung des eintretenden Speisewassers mit dem in der Trommel enthaltenen Wasser ist so gut, dass das thermodynamische Gleichgewicht hergestellt wird, und der in die Fallrohre eintretende Massenstrom verlässt die Trommel mit der Sattwasserenthalpie $h_{Sätt,Tro}$.
2. Es erfolgt keine Vermischung des eintretenden Speisewassers mit dem Trommelinhalt. Dabei wird das Speisewasser nach dieser Modellvorstellung unmittelbar neben den Fallrohren zugeführt. Es stellt sich je nach Mischungsverhältnis eine – bis zur maximalen – Unterkühlung des in die Fallrohre eintretenden Massenstromes ein.

Wird ein Faktor, welcher in der Folge als Unterkühlungsfaktor f_U bezeichnet wird, eingeführt, so müssen die beiden oben beschriebenen Fälle die Grenzwerte dieses Unterkühlungsfaktors darstellen. Der Unterkühlungsfaktor kann somit wie folgt definiert werden:

$$f_U = \frac{\Delta h_U}{\Delta h_{U,max}} \qquad (6.98)$$

mit der Enthalpiedifferenz für die Unterkühlung:

$$\Delta h_U = h_{Sätt} - h_f \qquad (6.99)$$

$\Delta h_{U,max}$ bezeichnet die maximal zu erreichende Unterkühlung.

Abb. 6.17 zeigt das für die Unterkühlung des aus der Trommel über die Fallrohre austretende Wassers zugrunde gelegte Modell. In dieser Abbildung werden der Trommel über k Speisewasserleitungen die Massenströme $\dot{m}_{Spw_1}$

6.3 Instationäres Dampferzeugermodell

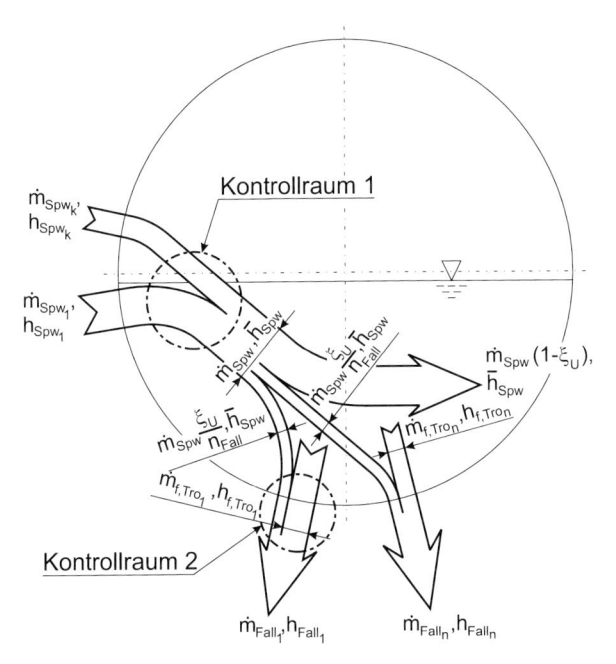

Abb. 6.17. Unterkühlungsmodell der Trommel, (Walter 2001)

bis $\dot{m}_{Spw_k}$ mit den zugehörigen spez. Enthalpien h_{Spw_1} bis h_{Spw_k} zugeführt. ξ_U bezeichnet denjenigen Anteil des Speisewassermassenstromes, welcher direkt in das Fallrohr eintritt und die Unterkühlung verursacht. In der vorliegenden Modellvorstellung vermischen sich die k Speisewassermassenströme zu einem gesamten der Trommel zugeführten Speisewassermassenstrom $\dot{m}_{Spw}$, welcher eine spez. Gemischenthalpie $\overline{h}_{Spw}$ besitzt. Schreibt man für den in Abb. 6.17 dargestellten Kontrollraum 1 die Energie- und Massenbilanz an und kombiniert anschließend beide Beziehungen, so lässt sich die Gleichung für die Gemischenthalpie des Speisewassers $\overline{h}_{Spw}$ wie folgt angeben:

$$\overline{h}_{Spw} = \frac{\sum_{i=1}^{k} \dot{m}_{Spw_i} h_{Spw_i}}{\sum_{i=1}^{k} \dot{m}_{Spw_i}} \qquad (6.100)$$

Der gesamte in die Trommel eingebrachte Speisewassermassenstrom $\dot{m}_{Spw}$ teilt sich im Modell nach erfolgter Vermischung entsprechend der nachfolgenden Aufzählung weiter auf:

1. Der Speisewassermassenstrom $\dot{m}_{Spw}(1 - \xi_U)$ vermischt sich mit dem in der Trommel enthaltenen Wasser.
2. Der verbleibende Speisewassermassenstrom $\dot{m}_{Spw}\xi_U$ fließt direkt in die Fallrohre, wo er sich mit den aus der Trommel austretenden Fallrohrmassenströmen $\dot{m}_{Fall_i}$ vermischt. Der gesamte den Fallrohren zugeführte

Speisewassermassenstrom $\dot{m}_{Spw}\xi_U$ wird dabei zu gleichen Teilen auf die einzelnen n_{Fall} Fallrohre aufgeteilt.

Bildet man die Energie- und Massenbilanz um den in Abb. 6.17 dargestellten Kontrollraum 2 und setzt anschließend die Massenbilanz in die Energiebilanz ein, so kann eine Gleichung für die Berechnung der einzelnen Fallrohrenthalpien h_{Fall_i} angegeben werden.

$$h_{Fall_i} = \frac{\dot{m}_{Fall_i} h_{f,Tro} + \frac{\xi_U}{n_{Fall}} \left(\overline{h}_{Spw} - h_{f,Tro}\right) \dot{m}_{Spw}}{\dot{m}_{Fall_i}} \qquad (6.101)$$

mit $\dot{m}_{Spw} = \sum_{i=1}^{k} \dot{m}_{Spw_i}$. Die minimale Eintrittsenthalpie in das einzelne Fallrohr (= maximale Unterkühlung) ergibt sich aus Gl. (6.101), wenn $\xi_U = 1$ gesetzt wird, zu:

$$h_{Fall_i,max} = \frac{\dot{m}_{Fall_i} h_{f,Tro} + \frac{1}{n_{Fall}} \left(\overline{h}_{Spw} - h_{f,Tro}\right) \dot{m}_{Spw}}{\dot{m}_{Fall_i}} \qquad (6.102)$$

Substitution der Fluidenthalpie h_f in Gl. (6.99) durch h_{Fall_i} bzw. $h_{Fall_i,max}$ und anschließendes Einsetzen in Gl. (6.98) liefert einen Zusammenhang zwischen ξ_U und f_U. Damit hat man eine anschauliche Deutungsmöglichkeit für den Unterkühlungsfaktor als jenen Massenstromanteil am Speisewasser erhalten, welcher am Eintritt in die Fallrohre dem Sattwasser zugemischt wird.

Um das Trommelmodel zu komplettieren, ist es notwendig, eine Regelung für den Trommelwasserstand vorzunehmen, da der Wasserstand in der Trommel während des Betriebes – und hier insbesonders während den Laständerungen – starken Schwankungen unterworfen ist. Damit in jedem Betriebszustand gewährleistet ist, dass die vom Trommelhersteller vorgegebene Schwankungsbreite des Wasserstandes (Höchst- und Niedrigwasserstand) eingehalten wird, ist eine Regelung des Speisewassermassenstroms in Abhängigkeit des Trommelwasserstandes notwendig. Von einer detaillierten Behandlung der Trommelwasserstandsregelung soll hier jedoch Abstand genommen werden. Es sei hier nur auf die einschlägige Norm VDI 3502 verwiesen. Bei (Walter 2001) ist eine Dreikomponentenregelung für den Wasserstand der Trommel sowie eine Höchstwasserstandsregelung dargestellt; (Klefenz 1991) gibt einen Überblick über die Dampferzeugerregelung.

6.3.4 Modell eines Einspritzkühlers

Der Einspritzkühler ist eine im Dampferzeugerbau eingesetzte Vorrichtung zur Temperaturregelung des Arbeitsstoffes. Dabei soll die Dampftemperatur vor Eintritt in die dem Kühler nachfolgende Überhitzerstufe oder Dampfturbine möglichst konstant gehalten werden. Der Vorteil des Einspritzkühlers liegt in

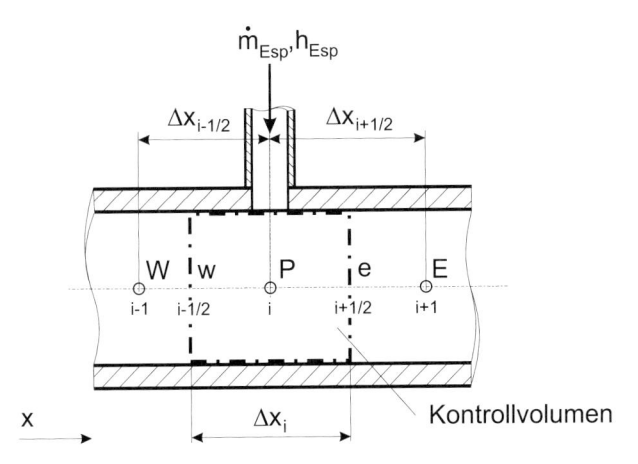

Abb. 6.18. Allgemeines Kontrollvolumen mit Massenstromquelle, (Walter 2001)

seinem einfachen Aufbau und seiner – im Vergleich zu einem Oberflächenkühler – schnelleren Regelgeschwindigkeit.

Abb. 6.18 zeigt einen Rohrabschnitt mit der symbolisierten Darstellung einer Einspritzstelle. Die Diskretisierung des Rohres soll eindimensional erfolgen. Die allgemeine nichtversetzte Rechenzelle i, deren Rechenpunkt direkt unter der Einspritzstelle liegt, besitzt auf Grund der Einspritzung eine Massenstromquelle $\dot{m}_{Esp}$. Der dem Kontrollvolumen i über die Quelle zusätzlich zugeführte Massenstrom besitzt die spez. Enthalpie h_{Esp}. Im Folgenden sollen die zur Berechnung des Kontrollvolumens der Einspritzstelle notwendigen Beziehungen auf Basis des SIMPLER-Algorithmus angegeben werden.

Für das in Abb. 6.18 dargestellte Kontrollvolumen i mit der zusätzlichen Massenstromquelle lässt sich die Bestimmungsgleichung für die Pseudogeschwindigkeit wie folgt angeben:

$$\widehat{w}_{i+\frac{1}{2}} = \frac{a_{wi}w_{i-\frac{1}{2}} + a_{eei}w_{i+\frac{3}{2}} + b_{ei}}{a_{ei}} \qquad (6.103)$$

mit den Koeffizienten

$$a_{ei}^0 = \frac{\varrho_{i+\frac{1}{2}}^0 A_{i+\frac{1}{2}} \Delta x_{i+\frac{1}{2}}}{\Delta \tau} \qquad (6.104)$$

$$b_{ei} = S_{ci} A_{i+\frac{1}{2}} \Delta x_{i+\frac{1}{2}} + a_{ei}^0 w_{i+\frac{1}{2}}^0 \qquad (6.105)$$

$$a_{eei} = \left(\frac{\mu_{i+\frac{3}{2}}}{\Delta x_{1+\frac{3}{2}}} + \max\left[(\varrho w)_{i+\frac{3}{2}}, 0 \right] \right) A_{i+\frac{3}{2}} \qquad (6.106)$$

$$a_{wi} = \left(\frac{\mu_{1-\frac{1}{2}}}{\Delta x_{1-\frac{1}{2}}} + \max\left[(\varrho w)_{i-\frac{1}{2}}, 0 \right] \right) A_{i-\frac{1}{2}} \quad \text{und} \qquad (6.107)$$

$$a_{ei} = a_{wi} + a_{eei} + a_{ei}^0 - S_{pi} A_{i+\frac{1}{2}} \Delta x_{i+\frac{1}{2}} \qquad (6.108)$$

Der Index ee des Koeffizienten a_{eei} bezeichnet den östlichen Nachbarn des Kontrollvolumens e am versetzten Rechengitter.

Die Bestimmungsgleichung für das Druckfeld der Bilanzzelle i lässt sich für den eindimensionalen Fall aus der Gl. (3.105) ableiten und ergibt sich zu:

$$a_{Pi}\,p_i = a_{Wi}\,p_{i-1} + a_{Ei}\,p_{i+1} + b_i \qquad (6.109)$$

und den Koeffizienten

$$b_i = \frac{(\varrho_i^0 - \varrho_i)A_i \Delta x_i}{\Delta \tau} + (\varrho\widehat{w}A)_{i-\frac{1}{2}} - (\varrho\widehat{w}A)_{i+\frac{1}{2}} \pm \dot{m}_{Esp} \qquad (6.110)$$

$$a_{Wi} = (\varrho A)_{i-\frac{1}{2},j}\,dw_i \qquad (6.111)$$

$$a_{Ei} = (\varrho A)_{i+\frac{1}{2},j}\,de_i \quad \text{und} \qquad (6.112)$$

$$a_{Pi} = a_{Wi} + a_{Ei} \qquad (6.113)$$

mit den Koeffizienten dw_i und de_i nach Gl. (3.104). Das Residuum b_i der Bestimmungsgleichung für den Druck Gl. (6.109) weist gegenüber der Gl. (3.106) in Kapitel 3.5.3 den zusätzlichen Term $\pm \dot{m}_{Esp}$ auf. Dieser Term ist eine Korrektur der Bilanzgleichung für die Rechenzelle i mit zusätzlicher Massenstromquelle oder -senke. Für den vorliegenden Fall einer Einspritzung muss der Koeffizient b_i um einen **additiven** Term ergänzt werden.

Unter Zugrundelegung des neu ermittelten Druckfeldes wird die Bilanzgleichung für den Impuls (3.69) und die Druckkorrekturgleichung (3.85) – angeschrieben für den eindimensionalen Fall – gelöst. Das Residuum b_i der Gl. (3.85) muss korrespondierend zur Gl. (6.110) ebenfalls um den Term $\pm \dot{m}_{Esp}$ ergänzt werden.

Bei der Lösung der Energiebilanz ist darauf Bedacht zu nehmen, dass der konstante Quellterm S_{ci} um den Wert $\dot{m}_{Esp}h_{Esp}$ im Falle einer Quelle zu erhöhen bzw. im Falle einer Senke zu vermindern ist.

6.3.5 Anwendungsbeispiel für das instationäre Dampferzeugermodell

Abb. 6.19(a) zeigt einen Abhitzekessel horizontaler Bauart, einen so genannten Steilrohrkessel, mit Zusatzfeuerung. Die Zusatzfeuerung dient dazu, das aus der Gasturbine mit einer Temperatur von ca. 510°C bis 650°C austretende und mit einem hohen Sauerstoffgehalt beladene Abgas auf ein höheres Temperaturniveau zu bringen. Dies steigert die Dampfleistung sowie die erreichbaren Dampfparameter des Abhitzekessels. Des Weiteren wird dadurch auch eine Zwischenüberhitzung des Arbeitsstoffs möglich. Nach dem Passieren der Zusatzfeuerung tritt das Abgas in den Dampferzeuger ein und wird durch Konvektion an den einzelnen Heizflächen des Dampferzeugers abgekühlt. Die erste im Abgaszug angeordnete Überhitzerheizfläche muss neben der Konvektionsauch die Strahlungswärme der Zusatzfeuerung aufnehmen. Nach dem Passieren der Speisewasservorwärmung verlässt das Abgas den Abhitzekessel durch den Schornstein.

6.3 Instationäres Dampferzeugermodell

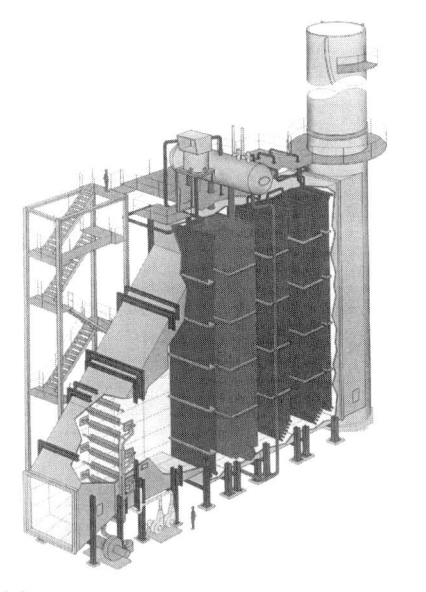

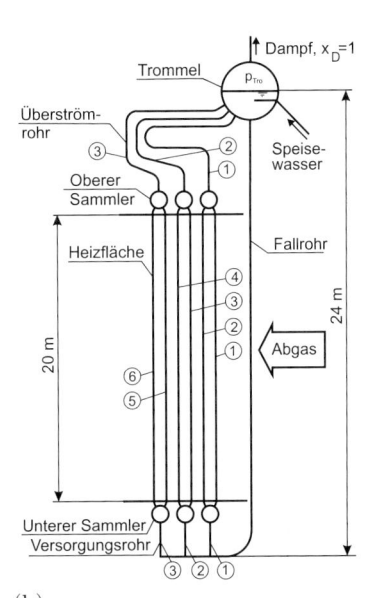

(a) Abhitzedampferzeuger horizontaler Bauart, (Semedard 1997)

(b) Modell des Niederdruckverdampfers

Abb. 6.19. Abhitzedampferzeuger horizontaler Bauart

Eine nähere Betrachtung der Heizfläche des Verdampfers in Abb. 6.19(a) zeigt, dass diese aus einer großen Anzahl von vertikalen, parallelen Siederohren besteht. Die einzelnen Ebenen des Verdampfers werden dabei vom Abgas quer angeströmt, wobei die Temperaturdifferenz zwischen dem Gasturbinenabgas und dem Arbeitsstoff des Dampferzeugers in Richtung der Rauchgasströmung abnimmt.

Abb. 6.19(b) stellt die Skizze des Simulationsmodells des untersuchten Niederdrucknaturumlaufverdampfers dar. Der Verdampfer besteht aus einer Trommel, einem unbeheizten Fallrohr, drei parallel angeordneten und unbeheizten Versorgungs- und Überströmrohren sowie drei typisierten Modulen bestehend aus je einem unteren und einem oberen Sammler sowie zwei parallelen, beheizten Rohrebenen. Die Überströmrohre münden ohne Überhub in die Trommel. In der simulierten Konfiguration des Steilrohrkessels ist in der Trommel kein Zyklon oder Zyklonkasten angeordnet. Der Gasturbinenabgasmassenstrom tritt in der Ebene 1 in das Verdampferrohrbündel ein und verlässt dieses nach Passieren der Ebene 6. Das Verdampferrohrbündel besteht aus versetzten, segmentierten Rippenrohren, wobei pro Ebene 84 Rohre angeordnet sind.

Für das vorliegende Simulationsbeispiel wurde angenommen, dass ein schneller Heißstart des Naturumlaufabhitzekessels erfolgen soll. Dabei wird der Dampferzeuger nach einer kürzeren Stillstandsphase, wie sie z.B. eine

466   Dampferzeugersimulation – Simulation der Wasser- und Dampfströmung

Nachtabschaltung darstellt, erneut in Betrieb genommen. Der Trommeldruck beträgt 13,5 bar und ist konstant während der gesamten Simulation.

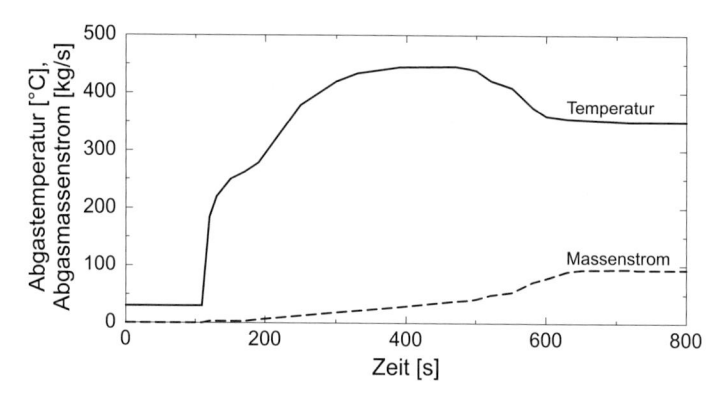

Abb. 6.20. Abgasmassenstrom und -temperatur vor der Verdampferheizfläche, (Walter 2005b)

Abb. 6.20 stellt die zeitliche Entwicklung des Gasturbinenabgasmassenstroms und der -temperatur vor der Verdampferheizfläche dar. Während der ersten 120 s des Startvorgangs kommt es zu einer Spülung des Dampferzeugers mit dem Gasturbinenabgas. Nach Beendigung des Spülvorgangs startet die Gasturbine, und der Abgasmassenstrom und die Abgastemperatur steigen an. Nach ungefähr 730 s erreicht die Gasturbine ihren Vollastzustand.

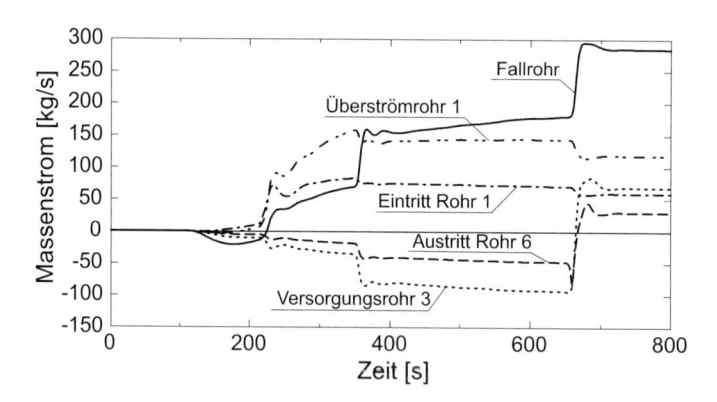

Abb. 6.21. Massenstromverteilung im Verdampfer des Steilrohrkessels, (Walter 2005b)

Der Massenstromverlauf in ausgewählten Punkten des Niederdruckverdampfers ist in Abb. 6.21 dargestellt. Während der ersten Phase des schnellen Warmstarts ist die Temperatur der Rohrwandoberfläche höher als die Abgastemperatur. Es kommt daher zu einem Wärmetransport von den Rippenrohren in Richtung des Abgases und somit zu einer Kühlung der Verdampferrohre. In dieser Zeitperiode stellt sich bereits ein geringer Wasserumlauf im Verdampfer des Abhitzekessels ein. Die Umlaufrichtung des Arbeitsstoffs ist dabei jedoch von der Trommel über die Rohre des Verdampferbündels in Richtung des Fallrohres. Mit zunehmendem Massenstrom und steigender Temperatur des Gasturbinenabgases kommt es zu einer Richtungsänderung des Wärmeaustausches zwischen Rohrbündel und Abgas. Die beginnende Dampfproduktion in den am stärksten beheizten Verdampferrohren 1 und 2 führt zur Verzögerung und einer anschließenden Strömungsumkehr des Fluids in diesen Rohren. Auf Grund dieses Vorgangs kommt es auch zu einem Wechsel der Wasserumlaufrichtung des Arbeitsstoffs im Fallrohr von einer aufwärts zu einer abwärts gerichteten Strömung. Cirka 350 s nach dem Start der Simulation ist die beginnende Dampfproduktion in den beiden (in Abb. 6.21 nicht eingezeichneten) Verdampferrohren 3 und 4 groß genug, um in ihnen eine Strömungsumkehr zu bewirken. Dies kann indirekt am Ansteigen des Massenstroms im Fallrohr, im Verdampferrohr 6 bzw. dem Überströmrohr 3 abgelesen werden.

Auf Grund der schwachen Beheizung in den Siederohren 5 und 6 kommt es in diesen Verdampferrohren erst in der Zeitperiode zwischen $\approx$ 640 s bis 670 s nach Simulationsbeginn zu einer Verzögerung und Umkehrung der Strömungsrichtung des Fluids von einer abwärts zu einer aufwärts gerichteten Strömung. Nach Erreichen des Volllastzustands liegt in allen Verdampferrohren eine nach oben gerichtete Fluidströmung vor.

6.4 Strömungsinstabilitäten

In vielen chemischen und energietechnischen Anlagen und Apparaten der Energie- und Verfahrenstechnik liegt das Arbeitsfluid im ein- und/oder zweiphasigen Zustand vor. Die Zweiphasenströmung zeigt dabei gegenüber der Einphasenströmung eine höhere Neigung zu fluiddynamischen Instabilitäten. Diese können sich unter anderem in der Form von Schwankungen der mittleren Dichte im Rohr, als Druckverlustschwankungen, Schwankungen des Massenstromes, periodischen Änderungen der Strömungsformen des Zweiphasengemisches oder als Schwankungen der Wandtemperatur äußern. Diese Instabilitäten können in der Praxis z.B. Vibrationen von Anlagenteilen, ungleichförmige Massenstromverteilungen in Rohrregistern, frühzeitiges Einsetzen von Siedekrisen, ungleiche Wärmeströme oder eine erschwerte Messung und Regelung von Systemparametern zur Folge haben. Die Strömungsinstabilitäten und thermo-hydraulischen Oszillationen können also die Kontrolle oder den Betrieb der Anlage beeinträchtigen und sind daher unerwünscht. Aus diesem Grunde muss bereits bei der Auslegung von verfahrens- und energietechnischen Anlagen bzw. deren Komponenten darauf Bedacht genommen werden, durch konstruktive Maßnahmen das Entstehen solcher Instabilitäten möglichst zu vermeiden.

Erste Untersuchungen zur Stabilität von Systemen mit Zweiphasenströmung wurden von (Ledinegg 1938) durchgeführt. In der Folge wurde eine Vielzahl von Studien, welche sich mit unterschiedlichen Aspekten der Strömungsinstabilitäten und thermo-hydraulischen Oszillationen experimentell und/oder analytisch auseinander setzten, durchgeführt (z.B. (Nayak 2003), (Takitani 1979), (Thelen 1981), (Martin 1984), (Chang 1993), (Chang 1997), (Aritomi 1981), (Taleyarkhan 1981), (Lahey 1989), (Achard 1985), (Li 2004), (Aritomi 1986a), (Aritomi 1986b), (Taleyarkhan 1985), (Yadigaroglu 1972), (Clausse 1989), (Mayinger 1968), (Satoh 2001), (Ding 1995), (Linzer 2003) oder (Walter 2005a)).

Eine Einteilung der unterschiedlichen Typen von Instabilitäten haben z.B. (Bouré 1973), (Yadigaroglu 1981) oder (Bergles 1976) vorgenommen. Tabelle 6.3 und 6.4 zeigen eine Klassifizierung, wie sie von (Bouré 1973) vorgeschlagen wurde. Die Einteilung basiert dabei auf dem Unterschied zwischen dem statischen und dem dynamischen Charakter der Erhaltungsgleichungen, welche zur Beschreibung der Dynamik des Ungleichgewichtszustandes verwendet werden. Die Gliederung der fluiddynamischen Instabilitäten erfolgt entsprechend (Bouré 1973) in eine statische (aperiodische) und eine dynamische (periodische) Instabilität. Eine Instabilität wird als *zusammengesetzt* bezeichnet, wenn unterschiedliche elementare Mechanismen, welche miteinander in einem Prozess interagieren, nicht getrennt analysiert werden können. Instabilitäten, welche erst nach dem Auftreten von primären Instabilitäten beobachtet werden können, werden als *sekundäres Phänomen* bezeichnet.

Die Ermittlung von stationären Instabilitäten kann unter Zuhilfenahme der Gleichungen erfolgen, welche zur Beschreibung einer stationären oder quasi-stationären Strömung notwendig sind. Die Systemgrößen der sich einstellenden Instabilität sind somit eine Funktion der Orts- und nicht der Zeitvariablen. Eine statische Instabilität ist dadurch gekennzeichnet, dass sie zu einer anderen stationären Lösung (Ledinegg-Instabilität) oder zu periodischen Schwankungen um den Betriebspunkt (z.B. Strömungsforminstabilität) führen kann.

Die dynamische Instabilität ist dem gegenüber durch den Einfluss der Trägheit (Zeitkonstante des Systems) oder der dynamischen Rückkoppelungseffekte der unterschiedlichen Systemkomponenten gekennzeichnet.

6.4.1 Statische Strömungsinstabilitäten

Tabelle 6.3 gibt eine Übersicht der statischen Strömungsinstabilitäten nach (Bouré 1973) an, welche in den folgenden Kapiteln detaillierter dargestellt werden sollen.

6.4 Strömungsinstabilitäten   469

Tabelle 6.3. Klassifizierung der statischen Strömungsinstabilitäten, (Bouré 1973)

Klassifikation	Typ	Mechanismus	Charakteristik
Fundamentale statische Instabilitäten	Ledinegg-Instabilität	$\frac{\partial \Delta p_{int}}{\partial \dot{m}} \leq \frac{\partial \Delta p_{ext}}{\partial \dot{m}}$	plötzliche, u.U. große Veränderungen der Strömungsparameter; neuer stabiler Betriebspunkt
	Siedeinstabilität	Ineffektive Wärmeabfuhr von der beheizten Rohrwandoberfläche	hohe Wandtemperaturen und Strömungsoszillationen
Fundamentale Relaxationsinstabilitäten	Strömungsforminstabilität	Wechsel zwischen Blasen- (kleiner Dampfgehalt, großer Druckverlust) und Ringströmung (hoher Dampfgehalt, geringerer Druckverlust)	zyklischer Wechsel der Strömungsform verbunden mit Massenstromschwankungen
Zusammengesetzte Relaxationsinstabilitäten	Geysering, Chugging, Bumping	Periodische Abgleichung von metastabilen Konditionen, verursacht z.B. durch Fehlen von Siedekeimstellen	periodischer Prozess von Überhitzung und plötzlicher Verdampfung verbunden mit einem möglichen Massenausstoß und Wiederbefüllung

Fundamentale statische Instabilität

Ledinegg-Instabilität:

Abb. 6.22(a) zeigt ein einfaches Zweiphasensystem bestehend aus einer Pumpe, einem gleichmäßig beheizten Rohr sowie zwei durch ihre Drücke p_1 und p_3 gekennzeichneten Wasser- bzw. Wasser-Dampf-Reservoirs und deren Verbindungsleitungen. Nach (Yadigaroglu 1981) lässt sich für dieses System das Ledinegg-Kriterium wie folgt herleiten:
Die Druckdifferenz $p_2 - p_1$, welche im Weiteren als externe Charakteristik des Systems bezeichnet wird, ergibt sich zu:

$$p_2 - p_1 = \Delta p_{ext} - I_{ext}\frac{dw}{d\tau} \qquad (6.114)$$

wobei I_{ext} die Trägheit des externen Systems, Δp_{ext} den Druckverlust der Pumpe und w die mittlere Strömungsgeschwindigkeit kennzeichnet. Der Reibungsdruckabfall und die Druckänderung auf Grund der geodätischen Höhe wurden in Gl. (6.114) zur Vereinfachung vernachlässigt. Die Druckdifferenz entlang des in Abb. 6.22(a) dargestellten beheizten Rohrkanals lässt sich wie folgt angeben:

$$p_2 - p_3 = \Delta p_{int} + I_{int}\frac{dw}{d\tau} \qquad (6.115)$$

Δp_{int} bezeichnet dabei die stationäre interne Rohrcharakteristik, I_{int} die Trägheit des internen Systems. Durch Kombination der Gleichungen (6.114)

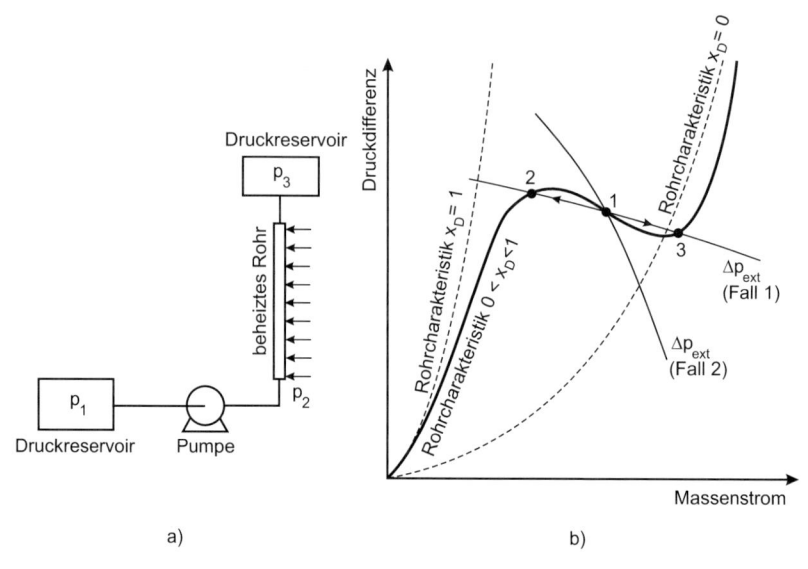

470 Dampferzeugersimulation – Simulation der Wasser- und Dampfströmung

Abb. 6.22. Zweiphasensystem a) Strömungssystem; b) Interne und externe Druckdifferenz-Massenstromcharakteristik

und (6.115) erhält man den Gesamtdruckabfall

$$p_3 - p_1 = \Delta p_{ext} - \Delta p_{int} - (I_{ext} + I_{int})\frac{dw}{d\tau} = \text{konst} \qquad (6.116)$$

für das betrachtete System. Gl. (6.116) muss für alle Zeiten gelten.

Für kleine Störungen um einen zeitlich gemittelten Gleichgewichtspunkt, welcher mit ^{0} gekennzeichnet wird, gilt:

$$\Delta p_{ext}(\tau) = \Delta p_{ext}^0 + \delta\Delta p_{ext}(\tau) \cong \Delta p_{ext}^0 + \left.\frac{\partial \Delta p_{ext}}{\partial w}\right|_0 \delta w(\tau) \qquad (6.117)$$

$$\Delta p_{int}(\tau) = \Delta p_{int}^0 + \delta\Delta p_{int}(\tau) \cong \Delta p_{int}^0 + \left.\frac{\partial \Delta p_{int}}{\partial w}\right|_0 \delta w(\tau) \qquad (6.118)$$

$$w(\tau) = w^0 + \delta w(\tau) \qquad (6.119)$$

Einsetzen der Beziehungen (6.117) bis (6.119) in die Gl. (6.116) und Elimination der stationären Werte liefert eine Bestimmungsgleichung für die Störung der mittleren Strömungsgeschwindigkeit:

$$\underbrace{(I_{ext} + I_{int})}_{I}\frac{d\,\delta w}{d\tau} = \underbrace{\left(\left.\frac{\partial \Delta p_{ext}}{\partial w}\right|_0 - \left.\frac{\partial \Delta p_{int}}{\partial w}\right|_0\right)}_{b}\delta w(\tau) \qquad (6.120)$$

Die Lösung der Gl. (6.120)

$$\delta w(\tau) = \delta w(0) e^{(b/I)\tau} \qquad (6.121)$$

zeigt, dass mit positivem Zähler b die Störung anwächst. Um eine Dämpfung der Störung – und somit die Stabilität des Systems – zu gewährleisten, muss folgendes Kriterium erfüllt sein:

$$\frac{\partial \Delta p_{ext}}{\partial w} < \frac{\partial \Delta p_{int}}{\partial w} \quad (6.122)$$

D.h., ist die Neigung der Druckabfall-/Massenstromdichtekurve für das betrachtete Rohr (interne Charakteristik) kleiner (sie besitzt somit einen größeren negativen Wert) als die des gesamten Systems (externe Charakteristik), so ist eine statische Instabilität gegeben. Somit kann aus der Kenntnis der Charakteristik des externen Systems (bei einem Einzelrohr die Pumpenkennlinie) und des internen Systems (Druckverlust des Systems) die Existenz der Ledinegg-Instabilität vorhergesagt werden. Diese Abhängigkeit zwischen dem Druckverlust und der Strömungsgeschwindigkeit bzw. der Massenstromdichte wurde als Erstes von (Ledinegg 1938) beschrieben. Weitere Arbeiten zur aperiodischen Instabilität wurden u.a. von (Profos 1947), (Chilton 1957), (Walter 2004b), (Wörrlein 1975), (Thelen 1981), (Padki 1992), (Linzer 2003), (Profos 1959), (Walter 2006b) oder (Walter 2006f) durchgeführt.

Abb. 6.22(b) zeigt die Rohrcharakteristiken für einen flüssig ($x_D = 0$), gasförmig ($x_D = 1$) bzw. zweiphasig[4] ($0 < x_D < 1$) durchströmten Kanal. Des Weiteren sind zwei, mit Δp_{Ext} gekennzeichnete Pumpenkennlinien dargestellt. Die als Fall 1 bezeichnete Kennlinie einer Kreiselpumpe hat mit der zweiphasigen Druckverlustkennlinie drei Schnittpunkte. Entsprechend dem Ledinegg Kriterium in Gl. (6.122) ist der Betriebspunkt 1 instabil. Eine kleine Störung bewirkt eine Änderung des Betriebspunktes auf Punkt 2 oder 3. Diese beiden Betriebszustände erfüllen das oben dargestellte Kriterium und sind daher stabil. Da der Massenstrom im Arbeitspunkt 2 geringer ist als im ursprünglichen Betriebszustand besteht die Gefahr einer ungenügenden Wärmeabfuhr. Dies kann in der Folge zu Schäden am Verdampferrohr und somit am Wärmeübertrager führen.

Abhilfe kann ein Androsseln der Pumpe schaffen. Dabei wird die in Abb. 6.22(b) als Fall 2 bezeichnete Pumpenkennlinie erzeugt. Das Gesamtsystem erfüllt nun das Ledinegg-Kriterium und ist somit auch im Betriebspunkt 1 stabil.

Stabilisierend auf die aperiodische Instabilität wirken sich im Allg. eine Verringerung der Unterkühlung der eintretenden Flüssigkeit, eine Erhöhung des Systemdruckes[5] oder der Einbau einer Drossel am Rohreintritt (hier liegt noch eine einphasige Strömung vor) aus. Ein Nachteil der Drosselung besteht

---

[4] Der statische Druck in einem mit konstantem Wärmestrom beheizten Strömungskanal, in dem eine unterkühlte Flüssigkeit eintritt und teilweise verdampft wird, wird mit größer werdender Massenstromdichte kleiner. Diese Abhängigkeit zwischen Druckverlust und Massenstromdichte besteht in einem bestimmten Bereich für die Massenstromdichte, wenn die Unterkühlung der eintretenden Flüssigkeit einen bestimmten kritischen Wert überschreitet, (Huhn 1975).

[5] Die Ledinegg-Instabilität tritt vorwiegend in Niederdrucksystemen auf.

472 Dampferzeugersimulation – Simulation der Wasser- und Dampfströmung

darin, dass der Druckverlust auf Grund der Vordrossel, die für den ungünstigsten Lastfall ausgelegt sein muss, quadratisch mit zunehmender Last ansteigt. Eine wirksame Vordrosselung führt daher oft zu hohen Druckverlusten bei Volllast des Dampferzeugers.

Strömungsumkehr:

Eine Sattelkurve, wie sie die Ledinegg-Instabilität aufweist, kann bei Naturumlaufsystemen als Kennlinie von Siederohren nicht auftreten. Dahingegen kann jedoch nach (Wörrlein 1975) eine zweite Art der aperiodischen Instabilität, das Umdrehen der Strömung in einem Naturumlaufsystem mit stark unterschiedlich beheizten Rohrsystemen, welche durch ein gemeinsames Fallrohrsystem gespeist werden, auftreten.

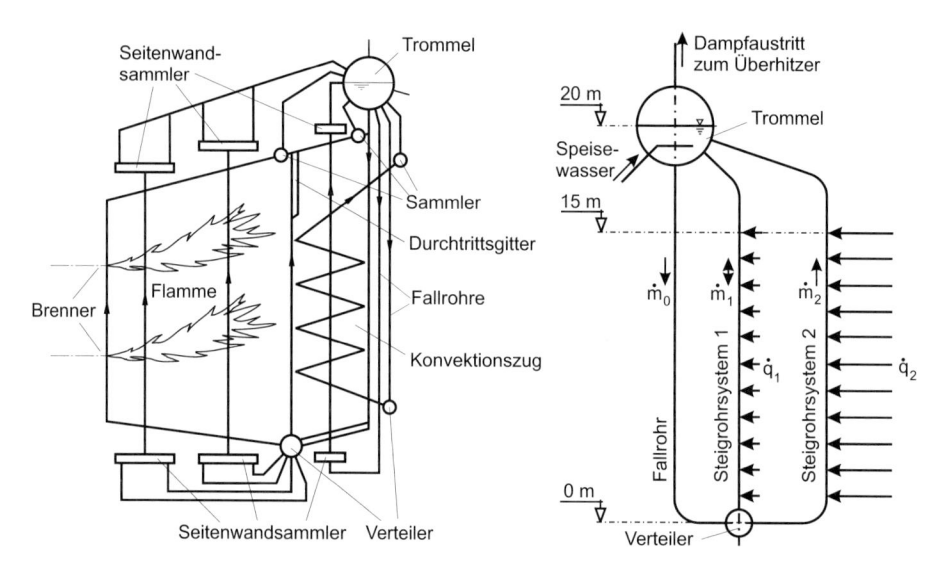

Abb. 6.23. Naturumlaufdampferzeuger in Zweizugbauweise und dessen vereinfachtes Modell, (Walter 2006a)

Abb. 6.23 zeigt als ein Beispiel eines solchen Umlaufsystems einen Naturumlaufdampferzeuger in Zweizugbauweise (linke Abb.) sowie das für die spätere Stabilitätsanalyse zur Verwendung kommende vereinfachte Modell (rechte Abb.). Das in der Brennkammer des Dampferzeugers durch die Verbrennung des Brennstoff-Luft-Gemisches entstehende Abgas verlässt diese durch das Durchtrittsgitter und gelangt in den zweiten Zug – den Konvektionszug – des Dampferzeugers. Sowohl die Brennkammer als auch der Konvektionszug sind von Siederohren umgeben, welche aus zusammengeschweißten Flossenrohren bestehen. Die gleichzeitig die Dampferzeugerwände bildenden Verdampferrohre sind durch Sammler mit den nicht beheizten Fallrohren verbunden.

Das Modell des Zweizugdampferzeugers besteht aus einer Trommel, einem unbeheizten Fallrohr, dem Verteiler (Sammler) sowie zwei unterschiedlich beheizten Steigrohrsystemen. Das stärker beheizte Rohrsystem 2 korrespondiert mit dem Feuerraum, das schwächer beheizte Rohrsystem 1 repräsentiert die Wandrohre des zweiten Zuges. Der obere Teil beider Steigrohrsysteme ist unbeheizt und mündet direkt in die Trommel.

Die Ermittlung der Massenstromverteilung im Rohrnetzwerk eines solchen Naturumlaufdampferzeugers mit unterschiedlich beheizten Verdampferrohren kann sowohl unter Zuhilfenahme einer grafischen als auch numerischer Methode erfolgen. Welcher der Methoden der Vorzug gegeben wird, ist von der jeweiligen Fragestellung (z.B. stationäres oder transientes Problem) sowie der Komplexität des zu untersuchenden Dampferzeugers abhängig.

Um ein tieferes Verständnis für die Problematik des Wasserumlaufs in Naturumlaufdampferzeugern zu erhalten, soll im Folgenden die grafische Stabilitätsanalyse anhand des in Abb. 6.23 dargestellten Zweizugdampferzeugers diskutiert werden. Die grafische Stabilitätsanalyse dient dabei zur Ermittlung der Massenstromverteilung unter stationären Betriebsbedingungen. Im Anschluss daran werden einige Ergebnisse einer numerischen Analyse (für stationäre und transiente Betriebsbedingungen), welche an diesem Dampferzeuger durchgeführt wurden, kurz erörtert.

Bevor mit der grafischen Stabilitätsanalyse begonnen werden kann, sollen noch einige grundlegende Zusammenhänge zur Ermittlung der dafür notwendigen Rohrkennlinien, wie sie in Abb. 6.24 dargestellt sind, verdeutlicht werden.

Allgemein kann der gesamte Druckabfall Δp_{ges} in einem vertikalen, zweiphasig durchströmten Rohr mittels

$$\Delta p_{ges} = p_{ein} - p_{aus} = \Delta p_{stH} + \Delta p_{Reib} + \Delta p_{Beschl} + \sum \Delta p_{Form} \quad (6.123)$$

berechnet werden. Die Druckdifferenz auf Grund der geodätischen Höhe (statischer Druck) errechnet sich aus

$$\Delta p_{stH} = \frac{1}{\bar{v}} g (H_{aus} - H_{ein}). \quad (6.124)$$

Das mittlere spez. Fluidvolumen in Gl. (6.124) ergibt sich für ein Rohr mit konstanter Querschnittsfläche A zu:

$$\bar{v} = \frac{1}{l} \int_0^l v(x) \, \mathrm{d}x \quad (6.125)$$

Der fluidmechanische Energieverlust auf Grund der Reibung berechnet sich für eine Einphasenströmung nach der bereits in Kapitel 2.7.1 angegebenen Beziehung

$$\Delta p_{Reib} = \lambda_{Reib} \frac{l}{d_{hyd}} \frac{\dot{m}_{Flux}^2 v}{2} \quad (6.126)$$

bzw. wird für den Druckabfall in der Zweiphasenströmung durch die Gleichung

$$\Delta p_{Reib} = \lambda_{Reib} \frac{l}{d_{hyd}} \frac{\dot{m}_{Flux}^2 v_{Sätt}}{2} \Phi^2 \qquad (6.127)$$

angegeben.

Der Beschleunigungsdruckverlust Δp_{Beschl}, welcher auf die Volumenszunahme des Arbeitsmediums in einem beheizten Kanal zurückzuführen ist, lässt sich im beheizten Einphasengebiet näherungsweise mittels

$$\Delta p_{Beschl} = \dot{m}_{Flux}^2 (v_{aus} - v_{ein}) \qquad (6.128)$$

berechnen. Im Vergleich zum fluidmechanischen Energieverlust auf Grund der Reibung erreicht Δp_{Beschl} meistens nur vernachlässigbar kleine Werte. Im Gebiet der beheizten zweiphasigen Strömung ist der Beschleunigungsdruckverlust sowohl vom Druck als auch dem Dampfgehalt abhängig. (Nowotny 1982) als auch (Stribersky 1984) geben Beziehungen für eine näherungsweise Berechnung des Beschleunigungsdruckabfalles im Gebiet der beheizten Strömung an. In unbeheizten, ein- bzw. zweiphasigen Rohrabschnitten ist $\Delta p_{Beschl} = 0$.

Der äußerste rechte Term der Gl. (6.123), $\sum \Delta p_{Form}$, beinhaltet den Ein- und Austrittsdruckverlust sowie den fluidmechanischen Energieverlust aller Rohrformteile, wie z.B. den der Rohrkrümmer, Rohrerweiterungen oder Rohrverengungen. Allgemein berechnet sich der Druckabfall eines Rohrformteiles, welches von einem einphasigen Fluid durchströmt wird, mittels:

$$\Delta p_{Form} = \zeta_{Form} \frac{\dot{m}_{Flux}^2 v}{2} \qquad (6.129)$$

Beziehungen zur Berechnung der Widerstandszahl von Rohrformteilen in einphasiger Strömung finden sich bei (Fried 1989), (Truckenbrodt 1983), (Zoebl 1982) oder (Richter 1962). Für die Berechnung des zweiphasigen Druckabfalls in Formteilen sei auf das Kapitel 2.7.1 verwiesen.

Unter Zuhilfenahme der oben dargestellten Beziehungen lassen sich nun die einzelnen Rohrkennlinien für das in Abb. 6.23 vereinfachte Modell des Zweizugdampferzeugers ermitteln.

Ermittlung der Rohrcharakteristika für das unbeheizte, abwärts durchströmte Fallrohr:
Die Auswertung der Gl. (6.124) für die statische Druckdifferenz liefert für alle Massenströme einen nahezu konstanten negativen Wert (Kurve Δp_{stH} in Abb. 6.24(a). Um den Gesamtdruckverlust zu erhalten, muss nun der jeweilige positive fluidmechanische Energieverlust infolge der Reibung Δp_{Reib} entsprechend Gl. (6.123) zu Δp_{stH} addiert werden. Δp_{Reib} beinhaltet dabei sowohl den Druckverlust infolge der Reibung als auch denjenigen zufolge der Formteile.

6.4 Strömungsinstabilitäten   475

Zur Darstellung der Kennlinie in Abb 6.24(a) wurde jedoch nicht die Druckdifferenz nach Gl. (6.123) aufgetragen. Um positive Werte für die Kennlinie zu erhalten, wurde – im Gegensatz zu Gl. (6.123) – diejenige Druckdifferenz, welche sich aus der Subtraktion des Druckes am Rohreintritt von dem am Rohraustritt ergibt, aufgetragen.

Für eine abwärts gerichtete Strömung im unbeheizten Fallrohr ergibt sich somit:

$$\Delta p_{ges} = p_{aus} - p_{ein} = -(\Delta p_{stH} + \Delta p_{Reib}) \qquad (6.130)$$

Unter Zugrundelegung der Gl. (6.130) ergibt sich eine abnehmende Fallrohrkennlinie (gekennzeichnet mit Δp_{ges} in Abb. 6.24(a)), welche um so stärker abfällt, je mehr Widerstand der Strömung entgegengesetzt wird.

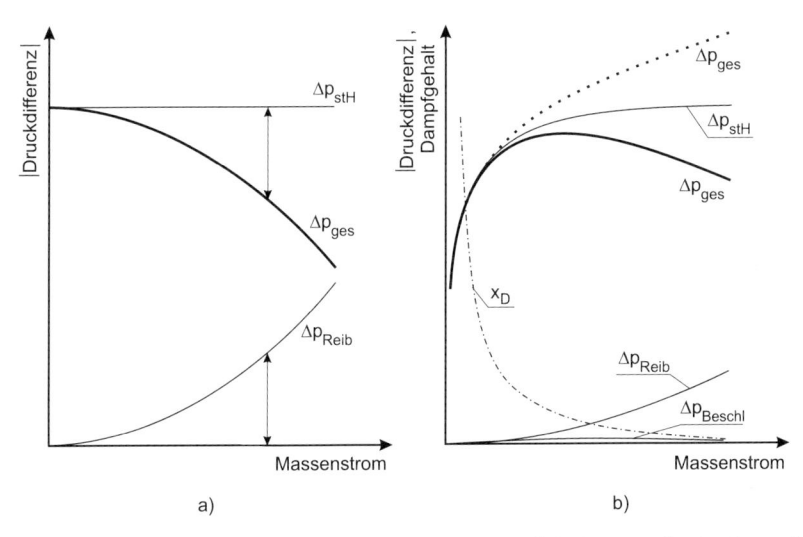

Abb. 6.24. Rohrkennlinien a) unbeheiztes Fallrohr; b) beheiztes Siede- bzw. Steigrohr

Abb. 6.24(b) stellt die Vorgehensweise bei der Ermittlung der Rohrcharakteristik sowohl für das aufwärts als auch für das abwärts durchströmte, beheizte Siederohr dar. Die strichpunktierte Linie zeigt die Entwicklung des Dampfgehaltes am Rohraustritt bei konstantem Wärmestrom und sich veränderndem Massenstrom. Mit abnehmender Kühlung des Verdampferrohres durch eine Verringerung des Kühlmassenstromes steigt der Dampfgehalt an. Dies hat zur Folge, dass der statische Druck Δp_{stH} mit sinkender Fluiddichte ebenfalls fällt (siehe auch Gl. (6.124)). Für die statische Druckdifferenz ergibt sich somit eine monoton steigende Kurve, welche sich mit zunehmendem Massenstrom dem Wert der unbeheizten Rohrgruppe annähert.

Neben dem fluidmechanischen Energieverlust auf Grund der Reibung Δp_{Reib} muss in den beheizten Rohrabschnitten auch der Beschleunigungsdruckabfall Δp_{Beschl} entsprechend den oben angeführten Beziehungen berech-

476 Dampferzeugersimulation – Simulation der Wasser- und Dampfströmung

net werden. Die Verläufe beider Druckabfälle sind in Abb. 6.24(b) durch dünne Volllinien dargestellt.

Die Ermittlung der Rohrcharakteristika für das Siederohrsystem muss nun in Abhängigkeit von der Strömungsrichtung des Arbeitsfluides entsprechend Gl. (6.123) erfolgen.

1. aufwärts durchströmtes Siederohr:
   Eine Auswertung der Gl. (6.124) für den statischen Druckabfall liefert für alle Massenströme einen positiven Wert. Addition der einzelnen Druckdifferenzen in Gl. (6.123) ergibt die in Abb. 6.24(b) als punktierte Linie dargestellte Kurve Δp_{ges}.
2. abwärts durchströmtes Siederohr:
   Korrespondierend zur Ermittlung der Fallrohrkennlinie muss auch für das abwärts durchströmte Siederohr die Druckdifferenz entsprechend der Gl. (6.130) erweitert um den Beschleunigungsdruckabfall

$$\Delta p_{ges} = p_{aus} - p_{ein} = -(\Delta p_{stH} + \Delta p_{Reib} + \Delta p_{Beschl}) \qquad (6.131)$$

in Abb. 6.24(b) eingetragen werden. Subtraktion der fluidmechanischen Energieverluste Δp_{Reib} und Δp_{Beschl} von der geodätischen Druckdifferenz Δp_{stH} liefert den in Abb. 6.24(b) mit einer dicken Volllinie dargestellten Grafen der Rohrkennlinie.

Damit stehen alle für die Stabilitätsanalyse des Zweizug-Dampferzeugers notwendigen Rohrcharakteristiken zur Verfügung.

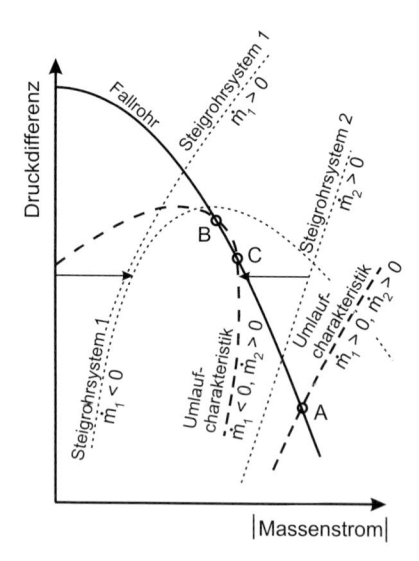

Abb. 6.25. Grafische Lösung, (Walter 2006e)

Zur Ermittlung des Strömungsmassenstroms in den einzelnen Rohren des Dampferzeugers ist es nun notwendig, deren unterschiedliche Rohrcharakteristiken zu kombinieren. Abb. 6.25 zeigt die Rohrcharakteristiken für das in Abb. 6.23 dargestellte Modell des Zweizug-Dampferzeugers. Die charakteristische Kurve des Fallrohres ist als Volllinie, die des schwach und des stark beheizten Steigrohrsystems 1 und 2 als punktierte Linie dargestellt. Abhängig von der Strömungsrichtung des Arbeitsstoffes im schwach beheizten Rohrsystem müssen nun die Massenströme der beiden Steigrohrsysteme bei konstanter Druckdifferenz addiert bzw. subtrahiert werden. Im Falle einer Rückströmung im Rohrsystem 1 ist die Kurve $\dot{m}_1 < 0$ vom Grafen der stark beheizten Siederohrgruppe 2 zu subtrahieren (siehe Pfeile in Abb. 6.25). Liegt eine Aufwärtsströmung vor, so ist die Kurve $\dot{m}_1 > 0$ mit der Charakteristik der Siederohrgruppe 2 zu addieren. Als Ergebnis erhält man die so genannten Umlaufcharakteristiken (strichlierte Linien) für das hier betrachtete Naturumlaufsystem.

Für den stationären Betriebszustand des Dampferzeugers muss nun gelten, dass die Druckdifferenz zwischen Trommel und Sammler für jede der in Abb. 6.23 dargestellten Rohrgruppen gleich groß ist. Es gilt daher:

$$\Delta p = \Delta p_{ges,Fall} = \Delta p_{ges,Steig1} = \Delta p_{ges,Steig2} \tag{6.132}$$

Neben der Druckdifferenz muss auch die Massenbilanz für den Sammler entsprechend

$$\dot{m}_{Fall} = \pm |\dot{m}_{Steig1}| + \dot{m}_{Steig2} \tag{6.133}$$

sowie die Energiebilanz

$$\dot{m}_{Fall} h_{Fall} = \pm |\dot{m}_{Steig1}| h_{Steig1} + \dot{m}_{Steig2} h_{Steig2} \tag{6.134}$$

erfüllt werden. Das negative Vorzeichen in der Massen- und Energiebilanz des Sammlers kommt im Falle einer Rückströmung im schwach beheizten Rohrsystem 1 zur Anwendung. Die Strömungsrichtung wird entgegen dem Uhrzeigersinn als positiv gezählt.

Die potentiellen und kinetischen Energien der in den Sammler ein- und austretenden Massenströme werden in der Gl. (6.134) vernachlässigt. Der Sammler wird als adiabat betrachtet. Die Eintrittsenthalpie in das Steigrohr, welche für die Berechnung der Steigrohrkennlinie benötigt wird, ist gleich der spez. Enthalpie des Arbeitsstoffes im Sammler. Die Austrittsenthalpie des Fluides aus der Trommel, welche zur Ermittlung der Rohrkennlinien mit abwärts gerichtetem Massenstrom – wie z.B. der Fallrohrkennlinie – benötigt wird, kann unter Zuhilfenahme der Gl. (6.101) errechnet werden.

Eine exakte Ermittlung der Eintrittsenthalpien aus den Bilanzgleichungen (6.134) und (6.101) führt zu einer starken Verkomplizierung der grafischen Lösung. Nach (Stribersky 1984) genügt es, wenn die Enthalpien näherungsweise bestimmt werden, da die daraus resultierenden Abweichungen die Kennlinien nur geringfügig verändern.

Betrachtet man nun in Abb. 6.25 die Umlaufcharakteristik für die Aufwärtsströmung in beiden Steigrohren (gekennzeichnet mit $\dot{m}_1 > 0$ und

$\dot{m}_2 > 0$) sowie die Fallrohrcharakteristik, so erkennt man, dass diese einen Schnittpunkt (Punkt A) haben. Punkt A erfüllt sowohl die Massen- (6.133) und Energiebilanz (6.134) als auch die Bedingung für eine gleich große Druckdifferenz in den einzelnen Rohrgruppen (Gl. (6.132)) und stellt daher eine stabile Lösung für den gesuchten Massenstromumlauf dar. Die zugehörigen Massenströme in den einzelnen Rohrsystemen, $\dot{m}_0$, $\dot{m}_1$ und $\dot{m}_2$, wie auch die sich einstellende Druckdifferenz Δp können der entsprechenden Abszisse bzw. Ordinate entnommen werden.

Im Falle einer Rückströmung in der schwach beheizten Siederohrgruppe 1 kommt diejenige Umlaufcharakteristik zur Anwendung, welche mit $\dot{m}_1 < 0$ und $\dot{m}_2 > 0$ gekennzeichnet ist. Wie dem Abb. 6.25 zu entnehmen ist, hat diese Kurve zwei Schnittpunkte (Punkt B und C) mit der Kennlinie des Fallrohres. Beide Punkte stellen eine mögliche Lösung für den Wasserumlauf des untersuchten Dampferzeugers dar und erfüllen somit die Gleichungen (6.132) und (6.133). Die in Punkt C gefundene Druckdifferenz und der ihr zugehörigen Massenströme stellen dabei eine nicht stabile Lösung[6] dar.

Wird nun am schwach beheizten Siederohrsystem 1 die zugeführte Wärmestromdichte erhöht, so verschiebt sich die Umlaufcharakteristik in Richtung niedriger Massenströme und Druckdifferenzen. Dies hat zur Folge, dass sich die Schnittpunkte der beiden Lösungen B und C einander annähern. Derjenige Punkt, in dem die beiden Lösungen B und C miteinander verschmelzen, stellt den Grenzwert für eine eindeutige Strömungsrichtung des Fluides im schwach beheizten Rohrsystem 1 dar. Wird die von der Siederohrgruppe 1 absorbierte Wärmestromdichte $\dot{q}_1$ darüber hinaus weiter erhöht, so kommt es nicht mehr zu einem Schnittpunkt zwischen der Fallrohrkennlinie und der Umlaufcharakteristik $\dot{m}_1 < 0$ und $\dot{m}_2 > 0$. In diesem Fall ist keine Rückwärtsströmung im betrachteten System möglich. Es muss daher zur Umlaufcharakteristik der Siederohre für $\dot{m}_1 > 0$ und $\dot{m}_2 > 0$ gewechselt werden.

Wie der obigen Darstellung entnommen werden kann, ist die grafische Methode zur Bestimmung der Wasserumlaufmassenströme und der Druckdifferenz zwischen Trommel und Sammler sehr illustrativ aber auch sehr zeitaufwändig. Möchte man nun Parameterstudien durchführen, um z.B. Kriterien für die Auslegung eines Dampferzeugers zu erhalten, so muss dies mithilfe der numerischen Simulation erfolgen, wobei mittels der numerischen Systemanalyse jedoch nur stabile Lösungen gefunden werden können. Im Weiteren sollen einige Ergebnisse einer solchen numerischen Systemanalyse (stationär sowie dynamisch), wie sie u.a. in (Walter 2006a), (Walter 2006c), (Walter 2006d) oder (Linzer 2003) dargestellt sind, präsentiert werden.

---

[6] Es sei an dieser Stelle noch darauf hingewiesen, dass die grafische Methode keine Rückschlüsse darauf zulässt, ob eine der gefundenen Lösungen stabil oder nicht stabil ist. Diese Feststellung muss mithilfe anderer Untersuchungsmethoden, wie z.B. der numerischen Systemanalyse, welche nur stabile Lösungen finden kann, durchgeführt werden.

Ergebnisse einer numerischen, stationären Systemanalyse:

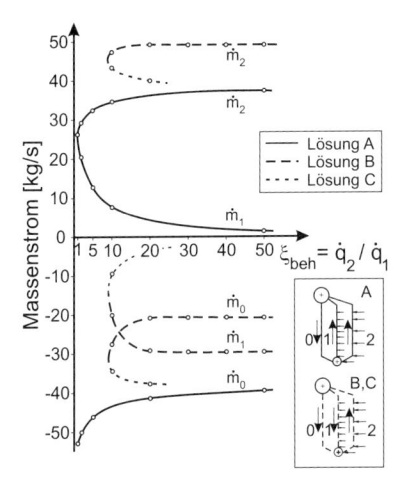

Abb. 6.26. Massenstromverteilung bei unterschiedlichen Beheizungsverhältnissen, (Linzer 2003)

Abb. 6.26 zeigt als Resultat einer stationären Stabilitätsanalyse des in Abb. 6.23 dargestellten Zweizugdampferzeugers die Massenströme in den einzelnen Rohrgruppen. Die Wärmestromdichte für die Siederohrgruppe 2 wurde mit $\dot{q}_2 = 320$ kW/m^2 konstant gehalten, während die Wärmestromdichte für das Siederohrsystem 1 variiert wurde. Ein negatives Vorzeichen der Massenströme in Abb. 6.26 bezeichnet eine Strömungsrichtung von der Trommel zum Sammler. ξ_{beh} bezeichnet dabei das Beheizungsverhältnis zwischen den beiden Siederohrgruppen und ist wie folgt definiert:

$$\xi_{beh} = \frac{\dot{q}_2}{\dot{q}_1} \qquad (6.135)$$

Der Abb. 6.26 kann nun entnommen werden, dass es bis zu einem Beheizungsverhältnis von $\xi_{beh} = 7$ nur eine mögliche Lösung (A) mit aufwärts gerichtetem Massenstrom in beiden Siederohrsystemen gibt. Mit Beheizungsverhältnissen, welche größer als 7 sind, sind zwei stabile Lösungen (A und B) und eine instabile Lösung (C) für den Wasserumlauf möglich. Die instabile Lösung (C) kann, wie oben bereits angemerkt wurde, mithilfe eines numerischen Verfahrens nicht gefunden werden und wurde daher unter Zuhilfenahme der grafischen Methode ermittelt. Das Beheizungsverhältnis von $\xi_{beh} = 7$ stellt somit das kritische Beheizungsverhältnis $\xi_{beh,krit}$ zwischen einer stabilen Aufwärtsströmung in beiden Rohrsystemen 1 und 2 und einer möglichen Rückströmung in der schwach beheizten Siederohrgruppe 1 dar.

Die vollständige Lösung für den Massenstrom in der schwach beheizten Rohrgruppe $\dot{m}_1$ ist für alle möglichen Beheizungsverhältnisse in Abb. 6.27

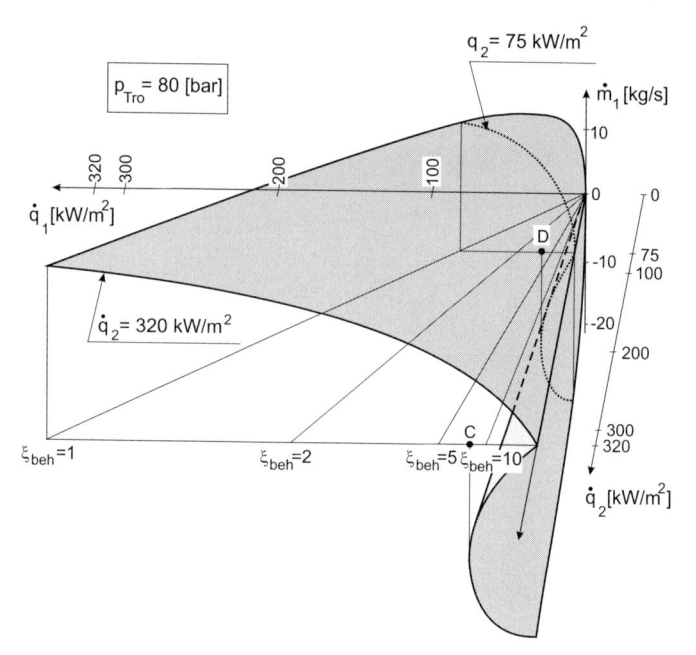

Abb. 6.27. Stabilitätsfläche für den Zweizugdampferzeuger, (Linzer 2003)

dargestellt. Dem Bild kann entnommen werden, dass für alle Beheizungsverhältnisse $\xi_{beh} > 7$ (Punkt C), bei einer konstanten Wärmestromdichte für die Siederohrgruppe 2 mit $\dot{q}_2 = 320$ kW/m², Rückströmung möglich ist.

Mit kleiner werdender Gesamtwärmestromdichte nimmt auch das kritische Beheizungsverhältnis $\xi_{beh,krit}$ ab (siehe Punkt D in Abb. 6.27).

Mithilfe der stationären Simulation konnten die beiden möglichen stabilen Lösungen (A und B) für den Wasserumlauf in der schwach beheizten Rohrgruppe gefunden werden. Eine stationäre Systemanalyse kann jedoch nur Ergebnisse für stationäre Betriebsbedingungen liefern. Wie in (Linzer 2003) gezeigt werden konnte, ist eine korrekte stationäre Lösung noch keine Garantie für den sicheren Betrieb von Naturumlaufdampferzeugern mit ungleichmäßig beheizten Siederohren unter allen Betriebsbedingungen. Um das transiente Verhalten des hier dargestellten Dampferzeugers vorhersagen zu können, ist es notwendig, dieses unter Zuhilfenahme einer dynamischen Systemanalyse zu ermitteln.

Ergebnisse einer numerischen, dynamischen Systemanalyse:

Zur Untersuchung des transienten Verhaltens des Zweizugdampferzeugers sind gegenüber der stationären Analyse weitere Informationen, wie z.B. die Anfangsbedingungen oder der zeitliche Verlauf der Randbedingungen, notwendig. Für die im Folgenden dargestellten Simulationsergebnisse wurde angenommen, dass der Zweizugdampferzeuger einen so genannten Heißstart durchläuft (d.h. der Dampferzeuger war dazu vor seiner Inbetriebnahme unter Bei-

6.4 Strömungsinstabilitäten 481

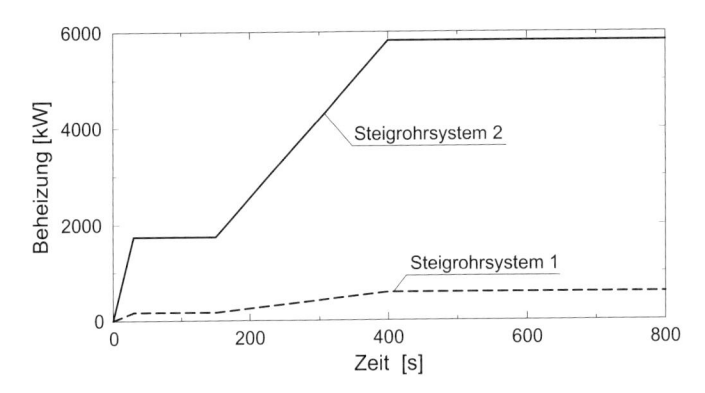

Abb. 6.28. Beheizungsrampe des Zweizugdampferzeugers, (Walter 2006d)

behaltung seines Systemdrucks für einige Stunden abgeschaltet). Als Anfangsbedingung für die dynamische Simulation des Startvorgangs wurde angenommen, dass der Trommeldruck während des Stillstandes nicht abgesunken ist und sich das Wasser in der Trommel im Siedezustand befindet. Das Arbeitsmedium im Rohrsystem befindet sich in Ruhe, und die Druckverteilung entspricht derjenigen, die sich auf Grund der Schwerkraftverteilung einstellt. Die Temperatur im gesamten Rohrsystem des Verdampfers ist gleich der Sattwassertemperatur bei Trommeldruck. Der Trommeldruck wurde während einer gesamten Simulation konstant gehalten. Die Beheizungsrampen für die einzelnen Siederohrgruppen wurde entsprechend (Linzer 1970) gewählt und ist in Abb. 6.28 dargestellt. Es wurde eine gleichmäßige Wärmestromverteilung über die Rohrlänge der beiden Rohrsysteme angenommen. Der rampenförmige Anstieg der Beheizung für die Siederohrgruppe 2 auf ca. 30 % der Volllast innerhalb der ersten 30 s nach dem Warmstart entspricht dem Zünden der Brenner. Daran anschließend wird die Beheizung konstant gehalten. 150 s nach dem Start der Simulation wird die Wärmezufuhr an die Siederohre rampenförmig erhöht bis Volllast (nach $\tau = 400$ s) erreicht ist.

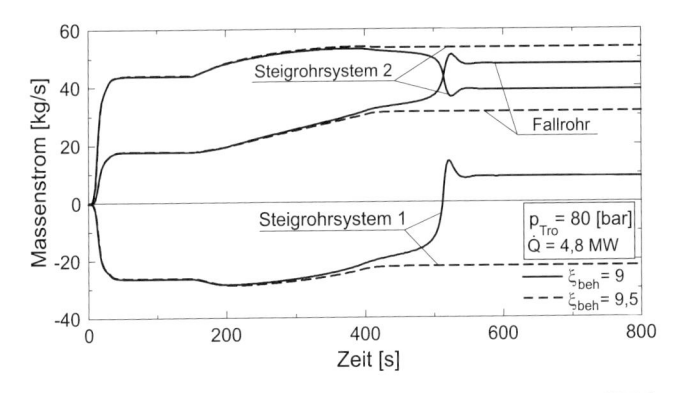

Abb. 6.29. Massenstromverteilung im Zweizugdampferzeuger, (Walter 2006d)

Abb. 6.29 zeigt die Entwicklung des Massenstromes in den einzelnen Rohrgruppen des untersuchten Dampferzeugers. Die Simulation wurde für einen Systemdruck von 80 bar, eine Gesamtbeheizung von 4,8 MW und ein Beheizungsverhältnis von $\xi_{beh} = 9$ (Vollline) und $\xi_{beh} = 9,5$ (strichlierte Linie) durchgeführt.

Wie der Abb. 6.29 entnommen werden kann, verläuft die zeitliche Entwicklung des Massenstromes während der ersten 400 s für beide analysierten Beheizungsverhältnisse nahezu ident. Erst mit dem Einsetzen der Dampfbildung in der schwach beheizten Siederohrgruppe 1 kommt es zu Abweichungen in der Evolution der Massenströme in den einzelnen korrespondierenden Rohrsystemen. Mit der beginnenden Dampfproduktion in der Rohrgruppe 1 kommt es zur Ausbildung einer Auftriebskraft, welche entgegen der abwärts gerichteten Fluidströmung wirkt. Die Auftriebskraft, welche mit ansteigender Dampfproduktion ebenfalls zunimmt, bewirkt in weiterer Folge, dass es zu einer Verzögerung der Strömung kommt. Ist die Wärmezufuhr groß genug, so kommt es zur Stagnation der Strömung und in weiterer Folge zu einer Umkehrung der Strömungsrichtung (siehe Abb. 6.29 für $\xi_{beh} = 9$). Im Falle eines Beheizungsverhältnisses von $\xi_{beh} = 9,5$ ist die Dampfentwicklung im schwach beheizten Siederohr nicht groß genug, und das schwach beheizte Steigrohrsystem 1 arbeitet – auch nach Erreichen der Vollast – als zweites Fallrohr.

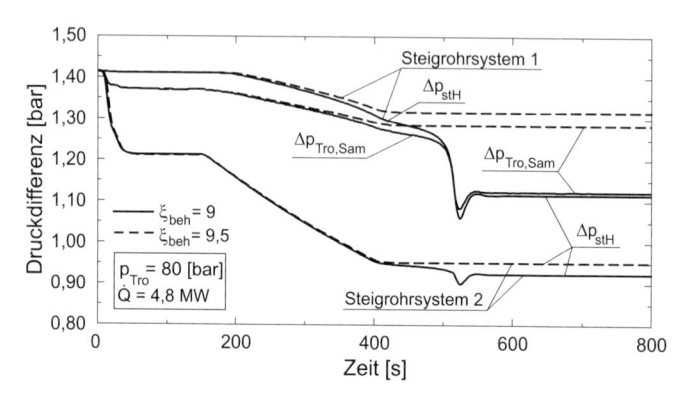

Abb. 6.30. Druckverlust in den Rohren des Zweizugdampferzeugers, (Walter 2006d)

In Abb. 6.30 ist die zeitliche Entwicklung der Druckdifferenz auf Grund der geodätischen Höhe (statische Druckdifferenz) Δp_{stH} für die beiden Steigrohrsysteme 1 und 2 sowie die der gesamten Druckdifferenz zwischen Trommel und Sammler $\Delta p_{Tro,Sam}$ dargestellt.

Als Erstes sollen der Verlauf der Druckdifferenzen für das Beheizungsverhältnis $\xi_{beh} = 9$ (Volllinie) genauer betrachtet werden:
Während der ersten Phase des Heißstarts ist die gesamte Druckdifferenz zwischen Trommel und Sammler $\Delta p_{Tro,Sam}$ kleiner als die statische Druckdifferenz Δp_{stH} der schwach beheizten Steigrohrgruppe. Das Arbeitsmedium in

6.4 Strömungsinstabilitäten

der Rohrgruppe 1 strömt daher von der Trommel in den Sammler (Rückströmung). Der Beginn der Dampfproduktion in der Siederohrgruppe 1 ist verbunden mit einer Abnahme der Dichte, und infolgedessen nimmt auch Δp_{stH} (s. Gl. (6.124)) ab. Im Zeitintervall zwischen 480 s und 520 s nach dem Beginn der Simulation hat die steigende Dampfproduktion den statischen Druck so weit reduziert, dass dieser kleiner als $\Delta p_{Tro,Sam}$ ist (die Kurve von Δp_{stH} schneidet den Grafen von $\Delta p_{Tro,Sam}$). Dies bewirkt auch eine Änderung der Strömungsrichtung des Arbeitsstoffes im schwach beheizten Siederohrsystem von abwärts zu aufwärts gerichteter Strömung.

Im Falle des Beheizungsverhältnisses von $\xi_{beh} = 9,5$ (strichlierte Linie) ist die Kurve für die statische Druckdifferenz Δp_{stH} der schwach beheizten Steigrohrgruppe immer größer als $\Delta p_{Tro,Sam}$. Daher ist die Strömungsrichtung des Arbeitsfluids in dieser Rohrgruppe auch nach Erreichen der Volllast immer abwärts gerichtet.

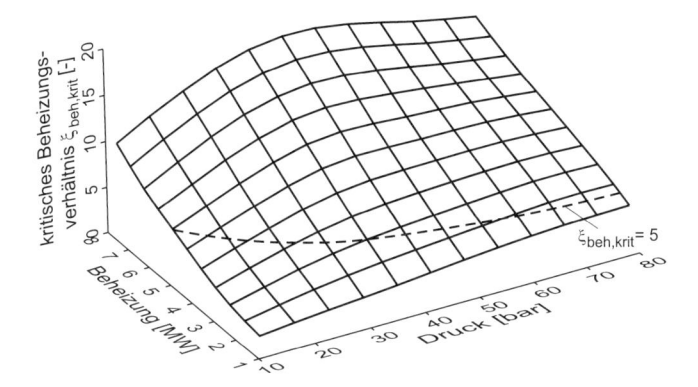

Abb. 6.31. Kritische Beheizungsverhältnisse bei unterschiedlichen Drücken

Abb. 6.31 zeigt die kritischen Beheizungsverhältnisse $\xi_{beh,krit}$ für das in Abb. 6.23 dargestellte Dampferzeugerdesign bei unterschiedlich zugeführten Gesamtwärmestromdichten und Systemdrücken. Wird nun für einen stabilen Wasserumlauf[7] ein Beheizungsverhältnis von $\xi_{beh,krit} \geq 5$ (siehe strichlierte Linie in Abb. 6.31) als Auslegungskriterium festgesetzt, so ist der Abb. 6.31 zu entnehmen, dass dieses Kriterium im Bereich kleiner Wärmestromdichten über dem gesamten untersuchten Druckbereich nicht erfüllt ist. Ein geändertes Design des Dampferzeugers wird notwendig, wenn dieser während der Teillast im Bereich kleiner Gesamtwärmestromdichten arbeiten muss.

Neben dem stabilen Wasserumlauf ist bei der Auslegung von Naturumlaufdampferzeugern die Einhaltung weiterer wichtiger Größen notwendig: Eine wichtige Kennzahl für Naturumlaufdampferzeuger stellt dabei die Um-

---

[7] Als stabiler Wasserumlauf wird eine Strömungsrichtung des Arbeitsstoffes vom unteren Sammler zur Trommel in allen Siederohren bezeichnet.

laufziffer U_D dar. Diese sollte in Abhängigkeit vom Betriebsdruck und der Dampferzeugerkapazität nicht zu kleine Werte annehmen (s. Tabelle 6.1).

Von großer Wichtigkeit für die Auslegung ist auch die Geschwindigkeit des Arbeitsstoffes in den einzelnen Bauteilen des Dampferzeugers. In einem bestimmten Temperaturbereich kann eine zu hohe Fluidgeschwindigkeit zu Erosionskorrosion führen (vgl. (Kastner 1984), (Heitmann 1982) oder (Loos 1973)). Nach (Keller 1974) werden die Auswirkungen der Temperatur auf den Materialabtrag durch eine Glockenkurve beschrieben. Diese hat unter Nassdampfbedingungen ein deutliches Maximum bei ca. 180°C und fällt mit einer höheren bzw. niedrigeren Temperatur steil ab. Die Lage des Maximums hängt dabei vom Dampfgehalt des Strömungsmediums und seine Höhe vom Chromgehalt des Werkstoffs ab. (Bohnsack 1971) konnte dieses Verhalten in seinen Untersuchungen bestätigen. Er schränkte jedoch ein, dass das Maximum von den katalytischen Eigenschaften der Metalloberfläche abhängt und in einem Bereich von 170°C bis 250 °C liegen kann. Nach (Effertz 1978) befindet sich das Maximum bei 150°C bis 200°C. (Kastner 1984) fanden in ihren Untersuchungen das Maximum bei ca. 140°C bis 150°C.

Nach (Loos 1973) ist die Strömungsgeschwindigkeit der entscheidende Parameter für den Erosionskorrosion-Vorgang. Der Materialabtrag durch Erosionskorrosion soll dabei erst bei Überschreitung einer Grenzgeschwindigkeit einsetzen (s. (Loos 1973), (Kelp 1969)). Dies konnten die Untersuchungen von (Kastner 1984) bestätigen. (Kastner 1984) stellten fest, dass im Bereich niedriger Strömungsgeschwindigkeiten der Vorgang des Wegspülens von aus dem Material gelösten Eisen-II-Hydroxid langsamer erfolgt als die Umwandlung von $Fe(OH)_2$ in sich auf der Metallwand ablagernden Martensit. Im Gegensatz dazu ist nach (Kastner 1984) bei erhöhter Geschwindigkeit der Abtragungsmechanismus auf Grund des größeren Impulsaustausches zwischen der Grenzschicht und der Kernströmung dominierend.

Der Vollständigkeit halber sei hier noch angemerkt, dass neben der Strömungsgeschwindigkeit und der Fluidtemperatur auch die Wahl des Werkstoffs und die Wasserchemie (pH-Wert des Wassers) einen wesentlichen Einfluss auf die Erosionskorrosion ausübt. Für weitere Informationen zur Fragestellung der Erosionskorrosion sei auf die einschlägige Literatur wie z.B. (Kastner 1984), (Heitmann 1982), (Keller 1974) oder (Schröder 1979) verwiesen.

In der Regel kann die Erosionskorrosion durch eine Reduzierung der Strömungsgeschwindigkeit des Fluids vermindert werden. Es wurden daher für die Auslegung von Dampferzeugern Richtlinien für die Strömungsgeschwindigkeit des Arbeitsstoffs erstellt. So soll die Geschwindigkeit des Wasser-Dampf-Gemischs in den Steigrohren etwa 12 m/s und die Fluidgeschwindigkeit in den Fallrohren ca. 4 bis 4,5 m/s nicht überschreiten.

Abb. 6.32 zeigt die Fluidgeschwindigkeit im stark beheizten Siederohr 2 des Zweizugdampferzeugers aufgetragen über dem untersuchten Druck- und Beheizungsbereich. Eine Linie mit der konstanten Fluidgeschwindigkeit von 12 m/s ist in die Darstellung integriert. Wie der Abbildung zu entnehmen ist, entspricht die Strömungsgeschwindigkeit im Steigrohr über einen großen Ar-

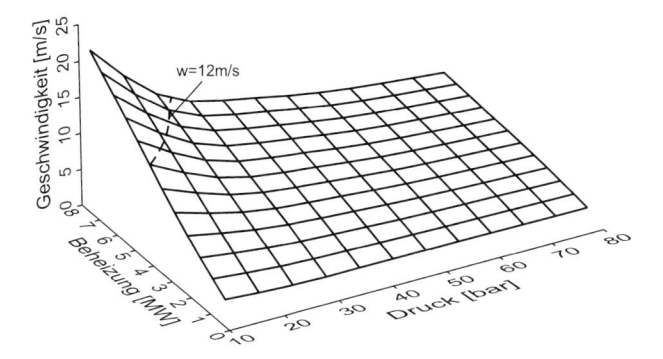

Abb. 6.32. Geschwindigkeit des Arbeitsstoffs im stark beheizten Steigrohrsystem

beitsbereich den allgemeinen Auslegungskriterien. Zu hohe Geschwindigkeiten sind jedoch im Niederdruckbetrieb bei hohen Beheizungslasten zu erwarten. Somit tritt die erhöhte Strömungsgeschwindigkeit in jenem Temperaturbereich auf, in dem die Maxima für die Erosionskorrosion liegen.

Wie theoretische Stabilitätsanalysen von (Stribersky 1984), (Walter 2003a), (Walter 2004b) oder (Walter 2006e) an einem Zweizugdampferzeuger, welcher im Naturumlauf betrieben wird, gezeigt haben, erhöhen alle Modifikationen an der Dampferzeugergeometrie (z.B. Implementierung eines größeren Fallrohrdurchmessers oder Ersetzen der unbeheizten Steigrohrabschnitte durch jeweils einen Sammler und Überströmrohre), welche den Druck im Verteiler vergrößern, dessen Stabilität. Eine Erhöhung des Systemdruckes (Walter 2006f), (Walter 2006a), die Implementierung von zusätzlichen Widerständen (z.B. Blenden) am Rohreintritt (einphasiger Fluideintritt in das Rohr) (Walter 2006b), aber auch eine Verschiebung der Wärmezufuhr des schwach beheizten Rohres in Richtung des Arbeitsstoffaustritts aus den Siederohren (Walter 2004b) wirken sich stabilisierend auf das Umlaufsystem aus. Dagegen können Schieflagen in der Beheizung (Walter 2004b), (Walter 2006d), (Walter 2006a), unterschiedliche Strömungswiderstände (Walter 2006b), nichtidente Rohrgeometrien (Walter 2002a) usw. die Stabilität des Wasserumlaufs in Naturumlaufsystemen reduzieren.

Um die Strömungsumkehr im Naturumlaufsystem mit unterschiedlich beheizten Siederohren, welche durch ein gemeinsames Fallrohr gespeist werden, auf alle Fälle zu vermeiden, ist es notwendig, diese niemals am selben Fallrohrsystem anzuschließen (Walter 2006a).

Siedeinstabilität:

Die Siedekriseninstabilität wird verursacht durch einen Wechsel des Wärmeübergangsmechanismus und ist gekennzeichnet durch einen sehr starken Anstieg der Wandtemperatur. Der Impuls- und Wärmetransport in Wandnähe einer unterkühlten Flüssigkeit oder einer Strömung mit geringem Dampf- bzw. Gasgehalt wird von (Kutateladze 1966) bzw. (Tong 1968), (Tong 1966) dabei als Grenzschichtablösung während der Siedekrise postuliert. Ein endgültiger experimenteller Nachweis dafür fehlt laut (Tong 1997) jedoch bis heute.

Fundamentale Relaxationsinstabilität

Strömungsforminstabilität:

Diese Form der Instabilität tritt im Wesentlichen beim Übergang der Strömungsform von der Blasen- zur Schwall- bzw. Ringströmung auf. Auslöser können kleine Störungen des Volumenstromes sein, welche zu einer vorübergehenden Verringerung des Flüssigkeitsstroms und einer Erhöhung des Gasgehalts in der Strömung – verbunden mit einem Wechsel der Strömungsform – führen können. Die Ringströmung ist dadurch charakterisiert, dass sie einen erheblich geringeren Druckabfall als die Blasenströmung hat. Dies führt zu einer kurzzeitigen Beschleunigung der einzelnen Phasen. Eine Beschleunigung der Strömung ist im Allgemeinen mit einer Abnahme der Dampfbildung verbunden. Somit kann die Strömungsform der Ringströmung nicht mehr aufrechterhalten werden und kehrt zur Blasenströmung zurück. Dieser Zyklus kann sich wiederholen.

Solche zyklischen Strömungsforminstabilitäten wurden zum Beispiel von (Jeglic 1965) beobachtet. Weitere Informationen zu dieser Form der Instabilität können bei (Bouré 1973), (Reinecke 1996) oder (Tong 1997) nachgelesen werden.

Zusammengesetzte Relaxationsinstabilität

Unter einer zusammengesetzten Relaxationsinstabilität wird ein nicht periodisches fluiddynamisches Verhalten bezeichnet. Die einzelnen fluiddynamischen Phänomene sind dabei voneinander unabhängig und stark irregulär. Es lassen sich daher für eine zusammengesetzte Relaxationsinstabilität auch keine Aussagen über die Amplitude und die Frequenz der Störung treffen.

Geysering (Fontänenbildung) tritt sowohl in Naturumlauf- (siehe dazu z.B. (Aritomi 1992a), (Baars 2003) oder (Aritomi 1992b)) als auch in Zwangumlaufsystemen (z.B. (Aritomi 1992b) oder (Aritomi 1992c)) und in bodenseitig geschlossenen, vertikal angeordneten Verdampferrohren, welche in einen Behälter mit großem Durchmesser münden (z.B. (Griffith 1962)), auf. Wird das untere Ende eines vertikalen, unten verschlossenen Verdampferrohres beheizt, so tritt für einen bestimmten Wärmestrom Sieden an der Heizfläche ein. Die beginnende Dampfproduktion verursacht eine Absenkung des statischen Druckes der Fluidsäule. Dies hat eine schlagartige Verdampfung von Flüssigkeit zur Folge, und ein Teil des Fluides wird aus dem Verdampferrohr hinausgeschleudert. Daran anschließend kommt es zu einer Wiederbefüllung des vertikalen Rohres mit Flüssigkeit. Damit kann der Zyklus wieder von vorne beginnen. (Griffith 1962) hat bei seinen Untersuchungen zur Geysering-Instabillität Periodendauern von 10 - 10000 Sekunden festgestellt.

Dieses Phänomen kann auch in der Natur in Form von Geysiren beobachtet werden.

Bumping (Klopfen) wurde beim Sieden von Alkalimetallen bei geringen Drücken beobachtet. Dieses Verhalten verschwindet jedoch bei größeren Wärmeströmen.

Das Chugging (Stottern) ist ein zyklisches Phänomen, welches durch periodisches Austreten von Kühlmittel aus Verdampferrohren charakterisiert ist. Der Begriff Chugging wurde das erste Mal von (Fleck 1960) verwendet. Eine Übersicht über diese Form der Instabilität kann bei (Hawtin 1970) gefunden werden.

Als weiterführende Literatur zum Thema der zusammengesetzten Relaxationsinstabilitäten sei hier auf (Baars 2003), (Grolmes 1970), (Ford 1971b), (Ford 1971a), (Reinecke 1996) oder (Bouré 1973) verwiesen.

6.4.2 Dynamische Strömungsinstabilitäten

Tabelle 6.4. Klassifizierung der dynamischen Strömungsinstabilitäten, (Bouré 1973)

Klassifikation	Typ	Mechanismus	Charakteristik
Fundamentale dynamische Instabilitäten	Akustische Instabilität	Resonanz von Druckwellen	hohe Frequenz (10 - 100 Hz), relativ niedrige Amplituden der Störung
	Dichtewellenoszillation	Verzögerung und Rückkopplungseffekte zwischen Massenstrom, Dichte und Druckverlust	niedrige Frequenz ($\sim$1 Hz), große Amplitude der Störung
Zusammengesetzte dynamische Instabilitäten	Thermisch induzierte Oszillationen	Wechselwirkung zwischen variablen Wärmeübergangskoeffizienten und fluiddynamischen Vorgängen	Tritt auf bei Filmsieden
	Parallelrohrinstabilität	Interaktion zwischen einer kleineren Anzahl von parallelen Strömungskanälen	Unterschiedliche Modi der Strömungsneuverteilung
Zusammengesetzte dynamische Instabilitäten als sekundäres Phänomen	Druckverlustinstabilität	Massenstromschwankungen verursachen eine dynamische Wechselwirkung zwischen Rohr und kompressiblem Volumen	sehr niedrige Frequenz ($\sim$0,1 Hz)

Tabelle 6.4 gibt eine Übersicht über die Klassifizierung der dynamischen Strömungsinstabilitäten[8] nach (Bouré 1973).

Fundamentale dynamische Instabilität

Akustische Instabilität:

Akustische oder Druckwellenoszillationen weisen bei Systemen, welche unter Betriebsbedingungen mit einem eher stark unterkühlten Medium arbeiten, eine relativ hohe Frequenz der sich einstellenden primären Störung in einer Größenordnung von 10 - 100 Hz (Bouré 1973) auf. Hörbare Frequenzen von 1000 - 10000 Hz wurden von (Bishop 1964) bei ihren Experimenten im überkritischen Druck- und Temperaturbereich gemessen. Auf Grund der hohen Frequenz sind die Amplituden der Oszillationen in der Regel relativ klein. Zu einer signifikanten Beeinflussung des Systems kann es kommen, wenn durch Interferenz und Resonanz die Störung abnimmt und die Amplitude anwächst ((Bergles 1967)).

Eine zusammenfassende Analyse zur akustischen Instabilität wird von (Davis 1967) gegeben.

Dichtewellenoszillation:

Die Dichtewellenoszillation (DWO) ist eine der am häufigsten anzutreffenden transienten Betriebszustände in zweiphasigen Systemen. Ein solcher Betriebszustand kann sowohl in Natur- als auch in Zwangumlaufsystemen auftreten. Es wurde daher eine große Anzahl an Studien wie z.B. (Lee 1990), (Yun 2005), (Nayak 2000), (Guanghui 2002), (Baars 2003), (Su 2001), (Walter 2006c) oder (Walter 2005a) für Naturumlaufsysteme und (Takitani 1978), (Takitani 1979), (Ünal 1982), (Wang 1994) oder (Karsli 2002) für Zwangumlaufsysteme durchgeführt, um einerseits die physikalischen Mechanismen der DWO zu verstehen und andererseits den Einfluss unterschiedlicher Parameter, wie z.B. den Einbau von Drosselorganen am Rohrein- bzw. Rohraustritt, den Systemdruck, die Rohrlänge usw., zu analysieren.

Die Instabilität ist dabei das Resultat mehrfacher Rückkoppelungseffekte zwischen dem Massenstrom, der Dampfproduktion und dem Druckabfall in einem beheizten Kanal. Eine Fluktuation des Massenstromes am Kanaleintritt verursacht eine Störung der Enthalpie, welche sich im Gebiet der einphasigen Strömung fortpflanzt. Der Ort des Verdampfungsbeginns antwortet auf die Störung durch eine Oszillation, welche von der Amplitude und der Frequenz der Enthalpiefluktuation abhängt. Erreicht die Fluktuation der Enthalpie das Zweiphasengebiet, so erfolgt eine Transformation der Störung in eine des Massenstromdampfanteiles und des volumetrischen Dampfanteiles.

---

[8] Die zusammengesetzte dynamische Siedewasserreaktorinstabilität (BWR-Instabilität) ist in dieser Übersicht nicht enthalten, da diese für mit fossilen Brennstoffen befeuerte Anlagen keine Relevanz hat.

Diese Fluktuationen bewegen sich mit der Strömung im Kanal und beeinflussen den Druckabfall sowie das Wärmeübergangsverhalten. Die Kombination aus den Störungen des volumetrischen Dampfanteiles und des Massenstromdampfanteiles sowie der Änderung der Länge des Zweiphasengebietes im beheizten Rohr verursachen Druckabfallschwankungen im Gebiet der koexistierenden Phasen. Ist der Gesamtdruckabfall im Kanal von der externen Charakteristik des Kanals vorgegeben, so verursacht die Schwankung des zweiphasigen Druckabfalls eine zeitliche Änderung des Druckverlustes im Gebiet der Einphasenströmung mit umgekehrtem Vorzeichen. Dies kann wiederum zu Schwankungen des Eintrittsmassenstromes führen. Für bestimmte Kombinationen aus Systemgeometrie, Betriebs- und Randbedingungen kann die Störung eine 180°-Phasenverschiebung der Druckschwankung am Austritt verursachen, welche zu einer Selbsterregung der Massenstromschwankungen am Eintritt führt (Tong 1997). Es liegt somit ein instabiler, transienter Betriebszustand vor. Die endliche Geschwindigkeit, mit der sich die Störungen des volumetrischen Dampfanteiles und der Enthalpie durch den Kanal bewegen, ist die Ursache für die Phasenverschiebung des zweiphasigen Druckabfalles und die Schwankung des Massenstromes am einphasigen Kanaleintritt. Trägheitseffekte tragen ebenfalls zur Phasenverschiebung bei (Yadigaroglu 1972). Die Druck- und Massenstromdichteoszillation der DWO am Kanaleintritt befinden sind nach (Ding 1995) in Phase. Weiterführende Literatur zum Mechanismus der DWO findet sich z.B. bei (Tong 1997), (Yadigaroglu 1972) und (Yadigaroglu 1981).

(Fukuda 1979b) konnten experimentell und analytisch zeigen, dass zwei unterschiedliche Typen der DWO (die Typen I und II) existieren. Mithilfe der dimensionslosen Phasenwechsel-Zahl

$$N_{pch} = \frac{\dot{Q}}{A w_{ein} \varrho_f r} \frac{\varrho_f - \varrho_g}{\varrho_g} \quad (6.136)$$

und Unterkühlungszahl

$$N_{sub} = \frac{h_f - h_{ein}}{r} \frac{\varrho_f - \varrho_g}{\varrho_g} \quad (6.137)$$

lässt sich für einen beheizten Strömungskanal, in den eine unterkühlte Flüssigkeit eintritt, ein Stabilitätsdiagramm, wie es schematisch in Abb. 6.33 dargestellt ist, für die beiden Typen der DWO angeben. Für die mit den Indizes f und g bezeichneten Größen in den Gleichungen (6.136) und (6.137) sind die entsprechenden Werte auf der Siede- und Taulinie zu verwenden.

Die Typ I-Instabilität dominiert nach (Fukuda 1979b) bei geringen Massenstromdampfgehalten am Wärmeübertrageraustritt, während die DWO entsprechend dem Typ II bei relativ hohen Massenstromdampfgehalten und kleiner Unterkühlungszahl auftritt. Die Mechanismen der beiden Arten von DWO erweisen sich als ähnlich (Baars 2003). Die Typ II-DWO ist in der Literatur bekannt als die typische Dichtewellenoszillation (Furuya 2002).

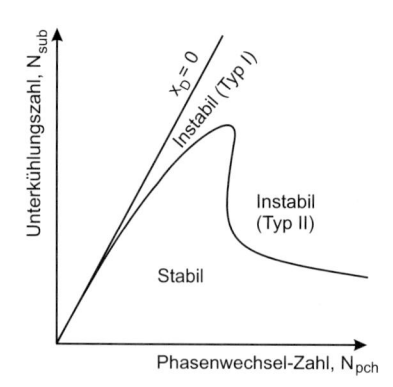

Abb. 6.33. Schematisches Stabilitätsdiagramm für Dichtewellenoszillationen, (Furuya 2002)

Wie bereits oben diskutiert, wurden viele theoretische und experimentelle Studien durchgeführt, um den Einfluss unterschiedlicher Systemparameter auf die DWO zu analysieren. Im Folgenden sollen die Einflüsse der wichtigsten Parameter kurz dargestellt werden:

- Systemdruck:
  Ein steigender Betriebsdruck wirkt, bei konstant gehaltener Wärmezufuhr, stabilisierend auf die DWO ((Wang 1994), (Walter 2005a), (Walter 2006a), (Walter 2007b), (Mathisen 1967)). Der steigende Druck verursacht eine Verminderung der Dampfbildung, was eine Reduktion des zweiphasigen Druckabfalls zur Folge hat. Dieser Effekt ist gleichzusetzen mit einer Reduktion der Wärmezufuhr oder einer Erhöhung des Massenstromes.
- Drosselung des Fluids am Rohrein- bzw. Rohraustritt:
  Eine Drosselung des Arbeitsstoffes am Rohreintritt erhöht den einphasigen Druckverlust, was einen Dämpfungseffekt auf den ansteigenden Massenstrom hat und somit die Stabilität des Systems erhöht. Eine Zunahme des Zweiphasendruckverlustes durch die Implementierung einer Blende am Ende des beheizten Strömungskanals hat, da diese nicht in Phase ist mit der Änderung des Massenstroms am Kanaleintritt, eine Verringerung der Stabilität zur Folge ((Anderson 1962), (Wallis 1961), (Walter 2004a) und (Walter 2006c)).
- Strömungsgeschwindigkeit und Beheizung:
  Eine Erhöhung der Strömungsgeschwindigkeit bzw. eine Verringerung der Beheizung wirken sich bei gegebener Geometrie stabilisierend auf das Umlaufsystem aus, da beide Maßnahmen den Dampfgehalt am Austritt des Strömungskanals reduzieren.
- Unterkühlung am Eintritt:
  Eine Eintrittsunterkühlung des Fluids wirkt sich stabilisierend bei hoher Unterkühlung und destabilisierend bei geringer Unterkühlung aus. Liegt eine zunehmende Unterkühlung des Fluids am Eintritt in das Verdampferrohr vor, so kommt es zu einer Abnahme des Leervolumenanteils und somit

zu einer Ausdehnung des Einphasengebietes im Rohr ((Yadigaroglu 1972), (Wang 1994)).

Weitere Untersuchungen zur DWO wurden z.B. zum Einfluss der Gravitation ((Mathisen 1967)), der Rohrlänge ((Mathisen 1967), (Crowley 1967)), des Bypassverhältnisses von parallelen Rohren ((Kakaç 1974), (Carver 1969), (Veziroglu 1971)), zu höheren Ordnungen der Dichtewellenoszillation, welche mit einem plötzlichen Wechsel von Periodendauer und Strömungsform verbunden sind ((Yadigaroglu 1969), (Yadigaroglu 1972)), sowie des ungleichmäßigen Beheizungsprofils über ein horizontales Verdampferrohrbündel eines Naturumlaufdampferzeugers ((Walter 2004a), (Walter 2005a), (Walter 2006c), (Walter 2006a), (Walter 2008)) durchgeführt. Zusammenfassungen finden sich bei (Ishii 1982), (Bouré 1973), (Yadigaroglu 1981) oder (Tong 1997).

Zusammengesetzte dynamische Instabilität

Thermisch induzierte Instabilität:

Die thermisch induzierte Instabilität wurde erstmals von (Stenning 1965) beschrieben. Diese Form der Instabilität entsteht als thermische Antwort der beheizten Wand nach dem Austrocknen (Dryout). In diesem Bereich wechselt der Wärmeübergang zwischen Film- und Übergangssieden, was eine große Amplitude der Wandtemperaturoszillation bei konstanter Beheizung bewirkt. Die Oszillation weist dabei eine Periodendauer in der Größenordnung von 2 - 80 s auf (Bouré 1973). Die Amplituden und Perioden der Druck- und Massenstromoszillation sind dagegen sehr klein. Die thermisch induzierte Instabilität tritt meist in Verbindung mit einer Dichtewellenoszillation auf.

Untersuchungen zu dieser Form der Störung wurden u.a. von (Ding 1995), (Mentes 1989), (Kakaç 1990), (Mayinger 1968), (Padki 1991a), (Padki 1991b) und (Wedekind 1971) durchgeführt.

Parallelrohrinstabilität:

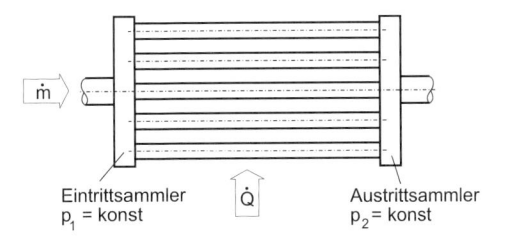

Abb. 6.34. Rohrregister

Ein Wärmeübertrager bzw. Rohrbündel besteht aus einer Vielzahl gleich langer und beheizter, parallel geschalteter Rohre, welche durch Sammler miteinander verbunden sind (siehe Abb. 6.34). Im stabilen Betriebszustand stellt sich infolge der gleichen Druckdifferenz zwischen den beiden Sammlern in sämtlichen Rohren der gleiche Massenstrom ein. Von einer Parallelrohrinstabilität spricht man nun, wenn es auf Grund einer Störung in einem der Rohre zu einer Wechselwirkung zwischen den einzelnen parallelen Strömungskanälen einer solchen Rohrgruppe kommt. Diese Form der Instabilität kann sowohl in Natur- als auch im Zwangumlauf- wie auch in Ein- und Zweiphasensystemen auftreten.

Theoretische und experimentelle Untersuchungen an einem Naturumlaufsystem, bestehend aus zwei parallelen Rohren, haben (Zvirin 1981) vorgenommen. Sie berichten über Strömungsinstabilitäten unter verschiedenen transienten Bedingungen, welche von Oszillationen und Rückströmungen begleitet wurden. (Gouse Jr. 1963) beobachteten in einem Zweirohrsystem Strömungsoszillationen, die eine Phasenverschiebung von 180^0 aufwiesen. Als Arbeitsmedium ist dabei Freon 113 zum Einsatz gekommen. (Chato 1963) präsentierte stationäre experimentelle und analytische Ergebnisse für ein Naturumlaufsystem mit drei vertikalen, parallelen Strömungskanälen, welche unterschiedlich beheizt wurden. Dabei konnte die Existenz einer kritischen Beheizung für das untersuchte Rohrregister nachgewiesen werden. Eine Überschreitung dieser kritischen Beheizung führt zu metastabilen und instabilen Strömungsverhältnissen. (Takeda 1987) fügten in ihren experimentellen und analytischen Untersuchungen der Anordnung Chatos noch einen weiteren Strömungskanal hinzu. Sie fanden heraus, dass in Naturumlaufsystemen mit einer größeren Anzahl an parallelen Rohren mit unterschiedlicher Temperatur der Massenstrom und die Strömungsrichtung nicht ausschließlich vom zugeführten Wärmestrom abhängt, sondern auch von der Historie der Kanaltemperatur. (Gerliga 1970) entwickelten eine charakteristische Gleichung zur Berechnung der Parallelrohrstabilität. Unterschiedliche Schwingungsmodi unter Zuhilfenahme einer Matrixtechnik wurden von (Fukuda 1979a) untersucht.

Weitere Studien zur Parallelrohrinstabilität wurden u.a. von (Duffey 1993), (Aritomi 1986b), (Ozawa 1989), (Chen 1981), (Aritomi 1977), (Aritomi 1979), (Aritomi 1983), (Aritomi 1986a), (Clausse 1989), (Eck 2002), (Hellwig 1988), (Veziroglu 1969), (Podowski 1983), (Minzer 2006) und (Rassoul 2005) durchgeführt. Eine detaillierte Beschreibung des Phänomens der Parallelrohrinstabilität gibt (Reinecke 1996).

Zusammengesetzte dynamische Instabilität als sekundäres Phänomen

Druckverlustinstabilität:

Die Druckverlust- bzw. Druckabfallinstabilität wird zur Kategorie der zusammengesetzten dynamischen Instabilitäten gezählt. Diese Oszillationen treten als sekundäres Phänomen in Verbindung mit einer statischen Instabilität auf. Druckverlustinstabilitäten sind nur in Systemen möglich, welche ein kompressibles Speichervolumen vor dem beheizten Strömungskanal aufweisen (siehe

Abb. 6.35(a)) und deren Betriebspunkt in jenem Bereich der Verdampferkennlinie liegt, welcher eine negative Steigung besitzt. Wie bereits in Kapitel 6.4.1 ausführlich dargestellt wurde, neigt ein solcher Arbeitspunkt zur statischen bzw. aperiodischen Instabilität.

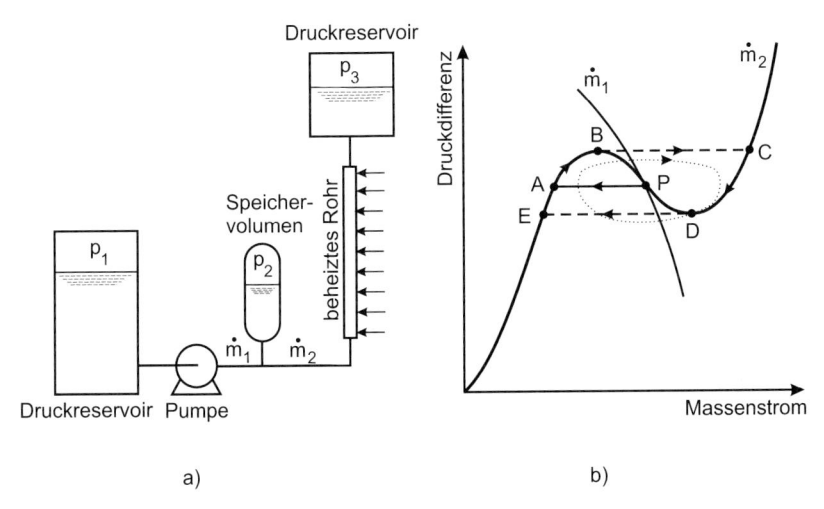

Abb. 6.35. Zweiphasensystem a) Strömungssystem; b) Druckdifferenz-Massenstrom-Charakteristik

Abb. 6.35(a) zeigt ein einfaches System, anhand dessen der Mechanismus der Druckverlustinstabilität erläutert werden soll. Dazu werden zuerst die stationären Druckverlustbeziehungen zwischen den Druckreservoirs und dem Speichervolumen angeschrieben:

$$p_1 - p_2 = a\dot{m}_1 \qquad (6.138)$$

und

$$p_2 - p_3 = f(\dot{m}_2) \qquad (6.139)$$

p_1 und p_3 bezeichnen die Drücke in den beiden Druckreservoirs sowie p_2 den Druck im Speichervolumen. $\dot{m}_1$ und $\dot{m}_2$ stellen den Ein- und Austrittsmassenstrom für das Speichervolumen dar. Im stationären Fall muss in jedem Betriebspunkt für die beiden Massenströme der Zusammenhang $\dot{m} = \dot{m}_1 = \dot{m}_2$ gelten. Die Konstante a in Gl. (6.138) repräsentiert den Reibungsdruckverlust der Strömung zwischen dem Druckreservoir 1 und dem Speichervolumen. $f(\dot{m}_2)$ bezeichnet eine Funktion, welche den Systemdruckverlust des beheizten Strömungskanals auf den Eintrittsmassenstrom $\dot{m}_2$ bezieht.

Für konstante Drücke p_1 und p_3 sind in Abb. 6.35(b) die zugehörigen Charakteristiken dargestellt. Der mit $\dot{m}_1$ gekennzeichnete Graph repräsentiert Gl. (6.138) (Pumpencharakteristik) die mit $\dot{m}_2$ bezeichnete Kurve die Gl. (6.139) (stationärer Systemdruckverlust des beheizten Strömungskanals). Der

Betriebspunkt P des betrachteten Systems ergibt sich aus dem Schnittpunkt der beiden Charakteristiken, welcher im Bereich der negativen Steigung der Rohrcharakteristik des beheizten Verdampferrohres liegt. Eine kleine Störung des Massenstromes $\dot{m}_1$ verursacht eine starke Reduktion des Massenstromes $\dot{m}_2$ durch den beheizten Strömungskanal entlang der Linie PA. Wird der Massenstrom $\dot{m}_1$ durch die Pumpe nicht verändert, so stellt sich ein Ungleichgewicht zwischen den beiden Massenströmen ein, und Masse wird in den Speichertank eingespeichert. Dies hat eine dynamische Instabilität zur Folge; die Luft im Speichertank wird komprimiert, und der Druck p_2 steigt an. Der Betriebspunkt bewegt sich dadurch entlang der Systemcharakteristik von Punkt A nach B. In Punkt B ist kein stabiler Schnittpunkt der beiden Kurven gegeben, und der Prozess wird daher nicht gestoppt. Auf Grund des weiterhin bestehenden Ungleichgewichts zwischen den Ein- und Austrittsmassenströmen des Speichertankes ($\dot{m}_1 > \dot{m}_2$) springt der Betriebspunkt entlang der Linie BC zum Punkt C. In diesem Punkt wird nun mehr Fluidmasse aus dem Speichertank entnommen, als zugeführt wird ($\dot{m}_1 < \dot{m}_2$). Es kommt zu einer Dekompression der Luft im Speichertank, der Druck p_2 sinkt, und der Betriebspunkt wandert entlang der Rohrcharakteristik von Punkt C nach D. In Punkt D ist der Massenstrom $\dot{m}_2$ noch immer größer als $\dot{m}_1$, der Betriebspunkt springt entlang der Linie DE zu Punkt E, und der Prozess beginnt sich nun entlang der Linie ABCDEA zu wiederholen.

Dieses Modell stellt das generelle Phänomen der Druckabfallinstabilität dar. Dämpfende Effekte werden durch die Trägheit des Strömungsmediums sowie durch Reibung und anderer Verluste ausgeübt. Im realen Zyklus wird der Massenstrom sich nicht sprunghaft ändern, sondern die Eckpunkte des idealisierten Zykluses werden abgerundet (siehe schematische Darstellung durch die punktierte Linie in Abb. 6.35(b)).

Ist das kompressible Volumen stromaufwärts des beheizten Kanals angeordnet, so lässt sich die Oszillation durch die Implementierung einer Drossel am Kanaleintritt dämpfen. Befindet sich das kompressible Volumen innerhalb des beheizten Strömungskanals, so hat der Einbau eines Drosselorgans keinerlei Auswirkungen auf die Instabilität.

Die Frequenz der Oszillation ist abhängig von der Zeitkonstante des kompressiblen Mediums und unabhängig von der Zeit, die ein Fluidpartikel benötigt, um den Strömungskanal zu durchlaufen (vergleiche dazu die Dichtewellenoszillation, Kapitel 6.4.2). Die Periodendauer der Druckabfallinstabilität ist generell größer als die Periodendauer der Dichtewellenoszillation. Die Druck- und Massenstromdichteoszillationen der Druckabfallinstabilität am Eintritt in den beheizten Strömungskanals befinden sind nach (Ding 1995) nicht in Phase.

Untersuchungen zur Druckverlustinstabilität wurden u.a. von (Guo 2002), (Stenning 1967), (Ozawa 1979), (Krasykova 1965), (Cao 2000), (Ozawa 1984), (Padki 1991a), (Padki 1991b), (Padki 1992), (Narayanan 1997), (Kakaç 1991), (Lin 1991a), (Liu 1995), (Cao 2001), (Guo 2001), (Dogan 1983), (Daleas 1965), und (Srinivas 2000) durchgeführt.

7
Kraftwerkssimulation – Modelle und Validierung

Autoren: R. Leithner, A. Witkowski, H. Zindler

7.1 Entwicklung der Kraftwerkssimulation und Übersicht

Die ersten Berechnungsprogramme für Kraftwerkskreisläufe wurden Anfang der 60er Jahre entwickelt. Im Jahre 1973 wurde von (Dittmar 1973) ein Verfahren zur Kreislaufberechnung vorgestellt, dessen wesentliches Merkmal die Art und Weise darstellt, wie ein Kreislauf numerisch aufgebaut ist, um ihn dem Rechner zugänglich zu machen: Der Kreislauf wird in seine Einzelkomponenten aufgelöst, die mit Kennziffern durchnummeriert werden, die verbindenden Leitungen werden ebenfalls mit Kennziffern systematisiert. Auf diese Weise kann der gesamte Kreislauf als eine Sequenz von Zahlen dargestellt und vom Rechner interpretiert werden. Diese Vorgehensweise ist im Prinzip bei den meisten Kreislaufberechnungsprogrammen bis heute beibehalten worden (siehe auch Kapitel 1 und Abschnitt 7.2.2).

Neuere Arbeiten auf dem Gebiet aus dem universitären Bereich wurden von (Stamatelopoulos 1995) und (Witkowski 2006) im Bereich der stationären Simulation vorgestellt. Witkowski stellt ein implizites nichtlineares Gleichungssystem auf; dies eröffnet die Möglichkeit, verschiedene Größen vorzugeben und die jeweils anderen zu berechnen. Parallel zu Stamatelopoulos entwickelte (Rohse 1995) auf Basis der FVM ein Simulationsprogramm für instationäre Vorgänge. Die Arbeiten von Rohse wurden von (Löhr 1999), (Walter 2001), (Döring 1995) und (Ponweiser 1997) stark erweitert. Neben Rohse und seinen Nachfolgern gibt es weitere Varianten der instationären Simulation wie beispielsweise (Gebhardt 1986) und (Dymek 1991), die auf die FVM verzichten und Modellgleichungen auf der Basis der Zustandsraumdarstellung aufstellen.

Die mathematischen Modelle basieren auf den Bilanzgleichungen (Erhaltungssätzen) von Masse, Stoffen (Spezien), Energie und Impuls und können abhängig vom Anwendungsfall von unterschiedlicher Komplexität sein:

- Für den stationären Fall verschwinden in den Bilanzgleichungen die zeitlichen Ableitungen (Speicherterme). Ohne örtliche Diskretisierung ergibt die Modellierung der Komponenten wie Wärmeübertrager, Turbomaschinen (Pumpen, Gebläse, Turbinen) etc. ein algebraisches Gleichungssystem mit den Ein- und Austrittsparametern (Druck, Temperatur bzw. Enthalpie, Massenstrom und ggf. die chem. Zusammensetzung) der Komponenten als Zustandsgrößen. Man erhält ein stationäres, nulldimensionales Modell der Anlage.
- Wenn die Komponenten zwischen Ein- und Austritt nach der Ortskoordinate entlang der Strömung diskretisiert werden, spricht man von einem stationären 1D-Modell. Die Bilanzgleichungen werden für jeden diskreten Abschnitt aufgestellt. Mit solchen Modellen sind zusätzlich zu den Ein- und Austrittszuständen auch die Verläufe (z.B. der Temperatur, Wärmestromdichte etc.) innerhalb der Komponenten darstellbar. Natürlich können auch 1D-, 2D- oder 3D-Modelle in ein System ansonsten nulldimensionaler Komponenten eingebunden werden, wenn für bestimmte Komponenten eine örtlich genauere Auflösung oder detailliertere Berechnung erforderlich ist.
- Wenn instationäre Prozesse der Anlage von Interesse sind, müssen die zeitlichen Ableitungen, d.h. die Speicherterme der Massen-, Stoff- (Spezies-), Impuls- und Energiebilanzgleichungen, berücksichtigt werden. Wenn die Komponenten ohne Ortsdiskretisierung modelliert werden, nennt man ein solches Modell ein instationäres, nulldimensionales Modell.
- Instationäres Verhalten und örtliche Diskretisierung entlang einer Ortskoordinate können kombiniert werden. Man spricht dann z.B. von einem instationären 1D-Modell. Es können natürlich auch wieder instationäre, null- und mehrdimensionale Modelle kombiniert werden.
- Wenn die Energie- und/oder Massenspeicher einzelner Komponenten (z.B. von Turbinen und Pumpen etc.) vernachlässigbar klein sind gegenüber den Energie- und/oder Massenspeichern anderer Komponenten (z.B. Dampferzeugerheizflächen), können diese sinnvollerweise durch (quasi-)stationäre Modelle ersetzt werden. Dies erleichtert und beschleunigt die Lösung des Gleichungssystems wesentlich.

Für die Behandlung einer großen Anzahl praktisch interessanter Probleme ist die Kenntnis der stationären Ein- und Austrittsdaten der Komponenten eines Kreisprozesses und somit eine Anwendung des stationären 0D-Modells ausreichend.

Die Programme, die auf instationären Modellen aufbauen, ermöglichen, dass zeitliche Verhalten des gesamten Kraftwerkes samt der Regelung zu simulieren. Sie können zur Berechnung von An- und Abfahrvorgängen, Störfällen etc. herangezogen werden.

7.1 Entwicklung der Kraftwerkssimulation und Übersicht   497

Der Programmieraufwand sowie die Anforderungen an die Rechenleistung steigen mit zunehmender Detaillierung stark an.

In der Tabelle 7.1 werden einige kommerzielle und aus der Forschung stammende Programme aufgelistet. In (Giglmayr 2001) ist ein umfangreicher Vergleich zu finden.

Tabelle 7.1. Die Daten der Tabelle stammen aus den Arbeiten von Witkowski, (Witkowski 2006) und Giglmayr, (Giglmayr 2001)

Programm	Entwickler
APROS	Technical Research Centre of Finland (VTT), Imatran Voima Co (IVO)
Aspen	Aspen Technology, Inc.
Dampfkessel-Simulator	Christian Daublebsky, www.voneichhain.de
DBS	TU Wien, Inst. für Energietechnik und Thermodynamik
DNA/PREFUR	TU of Denmark, Department of Energy Engineering
Dora	ALSTOM
Dymola (Modellica)	Dynasim
Ebsilon	Softbid GmbH
E600	ALSTOM
ENBIPRO	TU Braunschweig, Inst. für Wärme- und Brennstofftechnik
Gate Cycle	GE Enter Software LLC
GT PRO-GT MASTER	Thermoflows, Inc.
IPSEpro	SimTech Simulation
KPRO	CADIS Informationsysteme
KRAWAL	Siemens
MASSBAL	Open Models Inc.
MATLAB	The MathWorks, Inc.
MISTRAL	TU Darmstadt, Fachgebiet Energiesysteme und Energietechnik
PEPSE	SCIENTECH, Inc.
Proates	POWERGEN, Power Technology
Prosim	EnDat Finnland
STEAM PRO-STEAM Master	Thermoflow, Inc.
Thermoflex	Thermoflow, Inc.
Vali	BTB-Jansky GmbH
WÄSCHERE	Techn. Software Entwicklung Prof. Rabek

Die Programme unterscheiden sich in ihrem Funktionsumfang und Anwendungsgebiet. Da die Entwicklung der Programme aber sehr dynamisch ist, wird an dieser Stelle auf eine Angabe des Funktionsumfangs verzichtet. Bei einigen Programmen gibt es bereits vollständige Komponentenbibliotheken, die verwendet werden können, um Kraftwerke zu simulieren, bei anderen müssen fehlende Komponenten erst durch den Anwender modelliert werden. Zudem ist die Ausrichtung der Programme unterschiedlich. Gängige Anwendungsfälle sind (siehe Abb. 1.2):

- Stationäre Simulation zur (optimalen) Auslegung der Komponenten (z.B. der Heizflächengröße etc.)
- Stationäre Simulation (Teil-/Volllast) mit gegebenen Komponenten (z.B. mit gegebener Heizflächengröße etc.)
- Instationäre Simulation (mit gegebenen Komponenten einschließlich Regelung und Steuerung)
- Validierung und Monitoring (mit gegebenen Komponenten)

Während die ersten drei Optionen im Wesentlichen von den Herstellern benutzt werden, wird die vierte Option von den Betreibern der Anlagen verwendet bzw. von den Herstellern für den Erfahrungsrückfluss.

Die aufgelisteten Programme sind das Ergebnis jahrelanger Entwicklungsarbeit der Firmen oder Universitäten und sind meist nicht kostenlos öffentlich zugänglich.

7.2 Stationäre Kraftwerkssimulation

Im Allg. dient die stationäre Kraftwerkssimulation der Festlegung der Ein- und Austrittsparameter der Kraftwerkskomponenten wie Dampferzeuger, Turbinen, Kondensatoren, Pumpen etc. auf der Basis einiger vorgegebener Daten und/oder der Überprüfung des Zusammenspiels festgelegter Komponenten. Bis vor wenigen Jahrzehnten war die getrennte Bestellung dieser Komponenten üblich und konnte ohne Simulation auch zu Überraschungen führen. Ferner werden auch Teil- und Überlasten berechnet. Siehe auch Abb. 1.1 und 1.2.

7.2.1 Komponenten einer stationären Kraftwerkssimulation (Witkowski 2006), (Stamatelopoulos 1995)

Die einzelnen Komponenten eines Kreislaufs werden über die Erhaltungssätze (Masse, Stoffe (Spezien), Energie und Impuls) beschrieben. Ferner werden Transportgleichungen z.B. für Wärme und Stoffe und Stoffdatenbanken (Wasser-Dampftafel, Luft, Rauchgas etc.) benötigt.

Bei der Planung energietechnischer Anlagen ist nicht nur das Betriebsverhalten im Auslegungspunkt, sondern auch bei Teillast von Bedeutung.

- Als „Volllast" wird derjenige Betriebspunkt einer Anlage bezeichnet, bei dem die Anlagenleistung gleich der Auslegungsleistung ist. Dieser Fall wird mit dem Index „0" gekennzeichnet.
- Von „Teillast" spricht man, wenn die Anlagenleistung unterhalb der Auslegungsleistung liegt, von „Überlast", wenn die Anlagenleistung über der Auslegungsleistung liegt. Die Teillast ist im Allg. durch die kleinste stabile Feuerungsleistung nach unten begrenzt. Die maximale Überlast wird

im Allg. durch gesetzliche Randbedingungen wie Sicherheitsventilleistung, maximal zulässige Drücke, Temperaturen etc. festgelegt.

Im Folgenden soll auf die mathematische Beschreibung der nulldimensionalen Komponenten eingegangen werden.

Pauschale Energie- bzw. Wärmezufuhr oder -abfuhr

Diese Komponente hat einen Eintritt und einen Austritt und wird insbesondere zur Modellierung von Wärmeverlusten herangezogen.

Für die Massen- und Energiebilanz gilt:

$$\dot{m}_{aus} - \dot{m}_{ein} = 0 \tag{7.1}$$

$$\dot{m}_{aus}h_{aus} - \dot{m}_{ein}h_{ein} - \dot{Q} = 0 \tag{7.2}$$

Der Druck ist konstant, oder es wird ein Druckverlust bzw. ein Widerstandsbeiwert vorgegeben.

Brennkammer

In der Brennkammer erfolgt die Verbrennung des zugeführten Brennstoffs.

Diese Komponente hat neben dem Brennstoffstrom einen weiteren Eintritts- und einen Austrittsmassenstrom. Der weitere Eintrittsstrom ist i. Allg. ein Luftstrom, und der Austrittsstrom ist der Abgasstrom. Der Brennstoffmassenstrom ist für das Gleichungssystem meist eine vorgegebene Konstante und gehört nicht zum Lösungsvektor.

Für die Massenbilanz gilt:

$$\dot{m}_{aus} - \dot{m}_{ein} - \dot{m}_{Br} = 0 \tag{7.3}$$

Entsprechend ist für die Energiebilanz:

$$\dot{m}_{aus}h_{aus} - (\dot{m}_{ein}h_{ein} + \dot{m}_{Br}\mathrm{Hu}) = 0 \tag{7.4}$$

Die Verbrennungsrechnung (siehe Kapitel 4) erfolgt nach den Gleichungen des FDBR-Fachbuches (Brandt 1999a) unter Vorgabe der Brennstoffart und des -massenstroms sowie der Luftüberschusszahl. Die Verbrennungsrechnung liefert die Zusammensetzung des Abgases nach der Brennkammer. Zusätzlich zur Massenbilanz wird die Bilanz der einzelnen Stoffe aufgestellt.

$$Y_{i,ein}\,\dot{m}_{ein} + Y_{i,Br}\,\dot{m}_{Br} \pm S_i = Y_{i,aus}\,\dot{m}_{aus} \tag{7.5}$$

Die Summe der Quell-Senkenterme S_i muss sich aufheben, und die Enthalpien in der Energiebilanz müssen für die entsprechenden Gemische berechnet werden.

Der Druck in der Brennkammer ist meist konstant und Atmosphärendruck. Dies trifft nicht zu auf Gasturbinenbrennkammern und Motoren. Bei letzteren ist auch der Druck nicht konstant.

Mischstelle zweier Ströme

Diese Komponente hat zwei Eintrittsströme und einen Austrittsstrom. Die Massen- und die Energiebilanz lauten:

$$\dot{m}_{ein,1} + \dot{m}_{ein,2} - \dot{m}_{aus} = 0 \qquad (7.6)$$

$$\dot{m}_{ein,1} h_{ein,1} + \dot{m}_{ein,2} h_{ein,2} - \dot{m}_{aus} h_{aus} = 0 \qquad (7.7)$$

Beim Mischen zweier Ströme unterschiedlicher Zusammensetzung müssen die Stoffbilanzen der einzelnen Stoffe (Spezien) i erfüllt und die Gemischenthalpien entsprechend berechnet werden:

$$Y_{i,ein,1} \dot{m}_{ein,1} + Y_{i,ein,2} \dot{m}_{ein,2} - Y_{i,aus} \dot{m}_{aus} = 0 \qquad (7.8)$$

Der Druck aller beteiligten Ströme wird gleich angenommen.

Speisewasserbehälter/Entgaser

Ein Speisewasserbehälter speichert Speisewasser, um den Speisewasserstrom kurzzeitig unabhängig vom Kondensatanfall regeln zu können, und für den Fall einer Störung. Das Speichervermögen wird in der Regel für eine Volllastnachspeisezeit des Dampferzeugers von einigen Minuten ausgelegt. Der Speisewasserbehälter hat maximal zwei Ein- und zwei Austritte und wird als Mischvorwärmer modelliert.

Für die Massenbilanz gilt:

$$\dot{m}_{aus,1} + \dot{m}_{aus,2} - \dot{m}_{ein,1} - \dot{m}_{ein,2} = 0 \qquad (7.9)$$

Die Energiebilanz lautet entsprechend:

$$\dot{m}_{aus,1} h_{aus,1} + \dot{m}_{aus,2} h_{aus,2} - \dot{m}_{ein,1} h_{ein,1} - \dot{m}_{ein,2} h_{ein,2} = 0 \qquad (7.10)$$

Zusätzlich wird meist angenommen:

$$h_{aus,1} = h_{aus,2} = h_{f,Sätt} \qquad (7.11)$$

Ferner wird für alle Ein- und Austrittsströme der gleiche Druck angenommen.

Verzweigung eines Stromes (Entfernung bestimmter Stoffe)

Diese Komponente hat zwei Austrittsströme und einen Eintrittsstrom. Die Temperaturen aller beteiligten Ströme sind gleich groß. Die Massen- und die Energiebilanz lauten:

$$\dot{m}_{ein} - \dot{m}_{aus,1} - \dot{m}_{aus,2} = 0 \qquad (7.12)$$

$$\dot{m}_{ein} h_{ein} - \dot{m}_{aus,1} h_{aus,1} - \dot{m}_{aus,2} h_{aus,2} = 0 \qquad (7.13)$$

Ohne Abtrennung bestimmter Stoffe sind auch die Enthalpien der drei beteiligten Ströme gleich groß.

$$h_{ein} - h_{aus,1} = 0 \qquad (7.14)$$

$$h_{ein} - h_{aus,2} = 0 \qquad (7.15)$$

Es besteht auch die Möglichkeit der Entfernung einer bestimmten Spezies i eines Gasgemisches. Dann muss auch die Stoffbilanz der einzelnen Spezies erfüllt werden:

$$Y_{i,ein}\,\dot{m}_{ein} - Y_{i,aus,1}\,\dot{m}_{aus,1} - Y_{i,aus,2}\,\dot{m}_{aus,2} = 0 \qquad (7.16)$$

In diesem Fall sind die Enthalpien der beteiligten Ströme unterschiedlich, weil sich bei Gasgemischen die Enthalpie aus der Summe der Enthalpien der Gemischkomponenten ergibt:

$$0 = -h + \sum (Y_i h_i) \qquad (7.17)$$

Bei einer Änderung der Zusammensetzung ändert sich somit i. Allg. die Enthalpie des Gemisches.

Der Druck ist konstant, oder es wird ein Druckverlust bzw. ein Widerstandsbeiwert vorgegeben.

Wasserabscheider (Zyklon)

Der Wasserabscheider (auch „Zyklon" genannt) ist bei Zwangsdurchlaufdampferzeugern am Austritt des Verdampfers angeordnet und wird beim Anfahren und im Teillastbetrieb mit Umwälzung (i. Allg. bis 25 % bzw. 40 % Last) zur Wasser-Dampf-Trennung benutzt. Der Wasserabscheider hat einen Eintrittsstrom und zwei Austrittsströme.

Für die Massenbilanz gilt:

$$\dot{m}_{aus,1} + \dot{m}_{aus,2} - \dot{m}_{ein} = 0 \qquad (7.18)$$

und entsprechend für die Energiebilanz:

$$\dot{m}_{aus,1} h_{aus,1} + \dot{m}_{aus,2} h_{aus,2} - \dot{m}_{ein} h_{ein} = 0 \qquad (7.19)$$

Zusätzlich gelten die Gleichungen:

$$0 = h_{aus,1} - h_{f,Sätt} \qquad (7.20)$$

$$0 = h_{aus,2} - h_{g,Sätt} \qquad (7.21)$$

Falls die Vereinfachung einer vollständigen Trennung von Siedewasser und Sattdampf, wie in den obigen Gleichungen angenommen, nicht zulässig ist, müssen bei den Austrittsströmen und Austrittsenthalpien das Mitreißen von

Wassertropfen im Sattdampf und das Mitreißen von Dampfblasen im Siedewasser durch entsprechende Erweiterungen der Massen und Energiebilanz und der Enthalpieberechnung der Austrittsströme berücksichtigt werden. Zusätzlich werden Gleichungen für die jeweiligen Anteile von Siedewasser bzw. Sattdampf in den Austrittsströmen des Sattdampfs bzw. Siedewassers benötigt.

Es wird angenommen, dass alle Ein- und Austrittsströme den gleichen Druck haben, oder es wird ein Druckverlust bzw. ein Widerstandsbeiwert vorgegeben.

Trommel

Die Trommel hat die Aufgabe, das aus dem Economizer einströmende Speisewasser (es kann sich hier um unterkühltes Wasser, Siedewasser oder ein Wasserdampf-Gemisch handeln) sowie das aus den Steigrohren eines Verdampfers einströmende Wasserdampf-Gemisch in Wasser und Dampf zu trennen. Das flüssige Wasser wird an die Fallrohre verteilt, der Sattdampf dem ersten Überhitzer zugeführt. Die Trommel hat zwei Eintritte und zwei Austritte.

Im stationären Zustand gilt für die Massenbilanz:

$$\dot{m}_{aus,1} + \dot{m}_{aus,2} - \dot{m}_{ein,1} - \dot{m}_{ein,2} = 0 \qquad (7.22)$$

Entsprechend für die Energiebilanz:

$$\dot{m}_{aus,1}h_{aus,1} + \dot{m}_{aus,2}h_{aus,2} - \dot{m}_{ein,1}h_{ein,1} - \dot{m}_{ein,2}h_{ein,2} = 0 \qquad (7.23)$$

Zusätzlich gelten die Gleichungen:

$$0 = h_{aus,1} - h_{f,Sätt} \qquad (7.24)$$
$$0 = h_{aus,2} - h_{g,Sätt} \qquad (7.25)$$

Für eine unvollständige Trennung von Siedewasser und Sattdampf gilt das Gleiche wie beim Zyklon.

Es wird angenommen, dass alle Ein- und Austrittströme den gleichen Druck haben, oder es wird ein Druckverlust bzw. ein Widerstandsbeiwert vorgegeben.

Dampfturbine

In einer Turbine erfolgt eine Dampfexpansion unter Abgabe mechanischer Arbeit (Stodola 1922).

Eine Dampfturbine wird in so viele Turbinenabschnitte unterteilt, dass jeder Turbinenabschnitt denselben Aus- und Eintrittsstrom hat, d.h. die Anzapfdampfströme zwischen zwei Turbinenabschnitten entnommen werden.

Für die Massen- und Energiebilanz eines Turbinenabschnitts gilt:

$$\dot{m}_{aus} - \dot{m}_{ein} = 0 \tag{7.26}$$

$$\dot{m}_{ein} h_{ein} - \dot{m}_{aus} h_{aus} - P = 0 \tag{7.27}$$

Die erzeugte Leistung kann mithilfe des isentropen Wirkungsgrades η_{isen} berechnet werden.

$$0 = -\eta_{isen} + \frac{h_{ein} - h_{aus}}{h_{ein} - h_{aus,isen}} \tag{7.28}$$

$$0 = -s_{ein} + s_{aus,isen} \tag{7.29}$$

Die Druckänderung im Turbinenabschnitt wird bei Nennlast vorgegeben und bei Teillast nach Stodola berechnet. Der Eintrittsdruck p_{ein} wird im Verhältnis des Auslegungsmassenstroms und Auslegungsdrucks bestimmt. Näheres siehe (Kestin 1982) und (Traupel 1988).

$$0 = -\dot{m} + \dot{m}_0 \frac{p_{ein}}{p_{ein,0}} \frac{\sqrt{1 - \left(\frac{p_{aus}}{p_{ein}}\right)^{(n+1)/n}}}{\sqrt{1 - \left(\frac{p_{aus,0}}{p_{ein,0}}\right)^{(n+1)/n}}} \tag{7.30}$$

$$n = \frac{\ln\left(\frac{p_{aus}}{p_{ein}}\right)}{\ln\left(\frac{p_{aus}}{p_{ein}}\right) - \ln\left(\frac{T_{aus}}{T_{ein}}\right)} \tag{7.31}$$

Folgt nach einem Turbinenabschnitt eine Anzapfdampfentnahme, wird die Komponente „Verzweigung eines Stromes" verwendet.

Gasturbine

Gasturbinenanlagen gewinnen heute im Kraftwerksbau wegen ihrer betrieblichen und wirtschaftlichen Vorteile sowie ihrer Umweltfreundlichkeit eine immer größere Bedeutung. Siehe auch (Linnecken 1957). Mit GuD (**G**as- und **D**ampfturbine)-Anlagen, in denen die Abwärme der Gasturbine in einem Wasser/Dampf-Kreislauf weiter genutzt wird, lassen sich sehr hohe Kraftwerkswirkungsgrade erzielen, die mit bis zu 58 % (Anlagen mit Wirkungsgraden von 60 % sind bereits in der Entwicklung) weit über den mit herkömmlichen Dampfkraftwerken erreichbaren Werten liegen. Nachteilig sind im Allg. nur die Gaskosten.

Eine einfache, offene Gasturbinenanlage besteht aus drei Teilen:

- einem (mehrstufigen) Verdichter,
- einer Brennkammer,
- einer (mehrstufigen) Turbine.

In diesem Abschnitt wird nur die Teilkomponente „Turbine" beschrieben, die sich in der Modellierung nur wenig von der oben beschriebenen Dampfturbine unterscheidet. Die Gleichungen für die Brennkammer einer Gasturbine unterscheiden sich von Gleichungen der bereits beschriebenen atmosphärischen Brennkammer nur durch den erhöhten Druck. Auf den Verdichter wird anschließend eingegangen.

Im Gegensatz zu Dampfturbinen benötigen moderne Gasturbinen mit hohen Eintrittstemperaturen eine Kühlung der ersten Schaufelreihen. Wenn keine Kühlung notwendig ist, werden dieselben Gleichungen wie bei der Dampfturbine verwendet; es wird lediglich auf Stoffwerte des Rauchgases anstatt des Wasserdampfs zugegriffen.

Bei der Modellierung mit Luftkühlung muss die Gasturbine in so viele Abschnitte unterteilt werden, dass die Kühlluft, die in einem Abschnitt austritt und sich mit den Verbrennungsgasen mischt, in den Massenbilanzgleichungen am Ende dieses Abschnitts zugeführt werden kann. Für jeden dieser Abschnitte wird die Massenbilanz aufgestellt:

$$\dot{m}_{aus} - \dot{m}_{ein} - \dot{m}_{kühl} = 0 \tag{7.32}$$

Der Kühlluftbedarf der Gasturbine ist von der Eintrittstemperatur abhängig. (Wang 1995) hat auf Daten der Firma ABB basierend eine empirische Formel entwickelt[1], die mit zufrieden stellender Genauigkeit den Kühlluftmassenstrom als Anteil der insgesamt angesaugten Luft im Auslegungspunkt berechnet (Wang 1995).

$$0 = -\dot{m}_{kühl} + \dot{m}_L (3,1817 \cdot 10^{-4} \vartheta_{ein} - 0,2454) \tag{7.33}$$

Für den Kühlluftmassenstrom bei Teillast schlagen Palmer und Erbes (Palmer 1994) folgende Gleichung vor:

$$0 = -\dot{m}_{kühl} + \dot{m}_{kühl,0} \frac{p}{p_0} \sqrt{\frac{T_0}{T}} \bigg|_{Kühlluft} \tag{7.34}$$

Die Energiebilanz und die Expansionsgleichungen werden wie bei der Dampfturbine aufgestellt. Ähnlich wie bei der Dampfturbine wird eine Beziehung zur Berechnung des isentropen Wirkungsgrades bei Teillast vorgeschlagen.

$$\eta_{isen} = \eta_{isen,0} \left(0,1929 \frac{P_{th,GT}}{P_{th,GT,0}} + 0,8071 \right) \tag{7.35}$$

Dieser lineare Ansatz wurde am Beispiel der MS 9/1 (FA) Gasturbine von General Electric von Stamatolopoulos entwickelt, für die Herstellerdaten

---

[1] Die hier aufgeführten empirischen Formeln sollen lediglich der Verdeutlichung der Vorgehensweise dienen. Sie müssen an die zu simulierende Gasturbine angepasst werden.

vorhanden waren (Stamatelopoulos 1995), und muss an andere Gasturbinen angepasst werden.

Die Berechnung der Drücke bei Teillast baut wie auch bei der Dampfturbine auf dem Stodola'schen Dampfkegelgesetz auf.

Verdichter (einer Gasturbine) und Gebläse (Frischlüfter und Saugzug für die atmosphärische Feuerung eines Dampferzeugers)

Der Verdichter ist Bestandteil der Gasturbinenanlage und komprimiert die der Brennkammer der Gasturbine zugeführte Verbrennungsluft (s. „Gasturbine"). Der Frischlüfter fördert „frische" Luft über Luftvorwärmer in die Brennkammer eines Dampferzeugers. Von wenigen Ausnahmen abgesehen wird nur bei Gas- oder Ölfeuerungen auf ein Saugzuggebläse verzichtet, weil bei diesen Brennstoffen die Brennkammer so dicht gebaut werden kann, dass auch bei dem geringen Überdruck, mit dem sie betrieben werden, keine Rauchgase in das Kesselhaus austreten. Der Saugzug sorgt für einen gewissen Unterdruck in der Brennkammer, indem er das Abgas aus der Brennkammer absaugt und über den Schornstein in die Atmosphäre fördert. In alten Anlagen reichte allein der Schornsteinzug dafür aus. Ohne Saugzug würde in der Brennkammer Überdruck herrschen, was bei Feststofffeuerungen wegen der Undichtigkeiten bei der Einbringung des festen Brennstoffs und beim Abtransport der Asche im Allg. vermieden wird, um keine Probleme mit austretendem Abgas zu bekommen. Beide Gebläse werden wie Verdichter modelliert.

Der Verdichter (Kosmowski 1987) hat einen Ein- und einen Austrittsstrom. Für die Massen- und die Energiebilanz gelten:

$$\dot{m}_{ein} - \dot{m}_{aus} = 0 \tag{7.36}$$

$$\dot{m}_{ein} h_{ein} - \dot{m}_{aus} h_{aus} + P = 0 \tag{7.37}$$

wobei wieder der isentrope Wirkungsgrad verwendet wird.

$$0 = -\eta_{isen} + \frac{h_{aus,isen} - h_{ein}}{h_{aus} - h_{ein}} \tag{7.38}$$

$$0 = -s_{ein} + s_{aus,isen} \tag{7.39}$$

Die Druckerhöhung muss derzeit vorgegeben werden.

Falls die Gasturbine mit Luft gekühlt wird, wird die Kühlluft am Austritt des Verdichters und vor der Brennkammer entnommen.

Für die Berechnung der erforderlichen Leistung kann folgende Gleichung verwendet werden:

$$P = \dot{m}\, c_p(\overline{T})\, T_{ein}\, \Omega_{verd} \tag{7.40}$$

In dieser Gleichung ist c_p die spez. Wärmekapazität für die mittlere Mediumstemperatur $\overline{T} = (T_{aus} + T_{ein})/2$ und Ω_{verd} die dimensionslose Kennzahl:

$$\Omega_{verd} = \Pi^{\frac{K}{\eta_{pol,verd}}} - 1 \tag{7.41}$$

Π ist das Druckverhältnis und $\eta_{pol,verd}$ der polytrope Verdichterwirkungsgrad, der im Auslegungspunkt folgendermaßen aus dem isentropen Wirkungsgrad errechnet wird:

$$\eta_{pol,verd} = K \frac{\ln \Pi}{\ln\left(\dfrac{\Pi^K - 1}{\eta_{isen,verd}} + 1\right)} \qquad (7.42)$$

Da die Stoffwerte temperaturabhängig sind und die Austrittstemperatur am Anfang der Berechnung unbekannt ist, ist eine Iteration zur Bestimmung der Leistung des Verdichters erforderlich. Die Austrittstemperatur ergibt sich aus:

$$T_{aus} = (1 + \Omega_{verd}) T_{ein} \qquad (7.43)$$

Pumpen

Pumpen werden im Kraftwerk an mehreren Stellen zur Förderung von Medien eingesetzt. Die Kondensatpumpen haben die Aufgabe, das im Kondensator anfallende Kondensat durch die Niederdruck-Vorwärmer in den Speisewasserbehälter zu fördern. Die Speisewasserpumpe fördert das Wasser vom Speisewasserbehälter durch den Dampferzeuger zur Turbine.

Eine Pumpe hat einen Ein- und einen Austrittsstrom. Es gelten im Prinzip dieselben Gleichungen wie bei Verdichtern. Vereinfacht kann für inkompressible Medien (Flüssigkeiten und Gase bis ca. 1/3 der Schallgeschwindigkeit) folgende Gleichung zur Leistungsberechnung verwendet werden:

$$P = \dot{V} \Delta p \qquad (7.44)$$

Drosselstelle

In einer Drosselstelle erfolgt eine isenthalpe Druckabsenkung, wodurch sich i. Allg. die Temperatur ändert – Joule-Thomson-Effekt. Sie wird zur Beschreibung von Strömungsverlusten herangezogen. Diese Komponente hat einen Ein- und einen Austrittsmassenstrom.

Für die Massenbilanz gilt:

$$\dot{m}_{aus} - \dot{m}_{ein} = 0 \qquad (7.45)$$

Entsprechend ist die Energiebilanz:

$$\dot{m}_{aus} h_{aus} - \dot{m}_{ein} h_{ein} = 0 \qquad (7.46)$$

Der Druckverlust wird vorgegeben oder mittels einfacher Gleichungen z.B. über Widerstandskoeffizienten berechnet.

Wärmeübertrager

Wärmeübertrager werden im Kraftwerk eingesetzt als:

- Heizflächen im Dampferzeuger (Kessel) (Vorwärmer, Verdampfer, Überhitzer und Zwischenüberhitzer) zur Übertragung der Wärme vom Abgas an die Wasserdampf-Seite
- Dampfbeheizte Vorwärmer zur Erwärmung des Speisewassers (ND- und HD-Anzapfdampfvorwärmer)
- Kondensatoren (gekühlt z.B. mit Kühlturmwasser oder Flusswasser, Luft etc.)
- Luft- und Gasvorwärmer (LuVo, GaVo) beheizt mit Abgas oder Dampf

Bei allen Lasten ergibt sich für die Massenbilanz bei nicht vorhandenen bzw. vernachlässigten Leckagen:

$$\dot{m}_{h,ein} - \dot{m}_{h,aus} = 0 \tag{7.47}$$

$$\dot{m}_{k,ein} - \dot{m}_{k,aus} = 0 \tag{7.48}$$

und für die Energiebilanz:

$$\dot{m}_{h,ein} h_{h,ein} - \dot{m}_{h,aus} h_{h,aus} - \dot{m}_{k,aus} h_{k,aus} + \dot{m}_{k,ein} h_{k,ein} = 0 \tag{7.49}$$

Ferner gilt folgende Gleichung für den übertragenen Wärmestrom $\dot{Q}$

$$\begin{aligned}\dot{Q} = k\, A\, \Delta\vartheta_m &= \dot{m}_{h,ein}\, h_{h,ein} - \dot{m}_{h,aus}\, h_{h,aus}\\ &= \dot{m}_{k,aus}\, h_{k,aus} - \dot{m}_{k,ein}\, h_{k,ein}\end{aligned} \tag{7.50}$$

Das Produkt aus Wärmedurchgangskoeffizient und Wärmeübertragerfläche ($k\,A$) kann mit der mittleren Temperaturdifferenz $\Delta\vartheta_m$ aus der Gl. (7.50) berechnet werden. Für bestimmte Formen von Wärmeübertragern kann $\Delta\vartheta_m$ z.B. mithilfe dimensionsloser Kennzahlen (VDI-Wärmeatlas 2006) (Lechtenbörger 1997) bestimmt werden. Für Gleichstrom- und Gegenstromwärmeübertrager ist $\Delta\vartheta_m$ als mittlere logarithmische Temperaturdifferenz $\Delta\vartheta_{\log}$ nach der folgenden einfachen Gleichung zu berechnen.

$$\Delta\vartheta_{\log} = \frac{\Delta\vartheta_{kl} - \Delta\vartheta_{gr}}{\ln\left(\dfrac{\Delta\vartheta_{kl}}{\Delta\vartheta_{gr}}\right)} \tag{7.51}$$

$\Delta\vartheta_{kl}$ und $\Delta\vartheta_{gr}$ sind die Temperaturdifferenzen an den beiden Enden des Wärmeübertragers entsprechend der Abb. 2.39(a) und Abb. 2.39(b) in Kapitel 2.9. Für die Temperaturdifferenzen können natürlich Celsius- oder Kelvin-Grade benutzt werden.

Für einen Gleichstromwärmeübertrager gilt:

$$\dot{m}_{h,ein}h_{h,ein} - \dot{m}_{h,aus}h_{h,aus} = (k\,A)\,\frac{\vartheta_{h,aus} - \vartheta_{k,aus} - (\vartheta_{h,ein} - \vartheta_{k,ein})}{\ln\left(\dfrac{\vartheta_{h,aus} - \vartheta_{k,aus}}{\vartheta_{h,ein} - \vartheta_{k,ein}}\right)} \tag{7.52}$$

Eine entsprechende Gleichung gilt für Gegenstromwärmeübertrager:

$$\dot{m}_{h,ein}h_{h,ein} - \dot{m}_{h,aus}h_{h,aus} = (k\,A)\,\frac{\vartheta_{h,aus} - \vartheta_{k,ein} - (\vartheta_{h,ein} - \vartheta_{k,aus})}{\ln\left(\dfrac{\vartheta_{h,aus} - \vartheta_{k,ein}}{\vartheta_{h,ein} - \vartheta_{k,aus}}\right)} \tag{7.53}$$

Die Gleichung der mittleren logarithmischen Temperaturdifferenz liefert für das Produkt $(k\,A)$ korrekte Werte nur für annähernd konstante Werte der spez. Wärmekapazität c_p und andere Ähnlichkeitsbedingungen, vor allem bei nicht zu kleinen Temperaturdifferenzen (Janßen 1996). Bei Phasenwechsel (Verdampfung oder Kondensation) sind diese Bedingungen nicht erfüllt, und der Wärmeübertrager muss in mehrere Abschnitte, zumindest z.B. in Vorwärmung, Verdampfung und Überhitzung, unterteilt werden (siehe auch Kapitel 2.9).

Während im Auslegungsfall die gewünschten Ein- und Austrittstemperaturen vorgegeben werden und das Produkt $(k\,A)$ berechnet wird, werden im Teillastfall bzw. bei gegebenem Produkt $(k\,A)$ die Austrittstemperaturen und der übertragene Wärmestrom berechnet. In beiden Fällen müssen die Wärmekapazitätsströme (Produkt aus Massenstrom und spez. Wärmekapazität) des wärmeabgebenden (heißen) und des wärmeaufnehmenden (kalten) Stroms gegeben sein. Diese Fallunterscheidungen sind in (Lechtenbörger 1997) übersichtlich dargestellt. Ferner sind darin einfache dimensionslose Kennzahlen insbesondere für Gleich- und Gegenstromwärmeübertrager beschrieben.

Die Wärmeübergangskoeffizienten α_{in} und α_a ändern sich beim Übergang auf die Teillast. Zu deren Berechnung gibt es in der Literatur, wie z.B. im (VDI-Wärmeatlas 2006), eine Vielzahl von Ansätzen, die auf Messungen und Ähnlichkeit beruhen.

Von Stamatelopoulos werden in (Stamatelopoulos 1995) u.a. folgende Beziehungen verwendet:

- Für das Verhältnis des Wärmeübergangskoeffizienten auf der Rohrinnenseite α_{in} für Teillast und des Wärmeübergangskoeffizienten $\alpha_{in,0}$ im Auslegungsfall bzw. bei Volllast basierend auf folgender einfacher Nußelt-Gleichung für Strömungen in Rohren (i. Allg. Wasser bzw. Wasserdampf):

$$Nu = \frac{\alpha\,d}{\lambda} = 0{,}032\,\mathrm{Re}^{0{,}8}\,\mathrm{Pr}^{0{,}3} \tag{7.54}$$

$$\frac{\alpha_{in}}{\alpha_{in0}} = \left(\frac{\lambda}{\lambda_0}\right)^{0{,}7}\left(\frac{\dot{m}}{\dot{m}_0}\right)^{0{,}8}\left(\frac{\nu_0 \rho_0}{\nu \rho}\right)^{0{,}5}\left(\frac{c_p}{c_{p_0}}\right)^{0{,}3} \tag{7.55}$$

- Für das Verhältnis des Wärmeübergangskoeffizienten auf der Rohraußenseite α_a für den Teillastfall und des Wärmeübergangskoeffizienten $\alpha_{a,0}$ im Auslegungsfall bzw. bei Volllast (i.Allg. für Rauchgase):

$$\frac{\alpha_a}{\alpha_{a,0}} = \left(\frac{\lambda}{\lambda_0}\right)^{0,67} \left(\frac{\dot{m}}{\dot{m}_0}\right)^{0,6} \left(\frac{\nu_0 \varrho_0}{\nu \varrho}\right)^{0,27} \left(\frac{c_p}{c_{p_0}}\right)^{0,33} \quad (7.56)$$

Der Druckverlust (vereinfachter Impulserhaltungssatz) wird entweder vorgegeben oder nach der einfachen Gleichung

$$\Delta p = \lambda_{Reib} \frac{L}{d} \frac{\varrho w^2}{2} \quad (7.57)$$

berechnet. Im stationären Fall gilt natürlich auch die Kontinuitätsgleichung in der folgenden einfachen Form:

$$\dot{m} = \varrho \, w \, A \quad (7.58)$$

Für Zweiphasenströmungen wie sie z.B. im Verdampfer oder Kondensator vorliegen, gelten komplexere Gleichungen für die Wärmeübergangskoeffizienten (siehe Kapitel 2.7.1 oder u.a. (Tong 1997), (VDI-Wärmeatlas 2006)).

7.2.2 Aufstellen und Lösen des impliziten algebraischen Gleichungssystems

Aufstellung des Gleichungssystems

Werden die oben angeführten Komponenten (Apparate) zu einem Kraftwerk zusammengeschaltet, wird, wie auch in (Zindler 2007), (Witkowski 2006), (Stamatelopoulos 1995) beschrieben, ersichtlich, dass sich eine wärmetechnische Anlage aus Stoffströmen zusammensetzt, deren Zustände in Komponenten verändert werden bzw. die sich in Komponenten gegenseitig beeinflussen.

Daher liegen die Gleichungen wie Bilanz-, Transport- oder Zustandsgleichungen alle in den Komponenten. Die Variablen und Konstanten, die in den Gleichungen auftreten, sind zumeist thermische und kalorische Zustandsgrößen wie Druck, Enthalpie, Temperatur, ferner Massenströme und Konzentrationen (chemische Zusammensetzung). Die Variablen und Konstanten der Zustandsgrößen beziehen sich dabei immer auf den Eintritt oder den Austritt des Stoffstroms in die oder aus der Komponente. Die Zustandsgröße am Austritt einer Komponente ist gleich der Zustandsgröße am Eintritt in die nächste Komponente. Die Gleichungen der verschiedenen Komponenten sind also über die Stoffströme gekoppelt. Daher macht es Sinn, die Zustandsgrößen nicht einer Komponente, sondern den Stoffströmen zwischen den Komponenten zuzuordnen. Neben den Stoffströmen treten noch weitere Ströme wie Energie- und Informationsströme auf.

510 Kraftwerkssimulation – Modelle und Validierung

Einige Variablen bzw. Konstanten lassen sich keinem Stoffstrom zuordnen, wie z.B. Zustandsgrößen von Speichern, Wirkungsgrade oder geometrische Daten. Diese Größen werden dann direkt der Komponente zugeordnet.

Dieses Modell der Kraftwerksschaltung, zerlegt in Stoffströme und Komponenten, findet man in anderen Disziplinen wieder, und für solche Systeme ist die Grafentheorie entwickelt worden (siehe auch (Jungnickel 1994)). Im vorliegenden Fall bedeutet das, dass Komponenten den Knoten und Ströme bzw. Zustandsgrößen den Kanten zugeordnet werden.

Um möglichst viele Anwendungsfälle abdecken zu können, wird in ENBIPRO ((Witkowski 2006) und (Zindler 2007)) ein implizites Gleichungssystem verwendet. Dadurch muss nicht bei der Aufstellung des Gleichungssystems schon entschieden werden, welche Größe eine Variable und welche eine Konstante bzw. gegebene Größe ist.

Auf diese Art ist es möglich, eine stationäre Simulation zur Auslegung der Komponenten durchzuführen und z.B. den kA-Wert eines Wärmeübertragers (Produkt aus Wärmedurchgangskoeffizient k und Heizfläche A) als gesuchte Größe (Variable) zu wählen wie auch den kA-Wert einer Heizfläche vorzugeben und Ein- und Austrittstemperaturen bei Teillast zu berechnen.

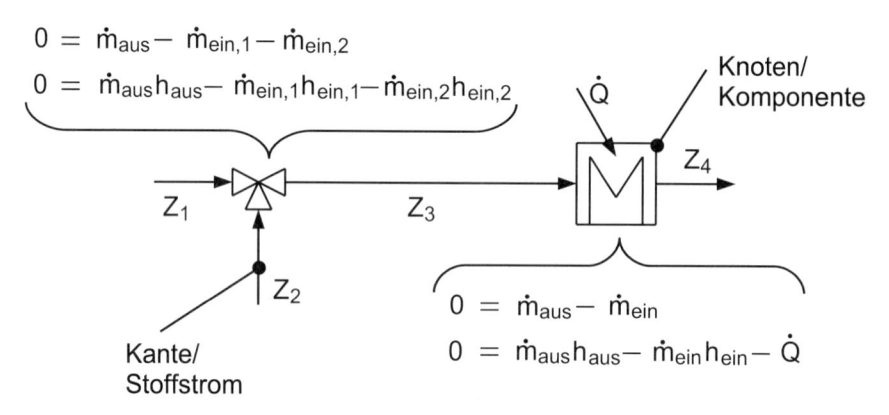

$$0 = \dot{m}_{aus} - \dot{m}_{ein,1} - \dot{m}_{ein,2}$$
$$0 = \dot{m}_{aus}h_{aus} - \dot{m}_{ein,1}h_{ein,1} - \dot{m}_{ein,2}h_{ein,2}$$

Knoten/Komponente

Z_1, Z_2, Z_3, Z_4

Kante/Stoffstrom

$$0 = \dot{m}_{aus} - \dot{m}_{ein}$$
$$0 = \dot{m}_{aus}h_{aus} - \dot{m}_{ein}h_{ein} - \dot{Q}$$

Abb. 7.1. Einfaches Beispiel eines Grafen

In Abb. 7.1 ist ein einfaches Beispiel eines Grafen einer wärmetechnischen Schaltung bestehend aus einem Mischer und einem Wärmeübertrager dargestellt. Die Zustandsgrößen Z_i liegen auf den Kanten, und die Gleichungen in den Komponenten haben noch keine Zuordnung zu den Zustandsgrößen. Vor dem Lösen des Gleichungssystems muss diese Zuordnung durch eine entsprechende Referenzierung erfolgen. Das entstehende Gleichungssystem liegt dann wie folgt vor:

$$0 = \dot{m}_3 - \dot{m}_2 - \dot{m}_1 \tag{7.59}$$
$$0 = \dot{m}_3 h_3 - \dot{m}_2 h_2 - \dot{m}_1 h_1 \tag{7.60}$$

$$0 = \dot{m}_4 - \dot{m}_3 \tag{7.61}$$

$$0 = \dot{m}_4 h_4 - \dot{m}_3 h_3 - \dot{Q} \tag{7.62}$$

An dieser Stelle ist noch nicht entschieden, welche Zustandsgrößen variabel bzw. konstant sind. Auf Grund der vier Gleichungen können vier Variablen gewählt werden, die jedoch aus physikalischen und mathematischen Gründen nicht frei wählbar sind. Es können z.B. die zwei Massenströme $\dot{m}_2$ und $\dot{m}_3$ und die beiden Enthalpien h_3 und h_4 als Variablen gewählt werden.

Das resultierende Gleichungssystem $\vec{f}$ mit dem Variablenvektor $\vec{x} = (\dot{m}_2, \dot{m}_3, h_3, h_4)$ kann dann von einem entsprechenden Lösungsalgorithmus gelöst werden, wenn die anderen Größen gegeben sind.

Lösen des Gleichungssystems

Beim Lösen des Gleichungssystems können unterschiedliche Philosophien, wie z.B. in (Witkowski 2006) und (Zindler 2007) beschrieben, zur Anwendung kommen. Zum Teil wird das gesamte Gleichungssystem auf einmal gelöst, zum Teil werden Massen-, Stoff-, Energie- und Impulsbilanzen getrennt in einer gemeinsamen Iterationsschleife gelöst. Eine getrennte Lösung der Bilanzgleichungen wird in der Regel bei der stationären Berechnung verwendet, da bei schlechten Schätzwerten für die Variablen die getrennte Lösung in den meisten Fällen eine bessere Konvergenzeigenschaft aufweist.

Lineare Gleichungssysteme können z.B. mit Varianten des *Gauß'schen Algorithmus*, der *LU-Decomposition*, des *Jacobi-Verfahrens*, des *Gauß-Seidel-Verfahrens* oder anderen gelöst werden. Siehe auch Kapitel 3.6.

Nichtlineare implizite Gleichungssysteme können mit Varianten des *Newton-Algorithmus* gelöst werden, die in der Regel verschiedene Dämpfungsfaktoren einführen.

Bei impliziten Gleichungssystemen treten noch Probleme bei der Wahl der Variablen und der geschätzten Startwerte für die Variablen auf. Durch eine falsche Wahl der Variablen kann das Gleichungssystem singulär werden. Sollten die geschätzten Startwerte zu weit von der Lösung entfernt sein, kann es passieren, dass keine oder eine falsche Lösung gefunden wird. Viele Berechnungsprogramme haben auch Konvergenzprobleme durch Funktionen, die nicht stetig sind oder einen endlichen Definitionsbereich besitzen wie z.B. die Wasserdampftafel. Die Ergebnisse einer Berechnung sind daher stets kritisch zu bewerten. In (Apascaritei 2008) wird beschrieben, wie die Lösbarkeit solche Gleichungssysteme überprüft werden kann. Siehe auch Kapitel 7.4.

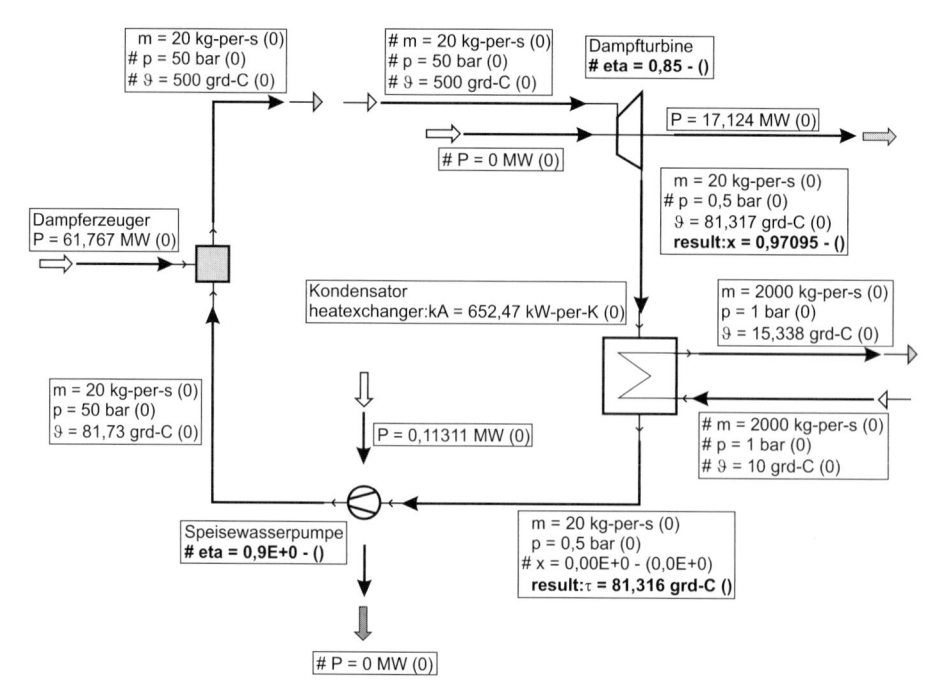

7.2.3 Beispiel: Einfacher Dampfturbinenkreislauf (Rankine Cycle)

Ein Dampfturbinenkreislauf besteht aus mindestens vier Komponenten:

- Speisewasserpumpe (Druckerhöhung, Zufuhr mechanischer Leistung)
- Dampferzeuger (Wärmezufuhr, Verdampfung, starke Volumenvergrößerung)
- Dampfturbine (Druckentspannung, Abgabe mechanischer Leistung)
- Kondensator (Wärmeabgabe, Kondensation, starke Volumenverkleinerung)

Der große Vorteil dieses Kreislaufs insbesondere auch gegenüber dem Gasturbinenkreislauf ist überschlägig zu erkennen, wenn die Leistungen der Dampfturbine und der Speisewasserpumpe mit der nur für inkompressible Medien exakt gültigen Gleichung

$$P = \dot{V}\,\Delta p$$

betrachtet werden und die große Differenz zwischen Dampfvolumen- und Speisewasservolumenstrom bei gleichem Massenstrom berücksichtigt wird. Der weitere Vorteil gegenüber dem offenem Gasturbinenkreislauf besteht in der Möglichkeit, beliebige Brennstoffe wie Kohle, Abfälle, Kernenergie, Solarwärme, Geothermie etc. verwenden zu können und nicht nur Erdgas oder leichtes Heizöl wie bei Gasturbinen oder Motoren (außer bei geschlossenen Gasturbinenkreisläufen und Stirling-Motoren).

Abb. 7.2. Einfacher Dampfturbinenkreislauf (Rankine Cycle)

Da selbst dieser einfache Kreislauf auch bei stationärer Berechnung schon durch so viele Gleichungen beschrieben wird, dass die Übersichtlichkeit verloren ginge, wird die Darstellung des Gleichungssystems auf den Kondensator beschränkt. Für diesen vereinfacht gerechneten Wärmeübertrager ergeben sich die nachfolgenden impliziten Gleichungen aus Massen-, Impuls- und Energiebilanz und den konstitutiven Gleichungen:

$$0 = \dot{m}_{kond,ein} - \dot{m}_{kond,aus} \tag{7.63}$$

$$0 = p_{kond,ein} - p_{kond,aus} \tag{7.64}$$

$$0 = \dot{m}_{kühl,ein} - \dot{m}_{kühl,aus} \tag{7.65}$$

$$0 = p_{kühl,ein} - p_{kühl,aus} \tag{7.66}$$

$$0 = \Delta\vartheta_{log} - \frac{(\vartheta_{kond,aus} - \vartheta_{kühl,ein}) - (\vartheta_{kond,ein} - \vartheta_{kühl,aus})}{ln\frac{(\vartheta_{kond,aus}-\vartheta_{kühl,ein})}{(\vartheta_{kond,ein}-\vartheta_{kühl,aus})}} \tag{7.67}$$

$$0 = kA\Delta\vartheta_{log} - \dot{Q} \tag{7.68}$$

$$0 = \dot{Q} - m_{kühl,ein}\,\bar{c}_p\,(\vartheta_{kühl,ein} - \vartheta_{kühl,aus}) \tag{7.69}$$

$$0 = \dot{Q} - m_{kond,ein}\,(h_{kond,ein} - h_{kond,aus}) \tag{7.70}$$

In der Matrixschreibweise lässt sich das Gleichungssystem wie folgt darstellen:

$$0 = \begin{pmatrix} 1 & 0 & 0 & 0 & -1 & 0 & 0 & 0 & 0 & 0 & 0 & 0 & 0 & 0 & 0 & 0 \\ 0 & 1 & 0 & 0 & 0 & -1 & 0 & 0 & 0 & 0 & 0 & 0 & 0 & 0 & 0 & 0 \\ 0 & 0 & 0 & 0 & 0 & 0 & 0 & 0 & 0 & 1 & 0 & 0 & -1 & 0 & 0 & 0 \\ 0 & 0 & 0 & 0 & 0 & 0 & -1 & 0 & 0 & 0 & 0 & 0 & 0 & 0 & 0 & 0 \\ 0 & 0 & 1 & 0 & 0 & 0 & 0 & 0 & 0 & 0 & 1 & 0 & 0 & 0 & 0 & 0 \\ 0 & 0 & 0 & 0 & 0 & 0 & 0 & 0 & 0 & 0 & 0 & 0 & 0 & 0 & 1/kA & 0 \\ 0 & 0 & 0 & 0 & 0 & 0 & 0 & 0 & 0 & 0 & 0 & 0 & 0 & 1 & 0 & -1 \\ 0 & 0 & 0 & -\dot{m}_{kond,ein} & 0 & 0 & 0 & \dot{m}_{kond,ein} & 0 & 0 & -\dot{m}_{kühl,ein}\,\bar{c}_p & \dot{m}_{kühl,ein}\,\bar{c}_p & 0 & 0 & 0 & 1 \end{pmatrix} \begin{pmatrix} \dot{m}_{kond,ein} \\ p_{kond,ein} \\ \vartheta_{kond,ein} \\ h_{kond,ein} \\ \dot{m}_{kond,aus} \\ p_{kond,aus} \\ \vartheta_{kond,aus} \\ h_{kond,aus} \\ \dot{m}_{kühl,ein} \\ p_{kühl,ein} \\ \vartheta_{kühl,ein} \\ \dot{m}_{kühl,aus} \\ p_{kühl,aus} \\ \vartheta_{kühl,aus} \\ k\cdot A\, \Delta\vartheta_{log}\, \dfrac{1}{\ln\!\left(\dfrac{\vartheta_{kond,aus}-\vartheta_{kühl,ein}}{\vartheta_{kond,ein}-\vartheta_{kühl,aus}}\right)} \\ \dot{Q} \end{pmatrix}$$

In dem Gleichungssystem mit 8 Gleichungen können 8 Variablen berechnet werden.

Auslegung des Kondensators

Bei der Auslegung ist der kA-Wert eine zu berechnende Größe. Daneben können weitere 7 Variablen berechnet werden (siehe Tabelle 7.2). Die anderen Größen müssen gegeben sein (siehe Tabelle 7.3).

Tabelle 7.2. Berechnungsergebnisse für die Auslegungsrechnung

Gesuchte Größe	Wert	Einheit
$\dot{m}_{kond,aus}$	20	kg/s
$p_{kond,aus}$	0,5	bar
$\dot{m}_{kühl,aus}$	2000	kg/s
$p_{kühl,aus}$	1	bar
$\vartheta_{kühl,aus}$	15,338	°C
kA_{kond}	652,47	kW/K
$\Delta\vartheta_{log}$	0,415	K
$\dot{Q}$	44,647	MW

Tabelle 7.3. Zur Lösung des Gleichungssystems benötigte Vorgabewerte:

Vorgegebene Größe	Wert	Einheit
$\dot{m}_{kühl,ein}$	2000	kg/s
$p_{kühl,ein}$	1	bar
$\vartheta_{kühl,ein}$	10	°C
$\dot{m}_{kond,ein}$	20	kg/s
$p_{kond,ein}$	0,5	bar
$t_{kond,ein}$	81,317	°C
$x_{kond,aus}$	0	-
$h_{kond,ein}$	2567	kJ/kg
$h_{kond,aus}$	334	kJ/kg
$\overline{c}_{p\,kühl}$	4,18	kJ/kg K
$\overline{c}_{p\,kond}$	4,20	kJ/kg K

Für die iterative Berechnung des Gleichungsystems mittels z.B. des Newton-Verfahrens müssen die dazu notwendigen Ableitungen berechnet werden. Dabei ergibt sich für den Vektor der Verbesserungen $\vec{v}_i$ das Gleichungsystem:

516 Kraftwerkssimulation – Modelle und Validierung

$$0 = \begin{pmatrix} f_1(\vec{y}^{(0)}) \\ \vdots \\ f_8(\vec{y}^{(0)}) \end{pmatrix} + \begin{pmatrix} \frac{\partial f_1(\vec{y}^{(0)})}{\partial y_1} & \frac{\partial f_1(\vec{y}^{(0)})}{\partial y_2} & \cdots & \frac{\partial f_1(\vec{y}^{(0)})}{\partial y_8} \\ \frac{\partial f_2(\vec{y}^{(0)})}{\partial y_1} & \frac{\partial f_2(\vec{y}^{(0)})}{\partial y_2} & \cdots & \frac{\partial f_2(\vec{y}^{(0)})}{\partial y_8} \\ \vdots & & \ddots & \vdots \\ \frac{\partial f_8(\vec{y}^{(0)})}{\partial y_1} & \cdots & & \frac{\partial f_8(\vec{y}^{(0)})}{\partial y_8} \end{pmatrix} \begin{pmatrix} v_1^{(0)} \\ \vdots \\ v_8^{(0)} \end{pmatrix} \quad (7.71)$$

$$0 = \begin{pmatrix} f_1(\vec{y}^{(0)}) \\ f_2(\vec{y}^{(0)}) \\ f_3(\vec{y}^{(0)}) \\ f_4(\vec{y}^{(0)}) \\ f_5(\vec{y}^{(0)}) \\ f_6(\vec{y}^{(0)}) \\ f_7(\vec{y}^{(0)}) \\ f_8(\vec{y}^{(0)}) \end{pmatrix} + \begin{pmatrix} \frac{\partial f_1(\vec{y}^{(0)})}{\partial \dot{m}_{kond,aus}} & \frac{\partial f_2(\vec{y}^{(0)})}{\partial \dot{m}_{kond,aus}} & \cdots & \frac{\partial f_8(\vec{y}^{(0)})}{\partial \dot{m}_{kond,aus}} \\ \frac{\partial f_1(\vec{y}^{(0)})}{\partial p_{kond,aus}} & \frac{\partial f_2(\vec{y}^{(0)})}{\partial p_{kond,aus}} & \cdots & \frac{\partial f_8(\vec{y}^{(0)})}{\partial p_{kond,aus}} \\ \frac{\partial f_1(\vec{y}^{(0)})}{\partial \dot{m}_{kühl,aus}} & \frac{\partial f_2(\vec{y}^{(0)})}{\partial \dot{m}_{kühl,aus}} & \cdots & \frac{\partial f_8(\vec{y}^{(0)})}{\partial \dot{m}_{kühl,aus}} \\ \frac{\partial f_1(\vec{y}^{(0)})}{\partial p_{kühl,aus}} & \frac{\partial f_2(\vec{y}^{(0)})}{\partial p_{kühl,aus}} & \cdots & \frac{\partial f_8(\vec{y}^{(0)})}{\partial p_{kühl,aus}} \\ \frac{\partial f_1(\vec{y}^{(0)})}{\partial \vartheta_{kühl,aus}} & \frac{\partial f_2(\vec{y}^{(0)})}{\partial \vartheta_{kühl,aus}} & \cdots & \frac{\partial f_8(\vec{y}^{(0)})}{\partial \vartheta_{kühl,aus}} \\ \frac{\partial f_1(\vec{y}^{(0)})}{\partial kA_{kond}} & \frac{\partial f_2(\vec{y}^{(0)})}{\partial kA_{kond}} & \cdots & \frac{\partial f_8(\vec{y}^{(0)})}{\partial kA_{kond}} \\ \frac{\partial f_1(\vec{y}^{(0)})}{\partial \Delta\vartheta_{log,gegen}} & \frac{\partial f_2(\vec{y}^{(0)})}{\partial \Delta\vartheta_{log,gegen}} & \cdots & \frac{\partial f_8(\vec{y}^{(0)})}{\partial \Delta\vartheta_{log,gegen}} \\ \frac{\partial f_1(\vec{y}^{(0)})}{\partial \dot{Q}} & \frac{\partial f_2(\vec{y}^{(0)})}{\partial \dot{Q}} & \cdots & \frac{\partial f_8(\vec{y}^{(0)})}{\partial \dot{Q}} \end{pmatrix}^T \begin{pmatrix} v_1^{(0)} \\ v_2^{(0)} \\ v_3^{(0)} \\ v_4^{(0)} \\ v_5^{(0)} \\ v_6^{(0)} \\ v_7^{(0)} \\ v_8^{(0)} \end{pmatrix}$$
(7.72)

Das Gleichungssystem mit eingesetzten Werten und den gebildeten partiellen Ableitungen:

$$0 = \begin{pmatrix} 0 \\ 0 \\ 0 \\ 0 \\ \Delta\vartheta_{log} - 0{,}415°C \\ 270{,}96 kW - \dot{Q} \\ \dot{Q} - 44{,}647 MW \\ \dot{Q} - 44{,}647 MW \end{pmatrix} + \begin{pmatrix} -1 & 0 & 0 & 0 & 0 & 0 & 0 & 0 \\ 0 & -1 & 0 & 0 & 0 & 0 & 0 & 0 \\ 0 & 0 & -1 & 0 & 0 & 0 & 0 & 0 \\ 0 & 0 & 0 & -1 & 0 & 0 & 0 & 0 \\ 0 & 0 & 0 & 0 & \frac{\partial f_5(\vec{y}^{(0)})}{\partial \vartheta_{kühl,aus}} & 0 & 1 & 0 \\ 0 & 0 & 0 & 0 & 0 & \Delta\vartheta_{log}\, kA & -1 \\ 0 & 0 & 0 & 0 & \dot{m}_{kühl,ein}\,\overline{c}_p & 0 & 0 & 1 \\ 0 & 0 & 0 & 0 & 0 & 0 & 0 & 1 \end{pmatrix} \begin{pmatrix} v_1^{(0)} \\ v_2^{(0)} \\ v_3^{(0)} \\ v_4^{(0)} \\ v_5^{(0)} \\ v_6^{(0)} \\ v_7^{(0)} \\ v_8^{(0)} \end{pmatrix}$$

Bestimmung einer Teillast

Es wird das gleiche Gleichungssystem wie bei der Auslegung verwendet. Nur die Variablen ändern sich. So ist der kA-Wert für die Teillast vorgegeben, und dadurch wird eine weitere Größe frei wählbar. Für das Beispiel werden die in Tabelle 7.5 aufgelisteten Größen vorgegeben und die Temperatur $\vartheta_{kühl,aus}$, $\vartheta_{kond,ein}$ und weitere Größen, siehe Tabelle 7.4, bestimmt:

Tabelle 7.4. Berechnungsergebnisse für die Teillast

Gesuchte Größe	Wert	Einheit
$\dot{m}_{kond,aus}$	20	kg/s
$p_{kond,aus}$	0,5	bar
$\vartheta_{kond,ein}$	81,317	°C
$\dot{m}_{kühl,aus}$	2000	kg/s
$p_{kühl,aus}$	1	bar
$\vartheta_{kühl,aus}$	5,338	°C
$\Delta\vartheta_{log}$	0,415	K
$\dot{Q}$	44,647	MW

Die Vorgabewerte für die Berechnung der Teillast des Wärmeübertragers sind in der Tabelle 7.5 zusammengestellt.

Tabelle 7.5. Zur Lösung des Gleichungssystems benötigte Vorgabewerte

Vorgegebene Größe	Wert	Einheit
$\dot{m}_{kühl,ein}$	2000	kg/s
$p_{kühl,ein}$	1	bar
$\vartheta_{kühl,ein}$	10	°C
$\dot{m}_{kond,ein}$	20	kg/s
$p_{kond,ein}$	0,5	bar
$x_{kond,aus}$	0	-
$h_{kond,aus}$	334	kJ/kg
kA_{kond}	652,47	kW/K
$\bar{c}_{p\,kühl}$	4,18	kJ/kg K
$\bar{c}_{p\,kond}$	4,20	kJ/kg K

Zur Überprüfung der stationären Berechnungen einzelner Komponenten wie Brennkammer, Wärmeübertrager bzw. Dampferzeuger und Kondensator, Gas- und Dampfturbine etc. können die Arbeitsblätter und zahlreichen Nomogramme in (VDI 2000) verwendet werden.

7.3 Instationäre Kraftwerkssimulation

7.3.1 Leistungsregelung von Dampfkraftwerken, Betriebsarten und Dampftemperaturregelung

Leistungsregelung

1788 setzte der Schotte James Watt erstmals einen Fliehkraft-Drehzahlregler zur Leistungskontrolle ein und legte damit den Grundstein für die Entwicklung der Leittechnik von Dampfkraftwerken. Nur zwei Jahre später rüstete er die Kessel mit Sicherheitsventilen aus, um Kesselexplosionen durch Unaufmerksamkeiten des Heizers zu verhindern (Sterff 2006).

In den folgenden zwei Jahrhunderten entwickelten sich die Dampfkraftwerke rasant weiter. Die Leistung nahm stark zu auf über 1000 MW_{el} heute, d.h. die Dampfströme wurden auf ca. 2000 t/h gesteigert, aber auch die Dampftemperaturen und Drücke erhöhten sich erheblich auf derzeit ca. 350 bar und 650 bis 700°C und die Prozesse wurden zur Effizienzsteigerung komplexer (Anzapfdampfvorwärmung des Speisewassers, Zwischenüberhitzung). Die Wirkungsgrade erhöhten sich dabei von weniger als 10 % auf ca. 50 %. Zudem stiegen die Anforderungen des Umweltschutzes, der Betriebssicherheit und der Netzstabilität. Kraftwerke müssen heute in der Lage sein, ihre elektrische Leistung schnell anzupassen. Inzwischen kann nur noch eine effiziente Regelung und Steuerung diesen Anforderungen von Anfahrvorgängen, Lastwechseln und Störfallsicherheit gerecht werden.

Im Einzelnen werden bei heutigen Kraftwerken die Größen Brennstoff- und Frischluftmassenstrom (VDI 3501), Trommelwasserstand (VDI 3502), Dampftemperatur (VDI 3503), Feuerraumunterdruck (VDI 3504), Speisewassermassenstrom (VDI 3506), Traggasstrom- und Sichtertemperatur der Kohlemühlen (VDI 3505), Turbinenleistung (VDI 3508), Turbinendrehzahl (VDI 3508) und Turbinenvordruck (VDI 3508) geregelt. Die meisten Störfälle, gegen die ein Dampfkraftwerk geschützt werden muss, können der (VDI 3500), die Schaltungen kompletter Regelkreise moderner Dampfkraftwerke können der (VDI 3508) entnommen werden. Die einzelnen Regelkreise sind durch Kaskadenschaltung oder Störgrößenaufschaltung miteinander verkoppelt. Einen guten Überblick über die einzelnen Regelkreise und ihre Verschaltung gibt (Leithner 2002).

In Tabelle 7.6 wird ein Überblick in vereinfachter Darstellung über die Leistungsregelung von Dampfkraftwerken gegeben. In Abb. 7.3 werden die entsprechenden Sprungantworten bei einem ausreichend und nicht ausreichend angedrosselten Turbinenventil dargestellt.

Tabelle 7.6. Leistungsregelung (vereinfacht); Legende: A Turbinenventilöffnung, DT Dampfturbine, G Generator, P_{ist}, P_{soll} Leistung (Istwert, Sollwert), P_F Feuerleistungsbefehl (Brennstoff- und Luftstrom), P proportionaler Regler, PI Proprotional – Integral – Regler, p Druck, TV Turbinenventil, (Leithner 2002)

Name der Leistungsregelung und Beschreibung	Schaltschema (vereinfacht)
Festdruck: Wenn die Nennleistung des Generators erhöht werden soll, öffnet der Turbinenventilregler das Turbinenventil. Es wird Dampf ausgespeichert, und der Druck sinkt. Die Druckabsenkung führt zu einem erhöhten Feuerleistungsbefehl, wodurch der Druck wieder auf den festen Sollwert angehoben wird. Wegen der kleinen Zeitkonstanten des Turbinenventils und des Turbosatzes wird die Generatorleistung sehr schnell und genau geregelt, dagegen ist die Dampferzeugung sehr träge. Die kurzfristigen Dampfmassenstromdifferenzen werden aus der Speichermasse des Dampferzeugers gedeckt. Häufig wird eine Störwertaufschaltung von der Sollleistung auf die Feuerungsleistung verwendet.	
Modifizierter Gleitdruck: Die Regelung funktioniert prinzipiell wie beim Festdruck, jedoch wird der Frischdampfdrucksollwert nicht mehr konstant gehalten, sondern leistungsabhängig gleitend geführt. In der Regel wird das Turbinenventil leicht angedrosselt, um eine kurzfristige Leistungsreserve zu erhalten. Dies führt dazu, dass der Dampfdruck bei Teillast niedriger und das Turbinenventil weniger angedrosselt ist als bei Festdruckbetrieb. Das Turbinenventil kehrt nach der kurzfristigen Leistungsabgabe wieder in den ursprünglichen Zustand zurück. Durch die zur Leistungsänderung erforderliche Druckänderung erfolgt die Leistungänderung im Vergleich zum Festdruckbetrieb etwas verzögert.	

(wird fortgesetzt)

Name der Leistungsregelung und Beschreibung	Schaltschema (vereinfacht)
Vordruck: Die Generatorleistungsdifferenz wirkt direkt auf die Feuerleistung. In einem zweiten Regelkreis wird der Frischdampfdruck über das Turbinenventil auf einen konstanten Sollwert geregelt. Die Regelung ist etwas träger als die Festdruck- oder modifizierte Gleitdruckregelung, solange dabei die Androsselungsreserve ausreicht, aber schneller als die Regelung im natürlichen Gleitdruck und sehr robust. Da der Frischdampfdruck nahezu konstant gehalten wird, wird die Speicherfähigkeit des Dampferzeugers nicht in Anspruch genommen und alle dickwandigen Dampferzeugerbauteile insbesondere im Verdampferbereich (ohne Druckänderung keine Siedetemperaturänderung) bezüglich Wandtemperaturdifferenzen geschont. Alle Abweichungen der Dampferzeugung gehen zu Lasten des elektrischen Netzes. Durch eine abklingende (DT1-Verhalten) Störwertaufschaltung der Generatorleistungsdifferenz auf das Turbinenventil lässt sich die Speicherfähigkeit des Dampferzeugers nutzen, und diese Art der Vordruckregelung nähert sich der Festdruckregelung an, ohne ihre Robustheit zu verlieren. Ferner kann natürlich auch der Vordrucksollwert verzögert mit der Last gleitend gemacht werden, wodurch sich eine Annäherung an den modifizierten Gleitdruck ergibt.	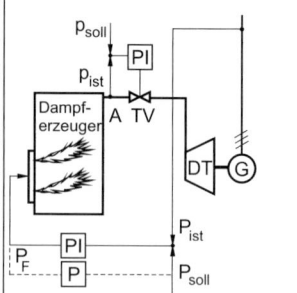
Natürlicher Gleitdruck: Die Generatorleistungsdifferenz wirkt wie bei der Vordruckregelung direkt auf die Feuerleistung. Das Turbinenventil ist aber immer vollständig geöffnet. Es findet keine Androsselung statt, was sehr wirtschaftlich ist. Der Frischdampfdruck gleitet also mit dem erzeugten und verbrauchten Dampfmassenstrom. Die Regelung ist träger als alle anderen Regelungen, weil Dampf ein- bzw. ausgespeichert wird, aber auch sehr robust.	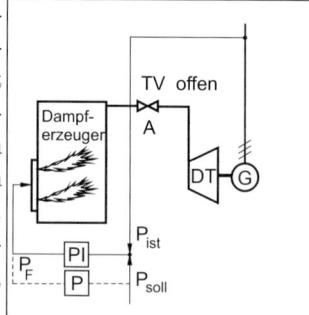

Die Turbinenleistung wird wie folgt berechnet:

$$P_{Turb} = \dot{m}_D \left(h_{ein} - h_{aus} \right) \tag{7.73}$$

Da die Überhitzertemperatur und damit auch die Turbineneintrittsenthalpie im oberen Lastbereich nahezu konstant sind und sich auch die Turbi-

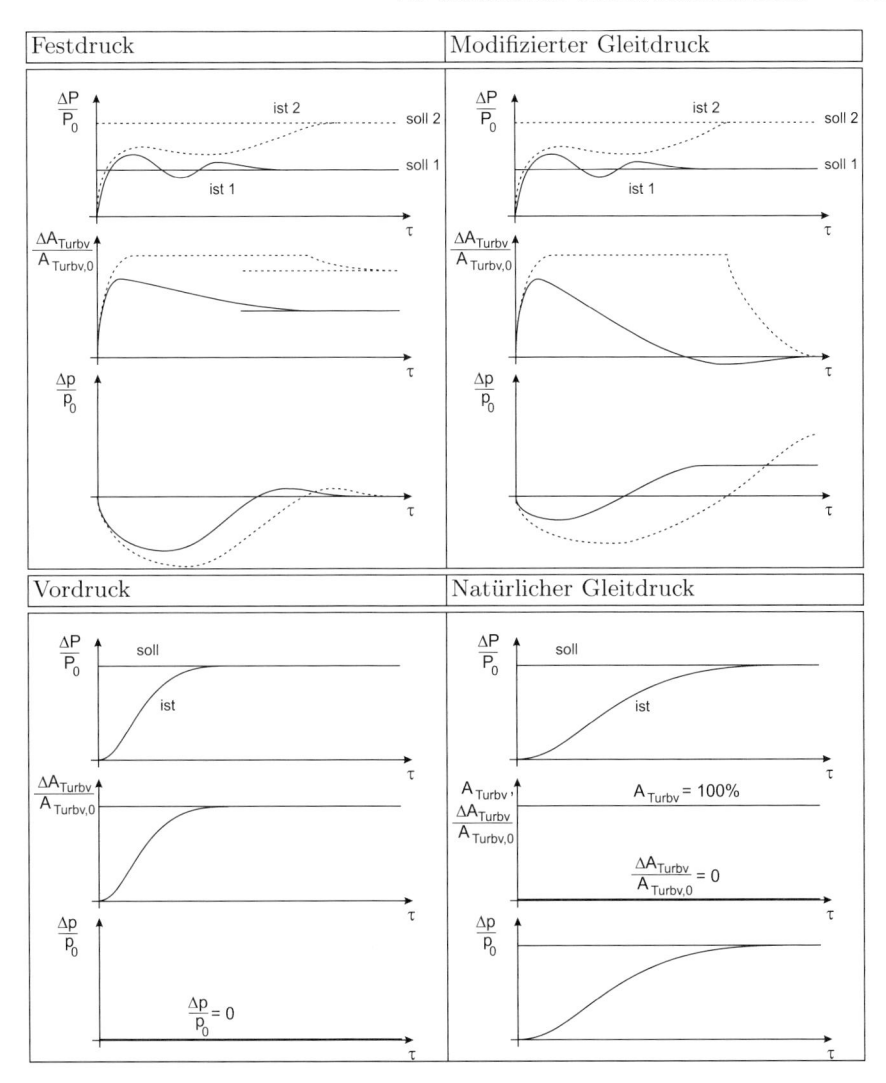

Abb. 7.3. Sprungantworten der Leistung, der Turbinenventilöffnung und des Dampfdrucks bei Änderung der Leistungsanforderung bei den vier verschiedenen Leistungsregelungen, (Leithner 2002); Legende: Durchgezogene Sprungantwort bedeutet ausreichende Androsselung des Turbinenventils, und gestrichelte Sprungantwort bedeutet nicht ausreichende Androsselung des Turbinenventils.

nenaustrittsenthalpie nur wenig mit der Last ändert, wird die Turbinenleistung fast nur durch den Dampfmassenstrom bestimmt. Der Dampfmassenstrom durch die Turbine ist in diesem Lastbereich proportional dem Produkt aus Turbineneintrittsdruck und dem Öffnungsquerschnitt des Turbinenventils (Leithner 2002).

$$\frac{\dot{m}_D}{\dot{m}_{D,0}} = \frac{A_{Turbv}}{A_{Turbv,0}} \frac{p}{p_0} \qquad (7.74)$$

Die Turbinenleistung kann also über den Turbineneintrittsdruck oder den Öffnungsquerschnitt des Turbinenventils geregelt werden. Die Zuordnung von Dampfdruck, Turbinenventilöffnung und Turbinenleistung, die dem Dampfmassenstrom entspricht, wie aus den Gleichungen 7.73 und 7.74 hervorgeht, ist in Abb. 7.4 dargestellt. Abb. 7.4 enthält die gleiche Information wie Abb. 7.3 nur in einer anderen Darstellung; bei den instationären Vorgängen ist die Zeit Parameter auf den Kurven.

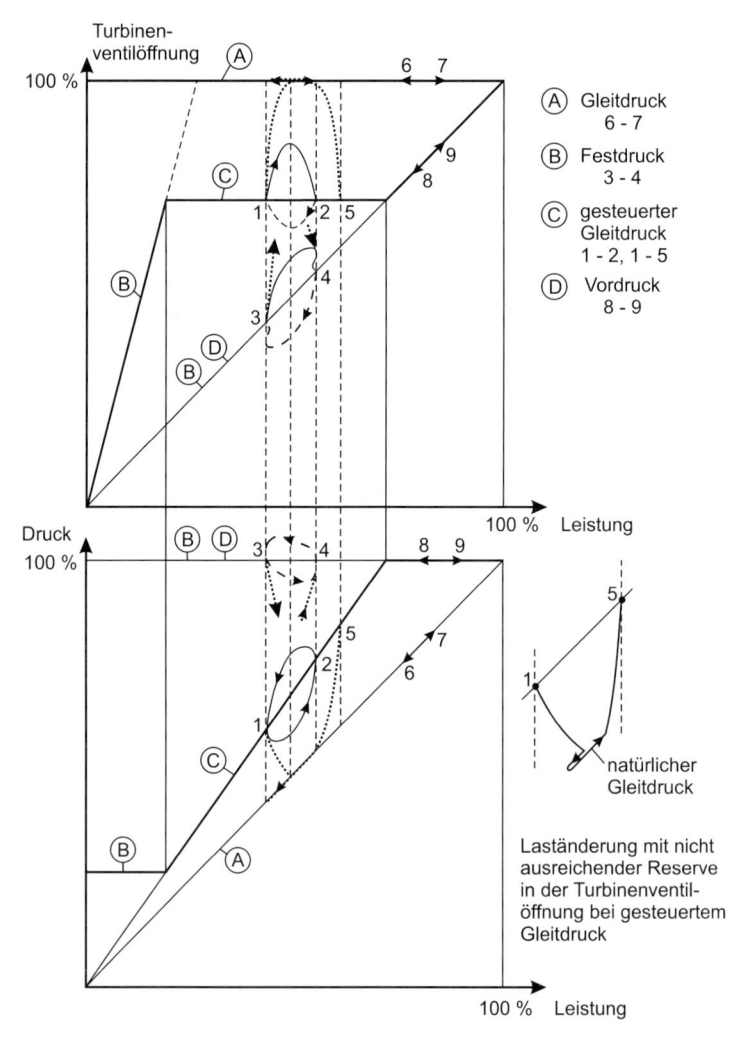

Abb. 7.4. Druck und Turbinenventilöffnung bei natürlichem Gleitdruck-, Festdruck-, gesteuertem Gleitdruck- und Vordruckbetrieb (schematisch), Kurven zeitlich parametrisiert

Nach (VDI 3508) ergibt sich die Struktur der Leistungsregelung eines konventionellen Kraftwerks zur Stromerzeugung aus der jeweiligen Betriebsart des Blockes. Diese wird durch die regeltechnischen Anforderungen an den Block bestimmt. Die Leistungsregelungen unterscheiden sich zunächst in der Zuordnung der geregelten Größen Generatorleistung und – außer beim natürlichen Gleitdruck – Frischdampfdruck zu den Stellgrößen Turbinenventilöffnung – außer beim natürlichen Gleitdruck – und Feuerungsleistung (Brennstoff- und Luftstrom). Daraus ergeben sich vier Leistungsregelungen, bei denen entweder die Turbine bzw. das Turbinenventil (beim Festdruck- und modifizierten Gleitdruckbetrieb, solange die Androsselung des Turbinenventils ausreicht) oder der Dampferzeuger (beim Vordruck- und natürlichem Gleitdruckbetrieb) den Dampfmassenstrom kurzfristig bestimmen. Bei größeren und länger andauernden Leistungsänderungen ist natürlich immer der trägere Dampferzeuger ausschlaggebend, es sei denn, es treten unzulässige Temperaturdifferenzen in der Dampfturbine (in der Gehäusewand bzw. zwischen Rotor und Gehäuse) auf.

Betriebsart

Betriebsarten von Dampfkraftwerken sind z.B. Grundlastbetrieb (konstant 100 % Leistung), Spitzenlastbetrieb (programmierter Fahrplan) oder Frequenzstützungsbetrieb (kurzfristige kleinere Leistungsänderungen). Für schnelle Laständerungen ist nur der natürliche Gleitdruckbetrieb völlig ungeeignet.

Dampftemperaturregelung

Im Folgenden soll noch auf die Regelung der Dampftemperaturen am Überhitzer- bzw. Zwischenüberhitzeraustritt eingegangen werden. Die Regelgröße ist die Überhitzer- bzw. Zwischenüberhitzeraustrittstemperatur. Störgrößen sind die Beheizung, der Dampfmassenstrom und die Überhitzereintrittstemperatur. Im Allg. wird die gesamte Überhitzer- bzw. Zwischenüberhitzerheizfläche in 2 – 4 Abschnitte unterteilt, um einerseits bei großen Rauchgasquerschnitten ungleichmäßige Rauchgastemperaturverteilungen über dem Querschnitt durch Überkreuzen der 2 – 4 Dampfstränge ausgleichen und ferner die Dampftemperaturen auch zwischendurch durch Einspritzungen beeinflussen zu können. Denn die Austrittstemperaturänderungen sind annähernd gleich den Eintrittstemperaturänderungen (gültig nur bei kleinen Abweichungen) und annähernd proportional der Aufwärmspanne und den Änderungen der Beheizung und des Dampfstroms. Eine Einspritzung unmittelbar vor der Hochdruck- oder Mitteldruckturbine wird i. Allg. vermieden, um die Gefahr einer Turbinenschaufelbeschädigung durch Einspritzwassertropfen von Vornherein zu vermeiden. Ferner kann durch die Anordnung der Einspritzungen zwischendurch die Beanspruchung des Heizflächenmaterials begrenzt und billigeres Material verwendet werden. Die Aufwärmspanne der letzten Heizfläche sollte 50 K nicht überschreiten, um ausreichend kleine Temperaturabweichungen vor der Turbine einhalten zu können. Ein übliches Schaltschema, das (Strauß 1998) entnommen wurde, ist in Abb. 7.5 dargestellt.

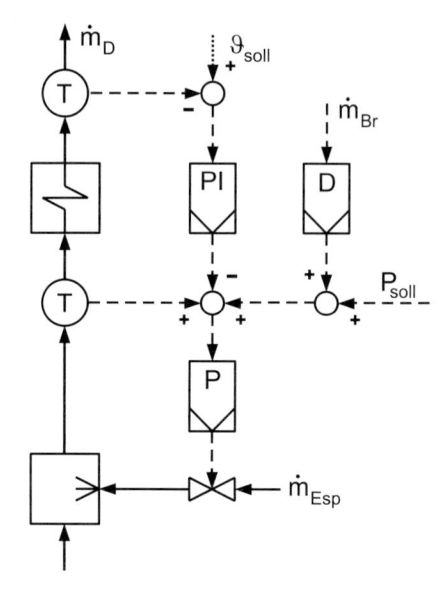

Abb. 7.5. Regelschema einer Überhitzerkaskadenregelung mit der Temperatur nach dem Einspritzkühler als Hilfsregelgröße und dem Brennstoffmassenstrom als abklingende Störgrößenaufschaltung, (Strauß 1998)

Zur Regelverbesserung können neben der Kaskadenschaltung noch weitere Störgrößen wie der Brennstoffmassenstrom oder die Sollleistung aufgeschaltet werden. Inzwischen sind auch Zustandsregler mit Erfolg in der Praxis erprobt worden. Die fehlenden bzw. nur mit großem Aufwand messbaren Messgrößen werden durch Beobachter simuliert. Mit Zustandsregelungen (Herzog 1987) kann bei größeren Heizflächen die gleiche Regelgüte der Überhitzer- bzw. Zwischenüberhitzeraustrittstemperaturen wie bei klassischen Regelungen und kleineren (öfter unterteilten) Heizflächen verwirklicht werden. Bezüglich weiterer Möglichkeiten der Temperaturregelung wie Schwenkbrenner, Luftüberschuss, Biflux-, Triflux-Wärmeübertrager- und Rauchgasregelzug etc. sei auf (VDI 3503) verwiesen.

7.3.2 Vereinfachte instationäre Kraftwerkssimulation mit analytischen Modellen

In Abb. 7.6 ist ein vereinfachtes, instationäres Kraftwerksmodell dargestellt, das aus folgenden analytischen Teilmodellen besteht:

- Dampferzeuger

- Feuerung
- Turbinenventile
- Turbinen und Generatoren
- Zwischenüberhitzer
- elektrisches Netz

Siehe auch (Allard 1970b).

Dampferzeuger

In vielen Fällen besteht nur ein Interesse, das Verhalten des Dampferzeugers gegenüber seiner „Umwelt", d.h. Turbine, Generator und elektrischem Netz, kennen zu lernen. Dann genügt ein vereinfachtes Modell für Feuerung und Verdampfer, lediglich die Überhitzer- und Zwischenüberhitzerstufen werden genauer dargestellt (Allard 1970b), (Leithner 1974), (Leithner 1975).

Im betrachteten Fall steht der Dampferzeuger mit seiner Umwelt nur über die Leistungsanforderung (Wirkung der „Umwelt" auf den Dampferzeuger = Eingangsgröße) und den HD-Dampfstrom, die HD-Dampftemperatur und den HD-Dampfdruck (Wirkungen des Dampferzeugers auf seine „Umwelt" = Ausgangsgrößen) in Verbindung. Die interne Regelung des Dampferzeugers, z.B. für Brennstoff-Luft, Speisewasser, Überhitzertemperaturen, Rauchgasrezirkulation etc., wird mit entsprechend optimaler Einstellung vorausgesetzt. Als weitere Vereinfachung wird ein lineares bzw. abschnittsweise lineares Verhalten des DE-Systems vorausgesetzt und daher auch mit Abweichungen Δ von einem stationärem Zustand gerechnet.

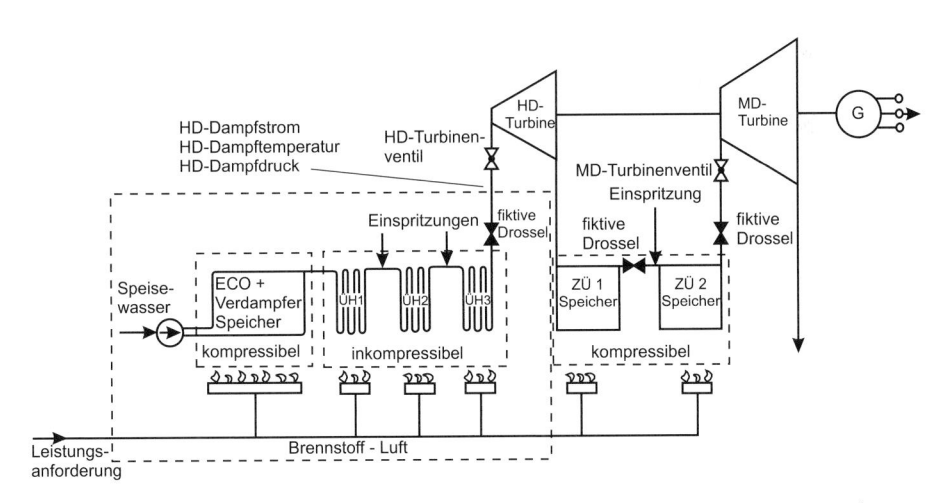

Abb. 7.6. Vereinfachtes instationäres Kraftwerksmodell, (Leithner 1975)

Bei unterkritischen Drücken lässt sich der Dampferzeuger aufteilen in einen

- Abschnitt mit kompressibel betrachtetem Medium (Gebiet der Zweiphasenströmung: Verdampfer). Die Temperatur (Siedetemperatur) ist eine Funktion allein des Drucks, und in einen
- Abschnitt mit inkompressibel betrachtetem Medium (Gebiet der Einphasenströmung: ECO, Überhitzer). Druckänderungen haben keinen Einfluss auf Massenstrom und Temperatur.
- Der Zwischenüberhitzer kann ebenfalls mit Dampfein- und -ausspeicherung berechnet oder nur stark vereinfacht als Verzögerung berücksichtigt werden.

Diese Unterteilung ist möglich, weil das Speicherverhalten des Verdampfers dominiert. Der Reibungsdruckverlust wird in eine fiktive Drossel am Dampferzeugeraustritt konzentriert. Der ECO wird nicht getrennt untersucht.

Abschnitte mit kompressibel betrachtetem Medium (Verdampfer)

Da die Austrittstemperatur eine Funktion des Druckes ist und Speisewasserstrom, -enthalpie und -druck als Funktionen des Leistungsbefehls vorausgesetzt werden, verbleiben von den sieben charakteristischen Variablen einer beheizten Rohrströmung (Enthalpie bzw. Temperatur, Druck und Massenstrom am Eintritt und Austritt und Wärmeaufnahme bzw. Leistungsbefehl) nur drei Variablen: Leistungsbefehl, HD-Dampfstrom, HD-Dampfdruck. Eine Variable lässt sich als Funktion der beiden anderen Variablen darstellen.

Ausgehend von der Darstellung des HD-Dampfdruckes als Funktion des Leistungsbefehls und des HD-Dampfstroms

$$p_{HD}(\tau) = p_{HD}\bigl(\dot{m}_{HD}(\tau), P_{DE}(\tau)\bigr) \tag{7.75}$$

erhält man aus dem totalen Differential

$$\Delta p_{HD}(\tau) = \underbrace{\left.\frac{\partial p_{HD}}{\partial \dot{m}_{HD}}\right|_{P_{DE}} \Delta \dot{m}_{HD}(\tau)}_{\text{inverses Druckspeicherverhalten}} + \underbrace{\left.\frac{\partial p_{HD}}{\partial P_{DE}}\right|_{\dot{m}_{HD}} \Delta P_{DE}(\tau)}_{\substack{\text{Verzögerung der} \\ \text{Feuerentbindung} \\ \text{und der} \\ \text{thermischen} \\ \text{Druckänderung}}} \tag{7.76}$$

Für lineare bzw. abschnittsweise lineare Systeme gilt das Superpositionsprinzip, d.h. der zeitliche Verlauf des HD–Dampfdrucks kann aus der Überlagerung der HD-Dampfdruckänderung zufolge einer Änderung des HD-Dampfstroms bei konstantem Dampferzeuger-Leistungsbefehl (als inverses Druckspeicherverhalten bezeichnet und in Abb. 7.7 dargestellt) und der HD-Dampfdruckänderung zufolge einer Änderung des Dampferzeuger-Leistungsbefehls (als Verzögerung der Feuerentbindung und thermische Druckänderung bezeichnet und in Abb. 7.8 und 7.9 dargestellt) berechnet werden.

Geht man von der Darstellung des HD-Dampfstromes als Funktion des Leistungsbefehls und des HD-Dampfdruckes aus (siehe Abb. 7.10)

$$\dot{m}_{HD}(\tau) = \dot{m}_{HD}\bigl[P_{DE}(\tau), p_{HD}(\tau)\bigr] \tag{7.77}$$

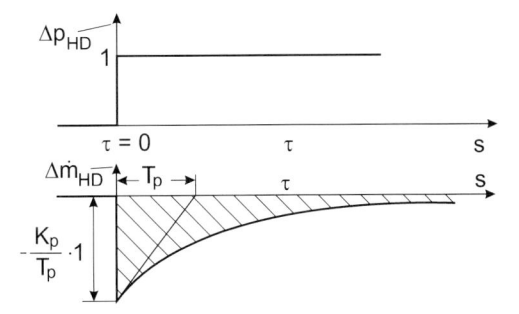

Druckspeicherverhalten: Sprungantwort des HD-Dampfstroms bei einem Einheitssprung des HD-Dampfdrucks (P_{DE} = konstant). Die schraffierte Fläche ist proportional der ausgespeicherten Dampfmenge $K_p \Delta p_{HD}$.

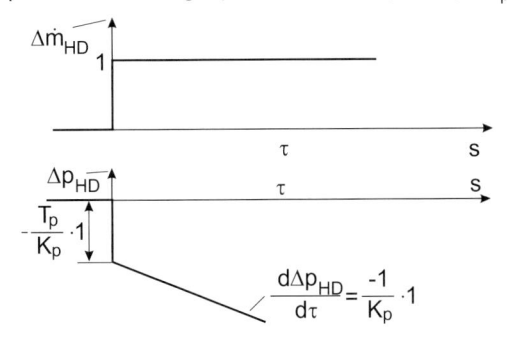

Inverses Druckspeicherverhalten: Sprungantwort des HD-Dampfdrucks bei einem Einheitssprung des HD-Dampfstroms (P_{DE} = konstant)

Abb. 7.7. Druckspeicherverhalten und inverses Druckspeicherverhalten, (Leithner 1975)

kann man folgendes totale Differential bilden

$$\Delta \dot{m}_{HD}(\tau) = \left.\frac{\partial \dot{m}_{HD}}{\partial P_{DE}}\right|_{p_{HD}} \Delta P_{DE}(\tau) + \left.\frac{\partial \dot{m}_{HD}}{\partial p_{HD}}\right|_{P_{DE}} \Delta p_{HD}(\tau) \qquad (7.78)$$

Ferner lassen sich noch folgende Zusammenhänge zwischen der Verzögerung der Feuerentbindung und der thermischen Druckänderung darstellen:

528 Kraftwerkssimulation – Modelle und Validierung

thermische Druckänderung ($\dot{m}_{HD}$ = konstant) | Verzögerung der virtuellen Dampferzeugung | reiner Speicher (Integrator)

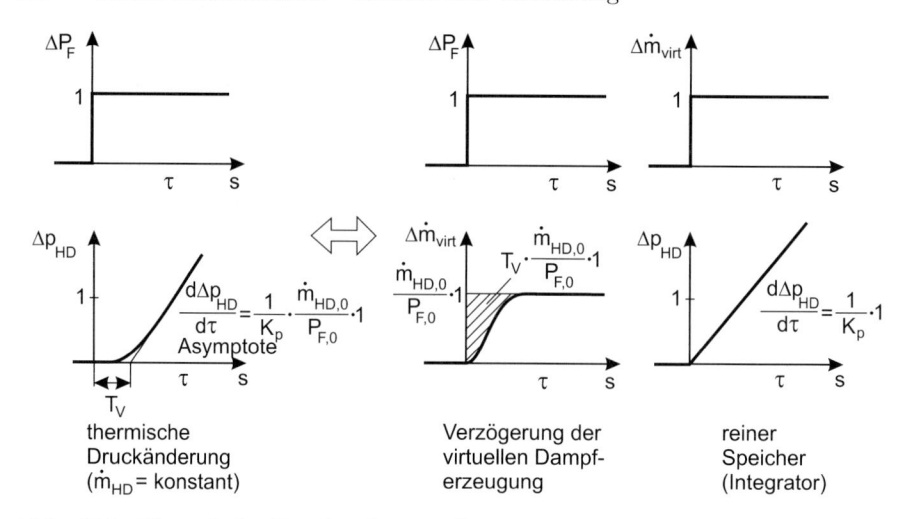

Abb. 7.8. Thermische Druckänderung: Sprungantwort des HD-Dampfdrucks bei einem Einheitssprung der Feuerleistung ($\dot{m}_{HD}$ = konstant), (Leithner 1975)

$$\left.\frac{\partial p_{HD}}{\partial P_{DE}}\right|_{\dot{m}_{HD}} = -\left.\frac{\partial p_{HD}}{\partial \dot{m}_{HD}}\right|_{P_{DE}} \left.\frac{\partial \dot{m}_{HD}}{\partial P_{DE}}\right|_{p_{HD}} =$$

$$= -\underbrace{\left.\frac{\partial p_{HD}}{\partial \dot{m}_{HD}}\right|_{P_{DE}}}_{\substack{\text{inverses}\\\text{Druckspeicher-}\\\text{verhalten}}} \underbrace{\left.\frac{\partial \dot{m}_{HD}}{\partial P_F}\right|_{p_{HD}}}_{\substack{\text{thermische}\\\text{HD-Dampfstrom-}\\\text{änderungsträgheit}}} \underbrace{\frac{dP_F}{dP_{DE}}}_{\substack{\text{Verzögerung}\\\text{der Feuer-}\\\text{entbindung}}} = \quad (7.79)$$

$$= \underbrace{\left.\frac{\partial p_{HD}}{\partial P_F}\right|_{\dot{m}_{HD}} \frac{dP_F}{dP_{DE}}}_{\text{thermische Druckänderung}}$$

Druckspeicherverhalten

Das Druckspeicherverhalten ist das Verhalten des HD-Dampfstroms bei einer Änderung des HD-Dampfdruckes und konstantem Leistungsbefehl. Eine Änderung des HD-Dampfdruckes bewirkt (genauso wie Änderungen von $\dot{m}_{HD}$ und P_{DE}) Änderungen des Energie- und Masseninhaltes des Dampferzeugers. Die Energieänderung setzt sich zusammen aus der Energieänderung der Rohre, der Energieänderung des Mediums zufolge Enthalpieänderung und zufolge Änderung des Masseninhaltes. Konstanter Leistungsbefehl bedeutet im Allg. konstanten Speisewasserstrom. Werden die Einspritzwasserströme ebenfalls konstant gehalten, so ist die Speicherdampfmenge gleich der Änderung des Masseninhalts. Dabei ist zu bedenken, dass die Massenspeichervorgänge in einem Dampferzeuger bei verschiedener Enthalpie stattfinden und z.B. die im Verdampfer ausgespeicherten Massen noch die Überhitzer durchlaufen müssen, also weitere Energie benötigen. Wenn die Änderung des Energie- und

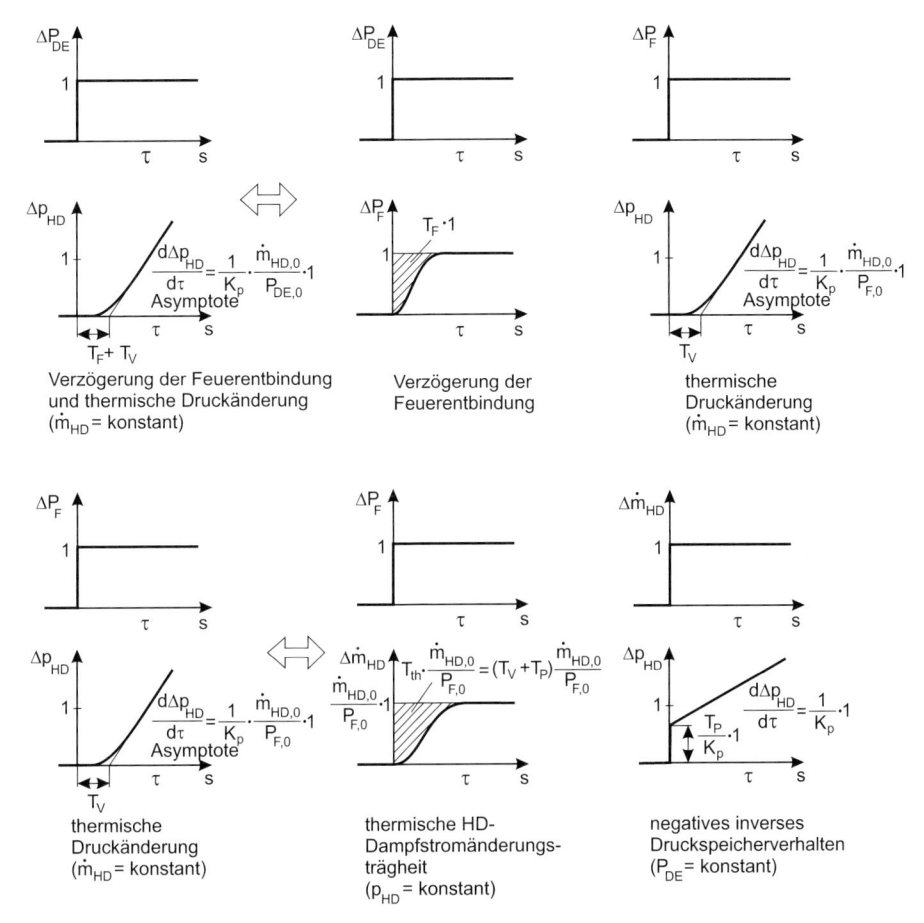

Abb. 7.9. Verzögerung der Feuerentbindung und thermische Druckänderung: Sprungantwort des HD-Dampfdrucks bei einem Einheitssprung des Dampferzeugerleistungsbefehls ($\dot{m}_{HD}$ = konstant). Thermische HD-Dampfstromänderungsträgheit: Sprungantwort des HD-Dampfstroms bei einem Einheitssprung der Feuerleistung, (Leithner 1975)

Masseninhaltes zeitlich und örtlich nicht übereinstimmt (wobei auch die Energie für die Aufwärmung der ausgespeicherten Massen zu berücksichtigen ist), so führt das zu „sekundären" Speichervorgängen und zu Temperaturstörungen.

Werden zum Ausgleich der Speisewasserstrom und/oder die Einspritzwasserströme verändert, so führt dies zu einer Änderung der Speicherdampfmenge. Es gilt stark vereinfachend

$$\int_0^\tau \Delta \dot{m}_{HD}\, d\tau = -K_p \Delta p_s \tag{7.80}$$

530 Kraftwerkssimulation – Modelle und Validierung

zyklisch vertauschbar

$p_{HD}(\tau) = p_{HD}(\dot{m}_{HD}(\tau), P_{DE}(\tau))$

$\dot{m}_{HD}(\tau) = \dot{m}_{HD}(P_{DE}(\tau), p_{HD}(\tau))$

$(P_{DE}(\tau) = P_{DE}(p_{HD}(\tau), \dot{m}_{HD}(\tau)))$

totales Differential

$\Delta p_{HD}(\tau) = \left.\dfrac{\partial p_{HD}}{\partial \dot{m}_{HD}}\right|_{P_{DE}} \cdot \Delta \dot{m}_{HD}(\tau) + \left.\dfrac{\partial p_{HD}}{\partial P_{DE}}\right|_{\dot{m}_{HD}} \cdot \Delta P_{DE}(\tau)$

$\Delta \dot{m}_{HD}(\tau) = \left.\dfrac{\partial \dot{m}_{HD}}{\partial P_{DE}}\right|_{p_{HD}} \cdot \Delta P_{DE}(\tau) + \left.\dfrac{\partial \dot{m}_{HD}}{\partial p_{HD}}\right|_{P_{DE}} \cdot \Delta p_{HD}(\tau)$

$\left.\dfrac{\partial \dot{m}_{HD}}{\partial P_F}\right|_{p_{HD}} \cdot \dfrac{dP_F}{dP_{DE}} = \left.\dfrac{\partial \dot{m}_{HD}}{\partial P_{DE}}\right|_{p_{HD}}$

thermische HD-Dampfstromänderungsträgheit — Verzögerung der Feuerentbindung

$\left.\dfrac{\partial p_{HD}}{\partial P_F}\right|_{\dot{m}_{HD}} \cdot \dfrac{dP_F}{dP_{DE}} = \left.\dfrac{\partial p_{HD}}{\partial P_{DE}}\right|_{\dot{m}_{HD}}$

thermische Druckänderung — Verzögerung der Feuerentbindung

$\left.\dfrac{\partial \dot{m}_{HD}}{\partial P_{DE}}\right|_{p_{HD}} \cdot \left.\dfrac{\partial P_{DE}}{\partial p_{HD}}\right|_{\dot{m}_{HD}} \cdot \left.\dfrac{\partial p_{HD}}{\partial \dot{m}_{HD}}\right|_{P_{DE}} = -1$

thermische HD-Dampfstromänderungsträgheit u. Verzögerung der Feuerentbindung — inverse Verzögerung der Feuerentbindung und thermische Druckänderung — inverses Druckspeicherverhalten

reiner Speicher + Druckabfall

$\left.\dfrac{\partial \dot{m}_{HD}}{\partial P_F}\right|_{p_{HD}} \cdot \left.\dfrac{\partial P_F}{\partial p_{HD}}\right|_{\dot{m}_{HD}} \cdot \left.\dfrac{\partial p_{HD}}{\partial \dot{m}_{HD}}\right|_{P_F} = -1$

thermische HD-Dampfstromänderungsträgheit — inverse thermische Druckänderung — inverses Druckspeicherverhalten

---

$-\left.\dfrac{\partial \dot{m}_{HD}}{\partial P_F}\right|_{p_{HD}} \cdot \left.\dfrac{\partial p_{HD}}{\partial \dot{m}_{HD}}\right|_{P_F} = \left.\dfrac{\partial p_{HD}}{\partial P_F}\right|_{\dot{m}_{HD}} = \left.\dfrac{\partial \dot{m}_{virt}}{\partial P_F}\right|_{p_{HD}} \cdot \left.\dfrac{\partial p_{HD}}{\partial \dot{m}_{virt}}\right|_{P_F}$

thermische HD-Dampfstromänderungsträgheit — inverses Druckspeicherverhalten — thermische Druckänderung — virtuelle Dampferzeugung (Verzögerung) — reiner Speicher (Integrator)

---

zyklisch vertauschbar

$p_{HD}(\tau) = p_{HD}(\dot{m}_{HD}(\tau), P_F(\tau))$

$\dot{m}_{HD}(\tau) = \dot{m}_{HD}(P_F(\tau), p_{HD}(\tau))$

$(P_F(\tau) = P_F(p_{HD}(\tau), \dot{m}_{HD}(\tau)))$

totales Differential

$\Delta p_{HD}(\tau) = \left.\dfrac{\partial p_{HD}}{\partial \dot{m}_{HD}}\right|_{P_F} \cdot \Delta \dot{m}_{HD}(\tau) + \left.\dfrac{\partial p_{HD}}{\partial P_F}\right|_{\dot{m}_{HD}} \cdot \Delta P_F(\tau)$

$\Delta \dot{m}_{HD}(\tau) = \left.\dfrac{\partial \dot{m}_{HD}}{\partial P_F}\right|_{p_{HD}} \cdot \Delta P_F(\tau) + \left.\dfrac{\partial \dot{m}_{HD}}{\partial p_{HD}}\right|_{P_F} \cdot \Delta p_{HD}(\tau)$

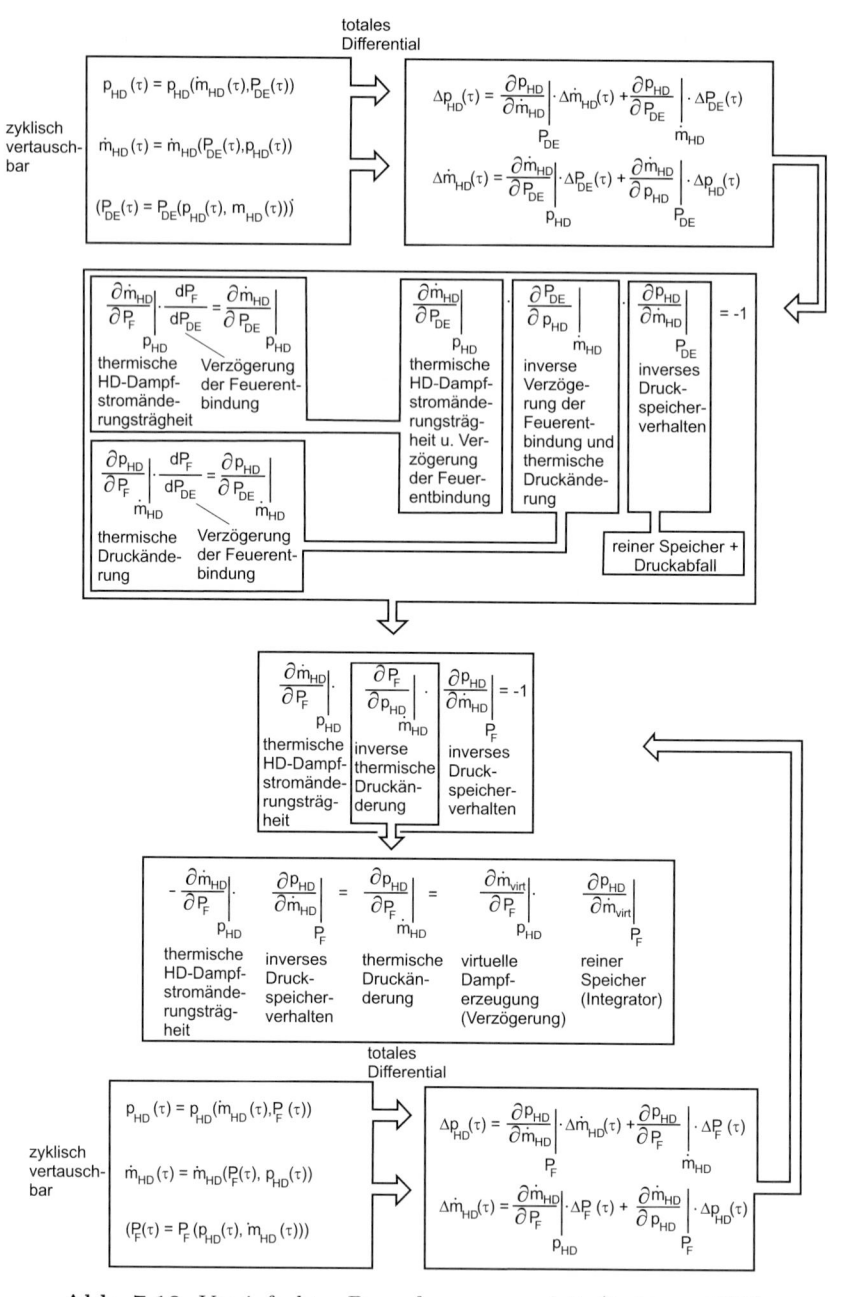

Abb. 7.10. Vereinfachtes Dampferzeugermodell, (Leithner 1975)

Gl. (7.80) ist eine Massenbilanz; unter der Annahme konstanter Ein- und Austrittsenthalpie zugleich eine Energiebilanz. Die Druckspeicherfähigkeit K_p gibt an, wie viel Dampfmenge bei einer Druckabsenkung um eine Druckeinheit zusätzlich zum stationären Dampfstrom abgegeben wird. K_p ist abhängig von der Bauweise, der Betriebsweise, der Regelung, der Last etc. K_p kann in guter Näherung in größeren Lastbereichen konstant angenommen werden. p_s ist der Speicherdruck, der zufolge der Annahme, dass der Überhitzerdruckabfall $\Delta p_{\ddot{U}H}$ in einer fiktiven Drossel konzentriert ist, folgendermaßen definiert werden kann

$$p_s = p_{HD} + \Delta p_{\ddot{U}H} \tag{7.81}$$

Dieser Druck herrscht überall im Dampferzeuger vor der fiktiven Drossel. Gl. (7.80) differenziert ergibt mit Gl. (7.81)

$$\Delta \dot{m}_{HD} = -K_p \left(\frac{\mathrm{d}p_{HD}}{\mathrm{d}\tau} + \frac{\mathrm{d}\Delta p_{\ddot{U}H}}{\mathrm{d}\tau} \right) \tag{7.82}$$

Für den in der fiktiven Drossel am Dampferzeuger-Austritt konzentrierten Reibungsdruckabfall und Staudruck der Überhitzer gilt mit der Kontinuitätsgleichung

$$\Delta p_{\ddot{U}H} = \zeta_{\ddot{U}H} \frac{\rho_{HD} w^2}{2} = \frac{\zeta_{\ddot{U}H}}{2 A_{quer}^2} v_{HD} \dot{m}_{HD}^2 = \mathrm{konst}\, v_{HD} \dot{m}_{HD}^2 \tag{7.83}$$

Gl. (7.83) differenziert (nach der Zeit) und durch Gl. (7.83) dividiert ergibt (Linearisierung um den Ausgangszustand mit Index 0):

$$\mathrm{d}\Delta p_{\ddot{U}H} = \Delta p_{\ddot{U}H} \left(\frac{\mathrm{d}v_{HD}}{v_{HD}} + 2\, \frac{\mathrm{d}\dot{m}_{HD}}{\dot{m}_{HD}} \right) \tag{7.84}$$

Mit Gl. (7.83) für den herrschenden Zustand und für den Ausgangszustand (Index 0) folgt:

$$\mathrm{d}\Delta p_{\ddot{U}H} = \Delta p_{\ddot{U}H_0} \underbrace{\frac{v_{HD}}{v_{HD_0}}}_{\approx 1} \underbrace{\frac{\dot{m}_{HD}^2}{\dot{m}_{HD_0}^2}}_{\approx 1} \left(\underbrace{\frac{\mathrm{d}v_{HD}}{v_{HD}}}_{\approx 0} + 2\, \frac{\mathrm{d}\dot{m}_{HD}}{\dot{m}_{HD}} \right) \tag{7.85}$$

Gl. (7.82) und Gl. (7.85) ergeben die Differentialgleichung des Druckspeicherverhaltens $(\mathrm{d}\dot{m}_{HD} = \mathrm{d}\Delta\dot{m}_{HD}, \mathrm{d}p_{HD} = \mathrm{d}\Delta p_{HD})$

$$\begin{aligned}\Delta \dot{m}_{HD} = &- K_p \frac{\mathrm{d}\Delta p_{HD}}{\mathrm{d}\tau} - K_p \Delta p_{\ddot{U}H_0} \underbrace{\frac{v_{HD}}{v_{HD_o}}}_{\approx 1} \cdot \\ &\cdot \underbrace{\frac{\dot{m}_{HD}^2}{\dot{m}_{HD_0}^2}}_{\approx 1} \left(\underbrace{\frac{1}{v_{HD}} \frac{\mathrm{d}v_{HD}}{\mathrm{d}\tau}}_{\approx 0} + \frac{2}{\dot{m}_{HD}} \frac{\mathrm{d}\Delta \dot{m}_{HD}}{\mathrm{d}\tau} \right)\end{aligned} \tag{7.86}$$

Gl. (7.86) lässt sich durch die folgenden Annahmen (bzw. Vernachlässigungen) und die Definition der Druckspeicherzeitkonstanten T_p

$$\frac{v_{HD}}{v_{HD_0}} \approx 1 \tag{7.87}$$

$$\frac{\mathrm{d}v_{HD}}{v_{HD}} \approx 0 \tag{7.88}$$

$$\frac{\dot{m}_{HD}}{\dot{m}_{HD_0}} \approx 1 \tag{7.89}$$

$$T_p = \frac{2K_p \Delta p_{\ddot{U}H_0}}{\dot{m}_{HD_0}} \tag{7.90}$$

vereinfachen zu

$$T_p \frac{\mathrm{d}\Delta \dot{m}_{HD}}{\mathrm{d}\tau} + \Delta \dot{m}_{HD} = -K_p \frac{\mathrm{d}\Delta p_{HD}}{\mathrm{d}\tau} \tag{7.91}$$

Gl. (7.91) wird aufgespalten in

$$f_1 = -\frac{T_p}{K_p} \Delta \dot{m}_{HD}$$

$$\frac{\mathrm{d}f_2}{\mathrm{d}\tau} = -\frac{1}{K_P} \Delta \dot{m}_{HD}$$

$$\Delta p_{HD} = f_1 + f_2 \tag{7.92}$$

Dabei stellt die erste Gleichung den Einfluss des Druckabfalls dar und die zweite Gleichung einen reinen Speicher (Integrator, Speicher für den „virtuellen" Dampf).

Durch Gl. (7.91) bzw. durch das Gleichungssystem (7.92) lässt sich das Druckspeicherverhalten mit nur zwei Kenngrößen K_p und T_p im Allg. genügend genau beschreiben. Die Grenzen der Anwendbarkeit – insbesondere der Gl. (7.90) – werden in (Leithner 1975) genauer betrachtet. Werden T_p und K_p entsprechend – wenn nötig als Funktion der Last – gewählt (z.B. auf Grund von Messungen an ähnlichen Anlagen), so ist eine gute Näherung auch in relativ großen Lastbereichen zu erwarten. Die Laplace-Transformation der Gl. (7.91) ergibt die Übertragungsfunktion des Druckspeicherverhaltens (und natürlich auch des inversen Druckspeicherverhaltens).

Berechnung der Druckspeicherfähigkeit K_p und der Druckspeicherzeitkonstanten T_p

Statt K_p wird auch der negative Kehrwert der Speicherdruckänderungsgeschwindigkeit bei $\Delta \dot{m}_{HD} = \dot{m}_{HD_0}$

$$T_{atm} = \frac{K_p}{\dot{m}_{HD_0}} \tag{7.93}$$

verwendet; das ist jene Zeit, in der zufolge einer Druckabsenkung von einer Druckeinheit die volle HD-Dampfleistung nur aus dem Speicher erbracht werden kann (Gerber 1959). Als überschlägige Werte können verwendet werden:

$T_{atm} = 0{,}2$ bis $0{,}4$ s/bar für Zwangsdurchlaufdampferzeuger
$= 0{,}4$ bis $0{,}8$ s/bar für Zwangsdurchlaufdampferzeuger mit überlagertem Umlauf
$= 0{,}8$ bis $2{,}0$ s/bar Naturumlauf (Großwasserraumkessel), höhere Werte bei niedrigerem Druck und bei Kohlefeuerung

K_p kann auf verschiedenste Art näherungsweise (weil bei bestimmten Verfahren die Einflüsse von Änderungen der Einspritzströme, des Speisewasserstroms etc. nicht erfasst sind) bestimmt werden:

- aus den Massen- und Energieinhalten bei verschiedenen stationären Lasten und Austrittsdrücken
- mithilfe partieller Differentialquotienten von Wasser und Wasserdampf bei verschiedenen stationären Lasten. Für einen Abschnitt mit dem Volumen V und darin ortsunabhängigem Zustand des Mediums gilt:

$$m = \frac{V}{v} = f(h,p)$$

$$\mathrm{d}m = -\frac{V}{v^2}\,\mathrm{d}v = -V\left(\frac{1}{v^2}\left.\frac{\partial v}{\partial h}\right|_p \mathrm{d}h + \frac{1}{v^2}\left.\frac{\partial v}{\partial p}\right|_h \mathrm{d}p\right) \tag{7.94}$$

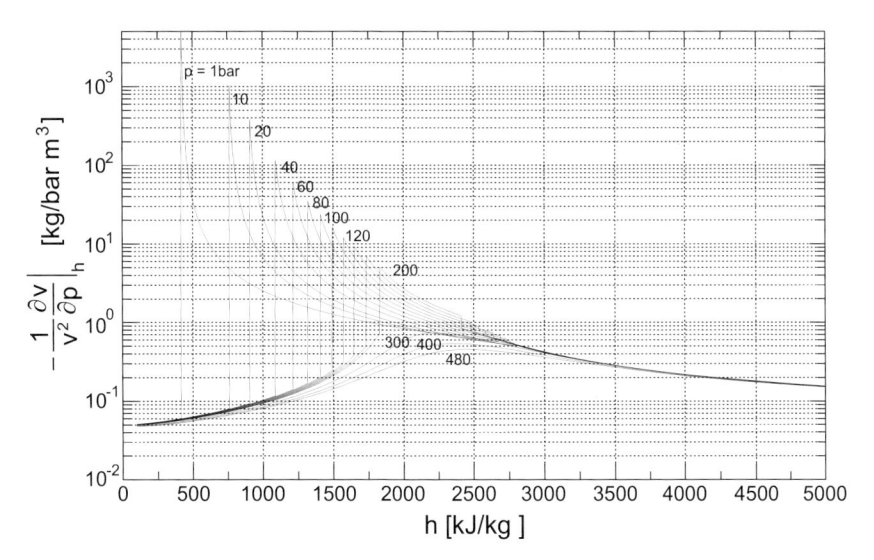

Abb. 7.11. Diagramm zur Bestimmung des isenthalpen Differentialquotienten $\frac{1}{v^2}\left.\frac{\partial v}{\partial p}\right|_h$ von Wasser und Wasserdampf, (Leithner 1975)

Mit der Annahme, dass die Enthalpieverteilung längs des Dampferzeugers von Druckänderungen nicht beeinflusst wird ($\mathrm{d}h = 0$), vereinfacht sich Gl. (7.94) zu:

$$\frac{\mathrm{d}m}{\mathrm{d}p} = -\frac{V}{v^2}\left.\frac{\partial v}{\partial p}\right|_h \tag{7.95}$$

$$K_p = +\sum_i \frac{\mathrm{d}m_i}{\mathrm{d}p} = -\sum_i \frac{V_i}{v_i^2}\left.\frac{\partial v_i}{\partial p}\right|_h \tag{7.96}$$

$\left.\dfrac{1}{v^2}\dfrac{\partial v}{\partial p}\right|_h$ kann für Wasser und Wasserdampf aus Abb. 7.11 entnommen werden. Die Energiespeichervorgänge der Rohrwand sind dabei nicht erfasst.

- Für Dampferzeuger mit entsprechend niedrigem Druck, relativ großem Siedewasserinhalt und Verdampferstahlmassen (Naturumlauf- und Zwangsumlaufdampferzeuger) gilt mit guter Näherung die in (Rosahl 1942) abgeleitete Beziehung (r = Verdampfungswärme):

$$K_p = \frac{m_{St,V}\, c_{St,V}}{r}\frac{\mathrm{d}\vartheta_{S\ddot{a}tt,f}}{\mathrm{d}p} + \frac{m_{S\ddot{a}tt,f}}{r}\frac{\mathrm{d}h_{S\ddot{a}tt,f}}{\mathrm{d}p} \tag{7.97}$$

Dabei stellt der erste Summand die Sattdampfbildung zufolge der Energieänderung in der Stahlmasse des Verdampferteils zufolge der Siedetemperaturänderung bei Druckänderungen und der zweite Summand die Sattdampfbildung im Siedewasser bei Druckänderungen dar.

- K_p und T_p können schließlich auch durch Versuche (sprunghafte Änderung von p_{HD}, sonst alles konstant, Aufzeichnung von p_{HD} und $\dot{m}_{HD}$) an bestehenden vergleichbaren Anlagen ermittelt werden (Gerber 1959), (Ecabert 1978). Diese Sprungantwort des Druckspeicherverhaltens ist in Abb. 7.7 dargestellt.

Die Druckspeicherzeitkonstante T_p kann auch näherungsweise nach Gl. (7.90) bestimmt werden.

Thermische HD-Dampfstromänderungsträgheit

Die thermische HD-Dampfstromänderungsträgheit beschreibt das Verhalten des HD-Dampfstroms bei einer Änderung der Feuerentbindung und konstantem HD-Dampfdruck (siehe Abb. 7.9).

Eine Änderung der Feuerentbindung bewirkt nach einer Verzögerung T_{th} eine lastabhängige proportionale Änderung des HD-Dampfstroms. Die Lastabhängigkeit des Proportionalitätsfaktors folgt aus der Lastabhängigkeit der Differenz zwischen Frischdampf- und ECO-Eintrittsenthalpie, gegebenenfalls auch der Zwischenüberhitzerwärmeaufnahme und des Dampferzeugerwirkungsgrads und ist aus Teillastrechnungen zu bestimmen. Im Allg., wenn die untersuchten Laständerungen nicht zu groß sind, ist dieser Proportionalitätsfaktor = 1. Die Verzögerung entspricht den mit der Änderung der Feuerentbindung verbundenen Energie- und Massespeichervorgängen. Es muss natürlich die Differenz der Energieinhalte gedeckt werden – während dieser

Zeit ändert sich der HD-Dampfstrom nicht. Analog zum Druckspeicherverhalten sind die Energiespeichervorgänge im Eisen und im Medium (im Medium zufolge Enthalpieänderung und Massenänderung) begleitet von Massenspeichervorgängen, die bei unterschiedlichster Enthalpie stattfinden. Die ein- bzw. ausgespeicherten Massen rufen auf ihrem Weg durch den Dampferzeuger zusätzliche Störungen hervor, falls sich Energie- und Massenspeichervorgänge nicht genau decken. Außerdem spielen natürlich die Veränderungen des Speisewasserstroms und dessen Enthalpie und der Einspritzwasserströme eine Rolle. Für Abschätzungen werden nur die Energiespeichervorgänge betrachtet, und man erhält folgende Zeitkonstante

$$T_{th} = \frac{\int_{m_{St,DE}} c_{St,DE} \Delta \vartheta_{St,DE} \, dm_{St,DE} + \int_{m_{M,DE}} \Delta h \, dm_{M,DE}}{\Delta P_F} \tag{7.98}$$

(wobei Δh und $\Delta \vartheta_{StDE}$ die durch ΔP_F hervorgerufenen Differenzen sind und aus Teillastrechnungen entnommen werden können).

Um das Übertragungsverhalten eindeutig zu definieren, wird eine Verzögerung höherer Ordnung (Strejc 1960) derart angenommen, dass das Übertragungsverhalten mit Messungen an vergleichbaren Anlagen übereinstimmt, z.B. (Ecabert 1978).

Thermische Druckänderung

Die thermische Druckänderung beschreibt das Verhalten des HD-Dampfdrucks bei einer Änderung der Feuerentbindung und konstantem HD-Dampfstrom. Nach Gl. (7.79) ist:

$$\underbrace{\left.\frac{\partial p_{HD}}{\partial P_F}\right|_{\dot{m}_{HD}}}_{\substack{\text{thermische} \\ \text{Druckänderung}}} = -\underbrace{\left.\frac{\partial p_{HD}}{\partial \dot{m}_{HD}}\right|_{P_{DE}}}_{\substack{\text{inverses} \\ \text{Druckspeicher-} \\ \text{verhalten}}} \underbrace{\left.\frac{\partial \dot{m}_{HD}}{\partial P_F}\right|_{p_{HD}}}_{\substack{\text{thermische} \\ \text{HD-Dampfstrom-} \\ \text{änderungsträgheit}}} \tag{7.99}$$

Die thermische Druckänderung ist also durch das inverse Druckspeicherverhalten und die thermische HD-Dampfstromänderungsträgheit bestimmt. Es gilt allgemein, dass die Kenntnis von zwei der drei Übertragungsverhalten genügt, das dritte ist nach Gl. (7.99) berechenbar (siehe Abb. 7.8, 7.9 und 7.10).

Die Gl. (7.99) gibt auch den Zusammenhang der Übertragungsfunktion an

$$G_{p_{HD},P_F} = -G_{p_{HD},\dot{m}_{HD}} G_{\dot{m}_{HD},P_F} \tag{7.100}$$

Zeigt die thermische HD-Dampfstromänderungsträgheit ein proportionales Übertragungsverhalten mit Verzögerung n-ter Ordnung und ist eine der n Zeitkonstanten gleich T_p

Kraftwerkssimulation – Modelle und Validierung

$$G_{\dot{m}_{HD},P_F} = \frac{1}{1+T_p s_\tau} \prod_{i=1}^{n-1} \frac{1}{1+T_{th,i} s_\tau} \tag{7.101}$$

$$\sum_{i=1}^{n-1} T_{th,i} + T_p = T_{th} \tag{7.102}$$

so lässt sich die thermische Druckänderung zerlegen in eine virtuelle Dampferzeugung (proportionales Übertragungsverhalten mit der Verzögerung $n-1$ter Ordnung) und einen reinen Speicher (Integrator). Die Summe der $n-1$ Zeitkonstanten der virtuellen Dampferzeugung ist dabei

$$T_v = \sum_{i=1}^{n-1} T_{v,i} = \sum_{i=1}^{n-1} T_{th,i} = T_{th} - T_p \tag{7.103}$$

Abschnitte mit inkompressibel betrachtetem Medium-Economiser und Überhitzer

Die im Vergleich zum Verdampfer bei entsprechend niedrigen Drücken geringe Speicherfähigkeit wird dem Verdampfer zugezählt. Als Variable bleiben: Eingangsgrößen: Leistungsbefehl, HD-Dampfstrom, Eintrittsenthalpie bzw. -temperatur, Ausgangsgröße: Austrittsenthalpie bzw. -temperatur.

Der Leistungsbefehl wirkt sich natürlich erst über das Übertragungsverhalten der Feuerung und eine weitere Verzögerung zufolge der anderen rauchgasseitig vor der betrachteten Heizfläche liegenden Heizflächen aus. Diese Verzögerung der Wärmeaufnahme der Überhitzer kann durch ein P-Glied mit Verzögerung 1. Ordnung (statt einer Totzeit) angenähert oder vernachlässigt werden.

Im stationären Zustand gilt:

$$\dot{Q}_{\ddot{U}H} = \dot{m}\Delta h \tag{7.104}$$

$$\dot{Q}_{\ddot{U}H_0} = \dot{m}_0 \Delta h_0$$

$$\dot{Q}_{\ddot{U}H_0} + \Delta\dot{Q}_{\ddot{U}H} = (\dot{m}_0 + \Delta\dot{m})(\Delta h_0 + \Delta\Delta h)$$

$$1 + \frac{\Delta\dot{Q}_{\ddot{U}H}}{\dot{Q}_{\ddot{U}H_0}} = 1 + \frac{\Delta\dot{m}\Delta h_0}{\dot{m}_0 \Delta h_0} + \frac{\dot{m}_0 \Delta\Delta h}{\dot{m}_0 \Delta h_0} + \frac{\Delta\dot{m}\Delta\Delta h}{\dot{m}_0 \Delta h_0}$$

Bei Vernachlässigung des Gliedes 2. Ordnung:

$$\frac{\Delta\Delta h}{\Delta h_0} = \frac{\dfrac{\Delta\dot{Q}_{\ddot{U}H}}{\dot{Q}_{\ddot{U}H_0}} - \dfrac{\Delta\dot{m}}{\dot{m}_0}}{1 + \dfrac{\Delta\dot{m}}{\dot{m}_0}} \approx \frac{\Delta\Delta\vartheta}{\Delta\vartheta_0} \tag{7.105}$$

Bei genügend kleinen Störungen wird $\dfrac{\Delta\dot{m}}{\dot{m}_0}$ klein gegenüber 1, und Gl. (7.105) kann linearisiert werden.

$$\frac{\Delta \Delta h}{\Delta h_0} \approx \frac{\Delta \dot{Q}_{\ddot{U}H}}{\dot{Q}_{\ddot{U}H_0}} - \frac{\Delta \dot{m}}{\dot{m}_0} \approx \frac{\Delta \Delta \vartheta}{\Delta \vartheta_0} \quad (7.106)$$

Der HD-Dampfstrom wird bestimmt durch das Verhalten der kompressiblen Abschnitte und des Turbinenventils. Die Einspritzwasserströme sind im Allg. vernachlässigbar; ansonsten müssen sie von $\dot{m}_{HD}$ abgezogen werden, um den Massenstrom durch die davor liegenden Überhitzer zu erhalten.

Die Eintrittstemperatur wird aus der Austrittstemperatur des vorhergehenden Abschnittes und der Einspritzung (Ausgang des Temperaturreglers mit Mess- und Stellgliedverzögerungen 1. Ordnung) bestimmt. Als Eintrittstemperatur des ersten Überhitzers wird die aus dem Speicherdruck p_s berechnete Siedetemperatur verwendet, was natürlich nur bei Naturumlauf-, Zwangsumlauf- oder Zwangsdurchlaufdampferzeugern mit überlagertem Umlauf und sehr guter Wasserabscheidung exakt zutrifft. Näherungsweise kann diese Annahme auch auf Zwangsdurchlaufdampferzeuger angewendet werden, oder es wird angenommen, dass die Temperatur nach der ersten Einspritzung annähernd konstant ist.

Analytisches Modell einer beheizten Einphasenrohrströmung – κ_D-Modell

Das κ_D-Modell ist ein Modell einer beheizten, inkompressiblen, reibungsfreien Einphasen-Rohrströmung und ist gültig für kleine Abweichungen vom stationären Zustand in Economisern und Überhitzern. Es eignet sich besonders zur Validierung von numerischen Verfahren wie z.B. dem Finite-Volumen-Verfahren. Dieses Kapitel basiert auf den Veröffentlichungen von (Profos 1944), (Acklin 1960), (Doetsch 1961), (Allard 1970a), (Leithner 1974), (Leithner 1975) und (Leithner 1980b).

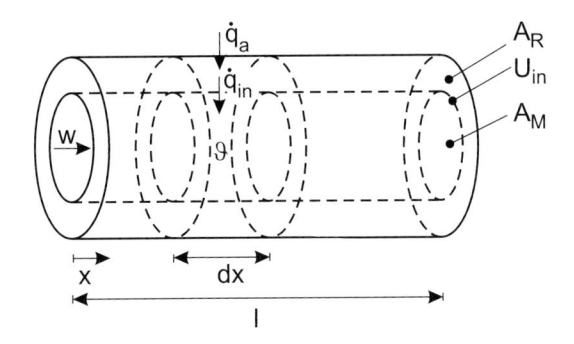

Abb. 7.12. Schema des betrachteten Rohrabschnittes

Ableitung des κ_D-Modells

Die Strömung in einem Rohr kann man in kleine Abschnitte von der Länge dx zerlegen. Dann interessieren nur noch folgende Größen: Massenstrom am Eintritt, Temperatur am Eintritt, Druck am Eintritt, Massenstrom am Austritt, Temperatur am Austritt, Druck am Austritt und Wärmeaufnahme (Beheizung).

Um die Berechnung zu vereinfachen, treffen wir folgende Annahmen:

- inkompressibles, einphasiges Medium ohne Wärmeausdehnung (ρ = konst. – zeitlich und örtlich)
- reibungsfreie Strömung
- der Druck p = konstant – zeitlich und örtlich
- die Stoffwerte sind konstant – zeitlich und örtlich
- der Querschnitt ist konstant
- die Wärmeleitung im Rohr und Medium ist axial verschwindend klein und radial unendlich groß
- horizontale Strömung (Schwerkrafteinfluss vernachlässigbar)

Daher sind Massenstrom und Druck (interessiert weiter nicht) am Ein- und Austritt gleich. Es verbleiben die vier interessierenden Größen: Massenstrom, Temperatur am Eintritt, Temperatur am Austritt und Beheizung.

Als bekannte (Eingangs-)Größen werden vorausgesetzt:

- Eintrittstemperatur $\vartheta_{\tau,x=0} = \vartheta_{ein}$
- Massenstrom des Mediums $\dot{m}_M = \dot{m}$
- äußere Wärmestromdichte (Beheizung) $\dot{q}_a$

Von den vier interessierenden Größen verbleibt also nur die Austrittstemperatur $\vartheta_t(x = l) = \vartheta_{aus}$ als unbekannte Größe, deren zeitlicher Verlauf in Abhängigkeit von Änderungen der Eingangsgrößen berechnet werden soll. Da wir Linearität voraussetzen, können wir den zeitlichen Verlauf der Austrittstemperatur in Abhängigkeit jeweils einer Eingangsgröße bestimmen, wobei die anderen beiden konstant gehalten werden und schließlich die Ergebnisse überlagern (superponieren). Anders ausgedrückt, es werden die einzelnen Übertragungsfunktionen der Austrittstemperaturänderung bei Eintrittstemperaturänderungen ($\dot{m}$ = konstant, $\dot{q}_a$ = konstant) bzw. bei Massenstromänderungen ($\dot{q}_a$ = konstant, $\Delta\vartheta_{ein} = 0$) oder Beheizungsänderungen ($\Delta\vartheta_{ein} = 0$, $\Delta\dot{m} = 0$) bestimmt und überlagert.

Zur Beschreibung eines Rohrabschnitts genügen daher der Massenerhaltungssatz des Fluids, die Wärmetransportgleichung an der Rohrinnenwand, die Energieerhaltungsgleichung des Fluids und der Energieerhaltungssatz für die Rohrwand. Im Folgenden werden nun die Gleichungen von der Grundform ausgehend vereinfacht und linearisiert. Ziel der Umformungen ist es, am Ende je eine Energiebilanzgleichung für das Medium und die Rohrwand zu haben.

1. Kontinuitätsgleichung (Massenerhaltungssatz) im strömenden Medium:

$$\dot{m} = \rho w A_M \qquad (7.107)$$

2. Wärmetransportgleichung an der Rohrinnenwand, mit Taylorreihenentwicklung linearisiert

$$Nu = \frac{\alpha d}{\lambda} = k\, Re^a\, Pr^b \approx k\, Re^a = k\left(\frac{wd}{\nu}\right)^a$$

$$\alpha_{in} = \alpha_{in,stat}\left(\frac{w}{w_{stat}}\right)^a$$

$$\approx \alpha_{in,stat}\left(1 + a\frac{\Delta w}{w_{stat}}\right) = \alpha_{in,stat}\left(1 + a\frac{\Delta \dot{m}}{\dot{m}_{stat}}\right)$$

$$\dot{q}_{in} = \alpha_{in}(\vartheta_R - \vartheta) \approx \alpha_{in,stat}\left(1 + a\frac{\Delta \dot{m}}{\dot{m}_{stat}}\right)(\vartheta_R - \vartheta) \qquad (7.108)$$

3. Energieerhaltungssatz des strömenden Mediums (Annahmen: Die kinetische und potentielle Energie werden vernachlässigt, und Ein- und Austrittsmassenstrom sind gleich; die Änderung des Energieinhaltes entspricht wegen des konstanten Volumens und der konstanten Dichte der Änderung der inneren Energie):

$$\frac{\partial u}{\partial \tau}\varrho\, A_M\, dx = \dot{m}\, h - \dot{m}\left(h + \frac{\partial h}{\partial x}dx\right) + \dot{q}_{Vo}\, A_M\, dx$$

$$\dot{q}_{Vo}\, A_M\, dx = \dot{q}_{in} U_{in} dx$$

$$\frac{\partial \rho u}{\partial \tau} = -\frac{\partial h}{\partial x}\frac{\dot{m}}{A_M} + \dot{q}_{in}\frac{U_{in}}{A_M} \qquad (7.109)$$

In der Gl. (7.109) werden die Terme $\frac{\partial \rho u}{\partial \tau}$ und $\frac{\partial h}{\partial x}$ mithilfe der totalen Differentiale der inneren Energie und Enthalpie umgeformt und vereinfacht:

$$u = u(p, \vartheta)$$

$$\frac{\partial u}{\partial \tau} = \frac{\partial u}{\partial p}\bigg|_\vartheta \frac{\partial p}{\partial \tau} + \frac{\partial u}{\partial \vartheta}\bigg|_p \frac{\partial \vartheta}{\partial \tau}$$

Mit der Annahme $p = $ konstant ergibt sich

$$\frac{\partial u}{\partial \tau} = \frac{\partial u}{\partial \vartheta}\bigg|_p \frac{\partial \vartheta}{\partial \tau} \approx c_p \frac{\partial \vartheta}{\partial \tau}$$

Wegen $h = u + pv = f(p, \vartheta)$ gilt bei $\varrho = $ konstant und $p = $ konstant:

$$\frac{\partial h}{\partial \vartheta}\bigg|_p = \frac{\partial u}{\partial \vartheta}\bigg|_p + p\underbrace{\frac{\partial v}{\partial \vartheta}\bigg|_p}_{=0} + v\underbrace{\frac{\partial p}{\partial \vartheta}\bigg|_p}_{=0}$$

$$\frac{\partial h}{\partial x} = \underbrace{\frac{\partial h}{\partial p}\bigg|_\vartheta \frac{\partial p}{\partial x}}_{=0} + \frac{\partial h}{\partial \vartheta}\bigg|_p \frac{\partial \vartheta}{\partial x} = \frac{\partial h}{\partial \vartheta}\bigg|_p \frac{\partial \vartheta}{\partial x} = c_p \frac{\partial \vartheta}{\partial x}$$

Damit und mit Gl. (7.108) ergibt sich aus Gl. (7.109)

$$\rho c_p \frac{\partial \vartheta}{\partial \tau} = -c_p \frac{\partial \vartheta}{\partial x}\frac{\dot{m}}{A_M} + \alpha_{in,stat}\left(1 + a\frac{\Delta \dot{m}}{\dot{m}_{stat}}\right)(\vartheta_R - \vartheta)\frac{U_{in}}{A_M} \quad (7.110)$$

Im stationären Zustand geht die Gl. (7.110) über in

$$0 = -c_p \frac{\mathrm{d}\vartheta_{stat}}{\mathrm{d}x}\frac{\dot{m}_{stat}}{A_M} + \alpha_{in,stat}(\vartheta_R - \vartheta)_{stat}\frac{U_{in}}{A_M} \quad (7.111)$$

Wir gehen zu den Abweichungen vom stationären Zustand ($\vartheta = \vartheta_{stat} + \Delta\vartheta$ etc., $\frac{\partial \vartheta}{\partial \tau} = \frac{\partial \Delta\vartheta}{\partial \tau}$ etc.) über und linearisieren die Gl. (7.110). Gl. (7.111) wird von Gl. (7.110) abgezogen.

$$\rho c_p \frac{\partial \Delta\vartheta}{\partial \tau} = -\frac{c_p}{A_M}\left(\frac{\partial \vartheta}{\partial x}\dot{m} - \frac{\mathrm{d}\vartheta_{stat}}{\mathrm{d}x}\dot{m}_{stat}\right) + \alpha_{in,stat}\frac{U_{in}}{A_M}$$
$$\cdot \left[\left(1 + a\frac{\Delta \dot{m}}{\dot{m}_{stat}}\right)(\vartheta_R - \vartheta) - (\vartheta_R - \vartheta)_{stat}\right]$$

$$A_M \rho c_p \frac{\partial \Delta\vartheta}{\partial \tau} = -A_M \rho c_p\left(\frac{\partial \vartheta}{\partial x}w - \frac{\mathrm{d}\vartheta_{stat}}{\mathrm{d}x}w_{stat}\right) + \alpha_{in,stat}U_{in}$$
$$\cdot \left[a\frac{\Delta \dot{m}}{\dot{m}_{stat}}(\vartheta_R - \vartheta)_{stat} + \left(1 + a\frac{\Delta \dot{m}}{\dot{m}_{stat}}\right)\right.$$
$$\left. \cdot (\Delta\vartheta_R - \Delta\vartheta)\right]$$

$$\frac{A_M \rho c_p}{\alpha_{in,stat}U_{in}}\frac{\partial \Delta\vartheta}{\partial \tau} = -\frac{A_M \rho c_p}{\alpha_{in,stat}U_{in}}\left(\frac{\partial \vartheta_{stat}}{\partial x}w_{stat} + \frac{\partial \Delta\vartheta}{\partial x}w_{stat}\right.$$
$$\left. + \underbrace{\frac{\partial \Delta\vartheta}{\partial x}\Delta w}_{\approx 0} + \frac{\mathrm{d}\vartheta_{stat}}{\mathrm{d}x}\Delta w - \frac{\mathrm{d}\vartheta_{stat}}{\mathrm{d}x}w_{stat}\right)$$
$$+ a\frac{\Delta \dot{m}}{\dot{m}_{stat}}(\vartheta_R - \vartheta)_{stat} + (\Delta\vartheta_R - \Delta\vartheta)$$
$$+ \underbrace{a\frac{\Delta \dot{m}}{\dot{m}_{stat}}(\Delta\vartheta_R - \Delta\vartheta)}_{\approx 0}$$

$$a\frac{\Delta \dot{m}}{\dot{m}_{stat}} + \frac{\Delta\vartheta_R - \Delta\vartheta}{(\vartheta_R - \vartheta)_{stat}} = \frac{A_M \rho c_p}{\alpha_{in,stat}U_{in}}\frac{1}{(\vartheta_R - \vartheta)_{stat}}$$
$$\left[\frac{\partial \Delta\vartheta}{\partial \tau} + \frac{\partial \Delta\vartheta}{\partial x}w_{stat} + \frac{\mathrm{d}\vartheta_{stat}}{\mathrm{d}x}\Delta w\right] \quad (7.112)$$

und mit der umgeformten Gl. (7.111) für

$$\frac{\partial \vartheta_{stat}}{\partial x} = \frac{d\vartheta_{stat}}{dx} = \frac{\alpha_{in,stat} U_{in}}{A_M \rho c_p} \frac{(\vartheta_R - \vartheta)_{stat}}{w_{stat}}$$

erhält man aus Gl. (7.112) den Energieerhaltungssatz des Mediums

$$\frac{1}{(\vartheta_R - \vartheta)_{stat}} \frac{A_M \rho c_p}{\alpha_{in,stat} U_{in}} \left(\frac{\partial \Delta\vartheta}{\partial \tau} + \frac{\partial \Delta\vartheta}{\partial x} w_{stat} \right) = (a-1) \frac{\Delta \dot{m}}{\dot{m}_{stat}} + \frac{\Delta\vartheta_R - \Delta\vartheta}{(\vartheta_R - \vartheta)_{stat}} \quad (7.113)$$

4. Energieerhaltungssatz der Rohrwand (unter der Annahme axial verschwindend kleiner und radial unendlich großer Wärmeleitung, d.h. Außen- und Innentemperatur des Rohres sind gleich groß)

$$\dot{q}_a U_a dx - \dot{q}_{in} U_{in} dx = A_R \, dx \, \rho_R \, c_R \frac{d\vartheta_R}{d\tau}$$

Die obige Gleichung umgeformt mit Gl. (7.108) ergibt

$$\dot{q}_a U_a - \alpha_{in,stat} \left(1 + a \frac{\Delta \dot{m}}{\dot{m}_{stat}}\right) (\vartheta_R - \vartheta) U_{in} = A_R \rho_R c_R \frac{\partial \vartheta_R}{\partial \tau} \quad (7.114)$$

Im stationären Zustand geht die Gl. (7.114) über in

$$0 = \dot{q}_{a,stat} U_a - \alpha_{in,stat} (\vartheta_R - \vartheta)_{stat} U_{in} \quad (7.115)$$

Gl. (7.115) von Gl. (7.114) abgezogen $\left(\frac{\partial}{\partial \tau} = \frac{\partial \Delta}{\partial \tau}\right)$ ergibt

$$\Delta \dot{q}_a U_a - \alpha_{in,stat} U_{in} \left[\left(1 + a \frac{\Delta \dot{m}}{\dot{m}_{stat}}\right) (\vartheta_R - \vartheta) - (\vartheta_R - \vartheta)_{stat} \right] = A_R \rho_R c_R \frac{\partial \Delta\vartheta_R}{\partial \tau}$$

Wird obige Gleichung durch $\dot{q}_{a,stat} U_a = \alpha_{i,stat}(\vartheta_R - \vartheta)_{stat} U_{in}$ (Gl. (7.115)) dividiert, erhält man den Energieerhaltungssatz der Rohrwand

$$\frac{A_R \rho_R c_R}{\alpha_{in,stat} U_{in}} \frac{1}{(\vartheta_R - \vartheta)_{stat}} \frac{\partial \Delta\vartheta_R}{\partial \tau} =$$

$$= \frac{\Delta \dot{q}_a}{\dot{q}_{a,stat}} - \left(1 + a \frac{\Delta \dot{m}}{\dot{m}_{stat}}\right) \frac{(\vartheta_R - \vartheta)}{(\vartheta_R - \vartheta)_{stat}} + 1 =$$

$$= \frac{\Delta \dot{q}_a}{\dot{q}_{a,stat}} - \left(1 + a \frac{\Delta \dot{m}}{\dot{m}_{stat}}\right) \left(1 + \frac{\Delta\vartheta_R - \Delta\vartheta}{(\vartheta_R - \vartheta)_{stat}}\right) + 1 =$$

$$= \frac{\Delta \dot{q}_a}{\dot{q}_{a,stat}} - 1 - a \frac{\Delta \dot{m}}{\dot{m}_{stat}} - \frac{\Delta\vartheta_R - \Delta\vartheta}{(\vartheta_R - \vartheta)_{stat}} - \underbrace{a \frac{\Delta \dot{m}}{\dot{m}_{stat}} \frac{\Delta\vartheta_R - \Delta\vartheta}{(\vartheta_R - \vartheta)_{stat}}}_{\approx 0} + 1 \quad (7.116)$$

Mit den Gleichungen (7.113) und (7.116) haben wir die Differentialgleichungen für die Energiebilanz des strömende Mediums und der Rohrwand gefunden.

Zur Vereinfachung werden Zeit und Ortskoordinate dimensionslos gemacht und die Zeitkonstanten τ_R (Rohrspeicherzeit), τ_D (Medium(dampf)speicherzeit), τ_t (Totzeit) und die dimensionslose Formkennzahl κ_D eingeführt

$$\tau_R = \frac{A_R \rho_R c_R}{\alpha_{in,stat} U_{in}} \frac{l}{l} = \frac{m_R c_R}{\alpha_{in,stat} A_{O,in}}; \quad \tau_t = \frac{l}{w} = \frac{l A_M \rho}{\dot{m}} = \frac{m}{\dot{m}}$$

$$\tau_D = \frac{A_M \rho c_p}{\alpha_{in,stat} U_{in}} \frac{l}{l} = \frac{m c_p}{\alpha_{in,stat} A_{O,in}}; \quad \kappa_D = \frac{\tau_t}{\tau_D} = \frac{\alpha_{in,stat} A_{O,in}}{\dot{m} c_p}$$

$$x_* = \frac{x}{l}; \qquad\qquad\qquad\qquad \tau_* = \frac{\tau}{\tau_R} \qquad (7.117)$$

Aus den Gleichungen (7.113) und (7.116) erhält man durch Normierung und mit den eingeführten Zeitkonstanten und der Formkennzahl folgendes Differentialgleichungssystem:

- Energieerhaltungssatz des Mediums

$$\frac{1}{(\vartheta_R - \vartheta)_{stat}} \frac{1}{\kappa_D} \left(\frac{\tau_t}{\tau_R} \frac{\partial \Delta \vartheta}{\partial \tau_*} + \frac{\partial \Delta \vartheta}{\partial x_*} \right) = (a-1) \frac{\Delta \dot{m}}{\dot{m}_{stat}} + \frac{\Delta \vartheta_R - \Delta \vartheta}{(\vartheta_R - \vartheta)_{stat}} \quad (7.118)$$

- Energieerhaltungssatz der Rohrwand

$$\frac{\Delta \dot{q}_a}{\dot{q}_{a,stat}} - a \frac{\Delta \dot{m}}{\dot{m}_{stat}} - \frac{\Delta \vartheta_R - \Delta \vartheta}{(\vartheta_R - \vartheta)_{stat}} = \frac{1}{(\vartheta_R - \vartheta)_{stat}} \frac{\partial \Delta \vartheta_R}{\partial \tau_*} \qquad (7.119)$$

Um die normierten Differentialgleichungen lösen zu können, werden die beiden Gleichungen (7.118) und (7.119) zweimalig einer Laplace-Transformation (nach Zeit und Ort) unterzogen. Zunächst wird der Energieerhaltungssatz des Mediums nach der Zeit Laplace-transformiert:

$$\frac{1}{(\vartheta_R - \vartheta)_{stat}} \frac{1}{\kappa_D} \left[\frac{\tau_t}{\tau_R} \left(s_{\tau_*} \mathcal{L}_{\tau_*}\{\Delta \vartheta\} - \underbrace{\Delta \vartheta_{\tau_*=0}}_{=0} \right) + \mathcal{L}_{\tau_*}\left\{\frac{\partial \Delta \vartheta}{\partial x_*}\right\} \right]$$

$$= (a-1) \mathcal{L}_{\tau_*}\left\{\frac{\Delta \dot{m}}{\dot{m}_{stat}}\right\} + \frac{1}{(\vartheta_R - \vartheta)_{stat}} \left[\mathcal{L}_{\tau_*}\{\Delta \vartheta_R\} - \mathcal{L}_{\tau_*}\{\Delta \vartheta\} \right]$$

Danach wird der Energieerhaltungssatz des Mediums auch nach dem Ort Laplace-transformiert:

$$\frac{1}{(\vartheta_R - \vartheta)_{stat}} \frac{1}{\kappa_D} \left[\frac{\tau_t}{\tau_R} s_\tau \mathcal{L}_{\tau_*} \mathcal{L}_{x_*}\{\Delta \vartheta\} + s_x \mathcal{L}_{\tau_*} \mathcal{L}_{x_*}\{\Delta \vartheta\} - \mathcal{L}_{\tau_*}\{\Delta \vartheta_{\tau, x=0}\} \right]$$

$$= (a-1) \mathcal{L}_{\tau_*} \mathcal{L}_{x_*}\left\{\frac{\Delta \dot{m}}{\dot{m}_{stat}}\right\} + \frac{1}{(\vartheta_R - \vartheta)_{stat}} \left[\mathcal{L}_{\tau_*} \mathcal{L}_{x_*}\{\Delta \vartheta_R\} - \mathcal{L}_{\tau_*} \mathcal{L}_{x_*}\{\Delta \vartheta\} \right]$$

$$(7.120)$$

Der Energieerhaltungssatz der Rohrwand wird ebenfalls nach Zeit und Ort Laplace-transformiert:

$$\mathcal{L}_{\tau_*}\mathcal{L}_{x_*}\left\{\frac{\Delta \dot{q}_a}{\dot{q}_{a,stat}}\right\} - a\mathcal{L}_{\tau_*}\mathcal{L}_{x_*}\left\{\frac{\Delta \dot{m}}{\dot{m}_{stat}}\right\} - \frac{1}{(\vartheta_R - \vartheta)_{stat}}\Big[\mathcal{L}_{\tau_*}\mathcal{L}_{x_*}\{\Delta\vartheta_R\}$$
$$- \mathcal{L}_{\tau_*}\mathcal{L}_{x_*}\{\Delta\vartheta\}\Big]$$
$$= \frac{1}{(\vartheta_R - \vartheta)_{stat}}\Big(s_\tau \mathcal{L}_{\tau_*}\mathcal{L}_{x_*}\{\Delta\vartheta_R\} - \underbrace{\Delta\vartheta|_{\tau=0}}_{=0}\Big)\frac{1}{1+s_\tau}\cdot$$
$$\cdot \left[\mathcal{L}_{\tau_*}\mathcal{L}_{x_*}\left\{\frac{\Delta \dot{q}_a}{\dot{q}_{a,stat}}\right\} - a\mathcal{L}_{\tau_*}\mathcal{L}_{x_*}\left\{\frac{\Delta \dot{m}}{\dot{m}_{stat}}\right\} + \frac{1}{(\vartheta_R - \vartheta)_{stat}}\mathcal{L}_{\tau_*}\mathcal{L}_{x_*}\{\Delta\vartheta\}\right]$$
$$= \frac{1}{(\vartheta_R - \vartheta)_{stat}}\mathcal{L}_{\tau_*}\mathcal{L}_{x_*}\{\Delta\vartheta_R\} \tag{7.121}$$

Setzt man Gl. (7.121) in Gl. (7.120) ein und eliminiert dadurch $\mathcal{L}_{\tau_*}\mathcal{L}_{x_*}\{\Delta\vartheta_R\}$, so erhält man mit der Voraussetzung, dass $\Delta\dot{q}_a$ und $\Delta\dot{m}$ konstant über x bzw. x_* sind (Sprung bei $x = x_* = 0$), folgende Gleichungen:

$$\mathcal{L}_{\tau_*}\mathcal{L}_{x_*}\left\{\frac{\Delta \dot{q}_a}{\dot{q}_{a,stat}}\right\} = \frac{1}{s_{x_*}}\mathcal{L}_{\tau_*}\left\{\frac{\Delta \dot{q}_a}{\dot{q}_{a,stat}}\right\}$$

bzw.

$$\mathcal{L}_{\tau_*}\mathcal{L}_{x_*}\left\{\frac{\Delta \dot{m}}{\dot{m}_{stat}}\right\} = \frac{1}{s_{x_*}}\mathcal{L}_{\tau_*}\left\{\frac{\Delta \dot{m}}{\dot{m}_{stat}}\right\}$$

$$\frac{\mathcal{L}_{\tau_*}\mathcal{L}_{x_*}\{\Delta\vartheta\}}{(\vartheta_R - \vartheta)_{stat}} = \frac{\dfrac{\mathcal{L}_{\tau_*}\left\{\dfrac{\Delta \dot{q}_a}{\dot{q}_{a,stat}}\right\}}{(1+s_{\tau_*})s_{x_*}}}{\left(\dfrac{\tau_t}{\kappa_D \tau_R} + \dfrac{1}{1+s_{\tau_*}}\right)s_{\tau_*} + \dfrac{1}{\kappa_D}s_{x_*}} +$$

$$+ \frac{\left(\dfrac{as_{\tau_*}}{1+s_{\tau_*}} - 1\right)\dfrac{1}{s_{x_*}}\mathcal{L}_{\tau_*}\left\{\dfrac{\Delta \dot{m}}{\dot{m}_{stat}}\right\} + \dfrac{\mathcal{L}_{\tau_*}\{\Delta\vartheta_{\tau,x=0}\}}{\kappa_D(\vartheta_R - \vartheta)_{stat}}}{\left(\dfrac{\tau_t}{\kappa_D \tau_R} + \dfrac{1}{1+s_{\tau_*}}\right)s_{\tau_*} + \dfrac{1}{\kappa_D}s_{x_*}}$$
$$\tag{7.122}$$

Durch Rücktransformation bezüglich x_* erhält man unterschiedliche Übertragungsfunktionen, abhängig davon, welche Größe als konstant und welche Größe als variabel angenommen wird.

- Übertragungsfunktion der Austrittstemperatur bei Änderung der Eintrittstemperatur, konstantem Massenstrom und konstanter Beheizung

544 Kraftwerkssimulation – Modelle und Validierung

$$\left.\begin{array}{r}\Delta \dot{q}_a \equiv 0 \\ \Delta \dot{m} \equiv 0 \\ \Delta \vartheta_{\tau_*,x_*=0} \neq 0\end{array}\right\} \text{eingesetzt in Gl. (7.122) ergibt}$$

$$\mathcal{L}_{\tau_*}\mathcal{L}_{x_*}\{\Delta\vartheta\} = \frac{\mathcal{L}_{\tau_*}\{\Delta\vartheta_{\tau_*,x_*=0}\}}{\left(\dfrac{\tau_t}{\tau_R}+\dfrac{\kappa_D}{1+s_{\tau_*}}\right)s_{\tau_*}+s_{x_*}} \qquad (7.123)$$

Durch Rücktransformation bezüglich x_* erhält man nach (Doetsch 1961)

$$\frac{\mathcal{L}_{\tau_*}\{\Delta\vartheta\}}{\mathcal{L}_{\tau_*}\{\Delta\vartheta_{\tau_*,x_*=0}\}} = \mathcal{L}_{x_*}^{-1}\left[\frac{1}{\left(\dfrac{\tau_t}{\tau_R}+\dfrac{\kappa_D}{1+s_{\tau_*}}\right)s_{\tau_*}+s_{x_*}}\right]$$

$$= e^{-\left(\dfrac{\tau_t}{\tau_R}+\dfrac{\kappa_D}{1+s_{\tau_*}}\right)s_{\tau_*}\cdot x_*}$$

und für $x_* = 1$ d.h. $x = l$

$$\frac{\mathcal{L}_{\tau_*}\{\Delta\vartheta_{\tau_*,x=l}\}}{\mathcal{L}_{\tau_*}\{\Delta\vartheta_{\tau_*,x_*=0}\}} = e^{-\left(\dfrac{\tau_t}{\tau_R}+\dfrac{\kappa_D}{1+s_{\tau_*}}\right)s_{\tau_*}} \qquad (7.124)$$

- Übertragungsfunktion der Austrittstemperatur bei Änderung des Massenstromes, konstanter Eintrittstemperatur und konstanter Beheizung

$$\left.\begin{array}{r}\Delta \dot{q}_a \equiv 0 \\ \Delta \dot{m} \neq 0 \\ \Delta \vartheta_{\tau_*,x_*=0} \equiv 0\end{array}\right\} \text{eingesetzt in Gl. (7.122) ergibt} \qquad (7.125)$$

$$\frac{\mathcal{L}_{\tau_*}\mathcal{L}_{x_*}\{\Delta\vartheta\}}{(\vartheta_R-\vartheta)_{stat}} = \frac{\kappa_D\left(\dfrac{as_{\tau_*}}{1+s_{\tau_*}}-1\right)\dfrac{1}{s_{x_*}}\mathcal{L}_{\tau_*}\left\{\dfrac{\Delta\dot{m}}{\dot{m}_{stat}}\right\}}{\left(\dfrac{\tau_t}{\tau_R}+\dfrac{\kappa_D}{1+s_{\tau_*}}\right)s_{\tau_*}+s_{x_*}} \qquad (7.126)$$

Da wir eine gleichmäßige Beheizung über die Rohrlänge l vorausgesetzt haben, gilt bei konstanten Stoffwerten (ebenfalls vorausgesetzt)

$$\frac{d\vartheta_{stat}}{dx} = \text{konstant und} \quad \frac{d\vartheta_{stat}}{dx}l = (\vartheta_{aus}-\vartheta_{ein})_{stat}$$

Eingesetzt in Gl. (7.111) erhält man

$$c_p\frac{(\vartheta_{aus}-\vartheta_{ein})_{stat}}{l}\frac{\dot{m}_{stat}}{A_M} = \alpha_{in,stat}(\vartheta_R-\vartheta)_{stat}\frac{U_{in}}{A_M}$$

$$\frac{(\vartheta_{aus}-\vartheta_{ein})_{stat}}{(\vartheta_R-\vartheta)_{stat}} = \frac{\alpha_{in,stat}U_{in}l}{\dot{m}_{stat}c_p} = \kappa_D$$

Die obige Beziehung in Gl. (7.126) eingesetzt zur Elimination der Differenz $(\vartheta_R - \vartheta)_{stat}$ und anschließend Rücktransformation bezüglich x_* ergibt nach (Doetsch 1961) mit $x = l$ d.h. $x_* = 1$

$$\frac{\frac{\mathcal{L}_{\tau_*}\{\Delta\vartheta_{aus}\}}{(\vartheta_{aus} - \vartheta_{ein})_{stat}}}{\mathcal{L}_{\tau_*}\left\{\frac{\Delta\dot{m}}{\dot{m}_{stat}}\right\}} = \mathcal{L}_{x_*}^{-1}\left[\frac{\left(\frac{as_{\tau_*}}{1+s_{\tau_*}} - 1\right)\frac{1}{s_{x_*}}}{\left(\frac{\tau_t}{\tau_R} + \frac{\kappa_D}{1+s_{\tau_*}}\right)s_{\tau_*} + s_{x_*}}\right]$$

$$= \frac{[(a-1)s_{\tau_*} - 1]}{\left[\frac{\tau_t}{\tau_R \kappa_D}(1+s_{\tau_*})s_{\tau_*} + s_{\tau_*}\right]\kappa_D}\left[1 - \underbrace{e^{-\left(\frac{\tau_t}{\tau_R} + \frac{\kappa_D}{1+s_{\tau_*}}\right)s_{\tau_*}}}_{\text{identisch mit Gl. (7.124)}}\right]^{x_* = 1} \quad (7.127)$$

Annähernd kann a = 1 gesetzt werden.
- Übertragungsfunktion der Austrittstemperatur bei einer Änderung der Beheizung, konstanter Einrittstemperatur und konstantem Massenstrom

$$\left.\begin{array}{r}\Delta\dot{q}_a \neq 0 \\ \Delta\dot{m} \equiv 0 \\ \Delta\vartheta_{\tau_*, x_*=0} \equiv 0\end{array}\right\} \text{ eingesetzt in Gl. (7.122) ergibt}$$

$$\frac{\mathcal{L}_{\tau_*}\mathcal{L}_{x_*}\{\Delta\vartheta\}}{(\vartheta_R - \vartheta)_{stat}} = \frac{\kappa_D \frac{1}{1+s_{\tau_*}}\frac{1}{s_{x_*}}\mathcal{L}_{\tau_*}\left\{\frac{\Delta\dot{q}_a}{\dot{q}_{a,stat}}\right\}}{\left(\frac{\tau_t}{\tau_R} + \frac{\kappa_D}{1+s_{\tau_*}}\right)s_{\tau_*} + s_{x_*}}$$

Es gilt wieder Gl. (7.123). Mit dieser und mit einer Rücktransformation bezüglich x_* ergibt sich für $x = l$ d.h. $x_* = 1$ und $\dot{q}_a U_a l = \dot{Q}_a$ und $\Delta\dot{q}_a U_a l = \Delta\dot{Q}_a$

$$\frac{\frac{\mathcal{L}_{\tau_*}\{\Delta\vartheta_{aus}\}}{(\vartheta_R - \vartheta)_{stat}}}{\mathcal{L}_{\tau_*}\left\{\frac{\Delta\dot{q}_a}{\dot{q}_{a,stat}}\right\}} = \frac{\frac{\mathcal{L}_{\tau_*}\{\Delta\vartheta_{aus}\}}{(\vartheta_{aus} - \vartheta_{ein})_{stat}}}{\mathcal{L}_{\tau_*}\left\{\frac{\Delta\dot{Q}_a}{\dot{Q}_a}\right\}} =$$

$$= \frac{1}{\left[\frac{\tau_t}{\tau_R \kappa_D}(1+s_{\tau_*})s_{\tau_*} + s_{\tau_*}\right]\kappa_D}\left[1 - \underbrace{e^{-\left(\frac{\tau_t}{\tau_R} + \frac{\kappa_D}{1+s_{\tau_*}}\right)s_{\tau_*}}}_{\text{identisch mit Gl. (7.124)}}\right]^{x_* = 1} \quad (7.128)$$

Gl. (7.128), d.h. die Übertragungsfunktion der Austrittstemperatur bei einer Beheizungsänderung und konstantem Massenstrom und konstanter Eintrittstemperatur ist bis auf das Vorzeichen mit Gl. (7.127), d.h. der

Übertragungsfunktion bei einer Massenstromänderung und konstanter Beheizung und konstanter Eintrittstemperatur, identisch, wenn a = 1. Für den neuen stationären Zustand nach längerer Zeit ist dies unmittelbar einleuchtend: 10 % mehr Beheizung ergibt annähernd 10 % mehr Aufwärmspanne ($\vartheta_{aus} - \vartheta_{ein}$), 10 % mehr Massenstrom annähernd 10 % weniger Aufwärmspanne.

Die dimensionslos gemachten Sprungantworten sind in Abb. 7.14 dargestellt. Bei gleichzeitiger Änderung von Eintrittstemperatur, Massenstrom und Beheizung können diese Sprungantworten überlagert werden. Damit können auch einfache Regelkreise (Einspritzungen) untersucht werden.

Im Allg. ist bei Überhitzern die Durchlauftotzeit $\tau_t \approx 0$ sehr klein, sodass sie vernachlässigt werden kann. Dadurch wird die Gl. (7.128) bzw. analog Gl. (7.127) überführt in:

$$\frac{\frac{\mathcal{L}_{\tau_*}\{\Delta\vartheta_{aus}\}}{(\vartheta_{aus} - \vartheta_{ein})_{stat}}}{\mathcal{L}_{\tau_*}\left\{\frac{\Delta\dot{Q}_a}{\dot{Q}_{a,stat}}\right\}} = \frac{1}{s_{\tau_*}\kappa_D}\left(1 - e^{-\kappa_D \frac{s_{\tau_*}}{1+s_{\tau_*}}}\right) \quad (7.129)$$

Lösen der Gleichungen

Zur Berechnung von Sprungantworten etc. für die hergeleiteten Übertragungsfunkionen kann z.B. das Programm Matlab-Simulink verwendet werden. In Matlab-Simulink können aber nur echt gebrochen rationale Übertragungsfunktionen eingegeben werden. Daher muss die in den Übertragungsfunktionen enthaltene e-Funktion durch eine Taylorreihenentwicklung angenähert werden. Es gilt wieder die Annahme, dass $\tau_t \approx 0$ ist.

$$e^{-\left(\frac{\tau_t}{\tau_R}+\frac{\kappa_D}{1+s_{\tau_*}}\right)s_{\tau_*}} = \underbrace{e^{-\frac{\tau_t}{\tau_R}s_{\tau_*}}}_{\approx 1} e^{-\kappa_D \frac{s_{\tau_*}}{1+s_{\tau_*}}} = e^{-\kappa_D} e^{\frac{\kappa_D}{1+s_{\tau_*}}}$$

$$= e^{-\kappa_D}\left(1 + \left(\frac{\kappa_D}{1+s_{\tau_*}}\right) + \frac{1}{2!}\left(\frac{\kappa_D}{1+s_{\tau_*}}\right)^2 + \frac{1}{3!}\left(\frac{\kappa_D}{1+s_{\tau_*}}\right)^3 + \ldots\right) \quad (7.130)$$

In Abb. 7.13 ist das Matlab–Simulink Schaltbild dargestellt für die Berechnung der Sprungantworten der Austrittstemperatur bei einer (sprunghaften) Änderung der Eintrittstemperatur bzw. des Eintrittsmassenstroms bzw. der Beheizung. Natürlich kann dieses Schaltschema auch zur Berechnung verwendet werden, wenn andere Eingangssignale anstehen als ein Einheitssprung, und die Ausgangssignale bei Änderungen der Eintrittstemperatur, des Eintrittmassenstroms und der Beheizung können überlagert werden.

In Abb. 7.14 sind die drei Scharen von Sprungsantworten, die mithilfe von Matlab–Simulink berechnet wurden, abgebildet. Dabei wurden 30 PT_1-Glieder verwendet, um auch die Verläufe bei hohen κ_D-Werte hinreichend genau abbilden zu können. Die lang gestrichelten Linien sind Sprungantworten

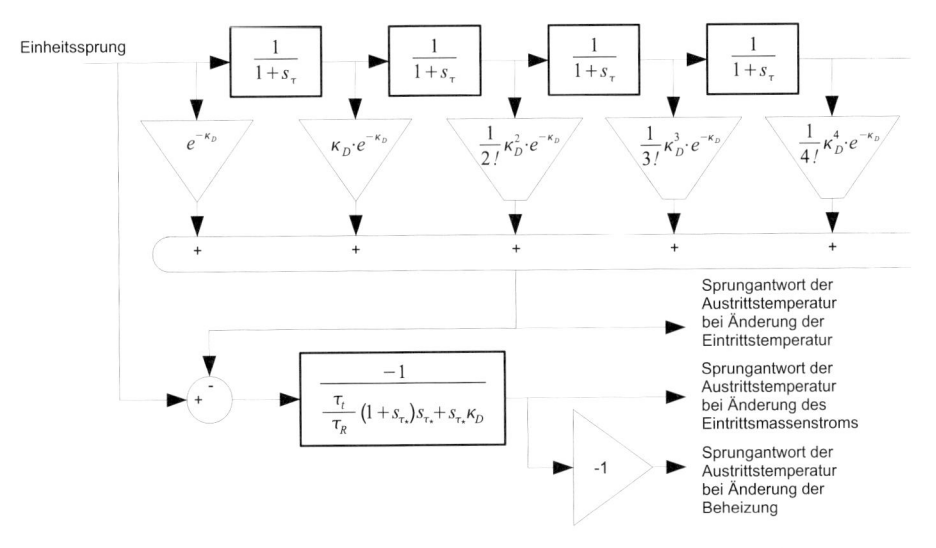

Abb. 7.13. Matlab-Simulink-Schaltbild für die Sprungantworten der Austrittstemperatur bei einer (sprunghaften) Änderung der Eintrittstemperatur bzw. des Eintrittsmassenstroms bzw. der Beheizung

auf eine Steigerung der Beheizung. Die kurz gestrichelten Linien sind Sprungantworten auf eine Massenstromerhöhung. Die dicken durchgezogenen Linien sind Sprungantworten auf eine Erhöhung der Eintrittstemperatur. Dabei hat der Parameter κ_D für die drei Kurvenscharen von links nach rechts immer die gleichen Werte 0,5; 1; 2; 3; 4; 5; 6,3; 8; 10; 12,5; 16 und 20.

Beispiel: Überhitzer-Übergangsfunktion

Zur Berechnung des Überhitzer-Übergangsverhaltens müssen folgende Daten bekannt sein:

Lastenunabhängige Daten:

$$A_{O,in} = 1650\,m^2 \qquad \text{innere Oberfläche}$$
$$V = 11\,m^3 \qquad \text{inneres Volumen}$$
$$m_R = 95500\,kg \qquad \text{Stahlmasse der Rohre}$$

Lastabhängige Daten:

$$\alpha_{in} = 6200\,\frac{W}{m^2 K} \qquad \text{innere Wärmeübergangszahl}$$
$$\bar{c}_p = 3600\,\frac{J}{kg\,K} \qquad \text{mittlere spez. Wärmekapazität}$$

$$\text{Mittelwertbildung:} \quad \bar{c}_p = \frac{1}{m}\int_0^m c_p\,dm \tag{7.131}$$

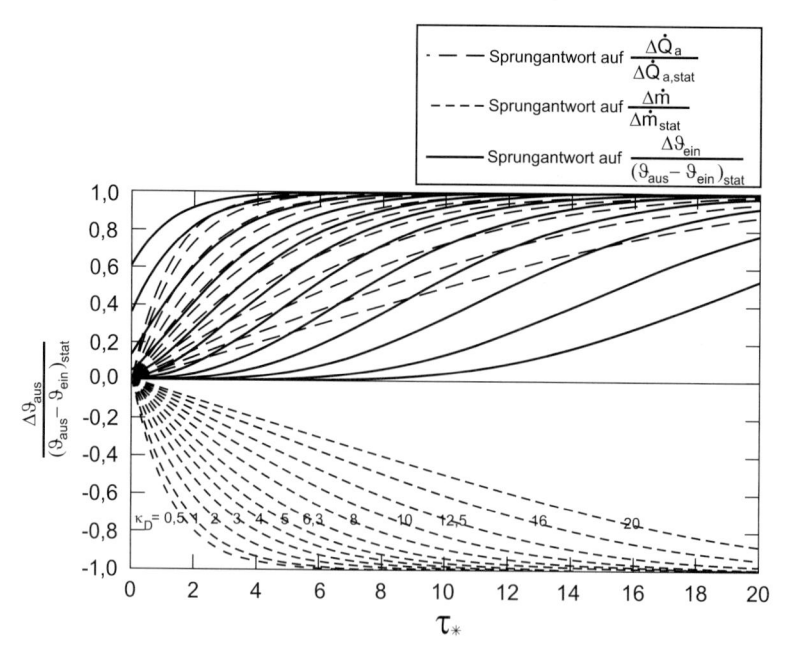

548 Kraftwerkssimulation – Modelle und Validierung

Abb. 7.14. Einheitssprungantworten der normierten Austrittstemperatur bei Änderung des Eintrittsmassenstroms, der Beheizung und der Eintrittstemperatur über der normierten Zeit

$\overline{c}_R = 650 \ \frac{J}{kg \cdot K}$ mittlere spezifische Wärme der Stahlmasse

$$\text{Mittelwertbildung:} \quad \overline{c}_R = \frac{1}{m_R} \int_0^{m_R} c_R \, dm_R \tag{7.132}$$

$\dot{m} = 480 \ kg/s$ Dampfstrom
$\overline{v} = 0{,}01462 \ m^3/kg$ mittleres spezifisches Volumen des Dampfes

$$\text{Mittelwertbildung:} \quad \frac{1}{\overline{v}} = \frac{1}{V} \int_0^V \frac{1}{v} \, dv \tag{7.133}$$

Damit können nach Gl. (7.117) κ_D, τ_R und τ_t, die zur Beschreibung genügen, berechnet werden.

$\kappa_D = 5{,}92$ $\tau_R = 6{,}07$ s $\tau_t = 1{,}57$ s

Im obigen Abschnitt wurden die Wärmebilanz der Rohrwand, die Wärmebilanz des strömenden Mediums und die Wärmeübergangsgleichung aufgestellt. Daraus wurden die Übertragungsfunktionen und Sprungantworten der Austrittstemperatur bei Störungen der Eintrittstemperatur, der Beheizung und des Massenstroms berechnet. Die vereinfachenden Annahmen sind:

Konstanz der Stoffwerte und geometrischen Abmessungen, Inkompressibilität, Vernachlässigung der Wärmeleitung in axialer Richtung und Annahme einer ∞ großen Wärmeleitfähigkeit in radialer Richtung für Rohrmaterial und Betriebsmedium. Neben den exakten Lösungen wurde eine sehr gute Näherungsmethode für die Übertragungsfunktionen (ohne Totzeit, die bei einem Überhitzer im Allg. ohnehin vernachlässigbar klein ist) angegeben.

Die Beschreibung eines Überhitzers reduziert sich dabei auf die zwei (allerdings lastabhängigen) Konstanten κ_D und T_R und eine Totzeit T_t, falls diese doch berücksichtigt werden muss. Untersuchungen haben gezeigt, dass für $\kappa_D > 4$ das Verhalten der Austrittstemperatur bei Beheizungs- und Massenstromänderungen bis auf das Vorzeichen annähernd gleich ist. Ein Anstieg der Beheizung bewirkt einen Austrittstemperaturanstieg und ein Anstieg des Massenstroms einen Austrittstemperaturabfall. Als gemeinsame Eingangsgröße kann also

$$\frac{\Delta \dot{Q}_{ÜH}}{\dot{Q}_{ÜH_0}} - \frac{\Delta \dot{m}}{\dot{m}_0} \approx \frac{\Delta \Delta \vartheta}{\Delta \vartheta_0}$$

nach Gl. (7.106) verwendet werden.

Übertragungsverhalten der Feuerung (Verzögerung der Feuerentbindung)

Das Übertragungsverhalten der Feuerung beschreibt das Verhalten der Feuerentbindung bei einer Änderung des Leistungsbefehls. Dieser Vorgang ist derart komplex, dass im Allg. auf Messwerte von ähnlichen Feuerungen zurückgegriffen wird. Einen Überblick geben VDI 3501 bis VDI 3506. Genaue Daten sind insbesondere für „langsame Feuerung" erforderlich (Schneider 1958), (Schneider 1960), (Schneider 1962), (Focke 1972), (Michelfelder 1974).

Zur Nachbildung wird der Einfachheit halber ein proportionales Übertragungsverhalten mit Verzögerung n-ter Ordnung angenommen, wobei n so gewählt wird, dass die Messwerte ausreichend genau angenähert werden. Die Summe der Zeitkonstanten ist T_F. Die prozentuale Wärmeaufnahme der Heizflächen verändert sich in Abhängigkeit von der Last. Dies kann – wenn nötig – durch einen lastabhängigen Proportionalitätsfaktor (aus Teillastrechnungen zu entnehmen) bei den einzelnen Heizflächen berücksichtigt werden.

Massenstrom durch ein Ventil oder eine Turbine bei überkritischem Druckgefälle

In einem Ventilquerschnitt A tritt bei überkritischem Druckgefälle Schallgeschwindigkeit auf. Reibung und Kontraktion werden durch den Korrekturfaktor (Ausflussziffer) α_A berücksichtigt.

$$\dot{m} = \alpha_A \, \varrho_A \, c \, A \tag{7.134}$$

Die isentrope Schallgeschwindigkeit c ist für ideale Gase

$$c = \sqrt{\frac{\kappa p}{\rho}} = \sqrt{\kappa R T} \qquad (7.135)$$

d.h. solange der überhitzte Dampf als ideales Gas betrachtet werden kann, ist seine Schallgeschwindigkeit nur abhängig von der absoluten Temperatur; der Einfluss des Druckes ist vernachlässigbar.

Unter der Annahme, dass die Temperatur im Ventilquerschnitt A sich nicht allzu sehr ändert (isotherme Zustandsänderung), gilt daher mit Gl. (7.134)

$$\dot{m} = \dot{m}_0 \frac{A}{A_0} \frac{\rho_A}{\rho_{A_0}} = \dot{m}_0 \frac{A}{A_0} \frac{v_{A_0}}{v_A} \qquad (7.136)$$

Anstelle der Verhältnisse $\frac{\rho_A}{\rho_{A_0}}$ bzw. $\frac{v_{A_0}}{v_A}$ im Ventilquerschnitt A werden die Verhältnisse $\frac{\rho}{\rho_0}$ bzw. $\frac{v_0}{v}$ vor dem Ventil verwendet. Dies setzt folgende Annahmen voraus:

- konstanten Polytropenexponenten n_{pol} der Zuströmung zum Ventil

$$p_{A_0} v_{A_0}^{n_{pol}} = p_0 v_0^{n_{pol}}; \qquad p_A v_A^{n_{pol}} = p v^{n_{pol}} \qquad (7.137)$$

- und annähernde Gleichheit der Druckverhältnisse

$$\left. \frac{p_A}{p} \right|_{krit} \approx \left. \frac{p_{A_0}}{p_0} \right|_{krit} \qquad (7.138)$$

Daraus lässt sich ableiten

$$\frac{\rho_A}{\rho_{A_0}} = \frac{\rho}{\rho_0} = \frac{v_0}{v} = \frac{v_{A_0}}{v_A} \qquad (7.139)$$

Gl. (7.139) in Gl. (7.136) eingesetzt ergibt

$$\dot{m} = \dot{m}_0 \frac{A}{A_0} \frac{\rho}{\rho_0} = \dot{m}_0 \frac{A}{A_0} \frac{v_0}{v} \qquad (7.140)$$

Bleibt die Temperatur – wie bereits oben angenommen – annähernd konstant (isotherme Zustandsänderung), so gilt $pv =$ konstant, und damit lässt sich Gl. (7.140) umformen in

$$\dot{m} = \dot{m}_0 \frac{A}{A_0} \frac{p}{p_0} \qquad (7.141)$$

und für kleinere Abweichungen vom Ausgangszustand mit der Taylorreihenentwicklung linearisiert

$$\frac{\Delta \dot{m}}{\dot{m}_0} = \frac{\Delta A}{A_0} + \frac{\Delta p}{p_0} \qquad (7.142)$$

Gl. (7.141) und (7.142) können nach dem Kegel der Dampfgewichte von (Stodola 1922) auch für Turbinen (zumindest im oberen Lastbereich) mit guter Genauigkeit verwendet werden.

Turbinen und Generatoren

Die Leistung einer Dampfturbine ist

$$P_{DT} = \dot{m}_{DT}\,\Delta h_{DT}\,\eta_{mech,ges} \qquad (7.143)$$

wobei DT stellvertretend für Hochdruck-, Mitteldruck- und Niederdruckturbine steht. Mit dem elektrischen Wirkungsgrad $\eta_{el,ges}$ ist die elektrische Leistung des Generators

$$P_{el,G} = \left(\sum_i \dot{m}_{DTi}\,\Delta h_{DTi}\right)\eta_{mech,ges}\,\eta_{el,ges} \qquad (7.144)$$

Bei großen Anlagen sind $\eta_{mech,ges}$ und $\eta_{el,ges}$ nahezu 1.

Bei Laständerungen folgt die Leistung der Hochdruckturbine sehr rasch den Änderungen des HD-Dampfstroms, sodass die Annahme eines einfachen P-Übertragungsverhaltens mit Verzögerung 1. Ordnung meist genau genug ist.

Für die Verzögerung sind wegen der praktisch konstanten Drehzahl von 50 Hz (3000 U/min) nur die Turbinenventilverstellung und medienseitige Speichervorgänge in der Turbine relevant.

Der Dampf für die Mitteldruckturbine und Niederdruckturbine ist durch die Zwischenüberhitzer weiter verzögert, was ebenfalls durch ein PT1-Verhalten oder genauer durch Modellierung des Speicherverhaltens des ZÜ nachgebildet werden kann.

Zwischenüberhitzer

Einfache Näherung

Verzichtet man auf die Berechnung der Temperaturänderungen im ZÜ, so kann die verzögernde Wirkung des ZÜ bei lastproportionaler ZÜ-Druckänderung (Speichervorgänge entsprechend dem natürlichen Gleitdruck) einfach durch eine entsprechende MD- und ND-Turbinen-Generator-Verzögerungszeit berücksichtigt werden.

Modell mit Nachbildung der Temperatur- und Druckänderungen

Sollen Temperatur- und Druckänderungen des Zwischenüberhitzers mituntersucht werden, so kann vereinfachend wie folgt (analog (Leithner 1974) oder entsprechend dem Modell für Abschnitte mit kompressibel betrachtetem Medium am Anfang dieses Abschnitts, allerdings angepasst an die Zwischenüberhitzer (statt Verdampfer)) vorgegangen werden:

- Temperaturänderungen werden mit dem κ_D-Modell wie für die HD-Überhitzer bestimmt. Als Massenstrom wird der Mittelwert des Eintritts- und Austrittsmassenstroms verwendet.

- Die Berechnung von Druckänderungen setzt die Nachbildung des Speicherverhaltens voraus. Die obigen Temperaturänderungen haben annäherd keinen Einfluss auf die Druckänderungen. Um das Speicherverhalten nachzubilden, kann der ZÜ in einen oder mehrere reibungsfreie Abschnitte mit dem zugehörigen inneren Volumen unterteilt werden. Der jeweilige Reibungsdruckabfall kann am Ende des Abschnittes in eine fiktive Drossel konzentriert werden.

Dabei sind der Massenstrom in den ersten Abschnitt durch den HD-Dampfstrom (vermindert um die HD-Anzapfströme) und der Massenstrom aus dem letzten Abschnitt durch die MD-Turbinenventilgleichung gegeben.

Die Massenströme dazwischen werden aus der Druckverlustgleichung der Drossel (am Ende des Abschnitts konzentrierter Reibungsdruckverlust) mit den Speicherdrücken der Abschnitte vor und nach der Drossel berechnet (siehe (Leithner 1974)).

Regler und Steuerungen

Die allgemein verwendeten Regler sind Kombinationen von proportionalen, integralen und differentialen Übertragungsgliedern mit (unter Umständen vernachlässigbar kleinen) Verzögerungen und Störwertaufschaltungen.

Als Steuerungen werden häufig schrittweise Abläufe mit unterschiedlichsten Kriterien in Form von SPS – speicherprogrammierbaren Steuerungen – verwendet. In modernen Anlagen werden jedoch auch kompliziertere Regelungen und Steuerungen eingesetzt. Z.B. wird in (Herzog 1987) eine Temperatur-Einspritzregelung als Beobachterregelung (mit κ_D-Modell als Beobachter) beschrieben und in (Kempin 2005) und (Albert 1998) eine Fuzzy-Regelung eines Müllheizkraftwerks und Neurofuzzy-Systeme.

Elektrisches Netz

Das elektrische Netz hat zwei Typen von Verbrauchern. Ohm'sche Verbraucher, deren Leistungsbedarf unabhängig von der Frequenz ist, und Verbraucher wie z.B. Elektromotoren, deren Leistungsbedarf frequenzabhängig ist. Ohm'sche Verbraucher tragen nichts zur Selbststabilisierung der Frequenz bei. Verbraucher mit frequenzabhängigen Leistungsbedarf stabilisieren das elektrische Netz dadurch, dass sie weniger Leistung aufnehmen, wenn die Frequenz sinkt, und umgekehrt mehr Leistung aufnehmen, wenn die Frequenz steigt. Dabei wird Rotationsenergie aus den Rotoren aus- bzw. in diese eingespeichert. In einem engen Leistungsbereich (zu große Abweichungen führen zum Netzzusammenbruch) kann daher das Übertragungsverhalten zwischen einem Leistungsdefizit bzw. Leistungsüberschuss (Differenz zwischen ins Netz eingespeister und „verbrauchter" Leistung) und der Frequenzänderung im Netz durch ein PT1-Verhalten (proportionales Verhalten mit Verzögerung 1. Ordnung) beschrieben werden. Proportionalitätsfaktoren und Verzögerungszeit ergeben sich aus der Verbraucher- und Netzstruktur.

Beispiele für die Anwendung vereinfachter instationärer Kraftwerkssimulation mit analytischen Modellen

Abschätzung von Druck- und Temperaturabweichungen bei verschiedenen Laständerungen, Störfällen und An- und Abfahren – Einfluss der Art der Leistungsregelung und Abgabe von Garantien für Kraftwerksneubauten

Vereinfachte instationäre Kraftwerkssimulationen sind insbesondere dafür geeignet, im Angebotsstadium, d.h. bevor das Kraftwerk im Detail konstruiert und eine detaillierte Kraftwerkssimulation überhaupt möglich ist, mit den in diesem Stadium bekannten Daten, wie auf Grund von Erfahrung abgeschätzten Volumina, Massen, Flächen etc., aus denen Zeitkonstanten etc. abgeleitet werden können, instationäre Simulationen von Laständerungen durchzuführen und zu überprüfen, ob bei dem geplanten Brennstoff bzw. der gewählten Wärmequelle:

- Steinkohle, Braunkohle, Öl, Erdgas, Abfall, Biomasse, Biogas etc.
- Erdwärme, Solarwärme, nukleare Wärmequelle

  mit der geplanten Feuerungsart (insbesondere bedeutsam für feste Brennstoffe) wie

- Rostfeuerung
- Wirbelschichtfeuerung (stationär, zirkulierend)
- Staubfeuerung mit verschiedenen Mühlenarten und unterschiedlicher Trocknung (Rohrmühlen, Schlüsselmühlen, Schlagradmühlen etc.) und direkter oder indirekter Einblasung
- Öl- oder Gasfeuerung

  der geplanten Verdampferbetriebsart wie

- Naturumlauf (mit senkrecht berohrten Brennkammerwänden)
- Zwangumlauf (mit senkrecht berohrten Brennkammerwänden)
- Zwangdurchlauf mit Volllast- bzw. Teillastumwälzung (mit senkrecht oder stetig steigend berohrten Brennkammerwänden)

  der gewählten Leistungsregelung wie

- Festdruckbetrieb
- natürlicher Gleitdruckbetrieb
- gesteuerter Gleitdruckbetrieb
- Vordruckbetrieb ohne oder mit Störwertaufschaltungen

  und der geplanten Dampferzeugerbauart wie

- Boxtype
- Cubetype
- Mehrzugdampferzeuger
- Zweizugdampferzeuger
- Einzugdampferzeuger

die zur Frequenzhaltung und Stabilisierung eines elektrischen Netzes nach ((UCPTE 1990) und (UCPTE 1995)) bzw. bei einem Industriekraftwerk entsprechend den spezifischen Kundenanforderungen notwendigen Laständerungen überhaupt möglich sind ohne unzulässigen Lebensdauerverbrauch insbesondere in den dickwandigen Bauteilen und Brennkammerwänden des Dampferzeugers und der Turbine.

Dies wird meist in Form von garantiert einzuhaltenden, pönalisierten Druck- und Temperaturabweichungen des Frischdampfes und des Zwischenüberhitzerdampfes (zu) stark vereinfacht vertraglich vereinbart, wodurch nicht selten für die Einhaltung des zulässigen Lebensdauerverbrauchs unnötige Forderungen aufgestellt werden.

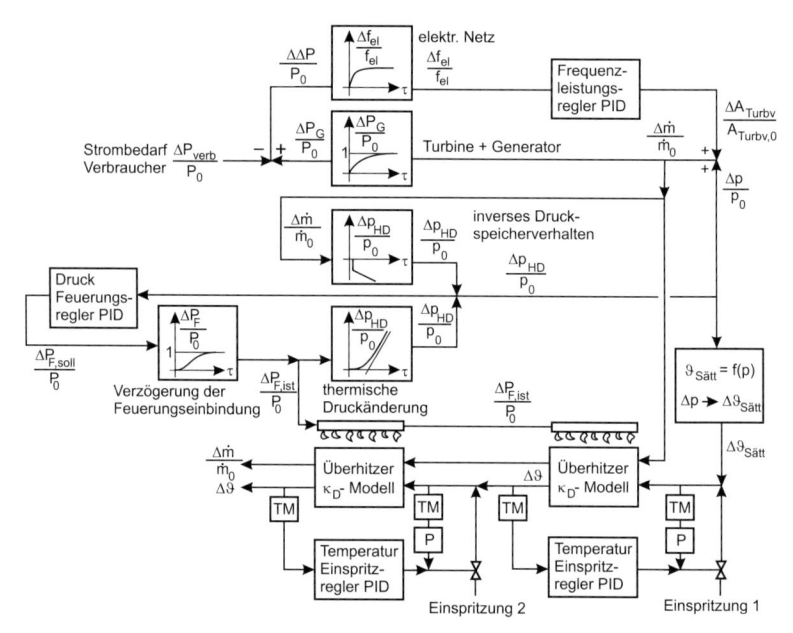

Abb. 7.15. Vereinfachtes instationäres Krafterksmodell (Festdruckbetrieb) mit vereinfachtem elektrischem Netzmodell (TM Temperaturmessung), siehe auch (Leithner 1975) und (Allard 1970b)

Abb. 7.15 zeigt schematisch ein vereinfachtes instationäres Kraftwerksmodell (Festdruckbetrieb) mit stark vereinfachtem elektrischem Netz und Netzfrequenzregelung.

Abb. 7.16 zeigt das Simulationsschaltbild (verwendbar z.B. für MATLAB-Simulink) eines vereinfachten, instationären Kraftwerksmodells mit Festdruckbetrieb oder natürlichem oder gesteuertem Gleitdruckbetrieb.

Die Abb. 7.17 bis 7.19 zeigen Simulationsergebnisse für verschiedene Brennstoffe, Verdampferbetriebsarten und Leistungsregelungen. Wie zu erwarten, zeigen öl- oder gasgefeuerte Kraftwerke – noch dazu im Festdruckbe-

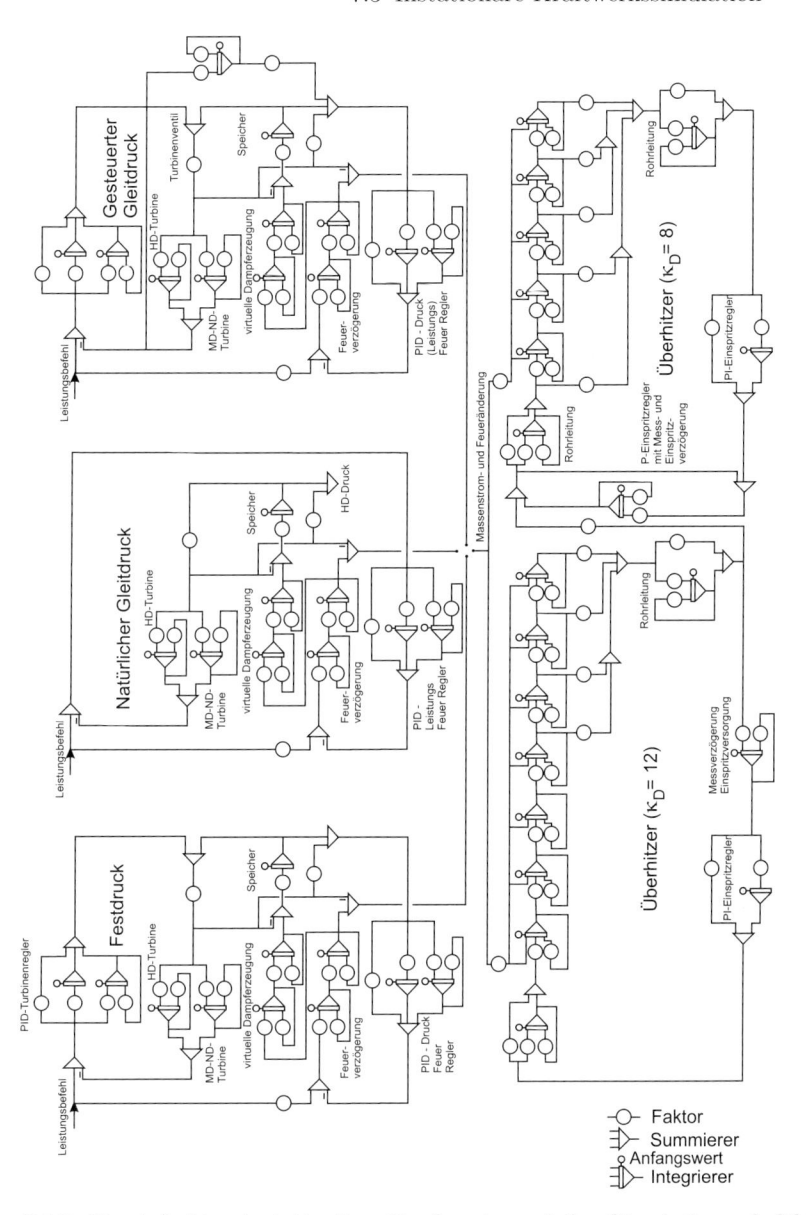

Abb. 7.16. Vereinfachtes instationäres Kraftwerksmodell – Simulationsschaltbild, siehe auch (Leithner 1975) und (Allard 1970b)

trieb – wesentlich kleinere Abweichungen von Leistung, Druck und Temperatur etc. als kohlegefeuerte im gesteuerten Gleitdruckbetrieb und Zwangdurchlaufdampferzeuger kleinere Abweichungen als Naturumlaufdampferzeuger.

Mit einem ähnlichem Modell wurden verschiedene Dampferzeuger unterschiedlicher Verdampferbetriebsart und mit Steinkohle, Braunkohle bzw. Öl

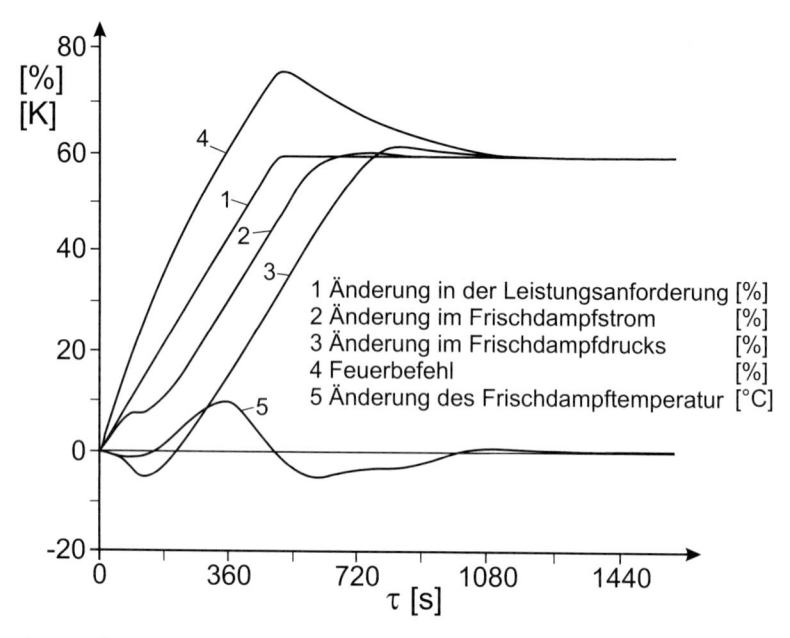

Abb. 7.17. Laständerung zwischen 40 % und 100 %. Kohlegefeuerter Zwangdurchlaufdampferzeuger mit überlagertem Umlauf bei Teillast im gesteuerten Gleitdruckbetrieb, (Leithner 1983a)

1 Änderung in der Leistungsanforderung [%]
2 Änderung im Frischdampfstrom [%]
3 Änderung im Frischdampfdrucks [%]
4 Feuerbefehl [%]
5 Änderung des Frischdampftemperatur [°C]

oder Gas befeuert mit verschiedenen Leistungsregelungen simuliert und die Ergebnisse in Form der Leistungs-, Druck- und Temperaturabweichungen etc. in einer Tabelle teilweise gegenübergestellt (Strauß 1985).

Die Beschreibung von Störfällen oder An- und Abfahrvorgängen überschreitet eigentlich die Möglichkeiten dieser stark vereinfachten (linearisierten) Modelle. Es ist aber möglich, ähnliche Modelle lastbereichsabhängig vereinfacht (linearisiert) für die Abschätzung dieser Vorgänge zu verwenden. Natürlich ist ihre Genauigkeit begrenzt.

Anordnung, Auslegung und Ansprechen von Sicherheitsventilen

Da der Lastbereich sich beim Ansprechen eines Sicherheitsventils meist nicht stark ändert, ist auch die Simulation dieser Vorgänge mit vereinfachten instationären Kraftwerksmodellen bzw. Dampferzeugermodellen möglich.

In (Leithner 1974) wird die Problematik beschrieben, trotz der in den australischen Vorschriften vorgesehenen Sicherheitsventile auf der Trommel (bzw. mangels einer Trommel nach dem 1. Überhitzer) und am Eintritt des Zwischenüberhitzers einen längeren Betrieb über die HD- und ND-Umleitstationen zu ermöglichen, ohne dass die genannten, eigentlich überflüssigen Sicherheitsventile ansprechen und die Kühlung der Heizflächen verhindern.

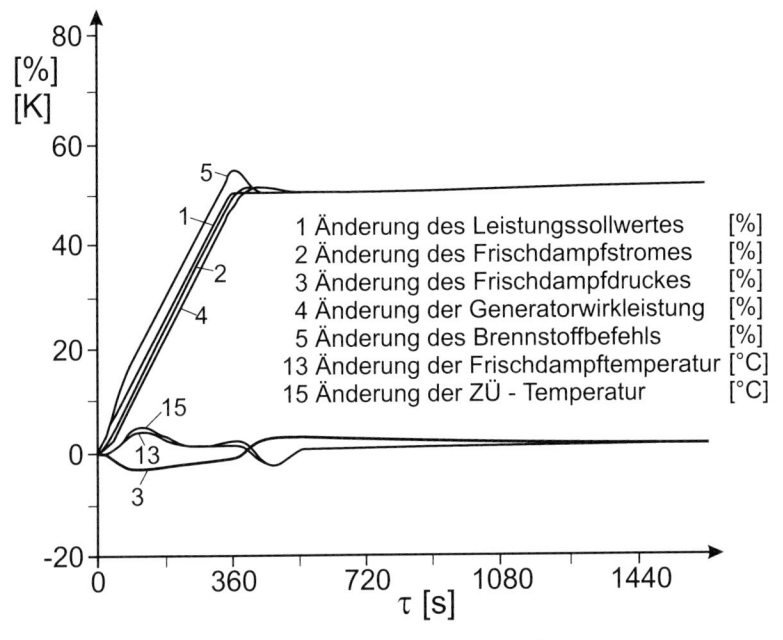

Abb. 7.18. Verhalten des Dampferzeugers bei einer Änderung des Leistungssollwertes von 50 % auf 100 % Last in 6 min (Öl/Gas, Festdruck, Zwangdurchlaufdampferzeuger mit Teillastumwälzung), (Leithner 1983a)

In (Bruß 2000) wird mit einem ähnlichen Modell das Problem behandelt, ob von 4 überdimensionierten Sicherheitsventilen 3 ausreichen würden, um einen unzulässigen Druck- und Temperaturanstieg zu vermeiden.

Druckschwingungen, wie sie beim Öffnen und Schließen von Sicherheitsventilen auftreten und zu Problemen führen können, sind mit diesen vereinfachten Modellen nicht berechenbar. Der Impulserhaltungssatz dürfte dazu nicht auf den Druckverlust vereinfacht werden.

Freilastrechner

In (Trautmann 1988) wird das Konzept eines Freilastrechners basierend auf der inversen Übertragungsfunktion zwischen Leistungsbefehl und Dampftemperatur bzw. Wandtemperaturdifferenz dickwandiger Bauteile insbesondere im Nassdampfgebiet (wegen des Zusammenhangs zwischen Siedetemperatur und Druck) beschrieben. Es werden die in Abb. 7.4 gezeigten Zusammenhänge zwischen Druck und Leistung genutzt. Diese grundlegende Idee war die Basis des Patents DE 3401948, dessen Erteilung allerdings auf Grund eines Einspruchs 1987 zurückgenommen wurde. Inzwischen ist diese Art von Freilastrechner realisiert, wie in (Kallina 1995) oder (Leibbrandt 2004) beschrieben. Siehe auch (Trautmann 2000).

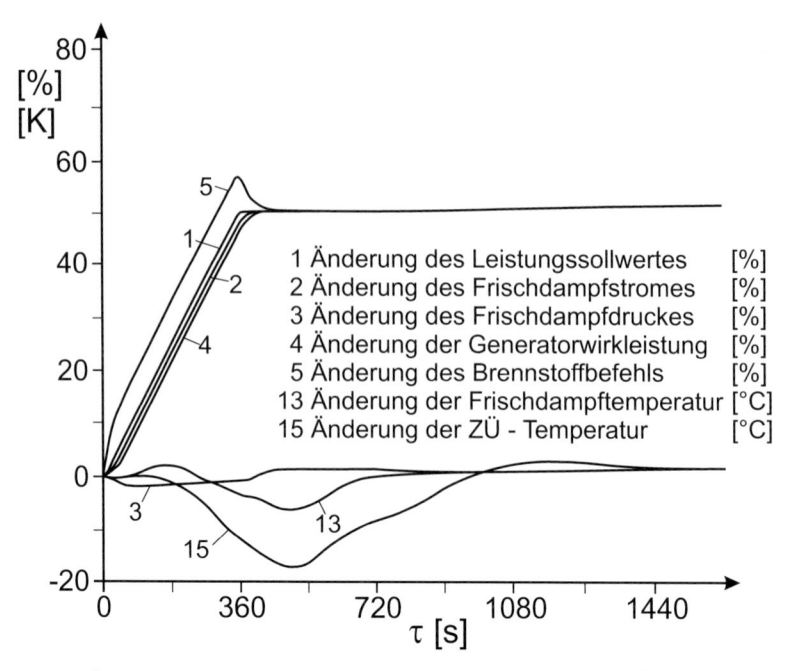

Abb. 7.19. Übergangsverhalten des Dampferzeugers bei einer Änderung des Leistungssollwertes von 50 % bis 100 % Last (Öl/Gas, Festdruck, Naturumlauf)

7.3.3 Detaillierte instationäre Kraftwerkssimulation

Das detaillierte instationäre Kraftwerksmodell ist als Ersatz für das vereinfachte, instationäre Kraftwerksmodell gedacht. Das vereinfachte, instationäre Kraftwerksmodell basiert auf dem Modell für Dampferzeuger mit einem Abschnitt mit kompressibel betrachtetem Medium und einem Abschnitt mit inkompressibel betrachtetem Medium, dem κ_D-Modell, einfachen Modellen für die Feuerung, Turbinenventile etc. wie im vorhergehenden Abschnitt beschrieben und enthält daher alle Schwächen, d.h. Vereinfachungen, Linearisierungen wie konstante Stoffwerte etc. dieser Modelle, die selbst bei abschnittsweiser (lastabhängiger) Variation zu erheblichen Fehlern führen können. Außerdem ist der Detailierungsgrad (absichtlich, um die Anzahl der „Integratoren" zu begrenzen, was ursprünglich bei Verwendung eines Analogrechners wichtig war) stark eingeschränkt. Daher wurde im detaillierten Kraftwerksmodell ein neuer Ansatz entsprechend der stationären Simulation (siehe Kapitel 7.2) gewählt. Allerdings werden für solche Kraftwerkssimulationen detailliertere Angaben z.B. über Heizflächengrößen benötigt und können daher erst eingesetzt werden, wenn die Konstruktion weitgehend abgeschlossen ist.

Simulationsziele

Mit detaillierten instationären Kraftwerkssimulationen sollen das An- und Abfahren, Notfälle und natürlich größere und kleinere Laständerungen (die auch mit vereinfachten instationären Modellen berechnet werden können) von energietechnischen Anlagen und im Besonderen Gas- und Dampfkraftwerken beliebiger Schaltung simuliert werden, wobei für die Wasserdampfseite eine detailliertere Betrachtung bzw. Modellierung nötig ist als für die Rauchgasseite. Neben dem Nachweis der garantierten instationären Vorgänge, des Lebensdauerverbrauchs dabei, der Auslegung, Optimierung und dem Test von Regelungen und Steuerungen werden solche Kraftwerksmodelle auch für Trainingsimulatoren verwendet. Vorschläge, die Schaltung oder Konstruktion einzelner Bauteile zu ändern, kommen i.Allg. zu spät bzw. müssen sich auf absolut notwendige Maßnahmen und Details beschränken.

Baugruppen oder Komponenten, die in Kraftwerken auftreten, sind zum einen Pumpen, Vorwärmer, Verdampfer (Naturumlauf, Zwangsumlauf und Zwangsdurchlauf), Überhitzer, Zwischenüberhitzer, Ventile und Turbinen, zum anderen aber auch Mediumsspeicher wie Speisewasserbehälter und Trommeln.

Ferner enthält das Kraftwerk verschiedene Hierarchien von Regelkreisen. Teilweise müssen Parameter einzelner Komponenten wie die Austrittstemperaturen der Überhitzer geregelt werden. Es müssen aber auch die Massenströme und Dampfparameter vor der Turbine nach z.B. Gleit-, Festdruck oder anderen Strategien (siehe Kapitel 7.3.1) geregelt werden.

Beeinflusst wird das System von außen durch die Vorgabe der Turbinenleistung oder anderen Sollwerten, aber auch durch Störungen verschiedenster Art.

Einzelne Komponenten können ohne örtliche Diskretisierung genau genug beschrieben werden, sodass aus den örtliche und zeitliche Ableitungen enthaltenden Bilanzgleichungen oder anderen Gleichungen (partiellen Differentialgleichungen) gewöhnliche Differentialgleichungen entstehen (so genannte nulldimensionale, instationäre Modelle (siehe auch Kapitel 7.1)).

Wenn die einzelnen Komponenten weiter betrachtet werden, fällt ins Auge, dass sie stark unterschiedliche Zeitkonstanten aufweisen, d.h. dass die Komponenten unterschiedlich schnell auf äußere Änderungen reagieren. Dieses Verhalten hängt insbesondere davon ab, ob viel Masse und/oder Energie bezogen auf die zugehörigen Massen- bzw. Energieströme ein- bzw. ausgespeichert wird. Komponenten mit kleinen Änderungen der gespeicherten Masse und/oder Energie reagieren schnell und können im Gegensatz zu langsamen Komponenten als quasistationär betrachtet werden, d.h. alle Speicherterme der Bilanzgleichungen (zeitliche Ableitungen) werden vernachlässigt, und aus gewöhnlichen Differentialgleichungen (ohne Ortsdiskretisierung) werden algebraische Gleichungen.

Das Ergebnis der Vereinfachung ist also, dass das Gesamtgleichungssystem ein Differential-Algebraisches Gleichungssystem (Differential-Algebraic Equation system – DAE's) wird. (Brenan 1995)

Komponenten (Baugruppen)

Quasistationäre Komponenten

Folgende Komponenten können aus der Komponentenbibliothek der stationären Kraftwerkssimulation (Kapitel 7.2) übernommen werden:

- Pauschale Energie- bzw. Wärmezufuhr oder -abfuhr
- Brennkammer
- Mischstelle zweier Ströme
- Verzweigung eines Stroms
- Wasserabscheider
- Dampfturbine
- Gasturbine
- Pumpe
- Verdichter und Gebläse
- Drosselstelle

Instationäre Komponenten

Nur in seltenen Fällen können auch noch Energie- und Massenspeicher der folgenden Komponenten vernachlässigt und dadurch die stationären Modelle aus Kapitel 7.2 (soweit vorhanden) benutzt werden:

- Wasserspeicher (Speisewasserbehälter etc.)
- Trommel
- Druckluftspeicher
- Wärmeübertrager

Im Allg. müssen diese Komponenten jedoch instationär folgendermaßen beschrieben werden.

Wasserspeicher

Reale Bauteile, die als Flüssigkeitsspeicher modelliert werden, sind z.B. Speisewasserbehälter bzw. Entgaser. Sie müssen instationär modelliert werden, weil sich der Masseninhalt ändert, und es gelten die instationären Massen- und Energiebilanzen. Die hydrostatischen Druckänderungen entsprechen der Niveauänderung, bei Speisewasserbehältern ergeben sich die Druckänderungen aus den Änderungen des Sättigungsdrucks. Meist sind Flüssigkeitsspeicher adiabat.

Als Konstanten werden die Speichermasse $m_{Sp,0}$, Enthalpie $H_{Sp,0}$ im stationären Fall und eine Druckdifferenz Δp vorgegeben.

Die Massenbilanz des Speichers vereinfacht sich im stationären Fall zur Gleichsetzung von Zufluss und Abfluss. Wenn alle Komponenten in einem Kreis stationäre Massenbilanzen berechnen, gibt es eine Massenbilanz zu viel, und das Gleichungssystem wird überbestimmt, was als algebraische Schleife bezeichnet wird. Es ist daher ein Flüssigkeitsspeicher (s. Abb. 7.20) nötig, bei dem Zufluss und Abfluss nicht zwangsläufig identisch sind, um diese Schleife zu entkoppeln.

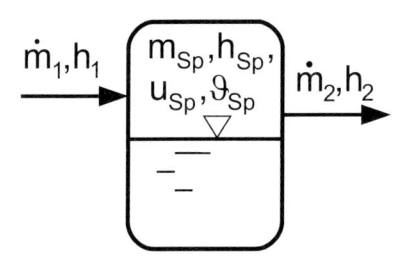

Abb. 7.20. Komponente Wasserspeicher

Instationärer Fall:

$$0 = -\frac{dm_{Sp}}{d\tau} + \dot{m}_1 - \dot{m}_2 \tag{7.145}$$

$$0 = -\frac{dm_{Sp}u_{Sp}}{d\tau} + \dot{m}_1 h_1 - \dot{m}_2 h_2 \tag{7.146}$$

Zur Vereinfachung wird oft h_{Sp} gleich u_{Sp} gesetzt. Exakt gilt das nur für Änderungen der Enthalpie bzw. der inneren Energie von idealen Gasen bei isothermen Zustandsänderungen.

$$0 = -h_2 + h_{Sp} \tag{7.147}$$

$$0 = -p_1 + p_2 + \Delta p \tag{7.148}$$

$$0 = -\vartheta_{Sp} + f(h_{Sp}, p_2) \tag{7.149}$$

Stationärer Fall:

$$0 = -m_{Sp} + m_{Sp,0} \tag{7.150}$$

$$0 = h_{Sp} - h_{Sp,0} \tag{7.151}$$

$$0 = h_1 - h_2 \tag{7.152}$$

$$0 = -h_2 + h_{Sp} \tag{7.153}$$

$$0 = -p_1 + p_2 + \Delta p \tag{7.154}$$

$$0 = -\vartheta_{Sp} + f(h_{Sp}, p_2) \tag{7.155}$$

Trommel (Flasche)

Trommeln werden instationär adiabat modelliert, und es gelten die instationären Massen- und Energiebilanzen. Die Trommel arbeitet bei variablem Druck und ist zum Trennen des Sattdampfs vom Siedewasser und kurzfristigen Speichern insbesondere des Siedewassers gedacht. Bei Trommeln handelt es sich um dickwandige Bauteile mit einem guten Wärmeübergang, weshalb die Energiespeicherung der Rohrwand in der Energiebilanz berücksichtigt werden muss.

Die Trommel hat eine zylindrische Form. Zur geometrischen Beschreibung der Trommel (s. Abb. 7.21) werden das Volumens V_{Tro}, die innere Oberfläche $A_{Tro,in,O}$ und der Trommelquerschnitt, der vom Siedewasser eingenommen wird, $A_{f,Tro}$ (siehe Gl. (6.95) und Gl.(6.96)) benötigt. Zur Modellierung des Wärmeübergangs zwischen Wasserdampf und Trommelwand und der Wärmespeicherung in der Trommelwand müssen der (gemittelte) Wärmeübergangskoeffizient $\overline{\alpha}$ (genauer aufgeteilt in Siedewasser- und Sattdampfbereich) und die innere Oberfläche $A_{Tro,in,O}$, sowie die Masse der Wand m_{Wa} und die spez. Wärmekapazität der Wand c_{Wa} bekannt sein.

Der Zulaufmassenstrom $\dot{m}_1$ ist der Austrittsstrom aus dem Verdampfer und der Zulaufmassenstrom $\dot{m}_2$ jener aus dem Economiser. Der Massenstrom $\dot{m}_3$ ist unter der Annahme vollständiger Trennung des Wasser-Dampfgemisches reiner Sattdampf und wird iterativ über $p_3 = p$ und die nachfolgenden Komponenten bestimmt. Der Massenstrom $\dot{m}_4$ ist unter dieser Annahme reines Siedewasser. Ein Regelkreis, der die Füllstandshöhe des Wassers in der Trommel H_{Tro} regelt, bestimmt den Massenstrom $\dot{m}_4$.

Der Anfangsfüllstand der Trommel wird mit der Konstanten $H_{Tro,0}$ eingestellt. Zum Zeitpunkt 0 sind Wandtemperatur und Mediumstemperatur gleich.

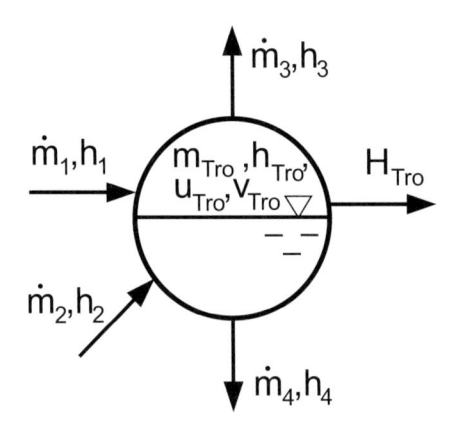

Abb. 7.21. Komponente Trommel (Flasche)

Instationärer Fall:

$$0 = -V_{Tro} + \frac{m_{Tro}}{\rho(h_{Tro}, p_{Tro})} \tag{7.156}$$

$$0 = -\frac{\mathrm{d}m_{Tro}}{\mathrm{d}\tau} + \dot{m}_1 + \dot{m}_2 - \dot{m}_3 - \dot{m}_4 \tag{7.157}$$

$$0 = -\frac{\mathrm{d}m_{Tro}\,u_{Tro}}{\mathrm{d}\tau} + \dot{m}_1 h_1 + \dot{m}_2 h_2 - \dot{m}_3 h_3 - \dot{m}_4 h_4 + \dot{Q} \tag{7.158}$$

Vereinfachend wird oft u_{Tro} durch h_{Tro} ersetzt (Exakt gilt das nur für Änderungen der Enthalpie bzw. inneren Energie von idealen Gasen bei isothermen Zustandsänderungen).

$$0 = -h_3 + \begin{cases} h''_{Tro} & \text{für } h'_{Tro} < h_{Tro} < h''_{Tro} \\ h_{Tro} & \text{für } h_{Tro} \geq h''_{Tro} \text{ oder } h_{Tro} \leq h'_{Tro} \end{cases} \tag{7.159}$$

$$0 = -h_4 + \begin{cases} h'_{Tro} & \text{für } h'_{Tro} < h_{Tro} < h''_{Tro} \\ h_{Tro} & \text{für } h_{Tro} \leq h'_{Tro} \text{ oder } h_{Tro} \geq h''_{Tro} \end{cases} \tag{7.160}$$

$$0 = -p_1 + p_3 \tag{7.161}$$

$$0 = -p_2 + p_3 \tag{7.162}$$

$$0 = -p_4 + p_3 \tag{7.163}$$

$$0 = -p_{Tro} + p_3 \tag{7.164}$$

$$0 = -\vartheta_{Tro} + f(h_{Tro}, p_{Tro}) \tag{7.165}$$

$$0 = -\dot{Q} + \overline{\alpha} A_{Tro,in,O}(\vartheta_{Wa} - \vartheta_{Tro}) \tag{7.166}$$

$$0 = -m_{Wa} c_{Wa} \frac{\mathrm{d}\vartheta_{Wa}}{\mathrm{d}\tau} - \dot{Q} \tag{7.167}$$

$$0 = \begin{cases} -H_{Tro} + \dfrac{(1-x_D)m}{\rho' A_{f,Tro}} & \text{für } h'_{Tro} \leq h_{Tro} \leq h''_{Tro} \\ H_{Tro} & \text{für } h_{Tro} > h''_{Tro} \\ -H_{Tro} + d_{Tro,in} & \text{für } h_{Tro} < h'_{Tro} \end{cases} \tag{7.168}$$

In den Gleichungen müssen noch die Anfangsbedingungen ergänzt werden. Ferner sind die Übergänge bei leerer und überfließender Trommel noch zu definieren.

Stationärer Fall:

$$0 = -V_{Tro} + \frac{m_{Tro}}{\rho(h_{Tro}, p_{Tro})} \tag{7.169}$$

$$0 = \dot{m}_1 + \dot{m}_2 - \dot{m}_3 - \dot{m}_4 \tag{7.170}$$

$$0 = -h_3 + \begin{cases} h''_{Tro} & \text{für } h'_{Tro} < h_{Tro} < h''_{Tro} \\ h_{Tro} & \text{für } h_{Tro} \geq h''_{Tro} \text{ oder } h_{Tro} \leq h'_{Tro} \end{cases} \tag{7.171}$$

$$0 = -h_4 + \begin{cases} h'_{Tro} & \text{für } h'_{Tro} < h_2 < h''_{Tro} \\ h_{Tro} & \text{für } h_{Tro} \leq h'_{Tro} \text{ oder } h_{Tro} \geq h''_{Tro} \end{cases} \quad (7.172)$$

$$0 = -p_1 + p_3 \quad (7.173)$$
$$0 = -p_2 + p_3 \quad (7.174)$$
$$0 = -p_4 + p_3 \quad (7.175)$$
$$0 = -p_{Tro} + p_3 \quad (7.176)$$
$$0 = -\vartheta_{Tro} + f(h_{Tro}, p_{Tro}) \quad (7.177)$$
$$0 = -\dot{Q} \quad (7.178)$$
$$0 = -\vartheta_{Wa} + \vartheta_{Tro} \quad (7.179)$$

Der Trommelwasserstand bleibt konstant. Die Gleichung für den Trommelwasserstand entspricht der Gl. (7.168).

Druckluftspeicher mit konstantem Volumen

Ein Beispiel für einen Druckluftspeicher ist die CAES-Anlage in Huntorf[2].

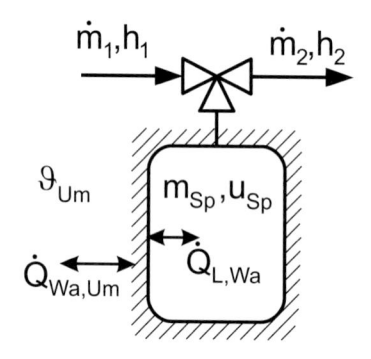

Abb. 7.22. Komponente Druckluftspeicher

Ein Druckluftspeicher wird als nulldimensionaler, instationärer Speicher mit konstantem Volumen (s. Abb. 7.22) modelliert, in dem Gas unter Erhöhung des Speicherdruckes gespeichert werden kann. Es gelten die instationäre Energie- und Massenbilanz. Der Druck im Speicher wird in erster Nährung über das ideale Gasgesetz berechnet. Der Ein- oder Austrittsdruck wird je nach Speichervorgang über den Speicherdruck und die im Rohr auftretenden Druckverluste bestimmt. Die Umgebung des Speichers ist mit konstanter Temperatur ϑ_{Um}, der Wärmetransport mittels freier Konvektion an einer Platte

---

[2] In Huntorf steht das weltweit erste CAES-(Compressed Air Energy Storage)-Kraftwerk, das 1978 in Betrieb ging. Das von der E.ON-Kraftwerke GmbH betriebene Kraftwerk ist unsprünglich zur Stromversorgung der umliegenden Kernkraftwerke bei Ausfall des elektrischen Netzes gebaut worden.

modelliert. Um den direkten Wärmeübergang zwischen der Umgebung mit konstanter Temperatur und Speichermedium zu entkoppeln, kann eine thermische Speicherschicht, welche als Rührkesselmodell modelliert ist, vorgesehen werden. Die Speichergeometrie, vereinfacht als idealer Zylinder angenommen, wird in der Komponente berechnet. Die mitunter stark zerklüftete Kavernenwand wird mit einem Oberflächenvergrößerungsfaktor berücksichtigt. Die ein- und austretenden Massenströme werden dem gewünschten Speichervorgang entsprechend vorgegeben. Die Temperatur ϑ_2 wird immer berechnet und entspricht der Temperatur des Speichermediums, welches durch die Masse m_{Sp}, Druck p_{Sp}, Temperatur ϑ_{Sp}, Volumen V_{Sp}, etc. beschrieben wird (Nielsen 2008).

Instationärer Fall:

$$0 = -\frac{\mathrm{d}m_{Sp}}{\mathrm{d}\tau} + \dot{m}_1 - \dot{m}_2 \tag{7.180}$$

$$0 = -\frac{\mathrm{d}mu_{Sp}}{\mathrm{d}\tau} + \dot{m}_1 h_1 - \dot{m}_2 h_2 - \dot{Q}_{L,Wa} \tag{7.181}$$

$$0 = -m_{Wa} c_{Wa} \frac{\mathrm{d}\vartheta_{Wa}}{\mathrm{d}\tau} + \dot{Q}_{L,Wa} - \dot{Q}_{Wa,Um} \tag{7.182}$$

$$0 = -p_{Sp} V_{Sp} + R T_{Sp} m_{Sp} \tag{7.183}$$

$$0 = -p_1 + p_{Sp} - \rho_1 g H + \frac{\rho_1}{2} w_1^2 (\zeta - 1) \quad \text{für} \quad \dot{m}_2 = 0 \tag{7.184}$$

$$0 = -p_2 + p_{Sp} - \rho_2 g H - \frac{\rho_2}{2} w_2^2 (\zeta + 1) \quad \text{für} \quad \dot{m}_1 = 0 \tag{7.185}$$

$$0 = -\dot{Q}_{L,Wa} + \alpha A (\vartheta_{Sp} - \vartheta_{Wa}) \tag{7.186}$$

$$0 = -\dot{Q}_{Wa,Um} + k A (\vartheta_{Wa} - \vartheta_{Um}) \tag{7.187}$$

$$0 = -\vartheta_2 + \vartheta_{Sp} \tag{7.188}$$

$$0 = \vartheta_{Sp} - f(u_{Sp}, p_{Sp}) \tag{7.189}$$

Stationärer Fall:

$$0 = -m_{Sp} + m_{Sp,0} \tag{7.190}$$

$$0 = -m_{Sp} u_{Sp} + m_{Sp} u_{Sp,0} \tag{7.191}$$

$$0 = -\vartheta_{Wa} + \vartheta_{Wa,0} \tag{7.192}$$

$$0 = -p_{Sp} V_{Sp} + R T_{Sp} m_{Sp} \tag{7.193}$$

$$0 = -p_1 + p_{Sp} - \rho_{Sp} g H \tag{7.194}$$

$$0 = -p_2 + p_{Sp} - \rho_{Sp} g H \tag{7.195}$$

$$0 = \dot{Q}_{L,Wa} \tag{7.196}$$

$$0 = \dot{Q}_{Wa,Um} \tag{7.197}$$

$$0 = -\vartheta_2 + \vartheta_{Sp} \tag{7.198}$$

$$0 = \vartheta_{Sp} - f(u_{Sp}, p_{Sp}) \tag{7.199}$$

Wärmeübertrager (Zindler 2007)

Der Aufbau einer diskretisierten Heizfläche im Gegenstrom ist in Abb. 7.23 dargestellt.

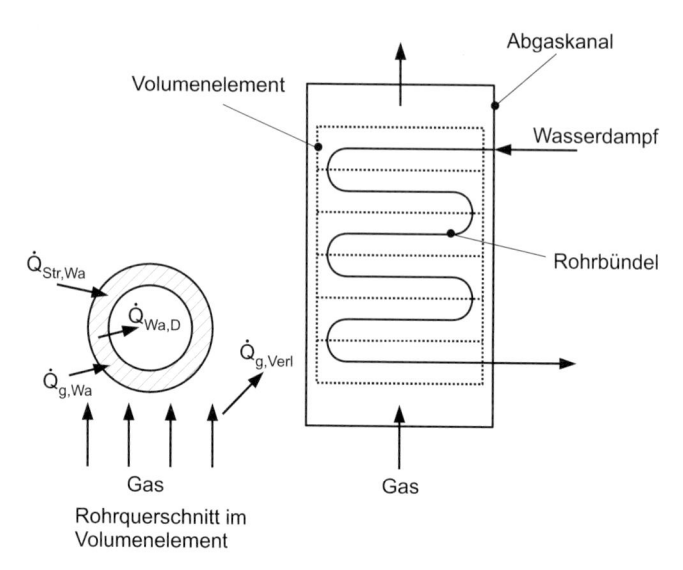

Abb. 7.23. Modell der diskretisierten Heizfläche

Ein Volumenelement umfasst beispielhaft immer ein waagerechtes Rohr bis zum Krümmer. Die Gasseite und die Wasserdampfseite sind über die Wärmeströme durch die Rohrwände gekoppelt. Auf der Gasseite wird zwischen den Wärmeströmen vom Rauchgas an die Rohrwand $\dot{Q}_{g,Wa}$ (Summe aus Konvektion und Wärmestrahlung), dem Verlustwärmestrom des Gases $\dot{Q}_{g,Verl}$ und dem Strahlungswärmestrom aus einem optionalen Flamm-Strahlraum einer Brennkammer oder eines größeren Zwischenraums an die Rohrwand $\dot{Q}_{Str,Wa}$ unterschieden. Von der Rohrwand geht der Wärmestrom $\dot{Q}_{Wa,D}$ an den Arbeitsstoff über. Eine Wärmeleitung in der Rohrwand in Strömungsrichtung wird vernachlässigt.

Es können also drei Simulationsgebiete bzw. Bilanzgebiete unterschieden werden; in Klammern werden die Bezeichnungen für den Fall einer Heizfläche in einem Dampferzeuger aufgeführt:

- Wärmeabgebendes Fluid (Rauchgas)
- Wärmeübertragerwand (Rohrwand)
- Wärmeaufnehmendes Fluid (Wasser, Dampf bzw. Wasser-Dampf-Gemisch)

Bei ruhenden festen Körpern erübrigt sich die Verwendung von Massen- und Impulsbilanz, sodass für die Rohrwand allein die Energiebilanz zu lösen ist.

Bei inkompressiblen Strömungen (Gasströmungen können bis ca. 1/3 der Schallgeschwindigkeit als inkompressible Strömung betrachtet werden) vereinfacht sich die Massenbilanz sehr stark, weil der Speicherterm entfällt. Auch bei der Energiebilanz kann unter Umständen der Speicherterm vernachlässigt und die Impulsbilanz auf die Druckverlustgleichung reduziert werden. Druckschwingungen sind dann allerdings nicht mehr berechenbar. D.h. eine solche Strömung wird quasistationär berechnet. In der folgenden Tabelle 7.7 sind für die drei Bilanzgebiete die zu verwendenden Gleichungen aufgeführt.

Tabelle 7.7. Für das Wärmeübertragermodell in einem Dampferzeuger verwendete Bilanz- und Transportgleichungen

	Rauchgas	Rohrwand	Wasser-Dampf
Massenbilanz	eindimensional, inkompressibel, (ohne Speicherterm) quasistationär	—	eindimensional, kompressibel, instationär
Energiebilanz	eindimensional, Speicherterm vernachlässigt, quasistationär	eindimensional, instationär mit mittlerer Temperatur der Rohrwand	eindimensional, kompressibel, instationär
Impulzbilanz	eindimensional auf Druckverlust reduziert, quasistationär	—	eindimensional, kompressibel, instationär
Wärmetransportgleichung	vom Rauchgas an Rohrwand	von der Rohrwand an Wasser-Dampf-Strömung	

Die Wasserdampfseite wird als Einrohrmodell mithilfe der instationären Impuls-, Massen- und Energiebilanzen modelliert, wie in Kapitel 2 dargestellt.

$$0 = \frac{\partial \rho w}{\partial \tau} + \frac{\partial \rho w^2}{\partial x} - \frac{\partial p}{\partial x} - S(\rho, d, w, l, \ldots) \qquad (7.200)$$

$$0 = \frac{\partial \rho}{\partial \tau} + \frac{\partial \rho w}{\partial x} \qquad (7.201)$$

$$0 = \frac{\partial \rho h}{\partial \tau} + \frac{\partial \rho h w}{\partial x} - S(\dot{Q}_{Wa,D}) \qquad (7.202)$$

Die Druckverlustgleichungen (vereinfachte Impulsbilanz) und die Massen- und Energiebilanz der Rauchgasseite lauten:

$$0 = -\frac{dp}{dx} - \lambda_{Reib} \frac{1}{d_{hyd}} \frac{\rho}{2} w^2 \qquad (7.203)$$

$$0 = \frac{d\dot{m}}{dx} \qquad (7.204)$$

$$0 = -\frac{d\dot{m}h}{dx} - \frac{d\dot{Q}_{g,Wa}}{dx} - \frac{d\dot{Q}_{g,Verl}}{dx} \qquad (7.205)$$

Der Wärmestrom $\dot{Q}_{g,Wa}$ setzt sich in Abhängigkeit der Rauchgastemperatur aus einem konvektiven und einem Strahlungsanteil zusammen. Die Energiebilanzgleichung der Rohrwand lautet:

$$0 = -c_{Wa} m_{Wa} \frac{d\vartheta_{Wa}}{d\tau} + \dot{Q}_{g,Wa} + \dot{Q}_{Str,Wa} - \dot{Q}_{Wa,D} \qquad (7.206)$$

Dabei erfolgt die Wärmeleitung im Rohr, wie bei (Walter 2001) angenommen, nur senkrecht zur Rohrachse. Die Nußelt-Korrelationen der Wärmeübertragungskoeffizienten für die Wärmetransportgleichung der Art

$$0 = -\dot{Q} + \alpha \, A \, \Delta\vartheta \qquad (7.207)$$

können dem Kapitel 2 entnommen werden.

Eine analytische Lösung dieser Bilanzgleichungen ist (im Vergleich zu Kapitel 7.3.2) nicht mehr möglich. Die Bilanzen werden zur Lösung daher diskretisiert, indem sie über ein finites Volumen und einen Zeitraum integriert werden. Bei der beheizten Rohrströmung mit Dampf oder Dampf-Wasser-Gemischen sind die Bilanzgleichungen zufolge starker Dichte-, Geschwindigkeits- und Druckänderungen des Arbeitsstoffes nur schwer zu lösen. Die Impuls- und die Massenbilanz sind über Druck und Geschwindigkeit miteinander gekoppelt und müssen immer gemeinsam gelöst werden. Um das Konvergenzverhalten zu verbessern, gibt es eine Reihe von unterschiedlichen Verfahren zur Kopplung von Impuls- und Massenbilanz. Das Kopplungsverfahren, das (Zindler 2007) verwendet, heißt SIMPLER (Semi-Implicit Method for Pressure Linked Equations Revised) und wurde mitsamt der Diskretisierung von (Patankar 1980) basierend auf (Caretto 1972), (Spalding 1972b) und (Patankar 1975) publiziert und ist in Kap. 3.5.3 erläutert und detailliert in (Zindler 2007) beschrieben.

Regler, Steuerungen und logische Komponenten

Für instationäre Vorgänge sind auch noch folgende regelungstechnische und logische Komponenten von Bedeutung.

Messstelle

Eine Messstelle (Abb. 7.24) nimmt einen Messwert einer Qualität wie Druck oder Enthalpie innerhalb eines Stoffstroms $\dot{m}$ auf, wandelt ihn in ein Signal um und gibt das Signal an eine verarbeitende Einheit, bei der es sich meistens um einen Regler handelt, weiter. Übliche Messwerte sind Druck, Temperatur (bzw. Enthalpie) oder der Massenstrom. Die Zustandsgrößen des gemessenen Massenstroms $\dot{m}_1$ bzw. $\dot{m}_2$ bleiben durch die Messung unverändert.

7.3 Instationäre Kraftwerkssimulation 569

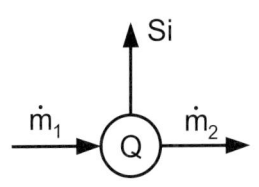

Abb. 7.24. Komponente Messstelle

$$0 = -\dot{m}_1 + \dot{m}_2 \tag{7.208}$$
$$0 = -\dot{m}_1 h_1 + \dot{m}_2 h_2 \tag{7.209}$$
$$0 = -p_1 + p_2 \tag{7.210}$$
$$0 = -Si + [p_1 \vee h_1 \vee \dot{m}_1] \tag{7.211}$$

Summen- und Differenzenbildung

Die Summen- und Differenzenbildung ist ein regelungstechnisches Bauteil (Abb. 7.25), das verwendet wird, um die Signale $y_{ein,1}$ und $y_{ein,2}$ zu addieren oder zu subtrahieren. y_{aus} ist das Ergebnis. Die Hauptanwendung liegt in dem Vergleich von Soll- und den zurückgeführten Istwerten eines Regelkreises. Die Vorzeichen der Eingangssignale müssen als Parameter vorgegeben werden.

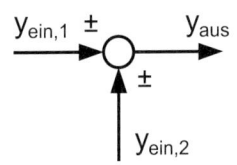

Abb. 7.25. Summen- und Differenzenbildung

$$0 = -y_{aus} \pm y_{ein,1} \pm y_{ein,2} \tag{7.212}$$

Verstärker

Der Verstärker (Abb. 7.26) ist ein regelungstechnisches Bauteil, mit dem das Signal y_{ein} mit dem Faktor K_P verstärkt wird. Ein P-Regler ist z.B. ein Verstärker. y_{aus} ist das Ergebnis.

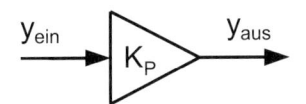

Abb. 7.26. Verstärker, Multiplikator

Kraftwerkssimulation – Modelle und Validierung

$$0 = -y_{aus} + K_P\, y_{ein} \tag{7.213}$$

Regler

Der Regler (siehe Abb. 7.27) ist nach (Lutz 2002) auch heute noch meist als paralleler PID-Regler ausgeführt. Dabei ist K_P der Verstärkungsfaktor, T_V die Vorhaltezeit und T_N die Nachstellzeit. Da es sich bei der Differentialgleichung des Reglers um eine Differentialgleichung 2. Ordnung handelt, muss diese durch Substitution in die Zustandsraumdarstellung, d.h. zwei Differentialgleichungen 1. Ordnung, überführt werden. Um PD- oder PI-Regler zu erhalten, können $T_N \to \infty$ bzw. $T_V = 0$ gesetzt werden.

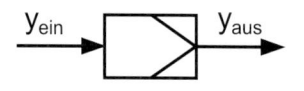

Abb. 7.27. Regler

Instationäre Gleichung eines parallelen PID-Reglers:

$$0 = -y_{aus} + K_P \left(y_{ein} + \frac{1}{T_N} \int y_{ein}\, d\tau + T_V \frac{dy_{ein}}{d\tau} \right) \tag{7.214}$$

Instationärer Fall (DGL 2. Ordnung in 2 DGL 1. Ordnung gewandelt):

$$0 = -\dot{y}_{ein,1} + y_{ein,2} \tag{7.215}$$

$$0 = -\dot{y}_{aus} + K_P \left(\dot{y}_{ein,1} + \frac{1}{T_N} y_{ein,1} + T_V \dot{y}_{ein,2} \right) \tag{7.216}$$

Stationärer Fall $\left(\frac{dy_{ein,1}}{d\tau} = \dot{y}_{ein,1} = y_{ein,1} = 0\right)$:

$$0 = y_{ein,2} \tag{7.217}$$

$$0 = -y_{aus} + K_I \tag{7.218}$$

Im stationären Fall ist die Eintrittsgröße $y_{ein,1} = 0$. Dann bestimmt die Integrationskonstante K_I den Austrittswert y_{aus}, die dem Ausgangswert des Integrators zu der Zeit entspricht, zu der $y_{ein,1}$ gleich Null wurde.

Zum gewöhnlichen PID-Regler werden in der Kraftwerkstechnik häufig im Austritt begrenzte PID- und PI-Regler eingesetzt. Die Grenzen $y_{aus,min}$ und $y_{aus,max}$ stabilisieren den realen Kraftwerksprozess. Jedoch handelt es sich, mathematisch gesehen, um eine Unstetigkeitsstelle und damit um Abweichungen vom linearen Verhalten. Diese Begrenzungen müssen auch bei numerischen Berechnungen gesondert behandelt werden. Die instationäre Reglergleichung lautet z.B.

$$0 = -y_{aus} + K_p\, y_{ein} + \frac{K_p}{T_N} \int k_b\, y_{ein}\, d\tau \tag{7.219}$$

Wobei k_b eine Bool'sche Zahl ist, für die gilt:

$k_b = 1$ für $y_{aus,min} \leq y_{aus} \leq y_{aus,max}$
$k_b = 0$ für $y_{aus} > y_{aus,max} \wedge y_{ein} > 0 \vee y_{aus} < y_{aus,min} \wedge y_{ein} < 0$

Diese Darstellung liefert keine exakten Grenzen, weil sie in Abhängigkeit von der Schrittweite übertreten werden. Jedoch hat sich das Verfahren als robust und ausreichend genau erwiesen.

Signalquelle

Signalquellen (Abb. 7.28) sind regelungstechnische Bauteile, die Signale y_{aus} als Funktionen der Zeit vorgeben. Die wichtigsten Signale sind Konstante – z.B. Sollwerte, Impulse, Sprünge und Rampen.

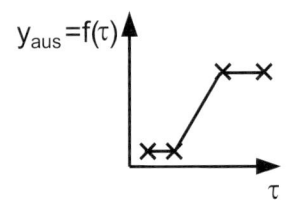

Abb. 7.28. Signal einer Rampe mit 4 Stützstellen

$$0 = -y_{aus} + f(\tau) \tag{7.220}$$

Die Funktion $f(\tau)$ wird durch Stützstellen als Vektor von Punkten definiert. Die Werte zwischen den Stützstellen werden linear interpoliert.

Begrenzer

Ein Begrenzer (Abb. 7.29) limitiert Signale y_{ein} durch eine obere Grenze $y_{ein,max}$ und untere Grenze $y_{ein,min}$. Durch das einfache Abschneiden von Werten außerhalb der Grenzen entstehen Unstetigkeiten, die das Konvergenzverhalten negativ beeinflussen können, und Ableitungen werden Null, was zu singulären Jakobi-Matrizen führt. Daher wird der Begrenzer als stückweise zusammengesetzte Funktion in der Form zusammengefügt, dass die Begrenzerfunktion monoton und differenzierbar ist. Die konstanten und linearen Abschnitte werden mit kubischen Funktionen (siehe Abb. 7.30) verbunden. Begrenzer werden beispielsweise bei der Sollwertvorgabe in Kaskaden eingesetzt.

$$0 = -y_{*,ein} + \frac{y_{ein} - y_{ein,min}}{y_{ein,max} - y_{ein,min}}$$

für $y_{*,ein} \leq 0,0$

Abb. 7.29. Begrenzer

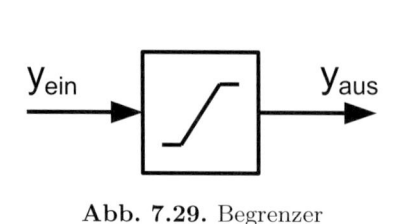

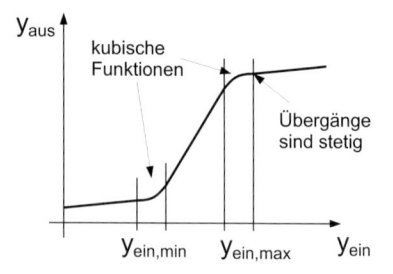

Abb. 7.30. Konstruktion der stetigen Begrenzungskurve

$$0 = -y_{tmp} + \frac{y_{*,ein}}{1000}$$

für $0,0 < y_{*,ein} \wedge y_{*,ein} \leq 0,1$

$$0 = -y_{tmp} + 0,001 y_{*,ein} + 19,98 y_{*,ein}^2 - 99,9 y_{*,ein}^3$$

für $0,1 < y_{*,ein} \wedge y_{*,ein} \leq 0,9$

$$0 = -y_{tmp} + y_{*,ein}$$

für $0,9 < y_{*,ein} \wedge y_{*,ein} \leq 1,0$

$$0 = -y_{tmp} + 80,919 - 259,739 y_{*,ein} + 279,72 y_{*,ein}^2 - 99,9 y_{*,ein}^3$$

für $y_{*,ein} > 1,0$

$$0 = -y_{tmp} + \frac{y_{*,ein}}{1000} + 0,999$$

$$0 = -y_{aus} + y_{tmp}(y_{ein,max} - y_{ein,min}) + y_{ein,min}$$

Min-/Max-Operatoren

Bei der Auswahl von den Sollwerten $y_{ein,1}$ und $y_{ein,2}$ werden in der Regelungstechnik oft Min-/Max-Operatoren (Abb. 7.31) eingesetzt. Dabei ist darauf zu achten, dass diese Operatoren eine Quelle für Unstetigkeiten sind und dazu führen können, dass das Gleichungssystem nicht mehr gelöst werden kann. Das Ergebnis der Auswertung ist y_{aus}.

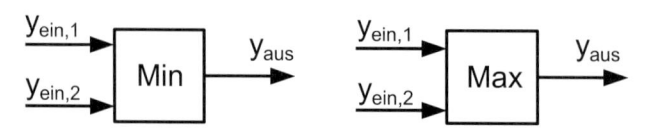

Abb. 7.31. Min- und Max-Operatoren

Min-Operator:

$$0 = -y_{aus} + y_{ein,1} \quad \text{für} \quad y_{ein,1} \leq y_{ein,2} \qquad (7.221)$$
$$0 = -y_{aus} + y_{ein,2} \quad \text{für} \quad y_{ein,1} > y_{ein,2} \qquad (7.222)$$
$$(7.223)$$

Max-Operator:

$$0 = -y_{aus} + y_{ein,1} \text{für} \quad y_{ein,1} \geq y_{ein,2} \qquad (7.224)$$
$$0 = -y_{aus} + y_{ein,2} \text{für} \quad y_{ein,1} < y_{ein,2} \qquad (7.225)$$
$$(7.226)$$

Integrator und Differenzierer

Integratoren und Differenzierer sind einfache regelungstechnische Bauteile, mit deren Hilfe ein Signal y_{ein} manipuliert werden kann. Das Austrittssignal ist y_{aus}. T_N ist die Nachstellzeit, und T_V ist die Vorhaltezeit. In Abb. 7.32 werden die Übertragungsfunktionen mit dem Laplace-Parameter s_τ dargestellt.

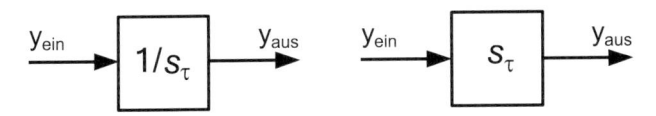

Abb. 7.32. Integrator (links) und Differenzierer (rechts)

$$0 = -y_{aus} + \frac{1}{T_N} \int y_{ein} d\tau \qquad (7.227)$$
$$0 = -y_{aus} + T_V \frac{dy_{ein}}{d\tau} \qquad (7.228)$$

Verzögerungsglied

Ein $PT1$-Verzögerungsglied (Abb. 7.33) ist eine inhomogene lineare gewöhnliche Differentialgleichung 1. Ordnung. Die Verzögerung kann mithilfe der Zeitkonstanten T_1 eingestellt werden. y_{ein} ist das Eintritts- und y_{aus} das Austrittssignal.

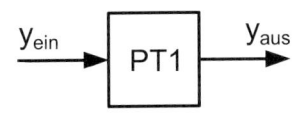

Abb. 7.33. PT1-Glied

$$0 = -y_{aus} - T_1 \frac{\mathrm{d}y_{aus}}{\mathrm{d}\tau} + x_{ein} \qquad (7.229)$$

Signalsplitter

Der Signalsplitter (Abb. 7.34) verteilt das gleiche Signal auf zwei Informationsflüsse, wie es z.B. bei Rückführungen von Regelkreisen benötigt wird. y_{ein} ist das Eintritts- und $y_{aus,1}$ bzw. $y_{aus,2}$ sind die Austrittssignale.

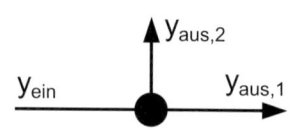

Abb. 7.34. Signalsplitter

$$0 = -y_{aus,1} + y_{ein} \qquad (7.230)$$
$$0 = -y_{aus,2} + y_{ein} \qquad (7.231)$$

Vergleichsstelle

Bei der Auswertung von Ausdrücken wird die C-Notation (C-Notation: Ausdruck gleich Null bedeutet wahr, Ausdruck ungleich Null bedeutet falsch) verwendet. Vergleichsstellen (Abb. 7.35) werden für die Entscheidungsfindung von Schaltern benötigt. $y_{ein,1}$ bzw. $y_{ein,2}$ sind die Eintrittssignale, und y_{aus} ist das Austrittssignal.

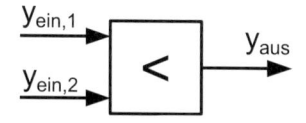

Abb. 7.35. Vergleichsstelle

$$0 = -y_{aus} + 0 \quad \text{für} \quad y_{ein,1} < y_{ein,2} \qquad (7.232)$$
$$0 = -y_{aus} + 1 \quad \text{für} \quad y_{ein,1} \geq y_{ein,2} \qquad (7.233)$$

Schalter

Der Schalter (Abb. 7.36) gibt abhängig vom Schaltsignal Si das Eintrittssignal $y_{ein,1}$ oder $y_{ein,2}$ als Ausgangssignal y_{aus} zurück.

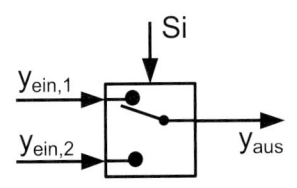

Abb. 7.36. Schalter

$$0 = -y_{aus} + y_{ein,1} \quad \text{für} \quad Si = 0 \quad (7.234)$$
$$0 = -y_{aus} + y_{ein,2} \quad \text{für} \quad Si = 1 \quad (7.235)$$

Logische Operatoren

Bei logischen Operatoren (Abb. 7.37) gilt ebenfalls die C-Notation. Logische Operatoren werden für die Entscheidungsfindung von Schaltern benötigt, indem sie Informationen aus Vergleichsstellen sammeln. $y_{ein,1}$ bzw. $y_{ein,2}$ sind die Eintrittssignale, und y_{aus} ist das Austrittssignal.

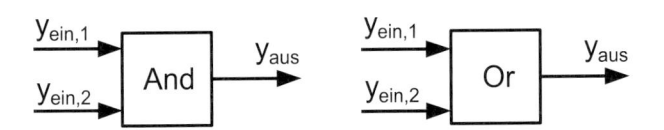

Abb. 7.37. Logische Operatoren

Logisches „and"

$$0 = -y_{aus} + 0 \quad \text{für} \quad y_{ein,1} = 0 \vee y_{ein,2} = 0 \quad (7.236)$$
$$0 = -y_{aus} + 1 \quad \text{für} \quad y_{ein,1} = 1 \wedge y_{ein,2} = 1 \quad (7.237)$$

Logisches „or"

$$0 = -y_{aus} + 0 \quad \text{für} \quad y_{ein,1} = 0 \wedge y_{ein,2} = 0 \quad (7.238)$$
$$0 = -y_{aus} + 1 \quad \text{für} \quad y_{ein,1} = 1 \vee y_{ein,2} = 1 \quad (7.239)$$

Mathematisches Modell

Aufstellen des Gleichungssystems

Zusammenfassend kann feststellt werden: Algebraische Gleichungssysteme (AGL's) treten in quasistationären Komponenten, gewöhnliche Differentialgleichungen (DGL) treten in Reglern und Speichern und partielle DGL treten in Wärmeübertragern etc. auf. Alle Gleichungssysteme werden implizit dargestellt.

$$0 = \vec{f}(\vec{z}, \vec{y}) \tag{7.240}$$

$$0 = \vec{g}\left(\tau, \vec{z}, \vec{y}, \frac{d\vec{y}}{d\tau}\right) \tag{7.241}$$

$$0 = \vec{h}\left(\tau, x, \vec{z}, \vec{y}, \frac{d\vec{y}}{d\tau}, \frac{d\vec{y}}{dx}\right) \tag{7.242}$$

Eine weitere Schwierigkeit ergibt sich daraus, dass in den Wärmeübertragern infolge großer Wärmeströme große Dichteänderungen auftreten. Wenn der Wärmeübertrager ortsdiskretisiert wird, kann dies zu erheblichen Stabilitätsproblemen führen. Zudem gibt es Probleme bei Ableitungen, da die Wasserdampftafel Unstetigkeiten aufweist.

Bei instationären Berechnungen wird die Geometrie der Bauteile als bekannt vorausgesetzt, d.h. die Auslegung ist bereits stationär erfolgt. Das physikalische mathematische Modell besteht also aus einem Satz von AGLen oder/und einem Satz von DGLen (bei WÜTn partiellen DGLen), einem Satz von differentiellen und algebraischen Variablen und einem Satz von Parametern.

Alle Komponenten sind über Ströme (Stoff-, Energie- und Impulsströme wie bei der stationären Simulation) und Regelungs- und Steuersignale miteinander verknüpft. d.h. ein Strom oder Signal, das eine Komponente verlässt, ist gleichzeitig in einer anderen Komponente ein eintretender Strom bzw. eintretendes Signal. Die Gleichungen, die die Komponenten modellieren, sind über diese Ströme gekoppelt. Zum Aufstellen des Gleichungssystems werden wie bei der stationären Simulation (siehe Kapitel 7.2) Verfahren der Grafentheorie übernommen. Alle Komponenten sind Knoten. In den Knoten sind die Gleichungen angesiedelt. Die Knoten werden von Kanten verbunden. Kanten sind Ströme beliebiger Art. Daraus folgt, dass alle Zustandsgrößen in den Kanten gespeichert werden. In den Knoten bzw. Komponenten können zusätzlich noch lokale Größen, z.B. Zeitkonstanten, mehr oder weniger konzentrierte geometrische Daten wie Volumina, Flächen etc. gespeichert werden. Alle Größen werden zu Beginn gleich behandelt, d.h. es ist nicht festgelegt, ob eine Größe eine Variable oder eine Konstante ist. Dies kann dann abhängig von dem zu lösenden Problem festgelegt werden. Da das Gleichungssystem implizit ist, entfällt ein Neuaufstellen des Gleichungssystems.

Lösen der Gleichungssysteme

Zur Lösung des Gleichungssystems wurde in (Zindler 2008) ein Simulationsprogramm beschrieben, welches ein Prediktor-Korrektor-Verfahren (PECE) auf der Basis des DASSL-Algorithmus verwendet (Brenan 1995) (Ascher 1998).

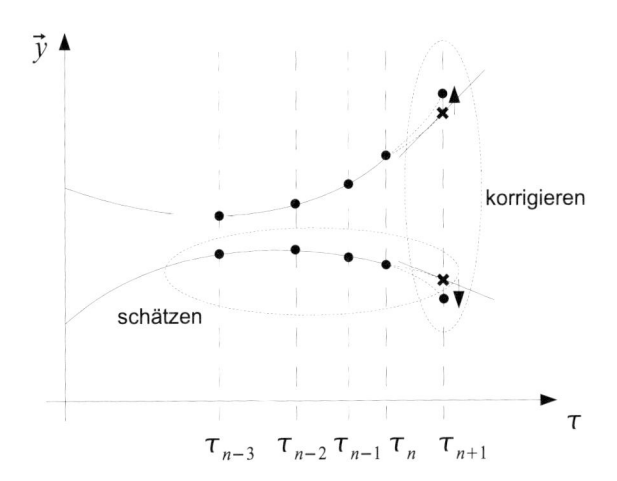

Abb. 7.38. Funktionsweise des Schätzens und Korrigierens am Beispiel von zwei Funktionen

Der DASSL-Algorithmus ist eine Sammlung von Mehrschrittverfahren für steife implizite DAE's bis zum Index 1. Ein Beispiel zur Veranschaulichung des Verfahrens ist in Abb. 7.38 dargestellt. Für den Prediktor-Schritt zum Zeitpunkt τ_n wird durch die letzten k Stützpunkte der Lösungskurven eine Polynom $k-1$-ten Grades gelegt. Das Polynom wird dann für den Schritt τ_{n+1} extrapoliert, um einen guten Schätzwertvektor zu erhalten. Der Schätzwertvektor muss das Gleichungssystem zum Zeitpunkt τ_{n+1} erfüllen. Der Schätzwertevektor wird dann mithilfe des Newton-Algorithmus korrigiert. Die Vorteile des Algorithmus sind eine interne Schrittweiten- und Fehlerkontrolle. Durch die gute Schätzung der Werte bei τ_{n+1} erfolgt eine sehr schnelle Konvergenz im Korrektor-Schritt.

Gleichungen und Ableitungen können z.B. effizient mithilfe des C++ eigenen Polymorphismus implementiert werden.

Um die Unstetigkeiten der Wasserdampftafel und die großen Dichteänderungen in den Wärmeübertragern zu stabilisieren, werden die partiellen Differentialgleichungen nicht im globalen PECE gelöst, sondern mit einer lokalen Finiten-Volumen-Methode (FVM), die die Druck- und Impulsbilanz über den SIMPLER-Algorithmus koppelt.

Wenn die FVM in das PECE eingebettet wird, wird die FVM mit den Randbedingungen aus dem PECE gestartet. Für eine Rohrströmung kann für die FVM aus physikalischen Gründen z.B. die Eintrittsgeschwindigkeit, Eintrittsenthalpie und Austrittsdruck als Randbedingung vorgegeben werden (bei der Annahme einer konstanten Beheizung $\dot{Q}$). Die FVM berechnet dann die Austrittsgeschwindigkeit, die Austrittsenthalpie und den Eintrittsdruck wie in Abb. 7.39 dargestellt. Die vom FVM berechneten Größen müssen gleich denen des PECE sein, damit das Gleichungssystem gelöst ist.

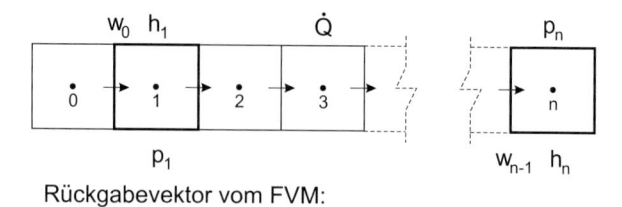

Abb. 7.39. FVM einer Rohrströmung

Die Kopplungsgleichungen zwischen PECE und FVM sehen beispielhaft für die Austrittsgeschwindigkeit folgendermaßen aus:

$$w_{n-1} = w_{aus,FVM} = FVM \begin{pmatrix} p_{aus,PECE} \\ w_{ein,PECE} \\ h_{ein,PECE} \end{pmatrix} \quad (7.243)$$

$$0 = w_{aus,FVM} - w_{aus,PECE} = \mathbf{R}_w \quad (7.244)$$

Mit der Gl. (7.244) kann das Residuum der Austrittsgeschwindigkeit $\mathbf{R}_w$ im Newton-Verfahren des PECE berechnet werden. Da das Newton-Verfahren jedoch ein gerichtetes Verfahren ist und Ableitungen aller Gleichungen benötigt, wird ein Ansatz benötigt, um Ableitungen der FVM zu berechnen. Dies ist sehr aufwändig, da die FVM sehr viele Gleichungen beinhaltet.

Der geringste Programmieraufwand entsteht durch ein Finite-Differenzen-Verfahren. Die Genauigkeit ist aber sehr gering, und die FVM müsste sehr häufig gelöst werden. Hinzu kommt der Aufwand, die Variablen für jede Rechnung zu organisieren.

Etwas eleganter wäre ein Komplex Step (Martins 2001b) (Martins 2000).

$$f'(\tau) = \lim_{h \to 0} \frac{\Im[f(\tau + ih)]}{h} \quad (7.245)$$

Die Ableitungen des Komplex Step sind sehr genau, haben aber den Nachteil, dass alle Rechenroutinen als Template ausgeführt werden müssten, damit komplexe und Fließkommazahlen verwendet werden können. Zudem sind Rechnungen mit komplexen Zahlen im Vergleich zu Fließkommazahlen in C++ ca. 15-mal langsamer.

Ein weiteres Verfahren zur Berechnung von Ableitungen ganzer Gleichungssysteme ist das in Kapitel 3.5.5 beschriebene Adjungiertenverfahren. Dabei wird zwischen den Optimierungsfunktionen (Residuumsgleichungen) **R** des PECE und der physikalischen Randbedingung (einzelne zu optimierende Bilanzgleichungen) B_k der FVM unterschieden. Zudem wird zwischen den Designvariablen $\mathbf{r}_j$ aus dem PECE und den Variablen b_k aus der FVM unterschieden. Bei der Herleitung des Adjungiertenverfahrens entsteht ein lineares Gleichungssystem

$$-\frac{\partial \mathbf{R}}{\partial b_k} = \Psi_k \left(\frac{\partial B_k}{\partial b_k}\right)^T \tag{7.246}$$

mit dessen Hilfe der Vektor der adjungierten Variablen Ψ_k bestimmt werden kann. Unter Zuhilfenahme von Ψ_k können die Ableitungen wie folgt berechnet werden:

$$\frac{d\mathbf{R}}{d\mathbf{r}_j} = \frac{\partial \mathbf{R}}{\partial \mathbf{r}_j} + \Psi_k \frac{\partial B_k}{\partial \mathbf{r}_j} \tag{7.247}$$

Das Aufstellen des linearen Gleichungssystems (7.246) gestaltet sich als recht aufwändig, da alle partiellen Ableitungen $\frac{\partial B_k}{\partial b_k}$ analytisch berechnet wurden und die Dichte nicht als konstant, sondern als Funktion von Druck und Enthalpie betrachtet werden muss. Diese Ableitungen werden mithilfe der IF97 (IAPWS 1997) bestimmt. Das entstehende Gleichungssystem ist schwach besetzt. Es bietet sich zur Lösung eine LU-Decomposition an, da die Matrix $\frac{\partial B_k}{\partial b_k}$ in diesem Falle nur einmal zerlegt werden muss und anschließend in Abhängigkeit der unterschiedlichen **R** mehrfach verwendet werden kann. Die Implementierung des Adjungiertenverfahrens ist unabhängig von der FVM-Implementierung und kann parallel erfolgen. Siehe auch die Beschreibung der Komponente Wärmeübertrager in diesem Kapitel.

Ausführliche Informationen zum detaillierten Dampferzeugermodell können der Arbeit von (Zindler 2007) entnommen werden.

Beispiel

In Abb. 7.40 ist die Gas- und Dampfturbinenkombianlage des Rheinhafen-Dampfkraftwerks RDK4 in Karlsruhe dargestellt (siehe (Zindler 2007)).

Mithilfe eines detaillierten Simulationsmodells, wie in diesem Abschnitt und in (Zindler 2007) beschrieben, lassen sich Ergebnisse erzielen, die die Messwerte sehr gut nachbilden. Siehe Abb. 7.41.

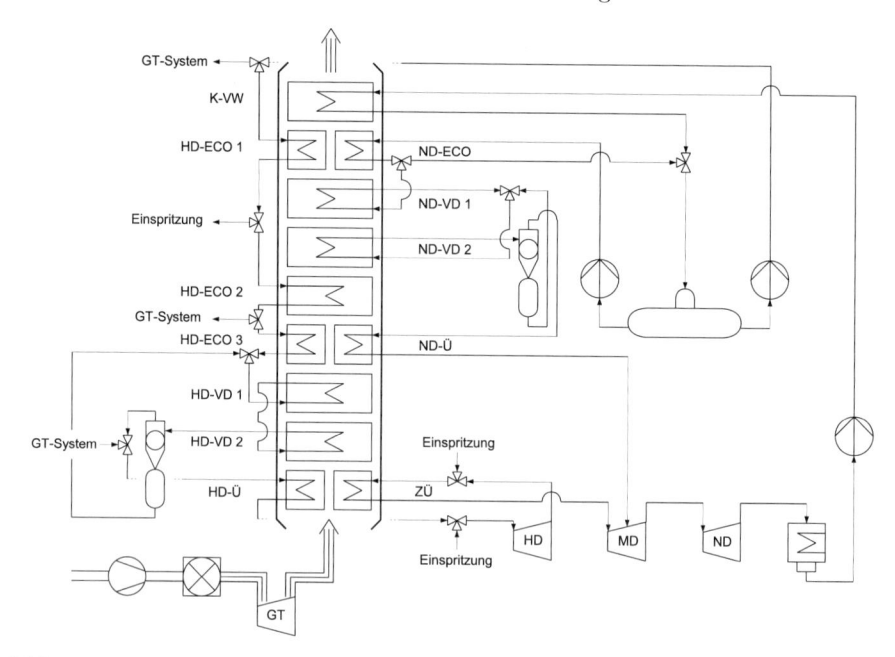

Abb. 7.40. Schaltschema der GuD-Anlage RDK4S nach (Löhr 1999) (verändert), mit den Bezeichnungen GT – Gasturbine, ND – Niederdruckteil, MD – Mitteldruckteil, HD – Hochdruckteil, K-VW – Kaltwasservorwärmung, ECO – Economizer, VD – Verdampfer, Ü – Überhitzer und ZÜ – Zwischenüberhitzer

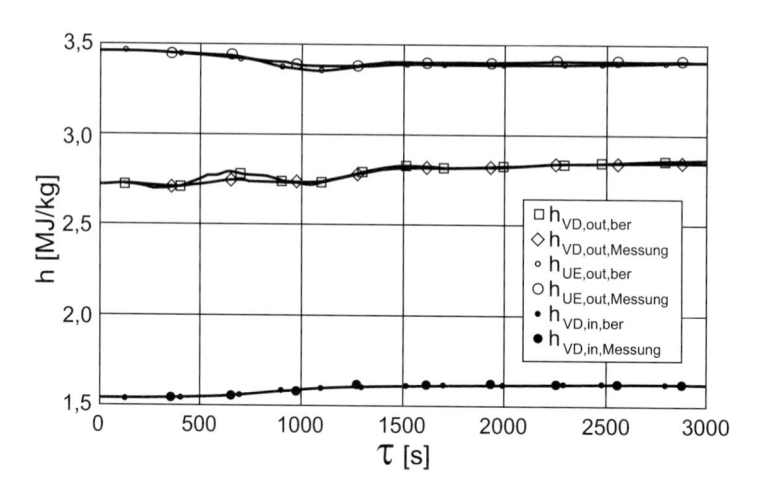

Abb. 7.41. Vergleich von Enthalpieverläufen der Simulationsrechnung mit Messwerten bei einer Anhebung der Gasturbinenleistung von 68 % auf 97 %

7.4 Überprüfung der Lösbarkeit des stationären Gleichungssystems und Validierung stationärer Messdaten

7.4.1 Lösbarkeit des Gleichungssystems stationärer Kraftwerkssimulationen

Allgemein

Kraftwerkssimulationsprogramme lösen nichtlineare Gleichungssysteme und sind so komplex, dass es vorkommen kann, dass trotz anscheinend abgeschlossener Eingabe das Programm nicht rechnet. Es sollte daher, bevor ein solches Programm gestartet wird, geprüft werden, ob das Gleichungssytem überhaupt lösbar ist. Mit dieser Thematik befasst sich (Apascaritei 2008).

Grundsätzlich können drei Fälle unterschieden und bei Verwendung der Newton-Raphson-Methode (verwendet die Jacobi-Matrix) folgendermaßen beschrieben werden:

- Die Zahl der zu berechnenden, unbekannten Größen, kurz Variablen, ist größer als die Zahl der Gleichungen. Die Jacobi-Matrix eines solchen Gleichungssytems ist horizontal rechteckig, d.h. sie hat mehr Spalten als Zeilen. In diesem Fall gibt es unendlich viele Lösungen bzw. kann eine entspechende Anzahl der Variablen frei gewählt werden.
- Die Zahl der Variablen entspricht exakt der Zahl der Gleichungen. Die Jacobi-Matrix ist quadratisch, d.h. sie hat die gleiche Anzahl von Spalten und Zeilen. Das Gleichungssystem ist eindeutig lösbar, falls die Jacobi-Matrix nicht singulär ist. Das ist der Fall, wenn
  - das Gleichungssystem strukturell singulär ist oder
  - zwei oder mehr Gleichungen linear abhängig sind – numerische Singularität.
- Die Zahl der Variablen ist kleiner als die Zahl der Gleichungen. Die Jacobi-Matrix ist dann vertikal rechteckig, d.h. sie hat mehr Zeilen als Spalten. In diesem Fall ergeben sich i.Allg. Widersprüche, und das Gleichungssystem ist nicht lösbar.

Umsetzung der Überprüfungen

Anzahl der Variablen – Anzahl der Gleichungen

Die Überprüfung ist einfach zu bewerkstelligen.

Strukturelle Singularität – Überprüfung mittels Occurrence-Matrix

Eine strukturelle Singularität ist gegeben, wenn die vorgegebenen (oder gemessenen) Größen nicht richtig verteilt sind, sodass Teilgebiete unterbestimmt bleiben. Eine strukturelle Singularität wird also nicht durch den Zahlenwert einer vorgegebenen Größe verursacht, sondern durch die Auswahl, welche Größen vorgegeben werden.

Mithilfe einer Occurrence-Matrix lassen sich strukturelle Singularitäten aufdecken. Eine Occurrence-Matrix ist eine Matrix, deren Zeilen die Gleichungen repräsentieren und in deren Spalten eine 1 steht, wenn die Variable dieser Spalte in der betroffenen Gleichung enthalten ist, oder eine 0, wenn diese Variable in der betroffenen Gleichung nicht enthalten ist.

Durch einen in (Apascaritei 2008) beschriebenen Sortieralgorithmus lassen sich gegebenenfalls unterbestimmte Teilgebiete bzw. horizontale Teilmatrizen der Variablen mit Nullen finden.

Selbst wenn diese beiden Prüfungen (gleiche Anzahl von Variablen und Gleichungen, keine unterbestimmten Teilgebiete) bestanden sind, kann noch eine numerische Singularität vorhanden sein.

Numerische Singularität – Überprüfung mittels des Householder-Reflections-Algorithmus

Numerische Singularitäten, d.h. lineare Abhängigkeiten, können mittels verschiedener Methoden aufgedeckt werden. Wenn bei der Lösung des Gleichungssystems die Newton-Raphson-Methode verwendet wird, wird auch die Jacobi-Matrix benutzt, deren Element in der i-ten Zeile und j-ten Spalte gegeben ist durch

$$\mathbf{J}_{ij} = \frac{\partial f_i}{\partial x_j} \tag{7.248}$$

Wenn die Jacobi-Matrix singulär ist, lässt sich das Gleichungssystem nicht lösen. Interessant ist zudem, welche Gleichung bzw. welche Variable die Singularität verursacht, um gegebenenfalls Abhilfe zu schaffen.

Eine Matrix kann zerlegt werden in das Produkt der orthogonalen Matrix und einer oberen Dreiecks-Matrix. Da der Absolutbetrag der Determinante der orthogonalen Matrix stets 1 ist, reduziert sich die Aufgabe der Bestimmung der Singularität auf die Beurteilung der oberen Dreiecksmatrix, d.h. der Frage, ob eines der Elemente der Diagonalen dieser oberen Dreiecksmatrix Null ist. Wenn ein Element der Diagonalen der oberen Dreicksmatrix Null ist, ist die Matrix singulär, und die Ursache für die Singularität ist dieses Element bzw. die zugehörige Variable und zugehörige Gleichung.

Ein sehr stabiles und auch schnelles Verfahren, die obere Dreiecksmatrix zu bestimmen, ist der Householder-Reflections-Algorithmus, dessen Anwendung auf die Probleme der Kraftwerkssimulation in (Apascaritei 2008) näher beschrieben ist.

Einfachster Wasserdampfkreislauf als Beispiel

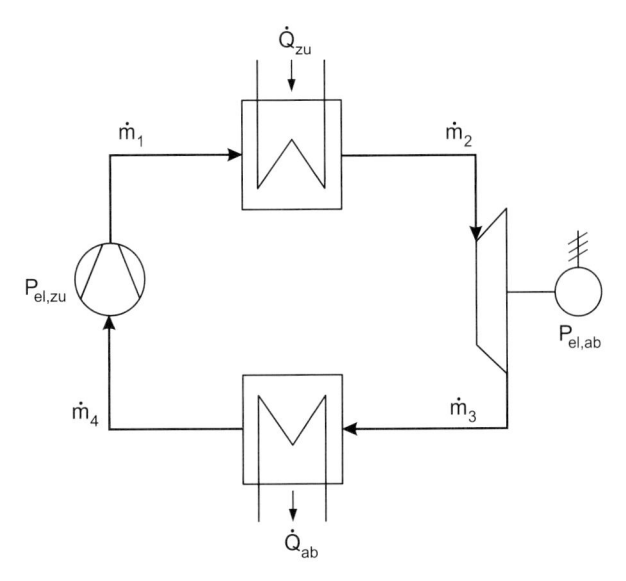

Abb. 7.42. Einfacher Wasserdampfkreislauf mit 4 Komponenten, (Apascaritei 2008)

Der einfachste Wasserdampfkreislauf besteht aus folgenden vier Komponenten:

- Speisewasserpumpe mit Elektromotor und Antriebsleistung $P_{el,zu}$
- Dampferzeuger mit der Wärmezufuhr $\dot{Q}_{zu}$
- Dampfturbine und Generator mit der Abgabe der elektrischen Leistung $P_{el,ab}$
- Kondensator mit der Wärmeabfuhr $\dot{Q}_{ab}$

Dieser Kreislauf solle mit einem Massenstrom vor der Dampfturbine von 1 kg/s betrieben werden. Weitere Werte, die in diesem Beispiel, welches sich auf die Massenbilanz der Komponenten beschränkt, keine Rolle spielen, können z.B. sein: Frischdampfdruck 250 bar, Frischdampftemperatur 600°C, Kondensatordruck 0,1 bar und Kondensatortemperatur entsprechend etc.

Die Massenbilanzgleichung der 4 Komponenten sind:

$$\dot{m}_2 - \dot{m}_1 = 0 \qquad (7.249)$$

$$\dot{m}_3 - \dot{m}_2 = 0 \qquad (7.250)$$

$$\dot{m}_4 - \dot{m}_3 = 0 \qquad (7.251)$$

$$\dot{m}_1 - \dot{m}_4 = 0 \qquad (7.252)$$

Wird der Massenstrom $\dot{m}_1 = 1$ kg/s vorgeben, so verbleiben noch 3 unbekannte Massenströme, nämlich $\dot{m}_2$, $\dot{m}_3$ und $\dot{m}_4$, was zu folgender Occurrence-Matrix $\mathbf{A}_{occ}$ führt:

$$\mathbf{A}_{occ} = \begin{pmatrix} 1 & 0 & 0 \\ 1 & 1 & 0 \\ 0 & 1 & 1 \\ 0 & 0 & 1 \end{pmatrix} \qquad (7.253)$$

Man kann klar erkennen, dass man 1 Gleichung zuviel hat und in einem Programm mit Occurrence-Matrix-Überprüfung würde das System als nicht lösbar erkannt. Also muss noch eine weitere Größe variabel bleiben, nämlich $\dot{m}_1$. Dann ergibt sich folgende Occurrence-Matrix $\mathbf{A}_{occ}$:

$$\mathbf{A}_{occ} = \begin{pmatrix} 1 & 1 & 0 & 0 \\ 0 & 1 & 1 & 0 \\ 0 & 0 & 1 & 1 \\ 1 & 0 & 0 & 1 \end{pmatrix} \qquad (7.254)$$

Aber nun ergibt die Überprüfung der numerischen Singularität mit der transponierten Jacobi-Matrix und der orthogonalen und oberen Dreieckmatrix

$$\mathbf{J}^T = \begin{pmatrix} 1 & 0 & 0 & -1 \\ -1 & 1 & 0 & 0 \\ 0 & -1 & 1 & 0 \\ 1 & 0 & -1 & 1 \end{pmatrix} \qquad (7.255)$$

$$\text{Orthogonale Matrix} = \begin{pmatrix} 0,707 & -0,408 & 0,289 & 0,500 \\ -0,707 & -0,408 & 0,289 & 0,500 \\ 0,000 & 0,816 & 0,289 & 0,500 \\ 0,000 & 0,000 & -0,866 & 0,500 \end{pmatrix} \qquad (7.256)$$

$$\text{Obere Dreiecksmatrix} = \begin{pmatrix} 1,414 & -0,707 & 0,000 & -0,707 \\ -0,000 & 1,225 & 0,816 & 0,408 \\ 0,000 & 0,000 & 1,155 & -1,155 \\ 0,000 & 0,000 & 0,000 & 0,000 \end{pmatrix} \qquad (7.257)$$

dass die obere Dreiecksmatrix singulär und daher das Gleichungssystem nicht lösbar ist. Dabei wird die 4. Gleichung als Ursache identifiziert.

Um dieser Situation zu entrinnen, muss eine Mischstelle von außen dem geschlossenem Kreislauf zugefügt werden, was dann z.B. bei einer Simulation mit ENBIPRO zu folgenden Ergebnissen führt, die in Abb. 7.43 dargestellt sind.

Ähnliche Probleme können bei geschlossenen Kreisläufen von Stoffen, Energien, Impulsen etc. auftreten, die in ähnlicher Weise durch praktisch vernachlässigbare Mischstellen, Quellen oder Senken, Pumpen oder Turbinen oder Speicher etc. gelöst werden können.

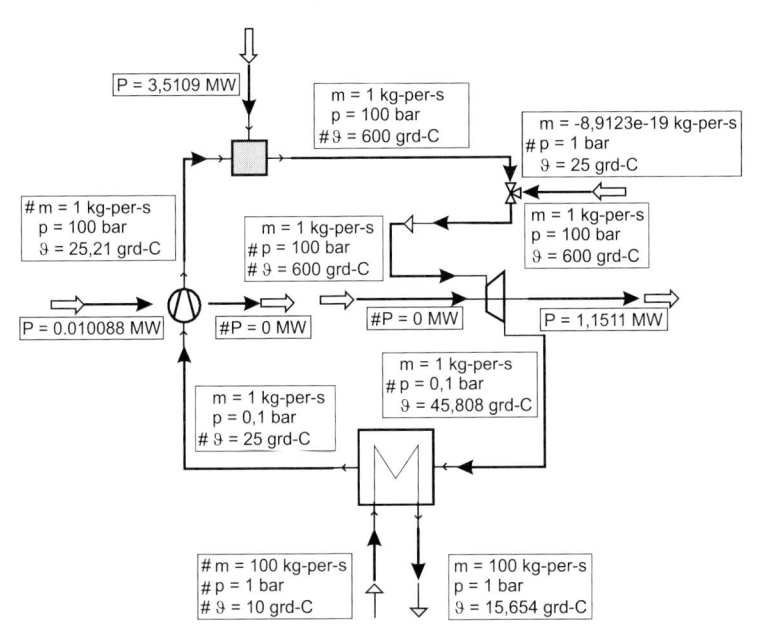

Abb. 7.43. Einfacher Wasserdampfkreislauf mit Mischstelle, um numerische Singularität zu vermeiden, (Apascaritei 2008)

7.4.2 Validierung stationärer Messdaten von Kraftwerken

Mit dem Begriff „Validierung" von Messdaten wird eine Methodik zur Ableitung eines Messdatensatzes bezeichnet, der die Bilanz- und Transportgleichungen und Stoffdaten erfüllt und somit ein stimmiges Prozessbild ergibt oder aufzeigt, dass manche Messdaten außerhalb ihres üblichen, akzeptierten Messfehlers liegen. Sämtliche verfügbaren Messgrößen werden untereinander über ein aus der Verfahrenstopologie abgeleitetes Gleichungssystem aus Massen-, Stoff-, Energie- und Impulsbilanzen, Transportgleichungen und Stoffdaten in Verbindung gebracht. Mithilfe der Ausgleichsrechnung lassen sich dann aus den Rohmesswerten widerspruchsfreie Schätzwerte ermitteln, die bei genügend großer Anzahl von Messungen und Modellgleichungen („Nebenbedingungen") als die Daten des statistisch wahrscheinlichsten Prozesszustandes interpretiert werden können.

Im kraftwerkstechnischen Bereich wird die Validierung seit dem Erscheinen der Endfassung der VDI-Richtlinie 2048 „Messunsicherheiten bei Abnahmemessungen an energie- und kraftwerkstechnischen Anlagen" im Jahre 2001 standardmäßig bei der Auswertung von Abnahmemessungen eingesetzt.

Seit C. F. Gauß wird die *Methode der kleinsten Fehlerquadrate* angewendet, um einen Abgleich mehrfach gemessener Daten durchzuführen. Die Grundlagen der Datenvalidierung ausgehend von der Gauß'schen Betrachtung und die ausführliche geschlossene mathematische Herleitung kann der umfangreichen Literatur entnommen werden (Streit 1975), (van der Waerden 1977).

Ausgleichsrechnung nach Gauß – Minimierung der Summe der Fehlerquadrate (L2-Norm)

Eine Messreihe bestehe aus n Beobachtungen b zusammengefasst zu dem Vektor $\vec{b} = (b_1, \ldots b_n)^T$. Sie sind alle fehlerbehaftet und weichen von deren unbekannten wahren Werten x, Vektor $\vec{x} = (x_1, \ldots x_n)^T$ ab.

Ferner existieren für die wahren Werte m funktionelle Beziehungen, die *Modell* oder auch *Nebenbedingungen* genannt werden:

$$f_1(x_1, \ldots x_n) = 0$$
$$\vdots \qquad \vdots \qquad (7.258)$$
$$f_r(x_1, \ldots x_n) = 0$$

oder in vektorieller Schreibweise:

$$\vec{f}(\vec{x}) = 0$$

Setzt man in das Gleichungssystem (7.258) direkt die beobachteten Werte ein, wird das Gleichungssystem durch die unvermeidlichen Fehler der Beobachtungen widersprüchlich.

Die Werte, die das Gleichungssystem erfüllen, werden als die wahren Werte angenommen, und es wird ein *optimaler Satz von Verbesserungen* v_i gesucht, der, an die Beobachtungen angebracht, die wahren, das Gleichungssystem (7.258) widerspruchsfrei erfüllenden Werte x_i ergeben. Für diese Verbesserungen gilt also:

$$\vec{x} = \vec{b} + \vec{v}$$

Andersherum gesehen weisen die Beobachtungen b_i gegenüber den unbekannten widerspruchsfreien wahren Werten x_i den Fehler e_i auf

$$\vec{b} = \vec{x} + \vec{e}$$

Für das Optimierungsproblem schlug C. F. Gauß bereits Anfang des 19. Jahrhunderts die Minimierung der Summe der Fehlerquadrate der Beobachtungen zu deren wahren Werten e_i^2 als möglichen Lösungsweg vor:

$$\sum_{i=1}^{m} e_i^2 = \sum_{i=1}^{m}(x_i - b_i)^2 \stackrel{!}{=} \min \qquad (7.259)$$

Alternativ postulierte Laplace etwa zur gleichen Zeit, die Summe der Absolutbeträge der Fehler zu minimieren:

$$\sum_{i=1}^{m} |e_i| \stackrel{!}{=} \min$$

In der Tat sind die Fehler nicht bekannt und verschiedene Methoden, die „wahrscheinlichen Fehler" zu bestimmen, plausibel und verwendbar, die zu unterschiedlichen „wahrscheinlichen Fehlern" führen. Die Gleichung

$$\max |e_i| \stackrel{!}{=} \min$$

würde ebenso als Optimierungskriterium funktionieren.

Der Vorschlag von Gauß bietet Vorteile gegenüber den anderen Formulierungen: Ein wichtiger Aspekt ist seine Stetigkeit, die eine einfachere analytische Behandlung der Gauß'schen Formulierung im Gegensatz zu anderen Formulierungen ermöglicht. Ein weiterer Vorteil ist die einfache Vorstellung und Deutung in zwei- oder dreidimensionalen Räumen.

Fehler und deren Häufigkeitsverteilung

Die relative Häufigkeit des Totalfehlers e_i sci mittels einer stetigen Funktion $\varphi(e_i)$ beschrieben. Man kann dann die Wahrscheinlichkeit, dass ein Fehler zwischen den Grenzen e_i und $e_i + de_i$ liegt, mit $\varphi(e_i)\,de_i$ angeben. Die Funktion $\varphi(e_i)$ ist zunächst unbekannt.

1809 in seiner ersten Veröffentlichung über die Ausgleichsrechnung „Theorie der Bewegung der Himmelskörper" postulierte Gauß *a priori* folgende Eigenschaften für $\varphi(e_i)$:

- Je größer ein Fehler im Betrag ist, desto unwahrscheinlicher ist er, unendlich große Fehler sind unmöglich, kleine Fehler werden dagegen öfter begangen.

$$\lim_{e \to \infty} \varphi(e_i) = 0$$
$$\lim_{e \to -\infty} \varphi(e_i) = 0$$
$$\lim_{e \to 0} \varphi(e_i) = \max$$

- Positive und negative Fehler werden gleich häufig auftreten, die Funktion ist also symetrisch.

$$\varphi(e_i) = \varphi(-e_i)$$

- Die Wahrscheinlichkeit des Auftretens eines Fehlers zwichen $-\infty$ und $+\infty$ ist stets 1.

$$\int_{-\infty}^{\infty} \varphi(e_i)\,de_i = 1$$

Eine alle diese Forderungen erfüllende Funktion der Form

$$\varphi(e_i) = \frac{a}{\sqrt{\pi}}\,e^{-a^2 e_i^2}; a \in \mathbf{R}$$

die als *Gauß'sche Normalverteilung* bekannt ist, leitete Gauß in der o.g. Abhandlung *a posteriori* als Lösung einer Wahrscheinlichkeits-Extremwertaufgabe her. Gauß leitete dann mithilfe dieser Funktion bereits die Methode der kleinsten Quadrate her und löste mit deren Hilfe eine Ausgleichsaufgabe aus den Kepler'schen Gesetzen. Allerdings ist die Beweisführung sehr unsicher, sodass Gauß 1821 mit der „Theorie der den kleinsten Fehlern unterworfenen Kombination der Beobachtungen" eine schlüssigere Herleitung vorlegt, die ohne die spezielle Form der Fehlerfunktion auskommt (van der Waerden 1977).

Die Verteilungsfunktion $\varphi(e_i)$ kann beliebig sein und muss keine weiteren Voraussetzungen erfüllen außer, dass keine systematischen Fehler vorliegen, was bedeutet, dass die Erwartungswerte als die wahren Werte angesehen werden können.

Erwartungswert und Varianz einer Fehlerverteilung

Der Vergleich mehrerer gleichartiger Fehlerverteilungen untereinander kann am anschaulichsten über eine charakteristische Größe stattfinden. Der Erwartungswert einer Fehlerverteilung $\varphi(e_i)$

$$\mathrm{E}(e_i) = \int_{-\infty}^{\infty} e_i \varphi(e_i) \, \mathrm{d}e_i$$

ist als Beurteilungsgröße zum Vergleichen von Fehlerverteilungen ungeeignet: Er gibt den konstanten Anteil der Fehler (den systematischen Fehler) an. Setzt man voraus, dass kein systematischer Fehler vorliegt, wird das Integral stets den Wert 0 annehmen. In dessen Konsequenz wird von Gauß *a priori* der Erwartungswert des Quadrates aller Fehler als Beurteilungsgröße für die Unsicherheit von Beobachtungen eingeführt.

$$\mathrm{E}(e_i^2) = \int_{-\infty}^{\infty} e_i^2 \varphi(e_i) \, \mathrm{d}e_i \stackrel{\mathrm{def}}{=} \mathrm{Var}(e_i) \stackrel{\mathrm{def}}{=} \sigma_i^2$$

Die als „Standardabweichung" bezeichnete Größe σ_i hat den Charakter eines „mittleren Fehlers". Das Integral wird als „Varianz" bezeichnet. Die Beurteilung der Fehler über den Mittelwert der Fehlerquadrate spielt eine fundamentale Rolle bei der Gauß'schen Betrachtung und begründet die „Methode der kleinsten Fehlerquadrate".

Minimierung des Mittelwertes aller Varianzen

Obiges Prinzip der Fehlerbeurteilung wird nun auf das Gleichungssystem (7.258) angewandt. Die gesuchten Ergebnisse x_i weisen gegenüber den Ursprungswerten b_i den Fehler e_i. Die unbekannte Wahrscheinlichkeitsdichte des potentziellen Auftretens von e_i ist $\varphi(e_i)$. Es wird angenommen, dass diese Funktion für alle n Fehlerverteilungen gleiche Form hat, d.h. die Fehlerverteilungen gleicher Art sind – die Verteilungen sind dann über deren Varianzen miteinander vergleichbar. Der Mittelwert aller dieser Varianzen ist die einfachste Charakterisierungsgröße, mit welcher sich alle Fehlerverteilungen konzentriert beurteilen lassen. Er legt seinerseits als Varianz eine aus allen vorliegenden Verteilungen resultierende „mittlere" Verteilung gleicher Art wie

7.4 Überprüfung der Lösbarkeit und Validierung

die vorliegenden Verteilungen fest. Die Beobachtungen sollen nun so angepasst werden, dass diese mittlere Verteilung den minimal möglichen mittleren Fehler aufweist:

$$E(\text{Var}(e_1), \ldots, \text{Var}(e_n)) \stackrel{!}{=} \min \quad (7.260)$$

$$E(\text{Var}(e_1), \ldots, \text{Var}(e_n)) = \frac{1}{n} \sum_{i=1}^{n} E(e_i^2) \stackrel{!}{=} \min \quad (7.261)$$

Die gemessenen Abweichungen zu den wahren Werten $(x_i - b_i)$ werden jetzt als mittlere Fehler σ_i angesehen, die jeweils eine Fehlerverteilung definieren. Aus der Definition der Standardabweichung (s.o.) folgt

$$\sigma_i^2 = E(e_i^2) = (x_i - b_i)^2$$

Damit ergibt sich die Minimierungsvorschrift der Methode der kleinsten Quadrate:

$$\sum_{i=1}^{n} (x_i - b_i)^2 \stackrel{!}{=} \min \quad (7.262)$$

Betrachtung im mehrdimensionalen Raum

Alle e_i werden zu einem Vektor $\vec{e}$ zusamengefasst. Setzt man für das Minimierungskriterium den Betrag dieses Vektors an, ergibt sich für die Minimierungsaufgabe:

$$|\vec{e}| = \sqrt{\sum_{i=1}^{n} e_i^2} = \sqrt{\sum_{i=1}^{n} (x_i - b_i)^2} \stackrel{!}{=} \min \quad (7.263)$$

$$\Rightarrow \sum_{i=1}^{n} e_i^2 = \vec{e}^T \vec{e} = \sum_{i=1}^{n} (x_i - b_i)^2 \stackrel{!}{=} \min$$

Die Summe der Fehlerquadrate ist also auch das Skalarprodukt des transponierten Fehlervektors mit demselben $\vec{e}^T \vec{e}$. Mit der Forderung der Erfüllung aller Modellgleichungen folgt so in Matrixschreibweise:

$$\vec{f}(\vec{x}) \stackrel{!}{=} \vec{0} \quad (7.264)$$

$$\vec{e}^T \vec{e} \stackrel{!}{=} \min \quad (7.265)$$

Das Problem besteht nun mathematisch gesehen in der Minimumsuche auf einer quadratischen Form im $\mathbf{R}^n$ und Ableitung von Verbesserungen $\vec{v}$, die zur Erfüllung der Modellgleichungen führen.

Setzt man voraus, dass die Fehler e_i bei allen Beobachtungen gleich wahrscheinlich und stochastisch voneinander unabhängig sind, kann man $\vec{v} = -\vec{e}$

setzen und somit direkt das Minimum der Verbesserungen fordern. Die Qualität der Beobachtungen variiert jedoch meist von Beobachtung zu Beobachtung. Es wird Beobachtungen geben, denen mehr Vertrauen geschenkt werden kann, und solche, die schlechter sind. Man kann eine Beobachtung beispielsweise im Vorfeld experimentell untersuchen und mit einer empirisch ermittelten Varianz s_i^2 als Schätzwert für σ_i^2 der wahren Größe x_i charakterisieren. Liegen Beobachtungen unterschiedlicher Varianz vor, sollen diejenigen mit kleinerer Varianz, die also vertrauenswürdiger sind, weniger verbessert werden als solche mit größerer Varianz, die als weniger fundiert gelten und daher freier angepasst werden sollen. Auch sind die Beobachtungen nicht immer voneinander stochastisch unabhängig. Bei gemeinsamer Probenahme oder gemeinsamer Bezugsmessung liegt Korrelation vor, was auch bei der Wahl der Verbesserungen berücksichtigt werden kann. Nimmt man lineare Abhängigkeiten an, lassen sich diese Zusammenhänge durch eine lineare Abbildung ausdrücken:

$$\vec{v} = -\mathbf{A}\,\vec{e} \qquad (7.266)$$

Setzt man jetzt diese Gleichung in das Minimierungsproblem ein, erhält man:

$$(\mathbf{A}^{-1}\vec{v})^T(\mathbf{A}^{-1}\vec{v}) = \vec{v}^T(\mathbf{A}^{-1})^T\mathbf{A}^{-1}\vec{v} \stackrel{!}{=} \min$$

Daraus ergibt sich mit $(\mathbf{A}^{-1})^T\mathbf{A}^{-1} \stackrel{\text{def}}{=} \mathbf{S}_x^{-1}$ die allgemeine Form des Gauß'schen Ausgleichsprinzips, die über die Verbesserungen minimiert:

$$\vec{v}^T\mathbf{S}_x^{-1}\vec{v} \stackrel{!}{=} \min$$

Nimmt man an, dass die Verbesserungen den vermeintlichen Fehlern der Beobachtung proportional sind, und setzt man nun alle Verbesserungen durch die Multiplikation mit den (auf einen beliebigen Normwert $a \in \mathbf{R}$ bezogenen) empirischen Standardabweichungen der jeweiligen Beobachtungen ins Verhältnis, resultiert für die lineare Abbildung $\vec{v} \to \vec{e}$

$$\vec{v} = \frac{1}{a}\begin{pmatrix} s_1 & \ldots & 0 & 0 & 0 \\ 0 & s_2 & \ldots & 0 & 0 \\ 0 & 0 & \ddots & 0 & 0 \\ 0 & 0 & \ldots & s_{n-1} & 0 \\ 0 & 0 & \ldots & 0 & s_n \end{pmatrix} \cdot \vec{e}.$$

Der Normierungswert a spielt bei der Minimierung keine Rolle. Die Kovarianzmatrix dieser unkorrelierten Daten $\mathbf{S}_x$ ist dann:

$$\mathbf{S}_x = \begin{pmatrix} s_1^2 & \ldots & 0 & 0 & 0 \\ 0 & s_2^2 & \ldots & 0 & 0 \\ 0 & 0 & \ddots & 0 & 0 \\ 0 & 0 & \ldots & s_{n-1}^2 & 0 \\ 0 & 0 & \ldots & 0 & s_n^2 \end{pmatrix}$$

Die allgemein gültige Form der empirischen Kovarianzmatrix mit Berücksichtigung der Korrelation über die „Kovarianzen" $s_{i,j}$ lautet:

$$\mathbf{S}_x \stackrel{\text{def}}{=} \begin{pmatrix} s_1^2 & s_{1,2} & \cdots & s_{1,n-1} & s_{1,n} \\ s_{2,1} & s_2^2 & \cdots & s_{2,n-1} & s_{2,n} \\ \vdots & \vdots & \ddots & \vdots & \vdots \\ s_{n-1,1} & s_{n-1,2} & \cdots & s_{n-1}^2 & s_{n-1,1} \\ s_{n,1} & s_{n,2} & \cdots & s_{n,n-1} & s_n^2 \end{pmatrix} \quad (7.267)$$

Die charakteristischen Verteilungskenngrößen der n-dimensionalen Zufallsvariablen mit der Verteilungsdichte $f(e_1, \ldots e_n)$ sind:

Erwartungswert der Komponente i

$$\mathrm{E}(e_i) \stackrel{\text{def}}{=} \int_{-\infty}^{\infty} \ldots \int_{-\infty}^{\infty} e_i f(e_1, \ldots e_n) \, \mathrm{d}e_1, \ldots \mathrm{d}e_n \quad (7.268)$$

Varianz der Komponente i

$$\mathrm{E}(e_i^2) = \int_{-\infty}^{\infty} \ldots \int_{-\infty}^{\infty} e_i^2 f(e_1, \ldots e_n) \, \mathrm{d}e_1, \ldots \mathrm{d}e_n \stackrel{\text{def}}{=} \mathrm{Var}(e_i) \stackrel{\text{def}}{=} \sigma_i^2 \quad (7.269)$$

„Kovarianz" als Maß für die stochastische Abhängigkeit der Komponente i von der Komponente j:

$$\mathrm{E}(e_i \cdot e_j) = \int_{-\infty}^{\infty} \ldots \int_{-\infty}^{\infty} e_i e_j f(e_1, \ldots e_n) \, \mathrm{d}e_1, \ldots \mathrm{d}e_n \stackrel{\text{def}}{=} \mathrm{Cov}(e_i, e_j) \stackrel{\text{def}}{=} \sigma_{i,j} \quad (7.270)$$

Das Ausgleichsproblem lautet jetzt:

$$\vec{f}(\vec{x}) \stackrel{!}{=} \vec{0} \quad (7.271)$$

$$\vec{v}^T \mathbf{S}_x^{-1} \vec{v} \stackrel{!}{=} \min \quad (7.272)$$

Lösung der Minimierungsaufgabe

Das Modell oder die „Nebenbedingungen" (7.271) liegen in Form von algebraischen Gleichungen vor, deren weitere Behandlung in dieser Form erschwert ist. Deswegen werden die Nebenbedingungen zuerst unter Annahme hinreichend genauer Beobachtung um den Beobachtungspunkt nach Taylor linearisiert. Für die i-te Modellgleichung gilt dann

$$f_i(\vec{x}) \approx f_i(\vec{b}) + \left(\frac{\partial f_i}{\partial x_1}\right)_{\vec{b}} \cdot (x_1 - b_1) + \cdots + \left(\frac{\partial f_i}{\partial x_n}\right)_{\vec{b}} \cdot (x_n - b_n)$$

In Matrixnotation:
$$\vec{f} \approx \vec{f}(\vec{b}) + \mathbf{J}_x \cdot \vec{v} \tag{7.273}$$

mit der Funktional oder Jacobi-Matrix $\mathbf{J}_x$

$$\mathbf{J}_x = \begin{pmatrix} \frac{\partial f_1}{\partial x_1} & \cdots & \frac{\partial f_1}{\partial x_n} \\ \vdots & \ddots & \vdots \\ \frac{\partial f_r}{\partial x_1} & \cdots & \frac{\partial f_r}{\partial x_n} \end{pmatrix}_{\vec{b}} \tag{7.274}$$

Das Gleichungssystem, bestehend aus den Gleichungen Gl. (7.271) und Gl. (7.272), kann mit der Lagrange'schen Multiplikatorregel (Bronstein 2000) gelöst werden. Für dieses Extremwertproblem mit Nebenbedingungen:

$$\vec{v}^T \mathbf{S}_x^{-1} \vec{v} \stackrel{!}{=} \min \tag{7.275}$$

$$\vec{f}(\vec{b}) + \mathbf{J}_x \cdot \vec{v} \stackrel{!}{=} \vec{0} \tag{7.276}$$

lautet die (skalare) Lagrange-Funktion mit dem Lagrange'schen Multiplikator $\vec{k}$, die es zu minimieren gilt:

$$\vec{\xi}_0(\vec{v}) = \vec{v}^T \mathbf{S}_x^{-1} \vec{v} - 2 \cdot (\vec{f}(\vec{b}) + \mathbf{J}_x \cdot \vec{v}) \cdot \vec{k} \stackrel{!}{=} \min \tag{7.277}$$

Im Hinblick auf den nachfolgenden Rechenschritt ist es noch sinnvoll, den Vorfaktor 2 vor die Klammer zu schreiben. Somit wird das Extremwertproblem mit Nebenbedingungen auf eine Minimumsuche in mehreren Variablen zurückgeführt. Ein Extremum liegt bekanntlich vor, wenn der Gradient grad($\xi_0(\vec{v})$) = 0 wird. Mit der quadratischen Kovarianzmatrix $\mathbf{S}_x^{-1}$ ist grad($\vec{v}^T \mathbf{S}_x^{-1} \vec{v}$) = $2 \cdot \mathbf{S}_x^{-1} \cdot \vec{v}$. Ferner ist grad($\mathbf{J}_x \cdot \vec{v}$) = $\mathbf{J}_x^T$ Daraus folgt:

$$\text{grad}(\xi_0(\vec{v})) = 2 \cdot \left(\mathbf{S}_x^{-1} \cdot \vec{v} - \mathbf{J}_x^T \cdot \vec{k} \right) \stackrel{!}{=} \vec{0}$$

oder umgeformt:
$$\vec{v} = \mathbf{S}_x \cdot \mathbf{J}_x^T \cdot \vec{k} \tag{7.278}$$

Eingesetzt in Gl. (7.276)
$$\vec{f}(\vec{b}) + \mathbf{J}_x \cdot \mathbf{S}_x \cdot \mathbf{J}_x^T \cdot \vec{k} \stackrel{!}{=} \vec{0}$$

oder:
$$\vec{k} = \left(\mathbf{J}_x \cdot \mathbf{S}_x \cdot \mathbf{J}_x^T \right)^{-1} \cdot \vec{f}(\vec{b}) \tag{7.279}$$

Das Einsetzen zurück in Gl. (7.278) ergibt die Berechnungsvorschrift für den Vektor der Verbesserungen der Messwerte:

$$\vec{v} = -\mathbf{S}_x \cdot \mathbf{J}_x^T \cdot \left(\mathbf{J}_x \cdot \mathbf{S}_x \cdot \mathbf{J}_x^T \right)^{-1} \cdot \vec{f}(\vec{b}) \tag{7.280}$$

Auf Grund der anfangs durchgeführten Linearisierung wird mit Gl. (7.280) nur eine Näherungslösung für $\vec{x}$ berechnet, die als $\vec{b}$ für den nächsten Iterationsschritt genommen werden muss.

Auswertung von Abnahmeversuchen – VDI 2048

Energietechnische Großanlagen werden für jeden Anwendungsfall neu ausgelegt und gefertigt. Eine Aussage über die Erfüllung bestimmter zugesicherter technischer Eigenschaften an Hand eines Vergleichs identischer Ausführungen, wie es sonst in den meisten Fällen praktiziert wird, ist daher nicht möglich. Die Bestimmung zugesicherter Garantiewerte wie Wirkungsgrad, Leistung, Emissionswerte etc. muss daher immer durch eine Messung an der schon ausgeführten Anlage selbst – durch eine so genannte Abnahmemessung – erfolgen. Die Ergebnisse von Abnahmemessungen müssen somit besonders belastbar sein und sollen die technischen Eigenschaften und Zustände möglichst getreu wiedergeben.

Die Verlässlichkeit eines beliebigen Messergebnisses kann durch die Betrachtung mehrerer unabhängiger Messungen der betreffenden Größe gesteigert werden. Auf diese Weise können die unbekannten Abweichungen, die etwa durch gemeinsame Messgeräte, gemeinsame Probenahme, Verwendung gemeinsamer Messverfahren, gemeinsame Verarbeitungsfehler etc. entstehen, quantifiziert und ggf. vermieden werden (DIN 1319-3, DIN 1319-4).

Abnahmemessungen an quasistationären Fließprozessen unterliegen prozessbedingt immer zeitlichen Schwankungen. Die mehrfache Erfassung der Messgröße müsste also zeitgleich mit unterschiedlichen Messgeräten, unterschiedlichem Geräteeinbau, unterschiedlichen Messverfahren etc. durchgeführt werden. Praktisch ist dies wegen der großen Zahl der bei einer Abnahmemessung zu erfassenden Messgrößen jedoch kaum durchführbar. Die Angaben über die Unsicherheit des Ergebnisses der Abnahmemessung müssen sich so im Wesentlichen auf plausible Annahmen über die unbekannten systematischen Messabweichungen beschränken, die etwa auf Angabe der Messgerätehersteller basieren.

Ein direkter Nachweis der Richtigkeit dieser Annahmen war früher nicht möglich. Um wenigstens die Erkennung grober Fehler zu ermöglichen, wurden daher zusätzliche Messgrößen erfasst, die über die für die spezielle Auswertung benötigten Größen hinausgehen. Der fortschreitende Einsatz von EDV bei der Auswertung von Abnahmemessungen in den 70er Jahren machte es möglich, die Gauß'sche Ausgleichsrechnung (Kapitel 7.4.2) auf die Gesamtheit der Messdaten einer Abnahmemessung anzuwenden (Streit 1975). Im Jahre 2001 wurde mit der Endfassung der VDI-Richtlinie 2048 „Messunsicherheiten bei Abnahmemessungen an energie- und kraftwerkstechnischen Anlagen" ein allgemein einsetzbares Schätzverfahren in EDV-gerechter Form festgelegt, welches die Auswertung aller bei einer Abnahmemessung anfallenden Messgrößen ermöglicht.

Die VDI-Richtlinie 2048 erstreckt sich über folgende Aufgaben:

- Planung und Vorbereitung von Abnahmemessungen
- physikalische Grundlagen,
- rechnerische Erfassung der Messunsicherheiten,

- Qualitätskontrolle und Verbesserung der Messwerte mittels Ausgleichsrechnung,
- Beurteilung der Garantierfüllung,
- Messunsicherheiten bei speziellen Messungen

Ermittlung widerspruchsfreier Schätzwerte

Der Vektor der widerspruchsfrei alle Nebenbedingungen erfüllenden Schätzwerte $\vec{x}$ berechnet sich aus dem Vektor der Beobachtungen $\vec{b}$:

$$\vec{x} = \vec{b} + \vec{v} = \vec{b} - \mathbf{S}_x \cdot \mathbf{J}^T \cdot \left(\mathbf{J} \cdot \mathbf{S}_x \cdot \mathbf{J}^T\right)^{-1} \cdot \vec{f}(\vec{b}) \qquad (7.281)$$

Der Vektor $\vec{v}$ wird als Vektor der Verbesserungen (vgl. auch Gl. (7.280)) bezeichnet. $\mathbf{S}_x$ ist die empirische Kovarianzmatrix der Messgrößen, $\mathbf{J}$ ist die Funktionalmatrix der Nebenbedingungen (Jacobi-Matrix), $\vec{f}(\vec{b})$ ist der Vektor der Widersprüche, die durch die Nichterfüllung der Nebenbedingungen durch die Beobachtungen resultieren.

Bei der Herleitung der Gleichung erfolgte eine Linearisierung, daher wird hier nur eine Näherungslösung für $\vec{x}$ berechnet, die eine Nachiteration erfordert: Das berechnete $\vec{x}$ wird als $\vec{b}$ für den nächsten Iterationsschritt genommen. Die Iteration wird abgebrochen, wenn der Betrag des Vektors der Verbesserungen kleiner als eine vorgegebene Schranke wird.

Die Unsicherheit der Gesamtheit der widerspruchsfreien Schätzwerte wird mit deren Kovarianzmatrix, die unter den gegebenen Bedingungen die kleinste ist, angegeben:

$$\mathbf{S}_{\bar{x}} = \mathbf{S}_x - \mathbf{S}_v = \mathbf{S}_x - \mathbf{S}_x \cdot \mathbf{J}^T \cdot \left(\mathbf{J} \cdot \mathbf{S}_x \cdot \mathbf{J}^T\right)^{-1} \cdot \mathbf{J} \cdot \mathbf{S}_x \qquad (7.282)$$

Beurteilung der Beobachtungen

Bei technischen Messungen ist es üblich, die Unsicherheit einer Beobachtung statt mit der Standardabweichung mit den so genannten 95 %-Konfidenzintervallen anzugeben

$$b_i \pm V_{95,i}$$

$V_{95,i}$ ist das Intervall, in das 95 % aller Werte fallen. Die Weiten der $V_{95,i}$ werden auf Grund von Erfahrungswerten unter Berücksichtigung der verwendeten Messgeräte, Messverfahren etc. zumeist als Schätzung angegeben.

Unter der Bedingung der Gauß'schen Normalverteilung gilt für die Verteilungsdichte

$$\varphi(b_i) = \frac{1}{\sqrt{2\pi s_i^2}} \exp\left(-\frac{1}{2}\frac{b_i^2}{s_i^2}\right) \qquad (7.283)$$

Aus der mit dieser Dichtefunktion gebildeten Verteilungssumme

$$\frac{1}{\sqrt{2\pi s_i^2}} \int_{-V_{95,i}}^{+V_{95,i}} \exp\left(-\frac{1}{2}\frac{b_i^2}{s_i^2}\right) \mathrm{d}b_i \overset{!}{=} 0{,}95 \qquad (7.284)$$

7.4 Überprüfung der Lösbarkeit und Validierung

ergibt sich unter Zuhilfenahme der Fehlerintegral-Tabelle (Bronstein 2000) der Zusammenhang zwischen dem Schätzwert der Standardabweichung und dem 95 %-Konfidenzintervall:

$$|V_{95,i}| = 1,96\sqrt{s_i^2} \tag{7.285}$$

Eine Beobachtung wird als „verwertbar" angesehen, wenn deren Verbesserung das aus der Kovarianzmatrix der Verbesserungen $\mathbf{S}_v$ berechnete 95 %-Konfidenzintervall nicht überschreitet.

$$v_i \overset{!}{\leq} V_{95,v,i} \rightarrow \left|\frac{v_i}{\sqrt{s_{v,i}^2}}\right| \overset{!}{\leq} 1,96 \tag{7.286}$$

$s_{v,i}^2$ sind die Diagonalelemente der Kovarianzmatrix der Verbesserungen (s. Gl. (7.282)). Wird obiges Kriterium verletzt, ist entweder der Beobachtungswert b_i selbst oder der Schätzwert der zugehörigen Varianz s_i^2 anzuzweifeln.

Validiertes Messergebnis

Das unter Berücksichtigung der bekannten Unsicherheiten der Beobachtungen sowie aller Nebenbedingungen wahrscheinlichste Messergebnis lautet mit Angabe des zugehörigen Vertrauensbereiches:

$$x_i \pm V_{95,\bar{x},i} = x_i \pm 1,96\sqrt{s_{\bar{x},i}^2} \tag{7.287}$$

$s_{\bar{x},i}^2$ sind Diagonalelemente der Kovarianzmatrix der widerspruchsfreien Schätzwerte (s. Gl. (7.282)).

Minimierung der Summe der Absolutbeträge (L1-Norm)

Wie bereits erwähnt, wurde etwa zur gleichen Zeit, als Gauß die Minimierung der Summe der Fehlerquadrate (L2-Norm) vorschlug, von Laplace die Minimierung der Summe der Absolutbeträge der Fehler vorgeschlagen.

Dazu kann die Iteratively Re-weighted Least Squares – IRLS-Methode verwendet werden. Nach der IRLS-Methode werden zuerst nach der L2-Norm die Fehler/Verbesserungen bestimmt, diese aber anschließend mit dem Kehrwert der Wurzel der Fehlerquadrate gewichtet und erneut iteriert, was die Minimierung der Absolutbeträge der Fehler/Verbesserungen zur Folge hat (L1-Norm).

Dadurch wird anfangs die gute Konvergenz der Gauß'schen Methode (Folge der Stetigkeit) genutzt und erst im zweiten Schritt auf die L1-Norm übergegangen.

Beispiel: Anwendung auf einen Abhitzedampferzeuger

In (Witkowski 2006) wurden Messwerte eines Abhitzedampferzeugers nach der VDI 2048 durch Minimierung der Summe der Fehlerquadrate (L2-Norm) unter Berücksichtigung der Kovarianzmatrix der Messgrößen validiert. Zusätzlich wurden die Auswirkungen von Messfehlern getestet, indem absichtlich einzelne „Messwerte" mit Fehlern versehen wurden.

In (Apascaritei 2008) wurde zusätzlich die IRLS-Methode auf die gleichen Berechnungen angewendet und dadurch L1- und L2-Norm verglichen.

Wie zu erwarten, werden bei der L2-Norm die Fehler stärker auf andere Messstellen verteilt als bei der L1-Norm, weil das Quadrat eines einzelnen großen Fehlers auf das Gesamtergebnis natürlich mehr Einfluss ausübt als der Absolutbetrag. Dies bedeutet, dass bei Anwendung der L1-Norm mit höherer Wahrscheinlichkeit ohne weitere Messungen die Messstelle gefunden wird, die einen ungewöhnlich hohen Messfehler aufweist und daher ausgetauscht bzw. repariert werden sollte. Dies zeigen auch die folgenden zwei Abb. 7.44 und 7.45.

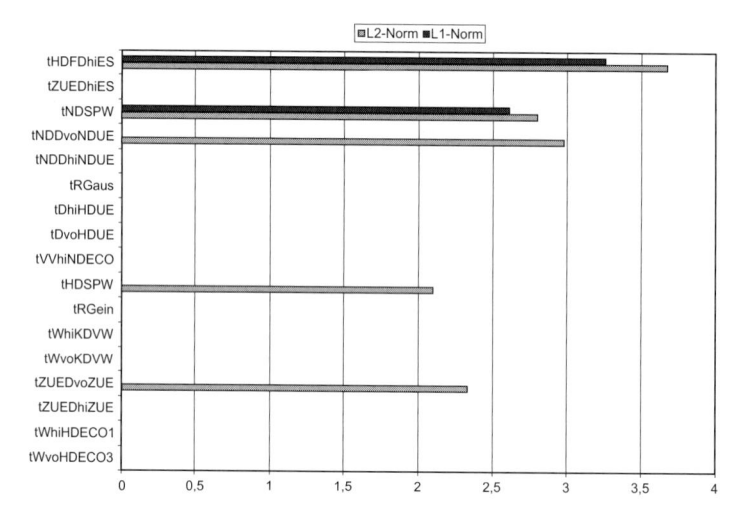

Abb. 7.44. Validierungsergebnis bei einem absichtlichen Fehler von -5°C der Temperatur nach der Einspritzung des HDUE (Hochdruck-Überhitzers, tHDFDhiES), (Apascaritei 2008)

In Abb. 7.44 liefert die L2-Norm große Abweichungen bei 5 Messstellen, die L1-Norm nur bei 2 Messstellen. Allerdings liegen die größten Abweichungen bei L1- und L2-Norm an der „richtigen" Messstelle.

In Abb. 7.45 liefert die L2-Norm wieder große Abweichungen bei 5 Messstellen, wobei die maximale Abweichung an der „richtigen" Messstelle liegt. Die L1-Norm liefert den Fehler in nahezu „richtiger" Größe an der „richtigen" Messstelle.

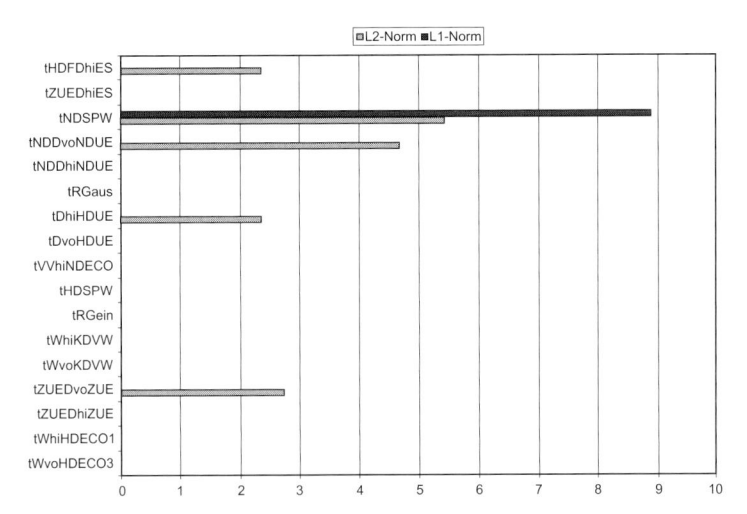

Abb. 7.45. Validierungsergebnis bei einem absichtlichen Fehler von -10°C des Niederdruckspeisewassers (tNDSPW), (Apascaritei 2008)

Es wäre zu prüfen, ob eine L1/2-Norm, d.h. die Minimierung der Summe der Wurzeln der Absolutbeträge der Fehler noch besser, als die L1-Norm die „richtige" Messstelle mit dem „richtigen" Fehlern anzeigt.

8
Monitoring

Autor: R. Leithner

8.1 Betriebsmonitoring

8.1.1 Einleitung

Die Fortschritte in der Mess-, Regel- und Leittechnik (z.B. Übergang von analoger zu digitaler Technik, Einführung von Bussystemen etc.) und der Einsatz von PC's überall in Kraftwerken und in der Verwaltung haben dazu geführt, dass die in einem Kraftwerk anfallende Fülle von Informationen über z.B. Temperaturen, Drücke, Massenströme (Wasser, Dampf, Luft, Brennstoff), Drehzahlen, Schaltzustände, Wege, Verschiebungen, Schall etc. zunehmend besser verarbeitet und ausgewertet wird und die z.B. in (Leithner 1983b) und in (Leithner 1993) aufgezeigten Monitoring- und Diagnosebeispiele heute in vielen Kraftwerken genutzt und auch die damaligen Visionen teilweise schon realisiert werden. Einen zusätzlichen Druck, diese Entwicklung, die Personaleinsparungen ohne Verlust von Sicherheit, Verfügbarkeit und Qualität des Betriebes (z.B. Wirkungsgrad, Hilfsstoffverbrauch etc.) erlaubt bzw. teilweise mit weniger Personal sogar höhere Werte erreichen lässt, zu beschleunigen, übt die Liberalisierung des Strommarktes aus.

Ziel dieser Entwicklung ist die Stromerzeugung zu minimalen Kosten, d.h. es werden folgende Einflüsse berücksichtigt, bzw. es wird die Summe der mit diesen Einflüssen verbundenen Kosten minimiert:

- Wirkungsgrad, Betriebsqualität (wirtschaftliche Fahrweise)
- Instandhaltung, Investitionen
- Zustandsüberwachung (Monitoring), Analyse, Diagnose
- Schäden, Nichtverfügbarkeit

8.1.2 Aufgaben, Umfang und Verfahren von Diagnosesystemen

Die Aufgabe von Diagnosesystemen ist es, aus den gemessenen, berechneten, analysierten und validierten Daten einer Anlage (d.h. allen Komponenten) abzuleiten,

- ob die Komponenten entsprechend ihrer Auslegung und ihren Aufgaben, d.h. auch bezüglich ihrer Umgebung optimal betrieben werden, oder
- ob Abweichungen vom optimalen Betrieb vorliegen,
- was die Ursache dieser Abweichungen ist und
- wie lange die Komponenten sicher weiterbetrieben werden können bzw. wann die nächste Instandhaltung frühestens sinnvoll bzw. spätestens nötig ist.

Es ist zweckmäßig, die Aufwendungen für Monitoring (Zustandsüberwachung), Analyse und Diagnose so lange zu erhöhen, als dadurch mehr Kosten durch

- Betriebsoptimierung (Erhöhung des Wirkungsgrades, Verminderung anderer Betriebsmittel wie z.B. Ammoniak- oder Kalkbedarf etc.),
- Vermeidung von Schäden (Sach- und Personenschäden), Folgeschäden etc. (Ausfall/Reparaturzeiten etc.)
- Vermeidung von Nichtverfügbarkeit
- Verminderung der Instandhaltungskosten (Reparaturen bzw. Auswechseln von Teilen nicht zu früh und nicht zu spät, d.h. zustandsorientierte, wissensbasierte und risikoorientierte Instandhaltung)
- Personalkostenminimierung bei diesen Aufgaben

eingespart werden. Aus Erfahrung kann gesagt werden, dass die Kosten für Monitoring, Analyse und Diagnose meist über- und die Einsparungen im Allgemeinen unterschätzt werden, denn ein vermiedener größerer Schaden rechtfertigt häufig die gesamten Kosten für solche Systeme. Es ist allerdings nicht trivial, diese Einsparungen zu quantifizieren, weil dazu probabilistische Verfahren der Bewertung der Tolerierbarkeit von Fehlern, der Beurteilung der Risiken und der Verminderung von Schadensereignissen bzw. deren Kosten und der Ausfallkosten angewendet werden müssen, wie sie z.B. in (Schröder 2000) beschrieben werden.

In der VDI 2888 „Zustandsorientierte Instandhaltung" sind folgende Begriffsbestimmungen bzw. Erläuterungen enthalten:

Abb. 8.1 zeigt eine grundlegende Einteilung der Diagnoseverfahren. Realisiert werden meist hybride Systeme, die die Vorteile der einzelnen Verfahren sinnvoll kombinieren. Bei der Signalanalyse werden aufbereitete Merkmale (z.B. durch Korrelationsanalyse oder Spektraltransformation) mit Grenzwerten verglichen, und darauf wird dann auf einen Fehler geschlossen.

Statische Diagnose schließt anhand von statistischen Merkmalen auf einen wahrscheinlichen Zusammenhang von Fehlerursache und Fehlerwirkung. Sie

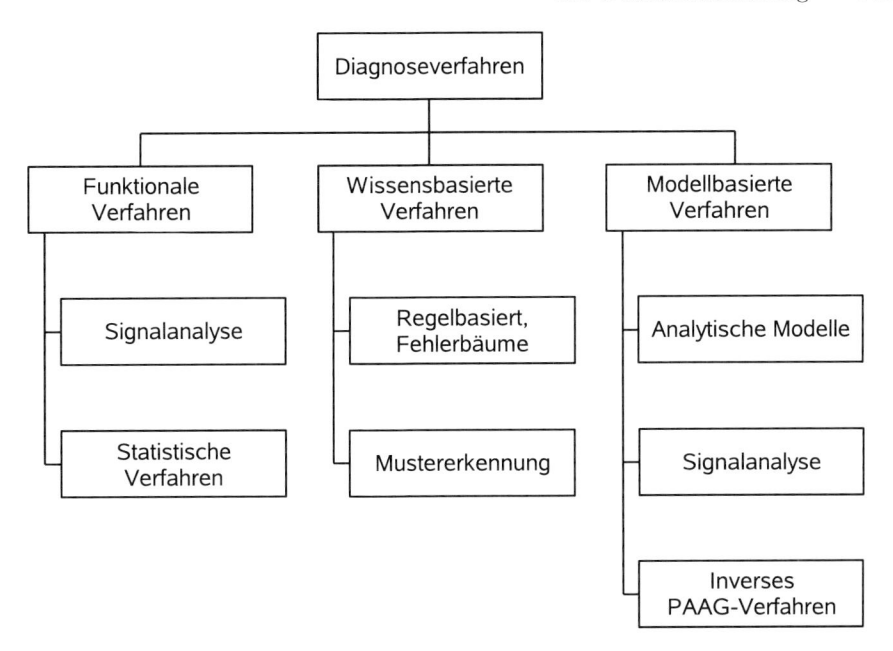

```
                    Diagnoseverfahren
                           |
        ┌──────────────────┼──────────────────┐
   Funktionale         Wissensbasierte      Modellbasierte
    Verfahren            Verfahren           Verfahren
        |                    |                    |
   Signalanalyse         Regelbasiert,       Analytische Modelle
                         Fehlerbäume
        |                    |                    |
   Statistische          Mustererkennung      Signalanalyse
    Verfahren
                                                  |
                                              Inverses
                                              PAAG-Verfahren
```

Abb. 8.1. Einteilung der Diagnoseverfahren, VDI 2888, ergänzt

ist in der Regel für kleine Problembereiche mit beschränkter Komplexität bzw. für Teilprobleme aus umfangreichen Systemen geeignet.

Assoziative (heuristische) regelbasierte Diagnoseverfahren nutzen Erfahrungswissen in Form einer direkten Kopplung zwischen Symptom und Fehler. Sie sind breit einsetzbar und liefern schnelle Ergebnisse. Nachteilig sind oft die mangelnde Objektivierbarkeit und schlechte Strukturierbarkeit umfangreicher Wissensbasen.

Bei der Diagnose mittels Mustererkennung und Klassifizierung werden Ergebnisse durch einen Musterabgleich zwischen Zustands-, Ereignis- und Fehlermustern und dem realen System gewonnen. Mustererkennung bietet sich immer dann an, wenn die Zusammenhänge zwischen erfassten Merkmalen und Fehlerursachen komplex sind und in analytischer Form nicht oder nur sehr aufwändig formuliert werden können. Hauptbestandteile von Mustererkennungssystemen sind Komponenten zur Datenerfassung und -vorverarbeitung, zur Merkmalbestimmung und zur Klassifikation. In der Entwurfsphase werden für die festgelegten Merkmale aus bekannten Fehlersituationen die Parameter des Klassifikators bestimmt. Mit neuronalen Netzen und (Neuro-)Fuzzy-Methoden können neue Muster und Gewichtungen der Klassifikatoren trainiert werden. Man spricht dann von lernenden Systemen.

Bei der modellbasierten Diagnose wird der Zusammenhang zwischen Fehlersymptom und Fehler durch explizite kausale Zusammenhänge in der Struktur und dem Verhalten des zu diagnostizierenden Systems dargestellt. Hierzu ist ein fundiertes Wissen über die Strukturen, Funktionen und Abläufe im zu diagnostizierenden System erforderlich. Petri-Netze können ebenfalls als analytische Modelle aufgefasst werden, bilden aber ereignisorientiertes Systemverhalten ab.

Außer den bisher genannten Verfahren werden noch konventionelle Diagnosetechniken eingesetzt, die offline erstellte Fehlerbäume (s. auch DIN 25424) auswerten, z.B. durch die Fehlermöglichkeits- und -einflussanalyse (FMEA), oder Symptom-Fehlermatritzen bearbeiten. Weiterhin kann man Datenbanken zur Fehlersuche und Zuordnung zu Fehlerklassen nutzen, indem statistische, empirische oder fallvergleichende Suchverfahren angewendet werden.

Das inverse PAAG (Prognose, Auffinden der Ursachen, Abschätzung der Auswirkungen, Gegenmaßnahmen) lehnt sich an das in der Verfahrenstechnik (s. auch (Eutener 1989)) bekannte PAAG-Verfahren an; es werden Ursache-Wirkungsmatrizen erstellt. Ein Beispiel hierfür kann in (Mair 1997) gefunden werden.

Der Entwurf der VDI 2889 behandelt ausführlich das Thema „Zustands- und Prozessüberwachungsmethoden und -systeme für die Instandhaltung".

Schließlich sollten sich Diagnosesysteme einordnen in den zeitlichen Ablauf: Entwurf, Auslegung, Berechnung, Konstruktion, Simulation, Montage, Inbetriebnahme, Betrieb und Demontage (life cycle):

Vor allem sollten alle Auslegungs-, Berechnungs- und Konstruktionsdaten und Rechenmethoden bei der am besten im Zusammenhang mit Simulationen durchgeführten Auswahl bzw. Festlegung des Diagnosesystems mit einfließen und Montage und alle Betriebsphasen erfasst werden; d.h. es sollte versucht werden, dem Ziel eines „gläsernen bzw. virtuellen Kraftwerks" (siehe auch (Jopp 2000)) möglichst (solange es wirtschaftlich ist) nahe zu kommen. Damit würde gleichzeitig ein life cycle assessment erreicht; alle wesentlichen Daten über die gesamte Lebensdauer wären sofort verfügbar und aufbereitet, was sowohl für die Optimierung des Betriebes als auch für die Optimierung zukünftiger Anlagen von großer Bedeutung wäre.

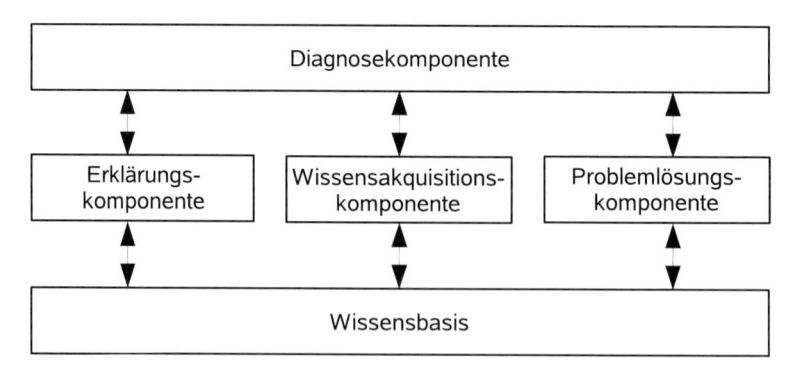

Abb. 8.2. Komponentenstruktur eines dialogorientierten Expertensystems, (Eich 1989)

Erweitert man den Umfang der Diagnosesysteme um eine Wissensaquisitionskomponente (Abb. 8.2), so schafft man den Übergang zum Expertensystem. Diese Expertensysteme haben leider nach einem vermutlich zu frühen Start bisher nicht den Erfolg zu verzeichnen, den manche erwartet hatten. Trotzdem gibt es Ansätze dazu auch in der Kraftwerkstechnik ((Buchmayr 1990), (Burger 1991), (Erler 1992), (Betz 1992)).

8.1.3 Auflistung von Diagnoseaufgaben in konventionellen Dampfkraftwerken und Gas- und Dampfturbinen-Kombianlagen

Um die Diagnoseaufgaben zu strukturieren und so besser zu überblicken, sollte eine Struktur wie beim Leitsystem benutzt werden. Die Aufzählung ist stichwortartig und erhebt nicht den Anspruch auf Vollständigkeit:

- Brennstoffversorgung und Brennkammer:
  Diagnose Kohlelagerplatz, Öltank, Gasentspannung, Mahlanlage, Brenner, Kohlequalität bzw. Ölqualität, Wobbezahl, Luftverteilung, Falschluft, Luftvorwärmung, Verschmutzungserkennung, Korrosion
- Dampferzeuger und Wasser-Dampf-Kreislauf:
  Rußbläseroptimierung (Berechnung von Referenz-Wärmedurchgangskoeffizienten, siehe Kapitel 8.3) Berechnung von Abgasverlusten, Berechnung des Kesselwirkungsgrads, thermodynamische Simulation des Gesamtkreislaufs, Wärmeübertragerdiagnose, Diagnose der Speisepumpen, Diagnose der Kondensatpumpen, Diagnose relevanter Nebenpumpen, Optimierung der Primärregelung, Optimierung für den Teillastbetrieb, Druckverluste, Speisewasserqualität
- Dampfturbinen und Kondensator:
  Berechnung von Teilturbinenwirkungsgraden, Berechnung des Wärmeverbrauchs, Berechnung der Ventildruckverluste, Schwingungsdiagnose, Diagnose der Lager, Diagnose des Ölsystems, Diagnose des Sperrdampfsystems, Diagnose der Kondensationsanlage, Diagnose der Kondensatreinigungsanlage
- Gasturbine:
  Wirkungsgradberechnung, Kennfeldberechnung, Diagnose des Einspritzwasser-Dampfsystems, Schwingungsdiagnose, Diagnose der Lager, Diagnose des Ölsystems, Diagnose der Kühlung, Diagnose des Verdichterreinigungssystems, Diagnose der Ansaug- und Abluftwege
- Generator:
  Diagnose des Kühlsystems, Diagnose der Stabtemperaturen, Diagnose der H_2-Abdichtung, Diagnose von HF-Störspannungsimpulsen, Schwingungsüberwachung, Kennfeldüberwachung
- Maschinentransformator:
  Transformatordiagnose
- Rohrleitung und Kanäle:
  Lebensdauerüberwachung dickwandiger Bauteile (aber auch von Kanälen

mit Versteifungen), Diagnose der Hänger, Diagnose der Verschiebungen, Armaturendiagnose, Schwingungsdiagnose, Kompensatorendiagnose
- Rauchgasentschwefelungsanlagen (REA):
  Diagnose der Abscheidgrade, Betriebsoptimierung, Einsatzstoffe, Betriebsstoffe, Optimierung des Pumpeneinsatzes, Diagnose der Wasseraufbereitung, Emissionsüberwachung
- NO_x-Minderungsanlage:
  Diagnose des Abscheidegrads und des Schlupfs, Betriebsoptimierung (Temperatur, Ammoniak etc. Verbrauch), Katalysatoralterung, Emissionsüberwachung
- Staubabscheider:
  Emissionsüberwachung, Überwachung des Unverbrannten
- Kühlturm:
  Diagnose der Effizienz, Diagnose der Kühlwasserpumpen
- Elektromotoren, Getriebe, Kupplungen:
  Diagnose von Schwingungen

Zwischen diesen Bereichen bestehen Beziehung und Verflechtungen, z.B. Ölsystem und Lager, Brennstoff und Korrosion etc., die natürlich trotz aller Strukturierung berücksichtigt werden müssen.
Eine Vielzahl von Diagnosesystemen findet sich in (VDI-Bericht 1359 1997).

Derartige Diagnosesysteme werden z.B. von Alstom, ABB Utility-Automation, (Babcock Borsig Power), GE Enter Software, Hitachi, KETEK, Siemens und anderen angeboten; allerdings haben die angebotenen Diagnosesysteme unterschiedliche Schwerpunkte und umfassen nie die gesamte obige Liste. Tabelle 8.1 zeigt einen – sicher nicht vollständigen – Überblick über einzelne Diagnosemodule.

8.1.4 Anforderungen an Diagnosesysteme im Kraftwerk

Erforderlicher Umfang:
Diagnosesysteme sollten natürlich so umfassend sein, dass sie

- die Sicherheit und
- Verfügbarkeit mit
- einem Minimum an Personal gewährleisten, ferner sicherstellen, dass die Anlage
- optimal (mit geringsten Kosten) betrieben wird und auch die
- Instandhaltungskosten minimiert werden

Vor allem müssen folgende Grundfunktionen vorhanden sein, wie sie in (Blanck 1997) verwendet werden:

Tabelle 8.1. Überblick über Diagnosemodule aus (Eckel 1997) mit eigenen Ergänzungen bzw. Änderungen

Akronym	Aufgabe	Hersteller
SÜS	Schwingungs Überwachungs System	Siemens
COMOS	COndition MOnitoring System	ISTec
COMOS-Z	Systemlösung für Zwangsumwälzpumpen	ISTec
VIBROCAM	VIBRatiOn Control And Monitoring	Schenck
BESSI	Berührungsloses Schaufel Schwingungs Informationssystem	Siemens
KAS	Körperschall Analyse System	AZT
KÜS	Körperschall Überwachungs System	Siemens
LENA	LEbensdauer NAchweis Programm	Bayernwerk
FAMOS	FAtigue MOnitoring System	Siemens
DIGEST	DIaGnose Experten SysTem	Siemens
ASS	Armaturen Service System	Siemens
ARDIS	ARmaturen DIagnose System	ISTec
BDE/BDV/SI	BetriebsDatenErfassung/BetriebsDatenVerwaltung/InstandhaltungsSystem	Evonik Steag GmbH
EBSILON	Kraftwerkskreislaufdiagnose	SOFBID
ESR	ExpertenSystem zur Restlebensdauerermittlung und Schadensanalyse	MPA Stuttgart
TLR	Turbinen Lebensdauer Rechner	Siemens
OPTIMAX	Turbosatz, Kühlwasser, Rauchgasreinigung, Speisepumpen, Kondensatsystem etc.	ABB Utility
SIENERGY	Absatz-, Verbrauchsprognose	Siemens
SR4, DIGEST	Dampferzeuger, Schwingungen etc.	
ANDI/KEDI	Kesseldiagnose, Lebensdauer, Mühlen, Rauchgasdruckverlust etc.	Babcock Borsig Power
BAUBAP	BAUteil-Beanspruchungs-Auswerte-Programm Lebensdauer dickwandiger Bauteile	TU BS, IWBT
SR4	Blockdiagnose unter Einbindung auch fremder Module für Lebensdauer	KETEK
POPTYS/DORA	Blockdiagnose, Kreislauf, Rußbläser etc.	Alstom

Monitoring:

- Erfassung von Messwerten und Umrechnung
- Validierung von Messwerten und Meldung, wenn die Validierung nicht möglich ist
- Speichern (Archivieren)
- Vergleich von Messwerten mit Grenzwerten
- Störfallerfassung und -aufzeichnung
- Visualisierung in Form von Diagrammen, Grafiken und Tabellen

Analyse:

- Berechnung von Kennwerten und Sollwerten
- Kurz- und Langzeitspeicherung von Kenngrößen

- Vergleich von Soll- und Istwerten
- Melden sich anbahnender Störungen
- Visualisierung in Form von Diagrammen, Grafiken und Tabellen

Diagnose:

- Verknüpfen und Interpretieren von Messwerten und Kenngrößen
- Bewertung des aktuellen Prozesszustandes (z.B. Wirkungsgrad, Lebensdauerverbrauch etc.)
- Empfehlung von Regelungs- bzw. Steuerungseingriffen zur Optimierung des Betriebs
- Prognose über den weiteren Prozessverlauf (Kurz- und Langzeittrends)
- Empfehlung bezüglich Inspektion, Instandhaltung/Ersatzteilbeschaffung, Personalbedarf

Hard- und Software-Qualität:
Es ist selbstverständlich, dass sowohl bezüglich Hardware und Software

- Kompatibilität untereinander als auch mit dem Leittechniksystem (Kraftwerksbus) und dem Betriebsführungssystem bestehen muss (Standardschnittstellen, Betriebssystem, Rechnerplattform, Datenbanksystem etc.)
- Anpassung an die jeweilige Kraftwerkskonfiguration und eventuell nötige Erweiterungen sollen ohne großen Aufwand möglich sein.
- Einbindung fremder Module: Das Diagnosesystem soll in die Benutzeroberfläche fremde (u.U. bestehende) Module mit Funktionen, über die das Diagnosesystem nicht verfügt, problemlos einbinden können.
- Hardware und Software müssen den im Kraftwerk üblichen hohen Anforderungen an Sicherheit, Verfügbarkeit und bezüglich Umgebung (Staub, Temperatur) genügen: Das System muss gegen Eingriffe unberechtigter Personen, speziell auch z.B. über das Internet (Viren etc.), abgesichert sein (eventuell hardwaremäßige Trennung).

Die Softwareproduktqualität muss nicht nur der

- ISO 9001, sondern auch der
- ISO 15504 (Software-Prozessreife, SPICE-Software Process Improvement and Capability determination) entsprechen.

Die Bedienung muss leicht erlernbar, der Bedienungskomfort hoch sein, damit eine hohe Akzeptanz durch das Anlagenpersonal erzielt wird, denn nur so kann der mögliche return on investment erzielt werden, der überprüft werden muss, um den optimalen Umfang des Diagnosesystems zu ermitteln.

8.2 Lebensdauermonitoring

8.2.1 Problemstellung

Neben der Zeitstandsbeanspruchung, der bei zukünftigen Kraftwerken mit ihren hohen Temperaturen und Drücken (bis 700^oC und 350 bar) eine erhöhte

Bedeutung zukommen wird, tritt bei allen Kraftwerken eine zweite Beanspruchung auf, die ebenfalls die Lebensdauer der dickwandigen Dampferzeugerbauteile reduziert. Hierbei handelt es sich um Lastwechselbeanspruchungen. Sie werden durch Spannungen verursacht, die auf Grund des Innendrucks und von Temperaturdifferenzen über dem Wandquerschnitt bei Laständerungen auftreten.

Besonders hohe Temperaturdifferenzen treten bei An- und Abfahrvorgängen auf. Bei Kraftwerken, die im Mittel- oder Spitzenlastbereich betrieben werden, überwiegt häufig die Lastwechselbeanspruchung die Zeitstandsbeanspruchung. Aber auch bei den restlichen Kraftwerken ist der Anteil der Lastwechselbeanspruchung am Gesamtlebensdauerverbrauch nicht zu unterschätzen. Um jederzeit die Bauteilerschöpfung zu kennen, ist daher eine kontinuierliche Zustandsüberwachung nach EN 12952 früher TRD (Technische Regeln für Dampfkessel) 508 Anlage 1 zweckmäßig.

Üblicherweise ist die maximale Thermospannung proportional der Differenz zwischen der Wandtemperatur auf der Dampfseite und der integralen mittleren Wandtemperatur. Zur Bestimmung dieser Temperaturdifferenz stehen verschiedene Verfahren zur Verfügung, die im Folgenden dargestellt werden.

8.2.2 Direkte Messung der Wandtemperaturdifferenz

Die direkte Messung der Wandtemperaturdifferenz stellt die am weitesten verbreitete Methode der Wandtemperaturdifferenzbestimmung dar. Sie besteht aus zwei Thermoelementen in Bohrungen. Eine der beiden Bohrungen hat eine Tiefe, bei der eine Restwanddicke von etwa 3 bis 5 mm verbleibt. Die Tiefe der zweiten Bohrung entspricht rund der halben Wanddicke (Abb. 8.3).

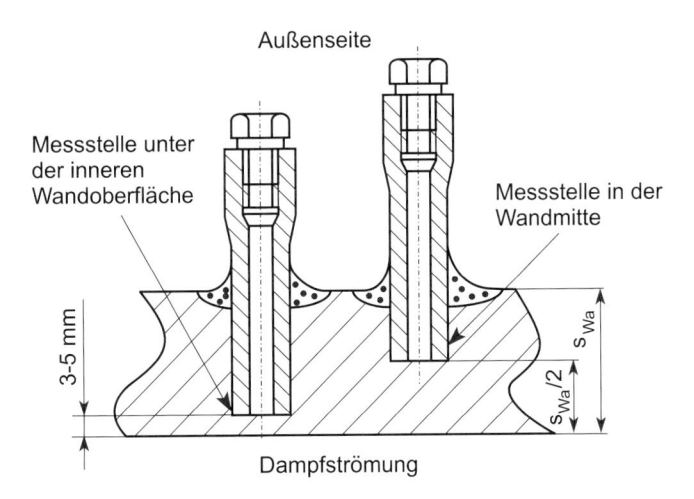

Abb. 8.3. Wandtemperaturdifferenz-Messstelle

608 Monitoring

Die gemessene Temperaturdifferenz entspricht – selbst mit quasistationärer Korrektur – nicht exakt der für die Thermospannungen maßgeblichen Temperaturdifferenz. Dazu gesellen sich noch Fehler infolge von nicht exakt ermittelten Wandstärken der Bauteile und der nicht exakt ermittelten Lage der Thermoelementmessstelle usw. (Leithner 1990), (Pich 1979), (Steege 1988).

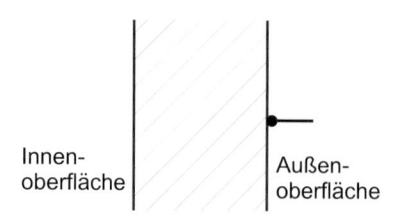

Abb. 8.4. Temperaturmessstelle an der Außenwand

8.2.3 Berechnung der Wandtemperaturdifferenz aus dem Verlauf einer Wandtemperatur

Die Erkenntnis, dass die direkte Messung ungenau und mit hohem Wartungsaufwand verbunden ist, führte zusammen mit preiswerten und leistungsstarken Rechnern in den 80er Jahren zu der Überlegung, die Messungen durch Berechnungen zu ersetzen. Der erste Ansatz dazu ist die Einsparung einer Messstelle (Abb. 8.4). Gemeinsam ist den verschiedenen Algorithmen die Berechnung der Wandtemperaturdifferenz aus dem zeitlichen Verlauf der Temperaturen an einer Stelle, z.B. nahe unter oder an der Wandaußenseite (beispielsweise dann, wenn Bohrungen nicht erlaubt sind). Messfehler bei letzterer Methode werden in (Jacob 2001) beschrieben. Die Algorithmen liefern auch den Temperaturverlauf über der Wand und damit auch die Wärmestromdichte an der inneren Oberfläche. Bei sehr schnellen Dampftemperaturänderungen usw. werden diese Verfahren leider häufig instabil (Speitkamp 1988), (Taler 1995), (Taler 1996).

8.2.4 Bestimmung der Wandtemperaturdifferenz aus dem Verlauf der Dampftemperatur, des Dampfdruckes und des Dampfmassenstroms

In (Lehne 2000), (Lehne 1998), (Lehne 1997a) wird ein Verfahren vorgestellt, das es gestattet, die Wandtemperaturdifferenz aus den zur Prozessregelung ohnehin benötigten Messgrößen der Dampftemperatur, des Dampfdruckes und des Dampfmassenstromes zu berechnen. Das Verfahren besteht aus folgenden vier Schritten:

a) Berechnung der dampfseitigen Messhülsen-Oberflächentemperatur $\vartheta_{H,in}$ und der Wärmestromdichte $\dot{q}$ aus den aufgenommenen Messwerten im

Inneren der Messhülse $\vartheta_{H,a}$ (wie im Verfahren mit einer Messstelle), Abb. 8.5.

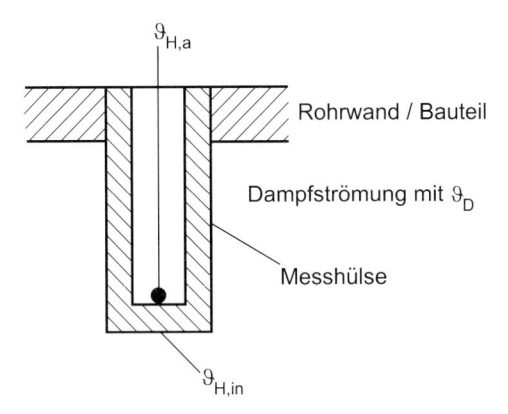

Abb. 8.5. Dampftemperaturmessung in einer Messhülse

b) Berechnung der „wirklichen" Dampftemperatur ϑ_D aus der berechneten dampfseitigen Messhülsen-Oberflächentemperatur $\vartheta_{H,in}$, der Wärmestromdichte $\dot{q}$ und dem Wärmeübergangskoeffizienten α_H der Messhülse, der mittels der Dampftemperatur ϑ_D, des gemessenen Massenstroms und des gemessenen Dampfdruckes aus Nußelt-Zahlen berechnet wird, nach der Gleichung:

$$\dot{q} = \alpha_H \left(\vartheta_D - \vartheta_{H,in} \right) \tag{8.1}$$

c) Der Wärmeübergangskoeffizient α_{Bau} am Bauteil wird mittels Ähnlichkeitsbeziehungen aus dem Wärmeübergangskoeffizienten der Messhülse berechnet.

d) Numerische Berechnung des Temperaturfeldes in der Bauteilwand nach (Patankar 1980) zur Bestimmung der Temperaturdifferenz zwischen der integralen mittleren Wandtemperatur und der inneren Wandoberflächentemperatur mit dem Dampftemperaturverlauf ϑ_D und dem Wärmeübergangskoeffizienten α_{Bau} am Bauteil.

8.2.5 Vergleich von Mess- und Rechenwerten

Das Berechnungsverfahren wurde auf Dampftemperatur-, Dampfdruck- und Massenstrom-Messdaten aus dem Endüberhitzerbereich des Kraftwerkes Ibbenbüren angewendet. In Abb. 8.6 ist ein Beispiel des Vergleiches der Berechnungsergebnisse mit den gemessenen Wandtemperaturdifferenz-Messwerten an einem der Frischdampfsammler dargestellt.

Das Berechnungsverfahren gibt den gemessenen Wandtemperaturdifferenzverlauf sehr gut wieder.

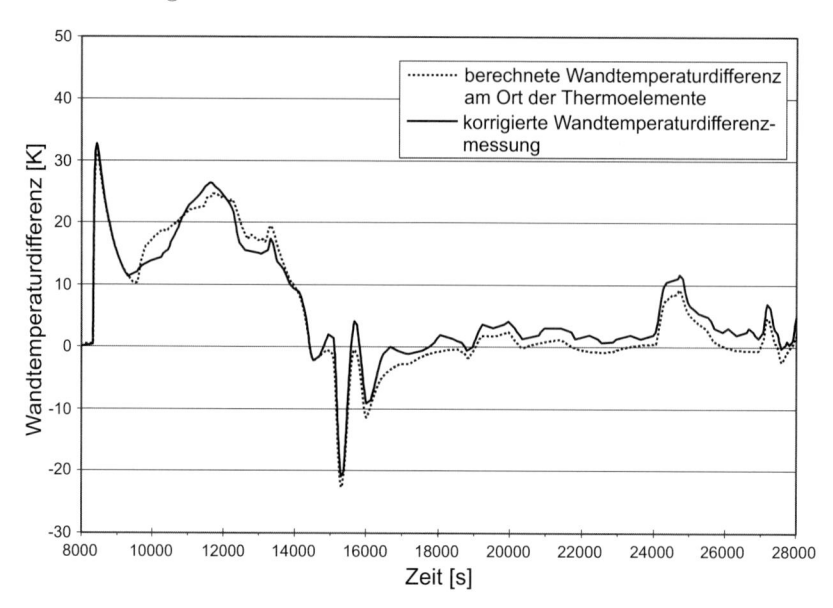

Abb. 8.6. Vergleich zwischen dem gemessenen und dem berechneten Wandtemperaturdifferenzverlauf an einem Frischdampfsammler des Kraftwerkes Ibbenbüren

8.2.6 Bestimmung der Wandtemperaturdifferenz aus alleiniger Verwendung der Dampftemperatur- und Dampfdruckmessungen

In einem weiteren Forschungsvorhaben ((Lehne 1997b)) wurde nach neuen Wegen gesucht, um die örtlichen Wärmeübergangskoeffizienten hinreichend genau ohne Kenntnis des Dampfmassenstromes bestimmen zu können, weil einerseits die größten Temperaturdifferenzen bei Kondensation auftreten und der Massenstrom dabei keine Rolle spielt, andererseits üblicherweise der Massenstrom, insbesondere beim Anfahren und bei Teillast (besonders relevante Betriebszustände bezüglich Extremwerten der Spannung) weder besonders genau gemessen noch auf einzelne Stränge genau aufgeteilt werden kann.

Die Grundlage des Algorithmus ist die bereits verwendete Berechnung der dampfseitigen Messhülsen-Oberflächentemperatur $\vartheta_{H,in}$ und der Wärmestromdichte $\dot{q}_i$ an der Messhülse aus dem zeitlichen Temperaturverlauf im Inneren der Messhülse $\vartheta_{H,a}$.

Unter den Annahmen, dass

- der Wärmeübergangskoeffizient α_H sich über kurze Zeiträume nur geringfügig ändert, sodass er über mehrere Zeitabschnitte als konstant angesehen werden kann und
- sich während dieser kurzen Zeitabschnitte die Dampftemperatur ϑ_D in erster Näherung linear ändert sowie
- konstante Zeitabschnitte verwendet werden,

lässt sich folgendes Gleichungssystem für die Zeiten τ_1, τ_2, τ_3 aufstellen, wobei $\dot{q}_j$ mit $\vartheta_{H,in,j}$ (j=1, 2, 3) bekannt sind, während α_H und ϑ_{Dj} gesucht werden:

Wärmestromdichte

$$\text{zu der Zeit } \tau_1 \quad \dot{q}_1 = \alpha_H\left(\vartheta_{D1} - \vartheta_{H,in,1}\right)$$
$$\text{zu der Zeit } \tau_2 \quad \dot{q}_2 = \alpha_H\left(\vartheta_{D2} - \vartheta_{H,in,2}\right)$$
$$\text{zu der Zeit } \tau_3 \quad \dot{q}_3 = \alpha_H\left(\vartheta_{D3} - \vartheta_{H,in,3}\right)$$

linearer Dampftemperaturverlauf

$$\vartheta_{D2} = \frac{\vartheta_{D1} + \vartheta_{D3}}{2} \qquad (8.2)$$

Dieses System aus vier Gleichungen mit vier Unbekannten liefert nach wenigen Umformungen den gesuchten Wärmeübergangskoeffizienten

$$\alpha_H = \frac{\dot{q}_1 + \dot{q}_3 - 2\dot{q}_2}{2\vartheta_{H,in,2} - \vartheta_{H,in,1} - \vartheta_{H,in,3}} \qquad (8.3)$$

und die gesuchten Dampftemperaturen ϑ_{Dj} zu den Zeitpunkten τ_1, τ_2, τ_3

Das oben angegebene Gleichungssystem reicht in vielen Fällen in der Form bereits aus, um den Wärmeübergang an der Thermoelementhülse ausreichend genau zu berechnen. Bei stationären und quasistationären Zuständen versagt dieses Gleichungssystem, weil der Zähler und/oder Nenner in Gl. 8.3 Null werden. Derartige Zustände sind jedoch gut identifizierbar, weil sie durch konstanten bzw. streng linearen Verlauf der Wärmestromdichten und/oder Hülsenoberflächentemperaturen $\vartheta_{H,in,j}$ gekennzeichnet sind. Wenn solche Fälle auftreten, kann eine Fortschreibung des zuletzt berechneten Wärmeübergangskoeffizienten vorgenommen werden bzw. eine lineare Interpolation der Wärmeübergangskoeffizienten zwischen dem Wert vor dem (quasi)stationären Zustand und dem neu berechneten Wert nach dem (quasi)stationären Zustand erfolgen. Problematischer sind Bereiche von Unstetigkeitsstellen, wie sie zum Beispiel zu Beginn und am Ende einer rampenförmigen Dampftemperaturänderung auftreten. Hier kann das Berechnungsverfahren in dicht aufeinander folgenden Zeitintervallen stark voneinander abweichende Wärmeübergangskoeffizienten liefern, die teilweise sogar negative Werte annehmen können, was nicht möglich ist. Abhilfe schafft in diesen Fällen eine Glättung des Wärmeübergangskoeffizienten-Verlaufs über aufeinander folgende Zeitschritte, die in (Lehne 1997b) näher beschrieben ist.

Die eigentlich interessierende Wandtemperaturdifferenz im dickwandigen Bauteil kann anschließend genauso berechnet werden wie im vorherigen Verfahren mit Massenstrommessung (Berechnungsschritte c und d). Als Nebenprodukt des Verfahrens erhält man aus den Nußelt-Gleichungen die Dampfgeschwindigkeit und mit den Messwerten für Druck und Temperatur und einer Wasserdampftafel die Dichte. Mit dem Strömungsquerschnitt lässt sich dann der Massenstrom berechnen.

8.2.7 Vergleich von Mess- und Rechenwerten

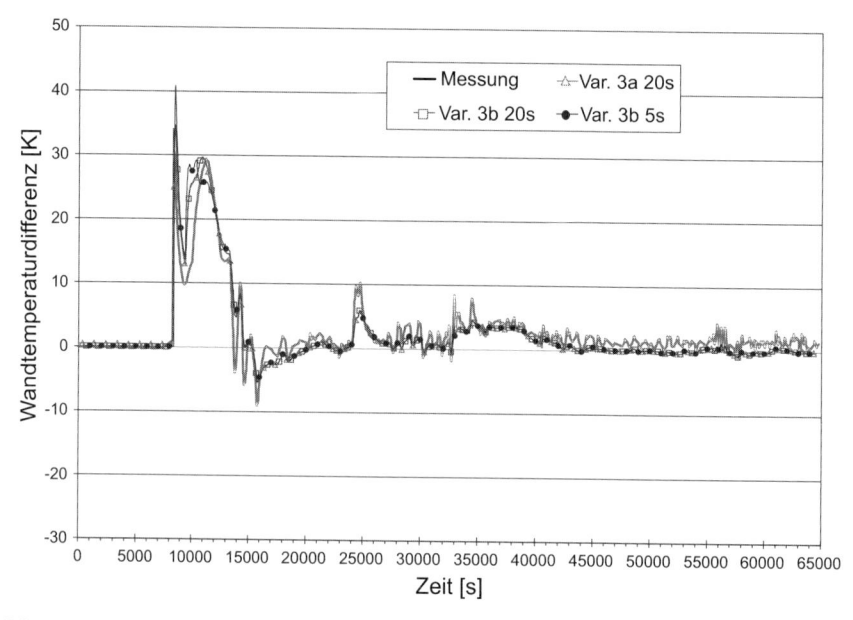

Abb. 8.7. Vergleich zwischen der korrigierten Messung des Wandtemperaturdifferenzverlaufes und berechneten Wandtemperaturdifferenzverläufen ohne Massenstrommessung an einem Frischdampfsammler des Kraftwerkes Ibbenbüren

In Abb. 8.7 werden Berechnungsergebnisse mit Messwerten der Wandtemperaturdifferenz eines Frischdampfsammlers im Kraftwerk Ibbenbüren verglichen. Hierbei sind mehrere Varianten für die Glättung des Wärmeübergangskoeffizienten-Verlaufs an Unstetigkeitsstellen gegenübergestellt. Im dargestellten Beispiel sind die Berechnungsergebnisse trotz unterschiedlicher Glättungsverfahren nahezu gleich und stimmen mit den Messwerten gut überein. Das bestätigt die grundsätzliche Eignung des neu entwickelten Berechnungsverfahrens. Allerdings sind die berechneten Extremwerte – wohl als Folge der Glättung – im Allg. kleiner als die gemessenen. Daher erscheinen bis zur Anwendung noch Verbesserungen der Methode erforderlich, wie sie in (Lehne 1997b) aufgezeigt wurden, um die Sicherheit zu gewährleisten.

8.2.8 Spannungsanalyse und Lebensdauerverbrauch

Für Bauteile, die wechselbeansprucht oder im Kriechbereich betrieben werden, können nach der einschlägigen europäischen Norm EN 12952 (früher TRD 508) der rechnerische Lebensdauerverbrauch und die Lebensdauererschöpfungsgeschwindigkeit laufend berechnet werden. Ein Programm kann diese Überwachung und das Registrieren der Betriebsdaten automatisch durchführen.

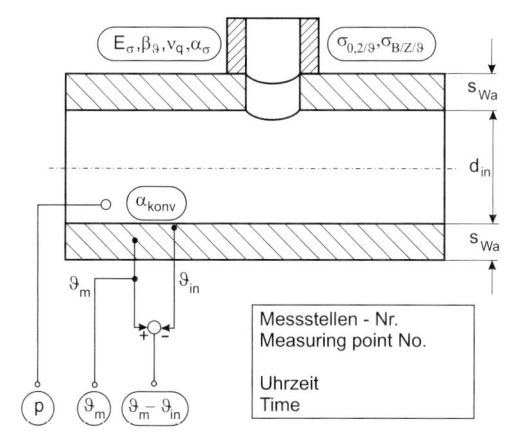

Abb. 8.8. Messdaten, geometrische Daten, Werkstoffdaten für die Lebensdauerberechnung

Die für die Lebensdauerüberwachung notwendigen Daten, nämlich Dampfdruck, mittlere Wandtemperatur und Wandtemperaturdifferenz, werden von allen dickwandigen Bauteilen (Abb. 8.8) in einem Zeittakt abgefragt und in angemessener Weise klassiert (Abb. 8.9). Eine Registrierungsüberwachung sorgt dafür, dass aus der Fülle dieser Messwerte nur die notwendigen Daten weiterverarbeitet und für eine spätere Auswertung registriert werden.

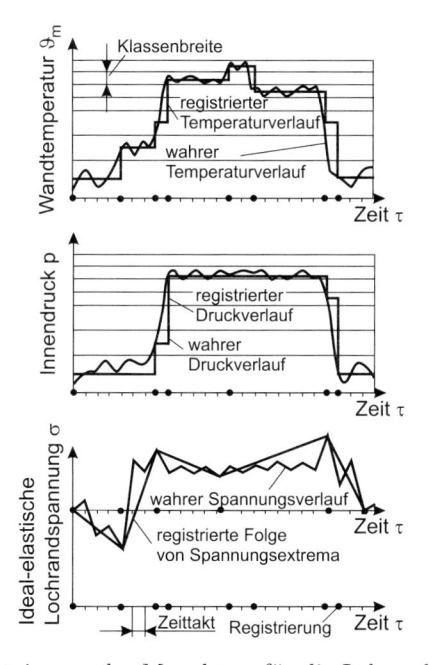

Abb. 8.9. Registrierung der Messdaten für die Lebensdauerberechnung

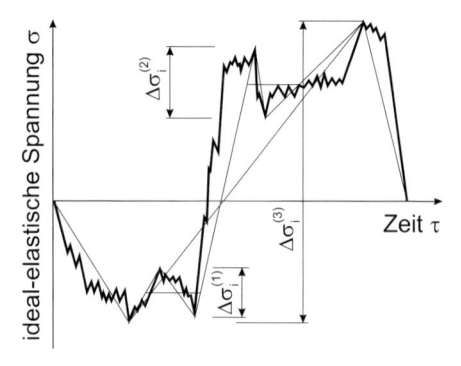

Abb. 8.10. Ermitteln von Extremwertfolgen und zusammengehörigen Lastwechseln

Diese Daten werden anschließend einem Berechnungsmodul übergeben, der entsprechend EN 12952 die Spannungen im Bauteil ermittelt. Der Auswertung der Ermüdungsschädigung ist ein weiteres Modul vorgeschaltet, das aus dem Spannungsverlauf unwesentliche Lastwechsel ausfiltert (Abb. 8.10), die Extremwerte der Lochrandspannungen ermittelt und die Registrierung veranlasst. Der modulare Aufbau des Programms gestattet auch eine leichte Anpassung an sich möglicherweise künftig ändernde Berechnungsvorschriften. In den nachfolgenden Modulen wird aus diesen Spannungen dann der Lebensdauerverbrauch aus Kriechen (Zeitstandbeanspruchung) und Ermüdung (Wechselbeanspruchung) ermittelt und auf einem Monitor angezeigt oder auf einem Schreibstreifen oder Protokoll ausgegeben (Abb. 8.11). Es werden auch Lebensdauerverbrauchsgeschwindigkeiten berechnet, die sofort ungünstige Betriebszustände erkennen lassen.

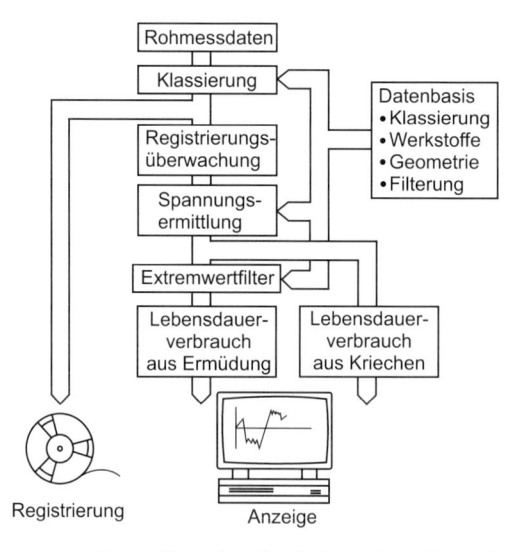

Abb. 8.11. Datenfluss für die Lebensdauerberechnung

8.3 Überwachung des Verschmutzungszustandes von Heizflächen und Rußbläsersteuerung

8.3.1 Grundlagen

Aus der Validierung der Messdaten nach Kapitel 7.4 erhält man sämtliche Informationen über den augenblicklichen Betriebszustand des Dampferzeugers, insbesondere über den Wirkungsgrad, die Nutzwärmeleistung, den Brennstoffverbrauch und den Verschmutzungsfaktor der einzelnen Heizflächen. Letzterer wird als das Verhältnis des momentanen zum Referenz-Wärmedurchgangskoeffizienten definiert.

$$f_{sch} = \frac{k_{mom}}{k_{ref}} \tag{8.4}$$

Als Referenzzustand wird dabei der Zustand bezeichnet, bei dem der Hersteller die gewährleisteten Betriebsdaten im Abnahmeversuch nachweisen muss. Da der Abnahmeversuch erst nach dem Probebetrieb erfolgt, muss für diesen Fall bereits mit einer Grundverschmutzung gerechnet werden. Die beim Referenzzustand durch Messung und Bilanzierung ermittelten Wärmedurchgangszahlen k_{ref} weichen daher in der Regel von den theoretisch ermittelten Werten k_{theo} um einen Faktor $f_{sch,ref}$ ab.

$$f_{sch,ref} = \frac{k_{ref}}{k_{theo}} \tag{8.5}$$

Für die spätere Anwendung von Gleichung 8.4 zur Bestimmung des Verschmutzungsfaktors f_{sch} muss daher jeweils k_{ref} für die aktuellen Betriebsdaten berechnet werden aus

$$k_{ref} = k_{theo}\, f_{sch,ref} \tag{8.6}$$

Dabei wird $f_{sch,ref}$ aus der Referenzmessung übernommen.

Durch den Vergleich zwischen den Ist- und Referenzdaten ist man somit in der Lage, laufend eine „Diagnose" über den augenblicklichen Betriebszustand des Dampferzeugers zu erstellen.

8.3.2 Anwendungen

Die durch die Messdatenvalidierung (Kapitel 7.4) erzielte Online-Diagnose ermöglicht u.a. folgende Anwendungen:

- Betriebsoptimierung der Anlage durch Änderung der Einstellung von Komponenten wie z.B. Brenner, Mühle, Rauchgaszirkulation u.a. Der optimale Betrieb wird wärmetechnisch durch den höchstmöglichen Kesselwirkungsgrad charakterisiert. Der kostenoptimale Betrieb berücksichtigt daneben auch noch Verbrauch von Hilfsstoffen, z.B. für die Rauchgasreinigung, Russbläserdampfverbrauch, Verschleiß etc.

- Durch den Vergleich zwischen dem momentanen Ist- und Referenzwert des Wärmedurchgangskoeffizienten kann die Entwicklung des Heizflächenverschmutzungszustandes verfolgt werden, sodass die Heizflächenreinigung durch Russbläser selektiv und nur nach Bedarf durchgeführt werden kann. Dies führt zu einem niedrigerem Russblasedampfverbrauch und zu geringeren Erossionsschäden.
- Überprüfung der Auslegungsberechnungen und dadurch erleichterter Erfahrungsrückfluss, der insbesondere auch für Umbauten (anderer Brennstoff, höhere Leistung) genutzt werden kann.
- Übergabe der Verbrauchsdaten und Kosten an betriebswirtschaftliche Programme (SAP).
- Vermeidung von unerwünschten Einflüssen gerade gereinigter Heizflächen auf nachfolgende Heizflächen (z.B. starke Änderungen der Brennkammerendtemperatur und/oder der Zwischenüberhitzeraustrittstemperatur) durch geeignete, optimierte Russblaseabfolge.

8.4 Online-Optimierung von Feuerungen bezüglich Ausbrand und Schadstoffemission durch Kombination der Schallpyrometrie mit der 3D-Feuerraumsimulation bzw. durch ein neuronales Netzwerk

8.4.1 Problemstellung

Die wenigsten Informationen im Dampferzeuger hat man über die Verbrennung und Schadstoffbildung im Feuerraum. Diesem misslichen Zustand ließe sich durch eine Kombination von Messungen (dabei bietet sich vor allem die Schallpyrometrie als einfache, schnelle und relativ genaue Messmethode an) und 3D-Feuerraumsimulation abhelfen.

8.4.2 Schallpyrometrie

Die Schallpyrometrie beruht auf der Abhängigkeit der Schallgeschwindigkeit c von der Temperatur eines durchschallten Gases gemäß der Gleichung von Laplace:

$$c = \sqrt{\frac{\kappa \Re T}{M}} = K_c \sqrt{T} \qquad (8.7)$$

Bei bekannter Zusammensetzung des durchschallten Gases sind der Isentropenexponent $\kappa = c_p/c_v$, die allgemeine Gaskonstante $\Re$ und die Molmasse M gegeben, sodass man diese drei Größen zu einer Konstanten K_c zusammenfassen kann und die Schallgeschwindigkeit nur noch von der Temperatur abhängt.

Wenn man die Laufzeit eines Schallsignals entlang einer Messstrecke bekannter Länge misst, kann man die mittlere Schallgeschwindigkeit c bestimmen und nach Auflösen der Gleichung von Laplace die integrale mittlere Temperatur T entlang der Messstrecke mit der allgemeinen Gaskonstante $\Re$, κ und M errechnen. Werden mehrere Sender und Empfänger – beide Funktionen sind in einer Geräteeinheit vereint – über den Umfang einer Ebene in einem Feuerraum angeordnet, erhält man ein Netz von Messstrecken, entlang derer die integralen mittleren Temperaturen ermittelt werden können.

Zur Messung der Laufzeiten wird durch Funkentladung bei 10.000 Volt ein starker, kurzer Schallimpuls (ca. 175 dB) mit hohen und kurzen Amplituden erzeugt. Die Laufzeit des Signales ergibt sich aus dem Zeitpunkt des Eintreffens der Wellenfront im Empfänger.

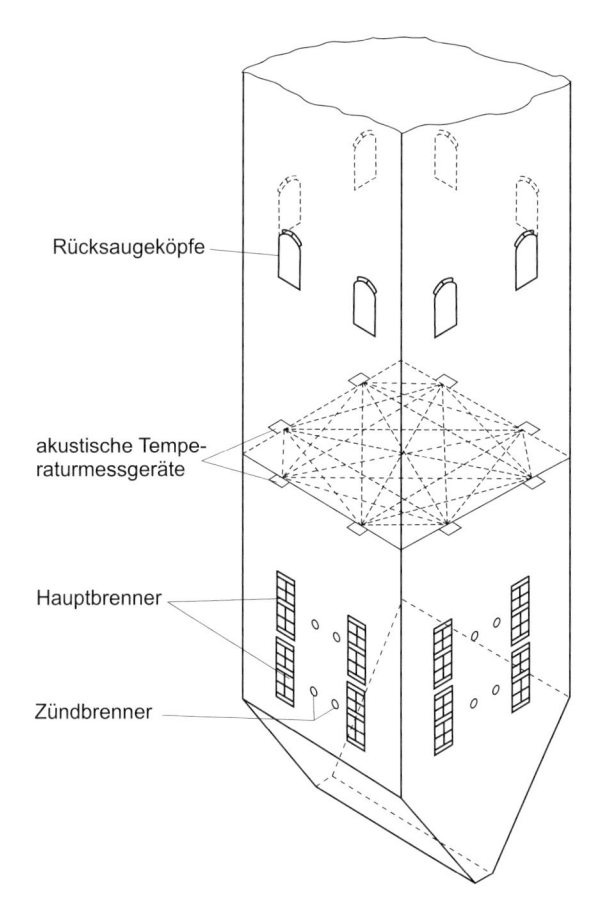

Abb. 8.12. Anordnung der akustischen Temperaturmessgeräte

Abb. 8.12 zeigt beispielhaft die Anordnung von insgesamt 8 Sender-/Empfänger-Einheiten oberhalb der Hauptbrenner eines Braunkohlekessels

(Derichs 1990). Reihum gibt jeweils ein Gerät ein Schallsignal ab, während die übrigen 7 Einheiten auf Empfang geschaltet sind. Nach einem ca. 40 s dauernden Umlauf liegen für die Bestimmung der jeweiligen Laufzeiten bzw. der jeweiligen Temperaturen bei der in Abb. 8.12 gezeigten Konfiguration für $n\,(n-1)/2 = 28$ Messstrecken die Daten vor. Zur Berechnung des Temperaturprofiles aus diesen Informationen können die im Folgenden erläuterten mathematischen Entfaltungsmethoden verwendet werden. Ausgangspunkt für die beiden beschriebenen Methoden ist die Laufzeit eines Schallsignals τ_{La} über die Wegstrecke L.

$$\tau_{La} = \int_0^L \frac{1}{K_c \sqrt{T}} dl \tag{8.8}$$

8.4.3 Fourierreihenentwicklung

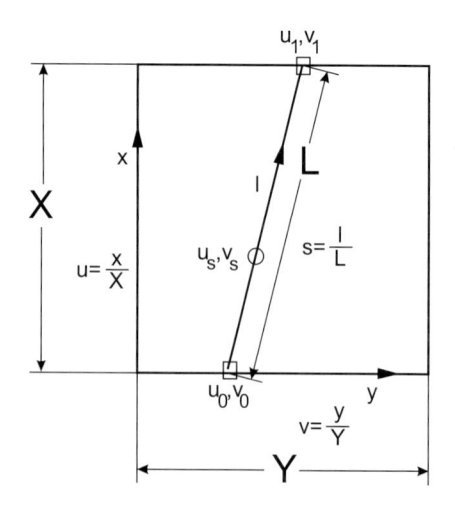

Abb. 8.13. Normiertes Koordiantensystem

In das Koordinatensystem der Messebene werden entsprechend Abb. 8.13 normierte Größen eingeführt, sodass für jeden Punkt entlang einer Messstrecke zwischen den Koordinaten u_0, v_0 und u_1, v_1 gilt:

$$u_s = u_0 + (u_1 - u_0)s \tag{8.9}$$
$$v_s = v_0 + (v_1 - v_0)s \tag{8.10}$$

Eine Funktion

$$F = \frac{1}{K_c \sqrt{T}} \tag{8.11}$$

wird in Anlehnung an Gl. (8.8) definiert. Mithilfe einer zweidimensionalen Fourierreihe lässt sich dieses Temperaturfeld darstellen. Mit u_s und v_s aus den Gleichungen (8.9) und (8.10) erhält man:

$$F = f(u_s, v_s) = \sum_{i=j=0}^{\infty} A_{ij} \cos(i\pi u_s) \cos(j\pi v_s) \tag{8.12}$$

Die Fourier-Koeffizienten A_{ij}, die zur korrekten Wiedergabe des Temperaturfeldes und damit des Temperaturprofiles notwendig sind, können über zweidimensionale Fourierreihenentwicklung und Integration der Laufzeiten des Schallsignals entlang der Messstrecken bestimmt werden. $f(u_s, v_s)$ aus Gl. (8.12) in Gl. (8.8) eingesetzt ergibt unter Berücksichtigung der Gl. (8.11):

$$\tau_{La} = \int_0^L f(u_s, v_s) \mathrm{d}l \tag{8.13}$$

Wird $\mathrm{d}l$ durch $L\mathrm{d}s$ ersetzt, so ergibt sich aus Gl. (8.13)

$$\tau_{La} = \int_0^1 L f(u_s, v_s) \mathrm{d}s \tag{8.14}$$

Substituiert man in Gl. (8.12) u_s und v_s durch Gl. (8.9) und (8.10) und setzt die Fourierreihenentwicklung in Gl. (8.14) ein, so erhält man nach Integration:

$$\tau_{La} = A_{00} L + \frac{L}{2} \sum_{i=j=0}^{\infty} A_{ij} \left\{ \frac{\sin(i\pi u_1 + j\pi v_1) - \sin(i\pi u_0 + j\pi v_0)}{i(u_1 - v_0) + j(v_1 - v_0)} \right. \\ \left. + \frac{\sin(i\pi u_1 + j\pi v_1) - \sin(i\pi u_0 + j\pi u_0)}{i(u_1 - v_0) + j(v_1 - v_0)} \right\} \tag{8.15}$$

Die Laufzeit des Schallsignals hängt demnach von den Koordinaten für die Messgerätepositionen und von den Fourier-Koeffizienten ab. Die Koordinaten u und v aller Messgeräte sind bekannt, sodass sich im vorliegenden Fall 28 Gleichungen zur Bestimmung der Fourier-Koeffizienten ergeben.

Üblicherweise wird eine Fourierreihe nach einer endlichen Anzahl von Gliedern, z.B. nach dem 4. Term, abgebrochen. Die Anzahl der Fourier-Koeffizienten determiniert die Genauigkeit der nachzuvollziehenden Kurven und Profile. Da hier 28 Messstrecken vorliegen, können maximal 28 Fourier-Koeffizienten berechnet werden. In (Derichs 1990) dienen 20 – 40 % der Gleichungen der statistischen Absicherung der berechneten Koeffizienten, um bei der Signalübertragung mögliche Störungen und damit Fehler bei der Laufzeitmessung ausgleichen zu können.

8.4.4 Algebraic Reconstruction Technique (ART)

Eine weitere Möglichkeit zur algebraischen Rekonstruktion eines Profiles ist die sog. „Algebraic Reconstruction Technique" (ART). Diese basiert auf der Diskretisierung der zu rekonstruierenden Querschnittsebene in einzelne Gitterelemente gemäß Abb. 8.14 (Löhr 1992).

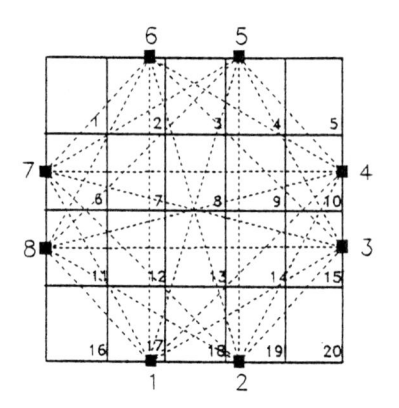

Abb. 8.14. Aufteilung der Rekonstruktionsebene in Gitterelemente

Für die gesuchte Größe (Temperatur) wird in jedem Feld ein konstanter Wert angenommen. Auch hier werden 8 Sender-/Empfänger-Einheiten am Umfang verteilt, woraus sich 28 Messstrecken ergeben (24 durchqueren die Querschnittsebene, 4 befinden sich an den Dampferzeugerwänden). Die Laufzeiten entlang der einzelnen Messstrecken stehen dem Algorithmus als Eingangsgrößen zur Verfügung.

Die quadratische Brennkammer ist beispielhaft in $5 \cdot 4 = 20$ Elemente aufgeteilt. N_x und N_y bezeichnen die Anzahl der Elemente in x- bzw. y-Richtung. Das Produkt $N_x \cdot N_y$ ergibt die Gesamtelementanzahl n. Die Sender-/Empfänger-Einheiten werden im Folgenden als Punkte, die Messstrecken als Geraden betrachtet.

ART ist ein iteratives Verfahren, bei dem nach jedem Schritt die berechneten Laufzeiten mit den gemessenen verglichen werden; hieraus wird dann eine Korrektur der Elementtemperaturen vorgenommen.

8.4.5 Vergleich mit Messungen aus der Absaugepyrometrie

In Abb. 8.15 werden Temperaturkurven aus Absauge- und Schallpyrometrie verglichen (Derichs 1991). Die an vier verschiedenen Stellen der Vorderwand eines 1800 t/h Kessels in 4,6 m Tiefe mittels Absaugepyrometer gemessenen Temperaturwerte werden hier zu einer Kurve verbunden. Die zeitgleich über Schallpyrometrie ermittelten Temperaturverteilungen werden in dem Diagramm ebenfalls als Kurven dargestellt.

Bei der durch Absaugepyrometrie ermittelten Temperaturkurve ist in der Kesselmitte ein flacher Bogen, zu den Wänden hin ein steiler Abfall zu erkennen.

8.4 Online-Optimierung von Feuerungen

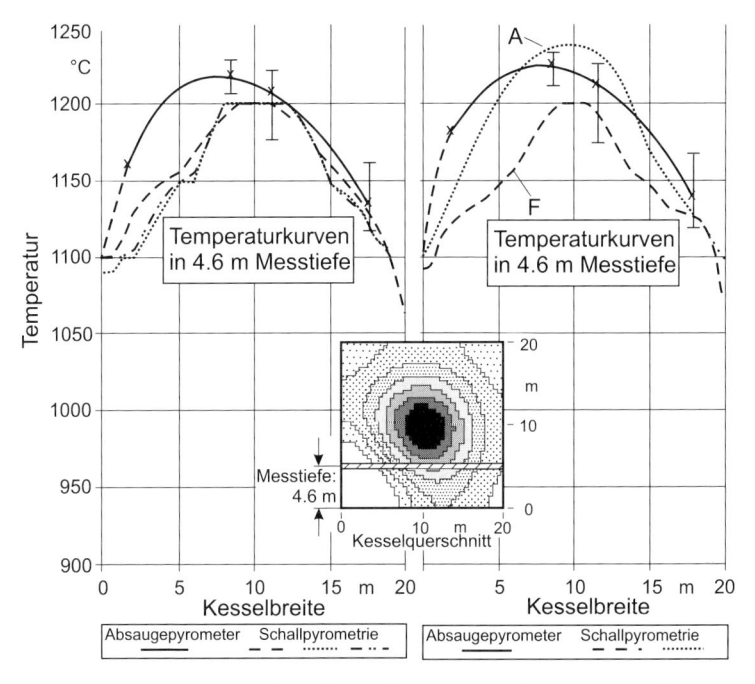

Abb. 8.15. Absaugpyrometrisch und schallpyrometrisch ermittelte Temperaturkurven im Vergleich, Quelle: (Derichs 1990)

Der mit Schallpyrometrie ermittelte Verlauf ist in der Feuerraummitte glockenförmig, wird zum Rand hin flach und zu den Wänden hin fast senkrecht (Abb. 8.15 links). In der rechten Hälfte und in der Mitte ist eine relativ gute Übereinstimmung zu verzeichnen. Die Ursache für das unrealistisch flache und senkrechte Auslaufen zu den Wänden liegt im mathematischen Entfaltungsansatz, da die Cosinusglieder der Fourierreihe den Kurvengradienten im Randbereich zu Null setzen.

Abb. 8.15 rechts vergleicht die Berechnungsergebnisse mit den beiden unterschiedlichen Entfaltungstechniken, denen jeweils der gleiche Satz von integralen Temperaturen zugrunde liegt. Kurve F gibt die mithilfe der Fourierreihenentwicklung berechnete Temperaturverteilung wieder, während Kurve A zu der mit ART in Verbindung mit einem Bézier-Algorithmus (Löhr 1992) berechneten Verteilung gehört.

Der unter Verwendung der ART-Bézier-Entfaltungstechnik berechnete Temperaturverlauf ist dem absaugepyrometrischen sehr ähnlich. Diese Methode scheint somit zur Rekonstruktion von Temperaturverläufen in großen Feuerräumen am besten geeignet.

8.4.6 Optimierung der Verbrennung durch Schallpyrometrie und BK-Simulation bzw. durch ein neuronales Netzwerk

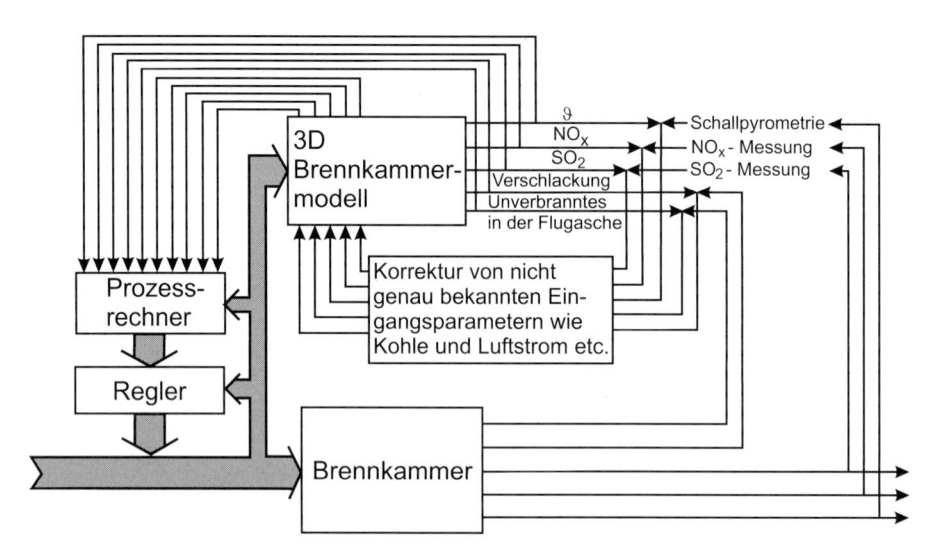

Abb. 8.16. Optimierung der Verbrennung durch Schallpyrometrie und Brennkammersimulation, (Leithner 1993)

Die Schallpyrometrie bietet die Möglichkeit, kurzfristig das Temperaturfeld in einer Brennkammer zu ermitteln. Mithilfe der 3D-Brennkammerberechnung könnte versucht werden, mit den nur teilweise bzw. nur ungenau bekannten Randbedingungen (Kohleströme, Luftströme, Lufttemperatur an den Brennern, NO_x-Emission, SO_2-Emission, Unverbranntes in der Flugasche) den Betriebszustand zu rekonstruieren. Ein Vergleich der gemessenen und berechneten Temperaturen könnte dazu benutzt werden, ungenaue Randbedingungen (Eingangsparameter) wie z.B. Kohleströme so zu variieren, dass Rechen- und Messwerte weitgehend übereinstimmen. Von diesem Ausgangszustand könnte nun ein bezüglich NO_x- und SO_2-Emissionen etc. und eventuell auch Verschlackung günstigerer bzw. optimaler Betriebszustand errechnet und iterativ durch Veränderung z.B. der Kohleströme der einzelnen Mühlen oder der Luftströme an den Brennern etc. eingestellt werden. Statt eines CFD-Modells kann auch ein Neuronales Netz mit Fuzzy-Regelung (Gierend 2001) verwendet werden. Diese Techniken sind allerdings noch nicht ausgereift, sondern bedürfen einer umfangreichen Forschung und Entwicklung.

9
Ergebniskontrolle, Genauigkeit und Auswertung

Im abschließenden Kapitel dieses Buches sollen noch einige Anregungen und Gedanken zur Problematik der Ergebniskontrolle, Genauigkeit und Auswertung gemacht werden.

Wie der interessierte Leser feststellen konnte, existiert neben der selbst geschriebenen Software auch eine große Anzahl an kommerziellen und Freeware-Programmen für die Berechnung der unterschiedlichsten Aufgabestellungen in der Energie- und Verfahrenstechnik. Viele der unten stehend angeführten Anregungen und Hilfestellungen werden dem Anwender von kommerzieller oder von Freeware Software – sofern er nicht eigene UDF's schreibt – abgenommen. Dennoch bleibt es auch dem reinen Programmanwender nicht erspart, über die zu verwendenden Modelle (z.B. Strahlungsmodelle oder Turbulenzmodelle) Bescheid zu wissen, um für seine Aufgabenstellung eine richtige Modellauswahl vornehmen zu können (siehe dazu auch (Hölling 2004)). Aber auch Fragen wie z.B. die nach der Größe des Abbruchkriteriums usw. können dem reinen Anwender nicht vollkommen abgenommen werden.

Die nachfolgende Aufzählung hat keinen Anspruch auf Vollständigkeit, sie soll jedoch dem Leser eine gewisse Hilfestellung bieten:

- Phänomene, die in den vereinfachten Bilanzgleichungen nicht (mehr) enthalten sind, können natürlich auch nicht berechnet werden. Wurde z.B. der Impulserhaltungssatz vereinfacht, so können schnelle Druckschwingungen gar nicht oder nicht richtig berechnet werden. Es ist daher vor der Anwendung eines Programmes stets zu prüfen, ob die zugrunde liegenden Modelle ausreichen, um die gewünschten Simulationen durchführen zu können. Gegebenenfalls sind die Modelle entsprechend zu ergänzen. Hinweise darauf, dass die Modelle zu stark vereinfacht sind, können z.B. fehlende Eingaben von Stoffwerten, welche einen Einfluss auf das Ergebnis haben, liefern. Vorsicht ist auch bei Berechnungen im Überschallbereich und bei Druckstößen oder mit ungeeigneten Turbulenzmodellen geboten.
- Es sollten immer auch Gesamtbilanzen über das gesamte simulierte Gebiet bzw. z.B. den gesamten Dampferzeuger oder das gesamte Kraftwerk

gemacht werden. So müssen im stationären Fall z.B. die ein- und ausströmende Massen- und Energieströme gleich groß sein oder bei Atombilanzen genauso viele Atome von z.B. Kohlenstoff C in das Berechnungsgebiet ein- wie ausströmen, auch wenn z.B. ein Teil als CO und ein anderer als CO_2 ausströmt; bei Energiebilanzen sind natürlich auch die Wärmeübertragungen an die Wände zu berücksichtigen. Auch bei instationären Vorgängen lassen sich über längere Zeiträume integrale Gesamtbilanzen unter Berücksichtigung der Veränderung von Speicherinhalten, die bei entsprechend langer Zeit an Bedeutung verlieren, machen, die sehr aufschlussreich sein können. Bei Verbrennungsvorgängen sollte die adiabate Verbrennungstemperatur auch lokal nicht überschritten werden, es sei denn auf Grund besonderer Effekte, z.B. Vertrocknung des Brennstoffs.

- Eine Lösung kann als auskonvergiert betrachtet werden, wenn die Summe der Absolutbeträge der Residuen für die verschiedenen Größen, die mit einer sinnvollen Bezugsgröße z.B. Gesamtmassenstrom, Gesamtenergieumsatz etc. dimensionslos gemacht wurde, eine Schranke, die natürlich um einiges oberhalb der Genauigkeit der Zahlendarstellung liegen muss, unterschritten hat.

$$\frac{\sum_{i=1}^{n} |\mathbf{R}_{\varepsilon \phi i}|}{\sum \dot{m}_{ein} \phi} < \varepsilon_{\phi} \qquad (9.1)$$

- Überprüfung der Konsistenz durch Nachrechnung analytisch bekannter Lösungen und von Messungen. Bei Messungen ist jedoch zu beachten, dass diese im Allg. die Bilanzgleichungen auf Grund von Messfehlern nicht erfüllen. D.h. die Messungen sollten zuerst validiert werden, bevor man sie zur Beurteilung von Simulationsrechnungen verwendet.

- Bei der Kontrolle von selbst geschriebenen Programmen besteht, wie bereits oben erwähnt, immer das Problem der Überprüfbarkeit der Simulationsergebnisse. Neben der Überprüfung der Konsistenz der Lösung mittels analytisch bekannter Lösungen sollte auch die Symmetrie von Lösungen zu Testzwecken herangezogen werden. Bei entsprechender Auswahl einer symmetrischen Problemstellung liefert diese auch eine symmetrische Lösung als Ergebnis. Um dies näher zu verdeutlichen, soll dies anhand zweier einfacher Beispiele gezeigt werden:

1. Beispiel: Stationäre Brennkammersimulation

Wenn die Brennkammer, die Brenneranordnung und die Belastungen der Brenner symmetrisch sind, dann muss auch die Temperaturverteilung (s. Abb. 4.56), die Konzentrationsverteilung, das Strömungsfeld etc. symmetrisch sein.

2. Beispiel: Eindimensionale Rohrströmung

Dazu soll eine eindimensionale Rohrströmung, welche entlang der Rohrachse mit einem konstanten Wärmestrom $\dot{Q}$ beheizt wird, berechnet werden.

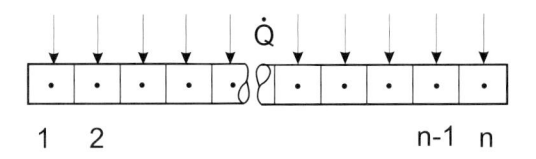

Ergebniskontrolle, Genauigkeit und Auswertung 625

Abb. 9.1. Diskretisiertes Rohr

Abb. 9.1 stellt das diskretisierte Rohr mit der konstanten Beheizung am Rohrumfang dar. Das Rohr wurde für die Strömungsberechnung in n Kontrollvolumina unterteilt, hat eine Länge von 4 m, einen Außendurchmesser von 38 mm und eine Wandstärke von 3 mm. Die Beheizung beträgt $\dot{Q} = 50$ kW, der innere Wärmeübergangskoeffizient sei mit einem konstanten Wert von $\alpha_{in} = 5000$ W/m²K gegeben. Als Anfangsbedingung liege zum Zeitpunkt $\tau = 0$ s am Rohreintritt (Kontrollvolumen 1) ein Druck von $p = 7$ bar und eine Eintrittsenthalpie von $h_{ein} = 671$ kJ/kg vor. Am Rohraustritt (Rechenzelle n) herrsche ein Druck von $p = 6$ bar. Basierend auf der Druckverteilung der Flüssigkeit im Rohr und der Beheizung wird sich zum Zeitpunkt $\tau = 0$ s ein zugehöriges Geschwindigkeitsfeld ausbilden. Über einen Zeitraum von $\tau = 100$ s soll der Druck an beiden Rohrenden linear verändert werden. Nach Beendigung der Simulation soll im Kontrollvolumen 1 ein Druck von $p = 6$ bar und in der Rechenzelle n ein Druck von $p = 7$ bar vorliegen. Die spez. Enthalpie des in das Rohr eintretenden Fluids soll unabhängig von der vorliegenden Strömungsrichtung den konstanten Wert von $h_{ein} = 670$ kJ/kg aufweisen.

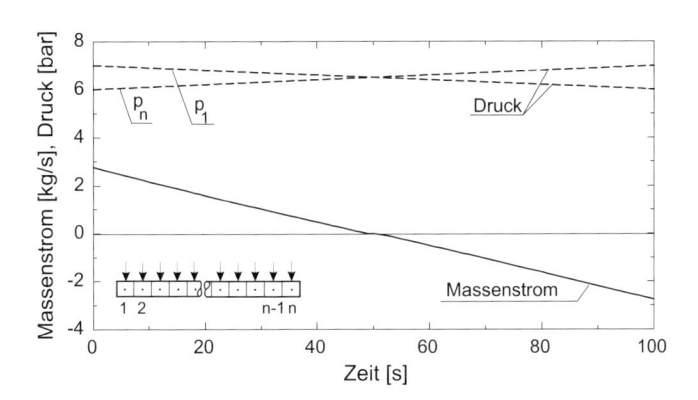

Abb. 9.2. Verlauf der Druckrandbedingung und des errechneten Massenstroms

Abb. 9.2 zeigt den Verlauf der Druckrandbedingungen an beiden Rohrenden sowie den des errechneten Massenstromverlaufs über die Zeit. Wie der Abbildung zu entnehmen ist, liegt ein symmetrisches Ergebnis der Berechnung vor. Der Massenstrom nimmt bis zum Zeitpunkt gleicher Drücke an beiden Rohrenden (6,5 bar) ab, um anschließend wieder auf seinen Ursprungswert, jedoch mit negativen Vorzeichen, anzusteigen. Das negative Vorzeichen weist auf eine Strömungsumkehr im Rohr hin, da für die Simulation angenommen wurde, dass eine positive Strömungsgeschwindigkeit dann vorliegt, wenn das Fluid in Richtung der aufsteigenden Zellennummern strömt.

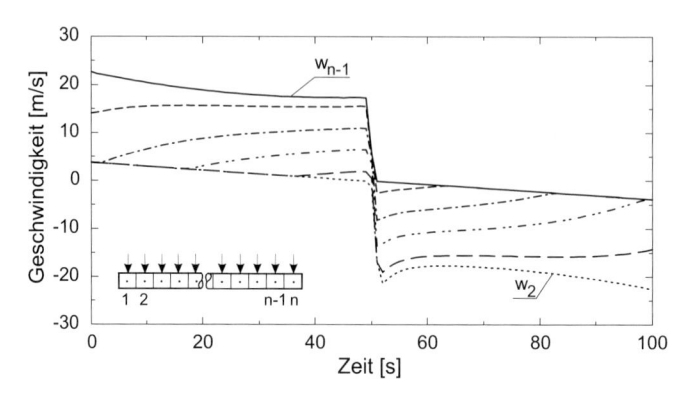

Abb. 9.3. Zeitliche Entwicklung der Geschwindigkeit in ausgewählten Punkten des Rohres

Die Ergebnisse für die Geschwindigkeit und die Zustandsgrößen für das Fluid müssen sich natürlich auch symmetrisch um den Zeitpunkt des Nulldurchgangs des Massenstromes (dies ist der Zeitpunkt an dem in beiden Rohrenden ein Druck von $p = 6,5$ bar vorliegt) ändern. Dazu sei auf die Abb. 9.3 für die Geschwindigkeit und die Abbildungen 9.4 und 9.5 für die spez. Enthalpie und Dichte des Arbeitsstoffes, welche für ausgewählte Punkte des Rohres dargestellt sind, als Beispiele dafür verwiesen.

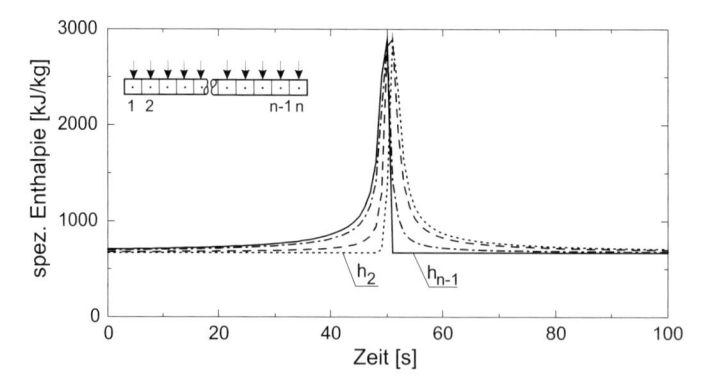

Abb. 9.4. Zeitliche Entwicklung der spez. Enthalpie in ausgewählten Punkten des Rohres

Mit Verringerung der Fluidgeschwindigkeit kommt es auf Grund der abnehmenden Kühlung des Rohres zu einem Anstieg der spez. Enthalpie bzw. zu einer Abnahme der Dichte. Die sprunghafte Änderung der Dichte bzw. der spez. Enthalpie in den Kontrollvolumina 2 und $n-1$ ist das Resultat der Strömungsrichtungsänderung (die spez. Enthalpie am Eintritt des Fluids ins Rohr wurde als konstant und unabhängig von der Strömungsrichtung angenommen).

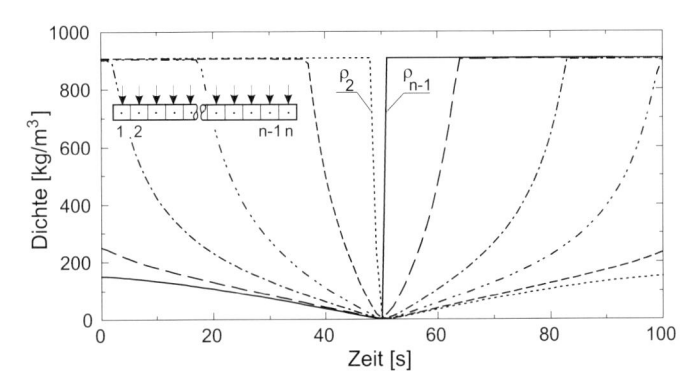

Abb. 9.5. Zeitliche Entwicklung der Dichte in ausgewählten Punkten des Rohres

- Eine Überprüfung der Stabilität der Lösung kann durch eine mindestens zweimalige Gitterverkleinerung durchgeführt werden. Dabei sollten die einzelnen Lösungen sich aperiodisch einem Wert nähern.
- Es sollte keine größere numerische Genauigkeit, z.B. im Vergleich mit Messungen, gefordert werden, als dies die Modelle ermöglichen.
- Die erzielten Simulationsergebnisse sollten immer einer kritischen Beurteilung unterzogen und auf ihre physikalische Plausibilität hin überprüft werden.
- Numerische Berechnungen liefern eine große Menge an Zahlen, die aufbereitet und komprimiert werden müssen. Dies kann z.B. in
  + farbigen Diagrammen (Farben sollten auch auf einer nichtfarbigen Kopie erkennbar bleiben)
  + Diagrammen mit Pfeilen (z.B. für Geschwindigkeiten)
  + räumlichen Darstellungen
  + Filmen für zeitliche Abläufe
  + Diagrammen und Tabellen mit Gesamtbilanzen

  etc. geschehen.

Das Kapitel soll mit den Worten von Ami Harten, welche in (Lax 2007) zitiert wurden, abgeschlossen werden, die der Leser in Erinnerung behalten sollte: *„Für den in der Numerik tätigen Wissenschafter existieren zwei Möglichkeiten der Wahrheit: Die Wahrheit, die man beweisen kann, und die Wahrheit, die man sieht, wenn sie numerisch berechnet wird"*

Literaturverzeichnis

Achard JL, Drew DA, Lahey Jr. RT (1985) The Analysis of Nonlinear Density-Wave Oscillations in Boiling Channel. J. of Fluid Mechanics 155:213–232

Acklin L, Läubli F (1960) Die Berechnung des dynamischen Verhaltens von Wärmetauschern mit Hilfe von Analog-Rechengeräten. Technische Rundschau Sulzer (Forschungsheft)

Adánez J, Labiano FG, Abánades JC, de Diego LF (1994) Methods for characterization of sorbents used in fluidized bed boilers. Fuel 73 (3):355–362

Agarwal PK, La Nauze RD (1989) Transfer Processes Local to the Coal Particle: A Review of Drying, Devolatilization and Mass Transfer in Fluidized Bed Combustion. Chem. Eng. Res. Des. 67:457–480

Akers WW, Deans HA, Crosser OK (1959) Condensation Heat Transfer within Horizontal Tubes. Chemical Engineering Progress Symposium Series 55:171–176

Alad'yev IG, Gorlov LD, Dodonov LD, Fedynskiy OS (1969) Heat Transfer to Boiling Potassium in Uniformly Heated Tubes. Heat Transfer-Soviet Research 1 (4):14–26

Albert FW (1998) Fuzzy logic und ihre Anwendung in Müllheizkraftwerken. VGB Kraftwerkstechnik 12:66–72

Albrecht W (1966) Instationäre Wärmespannungen in Hohlzylindern. Konstruktion 18 (6):224–231

Albrecht W (1969) Beispiele für instationäre Temperaturverteilungen in Apparatebauteilen. Chemie-Ingenieur-Technik 41:676–681

Allard G, Läubli F, Le Febve D (1970a) Die Berechnung des dynamischen Verhaltens von Wärmetauschern mit Hilfe von Analog-Rechengeräten. A.I.M. Association des ingenieurs electriciens sortis de l'Institut electrotechnique Montefiore

Allard G, Läubli F, Le Febve D (1970b) Prozeß- und Regeldynamik fossil gefeuerter Dampferzeuger Analyse und Berechnung des dynamischen Verhaltens. A.I.M, Association des Ingenieurs electricien sortis de l'Institute electrotechnique Montefiore

Altman W (1988) First step towards an expert system concerning the rediction of the slagging and fouling behaviour of fuels and furnaces. Report, Technical University Dresden

Ames WF (1977) Numerical Methods for Partial Differential Equations. 2. Aufl. Computer Science and Applied Mathematics. Academic Press, Inc., San Diego

Ananiev EP, Boyko LD, Kruzhilin GN (1961) Heat Transfer in the Presence of Steam Condensation in a Horizontal Tube. Proceedings of the 1st Int. Heat Transfer Conf., Part II. Boulder, Colorado, pp. 290–295

Anderson RP, Bryant LT, Carter JC, Marchaterre JF (1962) Transient Analysis of Two-Phase Natural Circulation Systems. Argonne National Laboratory USAEC Report ANL-6653, Argonne National Laboratory

Angel CA, Chessman PA, Kadiyala RR (1987) Diffusivity and thermodynamic properties of diopside and jadeite melts by computer simulation studies. Chemical Geology 62:83–92

Anthony DB, Howard JB, Hottel HC, Meissner HP (1975) Rapid Devolatilization of Pulverized Coal. 15th Symp. (Int.) on Combustion, The Combustion Institute, Pittsburgh 15:1303–1317

Anthony DB, Howard JB (1976) Coal Devolatilization and Hydrogasification. AIChE Journal 22 (4):625–656

Apascaritei, B. (2008) Error Analysis for Energy Process Simulation. Dissertation, TU Braunschweig

Aritomi M, Aoki S, Inoue A (1977) Instabilities in Parallel Channel of Forced-Convection Boiling Upflow System, (II) Experimental Results. J. of Nuclear Science and Technology 14 (2):88–96.

Aritomi M, Aoki Sh, Inoue A (1979) Instabilities in Parallel Channel of Forced-Convection Boiling Upflow System, (III) System with Different Flow Conditions between Two Channels. J. of Nuclear Science and Technology 16 (5):343–355

Aritomi M, Aoki Sh, Narabayashi T (1981) Instabilities in Parallel Channel of Forced-Convection Boiling Upflow System, (IV) Instabilities in Multi-Channel System and with Boiling in Downcomer. J. of Nuclear Science and Technology 18 (5):329–340

Aritomi M, Aoki Sh, Inoue A (1983) Instabilities in Parallel Channel of Forced-Convection Boiling Upflow System, (V) Consideration of Density Wave Instability. J. of Nuclear Science and Technology 20 (4):286–301

Aritomi M, Aoki Sh, Inoue A (1986a) Thermo-Hydraulic Instabilities in Parallel Boiling Channel Systems, Part 1: A Non-Linear and a Linear Analytic Model. Nuclear Engineering and Design 95:105–116

Aritomi M, Aoki Sh, Inoue A (1986b) Thermo-Hydraulic Instabilities in Parallel Boiling Channel Systems, Part 2: Experimental Results. Nuclear Engineering and Design 95:117–127

Aritomi M, Chiang JH, Nakahashi T, Wataru M, Mori M (1992a) Fundamental Study on Thermo-Hydraulics during Start-Up in Natural Circulation Boiling Water Reactors, (I) Thermo-Hydraulic Instabilities. J. of Nuclear Science and Technology 29 (7):631–641

Aritomi M, Chiang JH, Mori M (1992b) Fundamental Studies of Safty-Related Thermo-Hydraulics of Natural Circulation Boiling Parallel Channel Flow Systems Under Startup Conditions (Mechanism of Geysering in Parallel Channels). Nuclear Safety 33 (2):170–182

Aritomi M, Chiang JH, Mori M (1992c) Geysering in parallel boiling channels. J. of Nuclear Engineering and Design 141:111–121

Ascher UM, Petzold LR (1998) Computer Methods for Ordinary Differential Equations and Differential-Algebraic Equations. Siam Verlag

ASME. (1998) Kap. 3, Anhang N des ASME, Boiler and Pressure Vessel Code. ASME Press, New York

Atimtay AT (1987) Combustion of Volatile Matter in Fluidized Beds. Ind. Eng. Chem. Res. 26 (3):452–456

Atkinson LV, Harley PJ, Hudson JD (1996) Numerical methods with FORTRAN 77. Addison-Wesley Publishing Company

Auracher H, Drescher G, Hein D, Katsaounis A, Kefer V, Köhler W, Ulrych G (1996) kritische Siedezustände. In: VDI–Wärmeatlas – Berechnungsblätter für den Wärmeübergang, 10. Aufl. S. Hbc1–Hbc32 VDI–Verlag GmbH, Düsseldorf

Au-Yang HK (2001) Flow-Induced Vibration of Power and Process Plant Components. ASME Press, New York

Aziz K, Hellums JD (1967) Numerical Solutions of the Three-Dimensional Equation of Motion for Laminar Natural Convection. The Physics of Fluid 10:314

Azzi A, Friedel L, Belaadi S (2000) Two-Phase Gas/Liquid Flow Pressure Loss in Bends. Forschung im Ingenieurwesen 65 (10):309–318

Azzi A, Friedel L, Kibboua R, Shannak B (2003) Reproductive Accuracy of Two-Phase Pressure Loos Correlations for Vertical 90° Bends. Forschung im Ingenieurwesen 67 (3):109–116

Azzi A, Alger USTHB, Friedel L (2005) Two-phase upward flow 90° bend pressure loss model. Forschung im Ingenieurwesen 69:120–130

Azzopardi BJ, Purvis A, Govan AH (1987) Annular Two-Phase Flow Split at an Impacting T. Int. J. of Multiphase Flow 13 (5):605–614

Baars A. (2003) Stationäre und instationäre Betriebsbedingungen eines Naturumlaufverdampfers. Fortschr.-Bericht VDI 779, VDI Verlag, Düsseldorf

Badzioch S, Hawksley PGW (1970) Kinetics of Thermal Decomposition of Pulverized Coal Particles. Industrial and Engineering Process Design and Development 9:521–530

Baehr HD, Stephan K (1994) Wärme- und Stoffübertragung. Springer Verlag, Berlin Heidelberg New York

Baehr HD, Stephan K (1998) Wärme- und Stoffübertragung. 2. Aufl. Springer Verlag, Berlin Heidelberg New York

Baehr HD, Stephan K (2004) Wärme- und Stoffübertragung. 4. Aufl. Springer Verlag, Berlin Heidelberg New York

Baehr HD, Stephan K (2008) Wärme- und Stoffübertragung. 6. Aufl. Springer Verlag, Berlin Heidelberg New York

Baerns M, Hofmann H, Renken A (1987) Chemische Reaktionstechnik. Georg Thieme Verlag, Stuttgart New York

Baker DC, Attar A (1981) Sulfur Pollution from Coal Combustion. Effect of the Mineral Components of Coal on the Thermal Stabilities of Sulphated Ash and Calcium Sulfate. Environment Science & Technology 15 (3):288–293

Bankoff SG (1960) A Variable Density Single-Fluid Model for Two-Phase Flow with Particular Reference to Steam-Water Flow. Trans. of ASME, Ser. C, J. of Heat Transfer 82 (11):265–272

Barin I (1993) Thermochemical Data of Pure Substancies. VCH, pp. 121–125

Baroczy CJ (1966) A Systematic Correlation for Two-Phase Pressure Drop. Chemical Engineering Progress Symposium Series 62 (64):232–249

Barrow GM (1983) Physikalische Chemie, Teil 3: Thermodynamische und kinetische Behandlung chemischer Reaktionen. 6. Aufl. Bohmann Verlag, Vieweg & Sohn Verlag, Wien Braunschweig

Bartok W, Engleman VS, Goldstein R, del Valle EG (1972) Basic Kinetic Studies and Modeling of Nitrogen Oxide Formation in Combustion Processes. AIChE Symposium Series 68 (126):30–38

Basu P, Fraser SA (1991) Circulating Fluidized Bed Boilers. Butterworth-Heinemann, Stoneham

Bauer F, Stamatelopoulos GN, Vortemeyer N, Bugge J (2003) Driving Coal-fired Power Plants to Over 50% Efficiency. VGB PowerTech 83 (12):97–100

Baxter LL, Mitchel RE, Fletcher TH, Hurt RH (1996) Nitrogen Release During Coal Combustion. Energy & Fuels 10 (1):188–196

Beck NC, Hayhurst AN (1990) The Early Stages of the Combustion of Pulverized Coal at High Temperatures. I: The Kinetics of Devolatilization. Combustion and Flame 79 (1):47–74

Becker J, Haake W, Nabert R, Dreyer HJ (1977) Numerische Mathematik für Ingenieure. B.G. Teubner-Verlag, Stuttgart

Beckmann M (1995) Mathematische Modellierung und Versuche zur Prozessführung bei der Verbrennung und Vergasung in Rostsystemen zur thermischen Rückstandsbehandlung. CUTEC - Schriftenreihe, Nr. 21 (Clausthal)

Beer JM, Sarofim AF, Barta LE (1991) From coal mineral matter properties to fly ash deposition tendencies: a modelling route. Inorganic Transformations and Ash Deposition During Combustion, pp. 71–93

Beising R, Kautz K, Kirsch H (1972) Die Mineralsubstanz der niederrheinischen Braunkohlen. VGB-Kraftwerkstechnik, Vol. 52

Benesch WA (1984) Mathematische Modellierung der Strömungs- und Mischungsvorgänge in der Tangentialfeuerung. Dissertation, Ruhr-Universität Bochum

Bergles AE, Goldberg P, Maulbetsch JP (1967) Acoustic Oszillations in High Pressure Single Channel Boiling Systems. Euratom Symposium on Two-Phase Flow Dynamics, Vol. 1. EURATOM, pp. 525–550

Bergles AE (1976) Review of Instabilities in Two-Phase Systems In: Kakaç S, Mayinger F (eds) Two-Phase Flows and Heat Transfer. Vol. 1. Hemisphere Pub. Corp., Washington

Berman RG (1988) Internally-consistent thermodynamic data for minerals in the system: $Na_2O - K_2O - CaO - MgO - FeO - Fe_2O_3 - Al_2O_3 - SiO_2 - TiO_2 - H_2O - CO_2$. J. of Petrology 29:445–522

Berndt G (1984) Mathematisches Modell eines Naturumlauf-Dampferzeugers zur Störfallsimulation und dessen experimentelle Überprüfung. Dissertation, Technische Universität Stuttgart

Bernstein W, Hildebrand V, Holfeld T (1999) Modellierung der Verbrennung und ihre Validierung am Originalbraunkohledampferzeuger eines 800 MW Blockes. VDI-Berichte, Vol. 1942

Betz B, Neupert D, Schlee M (1992) Einsatz eines Expertensystems zur zustandsorientierten Überwachung und Diagnose von Kraftwerksprozessen. Elektrizitätswirtschaft

Biasi L, Clerici GC, Sala R, Tozzi A (1968) A Theoretical Approach to the Analysis of an Adiabatic Two-Phase Annular Dispersed Flow. Energia Nucleare 15 (6):394–405

Bier K, Goetz D, Gorenflo D (1981) Zum Einfluss des Umfangswinkels auf den Wärmeübergang beim Blasensieden an horizontalen Rohren. Wärme- und Stoffübertragung 15:159–169

Bilitewski B, Härdtle G, Marek K (1985) Grundlage der Pyrolyse von Rohstoffen. Thome-Kozmiensky KJ (Hrsg), Pyrolyse von Abfällen. EF Verlag, 1 ff

Bird BR, Stewart WE, Lightfoot EN (1960) Transport Phenomena. John Wiley & Sons Inc., New York

Bird RB, Stewart WE, Lightfoot EN (2002) Transport Phenomena. 2. Aufl. John Wiley & Sons, London Sydney

Bischof C Roh L (1997) ADIC: An Extensible Automatic Differentiation Tool for ANSI-C. Mathematics and Computer Science Division, Argonne National Laboratory, IL USA

Bishop AA, Sandberg RO, Tong LS (1964) Forced Convection Heat Transfer to Water at Near-Critical Temperature and Subcritical Pressures. Argonne National Laboratory, USAEC Report WCAP-2056, Part IIIB

Blair DW, Wendt JOL, Bartock W (1976) Evolution of Nitrogen and Other Species During Controlled Pyrolysis of Coal. 16th Symp. (Int.) on Combustion, The Combustion Institute Pittsburgh, pp. 475–489

Blanck D, Grün M (1997) Monitoring, Analyse und Diagnose: Gestuftes Überwachungssystem für Kraftwerke. Tagung: Monitoring und Diagnose in energietechnischen Anlagen, VDI-Berichte Nr. 1359, VDI-Gesellschaft Energietechnik, Braunschweig, Deutschland: Verein Deutscher Ingenieure

Blevins RD (1990) Flow-Induced Vibrations. 2. Aufl. Van Nostrand Reinhold, New York

Bockelie MJ, Adams BR, Cremer MA, Davis KA, Eddings EG, Valentine JR, Smith PJ, Heap MP (1998) Computational simulations of industrial furnaces.

Int. Sym. on Computational Technologies for Fluid/Thermal/Chemical Systems with Industrial Applications. San Diego, California

Bogdanoff FF (1955) Einfluß des Druckes auf die Wärmeübergangszahl in Siederohren. Brennstoff-Wärme-Kraft 7 (3):130

Bohnsack G (1971) Das Verhalten des Eisen-II-Hydroxides bei höheren Temperaturen. Mitteilung der VGB 51 (4):328–338

Bon, AA, Sarofim A, Beer MJ, Peterson WT, Wendt OLJ, Huffman PG, Huggins EF, Helble JJ, Srinivasachar J (1989) Transformations of inorganic coal constituens in combustion system. PSI Technology Company, Quarterly Report Nr. 12

Borgwardt RH (1970) Kinetics of the Reaction of SO_2 with Calcined Limestone. Environmental Science & Technology 4 (Jan.):59–63

Bouré JA, Bergles AE, Tong LS (1973) Review of Two-Phase Flow Instability. Nuclear Engineering and Design 25:165–192

Bouré JA, Delhaye JM (1982) General Equations and Two-Phase Flow Modeling. In Hetsroni G (eds) Handbook of Multiphase Systems, Hemisphere Publishing Corporation, Washington New York London

Božić O, Müller H, Leithner R (1998) Berechnung der Verschlackung in den Brennkammern von kohlenstaubgefeuerten Dampferzeugern. Projekt AiF 10639 – Schlussbericht

Bozic O, Leithner R, Brösdorf B (2000) Simulation der Kinetik eisenhaltiger Mineralphasen in einer mit Kohlenstaub befeuerten Brennkammer. VDI-GET Fachtagung „Modellierung und Simulation von Dampferzeugern und Feuerungen" 14.-15. März. VDI-Berichte Nr. 1534, Braunschweig, Deutschland, S. 129–142

Božić O (2002) Numerische Simulation der Mineralumwandlung in Kohlenstaubfeuerungen. Dissertation, TU Braunschweig

Boyko LD, Kruzhilin, GN (1967) Heat Transfer and Hydraulic Resistance During Condensation of Steam in a Horizontal Tube and in a Bundle of Tubes. Int. J. of Heat and Mass Transfer 10:361–373

Brandt F (1985) Wärmeübertragung in Dampferzeugern und Wärmeaustauschern. 1. Aufl. Bd. 2 der FDBR – Fachbuchreihe. Vulkan-Verlag, Essen

Brandt F (1995) Wärmeübertragung in Dampferzeugern und Wärmeaustauschern. 2. Aufl. Bd. 2 der FDBR – Fachbuchreihe. Vulkan-Verlag, Essen

Brandt F (1999a) Brennstoffe und Verbrennungsrechnung. 3. Aufl. Bd. 1 der FDBR – Fachbuchreihe. Vulkan-Verlag, Essen

Brandt F (1999b) Dampferzeuger: Kesselsysteme, Energiebilanz, Strömungstechnik. 2. Aufl. Bd. 3 der FDBR – Fachbuchreihe. Vulkan-Verlag, Essen

Brauer H (1971) Stoffaustausch einschließlich chemischer Reaktionen. Verlag Sauerländer AG, Aarau, Schweiz

Breber G, Palen JW, Taborek J (1980) Prediction of Horizontal Tubeside Condensation of Pure Components Using Flow Regime Criteria. J. of Heat Transfer 102:471–476

Brenan KE, Campbell SL, Petzold LR (1995) Numerical Solution of Initial-Value Problems in Differential-Algebraic Equations. Siam Verlag

Breuer H, Altmann, H (2005) Überkritische Braunkohlekraftwerke. Brennstoff-Wärme-Kraft 57 (6):47–51

Brockel D, von der Kammer G, Rettemeier W, Weber H (1985) Große Naturumlaufdampferzeuger In: Jahrbuch der Dampferzeugertechnik, Bd. 1, 5. Aufl. S 362–383. Vulkan Verlag, Essen

Bromley LA (1952) Effect of Heat Capacity of Condensate. Ind. Eng. Chem. 44:2966

Bronstein I, Semendjajew K, Musiol G, Mühlig H (2000) Taschenbuch der Mathematik. Verlag Harri Deutsch

Brösdorf B (2000) Untersuchung und Modellierung der Mineralumwandlungsprozesse in Kohlenstaubfeuerungen. Diplomarbeit, TU Braunschweig,

Brostow W, Macip A (1983) Prediction of solid and liquid equilibrium diagrams for binary mixtures forming solid solutions with an extremum. Material Research Society Symposium Proceedings, pp 217–222

Brown J (1986) Semi-quantitative ESCA examination of coal and coal ash surface. Fuel 60:439

Bruß S, Leithner R, Paßmann N, Taschenberger J (2000) Simulation der Druck- und Temperaturänderungen in einem Dampferzeuger bei Turbinenventilschnellschluß und Ausfall eines von mehreren Sicherheitsventilen. VDI-GET Fachtagung „Modellierung und Simulation von Dampferzeugern und Feuerungen" 5.-6. März. VDI-Berichte Nr. 1664, Braunschweig, Deutschland, S 167–173

Bryers RW, Walchuk OR (1984) Zum Einfluss von Pyrit auf die Verschlackung von Feuerräumen. Int. VGB-Konferenz „Verschlackungen, Verschmutzungen und Korrosionen in Wärmekraftwerken" 28.02.-02.03. 276–311

Bucher K, Frey M (1994) Petrogenesis of metaformic rocks. Springer Verlag, Berlin Heidelberg

Buchmayr B, Cerjak H, Wakonig H, Kleemaier R, Nowotny P (1990) Expertensystem zur Analyse von Schäden an Dampferzeugern. VGB-Kraftwerkstechnik 70 (9):749–753

Buckingham E (1914) On physically similar systems; illustrations of the use of dimensional equations. Phys. Rev. 4:345-376

Bücker D, Span R, Wagner W (2003) Thermodynamic Property Models for Moist Air and Combustion Gases. Trans. of ASME, J. of Engineering for Gas Turbines and Power 125 (1):374–384

Buerkle KJ, Heinboeckel I, Fett FN (1990) Simulation kleiner Heizwerke mit klassischer Kohlewirbelschichtfeuerung. Brennstoff-Wärme-Kraft 43 (11):507–516

Burger B (1991) Anwendung von Expertensystemem in der Kraftwerkstechnik. VGB-Kraftwerkstechnik 71 (7):649–652

Butterworth D, Hewitt GF (1977) Two-Phase Flow and Heat Transfer. Harwell Series, Oxford University Press, Oxford

Cao L, Kakaç S, Liu HT, Sarma PK (2000) The Effects of Thermal Non-Equilibrium and Inlet Temperature on Two-Phase Flow Pressure Drop Type

Instabilities in an Upflow Boiling System. Int. J. of Thermal Science 39:886–895

Cao L, Kakaç S, Liu HT, Sarma PK (2001) Theoretical Analysis of Pressure-Drop Type Instabilities in an Upflow Boiling System with an Exit Restriction. Int. J. of Heat and Mass Transfer 37:475–483

Caretto L, Gosman A, Patankar SV, Spalding D (1972) Two Calculation Procedures for Steady, Three-Dimensional Flows with Reciculation. In Proceedings of the 3rd Int. Conf. Numerical Methods Fluid Dynamics, Vol. 2, 60

Carver MB (1969) Effect of By-Pass Characteristics on Parallel-Channel Flow Instabilities. Proceedings of the Institution of Mechanical Engineers, Vol. 184, pp 84–92

Cavallini A, Zecchin R (1974) A Dimensionless Correlation for Heat Transfer in Forced Convective Condensation. Proceedings of the 5th Int. Heat Transfer Conf., Vol. 3, Tokyo, Japan, pp 309–313.

Chang ChJ, Lahey Jr. RT, Bonetto FJ, Drew DA, Embrechts MJ (1993) The Analysis of Chaotic Instability in a Boiling Channel. In: Kim JH (ed) Instability in Two-Phase Flow Systems. The American Society of Mechanical Engineers, ASME, New Orleans Louisiana, pp 53–57.

Chang CJ, Lahey Jr. RT (1997) Analysis of Chaotic Instabilities in Boiling Systems. Nuclear Engineering and Design 167:307–334

Chato JC (1962) Laminar Condensation Inside Horizontal and Inclined Tubes. ASHRAE Journal 4:52–60

Chato JC (1963) Natural Convection Flows in Parallel-Channel Systems. Trans. of ASME, Ser. C, J. of Heat Transfer 85:339–345

Chekhovskii VV, Sirotkin VV, Chu-Dun-Chu YuV, Chebanov VA (1979) Determination of Radiative View Factors for Rectangles of Different Sizes. High Temperature 17:97–103

Chen YN (1968) Flow Induced Vibration and Noise in Tube-Bank Heat Exchangers Due to von Karman Streets. Trans. ASME, J. of Engineering for Industry, pp 134–146

Chen YN (1971) Ursache und Vermeidung rauchgasseitiger Schwingungserscheinungen in Kesselanlagen infolge Brenngasdrall-Instabilität und Karman-Wirbelstraßen. Mitteilungen der VGB 98 (2):113–123

Chen YN (1979) Rauchgasseite Schwingungen in Dampferzeugern – Verbrennungsinstabilität und Wärmetauscherschwingungen. VGB Kraftwerkstechnik 59 (5):420–433

Chen MM, Kasza, KE (1981) Thermal Transient Buoyancy-Induced Single-Phase Parallel Channel Flow Instabilities. Transaction of the American Nuclear Society 38:773–774

Chen,TK, Chen XZ, Chen XJ (1991) Boiling Heat Transfer and Frictional Pressure Drop in Internally Ribbed Tubes. In: Chen XJ, Veziroğlu TN, Tien CL (eds) Multiphase Flow and Heat Transfer: Second Int. Symposium 1989, Vol. 1. Taylor & Francis Inc., Sian China pp 621–629

Chen Q, Scheffknecht G (2002) Boiler design and Materials Aspects for Advanced Power Plants. 29. Sept.-2. Okt. 7th Liège Conf.. Liège, Belgium

Chen Q, Scheffknecht G (2003) New boiler and piping materials: Design consideration for advanced cycle conditions. VGB Conf. "Power Plants in Competition". Cologne, Deutschland

Cherukat P, McLaughlin JB, Dandy DS (1999) A Computational Study of the Inertial Lift on a Sphere in a Linear Shear Flow Flied. Int. J. of Multiphase Flow 25 (1):15–33

Chexal B, Merilo M, Maulbetsch J, Horowitz J, Harrison J, Westacott J, Peterson C, Kastner W, Schmidt H (1997) Void Fraction Technology for Design and Analysis. Technical Report TR-106326, EPRI

Chhabra RP, Agarwal L, Sinha NK (1999) Drag on Non-Spherical Particles: An Evaluation of Available Methods. Powder Technology 101:288–295

Chilton H (1957) A Theoretical Study of Stability in Water Flow through Heated Passages. J. of Nuclear Energy 5:273–284

Chisholm D (1967) A Theoretical Basis for the Lockhart-Martinelli Correlation for Two-Phase Flow. Int. J. of Heat and Mass Transfer 10:1767–1778

Chisholm D (1973) Pressure Gradients Due to Friction During the Flow of Evaporating Two-Phase Mixtures in Smooth Tubes and Channels. Int. J. of Heat and Mass Transfer 16:347–358

Chisholm D (1980) Two-Phase Flow in Bends. Int. J. of Multiphase Flow 6 (4):363–367

Chuan CH, Schreiber, WC (1990) The Development of a Vectorized Computer Code for Solving Three-Dimensional, Transient Heat Convection Problems. In: Wrobel LC, Brebbia CA, Nowak AJ (eds) Advanced Computational Methods in Heat Transfer: Natural and Forced Convection, Vol. 2. Computational Mechanics Publications, Southampton Boston, pp 147–158

Clausse A, Lahey Jr. RT, Podowski M (1989) An Analysis of Stability and Oszillation Modes in Boiling Multichannel Loops using Parameter Pertuberation Methods. Int. J. of Heat and Mass Transfer 32 (11):2055–2064

Clift R, Grace JR, Weber ME (1978) Bubbles, Drops and Particles. Academic Press, New York

Coimbra CFM, Azevedo JLT, Carvalho MG (1994) 3D Numerical Model for Predicting NOx Emissions from an Industrial Pulverized Coal Combustor. Fuel 73:1128–1134

Collier JG (1972) Convective Boiling and Condensation. McGraw-Hill Book Company, London

Collier JG, Thome, JR (1994) Convective Boiling and Condensation. 3. edn. The Oxford Engineering Science Series. Clarendon Press, Oxford

Couturier MF (1986) SO_2 Removal in Fluidized Bed Combustors. Dissertation, Queen's University, Kingston, Ontario, Canada

Couturier MF, Karidio I, Steward FR (1993) Study on the Rate of Breakage of various Canadian Limestones in a Circulating Transport Reactor. In: Avidan AA (ed) Proceedings, CFB IV. pp 788–793

Crowe CT, Sommerfeld M, Tsuji Y (1998) Fundamentals of Gas-Particle and Gas-Droplet Flows. CRC Press, Boca Raton, Florida

Crowley CJ, Deane C, Gouse Jr. SW (1967) Two-Phase Flow Oscillations in Vertical, Parallel Heated Channels. EURATOM Rep., Proc. Symp. on Two-Phase Flow Dynamics, Eindhoven

Cundall PA (1971) A computer model for simulating progressive large-scale movements in block rock systems. Proceedings of the Symposium of the Int. Society of Rock Mechanics. Int. Society of Rock Mechanics

Cundall PA, Strack ODL (1979) A computer model for simulating progressive large-scale movements in block rock systems. Geotechnique 29:47–65

Cundall PA, Hart RD (1992) Numerical Modelling of Diskontinua. Eng. Comput. 9:101–113

Dahmen W, Reusken, A (2006) Numerik für Ingenieure und Naturwissenschaftler. Springer Verlag, Berlin Heidelberg

Daleas RS, Bergles EA (1965) Effect of Upstream Compressibility on Subcooled Critical Heat Flux. ASME Paper 65-HT-67

Dam-Johansen K, Hansen PFB, Østergaard K (1991) High-Temperature Reaction Between Sulphur Dioxide and Limestone-III. A Grain-Micrograin Model and Its Verification. Chem. Eng. Science 46 (3):847–853

Daniell PT, Kono, HO (1987) A Chemical Reaction Model for Porous CaO Particles and SO_2 Gas when the Intergrain Gas Diffusion controls the Overall Rate. In: Mustonen JP (ed) 9th Int. Conf. on FBC. ASME, pp 467–473

Davidson JF, Harrison D (1963) Fluidised Particles. 1. Aufl. Cambride University Press, Cambride

Davis AL, Potter R (1967) An analysis of the causes of instable flow in parallel channel. Euratom Symposium on Two-Phase Flow Dynamics, Vol. 1, EURATOM, pp 225–266

Delhaye JM (1981a) Two-Phase Flow Patterns In: Delhaye JM, Giot M, Riethmuller ML (eds) Two-Phase Flow Instabilities and Propagation Phenomena, pp 37–70. McGraw Hill Book Company, New York St. Louis

Delhaye JM, Giot M, Riethmuller ML (1981b) Thermohydraulics of Two-Phase Flow Systems for Industrial Design and Nuclear Engineering. Series in Thermal and Fluids Engineering. Hemisphere Publishing Corporation, Washington New York London

Dennis JS (1985) The Desulphurisation of Flue Gases Using Calcareous Materials. Dissertation, Selwyn College, University of Cambridge

Dennis JS, Hayhurst, AN (1986) A simplified analytical model for the rate of reaction of SO_2 with limestone particles. Chem. Eng. Sci. 41 (1):25–36

Derichs W, König J (1990) Die Schallpyrometrie – ein Messverfahren zur Bestimmung der Temperaturverteilung in Kesselfeuerungen. DVV-Kolloquium

Derichs W, Dewenter V, König J (1991) Die Schallpyrometrie – Möglichkeiten und Grenzen eines Messverfahrens zur Bestimmung der Temperaturverteilung in Kesselfeuerungen. RWE Energie AG

De Soete G (1974) Overall Reaction Rates of NO and N_2 Formation from Fuel Nitrogen. 15th Symp. (Int.) on Combustion, The Combustion Institute, Pittsburgh, pp 1093–1102

de Soete G (1981) Physikalisch-chemische Mechanismen bei der Stickstoffoxidbildung in industriellen Flammen. Gas Wärme Int. 39:20–28

Dickinson NL, Welch, CP (1958) Heat Transfer to Supercritical Water. Transactions of the ASME 80 (3):746–752

DIN 1319-3 Grundlagen der Messtechnik – Teil 3: Auswertung von Messungen einer einzelnen Messgrösse, Messunsicherheit. Ausgabe (1996-05)

DIN 1319-4 Grundlagen der Messtechnik – Teil 4: Auswertung von Messungen mehrerer Messgrössen, Messunsicherheit. Ausgabe (1996-05)

DIN 1871 Gasförmige Brennstoffe und sonstige Gase. (1999)

DIN 1942 Abnahmeversuche an Dampferzeugern (zu Bestimmung von Wirkungsgraden). (1979)

DIN 25424 Fehlerbaumanalyse. (1981)

DIN 51718 Prüfung fester Brennstoffe – Bestimmung des Wassergehalts und der Analysenfeuchtigkeit. (2002)

DIN 51719 Prüfung fester Brennstoffe – Bestimmung des Aschegehalts. (1997)

DIN 51720 Prüfung fester Brennstoffe – Bestimmung des Gehalts an flüchtigen Bestandteilen. (2001)

DIN 51730 Prüfung fester Brennstoffe – Bestimmung des Asche-Schmelzverhaltens. (2007)

Ding Y, Kakaç S, Chen XJ (1995) Dynamic Instabilities of Boiling Two-Phase Flow in a Single Horizontal Channel. Experimental Thermal and Fluid Science 11:327–342

Dittmar H (1973) Einsatz eines Programmsystems zur Berechnung von thermodynamischen Kreisprozessen bei den VEW. VGB Kraftwerkstechnik, Vol. 53

Dobson MK (1994) Heat Transfer and Flow Regimes During Condensation in Horizontal Tubes. Dissertation, University of Illinois

Dobson MK, Chato JC (1998) Condensation in Smooth Horizontal Tubes. J. of Heat Transfer 120:193–213

Dodemand E, Prud'homme R, Kuentzmann P (1995) Influence of Unsteady Forces Acting on a Particle in a Suspension Application to the Sound Propagation. Int. J. of Multiphase Flow 21 (1):27–51

Doetsch G (1961) Anleitung zum praktischen Gebrauch der Laplace-Transformation. R. Oldenbourg Verlag

Dogan T, Kakaç S, Veziroglu TN (1983) Analysis of forced boiling flow instabilities in a single-channel upflow system. Int. J. of Heat and Fluid Flow 4:145–156

Doležal R (1954) Schmelzfeuerung. VGB Verlag Technik, Berlin

Doležal R (1958) Hochdruck-Heißdampf. Vulkan Verlag, Essen

Doležal R (1961) Großkessel-Feuerungen. Springer Verlag, Berlin Göttingen Heidelberg

Doležal R (1962) Durchlaufkessel. Vulkan Verlag, Essen

Doležal R (1972) Brennstoff und Wärmeaufnahme beim Anfahren eines Dampferzeugers. Brennstoff-Wärme-Kraft 24 (5):193–195

Doležal R (1973) Anfahrdynamik eines Naturumlaufkessels beim Kaltstart. VGB Kraftwerkstechnik 53 (5):306–314

Doležal R (1979) Vorgänge beim Anfahren eines Dampferzeugers. Vulkan Verlag, Essen

Doležal R (1985) Dampferzeugung. Springer Verlag

Doležal R (1990) Dampferzeugung: Verbrennung, Feuerung, Dampferzeuger. Springer Verlag, Berlin Heidelberg New York

Domin G (1963) Wärmeübergang in kritischen und überkritischen Bereichen von Wasser in Rohren. Brennstoff-Wärme-Kraft 15 (11):527–532

Döring M (1995) Simulation des Auskühlvorgangs in Dampferzeugern. Dissertation, TU Braunschweig

Doroshchuk VE, Levitan LL, Lantsman FP (1975) Recommendations for Calculating Burnout in a Round Tube with Uniform Heat Release. Teploenergetika 22 (12):66–70

Drescher G, Köhler W (1981) Die Ermittlung kritischer Siedezustände im gesamten Dampfgehaltsbereich für innendurchströmte Rohre. Brennstoff-Wärme-Kraft 33 (10):416–422

Dryer FL, Glassman I (1972) High-Temperature Oxidation of CO and CH. 14th Symp. (Int.) on Combustion, The Combustion Institute, Pittsburgh, pp 987–1003

Dubey KS, Ramachandrarao P, Lele S (1996) Themodynamic and viscous behaviour of undercooled liquids. Thermochimica Acta 280/281:25–62

Duffey RB, Hughes ED, Rohatgi US (1993) Two-Phase Flow Stability and Dryout in Parallel Channels in Natural Circulation. AIChE Symposium Series 89 (295):44–50

Dunken HH (1981) Physikalische Chemie der Glasoberfläche. VEB Deutscher Verlag für Grundstoffindustrie, Leipzig

Durao DFG, Ferrao P, Gulyurtlu I, Heitor MV (1990) Combustion Kinetics of High-Ash Coals in Fluidized Beds. Combustion and Flame 79:162–174

Durst F, Milojevic D, Schönung B (1984) Eulerian and Lagrangian Predictions of Particulate Two-Phase Flows: a Numerical Study. Applied Mathematical Modelling 8:101–115

Dymek ThG (1991) Modulares und bedienerfreundliches Rechenprogramm für die Kraftwerksdynamik. Fortschr.-Bericht VDI 260, VDI Verlag, Düsseldorf

Ecabert R, Miszak P (1978) Zwangsdurchlaufkessel mit vertikaler oder schraubenförmiger Berohrung. VGB Kraftwerkstechnik 58 (12):877–883

Eck B (1988) Technische Strömungslehre. 9. Aufl. Bd. 1. Springer Verlag, Berlin Heidelberg New York

Eck M, Steinmann WD (2002) Direct Steam Generation in Parabolic Troughs: First Results of DISS Project. Trans. of ASME, J. of Solar Energy Engineering 124 (2):134–139

Eckel M, Ausfelder U, Tenner J, Sunder R (1997) Diagnosesysteme für Kraftwerke in der Übersicht. VDI-GET Tagung: Monitoring und Diagnose in energietechnischen Anlagen, VDI-Berichte Nr. 1359. VDI-Gesellschaft Energietechnik, Braunschweig, Deutschland: Verein Deutscher Ingenieure, pp 35–64

Effenberger H (1989) Dampferzeuger. VEB Deutscher Verlag für Grundstoffindustrie, Leipzig

Effertz PH, Forchhammer P, Heinz A (1978) Korrosion und Erosion in Speisewasservorwärmern – Ursachen und Verhütung. Der Maschinenschaden 51 (4):154–161

Eich E et al. (1989) Konfigurieren technischer Systeme mittels Expertensystemen. Automatisierungstechnische Praxis - atp 4:182–189

Eisinger FL (1994) Fluid-Thermoacoustic Vibration of Gas Turbine Recuperator Tubular Heat Exchanger System. Trans. of ASME, J. of Engineering for Gas Turbines and Power 116:709–717

El Hajal J, Thome JR, Cavallini A (2003) Condensation in horizontal tubes, part 1: two-phase flow pattern map. Int. J. of Heat and Mass Transfer 46:3349–3363

Epple B, Schnell, U (1992a) Domain Decomposition Method for the Simulation of Fluid Flow in Coal Combustion Furnaces. Int. Conf. of Numerical Methods in Engineering and Applied Sciences, Conception. VDI-Gesellschaft Energietechnik, Chile

Epple B, Schnell U (1992b) Modeling of Fluid Flow and Coal Combustion in Industrial Furnaces Applying a Domain Decomposition Method. 1st Int. Computational Fluid Dynamics Conf., European Committee on Computational Methods in Applied Sciences, ECCOMAS. 7.-11. September Brussels, Belgium.

Epple B (1993) Modellbildung und Simulation von Strömungs, Reaktions- und NO_x-Bildungsvorgängen in technischen Feuerungen. Fortschr.-Bericht VDI 295, VDI Verlag, Düsseldorf

Epple B, Brüggemann H, Kather A (1995a) Low NOx Tangential Fired Steam Generators for Bituminous Coal. VGB-Konferenz. Essen, Deutschland

Epple B, Brüggemann H, Kather A (1995b) Low NOx Tangential Firing System for Bituminous Coal. 3rd Int. Symposium on Coal Combustion (3rd ISSC). Beijing, VR China

Epple B, Krohmer B (2001) CFD und CFRD Application in the Field of Power Plant Technology. VDI Workshop "Computersimulation von Strömungen und Wärmetransportprozessen in der Energietechnik". Düsseldorf, Deutschland

Epple B, Perez E (2003) Different Types of Pulverized Fuel Fired Boilers for the Asian Market Analyzed by Computational Reactive Fluid Dynamics (CRFD). 21. Deutscher Flammentag „Verbrennung und Feuerungen", VDI-Berichte Nr. 1750. VDI-Gesellschaft Energietechnik, Cottbus, Deutschland: Verein Deutscher Ingenieure

Epple B, Keil S, Scheffknecht G, Stamatelopoulos GN (2004) Neue Steinkohlekraftwerke mit hohen Wirkungsgraden. Brennstoff-Wärme-Kraft 56 (7/8):44–48

Epple B, Fiveland W, Krohmer B, Richards G, Benim A (2005a) Assessment of Two-Phase Flow Models for the Simulation of Pulverized Coal Combustion. Clean Air: Int. J. on Energy for a Clean Environment 6 (3):267–287

Epple B, Krohmer B, Hoppe A, Müller H, Leithner R (2005b) CRFD studies for boilers fired with high ash containing and slagging lignites. Clean Air: Int. J. on Energy for a Clean Environment 6 (2):137–155

Epple B, Krohmer B (2005c) Zwei-Phasenströmungsmodelle zur Simulation von Kohlenstaubfeuerungen im systematischen Vergleich. 22. Deutscher Flammentag „Verbrennung und Feuerungen", VDI-Berichte Nr. 1888. VDI-Gesellschaft Energietechnik, Braunschweig, Deutschland: Verein Deutscher Ingenieure

Epple B, Ströhle J (2005d) ESTOS Softwareprogramm Manual (Eulerian Simulation Tool for Solid Fuel Combustion). Fachgebiet Energiesysteme und Energietechnik EST, TU-Darmstadt

Epple B, Ströhle J (2005e) ESTOS Eulerian Simulation Tool for Solid Fuel-Manual Fachgebiet Energiesysteme und Energietechnik EST, TU Darmstadt

Epple B, Ströhle J (2005f) Persönliche Kommunikation. Fachgebiet Energiesysteme und Energietechnik, TU Darmstadt

Eriksson G, Hack K (1990) ChemSage – A Computer Program for the Calculation of Complex Chemical Equilibria. Metalurgical Transactions, p 1013

Erler H, Lausterer GK, Zörner W (1992) Integrierte wissenbasierte Systeme zur Prozeßführung und Diagnose im Kraftwerk. Siemens Energieerzeugung

Ertesvag IS (1996) The Eddy-Dissipation turbulence energy cascade model. Trondheim, Norwegen

Essenhigh RH (1981) Fundamentals of Coal Combustion of Chemistry of Coal Utillisation. In Elliot MA (Hrsg), 2nd edn. New York, pp 1153–1312

Eutener U, Katzer H, Wefers H (1989) Sicherheitstechnische Überprüfung einer verfahrenstechnischen Anlage nach dem modifizierten PAAG-Verfahren am Beispiel eines Flüssiggaslagers. LIS-Berichte

Faeth GM (1983) Evaporation and Combustion of Sprays. Prog. Energy Combust. Science 9 (1/2):1–76

Faires J, Burden R (1995) Numerische Methoden. Spektrum Akademischer Verlag

Fazzolari A, Gauger NR, Brezillon J (2007) Efficient aerodynamic shape optimization in MDO context. J. of Computational and Applied Mathematics 203:548–560

Fee DC, Wilson WI, Myles KM, Johnson I (1983) Fluidized-Bed Coal Combustion: In-Bed Sorbent Sulfation Model. Chemical Engineering Science 38 (11):1917–1925

Fenimore CP (1970) Formation of Nitric Oxide in Premixed Hydrocarbon Flames. 13th Symp. (Int.) on Combustion, The Combustion Institute, pp 373–380

Fenimore CP, Fraenkel HA (1980) Formation and Interconversion of Fixed-Nitrogen Species in Laminar Diffusion Flames. 18th Symp. (Int.) on Combustion, The Combustion Institute, pp 143–149

Ferziger JH, Perić M (1999) Computational Methods for Fluid Dynamic. 2. Aufl. Springer Verlag, Berlin Heidelberg New York

Field MA, Gill DW, Morgan BB, Hawksley PGW (1967) Combustion of Pulverized Coal. Leatherland UK: BCURA

Field MA (1969) Rate of Combustion of Size-Graded Fractions of Char from a Low-Rank Coal between 1200 K and 2000 K. Combustion and Flame 13:237–252

Fischer KC (1998) Dreidimensionale Simulation der Gas-Fest-Stoffströmung in kohlegefeuerten Dampferzeugern. Dissertation, TU Braunschweig

Fischer KC (1999) Dreidimensionale Simulation der Gas-Feststoff-Strömung in kohlegefeuerten Dampferzeugern. Fortschr.-Bericht VDI 415, VDI Verlag, Düsseldorf

Fiveland WA (1984) Discrete-ordinates solutions of the radiative transport equation for rectangular enclosures. J. of Heat Transfer 106:699–706

Fiveland WA, Wessel, RA (1991) A Model for Predicting Formation and Reduction of NOx in Three-Dimensional Furnaces Burning Pulverized Fuel. J. of the Institute of Energy 64:41–54

Fleck JA Jr. (1960) The Dynamic Behavior of Boiling Water Reactors. J. of Nuclear Energy, Part A 11:114–130

Fletcher TH (1989) Time-Resolved Temperature and Mass Loss Measurements of a Bituminous Coal During Devolatilization. Combustion and Flame 78 (1):223–236

Fletcher TH, Kerstein AR, Pugmire RJ, Grant DM (1990) Chemical Percolation Model for Devolatilization, II. Temperature and Heating Rate Effects on Product Yields. Energy & Fuels 3:54–60

Fletcher TH, Kerstein AR, Pugmire RJ, Grant DM (1992) Chemical Percolation Model for Devolatilization, III. Direct Use of 13C NMR Data to Predict Effects of Coal Type. Energy & Fuels 6:414–431

Focke G (1972) Das dynamische Verhalten von Ventilatormühlensystemen. Energietechnik 22, Nr. 9

Ford WD, Bankoff SG, Fauske HK (1971a) Slug Ejection of Freon-113 from a Vertical Channel with Nonuniform Initial Temperature Profiles. Int. Symposium on Two-Phase systems. Paper-No. 7-11. Haifa, Israel

Ford WD, Fauske HK, Bankoff SG (1971b) The Slug Expulsion of Freon-113 by Rapid Depressurization of a Vertical Tube. Int. J. of Heat and Mass Transfer 14:133–140

Förtland T (1958) Investigation of silicate groups in fused mixtures by phase diagram measurements. J. of American Ceramical Society, p 524

Förtsch D (2003) A Kinetic Model of Pulverised Coal Combustion for Computational Fluid Dynamics. Dissertation, Universität Stuttgart

Fraß F, Linzer W (1992) Wärmeübergangsprobleme an querangeströmten Rippenrohrbündel. Brennstoff-Wärme-Kraft 44 (7/8):333–336

Fraß F, Hofmann R, Ponweiser K (2008) Principles of Finned-Tube Heat Exchangers Design for Enhanced Heat Transfer. WSEAS Press

Frenzel M, Göldner R, Wagner D (1988) Möglichkeiten radiometrischer Messmethoden zur Brennstoff-Bewertung. KWT Kolloquium, TU Dresden

Fried E, Idelchik IE (1989) Flow Resistance: A Design Guide for Engineers. Hemisphere Publishing Corporation, New York Washington Philadelphia

Friedel L (1978) Druckabfall bei der Strömung von Gas/Dampf-Flüssigkeits-Gemischen in Rohren. Chemie-Ingenieur-Technik 50 (3):167–180

Friedel L (1979) Improved Friction Pressure Drop Correlations for Horizontal and Vertical Two-Phase Pipe Flow. European Two Phase Flow Group Meeting. Ispra, Italien, pp 1–25

Fryling RG (1966) Combustion Engineering. Combustion Engineering Inc.

Fujii T (1982) Condensation of Steam and Refrigerant Vapors. The 7th Int. Heat Transfer Conference. München, Deutschland

Fujii T (1995) Enhancement to Condensating Heat Transfer – New Developments. J. of Enhanced Heat Transfer 2:127–138

Fukuda K, Hasegawa S (1979a) Analysis on Two-Phase Flow Instability in Parallel Multichannels. J. of Nuclear Science and Technology 16 (3):190–199

Fukuda K, Kobori T (1979b) Classification of Two-Phase Flow Instability by Density Wave Oscillation Model. J. of Nuclear Science and Technology 16 (2):95–108

Furuya M, Manera A, van Bragt DB, van der Hagen THJJ, de Kruijf WJM (2002) Effect of Liquid Density Differences on Boiling Two-Phase Flow Stability. J. of Nuclear Science and Technology 39 (10):1094–1098

Gajewski W, Paul I, Taud R (1999) Der virtuelle Doppelgänger. Brennstoff-Wärme-Kraft 51, Nr. 5/6

Ganapathy V (2003) Industrial Boilers and Heat Recovery Steam Generators: Design, Applications, and Calculations. Marcel Dekker, Inc., New York

Gavalas GR, Cheong PHK, Jain R (1981) Model of Coal Pyrolysis, 1. Qualitative Development. Industrial and Engineering Chemistry Fundamentals 20 (2):113–122

Gebhardt A (1986) Rechnerische Simulation des instationären Teillastverhaltens konventioneller Kraftwerksblöcke. Dissertation, Rheinisch Westfälischen TH Aachen

Geldart D (1986) Gas Fluidization Technology. 1st edn. John Wiley & Sons, Chichester

Gerber (1959) Automatische Regelung von Dampferzeugern, Dampf- und Gasturbinen. Technische Rundschau Bern, Vol. 12

Gerliga VA, Dulevski RA (1970) The thermohydraulic stability of multichannel steam generating systems. Heat Transfer – Soviet Research 2:63

Gerlinger P (2005) Numerische Verbrennungssimulation. Springer Verlag, Berlin Heidelberg New York

Ghani MU, Wendt JOL (1990) Early Evolution of Coal Nitrogen in Opposed Flow Combustion Configurations. 23th Symp. (Int.) on Combustion, The Combustion Institute, Pittsburgh, pp 1281–1288

Ghia U, Ghia KN, Shin CT (1982) High-Re Solution for Incompressible Flow Using the Navier-Stokes Equations and a Multigrid Method. J. of Computational Physics 48:387–411

Gibson MM, Launder BE (1978) Ground Effects on Pressure Fluctuations in the Atmospheric Boundary Layer. J. of Fluid Mechanics 86:491–511

Gierend Chr, Born M (2001) Process Command by Multivariable Control of Characteristic Diagrams Showed by Thermal Waste Treatment. VGB Power Tech 81 (7):47–51

Giglmayr I, Nixdorf M, Pogoreutz M (2001) Comparison of Software for Thermodynamic Process Calculation. VGB PowerTech 81 (2):44–51

Glatzer A (1994) Feststoffverteilung und Wärmeübergang durch Strahlung in zirkulierenden Wirbelschichten. Fortschr.-Bericht. VDI 309, VDI Verlag, Düsseldorf

Gnielinski V (1975) Neue Gleichungen für den Wärme- und den Stoffübergang in turbulent durchströmten Rohren und Kanälen. Forschung im Ingenieurwesen 41 (1):8–16

Gnielinski V (1995) Ein neues Berechnungsverfahren für die Wärmeübertragung im Übergangsbereich zwischen laminarer und turbulenter Rohrströmung. Forschung im Ingenieurwesen 61 (9):240–248

Gnielinski V (2006) Wärmeübertragung bei der Strömung durch Rohre. In VDI–Wärmeatlas – Berechnungsblätter für den Wärmeübergang, 10. Aufl, Ga1–Ga9. Düsseldorf: VDI–Verlag GmbH

Goedicke F (1992) Strömungsmechanik und Wärmeübergang in zirkulierenden Wirbelschichten. Dissertation, ETH, Zürich

Görner K (1991) Technische Verbrennungssysteme: Grundlagen, Modellbildung, Simulation. Springer Verlag, Berlin Heidelberg New York

Görner K, Klasen T 1998. Numerische Berechnung und Optimierung der MVA Bonn. 19. Deutscher Flammentag „Verbrennung und Feuerungen", VDI-Berichte Nr. 1492. VDI-Gesellschaft Energietechnik, Dresden, Deutschland: Verein Deutscher Ingenieure, 331–336

Görres J (1997) Modellierung stark verdrallter Kohlenstaub-/Biomasseflammen mit der Methode der Finiten Elemente. Fortschr.-Bericht VDI 377, VDI Verlag, Düsseldorf

Gosman AD, Lockwood, FC (1973) Rept. HTS 173153. Technical Report, Imperial College, Mech. Eng. Dept

Gouldin FC (1974) Role of Turbulent Fluctuations in NO Formations. Combustion Science and Technology 9:17–23

Gouse Jr. SW, Andrysiak CD (1963) Fluid Oscillations in a Closed Looped with Transparent, Parallel, Vertical, Heated Channels. MIT Engineering Projects Lab Report 8973-2, Massachusetts Institute of Technology, Cambridge, MA

Gran IR (1994) Mathematical Modeling and Numerical Simulation of Chemical Kinematics in Turbulent Combustion. Dissertation, University of Trondheim

Grant DM, Pugmire RJ, Fletcher TH, Kerstein AR (1989) Chemical Model of Coal Devolatilization Using Percolation Lattice Statistics. Energy & Fuels 3:175–186

Griem H (1995) Untersuchungen zur Thermohydraulik innenberippter Verdampferrohre. Dissertation, Technische Universität München

Griem H (1996) A new Procedure for the Prediction of Forced Convection Heat Transfer at Near- and Supercritical Pressure. Int. J. of Heat and Mass Transfer: Wärme und Stoffübertragung 31:301–305

Griewank A (2000) Evaluating Derivatives: Principles and Techniques of Algorithmic Differentiation. Frontiers in Appl. Math., SIAM Verlag

Griffith P (1962) Geysering in liquid-filled lines. ASME Paper 62-HT39

Grigull U (1942) Wärmeübergang bei der Kondensation mit turbulenter Wasserhaut. Forschung im Ingenieurwesen 13:49–57

Grolmes MA, Fauske HK (1970) Modelling of Sodium Expulsion with Freon-11. ASME Paper 70-HT-24

Grosse-Dunker E (1987) Berechnung und Analyse des Anfahrvorganges eines Naturumlaufdampferzeugers mit einem physikalisch-mathematischen Modell. Fortschr.-Ber. VDI 197, VDI Verlag, Düsseldorf

Guanghui S, Dounan J, Fukuda K, Yujun G (2002) Theoretical and Experimentel Study on Density Wave Oscillation of Two-Phase Natural Circulation of Low Equilibrium Quality. Nuclear Engineering and Design 215:187–198

Gumz W (1953) Kurzes Handbuch der Brennstoff- und Feuerungstechnik. Springer Verlag, Berlin

Gumz W, Kirsch H, Mackowsky MT (1958) Schlackenkunde. Springer Verlag, Berlin

Günther R (1974) Verbrennung und Feuerungen. Springer Verlag, Berlin Heidelberg New York

Guo LJ, Feng ZP, Chen XJ (2001) Pressure drop oscillation of steam-water two-phase flow in a helically tube. Int. J. of Heat and Mass Transfer 44:1555–1564

Guo LJ, Feng ZP, Chen XJ (2002) Transient convective heat transfer of steam-water two-phase flow in a helical tube under pressure drop type oscillations. Int. J. of Heat and Mass Transfer 45:533–542

Haar L, Gallagher JS, Kell GS (1988) NBS/NRC Wasserdampftafeln. Grigull U (Hrsg) Springer Verlag, Berlin

Haider A, Levenspiel O (1989) Drag Coefficient and Terminal Velocity of Spherical and Nonspherical Particles. Powder Technology 58 (1):63–70

Haider M (1994) Simulation von Dampferzeugern mit zirkulierender Wirbelschichtfeuerung. Fortschr.-Bericht VDI 305, VDI Verlag, Düsseldorf

Halder S, Saha RK (1990) On Structural Changes of Lignite Char During Fluidised Bed Combustion. Can. J. of Chem. Engn. 68:337–339

Hall WB, Jackson, JD (1978) Heat Transfer near the Critical Point. Proceedings of the 6th Int. Heat Transfer Conference, Vol. 6, 7.-11. August, Toronto, Canada, pp 377–392

Hamer CA (1987) Evaluation of SO_2 Sorbents in a Fluidized-Bed Combustion Reactor. Mustonen JP (ed), Int. Conference on Fluidized Bed Combustion. ASME, pp 458–466

Hämmerli H (1983) Grundlagen zur Berechnung von Müllfeuerungen, Müllverbrennung und Rauchgasreinigung. EF-Verlag für Energie und Umwelttechnik, S. 481 ff

Hamor RJ, Smith IW, Tyler RJ (1973) Kinetics of combustion of pulverized brown coal char between 630 and 2200 K. Combustion and Flame 21:153–162

Hansen P, Dam-Johansen K, Østergaard K (1993) High-Temperature Reaction Between Sulphur Dioxide and Limestone-V. – The Effect of Periodically Changing Oxidizing and Reducing Conditions. Chem. Eng. Science 48 (7):1325–1341

Hansen PFB (1991) Sulfur Capture in Fluidized Bed Combustors. Dissertation, Technical University of Denmark

Hardgrove (1968) Standard Test Method for Grindability of Coal by the Hardgrove-Machine Method. D 409-51, American Society for Testing and Materials

Harlow FH, Welch JE (1965) Numerical Calculation of Time-Dependent Viscous Incompressible Flow of Fluid with Free Surface. The Physics of Fluid 8 (12):2182–2189

Haßdenteufel W (1983) Wärmeübergang und Druckverlust bei Zweiphasenströmung. Dissertation, Technische Universität Stuttgart

Hausen H (1959) Neue Gleichungen für die Wärmeübertragung bei freier und erzwungener Strömung. Allgemeine Wärmetechnik 9 (4/5):75–79

Hausen H (1976) Wärmeübertragung im Gegenstrom, Gleichstrom und Kreuzstrom. 2. Aufl. Springer Verlag, Berlin Heidelberg New York

Haussmann GJ, Kruger CH (1990) Evolution and Reaction of Coal Fuel Nitrogen During Rapid Oxidative Pyroysis and Combustion. 23th Symp. (Int.) on Combustion, The Combustion Institute, Pittsburgh, pp 1265–1271

Hawtin P (1970) Chugging Flow. AERE-R 6661

Hayduk W, Minhas BS (1982) Correlations for Prediction of Molecular Diffusivities in Liquids. Can. J. of Chemical Engineering 60:295–299

Hayhurst AN, Vince, IM (1980) Nitric Oxide Formation from N_2 in Flames: The Importance of "Prompt" NO. Prog. Energy Combust. Sci. 6:35–51

Haynes BS, Neville M (1982) Factors governing the surface enrichment of fly ash in volatile trace species. J. of Colloid and Interface Science 87:266–278

HDEH (1987) Heat Exchanger Design Hand Book, Vol. 5: Physical Properties. VDI Verlag GmbH, Düsseldorf

HDEH (2002) HEDH Heat Exchanger Design Handbook: Heat Exchanger Theory. VDI Verlag GmbH, Düsseldorf

Hecken M, Reichelt L, Renz U (1999) Numerical simulation of slagging films in the pressurized coal combustion facility Aachen. 4th ISCC Int. Symposium on Coal Combustion. Beijing, China

Hein D, Kastner W, Köhler W (1982) Einfluss der Rohrlage auf den Wärmeübergang in einem Verdampferrohr. Brennstoff-Wärme-Kraft 34 (11):489–493

Heitmann HG, Kastner W (1982) Erosionskorrosion in Wasser-Dampfkreisläufen – Ursachen und Gegenmaßnahmen. VGB Kraftwerkstechnik 62 (3):211–219

Heitmüller RJ (1987) Mathematische Simulation des dynamischen Verhaltens eines Zwangdurchlaufdampferzeugers beim Durchfahren des kritischen Punktes. Fortschr.-Bericht VDI 199, VDI Verlag, Düsseldorf

Heitmüller RJ, Müller H (1999) Untersuchung der Brennkammerverschmutzung mit einem mathematischen Modell. VGB Kraftwerkstechnik 79 (2):53–57

Helble JJ, Srinivasachar S, Boni AA (1990) The behaviour of clay minerals under combustion conditions. PSI Technology Company, Nr. Andover MA 01810

Hellwig U (1988) Gleichmäßige Verteilung strömender Flüssigkeiten auf parallel geschaltete, beheizte Rohre. Brennstoff-Wärme-Kraft 40 (7/8):277–282

Hemmerich HD, Kremer H, Wirtz S, Neumann F, Hannes K (1997) Rechnergestützte Betriebsoptimierung eines kohlenstaubgefeuerten Dampferzeugers. 18. Deutsch-Niederländischer Flammentag „Verbrennung und Feuerungen", VDI-Berichte Nr. 1313. VDI-Gesellschaft Energietechnik, Delft, Niederlande: Verein Deutscher Ingenieure, 9–14

Herzog R, Läubli F (1987) Beobachter – Regelung für Überhitzerschaltungen mit weniger Einspritzstellen. VGB Kraftwerkstechnik 67 (7):670 – 678

Hetsroni G (1995) Introduction and Basics. Short Courses on Multiphase Flow and Heat Transfer Part A: Bases. 20.-24. März, ETH Zürich, Schweiz, pp 1–43

Hewitt GF, Roberts, DN (1969) Studies of two-phase flow patterns by simultaneous X-ray and flash photography. Technical Report AERE-M2159

Hill KJ, Winter ERS (1956) Thermal Dissoziation Pressure of Calcium Carbonate. J. Phys. Chem. 60:1361–1362

Hirschfelder JO, Curtiss CF, Bird RB (1954) Molecular Theory of Gases. John Wiley & Sons, New York

Hirt CW, Amsden AA, Cook JL (1974) An Arbitrary Lagrangian-Eulerian Computating Method for All Flow Speeds. J. of Computational Physics 14:227–253

Hoffmann KA, Chiang StT (1995) Computational Fluid Dynamics for Engineers. 3rd edn. Vol 1. Engineering Education Systems^{TM}, Wichita Kansas

Hoffmann KA, Chiang StT, Siddiqui Sh, Papadakis M (1996) Fundamental Equations of Fluid Mechanics. Vol 1. Engineering Education Systems^{TM}, Wichita Kansas

Hofmann R, Fraß F, Ponweiser K (2007) Heat Transfer and Pressure Drop Performance Comparison of Finned-Tube Bundles in Forced Convection. WSEAS Transactions on Heat and Mass Transfer 2 (4): 72–88

Hofmann R, Fraß F, Ponweiser K (2008) Performance Evaluation of Solid and Serrated Finned-Tube Bundles with Different Fin Geometries in Forced Convection. Proceedings of the 5th European Thermal-Sciences Conference. 18.-22. Mai Eindhoven, Holland, pp 1–8

Hofmann R (2009) Experimental and Numerical Air-Side Performance Evaluation of Finned Tube Heat Exchangers. Dissertation, Technische Universität Wien

Hölling M, Herwig H (2004) CFD-Today: Anmerkungen zum kritischen Umgang mit kommerziellen Software-Programmpaketen. Forschung im Ingenieurwesen 68:150–154

Hönig O (1980) Untersuchung des dynamischen Verhaltens eines konvektiv beheizten Naturumlauf-Dampferzeugers mit einem mathematischen Modell. Fortschr.-Ber. VDI 67, VDI Verlag, Düsseldorf

Hoppe A (2005) Einfluß der Alkalien bei der Ansatzbildung in Kohlenstaubfeuerungen. Dissertation, TU Braunschweig

Hottel HC, Mangelsdorf HG (1935) Heat Transmission by Radiation from Nonluminous Gases II. Experimental Study of Carbon Dioxide and Water Vapor. Trans. amer. Inst. Chem. Engs. 31:517–549

Hottel HC, Egbert RB (1941) The Radiation of Furnace Gases. Trans. ASME 63:297–307

Hottel HC, Egbert RB (1942) Radiant Heat Transfer from Water Vapour. Trans. amer. Inst. Chem. Engs. 38:531–565

Hottel HC, Sarofim AF (1967) Radiative Transfer. McGraw-Hill Book Company, New York Toronto London Sydney

Howe NM, Shipman CW (1964) A Tentative Model for Rates of Combustion in Confined Turbulent Flames. 10th Symp. (Int.) on Combustion, The Combustion Institute. Pittsburgh, S. 1139–1149

Huffman GP, Huggins FE, Dunnengre GR (1981) Investigations of the high temperature behaviour of coal ash in reducing ash oxidizing atmospheres. Fuel 60:585–597

Hufschmidt W, Burck E (1968) Der Einfluß temperaturabhängiger Stoffwerte auf den Wärmeübergang bei turbulenter Strömung von Flüssigkeiten in Rohren bei hohen Wärmestromdichten und Prandtlzahlen. Int. J. of Heat and Mass Transfer 11 (6):1041–1048

Huhn J, Wolf J (1975) Zweiphasenströmung gasförmig/flüssig. VEB Fachbuchverlag Leipzig, Leipzig

Hummel FA (1984) Introduction to phase equilibriua in ceramic systems. Marcel Decker Inc, New York

IAPWS (1997) IAPWS Release: IAPWS Industrial Formulation 1997 for the Thermodynamic Properties of Water and Steam. Technical Report, IAPWS Secretariat

Ishii M (1975) Thermo-Fluid Dynamic Theory of Two-Phase Flow. Scientific and Medical Publication of France, Eyrolles Paris

Ishii M (1977) One Dimensional Drift-Flux Model and Constitutive Equations for Relative Motion Between Phases in Various Two-Phase Flow Regimes. Argonne National Laboratory USAEC Report ANL-7747

Ishii M (1982) Wave Phenomena and Two-Phase Flow Instabilities. In: Handbook of Multiphase Systems, Hetsroni G. (ed) pp 2–95 – 2–122. Hemisphere Publ. Corp., Washington New York London

Ishii M, Mishima K (1984) Two-Fluid Model and Hydrodynamic Constitutive Relations. Nuclear Engineering and Design 82:107–126

Issa RI (1985) Solution of the Implicitly Discretised Fluid Flow Equations by Operator-Splitting. J. of Computational Physics 62:40–65

Issa RI, Gosman AD, Watkins AP (1986) The Computation of Compressible and Incompressible Recirculating Flows by a Non-Iterative Implicit Scheme. J. of Computational Physics 62:66–82

Iwabuchi M, Matsuo T, Kanzaka M, Haneda H, Yamamoto K (1985) Prediction of Heat Transfer Coefficient and Pressure Drop in Rifled Tubing at Subcritical and Supercritical Pressure. Int. Symposium of Heat Transfer. Tsinghua University, Beijing, pp 1–8

Jacob M, Hildebrandt V (2001) Zuverlässigkeit und instationäre Wärmespannungen in Bauteilen. 33. Kraftwerkstechnisches Kolloquium

Jahns H, Schinkel W (1979) Berücksichtigung der Brennkammerverschmutzung bei der wärmetechnischen Berechnung rohbraunkohlestaubgefeuerter Dampferzeuger-Brennkammern. Energietechnik 29 (12):464–469

Jakovlev VV (1960) Örtlicher und mittlerer Wärmeübergang bei turbulenter Rohrsrömung nichtsiedenden Wassers und hohen Wärmebelastungen. Kernenergie 3 (10/11):1098–1099

Janaf (1971) Janaf Thermochemical Tables. Nat. Stand. Ref. Data Sys. NSRDS-NBS 37

Jang DS, Jetli R, Acharya S (1986) Comparison of the PISO, SIMPLER and SIMPLEC Algorithms for the Treatment of the Pressure-Velocity Coupling in Steady Flow Problems. Numerical Heat Transfer 10:209–228

Janßen HD (1996) Untersuchungen zur Wärmeübertragung an strukturierten Plattenelementen und zur Berechnung mittlerer Wärmedurchgangskoeffizienten. Fortschr.-Bericht VDI 92, VDI Verlag, Düsseldorf

Jaster H, Kosky PG (1976) Condensation Heat Transfer in a Mixed Flow Regime. Int. J. of Heat and Mass Transfer 19:95–99

Jeglic FA, Grace TM (1965) Onset on Flow Oszillations in Forced Flow Subcooled Boiling. Technical Report, NASA-TN-D 2821

Jekerle J (2001) Berechnung eines natürlichen Wasserumlaufsystems mit Hilfe der Lagrange'schen Strömungsgleichungen. Fortschr.-Ber. VDI 406, VDI Verlag, Düsseldorf

Jens WH, Lottes PA (1951) Analysis of Heat Transfer, Burnout, Pressure Drop and Density Data for High Pressure Water. Argonne national laboratory USAEC Report ANL-4627

Jischa M (1982) Konvektiver Impuls-, Wärme- und Stoffaustausch. Vieweg Verlag

Johannessen T (1972) A Theoretical Solution of the Lockhart and Martinelli Flow Modell for Calculating Two-Phase Flow Pressure Drop and Hold-Up. Int. J. of Heat and Mass Transfer 15 (8):1443–1449

Jones WP (1980) Models for Turbulent Flows with Variable Density and Combustion. In Kollmann W (ed) Prediction Methods for Turbulent Flows, Hemisphere Pub. Corp., pp 423–458.

Jones WP (1977) Workshop on PDF-Methods for Turbulent Flows. Technical Report, TH Aachen

Jones WP, Launder BE, Spalding DB (1972) The Prediction of Laminarization with a Two Equation Model of Turbulence. Int. J. of Heat and Mass Transfer 15:301–314

Jopp K (2000) Auf dem Weg zum gläsernen Kraftwerk. Brennstoff-Wärme-Kraft 52 (7/8):14–18

Jungnickel D (1994) Graphen, Netzwerke und Algorithmen. B.I. Wissenschaftsverlag

Jüntgen H, van Heek KH (1970) Reaktionsabläufe unter nicht-isothermen Bedingungen. Fortschritt der Chemischen Forschung 13 (3/4):601–699

Kabelac S, Siemer M, Ahrendts J (2006) Thermodynamische Stoffdaten für Biogase. Forschung im Ingenieurwesen 70:46–55

Kakaç S, Veziroglu TN, Akyuzlu K, Berkol O (1974) Sustained and Transient Boiling Flow Instabilities in a Cross-Connected Four-Parallel-Channel Upflow System. Proceedings of the 5th Int. Heat Transfer Conference, Vol. 4, 3.-7. September. Tokyo, Japan, pp 235–239.

Kakaç S, Shah RK, Aung W (1987) Handbook of Single-Phase Convective Heat Transfer. John Wiley & Sons, New York

Kakaç S, Veziroglu TN, Padki MM, Fu LQ, Chen XL (1990) Investigation of thermal instabilities in a forced convective upward boiling system. Experimental Thermal and Fluid Science 3 (2):191–201

Kakaç S, Liu T (1991) Two-Phase Dynamic Instabilities in Boiling Systems. In: Chen XJ, Veziroğlu TN Tien CL (eds) Multiphase Flow and Heat Transfer: Second Int. Symposium 1989, Vol. 1. Taylor & Francis Inc., Sian China, pp 403–444

Kakarala ChR, Thomas LC (1974) A Theoretical Analysis of Turbulent Convective Heat Transfer for Supercritical Fluids. Proceedings of the 5th Int. Heat Transfer Conference, Vol. 2, 3.-7. September Tokyo, Japan, pp 45–49.

Kallina G (1995) Vorausschauender Freilastrechner für das optimale Anfahren von Dampferzeugern. VGB Kraftwerkstechnik 75 (7):578–582

Kambara S, Takarada T, Yamamoto Y, Kato K (1993) Relation between Functional Forms of Coal Nitrogen and Formation of NOx Precursors during Rapid Pyrolysis. Energy & Fuels 7:1013–1020

v.d. Kammer G (1977) Optimierung des Anfahrverhaltens von Zwangdurchlaufdampferzeugern mit einem physikalisch-mathematischen Modell. Dissertation, TU Braunschweig

Kang SG (1991) Fundamental studies of mineral matter transformation during pulverized coal combustion. Dissertation, Massachusetts Institute of Technology

Karki KC, Patankar, SV (1989) Pressure based calculation procedure for viscous flows at all speeds in arbitrary configurations. AIAA-Journal 27 (9):1167–1174

Karsli S, Yilmaz M, Comakli O (2002) The effect of internal surface modification on flow instabilities in forced convection boiling in a horizontal tube. Int. J. of Heat and Fluid Flow 23:776–791

Kast W (1996) Druckverlust bei der Strömung durch Rohre. In: VDI–Wärmeatlas - Berechnungsblätter für den Wärmeübergang, 8. Aufl, Lb1–Lb7. Düsseldorf: VDI–Verlag GmbH

Kastner W, Riedle K, Tratz H (1984) Experimentelle Untersuchungen zum Materialabtrag durch Erosionskorrosion. VGB Kraftwerkstechnik 64 (5):452–465

Katto Y (1979) Generalized Correlations of Critical Heat Flux for the Forced Convection Boiling in Vertical Uniformly Heated Annuli. Int. J. of Heat and Mass Transfer 22:575–584

Katto Y (1980a) Critical Heat Flux of Forced Convection Boiling in Uniformly Heated Vertical Tubes (Correlation of CHF in HP-Regime and Determination of CHF-Regime Map). Int. J. of Heat and Mass Transfer 23:1573–1580

Katto Y (1980b) General Features of CHF of Forced Convection Boiling in Uniformly Heated Vertical Tubes with Zero Inlet Subcooling. Int. J. of Heat and Mass Transfer 23:493–504

Katto Y (1981) General Features of CHF of Forced Convection Boiling in Uniformly Heated Rectangular Channels. Int. J. of Heat and Mass Transfer 24 (8):1413–1419

Katto Y (1982) An Analytical Investigation on CHF of Flow Boiling in Uniformly Heated Vertical Tubes with Special Reference to Governing Dimensionless Groups. Int. J. of Heat and Mass Transfer 25 (9):1353–1361

Katto Y, Ohno H (1984) An Improved Version of the Generalized Correlation of Critical Heat Flux for the Forced Convective Boiling in Uniformly Heated Vertical Tubes. Int. J. of Heat and Mass Transfer 27 (9):1641–1648

Kautz K, Zelkowski K (1984) Verschlackungs-, Verschmutzungs- und Korrosionsprobleme bei der Verbrennung von Steinkohle weltweiter Herkunft. Int. VGB-Konferenz „Verschlackungen, Verschmutzungen und Korrosionen in Wärmekraftwerken". pp 206–248

Kefer V (1989a) Strömungsformen und Wärmeübergang in Verdampferrohren unterschiedlicher Neigung. Dissertation, Technische Universität München

Kefer V, Köhler W, Kastner W (1989b) Critical Heat Flux (CHF) and Post-CHF Heat Transfer in Horizontal and Inclined Evaporator Tubes. Int. J. of Multiphase Flow 15 (3):385–392

Keller H (1974) Erosionskorrosion an Naßdampfturbinen. VGB Kraftwerkstechnik 54 (5):292–295

Kellerhoff T (1999) Experimentelle Untersuchung der Kohlenstaubpyrolyse in einer Flashpyrolyseapparatur unter hohen Aufheizraten. Fortschr.-Bericht VDI 420, VDI Verlag, Düsseldorf

Kelp F (1969) Über Erfahrungen mit Speisewasser-Hochdruckvorwärmern der Sammelbauweise. Mitteilungen der VGB 49 (6):417–429

Kempin T, Knoop P, Zahn H, Gierend C (2005) Kostenoptimierende Anwendung von Fuzzy Control in Müllverbrennungsanlagen. VGB PowerTech 12:70–75

Kern DQ (1958) Mathematical Development of Loading in Horizontal Condensers. AIChE Journal 4 (2):157–160

Kern TU, Wieghardt K (2001) The Application of Hight-temperature 10Cr Materials in Steam Power Plants. VGB PowerTech 81 (5):125–131

Kestin J (1982) Ein Beitrag zu Stodolas Kegelgesetz. Wärme- und Stoffübertragung 16:53–55

Keyes FG, Keenan JH, Hill PG, Moore JG (1968) A Fundamental Equation for Liquid and Vapor Water. Report at the 7th Int. Conference on the Properties of Steam. Tokyo

Kim NH, Youn B, Webb RL (1999) Air-Side Heat Transfer and Friction Correlations for Plain Fin-and-Tube Heat Exchangers With Staggered Tube Arrangements. Trans. of ASME, Ser. C, J. of Heat Transfer 121:662–667

Kipp S, Becker KD (1999) Experimentelle Untersuchungen zum Projekt AiF 11548, Berichte: Phase 1-2

Kipp S, Becker KD (2000a) Experimentelle Untersuchungen zum Projekt AiF 11548, Berichte: Phase 3-4

Kipp S, Becker KD (2000b) Experimentelle Untersuchungen zum Projekt AiF 11548, Berichte: Phase 5-6

Kirsch H (1965) Das Schmelz- und Hochtemperaturverhalten von Kohlenaschen Teil I: Rohstoff Kohle – Mineralsubstanz – Ascheschmelzverfahren. Technische Überwachung 6:203–209

Kitto JB, Wiener M (1982) Effects on Nonuniform Circumferential Heating and Inclination on Critical Heat Flux in Smooth and Ribbed Bore Tubes. Proceedings of the 7th Int. Heat Transfer Conference. München, Deutschland, pp 297–302

Kjaer S, Klauke F, Vanstone R, Zeijseink A, Weissinger G, Kristensen G, Meier J, Blum R, Wieghardt K (2002) The Advanced Supercritical 700 ^{0}C Pulverised Coal-Fired Power Plant. VGB PowerTech 82 (7):46–49

Klasen T, Görner K (1998) Simulation und Optimierung einer Müllverbrennungsanlage. Modellierung und Simulation von Dampferzeugern und Feuerungen, VDI-Berichte Nr. 1390. VDI-Gesellschaft Energietechnik, Braunschweig, Deutschland, S 227–242

Klefenz G (1991) Die Regelung von Dampfkraftwerken. 4. verbesserte Aufl. BI-Wissenschaftsverlag ‚Mannheim Wien Zürich

Kleinstreuer C (2003) Two-Phase Flow: Theory and Applications. Taylor & Francis, New York London

Klug M (1984) Simulation von Störfällen in Zwangsdurchlaufdampferzeugern mit einem physikalisch–mathematischen Modell. Fortschr.-Bericht VDI 142, VDI Verlag, Düsseldorf

Klutz HJ, Moser C, Block D (2006) WTA Feinkorntrocknung, Baustein für die Braunkohlekraftwerke der Zukunft. Band 11. VGB PowerTech

Kobayashi H, Howard JB, Sarofim AF (1976) Coal Devolatilization at High Temperatures. Proceedings of the Combustion Institute 16:411–425

Kocamustafaogullari G (1971) Thermo-Fluid Dynamics of Separated Two-Phase Flow. Dissertation, School of Mechanical Engineering, Georgia Institute of Technology, Atlanta

Koch K, Janke D (1984) Schlacken in der Metallurgie. Verlag Steineisen MBH., Düsseldorf

Köhler W (1984) Einfluss des Benetzungszustandes der Heizfläche auf Wärmeübergang und Druckverlust in einem Verdampferrohr. Dissertation, Technische Universität München

Köhler W, Kastner W (1986) Heat Transfer and Pressure Loss in Rifled Tubes. Proceedings of the 8th Heat Transfer Conference, Vol. 5. San Franzisco, California, pp 2861–2865

Kohlgrüber K (1986) Formeln zur Berechnung des Emissionsgrades von CO_2- und H_2O-Gasstrahlung bei Industrieöfen, Brennkammern und Wärmetauschern. Gas-Wärme Int. 35 (8):412–417

Köhne H (1969) Numerische Verfahren zur Berechnung instationärer Temperaturfelder unter Berücksichtigung der Temperaturabhängigkeit der Stoffgrößen. Die Wärme 75 (4):130–136

Kolev NI (1986) Transiente Zweiphasenströmung. Springer Verlag, Berlin Heidelberg New York

Kolmogorov AN (1962) A Refinement of Previous Hypotheses Concerning the Local Structure of Turbulence in a Viscous Incom ressible Fluid at High Reynolds Number. J. of Fluid Mechanics 13:331–333

Konakov PK (1954) Eine neue Formel für den Reibungskoeffizienten glatter Rohre (Orig. russ.). Berichte der Akademie der Wissenschaften der UDSSR 51 (7):503–506

Kon'kov AS (1965) Experimental Study of the Conditions under which Heat Exchange Deteriorates when a Steam-Water Mixture Flows in Heated Tubes. Teploenergetika 13 (12):77

Koopman J (1985) Rechenverfahren für Gasturbinen-Brennkammern und ihre Möglichkeiten zur Beurteilung der NO_x-Emissionen. 1. TECFLAM Seminar, S 51–62

Koschack R (1998) Bestimmung der Partikeltemperatur in Kohlenstaubfeuerungen in Hinblick auf eine gezielte Verbrennungstechnologische Minderung der Verschlackungsneigung. Dissertation, TU Dresden

Kosmowski I, Schramm G (1987) Turbomaschinen. VEB Verlag Technik, Berlin

Köster C, Moser P, Bergmann H, Jacobs J (2001) Schritte auf dem Wege zu neuen Kohlekraftwerken: Das VGB-Verbundforschungsprogramm KOMET 650. VGB PowerTech 81 (9):64–68

Kostowski E (1991) Analytische Bestimmung des Emissionsgrades von Abgasen. Gas-Wärme Int. 40 (12):529–534

Kozlov GI (1958) On High-Temperature Oxidation of Methane. 7th Symp. (Int.) on Combustion, The Combustion Institute, Pittsburgh, S 142–149

Krasykova LY, Glusker BN (1965) Hydraulic Study of Three-Pass Panels with Bottom Inlet Headers for Once-Through Boilers. Teploenergetika, Nr. 8

Kremer H, Hemmerich HD, Wirtz S (1998) Feuerungstechnik. VGB Kraftwerkstechnik 78:121–125

Krischer S, Grigull U (1971) Mikroskpische Untersuchung der Tropfenkondensation. Wärme- und Stoffübertragung 4:48–59

Krischer O, Kast W (1978) Die wissenschaftlichen Grundlagen der Trockungstechnik. Springer Verlag, Berlin Heidelberg New York

Krohmer B, Epple B (1995) CFD basierte Optimierung von Müllverbrennungsanlagen. Technical Report, ALSTOM Power Boiler, Stuttgart, Interner Bericht

Krüll F, Kremer H, Wirtz S (1998) Feuerraumsimulation einer Müllverbrennungsanlage bei gleichzeitiger Simulation der Verbrennung auf dem Rost. VDI-GET Fachtagung „Modellierung und Simulation von Dampferzeugern und Feuerungen", VDI-Berichte Nr. 1390. VDI-Gesellschaft Energietechnik, Braunschweig, Deutschland: Verein Deutscher Ingenieure, S 199–214

Krüll F (2001) Verfahren zur numerischen Simulation von Müllrostfeuerungen. Dissertation, Ruhr-Universtät Bochum

Kühlert K (1998) Modellbildung und Berechnung der Wärmestrahlung in Gas- und Kohlenstaubfeuerungen. Berichte aus der Energietechnik, Shaker Verlag, Aachen

Kunii D, Levenspiel O (1990) Entrainment of Solids from Fluidized Beds. I. Hold-Up of Solids in the Freeboard. II. Operation of Fast Fluidized Beds. Powder Technology 61:193–206

Kutateladze SS, Leont'ev AI (1966) Some Applications of the Asymptotic Theory of the Turbulent Boundary Layer. Proceedings of the 3rd Int. Heat Transfer Conference III

Lahey RT, Clause A, DiMarco P (1989) Chaos and Non-Linear Dynamics of Density-Wave Instabilities in a Boiling Channel. AIChE Symposium Series 85 (269):256–261

Lahey Jr. RT (2005) The Simulation of Multidimensional Multiphase Flows. Nuclear Engineering and Design 235:1043–1060

Latimer BR, Polard A (1985) Comparison of Pressure-Velocity Coupling Solution Algorithms. Numerical Heat Transfer 8:635–652

Launder BE (1991) Current Capabilities for Modelling Turbulence in Industrial Flows. Applied Scientific Research 48:247–269

Launder BE, Spalding DB (1974) The Numerical Computation of Turbulent Flows. Computer Methods in Applied Mechanics und Engineering 3:269–289

Launder B, Morse A (1978) Numerical prediction of axisymmetric free shear flows with second order Reynolds stress closure. Turbulent Shear Flows I. 279 ff

Lawrenz M, Klose E, Born M (1978) Vergleich der Berechnung von Brennkammerendtemperaturen an gasgefeuerten Dampferzeugern nach dem 0-dimensionalen Modell mit Meßergebnissen. Energietechnik 28 (1):21–25

Lax PD (2007) Computational Fluid Dynamics. J. of Scientific Computing 31 (1/2):185–193

Lechtenbörger F, Leithner R (1997) Dimensionslose Kennzahlen zur Wärmeübertragungsberechnung. Wirtschaftliche Wärmenutzung in Industrie und

Gewerbe, VDI-Berichte Nr. 1296. VDI-Gesellschaft Energietechnik, Braunschweig

Ledinegg M (1938) Unstabilität der Strömung bei natürlichem und Zwangumlauf. Die Wärme 61 (48):891–898

Ledinegg, M (1952) Dampferzeugung, Dampfkessel, Feuerungen einschließlich Atomreaktoren. Springer Verlag, Wien New York

Lee RA, Haller, KH (1974) Supercritical Water Heat Transfer Developments and Applications. Proceedings of the 5th Int. Heat Transfer Conference, Vol. 4. Tokyo, Japan, pp 335–339

Lee SY, Ishii M (1990) Characteristics of two-phase narural circulation in freon-113 boiling loop. Nuclear Engineering and Design 121 (1):69–81

Lee SL, Tzong, RY (1992) Artificial Pressure for Pressure-Linked Equation. Int. J. of Heat and Mass Transfer 35 (10):2705–2716

Lee SK, Jiang X, Keener TC, Khang SJ (1993a) Attrition of Lime Sorbents during Fluidization in a Circulating Fluidized Bed Absorber. Ind. Eng. Chem. Res. 32:2758–2766

Lee SK, Jiang X, Keener TC, Khang SJ (1993b) Attrition of Lime Sorbents during Fluidization in a Circulating Fluidized Bed Absorber. Ind. Eng. Chem. Res. 32:2758–2766

Lehmann H (1990) Handbuch der Dampferzeugerpraxis. 2. Aufl. Resch-Verlag, München

Lehne F (1995) Erstellung eines Programmes zur Überwachung hochbeanspruchter Dampferzeugerbauteile. Diplomarbeit, Technische Universität Braunschweig, Institut für Wärme- und Brennstofftechnik

Lehne F, Leithner R (1997a) Bestimmung der Wandtemperaturdifferenz aus Verläufen der Mediumstemperatur zur Lebensdauerbeobachtung druckführender Bauteile. VDI-GET Tagung: Monitoring und Diagnose in energietechnischen Anlagen, VDI-Berichte Nr. 1359. VDI-Gesellschaft Energietechnik, Braunschweig, Deutschland: Verein Deutscher Ingenieure.

Lehne F, Leithner R (1997b) Lebensdauerberechnung aus alleiniger Verwendung vorhandener Dampftemperatur- und Dampfdruckmessungen. Schlussbericht AiF-Nr. 11591

Lehne F, Leithner R (1998) Verfahren zur Bestimmung von Wärmespannungen an druckführenden dickwandigen Bauteilen. VGB-Konferenz „Forschung für die Kraftwerkstechnik 1998". Paper Nr. K1, Essen, Deutschland, S 1–9

Lehne F, Leithner R (2000) Berechnung der Wandtemperaturdifferenz dickwandiger Bauteile von Dampferzeugern aus Dampftemperaturmesswerten. VGB Power Tech 80 (1):44–48

Leibbrandt St, Meerbeck B (2004) Neue Automatisierungskonzepte steigern die Wirtschaftlichkeit von Kraftwerken. VGB PowerTech 12:40–43

Leikert K (1976) Stand der Erkenntnisse über Feuerraumschwingungen und Maßnahmen zu ihrer Beseitigung. VGB Kraftwerkstechnik 56 (5):327–333

Leithner R (1974) Druckänderung im Hochdruckteil und Zwischenüberhitzer eines Dampferzeugers infolge Notschaltungen. Brennstoff-Wärme-Kraft 26 (6):249–257

Leithner R, Linzer W (1975) Einfaches Dampferzeugermodell (digitale Simulation). Fortschr.-Ber. VDI 41, VDI Verlag, Düsseldorf

Leithner, R (1976) Rechnerunterstütztes Konstruieren mit Datenfernverarbeitung. VDI-Berichte, Vol. 261

Leithner R, Herrmann W, Trautmann G (1979) Rauchgasdruckschwankungen im Dampferzeuger bei Ausfall der Feuerung. VGB Kraftwerkstechnik 59 (4)

Leithner R, Herrmann W, Trautmann G (1980a) Flue Gas Pressure Vibrations in Steam Generators when Firing Systems Brfeak Down. Combustion

Leithner, R (1980b) Dynamik im Großdampferzeugerbau. Elektrizitätswirtschaft, Nr. 8

Leithner, R (1983a) Vergleich zwischen Zwangdurchlaufdampferzeuger, Zwangdurchlaufdampferzeuger mit Vollastumwälzung und Naturumlaufdampferzeuger. VGB Kraftwerkstechnik 63 (7):553–568

Leithner, R, Drtil H, Dränkow W, Kehrein U (1983b) Meßdatenerfassungsanlage für große Dampferzeuger. EVT-Bericht 77/84

Leithner, R (1984) Vorlesung Wärme- und Stoffübertragung. Technische Universität Braunschweig

Leithner R, Müller B (1987) Reduction of NO_x-emission in coal-fired boilers. Int. Symp. of Coal Combustion. Peking, China

Leithner R, Steege F, Pich R, Erlmann K, Nguyen CT (1990) Vergleich verschiedener Verfahren zur Bestimmung der Temperaturdifferenz in dickwandigen Bauteilen für die Lebensdauerberechnung. VGB Kraftwerkstechnik 70 (6):446–457

Leithner, R (1991a) Thermohydraulic Design of Fossil-Fuel-Fired Boiler Components. In: Kakaç S (ed) Once-Through Boilers, 277–362. John Wiley & Sons, Inc., New York Cichester Brisbane

Leithner R, Müller H (1991b) Dreidimensionale numerische Berechnung der Kohleverbrennung und des SNCR-Verfahrens. 15. Deutscher Flammentag „Verbrennung und Feuerungen", VDI-Berichte Nr. 922. VDI-Gesellschaft Energietechnik, Bochum, Deutschland: Verein Deutscher Ingenieure, S 87–88

Leithner R, Erlmann K (1993) Diagnose von Dampferzeugern. ETG-Tage 93

Leithner R, Döring M, Schiller A (1996a) Simulation des Auskühlvorganges in Dampferzeugern. VGB-Kraftwerkstechnik 76 (3):202–208

Leithner R, Wang J, Stamatelopoulos G, Drinhaus F (1996b) Auslegung, Nachrechnung, Konfiguration und Optimierung von Kraftwerksprozessen mittels EDV. VDI-GET Fachtagung „Betriebsmanagementsysteme in der Energiewirtschaft". VDI-Berichte Nr. 1252, Darmstadt, Deutschland, S 89–100

Leithner R (2000) Entwicklungstendenzen in der Modellierung und Simulation. VDI-GET Fachtagung „Modellierung und Simulation von Dampferzeugern und Feuerungen". VDI-Berichte Nr. 1534, Braunschweig, Deutschland, S 1–14

Leithner R (2002) Automation and Control of Thermal Processes and Steam Generator and Steam Distribution Networks. Vol. 6.43.32 und 6.43.32.1 Eolss Oxford

Lendt B (1991) Numerische Berechnung der Stickoxidkonzentration in Kohlenstaubflammen - Ein Vergleich unterschiedlicher Reaktionsmodelle. Fortschr.-Bericht VDI 254, VDI Verlag, Düsseldorf

Leschziner MA (1989) Modeling Turbulent Recirculating Flows by Finite-Volume Methods - Current Satus and Future Directions. Int. J. of Heat and Fluid Flow 10 (3):186–202

Levenspiel O (1972) Chemical Reaktion Engineering. John Wiley & Sons, Inc.

Levin ME, Robins RC, McMurdie H (1964) Phase diagrams for ceramists (Vol. 1). The American Ceramic Society

Levin ME, Robins RC, McMurdie H (1975) Phase diagrams for ceramists (Vol. 2). The American Ceramic Society.

Levy S (1966) Prediction of Two-Phase Annular Flow with Liquid Entrainment. Int. J. of Heat and Mass Transfer 9:171–188

Levy S (1999) Two-Phase Flow in Complex Systems. John Wiley & Sons, Inc., New York Chichester Weinheim

Li Y, Yeoh GH, Tu JY (2004) Numerical investigation of static flow instability in a low-pressure subcooled boiling channel. Heat and Mass Transfer 40:355–364

Lin S, Kwok CCK, Li RY, Chen ZH, Chen ZY (1991a) Pressure Drop during Vaporization of R-12 through Capillary Tubes. Int. J. of Multiphase Flow 17 (1):95–102

Lin ZH (1991b) Thermohydraulic Design of Fossil-Fuel-Fired Boiler Components. In: Kakaç S (ed) Boilers, Evaporators, and Condensers, 363–470. John Wiley & Sons, Inc., New York Chichester Brisbane

Linnecken H (1957) Die Mengendruckgleichung für eine Turbinen- Stufengruppe. Brennstoff-Wärme-Kraft 9, Nr. 2

Linzer V (1970) Das Ausströmen von Siedewasser und Sattdampf aus Behältern. Brennstoff-Wärme-Kraft 22 (10):470–476

Linzer V (1973) Instationäre Temperaturverteilung in einer Platte bei sprunghafter und linearer Änderung der Temperatur des berührenden Mediums. Brennstoff-Wärme-Kraft 25 (11):414–418

Linzer W, Walter H (2003) Flow reversal in natural circulation systems. Applied Thermal Engineering 23 (18):2363–2372

Lisa K (1992) Sulphur Capture under Pressurized Fluidised Bed Combustion Conditions. Dissertation, Combustion Chemistry Research Group, Åbo Akademi University

Liu HT, Koçak H, Kakaç S (1995) Dynamicl Analysis of Pressure-Drop Type Oscillations with a Planar Model. Int. J. of Multiphase Flow 21 (5):851–859

Lockhart RW, Martinelli RC (1949) Proposed Correlation of Data for Isothermal Two-Phase, Two Component Flow in Pipes. Chemical Engineering Progress 45 (1):39–48

Lockwood FC, Naguib, AS (1975) The Prediction of the Fluctuations in the Properties of Free, Round-Jet, Turbulent, Diffusion Flames. Combustion and Flame 24:109–124

Lockwood FC, Romo-Millares CA (1992) Mathematical Modelling of Fuel-NO Emissions from PF Burners. J. of the Institute of Energy 65:144–152

Lockwood FC, Shah NG (1976) An Improved Model of Radiation Heat Transfer in Combustion Chambers. ASME-AIChE Heat Transfer Conference. St. Louis (USA)

Löhner AD (1971) Rotationssymmetrische Freistrahlen und Freistrahlflammen und ein numerisches Verfahren zu ihrer Berechnung. Dissertation, TU Braunschweig

Löhr Th (1992) Rekonstruktion, synthetische Erzeugung und Darstellung rechteckiger Temperaturverteilungen. Studienarbeit

Löhr Th, Leithner R, Stamatelopoulos G, Gerdes R (1996) Nachrechnung und Optimierung eines 325 MW-Braunkohleblockes mit dem Energiebilanzprogramm ENBIPRO. VDI-GET Fachtagung „Betriebsmanagementsysteme in der Energiewirtschaft". VDI-Berichte Nr. 1252, Darmstadt, Deutschland, S 123–131

Löhr Th, Dobrowolski R, Leithner R (1998) Simulation und Optimierung von Kraftwerksprozessen. VDI-GET Fachtagung „Modellierung und Simulation von Dampferzeugern und Feuerungen", VDI-Berichte Nr. 1390. VDI-Gesellschaft Energietechnik, Braunschweig, Deutschland: Verein Deutscher Ingenieure, S 109–126

Löhr Th (1999) Simulation stationärer und instationärer Betriebszustände kombinierter Gas- und Dampfturbinenanlagen. Dissertation, TU Braunschweig

Lombardi E, Pedrocchi E (1972) A Pressure Drop Correlation in Two-Phase Flow. Energia Nucleare 19 (2):91–99

Lomic S (1998) Entwicklung eines Regelalgorithmus zur Steuerung der Relaxationsfaktoren des Finiten-Volumen-Verfahrens SIMPLE. Diplomarbeit, Technische Universität Wien,

Loos C, Heitz E (1973) Zum Mechanismus der Erosionskorrosion in schnell strömenden Flüssigkeiten. Werkstoff und Korrosion 24 (1):38–48

Läubli F, Leithner R, Trautmann G (1984) Probleme bei der Speisewasserregelung von Zwangdurchlaufdampferzeugern und deren Lösung. VGB-Kraftwerkstechnik 64 (4):279–291

Läubli F, Acklin L (1960) Die Berechnung des dynamischen Verhaltens von Wärmetauschern mit Hilfe von Analog-Rechengeräten. Technische Rundschau-Sulzer, S 13–21

Lun CKK, Liu HS (1997) Numerical Simulation of Dilute Turbulent Gas-Solid Flows in Horizontal Channels. Int. J. of Multiphase Flow 23 (3):575–605

Lutz W, Wendt W (2002) Taschenbuch der Regelungstechnik. Verlag Harri Deutsch

Lyness JN (1967) Numerical Algorithms Based on the Theory of Complex Variables. Proceedings ACM 22nd National Conference. Washington DC, USA, pp 124–134

Lyngfelt A, Leckner B (1989) SO_2 Capture in Fluidised-Bed Boilers: Re-Emission of SO_2 due to Reduction of $CaSO_4$. Chem. Eng. Science 44 (2):207–213

Lyngfelt A, Leckner B (1992) Residence Time Distribution of Sorbent Particles in a Circulating Fluidized Bed Boiler. Powder Technology 70:285–292

Magel HC (1997) Simulation chemischer Reaktionskinetik in turbulenten Flammen mit detaillierten und globalen Mechanismen. Fortschr.-Bericht VDI 377, VDI Verlag, Düsseldorf

Magnussen BF, Hjertager B (1976) On mathematical modelling of turbulent combustion with special emphasis on soot formation and combustion. 16th Symp. (Int.) on Combustion, The Combustion Institute Pittsburgh. Pittsburg, Pennsylvania, pp 719–729

Magnussen BF (1981) On the Structure of Turbulence and a Generalized Eddy Dissipation Concept for Chemical Reactions in Turbulent Flow. 19th AIAA Aerospace Meeting. St.Louis, Missouri, pp 1–6

Magnussen BF (1989) The Eddy Dissipation Concept. Proceedings of 11th Task Leaders Meeting, IEA Working Party on Energy Conservation in Combustion. Orrenäs, Glumslöv, Sweden, pp 248–268

Mair R (1985) Ein Mehrstellen-Differenzenverfahren zur Lösung der Fouriergleichung in Polarkoordinaten. Die Wärme 91 (5):57–60

Mair R (1997) Aufbau eines Fehlerdiagnosesystems für das Heizkraftwerk der TU-München. Tagung: Monitoring und Diagnose in energietechnischen Anlagen, VDI-Berichte Nr. 1359. VDI-Gesellschaft Energietechnik, Braunschweig, Deutschland: Verein Deutscher Ingenieure

Majumdar S (1988) Role of Underrelaxation in Momentum Interpolation for Calculation of Flow with Nonstaggered Grid. Numerical Heat Transfer 13:125–132

Malek J (1995) The applicability of Johnson-Mehl-Avrami model in the thermal analysis of the crystallization kinetics of glasses. Thermochimica Acta 267:61–73

Marquardt W (1999) Von der Prozeßsimulation zur Lebenszyklusmodellierung. Chemie-Ingenieur-Technik 71:1119–1137

Martin H, Langner H, Franke J (1984) Strömungsoszillationen in Verdampfern und Abhilfemaßnahmen. Brennstoff-Wärme-Kraft 36 (3):88–95

Martin H (1988) Wärmeübertrager. Thieme-Verlag, Stuttgart New York

Martinelli RC, Nelson DB, Schenectady NY. (1948) Prediction of Pressure Drops During Forced Circulation Boiling of Water. Transactions of the ASME 70 (8):695–702

Martins JRRA, Kroo IM, Alonso JJ (2000) An Automated Method for Sensitivity Analysis using Complex Variables. Proceedings of the 38th Aerospace Sciences Meeting. AIAA paper 2000-0689, Reno, USA

Martins JRRA, Alonso JJ, Reuther J (2001a) Aero-Structural Wing Design Optimization Using High-Fidelity Sensitivity Analysis. Proceedings of the CEAS Conference on Multidisciplinary Aircraft Design and Optimization. Cologne, Germany

Martins JRRA, Sturdza P, Alonso JJ (2001b) A Connection Between the Complex-Step Derivative Approximation and Algorithmic Differentiation. AIAA 39th Aerospace Sciences Meeting and Exhibit. Paper no. AIAA-2001-0921, Reno, USA

Marto PJ (1998) Condensation: In Rohsenow WM, Hartnett JP, Cho YI (eds) Handbook of Heat Transfer, 3rd edn. McGraw Hill, New York San Francisco Washington, pp 14.1–14.63

Mathieu J, Scott J (2000) An Introduction to Turbulent Flow. Cambridg University Press

Mathisen RP (1967) Out of Pile Channel Instability in the Loop Skälvan. Int. Symposium on Two-Phase Dynamics. Eindhoven, Niederlande

Matsuo T, Iwabuchi M, Kanzaka M, Haneda H, Yamamoto K (1987) Heat Transfer Correlations of Rifled Tubing for Boilers Under Sliding Pressure Operating Condition. Heat Transfer Japanese Research 16 (5):1–14

Mayinger F, Kastner W (1968) Berechnung von Instabilitäten in Zweiphasenströmungen. Chemie-Ingenieur-Technik 40 (24):1185–1192

Mayinger F (1982) Strömung und Wärmeübergang in Gas-Flüssigkeits-Gemischen. Springer Verlag, Wien New York

Mayr WA, Jones PDF, Palmer RKW (1975) Vortex Shedding from Finned Tubes. J. of Sound and Vibration 39:293–296

McAdams WH, Kennel WE, Addoms JN (1950) Heat Transfer of Superheated Steam at High Pressures. Transactions of the American Society of Mechanical Engineers 72:421–428

McBride BJ, Heimel S, Ehlers JG, Gordon G (1963) Thermodynamic Properties to 6000 K for 210 Substances involving the First 18 Elements. Technical Report NASA SP-3001, N63-23715, Office of Scientific and Technical Information, National Aeronautics and and Space Administration, Washington, D.C

Mei R (1992) An Approximate Expression for the Shear Lift Force on a Spherical Particle at Finite Reynolds Number. Int. J. of Multiphase Flow 18:145–147

Menter FR (2002) Methoden, Möglichkeiten, Grenzen numerischer Strömungsberechnungen. Kurzlehrgang NUMET 2002: Numerische Methoden zur Berechnung von Strömungs- und Wärmeübertragungsproblemen. Erlangen, Deutschland

Mentes A, Kakaç S, Veziroglu TN, Zhang HY (1989) Effect of Inlet Subcooling on Two-Phase flow Oscillations in a Vertical Boiling Channel. Wärme- und Stoffübertragung 24:25–36

Mersmann A (1980) Thermische Verfahrenstechnik, Grundlagen und Methoden. Springer Verlag

Meyer, H, Erdmann D, Moser P, Polenz S (2008) KOMET 650 - Kohlebefeuerte Kraftwerke mit Dampfparametern bis zu 650 *tccelsius*. VGB PowerTech 88 (3):36–42

Michejew MA (1961) Grundlagen der Wärmeübertragung. 2. Aufl. VEB Verlag Technik, Berlin

Michelfelder S, Bartelds H, Lowes TM, Pai BR (1974) Berechnung des Wärmeflusses und der Temperaturverteilung in Verbrennungskammern. Brennstoff-Wärme-Kraft 26 (1):5–13

Minzer U, Barnea D, Taitel Y (2006) Flow rate distribution in evaporating parrallel pipes–modeling and experimental. Chemical Engineering Science 61:7249–7259

Missalla, MA (2009) Berechnungsverfahren für hochbeladene Zyklone. Dissertation, Technische Universität Braunschweig

Mitchell RE, McLean WJ (1982) On the Temperature and Reaction Rate of Burning Pulverized Fuels. Proceedings of the Combustion Institute 19:1113–1122

Modest MF (1993) Radiative Heat Transfer. McGraw-Hill Verlag, New York

Modest MF (2003) Radiative Heat Transfer. 2nd edn. Academic Press, Amsterdam Boston London

Monroe LS (1989) An experimental and modelling study of residual fly ash forming during combustion of bituminous coal. Dissertation, Massachusetts Institute of Technology, Cambridge

Mönnigmann M (2003) Constructive Nonlinear Dynamics for the Design of Chemical Engineering Processes. Dissertation, RWTH Aachen

Motard RL, Shacham EM, Rosen EM. (1975) Steady State Chemical Process Simulation. AIChE Journal 21:417/435

Muan A, Osborn EF (1962) . American Ceram. Soc. 41:450–455

Müller H (1992) Numerische Berechnung dreidimensionaler turbulenter Strömungen in Dampferzeugern mit Wärmeübergang und chemischen Reaktionen am Beispiel des SNCR-Verfahrens und der Kohleverbrennung. Fortschr.-Bericht VDI 268, VDI Verlag, Düsseldorf

Müller J (1994) Numerische Simulation der NO- und SO-Emissionen von zirkulierenden Wirbelschichtfeuerungen. Dissertation, TU Braunschweig

Müller H, Heitmüller RJ (1997) Untersuchung der Brennkammerverschmutzung mit einem mathematischen Modell. VGB Fachtagung "Feuerungen 1997". Essen, Deutschland

Müller I (2001) Grundzüge der Thermodynamik: mit historischen Anmerkungen. 3. Aufl. Springer Verlag, Berlin

Murza S (1999) Numerische Simulation der Kohlenstaubfeuerung unter Verwendung eines parallelisierten Euler/Lagrange Verfahren. Dissertation, Ruhr-Universität Bochum

Muschelknautz S, Wellenhofer A (2006) 'Druckverlust von Gas- Flüssigkeitsströmungen in Rohren, Leitungselementen und Armaturen: In VDI-Wärmeatlas – Berechnungsblätter für den Wärmeübergang, 10. Aufl, Lbb1–Lbb15. VDI–Verlag GmbH., Düsseldorf

Nakanishi K (1978) Predictions of Diffusion Coeffizient of Nonelectrolytes in Dilute Solution Based on Generalized Hammond-Stokes Plot. Ind. Eng. Chem. Fundam. 17 (4):253

Nallasamy M (1987) Turbulence Models and their A lications to the Prediction of Internal Flows. Computers & Fluids 15 (2):151–194

Narayanan S, Srinivas B, Pushpavanam S, Murty BS (1997) Non-linear dynamics of a two-phase flow system in an evaporator: The effects of (i) a time varying pressure drop (ii) an axially varying heat flux. Nuclear Engineering and Design 178:279–294

Nash P (1985) Approaches to computer representation of phase diagrams. Proceedings: Symposium on Computer Modelling of Phase Diagrams at the 1985 Fall Meeting of the Metallurgical Soc. of the American Institute of Mining, Metallurgical and Petroleum Engineers Toronto, Canada, 13.-17.10.1985, S 331–342

Nau M, Wölfert W, Maas U, Warnatz J (1995) A Reduction Scheme for Chemical Kinetics based on Manifold Anaysis in Conjunction with PDF Modelling. Vol. 2, S 19.25–19.30

Nayak AK, Lathouwers D, Van der Hagen THJJ, Bos ANR, Schrauwen FJM (2003) A Numerical Study of Boiling Flow Instability of a Closed Loop Thermosyphon System. Hrsg. von A. A. Mohamad, Proceedings of the 3rd Int. Conference on Computational Heat and Mass Transfer. Banff, Canada, pp 1–10.

Nayak AK, Vijayan PK, Saha D, Raj VV, Aritomi M (2000) Analytical Study of Nuclear-Coupled Density-Wave Instability in a Natural Circulation Pressure Tube Type Boiling Water Reactor. Nuclear Engineering and Design 195:27–44

Netz H, Wagner W (1994) Betriebshandbuch Wärme. 4. Aufl. Verlag Dr. Ingo Resch GmbH., Gräfelfing

Ngoma D (2001) Untersuchungen zur Strömungsstabilität verschiedener Abhitzedampferzeugersysteme im Vergleich. Berichte aus der Energietechnik, Shaker Verlag, Aachen

Nielsen L (2008) Analyse, technische und wirtschaftliche Optimierung von Speicherkraftwerken durch dynamische Simulation. Diplomarbeit, Technische Universität Braunschweig

Niksa S (1991) FLASHCHAIN theory for Rapid Coal Devolatilization Kinetics. 2. Impact on Operating Conditions. Energy & Fuels 5 (5):665–673

Niksa S (1994) FLASHCHAIN theory for Rapid Coal Devolatilization Kinetics. 5. Interpreting Rates of Devolatilization for Various Coal Types and Operating Conditions. Energy & Fuels 8 (3):671–679

Niksa S (1995) FLASHCHAIN theory for Rapid Coal Devolatilization Kinetics. 6. Predicting the Evolution of Fuel Nitrogen from Various Coals. Energy & Fuels 9 (3):467–478

Niksa S (1996) FLASHCHAIN theory for Rapid Coal Devolatilization Kinetics. 7. Predicting the release of Oxygen Species from Various Coals. Energy & Fuels 10 (1):173–187.

Niksa S (2000) Predicting the Rapid Devolatilization of Diverse Forms of Biomass with bio-Flashchain. Proceedings of the Combustion Institute Vol. 28

Nishikawa K, Sekoguchi K, Nakasatomi M (1973) Two-Phase Flow in Spirally Grooved Tubes. Bulletin of the JSME 16 (102):1918–1927

Nishikawa K, Fujii T, Yoshida S, Ohno M (1974) Flow Boiling Crisis in Grooved Boiler-Tubes. 5th Int. Heat Transfer Conference, Vol. 4. Tokyo, Japan, pp 270–274

N N (1993) Beschreibung der MS 9/1 FA Gas Turbine. Mit Energie aus Gasturbinen in die Zukunft (Broschüre EGT/1993), EGT GEC ALSTOM

Noll B, Bauer HJ, Wittig S (1989) Gesichtspunkte der numerischen Simulation turbulenter Strömungen in brennkammertypischen Konfigurationen. Zeitschrift für Flugwissenschaften und Weltraumforschung 13:178–187

Noll B (1993) Numerische Strömungsmechanik: Grundlagen. 1. Aufl. Springer Verlag, Berlin Heidelberg New York

Nowotny P (1982) Ein Beitrag zur Strömungsberechnung in Rohrnetzwerken. Fortschr.-Bericht VDI 102, VDI Verlag, Düsseldorf

Nsakala N, Essenhigh RH, Walker Jr. PL (1977) Studies on Coal Reactivity: Kinetics of Lignite Pyrolysis in Nitrogen at 808 °C. Combustion Science and Technology 16:153–163

Nuber F (1967) Wärmetechnische Berechnung der Feuerungs- und Dampfkesselanlagen. R. Oldenbourg Verlag, München

Nußelt W (1915) Das Grundgesetz des Wärmeübergangs. Der Gesundheits-Ingenieur 38 (42):477–482

Nußelt W (1916) Die Oberflächenkondensation des Wasserdampfes. VDI-Zeitschrift 60:541–546 und 569–575

Nusser P (1985) Die Abhängigkeit der Feuerraumverschlackung vom wandnahen Temperaturprofil. Preprint AdW, Vol. 2

Odar F, Hamilton WS (1964) Forces on a Sphere Accelerating in a Viscous Fluid. J. of Fluid Mechanics 18:302–314

Oertel H, Laurien E (1995) Numerische Strömungsmechanik. Springer Verlag, Berlin Heidelberg New York

O'Neill EP, Keairns PD, Kittle WF (1977) Kinetic Studies Related to the Use of Limestone and Dolomite as Sulfur Removal Agents in Fuel Processing. Proceedings, Third Int. Symp. on FBC, pp 20–44

Oppenberg R (1977) Feuerraumresonanzen bei erdgasgefeuerten Dampferzeugern – Erfahrungen und Maßnahmen. Gas-Wärme Int. 26:55–63

Ozawa M, Akagawa K, Sakaguchi T (1979) Flow Instabilities in Parallel-Channel Flow Systems of Gas-Liquid Two-Phase Mixtures. Bull. JSME 22 (17):1113–1118

Ozawa M, Nakanishi S, Ishigai S, Mizuta Y, Taruili H (1984) Flow Instabilities in Boiling Channels; Part I, Pressure Drop Oscillations. Int. J. of Multiphase Flow 15 (4):639–657

Ozawa M, Akagawa K, Sakaguchi T (1989) Flow Instabilities in Parallel-Channel Flow Systems of Gas-Liquid Two-Phase Mixtures. Int. J. of Multiphase Flow 15 (4):639–657

Padki MM, Liu HT, Kakaç S, Veziroglu TN, Chen XL (1991a) Experimental and Theoretical Investigations of Two-Phase Flow Pressure-Drop Type and Thermal Oscillations. Proceedings of the 2nd Int. Symposium on Multi-Phase and Heat Transfer. Xian, China

Padki MM, Liu HT, Kakaç S (1991b) Two-Phase Flow Pressure-Drop Type and Thermal Oscillations. Int. J. of Heat and Fluid Flow 34 (3):240–248

Padki MM, Palmer K, Kakaç S, Veziroglu TN (1992) Bifurcation analysis of pressure-drop oscillations and the Ledinegg instability. Int. J. of Heat and Mass Transfer 35 (2):525–532

Paisley MF (1997) Multigrid Computation of Stratified Flow over Two-Dimensional Obstacles. J. of Computational Physics 136:411–424

Palmer CA, Erbes MR (1994) Simulation methods used to analyze the performance of the GE PG6541B gas turbine utilizing low heating value fuels. IGTI-Vol. 9, ASME COGEN-TURBO

Papula L (1994) Mathematik für Ingenieure und Naturwissenschaftler. Vieweg Verlag

Patankar SV (1975) Numerical Prediction of Three-Dimensional Flows. In: Lunder BE (ed) Studies in Convection: Theory, Measurement and Applications, Vol. 1. Academic Verlag, New York

Patankar SV (1980) Numerical Heat Transfer and Fluid Flow. Hemisphere Publ. Corp., Washington New York London

Patankar SV (1988) Recent Developments in Computational Heat Transfer. Trans. of ASME, Ser. C, J. of Heat Transfer 110:1037–1045

Päuker W, Müller H, Leithner R (2000) Gekoppelte Feuerraum- und Mühlensimulation. VDI-GET Fachtagung „Modellierung und Simulation von Dampferzeugern und Feuerungen". VDI-Berichte Nr. 1534, Braunschweig, Deutschland, 209–218

Päuker W (2001) Numerische Brennkammersimulation - Rückwirkung der Rauchgasrücksaugung und Mahltrocknung auf den Zustand im Brenner. Dissertation, TU Braunschweig

Pawlowski J (1971) Die Ähnlichkeitstheorie in der physikalisch-technischen Forschung. Grundlagen und Anwendung. Springer Verlag

Perić M, Kessler R, Scheuerer G (1988) Comparison of Finite-Volume Numerical Methods with Staggered and Colocated Grids. Computers & Fluids 16 (4):389–403

Perry RH (1984) Perry's Chemical Engineers' Handbook. 6th edn. McGraw Hill Book Company, New York St. Luis

Peters AAF, Weber R (1997) Mathematical Modeling of a 2.4 MW Swirling Pulverized Coal Flame. Combustion Science and Technology 122:131–182

Petukhov BS, Polyskov AF, Kuleshov VA, Sheckter YuL (1974) Turbulent Flow and Heat Transfer in Horizontal Tubes with Substantial Influence of Thermogravitational Forces. 4th Int. Heat Transfer Conference, Vol. 3. Tokyo, Japan, pp 164–168

Pich R (1979) Wärmespannungen in druckführenden Bauteilen und deren messtechnische Überwachung. VGB Kraftwerkstechnik 59:510–519

Pich R (1983) Näherungsgleichungen zur Abschätzung der instationären Wärmespannungen in krümmungsbehinderten Platten, Hohlzylindern und Hohlkugeln bei linear veränderter Leittemperatur. VGB Kraftwerkstechnik 63 (10):915–924

Pich, R (1993) Allgemeine Betrachtungen über instationäre Wärmespannungen in krümmungsbehinderten Platten, Hohlzylindern und Hohlkugeln mit ebenen symmetrischen Temperaturfeldern. Dissertation, Technische Universität Wien

Pillai K (1981) The Influence of Coal Type on Devolatilization and Combustion in Fluidized Beds. J. of the Inst. of Energy 54 (9):142–150

Podowski M, Taleyarkhan RP, Lahey Jr. RT (1983) Channel-to-Channel Instabilities in Parallel Channel Boiling System. Transaction of the American Nuclear Society 44:383–384

Pohl JH, Sarofim AF (1976) Devolatilization and Oxidation of Coal Nitrogen. 16th Symp. (Int.) on Comb., The Combustion Institute Pittsburgh, S 491–501

Polifke W, Kopitz J (2005) Wärmeübertragung. Pearson Verlag, München

Poling BE, Prausnitz JM, O'Connell JP (2001) The Properties of Gases and Liquids. 5th edn. McGraw Hill Book Companies, Inc., Boston New York

Pollak R (1975) Eine neue Fundamentalgleichung zur konsistenten Darstellung der thermodynamischen Eigenschaften von Wasser. Brennstoff-Wärme-Kraft 27 (5):210–215

Ponweiser K, Walter H (1993) Erweiterung der NBS/NRC Wasserdampftafeln um die Umkehrfunktionen und deren Ableitungen. Fortschr.-ber. vdi 291, VDI Verlag, Düsseldorf

Ponweiser K, Walter H (1994) Die thermodynamischen Zustandsgrößen von Wasser und Wasserdampf und deren partielle Ableitungen in unterschiedlichen Darstellungsformen. Brennstoff-Wärme-Kraft 46 (1/2):53–55

Ponweiser K (1997) Numerische Simulation von dynamischen Strömungsvorgängen in netzwerkartigen Rohrstrukturen. Fortschr.-Bericht VDI 378, VDI Verlag, Düsseldorf

Pope SB (1975) A More General Effective-Viscosity Hypothesis. J. of Fluid Mechanics 72 (2):331–340

Pope SB (1990a) Computations of Turbulent Combustion. Progress and Challenges, 23th (Int.) on Combustion The Combustion Institute, Pittsburgh, S 591–611

Pope SB (1990b) PDF Methods for Turbulent Reactive Flows. Progress in Energy and Combustion Science 11:119–192

Prandtl L, Oswatitsch K, Wieghardt K (1990) Führer durch die Strömungslehre. 9. Aufl. Vieweg & Sohn Verlagsges. m. b. H., Braunschweig/Wiesbaden

Press WH, Flannery BP, Teukolsky SA, Vetterling WT (1989) Numerical Recipes. Cambridge University Press

Press WH, Teukolsky SA, Vetterling WT, Flannery BP (1992) Numerical Recipes in FORTRAN. 2nd edn. Cambridge University Press, New York

Profos P (1944) Vektorielle Regeltheorie. Dissertation, ETH Zürich

Profos P (1947) Die Stabilität der Wasserverteilung in Zwanglauf-Heizflächen. Technische Rundschau Sulzer, Vol. 1

Profos P (1959) Die Stabilisierung der Durchflußverteilung in Zwanglaufheizflächen. Energie 11 (6):241–247

Raask E (1985) Mineral impurities in coal combustion. Springer Verlag, Berlin

Rahman MM, Fathi AM, Soliman HM (1985) Flow Pattern Boundaries During Condensation: New Experimental Data. Can. J. of Chemical Engineering 63:547–552

Rajan RR, Wen CY (1980) A Comprehensive Model for Fluidized Bed Coal Combustors. AIChE Journal 26:642–655

Rall R (1981) Automatic Differentiation: Techniques and Applications. Springer Verlag

Ramachandran PA, Smith JM (1977) A Single-Pore Model for Gas-Solid Noncatalytic Reactions. AIChE Journal 23 (3):353–361

Rassoul N, Hamidouche T, Si-Ahmed EK, Bousbia-Salah A (2005) Simplified numerical model for predicting onset of flow instability in parallel heated channels. The 11th Int. Topical Metting on Nuclear Reactor Thermal-Hydraulics (NURETH-11). Avignon, Frankreich

Rath R (1990) Mineralogische Phasenlehre. Ferdinand Enke Verlag, Stuttgart

Reichelt W, Groß B (1966) Methoden zur Berechnung von Schmelzdiagrammen binärer Oxidsysteme. Institut für Kerntechnik, TU Berlin, Berlin

Reid DR, Taborek J 81994) Selection Criteria for Plain and Segmented Finned Tubes for Heat Recovery Systems. Trans. of ASME, J. of Engineering for Gas Turbines and Power 116 (2):406–410

Reidelbach H, Algermissen J (1981) Berechnung der thermischen Zersetzung von Gasflammkohlen. Brennstoff-Wäme-Kraft 39 (6):273–281

Reimann M, Meyer-Pittroff R, Grigull U (1970) Berechnung von Zustandsgrößen aus thermodynamisch konsistenten Zustandsgleichungen und Vergleich der Ergebnisse verschiedener Gleichungssysteme für Wasser und Wasserdampf. Brennstoff-Wärme-Kraft 22 (8):373–378

Reinecke N (1996) Fluiddynamische Instabilitäten. Hochschulkurs "Mehrphasenströmungen in der Verfahrenstechnik". Universität Hannover, Deutschland, S 4–31

Rettemeier W (1982) Ein mathematisches-physikalisches Modell für Kraftwerksblöcke zur Simulation von Leistungserhöhungen. Dissertation, Technische Universität Braunschweig

Rhie CM, Chow WL (1983) A Numerical Study of the Turbulent Flow Past an Isolated Airfoil with Trailing Edge Separation. AIAA Journal 21 (11):1525–1532

Richardson JM, Howard HC, Smith RW (1952) The Relation Between Sampling-Tube Measurements and Concentration Fluctuations in a Turbulent Gas Jet. 4th Sym . (Int.) on Combustion, The Combustion Institute, Pittsburgh, S 814–817

Richter H (1962) Rohrhydraulik. 4. Aufl. Springer Verlag, Berlin Heidelberg

Richter W (1978) Mathematische Modelle technischer Flammen – Grundlagen und Anwendung für achssymmetrische Systeme. Dissertation, Universität Stuttgart

Richter F (1983) Physikalische Eigenschaften von Stählen und ihre Temperaturabhängigkeit. MANNESMANN Forschungsberichte 10, Verlag Stahleisen m. b. H., Düsseldorf

Riemenschneider G (1988) Analyse der Anlagendynamik eines steinkohlebefeuerten Großdampferzeugers mit vorgeschalteter Gasturbine. Fortschr.-Bericht VDI 228, VDI Verlag, Düsseldorf

Rifert VG, Smirnov HF (2004) Condensation Heat Transfer Enhancement. Sunden B (ed) WIT Press, Southampton Boston

Ro S (1992) Numerische Berechnung der NO_x-Bildung in Kohlenstaubflammen – Einfluß des Dralls und des Brennstoffstickstoffgehaltes. Fortschr.-Bericht VDI 271, VDI Verlag, Düsseldorf

Rohse H (1995) Untersuchung der Vorgänge beim Übergang vom Umwälz- zum Zwangsdurchlaufbetrieb mit einer dynamischen Dampferzeugersimulation. Fortschr.-Bericht VDI 327, VDI Verlag, Düsseldorf

Rohsenow WM, Webber JH, Ling AT (1956) Effect of Vapor Velocity on Laminar and Turbulent Film Condensation. Trans. ASME 78:1637–1643

Rosahl O (1942) Belastungsstöße und Speicherfähigkeit in Dampfkraftbetrieben. Vulkan-Verlag, Essen

Rosner N (1986) Thermische Zustandsgleichung für Wasser im Bereich vom Tripelpunkt bis 10000 bar erstellt durch multiple Regressionsanalyse. Dissertation, Technische Universität München

Rost F, Ney P (1956) Zur Kenntnis der Kesselschlacken. Mitteilung aus dem Institut für Mineralogie der Techn. Hochschule München, Vol. 37

Rummer B (1999) Simulation der Trocknung, Pyrolyse und Vergasung großer Brennstoffpartikel. Dissertation, Technische Universität Graz

Sabel T, Käß M, Kirschning O, Greißl B, Risio B (2005) Betriebsoptimierung durch simulationsgestützten Feuerungsvergleich. 22. Deutscher Flammentag „Verbrennung und Feuerungen", VDI-Berichte Nr. 1888. VDI-Gesellschaft Energietechnik, Braunschweig, Deutschland: Verein Deutscher Ingenieure

Saffman PG (1965) The Lift on a Small Sphere in a Slow Shear Flow. J. of Fluid Mechanics 22:385–400

Saffman PG (1968) Corrigendum to "The Lift on a Small Sphere in a Slow Shear Flow". J. of Fluid Mechanics 31:624

Salamang H, Scholze H (1982) Keramik – Teil 1: Allgemeine Grundlagen und wichtige Eigenschaften. Springer Verlag, Berlin Heidelberg

Sarofim AF, Eddings E (1999) Mineral matter transformation during pulverized coal combustion. 4th ISCC Int. Symp. on Coal Combustion. Beijing, China

Satoh A, Okamoto K, Madarame H (2001) Unstable behaviour of Single-phase Natural Circulation Under Closed Loop with Connecting Tube. Experimental Thermal and Fluid Science 25:429–435

Schack A (1924) Über die Wärmestrahlung der Feuergase und ihre praktische Berechnung. Zeitschrift techn. Physik 5:267–278

Schack A (1970) Berechnung der Strahlung von Wasserdampf und Kohlendioxid. Chemie-Ingenieur-Technik 42 (2):53–58

Schack A (1971) Zur Berechnung der Wasserdampfstrahlung. Chemie-Ingenieur-Technik 43 (21):1151–1153

Schäff K (1982) Das Beste

Schäfer M (1999) Numerik im Maschinenbau. Springer Verlag
Schiebener P (1989) Schnelle Berechnungsverfahren für Zustandseigenschaften am Beispiel Wasser. Dissertation, Technische Universität München
Schiller L, Naumann A (1933) Über die grundlegende Berechnung bei der Schwerkraftaufbereitung. Zeitschrift Verein Deutscher Ingenieure 44:318–320
Schiller A (1999) Optimierung der Simulation von Kohlenstaubfeuerungen. Fortschr.-Bericht VDI 416, VDI Verlag, Düsseldorf
Schlichting H (1965) Grenzschicht-Theorie. 5. Aufl. G. Braun Verlag, Karlsruhe
Schmalzried H (1995) Chemical kinetics of solids. VCH Verlagsgesellschaft mbH, Weinheim
Schmidt E (1932) Messung der Gesamtstrahlung des Wasserdampfes bei Temperaturen bis 1000^0C. Forschung Ing. -Wesen 3 (2):57–70
Schmidt E, Eckert E (1937) Die Wärmestrahlung von Wasserdampf in Mischung mit nichtstrahlenden Gasen. Forschung Ing. -Wesen 8 (3):87–90
Schmidt ThE (1963a) Der Wärmeübergang an Rippenrohren und die Berechnung von Rohrbündel-Wärmetauschern. Kältetechnik 15 (4):98–102
Schmidt ThE (1963b) Der Wärmeübergang an Rippenrohren und die Berechnung von Rohrbündel-Wärmetauschern. Kältetechnik 15 (12):370–378
Schmidt D (1967a) Instationäre Wärmespannungen in einer Frischdampfleitung. Energie 19 (12):393–398
Schmidt E (1967b) International vereinbarte Gleichungen für die Eigenschaften von Wasser und Wasserdampf zum Gebrauch der Industrie in Rechenanlagen. Brennstoff-Wärme-Kraft 19 (2):69–70
Schmidt D (1973) Über die Berechnung instationärer Wärmespannungen. Rohre - Rohrleitungsbau - Rohrleitungstransport, Nr. 5/6:236–245
Schmidt J, Friedel L (1997) Two-Phase Pressure Drop Across Sudden Contractions in Duct Areas. Int. J. of Multiphase Flow 23 (2):283–299
Schneider A (1958) Das regeldynamische Verhalten von Kohlenstaubfeuerungen. Dissertation, TH-Stuttgart
Schneider, A (1960) Der Transport von Kohlenstaub durch Trägergas in Rohrleitungen und der regeltechnische Einfluß auf die Feuerung. Energie 12, Nr. 9
Schneider A, Spliethoff H (1962) Regeldynamische Eigenschaften von Dampferzeugern. Oldenburg-Verlag, München
Schnell U (1990) Berechnung der Stickoxidemission von Kohlestaubfeuerungen. Fortschr.-Bericht VDI 250, VDI Verlag, Düsseldorf
Schnell U (2002) Numerical modelling of solid fuel combustion processes using advanced CFD-based simulation tools. Progress in Computational Fluid Dynamics 1 (4):208–218
Schobesberger P (1989) Ein Modell zur Berechnung von Wärme- und Stoffaustauschvorgängen in Dampferzeugerfeuerungen. Fortschr.-Bericht VDI 230, VDI Verlag, Düsseldorf
Schröder HJ (1979) Betriebserfahrungen mit dampfberührten Anlagenteilen von Druckwasserreaktoren aus chemischer Sicht. VGB Kraftwerkstechnik 59 (3):195–199

Schröder HChr, Foos A (2000) Beitrag zur Bewertung und Probabilistik für einen optimalen und sicheren Kraftwerksbetrieb. VGB Kraftwerkstechnik 80 (10):70–77

Schuhmacher A, Waldman H (1972) Wärme- und Strömungstechnik im Dampferzeugerbau – Grundlagen und Berechnungsverfahren. Vulkan Verlag, Essen

Schüller BK (1999) Über die Berechnung von Nußelt-Zahlen bei komplexen Geometrien. Berichte aus der Thermodynamik, Shaker Verlag.

Schulz A (1994) Numerische Simulation einer hochbeladenen Gas-Feststoffströmung am Beispiel einer zirkulierenden atmosphärischen Wirbelschicht. Dissertation, Technische Universität Braunschweig

Semedard JC, Scheffknecht G (1997) Moderne Abhitzekessel. VGB Kraftwerkstechnik 77 (12):1028–1035

Serio MA, Chen Y, Charpenay S, Jensen A, Wojtowicz MA (1998) Modeling biomass pyrolysis kinetics. 20th Symp. (Int.) on Combustion, The Combustion Institute, Pittsburgh, S 1327–1334

Serio MA, Hamblen DG, Markham JR, Solomon PR (1987) Kinetics of Volatile Evolution in Coal Pyrolysis: Experiment and Theory. Energy & Fuels 1:138–152

Serio MA, Solomon PR, Yu ZZ (1989) An Improved General Model of Coal Devolatilization. Int. Conference on Coal Science. Tokyo, Japan, pp 209–212

Sestak J (1996) Use of phenomenological kinetics and the enthalpy versus temperature diagramm (and its derivative-DTA) for a better understanding of transition processes in glasses. Thermochimica Acta 280/281:175–190

Shah MM (1979a) A Generalized Correlation for Heat Transfer during Film Condensation inside of Pipes. Int. J. of Heat and Mass Transfer 22:547–556

Shah MM (1979b) A Generalized Graphical Method for Predicting CHF in Uniformly Heated Vertical Tubes. Int. J. of Heat and Mass Transfer 22:557–568

Shah MM (1980) A General Correlation for Critical Heat Flux in Annuli. Int. J. of Heat and Mass Transfer 23:225–234

Shah RK, Sekulić DP (1998) Heat Exchangers. In: Rohsenow WM, Hartnett JP Cho YI (eds) Handbook of Heat Transfer, 3rd edn. McGraw Hill Book Company, New York San Francisco Washington pp 17.1–17.169.

Shah RK, Sekulić DP (2003) Fundamentals of Heat Exchanger Design. Wiley Verlag, Hoboken

Shih TM, Ren AL (1984) Primitive-Variable Formulations Using Nonstaggered Grids. Numerical Heat Transfer 7:413–428

Siegel R, Howell JR, Lohrengel J (1991a) Wärmeübertragung durch Strahlung. band 2, Strahlungsaustausch zwischen Oberflächen und in Umhüllungen der Wärme und Stoffübertragung. Springer Verlag, Berlin Heidelberg New York

Siegel R, Howell JR, Lohrengel J (1991b) Wärmeübertragung durch Strahlung. Band 3, Strahlungsübergang in absorbierenden, emitierenden und streuenden Medien der Wärme und Stoffübertragung. Springer Verlag, Berlin Heidelberg New York

Siegel R, Howell, JR (1992) Thermal Radiation Heat Transfer. 3rd. edn. Hemisphere Publishing Corp., Washington Philadelphia London

Singer GJ (1981) Combustion - Fossil Power Systems (A Reference Book on Fuel Burning And Steam Generation. Combustion Engineering Inc.

Sloan DG, Smith PJ, Smoot LD (1986) Modeling of Swirl in Turbulent Flow Systems. Progress in Energy and Combustion Science 12:163–250

Smith GD (1978) Numerical Solution of Partial Differential Equations: Finite Difference Methods. Clarendon Press

Smith PJ, Fletcher TH, Smoot LD (1980) Model for Pulverized Coal-Fired Reactors. 18th Symp. (Int.) on Combustion, The Combustion Institute, Pittsburgh, S 1285–1293

Smith TF, Shen ZF, Friedman JN (1982) Evaluation of coefficients for the weighted sum of gray gases model. J. of Heat Transfer 104:602–608

Smoot LD, Hill SC, Smith PJ 1(985a) NO_x Prediction for Practical Pulverized Coal Reactors. Joint Symposium on Stationary Combustion NO_x Control

Smoot LD, Pratt, DT (1979) Pulverized-Coal Combustion and Gasification. Plenum Press, New York

Smoot LD, Smith PJ (1985b) Coal Combustion and Gasification. Plenum Press, New York

Smooth ID (1993) Fundamentals of Coal Combustion. Elsevier Verlag, London New York

Soliman M, Shuster JR, Berenson PJ (1968) A General Heat Transfer Correlation for Annular Flow Condensation. Trans. of ASME, Ser. C, J. of Heat Transfer 90 (2):267–276

Solomon PR, Colket MB (1978) Coal Devolatilization. 17th Symp. (Int.) on Combustion, The Combustion Institute, S 131–141

Solomon PF, Serio MA, Carangelo RM, Markham JR (1986) Very Rapid Coal Pyrolysis. Fuel 65 (2):182–194

Solomon PR, Hamblen DG, Carangelo RM, Serio MA, Deshpande GV (1988) General Model Coal Devolatilization. Energy & Fuels 2:405–422

Solomon P, Serio R, Suuberg EM (1992) Coal Pyrolysis: Experiments, Kinetic Rates and Mechanisms. Prog. Energy Combustion Sci. 18:133–220

Solomon PF, Fletcher TH, Pugmire RJ (1993) Progress in Coal Pyrolysis. Fuel 72 (5):587–597

Sommerfeld M (1993a) Review on Numerical Modelling of Dispersed Two-Phase Flows. Proceedings of the 5th Int. Symposium on Refined Flow Modelling and Turbulence Measurements. Paris, France

Sommerfeld M, Kohnen G, Rüger M (1993b) Some Open Questions and Inconsistencies of Lagrangian Particle Dispersion Models. Proceedings of the 9th Symposium on Turbulent Shear Flows. Kyoto, Japan

Sommerfeld M, Huber N (1999) Experimental Analysis and Modelling of Particle-Wall Collisions. Int. J. of Multiphase Flow 25:1457–1489

Sommerfeld M (2006) Bewegung fester Partikel in Gasen und Flüssigkeiten. In: VDI–Wärmeatlas – Berechnungsblätter für den Wärmeübergang, 10. Aufl, Lca1–Lca9. Düsseldorf: VDI–Verlag GmbH

Sonar T (2009) Turbulenzen um die Fluidmechanik. Spektrum der Wissenschaften (4):78–87

Soo SL (1990) Multiphase Fluid Dynamics. Science Press, Beijing

Spalding DB (1970) Mixing and Chemical Reaction in Stead Confined Turbulent Flames. 13th Symp. (Int.) on Combustion, The Combustion Institute Pittsburgh, S 649–657

Spalding DB (1971) Concentration Fluctuations in a Round Turbulent Free Jet. J. of Chemical and Engineering Science 26:95–107

Spalding DB. (1972a) A Novel Finite-Difference Formulation for Differential Expressions Involving Both First and Second Derivatives. Int. J. for Numerical Methods in Engineering 4 (4):551–559

Patankar SV, Spalding DB (1972b) A Calculation Procedure for Heat, Mass and Momentum Transfer in Three-Dimensional Parabolic Flows. Int. J. of Heat and Mass Transfer 15:1787–1806.

Spalding DB (1982) The 'Shadow' Method of Particle-Size Calculation in Two-Phase Combustion. 19th Symp. (Int.) on Combustion, The Combustion Institute, Pittsburgh

Specht B (2000) Modellierung von beheizten, laminaren und turbulenten Strömungen in Kanälen beliebigen Querschnitts. Dissertation, Technische Universität Braunschweig

Speitkamp L (1988) Bestimmung von Temperaturdifferenzen in dicken Druckbehälterwänden aus der zeitlichen Abfolge von Temperaturmesswerten an der isolierten Wandaußenseite. VGB Kraftwerkstechnik 68:182–186

Srinivas B, Pushpavanam S (2000) Determining Parameters Where Pressure Drop Oscillations Occur in a Boiling Channel using Singularity Theory and the D-Partition Method. Chemical Engineering Science 55:3771–3783

Srinivasachar S, Helble JJ, Boni AA (1989a) A physical and chemical basis for understanding inorganic mineral transformations in coals based on model-mineral experiments. Division of Fuel Chemistry 34:347–354

Srinivasachar S, Boni AA (1989b) A kinetic Model for pyrit transformations in a combustion environment. Fuel 68:828–836

Srinivasachar S, Helble JJ, Boni AA, Shah N, Huffman PG, Huggins FE (1990a) Mineral behaviour during coal combustion: 2. Illite Transformations. Progress in Energy and Combustion Science 16:293–302

Srinivasachar S, Helble JJ, Boni AA, Katz BC (1990b) Transformations and stickiness of minerals during pulverized coal combustion; mineral matter and ash deposition from coal. Engineering Foundation Press

Stamatelopoulos GN (1995) Berechnung und Optimierung von Kraftwerkskreisläufen. Dissertation, TU Braunschweig

Stamatelopoulos GN, Scheffknecht G, Sadlon ES (2003) Supercritical Boilers and Power Plants: Experience and Perspectives. Power-Gen Europe 2003. Düsseldorf, Deutschland, 1–17

Stamatelopoulos GN, Weissinger, G (2005) Die nächste Generation von Steinkohlekraftwerken. VGB Konferenz "Kraftwerke im Wettbewerb 2005: Ordnungspolitik, Markt und Umweltschutz". Potsdam, Deutschland, S 49–53

Starke A, Horlbeck W, Brause T, Mayer B, Willmes O, Glaser W (2000a) Thermodynamische Modellierung von Kohleschlacke-Systemen. Brennstoff-Wärme-Kraft, Vol. 52

Starke A, Mayer B (2000b) Thermodynamische Realmodellierung des Ascheschmelzverhaltens und der Alkaliflüchtigkeit in Wechselwirkung mit der Gasatmosphäre. VDI-GET Fachtagung „Modellierung und Simulation von Dampferzeugern und Feuerungen". VDI-Berichte Nr. 1534, Braunschweig, Deutschland, S 111–118

Stasiulevičius J, Skrinska A (1988) Heat Transfer of Finned Tube Bundles in Crossflow. Hemisphere Publ. Corp., Washington New York London

Steege F (1988) Vergleich verschiedener Methoden zur Bestimmung der Wandtemperaturdifferenz. Diplomarbeit, Technische Universität Braunschweig

Steinrück H (2000) Grundlagen der numerischen Strömungsmechanik. Institut für Strömungslehre und Wärmeübertragung, Technische Universität Wien. Vorlesungsumdruck

Stenning AH, Veziroglu, TN (1965) Flow Oscillations Modes in Forced Convection Boiling. Proc. 1965 Heat Transfer and Fluid Mech. Inst., Stanfort Univ. Press, pp 301–316

Stenning AH, Veziroglu TN, Callahan GM (1967) Pressure Drop Oscillations in Forced Convection Flow with Boiling. Proc. Symp. on Two-Phase Flow Dynamics. Eindhoven, pp 405–427

Stephan K (1988) Wärmeübergang beim Kondensieren und beim Sieden. Springer Verlag, Berlin Heidelberg New York London

Sterff J, Wellfonder E (2006) Historische Entwicklung der Leittechnik von Dampfkraftwerken. atp Automatisierungstechnische Praxis, Vol. 6

Stiefel E (1970) Einführung in die numerische Mathematik. B. G. Teubner Verlag, Stuttgart

Stodola A (1922) Gas- und Dampfturbinen. Springer-Verlag

Stokes GG (1851) On the Effect of the Internal Frictions of Fluids on the Motion of Pendulums. Trans. Cambr. Phil. Soc. 9:8–106

Strauß K (1985) Kriterien für den Einsatz unterschiedlicher Dampferzeugersysteme bei Kraftwerks-Dampferzeugern. In: Jahrbuch der Dampferzeugertechnik, Band 1, 5. Aufl, Vulkan Verlag, Essen, S 332–342

Strauß K, Baumgartner F (1985) Das dynamische Verhalten von Dampferzeugern unterschiedlicher Bau- und Feuerungsart bei Fest- und Gleitdruckbetriebsweise. In: Jahrbuch der Dampferzeugertechnik, Band 2, 5. Aufl, 900–911. Vulkan Verlag, Essen

Strauß, K (1992) Kraftwerkstechnik: zur Nutzung fossiler, regenerativer und nuklearer Energiequellen. Springer Verlag, Berlin Heidelberg New York

Strauß K (1998) Kraftwerkstechnik – zur Nutzung fossiler, regenerativer und nuklearer Energiequellen. Springer Verlag, Berlin Heidelberg New York

Streit S (1975) Anwendung der Ausgleichsrechnung bei wärmetechnischen Versuchen. Dissertation, Technische Universität Wien

Strejc V (1960) Approximation aperiodischer Übergangscharakteristiken. Zmsr, Nr. 3:115–124

Strelets M (2000) Detached Eddy Simulation of Massively Separated Flows. AIAA-00-2306

Stribersky A, Linzer W (1984) Ein Beitrag zum Problem der Stabilität beim Naturumlauf. Fortschr.-Bericht VDI 154, VDI Verlag, Düsseldorf

Ströhle J (2003) Spectral Modelling of Radiative Heat Transfer in Industrial Furnaces. Shaker Verlag, Aachen

Styrikowitsch MA, Miropolsky SL, Schitzman ME (1959) Wärmeübergang im kritischen Druckgebiet bei erzwungener Strömung des Arbeitsmediums. VGB Kraftwerkstechnik 61:288–294

Su G, Jia D, Fukuda K, Guo Y (2001) Theoretical Study on Density Wave Oszillation of Two-Phase Natural Circulation under Low Quality Conditions. J. of Nuclear Science and Technology 38 (8):607–613

Swenson HS, Carver JR, Kakarala CR (1965) Heat Transfer to Supercritical Water in Smooth-Bore Tubes. Trans. of ASME, Ser. C, J. of Heat Transfer 87:477–484

Swenson HS, Carver JR, Szoeke G (1962) The Effects of Nucleate Boiling Versus Film Boiling on Heat Transfer in Power Boiler Tubes. Trans. of ASME, Ser. A, J. of Heat Transfer 84:365–371

Taitel Y, Dukler AE (1976) A Model for Predicting Flow Regime Transitions in Horizontal and Near Horizontal Gas-Liquid Flow. AIChE Journal 22 (1):47–55

Takeda T, Kawamura H, Seki M (1987) Natural Circulation in Parallel Vertical Channel with Different Heat Inputs. Nuclear Engineering and Design 104:133–143

Takitani K, Takemura T (1978) Density Wave Instability in Once-Through Boiling Flow System, (I) Experiment. J. of Nuclear Science and Technology 15 (5):355–364

Takitani K, Sakano K (1979) Density Wave Instability in Once-Through Boiling Flow System, (III) Distributed Parameter Model. J. of Nuclear Science and Technology 16 (1):16–29

Taler J (1986) Dynamisches Verhalten dickwandiger Dampferzeugerbauteile. Brennstoff-Wärme-Kraft 38 (1/2):20–25

Taler J (1995) Identifikation von Wärmeübertragungsprozessen. Ossolineum, Warschau

Taler J, Lehne F (1996) Bestimmung von Wärmespannungen in dickwandigen Bauteilen mittels einer Temperaturmessstelle. Brennstoff-Wärme-Kraft 48:57–60

Taler J (1997) Überwachung von instationären Wärmespannungen in dickwandigen Bauteilen. Forschung im Ingenieurwesen 63:127–13

Taleyarkhan RP, Podowski MZ, Lahey Jr. RT (1981) Stability Analysis of a Nonuniformly Heated Boiling Channel. Transaction of the American Nuclear Society 38:771–773

Taleyarkhan RP, Podowski MZ, Lahey Jr. RT (1985) A Instability Analysis of Ventilated Channels. Trans. of ASME, Ser. C, J. of Heat Transfer 107:175–181

Tanaka H (1981) Effect of Knudsen Number on Dropwise Condensation. Trans. of ASME, Ser. A, J. of Heat Transfer 103 (3):606–607

Tanaka H (1995) Thermal analysis and kinetics of solid state reactions. Thermochimica Acta 267:29–44

Tandon TN, Varma HK, Gupta CP (1982) A New Flow Regime Map for Condensation Inside Horizontal Tubes. J. of Heat Transfer 104:763–768

Tanner H (1994) Lokale Strömungsmechanik in hochexpandierten zirkulierenden Gas/Feststoff-Wirbelschichten. Dissertation, ETH, Zürich

Techo R, Tickner RR, James RE (1965) An Accurate Equation for the Computation of the Friction Factor for Smooth Pipes from the Reynolds Number. J. of Appl. Mech., Vol. 6

Teichel H (1978) Druckabfall, Dampfgehalt und turbulenter Queraustausch in Wasser- und Wasserdampfströmungen. Brennstoff-Wärme-Kraft 30 (8):334–340

ten Brink HM (1987) Mineral matter behaviour transformations and slag formation in pulverized coal combustion. Results of the desk study MMT-O

ten Brink HM, Eenkhoorn S, Hamburg G (1992a) Mineral matter behaviour in low-Nox combustion – a laboratory study. Netherlands Energy Research Foundation, Nr. ECN-RX-92-035

ten Brink HM, Eenkhoorn S, Hamburg G (1992b) Mineral transformation in air-staged combustion of pulverized coal. Environment and Technology 11:1

ten Brink HM, Eenkhoorn S, Hamburg G (1992c) Mineral transformations in air-staged combustion of pulverized coal – part 2. Netherlands Energy Research Foundation, Nr. ECN-R-92-008

ten Brink HM, Eenkhoorn S, Hamburg G (1993a) Slaging in entrained-low gasification and Low-Nox firing conditions. Netherlands Energy Research Foundation, Nr. ECN-RX-93-079

ten Brink HM, Eenkhoorn S, Weeda M (1993b) Flame transformations of coal-siderite. Netherlands Energy Research Foundation, Nr. ECN-RX-93-080.

ten Brink HM, Smart JP, Vleeskens JM, Williamson J (1994) Flame transformations and burner slagging in a 2.5 MW furnace pulverized coal. Fuel 73:1706

ten Brink HM, Eenkhoorn S, Hamburg G (1997) Silica findes from included quartz in pulverized-coal combustion. Fuel Processing Technology 50:105–110

Thelen F (1981) Strömungsstabilität in Verdampfern von Zwangsdurchlaufdampferzeugern. VGB Kraftwerkstechnik 61 (5):357–367

Thom JRS (1964) Prediction of Pressure Drop During Forced Circulation Boiling of Water. Int. J. of Heat and Mass Transfer 7:709–724

Thom JRS, Walker WM, Fallon TA, Reising GFS (1965) Boiling in Subcooled Water During Flow Up Heated Tubes or Annuli. Symp. Inst. Mech. Eng. London

Thomas HJ (1975) Thermische Kraftanlagen. Springer Verlag, Berlin Heidelberg New York

Thomas PJ (1992) On the influence of the Bassest history force on the motion of a particle through a fluid. Physics of Fluids A 4 (9):2090–2093

Thomas KM (1997) The Release of Nitrogen Oxides during Char Combustion. Fuel 76:457–473

Thompson B, Macbeth R (1964) Boiling Water Heat Transfer Burnout in Uniformly Heated Round Tubes. Technical Report AAEW-R 356

Thompson TL, Clark NN (1991) A Holistic Approach to Particle Drag Prediction. Powder Technology 67 (1):57–66

Tippkötter Th, Schütz M, Scheffknecht G (2003) Start-up and Operational Experience with the 1000 MW Ultra-Supercritical Boiler Niederaussem in Germany. POWER-Gen Europe 2003. Düsseldorf, Germany, pp 1–21

Tong LS, Currin HB, Larsen JPS, Smith OG (1966) Influence of Axially Non-uniform Heat Flux on DNB. AIChE Chem. Eng. Prog. Symp. Ser. 62 (64):35–40

Tong LS (1968) Boundary–Layer Analysis of the Flow Boiling Crisis. Int. J. of Heat and Mass Transfer 11:1208–1211

Tong LS, Tang YS (1997) Boiling Heat Transfer and Two-Phase Flow. 2nd edn. Taylor & Francis

Traupel W (1988) Thermische Turbomaschinen. Springer Verlag, Berlin Heidelberg New York

Traustel S (1955) Besprechung des Konakow-Modells; Nachr. Akd. Wiss. UdSSR Abt. techn. Wiss. (1952) H. 3 S. 367/73 DK 621.18.016. Brennstoff-Wärme-Kraft, Nr. 3

Traviss DP, Rohsenow WM, Baron AB (1972) Forced Convection Condensation inside Tubes: A Heat Transfer Equation for Condenser Design. ASHRAE Transaction 79:157–165

Trautmann G (1988) Optimierung des Anfahrvorganges in konventionellen Kraftwerken bezüglich Wechselbeanspruchung durch Temperatur und Druck. Dissertation, Technische Universität Braunschweig

Trautmann G, Tegethoff J, Scheffknecht G, Tsolakidis I, Kehrein U, Daur M (2000) Diagnosis Tool for Conventional Steam Power Plants. Alstom Energy Systems GmbH, Stuttgart, Germany

Trottenberg U, Oosterlee CW, Schüller A (2001) Multigrid. Academic Press, San Diego San Francisco New York

Truckenbrodt E (1983) Lehrbuch der angewandten Fluidmechanik. Springer Verlag, Berlin Heidelberg New York Tokyo

Truelove JS, Jamaluddin AS (1986) Models for Rapid Devolatilization of Pulverized Coal. Combustion and Flame 64 (3):369–372

Tsuji Y, Kawagucchi T, Tanaka T (1993) Discrete particle simulation of a fluidized bed. Powder Technology 77:79

Tyn C, Calus W (1975) Diffusion Coefficients in Dilute Binary Liquid Mixtures. J. of Chemical Engineering Data 20:106 ff

UCPTE: Effective Power Control in the UCPTE-Net. Paris 1990

UCPTE: Recommendations for Primary and Secondary Frequency – and Effective Power Control in the UCPTE-Net. July 1995

Uerlings R, Bruch U, Meyer H (2008) KOMET 650 – Untersuchungen des Betriebsverhaltens von Kesselwerkstoffen sowie deren Schweißverbindungen bei Temperaturen bis 650 *tccelsius*. VGB PowerTech 88 (3):43–49

Ufert A (1996) Untersuchungen zum Einsatz von Parallelrechnern mit verteilten Speichern bei der Simulation dynamischer Vorgänge in Dampfkraftwerken. Dissertation, Technische Universität Darmstadt

Uhde G (1996) Modellierung nichtisothermer Gas-Feststoffreaktionen sowie experimentelle und theoretische Untersuchungen zur Hydrochlorierung von Ferrosilicium. Dissertation, TU Clausthal

Ünal HC (1982) The Period of Density-Wave Oscillations in Forced Convection Steam Generator Tubes. Int. J. Heat Mass Transfer 25 (3):419–422

van der Waerden, BL (1977) Über die Methode der kleinsten Quadrate. Nachrichten der Akademie der Wissenschaften in Göttingen

Van Doormaal JP, Raithby GD (1984) Enhancements of the SIMPLE Method for Predicting Incompressible Fluid Flows. Numerical Heat Transfer 7:147–163

van Kan JJ, Segal A (1995) Numerik Partieller Differentialgleichungen für Ingenieure. B. G. Teubner Verlag, Stuttgart

VDI 2048 Messunsicherheiten bei Abnahmemessungen an energie- und kraftwerkstechnischen Anlagen, Blatt 1: Grundlagen. Düsseldorf, 2000: Verein Deutscher Ingenieure

VDI 2888 VDI-Richtlinie: 2888, Zustandsorientierte Instandhaltung

VDI 2889 VDI-Richtlinie: 2889, Zustands- und Prozessüberwachungsmethoden und -systeme für die Instandhaltung. Anforderungen, Auswahlkriterien, Einführung. Entwurf Sept. 1995

VDI 3500 VDI-Richtlinie: VDI/VDE 3500, Begrenzungsregelungen in konventionellen Dampfkraftwerken. Ausgabe 1996

VDI 3501 VDI/VDE 3501, Dampferzeuger-Regelung and Brennstoff- und Verbrennungsluft-Regelung. Ausgabe 1962

VDI 3502 VDI/VDE 3502, Trommelwasserstand-Regelung in konventionellen Dampfkraftwerken. Ausgabe 1996

VDI 3503 VDI/VDE 3503, Dampftemperatur-Regelung in konventionellen Dampfkraftwerken. Ausgabe 1996

VDI 3504 VDI/VDE 3504, Dampferzeuger-Regelung – Feuerraumunterdruck-Regelung. Ausgabe 2003

VDI 3505 VDI/VDE 3505, Dampferzeuger-Regelung – Traggasstrom- und Sichtertemperatur-Regelungen in Kohlemühlen. Ausgabe 1964

VDI 3506 VDI/VDE 3506 Blatt 1, Speisewasser-Regelung für Durchlaufdampferzeuger in konventionellen Dampfkraftwerken. Ausgabe 1997

VDI 3508 VDI/VDE 3508, Blockregelung von Wärmekraftanlagen. Ausgabe 2003

VDI-Bericht 1359 (1997) VDI-GET Tagung: Monitoring und Diagnose in energietechnischen Anlagen. VDI-Verlag, Düsseldorf

VDI: Energietechnische Arbeitsmappe. (2000) 15. Aufl. Springer Verlag, Berlin Heidelberg New York

VDI–Wärmeatlas (2002) VDI–Wärmeatlas – Berechnungsblätter für den Wärmeübergang. 9. Aufl. VDI–Verlag GmbH., Düsseldorf

VDI-Wärmeatlas (2006) VDI–Wärmeatlas – Berechnungsblätter für den Wärmeübergang. 10. Aufl. VDI–Verlag GmbH., Düsseldorf

Vesely FJ (2005) Introduction to Computational Physics. Course material Academic year 2005/06. University of Vienna

Veziroglu TN, Lee SS (1969) Boiling Flow Instabilities in Parallel Channels. Proceedings of the Institution of Mechanical Engineers, Vol. 184. pp 7–17

Veziroglu TN, Lee SS (1971) Boiling-Flow Instabilities in a Cross-Connected Parallel Channel Upflow System. National Heat Transfer Conference, ASME Paper 71-HT-12, ASME. New York

Visona SP, Stanmore BR (1996) 3-D Modelling of NOx Formation in a 275 MW Utility Boiler. J. of the Institute of Energy 69:68–79

Visser BM (1991) Mathematical Modelling of Swirling Pulverised Coal Flames. Dissertation, Technische Universität Delft (The Netherlands)

Vockrodt St (1994) 3-dimensionale Simulation der Kohleverbrennung in zirkulierenden atmosphärischen Wirbelschichtfeuerungen. Dissertation, TU Braunschweig

Vonderbank RS, Leithner R, Schiewer S, Hardow B (1993) Modellierung paralleler Kalzinierung und Sulfatierung bei der SO_2-Einbindung durch das Trocken-Additiv-Verfahren. Brennstoff-Wärme-Kraft 45:443–450

Vonderbank RS (1994) Numerische Simulation der primären NO-Minderung und SO_2 Einbindung mit dem Trockenadditivverfahren bei braunkohlegefeuerten Dampferzeugern. Dissertation, TU Braunschweig

Vortmeyer D, Kabelac S (2006a) Gasstrahlung: Strahlung von Gasgemischen. In: VDI–Wärmeatlas – Berechnungsblätter für den Wärmeübergang, 10. Aufl, S Kc1–Kc11. VDI–Verlag GmbH., Düsseldorf

Vortmeyer D, Kabelac S (2006b) Einstrahlungzahlen. In: VDI–Wärmeatlas – Berechnungsblätter für den Wärmeübergang, 10. Aufl, S Kb1–Kb10. VDI–Verlag GmbH., Düsseldorf

Wagner W, Rukes B (1995) Die Entwicklung einer neuen Industrie-Formulation für die Zustandseigenschaften von Wasser und Wasserdampf. Brennstoff-Wärme-Kraft 47 (7/8):312–316

Wagner W, Kruse A (1998a) Zustandsgrößen von Wasser und Wasserdampf: Der Industrie-Standard IAPWS-IF97 für die thermodynamischen Zustandsgrößen und ergänzende Gleichungen für andere Eigenschaften. Springer Verlag, Berlin Heidelberg New York

Wagner W, Cooper JR, Dittmann A, Kijima J, Kretzschmar HJ, Kruse A, Mares R, Oguchi K, Sato H, Stöcker I, Šnifer O, Takaishi Y, Tanishita I, Trübenbach J, Willkommen Th (2000) The IAPWS Industrial Formulation 1997 for the Thermodynamic Properties of Water and Steam. Trans. of ASME, Ser. D, J. of Engineering for Gas Turbines and Power 122 (1):150–182

Wagner W, Rukes B (1998b) IAPWS-IF97: Die neue Industrie-Formulation. Brennstoff-Wärme-Kraft 50 (3):42–47

Walhorn E (2002) Ein simultanes Berechnungsverfahren für Fluidstruktur-Wechselwirkungen mit finiten Raum-Zeit-Elementen. Technical Report 2002-95, Institut für Statik, Technische Universität Braunschweig

Wall TF, Lowe A, Wibberley LJ, Stewart IMcC (1965) Mineral matter in coal and the thermal performance of large boilers. Technische Überwachung 6:203–209

Wallis GG, Heasley JH (1961) Oscillations in Two-Phase Flow Systems. Trans. of ASME, Ser. C, J. of Heat Transfer 83:363–369

Wallis GB (1969) One-dimensional Two-phase-Flow. McGraw – Hill Book Company, New York St. Louis San Francisco London

Walter H (2001) Modellbildung und numerische Simulation von Naturumlaufdampferzeugern. Fortschr.-Bericht VDI 457, VDI Verlag, Düsseldorf

Walter H, Linzer W (2002a) Einfluss der dynamischen Simulation auf die Geometrie der Überströmrohre eines Abhitzedampferzeugers. Modellierung und Simulation von Dampferzeugern und Feuerungen, VDI-Berichte Nr. 1664. VDI-Gesellschaft Energietechnik, Braunschweig, Deutschland: Verein Deutscher Ingenieure, 131–141

Walter H, Weichselbraun A (2002b) Ein Vergleich unterschiedlicher Finite-Volumen-Verfahren zur dynamischen Simulation beheizter Rohrnetzwerke. Fortschr.-Bericht VDI 477, VDI Verlag, Düsseldorf

Walter H, Linzer W (2003a) Flow Stability of Natural Circulation Steam Generators. In: Padet J, Arinc F (eds) Int. Symposium on Transient Convective Heat and Mass Transfer in Single and Two-Phase Flows. Int. Center for Heat and Mass Transfer, Begell House Inc., New York pp 235–244

Walter H, Weichselbraun A (2003b) Comparison of four finite-volume-algorithms for the dynamic simulation of natural circulation steam generators. In: Troch I, Breitenecker F (eds) Proceedings of the 4th IMACS Symposium on Mathematical Modelling, Vol. 2 of ARGESIM Report no. 24. ARGE SIMULATION, Wien, pp 531–540

Walter H, Linzer W (2004a) Flow Stability of Heat Recovery Steam Generators. Proceedings of the ASME Turbo EXPO, Power for Land, Sea and Air 2004, 1–9

Walter H, Linzer W (2004b) Investigations to the Stability of a Natural Circulation Two-Pass Boiler. In: Bergles AE, Golobic I, Amon ChH, Bejan A (eds) Proceedings of the ASME – ZSIS Int. Thermal Science Seminar II, pp 469–474

Walter H, Linzer W, Schmid Th (2005) Dynamic Flow Instability of Natural Circulation Heat Recovery Steam Generators. ISTP-16, Proceedings of the 16th Int. Symposium on Transport Phenomena. Pacific Center of Thermal-Fluids Engineering, pp 1–11

Walter H, Linzer W (2005b) Influence of the boiler design on the flow stability of natural circulation heat recovery steam generators. Int. III Scientific and Technical Conference 2005, Energy from Gas, Vol. 2. Politychnika Ślaska, Gliwice, Poland: UKiP s.c. J&D Gebka, pp 337–348

Walter H, Linzer W (2005c) Numerical Simulation of a Three Stage Natural Circulation Heat Recovery Steam Generator. IASME Transactions 2 (8):1343–1349

Walter H (2006a) Ein Beitrag zur statischen und dynamischen Stabilität von Naturumlaufdampferzeugern. Fortschr.-Bericht VDI 546, VDI Verlag, Düsseldorf

Walter H, Linzer W (2006b) Flow Reversal in a Horizontal Type Natural Circulation Heat Recovery Steam Generator. Proceedings of the ASME Turbo EXPO, Power for Land, Sea and Air 2006, pp 1–9

Walter H, Linzer W (2006c) Flow Stability of Heat Recovery Steam Generators. Trans. of ASME, Ser. D, J. of Engineering for Gas Turbines and Power 128:840–848

Walter H, Linzer W (2006d) Reverse Flow in Natural Circulation Systems with Unequally Heated Tubes. WSEAS Transactions on Heat and Mass Transfer 1 (1):3–10

Walter H, Linzer W (2006e) Stability Analysis of Natural Circulation Systems. In: Long CA, Sohrab SH, Catrakis H, Fedorov AG, Sotiropoulos F, Benim AC, Wang G Pham T (eds) Proceedings of the 2006 IASME/WSEAS Int. Conference on HEAT and MASS TRANSFER. WSEAS, 18.-20. January, Miami, Florida, USA, pp 62–68

Walter H, Linzer W (2006f) The influence of the operating pressure on the stability of natural circulation systems. Applied Thermal Engineering 26 (8-9):892–897

Walter H (2007a) Dynamic simulation of natural circulation steam generators with the use of finite-volume-algorithms – A comparison of four algorithms. Simulation Modelling Practice and Theory 15:565–588

Walter H (2007b) Numerical Analysis of Density Wave Oszillations in the Horizontal Parallel Tube Paths of the Evaporator of a Natural Circulation Heat Rocovery Steam Generator. In: Sorab SH, Catrakis HJ, Kobasko N, Necasova S (eds) Proceedings of the 5th IASME/WSEAS Int. Conference on HEAT TRANSFER, THERMAL ENGINEERING and ENVIRONMENT (HTE07). WSEAS, Vouliagmeni, Athens, Greece: WSEAS Press, pp 172–179

Walter H, Linzer W (2008) Density Wave Oscillation in a Vertical Type Natural Circulation Heat Recovery Steam Generator - A Numerical Study. Proceedings of the ASME Turbo EXPO, Power for Land, Sea and Air 2008, pp 1–12

Wang J (1990) Auslegung von Dampferzeugern mittels EDV (CAD). Diplomarbeit, Technische Universität Braunschweig

Wang Y, Mason MT (1992) Two-Dimensional Rigid-Body Collisions with Friction. J. of Applied Mechanics 59:635–642

Wang J (1993) Eindimensionale Simulation der zirkulierenden Wirbelschichtfeuerungen. Fortschr.-Bericht VDI 289, VDI Verlag, Düsseldorf

Wang Q, Chen XJ, Kakaç S, Ding Y (1994) An experimental investigation of density-wave-type oscillation in a convective boiling upflow system. Int. J. of Heat and Fluid Flow 15 (3):241–246

Wang J, Leithner R (1995) Konzepte und Wirkungsgrade kohlegefeuerter Kombianlagen. Brennstoff-Wärme-Kraft 47 (1/2):11–17

Wang ChCh, Lee WS, Sheu WJ (2001) A comparative study of compact enhanced fin-and-tube heat exchangers. Int. J. of Heat and Mass Transfer 44 (18):3565–3573

Warnatz J (1979) The Structure of Freely Propagating and Burner Stabilized Flames in the H_2-CO-O_2 System. Ber. Bunsenges. Phys. Chem. 83:950–957

Warnatz J, Maas U, Dibble RW (1996) Combustion. Springer Verlag, New York

Wassen E, Frank Th (2001) Simulation of Cluster Formation in Gas-Solid Flow Induced by Particle-Particle Collision. Int. J. of Multiphase Flow 27:437–458

Watson GB, Lee RA, Wiener M (1974) Critical Heat Flux in Inclined and Vertical Smooth and Ribbed Tubes. Proceedings of the 5th Int. Heat Transfer Conference, Vol. 4. Tokyo, Japan, pp 275–279

Webb RL (1994) Principles of Enhanced Heat Transfer. John Wiley & Sons

Weber R, Visser BM, Boysan F (1990) Assessment of Turbulence Modeling for Engineering Prediction of Swirling Vortices in the Near Burner Zone. Int. J. of Heat and Fluid Flow 11 (3):225–235

Wedekind GL (1971) An Experimental Investigation into the Oscillatory Motion of the Mixture-Vapor Transition Point in Horizontal Evaporating Flow. J. of Heat Transfer 93:47–54

Weichselbraun A (2001) Vergleich unterschiedlicher Finiten-Volumen-Verfahren zur numerischen Simulation der Strömung in einem beheizten Rohrnetzwerk. Diplomarbeit, Technische Universität Wien

Weierman Ch (1975) Finned Tubes can Lower Heat-Transfer Costs. Oil and Gas Journal 73:64–72

Weierman Ch (1976) Correlations Ease the Selection of Finned Tubes. Oil and Gas Journal 74 (36):94–100

Weierman Ch, Taborek J, Marner WJ (1978) Comparison of Performance of Inline and Staggered Banks of Tubes with Segmented Fins. AIChE Symposium Series 74 (174):39–46

Weissinger G, Dutt S (2004) Supercritical Steam Generators - A Technology for High Efficiency and Flexible Operation Mode. POWER India 2004. Mumbai, India, pp 1–21

Wendt JOL (1980) Fundamental Coal Combustion Mechanisms and Pollutant Formation in Furnaces. Progress in Energy and Combustion Science 6:201–222

Wetzlers H (1985) Kennzahlen der Verfahrenstechnik. Hüthig Verlag

Whalley PB (1996) Two-Phase Flow and Heat Transfer. Vol. 42 der Oxford Chemistry Primers. Oxford University Press Inc., New York

Wheeler A, Hart RD (1951) Reaction rates and selectivity in catalyst pores. Advances in Catalysis 3:249–327

Wilemski G, Srinivasachar S, Sarofim AF (1991) Modeling of mineral matter redistribution and ash formation in pulverized coal combustion. Inorganic Transformations and Ash Desposition During Combustion

Wilemski G, Srinivasachar S (1993) Prediction of ash formation in pulverized coal combustion wiht mineral distribution and char fragmentation models. Impact Ash Deposition Coal Fired Plants, Proc. Eng. Found. Conference, S 151–164

Wilke CR, Chang P (1955) Correlation of diffusion coeffizients in dilute solutions. AIChE J. 1:264–270

Williams A, Pourkashanian M, Bysh P, Norman J (1994) Modelling of Coal Combustion in Low-NOx PF Flames. Fuel 73:1006–1018

Winegartner EC, Rhodes B T (1975) An empirical study of the relation of chemical properties to ash fusion temperatures. J. of Engineering for Power, S 395

Wippel B (2001) Vergleichende Untersuchungen zum instationären Verhalten einer Kombianlage mit Zwangumlauf- bzw. Zwangdurchlaufkessel bei Laständerungen. Fortschr.-Bericht VDI 447, VDI Verlag, Düsseldorf

Witkowski A (2006) Simulation und Validierung von Energieumwandlungsprozessen. Dissertation, TU Braunschweig

Wochinz R (1992) Ein Vergleich zweier Berechnungsverfahren zur Auslegung von Dampferzeuger-Feuerräumen. Diplomarbeit, Technische Universität Wien

Wölfert A (1997) Verwendung von PDF-Methoden zur Modellierung turbulenter reaktiver Strömungen. Dissertation, Universität Stuttgart

Wörrlein K (1975) Instabilitäten bei der Durchflußverteilung in beheizten Rohrsträngen von Dampferzeugern. VGB Kraftwerkstechnik 55 (8):513–518

Wu S, Alliston M, Edvardsson C, Probst S (1993) Size Reduction, Residence Time and Utilization of Sorbent Particles in a Circulating Fluidized Bed Combustor. In: Avidan AA (ed) Proceedings, CFB IV, pp 665–671

Xu RD, Zhang YL, Zhu C (1984) The Effects of Using 4-Ribbed Tube on Improving Heat Transfer in Boiler Water Wall Tubes. In: Chen HCh, Veziroğlu TN (eds) Two-Phase Flow and Heat Tranfer: China - U.S. progress. Hemisphere Pub. Corp., Sian China pp 317–325.

Yadigaroglu G, Bergles AE (1969) An Experimental and Theoretical Study of Density-Wave Oscillation in Two-Phase Flow. MIT Report DSR 74629-3, Massachusetts Institute of Technology, Cambridge, MA

Yadigaroglu G, Bergles AE (1972) Fundamental and Higher-Mode Density-Wave Oscillations in Two-Phase Flow. Trans. of ASME, Ser. C, J. of Heat Transfer 94:189–195

Yadigaroglu G (1981) Two-Phase Flow Instabilities and Propagation Phenomena. In: Delhaye JM, Giot M, Riethmuller ML (eds) Thermohydraulics of Two-Phase Systems for Industrial Design and Nuclear Engineering, McGraw Hill Book Company, New York St. Louis San Francisco, pp 353–403

Yadigaroglu G, Lahey Jr. RT (1987) On the Various Forms of the Conservation Equations in Two-Phase Flow. Int. J. of Multiphase Flow 2:477–494

Yadigaroglu G (1995) Closure Relationships. In: Short Courses on Multiphase Flow and Heat Transfer Part A: Bases. ETH Zürich, Schweiz, pp 1–33

Yamagata K, Nishikawa K, Hasegawa S, Fuji T, Yoshida S (1972) Forced Convective Heat Transfer to Supercritical Water Flowing in Tubes. Int. J. of Heat and Mass Transfer 15:2575–2593

Yun G, Su GH, Wang JQ, Tian WX, Qiu SZ, Jia DN, Zhang JW (2005) Two-phase instability analysis in natural circulation loops of China advanced research reactor. Annals of Nuclear Energy 32:379–397

Zanoto ED (1996) The applicability of the general theory of phase transformations to glass crystallization. Thermochimica Acta 280/281:73–82

Zeldovich J (1946) The Oxidation of Nitrogen in Combustion and Explosions. Acta Physiochimica URSS 21, Nr. 4:577–628

Zelkowski J (1986) Kohleverbrennung. VGB-Kraftwerkstechnik GmbH., Essen

Zhang JQ, Becker HA, Code RK (1990) Devolatilization and Combustion of Large Coal Particles in a Fluidized Bed. Can. J. of Chem. Engn. 68:1010–1017

Zhang X, Zhou L (2005) A Second Order Momentum Particle-Wall Collision Model Accounting for the Wall Roughness. Powder Technology 159:111–120

Zhao Y, Serio MA, Bassilakis R, Solomon PR (1994) A Method of Predicting Coal Devolatilization Behaviour based on the Elemental Composition 1994. Proceedings of the Combustion Institute 25:553–560

Zhao Y, Serio MA, Solomon PR (1996) A General Model for Devolatilization of Large Coal Particles. 26th Symp. (Int.) on Combustion, The Combustion Institute, Pittsburgh, pp 3145–3151

Zheng Q (1991a) Reibungsdruckverlust von Gas/Flüssigkeitsströmungen in glatten und innenberippten Rohren. Dissertation, Technische Universität Erlangen-Nürnberg

Zheng Q, Köhler W, Kastner W, Riedle K (1991b) Druckverlust in glatten und innenberippten Verdampferrohren. Wärme- und Stoffübertragung 26:323–330

Ziegler A (1983) Lehrbuch der Reaktortechnik: Band 1 Reaktortheorie. Springer Verlag, Berlin Heidelberg New York Tokyo

Ziegler A (1984) Lehrbuch der Reaktortechnik: Band 2 Reaktortechnik. Springer Verlag, Berlin Heidelberg New York Tokyo

Ziegler A (1985) Lehrbuch der Reaktortechnik: Band 3 Kernkraftwerkstechnik. Springer Verlag, Berlin Heidelberg New York Tokyo

Zindler H (2007) Dynamische Kraftwerkssimulation durch Kopplung von FVM und PECE Verfahren mit Hilfe von Adjungiertenverfahren. Dissertation, TU Braunschweig

Zindler H, Walter H, Hauschke A, Leithner R (2008) Dynamic Simulation of a 800 MW_{el} Hard Coal One-Through Supercritical Power Plant to Fulfill the Great Britain Grid Code. Proceedings of the 6th IASME/WSEAS Int. Conference on HEAT TRANSFER, THERMAL ENGINEERING and ENVIRONMENT (HTE08). WSEAS, Rhodes Island, Greece: WSEAS Press

Zinser W (1985) Zur Entwicklung mathematischer Flammenmodelle für die Verfeuerung technischer Brennstoffe. Fortschr.-Bericht VDI 171, VDI Verlag, Düsseldorf

Zivi SM (1964) Estimation of Steady-State Steam Void-Fraction by Means of the Principle of Minimum Entropy Production. Trans. of ASME, Ser. C, J. of Heat Transfer 86:247–252

Zoebl H, Kruschik J (1982) Strömung durch Rohre und Ventile. 2. Aufl. Springer Verlag, Wien New York

Zuber N, Findlay JA (1965) Average Volumetric Concentration in Two-Phase Flow Systems. Trans. of ASME, Ser. C, J. of Heat Transfer 87:453–468

Žukauskas A, Ulinskas R (1988) Heat Transfer in Tube Banks in Crossflow Series in Experimental and Applied Heat Transfer Guide Books. Hemisphere Publ. Corp., New York London

Žukauskas A (1989) High-Performance Single-Phase Heat Exchangers. Hemisphere Publ. Corp., New York London

Zvirin Y, Jeuck III. PR, Sullivan CW, Duffey RB (1981) Experimental and Analytical Investigation of a Natural Circulation System with Parallel Loops. Trans. of ASME, Ser. C, J. of Heat Transfer 103:645–652

Glossar

0D	0-dimensional
1D	1-dimensional
2D	2-dimensional
3D	3-dimensional
ABB	Asea Brown Boveri
ABL	Ausbrandluftebene
ACM	Modellierungssprache
ADI	Alternating Direction Implicite
AGL	Algebraisches Gleichungssystem
AIOLOS	Brennkammersimulationsprogramm
ALE	Arbitrary Lagrangian-Eulerian Methode
ALSTOM	Firmenname
ANDI/KEDI	Anlagen- und Kessel-Diagnoseprogramme
ANSYS	Kommerzielles Finite-Elemente-Programm
ANSYS-CFX	Kommerzielles CFD-Programm
APROS	Kommerzielles instationäres Kreislaufberechnungsprogramm
ARDIS	ARmaturen DIagnose System
ART	Algebraische Rekonstruktionstechnik
ASCII	American Standard Code for Information Interchange
ASPEN	Mehrzweckfähiges Programm aus dem Chemiebereich
ASPEN PLUS	Kommerzielles Simulationsprogramm für chemische und verfahrenstechnische Prozesse
ASS	Armaturen Service System
BANFF	Brennkammersimulationsprogramm
BASIC	Programmiersprache
BAUBAP	BAUteil-Beanspruchungs-Auswerte-Programm
BDE	BetriebsDatenErfassung
BDF	Backward Differentation Formulae
BDV	BetriebsDatenVerwaltung

BESSI	Berührungsloses Schaufel Schwingungs Informationssystem
BET	Brunauer-Emmet-Teller (Verfahren zur Oberflächenbestimmung von Poren)
BImSchV	Bundesimmissionsschutzverordnung
BS	Braunschweig
BWR	Boiling Water Reactor
C++	Programmiersprache
CCSEM/EDX	Computer Controlled Scanning Electron Microscopy/Energy Dispersed X-ray Spectrometer
CAD	Computer Aided Design
CAES	Compressed Air Energy Storage
CFD	Computational Fluid Dynamics
CFL	Courant-Friedrichs-Lewy
CGD	Clipped Gaussian Distribution
CHEMSAGE	Programm zur Berechnung von komplexen chemischen Gleichgewichten
COMOS	COndition MOnitoring System
COMOS-Z	COndition MOnitoring System
DAE	Differential-Algebraisches Gleichungssystem
DASSL	Differential Algebraic System SoLver
DaVo	Dampfvorwärmer
DBS	Dynamic Boiler Simulation
DEM	Discrete Element Method
DEPOSIT	Verschlackungsvorhersageprogramm
DES	Detached Eddy Simulation
DGl	Differentialgleichung
DGL	Differentialgleichungssystem
DIGEST	DIaGnose Experten SysTem
DIN	Deutsche IndustrieNorm
DIVA	Simulationsprogramm für verfahrenstechnischen Anlagen
DNA\PREFUR	Dynamic Network Analysis\Portability, Robustness, Efficiency, Flexibility, User friendliness and Readability
DNB	Departure of Nucleate Boiling
DNS	Direct Numerical Simulation
DO	Diskrete-Ordinaten-Methode
Dora	Dynamisches Dampferzeugersimulationsprogramm
DTM	Diskrete-Transfer-Methode
DTRM	Diskrete-Transfer-Strahlungsmethode
DWO	Dichtewellenoszillation
Dymola	Dynamic Modeling Laboratory (Modellierungs- und Simulationssoftware)
E600	Stationäres Dampferzeugerberechnungsprogramm

EBSILON	Kommerzielles stationäres Kreislaufberechnungsprogramm
ECO	Economizer (Speisewasservorwärmer)
EDC	Eddy-Dissipation-Concept
EDV	Elektronische DatenVerarbeitung
EEG	Erneuerbare Energien Gesetz
EHV	Effektive Viskositätshypothese
EN	Europäische Norm
ENBIPRO	ENergie-BIlanz-Programm (Kraftwerks-Simulationsprogramm)
E.ON	Energieunternehmen
EquiTherm	Kommerzielles Programm und Datenbank für thermodynamische Berechnungen
ESCOA	Rippenrohrhersteller
ESR	ExpertenSystem zur Restlebensdauerermittlung und Schadensanalyse
ESTET	Kommerzielles Finite-Elemente-Programm
ESTOS	Brennkammersimulationsprogramm
EVH	Effektive Viskositätshypothese
Evonik Steag GmbH	Energiesparte des Industriekonzerns Evonik
FACT	Facility for the Analysis of Chemical Thermodynamics (Datenbank für Thermodynamische Zustandsgrößen)
FACTSAGE	Weiterentwicklung des Programms CHEMSAGE
FAMOS	FAtigue MOnitoring System
FASTEST	Brennkammersimulationsprogramm
FCC	Fluidized Catalytic Cracking
FDBR	Fachverband Dampferzeuger-, Behälter- und Rohrleitungsbau
FDM	Finite-Differenzen-Methode
FEM	Finite-Elemente-Methode
FEMLAB	Kommerzielles Finite-Elemente-Programm
FG-DVC	Functional Group-Depolymerization, Vaporization, Cross-Linking (Kohle und Biomasse Pyrolysemodel)
FIDAP	Kommerzielles Finite-Elemente-Programm
FIRE	Kommerzielles CFD-Programm
FLOREAN	FLOw and REActioN (Brennkammersimulationsprog.)
FLOTREAN	Kommerzielles Finite-Elemente-Programm
FLOW 3D	Kommerzielles CFD-Programm
FLUENT	Kommerzielles CFD-Programm
FMEA	Fehlermöglichkeits- und -einflussanalyse
FQS	Fehlerquadratsumme
FVM	Finite-Volumen-Methode
Gate Cycle	Kommerzielles stationäres Kreislaufberechnungsprogramm

GaVo	Gasvorwärmer
GE	General Electric
Geo-CALC	Phasendiagramm-Generator für den Geochemiebereich
Gew%	Gewichtsprozent
GLACIER	Brennkammersimulationsprogramm
GPROMS	Process Modelling environment
GT Pro-GT MASTER	stationäres Auslegungsprogramm für GuD-Kraftwerke
GuD	Gas und Dampf
GUI	Grafisches User-Interface
HD	Hochdruck
HDUE	Hochdrucküberhitzer
HF	Hochfrequenz
Hitachi	Firmenname
IAPS	International Association for the Properties of Steam
IAPWS	International Association for the Properties of Water and Steam
IFC	International Formulation Committee (für Wasser und Wasserdampfstoffdaten)
IPSEpro	stationäres Kreislaufberechnungsprogramm
IPTC	Institut für physikalische und theoretische Chemie
IRLS	Iteratively Re-weighted Least Squares
ISO	International Standardization Organization
IStec	Hersteller von Monitoringsoftware
IWBT	Institut für Wärme- und Brennstofftechnik
JMAK	nach Johnson-Mehl-Avrami-Kolmogorov benanntes Modell für Keimbildung und Wachstum
KAS	Körperschall AnalyseSystem
KETEK	Firmenname
KKREM/EDX	Rasterelektronenmikroskop\Energiedispersive Röntgenspektroskopie
KPRO	Kreislaufberechnungprogramm
KRAWAL	Kreislaufberechnungprogramm
KÜS	Körperschall ÜberwachungsSystem
KV	Kontrollvolumen
K-VW	Kaltwasservorwärmung
LENA	LEbensdauer NAchweis Programm
LES	Large-Eddy-Simulation
LMTD	Logarithmic Mean Temperature Difference (mittlere logarithmische Temperaturdifferenz)
LORA	Brennkammersimulationsprogramm
LURGI	Firmenname
LuVo	Luftvorwärmer
MAC	Marker and Cell Algorithmus
MASSBAL	Bilanzierungsprogramm

MATHEMATICA	Computer algebra system and programming language
MATLAB	MATrix LABoratory (kommerzielles Mathematikprogramm)
MD	Mitteldruck
MEBDF	Modified Extended Backward Differentiation Formulas
MEBDFDAE	Modified Extended Backward Differentiation Formulas for linearly implicit Differential Algebraic Equations
MISTRAL	DynaMIc STeam GeneRAtor SimuLation Package
M.I.T	Massachusetts Institute of Technology
MLU	Monotonized Linear Upwind Schema
MODELICA	objektorientierte Beschreibungssprache für physikalische Modelle
MWK	Massenwirkungsgesetz
N3S	Kommerzielles Finite-Elemente-Programm
ND	Niederdruck
NIST	National Institute for Standard and Technology
NOWA	Programm zur Berechnung der stationären Strömungsverteilung in beheizten Rohrnetzwerken
NTU	Number of Transfer Units (Zahl der Übertragungseinheiten)
OPENFOAM	Public domain CFD-Programm
OPTIMAX	Kraftwerksmonitoringprogramm
OWC	Einwegkoppelung (One-Way-Coupling)
PARAVIEW	Grafikprogramm
PARTICLE	Verschlackungsvorhersageprogramm
PAAG	Propnose, Auffinden der Ursache, Abschätzen der Auswirkung, Gegenmaßnahmen
PBC	Phasengrenzreaktions-Modell
PC	Personal Computer
PD	Phasendiagramm
PDF	Probability Density Function
PDG	Partielle Differentialgleichung
PECE	Prediktor-Korrektor-Verfahren
PEPSE	stationäres Energiebilanzierungsprogramm
PERPLEX	Mehrzweck-Phasendiagramm-Generator
PHOENICS	Kommerzielles CFD-Programm
PISO	Pressure-Implicit with Splitting of Operators
PPCC	Druckkohlestaubfeuerung
Proates	Kraftwerkssimulationsprogramm
Prosim	Kommerzielles Kraftwerkssimulationsprogramm
PSR	idealer Rührkesselreaktor
PTPATH	Mineralumwandlungsprogramm
PWIM	Pressure-Weighted Interpolation Method
QUICK	Quadratic Upwind Interpolation for Convective Kinematics

RANS	Reynolds-Averaged-Navier-Stokes-Gleichung
RDK	Rheinhafen-Dampfkraftwerk
REA	Rauchgasentschwefelungsanlage
RELAP	Thermal-hydraulic analysis code
REM/EDX	Rasterelektronenmikroskop\Energiedispersive Röntgenspektroskopie
RF	Röntgenfluoreszenz-Technik
RH	Reheater (Zwischenüberhitzerheizfläche)
RK	Rohkohle
ROMEO	Modellierungssprache
RW-TH	Rheinisch-Westfälische Technische Hochschule
S2S	Surface to Surface Strahlungsmodell
SAP	Systems, Applications and Products in Data Processing (Firmenname)
SATURNE	CFD-Programm der EDF Electricite de France für Strömungsimulationen in der Energietechnik
SCGM	Shrinking-Core-Grain-Modell
SCM	Shrinking-Core-Modell
SCR	Selective Catalytic Reduction
SF	Staubfinger
SGS	SubGrid Scale
SGTE	Pure Substance Database
SH	Superheater (Überhitzerheizfläche)
SI	InstandhaltungsSystem
SIEMENS	Firmenname
SIMPLE	Semi Implicit Method for Pressure Linked Equations
SIMPLEC	SIMPLE-Consistent
SIMPLER	SIMPLE-Revised-Algorithmus
SNCR	Selective Noncatalytic Reduktion
SOFBID	SOFtware Büro für Industrie und Datenverarbeitung
SOR	Succesive Over-Realxation
SP 249	Specific Project 249
SPS	speicherprogrammierbare Steuerung
SPEEDUP	Programm zur dynamischen Simulation verfahrenstechnischer Anlagen
SPICE	Software Process Improvement and Capability determination
SQW	Square Wave
STAR CD	Kommerzielles CFD-Programm
STEAG	Steinkohlen-Elektrizität AG
STEAM Pro-STEAM Master	stationäres Auslegungsprogramm für konventionelle Kraftwerke
SUPCRT92	Programm zur Berechung thermodynamischer Zustandsgrößen
SÜS	SchwingungsÜberwachungsSystem

TA	Technische Abteilung
TAPP	Datenbank für thermochemische und physikalische Eigenschaften von reinen Stoffen und Stoffgemischen
TASKflow	CFD Programm für Strömungssimulationen
TAV	Trocken-Additiv-Verfahren
TDH	Transport Disengaging Height
TDMA	Tri-Diagonal Matrix Algorithm
TGA/DTA	Thermogravimetrische Analyse/Differential Thermal Analysis
tHDFDhiES	Temperatur nach der Einspritzung des Hochdrucküberhitzers
THERMOFLEX	Kreislaufberechnungsprogramm
TLR	Turbinen Lebensdauer Rechner
TM	Temperaturmessung
tNDSPW	Temperatur des Niederdruckspeisewassers
TRD	Technische Regeln für Dampfkessel
TWC	Zweiwegkoppelung (Two-Way-Coupling)
TRAMIK	TRansformation of the MIneral Components
TU	Technische Universität
Ü	Überhitzer
UCM	Uniform Conversion Model
UDF	User Defined Function
UV	Unverbrannt
Vali	Prozessdaten-Validierungs-Software
VD	Verdampfer
VDI	Verein Deutscher Ingenieure
VGB	Technische Vereinigung der Großkraftwerksbetreiber
VIBROCAM	VIBRatiOn Control And Monitoring
WÄSCHERE	Kreislaufberechnungsprogramm
WKV	Wasserrohrkesselverband
WÜT	Wärmeübertrager
XML	eXtensible Makeup Language (Dokumentenverarbeitungsstandard)
XRD	eXtensible Röntgenpulverdiffraktometrie
ZTU	Zeit-Temperatur-Umwandlung (Schaubild)
ZÜ	Zwischenüberhitzer
ZWS	Zirkulierende Wirbelschicht
ZWSF	Zirkulierende Wirbelschichtfeuerung

Sachverzeichnis

κ_D
  Sprungsantwort, 546
  Taylorreihenentwicklung, 546
κ_D-Modell, 537

Abbruchfehler, 180
Abhitzedampferzeuger, 223, 464, 596
Absaugepyrometrie, 620
Abscheider
  Wasserabscheider, 501
  Zyklon, 298, 347, 417, 501
Adam-Bashfort, 233
Akustische Instabilität, 488
Analyse, 599
Anisotrope Streuung, 84
Approximation, 178
  Finite-Differenzen, 171, 458
  Simpson'sche Regel, 178
  Trapezregel, 178
ART-Bézier-Entfaltungstechnik, 621
ART-Technik, 619
Ascheschmelzverfahren, 371
Ascheviskosität, 371
Auftriebskraft, 124
Auslegungsrechnung
  Teillast, 498
  Volllast, 498

Backupsubstitution, 216
Backward-Euler-Algorithmus, 226
BASIC, 372
Basset-Kraft, 124
Benson-Dampferzeuger, 422
Betriebsarten, 518

Betriebsmonitoring, VII
Blasensieden, 110
Brennkammer, 248, 499, 603
  Flammraum, 250
  Schwingungen, 352
  Strahlraum, 254
Brennstoff-NO-Mechanismus, 283
Brennstoffstickstoff, 286

Cauchy'scher Existenzsatz, 223
CFD-Modelle, 440
  dünnwandiges Bauteil, 441
  dickwandiges Bauteil, 442
  Einspritzkühler, 462
  Flammraum-Strahlraum-Modell, 248
  Sammler, 449
  Trommel, 433, 455, 502, 562
Chemische Reaktionen
  Reaktionsenergie, 89
  Reaktionsenthalpie, 89
  Reaktionsgeschwindigkeit, 90
  Reaktionskinetik, 89

dünnwandiges Bauteil
  CFD-Modell, 441
Damkohler-Zahl, 263
Dampferzeuger, 223, 336, 401, 415, 428, 512, 519, 525, 537, 596, 603
  Abhitzedampferzeuger, 223, 464, 596
  Benson-Dampferzeuger, 422
  Dampfparameter, 426
  Groswasserraumdampferzeuger, 416, 428

Naturumlaufdampferzeuger, 417, 434, 455, 472, 477, 537, 555
  Anfahrzeiten, 420
  Schwingungen, 352
  uberkritischer, 426
  ultrakritischer, 427
  Wirkungsgrad, 341, 425, 426, 503, 518, 599
Zwangdurchlaufdampferzeuger, 422, 537, 555
Zwangumlaufdampferzeuger, 421, 537
Dampferzeugermodell
  Detailliertes, 558
  Vereinfachtes, 524
Dampftemperaturregelung, 518
Dampfturbine, 502, 512, 551, 603
Dampfturbinenkreislauf, 512
DASSL-Algorithmus, 236, 577
Diagnose, 599
Diagnoseaufgaben, 603
Diagnosemodule, 605
Diagnosesystem, 600
  Anforderungen, 604
    Analyse, 605
    Hardware, 606
    Monitoring, 605
    Software, 606
Diagnoseverfahren
  heuristische, 601
  Klassifizierung, 601
  modellbasierte, 601
  Mustererkennung, 601
  regelbasierte, 601
Dichtewellenoszillation, 488
dickwandiges Bauteil, 419, 420, 442
  Sammler, 449
  Temperaturänderungsgeschwindigkeit, 419
  Thermospannung, 419
  Trommel, 420, 455, 562
Differentialgleichungssysteme, 223
  Anfangswertaufgabe, 224
  Anfangswertprobleme, 223
  Einschrittverfahren, 225
  Extrapolationsverfahren, 235
  Fehlerkontrolle, 231
  gewöhnliche, 223
  Mehrschrittverfahren, 233
  partielle, 223

Randwertproblem, 223
Reihenansatz, 224
Schrittweitensteuerung, 230
steife, 226
Taylor-Entwicklung, 227
Taylor-Reihenentwicklung, 225
Diffusion, 52, 58
  binaren Stoffgemische, 58
  binarer Flussigkeitsdiffusionskoeffizient, 60
  Diffusionskoeffizient, 59
  Feststoff, 61
  Fick'sches Gesetz, 20, 58
  Gleitreibungskoeffizient, 60
  Knudsen, 62
  Mehrkomponentensysteme, 59
  molekulare, 61
  Nernst-Einstein, 60
  Parachor, 61
  Stokes-Einstein-Gleichung, 60
  Tortuositatsfaktor, 62
Diffusionskoeffizient, 59
Dimensionsanalyse, 370
Discrete-Element-Method, 315
Diskrete-Ordinaten-Methode, 86
Diskrete-Transfer-Methode, 81
Diskretisierung
  diffusive Terme, 184
  HYBRID-Schema, 190
  konvektive Terme, 181
  QUICK-Verfahren, 182, 190
  UPSTREAM-Verfahren, 181, 190
  Zentraldifferenzen, 181, 190
disperse Phase, 128
Drift-Flux-Modell, 101
Drossel, 506
Druckänderungsgeschwindigkeit, 419
Druckabfall
  überkritisch, 549
  Beschleunigungsdruckverlust, 474
  Druckabfall eines Rohrformteils, 474
  Einphasenströmung, 102
  Reibungsdruckverlust, 102, 473
  statischer Druck, 473
  Zweiphasenströmung, 101
Druckkorrektur, 202
Druckkorrekturverfahren, 195, 455
  Druckkorrektur, 202
  Geschwindigkeitskorrektur, 200

PISO-Algorithmus, 206
SIMPLE-Algorithmus, 200
SIMPLEC-Algorithmus, 203
SIMPLER-Algorithmus, 204, 450, 463, 577
Druckluftspeicher, 564
Druckspeicherverhalten, 527, 528
Druckverlustinstabilität, 492
Dryout, 111, 418, 491
dynamische Strömungsinstabilitäten, 487
  akustische, 488
  Dichtewellenoszillation, 488
  Druckverlustinstabilität, 492
  Parallelrohrinstabilität, 491
  thermisch induzierte, 491
  zusammengesetzte dynamische, 491

Einphasenströmung
  Druckabfall, 102
Einspritzkühler, 462
Einzelschrittverfahren
  iteratives, 216
Emissionsverhältnis, 252
Entgaser, 500
Entgasung, 321
Erosionskorrosion, 484
Euler-Betrachtungsweise, 17, 160, 399
Eutektikum, 390

Fallrohrreaktoruntersuchung, 371
Fehlerverteilung
  Erwartungswert, 588
  Varianz, 588
Feststoffverteilung, 311
Fick'sches Gesetz, 20, 58
Filmsieden, 111, 418
  Pseudofilmsieden, 75
Finite-Differenzen-Methode, 171, 578
Finite-Elemente-Methode, 173
  Galerkin-Verfahren, 174
  Ritz'sches Verfahren, 174
Finite-Volumen-Methode, 11, 174, 330, 399, 444, 495, 577
Flammraum, 250
  Wertigkeit der Strahlungsheizfläche, 253
Fliehkraft-Drehzahlregler, 518
Fluchtigenabbrand, 275

Fluidisierung, 294, 310
Flussigkeitsdiffusionskoeffizient, 60
Forward-Euler-Algorithmus, 226
Froude-Zahl, 105, 117, 418

Gas-Feststoff
  Zweiphasenströmung, 118
Gasphase, 128
Gasstrahlung, 254
Gasturbine, 503, 603
Gaus, 585
  Ausgleichsrechnung, 586
  Normalverteilung, 587, 594
Gebläse, 505
Gegenstromwärmeübertrager, 507
Generator, 603
Geschwindigkeitskorrektur, 200
Gittergenerierung, 164
  blockstrukturiertes Gitter, 166
  hybrides Gitter, 166
  nichtversetztes Gitter, 167, 209
  versetztes Gitter, 167, 198
Gleichstromwärmeübertrager, 507
Gleichungssysteme, 213
  Differential-algebraische, 236
  implizite, 219, 510
  implizite nichtlineare, 495, 511
  Lösbarkeit, 214
  nichtlineare, 219
Grafentheorie, 436, 510
  Kanten, 510
  Knoten, 510
Gravitationskraft, 124
Groswasserraumdampferzeuger, 416

Häufigkeitsverteilung, 587
Heizwert, 241, 250, 338, 342
heterogenes Zweiphasenmodell, 98
homogenes Zweiphasenmodell, 98
Householder-Reflections-Algorithmus, 582
HYBRID-Schema, 190

implizites algebraisches Gleichungssystem, 509
Inkongruente, 390

Jacobi-Matrix, 582, 592
Jacobi-Verfahren, 216

Knudsen-Diffusion, 62
Koeffizientenmatrix, 88, 214, 452
  erweiterte, 215
Koeffizientenmatrizen
  tridiagonale, 217
Kohlenstaubverbrennung, 262
Kohlereviere, 369
Koksabbrand, 14, 270–272, 286, 288, 294, 323
Koksoberfläche
  spezifische, 272
Komplex Step, 578
Komponenten, 509
Kondensation, 130
  Filmkondensation, 131
    horizontales Rohr ausen, 135
    vertikale Wand, 132
  Nuselt'sche Wasserhauttheorie, 132
  reine Dämpfe, 130, 138
  Strömungsform, 138
  Tropfenkondensation, 131
  Wärmeübergang, 139
    horizontales Einzelrohr ausen, 135
    horizontales Rohr innen, 139
    horizontales Rohrbündel ausen, 136
Kondensator, 131, 135, 512
  Auslegung, 515
Konfidenzintervall, 595
Konvektiver Wärmeübergang, 63
  Einphasenströmung, 63
    überkritische Fluidparameter, 74
    einzelne, querangeströmte Rohrreihe, 69
    Gas, 64
    Gas/Feststoff, 321
    parallel angestromte ebene Platte, 65
    querangeströmter zylindrischer Körper, 66
    querangeströmtes Glattrohr, 69
    querangeströmtes Rippenrohr, 70
    Rohrbündel, 70
    unterkritische Fluidparameter, 73
  Zweiphasenströmung, 107
Koordinatensystem
  Kartesische Koordinaten, 161
  Kugelkoordinaten, 163
  Zylinderkoordinaten, 162
Kovarianzmatrix, 591

Kraftwerkssimulation, 495
  instationär, 518, 524, 558
  stationär, 498
  Stationäre, 498
Kreislaufberechnungsprogramme, 495
  instationäre, 495
  stationäre, 495
kritische Wärmestromdichte, 112
kritischer Dampfmassenanteil, 111, 425

Lösungsalgorithmen, 212
  implizite, 226
Lagrange Betrachtungsweise, 19, 160, 376
Lagrange-Betrachtungsweise, 122, 399
Laplace-Transformation, 542
Large-Eddy-Simulation, 43
Lebensdauerüberwachung, VII, 612
Lebensdauererschöpfungs-
  geschwindigkeit, 612
Lebensdauermonitoring, 606
  Temperaturdifferenz, 607
  Thermospannung, 607
Lebensdauerverbrauch, 612
Ledinegg-Instabilität, 469
Leistung
  inkompressibel, 512
Leistungsregelung, 518
  Festdruck, 519
  modifizierter Gleitdruck, 519
  natürlicher Gleitdruck, 520
  Vordruck, 520
Leistungsregelungen
  Sprungantworten, 521
Leittechnik, 599
Leitz'schen-Erhitzungsmikroskop, 371
Liberalisierung des Strommarktes, 599
Line-By-Line-Algorithmus, 218
Lineare Gleichungssysteme, 214
Lipschitz-Bedingung, 223
LU-Decomposition, 213, 511, 579

Magnus-Kraft, 125
Matlab-Simulink, 546
Matrix
  Determinante, 214
  Jacobi, 220, 582
  Occurrence, 582
  Rang, 214

singulär, 214
Singularität, 214, 582
Messwertvalidierung, 498, 585
Mineraleigenschaften, 378
Mineralumwandlung, 378
Mischstelle, 500
mittlere logarithmische Temperaturdifferenz, 149, 153, 508
molekulare Diffusion, 61
Monitoring, 498
   Absaugepyrometrie, 620
   Analyse, 599
   ART-Technik, 619
   Aufgaben, 600
   Betriebsmonitoring, 599
   Diagnose, 599
   Diagnoseaufgaben, 603
   Diagnosemodule, 605
   Diagnosesystem, 604
   Diagnosesysteme, 600
   heuristische Diagnoseverfahren, 601
   inverse PAAG, 602
   Klassifizierung, 601
   Lebensdauerüberwachung, 612
   Lebensdauererschöpfungsgeschwindigkeit, 612
   Lebensdauermonitoring, 606
   Lebensdauerverbrauch, 612
   Leittechnik, 599
   lernende Systeme, 601
   modellbasierte Diagnose, 601
   Mustererkennung, 601
   Nichtverfügbarkeit, 599
   Online-Optimierung, 616
   regelbasierte Diagnoseverfahren, 601
   Schallpyrometrie, 616, 621, 622
   Sicherheit, 599
   Spannungsanalyse, 612
   statische Diagnose, 600
   Verfügbarkeit, 599
   Verschmutzung, 615
   Wandtemperatur, 607
   Wandtemperaturdifferenz, 607
   Zeitstandsbeanspruchung, 606
   zustandsorientierte Instandhaltung, 600
Monotektikum, 390
Mustererkennung, 601

Naturumlauf, 417, 455, 472, 477
   Druckänderungsgeschwindigkeit, 419
Naturumlaufdampferzeuger, 417, 434, 455, 472, 477, 555
   Druckänderungsgeschwindigkeit, 419
Navier-Stokes-Gleichung, 29
Newton-Algorithmus, 219, 577
Newton-Raphson-Methode, 582
Nichtverfügbarkeit, 599
nichtversetztes Gitter, 167, 209
NO-Recycle Step, 283
Nuselt'sche Wasserhauttheorie, 132, 135

Occurrence-Matrix, 582
One-Way-Coupling, 394
Online-Optimierung, 616
   Absaugepyrometrie, 620
   ART-Technik, 619
   Schallpyrometrie, 616

P-1 Strahlungsmodell, 83
   Randbedingung, 84
PAAG-Verfahren, 602
Parallelrohrinstabilität, 491
Partikel-Relaxationszeit, 127
Peritektikum, 390
PISO-Algorithmus, 206
Pivot-Element, 215
Pivot-Suche, 215
   vereinfachte, 215
   vollständige, 215
Poisson-Gleichung, 194
Prediktor-Korrektor-Verfahren, 234, 577
   Euler, 234
   Methode von Heun, 234
Prompt-NO-Mechanismus, 282
Pumpe, 506
Pyrolyse, 265, 266, 270, 285, 286, 288, 321, 328, 331, 376, 407
   Modellierung, 267

QUICK-Verfahren, 13, 182, 190

Randbedingung, 55, 173, 194
   Cauchy'sche, 173, 194
   Dirichlet'sche, 173, 194
   Neumann'sche, 194
   Wärmeleitung, 55

Rankine Cycle, 512
Rauchgasentschwefelung, 604
Reaktionsenergie, 89
Reaktionsenthalpie, 89
Reaktionsgeschwindigkeit, 90
Reaktionskinetik, 89
Regelung
  Überblick, 518
  Begrenzer, 571
  Brennstoff, 518
  Dampftemperatur, 518, 523
  Differenzierer, 573
  Feuerraumunterdruck, 518
  Frischluft, 518
  Integrator, 573
  Kohlemühle, 518
  Logischer Operator, 575
  Min-/Max-Operatoren, 572
  Regler, 570
  Schalter, 575
  Speisewasser, 518
  Trommelwasserstand, 518
  Turbinendrehzahl, 518
  Turbinenleistung, 518
  Turbinenvordruck, 518
  Vergleichsstelle, 574
  Verstärker, 569
  Verzögerungsglied, 573
Regenerator, 147
Rekuparator, 148
Relaxation, 203, 209, 220
  Unterrelaxation, 203, 209, 220
Relaxationsinstabilität, 486
Reynolds-Spannungsmodell, 41
Rippenwirkungsgrad, 70
Rohr-Sammler-Modell, 449
Rosseland Strahlungsmodell
  Randbedingung, 86
Rosseland-Strahlungsmodell, 85
Runge-Kutta-Verfahren, 227, 373

Saffman-Kraft, 125
Sammler, 449
Schallpyrometrie, 616, 621, 622
Schichtdicke, 251, 254
Schwingungen, 352
  Abgasdruckschwingungen
    Ausfall der Feuerung, 365
    Beseitigungsmasnahmen, 354

Druckpulsationen in Brennkammern, 352
Eigenfrequenz, 353
Einzelrohr
  Wirbelablösung, 356
Gassäule im freien Kanal, 353
Resonanz, 363
Rohrbündel
  akustische Schwingung, 358
  Gassäulenschwingung, 360
  Instabilität von Einzelrohren, 363
  strömungserregte Schwingung, 356
Sicherheit, 599
Sichtfaktor, 257
Siedeinstabilität, 485
Siedekrise, 111, 117, 418, 422
SIMPLE-Algorithmus, 200
SIMPLEC-Algorithmus, 203
SIMPLER-Algorithmus, 204, 450, 463, 577
Simpson'sche Regel, 178
Simulation, 2
  Dampfströmung, VII, 415
  Feuerung, VII, 241
  Gasströmung, VII, 241
  instationäre, 498
  stationäre, 498
  Wasserströmung, VII, 415
Sinterpunkt, 371
Spannungsanalyse, 612
Speicher
  Druckluftspeicher, 564
  Wasserspeicher, 560
Speisewasserbehälter, 500
Speisewasserpumpe, 512
Sprungantwort, 518
Srömungskarte, 95
Störfall, 518
Standardabweichung, 588, 595
statische Diagnose, 600
statische Druckdifferenz, 482
Statische Strömungsinstabilitäten, 468
statische Strömungsinstabilitäten
  Ledinegg-Instabilität, 469
  Relaxationsinstabilität, 486
  Siedeinstabilität, 485
  Strömungsforminstabilität, 486
  Strömungsumkehr, 472
statischer Druck, 473

Stefan-Boltzmann-Konstante, 79, 253
Stickoxid, 277
    Aktivierungsenergie, 281
    Bildungsgeschwindigkeit, 279
    Bildungsmechanismen, 278
    Brennstoff-NO-Mechanismus, 283
        Modellierung, 287
    Brennstoffstickstoff, 286
    Entstehung, 277
    Globalschrittreaktion, 279
    Minderung, 277
    Prompt-NO-Mechanismus, 282
        NO-Recycle Step, 283
    Stickoxidemission, 278
    Stickstoffdioxid, 278
    Stickstoffmonoxid, 278
    thermisch gebildet, 278
        Aktivierungsenergie, 281
        Modellierung, 280
        Zeldovich-Mechanismus, 280
    Wahrscheinlichkeitsdichtefunktion, 281, 282, 291
    Zeldovich-Mechanismus, 280
Stoffübergang, 63
Stoffwerte
    Brennstoff, 146
    Gas, 144
    Gasgemisch, 144
    Wasser, 143
    Werkstoff, 146
Stokes'sches Gesetz, 123
Stokes-Einstein-Gleichung, 60
Strömungsform, 94, 138
Strömungsforminstabilität, 486
Strömungsinstabilität
    akustische, 488
    aperiodische, 468, 469, 493
    Bumping, 486
    Chugging, 486
    Dichtewellenoszillation, 488
    Druckverlustinstabilität, 492
    Druckwellenoszillation, 488
    dynamische, 468, 487
    fundamentale dynamische, 488
    fundamentale statische, 469
    Geysering, 486
    Ledinegg-Instabilität, 468, 469, 493
    Parallelrohrinstabilität, 491
    periodische, 468

    Relaxationsinstabilität, 486
    sekundäres Phänomen, 468
    Siedeinstabilität, 485
    statische, 425, 468, 469, 493
    Strömungsforminstabilität, 486
    Strömungsinstabilität, 467
    Strömungsstagnation, 472, 482
    Strömungsumkehr, 472
    thermisch induzierte, 491
    zusammengesetzt, 468
    zusammengesetzte dynamische, 491, 492
Strömungsumkehr, 472
Strömungswiderstand, 123
Strahlraum, 254
    Sichtfaktor, 257
    Wärmeübergang, 255
Strahlung, 77
    Differentielle Methode, 80
    Diskrete-Ordinaten-Methode, 86
    Diskrete-Transfer-Methode, 81
    Emissionsverhaltnis, 252
    Flammraum-Strahlraum-Modell, 248
    Gasstrahlung, 254
    Monte-Carlo-Methode, 81
    P-1 Strahlungsmodell, 83
        anisotrope Streuung, 84
        Randbedingung, 84
    Rosseland Strahlungsmodell
        Randbedingung, 86
    Rosseland-Strahlungsmodell, 85
    Schichtdicke, 251, 254
    Sichtfaktor, 257
    Statistische Methode, 80
    Stefan-Boltzmann-Konstante, 79, 84, 253
    Strahlungstransportgleichung, 78
        Lösung, 79
    Surface-to-Surface-Strahlungsmodell, 87
    Wärmeübergang, 255
    Wahrscheinlichkeitsdichtefunktion, 79
    Wertigkeit der Strahlungsheizfläche, 253
    Zonen Methode, 80
Strahlungsmodell
    Diskrete-Ordinaten-Methode, 86
    Diskrete-Transfer-Methode, 81
    P-1, 84

Rosseland, 85
Surface-to-Surface, 87
Strahlungstransportgleichung, 78
Stromfunktion, 195
substantielle Ableitung nach der Zeit, 19
Surface-to-Surface Strahlungsmodell, 87

TDMA-Algorithmus, 213, 217, 333, 449
  Rückwärtssubstitution, 217
  Vorwärtssubstitution, 217
Teillast, 417, 423, 517
  Teillastumwälzung, 423
Teilmodelle
  κ_D-Modell, 537
Temperaturänderungsgeschwindigkeit, 419
thermisch
  Dampfstromänderungsträgheit, 534
  Druckänderung, 526, 535
  induzierte Instabilität, 491
  Ungleichgewicht, 114
Thermospannung, 419, 607
totale Ableitung nach der Zeit, 18
Transport
  Energie, VII
  Impuls, VII
  Stoffe, VII
Trapezregel, 178
Triangulierung, 214
Trocknung, 260, 262, 321
  Modellierung, 262
Trommel, 417, 433, 443, 455, 502, 562
  Anfahrzeiten, 420
  Modell, 455, 562
  Temperaturänderungsgeschwindigkeit, 419
  Wandtemperaturdifferenz, 420
Turbinenleistung, 520
Turbulenz, 36
  Eddy-Dissipation-Concept, 44
  Eingleichungsmodelle, 38
  Interaktion mit chemischer Reaktion, 44
  Klassifizierung, 38
  Large-Eddy-Simulation, 43
  Modellierung, 38
  Nullgleichungsmodelle, 38
  phänomenologische Beschreibung, 36

Reynolds-Spannungsmodell, 41
Zweigleichungsmodelle, 39
Two-Way-Coupling, 394

Umlaufzahl, 251, 418, 422, 428, 435
Umwandlung
  Energie, VII
  Impuls, VII
  Stoffe, VII
unterkühltes Sieden, 109
UPSTREAM-Verfahren, 181, 190

Validierung, VII, 581, 615
  Abnahmeversuche, 593
  Fehlerverteilung
    Erwartungswert, 588
    Varianz, 588
  Gaus'sche Normalverteilung, 587, 594
  Häufigkeitsverteilung, 587
  Jacobi-Matrix, 592
  Konfidenzintervall, 595
  Messergebnis, 595
  Minimierungsaufgabe, 591
  Standardabweichung, 588, 595
  von Messdaten, 585
Verdampfer, 417, 526
Verdichter, 505
Verfügbarkeit, 599
Verschlackung, 370
  Verschlackungsneigung, 369
  Vorhersagemethoden, 370
    Ascheschmelzverfahren, 371
    Fallrohrreaktoruntersuchung, 371
    Oxidische Ascheanalyse, 370
Verschlackungsneigung, 369
Verschmutzung, 615
versetztes Gitter, 167, 198
Verzögerung der Feuerentbindung, 549
Verzweigung, 500
virtuelle Massenkraft, 124
virtuelles Kraftwerk, 602

Wärmeübergang
  Einphasenströmung, 63
    überkritische Fluidparameter, 74
    unterkritische Fluidparameter, 73
  Gasstrahlung, 255
  Kondensation, 139
    horizontales Einzelrohr ausen, 135

horizontales Rohr innen, 139
horizontales Rohrbündel ausen, 136
vertikale Wand, 135
Zweiphasenströmung, 109, 116
horizontales und geneigtes Rohr, 116
vertikales Rohr, 109
Wärmeübertrager, 146, 507, 524, 566
Regenerator, 147
Rekuparator, 148
Wärmeleitung, 52, 54, 55
Anfangsbedingung, 55
dünnwandiges Bauteil, 441
dickwandiges Bauteil, 442
Newton'sche Abkuhlgesetz, 57
Randbedingung, 55
Warmeleitgleichung, 54
Wahrscheinlichkeitsdichtefunktion, 281, 282, 291
Wandtemperatur, 441, 442
Berechnung, 608
CFD-Modell
dünnwandiges Bauteil, 441
dickwandiges Bauteil, 442
Wandtemperaturdifferenz, 420, 607
Berechnung, 608
aus Verlauf Dampftemperatur, 608, 610
aus Verlauf Wandtemperatur, 608
direkte Messung, 607
Watt, James, 518
Weber-Zahl, 105
Widerstandbeiwert Partikel, 123
Widerstandskraft, 123
Wirbelablösung, 360
Wirbelschicht, 294, 310
Discrete-Element-Method, 315
Entgasung, 321
Feststoffverteilung, 311
Koksabbrand, 323
Pyrolyse, 321
Trocknung, 321
Verbrennungsvorgang, 320
Wirbelstärke, 195
Wirkungsgrad

Dampferzeuger, 341, 425, 426, 503, 518, 599
isentrop, 503–505
Rippenrohr, 70

Zeitstandsbeanspruchung, 606
Zentraldifferenzen, 181, 190
ZTU-Diagramm, 394
Zustandsgrösen, 510
zustandsorientierte Instandhaltung, 600
Zwangdurchlauf, 422
Zwangdurchlaufdampferzeuger, 422, 555
Zwangumlauf, 421
Zwangumlaufdampferzeuger, 421
Zwei-Fluid-Modell, 98, 119
Zweiphasenmultiplikator, 102, 105
Zweiphasenströmung, 94
Drift-Flux-Modell, 101
Druckabfall, 101
Froude-Zahl, 105, 117, 418
Gas-Feststoff, 118
Gas-Flüssigkeit, 94
heterogenes Zweiphasenmodell, 98
homogenes Zweiphasenmodell, 98
konvektiver Wärmeübergang, 107
Blasensieden, 110
Dryout, 111, 418
Filmsieden, 111, 418
horizontales und geneigtes Rohr, 116
Siedekrise, 111, 117, 418, 422
vertikales Rohr, 109
kritische Wärmestromdichte, 112
kritischer Dampfmassenanteil, 111
Lagrange-Betrachtungsweise der dispersen Phase, 122
Reibungsdruckverlust, 102, 474
Srömungskarte, 95
Strömungsform, 94, 138
Strömungswiderstand, 123
unterkühltes Sieden, 109
Wärmeübergang
thermisches Ungleichgewicht, 114
Weber-Zahl, 105
Zwei-Fluid-Modell, 98, 119
Zweiphasenmultiplikator, 102, 105
Zyklon, 298, 347, 417, 501